PRÉCIS

DE GÉOMÉTRIE ANALYTIQUE

PRÉCIS

DE

GÉOMÉTRIE ANALYTIQUE

A L'USAGE DES ÉLÈVES

DE MATHÉMATIQUES SPÉCIALES

PAR

G. PAPELIER

Ancien élève de l'École normale supérieure, Agrégé des sciences mathématiques,
Professeur de mathématiques spéciales au lycée d'Orléans.

HUITIÈME ÉDITION

*entièrement refondue et conforme au nouveau programme
de la classe de Mathématiques spéciales.*

PARIS

LIBRAIRIE VUIBERT

BOULEVARD SAINT-GERMAIN, 63

1930

GÉOMÉTRIE ANALYTIQUE

A DEUX DIMENSIONS

CHAPITRE I

DES COORDONNÉES

Nous supposerons connues les propriétés élémentaires des vecteurs, qui ont été exposées dans notre *Précis d'Algèbre* (dixième édition) aux n°s 142-153 et 164-168. Nous compléterons cette théorie au dernier chapitre de ce livre ; nous y définirons en particulier le produit vectoriel de deux vecteurs et nous en donnerons quelques applications.

1. La géométrie analytique a pour objet l'application de l'analyse algébrique à l'étude des propriétés des figures géométriques (lignes et surfaces). Elle se divise en deux parties : 1° la géométrie analytique à deux dimensions, où l'on ne s'occupe que des figures planes ; 2° la géométrie analytique à trois dimensions, où l'on étudie les figures de l'espace.

Nous commencerons par exposer les principes de la géométrie analytique à deux dimensions.

On détermine analytiquement la position d'un point dans un plan au moyen de *coordonnées*.

Considérons deux droites qui se coupent en un point O ; choisissons arbitrairement sur chacune d'elles un sens, Ox, sur l'une et Oy sur l'autre ; cette figure constitue un *système d'axes de coordonnées*. Ox est appelé *l'axe des* x, Oy *l'axe des* y ; enfin le point O est dit *l'origine* du système.

Cela posé, soit M un point quelconque du plan des deux axes

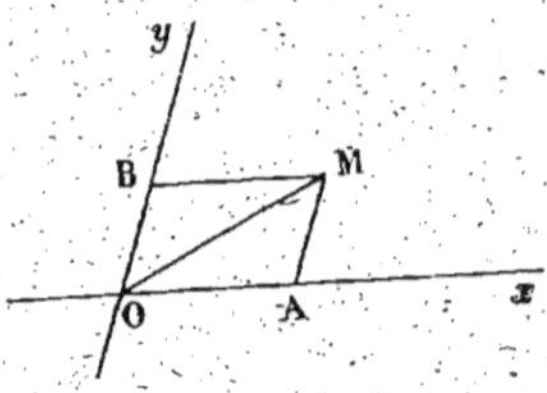

Fig. 1.

(*fig.* 1). Par ce point menons une parallèle à O*y* qui rencontre O*x* au point A, et une parallèle à O*x* qui rencontre O*y* au point B. La valeur algébrique $\overline{OA}$ du vecteur $\overrightarrow{OA}$, sens positif O*x*, est appelée *l'abscisse* du point M; la valeur algébrique $\overline{OB}$ du vecteur $\overrightarrow{OB}$, sens positif O*y*, est appelée *l'ordonnée* du point M. L'abscisse et l'ordonnée d'un point sont dites les *coordonnées rectilignes* ou *cartésiennes* (*) de ce point.

On voit ainsi que tout point du plan a des coordonnées bien déterminées. Réciproquement, étant donnés deux nombres algébriques quelconques *a* et *b*, il existe un point et un seul qui a pour abscisse *a* et pour ordonnée *b*.

En particulier, l'origine est le seul point dont les deux coordonnées sont nulles.

2. Nous supposerons toujours que tout vecteur dont le support est parallèle à un axe de coordonnées ou confondu avec cet axe a pour sens positif le sens de cet axe.

Dans ces conditions, on voit que l'abscisse du point M est la projection du vecteur $\overrightarrow{OM}$ sur l'axe O*x*, la projection étant faite parallèlement à O*y*, et que l'ordonnée du point M est la projection du vecteur $\overrightarrow{OM}$ sur l'axe O*y*, parallèlement à O*x*.

Le vecteur $\overrightarrow{AM}$ est équipollent au vecteur $\overrightarrow{OB}$; on a donc $\overline{AM} = \overline{OB}$. Ceci montre que l'ordonnée du point M est aussi égale à $\overline{AM}$. Pour cette raison, le contour OAM qui se compose des vecteurs $\overrightarrow{OA}$ et $\overrightarrow{AM}$ est appelé le *contour des coordonnées* du point M.

3. Quand on a choisi les sens O*x* et O*y* on oriente le plan (A. 154)(**) de telle manière que le plus petit angle positif de O*y* avec O*x* soit inférieur à π; on désigne cet angle par θ, et l'on a $0 < \theta < \pi$.

Cet angle est appelé *l'angle des axes*. Si $\theta = \dfrac{\pi}{2}$, on dit que les axes

---

(*) Du nom de DESCARTES, qu'on peut considérer comme le fondateur de la géométrie analytique.

(**) Les numéros placés entre parenthèses et précédés de la lettre A renvoient aux paragraphes de notre *Précis d'Algèbre* (dixième édition); les numéros entre parenthèses non précédés de la lettre A renvoient aux paragraphes du *Précis de Géométrie analytique*.

de coordonnées sont *rectangulaires* ; si $\theta \neq \dfrac{\pi}{2}$, on dit qu'ils sont *obliques*.

4. Distance de deux points. — Soient deux points M et M' ayant respectivement pour coordonnées x, y et x', y' (*) ; nous nous proposons de calculer la distance MM' en fonction de x, y, x', y' et de l'angle θ des axes.

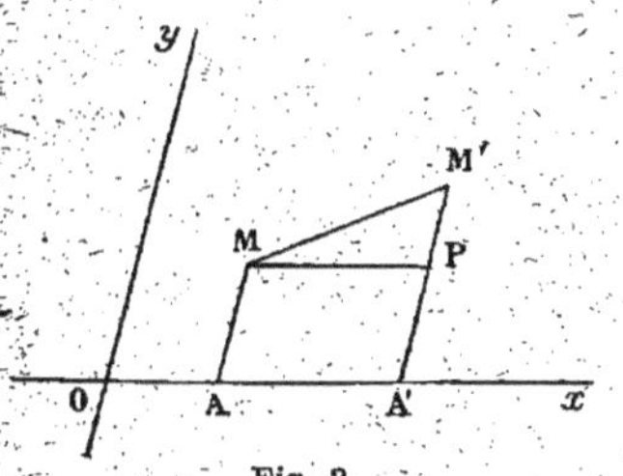

Par les points M et M' menons des parallèles MA, M'A' à Oy, et par le point M une parallèle MP à Ox (*fig.* 2) ; nous avons

$$\overline{OA} = x, \qquad \overline{OA'} = x',$$
$$\overline{AM} = y, \qquad \overline{A'M'} = y',$$

Fig. 2.

et, par suite,

$$\overline{MP} = \overline{AA'} = \overline{OA'} - \overline{OA} = x' - x,$$
$$\overline{PM'} = \overline{A'M'} - \overline{A'P} = \overline{A'M'} - \overline{AM} = y' - y.$$

Le vecteur $\overrightarrow{MM'}$ est la somme géométrique des deux vecteurs $\overrightarrow{MP}$ et $\overrightarrow{PM'}$; on peut donc écrire

$$\overrightarrow{MM'} = \overrightarrow{MP} + \overrightarrow{PM'}.$$

Faisons maintenant les carrés scalaires (A. 165) des deux membres de cette égalité vectorielle ; nous avons

$$\overrightarrow{MM'^2} = \overrightarrow{MP^2} + \overrightarrow{PM'^2} + 2\overrightarrow{MP}.\overrightarrow{PM'}.$$

Or,

$$\overrightarrow{MM'^2} = \overline{MM'^2} = d^2,$$

d désignant la distance MM',

$$\overrightarrow{MP^2} = \overline{MP^2} = (x' - x)^2,$$
$$\overrightarrow{PM'^2} = \overline{PM'^2} = (y' - y)^2,$$
$$\overrightarrow{MP}.\overrightarrow{PM'} = \overline{MP}.\overline{PM'}.\cos(Ox, Oy) = (x' - x)(y' - y)\cos\theta.$$

La relation précédente devient donc

$$d^2 = (x' - x)^2 + (y' - y)^2 + 2(x' - x)(y' - y)\cos\theta.$$

(*) Quand on dit qu'un point M a pour coordonnées x, y, on sous-entend que le premier nombre x est l'abscisse et le second y l'ordonnée. De même l'écriture $M(x, y)$ indique que le point M a pour abscisse x et pour ordonnée y.

Si les axes de coordonnées sont rectangulaires, on a

$$d^2 = (x' - x)^2 + (y' - y)^2.$$

En particulier, la distance du point M à l'origine est donnée par la formule

$$\overline{OM}^2 = x^2 + y^2 + 2xy \cos\theta,$$

et, en axes rectangulaires,

$$\overline{OM}^2 = x^2 + y^2.$$

5. Considérons deux points A et B et supposons qu'un point M se déplace sur la droite AB; nous allons étudier les variations du rapport $\dfrac{\overline{MA}}{\overline{MB}}$

Remarquons d'abord que le signe du rapport est indépendant du sens positif choisi sur la droite AB; en effet, si l'on change ce sens, les nombres algébriques $\overline{MA}$ et $\overline{MB}$ changent de signe, et leur rapport conserve le même signe.

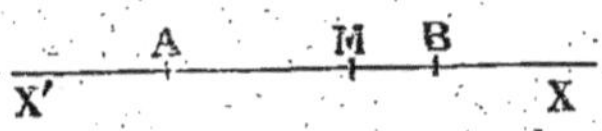

Fig. 3.

Nous supposons A placé à gauche de B, nous prenons comme sens positif le sens qui va de A vers B, le sens X'X, et nous déplaçons le point M dans le sens X'X de l'infini à gauche à l'infini à droite.

On peut écrire

$$\frac{\overline{MA}}{\overline{MB}} = \frac{\overline{MB} + \overline{BA}}{\overline{MB}} = 1 + \frac{\overline{BA}}{\overline{MB}}.$$

Désignons par a la longueur AB, a étant positif; nous avons alors $\overline{BA} = -a$. D'autre part, la position du point M sur la droite AB sera bien définie par la valeur algébrique $\overline{BM}$ du vecteur $\overrightarrow{BM}$; nous poserons $\overline{BM} = x$. Nous avons alors $\overline{MB} = -x$, et la relation précédente s'écrit, en désignant par y le rapport $\dfrac{\overline{MA}}{\overline{MB}}$,

$$y = 1 + \frac{a}{x}.$$

Quand x varie de $-\infty$ à $+\infty$, le point M se déplace sur X'X de l'infini à gauche à l'infini à droite.

Lorsque x croît de $-\infty$ à 0, $\dfrac{a}{x}$ décroît de $-\varepsilon$ à $-\infty$, ε étant un nombre positif aussi petit que l'on veut, et, par suite, y décroît de $1 - \varepsilon$ à $-\infty$. Quand x croît de 0 à $+\infty$, $\dfrac{a}{x}$ décroît de $+\infty$ à $+\varepsilon$, et y décroît de $+\infty$ à $1 + \varepsilon$.

En particulier, pour $x = -a$, $y = 0$, le point M est en A ; pour $x = -\dfrac{a}{2}$, $y = -1$, le point M est au point I, milieu de AB.

On peut donc représenter les variations de y de la manière suivante :

$1-\varepsilon$ décroît	0	décroît	-1	décroît	$-\infty$	$+\infty$	décroît	$1+\varepsilon$
X′		A		I		B		X

Nous ferons sur cette variation deux remarques essentielles.

1° Le rapport $\dfrac{\overline{MA}}{\overline{MB}}$ est négatif quand le point M est placé entre A et B ; il est positif quand le point M est en dehors du segment AB.

2° Le rapport $\dfrac{\overline{MA}}{\overline{MB}}$ est moindre que 1 en valeur absolue quand le point M est à gauche du point I ; il est plus grand que 1 en valeur absolue, quand le point M est à droite du point I.

6. Il résulte de cette discussion qu'*il existe sur la droite* AB *un seul point* M *tel que le rapport* $\dfrac{\overline{MA}}{\overline{MB}}$ *soit égal à un nombre arbitraire k, positif ou négatif, sauf toutefois si* $k = 1$.

On peut encore le voir autrement. Pour que y soit égal à k, il faut qu'on ait

$$1 + \frac{a}{x} = k, \qquad \text{ou} \qquad x(k-1) = a.$$

Si $k \neq 1$, on en tire

$$x = \frac{a}{k-1}.$$

On a ainsi une seule valeur de x, et par suite un seul point M sur la droite AB.

Si $k = 1$, on peut dire que le point M est à l'infini sur la droite AB.

7. Nous allons calculer les coordonnées du point M en fonction de celles des points A et B et du nombre k.

Soient x_1, y_1 les coordonnées du point A, x_2, y_2 celles du point B et x, y celles du point M. Projetons le contour OAM (*fig. 4*) sur un axe quelconque ; nous avons

$$\text{pr. } \overrightarrow{MA} = \text{pr. } \overrightarrow{MO} + \text{pr. } \overrightarrow{OA} = \text{pr. } \overrightarrow{OA} - \text{pr. } \overrightarrow{OM};$$

en projetant le contour OBM sur le même axe, nous avons de même

$$\text{pr. } \overrightarrow{MB} = \text{pr. } \overrightarrow{OB} - \text{pr. } \overrightarrow{OM},$$

d'où, en divisant membre à membre,

$$\frac{\text{pr. } \overrightarrow{MA}}{\text{pr. } \overrightarrow{MB}} = \frac{\text{pr. } \overrightarrow{OA} - \text{pr. } \overrightarrow{MO}}{\text{pr. } \overrightarrow{OB} - \text{pr. } \overrightarrow{OM}}.$$

Or, $\dfrac{\text{pr. } \overrightarrow{MA}}{\text{pr. } \overrightarrow{MB}}$ est égal à $\dfrac{\overline{MA}}{\overline{MB}}$

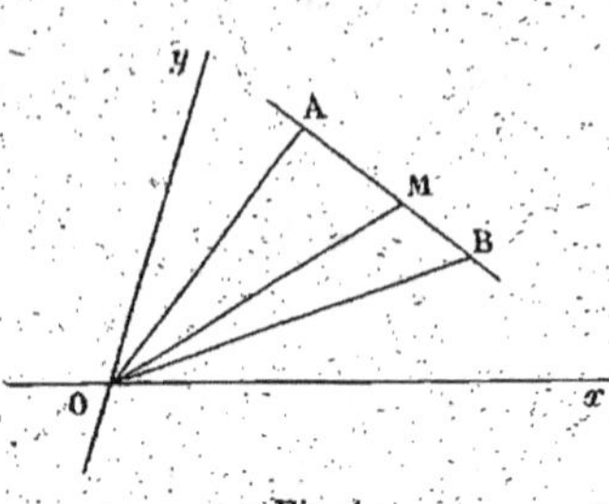

Fig. 4.

(A. 150), c'est-à-dire à k; on a donc

$$\frac{\text{pr. } \overrightarrow{OA} - \text{pr. } \overrightarrow{OM}}{\text{pr. } \overrightarrow{OB} - \text{pr. } \overrightarrow{OM}} = k,$$

ou

$$\text{pr. } \overrightarrow{OM} = \frac{\text{pr. } \overrightarrow{OA} - k\,\text{pr. } \overrightarrow{OB}}{1 - k}.$$

Supposons que les projections aient été faites sur Ox, parallèlement à Oy; pr. $\overrightarrow{OA}$, pr. $\overrightarrow{OB}$ et pr. $\overrightarrow{OM}$ sont respectivement égaux aux abscisses des points A, B et M; nous avons donc

$$x = \frac{x_1 - kx_2}{1 - k};$$

de même, en projetant sur Oy parallèlement à Ox, nous avons

$$y = \frac{y_1 - ky_2}{1 - k}.$$

Par conséquent, les coordonnées du point M situé sur la droite AB et tel que l'on ait $\dfrac{\overline{MA}}{\overline{MB}} = k$ sont

$$x = \frac{x_1 - kx_2}{1 - k}, \qquad y = \frac{y_1 - ky_2}{1 - k}.$$

En faisant varier k de $-\infty$ à $+\infty$, ces formules donnent les coordonnées de tous les points de la droite AB.

En particulier, le milieu de AB a pour coordonnées $\dfrac{x_1 + x_2}{2}$ et $\dfrac{y_1 + y_2}{2}$.

8. Comme application, proposons-nous de déterminer les coordonnées du centre de gravité d'un triangle (c'est-à-dire du point de concours des médianes) en fonction des coordonnées des sommets.

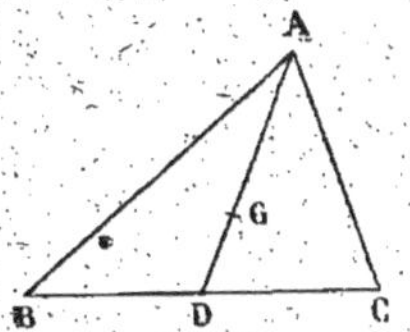

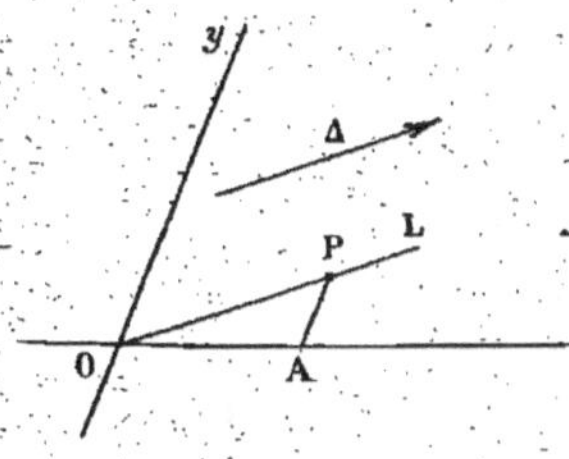

Fig. 5.

Soient $A(x_1, y_1)$, $B(x_2, y_2)$, $C(x_3, y_3)$ les sommets du triangle; menons la médiane AD et prenons sur cette droite le point G tel que GD soit le tiers de AD; le point G est le centre de gravité (*fig. 5*).

Nous avons $\dfrac{\overline{GD}}{\overline{GA}} = -\dfrac{1}{2}$, et comme l'abscisse de D est $\dfrac{x_2 + x_3}{2}$, celle de G sera

$$\frac{\dfrac{x_2 + x_3}{2} - \left(-\dfrac{1}{2}\right) x_1}{1 - \left(-\dfrac{1}{2}\right)}, \quad \text{ou} \quad \frac{x_1 + x_2 + x_3}{3}.$$

De même, l'ordonnée du point G est $\dfrac{y_1 + y_2 + y_3}{3}$.

Par suite, les coordonnées du centre de gravité du triangle ABC sont $\dfrac{x_1 + x_2 + x_3}{3}$ et $\dfrac{y_1 + y_2 + y_3}{3}$.

9. Détermination d'une demi-droite. — Soit une demi-droite Δ située dans le plan de deux axes de coordonnées Ox, Oy. Pour déterminer analytiquement cette demi-droite, on donne habituellement l'angle (Ox, Δ) qui, comme on le sait, est défini à un multiple près de 2π. Réciproquement, si l'on connaît une des valeurs de cet angle, la demi-droite Δ est bien déterminée.

On peut aussi définir cette demi-droite de la manière suivante. Par l'origine O menons une demi-droite OL parallèle à Δ et de même sens, et considérons le point P situé sur cette demi-droite, à l'unité de distance de l'origine (*fig. 6*). Ce point est appelé le *point directeur* de la demi-droite Δ, et les coordonnées de ce point sont appelées les *paramètres principaux* de cette demi-droite.

Fig. 6.

Il est clair qu'étant donnée la demi-droite Δ, ses paramètres principaux sont bien déterminés, et inversement, étant donnés les paramètres principaux d'une demi-droite, cette demi-droite est bien déterminée. Seulement il est important d'observer que deux nombres choisis arbitrairement ne sont pas les paramètres principaux d'une demi-droite. En effet, pour que les deux nombres a et b soient les paramètres principaux d'une demi-droite, il faut et il suffit que le point qui a pour coordonnées a, b soit à l'unité de distance de l'origine, c'est-à-dire que l'on ait

$$a^2 + 2ab \cos\theta + b^2 = 1.$$

10. Désignons par α l'angle (Ox, Δ), et proposons-nous de calculer les paramètres principaux a et b de la demi-droite Δ en fonction de α et de l'angle θ des axes.

Par le point directeur P menons PA parallèle à Oy (*fig.* 6) et projetons le contour OAP orthogonalement sur une demi-droite Ou définie par l'égalité $(Ox, Ou) = \lambda$, λ désignant un angle arbitraire.

Nous avons

$$\text{pr. } \overrightarrow{OP} = \text{pr. } \overrightarrow{OA} + \text{pr. } \overrightarrow{AP}.$$

Mais nous savons que (A. 164)

$$\text{pr. } \overrightarrow{OP} = \overline{OP} \cos(OP, Ou) = \cos[(OP, Ox) + (Ox, Ou)] = \cos(\lambda - \alpha).$$

$$\text{pr. } \overrightarrow{OA} = \overline{OA} \cos(Ox, Ou) = a \cos\lambda,$$

$$\text{pr. } \overrightarrow{AP} = \overline{AP} \cos(Oy, Ou) = b \cos[(Oy, Ox) + (Ox, Ou)]$$
$$= b \cos(\lambda - \theta);$$

l'égalité précédente devient donc

$$\cos(\lambda - \alpha) = a \cos\lambda + b \cos(\lambda - \theta),$$

et elle a lieu quel que soit λ.

Donnons à λ successivement les valeurs $\dfrac{\pi}{2} + \theta$ et $\dfrac{\pi}{2}$; nous obtenons

$$a = \frac{\sin(\theta - \alpha)}{\sin\theta}, \qquad b = \frac{\sin\alpha}{\sin\theta}.$$

En éliminant α entre ces deux équations, on obtient la relation indiquée plus haut

$$a^2 + 2ab \cos\theta + b^2 = 1.$$

Si les axes de coordonnées sont rectangulaires, on a

$$a = \cos\alpha, \qquad b = \sin\alpha.$$

11. On appelle *cosinus directeurs* d'une demi-droite les cosinus des angles qu'elle fait avec les axes de coordonnées Ox et Oy.

Il est aisé de calculer les cosinus directeurs de la demi-droite Δ en fonction de l'angle $\alpha = (Ox, \Delta)$.

Nous avons d'abord

$$\cos(Ox, \Delta) = \cos\alpha ;$$

puis

$$(Oy, \Delta) = (Oy, Ox) + (Ox, \Delta) = -\theta + \alpha,$$

et

$$\cos(Oy, \Delta) = \cos(\theta - \alpha).$$

Donc, les cosinus directeurs de Δ sont

$$\cos\alpha \quad \text{et} \quad \cos(\theta - \alpha).$$

Si les axes de coordonnées sont rectangulaires, ces valeurs deviennent

$$\cos\alpha \quad \text{et} \quad \sin\alpha ;$$

elles sont égales aux paramètres principaux.

Ce résultat pouvait se prévoir. En effet, les cosinus directeurs de la demi-droite OP sont les projections orthogonales du vecteur $\overrightarrow{OP}$ sur les axes, tandis que les paramètres principaux sont les projections du même vecteur parallèlement aux axes. Si les axes sont rectangulaires, les projections orthogonales et les projections parallèles aux axes sont les mêmes.

Représentation des courbes par des équations.

12. Théorème. — *Les coordonnées de tous les points d'une courbe définie géométriquement vérifient une même équation à deux inconnues.*

Soit une courbe (C); prenons sur Ox un point arbitraire A, et menons par ce point une parallèle à Oy qui rencontre la courbe en un certain nombre de points; soit M l'un d'eux (*fig.* 7). A toute valeur x du vecteur $\overrightarrow{OA}$ correspond ainsi une valeur y du vecteur $\overrightarrow{AM}$, y est fonction de x; il existera donc une relation entre les coordonnées x et y d'un point quelconque de la courbe, et l'on conçoit que cette relation puisse se déduire de la définition géométrique de la courbe.

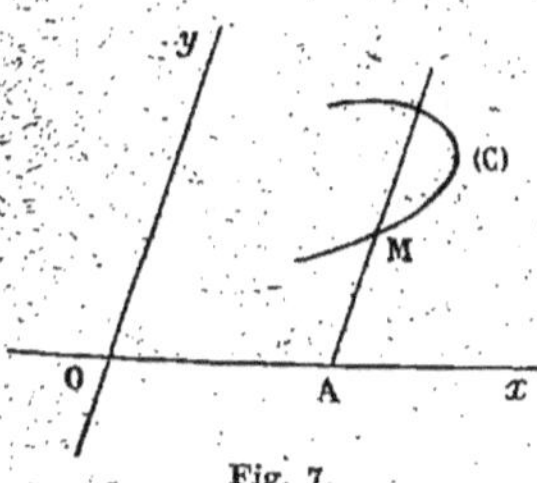

Fig. 7.

EXEMPLE. — Considérons une circonférence ayant pour centre le point I(a, b) et pour rayon R. Pour qu'un point M(x, y) soit situé sur la circonférence, il faut et il suffit que la distance MI soit égale au rayon. On doit donc avoir

$$(x - a)^2 + 2(x - a)(y - b)\cos\theta + (y - b)^2 = R^2;$$

telle est l'équation que doivent vérifier les coordonnées d'un point quelconque de la circonférence.

13. Théorème réciproque. — *Les points dont les coordonnées vérifient une même équation à deux inconnues sont en général situés sur une courbe.*

Soit l'équation $f(x, y) = 0$; supposons qu'elle définisse y comme fonction continue de x. Donnons à x une valeur arbitraire x_0, et soit y_0 une des valeurs correspondantes de y, c'est-à-dire telle que l'on ait $f(x_0, y_0) = 0$; désignons par M le point qui a pour coordonnées x_0 et y_0. Si l'on fait varier x à partir de x_0, la fonction y définie par l'équation $f(x, y) = 0$ varie d'une manière continue à partir de y_0, et le point variable (x, y) décrit une courbe partant du point M, puisque les positions successives de ce point peuvent être aussi voisines les unes des autres que l'on veut.

14. Il résulte de ces deux théorèmes qu'à toute courbe définie géométriquement correspond une équation, et inversement à toute équation correspond une courbe.

On appelle *équation d'une courbe* l'équation qui correspond à cette courbe, c'est-à-dire la relation que doivent vérifier les coordonnées d'un point pour que ce point soit sur la courbe.

Étant donnée une courbe ayant pour équation $f(x, y) = 0$, on dit que l'équation $f(x, y) = 0$ représente la courbe, ou que la courbe est représentée par cette équation.

Transformation de coordonnées.

15. Le problème de la transformation de coordonnées est le suivant :

Étant donnée l'équation d'une courbe par rapport à un système d'axes, trouver l'équation de cette courbe par rapport à un autre système.

Pour résoudre ce problème, il suffit de calculer les coordonnées x, y d'un point quelconque par rapport au premier système en fonction des coordonnées x', y' du même point par rapport au deuxième système.

Si l'on a, en effet, $x = \varphi_1(x', y')$, $y = \varphi_2(x', y')$, et si l'équation d'une courbe par rapport ou premier système est $f(x, y) = 0$, l'équation de cette courbe par rapport au deuxième système s'en déduit en remplaçant x et y par leurs valeurs en fonction de x' et de y', ce qui donne

$$f[\varphi_1(x', y'), \ \varphi_2(x', y')] = 0.$$

Nous examinerons d'abord deux cas particuliers.

16. Premier Cas. — *Les nouveaux axes sont parallèles aux premiers et ont les mêmes sens.*

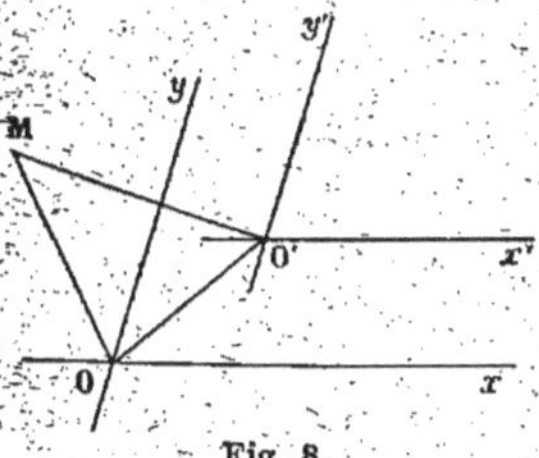

Soient Ox, Oy le système d'axes primitif, $O'x'$, $O'y'$ le nouveau système; $O'x'$ et Ox sont parallèles et ont le même sens; il en est de même pour $O'y'$ et Oy.

Les nouveaux axes seront bien déterminés par les coordonnées p, q de l'origine O' par rapport aux axes Ox et Oy.

Soit M un point quelconque du plan, ayant pour coordonnées x, y et x', y' respectivement par rapport aux deux systèmes d'axes. Projetons

Fig. 8.

le contour $OO'M$ sur Ox parallèlement à Oy; nous avons (*fig.* 8)

$$\text{pr. } \overrightarrow{OM} = \text{pr. } \overrightarrow{OO'} + \text{pr. } \overrightarrow{O'M}.$$

Par définition pr. $\overrightarrow{OM} = x$, pr. $\overrightarrow{OO'} = p$; quant à la projection de $\overrightarrow{O'M}$, elle est la même sur Ox et sur $O'x'$, puisque ces deux axes sont parallèles et de même sens. Or la projection de $\overrightarrow{O'M}$ sur $O'x'$ est égale à x', donc sur Ox pr. $\overrightarrow{O'M} = x'$, et l'égalité précédente s'écrit

$$x = p + x'.$$

En projetant le même contour sur Oy parallèlement à Ox, on obtient $y = q + y'$.

Le problème est donc résolu par les formules

$$x = p + x', \qquad y = q + y'.$$

17. Deuxième Cas. — *Les nouveaux axes ont même origine que les premiers, mais des directions différentes.*

Nous définirons les nouveaux axes Ox' et Oy' par les angles

$(Ox,\ Ox') = \alpha,\quad (Ox,\ Oy') = \beta,$ en désignant comme d'habitude par θ l'angle $(Ox,\ Oy)$.

Soit M un point quelconque du plan ayant pour coordonnées x, y et x', y' par rapport aux deux systèmes; figurons les contours des coordonnées OAM, OA'M de ce point dans les deux systèmes (*fig.* 9), et projetons le contour OAMA'O orthogonalement sur un axe quelconque Ou défini par l'égalité

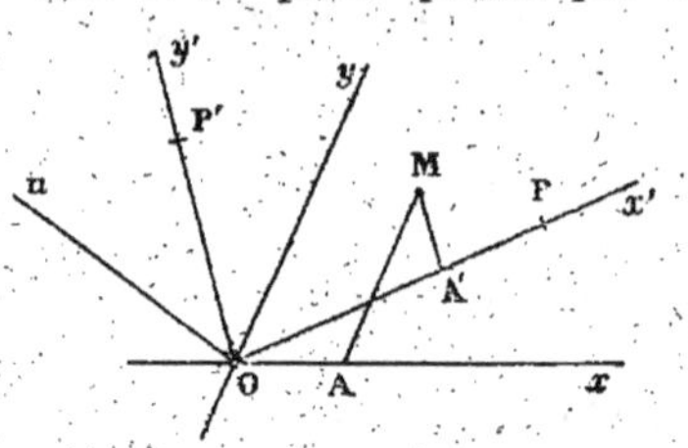

$$(Ox,\ Ou) = \lambda.$$

Fig. 9.

Nous ayons

$$\text{pr. } \overrightarrow{OA} + \text{pr. } \overrightarrow{AM} + \text{pr. } \overrightarrow{MA'} + \overrightarrow{A'O} = 0,$$

ou

$$\text{pr. } \overrightarrow{OA} + \text{pr. } \overrightarrow{AM} = \text{pr. } \overrightarrow{OA'} + \text{pr. } \overrightarrow{A'M}.$$

Or

$$\text{pr. } \overrightarrow{OA} = \overline{OA}\cos(Ox,\ Ou) = x\cos\lambda,$$
$$\text{pr. } \overrightarrow{AM} = \overline{AM}\cos(Oy,\ Ou) = y\cos[(Oy, Ox) + (Ox, Ou)] = y\cos(\lambda - \theta),$$
$$\text{pr. } \overrightarrow{OA'} = \overline{OA'}\cos(Ox',\ Ou) = x'\cos[(Ox', Ox) + (Ox, Ou)] = x'\cos(\lambda - \alpha),$$
$$\text{pr. } \overrightarrow{A'M} = \overline{A'M}\cos(Oy',\ Ou) = y'\cos[(Oy', Ox) + (Ox, Ou)] = y'\cos(\lambda - \beta);$$

on a donc

$$x\cos\lambda + y\cos(\lambda - \theta) = x'\cos(\lambda - \alpha) + y'\cos(\lambda - \beta).$$

En donnant à λ successivement les deux valeurs $\dfrac{\pi}{2} + \theta$ et $\dfrac{\pi}{2}$, nous obtenons les deux formules

$$(1)\quad \begin{cases} x = \dfrac{x'\sin(\theta - \alpha) + y'\sin(\theta - \beta)}{\sin\theta}, \\[2mm] y = \dfrac{x'\sin\alpha + y'\sin\beta}{\sin\theta}, \end{cases}$$

qui résolvent le problème.

18. CAS PARTICULIER. — Supposons que les deux systèmes d'axes soient rectangulaires; nous avons $\theta = \dfrac{\pi}{2}$ et $\beta = \alpha \pm \dfrac{\pi}{2}$. On prend généralement $\beta = \alpha + \dfrac{\pi}{2}$, de façon que

$$(Ox',\ Oy') = (Ox,\ Oy) = \dfrac{\pi}{2}.$$

Dans cette hypothèse les formules précédentes deviennent

$$x = x' \cos\alpha - y' \sin\alpha,$$
$$y = x' \sin\alpha + y' \cos\alpha.$$

19. Il peut arriver que les nouveaux axes Ox' et Oy' soient déterminés par leurs paramètres principaux, a et b pour Ox', a' et b' pour Oy'. D'après la définition (9) a et b sont les coordonnées du point directeur P de Ox', et a' et b' sont les coordonnées du point directeur P' de Oy'.

Projetons alors le contour $OAMA'O$ sur Ox *parallèlement à* Oy; nous avons

$$\text{pr. } \overrightarrow{OA} + \text{pr. } \overrightarrow{AM} = \text{pr. } \overrightarrow{OA'} + \text{pr. } \overrightarrow{A'M}.$$

Or pr. $\overrightarrow{OA} = x$, pr. $\overrightarrow{AM} = 0$; d'autre part, pr. $\overrightarrow{OA'}$ est égal à la valeur algébrique $\overline{OA'}$, ou x', multipliée par la projection du vecteur unité de Ox' (A. 153). Ce vecteur est $\overrightarrow{OP}$, sa projection sur Ox parallèlement à Oy est égale à l'abscisse a du point P. Donc pr. $\overrightarrow{OA'} = ax'$, de même pr. $\overrightarrow{A'M} = a'y'$. On a donc

$$x = ax' + a'y'.$$

En projetant le même contour sur Oy *parallèlement à* Ox, on a $y = bx' + b'y'$, ce qui donne les deux formules

$$(2) \qquad \begin{cases} x = ax' + a'y', \\ y = bx' + b'y'. \end{cases}$$

En comparant les formules (1) aux formules (2) on retrouve les relations du nº 10.

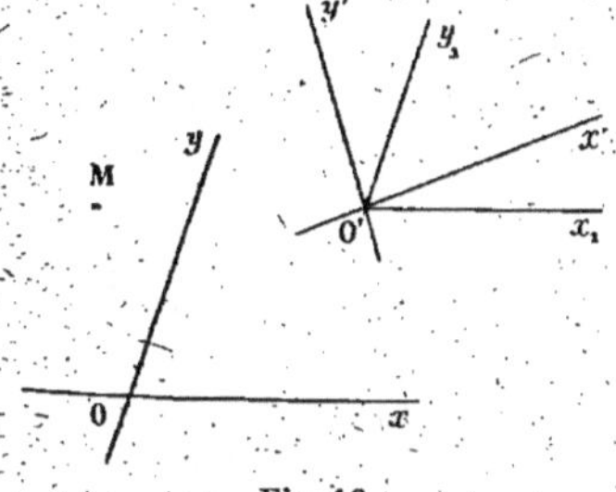

Fig. 10.

20. Cas général. — *Les nouveaux axes sont quelconques.*

Les nouveaux axes peuvent être définis par les coordonnées p, q de l'origine O' par rapport au premier système (Ox, Oy) et par les angles

$$(Ox, O'x') = \alpha,$$
$$(Ox, O'y') = \beta \quad (fig.\ 10).$$

Désignons par x, y et x', y' les coordonnées d'un point quelconque M du plan par rapport aux deux systèmes. Par le point O' menons les demi-droites $O'x_1$ et $O'y_1$ respectivement parallèles à Ox et Oy et de même sens, et soient x_1, y_1 les coordonnées du point M par rapport aux axes $O'x_1$, $O'y_1$.

Nous avons, d'après ce qui précède,

$$x = p + x_1,$$
$$y = q + y_1,$$

puis

$$x_1 = \frac{x' \sin(\theta - \alpha) + y' \sin(\theta - \beta)}{\sin\theta},$$
$$y_1 = \frac{x' \sin\alpha + y' \sin\beta}{\sin\theta};$$

on en déduit

$$x = p + \frac{x' \sin(\theta - \alpha) + y' \sin(\theta - \beta)}{\sin\theta},$$
$$y = q + \frac{x' \sin\alpha + y' \sin\beta}{\sin\theta};$$

ce sont les formules générales de la transformation de coördonnées.

Si les demi-droites $O'x'$ et $O'y'$ sont définies par leurs paramètres principaux (a, b) et (a', b'), p et q désignant toujours les coordonnées du point O' par rapport au système Ox, Oy, les formules deviennent

$$x = p + ax' + a'y',$$
$$y = q + bx' + b'y'.$$

21. Conséquences. — On voit ainsi que x et y sont des fonctions du premier degré de x' et de y'.

Par suite, si l'équation d'une courbe par rapport à un système d'axes est algébrique, elle restera algébrique par rapport à tout autre système d'axes.

On dit alors que la courbe est *algébrique*.

De plus, au moyen de transformations convenables, l'équation d'une courbe algébrique peut toujours être mise sous la forme

$$f(x, y) = 0,$$

$f(x, y)$ désignant un *polynôme* en x et y; c'est ce qu'on appelle *l'équation entière* de la courbe.

22. Théorème. — *La condition nécessaire et suffisante pour que deux équations algébriques et entières représentent la même courbe est qu'elles soient de même degré et que les coefficients des termes semblables soient proportionnels.*

La condition est évidemment suffisante, car si les deux équations $f(x, y) = 0$, $\varphi(x, y) = 0$ ont leurs coefficients proportionnels, on a identiquement $f(x, y) \equiv \lambda\varphi(x, y)$, λ désignant un nombre non nul. Les deux équations ont alors les mêmes ensembles de solutions; elles représentent la même courbe.

Je dis maintenant que la condition est nécessaire. Supposons que les équations $f(x, y) = 0$, $\varphi(x, y) = 0$ représentent une même courbe. Coupons cette courbe par une parallèle à Oy, dont tous les points ont une même abscisse, x_0 par exemple. Cette droite rencontre la courbe en un certain nombre de points dont les ordonnées vérifient chacune des deux équations $f(x_0, y) = 0$, $\varphi(x_0, y) = 0$. Ces équations à *une seule inconnue*, ayant mêmes racines, ont leurs coefficients proportionnels; on a donc

$$f(x_0, y) \equiv \lambda\varphi(x_0, y),$$

λ étant indépendant de y, ce qu'on peut encore écrire, puisque x_0 est arbitraire,

$$f(x, y) \equiv \lambda\varphi(x, y),$$

λ étant indépendant de y.

En coupant la courbe par une parallèle à Ox et en raisonnant d'une manière analogue, on est conduit à l'identité

$$f(x, y) \equiv \mu\varphi(x, y),$$

μ étant indépendant de x.

De ces deux identités on déduit $\lambda \equiv \mu$; on voit ainsi que λ et μ désignent un même nombre indépendant de x et de y; ce qui démontre le théorème.

23. Il résulte de là que quel que soit le procédé employé pour avoir l'équation entière d'une courbe algébrique, on obtiendra toujours la même équation, à un facteur numérique près, si les axes de coordonnées restent les mêmes.

24. Cela posé, soit

$$f(x, y) = 0$$

l'équation entière d'une courbe algébrique par rapport à un système d'axes Ox, Oy; si l'on effectue une transformation de coordonnées quelconque, l'équation devient

$$\varphi(x', y') \equiv f(p + ax' + a'y', q + bx' + b'y') = 0.$$

Soit m le degré du polynome $f(x, y)$. Le degré du polynome $\varphi(x', y')$ est au plus égal à m; je dis qu'il ne peut être moindre. En effet, pour revenir aux axes primitifs, il faut remplacer dans $\varphi(x', y')$ x' et y' par des fonctions du premier degré de x et y; or si $\varphi(x', y')$ était de degré inférieur à m, l'équation obtenue en x et y

serait aussi de degré plus petit que m, et cela est impossible, puisque l'équation de la courbe par rapport aux axes Ox, Oy est de degré m.

Par suite, si l'équation entière d'une courbe algébrique par rapport à un système d'axes est de degré m, elle conserve le même degré par rapport à tout autre système d'axes. En d'autres termes, le degré de l'équation entière d'une courbe algébrique est un nombre indépendant des axes de coordonnées; ce nombre ne dépend que de la nature de la courbe, et non de sa position dans le plan. Pour cette raison ce nombre est appelé le *degré* où l'*ordre* de la courbe.

25. En résumé, on dit qu'une courbe est *algébrique* lorsque son équation par rapport à un système d'axes quelconques est algébrique.

On dit qu'une courbe algébrique est de *degré m* (ou d'*ordre m*) lorsque son équation entière par rapport à un système d'axes quelconques est de degré m.

Toute courbe qui n'est pas algébrique est appelée courbe *transcendante*.

26. **Théorème.** — *Une courbe algébrique de degré m est rencontrée par une droite en m points au plus.*

Prenons la droite pour axe des x, l'axe des y étant quelconque, et soit $f(x, y) = 0$ l'équation de la courbe supposée de degré m. Les abscisses des points de la courbe situés sur Ox sont racines de l'équation $f(x, 0) = 0$. Cette équation étant au plus de degré m ne peut avoir plus de m racines.

27. Nous admettrons sans démonstration le théorème suivant, appelé théorème de BEZOUT :

Deux courbes algébriques de degrés m et p ont au plus mp points communs.

CHAPITRE II

DE LA LIGNE DROITE

28. Théorème. — *Toute équation du premier degré représente une droite.*

Toute équation du premier degré par rapport à x et y est de la forme

$$Ax + By + C = 0,$$

A, B, C désignant des nombres algébriques.

Nous allons démontrer que tous les points dont les coordonnées vérifient cette équation sont situés sur une même droite.

Examinons d'abord quelques cas particuliers.

1° $A = 0$, $B \neq 0$. L'équation peut s'écrire $y = -\dfrac{C}{B}$; tous les points dont l'ordonnée est égale à $-\dfrac{C}{B}$ sont situés sur une parallèle à Ox.

En particulier, $y = 0$ est l'équation de l'axe des x.

2° $B = 0$, $A \neq 0$. L'équation $x = -\dfrac{C}{A}$ représente une parallèle à Oy ; $x = 0$ est l'équation de l'axe des y.

3° $C = 0$, $AB \neq 0$. L'équation peut s'écrire

$$y = mx,$$

en posant $m = -\dfrac{A}{B}$.

Remarquons d'abord que les coordonnées de l'origine vérifient cette équation. Donnons à x une valeur quelconque x', et soit y' la valeur correspondante de y ; nous avons $y' = mx'$. Désignons par M' le point qui a pour coordonnées x' et y'. Nous allons démontrer que tout point dont les coordonnées vérifient l'équation $y = mx$ est situé sur la droite OM'.

Soit $M''(x'', y'')$ un de ces points ; nous avons $y'' = mx''$, et par suite

$$m = \frac{y'}{x'} = \frac{y''}{x''},$$

ce qu'on peut écrire, en menant M'P' et M''P'' parallèles à Oy (fig. 11),

$$\frac{\overline{P'M'}}{\overline{OP'}} = \frac{\overline{P''M''}}{\overline{OP''}}.$$

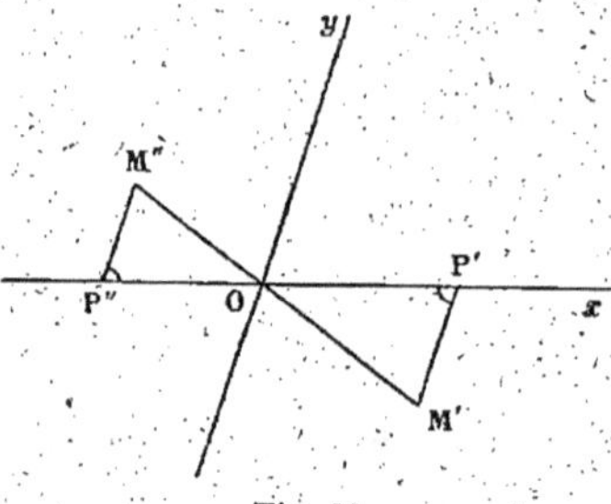

Fig. 11.

Les droites indéfinies Ox et Oy forment quatre angles. Si x' et x'' sont de même signe, les points M' et M'' sont situés dans le même angle, puisque $\frac{y'}{x'}$ et $\frac{y''}{x''}$ ont le même signe. Si x' et x'' sont de signes contraires, M' et M'' sont dans des angles opposés par le sommet.

De plus, quels que soient les signes de m, x', x'', on reconnaît aisément que les angles P' et P'' des triangles OP'M' et OP''M'' sont égaux. La figure 11 a été faite en supposant $m < 0$, $x' > 0$, $x'' < 0$.

Les deux triangles OP'M' et OP''M'' sont semblables comme ayant un angle égal (P' = P'') compris entre deux côtés proportionnels $\left(\frac{\overline{P'M'}}{\overline{OP'}} = \frac{\overline{P''M''}}{\overline{OP''}} \right)$; les angles $\widehat{P'OM'}$ et $\widehat{P''OM''}$ sont donc égaux, et d'après la position des droites OM' et OM'', les trois points O, M', M'' sont en ligne droite.

Il en résulte que tout point dont les coordonnées vérifient l'équation $y = mx$ est situé sur la droite OM'. Donc, cette équation représente une droite passant par l'origine.

Si m est positif, cette droite traverse l'angle xOy et son opposé par le sommet ; si m est négatif, elle traverse les deux autres angles.

4° *Cas général*. $ABC \neq 0$. Résolvons l'équation $Ax + By + C = 0$ par rapport à y ; nous avons $y = -\frac{A}{B}x - \frac{C}{B}$, ce qu'on peut écrire

$$y = mx + p,$$

en posant

$$m = -\frac{A}{B}, \quad p = -\frac{C}{B}.$$

Donnons à x une valeur arbitraire x' et soit y' la valeur correspondante de y ; nous avons $y' = mx' + p$. Pour construire le point (x', y'), traçons la droite OD qui a pour équation $y = mx$, et prenons sur cette droite le point N dont l'abscisse $\overline{OA}$ est égale à x'. Son ordonnée $\overline{AN}$ est alors égale à mx', et en portant sur la droite AN un vecteur $\overline{NM}$ égal à p, nous aurons

$$\overline{AM} = \overline{AN} + \overline{NM} = mx' + p = y',$$

ce qui montre que le point M a pour coordonnées x' et y' (*fig.* 12).

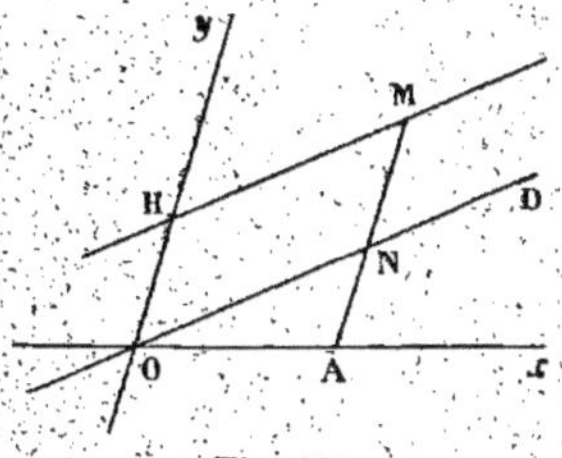

Fig. 12.

Or, quand x' varie, le point N se déplace sur la droite OD; $\overline{NM}$ étant constant, le point M décrit une droite parallèle à OD et rencontrant l'axe Oy en un point H qui a pour ordonnée p.

Le théorème est donc démontré (*).

29. Théorème réciproque. — *Toute droite est représentée par une équation du premier degré.*

Considérons une droite Δ située dans le plan de deux axes Ox, Oy. Faisons une transformation de coordonnées en prenant la droite Δ pour axe des x', l'axe des y' étant arbitraire. L'équation de la droite est alors $y' = 0$; or, en revenant aux axes primitifs, on doit remplacer y' par une fonction du premier degré de x et de y. Il en résulte que l'équation de la droite par rapport aux axes Ox, Oy est du premier degré.

30. On peut encore établir ce théorème par un autre procédé qui mettra en évidence une forme remarquable de l'équation d'une droite.

Abaissons du point O une perpendiculaire OP sur la droite Δ (*fig.* 13), et choisissons arbitrairement sur la droite OP une demi-droite OL. La droite Δ sera bien déterminée par l'angle (Ox. OL) et par la valeur algébrique $\overline{OP}$ du vecteur $\overrightarrow{OP}$, sens positif OL.

Nous poserons

$$(Ox,\ OL) = \alpha, \qquad \overline{OP} = p.$$

(*) C'est pour cette raison que toute équation du premier degré à un nombre quelconque d'inconnues est appelée équation *linéaire*. De même, tout polynome du premier degré à un nombre quelconque de variables s'appelle fonction *linéaire*. En particulier, si ce polynome est homogène, on dit que c'est une *forme linéaire*.

Pour qu'un point $M(x, y)$ soit sur la droite Δ, il faut et il suffit que la projection orthogonale du vecteur $\overrightarrow{OM}$ sur OL soit égale à p.

Figurons le contour des coordonnées du point M, OAM, et projetons-le orthogonalement sur OL; nous avons

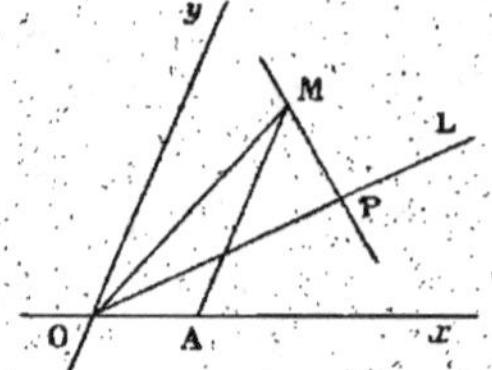

Fig. 13.

$$\mathrm{pr}.\overrightarrow{OM} = \mathrm{pr}.\overrightarrow{OA} + \mathrm{pr}.\overrightarrow{AM}.$$

Or

$$\mathrm{pr}.\overrightarrow{OA} = \overline{OA}\cos(Ox,\ OL) = x\cos\alpha,$$

$$\mathrm{pr}.\overrightarrow{AM} = \overline{AM}\cos(Oy,\ OL)$$
$$= y\cos[(Oy,\ Ox) + (Ox,\ OL)]$$
$$= y\cos(\theta - \alpha),$$

et par suite

$$\mathrm{pr}.\overrightarrow{OM} = x\cos\alpha + y\cos(\theta - \alpha).$$

Pour que le point M soit sur la droite, il faut qu'on ait $\mathrm{pr}.\overrightarrow{OM} = p$, ou

$$x\cos\alpha + y\cos(\theta - \alpha) - p = 0.$$

Cette relation est l'équation de la droite; elle est du premier degré, par suite le théorème est démontré.

Si les axes de coordonnées sont rectangulaires, l'équation s'écrit

$$x\cos\alpha + y\sin\alpha - p = 0.$$

31. Coefficient angulaire et ordonnée à l'origine. — Il résulte de ce qui précède que l'équation d'une droite quelconque *non parallèle à Oy* peut être écrite

$$y = mx + p.$$

Quelle que soit la valeur de p, cette droite est parallèle à la droite qui a pour équation $y = mx$.

Le nombre m qui détermine ainsi la direction de la droite est appelé le *coefficient angulaire* ou la *pente* de la droite. Le nombre p, ordonnée du point de rencontre de la droite avec Oy, est appelé *l'ordonnée à l'origine* de la droite.

Ces deux nombres s'obtiennent aisément, quelle que soit la forme sous laquelle est écrite l'équation de la droite. Il suffit de résoudre l'équation par rapport à y; le coefficient angulaire est alors égal au coefficient de x, et l'ordonnée à l'origine est égale au terme indépendant.

Par exemple, soit l'équation $3x - 2y - 1 = 0$; résolvons par rapport à y, nous avons $y = \frac{3}{2}x - \frac{1}{2}$. La pente est égale à $\frac{3}{2}$ et l'ordonnée à l'origine est égale à $-\frac{1}{2}$.

Remarquons aussi que le coefficient angulaire d'une droite *passant par l'origine* est égal à l'ordonnée du point de cette droite qui a pour abscisse $+1$.

Par conséquent, si une droite d'abord appliquée sur Ox tourne dans le sens positif autour du point O, son coefficient angulaire croît à partir de zéro et augmente indéfiniment par valeurs positives quand la droite se rapproche de Oy. On peut donc dire que le coefficient angulaire de Oy est infini. Si la droite continue de tourner dans le même sens à partir de Oy, son coefficient angulaire devient négatif; il croît à partir de $-\infty$ et redevient nul quand la droite coïncide de nouveau avec Ox.

Pour construire une droite connaissant son équation, on détermine généralement les points de rencontre de cette droite avec les axes de coordonnées en faisant successivement $x = 0$, $y = 0$ dans l'équation de la droite.

Par exemple, considérons la droite représentée par l'équation $3x - 2y + 4 = 0$. Pour $y = 0$, nous avons

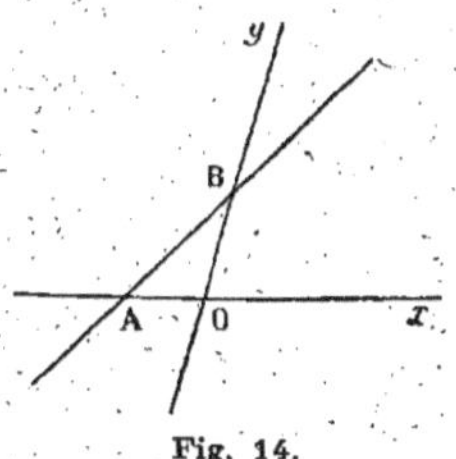

Fig. 14.

$x = -\frac{4}{3}$, abscisse du point de rencontre A de la droite avec l'axe des x (*fig. 14*).

Pour $x = 0$, l'équation donne $y = \frac{4}{2} = 2$, ordonnée du point B où la droite coupe Oy. AB est la droite cherchée.

Cette construction est insuffisante si la droite passe par l'origine. Dans ce cas, on calcule les coordonnées d'un point quelconque de cette droite (autre que l'origine); on construit ce point et on le joint au point O.

32. Théorème. — *La condition nécessaire et suffisante pour que deux équations représentent la même droite est que leurs coefficients soient proportionnels.*

Ce théorème est un cas particulier du théorème établi au n° 22. Nous en donnerons néanmoins une démonstration directe. Soient les deux équations

$$Ax + By + C = 0, \qquad A'x + B'y + C' = 0.$$

Pour que ces deux équations représentent la même droite, il faut et il suffit que tout ensemble de solutions de la première vérifie la seconde.

Les quatre nombres A, B, A′, B′ ne peuvent être nuls en même temps; supposons par exemple A $\neq$ 0. De la première équation nous tirons $x = -\dfrac{By + C}{A}$, et, en remplaçant x par cette valeur dans la deuxième, nous avons

$$-\frac{A'(By + C)}{A} + B'y + C' = 0,$$

ou

$$(1) \qquad \left(-\frac{A'B}{A} + B'\right)y - \frac{A'C}{A} + C' = 0.$$

Pour que tout ensemble de solutions de l'équation

$$Ax + By + C = 0$$

vérifie l'équation $A'x + B'y + C' = 0$ il faut et il suffit que l'équation (1) soit vérifiée par toute valeur de y. On doit donc avoir

$$-\frac{A'B}{A} + B' = 0, \qquad -\frac{A'C}{A} + C' = 0,$$

ou, en posant $\dfrac{A'}{A} = \lambda$,

$$(2) \qquad A' = \lambda A, \qquad B' = \lambda B, \qquad C' = \lambda C,$$

ce qui montre que les coefficients des équations des deux droites doivent être proportionnels.

On obtient évidemment les mêmes conditions quel que soit celui des nombres A, B, A′, B′ qu'on suppose différent de zéro.

33. Ces conditions peuvent encore s'écrire

$$\frac{A'}{A} = \frac{B'}{B} = \frac{C'}{C}$$

avec la convention suivante :

Si l'un des dénominateurs est nul, il faut égaler à zéro le numérateur correspondant et supprimer le rapport. Si l'un des numérateurs est nul, il faut égaler à zéro le dénominateur correspondant et supprimer le rapport.

Cela résulte immédiatement des égalités (2).

On peut encore obtenir ces conditions en écrivant que les deux droites ont même coefficient angulaire et même ordonnée à l'origine.

34. Si l'on désigne par P et P' les polynomes $Ax + By + C$ et $A'x + B'y + C'$, on peut dire que *la condition nécessaire et suffisante pour que les équations* $P = 0$, $P' = 0$ *représentent la même droite est qu'il existe un nombre λ non nul tel que l'on ait l'identité*

$$(3) \qquad\qquad P' \equiv \lambda P. \quad (*)$$

35. L'équation d'une droite

$$Ax + By + C = 0$$

renferme *trois* coefficients A, B, C; mais, comme on peut diviser ces coefficients par un même nombre sans changer la droite, l'équation ne renferme en réalité que *deux* paramètres qui sont les rapports de deux des coefficients au troisième.

Par exemple, dans le cas où la droite n'est pas parallèle à Oy, son équation peut s'écrire

$$y = mx + p;$$

sous cette forme, on a en évidence les paramètres m et p.

Pour déterminer une droite, il faut donc donner deux relations entre ces paramètres; on exprime ce résultat en disant qu'*une droite est déterminée par deux conditions*. Le nombre des solutions peut être supérieur à 1, mais il est limité.

36. Théorème. — *La condition nécessaire et suffisante pour que deux équations représentent deux droites parallèles est que les coefficients de x et de y dans ces équations soient proportionnels.*

Soient les équations

$$Ax + By + C = 0, \qquad A'x + B'y + C' = 0.$$

Par définition, deux droites parallèles sont des droites situées dans un même plan, qui n'ont aucun point commun. Par suite, pour que les deux équations données représentent deux droites parallèles, il faut et il suffit qu'elles n'aient aucun ensemble de solutions communes.

Supposons $A \neq 0$; de la première équation nous tirons $x = -\dfrac{By + C}{A}$, et, en remplaçant x par cette valeur dans la deuxième, nous avons

$$\left(-\frac{A'B}{A} + B'\right)y - \frac{A'C}{A} + C' = 0,$$

(*) Il est essentiel d'observer que le nombre λ qui figure dans les égalités (2) et dans l'identité (3) ne peut être nul, sans quoi A', B', C' seraient nuls et l'équation $P' = 0$ ne représenterait plus une droite.

et cette équation ne doit admettre aucune solution. Il faut donc qu'on ait

$$-\frac{A'B}{A} + B' = 0, \qquad -\frac{A'C}{A} + C' \neq 0,$$

ou, en posant $\frac{A'}{A} = \lambda$,

$$A' = \lambda A, \qquad B' = \lambda B, \qquad C' \neq \lambda C,$$

ce qui démontre le théorème.

37. Cela fait en somme une seule condition qui peut s'écrire

$$\frac{A'}{A} = \frac{B'}{B}, \qquad \text{ou} \qquad AB' - BA' = 0.$$

On est d'ailleurs conduit à cette condition en écrivant que les pentes des deux droites sont égales.

38. A la place de l'inégalité $C' \neq \lambda C$ on peut mettre l'égalité $C' = \lambda C + \mu$, μ désignant un nombre non nul, et alors les trois égalités

$$A' = \lambda A, \qquad B' = \lambda B, \qquad C' = \lambda C + \mu$$

sont contenues dans l'identité

$$P' = \lambda P + \mu, \qquad (\lambda \text{ et } \mu \neq 0)$$

P et P' désignant comme précédemment les polynomes

$$Ax + By + C \qquad \text{et} \qquad A'x + B'y + C'.$$

Problèmes relatifs à la ligne droite.

39. *Équation générale des droites passant par un point.*

Soit M un point ayant pour coordonnées x' et y'. Pour qu'une droite $Ax + By + C = 0$ passe par ce point, il faut qu'on ait

$$Ax' + By' + C = 0.$$

De cette relation nous tirons $C = -Ax' - By'$, et, en portant cette valeur de C dans l'équation de la droite, nous obtenons l'équation générale cherchée

$$A(x - x') + B(y - y') = 0.$$

Cette équation ne renferme plus qu'un seul paramètre, le rapport des coefficients A et B. En posant $\lambda = -\dfrac{A}{B}$, l'équation devient

$$y - y' = \lambda(x - x');$$

elle représente toutes les droites passant par le point M, à l'exception toutefois de la parallèle à Oy.

40. *Équation de la droite menée par un point (x', y') parallèlement à une droite donnée.*

Si la droite donnée a pour équation $Ax + By + C = 0$, l'équation demandée est visiblement

$$A(x - x') + B(y - y') = 0.$$

Si la droite donnée est définie par son coefficient angulaire m, l'équation de la droite cherchée est

$$y - y' = m(x - x').$$

41. *Équation de la droite qui passe par deux points.*

Soient x', y' et x'', y'' les coordonnées des deux points. Une droite quelconque passant par le premier a pour équation

$$y - y' = \lambda(x - x').$$

Écrivons que cette droite passe par le point (x'', y''); nous avons

$$y'' - y' = \lambda(x'' - x'),$$

d'où nous tirons $\lambda = \dfrac{y'' - y'}{x'' - x'}$, et, en portant cette valeur dans l'équation de la droite, nous obtenons

$$y - y' = \frac{y'' - y'}{x'' - x'}(x - x');$$

c'est l'équation cherchée.

On la retient facilement en la mettant sous la forme

$$\frac{y - y'}{x - x'} = \frac{y'' - y'}{x'' - x'}.$$

Son coefficient angulaire est $\dfrac{y'' - y'}{x'' - x'}$. On en conclut que *le coefficient angulaire de la droite qui passe par deux points est égal au quotient de la différence des ordonnées par la différence des abscisses.*

42. Cas particuliers. — 1° La droite joignant l'origine au point x', $y')$ a pour équation

$$\frac{y}{x} = \frac{y'}{x'}.$$

2° Si l'un des points donnés A est sur Ox et a pour abscisse a, et si l'autre B est sur Oy et a pour ordonnée b, on voit aisément que l'équation de la droite AB est

$$\frac{x}{a} + \frac{y}{b} - 1 = 0.$$

43. Autre méthode. — Écrivons que l'équation

(1) $Ax + By + C = 0$

est vérifiée par les coordonnées des deux points donnés; nous avons

(2) $\begin{cases} Ax' + By' + C = 0, \\ Ax'' + By'' + C = 0. \end{cases}$

Il faut tirer A, B, C de ces équations et transporter les valeurs obtenues dans l'équation (1).

Du tableau des coefficients

$$\left\| \begin{matrix} x' & y' & 1 \\ x'' & y'' & 1 \end{matrix} \right\|$$

on peut déduire trois déterminants à quatre éléments dont l'un au moins n'est pas nul, sans quoi les deux points coïncideraient.

Supposons par exemple

$$\left| \begin{matrix} y' & 1 \\ y'' & 1 \end{matrix} \right| \neq 0;$$

nous pouvons alors résoudre les équations (2) par rapport à B et C, et porter les valeurs obtenues dans l'équation (1); nous obtenons alors d'après un théorème d'algèbre bien connu (A. 96)

$$\frac{\left| \begin{matrix} Ax & y & 1 \\ Ax' & y' & 1 \\ Ax'' & y'' & 1 \end{matrix} \right|}{\left| \begin{matrix} y' & 1 \\ y'' & 1 \end{matrix} \right|} = 0$$

ou, en divisant par A et en chassant le dénominateur qui n'est pas nul,

$$\left| \begin{matrix} x & y & 1 \\ x' & y' & 1 \\ x'' & y'' & 1 \end{matrix} \right| = 0.$$

Telle est l'équation de la droite qui passe par les deux points donnés.

44. Condition pour que trois points soient en ligne droite.

Soient (x', y'), (x'', y''), (x''', y''') les coordonnées des trois points donnés; pour exprimer que ces points sont en ligne droite, il suffit d'écrire que le point (x''', y'''), par exemple, est situé sur la droite joignant les deux autres; nous obtenons ainsi

$$\frac{y''' - y'}{x''' - x'} = \frac{y'' - y'}{x'' - x'}, \qquad \text{ou} \qquad \begin{vmatrix} x' & y' & 1 \\ x'' & y'' & 1 \\ x''' & y''' & 1 \end{vmatrix} = 0.$$

45. Exercice. — *Démontrer que dans un quadrilatère complet les milieux des diagonales sont en ligne droite.*

On appelle *quadrilatère complet* la figure formée par quatre droites dont trois ne passent pas par un même point et dont deux ne sont pas parallèles; ces droites sont appelées les *côtés* du quadrilatère, et les points de rencontre de ces droites prises deux à deux sont les *sommets* du quadrilatère; il y a donc *six* sommets.

Si l'on joint le point de rencontre de deux côtés quelconques au point de rencontre des deux autres, on obtient une droite qu'on appelle *diagonale* du quadrilatère. On voit alors aisément qu'il y a trois diagonales, et nous nous proposons de démontrer que les milieux de ces diagonales sont en ligne droite.

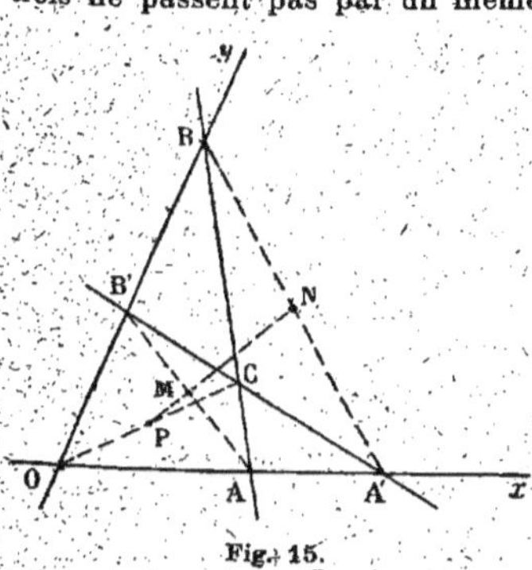

Fig. 15.

Prenons pour axes de coordonnées deux des côtés du quadrilatère; soient AB et A'B' les deux autres qui se coupent au point C. Les trois diagonales sont alors AB', A'B et OC; leurs milieux sont les points M, N et P. Nous allons calculer les coordonnées de ces points (*fig.* 15).

Soient a, a' les abscisses des points A, A', b et b' les ordonnées des points B et B'. On voit immédiatement que les coordonnées du point M sont

$$x' = \frac{a}{2}, \qquad y' = \frac{b'}{2},$$

et que celles du point N sont $x'' = \dfrac{a'}{2}$, $y'' = \dfrac{b}{2}$.

Pour avoir les coordonnées du point P, milieu de OC, il suffit de connaître celles du point C. Or ce point est à l'intersection des droites AB et A'B' qui ont respectivement pour équations

$$\frac{x}{a} + \frac{y}{b} - 1 = 0, \qquad \frac{x}{a'} + \frac{y}{b'} - 1 = 0;$$

par suite pour avoir les coordonnées du point C, il faut résoudre ces deux équations. Nous obtenons ainsi

$$x = \frac{aa'(b' - b)}{ab' - ba'}, \qquad y = -\frac{bb'(a' - a)}{ab' - ba'};$$

les coordonnées du point P, milieu de OC, sont alors

$$x''' = \frac{aa'(b' - b)}{2(ab' - ba')}, \qquad y''' = -\frac{bb'(a' - a)}{2(ab' - ba')}.$$

Pour établir que les points M, N, P sont en ligne droite, il faut démontrer l'égalité

$$\frac{y''' - y'}{x''' - x'} = \frac{y'' - y'}{x'' - x'}.$$

Or nous avons

$$\frac{y''' - y'}{x''' - x'} = \frac{-\dfrac{bb'(a'-a)}{2(ab'-ba')} - \dfrac{b'}{2}}{\dfrac{aa'(b'-b)}{2(ab'-ba')} - \dfrac{a}{2}} = \frac{-bb'(a'-a) - b'(ab'-ba')}{aa'(b'-b) - a(ab'-ba')},$$

ou

$$\frac{y''' - y'}{x''' - x'} = \frac{ab'(b-b')}{ab'(a'-a)} = \frac{b-b'}{a'-a}.$$

D'autre part,

$$\frac{y'' - y'}{x'' - x'} = \frac{\dfrac{b}{2} - \dfrac{b'}{2}}{\dfrac{a'}{2} - \dfrac{a}{2}} = \frac{b-b'}{a'-a}.$$

L'égalité est donc vérifiée, et par suite la proposition est établie.

46. *Intersection de deux droites.*

Soient $\quad Ax + By + C = 0,\qquad A'x + B'y + C' = 0$
les équations des deux droites. Les coordonnées du point de rencontre de ces deux droites vérifient leurs équations. Nous sommes donc ramenés à résoudre ces deux équations (A. 98).

1° $AB' - BA' \neq 0$. — Les deux équations ont un seul ensemble de solutions

$$x = \frac{BC' - CB'}{AB' - BA'}, \qquad y = \frac{CA' - AC'}{AB' - BA'}.$$

Par suite, les deux droites ont un seul point commun dont ces formules donnent les coordonnées.

2° $AB' - BA' = 0$, et soit par exemple $A \neq 0$. — Le déterminant caractéristique est alors $AC' - CA'$.

I. $AC' - CA' \neq 0$. — Les deux équations n'ont aucune solution. Les deux droites sont parallèles.

II. $AC' - CA' = 0$. — Toute solution de la première équation vérifie la seconde. Les deux droites sont confondues.

REMARQUE. — Les conditions que nous trouvons ainsi pour que les deux droites soient parallèles ou confondues se ramènent aisément à celles que nous avons obtenues plus haut (32 et 36).

En effet, puisque A n'est pas nul, de la relation $AB' - BA' = 0$ on peut tirer $B' = B\dfrac{A'}{A}$, et, en désignant par λ le nombre $\dfrac{A'}{A}$, nous avons

$$A' = \lambda A. \qquad B' = \lambda B.$$

Si $\quad AC' - CA' \neq 0, \qquad$ on a $\qquad C' \neq C\dfrac{A'}{A}, \qquad$ ou $\qquad C' \neq \lambda C.$

Si $\quad AC' - CA' = 0, \qquad$ on a $\qquad C' = C\dfrac{A'}{A}, \qquad$ ou $\qquad C' = \lambda C.$

47. Équation générale des droites passant par l'intersection de deux droites données.

Soient $P \equiv Ax + By + C = 0$, $P' \equiv A'x + B'y + C' = 0$
les équations des deux droites données qui, par hypothèse, se coupent en un point M.

Nous allons démontrer que l'équation générale des droites qui passent par le point M est

$$(1) \qquad\qquad P + \lambda P' = 0,$$

λ désignant un nombre quelconque.

On voit d'abord que, quel que soit λ, l'équation (1) représente une droite passant par le point M, car les coordonnées de ce point, annulant P et P', annulent $P + \lambda P'$.

En second lieu, il faut établir qu'on peut déterminer λ en sorte que l'équation (1) représente *une droite quelconque* passant au point M. Soit Δ une telle droite. Prenons sur cette droite un point N distinct du point M, et écrivons que les coordonnées x_0, y_0 du point N vérifient l'équation (1); nous avons

$$P_0 + \lambda P'_0 = 0,$$

P_0 et P'_0 désignant les résultats obtenus en remplaçant dans P et P' x et y par x_0 et y_0. De cette relation on tire $\lambda = - \dfrac{P_0}{P'_0}$, et en portant cette valeur dans l'équation (1) on a

$$(2) \qquad\qquad P - \frac{P_0}{P'_0} P' = 0.$$

Cette équation représente alors une droite passant par les points M et N, c'est-à-dire la droite Δ.

L'équation (1) est donc bien l'équation générale cherchée.

48. Remarque. — Dans ce raisonnement nous avons supposé $P'_0 \neq 0$, cela revient à supposer que le point N n'est pas sur la droite $P' = 0$, ou que la droite Δ ne coïncide pas avec la droite $P' = 0$.

On voit donc que l'équation (1) peut représenter toutes les droites passant par le point M, *à l'exception de la droite* $P' = 0$.

On peut éviter cet inconvénient en écrivant l'équation générale (1) sous la forme

$$(3) \qquad\qquad \lambda P + \lambda' P' = 0,$$

λ et λ' désignant deux nombres arbitraires. Alors, pour $\lambda = 0$, elle représente la droite $P' = 0$.

49. L'équation (2) peut aussi s'écrire

$$\frac{P}{P_0} = \frac{P'}{P'_0};$$

elle représente la droite passant par le point $(x_0,\ y_0)$ et par le point de rencontre des deux droites $P = 0,\quad P' = 0$.

50. Dans tout ce qui précède, nous avons supposé que les droites $P = 0,\quad P' = 0$ avaient un point commun. Si elles sont parallèles, l'équation (3) représente une droite qui leur est parallèle. En effet, si l'on a l'identité $P' \equiv \alpha P + \beta$, on a $\lambda P + \lambda' P' \equiv P(\lambda + \alpha\lambda') + \beta\lambda'$.

Si les droites $P = 0,\quad P' = 0$ sont confondues, l'équation (3) représente une droite confondue avec elles. En effet, dans cette hypothèse, on a $P' \equiv \alpha P$ et par suite $\lambda P + \lambda' P' \equiv (\lambda + \alpha\lambda')P$.

51. *Condition pour que trois droites soient concourantes.*

Soient les trois droites

$$P \equiv Ax + By + C = 0,$$
$$P' \equiv A'x + B'y + C' = 0,$$
$$P'' \equiv A''x + B''y + C'' = 0.$$

Pour que ces droites aient un point commun, il faut et il suffit que leurs équations aient un ensemble de solutions.

Une condition *nécessaire* est (A. 99)

$$\Delta = \begin{vmatrix} A & B & C \\ A' & B' & C' \\ A'' & B'' & C'' \end{vmatrix} = 0;$$

mais cette condition n'est suffisante que si l'un des mineurs

$$\begin{vmatrix} A & B \\ A' & B' \end{vmatrix}, \quad \begin{vmatrix} A & B \\ A'' & B'' \end{vmatrix}, \quad \begin{vmatrix} A' & B' \\ A'' & B'' \end{vmatrix}$$

est différent de zéro.

Si ces trois mineurs sont nuls, le déterminant Δ est aussi nul, les droites sont parallèles ou confondues.

En résumé, si les trois droites sont concourantes, on a $\Delta = 0$; réciproquement, si $\Delta = 0$, ou bien les droites sont concourantes, ou bien elles sont parallèles, ou bien elles sont confondues.

52. Autre méthode. — Théorème. — *La condition nécessaire et en général suffisante pour que les trois droites $P = 0$, $P' = 0$, $P'' = 0$ soient concourantes est qu'il existe trois nombres λ, λ', λ'' non nuls tels que l'on ait l'identité*

$$\lambda P + \lambda' P' + \lambda'' P'' \equiv 0.$$

1° *La condition est nécessaire.* — Supposons que les trois droites soient concourantes; alors la droite $P'' = 0$ passe par l'intersection des droites $P = 0$, $P' = 0$; son équation peut s'écrire $\lambda P + \lambda' P' = 0$. Les équations $P'' = 0$, $\lambda P + \lambda' P' = 0$ représentant la même droite, on a l'identité

$$\lambda P + \lambda' P' \equiv -\lambda'' P'', \qquad \text{ou} \qquad \lambda P + \lambda' P' + \lambda'' P'' \equiv 0.$$

2° *La condition est en général suffisante.* — Supposons qu'on ait l'identité $\lambda P + \lambda' P' + \lambda'' P'' \equiv 0$. Nous en tirons

$$P'' \equiv -\frac{\lambda P + \lambda' P'}{\lambda''}.$$

Par conséquent, si les droites $P = 0$, $P' = 0$ ont un point commun, la droite $P'' = 0$ passe par ce point.

Mais si les deux premières droites sont parallèles ou confondues, la troisième leur est parallèle ou coïncide avec elles (50).

En définitive, l'identité

$$\lambda P + \lambda' P' + \lambda'' P'' \equiv 0$$

exprime que les trois droites sont ou bien concourantes, ou bien parallèles, ou bien confondues.

53. Les deux méthodes que nous venons d'exposer sont au fond les mêmes, car en développant l'identité qui précède nous avons les égalités

$$\lambda A + \lambda' A' + \lambda'' A'' = 0,$$
$$\lambda B + \lambda' B' + \lambda'' B'' = 0,$$
$$\lambda C + \lambda' C' + \lambda'' C'' = 0;$$

et pour que ces équations soient vérifiées par des valeurs non nulles de λ, λ', λ'', il faut et il suffit que l'on ait

$$\begin{vmatrix} A & A' & A'' \\ B & B' & B'' \\ C & C' & C'' \end{vmatrix} = 0;$$

c'est la condition trouvée au n° 51.

Dans certains cas la formation de l'identité $\lambda P + \lambda' P' + \lambda'' P'' \equiv 0$ peut être plus simple que le calcul du déterminant Δ.

EXEMPLE. — *Dans un triangle les trois médianes passent par un même point.*

Soit le triangle OAB; prenons pour axes les côtés OA et OB, et désignons par a l'abscisse du point A et par b l'ordonnée du point B (*fig.* 16).

La médiane BC a pour équation $\dfrac{x}{\frac{a}{2}} + \dfrac{y}{b} - 1 = 0$ (42,2°); la médiane AD a de même pour équation

$$\frac{x}{a} + \frac{y}{\frac{b}{2}} - 1 = 0.$$

Quant à la médiane OE qui passe par l'origine et par le point $E\left(\frac{a}{2}, \frac{b}{2}\right)$,

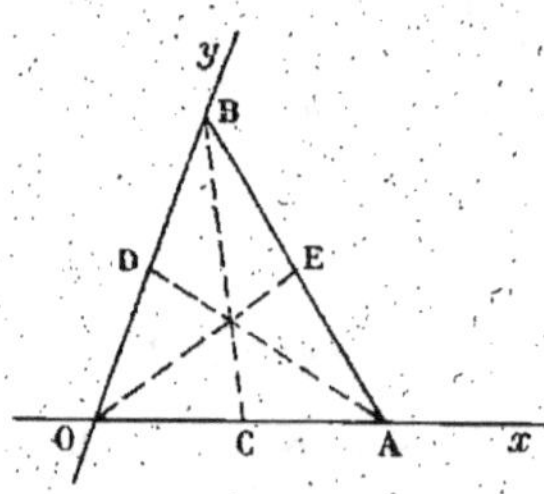

Fig. 16.

son équation est $\frac{y}{x} = \frac{\frac{b}{2}}{\frac{a}{2}}$ (42,1°). Par suite, les équations des trois droites peuvent s'écrire

$$\frac{2x}{a} + \frac{y}{b} - 1 = 0,$$
$$\frac{x}{a} + \frac{2y}{b} - 1 = 0,$$
$$\frac{x}{a} - \frac{y}{b} = 0.$$

Multiplions la première par — 1 et les deux autres par + 1 puis ajoutons; nous obtenons une identité. Donc les trois droites sont concourantes.

Elles ne peuvent être, en effet, ni parallèles ni confondues, car on voit facilement que les deux premières droites ont un seul point commun.

54. Paramètres directeurs d'une droite. — Soient D une droite quelconque, D′ la parallèle à cette droite menée par l'origine. Prenons sur D un point quelconque A(a, b), et sur D′ un point arbitraire P(α, β), *autre que l'origine.* Cela revient à supposer que α et β ne sont pas nuls en même temps.

La droite D est bien déterminée par les points A et P. Nous allons calculer les coordonnées x, y d'un point quelconque M de cette droite en fonction de la valeur algébrique $\overline{AM}$ du vecteur $\overrightarrow{AM}$, sens positif OP (*fig.* 17).

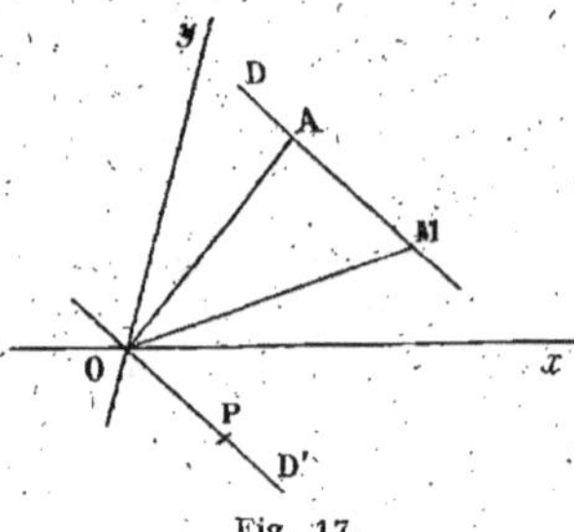

Fig. 17.

Projetons le contour OAM sur un axe quelconque; nous avons

(1) $\text{pr. } \overrightarrow{OM} = \text{pr. } \overrightarrow{OA} + \text{pr. } \overrightarrow{AM};$

mais on a

$$\frac{\text{pr. } \overrightarrow{AM}}{\text{pr. } \overrightarrow{OP}} = \frac{\overline{AM}}{\overline{OP}};$$

on en tire

$$\text{pr. } \overrightarrow{AM} = \frac{\overline{AM}}{\overline{OP}} \text{ pr. } \overrightarrow{OP},$$

ou, en posant $\dfrac{\overline{AM}}{\overline{OP}} = \rho,$

$$\text{pr. } \overrightarrow{AM} = \rho \text{ pr. } \overrightarrow{OP}.$$

L'égalité (1) devient alors

$$\text{pr. } \overrightarrow{OM} = \text{pr. } \overrightarrow{OA} + \rho \cdot \text{pr. } \overrightarrow{OP}.$$

En projetant sur Ox parallèlement à Oy, puis sur Oy parallèlement à Ox, on obtient

$$\text{(2)} \qquad \begin{aligned} x &= a + \alpha\rho, \\ y &= b + \beta\rho. \end{aligned}$$

Ces formules donnent les coordonnées d'un point quelconque M de la droite D en fonction du nombre ρ, qui est proportionnel au nombre $\overline{AM}$. Quand on fait varier ρ de $-\infty$ à $+\infty$, on obtient les coordonnées de tous les points de la droite D. En particulier, à deux valeurs de ρ égales et de signes contraires correspondent deux points symétriques par rapport au point A.

Les nombres α et β sont appelés les *paramètres directeurs* de la droite D; ce sont les coordonnées d'un point quelconque (autre que l'origine) de la parallèle à cette droite menée par l'origine.

Il résulte de là qu'une droite admet une infinité de systèmes de paramètres directeurs, puisqu'on peut choisir arbitrairement le point P sur la droite D'. Seulement le rapport $\dfrac{\beta}{\alpha}$ de ces paramètres est constant; c'est la pente de D'.

On peut donc multiplier ou diviser les paramètres directeurs d'une droite par un même nombre, sans changer la direction de cette droite.

55. Cas particulier. — Si on prend le point P sur la droite D' à l'unité de distance de l'origine, on a $\overline{OP} = 1$ et $\overline{AM} = \rho$. Dans ce cas, ρ *est égal à la valeur algébrique du vecteur* $\overrightarrow{AM}$; on dit que α et β sont les *paramètres principaux* de la droite D.

Si les axes de coordonnées sont rectangulaires, on a (10)

$$\alpha = \cos\varphi, \qquad \beta = \sin\varphi,$$

φ désignant l'angle de la demi-droite OP avec la demi-droite Ox; les coordonnées du point M sont alors

$$x = a + \rho\cos\varphi, \qquad y = b + \rho\sin\varphi,$$

ρ étant égal à la valeur algébrique du vecteur $\overrightarrow{AM}$, sens positif OP.

56. Remarquons enfin qu'en éliminant ρ entre les équations (2), on obtient l'équation de la droite sous la forme

$$\frac{x-a}{\alpha} = \frac{y-b}{\beta},$$

avec la convention que si l'un des nombres α ou β est nul, le numérateur correspondant doit être nul; la droite est alors parallèle à l'un des axes de coordonnées.

57. REMARQUE. — Lorsque l'équation d'une droite D est mise sous la forme

$$\frac{x-x_0}{\lambda} = \frac{y-y_0}{\mu},$$

x_0, y_0, λ, μ étant des nombres quelconques, x_0, y_0 sont les coordonnées d'un point de la droite et λ, μ les paramètres directeurs de cette droite.

En effet, l'équation donnée est vérifiée pour $x = x_0$, $y = y_0$, donc, la droite passe par le point (x_0, y_0).

D'autre part, la droite D' menée par l'origine parallèlement à la droite D a pour équation

$$\frac{x}{\lambda} = \frac{y}{\mu},$$

et ceci montre que la droite D' passe par le point (λ, μ). On en conclut que λ, μ sont les paramètres directeurs de la droite D.

CHAPITRE III

ANGLES ET DISTANCES

Angle de deux droites.

58. Dans notre *Précis d'Algèbre* (A, 154) nous avons défini l'angle de deux demi-droites. Nous allons maintenant définir l'angle de deux droites indéfinies situées dans un plan orienté.

Soient D et D' ces deux droites; par un point O du plan menons des droites Δ et Δ' parallèles respectivement à D et D', et prenons sur Δ un point A situé à l'unité de distance du point O. Faisons tourner maintenant la droite Δ dans un sens quelconque autour du point O et arrêtons le mouvement à l'un des instants où la droite Δ coïncide avec la droite Δ'. Le nombre qui mesure la longueur de l'arc décrit par le point A affecté du signe $+$ si la rotation a eu lieu dans le sens positif et du signe $-$ dans le cas contraire, est par définition la mesure de l'angle de la droite D' avec la droite D. Ce nombre se représente par l'écriture (D, D').

59. Il est aisé de voir que cet angle est défini à un multiple près de π. En effet, faisons tourner la droite Δ dans le sens positif, les mesures des angles décrits sont successivement θ, $\pi + \theta$, $2\pi + \theta$, $3\pi + \theta$... Si le mouvement a lieu dans le sens négatif, les valeurs absolues des angles sont $\pi - \theta$, $2\pi - \theta$, $3\pi - \theta$,... et leurs mesures sont $-\pi + \theta$, $-2\pi + \theta$, $-3\pi + \theta$,...

L'expression générale de l'angle (D, D') est donc $k\pi + \theta$, k désignant un nombre entier quelconque, positif ou négatif, et θ étant la plus petite valeur positive de cet angle.

Si α désigne l'une quelconque de ces déterminations, on peut dire aussi que l'expression générale de l'angle (D, D') est $\alpha + k\pi$, k désignant un nombre entier arbitraire, positif ou négatif.

L'angle (D, D') est ainsi défini à un multiple près de π. Toutes les formules où figureront des angles de cette nature auront lieu à un multiple près de π; on pourra ne pas écrire ce multiple, mais il sera toujours sous-entendu ; c'est ainsi qu'on a

$$(D, D') + (D', D) = 0.$$

Étant données plusieurs droites A, B, C,... H, L, on voit aisément que l'on a

$$(A, L) = (A, B) + (B, C) + \ldots + (H, L).$$

Même démonstration que pour les demi-droites (A. 158).

60. Il est à remarquer cependant que la valeur de tg (D, D') est bien déterminée. De plus, étant donnée la droite D et la valeur de tg (D, D'), la droite D' est déterminée en direction. Il suffit de faire tourner la droite D autour d'un de ses points dans le sens positif du plus petit angle positif dont la tangente est égale à tg (D, D'); après cette rotation la droite D est parallèle à D'.

61. *Connaissant le coefficient angulaire m d'une droite* D, *calculer la valeur de* tg (Ox, D).

On peut supposer que la droite D passe par l'origine; son équation

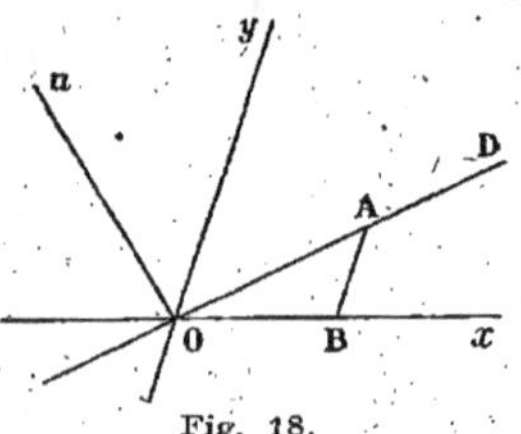

est alors $y = mx$. Prenons sur cette droite un point arbitraire A $(x_0,\ y_0)$, et désignons par α l'angle de la demi-droite OA avec la demi-droite Ox; α est l'une des déterminations de l'angle (Ox, D), et l'on a

$$\text{tg } (Ox, D) = \text{tg } \alpha.$$

Nous allons calculer tg α en fonction de m et de l'angle

$$(Ox, Oy) = \theta.$$

Fig. 18.

Menons par le point A la droite AB parallèle à O*y* (*fig.* 18), et projetons le contour OAB orthogonalement sur la demi-droite O*u* perpendiculaire à OA et définie par l'égalité $(OA, Ou) = \dfrac{\pi}{2}$.

Nous avons

$$\text{pr. } \overrightarrow{OB} + \text{pr. } \overrightarrow{BA} = \text{pr. } \overrightarrow{OA}.$$

Or

$$\text{pr. } \overrightarrow{OB} = \overline{OB} \cos (Ox, Ou) = x_0 \cos [(Ox, OA) + (OA, Ou)]$$
$$= x_0 \cos \left(\alpha + \frac{\pi}{2} \right) = - x_0 \sin \alpha,$$

$$\text{pr. } \overrightarrow{BA} = \overline{BA} \cos (Oy, Ou) = y_0 \cos [(Oy, Ox) + (Ox, Ou)]$$
$$= y_0 \cos \left(- \theta + \alpha + \frac{\pi}{2} \right) = y_0 \sin (\theta - \alpha),$$

enfin
$$\text{pr. } \overrightarrow{OA} = 0.$$

L'égalité précédente devient alors

$$- x_0 \sin\alpha + y_0 \sin(\theta - \alpha) = 0,$$

ou

$$\frac{y_0}{x_0} = \frac{\sin\alpha}{\sin(\theta - \alpha)}.$$

Comme le point A est sur la droite D, on a $y_0 = m x_0$, ou $\frac{y_0}{x_0} = m$. Nous obtenons ainsi la formule importante

$$(1) \qquad m = \frac{\sin\alpha}{\sin(\theta - \alpha)},$$

qui donne la pente d'une droite en fonction de l'angle de cette droite avec Ox.

On en déduit

$$m(\sin\theta \cos\alpha - \sin\alpha \cos\theta) = \sin\alpha,$$

ou

$$\sin\alpha(1 + m\cos\theta) = m\sin\theta\cos\alpha,$$

ou enfin

$$(2) \qquad \operatorname{tg}\alpha = \frac{m\sin\theta}{1 + m\cos\theta}.$$

Nous avons ainsi la valeur de $\operatorname{tg}\alpha$ en fonction de m.

62. REMARQUE. — En donnant à α dans la formule (1) successivement les valeurs $\frac{\pi}{2}$ et $\frac{\pi}{2} + \theta$, on obtient les coefficients angulaires des perpendiculaires à Ox et Oy. On trouve ainsi que la perpendiculaire à Ox menée par le point O a pour équation

$$x + y\cos\theta = 0,$$

et la perpendiculaire à Oy,

$$y + x\cos\theta = 0.$$

63. *Si les axes de coordonnées sont rectangulaires, les formules* (1) *et* (2) *se réduisent à*

$$m = \operatorname{tg}\alpha,$$

ce qui montre que *la pente d'une droite est égale à la tangente de l'angle de cette droite avec* Ox.

64. *Étant données les équations de deux droites* D *et* D′, *calculer* $\operatorname{tg}(D, D')$.

Soient m et m' les pentes des droites D et D'; posons $(Ox, D) = \alpha$, $(Ox, D') = \alpha'$; nous avons

$$\operatorname{tg}\alpha = \frac{m\sin\theta}{1 + m\cos\theta}, \qquad \operatorname{tg}\alpha' = \frac{m'\sin\theta}{1 + m'\cos\theta}.$$

D'autre part, on a

$$(D, D') = (D, Ox) + (Ox, D') = \alpha' - \alpha,$$

et comme cette formule a lieu à un multiple près de π, nous pouvons prendre les tangentes des deux membres, ce qui nous donne

$$\operatorname{tg}(D, D') = \operatorname{tg}(\alpha' - \alpha) = \frac{\operatorname{tg}\alpha' - \operatorname{tg}\alpha}{1 + \operatorname{tg}\alpha' \operatorname{tg}\alpha},$$

et, en remplaçant $\operatorname{tg}\alpha$ et $\operatorname{tg}\alpha'$ par leurs valeurs,

$$\operatorname{tg}(D, D') = \frac{\dfrac{m'\sin\theta}{1 + m'\cos\theta} - \dfrac{m\sin\theta}{1 + m\cos\theta}}{1 + \dfrac{mm'\sin^2\theta}{(1 + m'\cos\theta)(1 + m\cos\theta)}}.$$

ou

$$(3) \qquad \operatorname{tg}(D, D') = \frac{(m' - m)\sin\theta}{1 + mm' + (m + m')\cos\theta}.$$

Si les droites D et D' ont respectivement pour équations

$$Ax + By + C = 0,$$
$$A'x + B'y + C' = 0,$$

on a

$$m = -\frac{A}{B}, \qquad m' = -\frac{A'}{B'},$$

et par suite

$$(4) \qquad \operatorname{tg}(D, D') = \frac{(AB' - BA')\sin\theta}{AA' + BB' - (AB' + BA')\cos\theta}.$$

Cette formule est établie en supposant B et B' différents de zéro. On vérifiera aisément qu'elle est encore vraie si l'un de ces nombres est nul.

65. Si les axes de coordonnées sont rectangulaires, les formules (3) et (4) deviennent

$$\operatorname{tg}(D, D') = \frac{m' - m}{1 + mm'},$$
$$\operatorname{tg}(D, D') = \frac{AB' - BA'}{AA' + BB'}.$$

66. *Condition pour que deux droites soient perpendiculaires.*

Pour que deux droites D et D' soient perpendiculaires, il faut que $\operatorname{tg}(D, D')$ soit infinie. On doit donc avoir,
soit

$$1 + mm' + (m + m')\cos\theta = 0,$$

soit
$$AA' + BB' - (AB' + BA') \cos \theta = 0.$$

Si les axes de coordonnées sont rectangulaires, ces conditions s'écrivent
$$1 + mm' = 0,$$
$$AA' + BB' = 0.$$

On voit donc que, dans le cas où les axes de coordonnées sont rectangulaires, la condition pour que deux droites soient perpendiculaires est que le produit des coefficients angulaires soit égal à -1, ou encore que le coefficient angulaire de l'une soit égal à l'inverse changé de signe du coefficient angulaire de l'autre.

EXERCICE. — *Dans tout triangle les trois hauteurs passent par un même point.*

Prenons deux axes rectangulaires quelconques et soient
$$P \equiv Ax + By + C = 0,$$
$$P' \equiv A'x + B'y + C' = 0,$$
$$P'' \equiv A''x + B''y + C'' = 0,$$
les équations des trois côtés du triangle.

La hauteur issue du point de rencontre des côtés P' et P'' a une équation de la forme
$$P' + \lambda P'' \equiv (A' + \lambda A'')x + (B' + \lambda B'')y + C' + \lambda C'' = 0.$$

Déterminons λ de façon que cette droite soit perpendiculaire au côté P; nous avons
$$A(A' + \lambda A'') + B(B' + \lambda B'') = 0,$$
d'où nous tirons
$$\lambda = -\frac{AA' + BB'}{AA'' + BB''};$$
par suite, la hauteur considérée a pour équation
$$P'(AA'' + BB'') - P''(AA' + BB') = 0.$$

Les deux autres hauteurs ont des équations analogues :
$$P''(A'A + B'B) - P(A'A'' + B'B'') = 0,$$
$$P(A''A' + B''B') - P'(A''A + B''B) = 0;$$
en ajoutant ces trois équations membre à membre on a une identité, donc les trois droites sont concourantes (52).

Elles ne peuvent être en effet ni parallèles ni confondues, puisque les trois côtés du triangle ne sont pas parallèles.

67. *Équation de la droite passant par le point (x_0, y_0) et perpendiculaire à une droite donnée D.*

1° Supposons d'abord que les axes de coordonnées soient perpendiculaires.

Si nous désignons par m la pente de la droite D, la pente de la perpendiculaire est égale à $-\dfrac{1}{m}$, et, par suite, l'équation de cette perpendiculaire est
$$y - y_0 = -\frac{1}{m}(x - x_0).$$

Si la droite D est définie par l'équation

$$Ax + By + C = 0,$$

on a $m = -\dfrac{A}{B}$, et l'équation de la perpendiculaire devient

$$y - y_0 = \frac{B}{A}(x - x_0),$$

ou

$$\frac{x - x_0}{A} = \frac{y - y_0}{B}.$$

Sous cette forme on reconnaît que A, B sont les paramètres directeurs de la perpendiculaire (57).

On en conclut que *lorsque les axes de coordonnées sont rectangulaires, les coefficients* A, B *de* x, y *dans l'équation d'une droite,* $Ax + By + C = 0$, *sont les paramètres directeurs de toute perpendiculaire à la droite.*

2° Supposons maintenant que les axes de coordonnées soient obliques.

La pente m' de la perpendiculaire est liée à la pente m de la droite D par la relation

$$1 + mm' + (m + m')\cos\theta = 0.$$

On en tire

$$m' = -\frac{1 + m\cos\theta}{m + \cos\theta},$$

et l'équation de la perpendiculaire est

$$y - y_0 = -\frac{1 + m\cos\theta}{m + \cos\theta}(x - x_0),$$

ou, en remplaçant m par $-\dfrac{A}{B}$,

$$\frac{x - x_0}{A - B\cos\theta} = \frac{y - y_0}{B - A\cos\theta}.$$

Dans ce cas, les paramètres de la perpendiculaire sont $A - B\cos\theta$ et $B - A\cos\theta$.

Distance d'un point à une droite.

68. Soit à trouver la distance du point M (x_0, y_0) à la droite D qui a pour équation $Ax + By + C = 0$.

Abaissons du point M la perpendiculaire sur la droite D, et désignons par H le pied de cette perpendiculaire. Nous allons calculer les coordonnées du point H; nous en déduirons la distance des points M et H; ce sera la distance cherchée.

Nous venons de voir que la perpendiculaire MH a pour équation

$$\frac{x - x_0}{A - B\cos\theta} = \frac{y - y_0}{B - A\cos\theta}.$$

Égalons les deux rapports à ρ; nous obtenons les égalités

$$(1) \qquad \begin{cases} x - x_0 = \rho(A - B\cos\theta), \\ y - y_0 = \rho(B - A\cos\theta), \end{cases}$$

qui nous donnent les coordonnées x, y d'un point quelconque de la droite MH en fonction du paramètre ρ.

La valeur de ρ relative au point H est racine de l'équation obtenue en écrivant que le point (x, y) est sur la droite D, c'est-à-dire de l'équation

$$A[x_0 + \rho(A - B\cos\theta)] + B[y_0 + \rho(B - A\cos\theta)] + C = 0,$$

ou

$$(2) \qquad \rho(A^2 + B^2 - 2AB\cos\theta) + P_0 = 0,$$

en posant, comme nous l'avons déjà fait,

$$P_0 = Ax_0 + By_0 + C.$$

Le coefficient de ρ est un trinome du deuxième degré par rapport à A qui a ses racines imaginaires; il est donc toujours positif, et de la relation (2) nous pouvons tirer

$$(3) \qquad \rho = - \frac{P_0}{A^2 + B^2 - 2AB\cos\theta}.$$

Si l'on remplace ρ par cette valeur dans les formules (1), x et y sont les coordonnées du point H; par suite, en désignant par d la distance MH, nous avons

$$d^2 = (x - x_0)^2 + (y - y_0)^2 + 2(x - x_0)(y - y_0)\cos\theta$$
$$= \rho^2[(A - B\cos\theta)^2 + (B - A\cos\theta)^2 + 2(A - B\cos\theta)(B - A\cos\theta)\cos\theta]$$
$$= \rho^2\sin^2\theta(A^2 + B^2 - 2AB\cos\theta),$$

ou enfin, en remplaçant ρ par sa valeur (3),

$$d^2 = \frac{P_0^2\sin^2\theta}{A^2 + B^2 - 2AB\cos\theta},$$

et, comme d est positif,

$$d = \frac{|P_0|\sin\theta}{\sqrt{A^2 + B^2 - 2AB\cos\theta}}. \qquad (*)$$

Si les axes de coordonnées sont rectangulaires, la formule prend la forme plus simple

$$d = \frac{|P_0|}{\sqrt{A^2 + B^2}}.$$

69. *Variation du signe de P_0.* — La quantité

$$P_0 = Ax_0 + By_0 + C$$

(*) Rappelons que $|P_0|$ désigne la valeur absolue de P_0.

est le résultat obtenu quand on remplace dans le premier membre de l'équation de la droite D les coordonnées courantes x, y par les coordonnées x_0, y_0 du point M.

Cette quantité est nulle si le point M est sur la droite, mais elle a une valeur différente de zéro dans le cas contraire. Nous allons étudier comment varie son signe quand le point M se déplace dans le plan.

Supposons que la droite D ne soit pas parallèle à Oy (cela revient à supposer $B \neq 0$), et par le point M menons une parallèle à Oy rencontrant la droite D au point N (*fig.* 19).

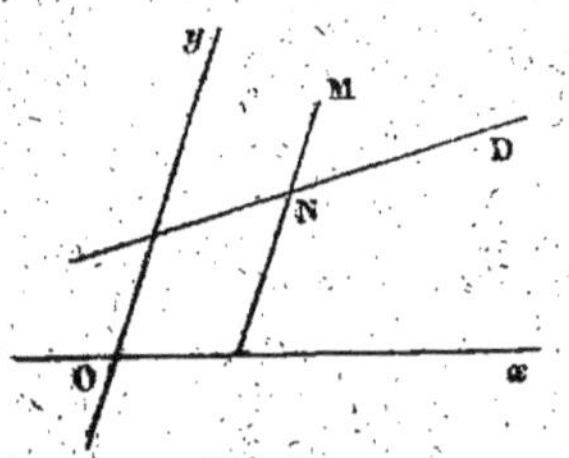

L'abscisse de ce point est x_0; soit y_1 son ordonnée. Comme ce point est sur la droite D, nous avons

$$Ax_0 + By_1 + C = 0.$$

et

$$Ax_0 + By_0 + C = P_0.$$

Retranchons ces égalités membre à membre; il vient

$$P_0 = B(y_0 - y_1).$$

Fig. 19.

Si le point M se déplace *sans rencontrer la droite*, $y_0 - y_1$ conserve le même signe, il en est de même de P_0; mais si le point M passe de l'autre côté de la droite, P_0 change de signe.

Par exemple, si $B > 0$, P_0 est positif quand le point M est au-dessus de la droite, et négatif si le point M est au-dessous; c'est le contraire si $B < 0$.

Le raisonnement est analogue si la droite D est parallèle à Oy; il suffit de prendre l'intersection de cette droite avec la parallèle à Ox menée par le point M.

On est ainsi conduit au résultat suivant :

Étant donnée une droite définie par l'équation $Ax + By + C = 0$, *cette droite divise le plan en deux régions. Les coordonnées de tout point de l'une de ces régions substituées dans la fonction* $Ax + By + C$ *rendent cette fonction positive, et les coordonnées de tout point de l'autre rendent cette fonction négative.*

La première de ces régions est appelée *la région positive* de la droite et l'autre *la région négative.*

Il est facile de déterminer les régions positive ou négative d'une droite dont l'équation est à coefficients numériques.

Si le coefficient de y est positif, nous savons que la région positive est située au-dessus de la droite et la région négative au-dessous; c'est le contraire si le coefficient de y est négatif.

On peut aussi substituer dans le premier membre de l'équation les coordonnées d'un point dont on connaît la position par rapport à la droite.

Par exemple, considérons la droite définie par l'équation

$$3x - 2y + 1 = 0;$$

elle rencontre Ox au point A d'abscisse $-\dfrac{1}{3}$ et Oy au point B d'ordonnée $\dfrac{1}{2}$.

Les coordonnées de l'origine rendent positif le premier membre de l'équation de la droite; donc la région positive est celle qui contient le point O (elle est couverte de hachures), l'autre est la région négative (*fig.* 20.)

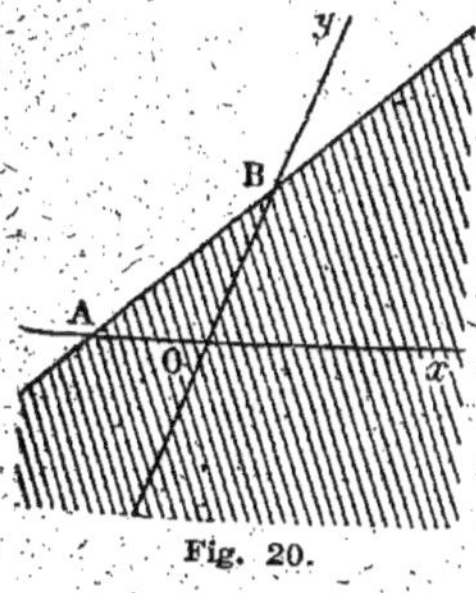

Fig. 20.

70. Conséquence. — P désignant une fonction linéaire de x et y, tous les points dont les coordonnées vérifient l'inégalité $P > 0$ (ou $P < 0$) sont situés dans la région positive (ou négative) de la droite représentée par l'équation $P = 0$.

Plus généralement, soient P, Q, R,... des fonctions linéaires de x et y en nombre arbitraire; nous allons montrer comment on peut déterminer les points dont les coordonnées vérifient l'inégalité

$$PQR... > 0.$$

On commence par construire les droites représentées par les équations $P = 0$, $Q = 0$, $R = 0$,...; ces droites divisent le plan en un certain nombre de régions. Lorsqu'un point M (x, y) se déplace dans l'une de ces régions *sans rencontrer aucune droite*, les facteurs P, Q, R,... conservent un signe constant; il en est de même du produit PQR... Mais si le point M traverse l'une des droites, ce produit change de signe.

Il suffira donc de déterminer le signe du produit pour un point arbitraire du plan; on en déduira aisément les régions du plan pour lesquelles le produit PQR... est positif ou négatif.

EXEMPLE. — *Déterminer les points du plan dont les coordonnées vérifient l'inégalité.*

$$xy(x - 1)(y + 2)(x - y + 1) > 0.$$

Figurons les droites qui correspondent aux facteurs du produit; elles divisent le plan en un certain nombre de régions.

Prenons dans la région 1 par exemple un point M ayant une abscisse positive très grande et une ordonnée positive très petite; pour les coordonnées de ce point les cinq facteurs du produit sont visiblement positifs; donc le produit est positif, et il reste positif pour tous les points de la région 1.

Si le point M traverse la droite $Ox(y = 0)$, et passe dans la région 2, le produit devient négatif; dans la région 3 il est positif, et ainsi de suite.

Nous avons couvert de hachures les régions pour lesquelles le produit est négatif.

On en conclut que l'inégalité proposée est vérifiée pour tous les points des régions non couvertes de hachures.

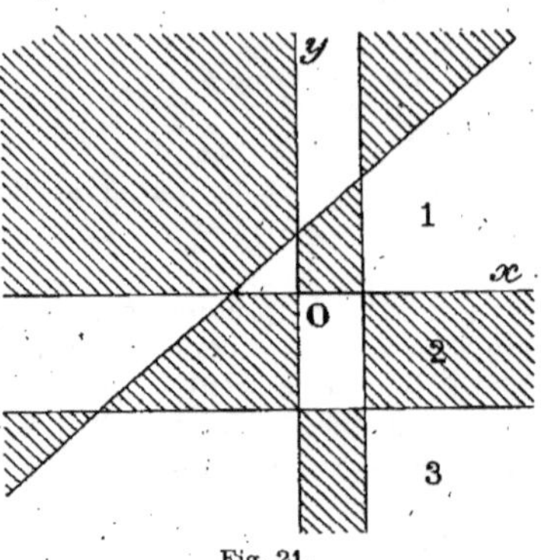

Fig. 21.

71. Dans le cas particulier où l'équation de la droite D a la forme (30)

$$(1) \qquad x \cos\alpha + y \cos(\theta - \alpha) - p = 0,$$

la distance d du point (x_0, y_0) à cette droite a pour valeur

$$d = \frac{|\, x_0 \cos\alpha + y_0 \cos(\theta - \alpha) - p \,|\sin\theta}{\sqrt{\cos^2\alpha + \cos^2(\theta - \alpha) - 2\cos\alpha \cos(\theta - \alpha)\cos\theta}}.$$

Mais on vérifie facilement que la quantité sous le radical est égale à $\sin^2\theta$; on a donc

$$d = |\, x_0 \cos\alpha + y_0 \cos(\theta - \alpha) - p \,|.$$

Ce résultat peut d'ailleurs s'établir directement.

En effet, abaissons des points M et O les perpendiculaires MH et OP sur la droite D; α désigne l'angle de la demi-droite OL choisie arbitrairement sur OP avec Ox, p est la valeur algébrique du vecteur $\overrightarrow{OP}$, sens positif OL. Menons MA parallèle à Oy et projetons le contour OAMHPO orthogonalement sur OL; nous avons (fig. 22)

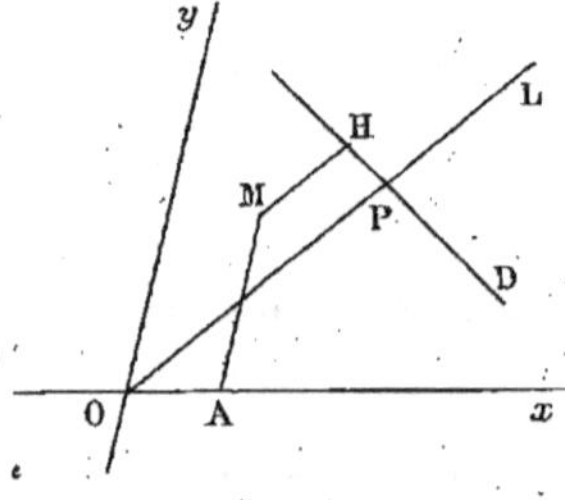

Fig. 22.

$$\mathrm{pr.}\,\overrightarrow{OA} + \mathrm{pr.}\,\overrightarrow{AM} + \mathrm{pr.}\,\overrightarrow{MH} + \mathrm{pr.}\,\overrightarrow{HP} + \mathrm{pr.}\,\overrightarrow{PO} = 0;$$

or, en raisonnant comme au n° 30, nous avons

$$\text{pr. } \overrightarrow{OA} = x_0 \cos\alpha, \qquad \text{pr. } \overrightarrow{AM} = y_0 \cos(\theta - \alpha), \qquad \text{pr. } \overrightarrow{PO} = -p.$$

D'autre part,

$$\text{pr. } \overrightarrow{MH} = \pm d, \qquad \text{pr. } \overrightarrow{HP} = 0 ;$$

par suite, l'égalité précédente s'écrit

$$x_0 \cos\alpha + y_0 \cos(\theta - \alpha) \pm d - p = 0,$$

ou

$$d = \left| x_0 \cos\alpha + y_0 \cos(\theta - \alpha) - p \right|.$$

On voit ainsi que la distance d'un point à la droite s'obtient, au signe près, en remplaçant dans le premier membre de l'équation de la droite x, y par les coordonnées du point.

Dans le cas particulier où les axes de coordonnées sont rectangulaires, l'équation de la droite a la forme

$$(2) \qquad\qquad x \cos\alpha + y \sin\alpha - p = 0,$$

et la distance du point (x_0, y_0) à cette droite est

$$d = \left| x_0 \cos\alpha + y_0 \sin\alpha - p \right|.$$

On peut remarquer que dans les équations (1) et (2) les coefficients de x, y sont les cosinus directeurs de la demi-droite OL (11).

72. Bissectrices d'un angle. — Soient

$$P \equiv Ax + By + C = 0, \qquad P' \equiv A'x + B'y + C' = 0$$

les équations des deux côtés de l'angle. Pour qu'un point (x, y) soit sur l'une des bissectrices, il faut et il suffit que les distances de ce point aux deux côtés de l'angle soient égales, ce qui donne les conditions

$$\frac{|P| \sin\theta}{\sqrt{A^2 + B^2 - 2AB \cos\theta}} = \frac{|P'| \sin\theta}{\sqrt{A'^2 + B'^2 - 2A'B' \cos\theta}},$$

ou

$$\frac{P}{\sqrt{A^2 + B^2 - 2AB \cos\theta}} = \pm \frac{P'}{\sqrt{A'^2 + B'^2 - 2A'B' \cos\theta}}.$$

En prenant successivement le signe $+$ et le signe $-$, on obtient les équations des deux bissectrices de l'angle donné.

Si les axes sont rectangulaires, on a

$$\frac{P}{\sqrt{A^2 + B^2}} = \pm \frac{P'}{\sqrt{A'^2 + B'^2}}.$$

73. Supposons maintenant que les côtés de l'angle soient définis par leurs coefficients angulaires et proposons-nous de former l'équation admettant pour racines les coefficients angulaires des bissec-trices.

Soit Δ l'une des bissectrices de l'angle formé par les droites D et D'; nous avons

$$(D, \Delta) = (\Delta, D'),$$

ou

$$\mathrm{tg}\,(D, \Delta) = \mathrm{tg}\,(\Delta, D') = -\,\mathrm{tg}\,(D', \Delta),$$

ou encore

$$\mathrm{tg}\,(D, \Delta) + \mathrm{tg}\,(D', \Delta) = 0.$$

Désignons par m, m', μ les coefficients angulaires des droites D, D', Δ; l'égalité précédente devient (64)

$$\frac{(\mu - m)\sin\theta}{1 + \mu m + (\mu + m)\cos\theta} + \frac{(\mu - m')\sin\theta}{1 + \mu m' + (\mu + m')\cos\theta} = 0,$$

ou

$$\frac{\mu - m}{1 + \mu m + (\mu + m)\cos\theta} + \frac{\mu - m'}{1 + \mu m' + (\mu + m')\cos\theta} = 0.$$

C'est une équation du deuxième degré par rapport à μ, qui admet pour racines les coefficients angulaires des bissectrices de l'angle formé par les droites D et D'.

Si les axes de coordonnées sont rectangulaires, cette équation s'écrit

$$\frac{\mu - m}{1 + \mu m} + \frac{\mu - m'}{1 + \mu m'} = 0.$$

74. Aire d'un triangle. — Soit à calculer l'aire d'un triangle ABC connaissant les coordonnées (x_1, y_1), (x_2, y_2), (x_3, y_3) des sommets A, B, C (fig. 23).

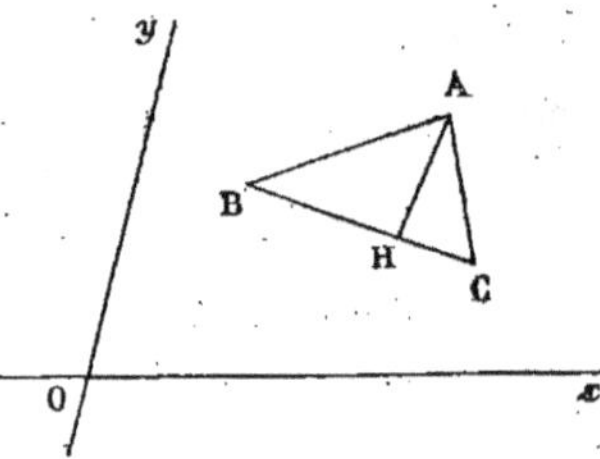

Abaissons du point A la perpendiculaire AH sur le côté BC; l'aire S du triangle ABC est donnée par la formule

$$S = \frac{1}{2}\,\mathrm{BC}.\mathrm{AH}.$$

Fig. 23.

Or l'équation de la droite BC est

$$\begin{vmatrix} x & y & 1 \\ x_2 & y_2 & 1 \\ x_3 & y_3 & 1 \end{vmatrix} = 0,$$

ou

$$x(y_2 - y_3) - y(x_2 - x_3) + x_2 y_3 - y_2 x_3 = 0;$$

par suite, la distance AH du point A à cette droite est

$$\mathrm{AH} = \frac{|\Delta|\sin\theta}{\sqrt{(y_2 - y_3)^2 + (x_2 - x_3)^2 + 2(x_2 - x_3)(y_2 - y_3)\cos\theta}},$$

Δ désignant le déterminant

$$\begin{vmatrix} x_1 & y_1 & 1 \\ x_2 & y_2 & 1 \\ x_3 & y_3 & 1 \end{vmatrix}.$$

Le dénominateur du second membre est précisément égal à la distance des deux points B et C; nous avons donc

$$AH.BC = |\Delta| \sin\theta,$$

et

$$S = \frac{1}{2} |\Delta| \sin\theta.$$

Si les axes sont rectangulaires, on a

$$S = \frac{1}{2} |\Delta|.$$

Si $\Delta = 0$, la surface S est nulle, ce qui était à prévoir, car la condition $\Delta = 0$ exprime que les points A, B, C sont en ligne droite.

Si Δ n'est pas nul, on peut déterminer facilement son signe.

Pour cela, imaginons un mobile décrivant le périmètre du triangle dans le sens ABC; suivant que ce mobile se déplace dans le sens positif ou négatif d'orientation du plan, le déterminant Δ est positif on négatif.

Pour le démontrer, supposons qu'on fasse glisser le triangle ABC dans le plan sans le déformer; le déterminant Δ varie d'une manière continue. Comme il ne peut avoir que l'une des deux valeurs $+\dfrac{2S}{\sin\theta}$ ou $-\dfrac{2S}{\sin\theta}$, il conserve une valeur constante. Pour avoir le signe de Δ, il suffit donc de placer le triangle dans une position particulière.

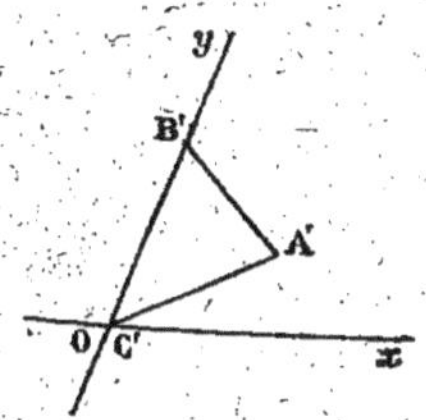

Fig. 24.

Amenons le point C à l'origine, le point B en B' sur l'axe Oy, de manière que son ordonnée y_2' soit positive; le point A prend alors une position A' dont nous désignons les coordonnées par x_1' et y_1' (fig. 24).

Le déterminant Δ est alors

$$\Delta = \begin{vmatrix} x_1' & y_1' & 1 \\ 0 & y_2' & 1 \\ 0 & 0 & 1 \end{vmatrix} = x_1' y_2'.$$

Comme y_2' est positif, Δ a le signe de x_1'.

Si x_1' est positif, le mobile qui décrit le périmètre du triangle A'B'C' dans le sens A'B'C' se déplace dans le sens positif d'orientation du plan (*); si au contraire x_1' est négatif, le mobile se déplace dans le sens négatif.

La règle énoncée plus haut est donc entièrement justifiée.

(*) Il ne faut pas oublier que le plan est orienté de manière que le plus petit angle positif de Oy avec Ox soit moindre que π (3).

CHAPITRE IV

FAISCEAUX DE DROITES ET COORDONNÉES HOMOGÈNES

Éléments imaginaires.

75. Si l'équation d'une courbe $f(x, y) = 0$ est vérifiée par un ensemble de valeurs imaginaires de x et de y, $x = a + bi$, $y = c + di$, on dit que la courbe passe par le *point imaginaire* qui a pour coordonnées $a + bi$ et $c + di$. C'est là une simple défi- nition analytique, introduite pour simplifier le langage, et à laquelle il ne faut attacher aucun sens géométrique.

On dit que deux points imaginaires sont *conjugués*, lorsque leurs coordonnées sont imaginaires conjuguées; par exemple $(a + bi, c + di)$ et $(a - bi, c - di)$ sont les coordonnées de deux points imaginaires conjugués.

Soit $f(x, y)$ un polynome à coefficients réels; la courbe algébrique représentée par l'équation $f(x, y) = 0$ passe par une infinité de points imaginaires, car si l'on donne à x une valeur imaginaire quelconque $a + bi$, le premier membre de l'équation devient un polynome en y, à coefficients imaginaires, qui admet des racines réelles ou imaginaires.

Si cette courbe passe par le point imaginaire $(a + bi, c + di)$, elle passe aussi par le point conjugué $(a - bi, c - di)$; en effet, les deux nombres $f(a + bi, c + di)$ et $f(a - bi, c - di)$ sont imaginaires conjugués. Si le premier est nul, le second l'est aussi.

Il peut arriver que l'équation $f(x, y) = 0$ ne soit vérifiée par aucun système de valeurs réelles de x et de y (exemple, l'équation $x^2 + y^2 + 1 = 0$). On dit alors que cette équation représente une *courbe imaginaire*, qui est constituée par l'ensemble des points ima- ginaires dont les coordonnées vérifient l'équation.

Plus généralement, soit $F(x, y)$ un polynome à *coefficients ima- ginaires*; l'ensemble des points réels ou imaginaires dont les coordonnées vérifient l'équation $F(x, y) = 0$ forme ce qu'on appelle une courbe imaginaire, et on dit que $F(x, y) = 0$ est l'équation de cette courbe.

Cette courbe admet une infinité de points imaginaires; on le voit comme précédemment; mais le nombre des points réels est limité. En effet, on peut écrire

$$F(x, y) \equiv f(x, y) + i\varphi(x, y),$$

$f(x, y)$ et $\varphi(x, y)$ désignant des polynomes à coefficients réels, et les coordonnées des points réels de la courbe sont les solutions réelles communes aux deux équations $f(x, y) = 0$ et $\varphi(x, y) = 0$.

76. En particulier, on dit que l'équation du premier degré à coefficients imaginaires

$$(A + A'i)x + (B + B'i)y + C + C'i = 0$$

représente une *droite imaginaire*. Elle passe par une infinité de points imaginaires et par un seul point réel qui est défini par les deux équations

$$Ax + By + C = 0, \qquad A'x + B'y + C' = 0.$$

On dit que deux droites imaginaires sont *conjuguées*, lorsque les coefficients de leurs équations sont imaginaires. conjugués. Par exemple, les équations

$$(A + A'i)x + (B + B'i)y + C + C'i = 0,$$
$$(A - A'i)x + (B - B'i)y + C - C'i = 0$$

représentent des droites imaginaires conjuguées.

Deux droites imaginaires ont en général un seul point commun, réel ou imaginaire. Si elles sont imaginaires conjuguées, leur point commun est réel.

77. Par deux points quelconques réels ou imaginaires passe une droite réelle ou imaginaire. Si l'on désigne par x_1, y_1 et x_2, y_2 les coordonnées des deux points, l'équation de la droite est

$$\frac{y - y_1}{x - x_1} = \frac{y_2 - y_1}{x_2 - x_1}.$$

Même démonstration que dans le cas où les points sont réels.

78. *La droite qui passe par deux points imaginaires conjugués est réelle.*

En effet, la droite qui passe par les deux points $(a + bi, \ c + di)$ et $(a - bi, c - di)$ a pour équation

$$\frac{y - (c + di)}{x - (a + bi)} = \frac{(c - di) - (c + di)}{(a - bi) - (a + bi)},$$

ou

$$\frac{y - c - di}{x - a - bi} = \frac{d}{b},$$

ou enfin

$$b(y - c) - d(x - a) = 0,$$

et cette équation est à coefficients réels.

Convention. — *Toute expression ayant un sens géométrique quand les éléments dont elle dépend sont réels, conserve par définition le même nom quand quelques-uns de ces éléments deviennent imaginaires.*

Ceci s'applique en particulier à la distance de deux points, à la distance d'un point à une droite, à l'angle de deux droites,.... etc.

Les équations considérées dans la suite auront toujours leurs coefficients réels, à moins d'avis contraire : les équations à coefficients imaginaires ne s'introduiront qu'accidentellement.

Faisceaux de droites.

79. Considérons une équation dont le premier membre soit un produit de plusieurs facteurs du premier degré, par exemple

$$(1) \quad (ax + by + c)(a'x + b'y + c')(a''x + b''y + c'') \ldots = 0;$$

pour que les coordonnées d'un point M vérifient cette équation, il faut et il suffit qu'elles annulent un des facteurs du produit, ou, ce qui revient au même, que le point M soit situé sur l'une des droites représentées par les équations

$$ax + by + c = 0, \qquad a'x + b'y + c' = 0, \qquad \ldots$$

On peut donc dire que l'équation (1) représente un ensemble de plusieurs droites.

On appelle *faisceau de droites* un ensemble de droites passant par un même point.

80. Théorème. — *Si* $f(x, y)$ *est un polynome homogène et de degré* n *par rapport à* x *et* y, *l'équation* $f(x, y) = 0$ *représente un faisceau de* n *droites passant par l'origine.*

Soit l'équation

$$f(x, y) \equiv A_0 y^n + A_1 y^{n-1}x + A_2 y^{n-2}x^2 + \cdots + A_n x^n = 0,$$

et supposons en premier lieu $A_0 \neq 0$.

Mettons x^n en facteur dans le second membre; l'équation peut s'écrire

$$f(x, y) \equiv x^n\left[A_0\left(\frac{y}{x}\right)^n + A_1\left(\frac{y}{x}\right)^{n-1} + \cdots + A_n\right] = 0.$$

La quantité entre crochets se déduit du polynome

$$A_0 t^n + A_1 t^{n-1} + \cdots + A_n$$

en y remplaçant t par $\dfrac{y}{x}$. Si nous désignons par $m_1, m_2, \ldots m_n$ les racines de ce polynome, nous avons l'identité

$$A_0 t^n + A_1 t^{n-1} + \cdots + A_n \equiv A_0 (t - m_1)(t - m_2) \cdots (t - m_n),$$

et, par suite,

$$A_0 \left(\frac{y}{x}\right)^n + A_1 \left(\frac{y}{x}\right)^{n-1} + \cdots + A_n \equiv$$
$$A_0 \left(\frac{y}{x} - m_1\right)\left(\frac{y}{x} - m_2\right) \cdots \left(\frac{y}{x} - m_n\right).$$

L'équation proposée devient alors

$$f(x,\, y) \equiv x^n A_0 \left(\frac{y}{x} - m_1\right)\left(\frac{y}{x} - m_2\right) \cdots \left(\frac{y}{x} - m_n\right) = 0,$$

ou

$$f(x,\, y) \equiv A_0 (y - m_1 x)(y - m_2 x) \cdots (y - m_n x) = 0.$$

On voit ainsi que cette équation représente n droites passant par l'origine et ayant respectivement pour coefficients angulaires m_1, $m_2, \ldots, m_n$.

Les coefficients A_0, A_1, $\ldots$, A_n étant supposés réels, quelques-unes des racines $m_1, m_2, \ldots, m_n$ peuvent être imaginaires; dans ce cas, les droites correspondantes sont imaginaires, et on peut ajouter qu'elles sont imaginaires conjuguées deux à deux.

Il peut aussi arriver que quelques-uns des nombres $m_1, m_2, \ldots,$ m_n soient égaux; si par exemple le polynome

$$A_0 t^n + A_1 t^{n-1} + \cdots + A_n$$

admet p fois la racine m_k, on dit que dans le faisceau représenté par l'équation $f(x,\, y) = 0$, il y a p droites confondues avec la droite

$$y - m_k x = 0.$$

Supposons maintenant $A_0 = 0$, $A_1 = 0$, $A_2 = 0$, $\ldots$ etc. et désignons par A_q le premier coefficient qui n'est pas nul. Nous avons alors l'équation

$$f(x,\, y) \equiv x^q [A_q y^{n-q} + A_{q+1} y^{n-q-1} x + \cdots + A_n x^{n-q}] = 0,$$

ou

$$f(x,\, y) \equiv x^n \left[A_q \left(\frac{y}{x}\right)^{n-q} + A_{q+1} \left(\frac{y}{x}\right)^{n-q-1} + \cdots + A_n\right] = 0,$$

ou encore, en désignant par $m_1, m_2, \ldots, m_{n-q}$ les racines du polynome

$$A_q t^{n-q} + A_{q+1} t^{n-q-1} + \cdots + A_n,$$

$$f(x,\, y) \equiv x^n A_q \left(\frac{y}{x} - m_1\right)\left(\frac{y}{x} - m_2\right) \cdots \left(\frac{y}{x} - m_{n-q}\right) = 0,$$

ou enfin

$$f(x, y) \equiv A_q x^q (y - m_1 x)(y - m_2 x) \ldots (y - m_{n-q} x) = 0.$$

Cette équation représente alors q droites confondues avec Oy et $n - q$ droites passant par l'origine et ayant pour coefficients angulaires $m_1, m_2, \ldots, m_{n-q}$.

On voit donc que dans tous les cas l'équation $f(x, y) = 0$ représente n droites passant par l'origine, réelles ou imaginaires, distinctes ou confondues.

Remarquons de plus que les coefficients angulaires de ces droites sont racines de l'équation

$$f(1, t) \equiv A_0 t^n + A_1 t^{n-1} + \ldots + A_n = 0,$$

déduite de l'équation donnée en y remplaçant x par 1 et y par t.

81. On démontrerait d'une manière toute semblable que si P et Q désignent des fonctions linéaires de x et de y, toute équation homogène et de degré n par rapport à P et Q représente n droites passant par le point de rencontre des deux droites $P = 0$, $Q = 0$.

Ensemble des deux droites $Ax^2 + 2Bxy + Cy^2 = 0$.

82. D'après ce qui précède, l'équation

$$Ax^2 + 2Bxy + Cy^2 = 0$$

représente deux droites passant par l'origine. Nous allons étudier la réalité de ces droites; pour cela nous distinguerons trois cas.

1° $C \neq 0$. Les coefficients angulaires de ces droites sont racines de l'équation

$$A + 2Bt + Ct^2 = 0;$$

ils sont réels et distincts, imaginaires conjugués ou égaux suivant que $B^2 - AC$ est positif, négatif ou nul.

2° $C = 0$, $B \neq 0$. L'équation s'écrit

$$x(Ax + 2By) = 0;$$

elle représente deux droites réelles et distinctes. Dans ce cas la quantité $B^2 - AC$ se réduit à B^2; elle est positive.

3° $C = 0$, $B = 0$, $A \neq 0$. L'équation représente deux droites confondues avec Oy; $B^2 - AC$ est nul.

On voit donc que dans tous les cas l'équation

$$Ax^2 + 2Bxy + Cy^2 = 0$$

représente deux droites réelles et distinctes si $B^2 - AC > 0$, deux droites imaginaires conjuguées si $B^2 - AC < 0$ et enfin deux droites confondues ou une droite double si $B^2 - AC = 0$.

Dans cette dernière hypothèse, le premier membre de l'équation est le carré d'une fonction linéaire de x et de y. Si $C \neq 0$, on a

$$Ax^2 + 2Bxy + Cy^2 \equiv \frac{1}{C}(Cy + Bx)^2,$$

et si $A \neq 0$,

$$Ax^2 + 2Bxy + Cy^2 \equiv \frac{1}{A}(Ax + By)^2.$$

83. *Angle des deux droites* $Ax^2 + 2Bxy + Cy^2 = 0$.
Cet angle est donné par la formule

$$\operatorname{tg} V = \frac{(m' - m)\sin\theta}{1 + mm' + (m + m')\cos\theta},$$

m et m' désignant les coefficients angulaires de ces deux droites. Or, m et m' sont racines de l'équation

$$Ct^2 + 2Bt + A = 0;$$

nous avons donc

$$m + m' = -\frac{2B}{C}, \qquad mm' = \frac{A}{C},$$

d'où nous tirons

$$(m' - m)^2 = (m + m')^2 - 4mm' = \frac{4(B^2 - AC)}{C^2}$$

et

$$m' - m = \pm \frac{2\sqrt{B^2 - AC}}{C}.$$

La valeur de $\operatorname{tg} V$ devient alors

$$\operatorname{tg} V = \pm \frac{2\sqrt{B^2 - AC}\,\sin\theta}{A + C - 2B\cos\theta}.$$

Si les axes de coordonnées sont rectangulaires, cette formule se simplifie et devient

$$\operatorname{tg} V = \pm \frac{2\sqrt{B^2 - AC}}{A + C}.$$

On a ainsi pour $\operatorname{tg} V$ deux valeurs égales et de signes contraires; ce sont les tangentes de l'angle aigu et de l'angle obtus formés par les deux droites.

84. Conséquence. — Pour que les deux droites représentées par l'équation $Ax^2 + 2Bxy + Cy^2 = 0$ soient rectangulaires il faut qu'on ait, si les axes sont obliques,

$$(1) \qquad A + C - 2B\cos\theta = 0,$$

et si les axes sont rectangulaires

$$(2) \qquad A + C = 0.$$

On en conclut que *lorsque les axes de coordonnées sont rectangulaires* la condition nécessaire et suffisante pour que les deux droites $Ax^2 + 2Bxy + Cy^2 = 0$ soient perpendiculaires est que *les coefficients de x^2 et de y^2 soient égaux et de signes contraires.*

Remarquons que si cette condition est remplie $B^2 - AC$ est positif; par suite, deux droites perpendiculaires sont toujours réelles.

85. *Bissectrices de l'angle des deux droites* $Ax^2 + 2Bxy + Cy^2 = 0.$
Nous supposerons les axes de coordonnées rectangulaires.

Les équations de ces droites peuvent s'écrire $y - mx = 0,$ $y - m'x = 0,$ m et m' désignant leurs coefficients angulaires. Par suite, leurs bissectrices ont pour équation (72)

$$\frac{y - mx}{\sqrt{1 + m^2}} = \pm \frac{y - m'x}{\sqrt{1 + m'^2}},$$

ou

$$\frac{(y - mx)^2}{1 + m^2} = \frac{(y - m'x)^2}{1 + m'^2}.$$

Chassons les dénominateurs, puis divisons tous les coefficients par $m - m'$; nous obtenons

$$y^2(m + m') + 2xy(1 - mm') - x^2(m + m') = 0 \quad (^*),$$

puis, en remplaçant $m + m'$ par $-\dfrac{2B}{C}$ et mm' par $\dfrac{A}{C}$,

$$By^2 + (A - C)xy - Bx^2 = 0.$$

Cette équation représente deux droites passant par l'origine; ce sont les bissectrices des deux droites données.

Comme les coefficients de x^2 et de y^2 sont égaux et de signes contraires, ces deux bissectrices sont toujours réelles et perpendiculaires.

On en conclut que deux droites imaginaires conjuguées ont leurs bissectrices réelles.

86. Problème. — *Étant données les équations de deux courbes* $f(x, y) = 0,$ $\varphi(x, y) = 0,$ *trouver l'équation de l'ensemble des droites joignant l'origine aux points de rencontre des deux courbes.*

Pour qu'un point M appartienne à l'une des droites considérées,

---

(*) Il résulte de là que les coefficients angulaires des bissectrices sont racines de l'équation

$$\mu^2(m + m') + 2\mu(1 - mm') - (m + m') = 0;$$

c'est l'équation

$$\frac{\mu - m}{1 + m\mu} + \frac{\mu - m'}{1 + m'\mu} = 0,$$

déjà obtenue au n° 73.

il faut et il suffit que la droite OM passe par l'un des points communs aux deux courbes. Soient x, y les coordonnées du point M, un point quelconque de la droite OM a pour coordonnées $\frac{x}{z}$ et $\frac{y}{z}$, et pour que ce point soit sur les deux courbes, on doit avoir

$$f\left(\frac{x}{z},\frac{y}{z}\right) = 0, \qquad \varphi\left(\frac{x}{z},\frac{y}{z}\right) = 0.$$

En éliminant z entre ces deux équations, on aura l'équation de l'ensemble des droites cherchées.

Avant l'élimination, on peut chasser le dénominateur z, on rend ainsi homogènes les deux équations.

On en conclut que pour obtenir l'équation de l'ensemble des droites joignant l'origine aux points de rencontre de deux courbes, il faut rendre homogènes les équations des deux courbes et éliminer la variable d'homogénéité entre les équations obtenues.

Exemple. — On donne une ellipse E *et une droite* D *ayant pour équations*

$$(\text{E}) \quad \frac{x^2}{a^2}+\frac{y^2}{b^2}-1 = 0, \qquad (\text{D}) \quad ux + vy + w = 0,$$

les axes de coordonnées étant rectangulaires.

Former l'équation de l'ensemble des droites joignant le centre O de l'ellipse (ou l'origine des coordonnées) aux points de rencontre M, M' *de la droite* D *et de l'ellipse.*

En déduire que les cordes d'une ellipse qui sont vues du centre sous un angle droit sont tangentes à un cercle fixe ayant même centre que l'ellipse.

Rendons homogènes les deux équations; nous obtenons

$$\frac{x^2}{a^2}+\frac{y^2}{b^2}-z^2 = 0, \qquad ux + vy + wz = 0,$$

et éliminons z entre les deux équations. De la seconde nous tirons $z = -\dfrac{ux + vy}{w}$, et en remplaçant z par cette valeur dans la première, nous avons

$$\frac{x^2}{a^2}+\frac{y^2}{b^2}-\frac{(ux + vy)^2}{w^2} = 0,$$

$$x^2\left(\frac{1}{a^2}-\frac{u^2}{w^2}\right)-\frac{2uvxy}{w^2}+y^2\left(\frac{1}{b^2}-\frac{v^2}{w^2}\right) = 0.$$

Telle est l'équation de l'ensemble des droites OM, OM'.

Pour que ces droites soient perpendiculaires, il faut que la somme des coefficients de x^2 et de y^2 soit nulle, ce qui donne la condition

$$\frac{1}{a^2}-\frac{u^2}{w^2}+\frac{1}{b^2}-\frac{v^2}{w^2} = 0,$$

ou

$$(1) \qquad \frac{u^2 + v^2}{w^2} = \frac{1}{a^2}+\frac{1}{b^2}.$$

Soit d la distance du point O à la droite D; nous avons

$$d = \frac{|w|}{\sqrt{u^2 + v^2}}, \qquad \text{ou} \qquad \frac{u^2 + v^2}{w^2} = \frac{1}{d^2}.$$

La condition (1) devient alors

$$\frac{1}{d^2} = \frac{1}{a^2} + \frac{1}{b^2},$$

et ceci nous montre que d est constant.

Par suite, si OM, OM' sont perpendiculaires, la droite MM' est tangente au cercle qui a pour centre le point O et pour rayon d ou $\dfrac{ab}{\sqrt{a^2 + b^2}}$.

Coordonnées homogènes.

87. Soient x', y' les coordonnées rectilignes d'un point M. Choisissons arbitrairement un nombre z *non nul*, et déterminons les nombres x et y au moyen des relations.

$$x' = \frac{x}{z}, \qquad y' = \frac{y}{z}.$$

On dit que, x, y, z sont les *coordonnées homogènes* du point M. Ces coordonnées sont ainsi définies à un facteur près, puisque z est arbitraire.

Inversement, trois nombres quelconques x, y, z $(z \neq 0)$ sont les coordonnées homogènes d'un point bien déterminé; car ce point a pour coordonnées rectilignes $\dfrac{x}{z}$ et $\dfrac{y}{z}$. On voit ainsi que les deux systèmes x, y, z et λx, λy, λz, quel que soit λ, sont les coordonnées homogènes d'un même point.

Considérons maintenant l'équation d'une courbe algébrique $f(x, y) = 0$, le premier membre étant un polynome de degré m. Rendons cette équation homogène en y remplaçant x et y respectivement par $\dfrac{x}{z}$ et $\dfrac{y}{z}$, puis en multipliant l'expression obtenue par z^m. L'équation devient

$$(1) \qquad\qquad F(x, y, z) = 0;$$

on dit que c'est l'*équation homogène* de la courbe. On voit aisément que la condition nécessaire et suffisante pour qu'un point soit sur une courbe est que les coordonnées homogènes de ce point vérifient l'équation homogène de la courbe.

88. Points à l'infini. — Il peut arriver que l'équation (1) soit vérifiée par le système de valeurs $x = a$, $y = b$, $z = 0$; ces trois quantités ne sont pas les coordonnées homogènes d'un point, puisque la troisième est nulle,

On dit dans ce cas que a, b, 0 sont les coordonnées homogènes d'un *point à l'infini dans la direction qui a pour paramètres directeurs a et b*.

Cette définition peut se justifier de la manière suivante.

Dans l'équation (1) remplaçons y par b et z par λ, nous obtenons une équation à une seule inconnue x,

$$F(x, b, \lambda) = 0,$$

qui admet la racine $x = a$ quand on a fait $\lambda = 0$. Donc, quand λ tend vers zéro, une racine x' de cette équation a pour limite a (A. 465). Or le point qui a pour coordonnées homogènes x', b, λ et pour coordonnées rectilignes $\dfrac{x'}{\lambda}$, $\dfrac{b}{\lambda}$ est, quel que soit λ, situé sur la courbe; il s'éloigne indéfiniment quand λ tend vers zéro. Les coordonnées homogènes ayant pour limites respectives a, b, 0, il est naturel de dire que ces quantités sont les coordonnées homogènes d'un *point à l'infini* sur la courbe.

De plus, la droite qui joint le point variable $\left(\dfrac{x'}{\lambda}, \dfrac{b}{\lambda}\right)$ à un point fixe (x_0, y_0) du plan a pour équation

$$\frac{y - y_0}{x - x_0} = \frac{\dfrac{b}{\lambda} - y_0}{\dfrac{x'}{\lambda} - x_0},$$

ou

$$\frac{x - x_0}{x' - \lambda x_0} = \frac{y - y_0}{b - \lambda y_0}.$$

Ses paramètres directeurs sont $x' - \lambda x_0$ et $b - \lambda y_0$; ils ont respectivement pour limites a et b, quel que soit le point fixe.

Voilà pourquoi il a été dit que le point à l'infini était dans la direction qui a pour paramètres directeurs a et b.

89. Droite de l'infini. — Considérons une droite ayant pour équation homogène

$$Ax + By + Cz = 0;$$

elle rencontre Ox en un point qui a pour abscisse $-\dfrac{C}{A}$ et Oy en un point qui a pour ordonnée $-\dfrac{C}{B}$. Supposons que C restant fixe, A et B tendent simultanément vers zéro; la droite s'éloigne indéfiniment et son équation homogène devient à la limite

$$z = 0.$$

Or, c'est précisément la relation que doivent vérifier les coordonnées homogènes x, y, z d'un point pour que ce point soit à l'infini. On est ainsi conduit à admettre que les points à l'infini sont sur une même droite qu'on appelle la *droite de l'infini* et qui a pour équation $z = 0$.

90. Les points à l'infini d'une courbe peuvent alors être considérés comme les points d'intersection de cette courbe et de la droite de l'infini.

Soit $F(x, y, z) = 0$ l'équation homogène de la courbe. Ordonnons le premier membre par rapport aux puissances ascendantes de z; nous avons

$$F(x, y, z) \equiv \varphi_m(x, y) + z\varphi_{m-1}(x, y) + z^2\varphi_{m-2}(x, y) + \ldots = 0,$$

les lettres φ désignent des polynomes homogènes par rapport à x et à y et dont le degré est égal à l'indice.

Les coordonnées homogènes des points de rencontre de cette courbe avec la droite de l'infini sont données par les équations

$$\varphi_m(x, y) = 0, \qquad z = 0.$$

Or $\varphi_m(x, y)$ est décomposable en un produit de m facteurs linéaires de la forme $\alpha x + \beta y$ (A. 494); à chacun de ces facteurs correspond un point à l'infini déterminé par les équations $\alpha x + \beta y = 0$, $z = 0$, ou $x = \beta$, $y = -\alpha$, $z = 0$. Ce point est à l'infini dans la direction qui a pour paramètres directeurs β, $-\alpha$, ou pour équation $\alpha x + \beta y = 0$.

Une courbe algébrique de degré m a donc m points à l'infini situés dans les directions représentées par l'équation $\varphi_m(x, y) = 0$. Ces directions sont appelées les *directions asymptotiques* de la courbe.

En particulier, une droite, $Ax + By + Cz = 0$, a un seul point à l'infini $x = B$, $y = -A$, $z = 0$, situé dans la direction de cette droite.

Deux droites non confondues

$$Ax + By + Cz = 0, \qquad A'x + B'y + C'z = 0$$

ont toujours un point commun

$$x = \lambda(BC' - CB'), \qquad y = \lambda(CA' - AC'), \qquad z = \lambda(AB' - BA'),$$

λ désignant un nombre arbitraire. Ce point est à l'infini, si $AB' - BA'$ est nul, c'est-à-dire si les droites sont parallèles.

91. Soient x_1, y_1, z_1 et x_2, y_2, z_2 les coordonnées homogènes de deux points A et B situés à distance finie; un point M quelconque de la droite AB a pour coordonnées rectilignes

$$\frac{\dfrac{x_1}{z_1} - k\dfrac{x_2}{z_2}}{1 - k} \qquad \text{et} \qquad \frac{\dfrac{y_1}{z_1} - k\dfrac{y_2}{z_2}}{1 - k},$$

k désignant le rapport $\dfrac{\overline{MA}}{\overline{MB}}$ (7). Ces quantités peuvent s'écrire

$$\frac{x_1 - k\dfrac{z_1}{z_2}x_2}{z_1 - kz_1}, \qquad \frac{y_1 - k\dfrac{z_1}{z_2}y_2}{z_1 - kz_1},$$

ou, en posant $-k\dfrac{z_1}{z_2} = \lambda$,

$$\frac{x_1 + \lambda x_2}{z_1 + \lambda z_2}, \qquad \frac{y_1 + \lambda y_2}{z_1 + \lambda z_2}.$$

Il en résulte que les coordonnées homogènes du point M sont $x_1 + \lambda x_2$, $y_1 + \lambda y_2$, $z_1 + \lambda z_2$; quand λ varie, le point M se déplace sur la droite AB, et la valeur de λ est proportionnelle au rapport $\dfrac{\overline{MA}}{\overline{MB}}$.

Si le point B est à l'infini et que le point A soit à distance finie, ce qui revient à supposer $z_2 = 0$, $z_1 \neq 0$, par définition, la droite AB est la droite menée par le point A et ayant pour paramètres directeurs x_2 et y_2. Par conséquent, un point quelconque M de cette droite a pour coordonnées rectilignes

$$\frac{x_1}{z_1} + \rho x_2 \qquad \text{et} \qquad \frac{y_1}{z_1} + \rho y_2,$$

ou

$$\frac{x_1 + \lambda x_2}{z_1} \qquad \text{et} \qquad \frac{y_1 + \lambda v}{z_1}$$

en posant $\lambda = \rho z_1$. Par suite, les coordonnées homogènes du point M sont

$$x_1 + \lambda x_2, \qquad y_1 + \lambda y_2; \qquad z_1;$$

ce sont les valeurs obtenues précédemment dans lesquelles on fait $z_2 = 0$.

On en conclut donc qu'étant donnés deux points A et B ayant respectivement pour coordonnées homogènes x_1, y_1, z_1 et x_2, y_2, z_2, l'un de ces points au moins étant à distance finie, les coordonnées homogènes d'un point quelconque M de la droite AB sont

$$x_1 + \lambda x_2, \qquad y_1 + \lambda y_2, \qquad z_1 + \lambda z_2,$$

et dans le cas particulier où les deux points sont à distance finie, λ est proportionnel au rapport $\dfrac{\overline{MA}}{\overline{MB}}$.

Condition pour que l'équation générale du deuxième degré représente deux droites.

92. L'équation générale du deuxième degré par rapport aux deux variables x et y peut s'écrire

$$f(x, y) = Ax^2 + 2\,Bxy + Cy^2 + 2\,Dx + 2\,Ey + F = 0.$$

Avant d'examiner dans quel cas cette équation représente deux droites, nous allons indiquer quelques propriétés de la fonction $f(x, y)$.

Si nous la rendons homogène au moyen d'une troisième variable z, nous obtenons un polynome homogène du deuxième degré, qu'on appelle aussi une *forme quadratique* (A. 374).

$$F(x, y, z) = Ax^2 + 2Bxy + Cy^2 + 2Dxz + 2Eyz + Fz^2.$$

Les dérivés partielles du premier ordre de cette forme sont

$$\frac{1}{2}F'_x = Ax + By + Dz,$$

$$\frac{1}{2}F'_y = Bx + Cy + Ez,$$

$$\frac{1}{2}F'_z = Dx + Ey + Fz\,;$$

le déterminant des coefficients,

$$\Delta = \begin{vmatrix} A & B & D \\ B & C & E \\ D & E & F \end{vmatrix} = -AE^2 - CD^2 + 2BDE + F(AC - B^2),$$

est appelé le *discriminant* de la forme $F(x, y, z)$ ou du polynome $f(x, y)$.

Nous désignerons par des petites lettres a, b, c, d, e, f les coefficients des grandes lettres correspondantes dans le développement de Δ par rapport aux éléments des lignes ou des colonnes. Nous avons ainsi

$$a = CF - E^2, \qquad b = ED - BF, \qquad c = AF - D^2,$$
$$d = BE - CD, \qquad e = BD - AE, \qquad f = AC - B^2.$$

Ces quantités sont, au signe près, les mineurs (sous-entendu du premier ordre) du discriminant Δ.

93. Trois de ces mineurs, c, e, f, contiennent le coefficient A de x^2; trois autres, a, d, f, contiennent le coefficient C de y^2; enfin, trois autres, a, b, c, renferment le coefficient F de z^2.

Il est aisé de vérifier que *si* $A \neq 0$, *et si les mineurs* c, e, f *qui contiennent* A *sont nuls, tous les mineurs de* Δ *sont nuls*.

En effet, des égalités

$$c = AF - D^2 = 0, \qquad e = BD - AE = 0, \qquad f = AC - B^2 = 0$$

nous tirons, puisque $A \neq 0$,

$$F = \frac{D^2}{A}, \qquad E = \frac{BD}{A}, \qquad C = \frac{B^2}{A}.$$

Remplaçons F, E, C par ces valeurs dans les trois autres mineurs a, b, d; nous avons

$$a = CF - E^2 = \frac{B^2}{A} \cdot \frac{D^2}{A} - \frac{B^2 D^2}{A^2} = 0,$$

$$b = ED - BF = \frac{BD^2}{A} - \frac{BD^2}{A} = 0,$$

$$d = BE - CD = \frac{B^2 D}{A} - \frac{B^2 D}{A} = 0.$$

On verrait de même que, si $C \neq 0$ et si les trois mineurs a, d, f qui contiennent C sont nuls, tous les mineurs de Δ sont nuls, et qu'il en est de même si $F \neq 0$, et si les mineurs contenant F sont nuls.

94. Si dans le déterminant Δ on remplace les grandes lettres par les petites lettres correspondantes, on obtient le nouveau déterminant

$$\Delta' = \begin{vmatrix} a & b & d \\ b & c & e \\ d & e & f \end{vmatrix},$$

qui est par définition le *déterminant adjoint* du déterminant Δ.

On vérifie aisément que les mineurs de Δ' sont proportionnels aux éléments de Δ; on a

$$(1) \quad \begin{cases} cf - e^2 = A\Delta, & ed - bf = B\Delta, & af - d^2 = C\Delta, \\ be - cd = D\Delta, & bd - ae = E\Delta, & ac - b^2 = F\Delta. \end{cases}$$

Développons Δ' par rapport aux éléments de la première ligne; nous avons

$$\Delta' = a(cf - e^2) + b(ed - bf) + d(be - cd),$$

ou, en tenant compte des formules (1),

$$\Delta' = \Delta(aA + bB + dD).$$

Or, $aA + bB + dD$ est le développement de Δ par rapport aux éléments de la première ligne. On a donc

$$\Delta' = \Delta^2.$$

95. Cela posé, pour que l'équation $f(x, y) = 0$ représente deux droites, il faut et il suffit que l'on ait une identité de la forme

$$(2) \qquad f(x, y) = (ux + vy + w)(u'x + v'y + w').$$

Si u, v, w ne sont pas proportionnels à u', v', w', les deux droites $ux + vy + w = 0$, $u'x + v'y + w' = 0$ sont distinctes.

Si u, v, w sont proportionnels à u', v', w', on a

$$u' = \lambda u, \qquad v' = \lambda v, \qquad w' = \lambda w,$$

et

$$f(x, y) \equiv \lambda (ux + vy + w)^2.$$

Dans ce cas, l'équation $f(x, y) = 0$ représente deux droites confondues ou une droite double.

Théorème. — 1° *La condition nécessaire et suffisante pour que l'équation $f(x, y) = 0$ représente deux droites distinctes est que le discriminant Δ soit nul, et que tous ses mineurs ne soient pas nuls.*

1° *La condition nécessaire et suffisante pour que l'équation $f(x, y) = 0$ représente deux droites confondues est que tous les mineurs de Δ soient nuls.*

I. Supposons d'abord $A \neq 0$. On peut considérer $f(x, y)$ comme un trinome du deuxième degré par rapport à x,

$$f(x, y) \equiv Ax^2 + 2x\,(By + D) + Cy^2 + 2Ey + F.$$

En égalant les coefficients de x^2, dans les deux membres de l'identité (2), on a $A = uu'$, et ceci montre que u et u' ne sont pas nuls.

Il résulte alors de l'identité (2) que les racines du trinome $f(x, y)$ sont $-\dfrac{vy + w}{u}$, $-\dfrac{v'y + w'}{u'}$; ce sont des fonctions linéaires de y.

Mais ces racines sont aussi

$$x = \frac{-(By + D) \pm \sqrt{(By + D)^2 - A(Cy^2 + 2Ey + F)}}{A},$$

$$x = \frac{-(By + D) \pm \sqrt{(B^2 - AC)y^2 + 2(BD - AE)y + D^2 - AF}}{A},$$

ou enfin

$$x = \frac{-(By + D) \pm \sqrt{-fy^2 + 2ey - c}}{A}.$$

Pour que ces valeurs de x soient des fonctions linéaires de y, il faut que la quantité sous le radical soit le carré d'une fonction linéaire. On doit donc avoir

$$e^2 - cf = 0, \qquad \text{ou (94)} \qquad A\Delta = 0,$$

ou, comme $A \neq 0$, $\Delta = 0$.

Si ces trois coefficients f, e, c, ne sont pas tous nuls, les deux valeurs de x sont différentes, l'équation $f(x, y) = 0$ représente deux droites distinctes.

Si ces trois coefficients sont nuls, tous les mineurs de Δ sont nuls (93), l'équation $f(x, y) = 0$ représente deux droites confondues.

Le théorème est démontré.

II. Soit maintenant $A = 0$, $B \neq 0$. Dans ce cas, on a

$$\Delta = - CD^2 + 2BDE - FB^2.$$

L'identité (2) devient

$$2x(By + D) + Cy^2 + 2Ey + F \equiv (ux + vy + w)(u'x + v'y + w').$$

Comme dans le premier membre le coefficient de x^2 est nul, on doit avoir dans le second $uu' = 0$; l'un des nombres u, u' doit être nul, par exemple $u' = 0$. On a alors

$$(3) \quad 2x(By + D) + Cy^2 + 2Ey + F \equiv (ux + vy + w)(v'y + w'),$$

et en égalant les coefficients de xy, on a $2B = uv'$; donc u et v' ne sont pas nuls, puisque $B \neq 0$.

Dans le second membre le coefficient de x, $u(v'y + w')$, divise le terme indépendant de x, $(vy + w)(v'y + w')$. Il doit en être de même dans le premier membre. On en conclut que $By + D$ doit diviser $Cy^2 + 2Ey + F$; par suite, $Cy^2 + 2Ey + F$ doit s'annuler quand on y remplace y par $- \dfrac{D}{B}$. Ceci donne

$$C\frac{D^2}{B^2} - 2E\frac{D}{B} + F = 0,$$

ou

$$CD^2 - 2BDE + FB^2 = 0, \qquad \text{ou} \qquad \Delta = 0.$$

Si cela a lieu, on a

$$Cy^2 + 2Ey + F \equiv (By + D)(\alpha y + \beta),$$

et

$$f(x. y) \equiv (By + D)(2x + \alpha y + \beta).$$

L'équation $f(x, y) = 0$ représente deux droites distinctes. D'ailleurs, il y a au moins un mineur non nul, car

$$f = AC - B^2 = - B^2 \neq 0.$$

Le théorème est encore établi.

III. Supposons enfin $A = 0$, $B = 0$, $C \neq 0$. Cette fois on a

$$\Delta = - CD^2.$$

L'identité (3) devient

$$2Dx + Cy^2 + 2Ey + F \equiv (ux + vy + w)(v'y + w').$$

Comme dans le premier membre le coefficient de xy est nul, on doit avoir $uv' = 0$. Or v' ne peut être nul, sans quoi le deuxième membre serait du premier degré par rapport à x et y; on a donc $u = 0$, et

$$2Dx + Cy^2 + 2Ey + F \equiv (vy + w)(v'y + w').$$

Cette identité donne $D = 0$, et par suite $\Delta = 0$.

On a alors $f(x, y) \equiv Cy^2 + 2Ey + F$, ou, en désignant par y', y'' les racines du trinome $Cy^2 + 2Ey + F$,

$$f(x, y) \equiv C(y - y')(y - y'').$$

Si $E^2 - CF \neq 0$, ou $a \neq 0$, l'équation $f(x, y) = 0$ représente deux droites distinctes.

Si $a = 0$, tous les mineurs de Δ sont nuls, l'équation représente deux droites confondues.

96. Remarque. — Il résulte de ce théorème que pour que $f(x, y)$ soit le carré d'une fonction linéaire, il faut et il suffit que tous les mineurs de Δ soient nuls. Or ces mineurs sont au nombre de six; il semble donc qu'il y ait six conditions.

Mais, d'après ce que nous avons vu au n° 93, ces six conditions se réduisent à *trois*; il suffit d'égaler à zéro les trois mineurs qui contiennent soit le coefficient de x^2, soit celui de y^2, soit celui de z^2, à condition que ce coefficient ne soit pas nul.

On peut d'ailleurs le démontrer directement de la manière suivante :

Supposons $A \neq 0$, et ordonnons $f(x, y)$ par rapport à x; nous avons

$$f(x, y) \equiv Ax^2 + 2x(By + D) + Cy^2 + 2Ey + F.$$

On peut considérer le second membre comme un trinome du second degré en x; pour qu'il soit le carré d'une fonction linéaire, il faut que la quantité

$$(By + D)^2 - A(Cy^2 + 2Ey + F)$$

soit nulle quel que soit y. On doit donc avoir

$$B^2 - AC = 0, \qquad BD - AE = 0, \qquad D^2 - AF = 0,$$

ou

$$f = 0, \qquad e = 0, \qquad c = 0.$$

Si ces conditions sont remplies, on a

$$f(x, y) \equiv \frac{1}{A}(Ax + By + D)^2.$$

CHAPITRE V

RAPPORT ANHARMONIQUE

Rapport anharmonique de quatre points.

97. Étant donnés quatre points en ligne droite A, B, C, D, on appelle *rapport anharmonique* de ces quatre points dans l'ordre A, B, C, D la quantité

$$\frac{\overline{CA}}{\overline{CB}} : \frac{\overline{DA}}{\overline{DB}},$$

le sens positif des vecteurs étant choisi arbitrairement sur la droite.

On représente ce rapport par l'écriture (ABCD), de sorte que l'on a par définition

$$(ABCD) = \frac{\overline{CA}}{\overline{CB}} : \frac{\overline{DA}}{\overline{DB}}.$$

Il résulte de là qu'à toute permutation des quatre lettres A, B, C, D correspond un rapport anharmonique des quatre points, par exemple,

$$(BCDA) = \frac{\overline{DB}}{\overline{DC}} : \frac{\overline{AB}}{\overline{AC}}.$$

Comme le nombre des permutations de quatre lettres est égal à 24, on en conclut que quatre points en ligne droite admettent 24 rapports anharmoniques ; mais il est facile d'établir que ces rapports ne sont pas tous différents.

98. Problème. — *Soit O une origine choisie arbitrairement sur la droite qui porte les quatre points A, B, C, D. On pose $\overline{OA} = a$, $\overline{OB} = b$, $\overline{OC} = c$, $\overline{OD} = d$. Calculer le rapport anharmonique (ABCD) en fonction de a, b, c, d.*

Nous avons

$$(ABCD) = \frac{\overline{CA}}{\overline{CB}} : \frac{\overline{DA}}{\overline{DB}}.$$

Or

$$\overline{CA} = \overline{CO} + \overline{OA} = \overline{OA} - \overline{OC} = a - c;$$

de même

$$\overline{CB} = b - c, \ \overline{DA} = a - d, \ \overline{DB} = b - d;$$

on en déduit

$$\frac{\overline{CA}}{\overline{CB}} : \frac{\overline{DA}}{\overline{DB}} = \frac{a - c}{b - c} : \frac{a - d}{b - d},$$

ou

$$(ABCD) = \frac{c - a}{c - b} : \frac{d - a}{d - b}.$$

Rapport anharmonique d'un faisceau de quatre droites.

99. Problème préliminaire. — *Étant donnés deux points* $A(x_1, y_1)$ *et* $B(x_2, y_2)$, *et une droite* $P \equiv Ax + By + C = 0$ *qui rencontre la droite* AB *au point* M, *calculer le rapport* $\dfrac{\overline{MA}}{\overline{MB}}$.

Soit k le rapport cherché; les coordonnées du point M sont alors $\dfrac{x_1 - kx_2}{1 - k}, \dfrac{y_1 - ky_2}{1 - k}$ (7), et, comme ce point est sur la droite $P = 0$, nous avons

$$A\frac{x_1 - kx_2}{1 - k} + B\frac{y_1 - ky_2}{1 - k} + C = 0,$$

d'où nous tirons

$$k = \frac{Ax_1 + By_1 + C}{Ax_2 + By_2 + C},$$

ou, plus simplement encore,

$$k = \frac{P_1}{P_2},$$

P_1 et P_2 désignant les résultats obtenus en remplaçant dans le polynome P x et y successivement par les coordonnées des points A et B.

100. Théorème. — *Soient quatre droites concourant en un point* O, Oα, Oβ, Oγ, Oδ; *si on coupe ces quatre droites par une sécante* L *qui les rencontre respectivement aux quatre points* A, B, C, D, *le rapport anharmonique* (ABCD) *a une valeur constante, quelle que soit la sécante* (fig. 25).

Soient $P = 0$, $Q = 0$ les équations de deux droites quelconques passant par le point O; les quatre droites $O\alpha$, $O\beta$, $O\gamma$, $O\delta$ ont alors des équations de la forme

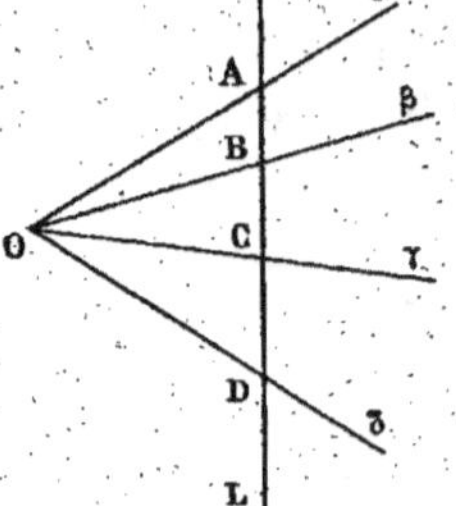

$$(O\alpha)\quad P + aQ = 0, \qquad (O\beta)\quad P + bQ = 0,$$
$$(O\gamma)\quad P + cQ = 0, \qquad (O\delta)\quad P + dQ = 0.$$

Soient x_1, y_1 les coordonnées du point A et x_2, y_2 celles du point B; nous avons, d'après le problème précédent,

$$\frac{\overline{CA}}{\overline{CB}} = \frac{P_1 + cQ_1}{P_2 + cQ_2},$$

$$\frac{\overline{DA}}{\overline{DB}} = \frac{P_1 + dQ_1}{P_2 + dQ_2},$$

Fig. 25.

d'où

$$(ABCD) = \frac{P_1 + cQ_1}{P_2 + cQ_2} : \frac{P_1 + dQ_1}{P_2 + dQ_2}.$$

Or, le point A étant sur la droite $O\alpha$, et le point B sur la droite $O\beta$, on a $P_1 + aQ_1 = 0$, $P_2 + bQ_2 = 0$, d'où l'on tire $P_1 = -aQ_1$, $P_2 = -bQ_2$, et par suite

$$(ABCD) = \frac{(c - a)Q_1}{(c - b)Q_2} : \frac{(d - a)Q_1}{(d - b)Q_2},$$

ou enfin

$$(ABCD) = \frac{c - a}{c - b} : \frac{d - a}{d - b}.$$

Ce rapport est indépendant de la sécante, le théorème est démontré.

Cette quantité est appelée le *rapport anharmonique du faisceau* des quatre droites dans l'ordre $O\alpha$, $O\beta$, $O\gamma$, $O\delta$, et on la représente par la notation $(O.\alpha\beta\gamma\delta)$.

On remarquera que la valeur de ce rapport a la même forme que la valeur obtenue au n° 98.

C'est pour cette raison qu'on appelle *rapport anharmonique des quatre nombres* a, b, c, d dans l'ordre a, b, c, d la quantité

$$\frac{c - a}{c - b} : \frac{d - a}{d - b}.$$

101. Cas particulier. — Supposons que les droites $O\alpha$, $O\beta$ aient respectivement pour équations

$$P = 0, \qquad Q = 0,$$

et soient toujours

$$P + cQ = 0, \qquad P + dQ = 0$$

les équations des droites $O\gamma$ et $O\delta$. Dans ce cas, la valeur du rapport anharmonique (ABCD) est fort simple.

En effet, désignons comme plus haut par x_1, y_1 et par x_2, y_2 les coordonnées des points A et B; nous avons

$$(ABCD) = \frac{P_1 + cQ_1}{P_2 + cQ_2} : \frac{P_1 + dQ_1}{P_2 + dQ_2},$$

avec les conditions $P_1 = 0$, $Q_2 = 0$ exprimant que le point A est sur $O\alpha$ et le point B sur $O\beta$. La valeur du rapport devient alors

$$(ABCD) = \frac{cQ_1}{P_2} : \frac{dQ_1}{P_2},$$

ou

$$(ABCD) = \frac{c}{d}.$$

Division harmonique.

102. Étant donnés deux points A et B, à tout point C de la droite AB correspond un point D de la même droite tel que l'on a

(1)
$$\frac{\overline{DA}}{\overline{DB}} = - \frac{\overline{CA}}{\overline{CB}},$$

ou

$$\frac{\overline{CA}}{\overline{CB}} + \frac{\overline{DA}}{\overline{DB}} = 0.$$

On dit que le point D est *conjugué harmonique* du point C par rapport aux points A et B; et l'on voit immédiatement que si cela a lieu, le point C est également conjugué harmonique du point D par rapport aux points A et B. Pour cette raison, on dit aussi que les points C et D sont *conjugués harmoniques* par rapport aux points A et B, ou encore que les points C et D *divisent harmoniquement* le segment AB.

La relation (1), qui exprime cette propriété, peut encore s'écrire

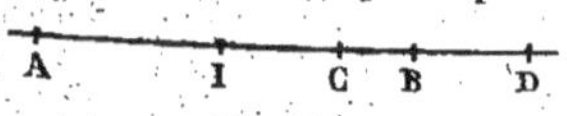

$$\frac{\overline{CA}}{\overline{CB}} : \frac{\overline{DA}}{\overline{DB}} = - 1,$$

ou

$$(ABCD) = - 1.$$

Fig. 26.

Il résulte de la discussion qui a été faite au n° 5 que les points C et D sont toujours situés d'un même côté du milieu I de AB (*fig.* 26). Si, en particulier, l'un des points C ou D est au point I, l'autre est à l'infini sur la droite AB.

103. On peut aussi transformer la relation (1) de la manière suivante :

$$\frac{\overline{AD}}{\overline{BD}} = -\frac{\overline{AC}}{\overline{BC}},$$

ou

$$\frac{\overline{AC}}{\overline{AD}} = -\frac{\overline{BC}}{\overline{BD}},$$

ce qui montre que *si C et D sont conjugués harmoniques par rapport à A et B, inversement A et B sont conjugués harmoniques par rapport à C et D*.

On dit aussi que les points A, B, C, D forment une division harmonique.

104. Problème. — *Soit O une origine choisie arbitrairement sur la droite qui porte les quatre points A, B, C, D. On pose $\overline{OA} = a$, $\overline{OB} = b$, $\overline{OC} = c$, $\overline{OD} = d$. Trouver la condition qui doit exister entre a, b, c, d pour que les points C et D divisent harmoniquement le segment AB.*

On doit avoir

$$(ABCD) = -1.$$

Or nous avons vu précédemment que

$$(ABCD) = \frac{c-a}{c-b} : \frac{d-a}{d-b};$$

par conséquent, la condition cherchée est

$$\frac{c-a}{c-b} : \frac{d-a}{d-b} = -1,$$

ou

$$\frac{c-a}{c-b} + \frac{d-a}{d-b} = 0,$$

$$(c-a)(d-b) + (c-b)(d-a) = 0,$$

ou enfin

(2) $$2(ab+cd) - (a+b)(c+d) = 0.$$

On peut donner à cette relation différentes formes en choisissant convenablement l'origine O.

1° Prenons d'abord pour origine le point A, ce qui revient à supposer que a est nul. La relation devient

$$2\,cd - b(c+d) = 0,$$

ou

$$\frac{2}{b} = \frac{1}{c} + \frac{1}{d},$$

c'est-à-dire

$$\frac{2}{\overline{AB}} = \frac{1}{\overline{AC}} + \frac{1}{\overline{AD}}.$$

On voit ainsi que l'inverse du nombre $\overline{AB}$ est moyenne arithmétique entre les inverses des nombres $\overline{AC}$ et $\overline{AD}$; c'est ce qu'on exprime en disant que le nombre $\overline{AB}$ est *moyenne harmonique* entre les nombres $\overline{AC}$ et $\overline{AD}$ (*).

2° Prenons maintenant pour origine le point I, milieu de AB; nous avons alors $b = -a$, et la relation (2) devient

$$cd - a^2 = 0,$$

ou

$$\overline{IC} . \overline{ID} = \overline{IA}^2.$$

Le nombre $\overline{IA}$ est moyenne proportionnelle entre les nombres $\overline{IC}$ et $\overline{ID}$.

Cette égalité montre de nouveau que les points C et D sont situés d'un même côté du point I, et elle permet d'étudier comment varie le point D quand le point C se déplace sur la droite AB.

105. Faisceau harmonique. — On appelle *faisceau harmonique* un faisceau de quatre droites dont l'un des rapports anharmoniques est égal à — 1.

Soient par exemple les quatre droites $O\alpha$, $O\beta$, $O\gamma$, $O\delta$; si l'on a

$$(O.\alpha\beta\gamma\delta) = -1,$$

on dit que les deux droites $O\gamma$ et $O\delta$ sont conjuguées harmoniques par rapport aux droites $O\alpha$ et $O\beta$, ou encore que $O\gamma$ et $O\delta$ divisent harmoniquement l'angle $\alpha O\beta$.

Cela revient à dire (100) que toute sécante L rencontre les droites $O\alpha$, $O\beta$, $O\gamma$, $O\delta$ respectivement en des points A, B, C, D tels que l'on ait

$$(ABCD) = -1,$$

c'est-à-dire tels que les deux points C et D soient conjugués harmoniques par rapport aux points A et B.

Comme les deux points A et B sont aussi conjugués harmoniques par rapport à C et D, on a

$$\frac{\overline{AC}}{\overline{AD}} = -\frac{\overline{BC}}{\overline{BD}},$$

ou

$$(CDAB) = -1;$$

(*) Plus généralement, on dit qu'un nombre a est *moyenne harmonique* entre plusieurs nombres b, c, d, ... lorsque l'inverse de a est moyenne arithmétique entre les inverses de b, c, d, ...

on en déduit

$$(O.\gamma\delta\alpha\beta)=-1.$$

Par conséquent, si $O\gamma$ et $O\delta$ sont conjuguées harmoniques par rapport à $O\alpha$ et $O\beta$, inversement $O\alpha$ et $O\beta$ sont conjuguées harmoniques par rapport à $O\gamma$ et $O\delta$.

106. Problème. — *Étant données quatre droites* $O\alpha$, $O\beta$, $O\gamma$, $O\delta$ *définies respectivement par les équations* $P + aQ = 0$, $P + bQ = 0$, $P + cQ = 0$, $P + dQ = 0$, *quelle relation doit-il exister entre a, b, c, d pour que le faisceau des quatre droites soit harmonique*, $O\gamma$ *et* $O\delta$ *étant conjuguées par rapport à* $O\alpha$ *et* $O\beta$?

On doit avoir

$$(O.\alpha\beta\gamma\delta)=-1.$$

Or, nous avons vu au n° 100 que $(O.\alpha\beta\gamma\delta)$ était égal à $\dfrac{c-a}{c-b} : \dfrac{d-a}{d-b}$; la condition cherchée est donc

$$\frac{c-a}{c-b} : \frac{d-a}{d-b} = -1,$$

ou

$$2(ab + cd) - (a + b)(c + d) = 0.$$

107. Supposons maintenant que les droites $O\alpha$ et $O\beta$ aient respectivement pour équations $P = 0$, $Q = 0$, et soient $P + cQ = 0$, $P + dQ = 0$ les équations des droites $O\gamma$ et $O\delta$.

Pour que $O\gamma$ et $O\delta$ soient conjuguées harmoniques par rapport à $O\alpha$ et $O\beta$, il faut qu'on ait (101)

$$\frac{c}{d} = -1,$$

ou

$$c + d = 0.$$

Par suite, les droites $P + cQ = 0$, $P - cQ = 0$ sont conjuguées harmoniques par rapport aux droites $P = 0$, $Q = 0$.

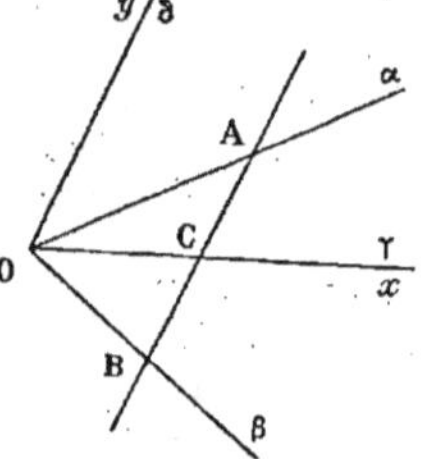

Fig. 27.

108. Théorème. — *La condition nécessaire et suffisante pour que la droite* $O\delta$ *soit conjuguée harmonique de* $O\gamma$ *par rapport à* $O\alpha$ *et* $O\beta$ *est que toute parallèle à* $O\delta$ *rencontre* $O\alpha$, $O\beta$, $O\gamma$ *respectivement en des points A, B, C tels que C soit le milieu de AB (fig. 27).*

Prenons pour axes de coordonnées les droites $O\gamma$ et $O\delta$, et soient $y + \lambda x = 0$, $y + \mu x = 0$ les équations des droites $O\alpha$ et $O\beta$. Menons une droite parallèle à Oy, $x = h$, qui rencontre Ox au point C, et Oα et Oβ aux points A et B dont les ordonnées sont respectivement

$$\overline{CA} = -\lambda h, \qquad \overline{CB} = -\mu h.$$

Si le point C est le milieu de AB, on a $\overline{CA} + \overline{CB} = 0$, ou $\lambda + \mu = 0$, ce qui montre que Oα et Oβ sont conjuguées harmoniques par rapport à Oγ et Oδ (107).

Et réciproquement si le faisceau est harmonique, C est le milieu de AB.

On pouvait prévoir ce résultat en remarquant que la droite AB rencontre Oδ en un point à l'infini, et pour que ce point soit conjugué harmonique de C par rapport à A et B, il faut et il suffit que le point C soit le milieu de AB.

On obtient ainsi un moyen très simple pour construire un faisceau harmonique.

109. Théorème. — *Les bissectrices d'un angle sont conjuguées harmoniques par rapport aux côtés de l'angle.*

Considérons un triangle OAB, et soient C et D les points de rencontre du côté AB et des bissectrices de l'angle $\widehat{AOB}$ (*fig.* 28). Les deux rapports $\dfrac{\overline{CA}}{\overline{CB}}$ et $\dfrac{\overline{DA}}{\overline{DB}}$ sont de signes contraires; de plus ils sont égaux en valeur absolue au rapport des côtés $\dfrac{OA}{OB}$. Par suite les

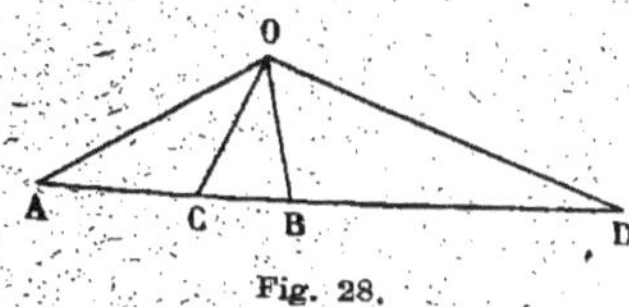

Fig. 28.

points C et D sont conjugués harmoniques par rapport à A et B; donc, les droites OC et OD sont conjuguées harmoniques par rapport aux droites OA et OB.

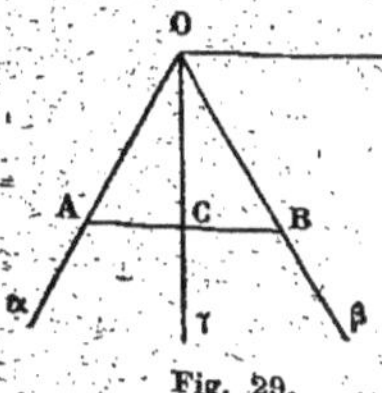

Fig. 29.

110. Théorème réciproque. — *Si dans un faisceau harmonique deux rayons (*) conjugués Oγ et Oδ sont perpendiculaires, ces droites sont les bissectrices de l'angle formé par les deux autres rayons Oα et Oβ.*

Coupons le faisceau par une parallèle à Oδ qui rencontre Oα, Oβ, Oγ respectivement aux points A, B, C (*fig.* 29). Comme le faisceau est harmonique, C est le milieu de AB.

(*) Les droites d'un faisceau sont aussi appelées *rayons* de ce faisceau.

D'ailleurs, par hypothèse, AB est perpendiculaire à OC; par suite, dans le triangle OAB, OC est à la fois médiane et hauteur. Donc ce triangle est isocèle, et OC est bissectrice de l'angle AOB; l'autre bissectrice est alors OS.

111. Polaire d'un point par rapport à un angle. — Étant donnés un angle xOy et un point P, par le point P on mène une droite quelconque rencontrant les côtés de l'angle aux points A et B, et l'on prend le point M conjugué harmonique du point P par rapport aux points A et B (*fig.* 30). Le lieu géométrique du point M lorsque la droite PAB tourne autour du point P est une droite passant par le point O, qu'on appelle *la polaire du point* P *par rapport à l'angle* xOy.

En effet, les droites OM et OP sont conjuguées harmoniques par rapport aux droites Ox et Oy; comme la droite OP est fixe, il en est de même de la droite OM et le théorème est démontré.

112. Menons par le point P deux sécantes quelconques PAB et PCD (*fig.* 31); les droites AD et BC se coupent en un point M, qui est situé sur la polaire du point P par rapport à l'angle xOy.

Soient, en effet, H et K les conjugués harmoniques de P respec-

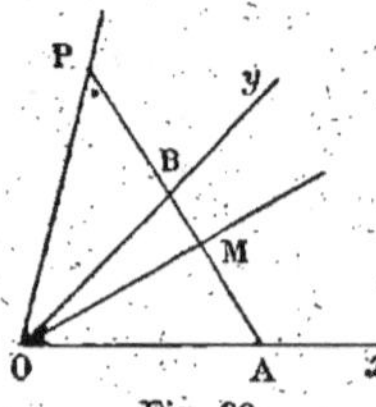

Fig. 30.

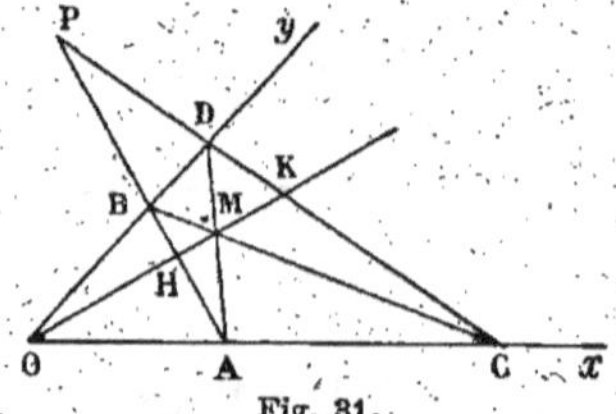

Fig. 31.

tivement par rapport aux couples de points A, B et C, D. Les points H et K appartiennent à la polaire du point P par rapport à l'angle xOy, mais ils sont aussi situés sur la polaire de P par rapport à l'angle AMB. Il en résulte que la droite HK passe par les points O et M, ce qui revient à dire que la polaire du point P par rapport à l'angle xOy passe par le point M.

113. Propriétés harmoniques du quadrilatère complet. Théorème. — *Dans un quadrilatère complet, chaque diagonale est divisée harmoniquement par les deux autres* (*).

(*) Pour la définition du quadrilatère complet et de ses diagonales, se reporter au n° 45.

Soit le quadrilatère complet ABCDEF, les diagonales sont les droites AC, BD, EF. Considérons par exemple la diagonale BD; elle rencontre les deux autres aux points G et K; il s'agit de démontrer que G et K sont conjugués harmoniques par rapport à B et D (*fig.* 32).

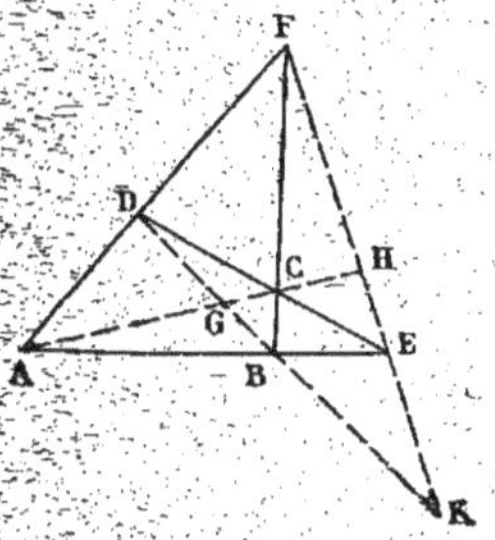

Cela résulte immédiatement de ce que la droite AC est la polaire du point K par rapport aux angles DAB et DCB.

On voit de même que EF est la polaire de G par rapport aux angles AFB et DEA, et BD la polaire de H par rapport aux angles ABC et ADC.

114. On déduit de là une méthode très simple pour construire *seulement au moyen de la règle* une division harmonique ou un faisceau harmonique.

Fig. 32.

Par exemple, étant donnés trois points en ligne droite A, B, C, construire le point D, conjugué harmonique de C par rapport à A et B.

Construisons sur AB un triangle quelconque AEB (*fig.* 33); menons

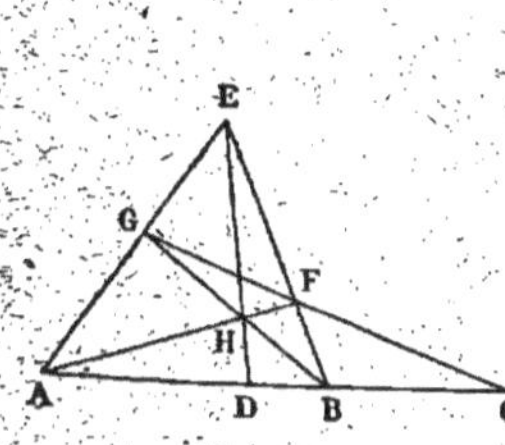

Fig. 33.

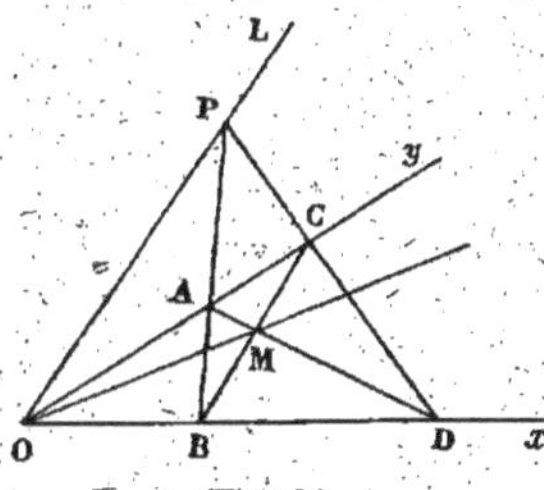

Fig. 34.

par le point G une droite quelconque rencontrant BE au point F et AE au point G; les droites AF et BG se coupent au point H. La droite EH rencontre AB au point D cherché.

De même, si l'on veut la conjuguée harmonique d'une droite OL par rapport aux deux droites Ox et Oy, on mènera par un point P de OL deux sécantes quelconques PAB et PCD. La droite joignant le point O au point M, intersection des droites AD et BC, est la droite cherchée (*fig.* 34).

CHAPITRE VI

DU CERCLE

---

115. Considérons le cercle qui a pour centre C (a, b) et pour rayon R. Pour qu'un point M (x, y) soit sur ce cercle, il faut et il suffit que la distance MC soit égale au rayon.

On en conclut que l'équation du cercle est

$$(1) \qquad (x - a)^2 + (y - b)^2 - R^2 = 0,$$

si les axes de coordonnées sont rectangulaires, et

$$(2) \qquad (x - a)^2 + (y - b)^2 + 2(x - a)(y - b)\cos\theta - R^2 = 0,$$

s'ils sont obliques.

On voit ainsi que le cercle est une courbe du deuxième degré.

116. Nous nous proposons maintenant de chercher dans quel cas l'équation générale du deuxième degré,

$$(3) \qquad f(x, y) \equiv Ax^2 + 2Bxy + Cy^2 + 2Dx + 2Ey + F = 0,$$

représente un cercle.

1° Supposons d'abord que les axes de coordonnées soient rectangulaires.

Pour que l'équation (3) représente un cercle, il faut et il suffit qu'il existe des nombres a, b, R, tels que les équations (1) et (3) représentent la même courbe, ou (22) aient leurs coefficients proportionnels.

Écrivons cette proportionnalité seulement pour les termes du second degré. Nous avons

$$A = \lambda, \qquad B = 0, \qquad C = \lambda.$$

On en déduit les conditions *nécessaires*

$$A = C, \qquad B = 0.$$

Nous allons montrer qu'elles sont *suffisantes*.

En effet, si elles sont remplies, l'équation (3) s'écrit

$$A(x^2 + y^2) + 2Dx + 2Ey + F = 0,$$

ou

$$x^2 + y^2 + 2\frac{D}{A}x + 2\frac{E}{A}y + \frac{F}{A} = 0,$$

ou enfin

$$(4) \qquad \left(x + \frac{D}{A}\right)^2 + \left(y + \frac{E}{A}\right)^2 - \frac{D^2 + E^2 - AF}{A^2} = 0.$$

Sous cette forme on reconnaît l'équation du cercle qui a pour centre le point dont les coordonnées sont $a = -\dfrac{D}{A}$, $b = -\dfrac{E}{A}$, et dont le rayon R est donné par la formule

$$R^2 = \frac{D^2 + E^2 - AF}{A^2}.$$

Pour que R soit réel, il faut que l'on ait

$$D^2 + E^2 - AF > 0.$$

Dans ce cas l'équation (4) représente un cercle réel.

Si $D^2 + E^2 - AF < 0$, l'équation (4) n'est vérifiée par aucun ensemble de valeurs réelles de x et de y : on dit qu'elle représente un *cercle imaginaire*.

Enfin, si $D^2 + E^2 - AF = 0$, l'équation (4) n'est vérifiée que par les coordonnées d'un seul point réel, $x = -\dfrac{D}{A}$, $y = -\dfrac{E}{A}$; on dit qu'elle représente un *cercle de rayon nul*.

Dans ce cas, le premier membre de l'équation (4) peut se mettre sous la forme d'un produit de deux facteurs linéaires :

$$\left[x + \frac{D}{A} + i\left(y + \frac{E}{A}\right)\right]\left[x + \frac{D}{A} - i\left(y + \frac{E}{A}\right)\right] = 0.$$

On peut dire que l'équation représente deux droites imaginaires conjuguées (*).

En résumé, *lorsque les axes de coordonnées sont rectangulaires, la condition nécessaire et suffisante pour que l'équation générale du deuxième degré*

$$f(x, y) \equiv Ax^2 + 2Bxy + Cy^2 + 2Dx + 2Ey + F = 0$$

représente un cercle est que l'on ait

$$A = C, \qquad B = 0,$$

(*) Ceci est conforme à ce qu'on a vu au n° 95, car lorsque $A = C$, $B = 0$, le discriminant Δ de $f(x, y)$ est égal à $-A(D^2 + E^2 - AF)$.

ou que les coefficients de x^2 et de y^2 soient égaux, et que celui de xy soit nul, ou encore que l'ensemble des termes du deuxième degré soit de la forme $A(x^2 + y^2)$.

Ces conditions étant remplies, l'équation représente un cercle réel si $D^2 + E^2 - AF > 0$, un cercle imaginaire si $D^2 + E^2 - AF < 0$, un cercle de rayon nul ou deux droites imaginaires si $D^2 + E^2 - AF = 0$.

On peut dire aussi que l'équation générale du cercle est

$$A(x^2 + y^2) + 2Dx + 2Ey + F = 0,$$

ou, en divisant par A,

$$x^2 + y^2 + 2Dx + 2Ey + F = 0.$$

Cette équation renferme trois paramètres; donc un cercle est défini par trois conditions.

2° Supposons maintenant que les axes de coordonnées soient obliques.

Pour que l'équation (3) représente un cercle, il faut et suffit qu'il existe des nombres a, b, R, tels que les équations (2) et (3) représentent la même courbe, ou aient leurs coefficients proportionnels. On doit donc avoir

$$A = \lambda,$$
$$B = \lambda \cos\theta,$$
$$C = \lambda,$$
$$D = -\lambda(a + b \cos\theta),$$
$$E = -\lambda(a \cos\theta + b),$$
$$F = \lambda(a^2 + 2ab \cos\theta + b^2 - R^2),$$

λ désignant un nombre non nul.

En égalant les valeurs de λ tirées des trois premières équations, nous obtenons les conditions *nécessaires*

$$(5) \qquad A = C = \frac{B}{\cos\theta}.$$

Nous allons montrer qu'elles sont *suffisantes*. Supposons-les remplies, et remplaçons dans les trois dernières relations λ par A; nous avons

$$a + b \cos\theta + \frac{D}{A} = 0,$$
$$a \cos\theta + b + \frac{E}{A} = 0,$$
$$R^2 - (a^2 + 2ab \cos\theta + b^2) + \frac{F}{A} = 0.$$

Les deux premières déterminent a et b, car le déterminant des coefficients, $1 - \cos^2\theta$ ou $\sin^2\theta$, n'est pas nul. En portant les valeurs trouvées dans la troisième, on obtient la valeur de R^2.

Par suite, lorsque les axes de coordonnées sont obliques et font l'angle θ, la condition nécessaire et suffisante pour que l'équation générale du deuxième degré représente un cercle est que l'on ait

$$A = C = \frac{B}{\cos\theta},$$

ou que l'ensemble des termes du deuxième degré soit de la forme

$$A\,(x^2 + y^2 + 2\,xy\,\cos\theta).$$

Si cela a lieu, le cercle est réel, imaginaire ou de rayon nul suivant que la valeur de R^2 est positive, négative ou nulle.

L'équation générale du cercle est alors

$$A\,(x^2 + 2xy\,\cos\theta + y^2) + 2Dx + 2Ey + F = 0,$$

ou

$$x^2 + y^2 + 2xy\,\cos\theta + 2Dx + 2Ey + F = 0.$$

117. Équation du cercle qui passe par trois points. — Écrivons que l'équation

$$x^2 + 2xy\,\cos\theta + y^2 + 2Dx + 2Ey + F = 0$$

est vérifiée par les coordonnées (x_1, y_1), (x_2, y_2), (x_3, y_3) des trois points donnés; nous avons

$$x_1^2 + 2x_1 y_1 \cos\theta + y_1^2 + 2Dx_1 + 2Ey_1 + F = 0,$$
$$x_2^2 + 2x_2 y_2 \cos\theta + y_2^2 + 2Dx_2 + 2Ey_2 + F = 0,$$
$$x_3^2 + 2x_3 y_3 \cos\theta + y_3^2 + 2Dx_3 + 2Ey_3 + F = 0.$$

Il faut résoudre ces trois équations par rapport à D, E, F. Le déterminant des coefficients est

$$\begin{vmatrix} x_1 & y_1 & 1 \\ x_2 & y_2 & 1 \\ x_3 & y_3 & 1 \end{vmatrix};$$

Il est différent de zéro si les trois points ne sont pas en ligne droite. Supposons cette condition remplie; nous pouvons alors résoudre les trois équations par rapport à D, E, F, et, en portant les valeurs trouvées dans l'équation, nous obtenons (A. 96)

$$\begin{vmatrix} x^2 + 2xy\cos\theta + y^2 & x & y & 1 \\ x_1^2 + 2x_1 y_1 \cos\theta + y_1^2 & x_1 & y_1 & 1 \\ x_2^2 + 2x_2 y_2 \cos\theta + y_2^2 & x_2 & y_2 & 1 \\ x_3^2 + 2x_3 y_3 \cos\theta + y_3^2 & x_3 & y_3 & 1 \end{vmatrix} = 0.$$

118. Cas particulier. — Supposons que les axes de coordonnées soient rectangulaires, et que les trois points donnés soient l'origine, un point A $(a,0)$ sur Ox et un point B $(0, b)$ sur Oy. L'équation du cercle est de la forme

$$x^2 + y^2 + 2Dx + 2Ey + F = 0;$$

écrivons qu'elle est vérifiée par les coordonnées des trois points; nous avons

$$F = 0, \qquad a^2 + 2Da = 0, \qquad b^2 + 2Eb = 0,$$

d'où

$$2D = -a, \qquad 2E = -b,$$

et par suite l'équation du cercle est

$$x^2 + y^2 - ax - by = 0.$$

119. Intersection d'une droite et d'un cercle. — Prenons pour axes de coordonnées deux diamètres perpendiculaires du cercle, et soient

$$x^2 + y^2 - R^2 = 0, \qquad ux + vy + w = 0$$

les équations du cercle et de la droite. Les coordonnées des points de rencontre sont les ensembles de solutions de ces équations.

Supposons $u \neq 0$; tirons x de la seconde équation et portons la valeur trouvée dans la première; nous obtenons le système équivalent

$$x = -\frac{vy + w}{u}, \qquad y^2(u^2 + v^2) + 2vwy + w^2 - R^2u^2 = 0.$$

A toute racine de cette dernière équation correspond une valeur de x et par suite un point commun à la droite et au cercle. Donc la droite rencontre le cercle en deux points qui sont réels ou imaginaires en même temps que les racines de la dernière équation.

Pour que cette équation ait ses racines réelles, il faut qu'on ait

$$v^2w^2 - (u^2 + v^2)(w^2 - R^2u^2) > 0,$$

ou, en divisant par u^2 qui n'est pas nul,

$$R^2(u^2 + v^2) - w^2 > 0.$$

1° Si l'on a $R^2(u^2 + v^2) - w^2 > 0$, la droite rencontre le cercle en deux points réels et distincts. Il est aisé de vérifier que dans ce cas la distance du centre du cercle à la droite est plus petite que le rayon.

2° Si l'on a $R^2(u^2 + v^2) - w^2 < 0$, la droite rencontre le cercle en deux points imaginaires conjugués. La distance du centre à la droite est supérieure au rayon.

3° Supposons enfin que l'on ait $R^2(u^2 + v^2) - w^2 = 0$. La droite rencontre le cercle en deux points confondus; la distance du centre à la droite est égale au rayon. On sait que dans ce cas la droite est tangente au cercle.

On serait conduit aux mêmes conclusions en supposant $v \neq 0$.

120. Intersection de deux cercles. — Soient

$$f(x, y) \equiv A(x^2 + 2xy \cos\theta + y^2) + 2Dx + 2Ey + F = 0,$$
$$f_1(x, y) \equiv A_1(x^2 + 2xy \cos\theta + y^2) + 2D_1 x + 2E_1 y + F_1 = 0$$

les équations des deux cercles rapportés à des axes quelconques.

Ce système d'équations est équivalent au suivant

$$f(x, y) = 0, \qquad \frac{f(x, y)}{A} - \frac{f_1(x, y)}{A_1} = 0.$$

Or, cette dernière équation est du premier degré, elle représente une droite; par conséquent les points communs aux deux cercles sont à l'intersection de cette droite et du premier cercle. Il en résulte que deux cercles ont deux points communs réels, imaginaires ou confondus. La droite $\dfrac{f(x, y)}{A} - \dfrac{f_1(x, y)}{A_1} = 0$ qui joint les deux points est appelée la corde commune aux deux cercles.

121. DISCUSSION. — Prenons des axes rectangulaires se coupant au centre du cercle de plus grand rayon, l'axe des x étant dirigé suivant la ligne des centres. Les équations des deux cercles sont alors

$$x^2 + y^2 - R^2 = 0,$$
$$(x - d)^2 + y^2 - R'^2 = 0,$$

en supposant

$$R \geqslant R', \qquad d > 0;$$

ce système est équivalent au suivant :

$$x^2 + y^2 - R^2 = 0,$$
$$2dx - d^2 - R^2 + R'^2 = 0.$$

De la seconde on tire, en supposant $d \neq 0$,

$$x = \frac{d^2 + R^2 - R'^2}{2d},$$

et, en portant cette valeur dans la première, on a

$$y^2 = \frac{4R^2 d^2 - (d^2 + R^2 - R'^2)^2}{4d^2}$$
$$= \frac{(2Rd + d^2 + R^2 - R'^2)(2Rd - d^2 - R^2 + R'^2)}{4d^2}$$
$$= \frac{[(d + R)^2 - R'^2][R'^2 - (d - R)^2]}{4d^2},$$

ou enfin

$$y^2 = \frac{(d + R + R')(d + R - R')(R' + d - R)(R' - d + R)}{4d^2}.$$

Cette équation donne pour y deux valeurs égales et de signes contraires ; à chacune d'elles correspond une seule valeur de x ; on a donc deux ensembles de solutions, qui sont les coordonnées des deux points de rencontre des deux cercles.

Pour que ces points soient réels, il faut que la valeur de y^2 soit positive, et comme, par hypothèse, les deux facteurs $d + R + R'$ et $d + R - R'$ sont positifs, on doit avoir

$$(R' + d - R)(R' - d + R) > 0;$$

ce qui exige que d soit compris entre $R - R'$ et $R + R'$.

En conséquence, pour que deux cercles aient deux points communs réels et distincts, il faut et il suffit que la distance des centres soit comprise entre la différence et la somme des rayons.

Ces deux points se confondent sur la ligne des centres si l'on a $d = R - R'$ ou $d = R + R'$; les deux cercles sont alors tangents.

Enfin si d est extérieur à l'intervalle $(R - R', R + R')$, les deux cercles ont deux points communs imaginaires conjugués.

Nous avons supposé $d \neq 0$. Dans le cas où $d = 0$, les deux cercles n'ont aucun point commun si $R \neq R'$; ils coïncident si $R = R'$.

Puissance d'un point par rapport à un cercle.

122. Théorème. — *Si par un point P du plan d'un cercle on mène une sécante quelconque qui rencontre le cercle aux points M et M', le produit $\overline{PM} \times \overline{PM'}$ a une valeur constante, indépendante de la sécante, et qu'on appelle la puissance du point P par rapport au cercle.*

Soient

$$f(x, y) \equiv A(x^2 + 2xy \cos\theta + y^2) + 2Dx + 2Ey + F = 0$$

l'équation du cercle et x_0, y_0 les coordonnées du point P. Désignons par α, β les *paramètres principaux* (55) d'une sécante passant par le point P ; nous avons

$$\alpha^2 + 2\alpha\beta \cos\theta + \beta^2 = 1,$$

et les coordonnées d'un point quelconque de cette sécante sont

$$x = x_0 + \alpha\rho, \quad y = y_0 + \beta\rho,$$

ρ étant *égal* à la valeur algébrique du vecteur qui a pour origine le point P et pour extrémité le point (x, y).

Les valeurs de ρ relatives aux points M, M' où la sécante rencontre le cercle, c'est-à-dire les nombres $\overline{PM}$ et $\overline{PM'}$, sont alors racines de l'équation

$$f(x_0 + \alpha\rho, y_0 + \beta\rho) = 0,$$

ou (A, 365)

$$f(x_0, y_0) + \rho(\alpha f'_{x_0} + \beta f'_{y_0}) + \rho^2 \varphi(\alpha, \beta) = 0,$$

$\varphi(x, y)$ désignant l'ensemble des termes du deuxième degré de $f(x, y)$. Dans le cas actuel, nous avons

$$\varphi(x, y) = A(x^2 + 2xy \cos\theta + y^2),$$

et, par suite,

$$\varphi(\alpha, \beta) = A(\alpha^2 + 2\alpha\beta \cos\theta + \beta^2) = A.$$

De sorte que $\overline{PM}$ et $\overline{PM'}$ sont racines de l'équation

$$f(x_0, y_0) + \rho(\alpha f'_{x_0} + \beta f'_{y_0}) + A\rho^2 = 0.$$

Nous avons donc

$$\overline{PM} . \overline{PM'} = \frac{f(x_0, y_0)}{A};$$

le second membre est indépendant de α et de β, le théorème est démontré.

123. Il en résulte que la puissance d'un point par rapport à un cercle s'obtient en remplaçant dans le premier membre de l'équation du cercle x et y par les coordonnées du point et en divisant le résultat par le coefficient de x^2.

Soient a et b les coordonnées du centre du cercle et R son rayon; l'équation du cercle peut s'écrire

$$(x - a)^2 + 2(x - a)(y - b)\cos\theta + (y - b)^2 - R^2 = 0;$$

la puissance du point $P(x_0, y_0)$ est alors

$$(x_0 - a)^2 + 2(x_0 - a)(y_0 - b)\cos\theta + (y_0 - b)^2 - R^2,$$

ou

$$d^2 - R^2,$$

d désignant la distance du point P au centre du cercle.

On voit ainsi que la puissance est positive ou négative selon que le point P est à l'extérieur ou à l'intérieur du cercle. Si le point P est à l'extérieur, la puissance est égale au carré de la longueur de la tangente issue du point P.

124. Axe radical de deux cercles. Théorème. — *Le lieu géométrique des points qui ont même puissance par rapport à deux cercles est une droite perpendiculaire à la ligne des centres et qu'on appelle l'axe radical des deux cercles.*

Soient

$$f(x, y) = A(x^2 + 2xy \cos\theta + y^2) + 2Dx + 2Ey + F = 0,$$
$$f_1(x, y) = A_1(x^2 + 2xy \cos\theta + y^2) + 2D_1 x + 2E_1 y + F_1 = 0$$

les équations des deux cercles. Pour qu'un point (x, y) ait même puissance par rapport aux deux cercles, il faut qu'on ait

$$\frac{f(x, y)}{A} - \frac{f_1(x, y)}{A_1} = 0;$$

c'est l'équation du lieu. Comme elle est du premier degré, elle représente une droite; c'est la corde commune aux deux cercles (120).

Pour démontrer que cette droite est perpendiculaire à la ligne des centres, prenons les mêmes axes qu'au n° 121; les équations des cercles sont alors

$$x^2 + y^2 - R^2 = 0, \qquad (x - d)^2 + y^2 - R'^2 = 0,$$

et l'axe radical a pour équation

$$2dx - d^2 - R^2 + R'^2 = 0,$$

ce qui établit la proposition.

Si $d = 0$, c'est-à-dire si les deux cercles sont concentriques, l'axe radical coïncide avec la droite de l'infini.

Dans le cas où les deux cercles ont deux points communs réels, il suffit de joindre ces points pour avoir l'axe radical. Si les cercles sont tangents, l'axe radical est la tangente commune au point de contact. Nous indiquons dans le n° suivant comment on peut construire l'axe radical de deux cercles qui ne se rencontrent pas réellement.

On peut aussi considérer l'axe radical de deux cercles comme le lieu des points d'où l'on peut mener des tangentes égales aux deux cercles.

125. Théorème. — *Les axes radicaux de trois cercles pris deux à deux passent par un même point.*

Soient

$$f_1(x, y) \equiv A_1 x^2 + \ldots = 0,$$
$$f_2(x, y) \equiv A_2 x^2 + \ldots = 0,$$
$$f_3(x, y) \equiv A_3 x^2 + \ldots = 0$$

les équations des trois cercles. Les axes radicaux de ces cercles pris deux à deux ont pour équations

$$P_1 \equiv \frac{f_2(x, y)}{A_2} - \frac{f_3(x, y)}{A_3} = 0,$$

$$P_2 \equiv \frac{f_3(x, y)}{A_3} - \frac{f_1(x, y)}{A_1} = 0,$$

$$P_3 \equiv \frac{f_1(x, y)}{A_1} - \frac{f_2(x, y)}{A_2} = 0.$$

En ajoutant membre à membre, on a

$$P_1 + P_2 + P_3 \equiv 0,$$

ce qui montre que les trois droites passent par un même point (52).

Cette conclusion n'est exacte que si deux des droites ne sont pas parallèles ou confondues, c'est-à-dire si les centres des trois cercles ne sont pas en ligne droite.

Le point de rencontre des axes radicaux de trois cercles pris deux à deux est appelé le *centre radical* des trois cercles ; c'est le seul point qui ait même puissance par rapport aux trois cercles.

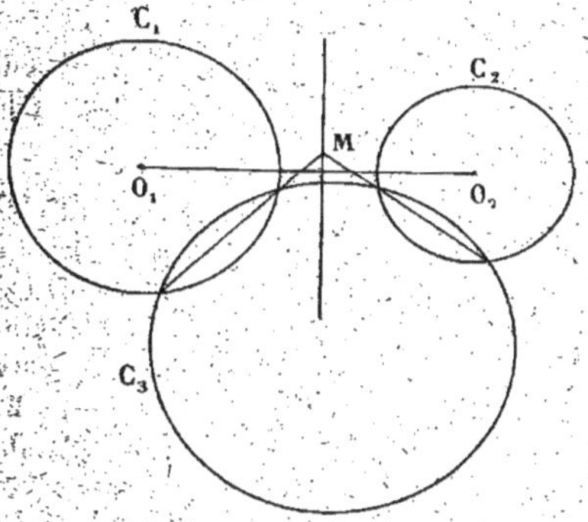

Si les centres des cercles sont en ligne droite, les axes radicaux sont parallèles ou confondus.

Étant donnés deux cercles C_1 et C_2 n'ayant aucun point commun réel, pour construire leur axe radical, on trace un cercle C_3 assujetti seulement à la condition de rencontrer en des points réels les cercles C_1 et C_2. Il est alors facile de construire les axes radicaux des cercles C_1, C_3 et C_2, C_3 ; ces droites se coupent en un point M qui appartient à l'axe radical des cercles C_1, C_2. En menant alors du point M une perpendiculaire sur la ligne des centres de ces deux cercles, on obtient leur axe radical (*fig.* 35).

Fig. 35.

125. Équation générale des cercles passant par les points de rencontre de deux cercles donnés.

Soient les deux cercles (C) et (C_1) définis par les équations

$$(C) \quad f(x, y) \equiv A(x^2 + 2xy\cos\theta + y^2) + 2Dx + 2Ey + F = 0,$$
$$(C_1) \quad f_1(x, y) \equiv A_1(x^2 + 2xy\cos\theta + y^2) + 2D_1x + 2E_1y + F_1 = 0,$$

qui, par hypothèse, se rencontrent en deux points réels M et M'.

Je dis que l'équation générale des cercles qui passent par les points M et M' est

$$(1) \qquad\qquad f(x, y) + \lambda f_1(x, y) = 0,$$

λ désignant un nombre arbitraire.

Remarquons d'abord que, quel que soit λ, l'équation (1) représente un cercle, car l'ensemble des termes du deuxième degré est $(A + \lambda A_1)(x^2 + 2xy\cos\theta + y^2)$; de plus, ce cercle passe par les points M et M', car les coordonnées de ces points, annulant $f(x, y)$ et $f_1(x, y)$, annulent aussi $f(x, y) + \lambda f_1(x, y)$.

En second lieu, il faut démontrer qu'on peut déterminer λ de façon que l'équation (1) représente *un cercle quelconque* passant par les points M et M'. Soit (Γ) un tel cercle. Prenons sur ce cercle un point N, distinct de M et M', et écrivons que les coordonnées x_0, y_0 de ce point vérifient l'équation (1); nous avons

$$f(x_0, y_0) + \lambda f_1(x_0, y_0) = 0,$$

d'où nous tirons, en supposant $f_1(x_0, y_0) \neq 0$,

$$\lambda = - \frac{f(x_0, y_0)}{f_1(x_0, y_0)}.$$

Remplaçons λ par cette valeur dans l'équation (1); nous obtenons

$$f(x, y) - \frac{f(x_0, y_0)}{f_1(x_0, y_0)} f_1(x, y) = 0,$$

et cette équation représente un cercle passant par les points M, M', N. Donc ce cercle coïncide avec le cercle (Γ).

L'équation (1) est donc bien l'équation générale cherchée.

Dans le raisonnement nous avons supposé $f_1(x_0, y_0) \neq 0$; cela revient à supposer que le point N n'est pas sur le cercle (C_1), ou que le cercle (Γ) ne coïncide avec le cercle (C_1).

On peut donc dire que l'équation peut représenter tous les cercles passant par les points M, M', à l'exception du cercle (C_1).

Dans cette démonstration nous avons supposé que les cercles (C) et (C_1) se coupaient en deux points réels. Nous admettrons que le théorème est encore vrai, si les deux cercles se coupent en deux points imaginaires conjugués, ou s'ils sont tangents en un point M. Dans cette dernière hypothèse, l'équation (1) est l'équation générale des cercles tangents en M aux deux cercles donnés.

L'ensemble de tous les cercles représentés par l'équation (1) est appelé un *faisceau linéaire* de cercles. Deux cercles quelconques du faisceau ont pour axe radical l'axe radical des cercles (C) et (C_1).

127. On démontre de même qu'étant donnés un cercle $f(x, y) = 0$ et une droite $P = 0$, l'équation générale des cercles passant par les points de rencontre de la droite et du cercle est

$$f(x, y) + \lambda P = 0.$$

Tous ces cercles forment encore un faisceau linéaire. Deux cercles quelconques du faisceau ont pour axe radical la droite $P = 0$.

128. Points cycliques et droites isotropes. — *Les axes de coordonnées étant supposés rectangulaires*, l'équation générale du cercle en coordonnées homogènes est

$$A(x^2 + y^2) + 2Dxz + 2Eyz + Fz^2 = 0.$$

Il en résulte que tous les cercles ont deux points communs imaginaires à l'infini : les coordonnées de ces points vérifient les équations

$$x^2 + y^2 = 0, \qquad z = 0.$$

Pour résoudre ces équations, on peut donner à x une valeur arbitraire non nulle, par exemple $x = 1$; on obtient alors les solutions

$$\begin{cases} x = 1, \\ y = i, \\ z = 0, \end{cases} \quad \text{et} \quad \begin{cases} x = 1, \\ y = -i, \\ z = 0. \end{cases}$$

Ces points sont appelés les *points cycliques* du plan ou *les points circulaires à l'infini*.

129. On appelle *droite isotrope* toute droite qui passe par l'un des points cycliques.

Pour qu'une droite soit isotrope, il faut et il suffit que son coefficient angulaire soit égal à $+i$ ou à $-i$.

Par tout point (α, β) du plan passent deux droites isotropes dont l'ensemble a pour équation

$$(x - \alpha)^2 + (y - \beta)^2 = 0.$$

Cette équation représente aussi un cercle de rayon nul. Il en résulte qu'*au point de vue analytique* un cercle de rayon nul se confond avec les droites isotropes qui passent par son centre.

Les directions asymptotiques du cercle (90) sont isotropes.

Nous avons vu (116) que pour que l'équation

$$Ax^2 + 2Bxy + Cy^2 + 2Dx + 2Ey + F = 0$$

représente un cercle, il faut et il suffit que l'on ait

$$Ax^2 + 2Bxy + Cy^2 \equiv A(x^2 + y^2) ;$$

on peut donc dire que la condition nécessaire et suffisante pour qu'une courbe du deuxième degré soit un cercle est qu'elle passe par les points cycliques, ou que ses directions asymptotiques soient isotropes.

130. Si les axes de coordonnées sont obliques et font un angle θ, les coordonnées des points cycliques sont déterminées par les équations

$$x^2 + 2xy \cos\theta + y^2 = 0, \qquad z = 0,$$

et les droites isotropes qui passent par le point (α, β) ont pour équation

$$(x - \alpha)^2 + 2(x - \alpha)(y - \beta)\cos\theta + (y - \beta)^2 = 0,$$

et cette équation représente encore le cercle de rayon nul qui a pour centre le point (α, β).

CHAPITRE VII

LIEUX GÉOMÉTRIQUES

131. On appelle *lieu géométrique* l'ensemble des points qui jouissent d'une même propriété, à l'exclusion de tous les autres points du plan. Ce lieu est en général une ligne, et l'objet de ce chapitre est d'indiquer comment on peut obtenir l'équation de cette ligne, connaissant la propriété géométrique commune à tous les points du lieu.

Dans certains cas particuliers, l'équation se déduit immédiatement de la définition du lieu. Nous en avons vu des exemples quand nous avons écrit l'équation du cercle, celle des bissectrices d'un angle, celle de l'axe radical de deux cercles.

En voici un nouvel exemple :

Trouver le lieu géométrique des points dont le rapport des distances à deux points fixes est constant.

Prenons comme axe des x la droite qui joint les points fixes A et B, et pour axe des y une perpendiculaire à AB en son milieu. Soient a l'abscisse du point A, $-a$ celle du point B et x, y les coordonnées d'un point quelconque M du lieu. De la relation $\dfrac{\text{MA}}{\text{MB}} = k$ on déduit l'équation du lieu

$$\frac{(x-a)^2 + y^2}{(x+a)^2 + y^2} = k^2,$$

ou

$$(x^2 + y^2)(1 - k^2) - 2ax(1 + k^2) + a^2(1 - k^2) = 0.$$

Si $k^2 \neq 1$, cette équation représente un cercle ayant son centre sur AB ; si $k^2 = 1$, elle représente une droite perpendiculaire à AB.

132. Quelquefois, pour exprimer analytiquement qu'un point M appartient au lieu, on a besoin d'écrire l'équation d'une ligne auxiliaire ; pour éviter toute confusion, on désigne alors par α et β les coordonnées du point M, et quand on a obtenu une relation entre α, β et les constantes de la figure, il suffit d'y remplacer α et β par x et y pour obtenir l'équation du lieu.

Exemple. — *Une corde AA' comprise entre deux droites parallèles D et D' est vue d'un point fixe O sous un angle droit. Lieu du pied de la perpendiculaire abaissée de O sur AA'.*

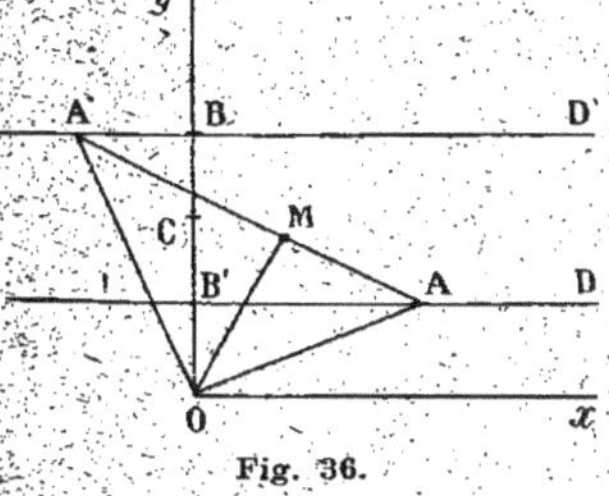

Fig. 36.

Prenons pour origine le point O, pour axe Ox une parallèle aux droites D et D' et pour axe Oy une perpendiculaire à ces droites (*fig.* 36).

Les équations des droites D et D' sont alors $y - d = 0$, $y - d' = 0$.

Pour qu'un point $M(\alpha, \beta)$ soit un point du lieu, il faut et il suffit qu'en menant par ce point une perpendiculaire à OM, cette droite rencontre D et D' en des points A et A' tels que l'angle AOA' soit droit.

La droite OM a pour coefficient angulaire $\dfrac{\beta}{\alpha}$; par suite, la perpendiculaire menée par le point M à cette droite a pour coefficient angulaire $-\dfrac{\alpha}{\beta}$, et l'équation de cette perpendiculaire est

$$\frac{y - \beta}{x - \alpha} = -\frac{\alpha}{\beta}, \qquad \text{ou} \qquad \alpha x + \beta y - (\alpha^2 + \beta^2) = 0.$$

Les points A et A' où cette droite rencontre D et D' ont respectivement pour coordonnées

$$(A) \qquad y = d, \qquad x = \frac{\alpha^2 + \beta^2 - \beta d}{\alpha},$$

$$(A') \qquad y = d', \qquad x = \frac{\alpha^2 + \beta^2 - \beta d'}{\alpha};$$

les coefficients angulaires des droites OA, OA' sont alors

$$\frac{d\,\alpha}{\alpha^2 + \beta^2 - \beta d}, \qquad \frac{d'\,\alpha}{\alpha^2 + \beta^2 - \beta d'},$$

et pour que l'angle AOA' soit droit, il faut que le produit de ces coefficients angulaires soit égal à -1, ce qui donne

$$\frac{dd'\,\alpha^2}{(\alpha^2 + \beta^2 - d\,\beta)(\alpha^2 + \beta^2 - d'\,\beta)} = -1,$$

ou

$$(\alpha^2 + \beta^2 - d\,\beta)(\alpha^2 + \beta^2 - d'\,\beta) + dd'\,\alpha^2 = 0,$$

ou encore

$$(\alpha^2 + \beta^2)^2 - (d + d')\,\beta\,(\alpha^2 + \beta^2) + dd'\,(\alpha^2 + \beta^2) = 0,$$

ou, en divisant par $\alpha^2 + \beta^2$,

$$\alpha^2 + \beta^2 - (d + d')\,\beta + dd' = 0.$$

Telle est la relation que doivent vérifier les coordonnées α, β d'un point pour que ce point appartienne au lieu géométrique; il en résulte que l'équation de ce lieu est

$$x^2 + y^2 - (d + d')\,y + dd' = 0,$$

ou

$$x^2 + \left(y - \frac{d + d'}{2}\right)^2 = \frac{(d - d')^2}{4}.$$

Cette équation représente un cercle ayant pour centre le point $\left(0, \dfrac{d + d'}{2}\right)$ et pour rayon la valeur absolue de $\dfrac{d - d'}{2}$. Le centre est le point C situé sur Oy à égale distance des deux parallèles, et le rayon est égal à la moitié de la distance de ces deux droites. En d'autres termes, si l'on désigne par B et B' les points de rencontre de Oy et des droites D et D', on peut dire que le lieu est le cercle décrit sur BB' comme diamètre.

133. En général, les points d'un lieu géométrique sont définis comme les points d'intersection de deux lignes variables. Supposons qu'on ait formé les équations de ces deux lignes; elles renferment un paramètre λ pouvant recevoir des valeurs arbitraires; soient

$$(1) \qquad f(x, y, \lambda) = 0,$$
$$(2) \qquad \varphi(x, y, \lambda) = 0$$

ces équations.

Si l'on donne à λ une valeur quelconque, les équations (1) et (2) représentent deux courbes dont les points de rencontre sont des points du lieu. Si λ varie, ces points se déplacent et décrivent en général une courbe qui est le lieu géométrique cherché.

Nous allons montrer qu'on obtient l'équation du lieu géométrique en éliminant λ entre les équations (1) et (2).

Désignons par

$$(3) \qquad R(x, y) = 0$$

l'équation résultante, et rappelons-nous que c'est la condition nécessaire et suffisante à laquelle doivent satisfaire x et y pour que les équations (1) et (2) soient vérifiées par une même valeur de λ.

Nous diviserons notre démonstration en deux parties.

1° *Les coordonnées de tout point du lieu vérifient l'équation* (3).

Donnons à λ une valeur particulière λ_0, et désignons par x_0, y_0 les coordonnées d'un point commun aux deux courbes

$$f(x, y, \lambda_0) = 0, \qquad \varphi(x, y, \lambda_0) = 0;$$

le point (x_0, y_0) est un point du lieu. Nous avons alors

$$f(x_0, y_0, \lambda_0) = 0, \qquad \varphi(x_0, y_0, \lambda_0) = 0,$$

ce qui montre que pour $x = x_0$, $y = y_0$, les équations (1) et (2) ont la solution commune $\lambda = \lambda_0$. Donc l'équation (3) est vérifiée pour $x = x_0$, $y = y_0$.

2° *Tout point dont les coordonnées vérifient l'équation* (3) *est un point du lieu.*

Supposons qu'on ait $R(x_0, y_0) = 0$; alors, pour $x = x_0$, $y = y_0$

les équations (1) et (2) ont une solution commune $\lambda = \lambda_0$, et l'on a les égalités $f(x_0, y_0, \lambda_0) = 0$, $\varphi(x_0, y_0, \lambda_0) = 0$. On en conclut que le point (x_0, y_0) est un point du lieu, puisqu'il est à l'intersection des deux courbes $f(x, y, \lambda_0) = 0$, $\varphi(x, y, \lambda_0) = 0$.

Il résulte de là que l'équation $R(x, y) = 0$ est bien l'équation du lieu.

134. Remarques. — I. La dernière partie de ce théorème souffre quelques exceptions. En effet, le paramètre λ qui figure dans les équations (1) et (2) est en général réel; de plus, il peut se faire, d'après la définition géométrique du lieu, que λ soit assujetti à certaines conditions, comme par exemple d'être compris entre deux nombres a et b.

Par conséquent, le point dont les coordonnées x_0, y_0 vérifient l'équation (3) ne sera un point du lieu que si la valeur λ_0 de λ qui vérifie les deux équations $f(x_0, y_0, \lambda) = 0$, $\varphi(x_0, y_0, \lambda) = 0$ est réelle et satisfait aux conditions imposées au paramètre λ.

II. Il peut aussi arriver que pour cette valeur λ_0 les deux équations $f(x, y, \lambda_0) = 0$, $\varphi(x, y, \lambda_0) = 0$ représentent *la même courbe* (C). Dans ce cas, le point (x_0, y_0) n'est pas un point du lieu, et il en est de même de tous les points de la courbe (C), bien que les coordonnées de tous ces points vérifient l'équation (3).

En résumé, l'équation $R(x, y) = 0$ représente une courbe ou un ensemble de plusieurs courbes. Tout point du lieu est situé sur l'une de ces courbes, mais réciproquement tout point de l'une de ces courbes n'est pas toujours un point du lieu.

Pour reconnaître si un point (x_0, y_0) de l'une de ces courbes est un point du lieu, on cherchera la solution $\lambda = \lambda_0$ qui est commune aux équations $f(x_0, y_0, \lambda) = 0$, $\varphi(x_0, y_0, \lambda) = 0$; il suffira alors d'examiner si les points communs aux deux courbes $f(x, y, \lambda_0) = 0$, $\varphi(x, y, \lambda_0) = 0$ sont bien des points du lieu, tel qu'il a été défini géométriquement.

135. Théorème. — *Si l'une des courbes (1) ou (2) passe par un point fixe, la courbe (3) passe par ce point.*

Soient x', y' les coordonnées du point fixe A, et supposons que l'on ait, quel que soit λ, $f(x', y', \lambda) = 0$. Considérons l'équation $\varphi(x', y', \lambda) = 0$; elle admet un certain nombre de racines, soit λ' l'une d'elles; nous avons alors $f(x', y', \lambda') = 0$, $\varphi(x', y', \lambda') = 0$. Donc pour $x = x'$, $y = y'$, les équations (1) et (2) ont la racine commune λ'; par suite, $R(x', y') = 0$.

Le point A n'est un point du lieu que si λ' satisfait aux conditions imposées au paramètre λ.

Exemple I. — *On donne deux triangles équilatéraux ABC, A'BC ayant un côté commun BC; par le point A' on mène une droite quelconque rencontrant AC au point D et AB au point E. Trouver le lieu géométrique du point de rencontre des droites BD et CE.*

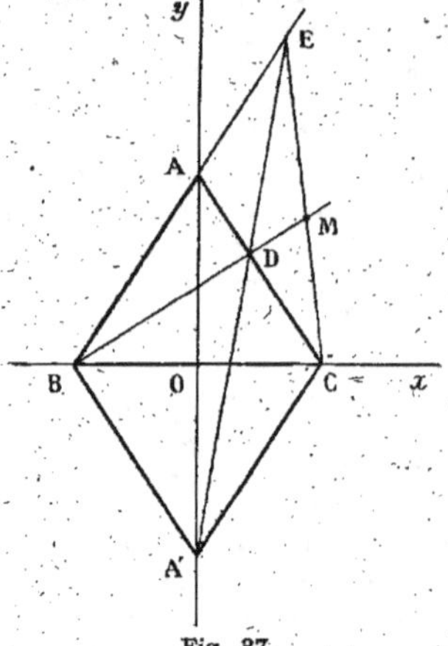

Fig. 37.

Un point quelconque M du lieu est déterminé par l'intersection des droites variables BD et CE (*fig.* 37); nous allons former les équations de ces droites en fonction d'un paramètre, et nous éliminerons ce paramètre entre les deux équations.

Prenons pour axes BC et AA'. Soient a l'abscisse du point C, $-a$ celle du point B; l'ordonnée du point A est alors $a\sqrt{3}$, et celle du point A', $-a\sqrt{3}$. Pour simplifier l'écriture, nous poserons $a\sqrt{3} = b$.

Nous prendrons pour paramètre variable le coefficient angulaire λ de la droite A'DE. L'équation de cette droite est alors $y + b - \lambda x = 0$. Comme l'équation de AC est $\dfrac{x}{a} + \dfrac{y}{b} - 1 = 0$, il en résulte (49) que l'équation de la droite BD joignant le point $B(-a, 0)$ au point de rencontre des droites A'D et AC est

$$\frac{y + b - \lambda x}{b + \lambda a} = \frac{\dfrac{x}{a} + \dfrac{y}{b} - 1}{-2},$$

ou

$$(1) \qquad \left(\frac{b}{a} - \lambda\right)x + \left(3 + \frac{\lambda a}{b}\right)y + b - \lambda a = 0.$$

On en déduit l'équation de la droite CE en changeant a en $-a$, ce qui donne

$$(2) \qquad \left(-\frac{b}{a} - \lambda\right)x + \left(3 - \frac{\lambda a}{b}\right)y + b + \lambda a = 0,$$

et pour avoir le lieu il faut éliminer λ entre ces deux équations.

Ajoutons-les, puis retranchons-les membre à membre; nous obtenons le système équivalent

$$-2\lambda x + 6y + 2b = 0,$$
$$\frac{2b}{a}x + 2\frac{\lambda a}{b}y - 2\lambda a = 0.$$

De la première nous tirons $\lambda = \dfrac{3y + b}{x}$; de la deuxième $\lambda = -\dfrac{b^2 x}{a^2(y - b)}$ et il n'y a plus qu'à égaler ces deux valeurs pour obtenir l'équation du lieu. Nous avons ainsi

$$\frac{3y + b}{x} = -\frac{b^2 x}{a^2(y - b)},$$

ou

$$b^2x^2 + a^2(y - b)(3y + b) = 0,$$

ou encore, en remplaçant b par $a\sqrt{3}$,

$$x^2 + y^2 - \frac{2a}{\sqrt{3}}\, y - a^2 = 0.$$

Cette équation représente un cercle, et comme elle est vérifiée par les coordonnées des points A, B, C, on voit que le lieu est le cercle circonscrit au triangle ABC.

Je dis maintenant que tout point (x_0, y_0) de ce cercle est un point du lieu. En effet, si on remplace x et y par x_0 et y_0 dans les équations (1) et (2), on obtient deux équations du premier degré en λ qui ont une racine commune λ_0. Or, d'après la définition géométrique du lieu, λ n'est assujetti à aucune autre condition que d'être réel; par suite, le point (x_0, y_0) est un point du lieu.

Exemple II. — *On donne un cercle, un point O sur ce cercle et un point A situé sur la tangente au point O et à une distance OA égale au rayon du cercle. Par le point A on mène une sécante variable qui rencontre le cercle aux points B et C; on joint OB, OC et on mène les bissectrices de l'angle BOC. Celles-ci rencontrent la sécante ABC aux points M et M'. On demande le lieu géométrique des points M et M' quand la sécante tourne autour du point A.*

Prenons pour axe des x la tangente OA, pour axe des y le diamètre du point O, et désignons par a le rayon du cercle (*fig.* 38).

Les coordonnées du centre du cercle sont alors 0 et a; par suite, son équation est

$$x^2 + (y - a)^2 - a^2 = 0,$$

ou

$$x^2 + y^2 - 2ay = 0.$$

Par le point A $(a, 0)$ menons une sécante quelconque

$$(1) \qquad y = \lambda(x - a),$$

et formons l'équation de l'ensemble des droites OB et OC.

Pour cela (86) nous rendons homogènes les équations du cercle et de la sécante; nous avons

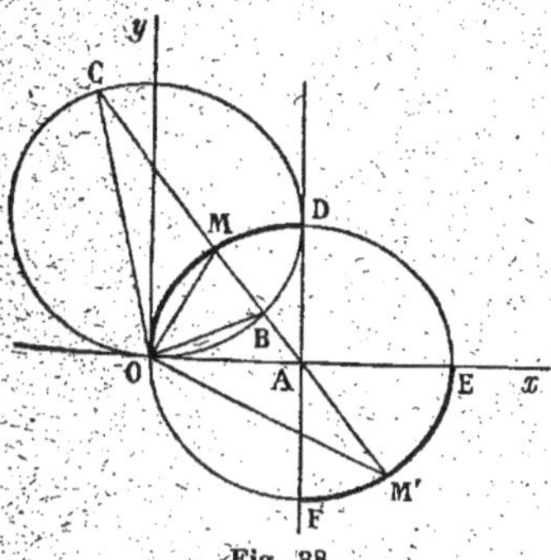

Fig. 38

$$x^2 + y^2 - 2ayz = 0, \qquad y - \lambda x + \lambda az = 0,$$

et nous éliminons z entre ces deux équations. Nous obtenons ainsi

$$\lambda x^2 - 2\lambda xy + (\lambda + 2)y^2 = 0.$$

Nous en déduisons immédiatement (85) l'équation de l'ensemble des bissectrices OM et OM'

$$(2) \qquad -\lambda y^2 - 2xy + \lambda x^2 = 0.$$

Les points M et M' sont déterminés par les équations (1) et (2); donc, pour avoir l'équation du lieu, il faut éliminer λ entre ces deux équations.

De la première nous tirons $\lambda = \dfrac{y}{x-a}$; de la seconde $\lambda = \dfrac{2xy}{x^2 - y^2}$, et en égalant ces valeurs nous avons

$$\frac{y}{x-a} = \frac{2xy}{x^2 - y^2},$$

ou

(3) $$y(x^2 + y^2 - 2ax) = 0.$$

Cette équation se décompose en deux, $y = 0$ qui représente l'axe des x, et $x^2 + y^2 - 2ax = 0$ qui représente le cercle de centre A et de rayon a.

Nous allons examiner si tous les points de ces lignes sont des points du lieu en suivant pas à pas la méthode indiquée au n° 134.

1° Considérons d'abord la droite $y = 0$; prenons sur cette droite un point ayant pour coordonnées x_0 et 0, et remplaçons x et y par ces valeurs dans les équations (1) et (2). Ces équations admettent la solution commune $\lambda = 0$.

Faisons maintenant $\lambda = 0$ dans les équations (1) et (2), sans toucher cette fois à x et à y; elles se réduisent à $y = 0$, $xy = 0$; elles représentent deux lignes ayant en commun l'axe des x.

Ceci nous explique l'existence du facteur y dans le premier membre de l'équation résultante (3), et nous montre en même temps que la droite $y = 0$ ne fait pas partie du lieu.

On voit d'ailleurs géométriquement que lorsque λ tend vers zéro, la droite ABC et l'une des bissectrices OM, OM' ont pour limite l'axe Ox.

2° Considérons maintenant le cercle (Γ) représenté par l'équation

(Γ) $$x^2 + y^2 - 2ax = 0.$$

Pour tout point (x_0, y_0) de ce cercle, les équations (1) et (2) ont une racine commune réelle

$$\lambda_0 = \frac{y_0}{x_0 - a} = \frac{2x_0 y_0}{x_0^2 - y_0^2}.$$

Mais pour que le point (x_0, y_0) soit un point du lieu, il faut encore que les points B et C, intersections du cercle donné et de la sécante de coefficient angulaire λ_0, soient réels. Il faut pour cela que les deux droites OB et OC, définies par l'équation

$$\lambda_0 x^2 - 2\lambda_0 xy + (\lambda_0 + 2)y^2 = 0,$$

soient elles-mêmes réelles.

On doit donc avoir $\lambda_0^2 - \lambda_0(\lambda_0 + 2) > 0$, ou $\lambda_0 < 0$.

En remplaçant λ_0 par sa valeur $\dfrac{y_0}{x_0 - a}$, on obtient la condition $\dfrac{y_0}{x_0 - a} < 0$ ou $y_0(x_0 - a) < 0$.

Cette condition n'est remplie que par les points du cercle (Γ) qui sont situés sur les arcs OD et EF.

Donc le lieu cherché se compose des arcs OD et EF de la circonférence (Γ).

REMARQUE. — Si $\dfrac{y_0}{x_0 - a} > 0$, le point (x_0, y_0) est situé sur l'un des arcs OF et DE. Dans ce cas, λ_0 est encore réel, mais les deux droites OB et OC sont imaginaires conjuguées. Cependant, leurs bissectrices sont réelles (85). Les points M et M' sont encore réels, mais ne sont pas des points du lieu dans le sens géométrique de l'énoncé.

136. Les équations des lignes variables dont l'intersection fournit les points du lieu ne peuvent renfermer plus d'un paramètre indépendant; car si elles en renfermaient deux ou davantage, on pourrait déterminer les paramètres en sorte que les lignes passent par un point arbitraire du plan. Il n'y aurait plus alors de lieu géométrique.

Mais les équations des lignes variables peuvent contenir un nombre quelconque de paramètres, n par exemple, à condition que ces paramètres soient liés par $n - 1$ relations. Il n'y a alors, en réalité, qu'un seul paramètre indépendant, car les relations données définissent $n - 1$ des paramètres comme fonctions du n^e.

Soient, par exemple, les équations.

$$f(x, y, \lambda_1, \lambda_2, \ldots, \lambda_n) = 0,$$
$$\varphi(x, y, \lambda_1, \lambda_2, \ldots, \lambda_n) = 0,$$

les paramètres $\lambda_1, \lambda_2, \ldots, \lambda_n$ étant liés par les relations

$$\psi_1(\lambda_1, \lambda_2, \ldots, \lambda_n) = 0,$$
$$\psi_2(\lambda_1, \lambda_2, \ldots, \lambda_n) = 0,$$
$$\cdots \cdots \cdots \cdots \cdots$$
$$\psi_{n-1}(\lambda_1, \lambda_2, \ldots, \lambda_n) = 0.$$

En raisonnant comme au n° 133, on établira aisément que pour avoir l'équation du lieu il faut éliminer $\lambda_1, \lambda_2, \ldots, \lambda_n$ entre ces $n+1$ équations.

Il conviendra encore de faire un choix parmi les lignes représentées par l'équation résultante.

CHAPITRE VIII

HOMOGRAPHIE

Relation homographique.

137. On dit qu'il existe une *correspondance homographique* entre deux nombres variables x et x', lorsque les trois conditions suivantes sont remplies :

1° à toute valeur de x correspond *une seule* valeur de x';
2° à toute valeur de x' correspond *une seule* valeur de x;
3° la relation qui lie x à x' est *algébrique*.

138. Conséquence. — Si dans la relation algébrique qui lie x à x' figurent des dénominateurs et des radicaux, on pourra toujours les faire disparaître par des multiplications ou des élévations à des puissances convenables; la relation prendra alors la forme $f(x, x') = 0$, $f(x, x')$ désignant un polynome par rapport à x et x', c'est-à-dire une somme de monomes tels que $A x^m x'^n$, A étant un nombre algébrique quelconque, m et n étant des exposants entiers et positifs.

Mais comme à chaque valeur de x correspond une seule valeur de x', et inversement, la relation précédente ne pourra renfermer x et x' qu'au premier degré, et, par suite, elle sera de la forme

$$A x x' + B x + C x' + D = 0,$$

A, B, C, D étant des constantes quelconques.

Cette relation est appelée *relation homographique*. Elle renferme quatre coefficients A, B, C, D; mais, comme on peut diviser la relation par l'un des coefficients, à condition que celui-ci ne soit pas nul, on voit qu'elle contient en réalité *trois* paramètres qui sont les rapports de trois des coefficients au quatrième.

Deux valeurs correspondantes de x et x' sont aussi appelées valeurs *homologues*.

139. Théorème fondamental. — *Une correspondance homographique est bien définie si l'on donne trois couples de valeurs homologues.*

Supposons qu'on donne trois couples de nombres arbitraires (α, α'), (β, β'), (γ, γ') ; nous allons montrer qu'il existe une correspondance homographique et une seule dans laquelle aux valeurs α, β, γ de x correspondent respectivement les valeurs α', β', γ' de x'.

Remarquons d'abord que les trois nombres α, β, γ doivent être distincts ; car, si l'on avait $\alpha = \beta$, on aurait aussi $\alpha' = \beta'$, puisque à une valeur de x correspond une seule valeur de x'. Alors, les deux couples (α, α') et (β, β') seraient les mêmes, et l'on ne donnerait pas trois couples de valeurs homologues. Pour la même raison, les nombres α', β', γ' sont aussi distincts.

Cela posé, cherchons à déterminer une relation homographique

$$(1) \qquad Axx' + Bx + Cx' + D = 0,$$

qui soit vérifiée par les couples de valeurs données. Nous devons avoir

$$(2) \quad \left\{ \begin{array}{l} A\alpha\alpha' + B\alpha + C\alpha' + D = 0, \\ A\beta\beta' + B\beta + C\beta' + D = 0, \\ A\gamma\gamma' + B\gamma + C\gamma' + D = 0. \end{array} \right.$$

Tout revient à établir qu'il existe des valeurs de A, B, C, D vérifiant ces équations, et que ces valeurs portées dans la relation (1) définissent une seule correspondance homographique.

Du tableau des coefficients des inconnues dans le système (2)

$$\left\| \begin{array}{cccc} \alpha\alpha' & \alpha & \alpha' & 1 \\ \beta\beta' & \beta & \beta' & 1 \\ \gamma\gamma' & \gamma & \gamma' & 1 \end{array} \right\|$$

on peut tirer quatre déterminants du troisième degré dont l'un au moins n'est pas nul. Considérons en effet les deux déterminants

$$\Delta = \left| \begin{array}{ccc} \alpha\alpha' & \alpha' & 1 \\ \beta\beta' & \beta' & 1 \\ \gamma\gamma' & \gamma' & 1 \end{array} \right|, \quad \Delta_1 = \left| \begin{array}{ccc} \alpha & \alpha' & 1 \\ \beta & \beta' & 1 \\ \gamma & \gamma' & 1 \end{array} \right|,$$

que nous développons par rapport aux éléments de la première colonne. Nous avons

$$\Delta = \alpha\alpha'(\beta' - \gamma') + \beta\beta'(\gamma' - \alpha') + \gamma\gamma'(\alpha' - \beta'),$$
$$\Delta_1 = \alpha(\beta' - \gamma') + \beta(\gamma' - \alpha') + \gamma(\alpha' - \beta').$$

Nous en tirons

$$\Delta - \alpha' \Delta_1 = \beta(\gamma' - \alpha')(\beta' - \alpha') + \gamma(\alpha' - \beta')(\gamma' - \alpha'),$$

ou

$$\Delta - \alpha'\Delta_1 = (\beta - \gamma)(\gamma' - \alpha')(\beta' - \alpha').$$

PAPELIER. — Géom. anál. à deux dim.

Or le second membre est différent de zéro, puisque les différences $\beta - \gamma$, $\gamma' - \alpha'$, $\beta' - \alpha'$ ne sont pas nulles. On en conclut que Δ et Δ_1 ne peuvent être nuls en même temps.

Supposons par exemple $\Delta_1 \neq 0$. Des équations (1) nous pouvons tirer B, C, D en fonction de A par la règle de Cramer, et en portant ces valeurs dans la relation (1), nous obtenons, après avoir divisé par A (A. 96),

$$\begin{vmatrix} xx' & x & x' & 1 \\ \alpha\alpha' & \alpha & \alpha' & 1 \\ \beta\beta' & \beta & \beta' & 1 \\ \gamma\gamma' & \gamma & \gamma' & 1 \end{vmatrix} = 0.$$

C'est la relation homographique cherchée.

140. Théorème. — *Soient trois nombres variables, x, x', x''. S'il existe une correspondance homographique (C_1) entre x et x', et une correspondance homographique (C_2) entre x et x'', il existe aussi une correspondance homographique entre x' et x''.*

Il faut démontrer : 1° qu'à toute valeur de x' correspond une seule valeur de x''; 2° qu'à toute valeur de x'' correspond une seule valeur de x'; 3° que x' et x'' sont liés par une relation algébrique.

1° Donnons-nous arbitrairement une valeur de x'. A cette valeur correspond une seule valeur de x à cause de la correspondance (C_1), et à la valeur obtenue pour x correspond une seule valeur de x'' à cause de la correspondance (C_2). Donc à toute valeur de x' correspond une seule valeur de x''.

2° On montrerait de même qu'à toute valeur de x'' correspond une seule valeur de x'.

3° Par hypothèse, x et x' sont liés algébriquement; il en est de même de x et x''. En éliminant x entre ces deux relations algébriques, on obtiendra une relation algébrique entre x' et x''.

Le théorème est donc démontré.

On peut d'ailleurs le vérifier analytiquement en éliminant x entre les deux relations

$$A_1 xx' + B_1 x + C_1 x' + D_1 = 0,$$
$$A_2 xx'' + B_2 x + C_2 x'' + D_2 = 0;$$

on obtient

$$\frac{A_1 x' + B_1}{A_2 x'' + B_2} = \frac{C_1 x' + D_1}{C_2 x'' + D_2}.$$

C'est une relation homographique entre x' et x''.

Divisions homographiques.

141. Pour déterminer la position d'un point m sur une droite L, on se donne sur la droite un point o, appelé *origine*, et un sens positif; la position du point m est alors bien définie par la valeur algébrique $\overline{om}$ du vecteur $\overrightarrow{om}$. Cette quantité est appelée l'*abscisse* du point m sur la droite L.

Étant données deux droites quelconques L, L', situées ou non dans un même plan, on dit qu'il existe une *correspondance homographique* entre les points de ces droites, lorsque les trois conditions suivantes sont remplies :

1° A tout point m de la droite L correspond *un seul* point m' de la droite L'.

2° A tout point m' de la droite L' correspond *un seul* point m de la droite L.

3° Les abscisses des points m, m' sur les droites L, L' sont liées *algébriquement*.

On dit aussi que les points m, m' décrivent sur L, L' des *divisions homographiques*.

Les droites L, L' sont appelées *bases* des deux divisions, et les points correspondants m, m' sont aussi appelés *points homologues*.

142. On conclut de là que la relation algébrique qui lie les abscisses x, x' de deux points homologues m, m' est une relation homographique de la forme

$$\mathrm{A}xx' + \mathrm{B}x + \mathrm{C}x' + \mathrm{D} = 0,$$

et le théorème fondamental établi au n° 139 peut s'énoncer de la façon suivante :

Une correspondance homographique entre les points de deux droites est bien définie quand on donne trois couples de points homologues.

143. Enfin, il résulte du n° 140 qu'étant données trois droites L, L', L'', s'il existe une correspondance homographique (C_1) entre les points de L et L', et une correspondance homographique (C_2) entre les points de L et L'', il existe une correspondance homographique entre les points de L' et L''; ou, plus brièvement,

Deux divisions homographiques d'une même troisième sont homographiques entre elles.

144. Remarque importante. — Si, pour construire le point m' de la droite L' correspondant à un point m donné sur la droite L, on utilise des droites et des cercles, on peut affirmer que les abscisses des points m, m' sur les droites L, L' sont liées algébriquement.

En effet, les équations de la droite et du cercle étant algébriques, les coordonnées du point m' seront liées algébriquement aux coordonnées du point m; on en conclut que les abscisses des points m, m' sur les droites L, L' sont aussi liées algébriquement.

En conséquence, si cette construction fait correspondre un seul point m' de L' à un point quelconque m de L, et si la construction inverse fait correspondre un seul point m de L à un point quelconque m' de L', on pourra affirmer que m, m' tracent sur L, L' des divisions homographiques.

145. EXEMPLE I. — *On donne dans un même plan deux droites L, L' et un point P. Par ce point on mène une sécante quelconque qui rencontre L, L' aux points m, m' respectivement. Démontrer que m, m' tracent sur L, L' des divisions homographiques.*

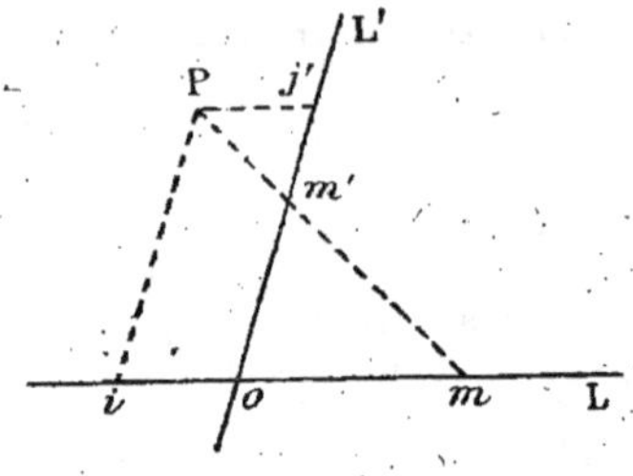

1° A tout point m de L correspond un seul point m' de L', déterminé par l'intersection des droites L' et Pm.

2° A tout point m' de L' correspond un seul point m de L, déterminé par l'intersection des droites L et Pm'.

Fig. 39

3° Les abscisses de m, m' sur L, L' sont liées algébriquement d'après la remarque du n° 144; le point m étant donné, le point m' est défini par l'intersection de deux droites.

On en conclut que les points m, m' tracent sur L, L' des divisions homographiques.

On peut d'ailleurs, à titre d'exercice, former la relation homographique que vérifient les abscisses x, x' des points m, m'.

Prenons comme axe des x la droite L et comme axe des y la droite L', et désignons par a, b les coordonnées du point P ; x est l'abscisse de m, x' l'ordonnée de m', et l'équation de la droite mm' est $\dfrac{X}{x} + \dfrac{Y}{x'} - 1 = 0$, X, Y désignant les coordonnées courantes. Écrivons que cette droite passe par le point P ; nous avons

$$\frac{a}{x} + \frac{b}{x'} - 1 = 0, \qquad \text{ou} \qquad xx' - bx - ax' = 0 ;$$

c'est bien une relation homographique.

Mais il faut bien observer qu'il n'est pas nécessaire de faire ce calcul pour établir que m, m' tracent sur L, L' des divisions homographiques. La première démonstration suffit.

146. EXEMPLE II. — *On donne un cercle C et deux tangentes fixes à ce cercle, L et L' : une tangente variable au cercle rencontre L, L' respectivement aux points m, m'. Démontrer que les points m, m' tracent sur L, L' des divisions homographiques.*

1° Par un point m choisi arbitrairement sur L on peut mener une seule tangente au cercle autre que L. Cette tangente rencontre L' en un seul point m'. Donc à tout point m de L correspond un seul point m' de L' (*).

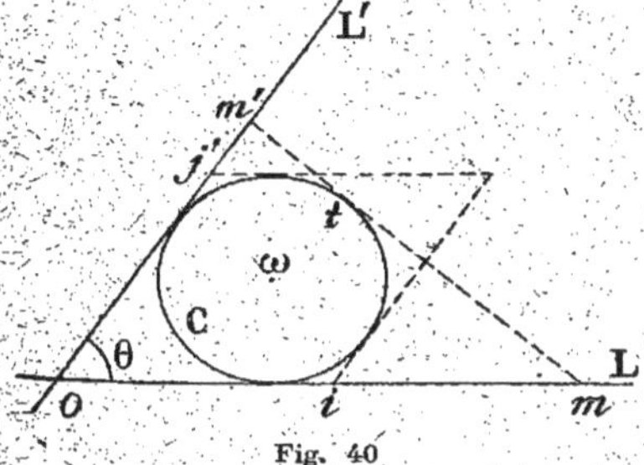

Fig. 40

2° On voit de même qu'à tout point m' de L' correspond un seul point m de L.

3° Le point de contact t de la tangente issue du point m au cercle C s'obtient en coupant ce cercle par un autre cercle qui a pour diamètre $m\omega$, ω étant le centre du cercle C, et le point m' est l'intersection des droites mt et L'.

On en conclut (144) que les abscisses des points m et m' sont liées algébriquement.

Donc, m et m' tracent sur L et L' des divisions homographiques.

147. Points limites. — Revenons maintenant à deux divisions homographiques quelconques ayant pour bases les droites L, L' et définies par la relation homographique

$$(1) \qquad \mathrm{A}xx' + \mathrm{B}x + \mathrm{C}x' + \mathrm{D} = 0.$$

Nous supposons d'abord $\mathrm{A} \neq 0$.

De cette relation on tire

$$x' = -\frac{\mathrm{B}x + \mathrm{D}}{\mathrm{A}x + \mathrm{C}} = -\frac{\mathrm{B} + \dfrac{\mathrm{D}}{x}}{\mathrm{A} + \dfrac{\mathrm{C}}{x}}$$

____

(*) Si le cercle C n'était pas tangent à L, à tout point m de L correspondraient deux points de L'; la correspondance entre m et m' ne serait pas homographique.

Quand x augmente indéfiniment, x' a pour limite $-\dfrac{B}{A}$.

Désignons par j' le point de la droite L' qui a pour abscisse $-\dfrac{B}{A}$.

On dit que le point j' est l'homologue sur L' du point à l'infini de L.

On a de même

$$x = -\frac{Cx' + D}{Ax' + B} = -\frac{C + \dfrac{D}{x'}}{A + \dfrac{B}{x'}},$$

et l'on voit que, lorsque x' augmente indéfiniment, x a pour limite $-\dfrac{C}{A}$.

Le point i de la droite L qui a pour abscisse $-\dfrac{C}{A}$ est l'homologue sur L du point à l'infini de L'.

On dit aussi que les points i et j' sont les *points limites*.

148. La relation homographique a une forme très simple, si l'on prend les points limites comme origines des abscisses.

En effet, si nous prenons comme nouvelle origine des abscisses sur L le point i qui a pour abscisse $-\dfrac{C}{A}$, et sur L' le point j' qui a pour abscisse $-\dfrac{B}{A}$, nous devons remplacer dans la relation (1) x par $x - \dfrac{C}{A}$ et x' par $x' - \dfrac{B}{A}$ (16). Ceci nous donne

$$A\left(x - \frac{C}{A}\right)\left(x' - \frac{B}{A}\right) + B\left(x - \frac{C}{A}\right) + C\left(x' - \frac{B}{A}\right) + D = 0,$$

ou

$$(2) \qquad\qquad xx' = k,$$

en posant $k = \dfrac{BC - AD}{A^2}$.

149. Si $BC - AD = 0$, la relation (2) devient $xx' = 0$; à tout point m de L correspond le point j' de L', et à tout point m' de L' correspond le point i de L.

C'est ce que montre d'ailleurs la relation (1), qui peut s'écrire, en remplaçant D par $\dfrac{BC}{A}$,

$$A\left(x + \frac{C}{A}\right)\left(x' + \frac{B}{A}\right) = 0.$$

C'est une homographie singulière qui ne présente pas d'intérêt.

Nous supposerons toujours $BC - AD \neq 0$.

150. On construit aisément les points limites dans les exemples indiqués plus haut.

Dans le premier (145), on mène par le point P des parallèles aux droites L et L′ qui rencontrent respectivement L′ et L aux points limites j' et i.

Dans le deuxième (146), on mène au cercle des tangentes parallèles aux droites L et L′ qui rencontrent respectivement L′ et L aux points j' et i.

151. Divisions semblables. — Supposons maintenant que dans la relation homographique

$$Axx' + Bx + Cx' + D = 0,$$

le coefficient A du produit xx' soit nul.

La relation devient alors

$$Bx + Cx' + D = 0,$$

et l'on voit que si l'un des nombres x ou x' croît indéfiniment, l'autre croît aussi indéfiniment.

On en conclut que les points limites sont tous deux à l'infini, ou que les points à l'infini sur L et L′ sont des points homologues.

Il est aisé de voir que *le rapport des valeurs algébriques de deux vecteurs homologues est constant.*

Soient a, b deux points quelconques de L, a', b' les points homologues de L′, nous allons montrer que le rapport $\dfrac{\overline{ab}}{\overline{a'b'}}$ est constant.

Désignons par α, β les abscisses de a, b par rapport à une origine o prise sur L, et par α', β' les abscisses de a', b' par rapport à une origine o' de L′.

Nous avons

$$\overline{ab} = \overline{ob} - \overline{oa} = \beta - \alpha,$$
$$\overline{a'b'} = \overline{o'b'} - \overline{o'a'} = \beta' - \alpha'.$$

D'autre part, puisque α, α' sont les abscisses de deux points homologues, on a

$$B\alpha + C\alpha' + D = 0,$$

et

$$B\beta + C\beta' + D = 0.$$

Retranchons membre à membre; nous obtenons

$$B(\beta - \alpha) + C(\beta' - \alpha') = 0,$$

ou

$$\frac{\beta - \alpha}{\beta' - \alpha'} = -\frac{C}{B},$$

ou enfin

$$\frac{\overline{ab}}{\overline{a'b'}} = k,$$

k désignant la constante $-\dfrac{C}{B}$.

152. Théorème. — *On donne deux droites* L, L', *trois points* a, b, c *sur* L, *et trois points* a', b', c' *sur* L'. *A tout point* m *de* L *on fait correspondre le point* m' *de* L' *par l'égalité des rapports anharmoniques*

(1) $$(a'b'c'm') = (abcm).$$

Démontrer que la correspondance ainsi définie est homographique, et que les points a, b, c *ont respectivement pour homologues* a', b', c'.

La relation (1) s'écrit

$$\frac{\overline{c'a'}}{\overline{c'b'}} : \frac{\overline{m'a'}}{\overline{m'b'}} = \frac{\overline{ca}}{\overline{cb}} : \frac{\overline{ma}}{\overline{mb}},$$

et elle peut prendre les deux formes

(2) $$\frac{\overline{m'a'}}{\overline{m'b'}} = \frac{\overline{ma}}{\overline{mb}} \cdot \frac{\overline{cb}}{\overline{ca}} \cdot \frac{\overline{c'a'}}{\overline{c'b'}},$$

(3) $$\frac{\overline{ma}}{\overline{mb}} = \frac{\overline{m'a'}}{\overline{m'b'}} \cdot \frac{\overline{c'b'}}{\overline{c'a'}} \cdot \frac{\overline{ca}}{\overline{cb}}.$$

1° Si l'on se donne un point m sur L, le second membre de l'égalité (2) est bien déterminé, et, par suite (6), cette égalité définit un seul point m' sur L'.

2° L'égalité (3) montre de même qu'à tout point m' de L' correspond un seul point m de L.

3° La relation (2) est visiblement algébrique par rapport aux abscisses de m et m'.

4° Si le point m est en a, le second membre de (2) est nul; donc $\overline{m'a'}$ est nul, et le point m' coïncide avec le point a'.

Si le point m est en b, le second membre de (2) est infini; donc $\overline{m'b'}$ est nul, m' est en b'.

Enfin, si le point m est en c, la relation (2) devient

$$\frac{\overline{m'a'}}{\overline{m'b'}} = \frac{\overline{c'a'}}{\overline{c'v'}};$$

elle montre (6) que le point m' coïncide avec le point c'.

Le théorème est démontré.

153. Théorème. — *Étant données deux divisions homographiques tracées sur les droites* L *et* L′, *le rapport anharmonique de quatre points quelconques de* L *est égal au rapport anharmonique des quatre points homologues de* L′.

Soient a, b, c, d quatre points quelconques de L, et $a′$, $b′$, $c′$, $d′$ les points homologues de L′ ; nous allons établir l'égalité

$$(abcd) = (a′b′c′d′).$$

Désignons par (C) la correspondance homographique donnée entre les points de L et de L′.

Maintenant, à tout point m de L faisons correspondre un point m de L′ par l'égalité

$$(abcm) = (a′b′c′m′);$$

nous obtenons, d'après ce qui précède (152), une nouvelle correspondance homographique (C′).

Mais les deux correspondances (C) et (C′) ont trois couples de points homologues communs : $(a, a′)$, $(b, b′)$ et $(c, c′)$; donc, elles sont identiques, et par suite, le point $d′$, homologue de d dans la correspondance (C), est aussi homologue de d dans la correspondance (C′). On a donc

$$(abcd) = (a′b′c′d′).$$

154. Conséquence. — Revenons à l'exemple I (145), et par le point P menons quatre droites quelconques rencontrant L et L′ aux points $(m, m′)$, $(n, n′)$, $(p, p′)$ et $(q, q′)$. Puisque les points $m′, n′, p′, q′$ sont respectivement homologues des points m, n, p, q dans des divisions homographiques, on a, d'après le théorème précédent,

$$(mnpq) = (m′n′p′q′).$$

Nous avons ainsi une nouvelle démonstration du théorème établi au n° 100.

Remarquons aussi que, dans ce même exemple I, le point de rencontre des droites L et L′ est un point qui coïncide avec son homologue.

155. Théorème réciproque. — *Si, dans deux divisions homographiques, un point coïncide avec son homologue, les droites joignant deux points homologues quelconques sont concourantes.*

Considérons deux divisions homographiques portées sur les droites L et L′, et supposons que le point de rencontre de ces deux droites soit la réunion de deux points homologues a et $a′$. Prenons deux couples de points homologues $(b, b′)$ et $(c, c′)$, et désignons par P le point de rencontre des droites *bb'* et *cc'*. Nous allons démontrer que la droite qui joint deux points homologues quelconques *m* et *m'* passe par le point P.

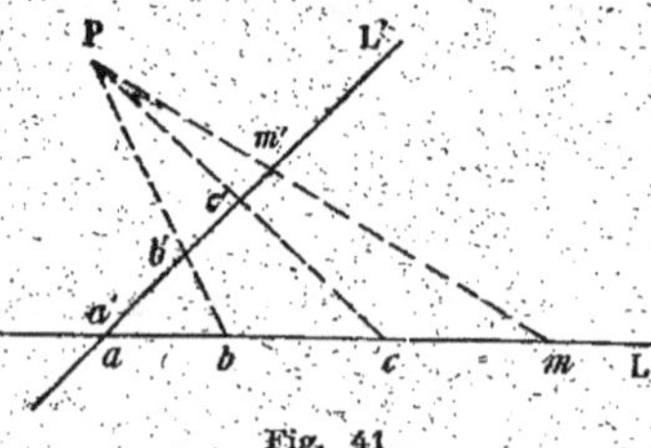

Soit (C) la correspondance homographique donnée sur L et L'. Si par le point P on mène des sécantes variables, elles déterminent sur L et L' une nouvelle correspondance homographique (C').

Mais ces deux correspondances ont trois couples de points homologues communs, savoir (a, a'), (b, b') et (c, c'); donc elles sont identiques. Par suite, les deux points *m* et *m'*, homologues dans la correspondance (C), sont aussi homologues dans la correspondance (C'), ce qui démontre que *mm'* passe par le point P.

Fig. 41

156. Remarque importante. — Il faut bien observer que le théorème n'est vrai que si les deux divisions homographiques ont deux points homologues confondus, ou, en d'autres termes, si le point de rencontre des droites L, L' est un point qui coïncide avec son homologue.

Si cela n'a pas lieu, nous démontrerons plus loin (512) que les droites qui joignent deux points homologues quelconques sont tangentes à une conique.

Faisceaux homographiques.

157. — Soient deux points O, O' situés dans un plan P; on dit qu'il existe une *correspondance homographique* entre les droites du plan P qui passent par le point O et celles qui passent par le point O' lorsque les trois conditions suivantes sont remplies :

1° A toute droite Δ passant par le point O correspond une *seule* droite Δ' passant par le point O'.

2° A toute droite Δ' passant par le point O' correspond une *seule* droite Δ passant par le point O.

3° Les pentes des droites correspondantes Δ et Δ' sont liées *algébriquement*.

On dit aussi que les droites Δ, Δ' décrivent des *faisceaux homographiques*; les points O et O' sont appelés *sommets* des deux faisceaux, et les droites correspondantes sont aussi appelées *droites homologues* ou *rayons homologues*.

158. On conclut de là que la relation algébrique qui lie les pentes m, m' de deux rayons homologues est une relation homographique de la forme

$$\text{A}mm' + \text{B}m + \text{C}m' + \text{D} = 0;$$

et le théorème établi au n° 139 peut s'énoncer de la façon suivante :

Deux faisceaux homographiques sont bien définis quand on donne trois couples de rayons homologues.

159. Enfin, il résulte du n° 140 qu'étant donnés trois points O, O', O'' dans un même plan P, s'il existe une correspondance homographique (C_1) entre les droites du plan P passant par O et O', et une correspondance homographique (C_2) entre les droites du plan P passant par O et O'', il existe une correspondance homographique entre les droites du plan P passant par O' et O'', ou, plus rapidement,

Deux faisceaux homographiques d'un même troisième sont homographiques entre eux.

160. Remarque importante. — Si pour construire la droite Δ', passant par le point O', qui correspond à une droite Δ, passant par le point O, on utilise des droites ou des cercles, on peut affirmer que les pentes des droites Δ, Δ' sont liées algébriquement, car les équations de la droite et du cercle sont algébriques.

161. EXEMPLE I. — *On donne dans un même plan une droite L et deux points O et O'. On joint ces deux points à un point m de la droite L. Démontrer que lorsque le point m se déplace sur L, les droites Om, O'm sont des rayons homologues de deux faisceaux homographiques.*

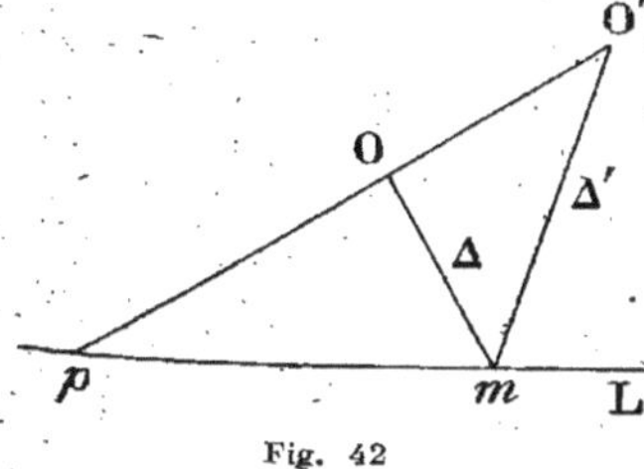

Fig. 42

1° Donnons-nous une droite quelconque Δ passant par le point O ; cette droite rencontre L en un seul point m, et en joignant ce point au point O', nous obtenons une seule droite Δ'.

Donc à toute droite Δ passant par le point O correspond une seule droite Δ' passant par le point O'.

2° On démontre de même qu'à toute droite Δ' passant par O' correspond une seule droite Δ passant par O.

3° Les pentes de Δ, Δ' sont liées algébriquement, puisque, Δ étant donnée, Δ' est définie par la jonction de deux points (160).

On en conclut que Om, O'm sont des rayons homologues de deux faisceaux homographiques.

162. EXEMPLE II. — *On donne un cercle et deux points fixes* O, O′ *sur le cercle. On joint les points* O, O′ *à un point variable* m *du cercle. Les droites* Om, O′m *sont des rayons homologues de deux faisceaux homographiques.*

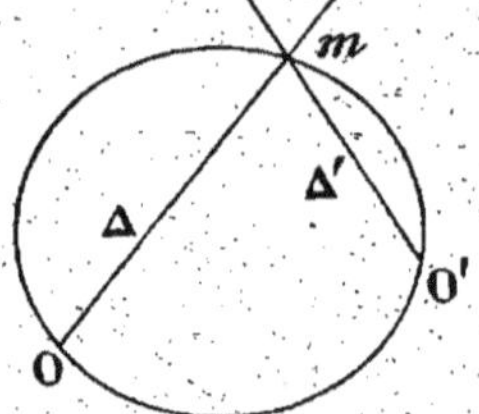

Fig. 43

1° Une droite quelconque Δ passant par le point O rencontre le cercle en un seul point m autre que O, et en joignant ce point m au point O′, nous obtenons une seule droite O′m ou Δ'.

2° On voit de même qu'à toute droite Δ' passant par le point O′ correspond une seule droite Δ passant par le point O.

3° Les pentes de Δ, Δ' sont liées algébriquement (160).

163. Théorème. — *On donne deux divisions homographiques tracées sur deux droites* L, L′ *situées dans un même plan, et deux points* O, O′ *de ce plan. Soient* a, a′ *deux points homologues quelconques des deux divisions; démontrer que les droites* Oa, O′a′ *sont des rayons homologues de deux faisceaux homographiques.*

1° Donnons-nous arbitrairement une droite quelconque Δ passant par le point O; cette droite rencontre L en un seul point a. Au point a de L correspond un seul point a' de L′, et par suite une seule droite O′a' ou Δ'.

2° On voit de même qu'à toute droite Δ' passant par O′ correspond une seule droite Δ passant par O.

3° Comme les abscisses des points a, a' sont liées algébriquement, il en est de même des pentes des droites Oa, O′a′.

164. Théorème. — *On donne deux faisceaux homographiques ayant pour sommets* O *et* O′, *et dans le plan de ces deux faisceaux deux droites* L *et* L′. *Deux rayons homologues quelconques* Δ, Δ' *rencontrent respectivement* L, L′ *aux points* a, a′. *Démontrer que* a, a′ *sont des points homologues de deux divisions homographiques.*

1° Donnons-nous arbitrairement un point quelconque a sur L et menons la droite Oa (ou Δ). A cette droite du faisceau (O) correspond une seule droite Δ' du faisceau (O′), qui rencontre L′ en un seul point a'.

Donc, à tout point a de L correspond un seul point a' de L′.

2° On voit de même qu'à tout point a' de L′ correspond un seul point a de L.

3° Comme les pentes des droites Δ, Δ' sont liées algébriquement, il en est de même des abscisses des points a, a'.

165. Théorème. — *Dans deux faisceaux homographiques le rapport anharmonique de quatre rayons quelconques d'un des faisceaux est égal au rapport anharmonique des quatre rayons homologues de l'autre.*

Soient A, B, C, D quatre rayons quelconques du faisceau (O) et A', B', C', D' les quatre rayons homologues du faisceau (O'); nous allons démontrer que l'on a

$$(O.ABCD) = (O'.A'B'C'D').$$

Coupons le faisceau (O) par une droite quelconque L qui rencontre A, B, C, D respectivement aux points a, b, c, d, et coupons le faisceau (O') par une autre droite L' qui rencontre A', B', C', D' aux points a', b', c', d' respectivement.

D'après le théorème précédent, (a, a'), (b, b'), (c, c'), (d, d') sont des couples de points homologues de deux divisions homographiques tracées sur L et L'. On a donc

$$(abcd) = (a'b'c'd'),$$

et, par suite,

$$(O.ABCD) = (O'.A'B'C'D').$$

166. Revenons à l'exemple I (161). Si nous prenons le point m au point de rencontre p des droites L et OO', les rayons homologues Op, O'p sont confondus; on peut donc dire que dans les faisceaux homographiques envisagés, deux rayons homologues sont confondus suivant la droite OO', ou que la droite OO' se correspond à elle-même.

167. Théorème réciproque. — *Si dans deux faisceaux homographiques un rayon coïncide avec son homologue, les points de rencontre de deux rayons homologues quelconques sont en ligne droite.*

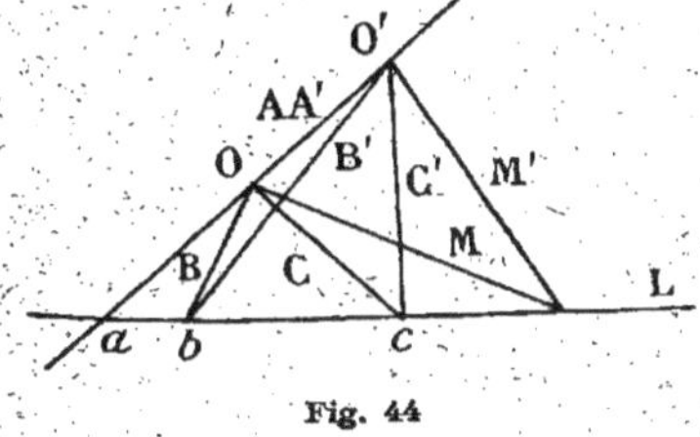

Fig. 44

Considérons deux faisceaux homographiques de sommets O, O', et supposons que la droite OO' soit la réunion de deux rayons homologues A et A'.

Prenons deux couples de rayons homologues (B, B') et (C, C'); soit b le point de rencontre de B, B' et c celui de C, C'; désignons par L la droite qui joint les points b, c.

Nous allons démontrer que le point de rencontre de deux rayons homologues quelconques M et M′ est situé sur la droite L.

Soit (γ) la correspondance homographique donnée entre les droites passant par O et O′. Si nous joignons ces points à un point variable α de la droite L, nous définissons une nouvelle correspondance homographique (γ') entre les droites Oα, O′α. Mais ces deux correspondances ont trois couples de rayons homologues communs, savoir : (A, A′), (B, B′) et (C, C′); donc, elles sont identiques (158). Par suite, les rayons M, M′, qui sont homologues dans la correspondance (γ), sont aussi homologues dans la correspondance (γ'), et ceci montre que le point de rencontre de M et M′ est sur la droite L.

168. Remarque importante. — Il est essentiel de bien observer que ce théorème n'est vrai que si les deux faisceaux homographiques ont deux rayons homologues confondus, ou, en d'autres termes, si la droite qui joint les sommets est une droite qui coïncide avec son homologue.

Si cela n'a pas lieu, nous démontrerons plus loin (505) que les points de rencontre de deux rayons homologues quelconques sont sur une conique.

Divisions homographiques de même base.

169. Deux divisions homographiques peuvent être portées sur la même droite; on dit alors qu'elles ont même base. Mais il faut bien observer que tout point de la base peut être considéré comme appartenant à l'une ou à l'autre des deux divisions.

Par exemple, étant donnés deux faisceaux homographiques de sommets O et O′ et une droite L, les points de rencontre de L avec deux rayons homologues des faisceaux sont des points homologues de deux divisions homographiques de même base L.

Soit m un point quelconque de la droite L. Si nous considérons ce point comme appartenant à la première division, il aura pour homologue dans la deuxième le point de rencontre m' de L avec le rayon du faisceau (O′) qui est l'homologue du rayon Om du faisceau (O). Si, au contraire, nous considérons le point m comme appartenant à la deuxième division, il aura pour homologue dans la première le point de rencontre m'' de L avec le rayon du faisceau (O) qui est l'homologue du rayon O′m du faisceau (O′).

170. Supposons que les divisions homographiques de même base soient définies par la relation

$$(1) \qquad Axx' + Bx + Cx' + D = 0,$$

et soit m un point de la droite L ayant pour abscisse λ. Si nous considérons m comme appartenant à la première division, son homologue m' dans la seconde a pour abscisse la valeur de x' tirée de la relation (1) où l'on remplace x par λ,

$$x' = -\frac{B\lambda + D}{A\lambda + C}.$$

Si nous considérons m comme appartenant à la deuxième division, son homologue m'' dans la première a pour abscisse la valeur de x tirée de la relation (1), où l'on remplace x' par λ,

$$x = -\frac{C\lambda + D}{A\lambda + B}.$$

171. On appelle *point double* de deux divisions homographiques de même base un point qui coïncide avec son homologue.

Considérons la relation qui lie les abscisses x, x' de deux points homologues quelconques m, m',

$$Axx' + Bx + Cx' + D = 0;$$

pour que les points m, m' soient confondus, il faut qu'on ait $x' = x$. Remplaçons x' par x dans la relation, nous obtenons l'équation du deuxième degré

$$Ax^2 + (B + C)x + D = 0,$$

qui a pour racines les abscisses des points doubles.

On conclut de là que deux divisions homographiques de même base admettent deux points doubles, réels, imaginaires ou confondus.

172. Théorème. — *Le rapport anharmonique formé par les points doubles et deux points homologues quelconques est constant.*

Soient a, b les points doubles, (c, c') et (m, m') deux couples de points homologues quelconques; nous avons (153)

$$(abcm) = (abc'm'),$$

ou

$$\frac{\overline{ca}}{\overline{cb}} : \frac{\overline{ma}}{\overline{mb}} = \frac{\overline{c'a}}{\overline{c'b}} : \frac{\overline{m'a}}{\overline{m'b}},$$

ou encore

$$\frac{\overline{ca}}{\overline{cb}} : \frac{\overline{c'a}}{\overline{c'b}} = \frac{\overline{ma}}{\overline{mb}} : \frac{\overline{m'a}}{\overline{m'b}},$$

ce qui peut s'écrire

$$(abcc') = (abmm') = \text{constante}.$$

Faisceaux homographiques de même sommet.

173. Deux faisceaux homographiques peuvent avoir le même sommet; toute droite passant par le sommet peut être considérée comme appartenant à l'un ou à l'autre des faisceaux.

Par exemple, étant données deux divisions homographiques tracées sur des droites L, L' et un point O, les droites joignant le point O à des points homologues des divisions sont des rayons homologues de deux faisceaux homographiques de même sommet.

Soit Δ une droite quelconque passant par le point O et rencontrant L, L' aux points a, α' respectivement; désignons par a' l'homologue du point a, par α celui du point α'. Cela posé, si nous considérons Δ comme appartenant au premier faisceau, elle a pour homologue dans le deuxième la droite Oa'. Si nous considérons Δ comme appartenant au deuxième faisceau, elle a pour homologue dans le premier la droite $O\alpha$.

174. Supposons que les deux faisceaux homographiques de même sommet O soient définis par la relation entre les pentes m, m' de deux rayons homologues

$$(1) \qquad Amm' + Bm + Cm' + D = 0,$$

et soit Δ une droite passant par le point O, ayant pour pente μ. Si nous considérons Δ comme appartenant au premier faisceau, son homologue Δ' dans le second a pour pente la valeur de m' tirée de la relation (1), où l'on remplace m par μ :

$$m' = - \frac{B\mu + D}{A\mu + C}.$$

Si nous considérons Δ comme appartenant au deuxième faisceau, son homologue Δ'' dans le premier a pour pente la valeur de m tirée de la relation (1), où l'on remplace m' par μ :

$$m = - \frac{C\mu + D}{A\mu + B}.$$

175. On appelle *rayon double* de deux faisceaux homographiques de même sommet un rayon qui coïncide avec son homologue.

Si les pentes de deux rayons homologues sont liées par la relation (1), les pentes des rayons doubles sont racines de l'équation

$$Am^2 + (B + C)m + D = 0.$$

Il existe donc deux rayons doubles, réels, imaginaires ou confondus.

176. Il est clair que deux rayons homologues quelconques de deux faisceaux homographiques rencontrent une droite donnée L en des points homologues de deux divisions homographiques de même base, et que les rayons doubles des deux faisceaux passent par les points doubles des divisions.

On en conclut (172) que *le rapport anharmonique du faisceau de quatre droites formé par les rayons doubles et deux rayons homologues quelconques de deux faisceaux homographiques de même sommet a une valeur constante.*

177. EXEMPLE. — *Si un angle constant en grandeur et en signe tourne autour de son sommet, les côtés de cet angle sont des rayons homologues de deux faisceaux homographiques de même sommet.*

Soient, en effet, deux droites Δ, Δ' tournant autour d'un point fixe O, et telles que l'on ait en grandeur et en signe

$$(\Delta, \Delta') = V.$$

La relation qui existe entre les pentes m, m' des droites Δ, Δ' est

$$\frac{m' - m}{1 + mm'} = \operatorname{tg} V,$$

les axes de coordonnées étant supposés rectangulaires, ou

$$mm' \operatorname{tg} V + m - m' + \operatorname{tg} V = 0 ;$$

c'est bien une relation homographique.

Les rayons doubles sont définis par l'équation

$$m^2 + 1 = 0 ;$$

ce sont les droites isotropes du point O.

178. Quelle que soit la position de l'angle (Δ, Δ'), le rapport anharmonique du faisceau formé par les droites Δ, Δ' et les rayons doubles est constant ; il en résulte que ce rapport ne dépend que de l'angle V. C'est ce qu'il est facile de vérifier analytiquement.

Soit ρ ce rapport anharmonique ; on a

$$\rho = \frac{m' - i}{m' + i} : \frac{m - i}{m + i} = \frac{(m' - i)(m + i)}{(m' + i)(m - i)} = \frac{mm' + 1 + i(m' - m)}{mm' + 1 - i(m' - m)},$$

ou, en divisant haut et bas par $1 + mm'$,

$$\rho = \frac{1 + i \operatorname{tg} V}{1 - i \operatorname{tg} V} = \frac{\cos V + i \sin V}{\cos V - i \sin V} = \frac{e^{iV}}{e^{-iV}},$$

ou enfin

$$\rho = e^{2iV}.$$

179. En particulier, si l'angle V est droit, on a $\rho = e^{i\pi} = -1$. On en conclut que *deux droites rectangulaires quelconques sont conjuguées harmoniques par rapport aux droites isotropes.*

CHAPITRE IX

INVOLUTION

Divisions en involution.

180. Nous avons vu (169) qu'étant données deux divisions homographiques de même base L, tout point m de cette droite peut être considéré comme appartenant à l'une ou à l'autre des deux divisions. S'il appartient à la première, il a pour homologue dans la seconde un point m', et s'il appartient à la seconde, il a pour homologue dans la première un point m'', en général différent du point m'.

Si m est un point double, m' et m'' sont confondus avec le point m.

Nous allons démontrer que s'il existe un point m non double, pour lequel m' et m'' sont confondus, la propriété a lieu pour tout point de la droite L.

Soit, en effet,

$$A x x' + B x + C x' + D = 0$$

la relation qui existe entre les abscisses de deux points homologues; désignons par λ l'abscisse du point m et par λ' celle du point m' (ou du point m'', puisque m' et m'' sont confondus). La relation doit être vérifiée pour $x = \lambda$, $x' = \lambda'$, et pour $x' = \lambda$, $x = \lambda'$; nous avons donc

$$A \lambda\lambda' + B \lambda + C \lambda' + D = 0,$$
$$A \lambda\lambda' + B \lambda' + C \lambda + D = 0,$$

ou, en retranchant,

$$(B - C)(\lambda - \lambda') = 0,$$

et, comme nous supposons $\lambda - \lambda' \neq 0$,

$$B - C = 0 \, (^*).$$

$(^*)$ On peut le voir autrement. En écrivant que les abscisses des points m', m'', calculées au n° 170, sont égales, on a la condition

$$(B - C)\,[A \lambda^2 + (B + C)\lambda + D] = 0.$$

Le trinome entre crochets a pour racines les abscisses des points doubles et n'est pas nul par hypothèse. La condition se réduit à $B - C = 0$.

La relation homographique s'écrit alors

$$(1) \qquad Axx'' + B(x + x') + D = 0;$$

elle est *symétrique* par rapport à x et x'. Elle contient trois coefficients et par suite deux paramètres.

Donc, si, en donnant à x une valeur quelconque α, on en tire pour x' une valeur α', pour $x' = \alpha$ on aura $x = \alpha'$. Ceci revient à dire qu'à tout point de la droite considéré comme appartenant à l'une ou à l'autre des divisions correspond le même homologue.

On dit dans ce cas que les divisions homographiques sont en *involution*, et la relation (1) qui lie les abscisses de deux points homologues est appelée relation *involutive*.

Par suite, pour établir que des divisions sont en involution, on démontrera d'abord que ce sont des divisions homographiques de même base, et ensuite, que tout point de la base, considéré comme appartenant à l'une ou à l'autre des divisions, a le même homologue.

181. EXEMPLE I. — *On donne dans un plan une droite* L *et deux points* a, b *non situés sur la droite. Un cercle quelconque passant par les points* a, b *rencontre la droite* L *en deux points* m, m'. *Les points* m, m' *sont des points homologues de deux divisions en involution.*

Étant donné un point m choisi arbitrairement sur L, il existe un cercle et un seul passant par les trois points a, b, m. Ce cercle ren-

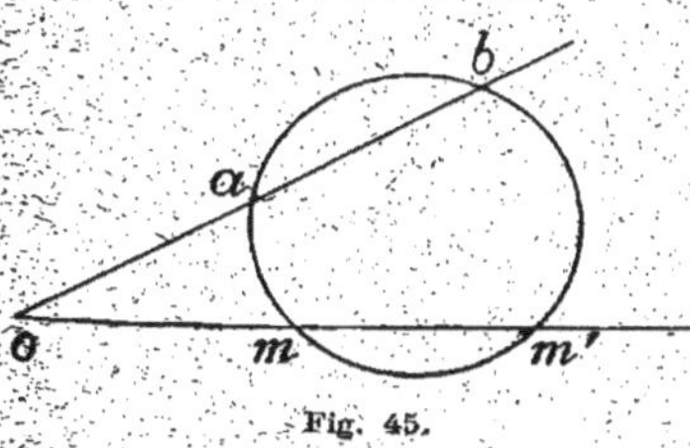

Fig. 45.

contre L en un seul point m' distinct du point m. Donc à tout point m de L considéré comme appartenant à la première division correspond un seul point m' dans la seconde. On verrait de même qu'à tout point m' de la deuxième division correspond un seul point m de la première.

Les abscisses des points m, m' sont liées algébriquement, puisqu'on détermine l'homologue d'un point donné par l'intersection d'une droite et d'un cercle (144):

On en conclut que les points m, m' tracent sur L des divisions homographiques de même base.

Mais, d'après la construction précédente, quelle que soit la division à laquelle appartient le point m, ce point a toujours le même homologue, le point commun à la droite L et un cercle abm. Donc les divisions sont en involution.

D'ailleurs, si nous prenons comme origine des abscisses le point de rencontre o des droites L et ab, nous avons

$$\overline{om}.\overline{om'} = \overline{oa}.\overline{ob},$$

ou

$$xx' = k,$$

k désignant la constante $\overline{oa}\cdot\overline{ob}$. C'est bien une relation involutive.

182. Exemple II. — *On donne dans un plan deux droites* L, D *et un cercle tangent à la droite* L. *Par un point variable* p *pris sur* D *on mène des tangentes au cercle, lesquelles rencontrent* L *aux points* m, m'. *Les points* m, m' *tracent sur* L *des divisions en involution.*

Prenons sur L un point arbitraire m; par ce point on peut mener au cercle une seule tangente autre que L. Cette tangente rencontre la droite D en un seul point p, et par ce point passe une seule tangente autre que pm, laquelle rencontre L en un seul point m'.

Donc, à tout point m de la première division correspond un seul point m' de la seconde, et on verrait de même qu'à tout point m' de la seconde correspond un seul point m de la première.

De plus, les abscisses de m, m' sont liées algébriquement, car, étant donné le point m, on peut construire le point m' par intersection de droites et de cercles.

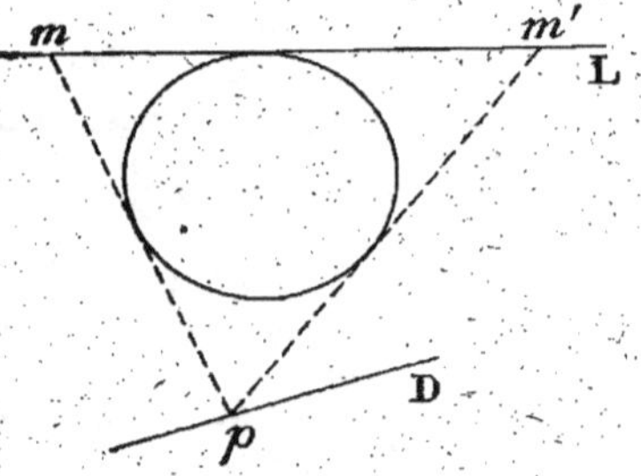

Fig. 46.

Il existe donc entre les points m, m' une correspondance homographique.

Mais, quelle que soit la division à laquelle appartient le point m, il lui correspond le même homologue. On en conclut que la correspondance est involutive.

183. Théorème. — *Deux divisions en involution sont bien définies si l'on donne deux couples de points homologues.*

Soient les deux couples de points (a, a') et (b, b') donnés sur une droite L; nous allons démontrer qu'il existe une correspondance involutive et une seule dans laquelle (a, a') et (b, b') sont des couples de points homologues.

Considérons une relation involutive

$$(1) \qquad A x x' + B(x + x') + D = 0;$$

tout revient à établir qu'on peut déterminer les coefficients A, B, D de façon que la relation soit vérifiée par les abscisses α, α' des points a, a', et par les abcisses β, β' des points b, b'.

On doit donc avoir

$$(2) \qquad \begin{cases} A \alpha\alpha' + B(\alpha + \alpha') + D = 0, \\ A \beta\beta' + B(\beta + \beta') + D = 0. \end{cases}$$

Du tableau des coefficients des inconnues

$$\left\| \begin{array}{ccc} \alpha\alpha' & \alpha + \alpha' & 1 \\ \beta\beta' & \beta + \beta' & 1 \end{array} \right\|$$

dans le système (2) on peut tirer trois déterminants du deuxième degré, dont l'un au moins n'est pas nul.

Considérons, en effet, les deux déterminants

$$\left| \begin{array}{cc} \alpha\alpha' & 1 \\ \beta\beta' & 1 \end{array} \right| = \alpha\alpha' - \beta\beta'; \qquad \left| \begin{array}{cc} \alpha + \alpha' & 1 \\ \beta + \beta' & 1 \end{array} \right| = \alpha + \alpha' - (\beta + \beta');$$

si ces deux déterminants étaient nuls, on aurait $\alpha\alpha' = \beta\beta'$, $\alpha + \alpha' = \beta + \beta'$, les nombres α, α' et β, β' seraient racines de la même équation du second degré, et par suite, les points (a, a') coïncideraient avec les points (b, b'); les deux couples de points homologues donnés ne seraient pas distincts.

Supposons, par exemple $\alpha + \alpha' - (\beta + \beta') \neq 0$. Nous pouvons alors résoudre le système (2) par rapport à B et D, et, en portant les valeurs obtenues dans la relation (1), nous obtenons, après avoir divisé par A (A. 96),

$$\left| \begin{array}{ccc} x x' & x + x' & 1 \\ \alpha\alpha' & \alpha + \alpha' & 1 \\ \beta\beta' & \beta + \beta' & 1 \end{array} \right| = 0;$$

c'est la relation involutive cherchée.

Comme application, on peut établir le théorème suivant, qui est le réciproque du théorème 182.

184. Théorème. — *Si par les points homologues de deux divisions en involution tracées sur une tangente L à un cercle on mène des tangentes au cercle, le lieu du point de rencontre de ces tangentes est une droite.*

Soient (a, a') et (b, b') deux couples de points homologues de la correspondance involutive donnée (γ); désignons par p le point de rencontre des tangentes au cercle menées par a, a', et par q celui des tangentes issues de b et b'. Nous allons montrer que, si par deux autres points homologues quelconques c et c' on mène des tangentes, celles-ci se coupent sur la droite pq.

Par un point quelconque de pq menons des tangentes au cercle; ces tangentes tracent sur L des divisions en involution (182), constituant une nouvelle correspondance involutive (γ'). Or, les correspondances (γ) et (γ') sont identiques, puisqu'elles ont deux couples de points homologues communs (a, a') et (b, b'). Donc, les points c, c', qui sont homologues dans la correspondance (γ), sont aussi homologues dans la correspondance (γ') : ceci montre bien que les tangentes menées au cercle par c, c' se coupent sur pq.

185. Point central. — On appelle *point central* de deux divisions en involution le point homologue du point à l'infini.

Si les deux divisions sont définies par la relation

$$(1) \qquad Axx' + B(x + x') + D = 0,$$

le point central a pour abscisse $-\dfrac{B}{A}$ (en supposant $A \neq 0$), et si l'on prend ce point pour origine des abscisses, la relation involutive devient

$$xx' = k,$$

k désignant la constante $\dfrac{B^2 - AD}{A^2}$.

Nous excluons le cas où $k = 0$; dans ce cas l'involution est singulière (149).

Si $A = 0$, la relation (1) prend la forme

$$\frac{x + x'}{2} = -\frac{D}{2B};$$

elle montre que deux points homologues sont symétriques par rapport au point ω qui a pour abscisse $-\dfrac{D}{2B}$. L'involution se réduit dans ce cas à une symétrie, et le point central est rejeté à l'infini.

186. Points doubles. — Les points doubles sont définis par l'équation

$$x^2 = k;$$

ils sont réels si $k > 0$, imaginaires si $k < 0$.

Revenons à l'exemple I (181). Si le point m s'éloigne indéfiniment sur la droite L, le centre du cercle circonscrit au triangle abm s'éloigne indéfiniment sur la perpendiculaire au segment ab en son milieu. Par suite, ce cercle a pour limite la droite ab, et le point m'

a pour limite le point de rencontre o de ab et de L : o est le point central.

On en conclut que le produit $\overline{om}.\overline{om'}$ est constant. On a en effet

$$\overline{om}.\overline{om'} = \overline{oa}.\overline{ob} = \text{constante}.$$

Les points doubles e, f sont définis par la relation

$$\overline{oe}^2 = \overline{of}^2 = \overline{oa}.\overline{ob}.$$

Pour qu'ils soient réels, il faut que les points a, b soient d'un même côté de la droite L. Ces points doubles sont les points de contact avec L des cercles qui passent par les points a, b.

Dans le cas particulier où ab est parallèle à L, le point central est à l'infini, l'involution est une symétrie; le centre de symétrie est la projection ω sur L du milieu de ab. L'un des points doubles est ω, l'autre est à l'infini.

Dans l'exemple II (182), on peut déterminer le point central o de la façon suivante. On mène au cercle la tangente parallèle à L et on prend le point q où elle rencontre la droite D. Par le point q on mène

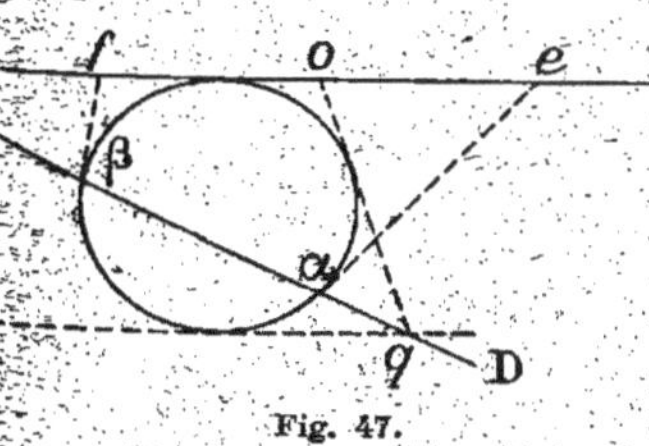

Fig. 47.

l'autre tangente au cercle, laquelle coupe L au point central o.

Cherchons maintenant les points doubles. Pour que les points homologues m, m' coïncident, il faut que les tangentes pm, pm' coïncident et ceci ne peut avoir lieu que si le point p est sur le cercle.

On déterminera les points α, β où la droite D rencontre le cercle, et les tangentes aux points α, β rencontreront la droite L aux points doubles e, f. Ces points doubles ne sont réels que si la droite D rencontre le cercle.

187. Revenons au cas général. L'origine étant le point central o, la relation involutive est

$$xx' = k, \qquad \text{ou} \qquad \overline{om}.\overline{om'} = k,$$

m, m' étant deux points homologues quelconques; les points doubles sont définis par l'équation

$$x^2 = k.$$

1° $k > 0$. Les deux nombres $\overline{om}$, $\overline{om'}$ sont de même signe, et les deux points homologues m, m' sont toujours d'un même côté du point o.

On a deux points doubles réels e, f, symétriques par rapport au point central, et définis par les relations

$$\overline{oe}^2 = \overline{of}^2 = k,$$

ou

$$\overline{oe}^2 = \overline{of}^2 = \overline{om} \cdot \overline{om'}.$$

Il en résulte que *deux points homologues quelconques sont conjugués harmoniques par rapport aux points doubles.* On a ainsi

$$(efmm') = -1,$$

c'est un cas particulier du théorème du n° 172.

La réciproque est vraie et se démontre aisément :

Si deux points variables m, m' sont conjugués harmoniques par rapport à deux points fixes e, f, les points m, m' décrivent sur la droite ef des divisions en involution, dont les points doubles sont e et f.

188. Connaissant le point central o et deux points homologues quelconques m, m', on peut construire les points doubles de la

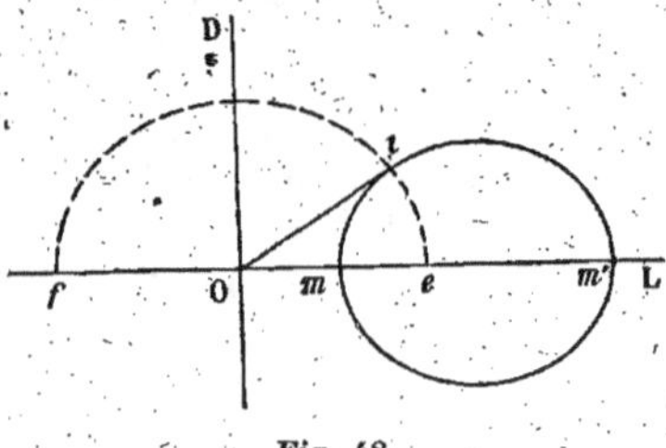

Fig. 48.

manière suivante : on trace le cercle qui a pour diamètre mm' ; par le point o on mène à ce cercle une tangente ot ; le cercle de centre o et de rayon ot rencontre la droite L aux points doubles e, f.

Le point o a même puissance par rapport à tous les cercles qui ont pour diamètres les segments limités à deux points homologues quelconques. Par suite, deux quelconques de ces cercles ont pour axe radical la droite D, menée par le point o perpendiculairement à la droite L. On peut dire que tous ces cercles ont deux points imaginaires communs situés sur la droite D ; ils forment un faisceau linéaire (126).

2° $k < 0$. Les deux nombres $\overline{om}$, $\overline{om'}$ sont de signes contraires, et les deux points homologues m, m' sont toujours de part et d'autre du point o.

Les points doubles sont imaginaires.

Le cercle décrit sur mm' comme diamètre rencontre la droite D en deux points réels a, b, symétriques par rapport au point o. Dans le triangle rectangle mam' on a

$$\overline{om} \cdot \overline{om'} = -\overline{oa}^2,$$

et comme $\overline{om}.\overline{om'} = k$, on en déduit

$$\overline{oa}^2 = -k, \qquad oa = \sqrt{-k}.$$

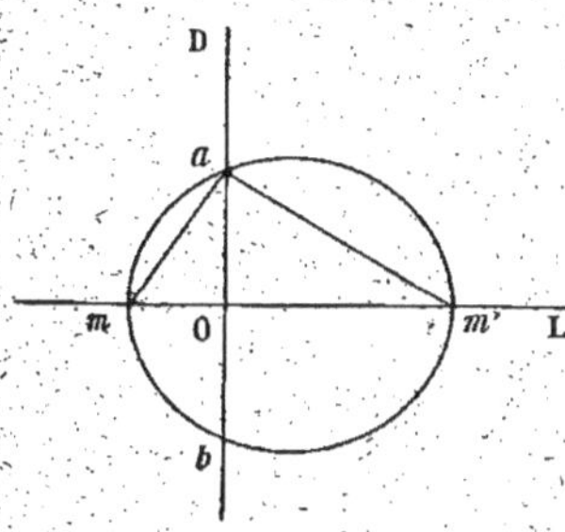

Fig. 49.

Il en résulte que les points a, b sont fixes.

Par suite, tous les cercles, ayant pour diamètres les segments limités à deux points homologues quelconques, passent par deux points réels fixes situés sur la droite D; deux quelconques de ces cercles ont pour axe radical la droite D. Ces cercles forment encore un faisceau linéaire.

189. Problème. — *Déterminer une involution connaissant deux couples de points homologues.*

Soient (m, m') et (n, n') les couples de points homologues donnés

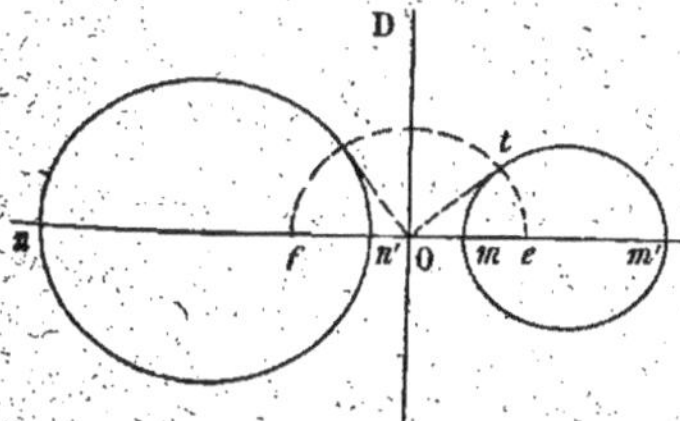

Fig. 50.

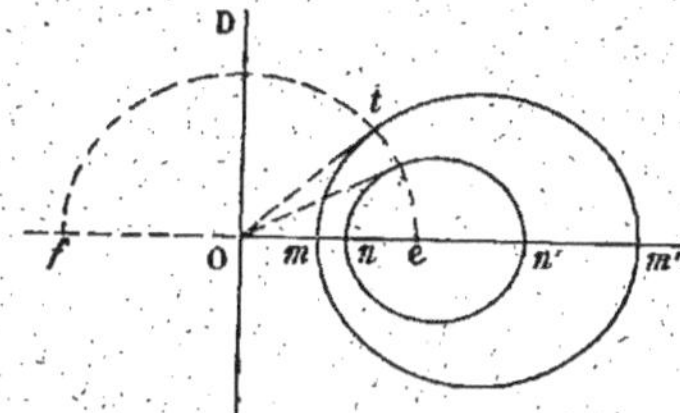

Fig. 51.

sur une même droite L. Construisons les cercles qui ont pour diamètres mm' et nn'; leur axe radical D rencontre la droite L en un

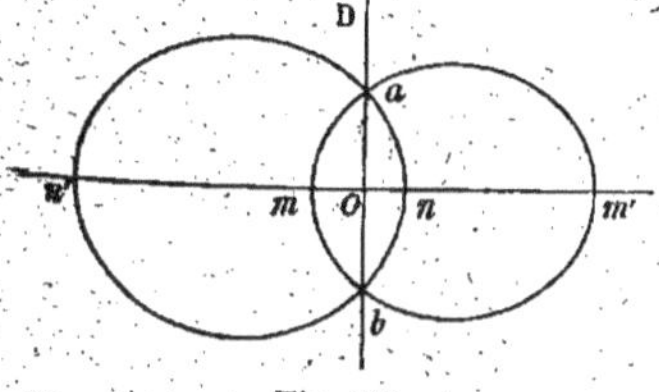

Fig. 52.

point o, qui est le point central de l'involution considérée.

D'autre part, soit k la puissance du point o par rapport aux deux cercles. Si l'on prend le point o comme origine des abscisses, l'involution sera définie par la relation $xx' = k$.

Si les segments mm' et nn' ne s'entre-croisent pas (*fig.* 50 et 51), le nombre k est positif; on a deux points doubles réels e, f, que l'on construit comme nous l'avons dit plus haut, et k est égal à $\overline{oe}^2$.

Si les segments mm' et nn' s'entre-croisent (fig. 52), le nombre k est négatif; les deux cercles ont deux points communs réels a, b; les points doubles sont imaginaires et la constante k est égale à $-\overline{oa}^2$.

Faisceaux en involution.

190. Nous avons vu (173) qu'étant donnés deux faisceaux homographiques de même sommet O, tout rayon Δ passant par le point O peut être considéré comme appartenant à l'un ou à l'autre des deux faisceaux. S'il appartient au premier, il a pour homologue dans le second un rayon Δ', et s'il appartient au second, il a pour homologue dans le premier un rayon Δ'', en général différent du rayon Δ'.

Si Δ est un rayon double, Δ' et Δ'' sont confondus avec Δ.

On démontre comme plus haut (180) que, s'il existe un rayon non double Δ, pour lequel Δ' et Δ'' sont confondus, la propriété a lieu pour tout rayon passant par le point O.

La relation qui lie les pentes de deux rayons homologues est alors une relation involutive de la forme

$$(1) \qquad Amm' + B(m + m') + D = 0.$$

On dit que les faisceaux sont en *involution*.

Par suite, pour établir que des faisceaux sont en involution, on démontrera d'abord que ce sont des faisceaux homographiques de même sommet, et ensuite, que tout rayon passant par le sommet, considéré comme appartenant à l'un ou à l'autre des faisceaux, a le même homologue.

191. *Deux faisceaux en involution sont bien définis par deux couples de rayons homologues.*

Même démonstration qu'au n° 183.

192. Deux faisceaux en involution, définis par la relation (1), admettent deux rayons doubles, réels ou imaginaires, dont les pentes sont racines de l'équation

$$Am^2 + 2Bm + D = 0.$$

193. On démontre aisément que *deux rayons homologues de deux faisceaux en involution rencontrent une droite suivant deux points homologues de deux divisions en involution*, et que réciproquement, si l'on joint un point à *deux points homologues de deux divisions en* *involution, on obtient deux rayons homologues de deux faisceaux en involution,*

On en conclut que, *dans deux faisceaux en involution, deux rayons homologues quelconques sont conjugués harmoniques par rapport aux rayons doubles, et que réciproquement, si deux droites variables* Δ, Δ' *sont conjuguées harmoniques par rapport à deux droites fixes* A *et* B, Δ, Δ' *sont deux rayons homologues de deux faisceaux en involution admettant* A, B *comme rayons doubles.*

194. EXEMPLE I. — Les côtés d'un angle droit qui tourne autour de son sommet engendrent deux faisceaux en involution dont les rayons doubles sont les droites isotropes, et réciproquement, si les rayons doubles de deux faisceaux en involution sont les droites isotropes, deux rayons homologues quelconques sont rectangulaires (179).

195. EXEMPLE II. — Deux droites variables OΔ, OΔ', symétriques par rapport à une droite fixe OA, engendrent deux faisceaux en involution dont les rayons doubles sont la droite OA et la droite OB perpendiculaire à OA, et réciproquement, si les rayons doubles de deux faisceaux en involution sont rectangulaires, deux rayons homologues quelconques sont symétriques par rapport à ces rayons doubles (110). Les droites isotropes sont deux rayons homologues.

196. EXEMPLE III. — *On donne un cercle, un point* O *sur ce cercle et un point* P *en dehors; par le point* P *on mène une sécante variable rencontrant le cercle en deux points* a, a'. *Les droites* Oa, Oa' *sont des rayons homologues de deux faisceaux en involution.*

1° Si l'on se donne arbitrairement une droite Oa passant par le point O, elle rencontre le cercle en un seul point a différent du point O; la droite Pa rencontre le cercle en un seul point a' distinct du point a. Donc à toute droite Oa correspond une seule droite Oa'.

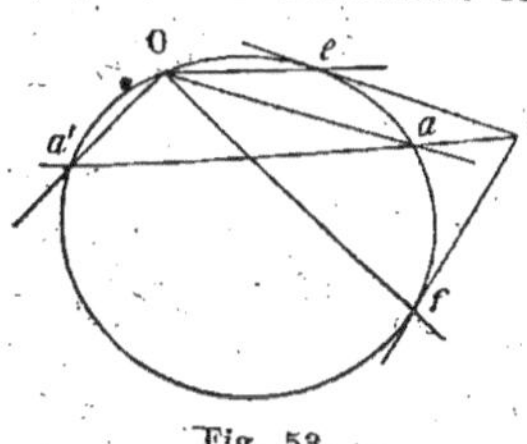

Fig. 53.

2° On voit de même qu'à toute droite Oa' correspond une seule droite Oa.

3° Les pentes des droites Oa, Oa' sont liées algébriquement (160).

On conclut de là que Oa, Oa' sont des rayons homologues de deux faisceaux homographiques de même sommet.

4° Ils sont en involution, car à toute droite Oa, considérée comme appartenant à l'un ou à l'autre des faisceaux, correspond toujours la même homologue.

Les rayons doubles sont les droites qui joignent le point O aux points de contact e, f des tangentes issues du point P au cercle. Ils sont réels si le point P est extérieur au cercle, imaginaires dans le cas contraire.

197. Théorème réciproque *dit* THÉORÈME DE FRÉGIER. — *Si par le sommet commun de deux faisceaux en involution on fait passer un cercle, les droites qui joignent les points de rencontre des rayons homologues avec le cercle passent par un point fixe.*

Soient O le sommet commun, (OA, OA'), (OB, OB') deux couples de rayons homologues. Désignons par a, a', b, b' les points où ces droites

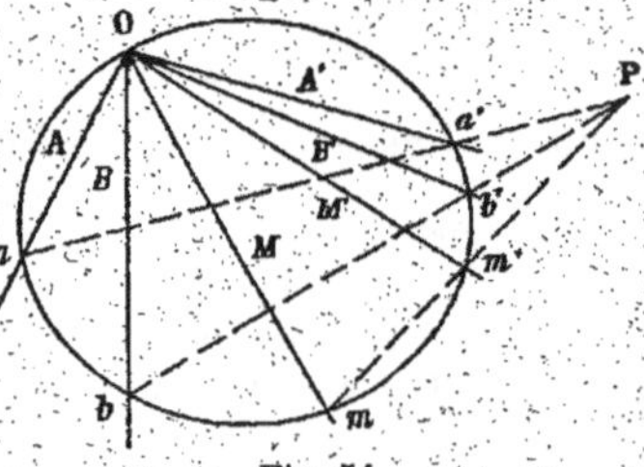
Fig. 54.

rencontrent un cercle passant par le point O (*fig.* 54), et soit P le point commun aux droites aa' et bb'.

Considérons maintenant deux rayons homologues quelconques OM et OM' rencontrant le cercle en m et m'; il s'agit de démontrer que la droite mm' passe par le point P.

Soit (γ) la correspondance involutive donnée entre les droites passant par le point O; si l'on joint ce point aux extrémités des cordes du cercle qui passent par le point P, on détermine une nouvelle correspondance involutive (γ'). Mais ces deux correspondances ont deux couples de rayons homologues communs, savoir : (OA, OA') et (OB, OB'), donc elles sont identiques (191). Par suite, les deux rayons OM et OM', qui sont homologues dans la correspondance (γ), sont aussi homologues dans la correspondance (γ'); ce qui revient à dire que la droite mm' passe par le point P (*).

198. REMARQUE. — Ce théorème est fréquemment utilisé dans les constructions relatives à l'involution.

Par exemple, supposons qu'on donne deux faisceaux en involution définis par deux couples de rayons homologues (OA, OA') et (OB, OB'),

---

(*) Dans ce théorème et dans le précédent on peut remplacer le cercle par une courbe du deuxième degré quelconque passant par le point O car la démonstration repose simplement sur cette propriété qu'une droite rencontre un cercle en deux points dont les coordonnées sont définies par des équations algébriques, et cette propriété appartient à toute courbe du second degré.

et proposons-nous de construire le rayon homologue d'un rayon quelconque OC (*fig.* 55).

Pour cela, nous traçons un cercle passant par le point O et rencontrant les rayons donnés OA, OA', OB, OB', OC respectivement aux points a, a', b, b', c; nous traçons les droites aa' et bb' qui se

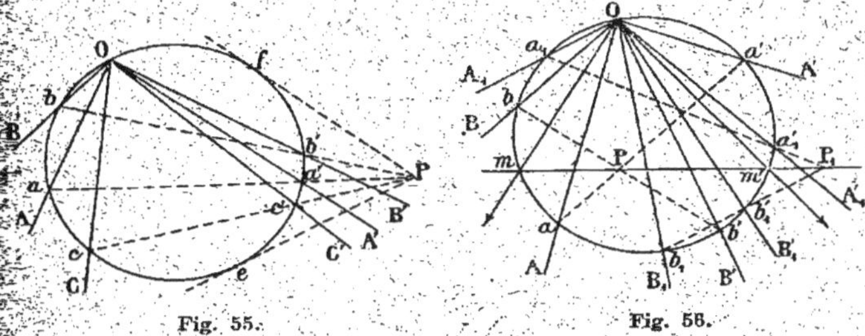

Fig. 55.   Fig. 56.

coupent au point P, et nous menons la droite Pc qui rencontre le cercle en un deuxième point c'. La droite Oc' est l'homologue du rayon OC.

On aura les rayons doubles en joignant le point O aux points de contact e, f des tangentes issues du point P.

109. Il est aisé de voir qu'étant donnés deux systèmes de faisceaux en involution ayant même sommet, il existe un couple de rayons homologues communs à chaque système de faisceaux.

Supposons le premier système défini par deux couples de rayons homologues (OA, OA') et (OB, OB'), et le deuxième par les couples (OA$_1$, OA$_1'$), et (OB$_1$, OB$_1'$). Nous déterminons les points P et P$_1$ relatifs à chaque système, le point P étant le point de rencontre de aa' et bb', le point P$_1$ celui de a_1a_1' et b_1b_1' (*fig.* 56).

La droite PP$_1$ rencontre le cercle en deux points m, m'; les droites Om et Om' sont les rayons homologues communs aux deux systèmes.

CHAPITRE X

COURBES DONT L'ÉQUATION EST RÉSOLUE OU RÉSOLUBLE PAR RAPPORT A L'UNE DES COORDONNÉES

Si $f(x)$ désigne une fonction continue, l'équation

$$y = f(x)$$

représente une courbe, et on peut obtenir avec une certaine approximation la forme générale de cette courbe si l'on connaît les variations de la fonction $f(x)$.

On donne à ce tracé un peu plus de précision en déterminant certains éléments géométriques tels que les tangentes, les points d'inflexion, les asymptotes, ..., etc.

Tangentes.

200. Soit une courbe C et un point M situé sur cette courbe; supposons qu'un point M' également situé sur la courbe se rapproche
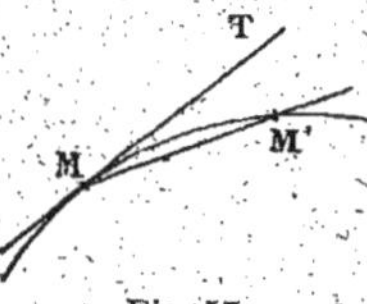
indéfiniment du point M. S'il existe une droite MT passant par le point M et telle que l'angle M'MT ait pour limite zéro quand la distance MM' tend vers zéro, on dit que la droite MT est *tangente* à la courbe au point M; et ce point est appelé le *point de contact* de la tangente (*fig.* 57).

On dit aussi plus brièvement que la tangente MT est la limite de la droite MM' quand le point M' glisse sur la courbe en se rapprochant indéfiniment du point M.

On peut observer que si l'angle M'MT a pour limite zéro, le coefficient angulaire de la droite MM' a pour limite celui de la droite MT, et inversement. Par conséquent, pour établir l'existence de la tangente, il suffira de montrer que le coefficient angulaire de MM' a une limite quand la distance MM′ tend vers zéro ou quand les coordonnées du point M′ tendent vers celles du point M.

Cela posé, considérons la courbe définie par l'équation

$$y = f(x).$$

La fonction $f(x)$ est absolument quelconque, algébrique ou transcendante. Nous supposons que dans les intervalles où cette fonction est continue, elle admet des dérivées de tous les ordres, sauf pour quelques valeurs particulières de la variable.

Soient x_0 et y_0 les coordonnées d'un point M de la courbe, y_0 étant égal à $f(x_0)$. Donnons à x_0 un accroissement h, et considérons le point M′ de la courbe qui a pour abscisse $x_0 + h$ et, par suite, pour ordonnée $f(x_0 + h)$. Le coefficient angulaire de la droite MM′ est égal au rapport

$$\frac{f(x_0 + h) - f(x_0)}{x_0 + h - x_0}, \qquad \text{ou} \qquad \frac{f(x_0 + h) - f(x_0)}{h}.$$

Quand h tend vers zéro, le point M′ se rapproche indéfiniment du point M, et le rapport a pour limite la dérivée de $f(x)$ pour $x = x_0$, c'est-à-dire $f'(x_0)$.

L'équation de la tangente est donc

$$y - y_0 = (x - x_0) f'(x_0).$$

Si le rapport $\dfrac{f(x_0 + h) - f(x_0)}{h}$ augmente indéfiniment quand h tend vers zéro, en d'autres termes, si la dérivée de $f(x)$ est infinie pour $x = x_0$, la droite MM′ a pour limite une parallèle à Oy; par suite, la tangente au point M est parallèle à l'axe des y.

201. Désignons par x et y les coordonnées du point M′, le coefficient angulaire de MM′ est égal à $\dfrac{y - y_0}{x - x_0}$. On peut donc dire encore que le coefficient angulaire de la tangente au point (x_0, y_0) est la limite du rapport $\dfrac{y - y_0}{x - x_0}$ ou $\dfrac{f(x) - y_0}{x - x_0}$ quand x tend vers x_0.

En particulier, si la courbe passe par l'origine, la tangente en ce point a pour coefficient angulaire la limite de $\dfrac{y}{x}$ ou de $\dfrac{f(x)}{x}$ quand x tend vers zéro.

Normales.

202. On appelle *normale* en un point M d'une courbe la perpendiculaire menée par le point M à la tangente en ce point. Le point M est appelé le *pied* ou le *point d'incidence* de la normale.

Soient toujours $y = f(x)$ l'équation de la courbe et x_0, y_0 les coordonnées du point M. Le coefficient angulaire de la tangente au point M étant $f'(x_0)$, celui de la normale est $-\dfrac{1}{f'(x_0)}$, *les axes de coordonnées étant rectangulaires*; par suite, l'équation de la normale est

$$y - y_0 = -\frac{1}{f'(x_0)}(x - x_0).$$

Pour simplifier l'écriture on représente souvent par y' la dérivée de y par rapport à x, et par y'_0 la valeur que prend cette dérivée pour $x = x_0$; cela revient à poser $f'(x_0) = y'_0$.

Dans ces conditions, l'équation de la tangente est

$$y - y_0 = y'_0(x - x_0);$$

et celle de la normale (axes rectangulaires)

$$y - y_0 = -\frac{1}{y'_0}(x - x_0).$$

203. Sous-tangente et sous-normale.

— Supposons les axes de coordonnées rectangulaires; soient T et N les points de rencontre avec Ox de la tangente et de la normale en un point M d'une courbe; abaissons MA perpendiculaire sur Ox.

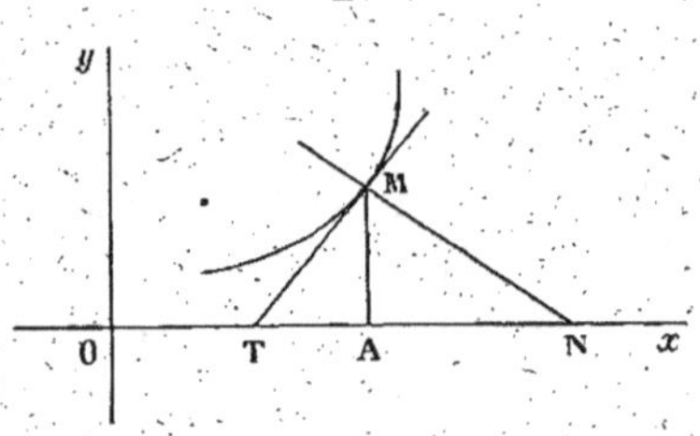

La valeur algébrique $\overline{AT}$ du vecteur $\overrightarrow{AT}$, sens positif Ox, est appelée la *sous-tangente* relative au point M, et celle du vecteur $\overrightarrow{AN}$, sens positif Ox, est appelée la *sous-normale* relative au même point (*fig.* 58).

Fig. 58.

Nous allons calculer ces valeurs en fonction des coordonnées x_0, y_0 du point M et du coefficient angulaire y'_0 de la tangente en ce point.

L'équation de la tangente est

$$y - y_0 = y'_0(x - x_0);$$

faisons $y = 0$; nous obtenons l'équation

$$x - x_0 = -\frac{y_0}{y'_0}$$

qui admet pour racine l'abscisse du point T ou $\overline{OT}$.

Cette relation peut donc s'écrire

$$\overline{OT} - \overline{OA} = -\frac{y_0}{y'_0}, \qquad \text{où} \qquad \overline{AT} = -\frac{y_0}{y'_0}.$$

De même, l'équation de la normale au point M est

$$y - y_0 = - \frac{1}{y'_0}(x - x_0),$$

et pour $y = 0$, on a

$$x - x_0 = y_0 y'_0,$$

ou

$$\overline{ON} - \overline{OA} = \overline{AN} = y_0 y'_0.$$

La sous-tangente est donc égale à $- \dfrac{y_0}{y'_0}$ et la sous-normale à $y_0 y'_0$.

Application. — 1° *Dans la parabole la sous-normale est constante.* 2° *Si dans une courbe la sous-normale est constante, cette courbe est une parabole.*

1° Soit en effet $y^2 = 2px$ l'équation d'une parabole rapportée à son axe et à sa tangente au sommet. Prenons les dérivées des deux membres de l'équation par rapport à x, nous avons $yy' = p$, y' désignant la dérivée de y par rapport à x. Pour une valeur quelconque x_0 de la variable x, on a $y_0 y'_0 = p$, ce qui montre que la sous-normale est égale au paramètre p.

2° Supposons qu'on ait pour toute valeur de x $yy' = p$, ou $y dy = p dx$; on en déduit en intégrant

$$\frac{y^2}{2} = px + C, \quad \text{ou} \quad y^2 = 2p(x - a),$$

en désignant par a la constante $- \dfrac{C}{p}$.

Transportons l'origine des coordonnées au point $(a, 0)$; l'équation devient $y^2 = 2px$; elle représente une parabole.

Concavité.

204. Soit M un point d'une courbe où la tangente n'est pas parallèle à Oy; on dit qu'*au point M la courbe tourne sa concavité vers les y positifs*, lorsqu'il existe sur la courbe, de part et d'autre du point M, deux points P et Q, tels que l'ordonnée d'un point quelconque R de l'arc PQ soit supérieure à l'ordonnée du point R' qui a même abscisse que le point R et qui est situé sur la tangente au point M (*fig.* 59).

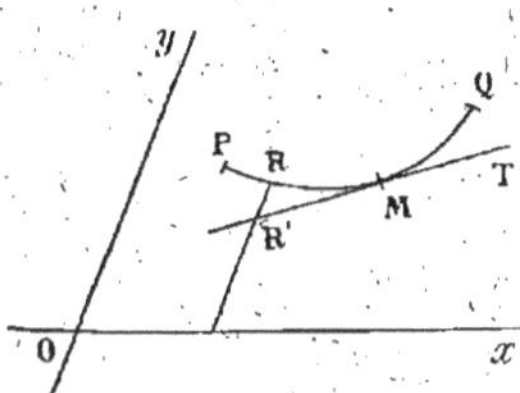

Fig. 59.

On dit qu'*au point M la courbe tourne sa concavité vers les y négatifs*, lorsqu'il existe sur la courbe, de part et d'autre du point M, deux points P et Q tels que l'ordonnée d'un point quelconque R de l'arc PQ soit inférieure à l'ordonnée du point R' qui a même abscisse que le point R et qui est situé sur la tangente au point M (*fig.* 60).

Enfin s'il existe sur la courbe, de part et d'autre du point M, deux points P et Q tels que les points de l'arc PM soient situés d'un même côté de la tangente au point M et que ceux de l'arc QM soient situés de l'autre côté, on dit que *la courbe présente une inflexion au point* M ou encore que ce point est un *point d'inflexion* (*fig.* 61).

205. Cela posé, soit

$$y = f(x)$$

l'équation d'une courbe, et soit M le point de cette courbe qui a pour

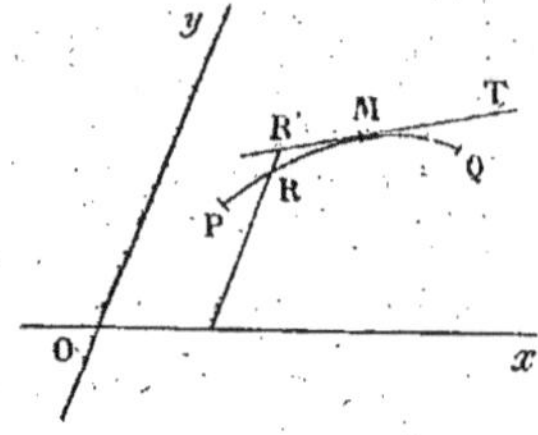

Fig. 60.

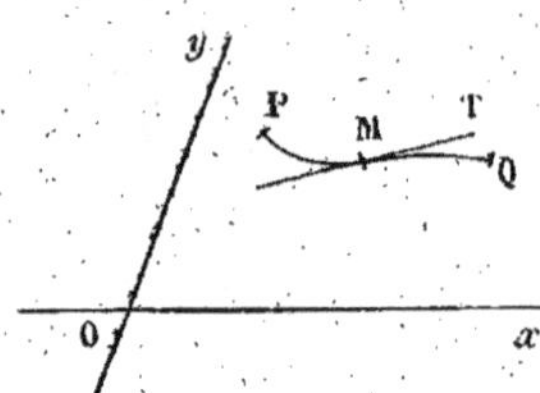

Fig. 61.

abscisse x_0. Nous supposons que la tangente en ce point n'est pas parallèle à Oy.

Nous allons montrer comment on peut étudier la position de la courbe par rapport à la tangente au point M.

Soit α un nombre positif tel que la fonction $f(x)$ et ses deux premières dérivées $f'(x)$ et $f''(x)$ soient continues dans l'intervalle $(x_0 - \alpha,\ x_0 + \alpha)$. Nous supposons de plus que la dérivée seconde $f''(x)$ a un signe constant dans chacun des deux intervalles $(x_0 - \alpha, x_0)$ et $(x_0,\ x_0 + \alpha)$, cette dérivée pouvant être nulle pour $x = x_0$. Désignons enfin par P et Q les points de la courbe qui ont pour abscisses $x_0 - \alpha$ et $x_0 + \alpha$.

Considérons un point R de l'arc PQ ayant pour abscisse $x_0 + h$ $(-\alpha < h < \alpha)$. L'ordonnée y_1 de ce point est égale à $f(x_0 + h)$, et en appliquant la formule de Taylor, nous avons

$$y_1 = f(x_0) + h f'(x_0) + \frac{h^2}{2} f''(x_0 + \theta h), \qquad (0 < \theta < 1).$$

D'autre part, l'équation de la tangente au point M est

$$y - f(x_0) = (x - x_0) f'(x_0);$$

l'ordonnée Y_1 du point R′ de cette droite qui a pour abscisse $x_0 + h$ est

$$Y_1 = f(x_0) + h f'(x_0),$$

et, en retranchant ces deux égalités membre à membre, nous avons

$$y_1 - Y_1 = \frac{h^2}{2} f''(x_0 + \theta h).$$

1° Si $f''(x)$ est positif dans les deux intervalles $(x_0 - \alpha, \ x_0)$ et $(x_0, \ x_0 + \alpha)$, la différence $y_1 - Y_1$ est positive pour toutes les valeurs de h comprises entre $-\alpha$ et $+\alpha$. On en conclut qu'au point M la courbe tourne sa concavité vers les y positifs.

2° Si $f''(x)$ est négatif dans les deux intervalles $(x_0 - \alpha, \ x_0)$ et $(x_0, \ x_0 + \alpha)$, la différence $y_1 - Y_1$ est négative pour toutes les valeurs de h comprises entre $-\alpha$ et $+\alpha$. La courbe tourne au point M sa concavité vers les y négatifs.

3° Si $f''(x)$ n'a pas le même signe dans les deux intervalles $(x_0 - \alpha, \ x_0)$ et $(x_0, \ x_0 + \alpha)$, la différence $y_1 - Y_1$ change de signe en même temps que h, le point M est un point d'inflexion.

206. CONSÉQUENCE. — *La condition nécessaire et suffisante pour que la courbe $y = f(x)$, présente une inflexion au point qui a pour abscisse x_0 est que la dérivée seconde y'' ou $f''(x)$ change de signe quand x traverse la valeur x_0.*

207. Dans la pratique, pour déterminer le sens de la concavité au point M, on calcule la valeur de $f''(x)$ pour $x = x_0$, soit $f''(x_0)$.

Si $f''(x_0) > 0$, comme la fonction $f''(x)$ est continue, il existe un nombre positif α tel que $f''(x)$ soit positif pour toutes les valeurs de x appartenant à l'intervalle $(x_0 - \alpha, \ x_0 + \alpha)$; la courbe tourne sa concavité vers les y positifs.

Si $f''(x_0) < 0$, un raisonnement semblable montre que la courbe tourne sa concavité vers les y négatifs.

Enfin si $f''(x_0) = 0$, on ne peut se prononcer immédiatement, il faut étudier le signe de $f''(x)$ pour les valeurs de x voisines de x_0.

EXEMPLE. — Considérons la courbe ayant pour équation

$$y = \frac{1}{Lx}.$$

La fonction $\frac{1}{Lx}$ est définie pour toutes les valeurs positives de x, excepté pour la valeur $x = 1$ qui la rend infinie. Comme Lx est une fonction croissante, son inverse est décroissante, et nous pouvons écrire immédiatement les variations de y

x	0	croît	$1 - \varepsilon$	$1 + \varepsilon$	croît	$+\infty$
y	0	décroît	$-\infty$	$+\infty$	décroît	0

et construire la courbe (*fig.* 62).

Cherchons la tangente à l'origine; pour cela, calculons y'; nous avons

$$y' = -\frac{1}{x(Lx)^2}.$$

Pour $x = 0$, $x(\mathrm{L}x)^2$ se présente sous la forme indéterminée $0 \times \infty$. Pour lever l'indétermination, posons $\mathrm{L}x = -z$; nous avons $x = e^{-z}$ et

$$y' = -\frac{e^z}{z^2}.$$

Quand x tend vers zéro, z est infini positif; en développant e^z en série, on voit que $\frac{e^z}{z^2}$ est infini pour z infini positif. Donc la tangente à l'origine est Oy (*).

Étudions maintenant la concavité. La dérivée seconde de y est

$$y'' = \frac{\mathrm{L}x(\mathrm{L}x + 2)}{x^2(\mathrm{L}x)^4};$$

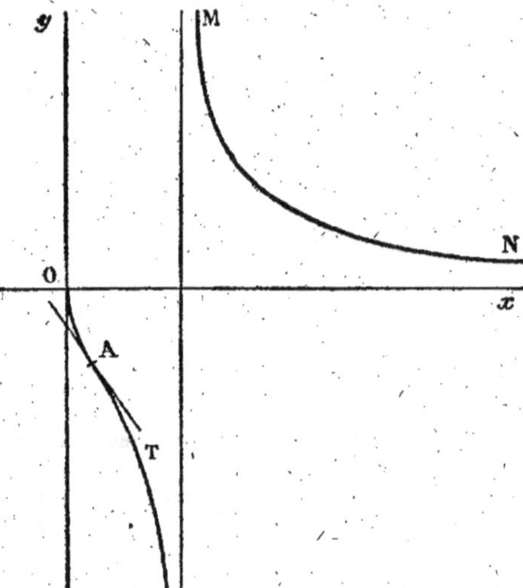

Fig. 62.

elle a le signe de $\mathrm{L}x(\mathrm{L}x + 2)$, et ce produit change de signe quand x traverse les valeurs qui annulent $\mathrm{L}x$ et $\mathrm{L}x + 2$: soient 1 et $\frac{1}{e^2}$. On voit alors aisément que y'' est positif pour les valeurs de x comprises entre 0 et $\frac{1}{e^2}$ et pour les valeurs de x supérieures à 1, et négatif pour les valeurs de x comprises entre $\frac{1}{e^2}$ et 1.

La courbe présente une inflexion au point A qui a pour coordonnées $x = \frac{1}{e^2}$, $y = -\frac{1}{2}$; elle est concave vers les y positifs en tous les points des arcs OA et MN, et concave vers les y négatifs en tous les points de l'arc AL.

208. Pour reconnaître la concavité de la courbe $y = f(x)$ au point M d'abscisse x_0 dans le cas où $f''(x_0)$ est nul, nous avons dit qu'il faut étudier le signe de $f''(x)$ pour les valeurs de x voisines de x_0. On peut aussi opérer de la façon suivante.

On calcule les dérivées successives de $f(x)$ à partir de $f''(x)$ et on cherche quelle est la première de ces dérivées qui ne s'annule pas pour $x = x_0$; il n'y a plus alors qu'à appliquer le théorème suivant :

____

(*) On peut aussi pour avoir la tangente à l'origine chercher la limite de $\frac{y}{x}$ ou de $\frac{1}{x\mathrm{L}x}$ pour $x = 0$.

Théorème. — 1° *Si la première dérivée qui ne s'annule pas pour* $x = x_0$ *[à partir de* $f''(x)$*] est d'ordre pair et positive, la courbe tourne au point M sa concavité vers les y positifs.*

2° *Si la première dérivée qui ne s'annule pas pour* $x = x_0$ *est d'ordre pair et négative, la courbe tourne au point M sa concavité vers les y négatifs.*

3° *Si la première dérivée qui ne s'annule pas pour* $x = x_0$ *est d'ordre impair, le point M est un point d'inflexion.*

Soit n l'ordre de la première dérivée qui ne s'annule pas pour $x = x_0$; nous avons, en appliquant la formule de Taylor,

$$f(x_0 + h) = f(x_0) + hf'(x_0) + \frac{h^n}{n!} f^{(n)}(x_0 + \theta h),$$

et, en conservant les notations du n° 205,

$$y_1 - Y_1 = \frac{h^n}{n!} f^{(n)}(x_0 + \theta h).$$

Comme nous supposons la fonction $f^{(n)}(x)$ continue, il existe un nombre positif α tel que dans l'intervalle $(x_0 - \alpha, \; x_0 + \alpha)$ $f^{(n)}(x)$ ait le signe de $f^{(n)}(x_0)$; en prenant h compris entre $-\alpha$ et $+\alpha$, $f^{(n)}(x_0 + \theta h)$ aura le signe de $f^{(n)}(x_0)$.

1° Soit n pair et $f^{(n)}(x_0) > 0$. $y_1 - Y_1$ est constamment positif quand h varie de $-\alpha$ à $+\alpha$, la courbe tourne sa concavité vers les y positifs.

2° Soit n pair et $f^{(n)}(x_0) < 0$. $y_1 - Y_1$ est constamment négatif quand h varie de $-\alpha$ à $+\alpha$, la courbe tourne sa concavité vers les y négatifs.

3° Supposons n impair. $y_1 - Y_1$ change de signe en même temps que h, le point M est un point d'inflexion.

Branches infinies et asymptotes.

209. On dit qu'une droite Δ est *asymptote* à une branche infinie de courbe (C) lorsque la distance MP d'un point M de la branche de courbe à la droite Δ a pour limite zéro lorsque le point M s'éloigne indéfiniment sur la courbe (*fig.* 63).

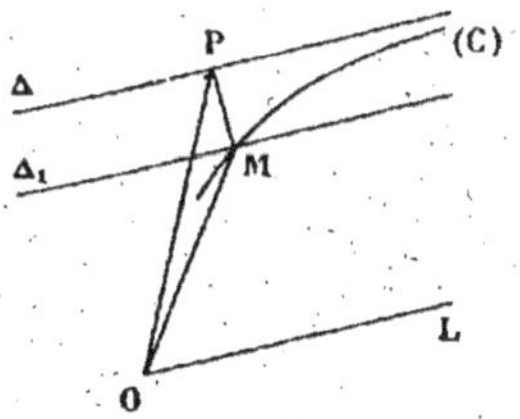

Nous allons montrer dans ce qui va suivre comment, étant donnée l'équation d'une courbe, on peut déterminer les asymptotes de cette courbe; mais auparavant nous ferons quelques remarques préliminaires.

Fig. 63.

Supposons que la droite Δ soit asymptote à la branche de courbe (C), c'est-à-dire que la distance MP ait pour limite zéro quand le point M s'éloigne indéfiniment. Joignons les deux points M et P à un point fixe O du plan. Dans le triangle OMP la relation des sinus nous donne

$$\frac{\sin POM}{\sin OPM} = \frac{MP}{OM},$$

ou

$$\sin POM = \frac{MP}{OM} \cdot \sin OPM.$$

Quand le point M s'éloigne indéfiniment sur la courbe, MP tend vers zéro, OM augmente indéfiniment et $\sin OPM$ reste fini. Donc le second membre de l'égalité tend vers zéro ; par suite, l'angle POM a pour limite zéro, et les droites OP et OM ont même position limite. Or, OP a pour limite une parallèle à l'asymptote Δ, soit OL, donc OM a aussi pour limite OL.

Conséquence. — *Si une branche infinie de courbe admet une asymptote Δ, la droite OM, qui joint un point fixe O à un point M s'éloignant indéfiniment sur la courbe, a pour limite une droite OL parallèle à l'asymptote.*

On peut dire aussi que la courbe admet un *point à l'infini* (88) dans la direction OL.

Cette direction est appelée *direction asymptotique*.

210. Menons par le point M une droite Δ_1 parallèle à Δ ; la distance des droites Δ et Δ_1 est égale à MP, elle a pour limite zéro quand le point M s'éloigne indéfiniment.

Il en résulte que la droite Δ_1 a pour limite la droite Δ.

Or Δ_1 est la droite joignant le point M au point à l'infini de la courbe ; la limite de cette droite quand le point M s'éloigne indéfiniment sur la courbe, c'est-à-dire quand le point M se rapproche du point à l'infini, peut être envisagée (par analogie avec ce qu'on a vu pour les points à distance finie) comme la tangente au point à l'infini.

On en conclut que *l'asymptote à une branche infinie de courbe est la tangente au point à l'infini de la courbe.*

211. De ce qui précède résulte la méthode suivante pour déterminer si une branche infinie de courbe admet une asymptote.

On joint un point M de la courbe à un point fixe O du plan et on cherche la limite de OM quand M s'éloigne indéfiniment sur la courbe.

Soit OL cette limite; OL est appelée la *direction asymptotique* de cette branche infinie de courbe (*).

On mène ensuite par le point M une droite Δ_1 parallèle à OL et on cherche la limite de cette droite quand le point M s'éloigne indéfiniment sur la courbe.

Si Δ_1 a une limite Δ, la droite Δ est asymptote à la branche de courbe.

Si Δ_1 s'éloigne indéfiniment, la branche de courbe n'admet pas d'asymptote. On dit aussi que l'asymptote est rejetée à l'infini, ou que la tangente au point à l'infini de la courbe coïncide avec la droite de l'infini.

Une telle branche de courbe est appelée branche *parabolique*, parce que la parabole présente des courbes de cette nature (**).

212. Cela posé, considérons la courbe définie par l'équation

$$y = f(x).$$

Pour que cette courbe ait des branches infinies, il faut que l'équation soit vérifiée par des valeurs réelles infiniment grandes de x et de y, ou de l'une des coordonnées seulement.

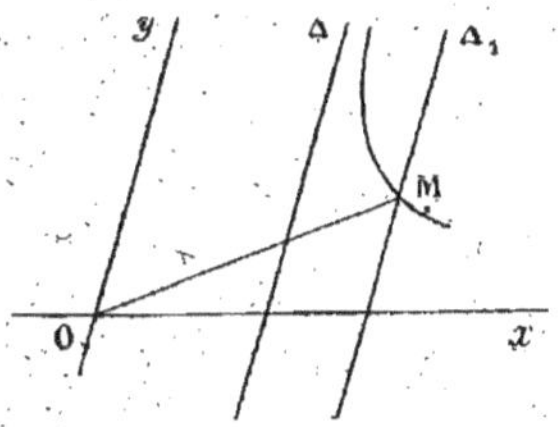

1° Supposons d'abord que lorsque x tend vers une valeur a, y augmente indéfiniment. A ces valeurs de x et de y correspond une branche infinie de courbe; considérons la droite OM joignant l'origine au point $M(x, y)$ de la courbe. La droite OM a pour coefficient angulaire $\dfrac{y}{x}$ (*fig. 64*).

Fig. 64.

Quand le point M s'éloigne indéfiniment, x tend vers a et y croît indéfiniment, donc le rapport $\dfrac{y}{x}$ augmente aussi indéfiniment; par suite, la droite OM a pour limite Oy. La direction asymptotique est Oy.

Cherchons s'il y a une asymptote; pour cela, par le point M menons la droite Δ_1 parallèle à Oy. L'équation de cette droite est $X = x$; quand le point M s'éloigne indéfiniment, x a pour limite a et la droite Δ_1 a pour limite la droite $X = a$.

(*) Si OM n'a pas de limite, la branche de courbe n'a pas de direction asymptotique et par suite pas d'asymptote.

(**) Dans cette recherche des asymptotes nous avons mis à profit l'excellent ouvrage de MM. Tresse et Thybaut, *Cours de Géométrie analytique*, à l'usage des candidats à l'École centrale (A. Colin, éditeur).

On en conclut que si quand x tend vers a, y augmente indéfiniment, la courbe admet pour asymptote la droite $X = a$.

De plus, en étudiant la variation de y quand x varie dans le voisinage de la valeur a, on détermine sans ambiguïté la position de la courbe par rapport à l'asymptote.

EXEMPLE. — Si on se reporte à la construction de la courbe $y = \dfrac{1}{Lx}$ (207), on voit que cette courbe admet pour asymptote la droite $x = 1$, et de la variation de y résulte immédiatement la position de la courbe par rapport à l'asymptote.

2° Supposons en second lieu que pour x infini y ait une limite b.

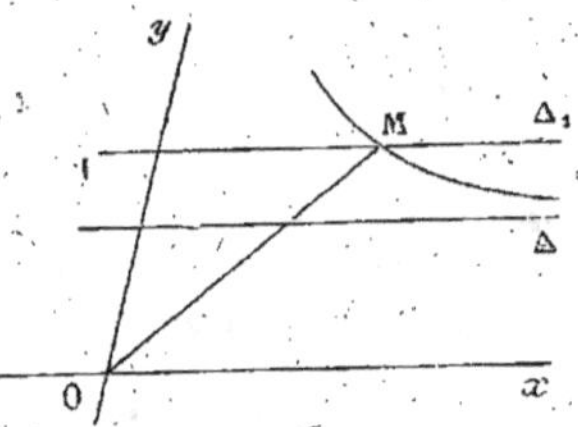

Fig. 65.

Dans ces conditions le rapport $\dfrac{y}{x}$ a pour limite zéro ; la branche infinie de courbe a pour direction asymptotique Ox. La droite Δ_1 qui a pour équation $Y = y$ a pour limite la droite $Y = b$.

Par suite, si pour x infini y a pour limite b, la branche de courbe correspondante a pour asymptote la droite $Y = b$ (*fig.* 65).

La position de la courbe par rapport à l'asymptote est bien déterminée par le signe de $y - b$ pour des valeurs de x infiniment grandes.

EXEMPLE. — Revenons à la courbe $y = \dfrac{1}{Lx}$ (207). Quand x augmente indéfiniment par valeurs positives, y a pour limite zéro en étant toujours positif, donc la courbe admet pour asymptote la droite $y = 0$, c'est-à-dire l'axe des x, et elle est située au-dessus de son asymptote.

3° Supposons enfin que lorsque x augmente indéfiniment y augmente aussi indéfiniment.

La première chose à faire est de chercher la limite du rapport $\dfrac{y}{x}$, coefficient angulaire de la droite OM.

Trois cas peuvent se présenter.

I. $\dfrac{y}{x}$ augmente indéfiniment en même temps que x.

Dans ce cas la direction asymptotique est Oy. La droite Δ_1 qui a pour équation $X = x$ s'éloigne indéfiniment quand x augmente indéfiniment.

On en conclut que la branche infinie de courbe est parabolique dans la direction Oy.

II. $\dfrac{y}{x}$ a pour limite zéro.

La direction asymptotique est Ox. La droite Δ_1 qui a pour équation $Y = y$ s'éloigne encore indéfiniment, puisque y augmente indéfiniment.

Donc la branche infinie de courbe est parabolique dans la direction Ox.

C'est ce qui arrive, par exemple, pour la parabole définie par l'équation $y^2 - 2px = 0$, ou, en ne considérant que la branche de courbe située au-dessus de Ox, par

$$y = + \sqrt{2px}.$$

III. $\dfrac{y}{x}$ a une limite différente de zéro.

Soit c cette limite. La direction asymptotique a pour coefficient angulaire c.

La droite Δ_1 menée par le point $M(x, y)$ parallèlement à cette direction a pour équation

$$Y - y = c(X - x),$$

ou

$$Y - cX - (y - cx) = 0.$$

Pour avoir la limite de cette droite, il faut chercher la limite de son ordonnée à l'origine $y - cx$.

Si $y - cx$ augmente indéfiniment quand x augmente indéfiniment, la droite Δ_1 s'éloigne à l'infini, la branche infinie de courbe n'a pas d'asymptote; c'est une branche parabolique dont la direction asymptotique a pour coefficient angulaire c.

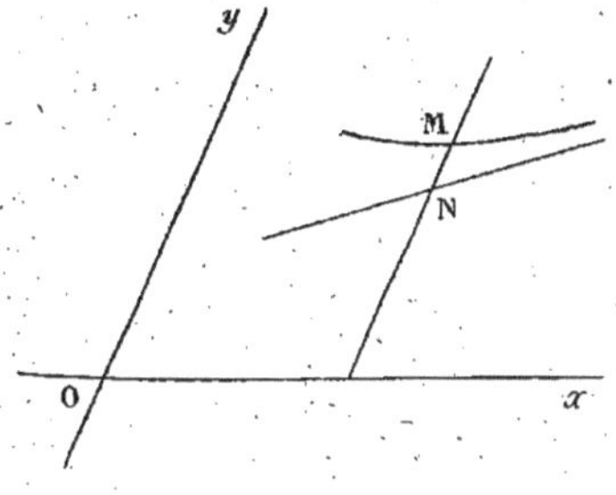

Si $y - cx$ a une limite d, la branche de courbe admet une asymptote qui a pour équation

$$Y = cX + d.$$

213. Il nous reste à indiquer comment on peut déterminer la position de la courbe par rapport à cette asymptote pour les valeurs de x infiniment grandes.

Menons une parallèle à Oy rencontrant la courbe au point M et l'asymptote au point N (*fig.* 66); il faut comparer les ordonnées de ces deux points quand la droite MN s'éloigne indéfiniment.

Fig. 66.

Soient x l'abscisse de cette droite, y l'ordonnée du point M, Y celle du point N, nous avons $Y = cx + d$, et par suite,

$$y - Y = y - cx - d.$$

Quand x augmente indéfiniment, $y - cx$ tend vers d, donc $y - cx - d$ a pour limite zéro.

Pour placer la courbe par rapport à l'asymptote, il faudra déterminer le signe de cet infiniment petit pour les valeurs de x infiniment grandes, positives et négatives.

Si $y - cx - d$ ou $y - Y$ est positif, la courbe est au-dessus de l'asymptote, si $y - Y$ est négatif, elle est au-dessous.

En général, pour trouver la limite de $y - cx$, on est amené à tranformer et à simplifier cette expression; pour étudier le signe de $y - cx - d$, on remplacera $y - cx$ par sa valeur simplifiée.

214. Avant de donner quelques exemples, il ne sera pas inutile de rappeler brièvement les résultats obtenus :

1° Les abscisses des asymptotes parallèles à Oy sont les valeurs finies de x qui rendent y infini.

2° Les ordonnées des asymptotes parallèles à Ox sont les valeurs finies de y qui correspondent aux valeurs infinies de x.

3° Étant donnée une branche infinie de courbe correspondant à des valeurs infiniment grandes de x et de y, le coefficient augulaire c et l'ordonnée à l'origine d de l'asymptote à cette branche de courbe sont définis par les relations

$$c = \lim \frac{y}{x}, \qquad d = \lim (y - cx).$$

Exemple I. — Soit à déterminer les asymptotes de la courbe définie par l'équation

$$y = \frac{2x^3 - 5x^2 + 4x + 1}{2x^2 - x - 1}.$$

Il existe deux valeurs finies de x qui rendent y infini; ce sont les racines de l'équation $2x^2 - x - 1 = 0$, qui sont égales à 1 et à $-\frac{1}{2}$. La courbe admet donc deux asymptotes parallèles à Ox qui ont pour équations $x = 1$ et $x = -\frac{1}{2}$.

Quand x augmente indéfiniment, y augmente aussi indéfiniment. Cherchons la limite de $\frac{y}{x}$; nous avons

$$\frac{y}{x} = \frac{2x^3 - 5x^2 + 4x + 1}{x(2x^2 - x - 1)},$$

et nous voyons que la limite de $\frac{y}{x}$ est égale à 1.

Il faut maintenant chercher la limite de $y - x$; on a

$$y - x = \frac{2x^3 - 5x^2 + 4x + 1}{2x^2 - x - 1} - x,$$

ou, en simplifiant,

$$y - x = \frac{-4x^2 + 5x + 1}{2x^2 - x - 1},$$

ce qui montre que $y - x$ a pour limite $\frac{-4}{2}$ ou -2.

Il en résulte que la courbe admet une asymptote qui a pour équation

$$Y = x - 2.$$

Pour avoir la position de la courbe par rapport à cette asymptote, il faut étudier le signe de $y - Y$ ou de $y - x + 2$ (213).

Or nous venons de trouver

$$y - x = \frac{-4x^2 + 5x + 1}{2x^2 - x - 1};$$

nous en tirons

$$y - Y = y - x + 2 = \frac{-4x^2 + 5x + 1}{2x^2 - x - 1} + 2,$$

ou

$$y - Y = \frac{3x - 1}{2x^2 - x - 1}.$$

Pour des valeurs de x infiniment grandes, le dénominateur est positif et le numérateur a le signe de x. Donc si x est positif, $y - Y$ est aussi positif, la courbe est au-dessus de son asymptote; si x est négatif, elle est au-dessous (*fig.* 67).

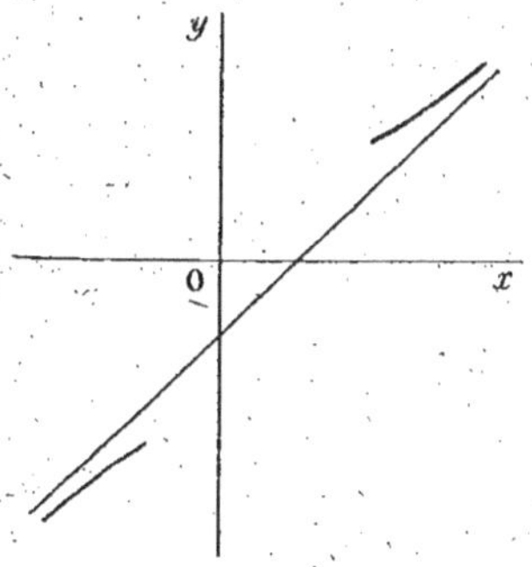

EXEMPLE II. — Considérons maintenant la courbe

$$y = \frac{x}{1 + e^{\frac{1}{x}}}.$$

Fig. 67.

Quand x augmente indéfiniment, $e^{\frac{1}{x}}$ a pour limite 1, par suite y augmente aussi indéfiniment.

Nous avons

$$\frac{y}{x} = \frac{1}{1 + e^{\frac{1}{x}}},$$

donc, pour x infini,

$$\lim \frac{y}{x} = \frac{1}{2}.$$

D'autre part

$$y - \frac{1}{2}x = \frac{x}{1 + e^{\frac{1}{x}}} - \frac{x}{2} = \frac{x\left(1 - e^{\frac{1}{x}}\right)}{2\left(1 + e^{\frac{1}{x}}\right)}.$$

Pour avoir la limite de cette fonction pour x infini, posons $\frac{1}{x} = z$;
nous avons

$$y - \frac{1}{2}x = \frac{1 - e^z}{2z(1 + e^z)},$$

et nous chercherons la limite du deuxième membre pour $z = 0$.

Développons e^z par la formule de Mac-Laurin; nous pouvons écrire

$$e^z = 1 + z + \lambda z^2,$$

λ étant une fonction de z qui reste finie quand z tend vers zéro. Remplaçons e^z par cette valeur dans l'égalité précédente; nous avons

$$y - \frac{1}{2}x = \frac{-1 - \lambda z}{2(2 + z + \lambda z^2)},$$

et nous voyons que pour $z = 0$, ou pour x infini,

$$\lim\left(y - \frac{1}{2}x\right) = -\frac{1}{4}.$$

On en conclut que la droite

$$Y = \frac{x}{2} - \frac{1}{4}$$

est asymptote.

Pour avoir la position de la courbe par rapport à l'asymptote, nous chercherons le signe de $y - Y$ ou de $y - \frac{x}{2} + \frac{1}{4}$ pour les valeurs de x suffisamment grandes. Nous avons

$$y - Y = y - \frac{x}{2} + \frac{1}{4} = \frac{-1 - \lambda z}{2(2 + z + \lambda z^2)} + \frac{1}{4},$$

ou

$$y - Y = \frac{z - 2\lambda z + \lambda z^2}{4(2 + z + \lambda z^2)}.$$

Pour avoir le signe du second membre, il faut prendre deux termes de plus dans le développement de e^z; nous prendrons

$$e^z = 1 + \frac{z}{1} + \frac{z^2}{2} + \frac{z^3}{6} + \mu z^4,$$

ce qui revient à remplacer λ par $\frac{1}{2} + \frac{z}{6} + \mu z^2$. Nous obtenons ainsi

$$y - Y = \frac{\frac{z^2}{6} + \nu z^3}{4(2 + z + \lambda z^2)},$$

ν restant fini quand z tend vers zéro. Pour des valeurs de z suffisamment petites le second membre a le signe de z^2; par suite, $y - Y$ est positif quel que soit le signe de x.

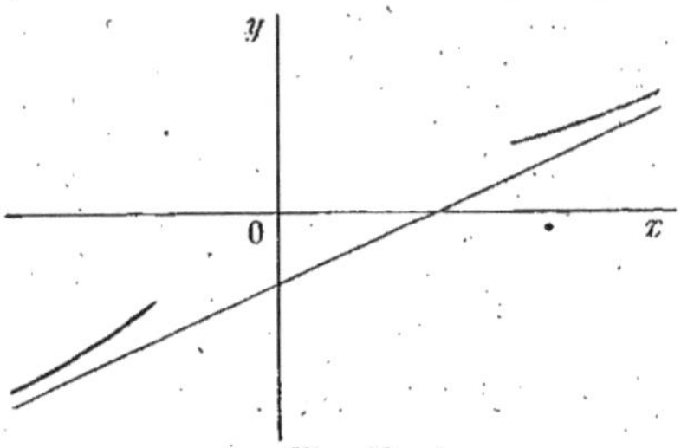

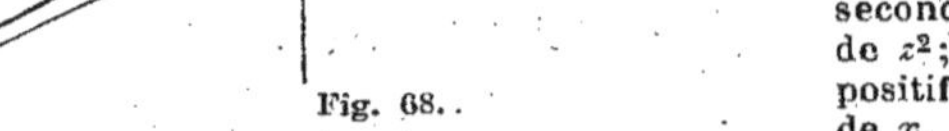

Fig. 68.

On en déduit la position de la courbe par rapport à l'asymptote (*fig.* 68).

215. REMARQUE. — Considérons une courbe (C) admettant une asymptote Δ non parallèle à Oy, et par un point M de cette courbe menons une parallèle à Oy qui rencontre l'asymptote au point N. Nous avons vu plus haut (213) que lorsque le point M s'éloigne indéfiniment sur la courbe la longueur MN a pour limite zéro.

Cette propriété peut s'établir directement. En effet, abaissons MP perpendiculaire sur Δ et désignons par α l'angle MNP; dans le triangle rectangle MNP nous avons (*fig.* 69)

$$MP = MN \sin \alpha.$$

Or, quand le point M s'éloigne indéfiniment, MP a pour limite zéro,

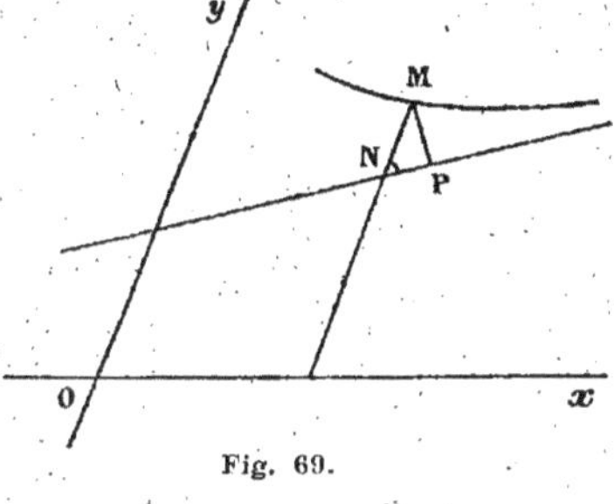

Fig. 69.

et comme $\sin \alpha$ n'est pas nul, on voit que MN a aussi pour limite zéro.

La réciproque est vraie; si MN tend vers zéro, MP tend aussi vers zéro.

Par suite, étant donnée une courbe C, s'il existe une droite Δ telle que la différence des ordonnées d'un point de la courbe et du point de la droite ayant même abscisse ait pour limite zéro quand cette abscisse commune augmente indéfiniment, la droite Δ est asymptote à la courbe C.

216. Application. — Supposons que l'équation d'une courbe puisse se mettre sous la forme

$$y = ax + b + \varphi(x),$$

$\varphi(x)$ désignant une fonction de x ayant pour limite zéro quand x augmente indéfiniment; je dis que la droite

$$Y = ax + b$$

est asymptote à la courbe.

En effet, si nous retranchons ces égalités membre à membre, nous avons

$$y - Y = \varphi(x).$$

Quand x augmente indéfiniment, $y - Y$ a pour limite zéro, donc la droite est asymptote.

De plus, si on peut déterminer le signe de $\varphi(x)$ pour les valeurs de x infiniment grandes, on obtiendra la position de la courbe par rapport à l'asymptote.

Comme exemple, reprenons la courbe étudiée plus haut

$$y = \frac{2x^3 - 5x^2 + 4x + 1}{2x^2 - x - 1}.$$

Divisons le numérateur par le dénominateur; le quotient est $x - 2$ et le reste $3x - 1$. Nous avons donc l'identité

$$2x^3 - 5x^2 + 4x + 1 \equiv (2x^2 - x - 1)(x - 2) + 3x - 1;$$

nous en tirons

$$y = x - 2 + \frac{3x - 1}{2x^2 - x - 1}.$$

Or $\dfrac{3x - 1}{2x^2 - x - 1}$ a pour limite zéro quand x augmente indéfiniment, on en conclut que la droite

$$Y = x - 2$$

est asymptote à la courbe.

De plus, on a

$$y - Y = \frac{3x - 1}{2x^2 - x - 1},$$

et cette égalité permet de placer la courbe par rapport à l'asymptote.

Nous rencontrerons plus loin d'autres applications de cette méthode.

Construction des courbes.

217. Pour construire la courbe représentée par l'équation

$$y = f(x),$$

on commence par étudier les variations de la fonction $f(x)$ d'après la méthode indiquée en algèbre, et de cette variation on déduit un premier tracé approché de la courbe.

On détermine ensuite les tangentes en certains points remarquables; il suffit pour cela de calculer les valeurs que prend $f'(x)$ pour les abscisses de ces points.

Puis, si l'on veut plus de précision, on forme $f''(x)$, on étudie son signe, ce qui fait connaître la concavité de la courbe et ses points d'inflexion.

Enfin, si la courbe a des branches infinies, on détermine leurs directions asymptotiques, leurs asymptotes et la position de la courbe par rapport à ces asymptotes.

Dans certains cas, on peut simplifier la construction par des considérations de symétrie.

1° Supposons qu'en changeant x en $-x$, y se change en $-y$. Alors à tout point $M(x_0, y_0)$ de la courbe correspond le point $M'(-x_0, -y_0)$ également situé sur la courbe et symétrique de M par rapport à l'origine.

La courbe est donc symétrique par rapport à l'origine; il suffira d'en construire une moitié, par exemple celle qui correspond aux valeurs positives de x. On en déduira ensuite l'autre moitié en construisant la symétrique de la portion obtenue par rapport au point O.

2° Si en changeant x en $-x$, y ne change pas, et si les axes de coordonnées sont rectangulaires, la courbe est symétrique par rapport à Oy. En effet, à tout point $M(x_0, y_0)$ correspond le point $M'(-x_0, y_0)$ symétrique de M par rapport à Oy.

Il suffira alors de donner à x des valeurs positives et on achèvera par symétrie.

Si les axes des coordonnées sont obliques, à tout point M de la courbe correspond un point M' tel que MM' soit parallèle à Ox et ait son milieu sur Oy. On dit dans ce cas que Oy est le diamètre conjugué des cordes parallèles à Ox. Connaissant la portion de courbe relative aux valeurs positives de x, on en construit facilement l'autre moitié.

EXEMPLE. — *Construire la courbe représentée par l'équation*

$$y = \frac{2(x-1)^2}{\sqrt{4x^2 + 2x + 1}},$$

dans laquelle le radical est supposé précédé du signe $+$.

Étudions d'abord les variations de la fonction y.

La quantité sous le radical est toujours positive, car c'est un trinome du deuxième degré dont les racines sont imaginaires; il en résulte que la fonction y est définie pour toutes les valeurs de x.

Prenons la dérivée, nous avons

$$y' = \frac{2(x-1)(4x^2 + 7x + 3)}{(4x^2 + 2x + 1)^{\frac{3}{2}}},$$

ou, en remarquant que les racines du trinome $4x^2 + 7x + 3$ sont -1 et $-\frac{3}{4}$,

$$y' = \frac{2(x-1)(x+1)(4x+3)}{(4x^2 + 2x + 1)^{\frac{3}{2}}}.$$

On en déduit immédiatement le signe de y' et le sens de la variation de y :

x	$-\infty$		-1		$-\frac{3}{4}$		1		$+\infty$
y'		$-$	0	$+$	0	$-$	0	$+$	
y	$+\infty$	décroît	$\frac{8}{\sqrt{3}}$	croît	$\frac{7\sqrt{7}}{4}$	décroît	0	croît	$+\infty$
			(min.)		(max.)		(min.)		

Pour obtenir les valeurs de y correspondant aux valeurs infinies de x, on peut diviser les deux termes de la fraction par x^2; on a

$$y = \frac{2\left(1 - \frac{1}{x}\right)^2}{\sqrt{\frac{4}{x^2} + \frac{2}{x^3} + \frac{1}{x^4}}},$$

et quand x augmente indéfiniment par valeurs positives ou négatives, on voit que y croît indéfiniment en étant positif.

On peut alors tracer la courbe; il existe trois points où la tangente est parallèle à Ox; ce sont les points correspondant aux valeurs de x qui annulent la dérivée : $A\left(x=-1,\ y=\dfrac{8}{\sqrt{3}}\right)$, $B\left(x=-\dfrac{3}{4},\ y=7\dfrac{\sqrt{7}}{4}\right)$ et $C(x=1,\ y=0)$ (*fig.* 70).

Cherchons maintenant le sens de la concavité, et pour cela calculons la dérivée seconde de y; nous avons

$$y'' = \frac{2(47x^2 + 46x + 5)}{(4x^2 + 2x + 1)^{\frac{5}{2}}}.$$

Le numérateur admet deux racines négatives, l'une α comprise entre -1 et $-\dfrac{3}{4}$, l'autre β comprise entre $-\dfrac{3}{4}$ et 0. A ces valeurs correspondent deux points d'inflexion P et Q. Quand x varie dans les intervalles $(-\infty,\ \alpha)$ et $(\beta,\ +\infty)$, la courbe tourne sa concavité vers les y positifs; si x varie dans l'intervalle $(\alpha,\ \beta)$, elle est concave vers les y négatifs.

Il ne nous reste plus qu'à déterminer les asymptotes.

Cherchons la limite de $\dfrac{y}{x}$; nous avons

$$\frac{y}{x} = \frac{2(x-1)^2}{x\sqrt{4x^2 + 2x + 1}}.$$

Remarquons que si $x > 0$, on a

$$\sqrt{4x^2 + 2x + 1} = x\sqrt{4 + \frac{2}{x} + \frac{1}{x^2}},$$

et que si $x < 0$, on a

$$\sqrt{4x^2 + 2x + 1} = -x\sqrt{4 + \frac{2}{x} + \frac{1}{x^2}};$$

nous sommes donc conduits à distinguer deux cas :

$1°\ x > 0$. Nous pouvons écrire

$$\frac{y}{x} = \frac{2(x-1)^2}{x^2\sqrt{4 + \dfrac{2}{x} + \dfrac{1}{x^2}}} = \frac{2\left(1 - \dfrac{2}{x} + \dfrac{1}{x^2}\right)}{\sqrt{4 + \dfrac{2}{x} + \dfrac{1}{x^2}}},$$

ce qui montre que pour x infini

$$\lim \frac{y}{x} = 1 :$$

la direction asymptotique a pour coefficient angulaire 1.

Calculons maintenant la limite de $y - x$. Nous avons

$$y - x = \frac{2(x-1)^2}{\sqrt{4x^2 + 2x + 1}} - x = \frac{2(x-1)^2 - x\sqrt{4x^2 + 2x + 1}}{\sqrt{4x^2 + 2x + 1}},$$

ou, en multipliant haut et bas par $2(x-1)^2 + x\sqrt{4x^2 + 2x + 1}$,

$$y - x = \frac{4(x-1)^4 - x^2(4x^2 + 2x + 1)}{\sqrt{4x^2 + 2x + 1}\left[2(x-1)^2 + x\sqrt{4x^2 + 2x + 1}\right]},$$

ou

$$y - x = \frac{-18x^3 + 23x^2 - 16x + 4}{x\sqrt{4 + \dfrac{2}{x} + \dfrac{1}{x^2}}\left[2(x-1)^2 + x^2\sqrt{4 + \dfrac{2}{x} + \dfrac{1}{x^2}}\right]},$$

ou enfin, en divisant haut et bas par x^3,

$$y - x = \frac{-18 + \dfrac{23}{x} - \dfrac{16}{x^2} + \dfrac{4}{x^3}}{\sqrt{4 + \dfrac{2}{x} + \dfrac{1}{x^2}}\left[2\left(1 - \dfrac{2}{x} + \dfrac{1}{x^2}\right) + \sqrt{4 + \dfrac{2}{x} + \dfrac{1}{x^3}}\right]}$$

Il en résulte que la limite de $y - x$ est $\dfrac{-18}{\sqrt{4}\,(2 + \sqrt{4})}$ ou $-\dfrac{9}{4}$.
Par suite, l'équation de l'asymptote est

$$Y = x - \frac{9}{4}.$$

2° $x < 0$. Nous avons dans ce cas

$$\frac{y}{x} = -\frac{2(x - 1)^2}{x^2\sqrt{4 + \dfrac{2}{x} + \dfrac{1}{x^2}}} = -\frac{2\left(1 - \dfrac{2}{x} + \dfrac{1}{x^2}\right)}{\sqrt{4 + \dfrac{2}{x} + \dfrac{1}{x^2}}},$$

et par conséquent,

$$\lim \frac{y}{x} = -1.$$

D'autre part

$$y + x = \frac{2(x - 1)^2}{\sqrt{4x^2 + 2x + 1}} + x = \frac{2(x - 1)^2 + x\sqrt{4x^2 + 2x + 1}}{\sqrt{4x^2 + 2x + 1}};$$

multiplions haut et bas par $2(x - 1)^2 - \sqrt{4x^2 + 2x + 1}$, nous obtenons

$$y + x = \frac{4(x - 1)^4 - x^2(4x^2 + 2x + 1)}{\sqrt{4x^2 + 2x + 1}\left[2(x - 1)^2 - x\sqrt{4x^2 + 2x + 1}\right]},$$

ou $\quad y + x = \dfrac{-18x^3 + 23x^2 - 16x + 4}{-x\sqrt{4 + \dfrac{2}{x} + \dfrac{1}{x^2}}\left[2(x - 1)^2 + x^2\sqrt{4 + \dfrac{2}{x} + \dfrac{1}{x^3}}\right]}$

ou enfin

$$y + x = \frac{-18 + \dfrac{23}{x} - \dfrac{16}{x^2} + \dfrac{4}{x^3}}{-\sqrt{4 + \dfrac{2}{x} + \dfrac{1}{x^2}}\left[2\left(1 - \dfrac{2}{x} + \dfrac{1}{x^2}\right) + \sqrt{4 + \dfrac{2}{x} + \dfrac{1}{x^2}}\right]},$$

et par suite

$$\lim (y + x) = \frac{9}{4}.$$

On a donc une deuxième asymptote ayant pour équation

$$Y = -x + \frac{9}{4}.$$

Elle est symétrique de la première par rapport à Ox.

On pourrait maintenant déterminer la position de la courbe par rapport à ses asymptotes; mais on serait conduit à des calculs assez longs.

À titre d'exercice de calcul, nous allons retrouver les asymptotes au moyen d'une autre méthode qui nous donnera très facilement la position de la courbe.

1° Supposons $x > 0$. Nous pouvons écrire

$$y = 2(x - 1)^2(4x^2 + 2x + 1)^{-\frac{1}{2}},$$

ou $\quad y = \dfrac{(x - 1)^2}{x}\left(1 + \dfrac{1}{2x} + \dfrac{1}{4x^2}\right)^{-\frac{1}{2}}.$

Nous allons développer l'irrationnelle $\left(1 + \dfrac{1}{2x} + \dfrac{1}{4x^2}\right)^{-\frac{1}{2}}$ par la formule de Mac-Laurin. Posons $\dfrac{1}{2x} + \dfrac{1}{4x^2} = \alpha$, nous avons

$$(1 + \alpha)^{-\frac{1}{2}} = 1 - \frac{\alpha}{2} + \frac{-\frac{1}{2}\left(-\frac{1}{2} - 1\right)}{2}\alpha^2 + \lambda\alpha^3,$$

λ restant fini quand α tend vers zéro ou quand x augmente indéfiniment; il vient alors

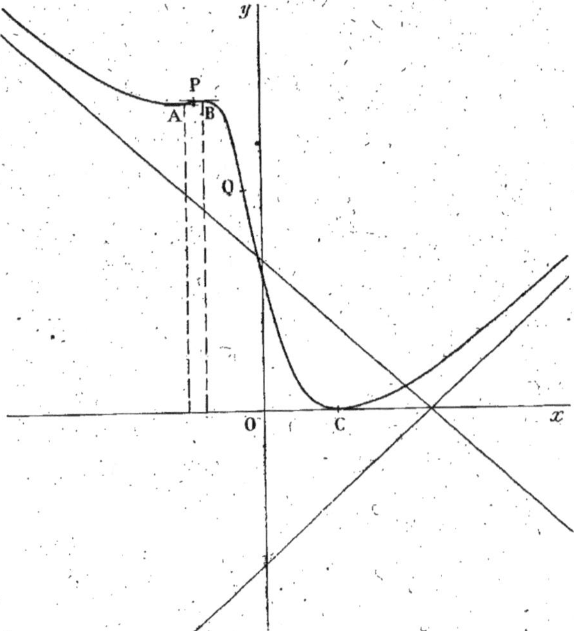

Fig. 70.

$$\left(1 + \frac{1}{2x} + \frac{1}{4x^2}\right)^{-\frac{1}{2}} = 1 - \frac{1}{2}\left(\frac{1}{2x} + \frac{1}{4x^2}\right) + \frac{3}{8}\left(\frac{1}{2x} + \frac{1}{4x^2}\right)^2 + \lambda\left(\frac{1}{2x} + \frac{1}{4x^2}\right)^3,$$

ou

$$\left(1 + \frac{1}{2x} + \frac{1}{4x^2}\right)^{-\frac{1}{2}} = 1 - \frac{1}{4x} - \frac{1}{32x^2} + \frac{\mu}{x^3},$$

μ restant fini quand x croît indéfiniment.

On en déduit

$$y = \left(x - 2 + \frac{1}{x} \right) \left(1 - \frac{1}{4x} - \frac{1}{32x^2} + \frac{\mu}{x^3} \right),$$

ou

$$y = x - \frac{9}{4} + \frac{47}{32x} + \frac{\nu}{x^2}.$$

L'équation de l'asymptote est alors

$$Y = x - \frac{9}{4},$$

et l'on a

$$y - Y = \frac{47}{32x} (1 + \varepsilon),$$

ε ayant pour limite zéro quand x augmente indéfiniment.

On en conclut que $y - Y$ est positif pour les valeurs positives de x suffisamment grandes.

2° Si $x < 0$, nous avons

$$y = - \frac{(x - 1)^2}{x} \left(1 + \frac{1}{2x} + \frac{1}{4x^2} \right)^{-\frac{1}{2}},$$

et, en refaisant le même calcul,

$$y = - x + \frac{9}{4} - \frac{47}{32x} (1 + \varepsilon).$$

On a donc l'asymptote

$$Y = - x + \frac{9}{4},$$

et la position de la courbe est donnée par

$$y - Y = - \frac{47}{32x} (1 + \varepsilon),$$

ce qui montre que $y - Y$ est positif pour les valeurs de x négatives et suffisamment grandes.

Il est maintenant facile de tracer la courbe (*fig.* 70).

Cas où l'équation de la courbe est du deuxième degré par rapport à y.

218. Lorsque l'équation d'une courbe renferme y au deuxième degré, on peut résoudre cette équation par rapport à y; on obtient deux équations de la forme

$$(1) \qquad y = f_1(x), \qquad y = f_2(x),$$

et la construction de la courbe se ramène à celles des deux courbes définies par les équations (1).

APPLICATION. — Soit à construire la courbe du deuxième degré définie par l'équation

$$3x^2 + 4xy - 4y^2 - 18x + 4y + 11 = 0.$$

Ordonnons cette équation par rapport à y; nous obtenons

$$4y^2 - 4y(x + 1) - 3x^2 + 18x - 11 = 0.$$

Résolvons par rapport à y; nous avons

$$y = \frac{2(x+1) \pm \sqrt{4(x+1)^2 - 4(-3x^2 + 18x - 11)}}{4};$$

ou, en simplifiant,

$$y = \frac{x+1}{2} \pm \sqrt{x^2 - 4x + 3}.$$

Pour construire cette courbe, nous emploierons une méthode un peu plus simple que celle qui a été indiquée précédemment. Nous construirons d'abord la droite L définie par l'équation

$$y = \frac{x+1}{2},$$

puis nous augmenterons et nous diminuerons les ordonnées de cette droite de la quantité

$$X = \sqrt{x^2 - 4x + 3}.$$

Soit, par exemple, P le point de L qui a pour abscisse x; menons par ce point une parallèle à Oy et prenons sur cette droite les deux points M et M_1 tels que l'on ait (*fig. 71*)

$$PM = PM_1 = \sqrt{x^2 - 4x + 3};$$

M et M_1 sont les deux points de la courbe qui ont pour abscisse x.

On voit donc que pour construire la courbe, il suffit d'étudier les variations de la longueur PM quand le point P décrit la droite L, c'est-à-dire les variations de la fonction X quand on fait varier x.

Pour que cette fonction existe, il faut que le trinome $x^2 - 4x + 3$ soit

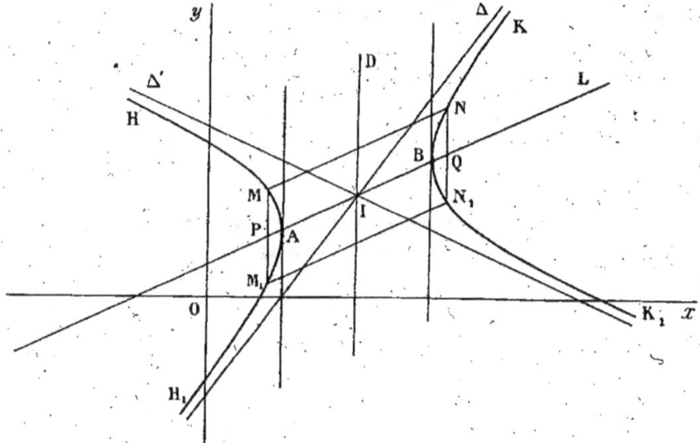

Fig. 71.

positif. Or ce trinome a deux racines réelles 1 et 3; donc, pour qu'il soit positif, il faut que x soit extérieur à l'intervalle (1, 3).

Quand x croît de $-\infty$ à 1, le trinome décroît de $+\infty$ à zéro, et quand x croît de 3 à $+\infty$, le trinome croît de zéro à $+\infty$. On en déduit immédiatement les variations de la fonction X, et, par suite, celles des longueurs PM et PM_1.

Soient A et B les points de la droite L qui ont pour abscisses 1 et 3. Quand le point P se déplace sur la droite L de l'infini à gauche au point A, les longueurs PM et PM_1 décroissent de $+\infty$ à zéro; nous obtenons ainsi les branches infinies de courbe AH et AH_1. Puis, quand le point P se déplace du point B à l'infini à droite, PM et PM_1 croissent de zéro à $+\infty$, ce qui nous donne les branches BK et BK_1.

Pour déterminer la tangente en un point quelconque, calculons la dérivée de y par rapport à x; nous avons

$$y' = \frac{1}{2} \pm \frac{x-2}{\sqrt{x^2 - 4x + 3}}.$$

Pour $x = 1$ et $x = 3$, y' est infini : donc les tangentes aux points A et B sont parallèles à Oy.

Il résulte de cette construction que la droite L divise en deux parties égales les cordes de la courbe parallèles à Oy; on exprime cette propriété en disant que la droite L est le diamètre conjugué de la direction Oy.

Soit I le milieu de AB, ce point a pour abscisse 2. Si l'on donne à x deux valeurs équidistantes de 2, $2 + \lambda$ et $2 - \lambda$ par exemple, le trinome $x^2 - 4x + 3$, qui peut être écrit $(x-2)^2 - 1$, prend la même valeur $\lambda^2 - 1$.

Par suite, si sur la droite L on prend deux points P et Q équidistants du point I, et si par ces points on mène des parallèles à Oy, celles-ci rencontrent la courbe en des points M, M_1, N, N_1 tels que l'on ait

$$PM = PM_1 = QN = QN_1.$$

Il en résulte que les quatre points M, M_1, N, N_1 sont les sommets d'un parallélogramme dont les diagonales se coupent au point I; la droite ID menée par le point I parallèlement à Oy passe par les milieux de MN et de M_1N_1. Donc la droite ID est le diamètre conjugué de la direction de la droite L.

On voit de plus qu'à tout point M de la courbe correspond un point N_1 de cette courbe symétrique de M par rapport au point I. La courbe est donc symétrique par rapport au point I; on dit que le point I est centre de la courbe.

Cherchons maintenant les asymptotes.

Si x est positif, nous avons

$$\sqrt{x^2 - 4x + 3} = x\left(1 - \frac{4}{x} + \frac{3}{x^2}\right)^{\frac{1}{2}},$$

ou, en développant $\left(1 - \frac{4}{x} + \frac{3}{x^2}\right)^{\frac{1}{2}}$ suivant la formule de Mac-Laurin,

$$\sqrt{x^2 - 4x + 3} = x\left[1 + \frac{1}{2}\left(-\frac{4}{x} + \frac{3}{x^2}\right) - \frac{1}{8}\left(-\frac{4}{x} + \frac{3}{x^2}\right)^2 + \lambda\left(-\frac{4}{x} + \frac{3}{x^2}\right)^3\right],$$

λ désignant une fonction de x qui reste finie quand x augmente indéfiniment.

Cette égalité peut encore s'écrire

$$\sqrt{x^2 - 4x + 3} = x\left[1 - \frac{2}{x} - \frac{1}{2x^2} + \frac{\mu}{x^3}\right],$$

ou

(1)
$$\sqrt{x^2 - 4x + 3} = x - 2 - \frac{1}{2x} + \frac{\mu}{x^3}.$$

Si x est négatif, nous avons

$$\sqrt{x^2 - 4x + 3} = -x\left(1 - \frac{4}{x} + \frac{3}{x^2}\right)^{\frac{1}{2}},$$

ou, en refaisant le même calcul,

$$(2) \qquad \sqrt{x^2 - 4x + 3} = -x + 2 + \frac{1}{2x} + \frac{\mu'}{x^2},$$

μ et μ' désignant des fonctions de x qui restent finies quand x croît indéfiniment.

Considérons d'abord la branche de courbe BK qui correspond au signe $+$ devant le radical et à des valeurs positives de x. L'équation de cette branche est

$$y = \frac{x + 1}{2} + \sqrt{x^2 - 4x + 3},$$

ou, en remplaçant le radical par sa valeur (1),

$$y = \frac{x + 1}{2} + x - 2 - \frac{1}{2x} + \frac{\mu}{x^2},$$

ou

$$y = \frac{3x}{2} - \frac{3}{2} - \frac{1}{2x} + \frac{\mu}{x^2}.$$

On en conclut que l'asymptote a pour équation

$$Y = \frac{3x}{2} - \frac{3}{2};$$

on peut la construire aisément. Soit Δ cette droite.

Nous avons de plus

$$y - Y = -\frac{1}{2x} + \frac{\mu}{x^2} = -\frac{1}{2x}(1 + \varepsilon),$$

ε ayant pour limite zéro quand x augmente indéfiniment. Par suite, pour des valeurs de x suffisamment grandes, $y - Y$ a le signe de $-\dfrac{1}{2x}$, et comme x est supposé positif, $y - Y$ est négatif; la courbe BK est au-dessous de son asymptote.

Prenons maintenant la branche AH dont l'équation est encore

$$y = \frac{x + 1}{2} + \sqrt{x^2 - 4x + 3},$$

x étant supposé infiniment grand négatif. Dans ces conditions, il faut remplacer le radical par sa valeur (2), et l'on a

$$y = \frac{x + 1}{2} - x + 2 + \frac{1}{2x} + \frac{\mu'}{x^2},$$

ou

$$y = -\frac{x}{2} + \frac{5}{2} + \frac{1}{2x} + \frac{\mu'}{x^2};$$

ce qui montre que l'asymptote Δ' a pour équation

$$Y = -\frac{x}{2} + \frac{5}{2},$$

et que la courbe est au-dessous de son asymptote.

Pour la branche BK_1, nous avons l'équation

$$y = \frac{x + 1}{2} - \sqrt{x^2 - 4x + 3}$$

le radical ayant la valeur (1); donc

$$y = -\frac{x}{2} + \frac{5}{2} + \frac{1}{2x} - \frac{\mu}{x^2}.$$

L'asymptote est la droite Δ', et la courbe est au-dessus de son asymptote.

Enfin on voit aisément que la branche AH_1 a pour asymptote la droite Δ, et qu'elle est placée au-dessus de cette droite.

Remarquons enfin que les équations de ces deux asymptotes peuvent s'écrire

$$y = \frac{x+1}{2} \pm (x-2);$$

par suite, elles se coupent au point de rencontre des deux droites $y = \frac{x+1}{2}$ et $x - 2 = 0$, c'est-à-dire au point I, centre de la courbe.

Cette courbe est une *hyperbole*.

219. On peut appliquer une méthode analogue pour construire une courbe dont l'équation est mise sous la forme

$$(C) \qquad\qquad y = f(x) + \varphi(x),$$

pourvu qu'on puisse discuter facilement les fonctions $f(x)$ et $\varphi(x)$.

On construira d'abord la courbe auxiliaire

$$(C') \qquad\qquad Y = f(x)$$

et il suffira d'augmenter les ordonnées de cette courbe de la quantité $\varphi(x)$.

Si, quand x augmente indéfiniment, $\varphi(x)$ tend vers zéro, la différence $y - Y$ a pour limite zéro; par suite les branches infinies des deux courbes (C) et (C') se rapprochent indéfiniment. On dit que chacune de ces courbes est asymptote à l'autre. Si l'une d'elles admet une asymptote Δ, cette droite est aussi asymptote à l'autre.

220. Enfin, il est à peine utile de faire observer que tout ce qui a été dit relativement aux courbes dont l'équation est résolue par rapport à y s'applique aux courbes dont l'équation est résolue par rapport à x; il suffit simplement de permuter x et y.

Ainsi, soit par exemple la courbe représentée par l'équation $x = f(y)$. Pour construire cette courbe, on étudie les variations de la fonction $f(y)$ en y considérant y comme la variable indépendante.

La tangente au point (x_0, y_0) a pour équation

$$x - x_0 = (y - y_0) f'(y_0).$$

Les points d'inflexion ont pour ordonnées les valeurs de y pour lesquelles $f''(y)$ change de signe.

Supposons enfin que pour y infini x soit aussi infini; pour avoir l'asymptote à la branche de courbe correspondante, on cherche la limite de $\frac{x}{y}$, soit c cette limite, puis la limite de $x - cy$, soit d; l'équation de l'asymptote est alors

$$X = cY + d,$$

CHAPITRE XI

COURBES DÉFINIES PAR L'EXPRESSION DES COORDONNÉES D'UN DE LEURS POINTS EN FONCTION D'UN PARAMÈTRE

221. Une courbe est déterminée en général par une équation en x et y, et cette équation définit y comme fonction de x. Si on remplace x par une fonction quelconque d'une variable t, y étant fonction de x sera aussi fonction de t, et l'on voit que les coordonnées d'un point quelconque de la courbe sont fonctions d'une même variable indépendante t.

Inversement, supposons que x et y soient fonctions d'un même paramètre t,

$$(1) \qquad x = f(t), \qquad y = \varphi(t);$$

x étant fonction de t, on peut considérer t comme fonction de x, et alors, comme y est fonction de t, y est aussi fonction de x. Par suite, quand t varie, le point (x, y) décrit une courbe. On aurait d'ailleurs l'équation de cette courbe en éliminant t entre les équations (1).

Mais il n'est pas nécessaire de faire cette élimination; on peut construire la courbe, déterminer les tangentes, la concavité et les asymptotes en se servant uniquement des équations (1) qu'on appelle les *équations paramétriques* de la courbe.

Nous supposerons que les fonctions $f(t)$ et $\varphi(t)$ sont *uniformes*, c'est-à-dire qu'à une valeur de t correspond une seule valeur de x et une seule valeur de y, qu'elles sont continues dans les intervalles où elles sont définies et qu'elles admettent des dérivées de tous les ordres.

222. Courbes unicursales. — Dans le cas particulier où $f(t)$ et $\varphi(t)$ sont des fonctions rationnelles de t on dit que la courbe est *unicursale*.

Toute courbe unicursale est algébrique, car en éliminant t entre les équations (1), on est conduit à une relation algébrique entre x et y.

On peut avoir le degré de cette courbe sans faire l'élimination ; il suffit de chercher en combien de points la courbe rencontre une droite quelconque $Ax + By + C = 0$. Les valeurs de t relatives à ces points de rencontre sont racines de l'équation

$$Af(t) + B\varphi(t) + C = 0 ;$$

le degré de cette équation est égal au degré de la courbe.

223. Tangente. — Soit M un point de la courbe correspondant à la valeur t_0 du paramètre t ; ce point a pour coordonnées $x_0 = f(t_0)$, $y_0 = \varphi(t_0)$. Donnons à t_0 un accroissement h ; à la valeur $t_0 + h$ correspond un point M' de la courbe dont les coordonnées sont $f(t_0 + h)$ et $\varphi(t_0 + h)$. Il en résulte que le coefficient angulaire de la droite MM' est

$$\frac{\varphi(t_0 + h) - \varphi(t_0)}{f(t_0 + h) - f(t_0)}, \quad \text{ou} \quad \frac{\dfrac{\varphi(t_0 + h) - \varphi(t_0)}{h}}{\dfrac{f(t_0 + h) - f(t_0)}{h}}.$$

Quand h tend vers zéro, ce rapport a pour limite $\dfrac{\varphi'(t_0)}{f'(t_0)}$: c'est la pente de la tangente, qu'on peut encore écrire $\dfrac{y'_0}{x'_0}$, y'_0 et x'_0 désignant les dérivées de y et de x par rapport à t pour $t = t_0$. L'équation de la tangente est donc

$$\frac{y - y_0}{x - x_0} = \frac{y'_0}{x'_0}, \quad \text{ou} \quad \frac{x - x_0}{x'_0} = \frac{y - y_0}{y'_0}.$$

Ceci montre que x'_0, y'_0 sont les paramètres directeurs de la tangente.

Si l'on a $\varphi'(t_0) = 0$, $f'(t_0) \neq 0$, la tangente est parallèle à Ox ; si $f'(t_0) = 0$, $\varphi'(t_0) \neq 0$, elle est parallèle à Oy.

Mais si $f'(t_0)$ et $\varphi'(t_0)$ sont nuls en même temps, le rapport $\dfrac{\varphi'(t_0)}{f'(t_0)}$ se présente sous une forme indéterminée. Il faut alors chercher la limite de $\dfrac{\varphi'(t)}{f'(t)}$ pour $t = t_0$, et cette limite est le coefficient angulaire de la tangente au point M.

224. Si les dérivées $f'(t)$, $\varphi'(t)$ s'annulent pour $t = t_0$ *en changeant de signe*, le point M est un point de rebroussement.

En effet, les fonctions $f(t)$, $\varphi(t)$ sont alors maxima ou minima pour $t = t_0$. Supposons, pour fixer des idées, qu'elles soient toutes deux maxima. Pour les valeurs de t voisines de t_0 $(t_0 - h < t < t_0 + h)$

x et y sont inférieurs aux coordonnées x_0, y_0 du point M, et par suite, aux environs du point M, la courbe est à gauche de la droite $x = x_0$, et au-dessous de la droite $y = y_0$.

On a donc l'une des figures suivantes, MT étant la tangente au point M.

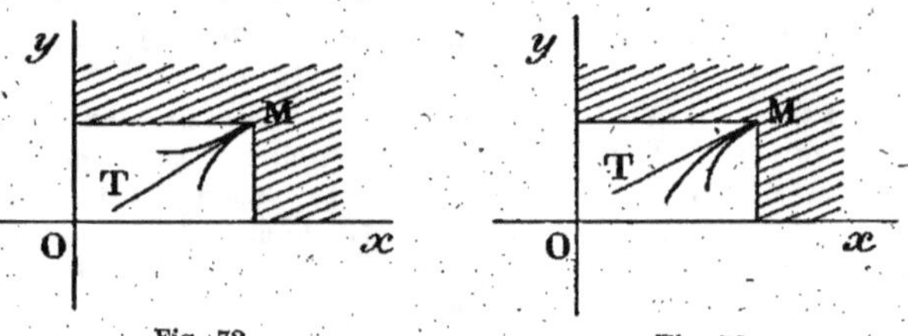

Fig. 72.
Fig. 73.

Si les deux branches de courbe sont de part et d'autre de la tangente MT, on dit que le point M est un *point de rebroussement de première espèce (fig. 72)*.

Si les deux branches de courbe sont du même côté de la tangente MT, on dit que le point M est un *point de rebroussement de deuxième espèce (fig. 73)*.

225. Concavité. — Nous avons vu (207) que lorsque $\dfrac{d^2y}{dx^2}$ est positif, la courbe tourne sa concavité vers les y positifs; lorsque $\dfrac{d^2y}{dx^2}$ est négatif, la courbe tourne sa concavité vers les y négatifs; enfin, lorsque $\dfrac{d^2y}{dx^2}$ s'annule *en changeant de signe*, le point de la courbe correspondant à la valeur de x qui annule $\dfrac{d^2y}{dx^2}$ est un point d'inflexion.

Or $\dfrac{d^2y}{dx^2}$ est la dérivée par rapport à x de $\dfrac{dy}{dx}$, et $\dfrac{dy}{dx}$ est la pente m de la tangente; on a donc

$$\frac{d^2y}{dx^2} = \frac{dm}{dx}.$$

Lorsque x et y sont fonctions d'un paramètre t, nous avons

$$m = \frac{y'}{x'}, \quad \text{et} \quad \frac{dm}{dx} = \frac{m'}{x'},$$

x', y', m' étant les dérivées de x, y, m par rapport à t.

On en déduit

$$\frac{d^2y}{dx^2} = \frac{m'}{x'},$$

et ceci montre que $\frac{d^2y}{dx^2}$ a le signe de $\frac{m'}{x'}$.

Comme d'autre part nous supposons que la tangente n'est pas parallèle à Oy, c'est-à-dire $x' \neq 0$, $\frac{d^2y}{dx^2}$ s'annule en même temps que m'.

On est donc conduit aux conclusions suivantes :

1° Si m' et x' sont de même signe, la courbe tourne sa concavité vers les y positifs.

2° Si m' et x' sont de signes contraires, la courbe tourne sa concavité vers les y négatifs.

3° Si m' s'annule en changeant de signe pour $t = t_0$, le point correspondant est un point d'inflexion.

226. Asymptotes. — Pour que la courbe présente des branches infinies, il faut que les deux fonctions $f(t)$ et $\varphi(t)$, ou l'une d'elles seulement, deviennent infinies.

En se reportant à la discussion du n° 212, on est conduit aux conséquences suivantes :

1° Si pour $t = t_0$ $f(t)$ est infini et $\varphi(t)$ a une valeur finie $\varphi(t_0)$, la droite $y = \varphi(t_0)$ est asymptote à la courbe, et la position de la courbe par rapport à cette asymptote est déterminée par le signe de la différence $\varphi(t) - \varphi(t_0)$ pour les valeurs de t voisines de t_0.

Dans le cas particulier où $\varphi(t)$ est une fonction rationnelle de t, on peut écrire

$$\varphi(t) - \varphi(t_0) \equiv (t - t_0)^p g(t),$$

p étant un exposant entier, et $g(t)$ une fonction rationnelle qui a une valeur finie et différente de zéro pour $t = t_0$. Pour des valeurs de t suffisamment voisines de t_0, $\varphi(t) - \varphi(t_0)$ a le signe de $(t - t_0)^p g(t_0)$; de plus à toute racine de $g(t)$ correspond un point de rencontre de la courbe et de l'asymptote.

La méthode est analogue pour les asymptotes parallèles à l'axe des y.

2° Supposons maintenant que les fonctions $f(t)$ et $\varphi(t)$ soient toutes deux infinies pour $t = t_0$.

On commence par chercher la limite de $\frac{y}{x}$ ou de $\frac{\varphi(t)}{f(t)}$ pour $t = t_0$. Trois cas peuvent se présenter :

I. $\frac{y}{x}$ croît indéfiniment; la branche de courbe est parabolique dans la direction Oy.

II. $\dfrac{y}{x}$ a pour limite zéro; la branche de courbe est parabolique dans la direction Ox.

III. $\dfrac{y}{x}$ a une limite c différente de zéro. On cherche alors la limite de $y - cx$, ou de $\varphi(t) - cf(t)$ pour $t = t_0$.

Si cette quantité est infinie pour $t = t_0$, la branche de courbe est parabolique dans la direction qui a pour coefficient angulaire c.

Si au contraire $y - cx$ a pour limite d, la droite

$$Y = cx + d$$

est asymptote.

De plus, désignons par y et Y les ordonnées des deux points de la courbe et de l'asymptote qui ont pour abscisse x, nous avons

$$y - cx = \varphi(t) - cf(t),$$
$$Y - cx = d,$$

et, par suite,

$$y - Y = \varphi(t) - cf(t) - d,$$

et la position de la courbe par rapport à l'asymptote sera déterminée par le signe de $\varphi(t) - cf(t) - d$ pour les valeurs de t voisines de t_0.

En cherchant la limite de $\varphi(t) - cf(t)$ on est amené en général à transformer et à simplifier cette fonction; pour étudier le signe de $\varphi(t) - cf(t) - d$, on remplacera $\varphi(t) - cf(t)$ par sa valeur simplifiée.

227. Construction des courbes. — Pour construire une courbe définie par les équations paramétriques $x = f(t)$, $y = \varphi(t)$, on commence par étudier les variations des fonctions $f(t)$ et $\varphi(t)$ quand t varie de $-\infty$ à $+\infty$; et de ces variations on déduit immédiatement un premier tracé de la courbe.

Puis on rectifie ce tracé en déterminant les tangentes en quelques points remarquables, la concavité et les asymptotes.

On peut quelquefois simplifier la construction de la courbe par des considérations de symétrie.

1° Si à chaque valeur t du paramètre on peut faire correspondre une valeur t' telle que l'on ait

$$f(t) = -f(t'), \qquad \varphi(t) = -\varphi(t'),$$

la courbe est symétrique par rapport à l'origine.

2° Si l'on a pour des valeurs correspondantes de t et t'

$$f(t) = -f(t'), \qquad \varphi(t) = \varphi(t'),$$

la courbe est symétrique par rapport à Oy (en supposant les axes de coordonnées rectangulaires).

3° Si l'on a

$$f(t) = f(t'), \qquad \varphi(t) = -\varphi(t'),$$

la courbe est symétrique par rapport à Ox (axes rectangulaires).

4° Si l'on a

$$f(t) = \varphi(t'), \qquad \varphi(t) = f(t'),$$

la courbe est symétrique par rapport à la première bissectrice des axes $(x - y = 0)$.

En effet à tout point $M(x, y)$ de la courbe correspond le point $M'(x', y')$ tel que l'on ait $x = y'$, $y = x'$. La droite MM' a pour coefficient angulaire $\dfrac{y' - y}{x' - x}$, ou $\dfrac{x - y}{y - x}$, ou -1; elle est parallèle à la deuxième bissectrice des axes, c'est-à-dire perpendiculaire à la première. De plus, le milieu de MM' a pour coordonnées

$$\frac{x + x'}{2} \quad \text{et} \quad \frac{y + y'}{2}, \quad \text{ou} \quad \frac{x + y}{2} \quad \text{et} \quad \frac{y + x}{2};$$

ce point est sur la première bissectrice; donc M et M' sont symétriques par rapport à cette bissectrice.

5° Si l'on a

$$f(t) = -\varphi(t'), \qquad \varphi(t) = -f(t'),$$

la courbe est symétrique par rapport à la deuxième bissectrice; démonstration analogue.

Dans ces différents cas, on peut réduire de moitié l'intervalle où doit varier t; on achève ensuite la courbe par symétrie.

228. Exemple I. — *Construction de la cycloïde.*

On appelle *cycloïde* la courbe engendrée par un point d'un cercle qui roule sans glisser sur une droite fixe.

Considérons le cercle à un instant quelconque; soit ω son centre, A le point où il touche la droite Δ sur laquelle il roule, et M le point qui décrit la cycloïde. Nous supposerons que le roulement s'effectue dans le sens de la flèche.

Dans le roulement du cercle, le point M vient rencontrer la droite Δ successivement aux points O, O', O'', ... tels que les longueurs OO', O'O'', ... soient égales à la circonférence; le point M décrit alors des arcs de courbe allant du point O au point O', puis du point O' au point O'', etc., et il est visible que tous ces arcs sont égaux. Nous construirons seulement l'arc qui joint le point O au point O'.

Nous prendrons pour origine le point O, pour axe des x la droite Δ dans le sens OO', et pour axe des y une perpendiculaire à Δ du même côté que le cercle.

Soit t l'angle de la demi-droite ωA avec la demi-droite ωM : $t = (\omega M, \omega A)$. Nous supposons toujours le plan orienté de manière que l'angle $(Ox, Oy) = \dfrac{\pi}{2}$. Dans ces conditions, le cercle roule dans le sens négatif.

Quand t varie de 0 à 2π, le cercle effectue une révolution complète et le point M décrit l'arc de courbe allant du point O au point O′.

Puisque le cercle roule sans glisser, la longueur OA est toujours égale à l'arc AM, c'est-à-dire à Rt, R désignant le rayon du cercle.

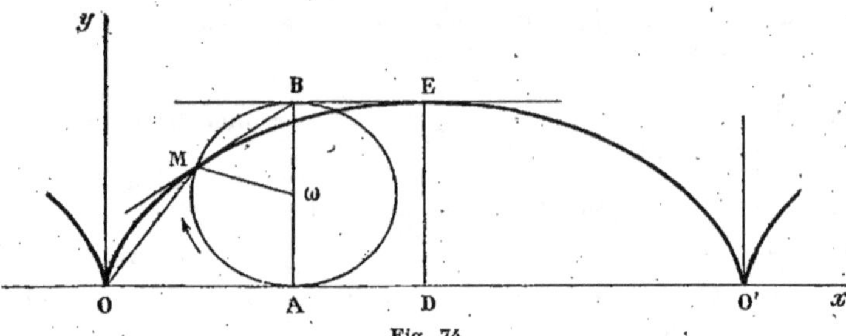

Fig. 74.

Calculons les coordonnées x et y du point M en fonction de t; pour cela joignons OM et projetons le contour OAωMO orthogonalement sur Ox (*fig. 74*).

Nous avons

$$\text{pr. } \overrightarrow{OM} = \text{pr. } \overrightarrow{OA} + \text{pr. } \overrightarrow{A\omega} + \text{pr. } \overrightarrow{\omega M}.$$

les valeurs algébriques de ces quatre vecteurs étant positives.

Or, $\text{pr. } \overrightarrow{OM} = x$, $\text{pr. } \overrightarrow{OA} = \overline{OA} = Rt$, $\text{pr. } \overrightarrow{A\omega} = 0$;

d'autre part,

$$\text{pr. } \overrightarrow{\omega M} = \overline{\omega M} \cos(\omega M, Ox) = R \cos(\omega M, Ox).$$

Mais

$$(\omega M, Ox) = (\omega M, \omega A) + (\omega A, Ox) = t + \frac{\pi}{2};$$

donc

$$\text{pr. } \overrightarrow{\omega M} = R \cos\left(t + \frac{\pi}{2}\right) = - R \sin t.$$

On a par suite

$$x = Rt - R \sin t.$$

Projetons le même contour orthogonalement sur Oy; nous avons

$$\text{pr. } \overrightarrow{OM} = y, \quad \text{pr.} \overrightarrow{OA} = 0, \quad \text{pr. } \overrightarrow{A\omega} = R.$$

puis

$$\text{pr. } \overrightarrow{\omega M} = \overline{\omega M} \cos(\omega M, Oy) = R \cos(\omega M, Oy).$$

Or

$$(\omega M, Oy) = (\omega M, \omega A) + (\omega A, Oy) = t + \pi,$$

donc

$$y = R - R \cos t.$$

Il en résulte que les coordonnées du point M sont

$$x = R(1 - \sin t), \quad y = R(1 - \cos t).$$

Ces fonctions sont continues pour toute valeur de t. Si l'on change t en $2\pi + t$, y ne change pas et x se change en $x + 2\pi R$; par suite, la courbe se compose d'une infinité d'arcs égaux qui se déduisent les uns des autres par une translation parallèle à Ox et égale à $2\pi R$.

Pour construire l'un de ces arcs, celui qui va du point O au point O', nous ferons varier t de 0 à 2π, et nous étudierons les variations correspondantes de x et de y.

Leurs dérivées x' et y' par rapport à t sont

$$x' = R(1 - \cos t), \qquad y' = R \sin t.$$

Nous en déduisons les variations de x et y :

t	0	croît	π	croît	2π
x'		$+$		$+$	
x	0	croît	πR	croît	$2\pi R$
y'		$+$	0	$-$	
y	0	croît	$2R$	décroît	0

et l'arc de courbe OEO'.

Le coefficient angulaire de la tangente en un point quelconque est

$$\frac{y'}{x'} = \frac{R \sin t}{R(1 - \cos t)} = \frac{2 \sin \frac{t}{2} \cos \frac{t}{2}}{2 \sin^2 \frac{t}{2}} = \operatorname{cotg} \frac{t}{2}.$$

On voit ainsi que les tangentes aux points O et O' sont parallèles à Oy, et qu'au point E la tangente est parallèle à Ox.

L'équation de la tangente au point M est alors

$$\frac{y - R(1 - \cos t)}{x - R(t - \sin t)} = \operatorname{cotg} \frac{t}{2};$$

cherchons le point où elle rencontre le rayon Aω. Pour cela dans l'équation de la tangente remplaçons x par Rt; nous avons

$$y = R(1 - \cos t) + R \sin t \operatorname{cotg} \frac{t}{2},$$

ou
$$y = 2R.$$

Par suite, la tangente au point M passe par le point B diamétralement opposé au point A; la normale au point M passe alors au point A.

Remarquons en terminant que si l'on change t en $2\pi - t$, x se change en $2\pi R - x$ et y ne change pas; on en conclut aisément que la courbe est symétrique par rapport à la droite DE.

EXEMPLE II. — *Construire la courbe définie par les équations*

$$x = \frac{2t - 1}{t^2 - 1}, \qquad y = \frac{t^2}{t - 1}.$$

Cette courbe est unicursale; pour avoir son degré je cherche en combien de points elle rencontre une droite quelconque $Ax + By + C = 0$. Les valeurs de t relatives aux points d'intersection sont racines de l'équation

$$A \frac{2t - 1}{t^2 - 1} + B \frac{t^2}{t - 1} + C = 0,$$

ou
$$A(2t - 1) + Bt^2(t + 1) + C(t^2 - 1) = 0.$$

Comme cette équation a trois racines, la courbe est du troisième degré.

Les fonctions x et y sont continues pour toutes les valeurs de t sauf pour $t = \pm 1$. Leurs dérivées sont

$$x' = -\frac{2(t^2 - t + 1)}{(t^2 - 1)^2}, \qquad y' = \frac{t(t-2)}{(t-1)^2}.$$

On en déduit les variations de x et de y :

t	$-\infty$		-1		0		$\frac{1}{2}$		1		2	$+\infty$
x'	$-$			$-$	$-$		$-$			$-$	$-$	
x	0 déc. $-\infty$		$+\infty$ déc. 1 déc.		0 déc. $-\infty$				$+\infty$ déc. 1 déc. 0			
y'	$+$			$+$	$-$		$-$			$-$	$+$	
y	$-\infty$ cr. $-\frac{1}{2}$		cr. 0 déc. $-\frac{1}{2}$ déc. $-\infty$						$+\infty$ déc. 4 cr. $+\infty$			

et la forme générale de la courbe (*fig.* 75).

Le coefficient angulaire de la tangente en un point quelconque est égal à

$$\frac{y'}{x'} = -\frac{t(t-2)(t+1)^2}{2(t^2 - t + 1)};$$

il est nul pour $t = 0$, $t = 2$, la tangente aux points correspondants A et B est parallèle à Ox.

La construction de la courbe met en évidence les deux asymptotes $x = 0$, $y = -\frac{1}{2}$, et le sens de la variation de x et de y fait connaître la position de la courbe par rapport à ces asymptotes.

Considérons maintenant la branche infinie de courbe correspondant aux valeurs de t voisines de 1, et cherchons si elle admet une asymptote. Nous avons

$$\frac{y}{x} = \frac{t^2(t+1)}{2t - 1};$$

par conséquent, $\frac{y}{x}$ a pour limite 2 pour $t = 1$.

D'autre part,

$$y - 2x = \frac{t^2}{t - 1} - \frac{2(2t - 1)}{t^2 - 1} = \frac{t^3 + t^2 - 4t + 2}{t^2 - 1};$$

ou, en divisant haut et bas par $t - 1$.

$$y - 2x = \frac{t^2 + 2t - 2}{t + 1};$$

donc $y - 2x$ a pour limite $\frac{1}{2}$ pour $t = 1$.

L'équation de l'asymptote est alors

$$Y - 2x = \frac{1}{2},$$

et nous avons

$$y - Y = \frac{t^2 + 2t - 2}{t + 1} - \frac{1}{2} = \frac{2t^2 + 3t - 5}{2(t + 1)},$$

ou

$$y - Y = \frac{(t - 1)(2t + 5)}{2(t + 1)}.$$

Le second membre a le signe de $t - 1$ pour les valeurs de t voisines de 1. Pour $t = 1 - \varepsilon$, $y - Y < 0$, donc la branche de courbe C' est au-dessous de l'asymptote; pour $t = 1 + \varepsilon$, $y - Y > 0$, la branche C est au-dessus de l'asymptote.

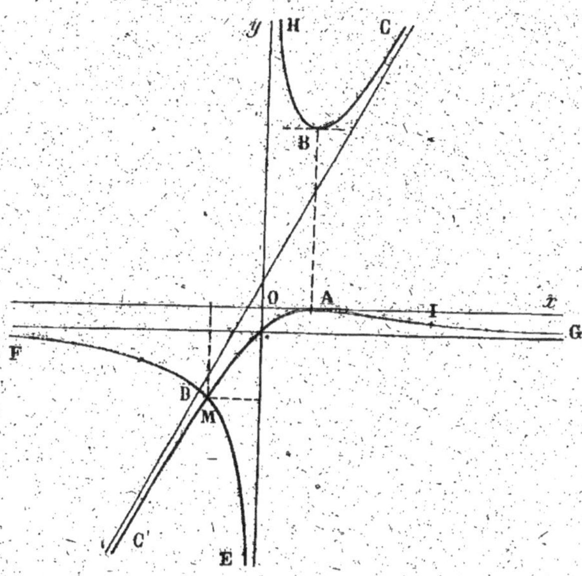

Fig. 75.

En outre la courbe rencontre cette asymptote au point D correspondant à
$$t = -\frac{5}{2}.$$

Étudions maintenant la concavité de la courbe, en appliquant la méthode indiquée au n° 225.

La pente m de la tangente est
$$m = -\frac{t(t-2)(t+1)^2}{2(t^2 - t + 1)},$$

et, en prenant la dérivée de m par rapport à t, on a
$$m' = -\frac{(t^2 - 1)(2t^3 - 3t^2 + 6t + 2)}{2(t^2 - t + 1)^2}.$$

Le polynome $2t^3 - 3t^2 + 6t + 2$ n'a qu'une racine réelle α, comprise entre -1 et 0, car sa dérivée $6(t^2 - t + 1)$ a ses racines imaginaires. On peut donc écrire
$$m' = -\frac{(t^2 - 1)(t - \alpha)\varphi(t)}{2(t^2 - t + 1)},$$

$\varphi(t)$ étant un trinome toujours positif.

Comme m' s'annule en changeant de signe pour $t = \alpha$, le point correspondant est un point d'inflexion; il est situé sur la branche AG.

D'autre part, x' étant négatif quel que soit t, la courbe tourne sa concavité vers les y positifs ou négatifs, suivant que m' est négatif ou positif. Or m' a le signe de $-(t^2 - 1)(t - \alpha)$; on en déduit les conclusions suivantes :

$$-\infty < t < -1, \quad \text{branche EF}, \quad \text{concavité vers les } y \text{ négatifs.}$$
$$-1 < t < \alpha, \quad\qquad - \quad \text{GI}, \qquad\quad - \qquad \text{positifs.}$$
$$\alpha < t < +1, \quad\qquad - \quad \text{IAC}', \qquad\quad - \qquad \text{négatifs.}$$
$$+1 < t < +\infty, \quad\qquad - \quad \text{CBH}, \qquad\quad - \qquad \text{positifs.}$$

La construction de la courbe fait apparaître un point M où se croisent deux branches de courbe; ce point est appelé un *point double*.

Pour calculer les coordonnées de ce point, on peut remarquer qu'il existe deux valeurs différentes de t, t_1 et t_2, pour lesquelles x et y prennent les mêmes valeurs. On doit donc avoir

$$(1) \qquad \frac{2t_1 - 1}{t_1^2 - 1} = \frac{2t_2 - 1}{t_2^2 - 1}, \qquad (2) \qquad \frac{t_1^2}{t_1 - 1} = \frac{t_2^2}{t_2 - 1}.$$

La première s'écrit

$$(2t_1 - 1)(t_2^2 - 1) - (2t_2 - 1)(t_1^2 - 1) = 0,$$

ou, en rapprochant les termes analogues des deux produits, de façon à mettre en évidence la différence $t_1 - t_2$,

$$-2t_1 t_2 (t_1 - t_2) + t_1^2 - t_2^2 - 2(t_1 - t_2) = 0,$$

ou, en divisant par $t_1 - t_2$ qui n'est pas nul,

$$-2t_1 t_2 + t_1 + t_2 - 2 = 0.$$

L'équation (2) donne de même

$$t_1 t_2 - (t_1 + t_2) = 0.$$

On tire de là

$$t_1 t_2 = t_1 + t_2 = -2.$$

Par suite, t_1 et t_2 sont racines de l'équation

$$(3) \qquad\qquad t^2 + 2t - 2 = 0;$$

on a donc

$$t_1 = -1 - \sqrt{3} = -2,73\ldots, \qquad t_2 = -1 + \sqrt{3} = 0,73\ldots$$

Pour calculer les coordonnées du point double, on peut remplacer, dans les expressions de x et y, t par $-1 - \sqrt{3}$ ou par $-1 + \sqrt{3}$; plus simplement encore, de l'équation (3) on tire $t^2 = -2t + 2$, et en remplaçant t^2 par $-2t + 2$ dans x et y, on a

$$x = -1, \qquad y = -2;$$

ce sont les coordonnées du point double M.

On peut opérer autrement. Soient x_0, y_0 les coordonnées du point double; il existe deux valeurs différentes de t pour lesquelles x prend la valeur x_0 et y la valeur y_0. Par suite, les deux équations

$$x_0 = \frac{2t - 1}{t^2 - 1}, \qquad y_0 = \frac{t^2}{t - 1},$$

ou

$$(4) \qquad t^2 x_0 - 2t - x_0 + 1 = 0, \qquad t^2 - t y_0 + y_0 = 0$$

ont deux racines communes; donc elles ont leurs coefficients proportionnels, ce qui donne

$$\frac{x_0}{1} = \frac{2}{y_0} = \frac{-x_0 + 1}{y_0}.$$

Nous en tirons $x_0 = -1$, $y_0 = -2$; ce sont les coordonnées du point double. Si nous remplaçons x_0, y_0 par ces valeurs dans les équations (4), nous obtenons la même équation $t^2 + 2t - 2 = 0$, qui admet pour racines les t du point double.

229. Théorème. — *Les courbes du deuxième degré sont des courbes unicursales.*

Considérons une courbe du deuxième degré quelconque, et choisissons arbitrairement sur la courbe un point A. Par le point A menons une droite quelconque Δ qui rencontre la courbe d'abord au point A, puis en un autre point M. L'équation de Δ renferme un paramètre t au premier degré; par suite, l'équation aux abscisses des points de rencontre de la courbe et de la droite est rationnelle par rapport à t. Elle admet la racine α, abscisse du point A, et si on divise le premier membre par $x - \alpha$, il reste une équation du premier degré par rapport à x dont la racine (abscisse du point M) est fonction rationnelle de t. Comme le point M est sur la droite Δ, son ordonnée est aussi fonction rationnelle de t.

Les coordonnées d'un point quelconque M de la courbe sont donc fonctions rationnelles d'un paramètre; la courbe est unicursale.

CHAPITRE XII

COURBES DONT L'ÉQUATION N'EST PAS RÉSOLUE PAR RAPPORT A L'UNE DES COORDONNÉES

---

230. Nous allons maintenant étudier les courbes représentées par une équation de la forme

$$(1) \qquad f(x, y) = 0$$

qui ne peut être résolue ni par rapport à x, ni par rapport à y.

Nous supposerons que la fonction $f(x, y)$ est continue et admet des dérivées partielles du premier ordre également continues; on démontre que dans ce cas l'équation (1) définit y comme une fonction *implicite* de x, que cette fonction est continue et qu'elle admet une dérivée donnée par la formule

$$y' = - \frac{f'_x(x, y)}{f_y(x, y)} .$$

Tangentes.

231. Soit $M(x_0, y_0)$ un point de la courbe, nous avons $f(x_0, y_0) = 0$. Le coefficient angulaire de la tangente en ce point est égal à la valeur de la dérivée de y par rapport à x pour $x = x_0$. Cette valeur est

$$y'_0 = - \frac{f'_x(x_0, y_0)}{f'_y(x_0, y_0)} ;$$

par suite, l'équation de la tangente au point M est

$$\frac{y - y_0}{x - x_0} = - \frac{f'_x(x_0, y_0)}{f'_y(x_0, y_0)} ,$$

ou

$$(x - x_0)f'_{x_0} + (y - y_0)f'_{y_0} = 0,$$

en désignant, pour simplifier l'écriture, par f'_{x_0} et f'_{y_0} les valeurs que prennent respectivement f'_x et f'_y quand on remplace x par x_0 et y par y_0.

Si l'on a $f'_{x_0} = 0$, $f'_{y_0} \neq 0$, la tangente est parallèle à l'axe des x; si $f'_{x_0} \neq 0$, $f'_{y_0} = 0$, la tangente est parallèle à Oy.

Nous examinerons plus loin le cas où f'_{x_0} et f'_{y_0} sont nuls en même temps.

232. Supposons que l'équation de la courbe se présente sous la forme

$$\varphi(P, Q, R, \ldots) = 0,$$

P, Q, R, ... désignant des fonctions linéaires de x et de y,

$$P \equiv ax + by + c, \qquad Q \equiv a'x + b'y + c', \qquad R \equiv a''x + b''y + c'', \ldots$$

Dans ce cas l'équation de la tangente peut se mettre sous une forme remarquable.

Désignons en effet par $f(x, y)$ le premier membre de l'équation, nous avons

$$f(x, y) \equiv \varphi(P, Q, R, \ldots);$$

prenons les dérivées des deux membres par rapport à x, nous obtenons d'après la règle de la dérivée des fonctions composées

$$f'_x = P'_x \varphi'_P + Q'_x \varphi'_Q + R'_x \varphi'_R + \ldots,$$

ou

$$f'_x = a \varphi'_P + a' \varphi'_Q + a'' \varphi'_R + \ldots,$$

de même

$$f'_y = b \varphi'_P + b' \varphi'_Q + b'' \varphi'_R + \ldots.$$

Remplaçons dans ces identités x et y par les coordonnées x_0 et y_0 d'un point de la courbe ; nous avons

$$f'_{x_0} = a \varphi'_{P_0} + a' \varphi'_{Q_0} + a'' \varphi'_{R_0} + \ldots,$$

$$f'_{y_0} = b \varphi'_{P_0} + b' \varphi'_{Q_0} + b'' \varphi'_{R_0} + \ldots,$$

$P_0, Q_0, \ldots$ désignant les valeurs que prennent P, Q, ... pour $x = x_0$. $y = y_0$.

L'équation de la tangente au point $(x_0. y_0)$ qui est comme nous l'avons vu $(x - x_0)f'_{x_0} + (y - y_0)f'_{y_0} = 0$, peut alors s'écrire

$$[a(x - x_0) + b(y - y_0)]\varphi'_{P_0} + [a'(x - x_0) + b'(y - y_0)]\varphi'_{Q_0} + \ldots = 0.$$

Mais

$$a(x - x_0) + b(y - y_0) = P - P_0,$$
$$a'(x - x_0) + b'(y - y_0) = Q - Q_0,$$
$$\dots \dots \dots \dots \dots \dots \dots ;$$

il en résulte que l'équation de la tangente prend la forme

$$(P - P_0)\varphi'_{P_0} + (Q - Q_0)\varphi'_{Q_0} + (R - R_0)\varphi'_{R_0} + \dots = 0.$$

Il y a autant de termes de la forme $(P - P_0)\varphi'_{P_0}$ que de fonctions $P, Q, R, \dots$ en évidence dans l'équation de la courbe.

233. Cas où la courbe est algébrique. — Nous avons vu que l'équation d'une courbe algébrique peut toujours s'écrire

$$f(x, y) = 0,$$

$f(x, y)$ étant un polynome; nous supposerons ce polynome de degré m.

Dans ce cas on peut simplifier notablement l'équation de la tangente.

Cette équation s'écrit

$$xf'_{x_0} + yf'_{y_0} - \left(x_0 f'_{x_0} + y_0 f'_{y_0}\right) = 0;$$

nous allons transformer le terme indépendant de x et de y.

Dans le polynome $f(x, y)$ remplaçons x par $\dfrac{x}{z}$ et y par $\dfrac{y}{z}$, puis multiplions l'expression obtenue par z^m; nous formons ainsi un polynome $\varphi(x, y, z)$ de degré m, *homogène* par rapport à x, y, z, défini par l'identité

$$\varphi(x, y, z) \equiv z^m f\left(\frac{x}{z}, \frac{y}{z}\right).$$

Appliquons à ce polynome homogène la formule d'Euler, nous avons

$$x\varphi'_x + y\varphi'_y + z\varphi'_z \equiv m\varphi(x, y, z).$$

Faisons $z = 1$ dans les deux membres de cette identité; $\varphi(x, y, z)$, φ'_x, φ'_y deviennent respectivement identiques à $f(x, y)$, f'_x et f'_y. Quant à la fonction φ'_z, elle se transforme en un certain polynome en x et y que nous désignerons par $f'_z(x, y)$ ou plus simplement par f'_z.

L'identité d'Euler devient alors

$$xf'_x + yf'_y + f'_z \equiv mf(x, y),$$

et en y remplaçant x et y par x_0 et y_0, nous avons

$$x_0 f'_{x_0} + y_0 f'_{y_0} + f'_{z_0} = mf(x_0, y_0) = 0,$$

puisque le point (x_0, y_0) est sur la courbe.

Nous en tirons

$$x_0 f'_{x_0} + y_0 f'_{y_0} = - f'_{z_0},$$

et par suite l'équation de la tangente peut s'écrire

$$x f'_{x_0} + y f'_{y_0} + f'_{z_0} = 0.$$

Pour calculer f'_{z_0}, on rend homogène le polynome $f(x, y)$ au moyen d'une nouvelle variable z, dite variable d'homogénéité; on prend la dérivée du polynome obtenu par rapport à z, on y remplace z par 1 et x et y par les coordonnées x_0, y_0 du point de contact.

EXEMPLE. — Cherchons l'équation de la tangente au point (x_0, y_0) du cercle qui a pour équation

$$f(x, y) \equiv (x - a)^2 + (y - b)^2 - \mathrm{R}^2 = 0.$$

Nous avons d'abord

$$f'_x \equiv 2(x - a), \qquad f'_y \equiv 2(y - b).$$

Rendons l'équation homogène; elle devient

$$\varphi(x, y, z) \equiv (x - az)^2 + (y - bz)^2 - \mathrm{R}^2 z^2 = 0.$$

La dérivée du premier membre par rapport à z est

$$\varphi'_z \equiv - 2a(x - az) - 2b(y - bz) - 2\mathrm{R}^2 z,$$

et, en faisant $z = 1$, nous avons

$$f'_z \equiv - 2a(x - a) - 2b(y - b) - 2\mathrm{R}^2.$$

Par suite

$$\frac{1}{2} f'_{x_0} = x_0 - a, \quad \frac{1}{2} f'_{y_0} = y_0 - b, \quad \frac{1}{2} f'_{z_0} = - a(x_0 - a) - b(y_0 - b) - \mathrm{R}^2.$$

L'équation de la tangente est donc

$$x(x_0 - a) + y(y_0 - b) - a(x_0 - a) - b(y_0 - b) - \mathrm{R}^2 = 0.$$

On reconnaît aisément que cette tangente est perpendiculaire au rayon qui passe par le point de contact.

234. Pour plus de symétrie, on écrit quelquefois l'équation de la tangente sous la forme

$$(1) \qquad x f'_{x_0} + y f'_{y_0} + z f'_{z_0} = 0,$$

en y supposant $z = z_0 = 1$.

235. *Dans le cas où la courbe est du deuxième degré*, on a l'identité (A. 366)

$$x f'_{x_0} + y f'_{y_0} + z f'_{z_0} \equiv x_0 f'_x + y_0 f'_y + z_0 f'_z;$$

par suite, l'équation de la tangente peut aussi s'écrire

$$x_0 f'_x + y_0 f'_y + z_0 f'_z = 0;$$

ou, en faisant $z_0 = 1$.

$$(2) \qquad x_0 f'_x + y_0 f'_y + f'_z = 0.$$

En appliquant la formule (1) ou la formule (2) à l'équation générale du deuxième degré

$$f(x, y) \equiv Ax^2 + 2Bxy + Cy^2 + 2Dx + 2Ey + F = 0,$$

on obtient pour équation de la tangente

$$Axx_0 + B(xy_0 + yx_0) + Cyy_0 + D(x + x_0) + E(y + y_0) + F = 0.$$

236. Si l'équation de la courbe algébrique se présente sous la forme

$$\varphi(P, Q, R, \ldots) = 0,$$

$P, Q, R, \ldots$ désignant des fonctions linéaires et φ étant un polynome, l'équation de la tangente s'écrit (232)

$$(P - P_0)\varphi'_{P_0} + (Q - Q_0)\varphi'_{Q_0} + (R - R_0)\varphi'_{R_0} + \ldots = 0.$$

Supposons de plus que le polynome φ soit homogène par rapport à $P, Q, R, \ldots$ Nous avons alors

$$P_0\varphi'_{P_0} + Q_0\varphi'_{Q_0} + R_0\varphi'_{R_0} + \ldots = m\varphi(P_0, Q_0, R_0, \ldots) = 0,$$

puisque le point (x_0, y_0) est sur la courbe.

Par suite, l'équation de la tangente se réduit à

$$(3) \qquad P\varphi'_{P_0} + Q\varphi'_{Q_0} + R\varphi'_{R_0} + \ldots = 0.$$

237. En particulier, si la courbe est du deuxième degré, son équation prend la forme

$$\Sigma aP^2 + \Sigma bQR + \Sigma cS + d = 0,$$

a, b, c, d désignant des constantes, P, Q, R, S des fonctions linéaires de x et de y, et ΣaP^2 représentant une somme de termes analogues à aP^2, de même $\Sigma bQR, \ldots$

Pour pouvoir utiliser la forme (3) de l'équation de la tangente, nous rendrons homogène l'équation de la courbe en l'écrivant

$$\Sigma aP^2 + \Sigma bQR + \Sigma cST + dT^2 = 0,$$

T étant égal à 1.

Au terme aP^2 de l'équation de la courbe correspond dans l'équation de la tangente le terme $P\varphi'_{P_0}$ ou $2aPP_0$.

Au terme bQR correspondent les deux termes $Q\varphi'_{Q_0} + R\varphi'_{R_0}$ ou $bQR_0 + bRQ_0$; au terme cST correspond la somme $c(ST_0 + TS_0)$, ou, puisque $T = T_0 = 1$, $c(S + S_0)$, et enfin au terme dT^2 correspond $2dTT_0$ ou $2d$.

Il en résulte que l'équation de la tangente devient

$$2\Sigma a PP_0 + \Sigma b(QR_0 + RQ_0) + \Sigma c(S + S_0) + 2d = 0,$$

ou

$$\Sigma a PP_0 + \frac{1}{2}\Sigma b(QR_0 + RQ_0) + \frac{1}{2}\Sigma c(S + S_0) + d = 0.$$

De là on déduit immédiatement que l'équation de la tangente au point (x_0, y_0) du cercle

$$(x - a)^2 + (y - b)^2 - R^2 = 0$$

est

$$(x - a)(x_0 - a) + (y - b)(y_0 - b) - R^2 = 0.$$

238. Normales. — Soit $f(x, y) = 0$ l'équation d'une courbe, x_0, y_0 les coordonnées d'un point M de cette courbe; proposons-nous de former l'équation de la normale à la courbe en ce point.

La tangente ayant pour coefficient angulaire $-\dfrac{f'_{x_0}}{f'_{y_0}}$, celui de la normale sera $\dfrac{f'_{y_0}}{f'_{x_0}}$, *en supposant les axes de coordonnées rectangulaires*; par suite, l'équation de la normale peut s'écrire

$$y - y_0 = \frac{f'_{y_0}}{f'_{x_0}}(x - x_0),$$

ou

$$\frac{x - x_0}{f'_{x_0}} = \frac{y - y_0}{f'_{y_0}}.$$

On en conclut que f'_{x_0} et f'_{y_0} sont les paramètres directeurs de la normale au point (x_0, y_0).

Points multiples.

239. Définitions. — On dit qu'un point M d'une courbe algébrique est un *point simple*, lorsque toute droite passant par ce point rencontre la courbe en *un seul point* confondu au point M. Il y a exception pour *une seule droite* qui est la tangente au point M; cette droite rencontre la courbe en plus d'un point confondu au point M.

On dit qu'un point M d'une courbe algébrique est un *point double*, lorsque toute droite passant par ce point rencontre la courbe en *deux* points confondus au point M. Il y a exception pour *deux droites* qui sont les tangentes au point M et qui rencontrent la courbe en plus de deux points confondus au point M.

Plus généralement, on dit qu'un point M d'une courbe algébrique est un *point multiple d'ordre p*, lorsque toute droite passant par ce point rencontre la courbe en p points confondus au point M. Il y a exception pour p droites qui sont les tangentes au point M et qui rencontrent la courbe en plus de p points confondus au point M.

240. — Nous allons maintenant justifier ces définitions et montrer comment on peut reconnaître si un point est simple, double,...

Soit $f(x, y) = 0$ l'équation de la courbe, $f(x, y)$ désignant un polynome de degré m, et soit $M(x_0, y_0)$ un point de la courbe; nous avons $f(x_0, y_0) = 0$.

Par le point M menons une droite D ayant pour paramètres directeurs α et β; un point quelconque de cette droite a pour coordonnées

$$x = x_0 + \alpha\rho, \qquad y = y_0 + \beta\rho,$$

et les valeurs de ρ relatives aux points de rencontre de la droite et de la courbe sont racines de l'équation

$$f(x_0 + \alpha\rho, y_0 + \beta\rho) = 0, \qquad \text{ou}$$

$$(1) \quad f(x_0, y_0) + \rho\left(\alpha f'_{x_0} + \beta f'_{y_0}\right) + \frac{\rho^2}{2}\left(\alpha f'_{x_0} + \beta f'_{y_0}\right)_2 + \cdots$$
$$+ \frac{\rho^m}{m!}\left(\alpha f'_{x_0} + \beta f'_{y_0}\right)_m = 0.$$

A toute racine de cette équation correspond un point de rencontre de la droite et de la courbe; ce point coïncide avec le point M si la racine est nulle. Le nombre de racines nulles de l'équation (1) est donc égal au nombre des points de rencontre de la droite D et de la courbe confondus au point M.

Or, $f(x_0, y_0)$ étant nul, l'équation admet toujours au moins une racine nulle.

1° Supposons d'abord que f'_{x_0} et f'_{y_0} ne soient pas nuls en même temps. Dans ce cas le coefficient de ρ est en général différent de zéro, l'équation (1) a une seule racine nulle, et la droite D rencontre la courbe en un seul point confondu au point M. Ce point est un point simple.

Pour que la droite D rencontre la courbe en plus d'un point confondu au point M, il faut que ses paramètres directeurs vérifient la relation

$$\alpha f'_{x_0} + \beta f'_{y_0} = 0.$$

Comme les paramètres directeurs α, β d'une droite sont les coordonnées d'un point quelconque de la parallèle à la droite menée par l'origine, cette condition exprime que la droite D est parallèle à la droite $x f'_{x_0} + y f'_{y_0} = 0$. La droite D a donc pour équation

$$(x - x_0) f'_{x_0} + (y - y_0) f'_{y_0} = 0;$$

elle coïncide avec la tangente au point M.

Cette tangente est donc bien la seule droite qui rencontre la courbe en plus d'un point confondu au point M.

Si les paramètres directeurs de la tangente n'annulent pas le coefficient de ρ^2, la tangente rencontre la courbe en deux points confondus au point M; si au contraire les paramètres directeurs de la tangente annulent le coefficient de ρ^2, la tangente rencontre la courbe en trois points confondus en M, etc.

2° Supposons maintenant qu'on ait $f'_{x_0} = 0$, $f'_{y_0} = 0$, et que les quantités $f''_{x_0^2}$, $f''_{x_0 y_0}$, $f''_{y_0^2}$ ne soient pas nulles en même temps. Dans ce cas le coefficient de ρ est nul quels que soient α et β, et le coefficient de ρ^2 qui peut s'écrire $\frac{1}{2} \left(\alpha^2 f''_{x_0^2} + 2 \alpha \beta f''_{x_0 y_0} + \beta^2 f''_{y_0^2} \right)$ n'est pas nul en général. Par suite, la droite D rencontre la courbe en deux points confondus au point M, ce point est un point double.

Pour que la droite D rencontre la courbe en plus de deux points confondus au point M, il faut que ses paramètres directeurs vérifient la relation

$$\left(\alpha f'_{x_0} + \beta f'_{y_0} \right)_2 = 0,$$

ce qui revient à dire que la droite D est parallèle à l'une des deux droites définies par l'équation

$$\left[x f'_{x_0} + y f'_{y_0} \right]_2 = 0.$$

Par conséquent, il existe seulement deux droites passant par le point M et rencontrant la courbe en plus de deux points confondus au point M; l'ensemble de ces droites est représenté par l'équation

$$\left[(x - x_0) f'_{x_0} + (y - y_0) f'_{y_0} \right]_2 = 0,$$

ce sont les tangentes au point M.

Les pentes de ces tangentes sont racines de l'équation

$$\left(f''_{x_0} + t f''_{y_0} \right)_2 = 0,$$

ou

$$f''_{x_0^2} + 2 t f''_{x_0 y_0} + t^2 f''_{y_0^2} = 0.$$

Soient t_1 et t_2 ces racines.

Si t_1 et t_2 sont réelles et distinctes, il existe deux branches réelles de courbe passant par le point M, et les tangentes en ce point sont différentes (*fig.* 76).

Si t_1 et t_2 sont imaginaires, il n'existe pas de branche réelle de courbe passant par le point M ; on dit que ce point est un *point double isolé.*

Enfin, si les racines t_1 et t_2 sont égales, les deux branches de courbe qui passent par le point M sont tangentes en ce point à la même droite. La courbe peut affecter différentes formes aux environs du point M.

Si l'on a la figure 77, on a vu (224) que le point M est un *point de rebroussement de première espèce*; figure 78, *un point de rebroussement de deuxième espèce.* On peut aussi avoir la figure 79.

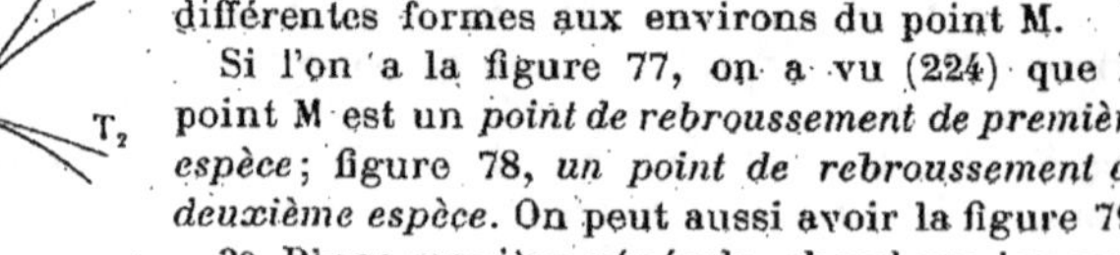

Fig. 76.

3° D'une manière générale, cherchons les conditions pour que toute droite passant par le point M rencontre la courbe en p points confondus au point M; il faut et il suffit que l'équation (1) ait p racines nulles, *quelles que soient les valeurs de* α *et de* β. On doit donc avoir

$$\alpha f'_{x_0} + \beta f'_{y_0} \equiv 0, \quad \left(\alpha f'_{x_0} + \beta f'_{y_0}\right)_2 \equiv 0, \quad \dots, \quad \left(\alpha f'_{x_0} + \beta f'_{y_0}\right)_{p-1} \equiv 0.$$

Pour que ces identités aient lieu, il faut que les coefficients de

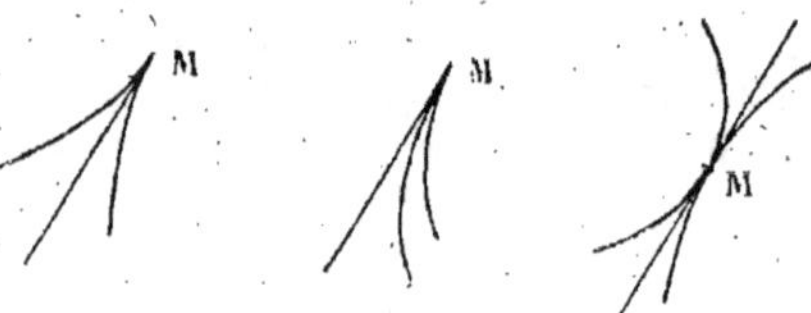

Fig. 77.   Fig. 78.   Fig. 79.

tous les termes en α, β soient nuls, ce qui montre que toutes les dérivées partielles de la fonction $f(x, y)$ jusqu'à l'ordre $p - 1$ inclusivement doivent être nulles pour $x = x_0$, $y = y_0$.

Par suite, pour qu'un point M soit multiple d'ordre p, il faut et il suffit que ses coordonnées annulent $f(x, y)$ et toutes les dérivées partielles de cette fonction jusqu'à l'ordre $p - 1$ inclusivement. Si ces conditions sont remplies, on voit aisément que l'ensemble des p tangentes en ce point est défini par l'équation

$$\left[(x - x_0)f'_{x_0} + (y - y_0)f'_{y_0}\right]_p = 0.$$

Les pentes de ces tangentes sont racines de l'équation

$$\left(f'_{x_0} + tf'_{y_0}\right)_p = 0.$$

241. Théorème. — *Si une courbe passe par l'origine, l'ordre de multiplicité de l'origine est égal au degré des termes de plus faible degré de l'équation, et l'équation de l'ensemble des tangentes à* l'origine s'obtient en égalant à zéro l'ensemble des termes de plus faible degré.

Supposons que les termes de moindre degré soient de degré p, $(p \geqslant 1)$ et soit

$$\varphi_p(x, y) + \varphi_{p+1}(x, y) + \ldots + \varphi_m(x, y) = 0$$

l'équation de la courbe, les lettres φ désignant des polynomes homogènes dont le degré est indiqué par l'indice.

Menons une droite quelconque passant par l'origine, $x = \alpha\rho$, $y = \beta\rho$; les valeurs de ρ relatives aux points de rencontre de cette droite et de la courbe sont racines de l'équation

$$\rho^p\varphi_p(\alpha, \beta) + \rho^{p+1}\varphi_{p+1}(\alpha, \beta) + \ldots + \rho^m\varphi_m(\alpha, \beta) = 0.$$

Cette équation a p racines nulles, quels que soient α et β; donc l'origine est un point multiple d'ordre p.

De plus, les paramètres directeurs des tangentes en ce point vérifient la relation $\varphi_p(\alpha, \beta) = 0$, par suite, l'équation de l'ensemble des tangentes est $\varphi_p(x, y) = 0$.

242. Remarque. — Il résulte de ce qui précède que, pour qu'une courbe ait un point double, il faut que les trois équations

$$f(x, y) = 0, \qquad f'_x = 0, \qquad f'_y = 0$$

soient vérifiées par un ensemble de solutions.

Or, trois équations à deux inconnues n'ont pas en général de solutions; par suite, *en général*, une courbe n'a pas de point double, et, *a fortiori*, pas de points multiples d'ordre supérieur à 2.

243. Théorème. — *Une courbe du troisième degré ne peut avoir plus d'un point double sans se décomposer.*

Supposons que la courbe ait deux points doubles A et B; alors, la droite AB rencontre la courbe en quatre points, deux points confondus en A et deux en B. Or, cela est impossible, puisque la courbe est du troisième degré, à moins que la droite AB ne fasse partie de la courbe. Dans ce cas, la courbe du troisième degré se décompose en la droite AB et en une courbe du second degré passant par les points A et B.

244. Théorème. — *Toute courbe du troisième degré qui a un point double est unicursale.*

Par le point double A menons une droite quelconque Δ qui rencontre la courbe en deux points confondus au point A, puis en un troisième point M. L'équation de Δ renferme un paramètre t au premier degré; par suite, l'équation aux abscisses des points de rencontre de la courbe et de la droite est rationnelle par rapport à t. Elle admet pour racine double l'abscisse α du point A, et si on divise le premier membre par $(x - \alpha)^2$, il reste une équation du premier degré en x dont la racine, abscisse du point M, est fonction rationnelle de t. Comme le point M est sur la droite Δ, son ordonnée est aussi fonction rationnelle de t.

On voit ainsi que les coordonnées (x, y) d'un point quelconque M de la courbe sont des fonctions rationnelles de t; par suite, la courbe est unicursale.

245. En particulier, supposons que le point double soit à l'origine, l'équation de la courbe prend la forme

$$\varphi_3(x, y) + \varphi_2(x, y) = 0,$$

$\varphi_3(x, y)$ et $\varphi_2(x, y)$ désignant des polynomes homogènes dont les degrés sont respectivement égaux à 3 et à 2.

Coupons cette courbe par la droite $y = tx$, l'équation aux abscisses des points de rencontre est

$$x^3 \varphi_3(1, t) + x^2 \varphi_2(1, t) = 0.$$

Elle admet la racine double zéro et une autre racine

$$x = - \frac{\varphi_2(1, t)}{\varphi_3(1, t)}$$

qui est fonction rationnelle de t.

Par suite, les coordonnées d'un point quelconque de la courbe sont

$$x = - \frac{\varphi_2(1, t)}{\varphi_3(1, t)}, \qquad y = - \frac{t \varphi_2(1, t)}{\varphi_3(1, t)};$$

ce sont des fonctions rationnelles de t.

Il sera donc facile de construire cette courbe; il suffira d'étudier les variations de ces fonctions quand on fait varier t de $-\infty$ à $+\infty$.

Il est bon de remarquer que le paramètre t est égal au coefficient angulaire de la droite joignant l'origine au point (x, y). Quand t croît de $-\infty$ à $+\infty$, cette droite tourne autour de l'origine, et il est utile de considérer son mouvement en construisant la courbe.

Par exemple, soit t_0 une racine du polynome $\varphi_2(1, t)$; quand t croît de $t_0 - \varepsilon$ à $t_0 + \varepsilon$, le point (x, y) décrit une branche de courbe passant par l'origine et tangente en ce point à la droite $y = t_0 x$; la position de la courbe par rapport à cette tangente résulte à la fois du signe de x et du mouvement de la droite $y = tx$.

Comme application, nous allons construire deux courbes célèbres du troisième degré, la *strophoïde* et la *cissoïde*.

Strophoïde. — *On donne deux droites* Ox, Oy *et un point* A *sur* Ox. *Par ce point on mène une droite variable rencontrant* Oy *au point* B, *et sur la droite* AB *on prend de part et d'autre du point* B *deux points* M *et* M' *tels que l'on ait* BM = BM' = OB. *Le lieu des points* M *et* M' *est une strophoïde* (*fig.* 80).

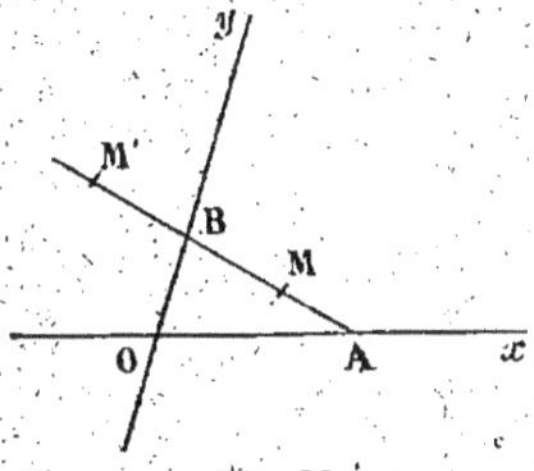

Cherchons d'abord l'équation de la courbe. Nous prendrons pour axes les droites Ox et Oy, et nous désignerons par a l'abscisse du point A.

Soit λ l'ordonnée variable du point B; on peut définir les points M et M' par l'intersection de la droite AB et du cercle de centre B et de rayon BO.

Fig. 80.

L'équation de la droite AB est

(1)
$$\frac{x}{a} + \frac{y}{\lambda} - 1 = 0,$$

celle du cercle est

$$x^2 + 2x(y - \lambda)\cos\theta + (y - \lambda)^2 - \lambda^2 = 0,$$

θ désignant l'angle des axes, ou

(2)
$$x^2 + 2xy\cos\theta + y^2 - 2\lambda(x\cos\theta + y) = 0.$$

Nous aurons l'équation du lieu en éliminant λ entre les équations (1) et (2).

De la première nous tirons $\lambda = \dfrac{ay}{a - x}$, et en remplaçant λ par cette valeur dans l'équation (2) nous avons

$$[(x^2 + 2xy\cos\theta + y^2)(a - x) - 2ay(x\cos\theta + y) = 0,$$

ou, en simplifiant,

$$(x^2 + 2xy\cos\theta + y^2)x - a(x^2 - y^2) = 0.$$

C'est l'équation du lieu. Elle représente une cubique (*) ayant un point double à l'origine. L'ensemble des tangentes en ce point a pour équation $x^2 - y^2 = 0$; par suite, ces tangentes sont les bissectrices des axes.

Pour construire la courbe, posons $y = tx$; nous avons

$$(1 + 2t\cos\theta + t^2)x^3 - ax^2(1 - t^2) = 0,$$

ou, en divisant par x^2,

$$x = \frac{a(1 - t^2)}{1 + 2t\cos\theta + t^2}, \qquad \text{puis} \qquad y = \frac{at(1 - t^2)}{1 + 2t\cos\theta + t^2}.$$

En prenant les dérivées de x et de y par rapport à t, on obtient des expressions dont il est assez difficile de déterminer le signe. Pour cette raison nous ne chercherons pas le sens de la variation de x et de y; nous nous bornerons à étudier leurs signes et leurs valeurs remarquables, et nous en déduirons une forme suffisamment approchée de la courbe.

Comme le trinome $1 + 2t\cos\theta + t^2$ n'a pas de racines réelles, il est toujours positif; par suite les fonctions x et y sont continues pour toutes les valeurs de t.

(*) C'est-à-dire une courbe du troisième degré.

La fonction x s'annule pour $t = \pm 1$, et change de signe quand t traverse chacune de ces valeurs; y s'annule pour $t = 0$, $t = \pm 1$ et change également de signe.

Nous pouvons donc dresser le tableau suivant :

t	$-\infty$		-1		0		1		$+\infty$
x	$-a$	$-$	0	$+$	a	$+$	0	$-$	$-a$
y	$+\infty$	$+$	0	$-$	0	$+$	0	$-$	$-\infty$

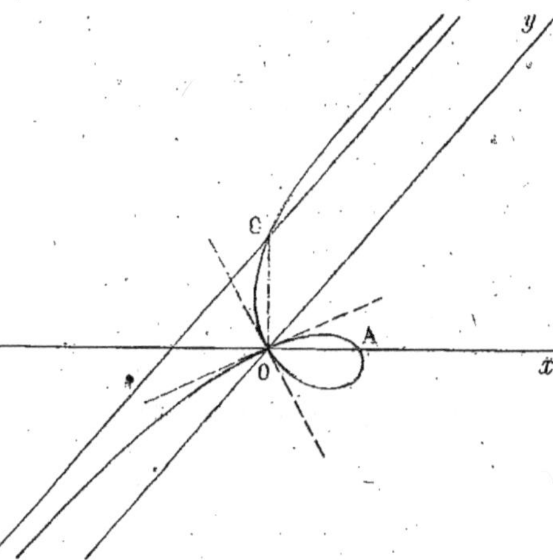

Fig. 81.

et en déduire la forme de la courbe (*fig.* 81).

En particulier, on peut remarquer que lorsque t varie de $-1-\varepsilon$ à $-1+\varepsilon$, le point (x, y) décrit une branche de courbe passant par l'origine et tangente en ce point à la droite $y + x = 0$. Comme x changé de signe, de négatif devenant positif, la branche de courbe reste au-dessus de la tangente.

On voit par cette construction que la droite $x = -a$ est asymptote à la courbe. Pour avoir la position de la courbe par rapport à cette asymptote, cherchons le signe de $x + a$ pour les valeurs de t infiniment grandes. Nous avons

$$x + a = \frac{a(1 - t^2)}{1 + 2t \cos\theta + t^2} + a, \quad \text{ou} \quad x + a = \frac{2a(1 + t\cos\theta)}{1 + 2t\cos\theta + t^2}.$$

En supposant $\cos\theta > 0$, c'est-à-dire $\theta < \dfrac{\pi}{2}$, on voit que pour $t = -\infty$, $x + a$ est négatif, et pour $t = +\infty$, $x + a > 0$.

De plus, l'asymptote rencontre la courbe en un point à distance finie, situé sur la droite menée par l'origine et ayant pour coefficient angulaire $-\dfrac{1}{\cos\theta}$. Cette droite est donc perpendiculaire à Ox. Par suite, pour déterminer le point de rencontre de la courbe et de l'asymptote, on mène par l'origine une perpendiculaire à Ox qui rencontre l'asymptote au point cherché C.

Cas particulier. — Si $\theta = \dfrac{\pi}{2}$, c'est-à-dire si les droites Ox et Oy sont perpendiculaires, l'équation de la courbe se simplifie et devient

$$f(x, y) \equiv (x^2 + y^2)x - a(x^2 - y^2) = 0.$$

Elle ne change pas si on change y en $-y$; par suite, à tout point $M(x, y)$ de la courbe correspond le point $(x, -y)$ symétrique de M par rapport à Ox. La courbe est donc symétrique par rapport à Ox. On dit dans ce cas que la strophoïde est *droite* (fig. 82).

L'asymptote $x + a = 0$ ne rencontre pas la courbe, et la tangente au point A est parallèle à Oy, car pour les coordonnées du point A f'_y est nul et f'_x a une valeur différente de zéro.

REMARQUE. — Comme les termes du troisième degré de l'équation de la strophoïde renferment le facteur

$$x^2 + 2xy \cos\theta + y^2,$$

on peut dire que la strophoïde passe par les points cycliques du plan (130). On exprime cette propriété en disant que la courbe est une *cubique circulaire*. Comme d'autre part les tangentes à l'origine, $x^2 - y^2 = 0$, sont perpendiculaires, on peut dire que la strophoïde est une cubique circulaire qui a un point double à tangentes rectangulaires.

On démontre que, réciproquement, *toute cubique circulaire qui a un point double à tangentes rectangulaires est une strophoïde.*

Cissoïde. — *On donne un cercle, un point* O *sur ce cercle et la tangente* AT *en un autre point* A *de ce cercle. Par le point* O *on mène une droite variable qui rencontre le cercle au point* B *et la droite* AT *au point* C, *puis sur cette droite variable on prend un point* M *tel que le vecteur* $\overline{OM}$ *soit égal en grandeur et en signe au vecteur* $\overline{BC}$. *Le lieu du point* M *est une cissoïde* (fig. 83).

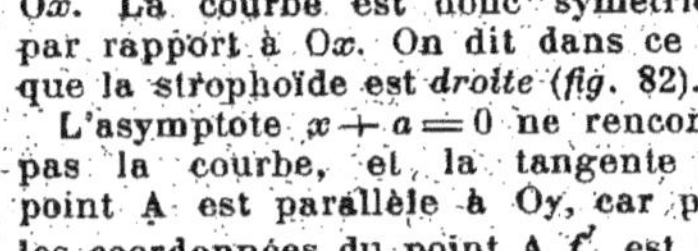

Fig. 82.

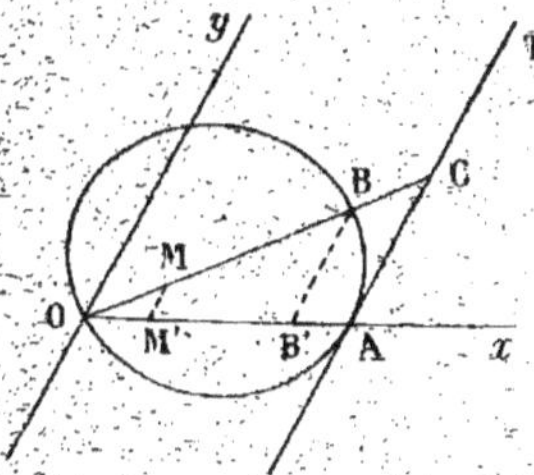

Fig. 83.

Prenons pour axe des x la droite OA et pour axe des y la parallèle à la tangente AT menée par le point O, et désignons par a l'abscisse du point A.

L'équation d'un cercle quelconque passant par les points O et A est

$$x^2 + 2xy \cos\theta + y^2 - ax - \lambda y = 0 ;$$

nous allons déterminer λ de façon que la tangente à ce cercle au point $A(a, 0)$ soit parallèle à Oy.

Comme le cercle est une courbe du deuxième degré, nous pouvons écrire l'équation de la tangente au point A sous la forme (235)

$$a f'_x + f'_z = 0,$$

ou

$$a[2x + 2y \cos\theta - a] - ax - \lambda y = 0,$$

ou encore

$$a(x - a) + y(2a \cos\theta - \lambda) = 0.$$

PAPELIER. — Géom. anal. à deux dim.   12

Pour que cette tangente soit parallèle à Oy, il faut qu'on ait $\lambda = 2a \cos\theta$, et, par suite, l'équation du cercle est

$$x^2 + 2xy \cos\theta + y^2 - a(x + 2y \cos\theta) = 0.$$

Les vecteurs $\overline{OM}$ et $\overline{BC}$ étant sur une même droite, la condition nécessaire et suffisante pour qu'ils soient égaux est que leurs projections sur un même axe soient égales. Projetons-les sur Ox parallèlement à Oy; C se projette au point A, M et B aux points M′ et B′, et la condition $\overline{OM} = \overline{BC}$ peut se remplacer par $\overline{OM'} = \overline{B'A}$, ou

$$\overline{OM'} = \overline{OA} - \overline{OB'},$$

dans laquelle $\overline{OM'}$, $\overline{OA}$, $\overline{OB'}$ sont les abscisses des points M′, A, B′.

Soit (1) $$y = tx$$

l'équation de la sécante OBC; elle rencontre le cercle d'abord au point O, puis en un autre point B dont l'abscisse est

$$\overline{OB} = \frac{a(1 + 2t \cos\theta)}{1 + 2t \cos\theta + t^2}.$$

Alors l'abscisse x du point M, ou le vecteur $\overline{MO'}$, est donnée par la formule

$$x = a - \frac{a(1 + 2t \cos\theta)}{1 + 2t \cos\theta + t^2},$$

ou

(2) $$x = \frac{at^2}{1 + 2t \cos\theta + t^2}.$$

Le point M est donc déterminé par les équations (1) et (2); pour avoir le lieu de ce point, il suffit d'éliminer t entre ces deux équations. La première nous donne $t = \dfrac{y}{x}$, et en portant cette valeur dans l'équation (2), nous avons

$$x(x^2 + 2xy \cos\theta + y^2) - ay^2 = 0;$$

c'est l'équation de la cissoïde.

Cette courbe est une cubique circulaire admettant un point double à l'origine, les deux tangentes en ce point étant confondues suivant Ox.

Pour construire cette courbe, nous la couperons par la droite $y = tx$, conformément à la méthode générale indiquée plus haut. Cette droite rencontre la cubique en deux points confondus à l'origine et en un troisième point dont les coordonnées sont

$$x = \frac{at^2}{1 + 2t \cos\theta + t^2}, \qquad y = \frac{at^3}{1 + 2t \cos\theta + t^2}.$$

Ces fonctions sont continues pour toutes les valeurs de t.

Les signes et les valeurs remarquables de x et de y sont indiqués dans le tableau suivant :

t	$-\infty$		0		$+\infty$
x	a	$+$	0	$+$	a
y	$-\infty$	$-$	0	$+$	$+\infty$

On en déduit la forme de la courbe. L'origine est un point de rebroussement de première espèce et la droite AT est asymptote à la courbe (fig. 84).

Pour avoir la position de la courbe par rapport à cette asymptote, cherchons le signé de $x - a$ pour les valeurs de t infiniment grandes. Nous avons

$$x - a = \frac{at^2}{1 + 2t\cos\theta + t^2} - a, \quad \text{ou} \quad x - a = \frac{-a(1 + 2t\cos\theta)}{1 + 2t\cos\theta + t^2}.$$

Si nous supposons $\cos\theta > 0$, c'est-à-dire $\theta < \frac{\pi}{2}$, $x - a$ est de signé contraire à t pour les valeurs de t infiniment grandes. De plus l'asymptote rencontre la courbe au

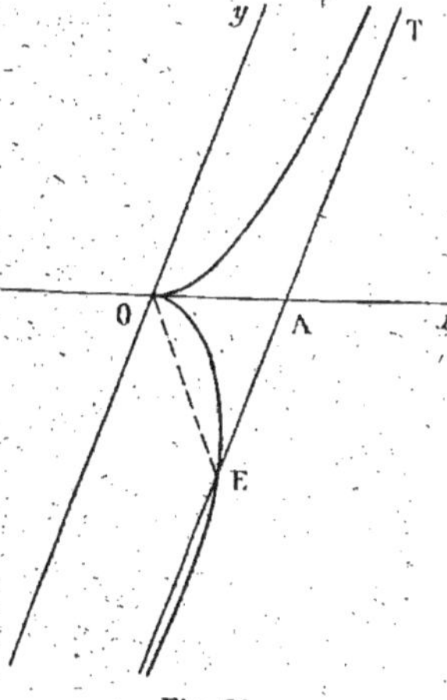

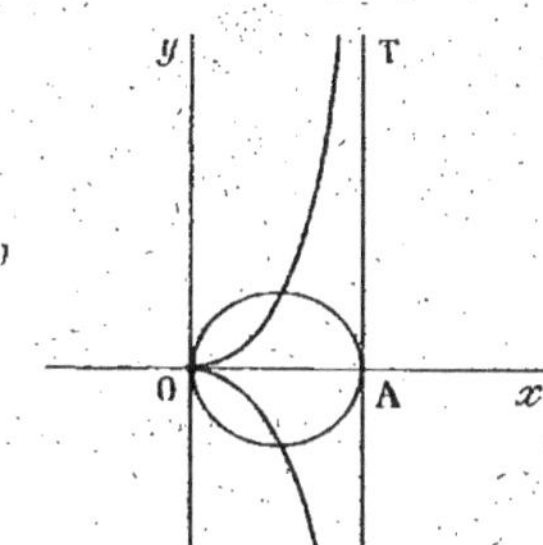

Fig. 84.
Fig. 85.

point E qui correspond à la valeur $t = -\dfrac{1}{2\cos\theta}$. Il en résulte que la droite OE est tangente au cercle au point O; en d'autres termes, le triangle OAE est isocèle.

Cas particulier. — Si $\theta = \dfrac{\pi}{2}$, c'est-à-dire si les points O et A sont diamétralement opposés, l'équation de la courbe s'écrit

$$(x^2 + y^2)\, x - ay^2 = 0;$$

la cissoïde est symétrique par rapport à Ox, et l'asymptote ne la rencontre pas (*fig. 85*).

On dit dans ce cas que la cissoïde est *droite*.

On démontre que, réciproquement, *toute cubique circulaire qui a un point de rebroussement est une cissoïde*.

246. Théorème. — *Toute courbe de degré m qui a un point multiple d'ordre $m - 1$ est unicursale.* —

Prenons le point multiple pour origine, l'équation de la courbe s'écrit

$$\varphi_m(x, y) + \varphi_{m-1}(x, y) = 0.$$

Une droite quelconque passant par l'origine, $y = tx$, rencontre la courbe en $m - 1$ points confondus à l'origine et en un autre point dont l'abscisse est

$$x = -\frac{\varphi_{m-1}(1, t)}{\varphi_m(1, t)}, \qquad \text{et l'ordonnée} \qquad y = -\frac{t\,\varphi_{m-1}(1, t)}{\varphi_m(1, t)}.$$

Nous avons ainsi les coordonnées d'un point de la courbe en fonction rationnelle de t, donc la courbe est unicursale.

Pour construire cette courbe, on fera varier t de $-\infty$ à $+\infty$, et on discutera les variations de x et de y.

EXEMPLE. — *Construire la courbe qui a pour équation*

$$x^3 (x - 2y) - y(x^2 - y^2) = 0.$$

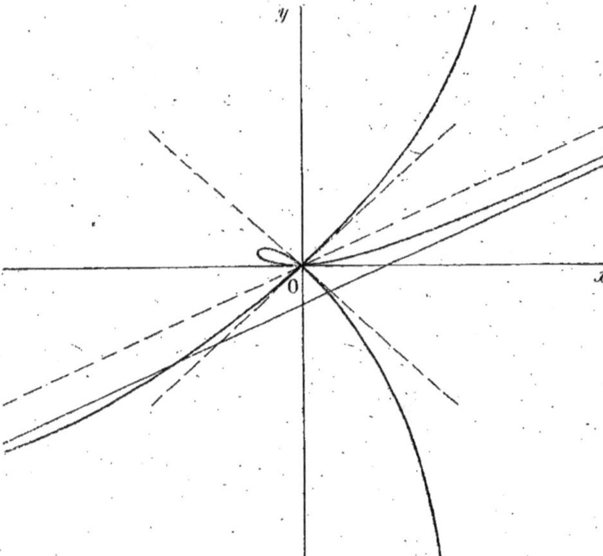

Fig. 86.

Cette courbe est du quatrième degré et admet un point triple à l'origine. Posons $y = tx$, nous avons

$$x = \frac{t(t^2 - 1)}{2t - 1}, \qquad y = \frac{t^2(t^2 - 1)}{2t - 1},$$

et le tableau suivant nous donne les signes et les valeurs remarquables de x et de y :

t	$-\infty$		-1		0		$\frac{1}{2}$		1		$+\infty$
x	$+\infty$	$+$	0	$-$	0	$+$	$+\infty$	$-\infty$	$-$	0	$+$	$+\infty$
y	$-\infty$	$-$	0	$+$	0	$+$	$+\infty$	$-\infty$	$-$	0	$+$	$+\infty$

nous en déduisons immédiatement la forme de la courbe.

Les branches infinies relatives aux valeurs infinies de t sont paraboliques dans la direction Oy; les branches correspondant aux valeurs de t voisines de $\frac{1}{2}$ ont une asymptote qui a pour équation $Y = \frac{x}{2} - \frac{3}{16}$, et qui rencontre la courbe en deux points à distance finie, correspondant aux valeurs de t, racines de l'équation $4t^2 + 2t - 3 = 0$ (*fig.* 86).

Asymptotes.

247. Soit à déterminer maintenant les asymptotes d'une courbe dont l'équation ne peut être résolue ni par rapport à y, ni par rapport à x. Nous nous bornerons au cas où la courbe est algébrique et nous chercherons d'abord les asymptotes parallèles à Oy.

Asymptotes parallèles à l'axe des y. — Ordonnons l'équation de la courbe par rapport à y; nous avons

$$y^p \varphi_0 (x) + y^{p-1} \varphi_1 (x) + y^{p-2} \varphi_2 (x) + \ldots = 0,$$

$\varphi_0 (x)$, $\varphi_1 (x)$, $\varphi_2 (x), \ldots$ désignant des polynomes.

A toute valeur de x l'équation fait correspondre p valeurs de y.

Nous avons vu (214) que les abscisses des asymptotes parallèles à Oy sont les valeurs finies de x qui rendent y infini.

Or, pour que parmi les valeurs de y définies par l'équation de la courbe il y en ait qui soient infiniment grandes quand x tend vers une valeur finie a, il faut et il suffit que le premier coefficient $\varphi_0 (x)$ ait pour limite zéro quand x tend vers a (A. 463). Comme $\varphi_0 (x)$ est une fonction continue, sa limite pour $x = a$ est égale à $\varphi_0 (a)$; on doit donc avoir $\varphi_0 (a) = 0$.

Il en résulte que *les abscisses des asymptotes parallèles à Oy sont les racines de l'équation obtenue en égalant à zéro le coefficient de la plus haute puissance de y.*

Exemple. — Considérons la strophoïde représentée par l'équation

$$(x^2 + 2xy \cos \theta + y^2) x - a(x^2 - y^2) = 0.$$

Le coefficient de la plus haute puissance de y est $x + a$; on en conclut que la droite $x = -a$ est asymptote à la courbe.

248. Remarque. — Soit a une racine réelle de l'équation $\varphi_0 (x) = 0$; quand x tend vers a il existe un certain nombre de valeurs de y qui augmentent indéfiniment. Si aucune de ces valeurs n'est réelle, la droite $x = a$ n'est pas une asymptote, au sens géométrique du mot; on peut dire qu'elle est asymptote à une branche de courbe imaginaire.

Dans le cas particulier où a est *racine simple* du polynome $\varphi_0(x)$, on peut affirmer que la droite $x = a$ est asymptote à une branche réelle de courbe.

Pour le démontrer, revenons à l'équation de la courbe

$$y^p \varphi_0(x) + y^{p-1} \varphi_1(x) + y^{p-2} \varphi_2(x) + \ldots = 0,$$

qui peut s'écrire, en divisant le premier membre par y^p,

$$\varphi_0(x) + \frac{1}{y} \varphi_1(x) + \frac{1}{y^2} \varphi_2(x) + \ldots = 0.$$

Prenons y comme variable indépendante et supposons que cette équation définisse x comme fonction de y.

Quand y augmente indéfiniment, les valeurs correspondantes de x ont pour limites les racines de l'équation $\varphi_0(x) = 0$. Si a est une racine *simple* réelle de cette équation, quand y augmente indéfiniment une *seule* valeur de x tend vers a, elle est réelle (A. 426); par suite, le point (x, y) décrit une branche de courbe réelle, asymptote à la droite $x = a$.

249. Asymptotes parallèles à l'axe des x. — On démontrerait de même que *les ordonnées des asymptotes parallèles à Oy sont racines de l'équation obtenue en égalant à zéro le coefficient de la plus haute puissance de x.*

Même observation qu'au n° 248.

250. Asymptotes non parallèles aux axes de coordonnées. — Nous avons vu précédemment (214) que pour avoir l'asymptote à une branche de courbe qui correspond à des valeurs infiniment grandes de x et de y, on cherche la limite de $\frac{y}{x}$, soit c cette limite, puis la limite de $y - cx$, soit d cette limite. L'équation de l'asymptote est alors $Y = cx + d$.

Supposons la courbe de degré m. En réunissant les termes de même degré, on peut toujours écrire l'équation de la courbe sous la forme

$$\varphi_m(x, y) + \varphi_{m-1}(x, y) + \varphi_{m-2}(x, y) + \ldots = 0,$$

les lettres φ désignant des polynomes *homogènes* dont le degré est indiqué par l'indice.

A chaque valeur de x l'équation fait correspondre un certain nombre de valeurs de y. Pour avoir les limites des diverses valeurs de $\dfrac{y}{x}$, posons $\dfrac{y}{x} = u$, ou $y = ux$; l'équation devient

$$\varphi_m(x,\, ux) + \varphi_{m-1}(x,\, ux) + \varphi_{m-2}(x,\, ux) + \ldots = 0,$$

ou

$$x^m \varphi_m(1,\, u) + x^{m-1} \varphi_{m-1}(1,\, u) + x^{m-2} \varphi_{m-2}(1,\, u) + \ldots = 0,$$

ou, en divisant par x^m,

$$(1) \quad \varphi_m(1,\, u) + \frac{1}{x}\,\varphi_{m-1}(1,\, u) + \frac{1}{x^2}\,\varphi_{m-2}(1,\, u) + \ldots = 0,$$

et cette équation définit u comme fonction de x.

Supposons que l'une des valeurs de u définies par cette équation ait une limite c quand x augmente indéfiniment ou quand $\dfrac{1}{x}$ tend vers zéro. Cette valeur de $\dfrac{1}{x}$ infiniment petite, et la valeur correspondante de u infiniment voisine de c vérifient constamment l'équation (1). Or tous les termes de cette équation à partir du second ont pour limite zéro comme étant le produit d'une puissance de $\dfrac{1}{x}$ qui tend vers zéro et d'un polynôme en u qui a une limite finie. Donc le premier terme $\varphi_m(1,\, u)$ a aussi pour limite zéro, par suite $\varphi_m(1,\, c) = 0$.

Réciproquement, soit c une racine réelle du polynôme $\varphi_m(1,\, u)$. Si dans l'équation (1) on remplace $\dfrac{1}{x}$ par zéro, cette équation admet la racine $u = c$, donc quand $\dfrac{1}{x}$ tend vers zéro, il y a au moins une valeur de u qui tend vers c.

On conclut de là que lorsque x augmente indéfiniment les valeurs de $\dfrac{y}{x}$ ont pour limites les racines de l'équation

$$\varphi_m(1,\, u) = 0.$$

Cette équation a donc pour racines les coefficients angulaires des directions asymptotiques.

251. Cela posé, soit c une racine réelle de cette équation; pour avoir l'asymptote correspondante, il faut chercher la limite de $y - cx$.

Pour cela, posons $y - cx = \lambda$, ou $y = cx + \lambda$, et remplaçons dans l'équation de la courbe y par $cx + \lambda$, puis ordonnons l'équation obtenue par rapport à x; nous obtenons une équation de la forme

$$(2) \quad x^q g(\lambda) + x^{q-1} g_1(\lambda) + x^{q-2} g_2(\lambda) + \ldots = 0,$$

ou, en divisant par x^q,

$$g(\lambda) + \frac{1}{x}g_1(\lambda) + \frac{1}{x^2}g_2(\lambda) + \ldots = 0;$$

et cette équation définit λ comme fonction de x.

En raisonnant comme au n° précédent, on voit que lorsque x augmente indéfiniment, les valeurs de λ ou de $y - cx$ ont pour limites les racines de l'équation $g(\lambda) = 0$.

Soit d une racine réelle de cette équation, la droite $Y = cX + d$ est asymptote; mais il peut arriver qu'elle soit asymptote à une branche imaginaire de courbe.

En effet, quand x augmente indéfiniment en étant réel, il y a au moins une valeur de λ (ou de $y - cx$) qui a pour limite d. Si λ tend vers sa limite en étant réel, y est aussi réel, et la droite $Y = cX + d$ est asymptote à une branche réelle de courbe.

Mais si λ tend vers sa limite d par valeurs imaginaires, y est aussi imaginaire, et la droite $Y = cX + d$ est asymptote à une branche imaginaire de courbe.

Dans le cas particulier où d est racine simple de l'équation $g(\lambda) = 0$, il existe une seule valeur de λ ayant pour limite d, et cette valeur est réelle; par suite, la droite $Y = cX + d$ est asymptote à une branche réelle de courbe.

Si le coefficient de la plus haute puissance de x dans l'équation (2) se réduit à une constante non nulle, toutes les valeurs de λ augmentent indéfiniment en même temps que x, il n'y a pas d'asymptote ayant c pour coefficient angulaire. La courbe admet des branches paraboliques dans cette direction.

252. Remarque. — Nous avons vu que les coefficients angulaires des directions asymptotiques sont les racines de l'équation $\varphi_m(1, u) = 0$. Cela revient à dire que toutes les droites non parallèles à Oy du faisceau représenté par l'équation

$$\varphi_m(x, y) = 0$$

sont les directions asymptotiques non parallèles à Oy de la courbe.

En échangeant les rôles de x et de y, on arriverait au même résultat pour toutes les droites non parallèles à Ox du même faisceau.

On en conclut que *toutes les directions asymptotiques de la courbe sont définies par l'équation qu'on obtient en égalant à zéro l'ensemble des termes du plus haut degré de l'équation de la courbe.*

253. Marche à suivre pour déterminer les asymptotes d'une courbe algébrique. — On considère d'abord l'équation obtenue en égalant à zéro l'ensemble des termes du plus haut degré de l'équation de la courbe

$$\varphi_m (x, y) = 0,$$

et on décompose le premier membre de cette équation en un produit de facteurs linéaires de la forme $\alpha x + \beta y$. En égalant séparément ces facteurs à zéro, on obtient les équations de toutes les directions asymptotiques de la courbe.

1° Si l'un de ces facteurs est x, Oy est l'une des directions asymptotiques; on obtient les asymptotes correspondantes en considérant le coefficient de la plus haute puissance de y, qui est un polynome en x, $\varphi_0(x)$, et en cherchant les valeurs réelles de x qui annulent ce coefficient. Ces valeurs sont les abscisses des asymptotes parallèles à Oy; quelques-unes de ces droites peuvent être asymptotes à des branches de courbe imaginaires.

Mais à toute racine simple réelle de $\varphi_0(x)$ correspond une droite, asymptote à une branche réelle de courbe.

Dans le cas particulier où le coefficient de la plus haute puissance de y est une constante, les asymptotes sont rejetées à l'infini, la courbe admet des branches paraboliques (réelles ou imaginaires) parallèles à Oy.

2° Si $\varphi_m (x, y)$ est divisible par y, Ox est direction asymptotique. Les ordonnées des asymptotes correspondantes sont les racines réelles du polynome en y, $\psi_0(y)$, qui est le coefficient de la plus haute puissance de x; quelques-unes de ces droites peuvent être asymptotes à des branches de courbe imaginaires.

Mais à toute racine simple réelle de $\psi_0(y)$ correspond une droite asymptote à une branche réelle de courbe.

Dans le cas particulier où le coefficient de la plus haute puissance de x est une constante, les asymptotes sont rejetées à l'infini, la courbe admet des branches paraboliques (réelles ou imaginaires) parallèles à Ox.

3° Enfin, supposons que $\varphi_m(x, y)$ admette le facteur $\alpha x + \beta y$, α et β n'étant pas nuls. La direction asymptotique, définie par l'équation $\alpha x + \beta y = 0$, a pour coefficient angulaire $c = -\dfrac{\alpha}{\beta}$.

Pour avoir les asymptotes correspondantes, on remplace dans l'équation de la courbe y par $cx + \lambda$, on ordonne par rapport à x, et on égale à zéro le coefficient de la plus haute puissance de x. On obtient ainsi une équation en λ, $g(\lambda) = 0$, dont les racines réelles sont les ordonnées à l'origine des asymptotes cherchées; quelques-unes de ces droites peuvent être asymptotes à des branches de courbe imaginaires.

Mais à toute racine simple du polynome $g(\lambda)$ correspond une droite asymptote à une branche réelle de courbe.

Si le coefficient de la plus haute puissance de x est une constante, il n'y a pas d'asymptote, la courbe admet des branches paraboliques (réelles ou imaginaires) dans la direction $y - cx = 0$.

Exemple. — Soit à déterminer les asymptotes de la courbe

$$3x^2 + 4xy - 4y^2 - 18x + 4y + 11 = 0,$$

qui a été construite au n° 218.

Les directions asymptotiques sont définies par l'équation

$$3x^2 + 4xy - 4y^2 = 0,$$

ou

$$(3x - 2y)(x + 2y) = 0;$$

de sorte que l'équation de la courbe peut s'écrire

$$(1) \qquad (3x - 2y)(x + 2y) - 18x + 4y + 11 = 0.$$

Considérons d'abord la direction $3x - 2y = 0$, ou $y = \dfrac{3}{2}x$, et remplaçons dans l'équation (1) de la courbe y par $\dfrac{3}{2}x + \lambda$, nous obtenons

$$- 2\lambda(4x + 2\lambda) - 18x + 6x + 4\lambda + 11 = 0,$$

ou, en ordonnant par rapport à x,

$$- 4x(2\lambda + 3) - 4\lambda^2 + 4\lambda + 11 = 0.$$

Le coefficient de la plus haute puissance de x s'annule pour $\lambda = -\dfrac{3}{2}$; par suite, l'asymptote a pour équation

$$y = \dfrac{3}{2}x - \dfrac{3}{2}.$$

Prenons ensuite la direction $x + 2y = 0$, dont le coefficient angulaire est $-\dfrac{1}{2}$, et remplaçons dans l'équation (1) y par $-\dfrac{x}{2} + \lambda$; nous avons

$$4x(2\lambda - 5) - 4\lambda^2 + 4\lambda + 11 = 0.$$

Le coefficient de x s'annule pour $\lambda = \dfrac{5}{2}$; donc l'équation de l'asymptote est

$$y = -\dfrac{x}{2} + \dfrac{5}{2}.$$

Les droites ainsi obtenues sont asymptotes à des branches réelles de courbe, parce que dans les deux cas les valeurs de λ, $-\dfrac{3}{2}$ et $\dfrac{5}{2}$, sont racines simples du coefficient de la plus haute puissance de x.

Points à l'infini des courbes algébriques.

254. On peut étendre aux points à l'infini des courbes algébriques les propriétés des points à distance finie.

On dit qu'un point à l'infini est un *point simple* lorsque toute droite passant par ce point rencontre la courbe *en un seul point* confondu en ce point. Il existe *une seule* droite passant au point considéré et rencontrant la courbe en plus d'un point confondu en ce point; cette droite est appelée la *tangente*, elle peut être rejetée à l'infini. Si elle est à distance finie, c'est une asymptote d'après ce que nous avons vu précédemment (210).

On dit qu'un point à l'infini est un *point double* lorsque toute droite passant par ce point rencontre la courbe *en deux points* confondus en ce point. Il existe *deux* droites passant au point considéré et rencontrant la courbe en plus de deux points confondus en ce point; ce sont les tangentes au point double. Elles peuvent coïncider avec la droite de l'infini, mais si l'une d'elles est à distante finie, c'est une asymptote.

Définition analogue pour le point multiple d'ordre p à l'infini.

255. Pour justifier ces définitions nous emploierons une méthode qui s'applique aussi bien aux points à l'infini qu'aux points à distance finie.

Soit $f(x, y, z) = 0$ l'équation homogène d'une courbe algébrique; désignons par x_0, y_0, z_0 les coordonnées homogènes d'un point M de cette courbe, ce point étant à distance finie ou à l'infini. Nous avons $f(x_0, y_0, z_0) = 0$. Par ce point menons une droite quelconque Δ et prenons sur cette droite un point P ayant pour coordonnées homogènes x_1, y_1, z_1.

Un point quelconque de la droite Δ a pour coordonnées homogènes $x_0 + \lambda x_1, \ y_0 + \lambda y_1, \ z_0 + \lambda z_1$ (91); et les valeurs de λ relatives aux points de rencontre de la droite et de la courbe sont racines de l'équation

$$f(x_0 + \lambda x_1, \ y_0 + \lambda y_1, \ z_0 + \lambda z_1) = 0,$$

ou

$$(1) \quad f(x_0, y_0, z_0) + \lambda \left(x_1 f'_{x_0} + y_1 f'_{y_0} + z_1 f'_{z_0} \right)$$
$$+ \frac{\lambda^2}{2} \left(x_1 f'_{x_0} + y_1 f'_{y_0} + z_1 f'_{z_0} \right)_2 + \ldots = 0.$$

A toute racine nulle de cette équation correspond un point de rencontre confondu au point M. Comme $f(x_0, y_0, z_0)$ est nul, l'équation a toujours au moins une racine nulle.

1° Supposons en premier lieu que les trois quantités f'_{x_0}, f'_{y_0} et f'_{z_0} ne soient pas nulles en même temps.

La droite Δ rencontre alors la courbe en un seul point confondu au point M; ce point est un point simple.

Pour qu'il y ait deux points de rencontre confondus au point M il faut qu'on ait

$$x_1 f'_{x_0} + y_1 f'_{y_0} + z_1 f'_{z_0} = 0,$$

c'est-à-dire que le point P soit situé sur la droite D qui a pour équation $x f'_{x_0} + y f'_{y_0} + z f'_{z_0} = 0$.

Or cette droite passe par le point M ; c'est donc la seule droite qui rencontre la courbe en plus d'un point confondu au point M ; c'est là tangente.

2° Supposons maintenant qu'on ait à la fois $f'_{x_0} = 0$, $f'_{y_0} = 0$, $f'_{z_0} = 0$ et que toutes les dérivées partielles du deuxième ordre de la fonction $f(x, y, z)$ ne soient pas nulles pour $x = x_0$, $y = y_0$, $z = z_0$.

Dans ce cas l'équation (1) a toujours deux racines nulles en λ quels que soient x_1, y_1, z_1 ; par suite toute droite Δ menée par le point M rencontre la courbe en deux points confondus au point M ; ce point est un point double.

Pour qu'il y ait plus de deux points confondus au point M, il faut qu'on ait

$$(2) \qquad \left(x_1 f'_{x_0} + y_1 f'_{y_0} + z_1 f'_{z_0}\right)_2 = 0.$$

Cette condition exprime que le point P est situé sur la courbe représentée par l'équation

$$(3) \qquad \left(x f'_{x_0} + y f'_{y_0} + z f'_{z_0}\right)_2 = 0.$$

Or l'égalité (2) exprime une propriété de la droite Δ, propriété qui est indépendante de la position du point P sur cette droite. Par suite, si les coordonnées du point P vérifient l'équation (3), il en est de même de tout point de la droite MP.

On en conclut que l'équation (3) représente deux droites passant par le point M ; ce sont les tangentes en ce point.

On continuerait aisément la discussion.

256. Remarque. — Il résulte de là que pour que le point M (x_0, y_0, z_0) à distance finie ou à l'infini soit un point double, il faut qu'on ait

$$(4) \qquad f'_{x_0} = 0, \qquad f'_{y_0} = 0, \qquad f'_{z_0} = 0.$$

D'autre part, en supposant le point à distance finie, nous avons trouvé les conditions

$$(5) \qquad f(x_0, y_0, z_0) = 0, \qquad f'_{x_0} = 0, \qquad f'_{y_0} = 0.$$

Or, on a, en désignant par m le degré de la courbe,

$$m f(x_0, y_0, z_0) = x_0 f'_{x_0} + y_0 f'_{y_0} + z_0 f'_{z_0} ;$$

par conséquent, si z_0 n'est pas nul, le système (4) est équivalent au système (5) ; mais si z_0 est nul, les conditions (5) sont insuffisantes pour exprimer que le point (x_0, y_0, z_0) est un point double.

Par suite, pour déterminer les points doubles d'une courbe algébrique, on utilisera toujours le système (4) qui est d'ailleurs plus simple que le système (5). On cherchera les solutions des équations $f'_x = 0, f'_y = 0, f'_z = 0$.

257. EXEMPLE. — Soit à déterminer les points doubles de la courbe du deuxième degré définie par l'équation homogène

$$f(x, y, z) \equiv Ax^2 + 2Bxy + Cy^2 + 2Dxz + 2Eyz + Fz^2 = 0.$$

Il faut résoudre le système

$$(6) \quad \begin{cases} \dfrac{1}{2} f'_x \equiv Ax + By + Dz = 0, \\ \dfrac{1}{2} f'_y \equiv Bx + Cy + Ez = 0, \\ \dfrac{1}{2} f'_z \equiv Dx + Ey + Fz = 0, \end{cases}$$

Nous avons là trois équations linéaires et homogènes à trois inconnues.

Le déterminant des coefficients des inconnues est

$$\Delta = \begin{vmatrix} A & B & D \\ B & C & E \\ D & E & F \end{vmatrix}.$$

1° $\Delta \neq 0$. Les équations (6) ne sont vérifiées que par des valeurs toutes nulles des inconnues ; la courbe n'a pas de point double.

2° $\Delta = 0$, et un mineur du premier ordre au moins différent de zéro. Le système (6) est vérifié par les coordonnées homogènes d'un seul point qui est d'ailleurs le point de rencontre des deux droites auxquelles se réduit la courbe.

3° $\Delta = 0$, et tous les mineurs nuls. Les équations (6) ont leurs coefficients proportionnels, elles sont vérifiées par les coordonnées d'une infinité de points en ligne droite. Dans ce cas la courbe se déduit à une droite double, et tous les points de cette droite sont des points doubles.

258. La détermination des tangentes aux points à l'infini ne présente donc aucune difficulté dès qu'on connaît les coordonnées de ces points.

Ordonnons l'équation de la courbe par rapport aux puissances ascendantes de z; nous avons

$$f(x, y, z) \equiv \varphi_m(x, y) + z\varphi_{m-1}(x, y) + z^2\varphi_{m-2}(x, y) + \ldots = 0,$$

les fonctions φ désignant des polynomes homogènes dont le degré est égal à l'indice.

Les coordonnées des points à l'infini seront connues dès qu'on aura décomposé $\varphi_m(x, y)$ en facteurs linéaires.

Soit $\alpha x + \beta y$ un facteur de $\varphi_m (x, y)$; à ce facteur correspond un point à l'infini situé sur la courbe et dont les coordonnées homogènes sont $x_0 = \beta$, $y_0 = -\alpha$, $z_0 = 0$.

Nous avons

$$\frac{\partial f}{\partial x} = \frac{\partial \varphi_m}{\partial x} + z \frac{\partial \varphi_{m-1}}{\partial x} + \ldots,$$

$$\frac{\partial f}{\partial y} = \frac{\partial \varphi_m}{\partial y} + z \frac{\partial \varphi_{m-1}}{\partial y} + \ldots,$$

$$\frac{\partial f}{\partial z} = \varphi_{m-1} + 2z \varphi_{m-2} + \ldots,$$

et, en remplaçant x, y, z par x_0, y_0, z_0, on a

$$\frac{\partial f}{\partial x_0} = \frac{\partial \varphi_m}{\partial x_0}, \qquad \frac{\partial f}{\partial y_0} = \frac{\partial \varphi_m}{\partial y_0}, \qquad \frac{\partial f}{\partial z_0} = \varphi_{m-1}(x_0, y_0).$$

1° Si $\alpha x + \beta y$ est facteur simple de φ_m, il ne divise pas à la fois $\dfrac{\partial \varphi_m}{\partial x}$ et $\dfrac{\partial \varphi_m}{\partial y}$, par suite $\dfrac{\partial \varphi_m}{\partial x_0}$ et $\dfrac{\partial \varphi_m}{\partial y_0}$ ne sont pas nuls tous les deux. Le point (x_0, y_0, z_0) est donc un point simple et la tangente en ce point a pour équation

$$x \frac{\partial \varphi_m}{\partial x_0} + y \frac{\partial \varphi_m}{\partial y_0} + z \varphi_{m-1}(x_0, y_0) = 0;$$

elle est à distance finie; c'est une asymptote.

2° Supposons maintenant que $\alpha x + \beta y$ soit facteur multiple de φ_m; nous avons alors $\dfrac{\partial \varphi_m}{\partial x_0} = \dfrac{\partial \varphi_m}{\partial y_0} = 0.$

Si $\alpha x + \beta y$ ne divise pas φ_{m-1}, $\varphi_{m-1}(x_0, y_0)$ n'est pas nul. le point (x_0, y_0, z_0) est encore un point simple, seulement la tangente en ce point a pour équation $z \varphi_{m-1}(x_0, y_0) = 0$, ou $z = 0$; c'est la droite de l'infini.

259. On peut donc énoncer les théorèmes suivants :

I. — *A tout facteur simple de φ_m correspond un point simple à l'infini et une asymptote.*

II. — *A tout facteur multiple de φ_m qui ne divise pas φ_{m-1} correspond un point simple à l'infini et des branches paraboliques.*

260. Pour que le point (x_0, y_0, z_0) soit un point double, il faut qu'on ait en même temps

$$\frac{\partial \varphi_m}{\partial x_0} = 0, \qquad \frac{\partial \varphi_m}{\partial y_0} = 0, \qquad \varphi_{m-1}(x_0, y_0) = 0,$$

c'est-à-dire que le facteur $\alpha x + \beta y$ soit facteur double de φ_m et facteur simple de φ_{m-1}.

Si ces conditions sont remplies, on vérifiera aisément que les tangentes en ce point sont définies par l'équation

$$x^2 \frac{\partial^2 \varphi_m}{\partial x_0^2} + 2xy \frac{\partial^2 \varphi_m}{\partial x_0 \partial y_0} + y^2 \frac{\partial^2 \varphi_m}{\partial y_0^2} + 2xz \frac{\partial \varphi_{m-1}}{\partial x_0}$$
$$+ 2yz \frac{\partial \varphi_{m-1}}{\partial y_0} + 2z^2 \varphi_{m-2}(x_0, y_0) = 0.$$

261. Pour déterminer les tangentes aux points à l'infini d'une courbe algébrique, on peut employer une méthode plus simple et qui conduit aux mêmes calculs que la méthode indiquée précédemment pour avoir les asymptotes.

Les points à l'infini sont déterminés par les équations $z = 0$, $\varphi_m(x, y) = 0$.

1° Supposons que $\varphi_m(x, y)$ soit divisible par x; la courbe admet un point à l'infini dans la direction Oy. Ordonnons l'équation par rapport à y; nous avons

$$y^p \varphi_0(x) + y^{p-1} \varphi_1(x) + y^{p-2} \varphi_2(x) + \ldots = 0.$$

Ceci nous montre qu'une droite quelconque parallèle à Oy rencontre la courbe en p points à distance finie, et par suite en $m - p$ points à l'infini. Donc le point à l'infini est un point multiple d'ordre $m - p$.

Pour avoir les tangentes en ce point, il faut trouver les droites parallèles à Oy qui rencontrent la courbe en plus de $m - p$ points à l'infini. Ces droites ont évidemment pour abscisses les racines de l'équation $\varphi_0(x) = 0$.

Si cette équation est de degré $m - p$, toutes les tangentes sont à distance finie. Si $\varphi_0(x)$ est de degré inférieur à $m - p$, quelques-unes de ces tangentes sont rejetées à l'infini; la courbe admet des branches paraboliques dans la direction Oy.

Même méthode et mêmes conclusions si $\varphi_m(x, y)$ est divisible par y.

2° Si $\varphi_m(x, y)$ est divisible par $y - cx$, la courbe admet un point à l'infini dans la direction $y - cx = 0$. Soit D cette direction et A le point à l'infini.

Considérons une droite quelconque passant par le point A, c'est-à-dire parallèle à D, soit $y = cx + \lambda$, et formons l'équation aux abscisses des points de rencontre de cette droite et de la courbe,

$$x^q g(\lambda) + x^{q-1} g_1(\lambda) + x^{q-2} g_2(\lambda) + \ldots = 0.$$

La droite rencontre la courbe en q points à distance finie et par suite en $m - q$ points à l'infini; donc le point A est un point multiple d'ordre $m - q$.

Pour que la droite soit tangente, il faut qu'elle rencontre la courbe en plus de $m - q$ points à l'infini; on doit donc avoir $g(\lambda) = 0$, et cette équation admet pour racines les ordonnées à l'origine des tangentes au point A.

Si $g(\lambda)$ est de degré $m - q$, toutes ces tangentes sont à distance finie; si $g(\lambda)$ est de degré inférieur à $m - q$, quelques-unes de ces tangentes sont rejetées à l'infini; la courbe admet des branches paraboliques dans la direction D.

262. Puisque les asymptotes sont des tangentes aux points à l'infini, on peut déterminer le nombre maximum de points de rencontre *à distance finie* d'une courbe et d'une de ses asymptotes, et cela peut aider à placer la courbe par rapport à l'asymptote.

Par exemple, dans une courbe du deuxième degré, chaque asymptote rencontre la courbe en deux points à l'infini, donc elle ne peut rencontrer la courbe en un point à distance finie.

Considérons maintenant une courbe du troisième degré; chaque asymptote rencontre la courbe en deux points à l'infini, donc elle ne peut rencontrer la courbe qu'en un point à distance finie.

Si la courbe admet deux asymptotes parallèles, la courbe admet un point double à l'infini dans la direction de ces asymptotes. Chacune de ces droites rencontre la courbe en trois points à l'infini et ne peut alors la rencontrer en aucun point à distance finie.

Construction d'une courbe algébrique dont l'équation ne peut être résolue par rapport à x ou à y.

263. Si la courbe est de degré m et si elle admet un point multiple d'ordre $m - 1$ à distance finie, on transportera l'origine en ce point, l'équation prendra la forme

$$\varphi_m(x, y) + \varphi_{m-1}(x, y) = 0,$$

et, en posant $y = tx$, on exprimera les coordonnées d'un point de la courbe en fonction rationnelle de t, et on pourra ainsi la construire. Nous en avons donné plus haut des exemples.

Il en est de même si la courbe admet un point multiple d'ordre $m - 1$ à l'infini. Supposons par exemple que ce point soit situé dans la direction $y - cx = 0$.

Si on coupe la courbe par la droite $y = cx + \lambda$, on a $m - 1$ points de rencontre à l'infini, et un seul point à distance finie. Par suite, si dans l'équation de la courbe on remplace y par $cx + \lambda$, on obtient une équation du premier degré en x :

$$xg(\lambda) + g_1(\lambda) = 0,$$

$g(\lambda)$ et $g_1(\lambda)$ étant des polynomes, et l'on en tire

$$x = -\frac{g_1(\lambda)}{g(\lambda)}, \qquad y = -c\,\frac{g_1(\lambda)}{g(\lambda)} + \lambda\,;$$

ce sont les coordonnées d'un point de la courbe en fonction rationnelle de λ.

La courbe est encore unicursale, et les racines du polynome $g(\lambda)$ sont les ordonnées à l'origine des asymptotes de coefficient angulaire c.

264. Considérons maintenant une courbe de degré m ayant un point multiple d'ordre $m - 2$ à distance finie. En le supposant à l'origine, l'équation de la courbe s'écrit

$$\varphi_m(x, y) + \varphi_{m-1}(x, y) + \varphi_{m-2}(x, y) = 0.$$

La droite $y = tx$ rencontre cette courbe en deux points autres que l'origine, dont les coordonnées sont définies par les deux équations

$$(1) \qquad x^2\varphi_m(1, t) + x\varphi_{m-1}(1, t) + \varphi_{m-2}(1, t) = 0,$$
$$(2) \qquad y = tx,$$

et on pourra construire la courbe si on peut étudier la réalité et le signe des racines de l'équation (1) quand on fait varier t de $-\infty$ à $+\infty$.

Méthode analogue si la courbe, toujours supposée de degré m, admet un point multiple d'ordre $m - 2$ à l'infini dans la direction $y - cx = 0$. En remplaçant y par $cx + \lambda$ dans l'équation de la courbe, on aura une équation du deuxième degré en x,

$$x^2 g(\lambda) + xg_1(\lambda) + g_2(\lambda) = 0,$$

qu'il suffira de discuter en faisant varier λ.

265. Si aucune de ces méthodes n'est applicable, on ordonne l'équation de la courbe par rapport à l'une des variables, y par exemple, et on obtient une équation de la forme

$$y^p\varphi_0(x) + y^{p-1}\varphi_1(x) + y^{p-2}\varphi_2(x) + \ldots = 0,$$

$\varphi_0(x)$, $\varphi_1(x)$, ... désignant des polynomes.

On fait varier x de $-\infty$ à $+\infty$, et l'on étudie la réalité et le signe des valeurs correspondantes de y, en s'appuyant sur les théorèmes de Descartes et de Rolle. De cette discussion résulte un premier tracé que l'on rectifie ensuite au moyen de quelques tangentes et des asymptotes.

En général, il est difficile d'obtenir davantage : on ne peut songer en effet à déterminer le sens de la variation de y, car la dérivée y' est exprimée en fonction de x et de y.

266. Voici encore quelques remarques qui simplifient la construction.

I. — *Si l'équation de la courbe ne change pas quand on change à la fois x en $- x$ et y en $- y$, la courbe est symétrique par rapport à l'origine.*

En effet, à tout point $M(x_0, y_0)$ de la courbe correspond le point $M'(-x_0, -y_0)$, également situé sur la courbe et symétrique de M par rapport à l'origine.

Il suffit alors de construire la moitié de cette courbe, par exemple celle qui correspond aux valeurs positives de x; on en déduit l'autre moitié en construisant la symétrique de la portion obtenue par rapport à l'origine.

II. — *Si l'équation d'une courbe ne change pas quand on change x en $- x$, et si les axes de coordonnées sont rectangulaires, la courbe est symétrique par rapport à Oy.*

En effet, à deux valeurs de x égales et de signes contraires l'équation fait correspondre les mêmes valeurs de y; donc à tout point $M(x_0, y_0)$ de la courbe correspond un point $M'(-x_0, y_0)$ symétrique de M par rapport à Oy.

Il suffit alors de donner à x des valeurs positives et de construire la symétrique de la portion de courbe obtenue par rapport à Oy.

Si les axes de coordonnées ne sont pas rectangulaires, à tout point M de la courbe correspond un point M' tel que MM' soit parallèle à Ox et ait son milieu sur Oy. Connaissant la moitié de la courbe qui est relative aux valeurs positives de x, on en construit aisément l'autre moitié.

III. — *Si l'équation d'une courbe ne change pas quand on change y en $- y$, et si les axes de coordonnées sont rectangulaires, la courbe est symétrique par rapport à Ox.*

Démonstration et conclusions analogues.

IV. — *Si l'équation d'une courbe ne change pas quand on change à la fois x en y et y en x, la courbe est symétrique par rapport à la première bissectrice de l'angle des axes $(x - y = 0)$.*

Cela résulte de ce que la condition nécessaire et suffisante pour que deux points (x, y) et (x', y') soient symétriques par rapport à la première bissectrice des axes est $x = y'$, $y = x'$.

V. — *Si l'équation d'une courbe ne change pas quand on change à la fois x en $-y$ et y en $-x$, la courbe est symétrique par rapport à la deuxième bissectrice de l'angle des axes $(x+y=0)$.*

Cela résulte de ce que la condition nécessaire et suffisante pour que deux points (x, y) et (x', y') soient symétriques par rapport à la deuxième bissectrice des axes est $x = -y'$, $y = -x'$.

EXEMPLE. — *Construire la courbe définie par l'équation*

$$2x^3 - 3x^2y + y^3 + 3xy - 2x = 0.$$

Cette équation représente une courbe du troisième degré admettant un point simple à l'origine, la tangente en ce point étant l'axe des y.

Ordonnons l'équation par rapport à y, nous avons

$$y^3 - 3x(x-1)y + 2x(x^2-1) = 0.$$

A chaque valeur de x correspondent trois valeurs de y. Pour que ces trois valeurs soient réelles, il faut qu'on ait (*)

$$- x^3(x-1)^3 + x^2(x^2-1)^2 < 0,$$

ou

$$x^2(x-1)^2(3x+1) < 0 \, ;$$

il en résulte que x doit être plus petit que $-\dfrac{1}{3}$.

Quand x croît de $-\infty$ à $-\dfrac{1}{3}$, l'équation a trois racines réelles; pour $x = -\dfrac{1}{3}$ elle admet la racine double $\dfrac{2}{3}$ et la racine simple $-\dfrac{4}{3}$, et enfin quand x croît de $-\dfrac{1}{3}$ à $+\infty$, l'équation a une seule racine réelle.

Les signes de ces racines dépendent des signes des coefficients $-3x(x-1)$ et $2x(x^2-1)$, c'est-à-dire de la position de x par rapport aux nombres -1, 0 et $+1$.

Les valeurs remarquables de x sont donc

$$-\infty \qquad -1 \qquad -\frac{1}{3} \qquad 0 \qquad +1 \qquad +\infty.$$

Quand x croît de $-\infty$ à -1, les signes des coefficients sont $+$, $-$, $-$; l'équation a une seule variation, et par suite une racine positive et deux négatives.

Pour déterminer les valeurs de y correspondant à $x = -\infty$, on divise par x^3 le premier membre de l'équation; celle-ci devient

$$\frac{y^3}{x^3} - \frac{3}{x}\left(1 - \frac{1}{x}\right)y + 2\left(1 - \frac{1}{x^2}\right) = 0.$$

(*) On sait que pour que l'équation $x^3 + px + q = 0$ ait ses trois racines réelles il faut qu'on ait

$$\left(\frac{p}{3}\right)^3 + \left(\frac{q}{2}\right)^2 < 0. \qquad \text{Si l'on a} \qquad \left(\frac{p}{3}\right)^3 + \left(\frac{q}{2}\right)^2 = 0,$$

l'équation a une racine double égale à $-\dfrac{3q}{2p}$ et une racine simple égale à $\dfrac{3q}{p}$.

Quand x augmente indéfiniment, les deux premiers coefficients tendent vers zéro, donc les trois racines de l'équation sont infiniment grandes.

Pour $x = -1$, l'équation devient $y^3 - 6y = 0$; elle admet les racines 0 et $\pm\sqrt{6}$.

Quand x croît de -1 à $-\frac{1}{3}$, les signes des coefficients sont $+, -, +$, l'équation admet deux racines positives et une négative, et pour $x = -\frac{1}{3}$ elle a la racine double $\frac{2}{3}$ et la racine simple $-\frac{4}{3}$.

Quand x croît à partir de $-\frac{1}{3}$, l'équation n'a plus qu'une racine réelle, et en étudiant les signes des coefficients on voit facilement que cette racine est négative dans l'intervalle $\left(-\frac{1}{3}, 0\right)$, nulle pour $x = 0$, positive dans l'intervalle $(0, 1)$, nulle pour $x = 1$, négative dans le dernier intervalle, et enfin égale à $-\infty$ pour $x = +\infty$.

Cette discussion peut être résumée dans le tableau suivant :

x	$-\infty$		-1		$-\frac{1}{3}$		0		1		$+\infty$
y_1	$-\infty$	$-$	$-\sqrt{6}$	$-$	$-\frac{4}{3}$	$-$	0	$+$	0	$-$	$-\infty$
y_2	$-\infty$	$-$	0	$+$	$\frac{2}{3}$						
y_3	$+\infty$	$+$	$\sqrt{6}$	$+$	$\frac{2}{3}$						

et on en déduit la forme de la courbe (*fig.* 87).

Le coefficient angulaire de la tangente en un point (x, y) est égal à

$$-\frac{f'_x}{f'_y} = -\frac{6x^2 - 6xy + 3y - 2}{-3x^2 + 3y^2 + 3x}.$$

Au point A $(x = -1, y = 0)$, le coefficient angulaire de la tangente est égal à $\frac{2}{3}$; on vérifie aisément que cette tangente rencontre la courbe en trois points confondus au point A, qui est alors un point d'inflexion.

Pour $x = -\frac{1}{3}$, $y = \frac{2}{3}$ f_y étant nul, on en conclut qu'au point B correspondant la tangente est parallèle à Oy. Il en est de même au point C $(x = 1, y = 0)$; ce qui montre qu'en ce point il y a inflexion.

Cherchons maintenant les asymptotes. Les directions asymptotiques sont définies par l'équation

$$2x^3 - 3x^2 y + y^3 = 0,$$

ou

$$(y - x)^2 (y + 2x) = 0.$$

On a ainsi les directions asymptotiques $y - x = 0$, $y + 2x = 0$.

Considérons la première; pour avoir l'asymptote correspondante, remplaçons y par $x + \lambda$ dans l'équation de la courbe, écrite préalablement sous la forme

$$(y - x)^2 (y + 2x) + 3xy - 2x = 0.$$

Nous obtenons

$$\lambda^2 (3x + \lambda) + 3x (x + \lambda) - 2x = 0,$$

ou

$$3x^2 + (3\lambda^2 + 3\lambda - 2) x + \lambda^3 = 0.$$

Le coefficient de x^2 ne peut s'annuler, donc la courbe admet des branches paraboliques AL et OL′ dans la direction $y - x = 0$.

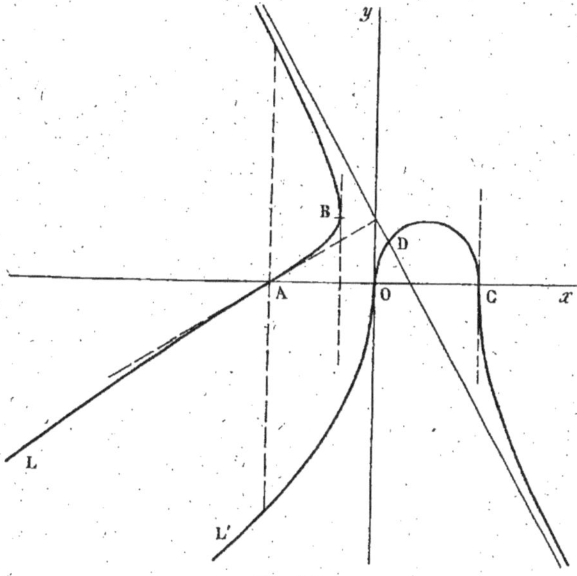

Fig. 87.

Ce résultat était à prévoir, puisque $y - x$ est facteur double des termes du troisième degré et ne divise pas ceux du second (259).

Prenons enfin la deuxième direction asymptotique $y + 2x = 0$; remplaçons dans l'équation de la courbe y par $-2x + \lambda$, nous avons, toutes réductions faites,

$$(1) \qquad 3x^2 (3\lambda - 2) - x (6\lambda^2 - 3\lambda + 2) + \lambda^3 = 0.$$

Le coefficient de x^2 s'annule pour $\lambda = \dfrac{2}{3}$; par suite, la courbe admet l'asymptote

$$y = -2x + \frac{2}{3}.$$

On peut remarquer que l'équation (1) est l'équation aux abscisses des points de rencontre de la courbe et de la droite $y = -2x + \lambda$. Si donc dans cette équation on remplace λ par $\frac{2}{3}$, on obtient l'équation aux abscisses des points de rencontre de la courbe et de l'asymptote. Cette équation se réduit à $9x - 1 = 0$, elle admet une seule racine $x = \frac{1}{9}$. Donc l'asymptote rencontre la courbe en un seul point D ayant pour abscisse $\frac{1}{9}$. Cette remarque nous permet de placer la courbe par rapport à l'asymptote.

Méthode des régions.

Il nous reste à dire quelques mots de la méthode des régions qui, dans certains cas particuliers, permet de construire assez rapidement une courbe.

Elle repose sur le théorème suivant :

267. Théorème. — *Soit une courbe algébrique* $f(x, y) = 0$ *et deux points quelconques du plan* P(x_1, y_1) *et* Q(x_2, y_2). *Suivant que les résultats de substitution* $f(x_1, y_1)$ *et* $f(x_2, y_2)$ *sont de même signe ou de signes contraires, la droite* PQ *rencontre la courbe en un nombre pair ou impair de points réels situés entre* P *et* Q.

Dans cet énoncé, zéro doit être considéré comme un nombre pair. L'équation de la droite PQ est

$$\frac{x - x_1}{x_2 - x_1} = \frac{y - y_1}{y_2 - y_1} = \rho ;$$

un point quelconque de cette droite a pour coordonnées

$$x_1 + \rho(x_2 - x_1), \quad y_1 + \rho(y_2 - y_1),$$

et les valeurs de ρ relatives aux points de rencontre de la droite et de la courbe sont racines de l'équation

$$\varphi(\rho) \equiv f[x_1 + \rho(x_2 - x_1), \quad y_1 + \rho(y_2 - y_1)] = 0.$$

Les valeurs de ρ qui correspondent aux points P et Q sont respectivement 0 et 1; donc le nombre de points réels de la courbe situés sur la droite PQ entre P et Q est égal au nombre de racines réelles de l'équation $\varphi(\rho) = 0$ comprises entre 0 et 1. Or ce nombre est pair ou impair suivant que $\varphi(0)$ et $\varphi(1)$ sont de même signe ou de signes contraires; comme

$$\varphi(0) = f(x_1, y_1), \quad \varphi(1) = f(x_2, y_2),$$

le théorème est démontré.

268. Cela posé, considérons une courbe algébrique, par exemple celle qui a été construite au n° 246,

$$f(x, y) \equiv x^3(x - 2y) - y(x^2 - y^2) = 0.$$

Elle divise le plan en cinq régions telles que, si M et N sont deux points quelconques d'une de ces régions, on peut joindre ces deux points par un trait continu sans rencontrer la courbe. Ce trait peut

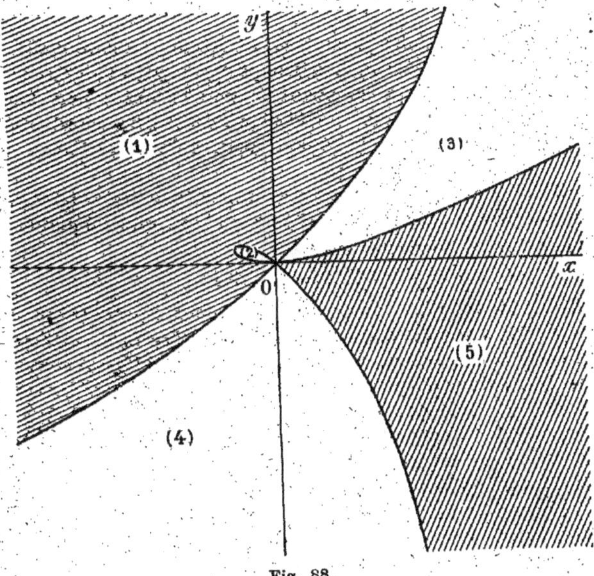

Fig. 88.

être composé de portions de lignes droites; il résulte alors du théorème précédent que l'expression $f(x', y')$ conservera un signe constant quand le point (x', y') se déplacera dans l'une de ces régions.

Considérons en particulier la région (1) qui contient la partie positive de Oy; pour les coordonnées $(0, a)$ d'un point de cet axe, on a $f(0, a) = a^3 > 0$, donc les coordonnées de tous les points de la région (1) rendent positive la fonction $f(x, y)$.

En appliquant alors le théorème précédent, on voit que pour les points des régions (2), (3) et (4) $f(x, y)$ est négatif; pour ceux de la région (5) $f(x, y)$ est positif.

On appelle *région positive* (ou *négative*) d'une courbe algébrique $f(x, y) = 0$ l'ensemble des régions du plan dont les coordonnées des points rendent positive (ou négative) la fonction $f(x, y)$.

Ainsi la région positive de la courbe

$$f(x, y) \equiv x^3 (x - 2y) - y (x^2 - y^2) = 0$$

est couverte de hachures sur la figure 88; le reste du plan est la région négative.

269. Ces considérations permettent de résoudre les inégalités algébriques à deux inconnues x, y, telles que $f(x, y) > 0$, $f(x, y)$ désignant un polynome. On construit la courbe qui a pour équation $f(x, y) = 0$, et les solutions de l'inégalité sont les coordonnées des points qui appartiennent à la région positive de la courbe.

270. Il nous reste à expliquer comment ces remarques peuvent servir à construire une courbe. Il faut d'abord que l'équation de la courbe puisse être mise sous forme.

$$(1) \qquad ABC \ldots = A'B'C' \ldots,$$

A, B, C, ..., A', B', C', ... étant des polynomes en x et y tels que les courbes définies par les équations $A = 0$, $B = 0$, ... $C' = 0$, ... soient faciles à construire. Supposons-les construites et couvrons de hachures les régions du plan dont les coordonnées des points donnent des signes contraires aux deux membres de l'équation (1). Il est clair qu'aucun point de la courbe représentée par cette équation ne peut être situé dans les régions ainsi mises en évidence, car pour les coordonnées d'un point de la courbe les produits ABC ... et A'B'C' ... sont égaux, et par suite de même signe.

La courbe ne peut donc être située que dans les régions non couvertes de hachures. De plus elle passe par les points de rencontre de la courbe $A = 0$ avec les courbes $A' = 0$, $B' = 0$, $C' = 0$, ... etc.

On détermine ensuite quelques tangentes, les asymptotes, et dans certains cas très simples, ces données suffisent pour construire la courbe.

EXEMPLE. — Soit là courbe

$$(x^2 + y^2 - 1)(y + 2) = y(2x + 2y - 1).$$

Construisons les lignes qui ont pour équations $x^2 + y^2 - 1 = 0$, $y + 2 = 0$, $y = 0$, $2x + 2y - 1 = 0$; la première est un cercle, les autres des droites. Elles partagent le plan en neuf régions.

Un système de valeurs de x et y positives et supérieures à 1 rendent positifs les deux membres de l'équation de la courbe; il en sera de même de tous les points de la région (1). Si l'on traverse l'une des lignes construites, l'un des membres de l'équation de la courbe

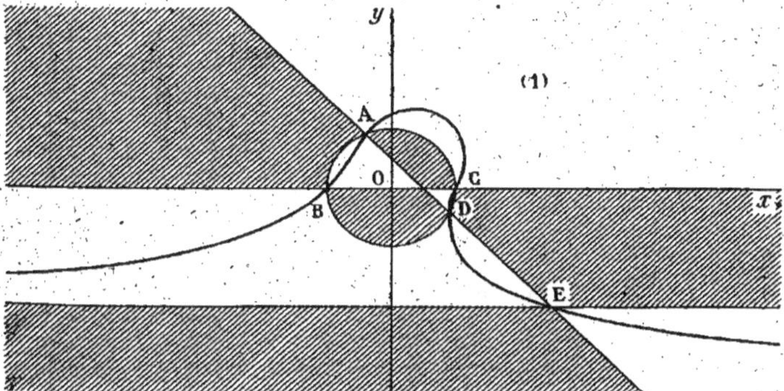

Fig. 89.

change de signe, on pénètre dans une région où il ne peut y avoir aucun point de la courbe, etc.

Enfin la courbe passe aux points A, B, C, D, E; elle admet un seule asymptote $y + 2 = 0$.

Toutes ces conditions suffisent à donner une idée de la forme de la courbe (*fig.* 89).

CHAPITRE XIII

THÉORIE DES ENVELOPPES

---

271. Considérons un ensemble de courbes définies par l'équation

$$(1) \qquad f(x, y, \lambda) = 0,$$

où λ désigne un paramètre arbitraire. Soit C une courbe particulière de l'ensemble relative à la valeur λ_0 du paramètre et ayant pour équation

$$(2) \qquad f(x, y, \lambda_0) = 0.$$

Donnons à λ_0 un accroissement h, nous obtenons une nouvelle courbe C′,

$$(3) \qquad f(x, y, \lambda_0 + h) = 0.$$

Quand h tend vers zéro, les points communs aux courbes C et C′ tendent en général vers certains points situés sur la courbe C et qu'on appelle les *points limites* relatifs à cette courbe. Le lieu géométrique de ces points quand λ_0 varie est par définition *l'enveloppe* des courbes représentées par l'équation (1).

Les points communs aux courbes C et C′ sont déterminés par les équations (2) et (3), ou par le système équivalent

$$f(x, y, \lambda_0) = 0, \qquad \frac{f(x, y, \lambda_0 + h) - f(x, y, \lambda_0)}{h} = 0.$$

Si la fonction $f(x, y, \lambda)$ admet une dérivée par rapport à λ, le premier membre de la deuxième équation a pour limite $f'_\lambda(x, y, \lambda_0)$ quand h tend vers zéro; il en résulte que les coordonnées des points limites relatifs à la courbe C sont déterminées par les équations

$$f(x, y, \lambda_0) = 0, \qquad f'_\lambda(x, y, \lambda_0) = 0.$$

On aura donc l'équation de l'enveloppe en éliminant λ_0 entre ces équations, ou, ce qui revient au même, en éliminant λ entre les équations

$$f(x, y, \lambda) = 0, \qquad f'_\lambda(x, y, \lambda) = 0.$$

Les courbes représentées par l'équation (1) sont appelées *courbes enveloppées.*

272. Théorème. — *L'enveloppe est tangente aux courbes enveloppées aux points limites.*

Soit $f(x, y, \lambda_0) = 0$ l'équation d'une courbe enveloppée C ; désignons par x_0, y_0 les coordonnées d'un point limite de cette courbe, nous avons $f(x_0, y_0, \lambda_0) = 0$, $f'_\lambda(x_0, y_0, \lambda_0) = 0$, et la tangente en ce point à la courbe C a pour équation

$$(x - x_0)f'_x(x_0, y_0, \lambda_0) + (y - y_0)f'_y(x_0, y_0, \lambda_0) = 0.$$

D'autre part, l'enveloppe peut être représentée par l'équation

$$f(x, y, \lambda) = 0;$$

à condition d'y considérer λ comme une fonction de x et de y définie par l'équation $f'_\lambda(x, y, \lambda) = 0$. Cette fonction a un certain nombre de déterminations correspondant aux diverses branches de l'enveloppe. L'une de ces déterminations prend la valeur λ_0 pour $x = x_0$, $y = y_0$, puisque l'on a $f'_\lambda(x_0, y_0, \lambda_0) = 0$; elle correspond à la branche de l'enveloppe qui passe au point (x_0, y_0).

Cela étant, la tangente en un point quelconque (x, y) de l'enveloppe a pour équation

$$(X - x)\,[f'_x(x, y, \lambda) + f'_\lambda(x, y, \lambda)\lambda'_x]$$
$$+ (Y - y)\,[f'_y(x, y, \lambda) + f'_\lambda(x, y, \lambda)\lambda'_y] = 0$$

ou, puisque $f'_\lambda(x, y, \lambda)$ est identiquement nul,

$$(X - x)f'_x(x, y, \lambda) + (Y - y)f'_y(x, y, \lambda) = 0.$$

Pour avoir la tangente à l'enveloppe au point (x_0, y_0), nous remplaçons dans cette dernière équation x et y par x_0 et y_0. La fonction λ prend alors la valeur λ_0 en vertu de ce qui précède, et l'équation devient

$$(X - x_0)f'_x(x_0, y_0, \lambda_0) + (Y - y_0)f'_y(x_0, y_0, \lambda_0) = 0;$$

et nous voyons ainsi que l'enveloppe et l'enveloppée ont même tangente au point (x_0, y_0), ce qui démontre le théorème.

273. Supposons que $f(x, y, \lambda)$ soit un polynome en λ. Éliminer λ entre les équations $f(x, y, \lambda) = 0$, $f'_\lambda(x, y, \lambda) = 0$, c'est trouver la condition pour que l'équation $f(x, y, \lambda) = 0$ ait une racine double en λ. Dans certains cas particuliers cette condition s'écrit immédiatement.

Par exemple, si l'on a $f(x, y, \lambda) = A\lambda^2 + B\lambda + C$, A, B, C désignant des fonctions de x et y, l'équation de l'enveloppe est $B^2 - 4AC = 0$.

Si $f(x, y, \lambda) \equiv \lambda^3 + P\lambda + Q$, P et Q étant des fonctions de x et de y, l'enveloppe a pour équation $4P^3 + 27Q^2 = 0$.

274. Il peut arriver que les courbes enveloppées aient une équation

$$(1) \qquad f(x, y, \lambda, \mu) = 0$$

renfermant deux paramètres λ et μ, liés par une relation

$$(2) \qquad \varphi(\lambda, \mu) = 0.$$

L'équation (1) ne renferme en réalité qu'un seul paramètre indépendant, car on peut considérer μ comme une fonction de λ, définie par la relation (2). Il en résulte que les coordonnées des points limites vérifient l'équation

$$f'_\lambda(x, y, \lambda, \mu) + f'_\mu(x, y, \lambda, \mu)\,\mu'_\lambda = 0,$$

μ'_λ désignant la dérivée de μ par rapport à λ. Cette dérivée est donnée par la relation

$$\varphi'_\lambda + \varphi'_\mu\,\mu'_\lambda = 0,$$

et, en éliminant μ'_λ entre ces deux équations, nous avons

$$(3) \qquad \frac{f'_\lambda}{\varphi'_\lambda} = \frac{f'_\mu}{\varphi'_\mu}.$$

Les équations (1) et (3) déterminent les points limites.

On aura l'équation de l'enveloppe en éliminant λ et μ entre les équations (1), (2) et (3).

EXEMPLE. — *Par un point O pris à l'intérieur d'un cercle on mène deux droites perpendiculaires variables rencontrant le cercle aux points A et B; trouver l'enveloppe de la droite AB.*

Prenons pour origine le point O, pour axe des x la droite joignant le point O au centre C du cercle, et pour axe des y une droite perpendiculaire à OC (*fig.* 90); désignons par a l'abscisse du point C et par R le rayon du cercle. L'équation du cercle est alors

$$(x - a)^2 + y^2 - R^2 = 0.$$

Soit

$$(1) \qquad \lambda x + \mu y - 1 = 0$$

l'équation de la droite AB; nous allons former l'équation de l'ensemble des droites OA et OB, et nous écrirons que ces droites sont perpendiculaires.

Pour cela (86) rendons homogènes les équations du cercle et de la droite AB, et éliminons la variable d'homogénéité entre les équations obtenues. Nous avons ainsi

$$x^2 + y^2 - 2axz + (a^2 - R^2)z^2 = 0, \qquad \lambda x + \mu y - z = 0,$$

et, en éliminant z,

$$x^2 + y^2 - 2ax(\lambda x + \mu y) + (a^2 - R^2)(\lambda x + \mu y)^2 = 0.$$

Telle est l'équation de l'ensemble des droites OA et OB. Pour que ces deux droites soient perpendiculaires (84), il faut que la somme des coefficients de x^2 et de y^2 soit nulle, ce qui donne

(2) $$2 - 2a\lambda + (a^2 - R^2)(\lambda^2 + \mu^2) = 0.$$

Nous devons alors chercher l'enveloppe de la droite (1), λ et μ étant liés par la relation (2). Pour cela (274) il faut éliminer λ et μ entre les équations (1), (2) et la suivante

(3) $$\frac{x}{-2a + 2\lambda(a^2 - R^2)} = \frac{y}{2\mu(a^2 - R^2)}.$$

Les équations (1) et (3) sont du premier degré par rapport à λ et μ, il est facile de les résoudre, et on obtient

$$\lambda = \frac{ay^2 + (a^2 - R^2)x}{(a^2 - R^2)(x^2 + y^2)}, \qquad \mu = \frac{-axy + (a^2 - R^2)y}{(a^2 - R^2)(x^2 + y^2)}.$$

Il n'y a plus qu'à porter ces valeurs de λ et de μ dans la relation (2) pour avoir l'équation de l'enveloppe; nous remarquerons auparavant que

$$\lambda^2 + \mu^2 = \frac{a^2y^2 + (a^2 - R^2)^2}{(a^2 - R^2)^2(x^2 + y^2)},$$

et, en substituant, nous obtenons

$$2 - \frac{2a[ay^2 + (a^2 - R^2)x]}{(a^2 - R^2)(x^2 + y^2)} + \frac{a^2y^2 + (a^2 - R^2)^2}{(a^2 - R^2)(x^2 + y^2)} = 0,$$

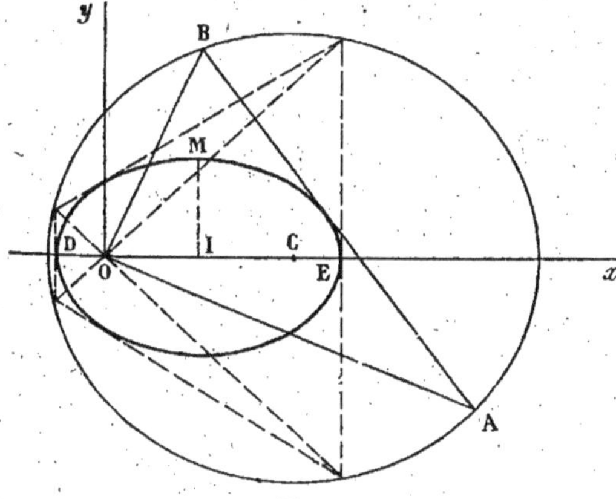

Fig. 90.

ou

$$2(a^2 - R^2)(x^2 + y^2) - 2a[ay^2 + (a^2 - R^2)x] + a^2y^2 + (a^2 - R^2)^2 = 0,$$

ou enfin

$$(R^2 - a^2)(2x^2 - 2ax + a^2 - R^2) + (2R^2 - a^2)y^2 = 0.$$

Cette équation représente une courbe du deuxième degré, symétrique par rapport à Ox; il est aisé de la construire en résolvant l'équation par rapport à y, ce qui donne

$$y = \pm \sqrt{\frac{R^2 - a^2}{2R^2 - a^2}(2x^2 - 2ax + a^2 - R^2)}.$$

Comme le point O est à l'intérieur du cercle, $R^2 - a^2$ est positif, le trinome $2x^2 - 2ax + a^2 - R^2$ a deux racines réelles et de signes contraires x', x''; et pour que y soit réel, il faut que x soit compris entre x' et x''.

De la variation bien connue du trinome du second degré on déduit celle de la valeur positive de y,

x	x' croît	$\dfrac{a}{2}$	croît x''
y	0 croît	$\sqrt{\dfrac{R^2 - a^2}{2}}$	décroît 0

ce qui permet de construire la branche de courbe DME. On aura la courbe tout entière en prenant la symétrique de la branche DME par rapport à Ox. Cette courbe est une *ellipse* (*fig.* 90).

Il est aisé de vérifier que les tangentes aux points D et E sont parallèles à Oy; d'ailleurs ces tangentes sont les positions parallèles à Oy de la droite variable dont on cherche l'enveloppe. On peut les construire aisément en menant par le point O deux droites perpendiculaires et symétriques par rapport à Ox.

275. Si l'équation d'un ensemble de courbes est du premier degré par rapport à un paramètre λ, par exemple

$$f(x, y) + \lambda \varphi(x, y) = 0,$$

toutes les courbes de l'ensemble passent par des points fixes dont les coordonnées vérifient les équations $f(x, y) = 0$, $\varphi(x, y) = 0$.

Dans ce cas, il n'y a pas d'enveloppe.

CHAPITRE XIV

PROBLÈMES SUR LES TANGENTES ET LES NORMALES AUX COURBES ALGÉBRIQUES.

276. Condition pour qu'une droite soit tangente à une courbe. — Soient

$$(C) \quad f(X, Y) = 0, \qquad (D) \quad uX + vY + w = 0$$

les équations d'une courbe C supposée algébrique et d'une droite D. Pour que la droite D soit tangente à la courbe C, il faut et il suffit qu'il existe un point (x, y) de la courbe tel que la tangente en ce point soit confondue avec la droite D.

On doit avoir d'abord

$$(1) \qquad f(x, y) = 0;$$

d'autre part, la tangente au point (x, y) a pour équation $Xf'_x + Yf'_y + f'_z = 0$. Pour que la tangente coïncide avec la droite D, il faut qu'on ait

$$(2) \qquad \frac{f'_x}{u} = \frac{f'_y}{v} = \frac{f'_z}{w}.$$

Par suite, pour que la droite D soit tangente à la courbe C, il faut et il suffit qu'il existe des valeurs de x, y vérifiant les équations (1) et (2).

On aura donc la condition cherchée en éliminant x, y entre les équations (1) et (2).

On peut remplacer la relation (1) par une relation plus simple. Désignons en effet par λ la valeur commune aux rapports (2); nous avons

$$f'_x = \lambda u, \qquad f'_y = \lambda v, \qquad f'_z = \lambda w,$$

et, en multipliant ces relations respectivement par x, y, z $(z = 1)$, et, en les ajoutant membre à membre, nous obtenons

$$xf'_x + yf'_y + zf'_z = \lambda(ux + vy + w),$$

ou, en appliquant la formule d'Euler,-

$$mf(x, y) = \lambda(ux + vy + w).$$

Ceci montre que l'équation (1) peut se remplacer par l'équation suivante :

$$(3) \qquad\qquad ux + vy + w = 0.$$

On aura donc la condition cherchée en éliminant x, y entre les équations (2) et (3).

277. EXEMPLE. — Supposons que la courbe C ait pour équation

$$f(X, Y) \equiv X^3 + aY^2 = 0,$$

a étant une constante.

Nous devons éliminer x, y entre les équations

$$\frac{3x^2}{u} = \frac{2ay}{v} = \frac{ay^2}{w} ; \qquad ux + vy + w = 0.$$

Des deux premières nous tirons $y = \dfrac{2w}{v}$, et en portant cette valeur dans la troisième, nous avons $x = -\dfrac{3w}{u}$. Remplaçons maintenant x et y par ces valeurs dans la relation $\dfrac{3x^2}{u} = \dfrac{2ay}{v}$; nous obtenons la condition cherchée

$$4au^3 - 27v^2w = 0.$$

278. On verra aisément que pour l'ellipse $\dfrac{X^2}{a^2} + \dfrac{Y^2}{b^2} - 1 = 0$, et pour la parabole $Y^2 - 2pX = 0$, on obtient respectivement les conditions

$$a^2u^2 + b^2v^2 - w^2 = 0, \qquad pv^2 - 2uw = 0.$$

279. Quand on élimine x, y entre les équations (2) et (3), on obtient toujours une relation *homogène* entre u, v, w. Plus généralement, toutes les fois qu'on assujettit une droite à une condition géométrique quelconque, la relation correspondante entre les coefficients u, v, w est homogène.

En effet, la droite ne change pas si on remplace dans son équation u, v. w respectivement par hu, hv, hw, h désignant un nombre quelconque ; comme la droite satisfait à la condition géométrique quelle que soit la forme sous laquelle on écrit son équation, toute solution u, v, w de la relation entraîne la solution hu, hv, hw, quel que soit h ; la relation considérée est donc homogène.

L'équation qu'on obtient en écrivant qu'une droite

$$uX + vY + w = 0$$

est tangente à une courbe est appelée *l'équation tangentielle* de la courbe, et par opposition, l'équation considérée jusqu'ici, c'est-à-dire la relation que doivent vérifier les coordonnées rectilignes ou homogènes d'un point pour que ce point soit sur une courbe est appelée *l'équation ponctuelle* de la courbe.

Ainsi les courbes qui ont pour équations ponctuelles

$$x^3 + ay^2 = 0, \qquad \frac{x^2}{a^2} + \frac{y^2}{b^2} - 1 = 0, \qquad y^2 - 2px = 0$$

ont respectivement pour équations tangentielles

$$4au^3 - 27v^2w = 0, \qquad a^2u^2 + b^2v^2 - w^2 = 0, \qquad pv^2 - 2uw = 0.$$

280. Nous allons maintenant former l'équation tangentielle de la conique qui a pour équation ponctuelle l'équation générale du deuxième degré

$$AX^2 + 2BXY + CY^2 + 2DX + 2EY + F = 0.$$

Pour que le calcul soit symétrique, nous rendrons homogène cette équation et nous écrirons

$$f(X, Y, Z) \equiv AX^2 + 2BXY + CY^2 + 2DXZ + 2EYZ + FZ^2 = 0.$$

L'équation tangentielle s'obtiendra en éliminant x, y, z entre les équations

$$\frac{f'_x}{u} = \frac{f'_y}{v} = \frac{f'_z}{w}, \qquad ux + vy + wz = 0,$$

ou

$$\frac{1}{2}f'_x = \lambda u,$$
$$\frac{1}{2}f'_y = \lambda v,$$
$$\frac{1}{2}f'_z = \lambda w,$$
$$ux + vy + wz = 0.$$

ou enfin

$$(1) \qquad \begin{cases} Ax + By + Dz - \lambda u = 0, \\ Bx + Cy + Ez - \lambda v = 0, \\ Dx + Ey + Fz - \lambda w = 0, \\ \qquad ux + vy + wz = 0. \end{cases}$$

Nous supposerons que le déterminant

$$\Delta = \begin{vmatrix} A & B & D \\ B & C & E \\ D & E & F \end{vmatrix}$$

n'est pas nul, ce qui revient à supposer que l'équation $f(x, y, z) = 0$ ne représente pas deux droites (95).

Nous pouvons alors résoudre les trois premières équations du système (1) par rapport à x, y, z, et en portant les valeurs obtenues dans la quatrième, puis divisant par λ, nous avons (A. 96)

$$\begin{vmatrix} A & B & D & u \\ B & C & E & v \\ D & E & F & w \\ u & v & w & 0 \end{vmatrix} = 0 ;$$

c'est l'équation tangentielle cherchée ; elle est homogène et du deuxième degré par rapport à u, v, w.

281. Cette équation peut se mettre sous une autre forme. Pour le montrer, nous allons résoudre effectivement les trois premières équations du système (1) par rapport à x, y, z, en suivant la méthode indiquée en algèbre (A. 94).

Désignons, comme nous l'avons déjà fait, par a, b, ... f les coefficients des lettres A, B, ... F dans le développement du déterminant Δ, puis multiplions les trois premières équations du système (1) respectivement par a, b, d, coefficients des éléments de la première colonne de Δ, et ajoutons membre à membre ; nous avons

$$\Delta x = \lambda(au + bv + dw),$$

et, d'une manière analogue,

$$\Delta y = \lambda(bu + cv + ew), \qquad \Delta z = \lambda(du + ev + fw).$$

Nous en tirons

$$(2) \quad \begin{cases} x = \dfrac{\lambda}{\Delta}(au + bv + dw), \\[2mm] y = \dfrac{\lambda}{\Delta}(bu + cv + ew), \\[2mm] z = \dfrac{\lambda}{\Delta}(du + ev + fw), \end{cases}$$

et, en portant ces valeurs dans la quatrième équation du système (1), nous obtenons

$$(3) \quad F(u, v, w) \equiv au^2 + 2buv + cv^2 + 2duw + 2evw + fw^2 = 0 ;$$

telle est l'équation tangentielle de la courbe.

Elle se déduit de l'équation ponctuelle en y remplaçant x, y, z par u, v, w et les coefficients A, B, ... par les mineurs correspondants a, b, ... du déterminant Δ.

En supposant l'équation (3) vérifiée, la droite $ux + vy + wz = 0$ est tangente à la courbe ; les coordonnées du point de contact sont alors données par les relations (2) qui peuvent s'écrire

$$x = \mu F'_u, \qquad y = \mu F'_v, \qquad z = \mu F'_w ;$$

par suite, les coordonnées rectilignes de ce point sont $\dfrac{F'_u}{F'_w}$ et $\dfrac{F'_v}{F'_w}$.

282. Problème inverse. — De l'équation tangentielle déduire l'équation ponctuelle.

Soit

$$(1) \qquad f(u,\ v,\ w) = 0$$

une équation homogène par rapport à u, v, w. Nous allons montrer que c'est l'équation tangentielle d'une certaine courbe, et pour cela nous chercherons l'enveloppe de la droite

$$(2) \qquad ux + vy + wz = 0$$

lorsque u, v, w vérifient la relation (1).

L'équation (2) ne renferme en réalité que deux paramètres qui sont les rapports de deux des quantités u, v, w à la troisième. Ces paramètres étant liés par la relation (1), nous n'avons qu'à appliquer la théorie générale exposée au n° 274.

Posons $\dfrac{u}{w} = \lambda$, $\dfrac{v}{w} = \mu$, l'équation de la droite devient

$$\lambda x + \mu y + z = 0;$$

λ et μ vérifiant la relation

$$f(\lambda,\ \mu,\ 1) = 0.$$

Nous aurons l'équation de l'enveloppe en éliminant λ et μ entre ces deux équations et la suivante

$$\frac{x}{f'_\lambda(\lambda,\ \mu,\ 1)} = \frac{y}{f'_\mu(\lambda,\ \mu,\ 1)}.$$

On peut à ce système d'équations en substituer un autre présentant plus de symétrie. Remplaçons en effet λ et μ par $\dfrac{u}{w}$ et $\dfrac{v}{w}$, la dernière équation s'écrit

$$\frac{x}{f'_u(u,\ v,\ w)} = \frac{y}{f'_v(u,\ v,\ w)},$$

d'où l'on déduit, en tenant compte des équations (1) et (2),

$$\frac{x}{f'_u} = \frac{y}{f'_v} = \frac{ux + vy}{uf'_u + vf'_v} = \frac{-wz}{-wf'_w} = \frac{z}{f'_w},$$

ou enfin

$$(3) \qquad \frac{x}{f'_u} = \frac{y}{f'_v} = \frac{z}{f'_w}.$$

Cette relation, établie en supposant $w \neq 0$, subsiste si w est nul, à condition toutefois que u ou v ne le soit pas.

Il est inutile de conserver la relation (1) qui se déduit sans difficulté des équations (2) et (3); il suffit donc pour avoir l'équation de l'enveloppe d'éliminer u, v, w entre les équations (2) et (3).

Ce système d'équations est entièrement analogue au système (2) et (3) du n° 276. Par suite, le problème qui consiste à déduire l'équation ponctuelle d'une courbe de son équation tangentielle se résout de la même manière que le problème inverse ; il n'y a qu'à permuter les variables u, v, w et x, y, z.

Ainsi, si une courbe a pour équation ponctuelle $f(x, y, z) = 0$, et pour équation tangentielle $\varphi(u, v, w) = 0$, la courbe qui a pour équation tangentielle $f(u, v, w) = 0$ a pour équation ponctuelle $\varphi(x, y, z) = 0$.

En particulier, si le déterminant

$$\Delta = \begin{vmatrix} A & B & D \\ B & C & E \\ D & E & F \end{vmatrix}$$

n'est pas nul, l'équation

$$(4) \qquad Au^2 + 2Buv + Cv^2 + 2Duw + 2Evw + Fw^2 = 0$$

est l'équation tangentielle d'une courbe du deuxième degré dont l'équation ponctuelle est

$$\begin{vmatrix} A & B & D & x \\ B & C & E & y \\ D & E & F & z \\ x & y & z & 0 \end{vmatrix} = 0,$$

où

$$ax^2 + 2bxy + cy^2 + 2dxz + 2eyz + fz^2 = 0,$$

a, b, ... étant les coefficients de A, B, ... dans le développement de Δ.

283. REMARQUE. — Une équation homogène et du premier degré en u, v, w n'est pas l'équation tangentielle d'une courbe. Par exemple, la relation $u\alpha + v\beta + w\gamma = 0$ exprime simplement que la droite $ux + vy + wz = 0$ passe par le point qui a pour coordonnées homogènes α, β, γ. On dit alors que l'équation donnée est l'équation tangentielle de ce point.

De même, si le déterminant Δ est nul, le premier membre de l'équation (4) est décomposable en un produit de deux facteurs linéaires tels que $u\alpha + v\beta + w\gamma$ et $u\alpha' + v\beta' + w\gamma'$. Cette équation exprime que la droite $ux + vy + wz = 0$ passe par l'un des points (α, β, γ) ou $(\alpha', \beta', \gamma')$; on dit qu'elle est l'équation tangentielle de l'ensemble de ces deux points.

Tangentes par un point non situé sur la courbe.

284. Soit $f(X, Y) = 0$ l'équation d'une courbe algébrique de degré m, et x_0, y_0 les coordonnées du point P non situé sur la courbe; nous nous proposons de déterminer analytiquement les tangentes issues du point P à la courbe. Nous calculerons successivement les coordonnées des points de contact, les pentes des tangentes et l'équation de l'ensemble de ces tangentes.

285. Détermination des points de contact. — Désignons par x, y les coordonnées du point de contact M d'une de ces tangentes. Le point M étant sur la courbe, nous avons d'abord

$$(1) \qquad f(x, y) = 0;$$

en outre, nous écrirons que la tangente au point M,

$$X f'_x + Y f'_y + f'_z = 0,$$

passe par le point P, ce qui donne

$$(2) \qquad x_0 f'_x + y_0 f'_y + f'_z = 0.$$

Les équations (1) et (2) déterminent les points de contact des tangentes issues du point P. La première est de degré m, la deuxième de degré $m - 1$; le nombre des solutions est $m(m - 1)$.

Il en résulte que *le nombre des tangentes qu'on peut mener à une courbe de degré m par un point quelconque du plan est égal à* $m(m - 1)$.

Dans les équations (1) et (2) considérons x, y comme des coordonnées courantes, l'équation (1) représente la courbe donnée, l'équation (2) représente une certaine courbe de degré $m - 1$ qu'on appelle la *courbe polaire* du point P.

On peut dire alors que les points de contact des tangentes issues d'un point P à une courbe sont les points de rencontre de cette courbe et de la courbe polaire du point P.

286. Si la courbe donnée est du deuxième degré, la courbe polaire du point P est une droite qu'on appelle simplement la *polaire* du point P; elle rencontre la courbe en deux points. Donc du point P on peut mener deux tangentes à la courbe. La polaire est bien déterminée par les points de contact de ces tangentes, on l'appelle aussi la *corde des contacts*.

Son équation peut s'écrire indifféremment

$$(3) \qquad x_0 f'_x + y_0 f'_y + z_0 f'_z = 0, \qquad (z_0 = z = 1)$$

ou

$$(3)' \qquad\qquad x f'_{x_0} + y f'_{y_0} + z f'_{z_0} = 0.$$

Nous obtenons ainsi un résultat très important qu'il est utile de bien mettre en évidence.

Soit une courbe du deuxième degré ayant pour équation

$$f(x,\ y) = 0\,;$$

si le point $(x_0,\ y_0)$ est sur la courbe, l'équation (3) ou (3)' représente la tangente en ce point. Si le point $(x_0,\ y_0)$ n'est pas sur la courbe, l'équation (3) ou (3)' représente la polaire de ce point, c'est-à-dire la courbe des contacts des tangentes issues de ce point.

287. Classe d'une courbe. — On appelle *classe* d'une courbe algébrique le nombre de tangentes qu'on peut lui mener par un point quelconque, non situé sur la courbe.

Il résulte de ce qui précède que la classe d'une courbe de degré m est égale à $m(m-1)$ en général.

Cependant, si la courbe a des points multiples, leurs coordonnées vérifient les équations (1) et (2), quels que soient x_0, y_0. Or ces points ne sont pas des points de contact de tangentes issues du point $(x_0,\ y_0)$. Pour avoir le nombre de ces tangentes, on doit retrancher du produit $m(m-1)$ le nombre des points communs aux courbes (1) et (2) qui sont confondus aux points multiples; c'est un problème difficile que nous n'aborderons pas.

Nous retiendrons seulement que lorsque la courbe a des points multiples, la classe est inférieure à $m(m-1)$.

288. Théorème. — *La classe d'une courbe est égale au degré de son équation tangentielle.*

Soit $g(u,\ v,\ w) = 0$ l'équation tangentielle d'une courbe. Les valeurs de u, v, w relatives aux tangentes passant par le point $(x_0,\ y_0)$ sont données par les équations

$$g(u,\ v,\ w) = 0, \qquad u x_0 + v y_0 + w = 0\,;$$

la deuxième étant du premier degré, le nombre de solutions est égal au degré de la première équation.

Nous avons vu (277) que la cubique qui a pour équation ponctuelle $x^3 + a y^2 = 0$ a pour équation tangentielle $4 a u^3 - 27 v^2 w = 0$. On en conclut que la courbe est de troisième classe. Or une cubique est en général de sixième classe. Cette diminution de la classe est due à l'existence d'un point double à l'origine.

D'ailleurs il est aisé de vérifier que la courbe polaire du point

x_0, y_0, $3x^2x_0 + 2a^2yy_0 + ay^2 = 0$, rencontre la courbe en six points dont trois sont confondus à l'origine.

289. Considérons une droite variable représentée par l'équation

$$(1) \qquad xf(t) + y\varphi(t) + \psi(t) = 0,$$

dont les coefficients sont des polynomes en t.

Quand t varie, cette droite enveloppe une courbe, et pour avoir l'équation de cette courbe, il faut éliminer t entre l'équation (1) et la suivante :

$$(2) \qquad xf'(t) + y\varphi'(t) + \psi'(t) = 0.$$

Comme ces deux équations sont entières par rapport à t, le résultat de l'élimination est algébrique par rapport à x et y; donc l'enveloppe est une courbe algébrique.

De plus elle est unicursale, car en résolvant les équations (1) et (2) par rapport à x et y, on obtient les coordonnées d'un point de la courbe en fonction rationnelle de t.

Ces valeurs donnent immédiatement le degré de la courbe (222) et permettent de la construire.

On peut avoir en outre la classe de l'enveloppe; pour cela il suffit de chercher combien il passe de ces droites par un point quelconque (x_0, y_0) du plan. Les valeurs de t relatives à ces droites sont racines de l'équation

$$x_0 f(t) + y_0 \varphi(t) + \psi(t) = 0;$$

le degré de cette équation par rapport à t est égal à la classe de l'enveloppe. Or ce degré est celui de l'équation (1); on en conclut que l'enveloppe de la droite (1) est une courbe unicursale dont la classe est égale au degré par rapport à t du premier membre de l'équation (1).

290. Équation aux pentes des tangentes menées par un point non situé sur la courbe. — Soient x_0, y_0 les coordonnées rectilignes du point P ; en écrivant que la droite

$$y - y_0 = t(x - x_0)$$

est tangente à la courbe, nous obtiendrons une équation en t, ayant comme racines les coefficients angulaires des tangentes issues du point P.

Le calcul est très simple si l'on connait l'équation tangentielle $g(u, v, w) = 0$ de la courbe.

L'équation de la droite étant mise sous forme

$$tx - y + y_0 - tx_0 = 0,$$

pour qu'elle soit tangente, il faut qu'on ait

$$g(t, -1, y_0 - tx_0) = 0.$$

291. Équation de l'ensemble de ces tangentes. — Soient t_1, t_2, ...
les pentes de ces tangentes ; ces quantités sont racines de l'équation

$$\varphi(t) \equiv (t - t_1)(t - t_2) \ldots = 0 ;$$

L'équation de l'ensemble de ces tangentes est alors

$$[y - y_0 - t_1(x - x_0)][y - y_0 - t_2(x - x_0)] \ldots = 0 ;$$

elle se déduit de l'équation aux pentes en y remplaçant t par $\dfrac{y - y_0}{x - x_0}$.
Par suite, l'équation de l'ensemble des tangentes est

$$\varphi\left(\frac{y - y_0}{x - x_0}\right) = 0.$$

EXEMPLE. — Considérons l'ellipse $\dfrac{x^2}{a^2} + \dfrac{y^2}{b^2} - 1 = 0$ qui a pour
équation tangentielle $a^2u^2 + b^2v^2 - w^2 = 0$.

L'équation aux pentes des tangentes issues du point (x_0, y_0) est

$$a^2t^2 + b^2 - (y_0 - tx_0)^2 = 0,$$

ou

$$t^2(a^2 - x_0^2) + 2tx_0y_0 + b^2 - y_0^2 = 0,$$

et l'équation de l'ensemble de ces tangentes est

$$(1) \quad (y - y_0)^2(a^2 - x_0^2) + 2(y - y_0)(x - x_0)x_0y_0$$
$$+ (x - x_0)^2(b^2 - y_0^2) = 0.$$

292. Si la courbe est du deuxième degré on peut résoudre la même
question sans recourir à l'équation tangentielle.

Soit, en effet, $f(X, Y, Z) = 0$ l'équation ponctuelle homogène
d'une courbe du deuxième degré, et x_0, y_0, z_0 les coordonnées
homogènes du point P. Pour qu'un point M (x, y, z) appartienne à
l'une des tangentes menées par le point P, il faut et il suffit que la
droite PM soit tangente. Or un point quelconque de cette droite a
pour coordonnées homogènes $x_0 + \lambda x$, $y_0 + \lambda y$, $z_0 + \lambda z$ (91), et les
valeurs de λ relatives aux points de rencontre de la droite PM et de la
courbe sont racines de l'équation

$$f(x_0 + \lambda x, y_0 + \lambda y, z_0 + \lambda z) = 0,$$

qui s'écrit (A. 366)

$$f(x_0, y_0, z_0) + \lambda\left(xf'_{x_0} + yf'_{y_0} + zf'_{z_0}\right) + \lambda^2 f(x, y, z) = 0.$$

Pour que la droite PM soit tangente, il faut que cette équation ait
une racine double, ce qui donne

$$\left(xf'_{x_0} + yf'_{y_0} + zf'_{z_0}\right)^2 - 4f(x_0, y_0, z_0)f(x, y, z) = 0,$$

ou, en faisant $z = z_0 = 1$,

$$(xf'_{x_0} + yf'_{y_0} + f'_{z_0})^2 - 4f(x_0, y_0)f(x, y) = 0.$$

Par exemple, pour l'ellipse $\dfrac{x^2}{a^2} + \dfrac{y^2}{b^2} - 1 = 0$, on obtient l'équation

$$(2) \quad \left(\frac{xx_0}{a^2} + \frac{yy_0}{b^2} - 1\right)^2 - \left(\frac{x_0^2}{a^2} + \frac{y_0^2}{b^2} - 1\right)\left(\frac{x^2}{a^2} + \frac{y^2}{b^2} - 1\right) = 0.$$

On pourra vérifier que les deux équations (1) et (2) sont identiques.

Tangentes parallèles à une direction donnée.

293. Soient $f(X, Y) = 0$ l'équation de la courbe supposée de degré m, et μ la pente de la direction donnée.

Détermination des points de contact. — Désignons par x, y les coordonnées du point de contact M d'une tangente parallèle à la direction donnée. Nous avons d'abord

$$(1) \qquad f(x, y) = 0,$$

puisque le point M est sur la courbe; en outre, il faut écrire que la tangente en ce point, $Xf'_x + Yf'_y + f'_z = 0$, a pour coefficient angulaire μ, ce qui donne $-\dfrac{f'_x}{f'_y} = \mu$, ou

$$(2) \qquad f'_x + \mu f'_y = 0.$$

Les équations (1) et (2) déterminent les points de contact. Leur nombre est égal à $m(m-1)$, si la courbe donnée est de degré m.

Équation aux ordonnées à l'origine de ces tangentes. — Soit λ l'ordonnée à l'origine d'une tangente de coefficient angulaire μ; pour déterminer λ, nous écrirons que la droite $y = \mu x + \lambda$ ou $\mu x - y + \lambda = 0$ est tangente.

Soit $g(u, v, w) = 0$ l'équation tangentielle de la courbe, on obtient la condition

$$g(\mu, -1, \lambda) = 0.$$

Cette équation admet comme racines les ordonnées à l'origine des tangentes de coefficient angulaire μ.

En y remplaçant λ par $y - \mu x$, on a l'équation de l'ensemble de ces tangentes.

Considérons par exemple la parabole $y^2 - 2px = 0$, qui a pour équation tangentielle $pv^2 - 2uw = 0$; λ est défini par l'équation $p - 2\mu\lambda = 0$. On a une seule racine $\lambda = \dfrac{p}{2\mu}$. On en conclut qu'on peut mener à une parabole une seule tangente de pente μ. qui a pour équation $y = \mu x + \dfrac{p}{2\mu}$.

294. Condition pour qu'une droite soit normale à une courbe. — Nous nous bornerons au cas où les axes de coordonnées sont rectangulaires.

Soient $f(X, Y) = 0$, $uX + vY + w = 0$ les équations de la courbe et de la droite. Pour que la droite soit normale à la courbe, il faut et il suffit qu'il existe un point (x, y) de la courbe, tel que la normale en ce point coïncide avec la droite donnée.

Nous avons d'abord la relation

$$(1) \qquad f(x, y) = 0,$$

exprimant que le point (x, y) est sur la courbe. D'autre part, la normale en ce point a pour équation

$$\frac{X - x}{f'_x} = \frac{Y - y}{f'_y},$$

ou

$$X f'_y - Y f'_x + y f'_x - x f'_y = 0;$$

pour que cette normale coïncide avec la droite donnée, il faut qu'on ait

$$(2) \qquad \frac{f'_y}{u} = \frac{-f'_x}{v} = \frac{y f'_x - x f'_y}{w}.$$

Nous aurons la condition cherchée en éliminant x et y entre les équations (1) et (2).

On obtient ainsi une relation homogène par rapport à u, v, w, qui est l'équation tangentielle de l'enveloppe des normales.

On appelle *développée* d'une courbe l'enveloppe des normales à cette courbe. Il résulte de ce qui précède que pour avoir l'équation tangentielle de la développée d'une courbe $f(x, y) = 0$, il faut éliminer x et y entre les équations (1) et (2) (*).

(*) Il est essentiel d'observer que dans le problème actuel on n'a pas le droit de remplacer la condition $f(x, y) = 0$ par la condition

$$ux + vy + w = 0;$$

car celle-ci est une conséquence des équations (2). En effet, on peut les écrire

$$f'_y = \lambda u, \qquad -f'_x = \lambda v, \qquad y f'_x - x f'_y = \lambda w;$$

en les multipliant respectivement par x, y, 1 et en les ajoutant, on a

$$ux + vy + w = 0.$$

EXEMPLE. — Supposons que la courbe soit l'ellipse

$$f(X, Y) \equiv \frac{X^2}{a^2} + \frac{Y^2}{b^2} - 1 = 0.$$

Les équations (1) et (2) sont alors

$$(1) \quad \frac{x^2}{a^2} + \frac{y^2}{b^2} - 1 = 0, \quad (2) \quad \frac{y}{b^2 u} = \frac{-x}{a^2 v} = \frac{xy\left(\dfrac{1}{a^2} - \dfrac{1}{b^2}\right)}{w}.$$

Des équations (2) on tire

$$x = -\frac{a^2 w}{(a^2 - b^2) u}, \qquad y = \frac{b^2 w}{(a^2 - b^2) v},$$

et en portant ces valeurs dans la relation (1), on a

$$\frac{a^2}{u^2} + \frac{b^2}{v^2} - \frac{(a^2 - b^2)^2}{w^2} = 0.$$

C'est l'équation tangentielle de la développée de l'ellipse. Pour la parabole $y^2 - 2px = 0$, on trouve

$$pu^3 - 2v^2(pu + w) = 0.$$

295. Normales menées par un point non situé sur la courbe. — Soit la courbe $f(x, y) = 0$ et le point $P(x_0, y_0)$. Désignons par x, y les coordonnées du pied M d'une normale menée à la courbe par le point P. Nous avons d'abord

$$(1) \qquad\qquad f(x, y) = 0;$$

puis, en écrivant que la normale au point M passe par le point P, nous avons

$$(2) \qquad\qquad \frac{x_0 - x}{f'_x} = \frac{y_0 - y}{f'_y}.$$

Les équations (1) et (2) déterminent les pieds des normales qui passent par le point P.

Si la courbe est de degré m, les équations (1) et (2) sont toutes deux de degré m, elles admettent m^2 ensemble de solutions en général.

Donc par un point quelconque on peut mener m^2 normales à une courbe de degré m.

L'équation aux coefficients angulaires de ces normales s'obtient en écrivant que la droite

$$y - y_0 = t(x - x_0)$$

est normale, ce qu'il est aisé de faire si l'on connaît l'équation tangentielle de la développée.

En remplaçant dans l'équation obtenue t par $\dfrac{y - y_0}{x - x_0}$, on forme l'équation de l'ensemble de ces normales,

296. — Normales parallèles à une direction donnée. — Si μ est la pente de la direction donnée, les pieds des normales sont définis par les équations

$$f(x,\, y) = 0, \qquad \frac{f'_y}{f'_x} = \mu,$$

et les ordonnées à l'origine sont les valeurs de λ, qui sont racines de l'équation obtenue en écrivant que la droite $y = \mu x + \lambda$ est normale.

CHAPITRE XV

COURBURE ET DÉVELOPPÉES

Longueur d'un arc de courbe.

297. Soit un arc de courbe AB. Inscrivons dans cet arc une ligne polygonale quelconque de n côtés $AM_1 M_2 \ldots M_{n-1} B$; nous allons démontrer que lorsque le nombre des côtés de cette ligne augmente indéfiniment, chacun des côtés tendant vers zéro, le périmètre de cette ligne a une limite qui est par définition la longueur de l'arc de courbe AB (*fig.* 91).

Soient $x = f(t)$, $y = \varphi(t)$ les équations paramétriques de la ligne; désignons par a et b les valeurs de t relatives aux points A et B et supposons $a < b$. Nous supposerons en outre que lorsque t croît de a à b, le point (x, y) décrit l'arc AB toujours dans le même sens (*).

Si on désigne alors par t_1, t_2, $\ldots t_{n-1}$ les valeurs de t correspondant aux points M_1, M_2. $\ldots M_{n-1}$, on a

$$a < t_1 < t_2 < \ldots < t_{n-1} < b.$$

Les axes de coordonnées étant rectangulaires, la longueur c_i du côté $M_{i-1} M_i$ est donnée par la formule

$$c_i = \sqrt{[f(t_i) - f(t_{i-1})]^2 + [\varphi(t_i) - \varphi(t_{i-1})]^2}.$$

En appliquant la formule des accroissements finis, on a

$$f(t_i) - f(t_{i-1}) = (t_i - t_{i-1}) f'(h_i),$$
$$\varphi(t_i) - \varphi(t_{i-1}) = (t_i - t_{i-1}) \varphi'(k_i),$$

h_i et k_i étant compris entre t_{i-1} et t_i. La valeur de c_i devient alors

$$c_i = (t_i - t_{i-1}) \sqrt{f'^2(h_i) + \varphi'^2(k_i)},$$

et le périmètre de la ligne polygonale est égal à Σc_i.

(*) Si cela n'avait pas lieu, on pourrait diviser l'arc AB en un certain nombre d'arcs pour lesquels la condition serait remplie.

Tout revient à trouver la limite de Σc_i quand les différences $t_1 - a$, $t_2 - t_1$, $\ldots$ $b - t_{n-1}$ tendent vers zéro.

Je dis d'abord qu'on ne change pas la limite de cette somme si on y remplace chaque terme c_i par la quantité correspondante

$$\gamma_i = (t_i - t_{i-1}) \sqrt{f'^2(t_{i-1}) + \varphi'^2(t_{i-1})}.$$

Nous avons en effet

$$\frac{c_i}{\gamma_i} = \frac{\sqrt{f'^2(h_i) + \varphi'^2(k_i)}}{\sqrt{f'^2(t_{i-1}) + \varphi'^2(t_{i-1})}};$$

quand t_i tend vers t_{i-1}, h_i et k_i ont pour limite t_{i-1}, par suite le second membre de l'égalité a pour limite 1. Il en résulte que les infiniment petits c_i et γ_i sont équivalents, et, d'après un théorème bien connu (A. 236), Σc_i a même limite que $\Sigma \gamma_i$.

Or, si on se reporte à la définition de l'intégrale définie, on sait que la limite de $\Sigma \gamma_i$ est égale à l'intégrale

$$\int_a \sqrt{f'^2(t) + \varphi'^2(t)}\, dt.$$

On en conclut que la longueur s de l'arc AB est donnée par la formule

$$s = \int_a^b \sqrt{f'^2(t) + \varphi'^2(t)}\, dt.$$

298. Théorème. — *Le rapport de l'arc à la corde a pour limite 1, quand l'arc tend vers zéro.*

Considérons un arc infiniment petit $M_0 M_1$ et soient t_0, t_1 les valeurs de t correspondant aux points M_0 et M_1 ($t_0 < t_1$). La longueur s de l'arc $M_0 M_1$ est

$$s = \int_{t_0}^{t_1} \sqrt{f'^2(t) + \varphi'^2(t)}\, dt,$$

ou, en appliquant la formule de la moyenne (A. 292),

$$s = (t_1 - t_0) \sqrt{f'^2(\theta) + \varphi'^2(\theta)},$$

θ étant compris entre t_0 et t_1.

D'autre part, la longueur c de la corde $M_0 M_1$ est

$$c = \sqrt{[f(t_1) - f(t_0)]^2 + [\varphi(t_1) - \varphi(t_0)]^2},$$

ou, en appliquant la formule des accroissements finis,

$$c = (t_1 - t_0) \sqrt{f'^2(h) + \varphi'^2(k)},$$

h et k étant compris entre t_0 et t_1.

On en déduit

$$\frac{s}{c} = \frac{\sqrt{f'^2(\theta) + \varphi'^2(\theta)}}{\sqrt{f'^2(h) + \varphi'^2(k)}}.$$

Supposons que le point M_1 se rapproche indéfiniment du point M_0,

t_1 tend vers t_0, alors θ, h et k tendent aussi vers t_0; par suite le rapport $\dfrac{s}{c}$ a pour limite 1.

299. Soient O et M deux points de la courbe, correspondant aux valeurs t_0 et t du paramètre, le point O étant fixe et le point M variable.

1° Si lorsqu'un point décrit la courbe de O vers M, le paramètre croît de t_0 à t, la longueur s de l'arc OM est :

$$s = \int_{t_0}^{t} \sqrt{f'^2(t) + \varphi'^2(t)}\, dt\,;$$

s est donc une fonction de t qui a pour dérivée

$$\frac{ds}{dt} = \sqrt{f'^2(t) + \varphi'^2(t)}.$$

2° Si au contraire quand le point décrit la courbe de O vers M, le paramètre décroît de t_0 à t, on a

$$s = \int_{t}^{t_0} \sqrt{f'^2(t) + \varphi'^2(t)}\, dt = - \int_{t_0}^{t} \sqrt{f'^2(t) + \varphi'^2(t)}\, dt,$$

et

$$\frac{ds}{dt} = - \sqrt{f'^2(t) + \varphi'^2(t)}.$$

On a donc, dans tous les cas,

$$\frac{ds^2}{dt^2} = f'^2(t) + \varphi'^2(t) \qquad \text{et} \qquad ds^2 = [f'^2(t) + \varphi'^2(t)]\, dt^2,$$

ou

$$(1) \qquad\qquad ds^2 = dx^2 + dy^2.$$

Quand on a calculé la longueur d'un arc de courbe, on dit qu'on a *rectifié* la courbe, ou encore qu'on a fait la *rectification* de cette courbe.

Pour rectifier une courbe on se sert généralement de la formule (1), d'où l'on déduit

$$ds = \pm \sqrt{f'^2(t) + \varphi'^2(t)}\, dt\,;$$

on prend le signe $+$ si $\dfrac{ds}{dt}$ est positif, c'est-à-dire si s croît dans le même sens que t, et le signe $-$ dans le cas contraire.

On en déduit ensuite la valeur de s par une quadrature.

300. Applications. — I. *Rectification de la chaînette.* — La courbe appelée *chaînette* est la forme d'équilibre d'un fil homogène pesant suspendu par ses deux extrémités. Elle a pour équation

$$y = \frac{a}{2}\left(e^{\frac{x}{a}} + e^{-\frac{x}{a}}\right) = a\,\mathrm{ch}\,\frac{x}{a},$$

a désignant une longueur.

Cherchons d'abord la forme de cette courbe.

La fonction y est continue pour toutes les valeurs de x. Si on change x

en $-x$, y ne change pas, donc la courbe est symétrique par rapport à Oy. On construira la moitié de la courbe en faisant varier x de 0 à $+\infty$.

La dérivée de y par rapport a x,

$$y' = \frac{1}{2}\left(e^{\frac{x}{a}} - e^{-\frac{x}{a}}\right) = \operatorname{sh}\frac{x}{a},$$

est toujours positive quand x est positif; par suite, lorsque x croît de 0 à $+\infty$, y croît de a à $+\infty$. Nous obtenons ainsi l'arc de courbe AL.

La tangente au point A $(0, a)$ est parallèle à Ox. Pour avoir la direction asymptotique de la branche infinie, cherchons la limite de $\frac{y}{x}$; nous avons

$$\frac{y}{x} = \frac{a}{2}\left[\frac{e^{\frac{x}{a}}}{x} + \frac{e^{-\frac{x}{a}}}{x}\right].$$

Quand x augmente indéfiniment par valeurs positives, $\frac{e^{\frac{x}{a}}}{x}$ croît indéfiniment (A.342), et $\frac{e^{-\frac{x}{a}}}{x}$ a pour limite 0; donc $\frac{y}{x}$ croît indéfiniment, ce qui montre que la branche AL est parabolique dans la direction Oy.

La chaînette se compose alors de la branche courbe AL et de sa symétrique par rapport à Oy (fig. 92).

Cela posé, soit M un point de la courbe ayant une abscisse positive x; nous allons calculer la longueur de l'arc AM.

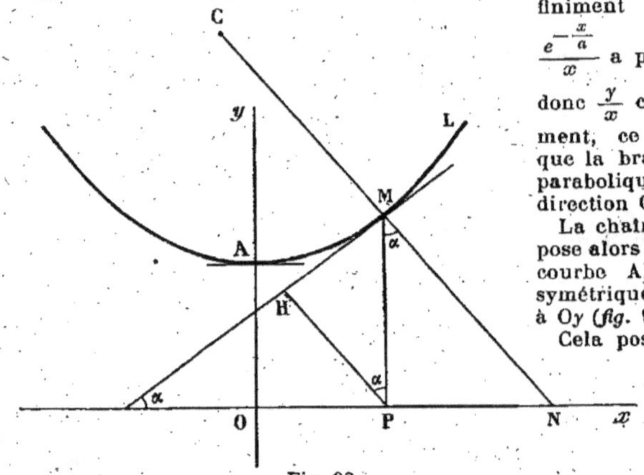

Fig. 92.

Nous partirons de la formule

$$ds^2 = dx^2 + dy^2,$$

en prenant x comme variable indépendante. Nous avons

$$dy = \operatorname{sh}\frac{x}{a}\,dx,$$

et

$$ds^2 = \left(1 + \operatorname{sh}^2\frac{x}{a}\right)dx^2 = \operatorname{ch}^2\frac{x}{a}\,dx^2,$$

$$ds = \pm\operatorname{ch}\frac{x}{a}\,dx;$$

comme s varie dans le même sens que x et que $\operatorname{ch}\frac{x}{a}$ est toujours positif,

nous avons

$$ds = \operatorname{ch}\frac{x}{a}\,dx,$$

d'où, en intégrant,

$$s = a\operatorname{sh}\frac{x}{a} + C.$$

La constante C se détermine en remarquant que pour $x = 0$ s doit être nul, puisque le point M est au point A. On a donc $C = 0$ et par suite

$$s = a \operatorname{sh} \frac{x}{a}.$$

Telle est la longueur de l'arc AM.

La tangente au point M fait avec Ox un angle aigu α défini par l'égalité

$$\operatorname{tg} \alpha = \frac{dy}{dx} = \operatorname{sh} \frac{x}{a};$$

on en déduit

(1) $$s = a \operatorname{tg} \alpha.$$

En outre

$$\frac{1}{\cos^2 \alpha} = 1 + \operatorname{tg}^2 \alpha = 1 + \operatorname{sh}^2 \frac{x}{a} = \operatorname{ch}^2 \frac{x}{a},$$

et

$$\frac{1}{\cos \alpha} = \operatorname{ch} \frac{x}{a} = \frac{y}{a};$$

ou

(2) $$y \cos \alpha = a.$$

Abaissons MP perpendiculaire sur Ox, puis PH perpendiculaire sur la tangente en M. Dans le triangle rectangle MHP, l'angle HPM est égal à α; on a donc

$$\mathrm{PH} = \mathrm{MP} \cos \alpha = y \cos \alpha;$$

en comparant avec la relation (2), on voit que $\mathrm{PH} = a$.

D'autre part, dans le même triangle, on a

$$\mathrm{MH} = \mathrm{PH} \operatorname{tg} \alpha = a \operatorname{tg} \alpha;$$

ce qui montre que $\mathrm{MH} = s$, ou

$$\mathrm{MH} = \operatorname{arc} \mathrm{AM}.$$

II. *Rectification de la cycloïde* (228). — Les coordonnées du point M de cette courbe sont (*fig.* 74).

$$x = \mathrm{R}(t - \sin t), \qquad y = \mathrm{R}(1 - \cos t).$$

Proposons-nous de calculer la longueur de l'arc OM. Nous avons

$$dx = \mathrm{R}(1 - \cos t)\,dt, \qquad dy = \mathrm{R} \sin t\,dt,$$

et, par suite,

$$ds^2 = dx^2 + dy^2 = \mathrm{R}^2[(1 - \cos t)^2 + \sin^2 t]\,dt^2 = 2\mathrm{R}^2(1 - \cos t)\,dt^2,$$

ou

$$ds^2 = 4\mathrm{R}^2 \sin^2 \frac{t}{2}\,dt^2.$$

et par suite

$$ds = \pm\, 2\mathrm{R} \sin \frac{t}{2}\,dt.$$

Comme s croît dans le même sens que t et comme $\sin \frac{t}{2}$ est positif $(0 < t < 2\pi)$, nous prenons le signe $+$ et nous avons

$$ds = 2\mathrm{R} \sin \frac{t}{2}\,dt.$$

En intégrant, on a $$s = -4\mathrm{R} \cos \frac{t}{2} + \mathrm{C},$$

et, comme pour $t = 0$, s doit être nul, on en déduit $C = 4\mathrm{R}$, et

$$s = 4\mathrm{R}\left(1 - \cos \frac{t}{2}\right).$$

Pour avoir la longueur de l'arc OE limité au point le plus haut E de la courbe, il suffit de remplacer t par π, ce qui donne

$$\operatorname{arc} \mathrm{OE} = 4\mathrm{R}.$$

Courbure.

301. Un cercle est d'autant plus courbé que son rayon est plus petit; c'est pour cette raison qu'on appelle *courbure* du cercle l'inverse de son rayon.

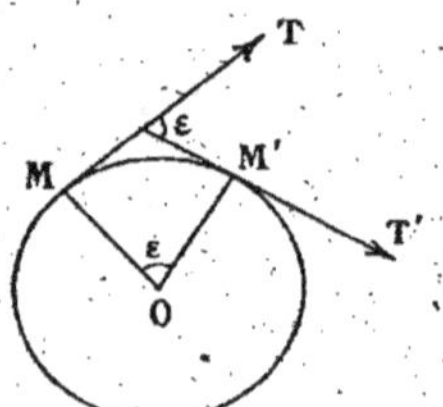

Fig. 93.

Soit MM′ un arc quelconque (moindre qu'une demi-circonférence) appartenant à un cercle de centre O et de rayon R. Menons les tangentes MT et M′T′ aux points M et M′ dans un même sens de circulation, et désignons par ε l'angle des demi-droites MT et M′T′ (*fig.* 93).

Il est aisé de voir que la courbure du cercle est égale au rapport

$$\frac{\varepsilon}{\text{arc } MM'}.$$

En effet, l'angle MOM′ est aussi égal à ε; on a donc arc $MM' = R\,\varepsilon$, et, par suite,

$$\frac{1}{R} = \frac{\varepsilon}{\text{arc } MM'}.$$

Donc le rapport $\dfrac{\varepsilon}{\text{arc } MM'}$ a une valeur constante, quel que soit l'arc MM′.

Cela posé, considérons une courbe plane quelconque; soient M et M′ deux points voisins de cette courbe, MT et M′T′ les tangentes en ces points dans un même sens de circulation, et enfin ε l'angle de ces deux demi-droites. Cet angle est appelé l'angle de *contingence*.

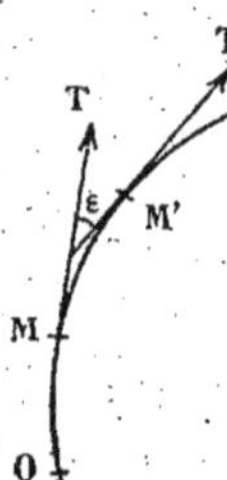

Fig. 94.

Le rapport $\dfrac{\varepsilon}{\text{arc } MM'}$ varie quand les points M et M′ se déplacent sur la courbe (*fig.* 94).

Ce rapport est appelé la *courbure moyenne* de l'arc MM′.

Si, quand le point M′ se rapproche indéfiniment du point M, le rapport $\dfrac{\varepsilon}{\text{arc } MM'}$ a une limite, cette limite est appelée la *courbure de la courbe au point* M, et l'inverse de cette courbure est appelé le *rayon de courbure au point* M.

Prenons un point O sur la courbe, et choisissons arbitrairement un sens de circulation que nous appellerons le sens positif. A tout point M de la courbe on peut faire correspondre un nombre algébrique s ayant pour valeur absolue la longueur de l'arc OM et pour signe le signe $+$ si un mobile décrivant la courbe de O vers M se déplace dans le sens positif et le signe $-$ dans le cas contraire. Ce nombre s est appelé *l'abscisse curviligne* du point M.

Comme les coordonnées d'un point de la courbe sont fonctions d'un paramètre t, s est aussi une fonction de t qui est d'ailleurs définie par la relation $ds^2 = dx^2 + dy^2$.

D'autre part, soit α l'angle de la tangente au point M avec Ox, α est aussi fonction de t.

Quand on passe du point M au point voisin M', s augmente de Δs, α de $\Delta\alpha$ (Δs et $\Delta\alpha$ pouvant être positifs ou négatifs) et l'on a

$$\varepsilon = |\Delta\alpha|, \qquad \text{arc MM'} = |\Delta s|.$$

Par suite, la courbure moyenne de l'arc MM' est

$$\frac{\varepsilon}{\text{arc MM'}} = \left|\frac{\Delta\alpha}{\Delta s}\right|.$$

Quand M' se rapproche indéfiniment du point M, $\dfrac{\Delta\alpha}{\Delta s}$ a pour limite $\dfrac{d\alpha}{ds}$, $d\alpha$ et ds désignant les différentielles de α et s par rapport à t.

Il en résulte que la courbure au point M a pour valeur $\left|\dfrac{d\alpha}{ds}\right|$, et que le rayon de courbure au même point est égal à $\left|\dfrac{ds}{d\alpha}\right|$.

302. Cas où l'équation de la courbe est résolue par rapport à y. — Soit $y = f(x)$ l'équation de la courbe; nous prendrons x comme variable indépendante, et nous désignerons par y' et y'' les dérivées première et seconde de y par rapport à x.

Nous avons $\qquad ds^2 = dx^2 + dy^2 = (1 + y'^2)\,dx^2$,

et, par suite, $\qquad ds = \pm\, dx\, \sqrt{1 + y'^2}$.

On a le signe $+$ si s et x varient dans le même sens et le signe $-$ dans le cas contraire.

D'autre part, $\qquad\qquad \operatorname{tg}\alpha = y'$,

donc $\qquad\qquad\qquad \alpha = \operatorname{arc\ tg} y'$,

et, en différentiant, $\qquad d\alpha = \dfrac{y''}{1 + y'^2}\, dx$.

Remplaçons ds et $d\alpha$ par ces valeurs dans l'expression $\left|\dfrac{ds}{d\alpha}\right|$ du rayon de courbure ρ, nous avons

$$\rho = \frac{(1 + y'^2)^{\frac{3}{2}}}{|y''|}.$$

La courbure au point M est égale à $\dfrac{|y''|}{(1+y'^2)^{\frac{3}{2}}}$.

Si $y''=0$, c'est-à-dire si le point M est un point d'inflexion, la courbure est nulle et le rayon de courbure infini.

Supposons $y'' \neq 0$. Dans ce cas la courbe aux environs du point M est située d'un même côté de la tangente MT (205).

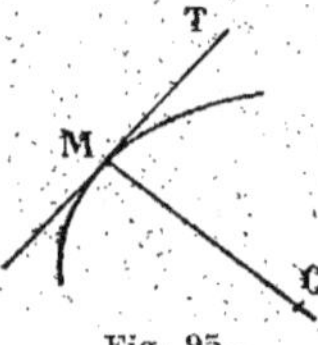

Fig. 95.

Sur la normale au point M et *dans le sens de la concavité* prenons une longueur $MC=\rho$. Le point C est appelé le *centre de courbure* au point M, et le cercle qui a pour centre le point C et pour rayon ρ est appelé le *cercle de courbure* au point M. Ce cercle est tangent à la courbe au point M (*fig. 95*).

Calculons les coordonnées x_1 et y_1 du point C.

L'équation de la normale au point M est

$$Y-y=-\frac{1}{y'}(X-x);$$

comme le point C est sur cette droite, nous avons

$$y_1-y=-\frac{1}{y'}(x_1-x),$$

d'où nous déduisons

$$\frac{x_1-x}{-y'}=\frac{y_1-y}{1}=\pm\frac{\sqrt{(x_1-x)^2+(y_1-y)^2}}{\sqrt{1+y'^2}}=\pm\frac{\rho}{\sqrt{1+y'^2}},$$

ou, en remplaçant ρ par sa valeur,

$$\frac{x_1-x}{-y'}=\frac{y_1-y}{1}=\pm\frac{1+y'^2}{y''}.$$

Si $y''>0$, la courbe tourne sa concavité vers les y positifs, l'ordonnée du point C est supérieure à celle du point M, donc y_1-y est positif. Si $y''<0$, y_1-y est aussi négatif, par suite y_1-y a toujours le signe de y''.

On a donc

$$\frac{x_1-x}{-y'}=\frac{y_1-y}{1}=+\frac{1+y'^2}{y''},$$

d'où l'on déduit

$$x_1=x-\frac{y'(1+y'^2)}{y''}, \qquad y_1=y+\frac{1+y'^2}{y''}.$$

Telles sont les coordonnées du centre de courbure.

303. Théorème. — *Le centre de courbure au point* M *coïncide avec le point limite de la normale en ce point, c'est-à-dire avec le point où cette normale touche son enveloppe.*

En effet, l'équation de la normale est

$$X - x + y'(Y - y) = 0;$$

y et y' étant fonctions de x, le premier membre de cette équation est fonction de x, et, en égalant à zéro la dérivée de ce premier membre par rapport à x, nous obtenons l'équation

$$-1 - y'^2 + y''(Y - y) = 0$$

qui, jointe à l'équation de la normale, détermine les coordonnées X et Y du point limite.

Nous en tirons

$$Y - y = \frac{1 + y'^2}{y''}, \qquad X - x = -\frac{y'(1 + y'^2)}{y''},$$

ce qui montre que ce point est le centre de courbure.

304. Conséquence. — *Le lieu des centres de courbure aux divers points d'une courbe est la développée de cette courbe.*

Exemple. — Soit à trouver le rayon de courbure de la chaînette (300)

$$y = a \, \text{ch} \, \frac{x}{a}.$$

Nous avons

$$y' = \text{sh} \, \frac{x}{a},$$

puis

$$1 + y'^2 = 1 + \text{sh}^2 \, \frac{x}{a} = \text{ch}^2 \, \frac{x}{a},$$

et

$$(1 + y'^2)^{\frac{3}{2}} = \text{ch}^3 \, \frac{x}{a}.$$

D'autre part

$$y'' = \frac{1}{a} \, \text{ch} \, \frac{x}{a},$$

d'où l'on déduit

$$\rho = \frac{(1 + y'^2)^{\frac{3}{2}}}{|y''|} = a \, \text{ch}^2 \, \frac{x}{a},$$

ou

$$\rho = \frac{y^2}{a}.$$

Menons la normale en M à la chaînette (*fig.* 92) et soit N le point où elle rencontre Ox. Dans le triangle rectangle MPN nous avons MP = MN $\cos \alpha$; ou comme $\cos \alpha = \frac{a}{y}$ (300),

$$MN = \frac{y^2}{a}.$$

On voit donc que le rayon de courbure est égal à MN, et par suite le centre de courbure est le point C symétrique de N par rapport à M.

305. Cas où la courbe est définie par les équations paramétriques $x = f(t)$, $y = \varphi(t)$.

Nous désignerons par x', y', x'', y'' les dérivées premières et secondes de x et de y par rapport à t.

Le rayon de courbure ρ est toujours donné par la formule

$$\rho = \left| \frac{ds}{d\alpha} \right|.$$

Nous avons

$$ds^2 = dx^2 + dy^2 = (x'^2 + y'^2)\,dt^2.$$

d'où

$$ds = \pm \sqrt{x'^2 + y'^2}\,dt.$$

D'autre part, le coefficient angulaire de la tangente est $\dfrac{y'}{x'}$. donc $\operatorname{tg}\alpha = \dfrac{y'}{x'}$, et par suite

$$\alpha = \operatorname{arc\,tg} \frac{y'}{x'}.$$

En différentiant, nous obtenons

$$d\alpha = \frac{1}{1 + \dfrac{y'^2}{x'^2}} \cdot \frac{x'y'' - y'x''}{x'^2} \cdot dt.$$

ou

$$d\alpha = \frac{x'y'' - y'x''}{x'^2 + y'^2}\,dt.$$

On en déduit

$$\rho = \frac{(x'^2 + y'^2)^{\frac{3}{2}}}{|\,x'y'' - y'x''\,|}.$$

Pour avoir le centre de courbure, cherchons le point limite de la normale. Cette droite a pour équation

$$(X - x)x' + (Y - y)y' = 0.$$

Prenons la dérivée du premier membre par rapport à t; nous avons

$$(X - x)x'' + (Y - y)y'' - (x'^2 + y'^2) = 0;$$

puis résolvons ces deux équations par rapport à $X - x$ et $Y - y$, nous obtenons

$$X - x = -\frac{y'(x'^2 + y'^2)}{x'y'' - y'x''}, \qquad Y - y = \frac{x'(x'^2 + y'^2)}{x'y'' - y'x''}.$$

Les coordonnées du centre de courbure sont donc

$$x_1 = x - \frac{y'(x'^2 + y'^2)}{x'y'' - y'x''}, \qquad y_1 = y + \frac{x'(x'^2 + y'^2)}{x'y'' - y'x''}.$$

EXEMPLE. — *Rayon de courbure et développée de la cycloïde.*
Les équations paramétriques de la cycloïde sont

$$x = R(t - \sin t), \qquad y = R(1 - \cos t);$$

on en déduit

$$x' = R(1 - \cos t), \qquad y' = R \sin t,$$
$$x'' = R \sin t, \qquad\qquad y'' = R \cos t,$$

et, par suite,

$$x'^2 + y'^2 = 2R^2(1 - \cos t) = 4R^2 \sin^2 \frac{t}{2},$$

$$x'y'' - y'x'' = R^2(\cos t - 1) = -2R^2 \sin^2 \frac{t}{2},$$

d'où

$$\rho = 4R \sin \frac{t}{2}.$$

Or dans le triangle rectangle MBA l'angle B est égal à $\frac{t}{2}$, par suite $MA = 2R \sin \frac{t}{2}$, et $\rho = 2MA$ (*fig. 96*).

On aura donc le centre de courbure au point M en prolongeant MA d'une longueur AC égale à MA.

Il est alors aisé d'avoir le lieu géométrique du point C, c'est-à-dire la développée de la cycloïde.

Pour cela, construisons le cercle ω' symétrique du cercle ω par rapport

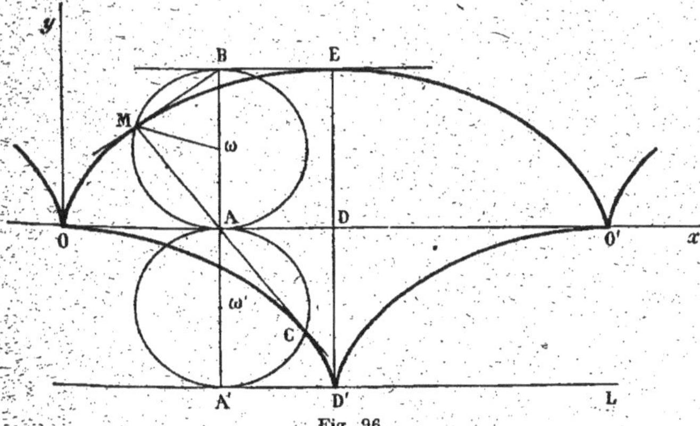

Fig. 96.

à Ox, et menons la droite L tangente à ce cercle au point A' diamétralement opposé au point A. Puis, prolongeons ED jusqu'à sa rencontre D avec L.

Le point C est sur le cercle ω', et par symétrie on a arc A'C = arc BM. Mais

$$\text{arc BM} = \frac{1}{2} \text{ circonf.} - \text{arc AM} = OD - OA = AD,$$

$$\text{arc A'C} = AD = A'D'.$$

Il en résulte que lorsque le cercle ω roule sur Ox, le cercle ω' roule sur L, et le point C de ce cercle décrit une cycloïde ayant le point D' pour point de rebroussement et tangente en O à la droite Ox.

La développée de l'arc de courbe OEO' se compose des deux arcs OD' et D'O'.

306. Théorème. — *Soit* M *un point d'une courbe,* MT *la tangente en ce point,* M' *un point de la courbe voisin du point* M *et* M'P *la perpendiculaire abaissée du point* M' *sur la tangente* MT. *Le rayon de courbure au point* M *est la limite du rapport* $\dfrac{\overline{MP}^2}{2\overline{M'P}}$ *quand le point* M' *se rapproche indéfiniment du point* M.

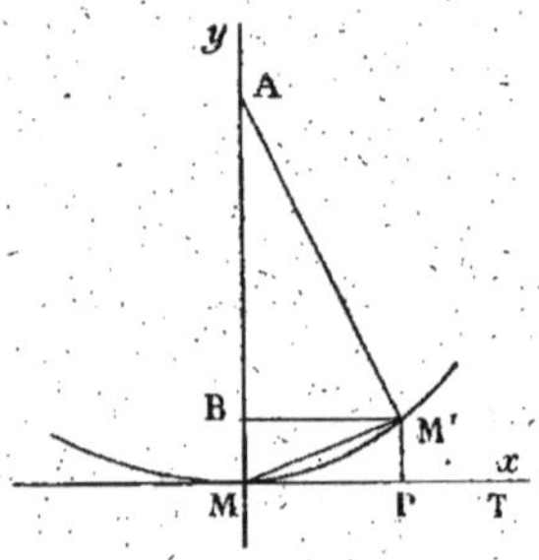

Prenons pour axe des x la tangente au point M et pour axe des y la normale en ce point (*fig.* 97).

Soit $y = f(x)$ l'équation de la courbe; puisque la courbe est tangente à l'origine à l'axe des x, nous avons $f(0) = 0$, $f'(0) = 0$, et le rayon de courbure ρ au point M est égal à $\dfrac{1}{|f''(0)|}$.

Fig. 97.

Développons y par la formule de Mac-Laurin; nous avons

$$y = \frac{x^2}{2} f''(0) + \frac{x^3}{6} f'''(\theta x),$$

θ étant compris entre 0 et 1.

On en déduit

$$\frac{2y}{x^2} = f''(0) + \frac{x}{3} f'''(\theta x).$$

et quand x tend vers zéro, on a

$$\lim. \frac{2y}{x^2} = f''(0),$$

ou

$$\rho = \lim. \frac{x^2}{2y} = \lim. \frac{\overline{MP}^2}{2\overline{M'P}};$$

ce qui démontre le théorème (*).

307. Cercle osculateur. — Considérons le cercle (C) tangent à la courbe au point M et passant par le point voisin M'. Nous allons démontrer que lorsque le point M' se rapproche indéfiniment du point M, le cercle (C) a une position limite qu'on appelle le *cercle osculateur* à la courbe au point M (*fig.* 97).

(*) Dans cette démonstration nous supposons que y est positif, c'est-à-dire que la courbe tourne au point M sa concavité vers les y positifs.

Si la courbe tourne sa concavité vers les y négatifs, l'ordonnée y du point M' est négative, et la limite de $\dfrac{x^2}{2y}$ est égale à $-\rho$.

Par le point M' menons une perpendiculaire à MM' qui rencontre la normale en M au point A. Le diamètre $2R$ du cercle (C) est égal à MA. Abaissons M'B perpendiculaire sur MA. Dans le triangle rectangle MM'A, on a

$$\overline{M'B}^2 = MB.BA = MB(2R - MB),$$

d'où l'on tire

$$R = \frac{\overline{M'B}^2}{2MB} + \frac{MB}{2}, \quad \text{ou} \quad R = \frac{\overline{MP}^2}{2M'P} + \frac{M'P}{2}.$$

Or, quand le point M' se rapproche indéfiniment du point M, M'P a pour limite zéro, $\dfrac{\overline{MP}^2}{2M'P}$ a pour limite le rayon de courbure ρ au point M, donc R a pour limite ρ.

On voit ainsi que le cercle osculateur en un point coïncide avec le cercle de courbure au même point.

Aire limitée par une courbe.

308. Étant donnée l'équation d'une courbe

$$y = F(x)$$

rapportée à des axes rectangulaires, et deux points, M_0 et M, de cette courbe ayant pour abscisses a et b, on sait que l'aire A limitée par la courbe, l'axe des x et les ordonnées M_0P_0 et MP (*fig.* 98) a pour valeur

$$A = \int_a^b F(x)\,dx$$

ou

$$A = \int_a^b y\,dx.$$

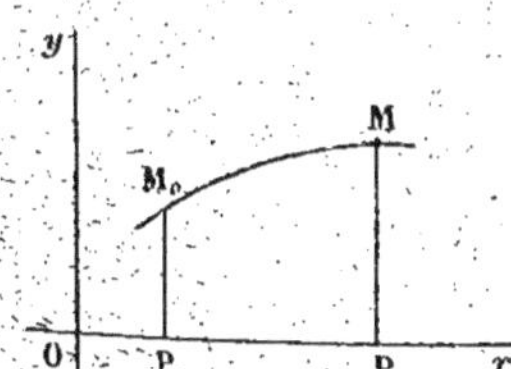

Fig. 98.

Supposons que la courbe soit définie par ses équations paramétriques $x = f(t)$, $y = \varphi(t)$; désignons par t_0 et t les valeurs des paramètres relatives aux points M_0 et M, et supposons que lorsque x croît de a à b, t varie *dans le même sens* (soit en croissant, soit en décroissant) de t_0 à t. L'aire A est donnée par la formule

$$A = \int_{t_0}^t y\,dx,$$

dx désignant la différentielle de x, et par suite

$$A = \int_{t_0}^t \varphi(t)f'(t)\,dt.$$

Par exemple, proposons-nous de calculer l'aire comprise entre l'axe des x et l'arc OEO' de la cycloïde construite au n° 228.

Les coordonnées d'un point de la courbe sont

$$x = R(t - \sin t), \qquad y = R(1 - \cos t),$$

et l'aire cherchée est

$$A = \int^{2\pi} y\,dx = R^2 \int_0^{2\pi} (1 - \cos t)^2\,dt.$$

Calculons d'abord l'intégrale indéfinie $\int (1 - \cos t)^2\,dt$; nous avons

$$\int (1 - \cos t)^2\,dt = \int (1 - 2\cos t + \cos^2 t)\,dt,$$

ou en remplaçant $\cos^2 t$ par $\dfrac{1 + \cos 2t}{2}$;

$$\int (1 - \cos t)^2\,dt = \int \left(\frac{3}{2} - 2\cos t + \frac{\cos 2t}{2}\right) dt = \frac{3}{2}\,t - 2\sin t + \frac{\sin 2t}{4},$$

et, par suite,

$$\int_0^{2\pi} (1 - \cos t)^2\,dt = 3\pi.$$

On en conclut

$$A = 3\pi R^2,$$

ce qui montre que l'aire limitée par l'arc OO' de la cycloïde et la droite OO' est égale à trois fois l'aire du cercle générateur.

309. Considérons encore une courbe définie par ses équations paramétriques

$$x = f(t), \qquad y = \varphi(t),$$

et deux points M_0 et M de cette courbe correspondant aux valeurs t_0 et t du paramètre. Joignons ces deux points à l'origine O et proposons-nous de calculer l'aire U, limitée par l'arc $M_0 M$ et les droites OM_0 et OM (*fig.* 99).

Nous supposerons que t_0 est plus petit que t, et, de plus, que lorsque t croît le point M se déplace sur la courbe dans le sens positif d'orientation du plan.

Quand t croît, l'aire U croît également; par suite, cette aire est une fonction de t dont nous allons chercher la dérivée.

Pour cela, donnons à t un accroissement *positif* Δt, et soit M' le point de la courbe relatif à la valeur $t + \Delta t$ du paramètre; dans ces conditions, la fonction U prend un accroissement ΔU représenté par le secteur OMM'.

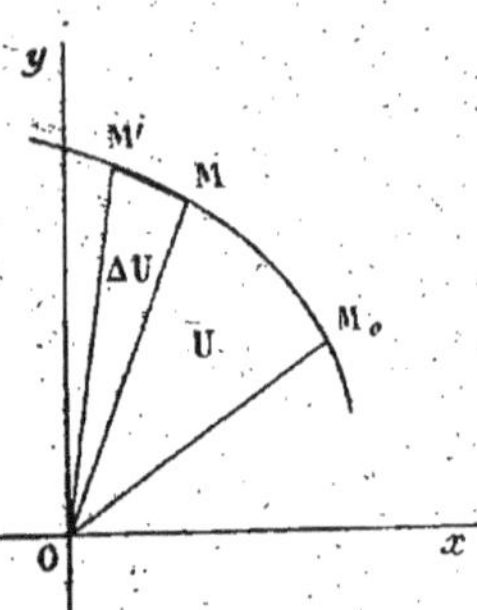

Fig. 99.

Nous admettrons que l'aire de ce secteur est un infiniment petit équivalent à l'aire du triangle OMM'; par conséquent, pour chercher la limite de $\dfrac{\Delta U}{\Delta t}$, nous pourrons remplacer ΔU par l'aire du triangle.

Désignons par (x, y) et $(x + \Delta x, y + \Delta y)$ les coordonnées des points M et M', l'aire du triangle OMM' est égale à (74)

$$\frac{1}{2} \begin{vmatrix} 0 & 0 & 1 \\ x & y & 1 \\ x + \Delta x & y + \Delta y & 1 \end{vmatrix} = \frac{1}{2}(x\,\Delta y - y\,\Delta x);$$

par suite $\dfrac{\Delta U}{\Delta t}$ a même limite que $\dfrac{1}{2}\left(x\dfrac{\Delta y}{\Delta t} - y\dfrac{\Delta x}{\Delta t}\right)$. On a donc

$$\frac{dU}{dt} = \frac{1}{2}\left(x\frac{dy}{dt} - y\frac{dx}{dt}\right),$$

ou

$$dU = \frac{1}{2}(xdy - ydx).$$

Intégrons, et remarquons que U s'annule pour $t = t_0$; nous avons donc

$$U = \frac{1}{2}\int_{t_0}^{t}(xdy - ydx).$$

Si, quand t croît, le point M se déplace dans le sens négatif, il faut mettre le signe — devant l'intégrale.

EXEMPLE. — Les équations

$$x = a\cos t, \qquad y = b\sin t$$

représentent une ellipse rapportée à ses axes, car si on élimine t entre ces deux équations on obtient l'équation bien connue $\dfrac{x^2}{a^2} + \dfrac{y^2}{b^2} - 1 = 0$.

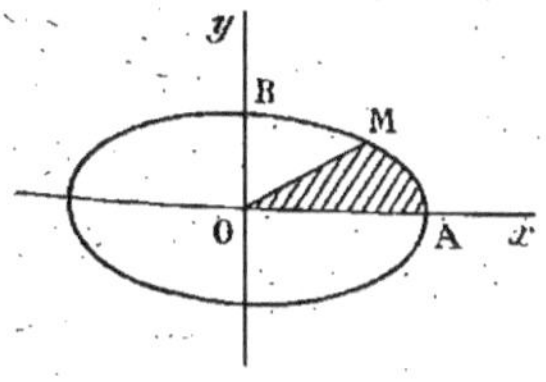

Calculons l'aire du secteur OAM; cette aire est égale à

$$\frac{1}{2}\int_0^t xdy - ydx.$$

Fig. 100.

Or $dx = -a\sin t\,dt$, $dy = b\cos t\,dt$; par suite $xdy - ydx = ab\,dt$.

Donc

$$\frac{1}{2}\int_0^t xdy - ydx = \frac{abt}{2}.$$

En particulier l'aire du quart de l'ellipse OAB est égale à $\dfrac{\pi ab}{4}$.

Volume d'une surface de révolution.

310. Considérons la courbe définie par l'équation
$$y = F(x),$$
et soient M_0 et M deux points de cette courbe ayant pour abscisses a et b; abaissons M_0P_0 et MP perpendiculaires sur Ox et proposons-nous d'évaluer le volume V engendré par l'aire M_0P_0MP tournant autour de Ox.

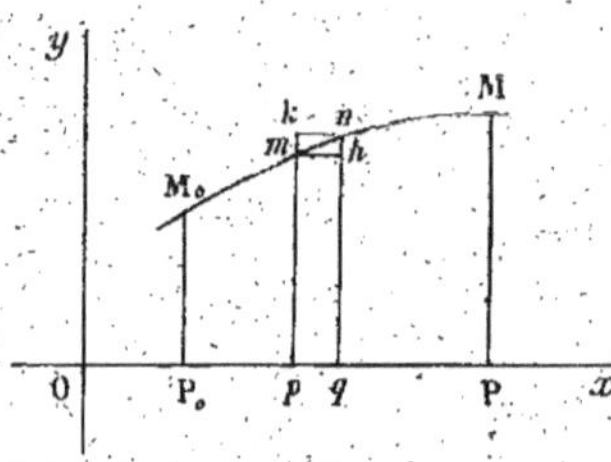

Fig. 101.

Divisons la longueur P_0P en segments infiniment petits tels que pq, menons pm et qn perpendiculaires à Ox, et désignons par Δv le volume engendré par l'aire $mnpq$.

Nous avons $V = \Sigma \Delta v$. Par les points m et n, menons mh et nk parallèles à Ox; le volume Δv est compris entre les volumes des cylindres engendrés par les rectangles $pqmh$ et $pqnk$. Soient Δv_1 et Δv_2 les volumes de ces cylindres; nous avons

$$\Delta v_1 < \Delta v < \Delta v_2$$

et

$$1 < \frac{\Delta v}{\Delta v_1} < \frac{\Delta v_2}{\Delta v_1}.$$

Or, $\Delta v_1 = \pi \overline{mp}^2 . pq$, $\Delta v_2 = \pi \overline{kp}^2 . pq$, par suite $\dfrac{\Delta v_2}{\Delta v_1} = \dfrac{\overline{kp}^2}{\overline{mp}^2}$.

Quand pq tend vers zéro, $\dfrac{\Delta v_2}{\Delta v_1}$ a pour limite 1, il en est de même de $\dfrac{\Delta v}{\Delta v_1}$. Donc Δv et Δv_1 sont des infiniment petits équivalents; il en résulte que le volume cherché V est égal à la limite de $\Sigma \Delta v_1$.

Soient x, y les coordonnées du point m, et Δx la longueur pq, nous avons $\Delta v_1 = \pi y^2 \Delta x$; nous sommes conduits à chercher la limite de $\Sigma \pi y^2 \Delta x$ quand x croît de a à b, Δx tendant vers zéro. Cette limite est égale à l'intégrale définie $\pi \displaystyle\int_a^b y^2 dx$; on a donc

$$V = \pi \int_a^b y^2 dx = \pi \int_a^b [F(x)]^2 dx.$$

Si la courbe est définie par les équations paramétriques
$$x = f(t), \qquad y = \varphi(t),$$

on aura

$$V = \pi \int_{t_0}^{t} y^2 dx = \pi \int_{t_0}^{t} [\varphi(t)]^2 f'(t) dt,$$

t_0 et t étant les valeurs du paramètre relatives aux points M_0 et M.

Ceci suppose que lorsque x croît de a à b, t varie *dans le même sens* de t_0 à t, soit en croissant, soit en décroissant.

Aire d'une surface de révolution.

311. Considérons la courbe définie par l'équation $y = F(x)$, et soient M_0, M deux points de cette courbe ayant pour abscisses a et b. Inscrivons dans l'arc M_0M une ligne polygonale quelconque ; nous allons démontrer que lorsque les côtés de cette ligne tendent vers zéro, l'aire qu'elle engendre en tournant autour de Ox a une limite qui est par définition l'aire engendrée par l'arc de courbe M_0M tournant autour du même axe.

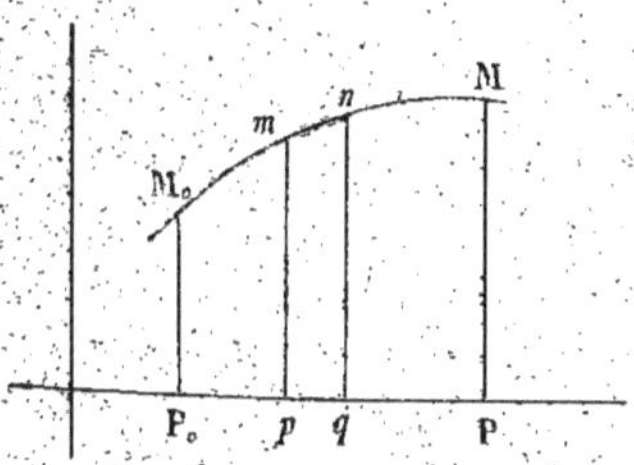

Soit mn un côté de la ligne polygonale ; ce côté engendre la surface latérale d'un tronc de cône

$$\Delta\omega = \pi(mp + nq).mn,$$

Fig. 102.

et nous avons à chercher la limite de $\Sigma\Delta\omega$ quand les segments tels que pq tendent vers zéro (*fig.* 102).

Désignons par y et $y + \Delta y$ les ordonnées des points m et n ; nous pouvons écrire

$$\Delta\omega = \pi(2y + \Delta y)\, mn.$$

Soit Δs la longueur de l'arc mn ; je dis qu'on peut remplacer l'infiniment petit $\Delta\omega$ par le suivant

$$\Delta\omega_1 = 2\pi y \Delta s.$$

On a en effet

$$\frac{\Delta\omega}{\Delta\omega_1} = \frac{2y + \Delta y}{2y} \cdot \frac{mn}{\Delta s}.$$

Quand pq tend vers zéro, Δy a pour limite zéro et $\dfrac{mn}{\Delta s}$ a pour limite 1 (298) ; par suite $\dfrac{\Delta\omega}{\Delta\omega_1}$ a pour limite 1, $\Delta\omega_1$ et $\Delta\omega$ sont des infiniment petits équivalents, donc $\Sigma\Delta\omega$ a même limite que $\Sigma\Delta\omega_1$.

Or $\Sigma \Delta \omega_1 = \Sigma 2\pi y \Delta s$; quand Δs tend vers zéro, cette quantité a pour limite

$$A = 2\pi \int_a^b yds\,;$$

c'est l'expression de l'aire engendrée par l'arc de courbe $M_0 M$ tournant autour de Ox.

Dans cette formule on suppose que a est plus petit que b, et que s croît dans le même sens que x, ou que ds a le signe de dx. On remplace alors ds par $+\sqrt{1 + F'^2(x)}\,dx$, et on a

$$A = 2\pi \int_a^b F(x)\, \sqrt{1 + F'^2(x)}\, dx.$$

Supposons que la courbe soit définie par ses équations paramétriques $x = f(t)$, $y = \varphi(t)$; désignons par t_0 et t les valeurs des paramètres relatives aux points M_0 et M, et supposons que lorsque x croît de a à b, t varie dans le même sens, soit en croissant, soit en décroissant de t_0 à t. On remplacera alors ds par $\pm\sqrt{f'^2(t) + \varphi'^2(t)}\,dt$, en prenant le signe $+$ si t varie dans le même sens que x et le signe $-$ dans le cas contraire, et on aura

$$A = \pm\, 2\pi \int_{t_0}^t \varphi(t)\, \sqrt{f'^2(t) + \varphi'^2(t)}\, dt.$$

Exemple. — Soit à calculer l'aire engendrée par l'arc de cycloïde OEO' (*fig.* 74) tournant autour de OO'.

Nous avons $y = R(1 - \cos t)$, et nous avons trouvé

$$ds = 2R \sin \frac{t}{2}\, dt\,;$$

par suite l'aire cherchée A est égale à

$$A = 2\pi \int_0^{2\pi} 2R^2(1 - \cos t) \sin \frac{t}{2}\, dt = 8\pi R^2 \int_0^{2\pi} \sin^3 \frac{t}{2}\, dt,$$

ou encore à

$$A = 8\pi R^2 \int_0^{2\pi} \left(1 - \cos^2 \frac{t}{2}\right) \sin \frac{t}{2}\, dt = 16\pi R^2 \int_0^{2\pi} \left(\cos^2 \frac{t}{2} - 1\right) d \cos \frac{t}{2}.$$

L'intégrale indéfinie est égale à $\frac{1}{3} \cos^3 \frac{t}{2} - \cos \frac{t}{2}$, on en conclut aisément que

$$A = \frac{64\pi R^2}{3}.$$

CHAPITRE XVI

CLASSIFICATION DES CONIQUES

312. La classification des courbes du deuxième degré, comme celle des surfaces du deuxième degré, repose sur la décomposition d'un polynome du deuxième degré à plusieurs variables en une somme algébrique de carrés de fonctions linéaires de ces mêmes variables.

Étant données p fonctions linéaires à n variables, on dit que ces fonctions sont *indépendantes* lorsque les formes linéaires qu'on en déduit en supprimant les termes constants sont elles-mêmes indépendantes (A, 102), c'est-à-dire lorsque le nombre p des fonctions est inférieur ou égal au nombre n des variables et que du tableau des coefficients des variables dans ces fonctions, on peut déduire un déterminant de degré p différent de zéro.

313. Nous allons montrer qu'un polynome du deuxième degré peut toujours être décomposé en une somme algébrique de carrés de fonctions linéaires, augmentée ou non d'une fonction linéaire, *toutes ces fonctions étant indépendantes*.

Supposons d'abord que le polynome du deuxième degré f renferme le carré d'une variable, x par exemple. Ordonnons le polynome par rapport à x, nous avons

$$f = ax^2 + P_1 x + Q_2,$$

a désignant une constante non nulle, P_1 un polynome du premier degré, Q_2 un polynome du second degré, ces deux polynomes ne renfermant plus la lettre x. Nous pouvons faire entrer dans un carré tous les termes de f qui contiennent la lettre x; pour cela, nous prenons la demi-dérivée de f par rapport à x,

$$\frac{1}{2} f'_x = ax + \frac{P_1}{2},$$

nous l'élevons au carré et nous multiplions ce carré par l'inverse du coefficient de x^2, $\frac{1}{a}$. Nous obtenons ainsi $\frac{1}{a}\left(ax + \frac{P_1}{2}\right)^2$ qui renferme tous les termes de f contenant la lettre x, et en plus le terme $\dfrac{P_1^2}{4a}$ qui ne figure pas dans f. Nous avons donc

$$f \equiv \frac{1}{a}\left(ax + \frac{P_1}{2}\right)^2 - \frac{P_1^2}{4a} + Q_2,$$

ou

$$f \equiv \frac{1}{a}\left(ax + \frac{P_1}{2}\right)^2 + \varphi,$$

φ étant un polynome du deuxième degré renfermant une variable de moins que le polynome f.

Si le polynome φ renferme le carré d'une variable, nous pourrons lui faire subir la même transformation en mettant dans un carré tous les termes contenant cette variable, et ainsi de suite.

314. Mais il peut arriver que l'on rencontre un polynome du deuxième degré ψ ne renfermant le carré d'aucune variable. Ce polynome contient alors le produit de deux variables, y et z par exemple, et, en mettant ces variables en évidence, nous pouvons écrire

$$\psi \equiv ayz + P_1 y + Q_1 z + R_2,$$

a désignant une constante non nulle, P_1, Q_1, R_2 étant des polynomes ne renfermant plus les variables y et z et dont les degrés sont indiqués par les indices. Il est alors facile de former un produit de deux facteurs contenant tous les termes de ψ qui renferment les lettres y et z. Pour cela, prenons les dérivées partielles de ψ par rapport à z et par rapport à y, faisons le produit de ces dérivées et multiplions-le par l'inverse du coefficient de yz; nous avons $\dfrac{1}{a}(ay + Q_1)(az + P_1)$ qui contient tous les termes de ψ où figurent les variables y et z, et en outre le terme $\dfrac{P_1 Q_1}{a}$. On en déduit l'identité

$$\psi \equiv \frac{1}{a}(ay + Q_1)(az + P_1) - \frac{P_1 Q_1}{a} + R_2.$$

Or, en appliquant la formule $\alpha\beta = \left(\dfrac{\alpha + \beta}{2}\right)^2 - \left(\dfrac{\alpha - \beta}{2}\right)^2$, le produit $(ay + Q_1)(az + P_1)$ peut se transformer en une différence de deux carrés, et nous avons

$$\psi \equiv \frac{1}{a}\left(\frac{ay + az + Q_1 + P_1}{2}\right)^2 - \frac{1}{a}\left(\frac{ay - az + Q_1 - P_1}{2}\right)^2 - \frac{P_1 Q_1}{a} + R_2,$$

et ψ se trouve décomposé en une somme algébrique de deux carrés, augmentée d'une fonction du deuxième degré renfermant deux variables de moins que le polynome ψ.

On pourra donc continuer la décomposition du polynome f jusqu'à ce qu'on arrive à un polynome du premier degré. La décomposition sera alors terminée.

On voit ainsi que, dans tous les cas, le nombre des fonctions linéaires mises en évidence est inférieur ou égal au nombre des variables.

315. Il reste à établir que toutes ces fonctions sont indépendantes, c'est-à-dire que du tableau de leurs coefficients on peut déduire un déterminant dont le degré soit égal au nombre des fonctions et qui ne soit pas nul.

Si la décomposition a été effectuée uniquement au moyen de la première méthode, nous avons en évidence une suite de fonctions telles que chacune d'elles renferme une variable de moins que la précédente. Supposons pour fixer les idées que le polynome donné renferme quatre variables x, y, z, t et que l'on ait obtenu les trois fonctions suivantes

$$ax + by + cz + dt + e, \qquad (a \neq 0)$$
$$b'y + c'z + d't + e', \qquad (b' \neq 0)$$
$$c''z + d''t + e''. \qquad (c'' \neq 0)$$

Le déterminant

$$\begin{vmatrix} a & b & c \\ 0 & b' & c' \\ 0 & 0 & c'' \end{vmatrix}$$

se réduit à son terme principal $ab'c''$; il n'est pas nul, donc les fonctions sont indépendantes.

Considérons toujours un polynome à quatre variables et supposons qu'on ait obtenu quatre fonctions linéaires, en utilisant une fois la deuxième méthode de décomposition; nous pourrons écrire nos fonctions

$$ax + by + cz + dt + e, \qquad (a \neq 0)$$
$$b'y + b'z + d't + e', \qquad (b' \neq 0)$$
$$b'y - b'z + d''t + e'',$$
$$d'''t + e'''. \qquad (d''' \neq 0)$$

Le déterminant des coefficients

$$\begin{vmatrix} a & b & c & d \\ 0 & b' & b' & d' \\ 0 & b' & -b' & d'' \\ 0 & 0 & 0 & d''' \end{vmatrix}$$

peut se ramener à un déterminant qui se réduit à son terme principal. Il suffit de retrancher les éléments de la deuxième ligne de ceux de la troisième; on obtient ainsi le déterminant

$$\begin{vmatrix} a & b & c & d \\ 0 & b' & b' & d' \\ 0 & 0 & -2b' & d'' - d' \\ 0 & 0 & 0 & d''' \end{vmatrix}$$

qui n'est pas nul. La proposition est donc établie.

Nous rencontrerons dans la suite de nombreux exemples.

On démontre que la décomposition est possible d'une infinité de manières, et que dans toutes les décompositions d'un même polynome, le nombre des carrés des fonctions linéaires précédés d'un coefficient positif est le même, ainsi que le nombre des carrés précédés d'un coefficient négatif.

Si le polynome f est homogène, les fonctions linéaires qui figurent dans la décomposition sont également homogènes; il résulte alors de ce qui précède que toute forme quadratique est décomposable en une somme algébrique de carrés de formes linéaires indépendantes.

316. Les courbes du deuxième degré sont appelées *sections coniques* ou plus simplement *coniques*, parce qu'elles ont été étudiées comme sections planes du cône de révolution par les géomètres de l'antiquité.

L'équation générale des coniques est

$$f(x, \ y) \equiv Ax^2 + 2Bxy + Cy^2 + 2Dx + 2Ey + F = 0.$$

Suivant la nature des directions asymptotiques qui sont représentées par l'équation

$$Ax^2 + 2Bxy + Cy^2 = 0,$$

on peut tout d'abord diviser les coniques en trois genres.

1º $AC - B^2 > 0$. — Les directions asymptotiques sont imaginaires, la conique n'a aucun point réel à l'infini, on dit qu'elle est du genre *ellipse*.

2º $AC - B^2 < 0$. — Les directions asymptotiques sont réelles et distinctes, la courbe rencontre la droite de l'infini en deux points réels, on dit qu'elle est du genre *hyperbole*.

3º $AC - B^2 = 0$. — Les directions asymptotiques sont confondues, la courbe rencontre la droite de l'infini en deux points confondus, on dit qu'elle est du genre *parabole*.

Pour étudier maintenant les diverses formes que peuvent présenter les courbes de chaque genre, nous décomposerons le premier membre de l'équation en une somme algébrique de carrés de fonctions linéaires indépendantes.

Étant données deux fonctions linéaires P et Q de deux variables x et y, la condition nécessaire et suffisante pour que ces fonctions soient indépendantes est que les droites représentées par les équations P $= 0$, Q $= 0$ aient un seul point commun à distance finie.

I. — Genre ellipse. $AC - B^2 > 0$.

317. Puisque $AC - B^2$ est positif, A n'est pas nul; nous pouvons alors faire entrer dans un premier carré tous les termes de l'équation qui contiennent la lettre x, et l'équation devient

$$\frac{1}{A}(Ax + By + D)^2 - \frac{(By + D)^2}{A} + Cy^2 + 2Ey + F = 0,$$

ou

$$(Ax + By + D)^2 + (AC - B^2)y^2 + 2(AE - BD)y + AF - D^2 = 0,$$

ou encore, en adoptant les notations du n° 92,

$$(1) \qquad (Ax + By + D)^2 + fy^2 - 2ey + c = 0.$$

Comme f n'est pas nul, l'équation peut s'écrire

$$(Ax + By + D)^2 + \frac{1}{f}(fy - e)^2 - \frac{e^2}{f} + c = 0,$$

ou, en remarquant que $cf - e^2 = A\Delta$,

$$(2) \qquad (Ax + By + D)^2 + \frac{1}{f}(fy - e)^2 + \frac{A\Delta}{f} = 0;$$

la décomposition est effectuée. Les deux fonctions linéaires

$$Ax + By + D \qquad \text{et} \qquad fy - e$$

sont indépendantes, ou, ce qui revient au même, les droites représentées par les équations

$$Ax + By + D = 0, \qquad fy - e = 0$$

ont un seul point commun à distance finie.

Premier cas. $A\Delta < 0$. — Prenons ces droites pour axes de coordonnées, la première pour axe des y', la seconde pour axe des x'; en faisant la transformation de coordonnées, $Ax + By + D$ et $fy - e$ se transforment respectivement en $\alpha x'$ et $\beta y'$, α et β étant des constantes. L'équation de la courbe devient alors

$$\alpha^2 x'^2 + \frac{\beta^2}{f}y'^2 + \frac{A\Delta}{f} = 0.$$

Par hypothèse, f est positif et $A\Delta$ négatif; on peut donc poser $-\frac{A\Delta}{f\alpha^2} = a^2$, $-\frac{A\Delta}{\beta^2} = b^2$, a et b désignant des nombres réels. Nous obtenons en définitive pour équation de la courbe, après avoir supprimé les accents,

$$\frac{x^2}{a^2} + \frac{y^2}{b^2} - 1 = 0.$$

Il est facile de la construire. Chacun des axes divise en deux parties égales les cordes parallèles à l'autre; il suffit de tracer la portion de courbe relative aux valeurs positives de x et de y.

Résolvons l'équation par rapport à y; nous avons, en ne prenant que la valeur positive de y,

$$y = \frac{b}{a} \sqrt{a^2 - x^2};$$

pour que y soit réel, il faut que $a^2 - x^2$ soit positif, et, comme nous ne donnons à x que des valeurs positives, nous voyons qu'il faut faire varier x de 0 à a. Dans ce cas, y décroît de 0 à b, ce qui nous permet de tracer la branche de courbe AB (*fig.* 103).

La tangente en chaque point est déterminée par la dérivée

$$y' = \frac{-bx}{a\sqrt{a^2 - x^2}};$$

au point A(a, 0) la tangente est parallèle à Oy, au point B(0, b) elle est parallèle à Ox.

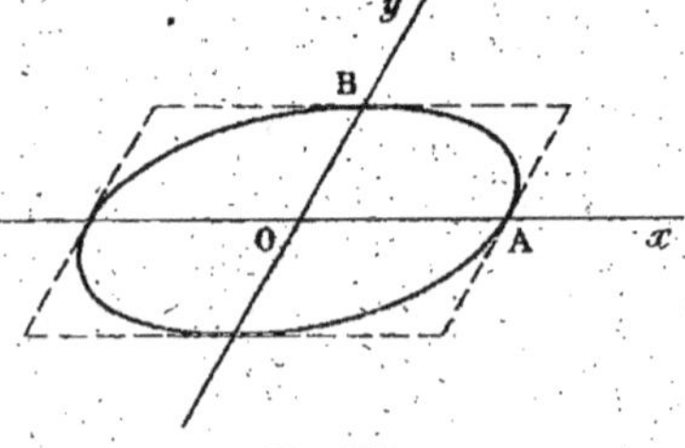

Fig. 103.

Il est alors facile d'achever la courbe par symétrie. On remarque de plus que la courbe est symétrique par rapport à l'origine; on dit que ce point est *centre* de la courbe.

Il est utile d'observer que le centre est le point de rencontre des deux droites qui par rapport au premier système d'axes ont pour équations $Ax + By + D = 0$, $fy - e = 0$.

La courbe ainsi obtenue est appelée *ellipse réelle*.

Deuxième cas. $A\Delta > 0$. — L'équation (2) ne peut être vérifiée par aucun système de valeurs réelles de x et de y. On dit qu'elle représente une *ellipse imaginaire*; le cercle imaginaire (116) en est un cas particulier.

Troisième cas. $\Delta = 0$. — L'équation (2) se réduit à

$$(Ax + By + D)^2 + \frac{1}{f}(fy - e)^2 = 0;$$

elle est vérifiée par les coordonnées d'un seul point réel, le point commun aux droites $Ax + By + D = 0$, $fy - e = 0$. On dit qu'elle représente une *ellipse-point*, ou *une ellipse réduite à son centre*.

Remarquons encore que l'équation peut s'écrire

$$\left[Ax + By + D + \frac{i}{\sqrt{f}}(fy - e) \right] \left[Ax + By + D - \frac{i}{\sqrt{f}}(fy - e) \right] = 0,$$

et, sous cette forme, on voit qu'elle représente aussi *deux droites sécantes imaginaires conjuguées*.

Cas particulier : le cercle de rayon nul (116).

II. — Genre hyperbole. $AC - B^2 < 0$.

318. **1° L'un au moins des coefficients A ou C n'est pas nul.**

Soit par exemple $A \neq 0$. Nous pouvons encore mettre l'équation sous la forme (2),

$$(2) \qquad (Ax + By + D)^2 + \frac{1}{f}(fy - e)^2 + \frac{A\Delta}{f} = 0.$$

Premier cas. $\Delta \neq 0$. — En faisant la même transformation de coordonnées que plus haut, nous obtenons l'équation

$$\alpha^2 x'^2 + \frac{\beta^2 y'^2}{f} + \frac{A\Delta}{f} = 0.$$

Ici f est négatif, et si l'on suppose $A\Delta > 0$, on peut poser

$$-\frac{A\Delta}{f\alpha^2} = a^2, \qquad +\frac{A\Delta}{\beta^2} = b^2,$$

de sorte que l'équation devient

$$\frac{x^2}{a^2} - \frac{y^2}{b^2} - 1 = 0.$$

Si $A\Delta$ était négatif on serait conduit à une équation de même forme en prenant la droite $Ax + By + D = 0$ pour axe des x', et la droite $fy - e = 0$ pour axe des y'.

Comme dans le cas précédent, il suffit de construire la portion de la courbe qui correspond aux valeurs positives de x et de y; en résolvant par rapport à y, nous avons

$$y = \frac{b}{a}\sqrt{x^2 - a^2} ;$$

y n'est réel que si x est supérieur à a, et quand x croît de a à $+\infty$, y croît de 0 à $+\infty$.

On obtient ainsi une branche infinie de courbe AL, et, en appliquant la méthode générale, il est aisé de voir que cette branche de courbe admet pour asymptote la droite

$$Y = \frac{b}{a} x ;$$

d'ailleurs, on a

$$y - Y = \frac{b}{a}[\sqrt{x^2 - a^2} - x] = \frac{b}{a} \cdot \frac{-a^2}{\sqrt{x^2 - a^2} + x}.$$

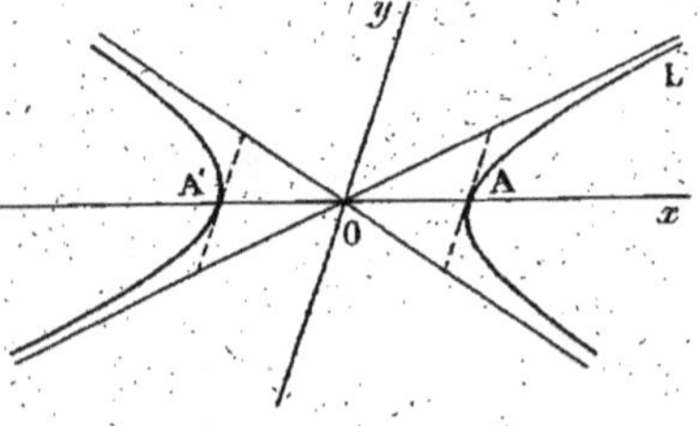

Fig. 104.

Quand x croît indéfiniment par valeurs positives, $y - Y$ tend vers zéro en étant toujours négatif.

Il est alors facile d'achever la construction de la courbe; les tangentes aux points A et A' sont parallèles à Oy (*fig.* 104).

Cette courbe est appelée *hyperbole*; elle admet deux asymptotes dont le point de rencontre est centre de la courbe.

Si les asymptotes sont perpendiculaires on dit que l'hyperbole est *équilatère*.

Deuxième cas. $\Delta = 0$. — L'équation (2) se réduit à

$$(Ax + By + D)^2 + \frac{1}{f}(fy - e)^2 = 0,$$

ou, comme f est négatif,

$$\left[Ax + By + D + \frac{1}{\sqrt{-f}}(fy - e) \right]$$
$$\times \left[Ax + By + D - \frac{1}{\sqrt{-f}}(fy - e) \right] = 0.$$

Elle représente *deux droites sécantes réelles*.

Si l'on avait A $= 0$, C $\neq 0$, on commencerait la décomposition du polynome $f(x, y)$ en faisant entrer dans un premier carré tous les termes renfermant la variable y, et on serait conduit à des résultats analogues.

2° Les deux coefficients A et C sont nuls.

L'équation de la conique s'écrit alors

$$2Bxy + 2Dx + 2Ey + F = 0 ;$$

pour décomposer en carrés le premier membre, nous appliquerons la méthode indiquée au n° 314. Nous obtenons ainsi

$$\frac{2}{B}(Bx + E)(By + D) - \frac{2ED}{B} + F = 0,$$

Or, on a
$$\Delta = 2BDE - FB^2;$$
l'équation devient donc
$$2(Bx + E)(By + D) - \frac{\Delta}{B} = 0,$$
ou
$$[Bx + E + By + D]^2 - [Bx + E - By - D]^2 - \frac{2\Delta}{B} = 0.$$

Premier cas. $\Delta \neq 0$. — En prenant comme axes de coordonnées les droites
$$Bx + E + By + D = 0, \qquad Bx + E - By - D = 0,$$
on obtient une équation de la forme
$$\frac{x^2}{a^2} - \frac{y^2}{b^2} - 1 = 0,$$
qui représente une *hyperbole*.

Deuxième cas. $\Delta = 0$. — L'équation se réduit à
$$2(Bx + E)(By + D) = 0;$$
elle représente *deux droites sécantes réelles*.

Les conclusions sont les mêmes quels que soient les coefficients A et C.

III. — Genre parabole. $AC - B^2 = 0.$

319. Les coefficients A et C ne peuvent être nuls en même temps, car si l'on avait $A = C = 0$, l'égalité $AC - B^2 = 0$ donnerait $B = 0$, et l'équation de la courbe se réduirait au premier degré.

Nous pouvons donc supposer que l'un des coefficients A ou C au moins n'est pas nul, par exemple $A \neq 0$, et en opérant comme au n° 317, nous obtenons l'équation

$$(3) \qquad (Ax + By + D)^2 - 2ey + c = 0.$$

La relation $cf - e^2 = A\Delta$ devient $-e^2 = A\Delta$; on voit ainsi que e est nul en même temps que Δ.

Premier cas. $\Delta \neq 0$. — Faisons une transformation de coordonnées en prenant pour axe des x' la droite $Ax + By + D = 0$, et pour axe des y' la droite $-2ey + c = 0$; l'équation devient
$$y'^2 - 2px' = 0;$$

on peut choisir la direction positive de l'axe des x' de manière que le coefficient p soit positif.

De l'équation on tire, après suppression des accents,

$$y = \pm \sqrt{2px} \, ;$$

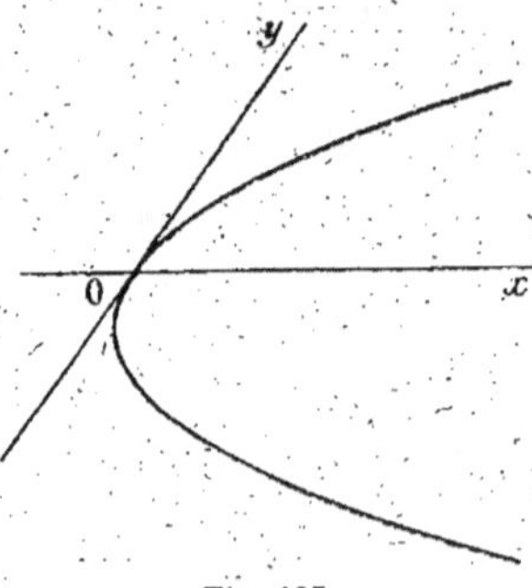

Fig. 105.

à chaque valeur positive de x correspondent deux valeurs réelles de y, égales et de signes contraires, et quand x croît de 0 à $+\infty$, la valeur positive de y croît également de 0 à $+\infty$.

La courbe est tangente à Oy à l'origine et l'axe Ox divise en deux parties égales les cordes parallèles à Oy (fig. 105).

Quand x augmente indéfiniment, $\dfrac{y}{x}$ a pour limite zéro; il en résulte que les branches infinies sont paraboliques dans la direction Ox.

La courbe ainsi obtenue est appelée *parabole*.

Deuxième cas. $\Delta = 0$. — e étant nul, l'équation (3) devient

$$(Ax + By + D)^2 + c = 0.$$

1° c ou $AF - D^2 < 0$. — L'équation s'écrit

$$[Ax + By + D + \sqrt{-c}\,][Ax + By + D - \sqrt{-c}\,] = 0 \, ;$$

elle représente *deux droites parallèles réelles*.

2° c ou $AF - D^2 > 0$. — L'équation n'est vérifiée par aucun système de valeurs réelles de x et de y, mais, comme elle peut s'écrire

$$[Ax + By + D + i\sqrt{c}\,][Ax + By + D - i\sqrt{c}\,] = 0,$$

on dit qu'elle représente *deux droites parallèles imaginaires conjuguées*.

3° c ou $AF - D^2 = 0$. — L'équation se réduit à

$$(Ax + By + D)^2 = 0 \, ;$$

on dit qu'elle représente *une droite double, ou deux droites confondues*.

320. REMARQUE. — Quand on suppose $C \neq 0$, l'équation de la courbe peut s'écrire

$$(Cy + Bx + E)^2 - 2dx + a = 0,$$

et l'on a la relation $\quad -d^2 = C\Delta$.

Si $\Delta \neq 0$, l'équation représente une parabole,

Si $\Delta = 0$, elle représente deux droites parallèles, mais il est important d'observer que la réalité de ces droites dépend du signe de a ou de $CF - E^2$.

Suivant que $CF - E^2$ est négatif, positif ou nul, les droites sont réelles, imaginaires conjuguées ou confondues.

Résumé de la discussion.

321. Le tableau qui suit résume la discussion. Nous avons indiqué la forme sous laquelle peut s'écrire l'équation de la conique suivant les différentes hypothèses : P et Q désignent des fonctions linéaires indépendantes à coefficients réels.

Relation entre les coefficients		Nature de la conique	Décomposition en carrés
$AC - B^2 > 0$ Genre ellipse	$A\Delta$ ou $C\Delta < 0$	Ellipse réelle	$P^2 + Q^2 - 1$
	$A\Delta$ ou $C\Delta > 0$	Ellipse imaginaire	$P^2 + Q^2 + 1$
	$\Delta = 0$	Deux droites sécantes imaginaires	$P^2 + Q^2$
$AC - B^2 < 0$ Genre hyperbole	$\Delta \neq 0$	Hyperbole	$P^2 - Q^2 - 1$
	$\Delta = 0$	Deux droites sécantes réelles	$P^2 - Q^2$
$AC - B^2 = 0$ Genre parabole	$\Delta \neq 0$	Parabole	$P^2 + Q$
	$\Delta = 0$, $A \neq 0$: $AF - D^2 < 0$	Deux droites parallèles réelles	$P^2 - 1$
	$\Delta = 0$, $A \neq 0$: $AF - D^2 > 0$	Deux droites parallèles imaginaires	$P^2 + 1$
	$\Delta = 0$, $A \neq 0$: $AF - D^2 = 0$	Deux droites confondues	P^2

Conformément à la remarque du n° 320, si $A = 0$, $C \neq 0$, on doit remplacer dans les trois dernières lignes $AF - D^2$ par $CF - E^2$.

Pour distinguer l'ellipse réelle de l'ellipse imaginaire, on peut considérer le signe de $C\Delta$ au lieu de celui de $A\Delta$; car, $AC - B^2$ étant positif, A et C sont de même signe.

Il résulte immédiatement de ce tableau que la condition nécessaire et suffisante pour que l'équation générale du deuxième degré représente deux droites est $\Delta = 0$, comme nous l'avons d'ailleurs établi directement au n° 95.

322. Application. — Étant donnée une équation du deuxième degré à coefficients numériques, pour déterminer la nature de la conique représentée par cette équation, on peut soit appliquer la méthode générale que nous venons d'indiquer, c'est-à-dire décomposer en carrés le premier membre de l'équation, soit se reporter au tableau qui précède.

Par exemple, soit l'équation

$$x^2 - 3xy + 2y^2 - 2x + y - 1 = 0.$$

Elle peut s'écrire successivement

$$\left(x - \frac{3y}{2} - 1\right)^2 - \left(\frac{3}{2}y + 1\right)^2 + 2y^2 + y - 1 = 0,$$

$$\left(x - \frac{3y}{2} - 1\right)^2 - \frac{1}{4}y^2 - 2y - 2 = 0,$$

$$\left(x - \frac{3y}{2} - 1\right)^2 - 4\left(\frac{y}{4} + 1\right)^2 + 2 = 0.$$

On reconnaît immédiatement l'équation d'une hyperbole.

Ce résultat peut s'obtenir autrement. Calculons en effet $AC - B^2$ et Δ. Nous trouvons $AC - B^2 = 2 - \frac{9}{4} = -\frac{1}{4}$, la conique est du genre hyperbole; puis $\Delta = -\frac{1}{2}$, la conique est une hyperbole.

Si l'on donne *a priori* l'équation de la courbe toute décomposée en carrés, on peut dire immédiatement quelle est la nature de la courbe, à condition toutefois que les fonctions linéaires P et Q qui figurent dans l'équation soient indépendantes.

Remarques sur la classification.

323. Si les coefficients A et C sont de signes contraires, la conique est du genre hyperbole, car $AC - B^2$ est évidemment négatif.

324. Si l'ensemble des termes du deuxième degré,

$$Ax^2 + 2Bxy + Cy^2,$$

est mis sous la forme d'un produit de deux facteurs réels et distincts, la conique est du genre hyperbole, et les directions asymptotiques sont déterminées en égalant ces facteurs à zéro.

325. Si $Ax^2 + 2Bxy + Cy^2$ est le carré d'une fonction linéaire, $AC - B^2$ est nul, et la conique est du genre parabole. On peut, sans calculer Δ, reconnaître si l'équation représente une parabole ou deux droites parallèles.

En effet, l'équation a la forme

$$(ux + vy)^2 + 2Dx + 2Ey + F = 0;$$

la direction asymptotique a pour équation $ux + vy = 0$.

1° Si la droite $Dx + Ey = 0$ n'est pas parallèle à la direction asymptotique, la courbe est une parabole, car l'équation peut s'écrire

$$P^2 + Q = 0,$$

en posant $P \equiv ux + vy$, $Q \equiv 2Dx + 2Ey + F$, et les deux droites $P = 0$, $Q = 0$ ont un seul point commun à distance finie.

D'après ce qui a été dit au n° 259, on voit que la parabole est tangente à la droite de l'infini.

2° Si la droite $Dx + Ey = 0$ est parallèle à la direction asymptotique, l'équation représente deux droites parallèles.

En effet, nous avons $Dx + Ey \equiv \lambda(ux + vy)$, l'équation de la conique devient

$$(ux + vy)^2 + 2\lambda(ux + vy) + F = 0,$$
$$\text{ou} \qquad (ux + vy - t_1)(ux + vy - t_2) = 0,$$

t_1 et t_2 désignant les racines du trinome $t^2 + 2\lambda t + F$.

L'équation représente donc deux droites parallèles réelles, imaginaires ou confondues, suivant que $\lambda^2 - F$ est positif, négatif ou nul.

Dans ce cas, la courbe a un point double à l'infini dans la direction $ux + vy = 0$.

CHAPITRE XVII

CENTRE ET DIAMÈTRES DANS LES CONIQUES

Centre.

326. On appelle *centre* d'une conique un point tel que toute droite passant par ce point rencontre la conique en deux points symétriques par rapport à ce point.

La détermination du centre d'une conique repose sur le théorème suivant.

Théorème. — *La condition nécessaire et suffisante pour que l'origine des coordonnées soit centre d'une conique est que l'équation de la courbe ne renferme pas de termes du premier degré.*

Soit

$$Ax^2 + 2Bxy + Cy^2 + 2Dx + 2Ey + F = 0$$

l'équation de la conique. Une droite quelconque passant par l'origine, $y = mx$, rencontre la conique en deux points dont les abscisses vérifient l'équation

$$x^2(A + 2Bm + Cm^2) + 2x(D + Em) + F = 0.$$

Pour que l'origine soit centre, il faut et il suffit que cette équation ait ses racines égales et de signes contraires quelle que soit la sécante, c'est-à-dire que l'on ait

$$D + Em = 0,$$

quel que soit m.

On doit donc avoir $D = 0$, $E = 0$, ce qui démontre le théorème.

327. Détermination du centre. — Soit la conique

$$f(x, y) \equiv Ax^2 + 2Bxy + Cy^2 + 2Dx + 2Ey + F = 0.$$

Pour qu'un point (x_0, y_0) soit centre de cette conique, il faut et il suffit qu'en transportant l'origine des coordonnées en ce point, on obtienne une équation n'ayant pas de termes du premier degré. L'équation transformée est

$$f(x_0 + x, y_0 + y) = 0,$$

ou

$$f(x_0, y_0) + x f'_{x_0} + y f'_{y_0} + \varphi(x, y) = 0,$$

$\varphi(x, y)$ désignant l'ensemble des termes du deuxième degré,

$$Ax^2 + 2Bxy + Cy^2.$$

Écrivons que les coefficients de x et de y sont nuls; nous avons

$$f'_{x_0} = 0, \qquad f'_{y_0} = 0;$$

ce sont deux équations du premier degré par rapport à x_0, y_0; en les résolvant, on a les coordonnées du centre.

328. DISCUSSION. — Nous avons à résoudre le système

$$(1) \qquad \begin{cases} \dfrac{1}{2} f'_x \equiv Ax + By + D = 0, \\[2mm] \dfrac{1}{2} f'_y \equiv Bx + Cy + E = 0. \end{cases}$$

Le déterminant des coefficients des inconnues étant $AC - B^2$, nous sommes conduits à distinguer deux cas :

Premier cas. $AC - B^2 \neq 0$. — *La courbe est du genre ellipse ou hyperbole.*

Les équations (1) ont un ensemble unique de solutions.

$$x = \frac{BE - CD}{AC - B^2}, \qquad y = \frac{BD - AE}{AC - B^2},$$

ou

$$x = \frac{d}{f}, \qquad y = \frac{e}{f}.$$

La courbe admet donc un centre unique.

Deuxième cas. $AC - B^2 = 0$. — *La courbe est du genre parabole.*

Nous avons déjà vu que les coefficients A et C ne peuvent être nuls en même temps (319). Soit par exemple $A \neq 0$. Le déterminant caractéristique est alors $AE - BD$ ou $-e$; il est nul en même temps que Δ, en vertu de l'égalité $-e^2 = A\Delta$.

1° $\Delta \neq 0$. *La courbe est une parabole.* Le déterminant caractéristique n'est pas nul, les équations (1) n'ont pas de solutions, la courbe n'a pas de centre.

2° $\Delta = 0$. *La courbe se compose de deux droites parallèles.* Le déterminant caractéristique étant nul, la seconde équation du système (1) est vérifiée par toutes les solutions de la première. La courbe admet donc une infinité de centres : ce sont tous les points dont les coordonnées vérifient l'équation $Ax + By + D = 0$. Cette équation étant du premier degré, tous ces centres sont en ligne droite.

Ce résultat était à prévoir, car deux droites parallèles sont symétriques l'une de l'autre par rapport à un point quelconque de la parallèle équidistante.

En résumé, toute courbe du genre ellipse ou hyperbole admet un centre unique ; la parabole n'a pas de centre, et la conique formée par deux droites parallèles a une infinité de centres en ligne droite.

329. Considérons dans les équations (1) x et y comme des coordonnées courantes ; ces équations représentent alors deux droites qu'on appelle les *droites de centre*, et dont le point de rencontre est centre de la courbe.

Il résulte de la discussion précédente que si la courbe est du genre ellipse ou hyperbole, les droites de centre ont un seul point commun à distance finie ; si la courbe est une parabole, les droites de centre sont parallèles ; enfin si la conique se compose de deux droites parallèles, les droites de centre sont confondues.

330. Problème. — *Étant donnée l'équation d'une conique, trouver ce que devient cette équation quand on transporte l'origine des coordonnées au centre de la courbe.*

Soit

$$f(x, y) \equiv \varphi(x, y) + 2Dx + 2Ey + F = 0$$

l'équation de la conique, $\varphi(x, y)$ désignant $Ax^2 + 2Bxy + Cy^2$.

En transportant l'origine au centre (x_0, y_0), l'équation devient

$$f(x_0 + x, y_0 + y) \equiv f(x_0, y_0) + xf'_{x_0} + yf'_{y_0} + \varphi(x, y) = 0,$$

ou, puisque f'_{x_0} et f'_{y_0} sont nuls,

$$\varphi(x, y) + f(x_0, y_0) = 0.$$

Il nous faut maintenant calculer $f(x_0, y_0)$ en fonction des coefficients de l'équation de la conique.

Pour cela, appliquons d'abord la formule d'Euler ; nous avons

$$2f(x_0, y_0) = x_0 f'_{x_0} + y_0 f'_{y_0} + f'_{z_0} = f'_{z_0},$$

d'où

$$f(x_0, y_0) = \frac{1}{2} f'_{z_0} = Dx_0 + Ey_0 + F.$$

L'équation transformée peut donc s'écrire

$$\varphi(x, y) + F_1 = 0,$$

en posant

$$F_1 = Dx_0 + Ey_0 + F.$$

1° Supposons que la courbe soit du genre ellipse ou hyperbole : elle admet un centre unique dont les coordonnées sont fournies par les équations (1) ; en transportant les solutions de ces équations dans l'expression de F_1, on a (A. 96)

$$F_1 = \frac{\begin{vmatrix} A & B & D \\ B & C & E \\ D & E & F \end{vmatrix}}{\begin{vmatrix} A & B \\ B & C \end{vmatrix}} = \frac{\Delta}{f}.$$

L'équation de la courbe est alors

$$\varphi(x, y) + \frac{\Delta}{f} = 0.$$

2° Si la courbe se compose de deux droites parallèles, elle admet une infinité de centres dont les coordonnées sont les ensembles de solutions de l'équation $Ax_0 + By_0 + D = 0$, en supposant $A \neq 0$. De cette équation on tire $x_0 = -\dfrac{By_0 + D}{A}$, et en portant cette valeur dans l'expression de F_1 on a

$$F_1 = -\frac{D(By_0 + D)}{A} + Ey_0 + F = \frac{AF - D^2}{A},$$

puisque $AE - BD$ est nul.

L'équation de la courbe est dans ce cas

$$\varphi(x, y) + \frac{AF - D^2}{A} = 0.$$

Diamètres.

331. *Étant données une conique et une direction de droite L, le lieu géométrique des milieux des cordes parallèles à la direction L est une droite qu'on appelle le diamètre conjugué de la direction L.*

Soient

$$f(X, Y) \equiv \varphi(X, Y) + 2DX + 2EY + F = 0$$

l'équation de la conique, et α, β les paramètres directeurs de la direction L.

Pour qu'un point $M(x, y)$ appartienne au lieu considéré, il faut et il suffit que la droite menée par le point M parallèlement à L rencontre la courbe en deux points symétriques par rapport à M. Un point quelconque de cette droite a pour coordonnées

$$X = x + \alpha\rho, \qquad Y = y + \beta\rho,$$

ρ étant proportionnel à la valeur algébrique du vecteur qui a pour origine le point $M(x, y)$ et pour extrémité le point (X, Y).

Les valeurs de ρ relatives aux points de rencontre A et B de la droite et de la conique sont racines de l'équation

$$f(x + \alpha\rho, \, y + \beta\rho) = f(x, y) + \rho(\alpha f'_x + \beta f'_y) + \rho^2 \varphi(\alpha, \beta) = 0,$$

et pour que le point M soit le milieu de AB, il faut que cette équation ait ses racines égales et de signes contraires, ce qui donne

$$\alpha f'_x + \beta f'_y = 0.$$

C'est l'équation du lieu, elle est du premier degré en x et y; donc le lieu est une droite qui est par définition le *diamètre conjugué* de la direction L.

Nous avons

$$f'_x = \varphi'_x + 2D, \qquad f'_y = \varphi'_y + 2E,$$

d'où

$$\alpha f'_x + \beta f'_y = \alpha\varphi'_x + \beta\varphi'_y + 2(D\alpha + E\beta),$$

et, comme on a

$$\alpha\varphi'_x + \beta\varphi'_y = x\varphi'_\alpha + y\varphi'_\beta,$$

on voit que l'équation du diamètre peut s'écrire

$$x\varphi'_\alpha + y\varphi'_\beta + 2(D\alpha + E\beta) = 0.$$

Nous avons implicitement supposé que toute parallèle à L rencontrait la courbe en deux points à distance finie; cela revient à admettre que L n'est pas direction asymptotique ou que $\varphi(\alpha, \beta)$ n'est pas nul.

Dans ces conditions, φ'_α et φ'_β ne peuvent être nuls en même temps, puisque l'on a $\alpha\varphi'_\alpha + \beta\varphi'_\beta = 2\varphi(\alpha, \beta) \neq 0$.

Il en résulte que toute direction *non asymptotique* admet un diamètre conjugué à distance finie.

332. Diamètres singuliers. — Supposons maintenant $\varphi(\alpha, \beta) = 0$. L est direction asymptotique, toute parallèle à cette direction rencontre la courbe en un point à l'infini, il n'y a plus lieu de chercher le diamètre conjugué.

L'équation en ρ s'abaisse au premier degré et devient

$$f(x, y) + \rho(\alpha f'_x + \beta f'_y) = 0.$$

Il est alors intéressant de se demander ce que représente l'équation

$$(1) \quad \alpha f'_x + \beta f'_y = 0, \qquad \text{ou} \qquad x\varphi'_\alpha + y\varphi'_\beta + 2(D\alpha + E\beta) = 0.$$

L'ellipse n'ayant pas de direction asymptotique réelle, nous nous bornerons au cas où la conique appartient au genre hyperbole ou parabole.

1° La conique est du genre hyperbole. Nous avons

$$\frac{1}{2}\varphi'_\alpha = A\alpha + B\beta, \qquad \frac{1}{2}\varphi'_\beta = B\alpha + C\beta;$$

$AC - B^2$ n'étant pas nul, φ'_α et φ'_β ne peuvent être nuls en même temps. L'équation (1) représente une droite Δ, qui est le lieu des points tels que si par l'un d'eux on mène une parallèle à L, cette parallèle rencontre la courbe en deux points à l'infini.

Or la droite Δ est parallèle à L, car on a

$$\alpha\varphi'_\alpha + \beta\varphi'_\beta = 2\varphi(\alpha, \beta) = 0;$$

par conséquent toutes les parallèles à L menées par les divers points de Δ coïncident avec cette droite,

Il en résulte que la droite Δ est *la seule droite* parallèle à L qui rencontre la courbe en deux points à l'infini; c'est l'asymptote relative à la direction asymptotique L.

On peut donc considérer les asymptotes d'une hyperbole comme des *diamètres singuliers*, chacun d'eux étant conjugué de sa propre direction.

Si les coordonnées d'un point M annulent en même temps $f(x, y)$ et $\alpha f'_x + \beta f'_y$, l'équation en ρ se réduit à une identité; la droite menée par M parallèlement à L, c'est-à-dire la droite Δ, fait partie de la conique. Cette courbe se compose alors de deux droites sécantes dont l'une est la droite Δ.

2° La conique est du genre parabole. $\varphi(x, y)$ étant carré parfait, nous pouvons poser $\varphi(x, y) \equiv (ux + vy)^2$, et comme α, β désignent les paramètres directeurs de la direction asymptotique, nous avons $u\alpha + v\beta = 0$.

Par suite

$$\frac{1}{2}\varphi'_\alpha = u(u\alpha + v\beta) = 0, \qquad \frac{1}{2}\varphi'_\beta = v(u\alpha + v\beta) = 0;$$

le coefficient de ρ est une constante et l'équation en ρ se réduit à

$$f(x, y) + 2\rho(D\alpha + E\beta) = 0.$$

Si la courbe est une parabole, le coefficient de ρ n'est pas nul, car nous avons vu (325) que la droite $Dx + Ey = 0$ n'est pas parallèle à la direction asymptotique. On peut dire alors que le diamètre singulier correspondant est rejeté à l'infini.

Par conséquent toute parallèle à la direction asymptotique d'une

parabole rencontre la courbe en un point à l'infini et en un point
à distance finie; il n'y a pas d'exception.

Si la courbe se compose de deux droites parallèles, on à
$D\alpha + E\beta = 0$, le premier membre de l'équation en ρ se réduit à son
terme constant $f(x, y)$, cette équation a deux racines infinies ou est
identiquement satisfaite selon que $f(x, y)$ est différent de zéro ou égal
à zéro; cela s'explique géométriquement sans la moindre difficulté.

333. Position des diamètres. Théorème I. — *Dans les courbes à
centre unique, les diamètres passent par le centre, et réciproquement
toute droite passant par le centre est un diamètre (véritable ou singulier).*

En effet, l'équation d'un diamètre quelconque, $\alpha f'_x + \beta f'_y = 0$, est
vérifiée par les coordonnées du centre.

Réciproquement, le centre étant l'intersection des deux droites
$f'_x = 0$, $f'_y = 0$, une droite quelconque passant par ce point a pour
équation $\lambda f'_x + \mu f'_y = 0$, c'est le diamètre conjugué de la direction
qui a pour paramètres directeurs λ et μ (*).

Dans l'ellipse, toutes les droites passant par le centre sont des diamètres proprement dits. Dans l'hyperbole, il n'y a exception que pour
les asymptotes, qui sont des diamètres singuliers.

334. Théorème II. — *Dans la parabole, tous les diamètres sont
parallèles à la direction asymptotique, et réciproquement toute droite
parallèle à la direction asymptotique est un diamètre.*

Nous avons dans ce cas $\varphi(x, y) \equiv (ux + vy)^2$, et par suite
$$f(x, y) \equiv (ux + vy)^2 + 2Dx + 2Ey + F;$$
on en déduit
$$\alpha f'_x + \beta f'_y \equiv 2\alpha[u(ux + vy) + D] + 2\beta[v(ux + vy) + E],$$
et l'équation du diamètre conjugué de la direction (α, β) est
$$(u\alpha + v\beta)(ux + vy) + D\alpha + E\beta = 0;$$
cette droite est parallèle à la direction asymptotique.

Réciproquement, soit $ux + vy + \lambda = 0$ une parallèle à la direction asymptotique, nous pouvons donner à cette équation la forme
de l'équation d'un diamètre en déterminant α et β par la relation
$$\frac{D\alpha + E\beta}{u\alpha + v\beta} = \lambda, \qquad \text{ou} \qquad \alpha(u\lambda - D) + \beta(v\lambda - E) = 0.$$

Cette équation détermine α et β à un facteur près, car $u\lambda - D$
et $v\lambda - E$ ne peuvent être nuls en même temps (325).

____

(*) Les droites de centre $f'_x = 0$, $f'_y = 0$ sont les diamètres conjugués
des directions Ox et Oy.

335. Théorème III. — *Si la courbe se compose de deux droites parallèles, tous les diamètres sont confondus avec la ligne des centres.*

Les équations $f'_x = 0$, $f'_y = 0$ représentant la même droite, on a l'identité $f'_y \equiv \lambda f'_x$; par conséquent l'équation d'un diamètre quelconque, $\alpha f'_x + \beta f'_y = 0$, peut s'écrire $(\alpha + \beta\lambda) f'_x = 0$; ce diamètre est confondu avec la droite $f'_x = 0$.

336. Propriétés des diamètres. — *Les points de contact des tangentes à une conique parallèles à une direction L sont à l'intersection de la courbe et du diamètre conjugué de la direction L.*

Cela résulte immédiatement de la définition du diamètre, car le point de contact d'une tangente parallèle à L est le milieu des points de rencontre de cette droite et de la courbe; ce point appartient donc au diamètre conjugué de L.

D'ailleurs, analytiquement, en écrivant que la tangente au point (x, y), $X f'_x + Y f'_y + f'_z = 0$, est parallèle à la direction L(α, β), on a

$$\alpha f'_x + \beta f'_y = 0,$$

ce qui exprime que le point (x, y) est situé sur le diamètre conjugué de L.

337. *Soient M, M' les points de contact des tangentes menées à une conique par un point P; le diamètre conjugué de la direction MM' passe par le point P.*

En effet, x_0, y_0 désignant les coordonnées du point P, l'équation de la corde des contacts MM' est

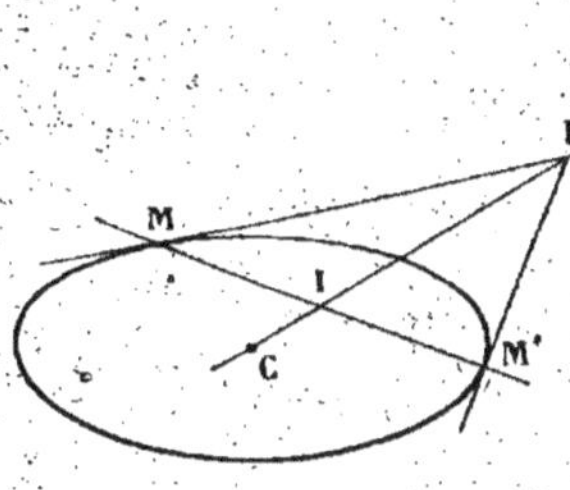

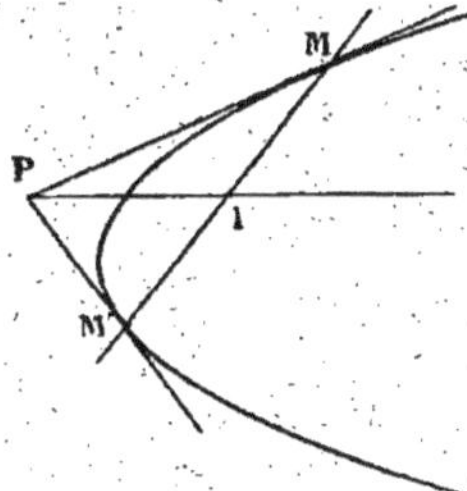

Fig. 106.　　　　　　　Fig. 107.

$$x f'_{x_0} + y f'_{y_0} + f'_{z_0} = 0;$$

les paramètres directeurs de cette droite sont $\alpha = f'_{y_0}$, $\beta = - f'_{x_0}$, et le diamètre conjugué de cette direction a pour équation

$$f'_{y_0} f'_x - f'_{x_0} f'_y = 0,$$

et, sous cette forme, on voit que cette droite passe au point (x_0, y_0).

On conclut de là que si la courbe a un centre, la droite joignant le point P au milieu I de MM' passe par le centre (*fig.* 106); si la courbe est une parabole, la droite PI est parallèle à la direction asymptotique (*fig.* 107).

338. Diamètres conjugués. — *Si le diamètre conjugué d'une direction* L *est parallèle à une direction* L', *inversement le diamètre conjugué de* L' *est parallèle à* L.

Soient (α, β) et (α', β') les paramètres directeurs des directions L et L'. Le diamètre conjugué de L a pour équation

$$x \varphi'_\alpha + y \varphi'_\beta + 2(D\alpha + E\beta) = 0.$$

Supposons qu'il soit parallèle à L', nous avons

$$\alpha' \varphi'_\alpha + \beta' \varphi'_\beta = 0.$$

Or cette relation peut s'écrire aussi $\alpha \varphi'_{\alpha'} + \beta \varphi'_{\beta'} = 0$, ce qui montre que le diamètre conjugué de L',

$$x \varphi'_{\alpha'} + y \varphi'_{\beta'} + 2(D\alpha' + E\beta') = 0,$$

est parallèle à la direction $L(\alpha, \beta)$.

339. Définitions. — Deux directions telles que le diamètre conjugué de chacune d'elles soit parallèle à l'autre sont appelées *directions conjuguées*.

Deux diamètres tels que chacun d'eux soit parallèle aux cordes que l'autre divise en deux parties égales sont appelés *diamètres conjugués*.

Par conséquent, deux diamètres conjugués ont des directions conjuguées. La relation qui lie les paramètres directeurs (α, β) et (α', β') de deux directions conjuguées ou de deux diamètres conjugués est

$$\alpha' \varphi'_\alpha + \beta' \varphi'_\beta = 0, \qquad \text{ou} \qquad \alpha \varphi'_{\alpha'} + \beta \varphi'_{\beta'} = 0,$$

qui s'écrit développée

$$A\alpha\alpha' + B(\alpha\beta' + \beta\alpha') + C\beta\beta' = 0.$$

Ces définitions ne s'appliquent évidemment qu'à l'ellipse et à l'hyperbole, car dans la parabole un diamètre quelconque est parallèle à la direction asymptotique, et cette direction n'admet pas de diamètre conjugué.

340. Supposons qu'une direction L soit définie par sa pente m; les paramètres directeurs de cette direction sont alors 1 et m, et le diamètre conjugué a pour équation

$$f'_x + mf'_y = 0, \qquad \text{ou} \qquad x(A + Bm) + y(B + Cm) + D + Em = 0.$$

En désignant par m' la pente de ce diamètre, on a

$$m' = - \frac{A + Bm}{B + Cm}, \qquad \text{ou} \qquad Cmm' + B(m + m') + A = 0;$$

c'est la relation qui existe entre les pentes de deux directions conjuguées ou de deux diamètres conjugués.

Nous avons là une relation involutive. On en conclut que dans une ellipse ou dans une hyperbole deux diamètres conjugués quelconques forment des faisceaux en involution.

Les coefficients angulaires des rayons doubles sont les racines de l'équation

$$Cm^2 + 2Bm + A = 0;$$

par suite, les rayons doubles sont les asymptotes. Ils sont imaginaires dans l'ellipse et réels dans l'hyperbole.

Il en résulte que dans une hyperbole deux diamètres conjugués quelconques sont conjugués harmoniques par rapport aux asymptotes.

CHAPITRE XVIII

AXES DANS LES CONIQUES

Dans ce chapitre, nous supposerons les axes de coordonnées rectangulaires.

341. On appelle *axe* d'une conique un diamètre perpendiculaire aux cordes qu'il divise en deux parties égales.

La direction perpendiculaire à un axe est appelée *direction principale*; la recherche des axes revient à celle des directions principales.

Soit m le coefficient angulaire d'une direction L, le diamètre conjugué a pour coefficient angulaire $m' = -\dfrac{A + Bm}{B + Cm}$; pour que ce diamètre soit perpendiculaire à la direction L, il faut qu'on ait $mm' + 1 = 0$, ou, en remplaçant m' par sa valeur,

$$(1) \qquad Bm^2 + (A - C)m - B = 0.$$

Cette équation admet pour racines les coefficients angulaires des directions principales. A toute racine réelle m_1 *qui n'est pas le coefficient angulaire d'une direction asymptotique* correspond un axe perpendiculaire à la direction m_1 et ayant pour équation

$$f'_x + m_1 f'_y = 0.$$

L'équation (1) a toujours ses racines réelles et distinctes, puisque les termes extrêmes sont de signes contraires; de plus, le produit des racines étant égal à -1, on voit que *les directions principales définies par l'équation* (1) *sont réelles et perpendiculaires*.

En se reportant au n° 85, on reconnaît que les directions principales sont bissectrices des directions asymptotiques.

342. Axes dans l'ellipse et dans l'hyperbole. — Il en résulte que dans l'hyperbole, les directions principales sont distinctes des directions asymptotiques; il en est de même pour l'ellipse, puisque les directions asymptotiques sont imaginaires. Par conséquent, à chaque direction principale correspond un axe perpendiculaire à cette direction.

Comme il existe deux directions principales rectangulaires, l'ellipse et l'hyperbole admettent deux axes perpendiculaires; ces deux axes constituent un système de deux diamètres conjugués. Dans le cas de l'hyperbole, les axes sont les bissectrices des asymptotes.

343. Équation de l'ensemble des axes. — Soient m_1 et m_2 les coefficients angulaires des directions principales, les deux axes ont pour équations $f'_x + m_1 f'_y = 0$, $f'_x + m_2 f'_y = 0$, et par suite, l'équation de leur ensemble est

$$(2) \qquad (f'_x + m_1 f'_y)(f'_x + m_2 f'_y) = 0.$$

Or m_1 et m_2 sont racines de l'équation

$$(1) \qquad Bm^2 + (A - C)m - B = 0;$$

cette équation peut donc s'écrire

$$(1)' \qquad (m - m_1)(m - m_2) = 0.$$

On voit ainsi que l'équation (2) se déduit de l'équation (1)' en y remplaçant m par $-\dfrac{f'_x}{f'_y}$.

Par conséquent, pour avoir l'équation de l'ensemble des axes d'une ellipse ou d'une hyperbole, il faut remplacer dans l'équation (1) m par $-\dfrac{f'_x}{f'_y}$. On obtient ainsi

$$Bf'^2_x - (A - C)f'_x f'_y - Bf'^2_y = 0.$$

Dans le cas particulier où l'on connaît les coordonnées du centre x_0, y_0, on a l'équation de l'ensemble des axes en remplaçant dans l'équation (1) m par $\dfrac{y - y_0}{x - x_0}$, ce qui donne

$$B(y - y_0)^2 + (A - C)(y - y_0)(x - x_0) - B(x - x_0)^2 = 0.$$

Et si le centre est à l'origine cette équation devient

$$By^2 + (A - C)xy - Bx^2 = 0.$$

344. Cas de la parabole. — Dans la parabole, les directions asymptotiques étant confondues, leurs bissectrices sont parallèles l'une à la direction asymptotique et l'autre à la direction perpendiculaire. Il en résulte que l'équation (1) admet pour racines les coefficients angulaires de ces deux directions.

C'est d'ailleurs ce qu'on peut vérifier analytiquement. En effet, supposons qu'on ait

$$Ax^2 + 2Bxy + Cy^2 \equiv (ux + vy)^2;$$

on en déduit $A = u^2$, $B = uv$, $C = v^2$, et l'équation (1) s'écrit

$$uvm^2 + (u^2 - v^2)m - uv = 0,$$

ou

$$(vm + u)(um - v) = 0.$$

Elle admet pour racines $-\dfrac{u}{v}$, coefficient angulaire de la direction asymptotique, et $\dfrac{v}{u}$, coefficient angulaire de la direction perpendiculaire.

La direction asymptotique est une *direction principale singulière* à laquelle ne correspond aucun axe.

La direction perpendiculaire est une direction principale proprement dite; il lui correspond un axe qui est d'ailleurs parallèle à la direction asymptotique.

En conséquence, la parabole admet un axe unique qui est le diamètre conjugué de la direction perpendiculaire à la direction asymptotique.

345. Équation de l'axe. — Soit

$$f(x, y) \equiv (ux + vy)^2 + 2Dx + 2Ey + F = 0$$

l'équation de la parabole. Le coefficient angulaire de la direction asymptotique est $-\dfrac{u}{v}$; celui de la direction perpendiculaire est $\dfrac{v}{u}$. Par conséquent, l'équation de l'axe est

$$f'_x + \frac{v}{u}f'_y = 0, \qquad \text{ou} \qquad uf'_x + vf'_y = 0,$$

ou encore, en remplaçant f'_x et f'_y par leurs valeurs,

$$ux + vy + \frac{Du + Ev}{u^2 + v^2} = 0.$$

Si l'équation de la courbe est mise sous la forme

$$f(x, y) \equiv Ax^2 + 2Bxy + Cy^2 + 2Dx + 2Ey + F = 0,$$

on a, en supposant $A \neq 0$,

$$Ax^2 + 2Bxy + Cy^2 \equiv \frac{1}{A}(Ax + By)^2;$$

par suite, l'équation de l'axe prend la forme

$$Af'_x + Bf'_y = 0.$$

De même, si $C \neq 0$, on a

$$Ax^2 + 2Bxy + Cy^2 \equiv \frac{1}{C}(Bx + Cy)^2,$$

ce qui donne pour équation de l'axe

$$Bf'_x + Cf'_y = 0.$$

346. REMARQUE. — Revenons à l'équation aux coefficients angulaires des directions principales

$$(1) \qquad Bm^2 + (A - C)m - B = 0.$$

Si l'on a $B = 0$, $A - C \neq 0$, cette équation se réduit au premier degré ; elle admet l'unique racine $m = 0$, qui est le coefficient angulaire de Ox.

Il est aisé de voir que l'autre direction principale est Oy. En effet, supposons que A, B, C soient fonctions continues d'un paramètre t, et que pour la valeur particulière t_0 du paramètre on ait $B = 0$. Quand t tend vers t_0 une des racines de l'équation (1) augmente indéfiniment, la direction correspondante tend à devenir parallèle à Oy. Par conséquent, pour $t = t_0$, c'est-à-dire quand $B = 0$, l'une des directions principales est Oy.

D'ailleurs la condition pour que le diamètre conjugué de Oy,

$$\tfrac{1}{2} f'_y \equiv Bx + Cy + E = 0, \quad \text{soit perpendiculaire à } Oy \text{ est } B = 0.$$

Il en résulte que si l'on a $B = 0$, $A \neq C$, les directions principales sont parallèles aux axes de coordonnées.

Si l'on a en même temps $B = 0$, $A = C$, l'équation (1) est vérifiée par toute valeur de m. Dans ce cas la conique est un cercle, et une direction quelconque est direction principale.

347. Sommets. — On appelle *sommet* d'une conique tout point de rencontre de la courbe et d'un axe.

D'après une propriété des diamètres (336), la tangente en un sommet est perpendiculaire à l'axe qui passe par ce point.

L'ellipse et l'hyperbole ont deux axes, et chacun d'eux rencontre la courbe en deux points ; par conséquent l'ellipse et l'hyperbole admettent quatre sommets. Nous verrons plus loin qu'ils sont tous réels dans l'ellipse, tandis que dans l'hyperbole deux seulement sont réels.

Dans la parabole, l'axe est parallèle à la direction asymptotique ; il rencontre la courbe en un seul point. La parabole admet un seul sommet.

CHAPITRE XIX

RÉDUCTION DE L'ÉQUATION DU DEUXIÈME DEGRÉ

Pour étudier les propriétés d'une conique, il est naturel de choisir les axes de coordonnées de manière que l'équation de la courbe soit aussi simple que possible.

348. 1° La courbe est une ellipse ou une hyperbole. — On peut prendre pour origine le centre de la courbe, l'équation ne contient pas alors de termes du premier degré (326). De plus, si on prend pour axes deux diamètres conjugués quelconques, à toute valeur de x l'équation de la courbe doit faire correspondre deux valeurs de y égales et de signes contraires, puisque Ox est le lieu géométrique des milieux des cordes parallèles à Oy. Le coefficient de xy doit être nul, et l'équation de la courbe a la forme

$$(1) \qquad Ax^2 + Cy^2 + F = 0.$$

Telle est l'équation d'une ellipse ou d'une hyperbole rapportée à deux diamètres conjugués.

Il existe donc une infinité de systèmes d'axes de coordonnées par rapport auxquels la courbe a une équation de cette forme. Parmi tous ces systèmes, il en est un seul composé de deux droites rectangulaires ; c'est l'ensemble des axes de la conique.

Nous avons déjà rencontré cette forme simple d'équation dans la classification des coniques (n°s 317 et 318). En supposant $AC - B^2 \neq 0$, nous avons mis l'équation générale du deuxième degré sous la forme

$$(2) \qquad \alpha P^2 + \beta Q^2 + \gamma = 0,$$

α, β, γ étant des coefficients numériques, P et Q désignant des fonctions linéaires telles que les droites $P = 0$, $Q = 0$ soient concourantes. En prenant pour axes ces deux droites, on est précisément conduit à une équation semblable à l'équation (1).

Il résulte de là que la conique représentée par l'équation (2) admet pour diamètres conjugués les droites $P = 0$, $Q = 0$; si ces droites sont perpendiculaires, ce sont les axes de la courbe.

349. Si la courbe est une hyperbole, on obtient une équation très simple en prenant pour axes de coordonnées les asymptotes de la courbe. L'ensemble des termes du deuxième degré ne peut renfermer que le terme $2Bxy$; l'origine étant au centre, les termes du premier degré n'existent pas; par suite, la courbe a pour équation

$$2Bxy + F = 0.$$

On en conclut que l'équation générale des hyperboles ayant pour asymptotes deux droites données $P = 0$, $Q = 0$ est

$$PQ + k = 0,$$

k désignant un nombre arbitraire.

350. 2° **La courbe est une parabole.** — L'ensemble des termes du deuxième degré est le carré d'une fonction linéaire et homogène de x et de y; en égalant cette fonction à zéro on a l'équation de la direction asymptotique. Si l'on prend pour axe des x une parallèle à cette direction, c'est-à-dire un diamètre quelconque, l'ensemble des termes du deuxième degré se réduit à Cy^2, et l'équation de la courbe est

$$Cy^2 + 2Dx + 2Ey + F = 0;$$

mais nous pouvons encore la simplifier en choisissant convenablement l'axe des y. En effet, le diamètre pris comme axe des x rencontre la courbe en un seul point O. Prenons ce point pour origine et la tangente en ce point pour axe des y; en faisant $x = 0$ dans l'équation de la courbe, on doit avoir deux racines nulles en y. Par conséquent le coefficient de y et le terme indépendant sont nuls, et l'équation de la courbe prend la forme

$$Cy^2 + 2Dx = 0.$$

C'est l'équation d'une parabole rapportée à un diamètre quelconque (pris pour axe des x) et à la tangente à l'extrémité de ce diamètre (prise pour axe des y).

Il existe une infinité de systèmes d'axes de coordonnées par rapport auxquels la courbe a une équation de cette forme. Parmi tous ces systèmes, il en est un seul composé de deux droites rectangulaires; il est formé par l'axe de la courbe et par la tangente au sommet.

Nous avons vu (319) que l'équation d'une parabole pouvait se mettre sous la forme

$$P^2 + Q = 0,$$

P et Q désignant toujours des fonctions linéaires telles que les droites $P = 0$, $Q = 0$ soient concourantes.

En prenant ces deux droites comme axes de coordonnées, on reconnaît que la droite $P = 0$ est un diamètre, et que la droite $Q = 0$ est la tangente à l'extrémité de ce diamètre.

Si en particulier ces deux droites sont perpendiculaires, la première est l'axe de la parabole, la deuxième la tangente au sommet.

351. On déduit de là une méthode fort simple permettant d'obtenir les équations de l'axe et de la tangente au sommet d'une parabole qui a pour équation

$$f(x, y) \equiv (ux + vy)^2 + 2Dx + 2Ey + F = 0.$$

Pour que l'équation représente une véritable parabole, il faut que les droites $ux + vy = 0$, $2Dx + 2Ey + F = 0$ soient concourantes (325). La première de ces droites est un diamètre, la deuxième la tangente à l'extrémité.

Tous les diamètres étant parallèles, l'un quelconque d'entre eux a pour équation $ux + vy + \lambda = 0$. Il est aisé de faire apparaître dans le premier membre de l'équation de la courbe le carré de $ux + vy + \lambda$. En effet, on peut écrire

$$f(x, y) \equiv (ux + vy + \lambda)^2 - 2\lambda(ux + vy) - \lambda^2 + 2Dx + 2Ey + F = 0,$$

ou

$$f(x, y) \equiv (ux + vy + \lambda)^2 + 2x(D - \lambda u) + 2y(E - \lambda v) + F - \lambda^2 = 0.$$

On voit ainsi que l'équation

$$(1) \qquad 2x(D - \lambda u) + 2y(E - \lambda v) + F - \lambda^2 = 0$$

représente la tangente à la parabole au point de rencontre de cette courbe et du diamètre

$$(2) \qquad ux + vy + \lambda = 0.$$

Déterminons λ de façon que ces deux droites soient perpendiculaires; l'équation (2) sera l'équation de l'axe, et l'équation (1) celle de la tangente au sommet.

Pour que les droites (1) et (2) soient perpendiculaires il faut qu'on ait

$$(D - \lambda u)u + (E - \lambda v)v = 0;$$

on en tire

$$\lambda = \frac{Du + Ev}{u^2 + v^2}.$$

En portant cette valeur dans les équations (2) et (1) on obtient pour équation de l'axe

$$ux + vy + \frac{Du + Ev}{u^2 + v^2} = 0,$$

et pour équation de la tangente au sommet

$$vx - uy + \frac{F(u^2 + v^2)^2 - (Du + Ev)^2}{2(Dv - Eu)(u^2 + v^2)} = 0.$$

Il nous reste maintenant à calculer les coefficients des formes réduites; nous ferons ce calcul seulement dans le cas où les axes de coordonnées (anciens et nouveaux) sont rectangulaires.

En d'autres termes, nous allons résoudre le problème suivant :

Étant donnée l'équation d'une conique rapportée à des axes rectangulaires quelconques,

$$f(x,\ y) \equiv Ax^2 + 2Bxy + Cy^2 + 2Dx + 2Ey + F = 0,$$

trouver l'équation de cette conique, rapportée à ses axes si c'est une ellipse ou une hyperbole, rapportée à son axe et à sa tangente au sommet si c'est une parabole.

Réduction de l'ellipse et de l'hyperbole.

352. Déplaçons d'abord les axes des coordonnées parallèlement à eux-mêmes de façon à amener l'origine au centre ω de la courbe; l'équation devient (330)

$$Ax^2 + 2Bxy + Cy^2 + \frac{\Delta}{f} = 0.$$

Prenons maintenant pour axes des x' et des y' les axes de la courbe. Si l'on désigne par α l'angle de $\omega x'$ avec ωx, les formules de transformation de coordonnées sont

$$x = x' \cos\alpha - y' \sin\alpha,$$
$$y = x' \sin\alpha + y' \cos\alpha,$$

et, en transportant dans l'équation précédente, on obtient

$$A(x' \cos\alpha - y' \sin\alpha)^2 + 2B(x' \cos\alpha - y' \sin\alpha)(x' \sin\alpha + y' \cos\alpha)$$
$$+ C(x' \sin\alpha + y' \cos\alpha)^2 + \frac{\Delta}{f} = 0,$$

ce qui peut s'écrire

$$A_1 x'^2 + 2B_1 x'y' + C_1 y'^2 + \frac{\Delta}{f} = 0,$$

en posant

$$A_1 = A \cos^2\alpha + 2B \cos\alpha \sin\alpha + C \sin^2\alpha,$$
$$C_1 = A \sin^2\alpha - 2B \cos\alpha \sin\alpha + C \cos^2\alpha,$$
$$B_1 = - A \cos\alpha \sin\alpha + B(\cos^2\alpha - \sin^2\alpha) + C \cos\alpha \sin\alpha.$$

Pour que la conique soit rapportée à ses axes, il faut qu'on ait $B_1 = 0$, ou

$$B \operatorname{tg}^2\alpha + (A - C) \operatorname{tg}\alpha - B = 0.$$

Cette équation exprime que la droite $\omega x'$ (qui a pour coefficient angulaire $\operatorname{tg}\alpha$) est direction principale de la conique : ce qui était à prévoir.

Mais pour résoudre cette équation, il est plus simple de lui conserver sa première forme

$$- A \cos \alpha \sin \alpha + B(\cos^2 \alpha - \sin^2 \alpha) + C \cos \alpha \sin \alpha = 0,$$

ou

$$(A - C) \sin 2\alpha - 2B \cos 2\alpha = 0 ;$$

on en tire

$$(1) \qquad \operatorname{tg} 2\alpha = \frac{2B}{A - C} \cdot$$

Si on exclut le cas du cercle où l'on a $B = 0$, $A - C = 0$, on peut trouver un angle θ ayant pour tangente $\dfrac{2B}{A - C}$; alors toutes les solutions de l'équation (1) sont données par la formule

$$2\alpha = \theta + k\pi,$$

ou

$$\alpha = \frac{\theta}{2} + \frac{k\pi}{2},$$

k désignant un nombre entier arbitraire.

Si l'on donne à k deux valeurs différant de 4, on obtient deux valeurs de α différant de 2π, auxquelles correspond la même demi-droite $\omega x'$. Pour avoir des demi-droites distinctes, il faut donc donner à k quatre valeurs entières consécutives quelconques, par exemple 0, 1, 2 et 3. On en déduit les quatre valeurs de α,

$$\frac{\theta}{2}, \qquad \frac{\theta}{2} + \frac{\pi}{2}, \qquad \frac{\theta}{2} + \pi, \qquad \frac{\theta}{2} + \frac{3\pi}{2},$$

auxquelles correspondent quatre demi-droites opposées deux à deux et formant deux droites rectangulaires qui sont les axes de la conique.

Nous prendrons l'une quelconque de ces demi-droites pour axe des x'.

L'équation réduite de la conique est alors

$$A_1 x'^2 + C_1 y'^2 + \frac{\Delta}{f} = 0,$$

et l'on a

$$A_1 = A \cos^2 \alpha + 2B \cos \alpha \sin \alpha + C \sin^2 \alpha,$$
$$C_1 = A \sin^2 \alpha - 2B \cos \alpha \sin \alpha + C \cos^2 \alpha ;$$

on en déduit

$$A_1 + C_1 = A + C,$$
$$A_1 - C_1 = (A - C) \cos 2\alpha + 2B \sin 2\alpha.$$

De l'équation (1) on tire

$$\cos 2\alpha = \frac{A - C}{\varepsilon \sqrt{(A - C)^2 + 4B^2}}, \qquad \sin 2\alpha = \frac{2B}{\varepsilon \sqrt{(A - C)^2 + 4B^2}},$$

ε étant égal à ± 1 ; par suite, on a

$$A_1 - C_1 = \varepsilon \sqrt{(A - C)^2 + 4B^2}.$$

Connaissant $A_1 + C_1$ et $A_1 - C_1$, il est aisé de calculer $A_1 C_1$; en effet, on a

$$4A_1 C_1 = (A_1 + C_1)^2 - (A_1 - C_1)^2,$$

ou
$$4A_1 C_1 = (A + C)^2 - [(A - C)^2 + 4B^2],$$

et enfin
$$A_1 C_1 = AC - B^2.$$

Il en résulte que A_1 et C_1 sont racines de l'équation

$$(2) \qquad S^2 - (A + C)S + AC - B^2 = 0,$$

qui est appelée *l'équation en* S de la conique; et cette équation a toujours ses racines réelles et distinctes.

En résumé, l'équation d'une ellipse ou d'une hyperbole rapportée à ses axes est

$$S_1 x^2 + S_2 y^2 + \frac{\Delta}{f} = 0,$$

S_1 et S_2 étant les racines de l'équation (2).

353. Cas de l'ellipse. $AC - B^2 > 0$ ou $f > 0$. S_1 *et* S_2 *sont de même signe.*

Si Δ est de même signe que S_1 et S_2, la courbe est une ellipse imaginaire.

Si $\Delta = 0$, c'est une ellipse réduite à son centre.

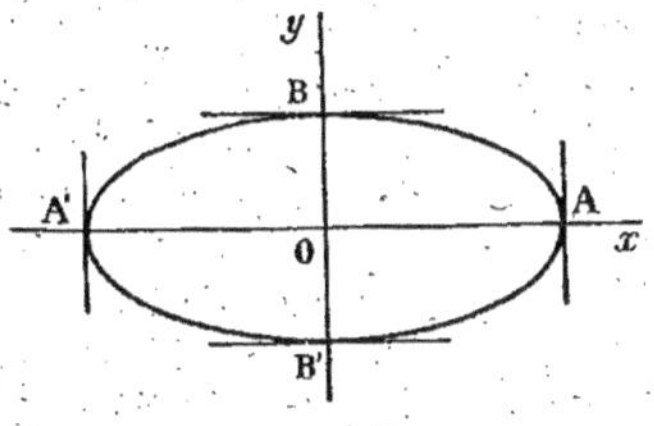

Enfin si Δ est de signe contraire à S_1 et S_2, la courbe est une ellipse réelle.

Dans ce cas, l'axe des x rencontre la courbe en deux points réels A et A′ symétriques par rapport au centre et dont les abscisses sont données par l'équation $x^2 = -\dfrac{\Delta}{fS_1}$; l'axe des y rencontre aussi la courbe en deux points réels B et B′ dont les ordonnées vérifient l'équation $y^2 = -\dfrac{\Delta}{fS_2}$.

Fig. 108.

L'ellipse admet donc quatre sommets réels.

Posons $-\dfrac{\Delta}{fS_1} = a^2$, $-\dfrac{\Delta}{fS_2} = b^2$, l'équation réduite de la courbe s'écrit

$$\frac{x^2}{a^2} + \frac{y^2}{b^2} - 1 = 0.$$

Les longueurs $AA' = 2a$, $BB' = 2b$ sont appelées les longueurs des axes (*fig.* 108).

Il est facile de former l'équation qui admet pour racines les carrés des demi-longueurs des axes, a^2 et b^2.

En effet, à toute racine S de l'équation en S correspond le carré u de la demi-longueur d'un axe, donné par la formule $u = -\dfrac{\Delta}{f\mathrm{S}}$. Nous en tirons $\mathrm{S} = -\dfrac{\Delta}{fu}$, et en portant cette valeur dans l'équation en S, nous avons

$$f^3 u^2 + \Delta f(\mathrm{A} + \mathrm{C}) u + \Delta^2 = 0;$$

c'est l'équation cherchée.

354. Cas de l'hyperbole. $\mathrm{AC} - \mathrm{B}^2 < 0$ ou $f < 0$. S_1 et S_2 *sont de signes contraires.*

L'équation réduite a la forme

$$\mathrm{S}_1 x^2 + \mathrm{S}_2 y^2 + \frac{\Delta}{f} = 0.$$

Si $\Delta = 0$, elle représente deux droites.

Écartons ce cas particulier, et supposons que Δ ne soit pas nul et

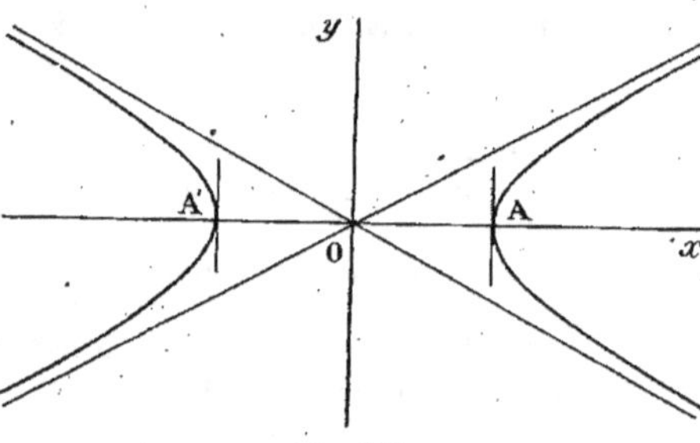

Fig. 109.

ait le signe de S_1, par exemple. La courbe est une hyperbole, et l'on voit immédiatement que l'axe des x la rencontre en deux points réels A et A', tandis que l'axe des y la rencontre en deux points imaginaires conjugués.

Par conséquent, l'hyperbole admet deux sommets réels et deux sommets imaginaires (*fig.* 109).

Posons $-\dfrac{\Delta}{f\mathrm{S}_1} = a^2$, $-\dfrac{\Delta}{f\mathrm{S}_2} = -b^2$, l'équation réduite devient

$$\frac{x^2}{a^2} - \frac{y^2}{b^2} - 1 = 0.$$

L'axe des x est appelé l'*axe réel* ou l'*axe transverse*; AA' ou $2a$ est la longueur de cet axe.

L'axe des y est appelé l'*axe imaginaire* ou l'*axe non transverse*. En faisant dans l'équation $x = 0$, on a

$$y^2 = -b^2,$$

ou

$$y = \pm\, bi.$$

On dit que $2bi$ est la *longueur algébrique* de l'axe imaginaire, et que $2b$ est la *longueur géométrique* de ce même axe.

On peut former comme précédemment l'équation aux carrés des demi-longueurs des axes; on obtient

$$f^3 u^2 + \Delta f(A + C)u + \Delta^2 = 0;$$

elle admet deux racines de signes contraires, a^2 et $-b^2$.

Réduction de la parabole.

355. Supposons $A \neq 0$, l'équation de la courbe peut s'écrire

$$\frac{1}{A}(Ax + By)^2 + 2Dx + 2Ey + F = 0.$$

Faisons d'abord une transformation de coordonnées sans changer l'origine, en prenant pour axe des x' une parallèle à la direction asymptotique et pour axe des y' une perpendiculaire à cette direction.

Désignons par α l'angle (Ox, Ox'); les formules de transformation de coordonnées sont

$$x = x' \cos\alpha - y' \sin\alpha,$$
$$y = x' \sin\alpha + y' \cos\alpha,$$

et, en remplaçant x et y par ces valeurs dans l'équation de la courbe, on a

$$\frac{1}{A}[A(x'\cos\alpha - y'\sin\alpha) + B(x'\sin\alpha + y'\cos\alpha)]^2$$
$$+ 2D(x'\cos\alpha - y'\sin\alpha) + 2E(x'\sin\alpha + y'\cos\alpha) + F = 0.$$

Pour que la direction asymptotique soit parallèle à l'axe des x', il faut que dans la quantité élevée au carré le coefficient de x' soit nul; on doit donc avoir

$$(1) \qquad A\cos\alpha + B\sin\alpha = 0,$$

ce qui était à prévoir.

Cette condition étant remplie, l'équation devient

$$(2) \qquad C_1 y'^2 + 2D_1 x' + 2E_1 y' + F = 0,$$

en posant

$$C_1 = \frac{(A\sin\alpha - B\cos\alpha)^2}{A}, \qquad D_1 = D\cos\alpha + E\sin\alpha,$$

$$E_1 = -D\sin\alpha + E\cos\alpha.$$

De la relation (1) on tire

$$\operatorname{tg}\alpha = -\frac{A}{B},$$

ce qui détermine pour Ox' deux demi-droites opposées; nous choisirons l'une d'elles arbitrairement.

Nous avons alors

$$\sin\alpha = \frac{A}{\varepsilon\sqrt{A^2 + B^2}}, \qquad \cos\alpha = \frac{-B}{\varepsilon\sqrt{A^2 + B^2}},$$

ε étant égal à ± 1, et en remplaçant $\sin\alpha$ et $\cos\alpha$ par ces valeurs dans les expressions de C_1 et de D_1 on obtient

$$C_1 = \frac{A^2 + B^2}{A}, \qquad D_1 = \frac{AE - BD}{\varepsilon\sqrt{A^2 + B^2}}.$$

Il est inutile de calculer E_1.

D'autre part, on a $AE - BD = -e$, et comme $cf - e^2 = A\Delta$, et que $f = 0$, e est égal à $\pm\sqrt{-A\Delta}$. Remplaçons enfin B^2 par AC; nous avons en définitive

$$(3) \qquad C_1 = A + C, \qquad D_1 = \pm\sqrt{-\frac{\Delta}{A + C}}.$$

Remarquons que si l'équation de la courbe représente une parabole, Δ n'est pas nul, par suite $D_1 \neq 0$ (*).

Observons aussi que $A + C$ n'est pas nul, parce que A et C sont de même signe.

Déplaçons maintenant les axes de coordonnées parallèlement à eux-mêmes de façon à amener l'origine en un point (x_0, y_0), indéterminé pour le moment. L'équation (2) devient

$$C_1(y + y_0)^2 + 2D_1(x + x_0) + 2E_1(y + y_0) + F = 0,$$

ou

$$C_1 y^2 + 2D_1 x + 2y(C_1 y_0 + E_1) + C_1 y_0^2 + 2D_1 x_0 + 2E_1 y_0 + F = 0.$$

Déterminons x_0 et y_0 en sorte que dans cette nouvelle équation le coefficient de y et le terme indépendant soient nuls. Nous avons

$$C_1 y_0 + E_1 = 0,$$
$$C_1 y_0^2 + 2D_1 x_0 + 2E_1 y_0 + F = 0.$$

La première de ces équations donne y_0, puisque C_1 n'est pas nul; de la deuxième on tire x_0, puisque D_1 n'est pas nul.

L'équation de la courbe devient alors

$$C_1 y^2 + 2D_1 x = 0,$$

c'est l'équation de la parabole rapportée à son axe et à sa tangente au sommet.

(*) D'ailleurs, si D_1 était nul, l'équation (2) deviendrait
$$C_1 y'^2 + 2E_1 y' + F = 0;$$
elle représenterait deux droites parallèles.

356. On appelle *paramètre* de la parabole la valeur absolue du rapport $\dfrac{D_1}{C_1}$. Si on désigne ce paramètre par p, l'équation réduite de la courbe est

$$y^2 - 2px = 0;$$

on peut en effet toujours choisir la direction positive de l'axe des x de façon que le coefficient de x soit négatif.

En remplaçant C_1 et D_1 par leurs valeurs (3), on a

$$p = \sqrt{-\frac{\Delta}{(A+C)^3}}.$$

REMARQUE. — Nous avons supposé $A \neq 0$. Si A est nul, on a aussi $B = 0$, puisque $AC - B^2 = 0$. L'équation de la conique est alors

$$(4) \qquad Cy^2 + 2Dx + 2Ey + F = 0;$$

la direction asymptotique est parallèle à Ox.

On peut alors faire disparaître le coefficient de y et le terme indépendant par une simple translation des axes de coordonnées.

L'équation réduite de la parabole est donc

$$Cy^2 + 2Dx = 0,$$

et le paramètre est égal à $\left|\dfrac{D}{C}\right|.$

Quand on a $A = 0$, $B = 0$, Δ est égal à $- CD^2$; par suite, on a encore

$$\left|\frac{D}{C}\right| = \sqrt{-\frac{\Delta}{(A+C)^3}}.$$

Donc, dans tous les cas, l'équation de la parabole rapportée à son axe et à sa tangente au sommet est

$$y^2 - 2px = 0,$$

p étant égal à $\sqrt{-\dfrac{\Delta}{(A+C)^3}}.$

CHAPITRE XX

POLES ET POLAIRES

357. Polaire d'un point. — Étant donnés une conique et un point P, par ce point on mène une sécante quelconque rencontrant la conique en deux points A et B, et on prend le point M conjugué harmonique du point P par rapport aux points A et B. Le lieu géométrique du point M est une droite qu'on appelle la *polaire* du point P par rapport à la conique.

Ce théorème a été établi précédemment dans le cas où la conique se compose de deux droites (111); nous allons l'étendre à une conique quelconque.

Soient $f(X, Y, Z) = 0$ l'équation homogène d'une conique, x_0, y_0, z_0 les coordonnées homogènes du point P et x, y, z celles d'un point M du lieu

Un point quelconque R de la droite PM a pour coordonnées homogènes $x_0 + \lambda x$, $y_0 + \lambda y$, $z_0 + \lambda z$, λ étant proportionnel au rapport $\dfrac{\overline{RP}}{\overline{RM}}$ (91). Les valeurs de λ relatives aux points de rencontre A et B de la droite PM et de la conique sont racines de l'équation

$$f(x_0 + \lambda x, \; y_0 + \lambda y, \; z_0 + \lambda z) = 0, \qquad \text{ou}$$

$$(1) \qquad f(x_0, y_0, z_0) + \lambda \left(x f'_{x_0} + y f'_{y_0} + z f'_{z_0} \right) + \lambda^2 f(x, y, z) = 0,$$

et, d'après ce qui précède, les racines de cette équation sont proportionnelles aux rapports $\dfrac{\overline{AP}}{\overline{AM}}$ et $\dfrac{\overline{BP}}{\overline{BM}}$.

Or, la condition pour que les points P et M soient conjugués harmoniques par rapport aux points A et B peut s'écrire

$$\frac{\overline{AP}}{\overline{AM}} + \frac{\overline{BP}}{\overline{BM}} = 0.$$

On aura donc le lieu du point M en écrivant que la somme des racines de l'équation (1) est nulle, ce qui donne

$$x f'_{x_0} + y f'_{y_0} + z f'_{z_0} = 0,$$

ou
$$x_0 f'_x + y_0 f'_y + z_0 f'_z = 0.$$

Par conséquent, le lieu du point M est la droite qui joint les points de contact (réels ou imaginaires) des tangentes issues du point P à la conique; c'est cette droite qu'on appelle la polaire du point P.

Si le point P est sur la conique, sa polaire est confondue avec la tangente en ce point.

358. Remarques. — I. La polaire du point P est indéterminée si l'on a $f'_{x_0} = 0$, $f'_{y_0} = 0$, $f'_{z_0} = 0$. Ces relations expriment que le point P est point double de la conique, ou, en d'autres termes, que la conique se compose de deux droites et que le point P est le point de rencontre de ces deux droites.

Dans tous les autres cas, un point quelconque a une polaire bien déterminée.

II. La polaire du point P est rejetée à l'infini si l'on a $f'_{x_0} = 0$, $f'_{y_0} = 0$, c'est-à-dire si le point P est centre de la courbe.

III. Si le point P est à l'infini, c'est-à-dire si l'on a $z_0 = 0$, l'équation de la polaire se réduit à $x_0 f'_x + y_0 f'_y = 0$; c'est le diamètre conjugué de la direction qui a pour paramètres directeurs x_0 et y_0.

Dans le cas où cette direction est asymptotique, le point P est un point à l'infini situé sur la conique; sa polaire est la tangente en ce point. C'est une asymptote, si la conique est une hyperbole; c'est la droite de l'infini, si la conique est une parabole (332, 1° et 2°).

Tous ces résultats s'expliquent géométriquement sans la moindre difficulté.

359. Pôle d'une droite. — On appelle *pôle* d'une droite le point qui admet cette droite pour polaire.

Soit à déterminer les coordonnées du pôle de la droite
$$ux + vy + wz = 0$$
par rapport à la conique
$$f(x, y, z) \equiv Ax^2 + 2Bxy + Cy^2 + 2Dxz + 2Eyz + Fz^2 = 0.$$
Désignons par x_0, y_0, z_0 les coordonnées homogènes de ce pôle, la polaire de ce point a pour équation
$$x f'_{x_0} + y f'_{y_0} + z f'_{z_0} = 0;$$
pour que cette droite coïncide avec la droite donnée, il faut qu'on ait
$$\frac{f'_{x_0}}{u} = \frac{f'_{y_0}}{v} = \frac{f'_{z_0}}{w}.$$

Telles sont les équations qui déterminent le pôle cherché.

Pour les discuter, supprimons l'indice zéro et introduisons une inconnue auxiliaire λ. Nous sommes conduits à résoudre le système

$$\frac{f'_x}{u} = \frac{f'_y}{v} = \frac{f'_z}{w} = 2\lambda,$$

ou

$$Ax + By + Dz - \lambda u = 0,$$
$$Bx + Cy + Ez - \lambda v = 0,$$
$$Dx + Ey + Fz - \lambda w = 0.$$

Nous supposerons que l'équation $f(x,\ y,\ z) = 0$ représente une conique proprement dite, non réduite à deux droites. Nous avons alors $\Delta \neq 0$, et nous pouvons résoudre ces équations par rapport à x, y, z comme nous l'avons fait au n° 281 ; nous obtenons ainsi

$$x = \frac{\lambda}{\Delta}(au + bv + dw),$$
$$y = \frac{\lambda}{\Delta}(bu + cv + ew),$$
$$z = \frac{\lambda}{\Delta}(du + ev + fw),$$

a, b, ... désignant les coefficients de A, B, ... dans le développement de Δ.

Il en résulte qu'une droite admet un pôle unique et bien déterminé.

Pour que ce pôle soit rejeté à l'infini, il faut qu'on ait

$$du + ev + fw = 0.$$

Si $f \neq 0$, la conique est une ellipse ou une hyperbole; cette condition exprime que la droite passe par le point $\left(\dfrac{d}{f},\ \dfrac{e}{f}\right)$, c'est-à-dire par le centre de la courbe.

Si $f = 0$, la conique est une parabole, la condition devient

$$du + ev = 0;$$

elle exprime que la droite est parallèle à la direction asymptotique, car il est aisé de voir que cette direction a pour paramètres directeurs d et e (*).

(*) En effet, les droites de centres,

$$\tfrac{1}{2}f'_x \equiv Ax + By + Dz = 0, \qquad \tfrac{1}{2}f'_y \equiv Bx + Cy + Ez = 0,$$

se coupent en un point unique, à l'infini, dont les coordonnées homogènes sont

$$\frac{x}{BE - CD} = \frac{y}{BD - AE} = \frac{z}{AC - B^2},$$

ou

$$\frac{x}{d} = \frac{y}{e} = \frac{z}{0}.$$

Ces conclusions peuvent d'ailleurs s'obtenir géométriquement en remarquant que le pôle d'une droite est le point de rencontre des tangentes aux points où la droite coupe la conique.

Remarquons encore que les coordonnées du pôle de la droite

$$ux + vy + wz = 0$$

peuvent encore se mettre sous la forme

$$x = \mu F'_u, \qquad y = \mu F'_v, \qquad z = \mu F'_w,$$

$F(u, v, w)$ désignant le premier membre de l'équation tangentielle de la conique (284).

360. Points conjugués. — *Si la polaire du point* $P(x_0, y_0, z_0)$ *passe par le point* $P'(x_1, y_1, z_1)$, *inversement la polaire de* P' *passe par le point* P.

En effet, la polaire du point P a pour équation

$$xf'_{x_0} + yf'_{y_0} + zf'_{z_0} = 0;$$

si elle passe par le point P' on a

$$x_1 f'_{x_0} + y_1 f'_{y_0} + z_1 f'_{z_0} = 0.$$

Or cette condition exprime aussi que la polaire de P',

$$x_1 f'_x + y_1 f'_y + z_1 f'_z = 0,$$

passe par le point P.

On dit que deux points sont *conjugués* par rapport à une conique, lorsque la polaire de chacun d'eux passe par l'autre.

La relation qui lie les coordonnées de deux points conjugués (x_0, y_0, z_0) et (x_1, y_1, z_1) est

$$x_0 f'_{x_1} + y_0 f'_{y_1} + z_0 f'_{z_1} = 0, \qquad \text{ou} \qquad x_1 f'_{x_0} + y_1 f'_{y_0} + z_1 f'_{z_0} = 0.$$

On peut dire aussi que deux points P et P' sont conjugués par rapport à une conique lorsque la droite PP' rencontre la conique en deux points conjugués harmoniques par rapport à P et P'.

Il en résulte que sur une droite quelconque L il existe une infinité de couples de points conjugués par rapport à une conique; ces couples de points forment des divisions en involution dont les points doubles sont les points de rencontre de la droite L et de la conique.

361. Droites conjuguées. — *Si une droite* D $(ux + vy + wz = 0)$ *passe par le pôle d'une droite* $D'(u'x + v'y + w'z = 0)$, *inversement la droite* D' *passe par le pôle de la droite* D.

C'est une conséquence immédiate du théorème précédent; désignons en effet par P et P' les pôles des droites D et D'. Par hypothèse la polaire D du point P passe par le point P', alors la polaire D' du point P' doit passer par le point P.

On peut aussi le démontrer analytiquement. Les coordonnées homogènes du pôle de D′ sont proportionnelles à $F'_{u'}$, $F'_{v'}$, $F'_{w'}$; si la droite D passe par ce point, on a

$$u F'_{u'} + v F'_{v'} + w F'_{w'} = 0.$$

Or cette relation peut aussi s'écrire

$$u' F'_u + v' F'_v + w' F'_w = 0 ;$$

elle exprime que la droite D′ passe par le pôle de la droite D.

On dit que deux droites sont *conjuguées* par rapport à une conique, lorsque chacune d'elles passe par le pôle de l'autre.

La relation qui lie les coefficients des équations de deux droites conjuguées est

$$u' F'_u + v' F'_v + w' F'_w = 0, \quad \text{ou} \quad u F'_{u'} + v F'_{v'} + w F'_{w'} = 0,$$

$F(u, v, w)$ étant le premier membre de l'équation tangentielle de la conique.

362. Cette relation peut être mise sous une autre forme. Nous avons vu que les coordonnées (x, y, z) du pôle de la droite

$$ux + vy + wz = 0$$

sont données par les équations

$$Ax + By + Dz - \lambda u = 0,$$
$$Bx + Cy + Ez - \lambda v = 0,$$
$$Dx + Ey + Fz - \lambda w = 0.$$

Tirons x, y, z de ces équations et portons les valeurs obtenues dans l'équation de la droite D′,

$$u'x + v'y + w'z = 0 ;$$

nous obtenons la condition (A. 96)

$$\begin{vmatrix} A & B & D & u \\ B & C & E & v \\ D & E & F & w \\ u' & v' & w' & 0 \end{vmatrix} = 0,$$

qui exprime que les droites D et D′ sont conjuguées.

363. Théorème. — *Deux droites conjuguées par rapport à une conique sont conjuguées harmoniques par rapport aux tangentes menées à la conique par leur point d'intersection.*

Soit D une droite quelconque ayant pour pôle le point P ; menons par ce point une droite arbitraire D′ rencontrant D au point O. Les droites D et D′ sont conjuguées.

Soient A et B les points de contact des tangentes menées à la conique par le point O; nous allons montrer que D et D' sont conjuguées harmoniques par rapport à OA et OB (*fig.* 110).

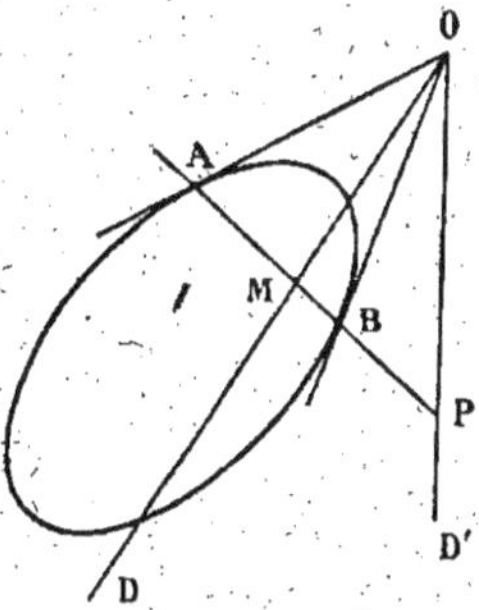

Fig. 110.

En effet, la droite AB, polaire du point O, passe par le point P, puisque la polaire du point P passe par le point O; par suite, le point M, intersection des droites AB et D, est conjugué harmonique de P par rapport à A et B.

Il résulte de ce théorème que par un point O quelconque du plan on peut mener une infinité de couples de droites conjuguées par rapport à une conique. Ces couples de droites *forment des faisceaux en involution* dont les rayons doubles sont les tangentes issues du point O à la conique.

364. Des propriétés des points conjugués et des droites conjuguées on déduit immédiatement les théorèmes suivants :

Les polaires de tous les points d'une droite passent par le pôle de cette droite.

Les pôles de toutes les droites passant par un point sont situés sur la polaire de ce point.

365. Triangles conjugués. — On appelle *triangle conjugué* par rapport à une conique un triangle tel que chaque sommet ait pour polaire le côté opposé.

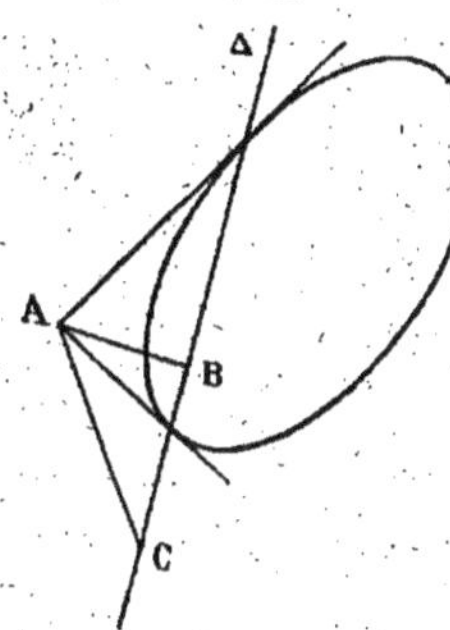

Fig. 111.

Il est aisé de voir qu'il existe une infinité de triangles conjugués par rapport à une conique.

Soit A un point quelconque du plan, et Δ sa polaire par rapport à la conique. Prenons sur la droite Δ un point arbitraire B; la polaire de B passe au point A et rencontre Δ en un point C (*fig.* 111).

Le triangle ABC est conjugué par rapport à la conique; en effet, d'après la construction indiquée, la polaire de A est la droite BC, celle de B est AC.

D'autre part, comme les polaires des points A et B passent par le point C, la polaire de C passe par A et B : c'est la droite AB.

366. Théorème. — *Étant donnés une conique et un point* P, *par ce point on mène deux sécantes* PAB *et* PCD. *On joint* AD *et* BC *qui se coupent en* M, AC *et* BD *qui se coupent en* N; *la droite* MN *est la polaire du point* P *par rapport à la conique* (*fig.* 112).

En effet, la droite MN est la polaire du point P par rapport à l'angle CND; donc elle rencontre AB et CD en des points qui sont

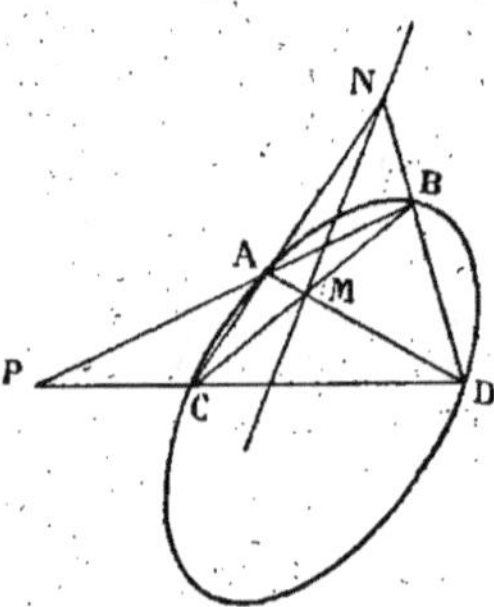

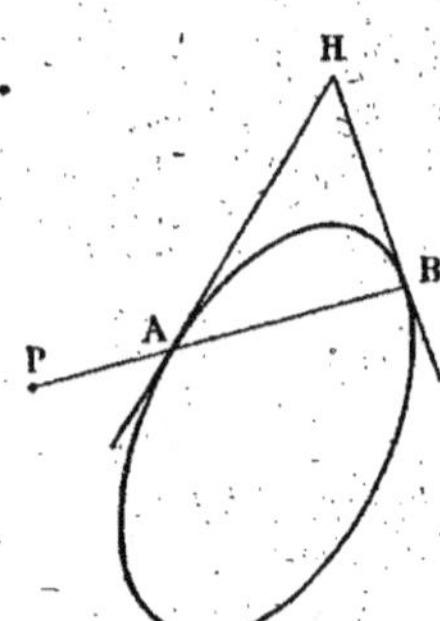

Fig. 112.   Fig. 113.

conjugués harmoniques de P respectivement par rapport aux couples de points (A, B) et (C, D).

Par suite, la droite MN est aussi la polaire de P par rapport à la conique.

On voit de même que la polaire du point M est la droite PN, et que celle du point N est la droite PM. Il en résulte que le triangle MNP est conjugué par rapport à la conique.

367. Supposons que la sécante PCD se rapproche indéfiniment de la droite PAB; les droites AC et BD ont respectivement pour limites les tangentes en A et B à la conique; le point N a pour limite le point H, commun à ces tangentes (*fig.* 113).

Il en résulte que le point H est situé sur la polaire du point P. C'est d'ailleurs une conséquence de la propriété des points conjugués (360); car la droite AB est la polaire de H, elle passe par le point P, donc inversement la polaire de P passe par le point H.

368. REMARQUES. — Les propriétés du centre et des diamètres dans les coniques sont des cas particuliers des propriétés des pôles et des polaires.

1° Considérons d'abord une conique rencontrant la droite de l'infini en deux points distincts (ellipse ou hyperbole); les tangentes en ces points sont les asymptotes de la courbe, elles se rencontrent en un point C à distance finie, qui est le pôle de la droite de l'infini.

Si, par le point C, on mène une sécante rencontrant la conique en A et B et la droite de l'infini en M, le point C est le conjugué harmonique de M par rapport à A et B. Comme M est à l'infini, C est le milieu de la corde AB. Donc C est le centre de la courbe. On voit ainsi que les asymptotes passent par le centre.

La polaire d'un point P de la droite de l'infini est une droite D qui passe par les milieux des cordes issues du point P ou parallèles à la direction Δ dans laquelle se trouve le point P. Donc la droite D est le diamètre conjugué de la direction Δ. Ce diamètre passe par le centre, pôle de la droite de l'infini.

Soit P′ le point de rencontre de la droite D et de la droite de l'infini. Les points P et P′ sont conjugués; la polaire de P′, soit D′, passe par le point P, ou est parallèle à Δ. Par suite, D et D′ sont deux diamètres conjugués. On peut les considérer comme deux droites conjuguées passant par le centre. On en conclut que *deux diamètres conjugués quelconques sont deux rayons homologues de deux faisceaux en involution ayant pour rayons doubles les asymptotes* (363).

2° Si la conique est tangente à la droite de l'infini en un point A situé dans la direction L (parabole), le pôle de la droite de l'infini est le point A, il est à l'infini. Les polaires de tous les points de la droite de l'infini, c'est-à-dire les diamètres, passent par le point A, ou, ce qui revient au même, sont parallèles à la direction L, etc.

Transformation par polaires réciproques.

369. Étant donnée une conique (Δ), appelée conique directrice, à un point quelconque a du plan faisons correspondre sa polaire A′ par rapport à la conique, et à toute droite A du plan faisons correspondre son pôle a′. À toute figure F composée de points et de droites correspond ainsi une figure F′ composée de droites et de points, et à la figure F′ correspond la figure F de la même manière.

On dit que F et F′ sont des *figures polaires réciproques* par rapport à la conique (Δ), ou encore que chacune de ces figures est *transformée* de l'autre par *polaires réciproques*.

Des propriétés des pôles et polaires on déduit les conséquences suivantes :

Au point de rencontre de deux droites A et B correspond la droite qui joint les points a′ et b′, correspondant à A et B, et réciproquement à la droite joignant deux points a et b correspond le point de rencontre des droites A′ et B′ correspondant à a et b.

A des points situés sur une même droite D correspondent des droites passant par le point d' qui correspond à D, et inversement à des droites passant par un point correspondent des points en ligne droite.

Remarquons de plus qu'à tout point a de la droite D correspond une seule droite A′ passant par le point d', et inversement à toute droite passant par d' correspond un seul point de la droite D. De plus, l'abscisse du point a sur la droite D et le coefficient angulaire de A′ sont liés algébriquement. Il en résulte qu'il existe une relation homographique entre l'abscisse de a et le coefficient angulaire de A′ ; ou, en d'autres termes, si on désigne par α' le point de rencontre de A′ et d'une droite fixe L, on peut dire que a et α' décrivent des divisions homographiques sur D et L.

On en conclut que le rapport anharmonique de quatre points quelconques de la droite D est égal au rapport anharmonique des quatre points homologues de L, ou bien :

370. *Le rapport anharmonique de quatre points en ligne droite est égal au rapport anharmonique du faisceau des quatre droites correspondantes.*

En particulier :

A quatre points en ligne droite formant une division harmonique correspondent quatre droites formant un faisceau harmonique.

371. Courbes polaires réciproques. — Considérons maintenant une courbe quelconque S; le lieu des points qui correspondent

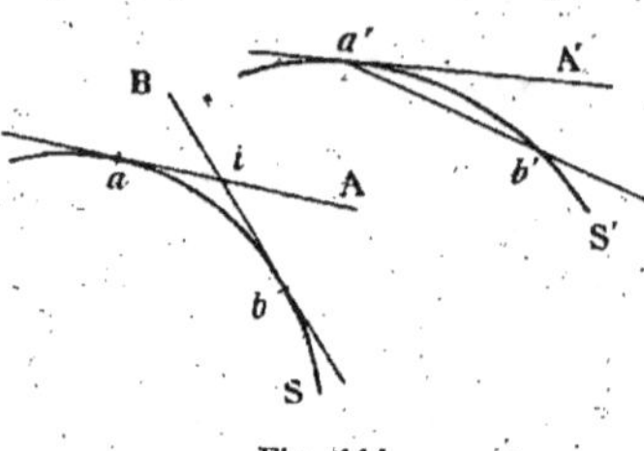

Fig. 114.

aux tangentes à la courbe S, c'est-à-dire le lieu des pôles de ces tangentes par rapport à la conique (Δ), est une courbe S′. Nous allons démontrer que, réciproquement, S est le lieu des pôles des tangentes à S′.

Soient en effet A et B deux tangentes quelconques à la courbe S, a et b leurs points de contact. Désignons par a', b' les pôles des droites A, B par rapport à (Δ), ces points sont sur la courbe S′, et la droite $a'b'$ est la polaire du point de rencontre i des droites A et B (*fig.* 114).

Si B se rapproche indéfiniment de A, le point i a pour limite le point a; d'autre part, b' se rapproche indéfiniment de a', et la droite $a'b'$ a pour limite la tangente A′ à la courbe S′ au point a'.

On en conclut que A' est la polaire du point a, et par suite que S est le lieu des pôles des tangentes à S'.

Les courbes S et S' sont appelées *courbes polaires réciproques* par rapport à (Δ). Chacune d'elles est le lieu des pôles des tangentes à l'autre, ou l'enveloppe des polaires des points de l'autre.

372. Théorème. — *Étant données deux courbes polaires réciproques S et S', le degré de l'une est égal à la classe de l'autre.*

En effet, aux points où une droite quelconque D rencontre la courbe S correspondent les tangentes menées à S' par le point d', pôle de D. Par suite le nombre de ces tangentes, ou la classe de S', est égal au nombre de points de rencontre de S et de D, c'est-à-dire au degré de S.

On peut d'ailleurs établir ce théorème en cherchant l'équation de la polaire réciproque d'une courbe donnée S par rapport à une conique (Δ).

Soit $f(X, Y) = 0$ l'équation de la conique (Δ); nous allons chercher le lieu des pôles des tangentes à la courbe S, et pour cela nous supposerons cette courbe définie par son équation tangentielle.

$$\varphi(u, v, w) = 0.$$

Soit (x, y) un point du lieu, la polaire de ce point par rapport à (Δ) a pour équation

$$Xf'_x + Yf'_y + f'_z = 0;$$

pour que cette droite soit tangente à S, il faut qu'on ait

$$\varphi(f'_x, f'_y, f'_z) = 0,$$

c'est l'équation ponctuelle du lieu, c'est-à-dire de la courbe S', polaire réciproque de S.

Comme f'_x, f'_y, f'_z sont du premier degré par rapport à x, y, le degré de S' est égal à la classe de S.

En particulier, *la polaire réciproque d'une conique est une conique.*

373. En s'appuyant sur le théorème du nº 370, on voit qu'à deux points conjugués par rapport à une conique C correspondent deux droites conjuguées par rapport à la conique polaire réciproque C'. À un point et sa polaire par rapport à C correspondent une droite et son pôle par rapport à C', et par suite à tout triangle conjugué par rapport à C correspond un triangle conjugué par rapport à C'.

374. Cela posé, soit une figure F composée de points, droites, courbes, et supposons qu'on veuille établir une propriété relative à cette figure. Transformons la figure F par polaires réciproques par rapport à une conique quelconque (Δ), soit F' la figure obtenue; à la propriété considérée correspond une propriété relative à la figure F'; et si nous pouvons établir celle-ci, la première se trouvera également démontrée.

C'est en cela que consiste la méthode de transformation par polaires réciproques; elle permet de substituer à la démonstration d'une certaine propriété d'une figure F la démonstration d'une autre propriété d'une figure F'. On dit que ces deux propriétés sont *corrélatives* ainsi que les figures auxquelles elles se rapportent.

EXEMPLE. — Nous avons donné au n° 45 la définition d'un quadrilatère complet et de ses diagonales.

De même, on appelle *quadrangle complet* la figure formée par quatre points dont trois ne sont pas en ligne droite; ces points sont appelés les *sommets* du quadrangle. La droite joignant deux quelconques de ces points rencontre la droite joignant les deux autres en un point qu'on appelle *point diagonal* du quadrangle. On voit alors qu'il existe trois points diagonaux.

Il résulte de cette définition qu'un quadrangle complet est la figure polaire réciproque d'un quadrilatère complet, et aux diagonales de celui-ci correspondent les points diagonaux du quadrangle.

Cela étant, proposons-nous de démontrer la propriété suivante :

Si une conique est tangente aux quatre côtés d'un quadrilatère complet, le triangle formé par les diagonales est conjugué par rapport à la conique.

Transformons la figure par polaires réciproques. Au quadrilatère complet correspond un quadrangle complet, à la conique tangente aux côtés du quadrilatère correspond une conique passant par les sommets du quadrangle, et au triangle formé par les diagonales du quadrilatère correspond le triangle qui a pour sommets les points diagonaux du quadrangle.

Il en résulte que la propriété corrélative de la propriété énoncée est la suivante :

Si une conique passe par les sommets d'un quadrangle complet, le triangle formé par les points diagonaux est conjugué par rapport à la conique.

Or ce théorème a été démontré au n° 366; cela démontre en même temps la première propriété.

CHAPITRE XXI

ÉTUDE PARTICULIÈRE DE L'ELLIPSE

375. Ellipse considérée comme projection du cercle. L'équation de l'ellipse rapportée à ses axes est (353)

$$\frac{x^2}{a^2} + \frac{y^2}{b^2} - 1 = 0.$$

On peut toujours supposer $a > b$, cela revient à prendre pour axe des x l'axe dont la longueur est la plus grande.

Soient A et A' les points de rencontre de l'ellipse et de l'axe Ox,

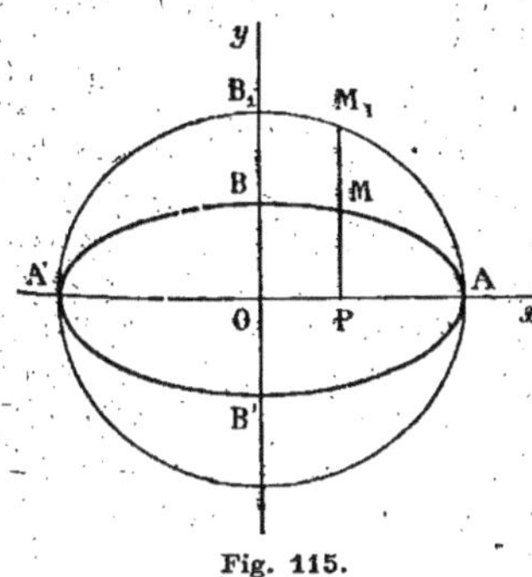

B et B' les points de rencontre avec Oy; nous avons $AA' = 2a$, $BB' = 2b$. On dit que AA' est le grand axe et BB' le petit axe.

Considérons le cercle décrit sur le grand axe comme diamètre; il a pour équation

$$x^2 + y^2 - a^2 = 0.$$

A tout point M de l'ellipse faisons correspondre le point M_1 du cercle ayant même abscisse et dont l'ordonnée a même signe que celle du point M (*fig. 115*).

Fig. 115.

En désignant par x, y les coordonnées du point M, par x, y_1 celles du point M_1, nous avons

$$y = \pm \frac{b}{a} \sqrt{a^2 - x^2}, \qquad y_1 = \pm \sqrt{a^2 - x^2},$$

les signes se correspondant, et par suite

$$\frac{y}{y_1} = \frac{b}{a}, \qquad \text{ou} \qquad \frac{PM}{PM_1} = \frac{b}{a}.$$

Supposons que l'ellipse et le cercle appartiennent à des plans différents, pour l'instant confondus. Faisons tourner le plan du cercle autour de AA' d'un angle V compris entre 0 et $\frac{\pi}{2}$ et ayant pour cosinus $\frac{b}{a}$; puis, projetons orthogonalement le cercle sur le plan de l'ellipse. Il est aisé de voir que le cercle se projette suivant l'ellipse, de telle manière que chaque point du cercle se projette au point correspondant de l'ellipse.

En effet, dans la rotation, le point M_1 décrit un arc de cercle M_1m de centre P et dont le plan est perpendiculaire au plan de l'ellipse, et l'on a par hypothèse

$$\cos M_1 P m = \frac{b}{a}.$$

Dans la figure 116, cet arc de cercle est représenté par son rabat-

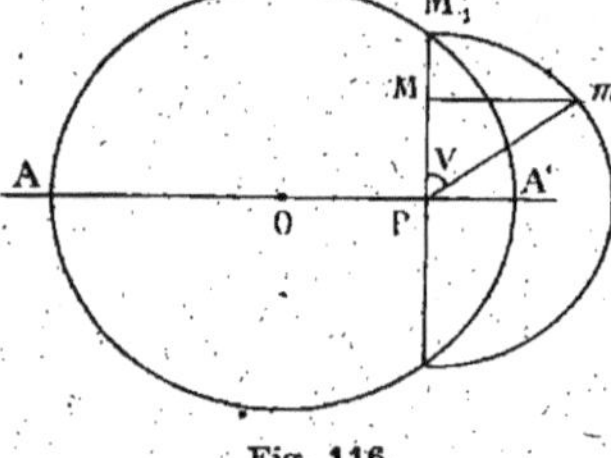

Fig. 116.

tement sur le plan de l'ellipse autour de la charnière PM_1.

Soit M la projection du point m sur le plan de l'ellipse; nous avons dans le triangle rectangle MPm

$$PM = Pm \cos V = PM_1 \frac{b}{a},$$

ou

$$\frac{PM}{PM_1} = \frac{b}{a}.$$

On voit ainsi que le point M est le point de l'ellipse qui correspond au point M_1 du cercle.

En considérant ainsi l'ellipse comme projection d'un cercle, on peut effectuer certaines constructions géométriques relatives aux points et aux tangentes d'une ellipse déterminée par ses axes.

Constructions géométriques relatives à une ellipse.

376. Construire un point de l'ellipse et la tangente en ce point. — Soit une ellipse ayant pour axes AA' et BB'; elle est la projection du cercle décrit sur AA' comme diamètre, le plan du cercle faisant avec celui de l'ellipse un angle dont le cosinus est égal à $\frac{b}{a}$.

En particulier, le sommet B de l'ellipse est la projection du point B_1 du cercle; tout point de la droite AA' coïncide avec sa projection, et par suite, toute droite du plan du cercle rencontre sa projection sur la droite AA′.

Cela posé, soit M_1 un point quelconque du cercle; cherchons sa projection. La droite B_1M_1 du plan du cercle rencontre AA′ au point

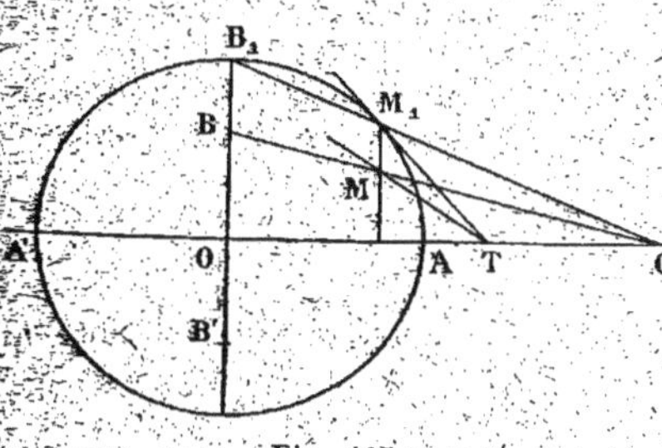

C; la projection de B_1C est BC, et la perpendiculaire menée par le point M_1 à AA′ rencontre BC au point M, projection du point M_1 (*fig.* 117).

La tangente en M à l'ellipse est la projection de la tangente au cercle au point M_1; celle-ci se construit facilement, elle rencontre

Fig. 117.

AA′ au point T; par suite, TM est la tangente en M à l'ellipse.

On peut ainsi déterminer un point quelconque de l'ellipse et la tangente en ce point.

377. Intersection d'une droite et de l'ellipse. — Tout revient à construire la droite $Δ_1$ du plan du cercle qui se projette sur le plan de l'ellipse suivant la droite donnée Δ.

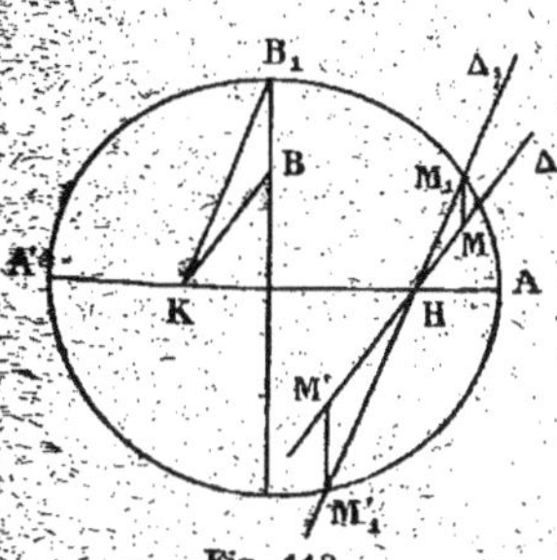

Cherchons d'abord la direction de $Δ_1$. La parallèle à Δ menée par le point B rencontre AA′ au point K, BK est la projection de B_1K, donc $Δ_1$ est parallèle à B_1K. D'autre part, $Δ_1$ passe par le point H, où Δ rencontre AA′. On obtiendra donc la droite $Δ_1$ en menant par H une parallèle à B_1K. Cette droite ren-

Fig. 118.

contre le cercle aux points M_1 et M'_1, dont les projections M et M′, situées sur la droite Δ, sont les points de rencontre de cette droite et de l'ellipse (*fig.* 118).

378. Tangente à l'ellipse par un point non situé sur la courbe. — Soit P le point donné; nous allons construire le point P_1 du plan du cercle qui se projette au point P.

La droite PB rencontre AA′ au point K; KB est la projection de

KB$_1$, par conséquent, le point P$_1$ est à l'intersection de cette droite et de la perpendiculaire menée à AA′ par le point P.

Menons alors au cercle les tangentes par le point P$_1$; elles rencontrent AA′ en H et H′, et ont pour points de contact les points M$_1$ et M′$_1$. Les projections de ces tangentes sont les droites PH et PH′; ce sont les tangentes à l'ellipse issues du point P, et leurs points de contact M et M′ sont les projections des points M$_1$ et M′$_1$ (*fig.* 119).

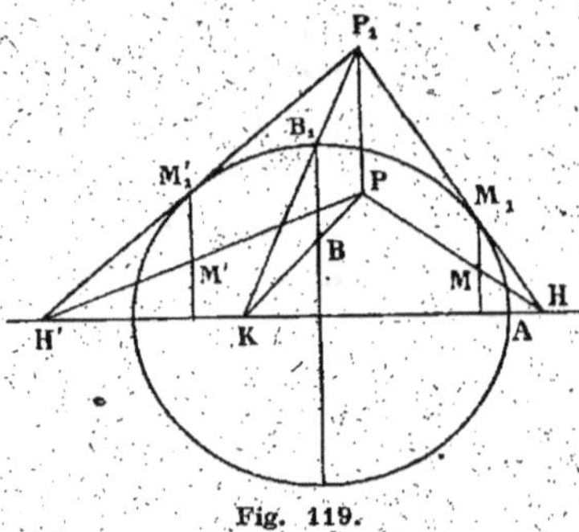

Fig. 119.

On construirait d'une manière analogue les tangentes à l'ellipse parallèles à une direction donnée.

379. Condition pour qu'une droite rencontre l'ellipse en deux points réels. — Soient

$$\frac{x^2}{a^2} + \frac{y^2}{b^2} - 1 = 0,$$

$$ux + vy + w = 0$$

les équations de l'ellipse et de la droite.

Supposons par exemple $u \neq 0$; de l'équation de la droite nous tirons $x = -\dfrac{vy + w}{u}$, et en remplaçant x par cette valeur dans l'équation de l'ellipse nous avons

$$\frac{(vy + w)^2}{a^2 u^2} + \frac{y^2}{b^2} - 1 = 0,$$

ou

$$(a^2 u^2 + b^2 v^2) y^2 + 2 b^2 v w y + b^2 (w^2 - a^2 u^2) = 0.$$

C'est l'équation aux ordonnées des points de rencontre de la droite et de l'ellipse. Comme à toute racine de cette équation correspond une seule valeur de x donnée par $x = -\dfrac{vy + w}{u}$, la condition nécessaire et suffisante pour que la droite rencontre l'ellipse en des points réels est que l'équation aux ordonnées ait ses racines réelles.

On a ainsi la condition

$$b^4 v^2 w^2 - b^2 (w^2 - a^2 u^2)(a^2 u^2 + b^2 v^2) > 0,$$

ou

$$a^2 u^2 + b^2 v^2 - w^2 > 0.$$

On obtiendrait la même condition en supposant $v \neq 0$.

Si l'on a $a^2 u^2 + b^2 v^2 - w^2 < 0$, la droite rencontre l'ellipse en des points imaginaires; et enfin si $a^2 u^2 + b^2 v^2 - w^2 = 0$, la droite rencontre l'ellipse en deux points confondus, elle est tangente à l'ellipse.

Il résulte de là que l'équation tangentielle de cette courbe est

$$a^2 u^2 + b^2 v^2 - w^2 = 0.$$

Tangentes à l'ellipse.

380. Tangente en un point de la courbe. — La tangente en un point (x, y) de la courbe a pour équation

$$\frac{Xx}{a^2} + \frac{Yy}{b^2} - 1 = 0,$$

x et y vérifiant la relation

$$\frac{x^2}{a^2} + \frac{y^2}{b^2} - 1 = 0.$$

L'équation de la tangente renferme donc deux paramètres liés par une relation.

On peut exprimer les coordonnées d'un point de l'ellipse en fonction d'un seul paramètre. En effet, la relation $\frac{x^2}{a^2} + \frac{y^2}{b^2} - 1 = 0$ nous conduit à poser $\frac{x}{a} = \cos\varphi$, $\frac{y}{b} = \sin\varphi$, ou

$$x = a\cos\varphi, \qquad y = b\sin\varphi;$$

en faisant varier φ de 0 à 2π, ces formules donnent les coordonnées de tous les points de l'ellipse.

L'équation de la tangente au point (x, y) peut alors s'écrire

$$\frac{X\cos\varphi}{a} + \frac{Y\sin\varphi}{b} - 1 = 0;$$

elle ne contient plus qu'un seul paramètre.

Posons $\operatorname{tg}\frac{\varphi}{2} = t$, nous avons

$$x = \frac{a(1 - t^2)}{1 + t^2}, \qquad y = \frac{2bt}{1 + t^2};$$

x et y sont alors exprimés rationnellement en fonction d'un paramètre, ce qui montre que *l'ellipse est une courbe unicursale* (229).

L'équation de la tangente est alors

$$\frac{X(1 - t^2)}{a} + \frac{2tY}{b} - (1 + t^2) = 0. \quad (*)$$

L'angle φ a une signification géométrique remarquable. Soit M le point de l'ellipse ayant pour coordonnées

$$x = a\cos\varphi, \qquad y = b\sin\varphi;$$

le point correspondant M_1 du cercle décrit sur AA' comme diamètre a pour coordonnées

$$x = a\cos\varphi, \qquad y_1 = \frac{a}{b}y = a\sin\varphi;$$

on en conclut que l'angle φ est l'angle de la demi-droite OM_1 avec la demi-droite OA (*fig. 120*).

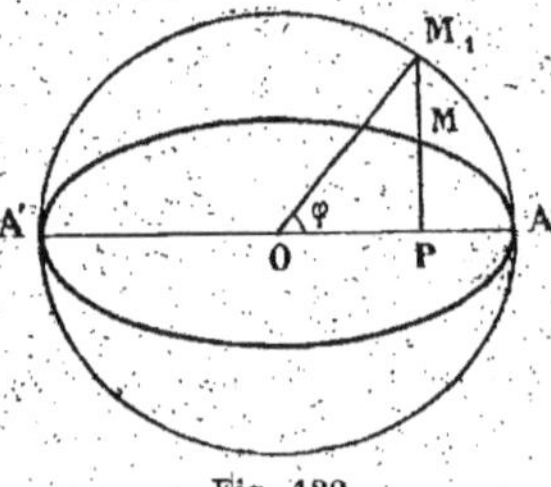

Fig. 120.

L'angle φ est appelé *l'anomalie excentrique* (**) du point M.

381. Condition pour qu'une droite soit tangente à l'ellipse. — Soit la droite $uX + vY + w = 0$; pour qu'elle soit tangente à l'ellipse, il faut et il suffit qu'il existe un système de valeurs de x et de y vérifiant la relation $\frac{x^2}{a^2} + \frac{y^2}{b^2} - 1 = 0$ et telles que les deux équations

$$\frac{Xx}{a^2} + \frac{Yy}{b^2} - 1 = 0, \qquad uX + vY + w = 0$$

représentent la même droite.

On doit donc avoir

$$\frac{x}{a^2 u} = \frac{y}{b^2 v} = \frac{-1}{w},$$

d'où $x = -\frac{a^2 u}{w}$, $y = -\frac{b^2 v}{w}$ et, en portant ces valeurs dans la relation $\frac{x^2}{a^2} + \frac{y^2}{b^2} - 1 = 0$, on a

$$a^2 u^2 + b^2 v^2 - w^2 = 0.$$

C'est l'équation tangentielle de l'ellipse, que nous avons déjà obtenue au n° 379.

(*) Cette équation étant du deuxième degré par rapport à t, la droite qu'elle représente enveloppe une courbe de deuxième classe (289), c'est-à-dire une conique.

(**) Cette appellation est empruntée à l'astronomie.

382. Tangentes par un point non situé sur la courbe. — 1° Les points de contact sont à l'intersection de l'ellipse et de la polaire du point donné $P(\alpha, \beta)$,

$$\frac{\alpha x}{a^2} + \frac{\beta y}{b^2} - 1 = 0.$$

Cette droite rencontre l'ellipse en des points réels si l'on a (379)

$$\frac{\alpha^2}{a^2} + \frac{\beta^2}{b^2} - 1 > 0,$$

c'est-à-dire si le point P est dans la région positive de l'ellipse (269).

Or le centre de la courbe est dans la région négative; nous appellerons cette région la *région intérieure*, l'autre région qui ne contient pas le centre est appelée la *région extérieure*.

Par conséquent, pour que les tangentes issues d'un point P à une ellipse soient réelles, il faut et il suffit que le point P soit situé dans la région extérieure.

2° On a l'équation aux coefficients angulaires de ces tangentes en écrivant que la droite $y - \beta = t(x - \alpha)$ est tangente, ce qui donne

$$a^2 t^2 + b^2 - (\beta - t\alpha)^2 = 0,$$

ou

$$t^2(a^2 - \alpha^2) + 2t\alpha\beta + b^2 - \beta^2 = 0,$$

et cette équation a ses racines réelles si l'on a $\dfrac{\alpha^2}{a^2} + \dfrac{\beta^2}{b^2} - 1 > 0$.

3° Enfin on obtient l'équation de l'ensemble des tangentes issues du point P en remplaçant dans cette dernière équation t par $\dfrac{y - \beta}{x - \alpha}$.

L'équation obtenue peut aussi se mettre sous la forme (292)

$$\left(\frac{\alpha x}{a^2} + \frac{\beta y}{b^2} - 1\right)^2 - \left(\frac{x^2}{a^2} + \frac{y^2}{b^2} - 1\right)\left(\frac{\alpha^2}{a^2} + \frac{\beta^2}{b^2} - 1\right) = 0.$$

383. Lieu géométrique des points d'où l'on peut mener deux tangentes rectangulaires à l'ellipse. — Soient α, β les coordonnées d'un point du lieu. Les coefficients angulaires des tangentes passant par ce point sont racines de l'équation

$$t^2(a^2 - \alpha^2) + 2t\alpha\beta + b^2 - \beta^2 = 0;$$

pour que ces tangentes soient perpendiculaires, il faut que le produit des racines de cette équation soit égal à -1, ce qui donne

$$\alpha^2 + \beta^2 - a^2 - b^2 = 0;$$

en y remplaçant α, β par x, y, on a l'équation du lieu

$$x^2 + y^2 - a^2 - b^2 = 0.$$

Le lieu cherché est le cercle circonscrit au rectangle construit sur les axes de l'ellipse; ce cercle est appelé le *cercle orthoptique* de l'ellipse.

384. Tangentes parallèles à une direction donnée. — Les points de contact de ces tangentes sont à l'intersection de l'ellipse et du diamètre-conjugué de la direction donnée; ces points sont toujours réels, car le diamètre passe par le centre.

Cherchons maintenant les équations de ces tangentes. Soit m le coefficient angulaire de la direction donnée; écrivons que la droite $y = mx + \lambda$ est tangente, nous avons

$$a^2 m^2 + b^2 - \lambda^2 = 0;$$

nous en tirons $\lambda = \pm \sqrt{a^2 m^2 + b^2}$, et par suite les tangentes à l'ellipse parallèles à la direction donnée ont pour équations

$$y = mx \pm \sqrt{a^2 m^2 + b^2}.$$

Normales à l'ellipse.

385. Normale en un point de la courbe. — La normale au point (x, y) a pour équation

$$\frac{X - x}{\dfrac{x}{a^2}} = \frac{Y - y}{\dfrac{y}{b^2}}, \qquad \text{ou} \qquad \frac{a^2 X}{x} - a^2 = \frac{b^2 Y}{y} - b^2.$$

En supposant toujours $a > b$, $a^2 - b^2$ est une quantité positive que l'on désigne par c^2; l'équation de la normale est alors

$$\frac{a^2 X}{x} - \frac{b^2 Y}{y} - c^2 = 0,$$

avec la condition

$$\frac{x^2}{a^2} + \frac{y^2}{b^2} - 1 = 0.$$

En remplaçant x par $a \cos\varphi$ et y par $b \sin\varphi$, on obtient l'équation de la normale en fonction d'un seul paramètre φ,

$$\frac{a X}{\cos\varphi} - \frac{b Y}{\sin\varphi} - c^2 = 0;$$

on peut aussi l'écrire, en posant $\operatorname{tg}\dfrac{\varphi}{2} = t$,

$$\frac{a X (1 + t^2)}{1 - t^2} - \frac{b Y (1 + t^2)}{2t} - c^2 = 0,$$

ou

$$2 a t (1 + t^2) X - b (1 - t^4) Y - 2 c^2 t (1 - t^2) = 0.$$

Cette équation étant du quatrième degré par rapport à t, on reconnaît (289) que par un point quelconque du plan on peut mener quatre normales à une ellipse. Par suite, l'enveloppe des normales, ou la développée de l'ellipse, est une courbe algébrique, unicursale et de quatrième classe.

386. Condition pour qu'une droite soit normale à l'ellipse. — Pour que la droite $u\mathrm{X} + v\mathrm{Y} + w = 0$ soit normale à l'ellipse, il faut et il suffit qu'il existe un système de valeurs de x et de y vérifiant l'équation $\dfrac{x^2}{a^2} + \dfrac{y^2}{b^2} - 1 = 0$, et telles que les deux équations

$$\frac{a^2\mathrm{X}}{x} - \frac{b^2\mathrm{Y}}{y} - c^2 = 0, \qquad u\mathrm{X} + v\mathrm{Y} + w = 0$$

représentent la même droite.

On doit donc avoir

$$\frac{a^2}{ux} = -\frac{b^2}{vy} = -\frac{c^2}{w},$$

d'où

$$x = -\frac{a^2 w}{c^2 u}, \qquad y = \frac{b^2 w}{c^2 v},$$

et, en portant ces valeurs dans la relation $\dfrac{x^2}{a^2} + \dfrac{y^2}{b^2} - 1 = 0$, on a

$$\frac{a^2 w^2}{c^4 u^2} + \frac{b^2 w^2}{c^4 v^2} - 1 = 0,$$

ou

$$w^2(a^2 v^2 + b^2 u^2) - c^4 u^2 v^2 = 0.$$

On retient aisément cette équation en la mettant sous la forme

$$\frac{a^2}{u^2} + \frac{b^2}{v^2} - \frac{c^4}{w^2} = 0.$$

C'est l'équation tangentielle de la développée de l'ellipse; et nous voyons de nouveau que cette développée est de quatrième classe.

387. Développée de l'ellipse. — Cherchons maintenant l'équation ponctuelle de la développée.

La normale à l'ellipse au point qui a pour coordonnées λ et μ a pour équation

$$(1) \qquad \frac{a^2 x}{\lambda} - \frac{b^2 y}{\mu} - c^2 = 0,$$

λ et μ vérifiant la relation

$$(2) \qquad \frac{\lambda^2}{a^2} + \frac{\mu^2}{b^2} - 1 = 0.$$

Pour avoir l'enveloppe de cette normale (274), il faut éliminer λ et μ entre les équations (1), (2) et la suivante

$$\frac{-\dfrac{a^2 x}{\lambda^2}}{\dfrac{2\lambda}{a^2}} = \frac{\dfrac{b^2 y}{\mu^2}}{\dfrac{2\mu}{b^2}},$$

ou

$$\frac{a^4 x}{\lambda^3} = -\frac{b^4 y}{\mu^3}.$$

On en tire

$$\frac{\lambda}{(a^4 x)^{\frac{1}{3}}} = -\frac{\mu}{(b^4 y)^{\frac{1}{3}}},$$

et, en égalant ces deux rapports égaux à une inconnue auxiliaire ρ, nous avons

$$\lambda = \rho (a^4 x)^{\frac{1}{3}}, \qquad \mu = -\rho (b^4 y)^{\frac{1}{3}}.$$

Remplaçons λ et μ par ces valeurs dans les équations (1) et (2), nous obtenons

$$\frac{(ax)^{\frac{2}{3}} + (by)^{\frac{2}{3}}}{\rho} - c^2 = 0, \qquad \rho^2 [(ax)^{\frac{2}{3}} + (by)^{\frac{2}{3}}] - 1 = 0.$$

Il ne nous reste plus qu'à éliminer ρ entre ces deux équations, ce qui nous donne

$$[(ax)^{\frac{2}{3}} + (by)^{\frac{2}{3}}]^3 = c^4,$$

ou, en extrayant la racine cubique,

$$(3) \qquad a^{\frac{2}{3}} x^{\frac{2}{3}} + b^{\frac{2}{3}} y^{\frac{2}{3}} - c^{\frac{4}{3}} = 0.$$

Telle est l'équation ponctuelle de la développée.

388. Elle se présente sous forme irrationnelle; on peut la rendre rationnelle de la manière suivante.

On vérifie aisément l'identité

$$u^3 + v^3 + w^3 - 3uvw \equiv (u + v + w)\,\mathrm{P},$$

en posant

$$\mathrm{P} \equiv u^2 + v^2 + w^2 - vw - wu - uv \equiv \frac{1}{2}[(v - w)^2 + (w - u)^2 + (u - v)^2],$$

ce qui montre que si u, v, w sont réels, P est toujours positif, excepté dans le cas où $u = v = w$.

D'autre part, nous avons

$$\mathrm{A}^3 - \mathrm{B}^3 \equiv (\mathrm{A} - \mathrm{B})(\mathrm{A}^2 + \mathrm{AB} + \mathrm{B}^2),$$

et si A et B sont réels, $\mathrm{A}^2 + \mathrm{AB} + \mathrm{B}^2$ est positif.

Remplaçons dans cette identité A par $u^3 + v^3 + w^3$ et B par $3uvw$: nous obtenons

$$(u^3 + v^3 + w^3)^2 - 27u^3 v^3 w^3 \equiv (u^3 + v^3 + w^3 - 3uvw)\,\mathrm{Q},$$

Q désignant ce que devient $\mathrm{A}^2 + \mathrm{AB} + \mathrm{B}^2$ par la substitution, ou en remplaçant $u^3 + v^3 + w^3 - 3uvw$ par sa valeur précédente,

$$(u^3 + v^3 + w^3)^2 - 27u^3 v^3 w^3 \equiv (u + v + w)\,\mathrm{PQ}.$$

Faisons maintenant

$$u = a^{\frac{2}{3}} x^{\frac{2}{3}}, \qquad v = b^{\frac{2}{3}} y^{\frac{2}{3}}, \qquad w = -c^{\frac{4}{3}},$$

nous avons

$$(4) \qquad (a^2x^2 + b^2y^2 - c^4)^3 + 27a^2b^2c^4x^2y^2 = \left(a^{\frac{2}{3}}x^{\frac{2}{3}} + b^{\frac{2}{3}}y^{\frac{2}{3}} - c^{\frac{4}{3}}\right)R;$$

et R est toujours positif, car on ne peut avoir $a^{\frac{2}{3}}x^{\frac{2}{3}} = b^{\frac{2}{3}}y^{\frac{2}{3}} = -c^{\frac{4}{3}}$ pour des valeurs réelles de x et de y.

Il en résulte que les équations

$$(3) \qquad a^{\frac{2}{3}}x^{\frac{2}{3}} + b^{\frac{2}{3}}y^{\frac{2}{3}} - c^{\frac{4}{3}} = 0,$$

$$(5) \qquad (a^2x^2 + b^2y^2 - c^4)^3 + 27a^2b^2c^4x^2y^2 = 0$$

ont mêmes ensembles de solutions réelles; par suite l'équation (5) est l'équation rationnelle de la développée.

Cette courbe est donc du sixième degré.

389. Mais pour la construire il sera plus facile d'utiliser l'équation (3).

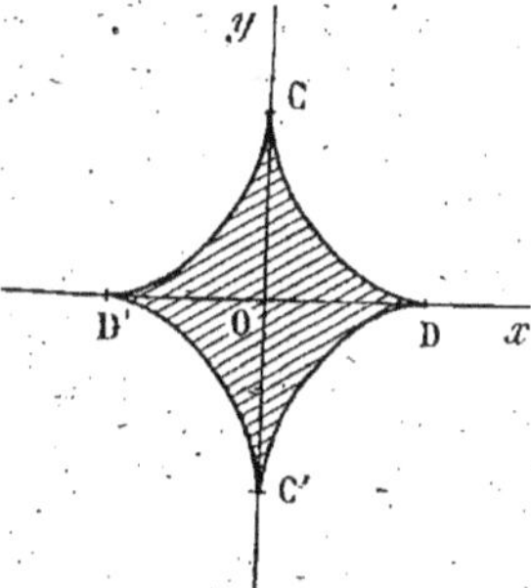

Fig. 121.

Cette équation ne change pas si on change x en $-x$ ou y en $-y$; par suite, la courbe est symétrique par rapport aux deux axes. Nous construirons seulement la portion de cette courbe qui correspond aux valeurs positives de x et de y.

Résolvons l'équation par rapport à y; nous avons

$$y = \frac{a}{b}\left[\left(\frac{c^2}{a}\right)^{\frac{2}{3}} - x^{\frac{2}{3}}\right]^{\frac{3}{2}}.$$

Pour que y soit réel, il faut que x soit plus petit que $\dfrac{c^2}{a}$, et quand x croît de 0 à $\dfrac{c^2}{a}$, y décroît de $\dfrac{c^2}{b}$ à 0; nous obtenons ainsi la branche de courbe CD (*fig.* 121).

D'autre part, la dérivée de y par rapport à x est

$$y' = -\frac{a}{bx^{\frac{1}{3}}}\left[\left(\frac{c^2}{a}\right)^{\frac{2}{3}} - x^{\frac{2}{3}}\right]^{\frac{1}{2}};$$

par suite, au point $C\left(0, \dfrac{c^2}{b}\right)$ la tangente est Oy, au point $D\left(\dfrac{c^2}{a}, 0\right)$, la tangente est Ox.

On achève par symétrie, et on a la courbe représentée par la figure 121. Elle admet quatre points de rebroussement.

390. Normales par un point non situé sur l'ellipse. Détermination des pieds. — Soient α, β les coordonnées du point donné P. Désignons par x, y les coordonnées du pied d'une normale issue du point P ; nous avons d'abord

$$(1) \qquad \frac{x^2}{a^2} + \frac{y^2}{b^2} - 1 = 0$$

puisque ce point est sur l'ellipse ; en outre, en écrivant que la normale en ce point, $\dfrac{X - x}{\dfrac{x}{a^2}} = \dfrac{Y - y}{\dfrac{y}{b^2}}$, passe par le point P, nous avons

$$(2) \qquad \frac{\alpha - x}{\dfrac{x}{a^2}} = \frac{\beta - y}{\dfrac{y}{b^2}}.$$

Les équations (1) et (2) déterminent les coordonnées des pieds des normales issues du point P.

Considérons dans ces équations x et y comme des coordonnées courantes, la première représente l'ellipse donnée ; la deuxième peut s'écrire

$$c^2 xy + b^2 \beta x - a^2 \alpha y = 0,$$

elle représente une hyperbole équilatère dont les asymptotes sont parallèles aux axes de l'ellipse et qui passe par le centre O de l'ellipse et par le point P.

Cette hyperbole rencontre l'ellipse en quatre points qui sont les pieds des normales issues du point P à l'ellipse.

On l'appelle *l'hyperbole aux pieds des normales* ou *l'hyperbole d'Apollonius* relative au point P.

La branche d'hyperbole qui passe au point O rencontre l'ellipse en deux points réels ; il en résulte que sur les quatre normales passant par le point P deux sont toujours réelles.

391. Nous allons chercher dans quel cas les deux autres sont aussi réelles.

Pour cela, nous exprimerons les coordonnées d'un point quelconque de l'hyperbole d'Apollonius en fonction d'un paramètre. Revenons à l'équation (2) et désignons par t la valeur commune des deux membres,

$$\frac{\alpha - x}{\dfrac{x}{a^2}} = \frac{\beta - y}{\dfrac{y}{b^2}} = t ;$$

nous en tirons

$$(3) \qquad x = \frac{a^2 \alpha}{t + a^2}, \qquad y = \frac{b^2 \beta}{t + b^2}.$$

Ce sont les coordonnées d'un point de l'hyperbole en fonction de t,

Exprimons que ce point est sur l'ellipse, nous avons

$$(4) \qquad f(t) \equiv \frac{a^2\alpha^2}{(t+a^2)^2} + \frac{b^2\beta^2}{(t+b^2)^2} - 1 = 0;$$

à toute racine de cette équation correspond le pied d'une normale à l'ellipse passant par le point P, les coordonnées de ce pied étant données par les équations (3).

Le nombre des normales réelles issues du point P est donc égal au nombre des racines réelles de l'équation (4).

Nous discuterons cette équation au moyen du théorème de Rolle. Le premier membre $f(t)$ est discontinu pour $t = -a^2$ et $t = -b^2$; nous ne pouvons appliquer le théorème que dans les intervalles

$$-\infty, \qquad -a^2 - \varepsilon \,|\, -a^2 + \varepsilon, \qquad -b^2 - \varepsilon \,|\, -b^2 + \varepsilon, \qquad +\infty.$$

L'équation dérivée est

$$f'(t) = -\frac{2a^2\alpha^2}{(t+a^2)^3} - \frac{2b^2\beta^2}{(t+b^2)^3} = 0,$$

ou

$$\left(\frac{t+a^2}{t+b^2}\right)^3 = -\frac{a^2\alpha^2}{b^2\beta^2};$$

elle admet une seule racine réelle donnée par l'équation

$$\frac{t+a^2}{t+b^2} = -\frac{a^{\frac{2}{3}}\alpha^{\frac{2}{3}}}{b^{\frac{2}{3}}\beta^{\frac{2}{3}}};$$

cette racine est comprise entre $-a^2$ et $-b^2$ puisque le second membre est négatif.

Désignons cette racine par t_1, nous pouvons former la suite de Rolle et inscrire au-dessous de chaque nombre de cette suite le signe correspondant de la fonction $f(t)$; nous obtenons ainsi

t	$-\infty$	$-a^2 - \varepsilon$	$-a^2 + \varepsilon$	t_1	$-b^2 - \varepsilon$	$-b^2 + \varepsilon$	$+\infty$
$f(t)$	$-$	$+$	$+$	$f(t_1)$	$+$	$+$	$-$

En effet, pour $t = \pm\infty$, $f(t)$ a le signe de son dernier terme -1; pour $t = -a^2 \pm \varepsilon$, $f(t)$ a le signe de son premier terme $\dfrac{a^2\alpha^2}{(t+a^2)^2}$ qui est positif; de même $f(t)$ est positif pour $t = -b^2 \pm \varepsilon$.

Il en résulte que l'équation $f(t) = 0$ a toujours une racine réelle dans chacun des intervalles $(-\infty, -a^2)$ et $(-b^2, +\infty)$.

Si $f(t_1) > 0$, l'équation n'a pas d'autre racine réelle; si au contraire $f(t_1) < 0$, l'équation admet deux racines réelles comprises entre $-a^2$ et $-b^2$.

Par conséquent pour que l'équation (4) ait ses quatre racines réelles, on doit avoir $f(t_1) < 0$.

Calculons $f(t_1)$. Nous avons

$$\frac{t_1 + a^2}{t_1 + b^2} = -\frac{a^{\frac{2}{3}} \alpha^{\frac{2}{3}}}{b^{\frac{2}{3}} \beta^{\frac{2}{3}}} ;$$

posons pour simplifier l'écriture

$$a^{\frac{2}{3}} \alpha^{\frac{2}{3}} = A, \qquad b^{\frac{2}{3}} \beta^{\frac{2}{3}} = B ;$$

nous avons

$$\frac{t_1 + a^2}{A} = \frac{t_1 + b^2}{-B} = \frac{c^2}{A + B} ,$$

le dernier rapport étant obtenu en retranchant les deux premiers terme à terme. On en déduit

$$t_1 + a^2 = \frac{Ac^2}{A + B} , \qquad t_1 + b^2 = -\frac{Bc^2}{A + B} ,$$

et

$$f(t_1) = \frac{A^3}{(t_1 + a^2)^2} + \frac{B^3}{(t_1 + b^2)^2} - 1 = \frac{A(A + B)^2}{c^4} + \frac{B(A + B)^2}{c^4} - 1,$$

ou enfin

$$f(t_1) = \frac{(A + B)^3}{c^4} - 1 = \frac{(A + B)^3 - c^4}{c^4} ;$$

donc $f(t_1)$ a le signe de $A + B - c^{\frac{4}{3}}$ ou de $a^{\frac{2}{3}} \alpha^{\frac{2}{3}} + b^{\frac{2}{3}} \beta^{\frac{2}{3}} - c^{\frac{4}{3}}$.

Par conséquent, pour que l'équation (4) ait ses quatre racines réelles, c'est-à-dire pour que du point P on puisse mener quatre normales réelles à l'ellipse, il faut qu'on ait

$$a^{\frac{2}{3}} \alpha^{\frac{2}{3}} + b^{\frac{2}{3}} \beta^{\frac{2}{3}} - c^{\frac{4}{3}} < 0.$$

Pour interpréter géométriquement cette inégalité, nous allons la remplacer par une inégalité équivalente dont le premier membre soit une fonction entière de α et de β, de façon à pouvoir appliquer la règle indiquée au n° 269.

Si on se reporte à l'identité (4) du n° 388, on voit que cette inégalité est équivalente à la suivante

$$(a^2 \alpha^2 + b^2 \beta^2 - c^4)^3 + 27 a^2 b^2 c^4 \alpha^2 \beta^2 < 0,$$

et celle-ci exprime que le point $P(\alpha, \beta)$ est situé dans la région négative de la courbe définie par l'équation

$$(a^2 x^2 + b^2 y^2 - c^4)^3 + 27 a^2 b^2 c^4 x^2 y^2 = 0,$$

qui représente précisément la développée que nous avons construite précédemment (389, *fig.* 121).

On voit aisément que la région négative est celle qui contient l'origine; elle est couverte de hachures sur la figure 121 : elle est appelée l'intérieur de la développée.

On en conclut que pour que du point P on puisse mener quatre normales réelles à l'ellipse, il faut que le point P soit à l'intérieur de la développée (*fig.* 122). Ces normales sont naturellement tangentes à la développée.

Si le point P est à l'extérieur, par ce point passent seulement deux normales réelles à l'ellipse.

Enfin si le point P est sur la développée, deux normales sont confondues suivant la tangente en ce point à la développée, et il y a deux autres normales réelles.

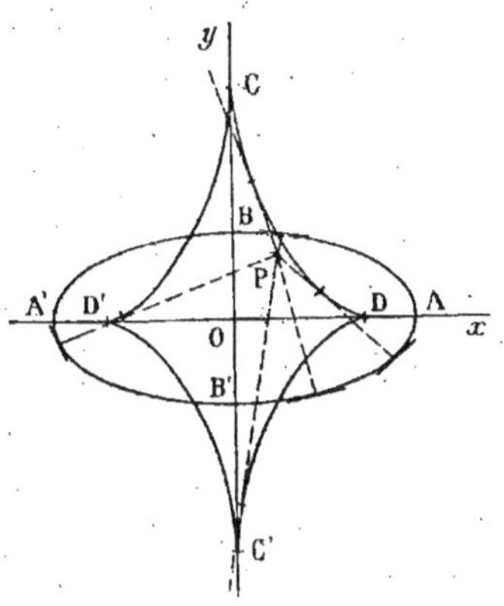

Fig. 122.

392. Équation aux coefficients angulaires des normales issues d'un point (α, β). — On obtient cette équation en écrivant que la droite $y - \beta = t(x - \alpha)$ ou $tx - y + \beta - t\alpha = 0$ est normale, ce qui donne

$$\frac{a^2}{t^2} + b^2 - \frac{c^4}{(\beta - t\alpha)^2} = 0,$$

ou

$$(\beta - t\alpha)^2 (a^2 + b^2 t^2) - c^4 t^2 = 0 ;$$

c'est une équation du quatrième degré qui a au moins deux racines réelles, car en substituant dans le premier membre successivement $-\infty$, $\dfrac{\beta}{\alpha}$, $+\infty$, les signes de substitution sont respectivement $+$, $-$ et $+$.

Enfin on obtient l'équation de l'ensemble des normales issues du point P, en remplaçant dans l'équation aux coefficients angulaires t par $\dfrac{y - \beta}{x - \alpha}$.

393. Normales parallèles à une direction donnée. — Les pieds de ces normales sont à l'intersection de l'ellipse et du diamètre conjugué de la direction perpendiculaire à la direction donnée; ces points sont toujours réels, puisque le diamètre passe par le centre.

On peut donc toujours mener à une ellipse deux normales réelles parallèles à une direction donnée.

Cherchons maintenant les équations de ces normales. Soit m le coefficient angulaire de la direction donnée; écrivons que la droite $y = mx + \lambda$ est normale, nous avons

$$\frac{a^2}{m^2} + \frac{b^2}{1} - \frac{c^4}{\lambda^2} = 0;$$

nous en tirons $\lambda = \pm \dfrac{c^2 m}{\sqrt{a^2 + b^2 m^2}}$; par conséquent les normales parallèles à la direction donnée ont pour équations

$$y = mx \pm \frac{c^2 m}{\sqrt{a^2 + b^2 m^2}}.$$

Diamètres dans l'ellipse.

394. Étant donnée une ellipse rapportée à ses axes

$$\frac{x^2}{a^2} + \frac{y^2}{b^2} - 1 = 0,$$

le diamètre conjugué de la direction qui a pour paramètres directeurs α et β a pour équation

$$\frac{\alpha x}{a^2} + \frac{\beta y}{b^2} = 0;$$

cette droite passe par le centre de l'ellipse.

Réciproquement, toute droite passant par le centre est un diamètre; par exemple, la droite $ux + vy = 0$ est le diamètre conjugué de la direction qui a pour paramètres directeurs $a^2 u$ et $b^2 v$.

395. Tout diamètre rencontre l'ellipse en deux points réels M et M′; la distance MM′ est appelée la longueur du diamètre, OM en est la demi-longueur (*fig.* 123).

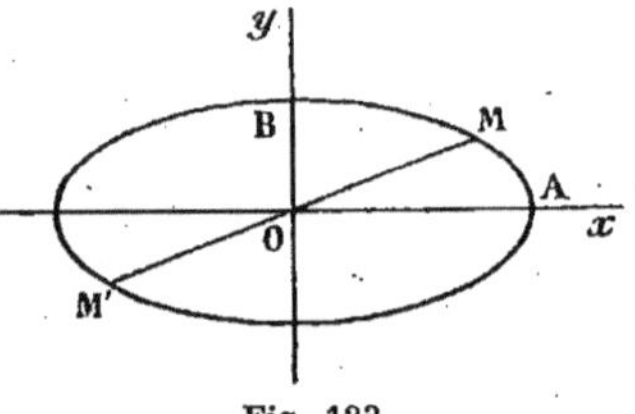

Fig. 123.

Pour étudier comment varie la longueur d'un diamètre quand ce diamètre tourne autour du point O, il suffit d'étudier la variation de OM quand le point M décrit l'ellipse du point A au point B dans l'angle xOy.

Soient ω l'angle AOM, et ρ la longueur OM; les coordonnées du point M sont $\rho \cos\omega$ et $\rho \sin\omega$; en écrivant que ce point est sur l'ellipse, nous avons

$$\rho^2\left(\frac{\cos^2\omega}{a^2}+\frac{\sin^2\omega}{b^2}\right)-1=0,$$

d'où

$$(1)\qquad \frac{1}{\rho^2}=\frac{\cos^2\omega}{a^2}+\frac{\sin^2\omega}{b^2},$$

et, en remplaçant $\cos^2\omega$ par $1-\sin^2\omega$,

$$\frac{1}{\rho^2}=\frac{1}{a^2}+\sin^2\omega\left(\frac{1}{b^2}-\frac{1}{a^2}\right).$$

Quand ω varie de 0 à $\frac{\pi}{2}$, $\frac{1}{\rho^2}$ croît de $\frac{1}{a^2}$ à $\frac{1}{b^2}$; par conséquent. ρ décroît de a à b.

Il en résulte que le grand axe est le plus grand des diamètres, et le petit axe le plus petit.

396. Considérons un diamètre OM_1 perpendiculaire à OM, soit $\rho_1=OM_1$; la valeur de ρ_1 nous sera donnée par la formule (1) dans laquelle il faut remplacer ρ par ρ_1 et ω par $\omega+\frac{\pi}{2}$; nous obtenons ainsi

$$(2)\qquad \frac{1}{\rho_1^2}=\frac{\sin^2\omega}{a^2}+\frac{\cos^2\omega}{b^2}.$$

En ajoutant membre à membre les égalités (1) et (2) nous avons

$$\frac{1}{\rho^2}+\frac{1}{\rho_1^2}=\frac{1}{a^2}+\frac{1}{b^2},$$

d'où l'on conclut que *la somme des carrés des inverses de deux diamètres rectangulaires est constante.*

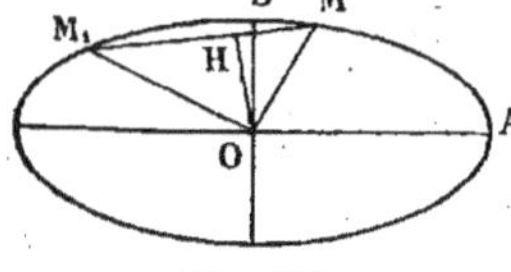

Fig. 124.

En abaissant OH perpendiculaire sur MM_1, on a (*fig.* 124)

$$\frac{1}{\overline{OH}^2}=\frac{1}{\overline{OM}^2}+\frac{1}{\overline{OM_1}^2};$$

par conséquent OH est constant, ce qui montre que *les cordes d'une ellipse qui sont vues du centre sous un angle droit sont tangentes à un cercle qui a même centre que l'ellipse* (86).

Diamètres conjugués.

397. La relation qui lie les pentes m et m' de deux diamètres conjugués D et D' est (340)

$$mm'=-\frac{b^2}{a^2};$$

il en résulte que m et m' sont de signes contraires; par suite l'un des diamètres, D par exemple, est situé dans l'angle xOy, l'autre, D′, dans l'angle $x'Oy$ (*fig.* 125).

Soit V le plus petit angle positif de D′ avec D; nous allons étudier les variations de V quand D se déplace dans l'angle xOy.

On a

$$\operatorname{tg} V = \frac{m' - m}{1 + mm'} ;$$

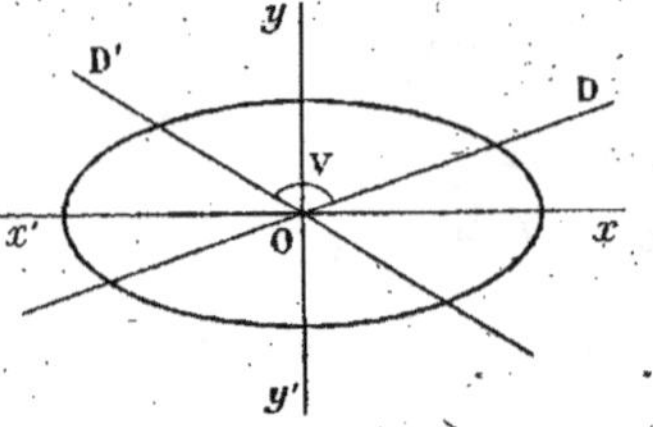

Fig. 125.

ou, en remplaçant m' par $-\dfrac{b^2}{a^2m}$,

$$\operatorname{tg} V = \frac{-\dfrac{b^2}{a^2m} - m}{1 - \dfrac{b^2}{a^2}} ;$$

m étant positif, $\operatorname{tg} V$ est négatif et V est obtus.

Prenons la dérivée de $\operatorname{tg} V$ par rapport à m; nous avons

$$(\operatorname{tg} V)' = \frac{\dfrac{b^2}{a^2m^2} - 1}{1 - \dfrac{b^2}{a^2}} ;$$

cette dérivée change de signe quand m traverse la valeur $\dfrac{b}{a}$; nous

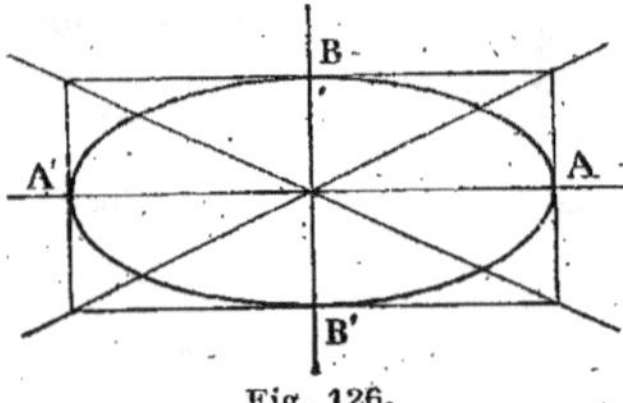

Fig. 126.

pouvons donc dresser le tableau suivant :

m	0	croît	$\dfrac{b}{a}$	croît	$+\infty$
$(\operatorname{tg} V)'$		$+$	0	$-$	
$\operatorname{tg} V$	$-\infty$	croît	max.	décroît	$-\infty$
V	$\dfrac{\pi}{2}$	croît	max.	décroît	$\dfrac{\pi}{2}$

L'angle V, toujours obtus, a donc un maximum pour $m = \dfrac{b}{a}$; mais on a dans ce cas $m' = -\dfrac{b}{a}$. Les deux diamètres D et D′ sont les diagonales du rectangle construit sur les axes AA′ et BB′ de l'ellipse.

Comme ces diamètres sont symétriques par rapport aux axes, ils ont même longueur; on les appelle *les diamètres conjugués égaux* (*fig.* 126).

398. Théorèmes d'Apollonius. — 1° *La somme des carrés des longueurs de deux diamètres conjugués est constante.*

2° *L'aire du parallélogramme construit sur deux diamètres conjugués est constante.*

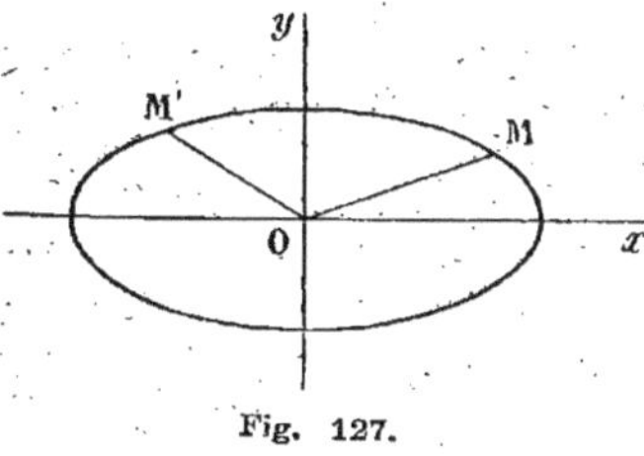

Fig. 127.

Soit M un point quelconque de l'ellipse; le diamètre conjugué de OM rencontre l'ellipse en deux points, soit M' l'un d'eux; nous allons calculer les coordonnées x', y' du point M' en fonction des coordonnées x, y du point M (*fig.* 127).

Nous avons d'abord

$$\frac{x^2}{a^2} + \frac{y^2}{b^2} - 1 = 0, \qquad \frac{x'^2}{a^2} + \frac{y'^2}{b^2} - 1 = 0;$$

en outre, en écrivant que le diamètre conjugué de OM passe par le point M', il vient

$$\frac{xx'}{a^2} + \frac{yy'}{b^2} = 0.$$

Cette dernière égalité peut s'écrire

$$\frac{\frac{x'}{a}}{\frac{y}{b}} = \frac{\frac{y'}{b}}{-\frac{x}{a}} = \pm \frac{\sqrt{\frac{x'^2}{a^2} + \frac{y'^2}{b^2}}}{\sqrt{\frac{y^2}{b^2} + \frac{x^2}{a^2}}} = \pm 1;$$

on en déduit

$$x' = \pm \frac{ay}{b}, \qquad y' = \mp \frac{bx}{a},$$

les signes se correspondant. Ces formules sont appelées *les formules de Chasles.*

On voit ainsi qu'au point M correspondent deux points M', symétriques par rapport à l'origine. Supposons par exemple que les coordonnées x et y du point M soient positives, et considérons le point M' dont l'abscisse est négative et l'ordonnée positive (c'est le cas de la figure 127), nous aurons

$$x' = -\frac{ay}{b}, \qquad y' = \frac{bx}{a}.$$

Cela posé, nous allons établir les théorèmes d'Apollonius.

1° On a

$$\overline{OM}^2 + \overline{OM'}^2 = x^2 + y^2 + x'^2 + y'^2.$$

Or

$$x^2 + x'^2 = x^2 + \frac{a^2 y^2}{b^2} = a^2 \left(\frac{x^2}{a^2} + \frac{y^2}{b^2} \right) = a^2,$$

$$y^2 + y'^2 = y^2 + \frac{b^2 x^2}{a^2} = b^2 \left(\frac{x^2}{a^2} + \frac{y^2}{b^2} \right) = b^2,$$

donc

$$\overline{OM}^2 + \overline{OM'}^2 = a^2 + b^2;$$

par conséquent la somme des carrés des longueurs de deux diamètres conjugués est égale à la somme des carrés des longueurs des axes.

2° Étant donnés les deux diamètres conjugués MM_1 et $M'M'_1$, les tangentes aux extrémités de l'un de ces diamètres sont parallèles à l'autre; ces quatre tangentes forment un parallélogramme circonscrit à l'ellipse, qu'on appelle le parallélogramme construit sur les diamètres conjugués MM_1 et $M'M'_1$ (*fig.* 128).

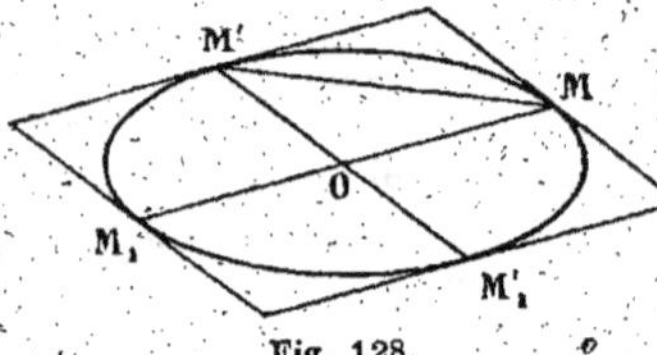

Fig. 128.

L'aire de ce parallélogramme est égale à huit fois l'aire du triangle OMM', tout revient donc à démontrer que ce triangle a une aire constante. On a (74)

$$\text{aire OMM'} = \frac{1}{2} \begin{vmatrix} 0 & 0 & 1 \\ x & y & 1 \\ x' & y' & 1 \end{vmatrix} = \frac{1}{2}(xy' - yx') = \frac{1}{2}\left(\frac{bx^2}{a} + \frac{ay^2}{b} \right)$$

ou

$$\text{aire OMM'} = \frac{ab}{2}\left(\frac{x^2}{a^2} + \frac{y^2}{b^2} \right) = \frac{ab}{2};$$

par conséquent, l'aire du parallélogramme construit sur deux diamètres conjugués est égale à l'aire du rectangle construit sur les axes.

En conséquence, si l'on désigne par a' et b' les demi-longueurs de deux diamètres conjugués et par θ l'un des angles qu'ils forment, on a les formules

$$a'^2 + b'^2 = a^2 + b^2,$$
$$a'b' \sin \theta = ab.$$

399. Cordes supplémentaires. — On appelle *cordes supplémentaires* dans une ellipse deux cordes obtenues en joignant un point M de la courbe aux extrémités P et Q d'un diamètre (*fig.* 129).

Il est aisé de voir que deux cordes supplémentaires ont des directions conjuguées. En effet, la droite qui joint le centre O au milieu I de MQ est parallèle à PM, donc PM est parallèle au diamètre conjugué de MQ.

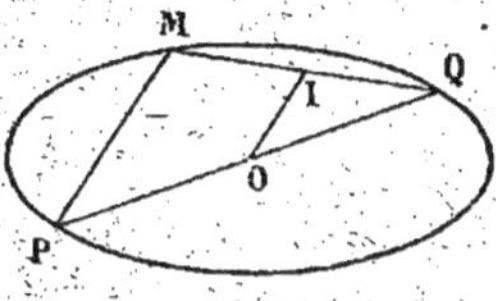

Fig. 129.

Nous avons établi précédemment qu'on pouvait considérer l'ellipse comme projection orthogonale du cercle décrit sur le grand axe comme diamètre, le plan de ce cercle faisant avec le plan de l'ellipse un angle dont le cosinus est égal à $\frac{b}{a}$.

Étant donnés deux diamètres rectangulaires du cercle, chacun d'eux divise en deux parties égales les cordes parallèles à l'autre; comme cette propriété se conserve en projection, on voit que deux diamètres rectangulaires du cercle se projettent suivant deux diamètres conjugués de l'ellipse.

On pourrait utiliser cette propriété pour établir géométriquement les théorèmes d'Apollonius.

De même, les côtés d'un angle droit inscrit dans le cercle se projettent suivant deux cordes supplémentaires de l'ellipse.

CHAPITRE XXII

ÉTUDE PARTICULIÈRE DE L'HYPERBOLE

400. L'équation de l'hyperbole rapportée à ses axes est

$$\frac{x^2}{a^2} - \frac{y^2}{b^2} - 1 = 0;$$

$2a$ est la longueur de l'axe réel AA', $2b$ est la longueur géométrique de l'axe imaginaire. Portons sur Oy de part et d'autre du point O les longueurs

$$OB = OB' = b;$$

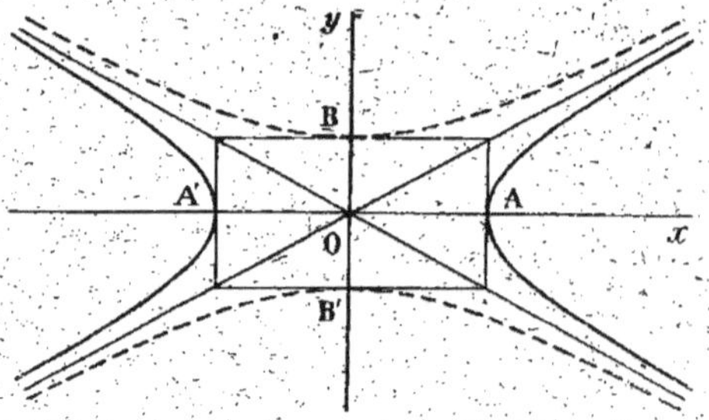

le rectangle construit sur AA' et BB' est appelé le rectangle construit sur les axes. Les diagonales de ce rectangle ont pour équation

$$\frac{x^2}{a^2} - \frac{y^2}{b^2} = 0;$$

Fig. 130.

ce sont les asymptotes de l'hyperbole.

401. Hyperboles conjuguées. — On appelle *hyperboles conjuguées* deux hyperboles qui ont même centre, mêmes directions d'axes, mêmes longueurs géométriques d'axes, mais telles que tout axe réel dans l'une soit imaginaire dans l'autre.

Ainsi l'hyperbole conjuguée de l'hyperbole construite plus haut a pour axe réel Oy et pour axe imaginaire Ox; de plus la longueur de l'axe réel est égale à BB' et la longueur géométrique de l'axe imaginaire est AA'. Par suite, cette hyperbole a pour équation

$$\frac{x^2}{a^2} - \frac{y^2}{b^2} + 1 = 0;$$

elle est figurée en pointillé (*fig.* 130).

Deux hyperboles conjuguées ont mêmes asymptotes.

402. Condition pour qu'une droite rencontre l'hyperbole en deux points réels. — En raisonnant comme au n° 379, on trouve aisément que la condition pour que la droite $ux + vy + w = 0$ rencontre l'hyperbole $\frac{x^2}{a^2} - \frac{y^2}{b^2} - 1 = 0$ en deux points réels est

$$a^2u^2 - b^2v^2 - w^2 < 0.$$

Si l'on a $a^2u^2 - b^2v^2 - w^2 > 0$, la droite rencontre l'hyperbole en des points imaginaires; enfin l'équation

$$a^2u^2 - b^2v^2 - w^2 = 0$$

exprime que la droite est tangente à l'hyperbole; c'est l'équation tangentielle de la courbe.

Tangentes à l'hyperbole.

403. Tangente en un point de la courbe. — La tangente en un point (x, y) de la courbe a pour équation

$$\frac{Xx}{a^2} - \frac{Yy}{b^2} - 1 = 0,$$

x et y vérifiant l'équation

$$\frac{x^2}{a^2} - \frac{y^2}{b^2} - 1 = 0.$$

L'équation de la tangente renferme donc deux paramètres liés par une relation, mais comme dans le cas de l'ellipse on peut faire en sorte que cette équation ne renferme qu'un paramètre; il suffit pour cela d'exprimer les coordonnées d'un point de la courbe en fonction d'un seul paramètre.

La relation $\frac{x^2}{a^2} - \frac{y^2}{b^2} = 1$ nous conduit à poser

$$\frac{x}{a} = \frac{1}{\cos\varphi}, \qquad \frac{y}{b} = \operatorname{tg}\varphi,$$

ou, en désignant $\operatorname{tg}\frac{\varphi}{2}$ par t,

$$x = \frac{a(1 + t^2)}{1 - t^2}, \qquad y = \frac{2bt}{1 - t^2},$$

ce qui donne les coordonnées d'un point de la courbe *en fonction rationnelle* du paramètre t.

L'équation de la tangente est alors

$$\frac{X(1+t^2)}{a} - \frac{2tY}{b} - (1-t^2) = 0.$$

On peut aussi écrire l'équation de la courbe sous la forme

$$\left(\frac{x}{a} + \frac{y}{b}\right)\left(\frac{x}{a} - \frac{y}{b}\right) = 1,$$

et poser

$$\frac{x}{a} + \frac{y}{b} = t, \qquad \frac{x}{a} - \frac{y}{b} = \frac{1}{t};$$

on en déduit

$$\frac{x}{a} = \frac{1}{2}\left(t + \frac{1}{t}\right), \qquad \frac{y}{b} = \frac{1}{2}\left(t - \frac{1}{t}\right).$$

404. Condition pour qu'une droite soit tangente à l'hyperbole. — Même raisonnement qu'au n° 384, il suffit de changer dans tous les calculs b^2 en $-b^2$. On trouve la condition

$$a^2u^2 - b^2v^2 - w^2 = 0;$$

c'est l'équation tangentielle de la courbe.

405. Tangentes par un point non situé sur la courbe. — 1° Les points de contact sont à l'intersection de la courbe et de la polaire du point donné $P(\alpha, \beta)$,

$$\frac{\alpha x}{a^2} - \frac{\beta y}{b^2} - 1 = 0;$$

cette droite rencontre l'hyperbole en des points réels si l'on a (402)

$$\frac{\alpha^2}{a^2} - \frac{\beta^2}{b^2} - 1 < 0,$$

c'est-à-dire si le point P est situé dans la région négative de la courbe. Le centre de la courbe est précisément dans cette région, que nous appellerons la région extérieure.

Par conséquent, pour que les tangentes issues d'un point P à l'hyperbole soient réelles, il faut et il suffit que le point soit situé dans la région extérieure.

2° L'équation aux coefficients angulaires de ces tangentes est

$$t^2(a^2 - \alpha^2) + 2t\alpha\beta - b^2 - \beta^2 = 0,$$

et l'ensemble de ces tangentes a pour équation

$$\left(\frac{\alpha x}{a^2} - \frac{\beta y}{b^2} - 1\right)^2 - \left(\frac{x^2}{a^2} - \frac{y^2}{b^2} - 1\right)\left(\frac{\alpha^2}{a^2} - \frac{\beta^2}{b^2} - 1\right) = 0.$$

406. Le lieu des points d'où l'on peut mener deux tangentes rectangulaires à l'hyperbole est le cercle

$$x^2 + y^2 = a^2 - b^2 ;$$

ce cercle n'est réel que si $a > b$.

407. Tangentes parallèles à une direction donnée. — Les points de contact de ces tangentes sont à l'intersection de l'hyperbole et du diamètre conjugué de la direction donnée. Soit m le coefficient angulaire de cette direction ; le diamètre conjugué a pour équation

$$\frac{x}{a^2} - \frac{my}{b^2} = 0 ;$$

pour qu'il rencontre l'hyperbole en des points réels, il faut qu'on ait

$$\frac{1}{a^2} - \frac{m^2}{b^2} < 0, \qquad \text{ou} \qquad m^2 > \frac{b^2}{a^2},$$

ou encore

$$|m| > \frac{b}{a}.$$

Cette inégalité exprime que la parallèle à la direction donnée menée par le centre de l'hyperbole est située dans l'angle des asymptotes qui ne contient pas la courbe.

Si cette condition est remplie, on peut mener à l'hyperbole deux tangentes réelles, parallèles à la direction donnée.

Si la parallèle à la direction donnée menée par le centre est située dans l'angle des asymptotes qui contient la courbe, le problème n'a pas de solutions réelles.

Enfin, dans le cas particulier où la direction donnée est parallèle à une asymptote, cette asymptote constitue l'unique solution du problème.

Les équations des tangentes de coefficient angulaire m sont

$$y = mx \pm \sqrt{a^2m^2 - b^2}.$$

Normales à l'hyperbole.

408. Normale en un point de la courbe. — La normale au point (x, y) a pour équation

$$\frac{X - x}{\dfrac{x}{a^2}} = \frac{Y - y}{-\dfrac{y}{b^2}}, \qquad \text{ou} \qquad \frac{a^2X}{x} + \frac{b^2Y}{y} - c^2 = 0,$$

en posant $c^2 = a^2 + b^2$, x et y étant liés par la relation

$$\frac{x^2}{a^2} - \frac{y^2}{b^2} - 1 = 0.$$

En remplaçant x par $\dfrac{a(1+t^2)}{1-t^2}$ et y par $\dfrac{2bt}{1-t^2}$ (403), on obtient l'équation de la normale en fonction rationnelle de t,

$$2at(1-t^2)X + b(1-t^4)Y - 2c^2t(1+t^2) = 0,$$

Comme cette équation est du quatrième degré par rapport à t, on en conclut que par un point quelconque du plan on peut mener quatre normales à l'hyperbole; par suite, la développée est une courbe algébrique, unicursale et de quatrième classe.

409. Développée de l'hyperbole. — D'ailleurs, en changeant b^2 en $-b^2$ dans les calculs relatifs à l'ellipse, on voit que l'équation tangentielle de la développée est

$$\frac{a^2}{u^2} - \frac{b^2}{v^2} - \frac{c^4}{w^2} = 0, \qquad (c^2 = a^2 + b^2)$$

et son équation ponctuelle est sous forme irrationnelle

$$(1) \qquad a^{\frac{2}{3}} x^{\frac{2}{3}} - b^{\frac{2}{3}} y^{\frac{2}{3}} - c^{\frac{4}{3}} = 0,$$

et sous forme rationnelle

$$(a^2x^2 - b^2y^2 - c^4)^3 - 27a^2b^2c^4x^2y^2 = 0.$$

Cette courbe est symétrique par rapport aux deux axes; nous allons construire la portion qui correspond aux valeurs positives de x et de y.

Résolvons l'équation (1) par rapport à y; nous avons

$$y = \frac{a}{b}(x^{\frac{2}{3}} - d^{\frac{2}{3}})^{\frac{3}{2}},$$

d désignant la quantité $\dfrac{c^2}{a}$.

Pour que y soit réel, il faut que x soit supérieur à d, et quand x croît de d à $+\infty$, y croît de 0 à $+\infty$. Nous obtenons ainsi une branche infinie de courbe DL, tangente à Ox au point D (*fig.* 131).

Il est aisé de voir que cette branche de courbe est parabolique. En effet, nous pouvons écrire

$$y = \frac{ax}{b}\left[1 - \left(\frac{d}{x}\right)^{\frac{2}{3}}\right]^{\frac{3}{2}},$$

ou, en appliquant la formule du binôme,

$$y = \frac{ax}{b}\left[1 - \frac{3}{2}\left(\frac{d}{x}\right)^{\frac{2}{3}} + \lambda\left(\frac{d}{x}\right)^{\frac{4}{3}}\right],$$

λ étant une fonction de x qui reste finie quand x augmente indéfiniment.

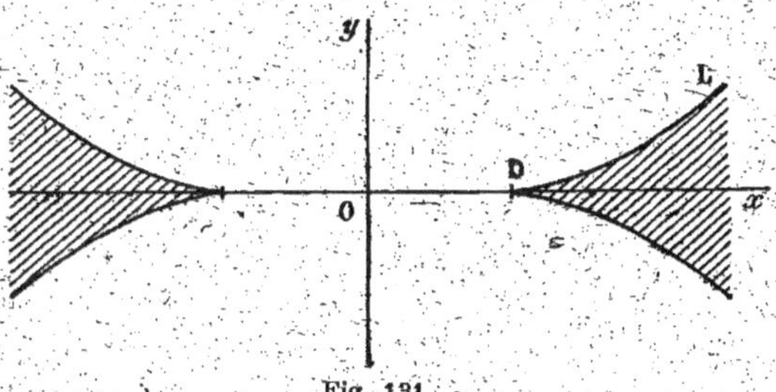

Fig. 131.

On en déduit

$$y = \frac{ax}{b} - \frac{3ad^{\frac{2}{3}}}{2b} x^{\frac{1}{3}} + \frac{\lambda ad^{\frac{4}{3}}}{bx^{\frac{1}{3}}}.$$

On voit alors que pour x infini, $\frac{y}{x}$ a pour limite $\frac{a}{b}$, mais que $y - \frac{a}{b} x$ augmente indéfiniment. Par conséquent la branche DL est parabolique dans la direction qui a pour coefficient angulaire $\frac{a}{b}$; cette direction est perpendiculaire à l'asymptote de l'hyperbole dont le coefficient angulaire est $-\frac{b}{a}$.

On achève ensuite la courbe par symétrie; elle admet deux points de rebroussement sur Ox.

410. Normales par un point non situé sur la courbe. — Détermination des pieds. — Les pieds des normales issues du point $P(\alpha, \beta)$ à l'hyperbole sont à l'intersection de cette courbe et d'une deuxième hyperbole, dite *hyperbole d'Apollonius*, et ayant pour équation

$$c^2 xy - b^2\beta x - a^2\alpha y = 0.$$

Cette hyperbole est équilatère, elle passe par les points O et P, et ses asymptotes sont parallèles aux axes de l'hyperbole donnée.

Ces deux coniques se coupent en quatre points qui sont les pieds des normales issues du point P à l'hyperbole $\frac{x^2}{a^2} - \frac{y^2}{b^2} - 1 = 0$.

Pour discuter la réalité des points de rencontre des deux hyperboles, nous raisonnerons comme au n° 391. L'équation de l'hyperbole d'Apollonius s'écrit

$$\frac{\alpha - x}{\dfrac{x}{a^2}} = \frac{\beta - y}{-\dfrac{y}{b^2}} = t,$$

d'où

$$(1) \qquad x = \frac{a^2\alpha}{t + a^2}, \qquad y = \frac{-b^2\beta}{t - b^2};$$

nous obtenons ainsi les coordonnées d'un point de cette hyperbole en fonction d'un paramètre.

Écrivons que ce point est sur l'hyperbole donnée ; nous avons

$$(2) \qquad f(t) \equiv \frac{a^2\alpha^2}{(t + a^2)^2} - \frac{b^2\beta^2}{(t - b^2)^2} - 1 = 0.$$

A toute racine de cette équation correspond le pied d'une normale passant par le point P, les coordonnées de ce pied étant fournies par les équations (1). Le nombre des normales réelles issues du point P est donc égal au nombre des racines réelles de l'équation (2).

La fonction $f(t)$ étant discontinue pour $t = -a^2$ et $t = b^2$, nous appliquerons le théorème de Rolle dans les intervalles

$$-\infty \quad -a^2 - \varepsilon \mid -a^2 + \varepsilon \quad b^2 - \varepsilon \mid b^2 + \varepsilon \quad +\infty.$$

L'équation dérivée est

$$f'(t) \equiv -\frac{2a^2\alpha^2}{(t + a^2)^3} + \frac{2b^2\beta^2}{(t - b^2)^3} = 0,$$

ou

$$\left(\frac{t + a^2}{t - b^2}\right)^3 = \frac{a^2\alpha^2}{b^2\beta^2};$$

elle admet une seule racine réelle donnée par l'équation

$$\frac{t + a^2}{t - b^2} = \frac{A}{B},$$

où l'on pose $A = a^{\frac{2}{3}} \alpha^{\frac{2}{3}}$, $B = b^{\frac{2}{3}} \beta^{\frac{2}{3}}$, et l'on voit que cette racine est extérieure à l'intervalle $(-a^2, b^2)$, puisque le second membre est positif.

Les signes de la fonction $f(t)$ pour les nombres de la suite précédente sont indiqués par le tableau

t	$-\infty$	$-a^2 - \varepsilon$	$-a^2 + \varepsilon$	$b^2 - \varepsilon$	$b^2 + \varepsilon$	$+\infty$
$f(t)$	$-$	$+$	$+$	$-$	$-$	$-$

On conclut de là que l'équation $f(t) = 0$ a toujours au moins deux racines réelles comprises l'une entre $-\infty$ et $-a^2$, l'autre entre $-a^2$ et b^2.

Comme la dérivée a une seule racine réelle t_1, pour que l'équation $f(t) = 0$ ait quatre racines réelles, il faut et il suffit que t_1 soit supérieur à b^2 et que $f(t_1)$ soit positif.

Nous avons

$$\frac{t_1 + a^2}{A} = \frac{t_1 - b^2}{B} = \frac{c^2}{A - B};$$

on doit donc avoir tout d'abord $A - B > 0$.

En outre, on a

$$t_1 + a^2 = \frac{Ac^2}{A - B}, \qquad t_1 - b^2 = \frac{Bc^2}{A - B},$$

d'où

$$f(t_1) = \frac{A(A - B)^2}{c^4} - \frac{B(A - B)^2}{c^4} - 1 = \frac{(A - B)^3 - c^4}{c^4};$$

donc $f(t_1)$ a le signe de $A - B - c^{\frac{4}{3}}$, et, par conséquent, pour que l'équation $f(t) = 0$ ait ses quatre racines réelles, il faut qu'on ait à la fois

$$A - B > 0, \qquad A - B - c^{\frac{4}{3}} > 0.$$

La dernière inégalité entraine visiblement la première; l'unique condition est donc

$$A - B - c^{\frac{4}{3}} > 0,$$

ou

$$a^{\frac{2}{3}}\alpha^{\frac{2}{3}} - b^{\frac{2}{3}}\beta^{\frac{2}{3}} - c^{\frac{4}{3}} > 0.$$

Cette inégalité peut se remplacer par la suivante (388)

$$(a^2\alpha^2 - b^2\beta^2 - c^4)^3 - 27a^2b^2c^4\alpha^2\beta^2 > 0;$$

elle exprime que le point (α, β) doit se trouver dans la région positive de la courbe qui a pour équation

$$(a^2x^2 - b^2y^2 - c^4)^3 - 27a^2b^2c^4x^2y^2 = 0.$$

Or cette courbe est la développée (*fig.* 131), sa région positive est celle qui ne contient pas l'origine (elle est couverte de hachures sur la figure).

Donc, pour que du point P on puisse mener quatre normales réelles à l'hyperbole, il faut que ce point soit situé dans la région de la développée qui ne contient pas le centre de l'hyperbole.

Si le point P est dans la région qui contient le centre, par ce point passent seulement deux normales réelles.

Enfin si le point P est sur la développée, deux normales sont confondues suivant la tangente en ce point à la développée, et il y a deux autres normales réelles.

411. L'équation aux coefficients angulaires des normales issues du point P(α, β) est

$$(\beta - t\alpha)^2(a^2 - b^2t^2) - c^4t^2 = 0;$$

elle se déduit de l'équation obtenue au n° 392 en changeant b^2 en $-b^2$.

Le coefficient de t^4 et le terme indépendant étant de signes contraires, cette équation a au moins deux racines réelles de signes contraires.

Enfin, en remplaçant dans cette équation t par $\dfrac{y-\beta}{x-\alpha}$, on obtient l'équation de l'ensemble des normales.

412. Normales parallèles à une direction donnée. — Les pieds de ces normales sont à l'intersection de l'hyperbole et du diamètre conjugué de la direction perpendiculaire à la direction donnée. Soit m le coefficient angulaire de la direction donnée, celui de la direction perpendiculaire est $-\dfrac{1}{m}$, le diamètre conjugué est alors

$$\frac{x}{a^2} + \frac{1}{m}\cdot\frac{y}{b^2} = 0\,;$$

pour qu'il rencontre l'hyperbole en des points réels il faut qu'on ait

$$\frac{1}{a^2} - \frac{1}{b^2 m^2} < 0, \quad \text{ou} \quad m^2 < \frac{a^2}{b^2}\cdot$$

Cette condition exprime que si, par le centre de l'hyperbole, on mène des perpendiculaires OH et OH' aux asymptotes et une parallèle à la direction donnée, cette parallèle doit être située dans l'angle des droites OH et OH' qui contient l'axe des x.

Les équations de ces normales sont

$$y = mx \pm \frac{c^2 m}{\sqrt{a^2 - b^2 m^2}}\cdot$$

Diamètres dans l'hyperbole.

413. Le diamètre conjugué de toute direction non asymptotique est une droite qui passe par le centre; réciproquement, toute droite passant par le centre, à l'exclusion des asymptotes, est le diamètre conjugué d'une direction bien déterminée.

414. Longueur des diamètres. — Soient α, β les paramètres *principaux* d'un diamètre, un point quelconque de ce diamètre a pour coordonnées $x = \alpha\rho$, $y = \beta\rho$, et les valeurs de ρ relatives aux points de rencontre de la courbe et du diamètre sont données par l'équation

$$\frac{\alpha^2 \rho^2}{a^2} - \frac{\beta^2 \rho^2}{b^2} - 1 = 0 \quad \text{ou} \quad \rho^2 = \frac{1}{\dfrac{\alpha^2}{a^2} - \dfrac{\beta^2}{b^2}}$$

1° Supposons $\dfrac{\alpha^2}{a^2} - \dfrac{\beta^2}{b^2} > 0$. Le point (α, β) est situé dans la région positive de l'ensemble des asymptotes $\dfrac{x^2}{a^2} - \dfrac{y^2}{b^2} = 0$; ce qui revient à dire que le diamètre est situé dans l'angle des asymptotes qui contient la courbe.

Dans ce cas, le diamètre rencontre la courbe en deux points réels M et M', et l'on a

$$\text{OM} = \text{OM}' = \frac{1}{\sqrt{\dfrac{\alpha^2}{a^2} - \dfrac{\beta^2}{b^2}}} ;$$

on dit que le diamètre est réel, et que sa demi-longueur (algébrique ou géométrique) est $\dfrac{1}{\sqrt{\dfrac{\alpha^2}{a^2} - \dfrac{\beta^2}{b^2}}}$.

2° Soit maintenant $\dfrac{\alpha^2}{a^2} - \dfrac{\beta^2}{b^2} < 0$; le diamètre est situé dans l'angle des asymptotes qui ne contient pas la courbe.

Le diamètre ne rencontre pas la courbe en des points réels; on dit que le diamètre est imaginaire.

En posant

$$d^2 = \frac{-1}{\dfrac{\alpha^2}{a^2} - \dfrac{\beta^2}{b^2}}, \quad \text{on a } \rho^2 = - d^2, \quad \rho = \pm\, di.$$

On dit que di est la demi-longueur algébrique du diamètre et que d est la demi-longueur géométrique de ce même diamètre.

415. Théorème. — *Étant données deux hyperboles conjuguées, tout diamètre réel de l'une est imaginaire dans l'autre, mais la longueur géométrique de ce diamètre commun est la même dans les deux courbes.*

En effet, soient les hyperboles conjuguées

$$\frac{x^2}{a^2} - \frac{y^2}{b^2} - 1 = 0, \quad \frac{x^2}{a^2} - \frac{y^2}{b^2} + 1 = 0;$$

considérons le diamètre qui a pour paramètres principaux α et β, sa longueur dans la première hyperbole est déterminée par l'équation

$$\rho^2 = \frac{1}{\dfrac{\alpha^2}{a^2} - \dfrac{\beta^2}{b^2}},$$

dans la deuxième par

$$\rho^2 = \cfrac{-1}{\cfrac{\alpha^2}{a^2} - \cfrac{\beta^2}{b^2}};$$

les seconds membres étant égaux et de signes contraires, le théorème est démontré.

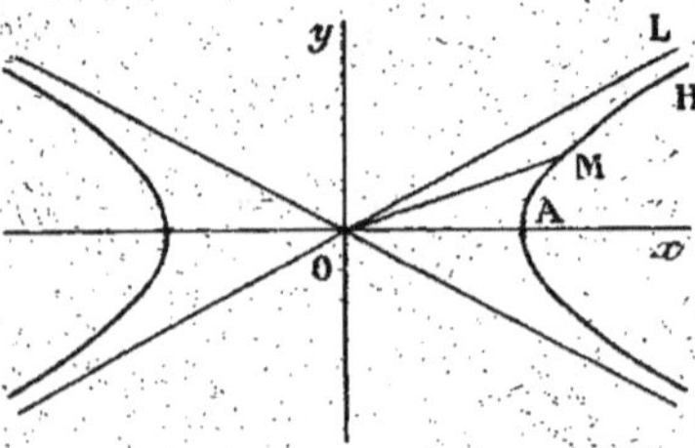

Fig. 132.

Il en résulte que pour avoir la longueur géométrique d'un diamètre imaginaire d'une hyperbole, il suffit de prendre la distance des points de rencontre de ce diamètre et de l'hyperbole conjuguée.

Étudions maintenant comment varie la demi-longueur OM d'un diamètre réel quand le point M décrit la branche infinie de courbe AH. Soit OL l'asymptote à cette branche, désignons par α l'angle AOL, nous avons $\operatorname{tg}\alpha = \dfrac{b}{a}$, et par suite $\sin\alpha = \dfrac{b}{\sqrt{a^2 + b^2}}$ (fig. 132).

Posons $OM = \rho$, $\widehat{AOM} = \omega$; le point M a pour coordonnées $\rho\cos\omega$, $\rho\sin\omega$, et, en écrivant que ce point est sur l'hyperbole, nous avons

$$\frac{1}{\rho^2} = \frac{\cos^2\omega}{a^2} - \frac{\sin^2\omega}{b^2} = \frac{1}{a^2} - \sin^2\omega\left(\frac{1}{a^2} + \frac{1}{b^2}\right).$$

Quand ω croît de 0 à α, $\dfrac{1}{\rho}$ décroît de $\dfrac{1}{a}$ à 0; par suite ρ croît de a à $+\infty$. L'axe réel d'une hyperbole est donc le plus petit des diamètres réels.

On étudiera de même comment varient les longueurs géométriques des diamètres imaginaires en appliquant ce calcul à l'hyperbole conjuguée.

416. Diamètres conjugués. — Les pentes m et m' de deux diamètres conjugués D et D' vérifient la relation

$$mm' = \frac{b^2}{a^2}.$$

En se reportant au n° 106, on voit que ces diamètres divisent harmoniquement les deux droites qui ont pour coefficients angulaires $\dfrac{b}{a}$ et $-\dfrac{b}{a}$, c'est-à-dire les asymptotes.

On voit de plus que m et m' sont de même signe. Supposons-les positifs; si m est plus petit que $\frac{b}{a}$, m' est plus grand que $\frac{b}{a}$; par suite, le diamètre D est dans l'angle xOL, le diamètre D' dans l'angle yOL.

Quand m croît de 0 à $\frac{b}{a}$, m' décroît de $+\infty$ à $\frac{b}{a}$, les droites D et D' se rapprochent en même temps de l'asymptote OL, et l'angle DOD' peut devenir aussi petit que l'on veut.

Le diamètre D est réel, il rencontre l'hyperbole en deux points M et N; les tangentes en M et N sont parallèles à D'. Le diamètre D' est imaginaire, il rencontre l'hyperbole conjuguée en deux points M' et N', et les tangentes en M' et N' sont parallèles à D, car les diamètres D et D' sont également conjugués par rapport à cette hyperbole. Ces quatre tangentes forment un parallélogramme qu'on appelle le *parallélogramme construit sur les diamètres conjugués D et D'* (fig. 133).

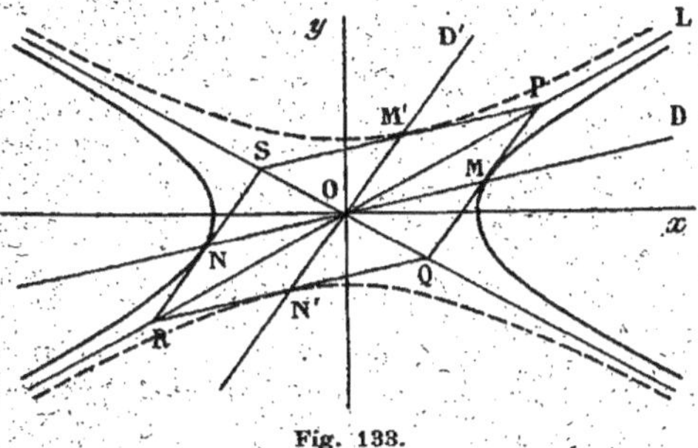

Fig. 133.

Il est aisé de voir que les diagonales de ce parallélogramme sont les asymptotes. En effet, prenons pour axes de coordonnées OD et OD'; posons OM $= a'$, OM' $= b'$, l'équation de l'hyperbole est

$$\frac{x'^2}{a'^2} - \frac{y'^2}{b'^2} - 1 = 0,$$

celle de l'hyperbole conjuguée est

$$\frac{x'^2}{a'^2} - \frac{y'^2}{b'^2} + 1 = 0.$$

Les tangentes aux points M et M' ont respectivement pour équations $x' - a' = 0$, $y' - b' = 0$; elles se coupent sur l'asymptote $\frac{x'}{a'} - \frac{y'}{b'} = 0$.

Le point O étant le centre du parallélogramme, M est le milieu de PQ, ce qui montre de nouveau que D et D' sont conjugués harmoniques par rapport aux asymptotes.

417. Théorèmes d'Apollonius. — 1° *La différence des carrés des longueurs géométriques de deux diamètres conjugués est constante;*
2° *L'aire du parallélogramme construit sur deux diamètres conjugués est constante.*

Soient x, y les coordonnées du point M, x', y' celles du point M' (*fig.* 133); nous allons calculer x', y' en fonction de x, y.

Nous avons d'abord

$$\frac{x^2}{a^2} - \frac{y^2}{b^2} - 1 = 0, \qquad \frac{x'^2}{a^2} - \frac{y'^2}{b^2} + 1 = 0;$$

en écrivant ensuite que le diamètre conjugué de OM passe par le point M', il vient

$$\frac{xx'}{a^2} - \frac{yy'}{b^2} = 0,$$

d'où l'on tire

$$\frac{\dfrac{x'}{a}}{\dfrac{y}{b}} = \frac{\dfrac{y'}{b}}{\dfrac{x}{a}} = \pm \frac{\sqrt{\dfrac{y'^2}{b^2} - \dfrac{x'^2}{a^2}}}{\sqrt{\dfrac{x^2}{a^2} - \dfrac{y^2}{b^2}}} = \pm 1,$$

ou

$$\frac{x'}{a} = \pm \frac{y}{b}, \qquad \frac{y'}{b} = \pm \frac{x}{a},$$

les signes se correspondant; ce sont *les formules de Chasles.*

Le double signe s'explique aisément, car le diamètre conjugué de OM rencontre l'hyperbole conjuguée en deux points M' et N'.

En supposant positives les coordonnées des deux points M et M', ce qui est le cas de la figure, nous avons

$$x' = \frac{ay}{b}, \qquad y' = \frac{bx}{a}.$$

1° On a $\qquad \overline{OM}^2 - \overline{OM'}^2 = x^2 + y^2 - x'^2 - y'^2.$

Or $\qquad x^2 - x'^2 = x^2 - \dfrac{a^2 y^2}{b^2} = a^2 \left(\dfrac{x^2}{a^2} - \dfrac{y^2}{b^2} \right) = a^2,$

$$y^2 - y'^2 = y^2 - \frac{b^2 x^2}{a^2} = - b^2 \left(\frac{x^2}{a^2} - \frac{y^2}{b^2} \right) = - b^2,$$

donc $\qquad \overline{OM}^2 - \overline{OM'}^2 = a^2 - b^2.$

2° L'aire du parallélogramme construit sur les diamètres conjugués OM et OM' est égale à huit fois l'aire du triangle OMM'; tout revient donc à démontrer que ce triangle a une aire constante. On a

$$\text{aire OMM'} = \frac{1}{2} \begin{vmatrix} 0 & 0 & 1 \\ x & y & 1 \\ x' & y' & 1 \end{vmatrix} = \frac{1}{2}(xy' - yx') = \frac{1}{2}\left(\frac{bx^2}{a} - \frac{ay^2}{b} \right),$$

ou

$$\text{aire OMM}' = \frac{ab}{2}\left(\frac{x^2}{a^2} - \frac{y^2}{b^2}\right) = \frac{ab}{2}.$$

L'aire du parallélogramme construit sur deux diamètres conjugués est égale à l'aire du rectangle construit sur les axes.

Propriétés des asymptotes.

418. Équation de l'hyperbole rapportée à ses asymptotes.

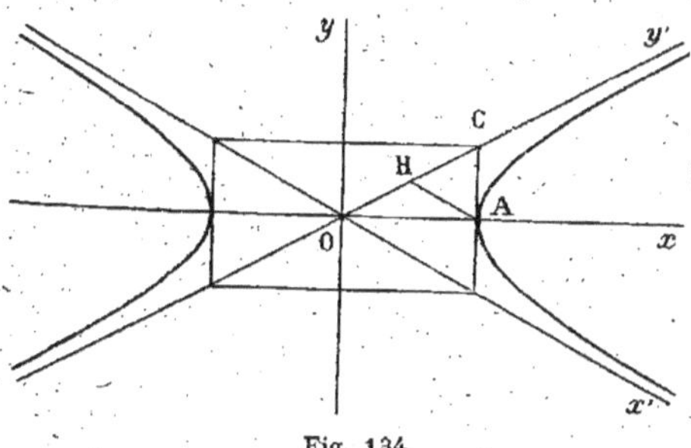

Fig. 134.

— Cette équation est de la forme (349)

$$x'y' = \lambda,$$

λ étant une constante dont nous allons calculer la valeur en fonction des demi-longueurs d'axes a et b.

Pour cela, cherchons les coordonnées du sommet A par rapport aux axes Ox', Oy'; menons AH parallèle à Ox', le point H est le milieu de OC; par conséquent, les coordonnées du point A sont (*fig.* 134).

$$x' = y' = \frac{OC}{2} = \frac{\sqrt{a^2 + b^2}}{2} = \frac{c}{2}.$$

En écrivant que ces nombres vérifient l'équation $x'y' = \lambda$, nous avons $\lambda = \dfrac{c^2}{4}$, et par suite l'équation cherchée est

$$x'y' = \frac{c^2}{4}.$$

419. Théorème. — *Si l'on coupe une hyperbole et ses asymptotes par une droite, les segments de cette droite compris entre la courbe et les asymptotes sont égaux.*

Par exemple, je dis que $AC = BD$ (*fig.* 135). En effet, la droite AB admet même diamètre conjugué par rapport à l'hyperbole et par rapport à l'ensemble des asymptotes; donc le milieu de AB coïncide avec le milieu de CD.

Cas particulier. — Le point de contact d'une tangente est le milieu du segment intercepté sur la tangente par les asymptotes. Ainsi

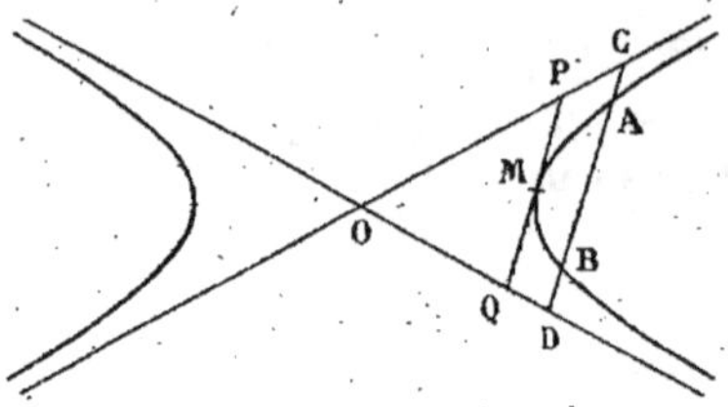

$$MP = MQ.$$

Fig. 135.

420. Théorème. — *Si par un point A d'une hyperbole, on mène une droite quelconque rencontrant les asymptotes en C et D, le produit des valeurs algébriques dés vecteurs $\overline{AC} \times \overline{AD}$ est égal au carré de la demi-longueur algébrique du diamètre parallèle à la droite.*

Soient x_0, y_0 les coordonnées du point A, et α, β les paramètres principaux de la droite menée par ce point.

Un point quelconque de cette droite a pour coordonnées $x_0 + \alpha\rho$, $y_0 + \beta\rho$; les valeurs de ρ relatives aux points C et D, c'est-à-dire les nombres $\overline{AC}$ et $\overline{AD}$, sont racines de l'équation

$$\frac{(x_0 + \alpha\rho)^2}{a^2} - \frac{(y_0 + \beta\rho)^2}{b^2} = 0.$$

Le produit des racines est égal à $\dfrac{\dfrac{x_0^2}{a^2} - \dfrac{y_0^2}{b^2}}{\dfrac{\alpha^2}{a^2} - \dfrac{\beta^2}{b^2}}$ ou à $\dfrac{1}{\dfrac{\alpha^2}{a^2} - \dfrac{\beta^2}{b^2}}$.

puisque le point A est sur l'hyperbole ; on a donc

$$\overline{AC} \times \overline{AD} = \frac{1}{\dfrac{\alpha^2}{a^2} - \dfrac{\beta^2}{b^2}},$$

ce qui démontre le théorème, car nous avons vu au n° 414 que la quantité $\dfrac{1}{\dfrac{\alpha^2}{a^2} - \dfrac{\beta^2}{b^2}}$ est le carré de la demi-longueur algébrique du diamètre qui a pour paramètres principaux α et β.

421. Construire une hyperbole connaissant les asymptotes et un point. — Soient OL, OL′ les asymptotes et A le point donné. Construisons d'abord un point quelconque de la courbe et la tangente en ce point.

Pour cela, par le point A menons une droite quelconque qui rencontre les asymptotes en B et C; prenons sur cette droite un point M tel que l'on ait $\overline{CM} = \overline{AB}$, le point M appartient à l'hyperbole (419). Menons ensuite MR parallèle à OL, prenons sur OL le vecteur

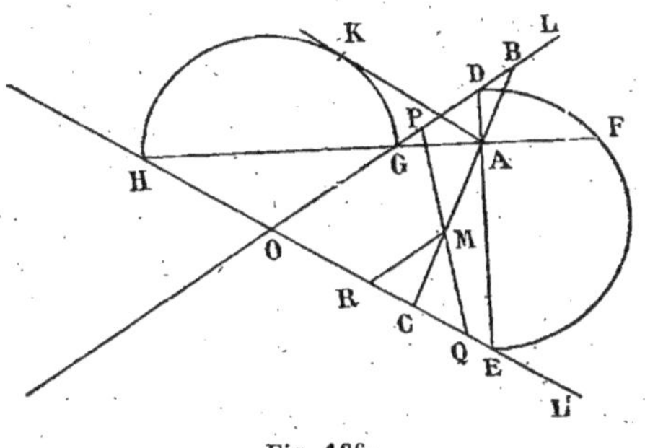

$$\overline{OP} = 2\,\overline{RM},$$

la droite PM est tangente à l'hyperbole au point M, car on a $MP = MQ$ (*fig.* 136).

Il nous reste à construire les longueurs des axes; nous nous appuierons sur le théorème du n° 420.

Par le point A menons une parallèle DE à l'axe imaginaire, le

Fig. 136.

produit $\overline{AD} \times \overline{AE}$ est égal au carré de la demi-longueur algébrique de cet axe. Si F désigne l'un des points où la perpendiculaire en A à DE rencontre la circonférence de diamètre DE, AF est la demi-longueur de l'axe imaginaire.

Menons de même la parallèle AGH à l'axe réel, la demi-longueur de cet axe est moyenne proportionnelle entre AG et AH; elle est égale par exemple à la tangente AK menée au cercle de diamètre GH.

422. Construire une hyperbole connaissant deux diamètres conjugués en grandeur et en position. — On suppose connues les longueurs géométriques des deux diamètres; on peut alors construire le parallélogramme correspondant (416). Les diagonales de ce parallélogramme sont les asymptotes de la courbe, les extrémités du diamètre réel sont des points de l'hyperbole; on est ramené au problème précédent.

423. Trouver les points de rencontre d'une droite et d'une hyperbole déterminée par ses asymptotes et un point. — Soient OL, OL′ les asymptotes, A le point donné et Δ la droite considérée. Cette droite rencontre les asymptotes en P et Q; si M désigne l'un des points de rencontre de la droite et de l'hyperbole, le produit $\overline{MP} \times \overline{MQ}$ est égal au carré de la demi-longueur du diamètre parallèle à Δ. Or cette quantité est aussi égale à $\overline{AB} \times \overline{AC}$, B et C étant les points de rencontre des asymptotes avec la parallèle à Δ menée par le point A. Tout revient donc à déterminer le point M en sorte que l'on ait

$$\overline{MP} \times \overline{MQ} = \overline{AB} \times \overline{AC}.$$

Deux cas sont à distinguer.

1° La droite Δ est parallèle à un diamètre imaginaire. — Soit D l'un des points de rencontre de la perpendiculaire en A à BC avec le cercle de diamètre BC, AD est moyenne proportionnelle entre AB et AC (*fig.* 137).

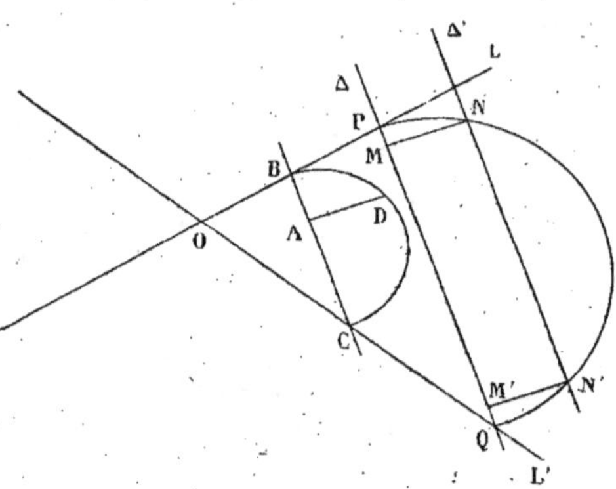

Fig. 137.

Traçons alors une droite Δ' parallèle à Δ et à une distance de Δ égale à AD; Δ' rencontre le cercle de diamètre PQ en deux points N et N', et en projetant ces deux points sur PQ on obtient les points de rencontre M et M' de Δ et de l'hyperbole.

2° La droite Δ est parallèle à un diamètre réel. — Menons AD tangente au cercle de diamètre BC, il faut trouver sur PQ un point M tel que la tangente au cercle de diamètre PQ issue du point M soit égale à AD (*fig.* 138).

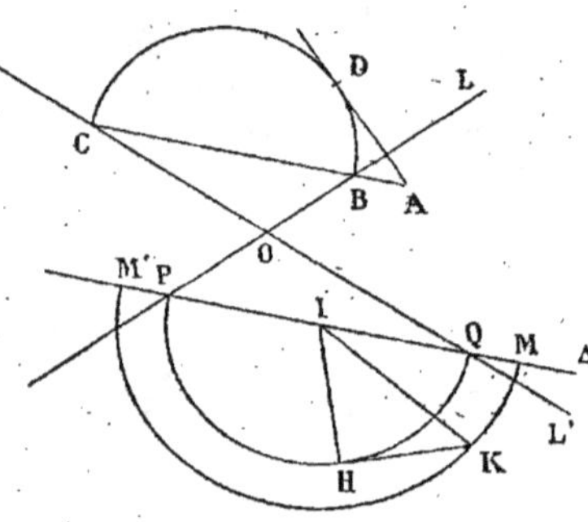

Fig. 138.

Menons à ce cercle une tangente en un point quelconque H, et prenons sur cette droite

$$HK = AD;$$

le lieu du point K est un cercle ayant pour centre le milieu I de PQ; ce cercle rencontre PQ aux points cherchés M et M'.

3° Si la droite Δ est parallèle à une asymptote, elle rencontre la courbe en un seul point à distance finie. Pour obtenir ce point,

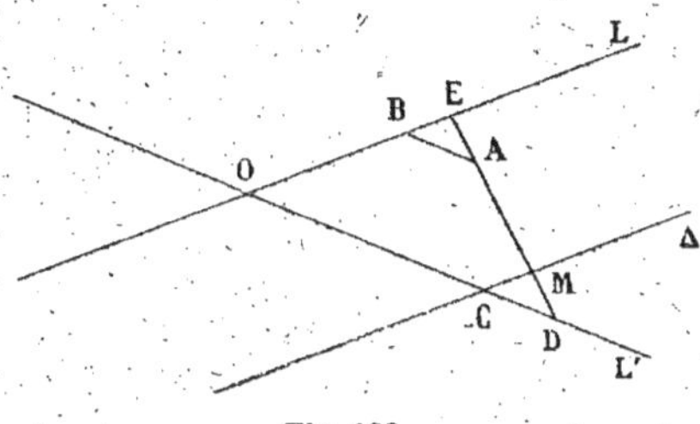

Fig. 139.

menons AB parallèle à OL′ et prenons sur cette asymptote $\overline{CD} = \overline{BA}$; la droite AD rencontre Δ au point cherché M. On a en effet $\overline{EA} = \overline{MD}$, car les deux triangles BAE et MCD sont égaux (*fig.* 139).

424. Hyperbole équilatère. — Nous avons déjà dit qu'on appelle hyperbole *équilatère* une hyperbole dont les asymptotes sont perpendiculaires.

Considérons d'abord une hyperbole rapportée à ses axes,

$$\frac{x^2}{a^2} - \frac{y^2}{b^2} - 1 = 0.$$

Le rectangle construit sur les axes a pour diagonales les asymptotes : si celles-ci sont perpendiculaires, le rectangle est un carré.

Donc, dans l'hyperbole équilatère, les longueurs des axes sont égales; par suite, l'équation de l'hyperbole équilatère rapportée à ses axes est

$$x^2 - y^2 - a^2 = 0.$$

De même, le parallélogramme construit sur deux diamètres conjugués a aussi pour diagonales les asymptotes. Si l'hyperbole est équilatère, le parallélogramme est un losange, ce qui montre que deux diamètres conjugués quelconques ont des longueurs égales. Cela résulte aussi du premier théorème d'Apollonius, qui donne $a'^2 - b'^2 = a^2 - b^2$, et comme $b = a$, on a $b' = a'$.

Enfin, dans toute hyperbole, deux diamètres conjugués quelconques sont conjugués harmoniques par rapport aux asymptotes. Par suite, dans l'hyperbole équilatère, les asymptotes sont les bissectrices de deux diamètres conjugués quelconques (110).

Pour que l'équation générale

$$f(x, y) \equiv Ax^2 + 2Bxy + Cy^2 + 2Dx + 2Ey + F = 0$$

représente une hyperbole équilatère, il faut que les deux droites

$$Ax^2 + 2Bxy + Cy^2 = 0$$

soient perpendiculaires, c'est-à-dire que l'on ait, *en supposant les axes de coordonnées rectangulaires* (84),

$$A + C = 0.$$

Il en résulte que l'équation générale des hyperboles équilatères (axes rectangulaires) est

$$A(x^2 - y^2) + 2Bxy + 2Dx + 2Ey + F = 0.$$

425. Considérons une hyperbole équilatère rapportée à ses axes et ayant pour équation

$$x^2 - y^2 - a^2 = 0.$$

Cette équation nous conduit à poser

$$x = a\,\mathrm{ch}\,\varphi, \qquad y = a\,\mathrm{sh}\,\varphi.$$

Ceci nous donne les coordonnées x, y d'un point de la courbe en fonction du paramètre φ. Quand φ croît de $-\infty$ à $+\infty$, le point (x, y) ne décrit que la branche de droite de l'hyperbole.

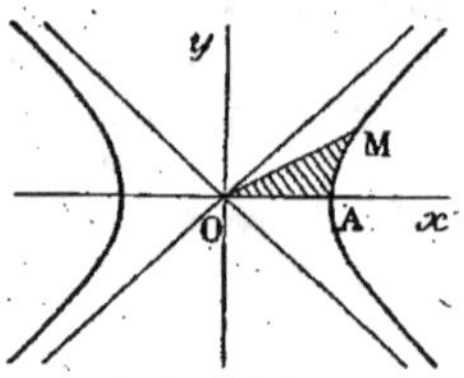

Voici une interprétation géométrique de φ. Soit A le sommet de la branche de droite et $M(x, y)$ un point de cette branche, correspondant à une valeur positive de φ. Calculons l'aire ω du secteur OAM; nous avons

Fig. 140.

$$\omega = \frac{1}{2} \int_0^\varphi x\,dy - y\,dx = \frac{1}{2} \int_0^\varphi a^2 d\varphi,$$

$$\omega = \frac{a^2 \varphi}{2}, \qquad \varphi = \frac{2\omega}{a^2}.$$

Nous avons une propriété analogue dans le cercle

$$x^2 + y^2 - a^2 = 0.$$

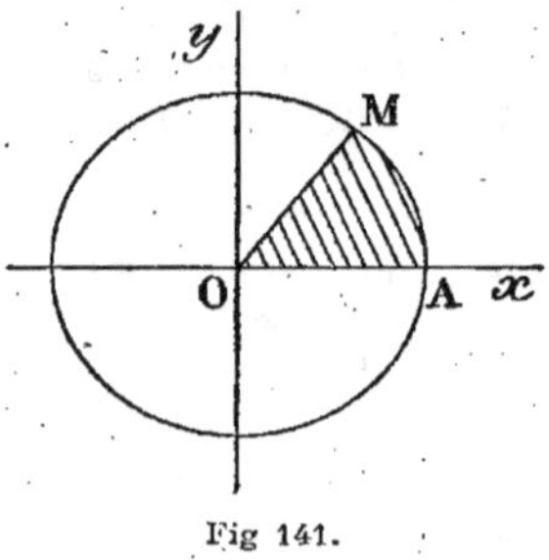

Nous poserons ici

$$x = a\cos\varphi, \qquad y = a\sin\varphi,$$

φ désignant l'angle AOM. Nous avons alors

$$\mathrm{arc}\ AM = a\,\varphi,$$

$$\mathrm{aire}\ OAM = \omega = \frac{a^2 \varphi}{2},$$

et

$$\varphi = \frac{2\omega}{a^2}.$$

Fig 141.

On voit ainsi que les fonctions ch, sh jouent pour l'hyperbole équilatère le même rôle que les fonctions circulaires cos, sin pour le cercle. C'est pour cette raison que les fonctions ch, sh ont été appelées *fonctions hyperboliques*.

Pour une hyperbole quelconque,

$$\frac{x^2}{a^2} - \frac{y^2}{b^2} - 1 = 0,$$

on peut écrire

$$x = a\,\mathrm{ch}\,\varphi, \qquad y = b\,\mathrm{sh}\,\varphi,$$

et en posant $\mathrm{th}\,\dfrac{\varphi}{2} = t$, on a les équations paramétriques

$$x = a\,\frac{1 + t^2}{1 - t^2}, \qquad y = \frac{2bt}{1 - t^2},$$

déjà obtenues au n° 403.

CHAPITRE XXIII

ÉTUDE PARTICULIÈRE DE LA PARABOLE

426. L'équation de la parabole rapportée à son axe et à sa tangente au sommet est (356)

$$y^2 - 2px = 0 ;$$

dans cette équation, p désigne un nombre positif qui est le paramètre de la parabole.

L'ordonnée d'un point de la courbe étant moyenne proportionnelle entre son abscisse et le double du paramètre, il est facile de construire un point de la courbe connaissant son abscisse, OP par exemple (*fig.* 142). Pour cela, portons sur l'axe des x dans le sens Ox' une longueur OA = $2p$, et décrivons le cercle de diamètre AP qui rencontre Oy au point N. Comme on a

$$\overline{ON}^2 = OP \times OA,$$

ON est l'ordonnée cherchée; par suite le point M de la courbe qui a pour abscisse OP est le quatrième sommet du rectangle construit sur OP et ON.

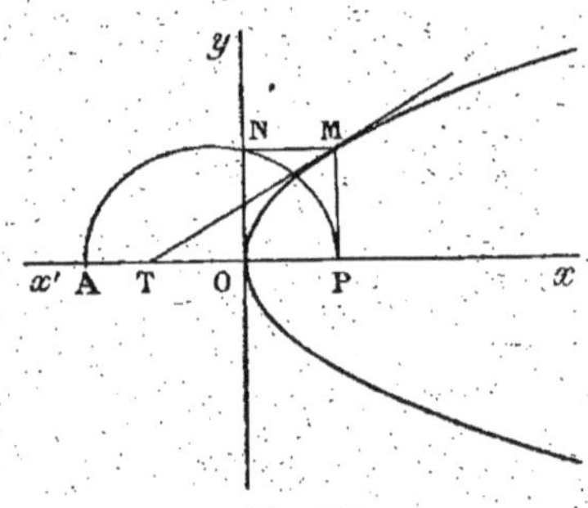

Fig. 142.

Nous verrons plus loin comment on peut construire la tangente en ce point (428).

427. Condition pour qu'une droite rencontre la parabole en des points réels. — Soit à résoudre les deux équations

$$y^2 - 2px = 0, \qquad ux + vy + w = 0.$$

De la première on tire $x = \dfrac{y^2}{2p}$, et en portant dans la seconde on a

$$(1) \qquad uy^2 + 2pvy + 2pw = 0.$$

A toute racine de cette équation correspond une valeur de x, et par suite un point de rencontre de la droite et de la parabole.

1° $u \neq 0$. **La droite n'est pas parallèle à l'axe.** — L'équation (1) est du deuxième degré; pour que ses racines soient réelles, il faut qu'on ait

$$pv^2 - 2uw > 0.$$

C'est la condition nécessaire et suffisante pour que la droite rencontre la parabole en deux points réels et distincts.

Si l'on a

$$pv^2 - 2uw < 0,$$

la droite rencontre la courbe en deux points imaginaires conjugués.
Si

$$pv^2 - 2uw = 0,$$

la droite est tangente à la courbe.

2° $u = 0$, $v \neq 0$. **La droite est parallèle à l'axe.** — L'équation (1) est du premier degré : la droite rencontre la courbe en un point à l'infini et en un point réel à distance finie.

Tangentes à la parabole.

428. La tangente est au point (x, y) a pour équation

$$Yy - p(X + x) = 0,$$

x et y vérifiant la relation $y^2 - 2px = 0$.

Cette tangente rencontre Ox au point d'abscisse $-x$. Par conséquent, pour construire la tangente au point M (*fig.* 142), il suffit de joindre le point M au point T, symétrique de P par rapport à l'origine.

On peut écrire l'équation de la tangente en fonction d'un seul paramètre. Posons $y = \lambda$, nous avons $x = \dfrac{\lambda^2}{2p}$, et l'équation de la tangente est

$$\lambda Y - p\left(X + \frac{\lambda^2}{2p}\right) = 0,$$

ou

$$2pX - 2\lambda Y + \lambda^2 = 0,$$

λ désigne l'ordonnée du point de contact.

429. Condition pour qu'une droite soit tangente. — Pour que la droite $u\mathrm{X} + v\mathrm{Y} + w = 0$ soit tangente à la parabole

$$\mathrm{Y}^2 - 2p\mathrm{X} = 0,$$

faut et il suffit qu'il existe un ensemble de valeurs de x et de y, vérifiant la condition $y^2 - 2px = 0$, et telles que les deux équations

$$\mathrm{Y}y - p(\mathrm{X} + x) = 0, \qquad u\mathrm{X} + v\mathrm{Y} + w = 0$$

représentent la même droite.

On doit donc avoir

$$\frac{y}{v} = \frac{-p}{u} = \frac{-px}{w},$$

d'où $x = \dfrac{w}{u}$, $y = -\dfrac{pv}{u}$, et, en portant ces valeurs dans la relation $y^2 - 2px = 0$, nous obtenons

$$pv^2 - 2uw = 0,$$

c'est l'équation tangentielle de la parabole.

430. Tangentes par un point non situé sur la courbe. — 1° Les points de contact sont les points de rencontre de la parabole et de la polaire du point donné $\mathrm{P}(\alpha,\ \beta)$,

$$\beta y - p(x + \alpha) = 0.$$

Pour que cette droite rencontre la parabole en deux points réels, il faut qu'on ait (427)

$$\beta^2 - 2p\alpha > 0;$$

cette condition exprime que le point P est dans la région positive de la courbe. C'est la région qui contient la tangente au sommet; nous l'appellerons la *région extérieure*.

Par conséquent, pour que les tangentes issues d'un point P à une parabole soient réelles, il faut et il suffit que le point P soit situé dans la région extérieure de la courbe.

2° On obtient l'équation aux coefficients angulaires de ces tangentes en écrivant que la droite $y - \beta = t(x - \alpha)$ est tangente, ce qui donne

$$p - 2t(\beta - t\alpha) = 0,$$

ou

$$(1) \qquad 2\alpha t^2 - 2\beta t + p = 0;$$

cette équation a ses racines réelles, si l'on a $\beta^2 - 2p\alpha > 0$.

3° Enfin, pour avoir l'équation de l'ensemble de ces tangentes, il suffit de remplacer dans l'équation aux coefficients angulaires t par

$$\frac{y - \beta}{x - \alpha}.$$

L'équation obtenue peut se mettre sous la forme (292)

$$[\beta y - p(x + \alpha)]^2 - (y^2 - 2px)(\beta^2 - 2p\alpha) = 0.$$

431. En écrivant que le produit des racines de l'équation (1) est égal à — 1, on a

$$2\alpha + p = 0,$$

ce qui montre que le lieu des points d'où l'on peut mener deux tangentes rectangulaires à la parabole est une droite perpendiculaire à l'axe, ayant pour équation $x + \dfrac{p}{2} = 0.$

432. Tangente parallèle à une direction donnée. — Soit m le coefficient angulaire de la direction donnée; toute tangente parallèle à cette direction a son point de contact sur le diamètre conjugué de cette direction. Or ce diamètre a pour équation $- p + my = 0$, ou $y = \dfrac{p}{m}$; il est parallèle à l'axe, donc il rencontre la parabole en un seul point à distance finie. Par suite, on ne peut mener à une parabole qu'une seule tangente parallèle à une direction donnée.

Le problème est impossible si la direction est parallèle à l'axe, car dans ce cas le diamètre est rejeté à l'infini.

Dans le cas général, nous aurons l'équation de la tangente de coefficient angulaire m en écrivant que la droite $y = mx + \lambda$ est tangente, ce qui donne $p - 2m\lambda = 0$, ou $\lambda = \dfrac{p}{2m}$. Par suite, l'équation de la tangente est

$$y = mx + \frac{p}{2m}.$$

Normales à la parabole.

433. La normale au point (x, y) a pour équation

$$\frac{X - x}{- p} = \frac{Y - y}{y}, \qquad \text{ou} \qquad Xy + pY - y(x + p) = 0,$$

x et y vérifiant la relation $y^2 - 2px = 0$.

On peut écrire l'équation de cette normale en fonction d'un seul paramètre, en posant comme pour la tangente $y = \lambda$; on a alors $x = \dfrac{\lambda^2}{2p}$; et l'équation de la normale devient

$$(1) \qquad \lambda X + pY - \lambda\left(\frac{\lambda^2}{2p} + p\right) = 0,$$

λ désignant l'ordonnée du pied.

Cette équation est du troisième degré par rapport à λ, donc (289) par un point quelconque du plan on peut mener trois normales à une parabole. On en conclut que la développée de la parabole est une courbe algébrique, unicursale et de troisième classe.

434. Développée de la parabole.

— Pour avoir l'équation ponctuelle de cette développée, il suffit de chercher l'enveloppe de la droite (1) quand λ varie.

Pour cela, ordonnons cette équation par rapport à λ,

$$\lambda^3 - 2p\lambda(X - p) - 2p^2Y = 0,$$

et écrivons que cette équation a une racine double en λ (273); nous obtenons

$$- 4 . 8p^3(X - p)^3 + 27 . 4p^4Y^2 = 0,$$

ou

$$27pY^2 - 8(X - p)^3 = 0.$$

Telle est l'équation ponctuelle de la développée; elle représente une courbe du troisième degré, symétrique par rapport à Ox.

Pour construire cette courbe, résolvons son équation par rapport à Y; nous avons

$$Y^2 = \frac{8(X - p)^3}{27p}.$$

Pour que Y soit réel, il faut que X soit supérieur à p, et à toute valeur de X supérieure à p correspondent deux valeurs de Y égales et de signes contraires.

Quand X croit de p à $+\infty$, la valeur positive de Y croit de 0 à $+\infty$; nous obtenons une branche infinie de courbe tangente à Ox au point A $(p, 0)$, car on vérifie facilement que $\frac{dY}{dX}$ est nul pour $X = p$.

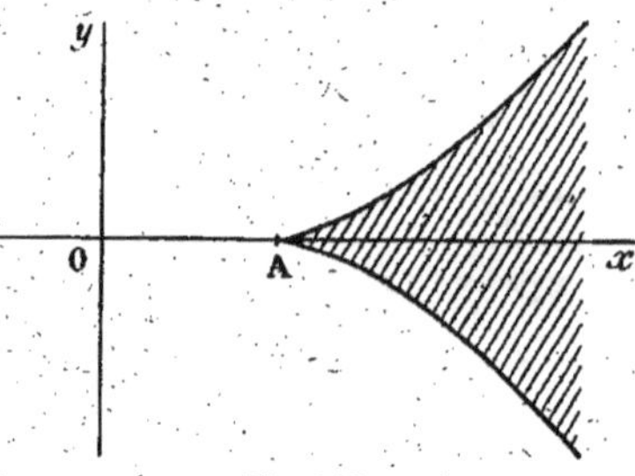

Fig. 143.

De plus, quand X croit indéfiniment, $\frac{Y}{X}$ augmente aussi indéfiniment, la branche de courbe est parabolique dans la direction Oy.

En achevant par symétrie par rapport à Ox, on obtient la forme de la développée (fig. 143).

Pour avoir l'équation tangentielle de la développée, nous chercherons la condition pour qu'une droite soit normale à la parabole.

435. Condition pour qu'une droite soit normale à la parabole.

— Pour que la droite $uX + vY + w = 0$ soit normale à la parabole $Y^2 - 2pX = 0$, il faut et il suffit qu'il existe un système de valeurs de x, y vérifiant la relation $y^2 - 2px = 0$, et telles que les équations

$$Xy + pY - y(x + p) = 0, \qquad uX + vY + w = 0$$

représentent la même droite.

On doit donc avoir

$$\frac{y}{u} = \frac{p}{v} = -\frac{y(x+p)}{w};$$

on en tire $y = \dfrac{pu}{v}$, $x = -p - \dfrac{w}{u}$, et en portant ces valeurs dans la relation $y^2 - 2px = 0$, on a

$$pu^3 + 2v^2(pu + w) = 0.$$

C'est l'équation tangentielle de la développée; nous voyons de nouveau que cette courbe est de troisième classe. Donc par un point quelconque du plan on peut mener trois normales à une parabole.

436. Normales par un point non situé sur la courbe. — 1° Détermination des pieds. — Soient α, β les coordonnées du point donné P. Désignons par x, y les coordonnées du pied d'une normale issue de ce point, nous avons d'abord

$$(1) \qquad\qquad y^2 - 2px = 0,$$

puisque le pied est sur la parabole; en outre, il faut écrire que la normale au point (x, y), $\dfrac{X - x}{-p} = \dfrac{Y - y}{y}$, passe au point (α, β); nous avons ainsi

$$\frac{\alpha - x}{-p} = \frac{\beta - y}{y},$$

ou

$$(2) \qquad\qquad xy + y(p - \alpha) - p\beta = 0.$$

Les équations (1) et (2) déterminent les coordonnées des pieds des normales issues du point P.

Si dans ces équations on considère x et y comme des coordonnées courantes, la première représente la parabole donnée, la deuxième représente une hyperbole équilatère, dite *hyperbole d'Apollonius*, qui passe au point P, dont l'une des asymptotes est Ox et dont l'autre est parallèle à Oy.

Il en résulte que les pieds des normales menées par le point P à la parabole sont les points communs à cette courbe et à l'hyperbole d'Apollonius.

437. Les deux coniques ont un point commun à l'infini dans la direction Ox; elles se rencontrent donc seulement en trois points à distance finie.

C'est ce qu'on peut d'ailleurs vérifier analytiquement en résolvant les équations (1) et (2).

De l'équation (1) nous tirons $x = \dfrac{y^2}{2p}$, puis nous remplaçons x par cette valeur dans l'équation (2); nous avons

$$(3) \qquad y^3 - 2p(\alpha - p)y - 2p^2\beta = 0.$$

Cette équation admet trois racines à chacune desquelles correspond une seule valeur de x, $x = \dfrac{y^2}{2p}$; par conséquent le système des équations (1) et (2) admet trois ensembles de solutions.

Donc par le point P on peut mener trois normales à la parabole, et le nombre des normales réelles est égal au nombre des racines réelles de l'équation (3).

Pour que cette équation ait ses trois racines réelles il faut qu'on ait

$$- 4.8p^3(\alpha - p)^3 + 27.4p^4\beta^2 < 0,$$

ou

$$27p\beta^2 - 8(\alpha - p)^3 < 0.$$

Cette condition exprime que le point P doit être situé dans la région négative de la courbe

$$27py^2 - 8(x - p)^3 = 0.$$

Or cette courbe est la développée de la parabole; elle a été construite au nº 434 (*fig.* 143).

On voit aisément que sa région négative est la région qui ne contient pas l'origine; elle est couverte de hachures sur la figure.

Donc, pour que du point P on puisse mener trois normales réelles à la parabole, il faut que le point P soit dans la région de la développée qui ne contient pas le sommet de la parabole. Ces normales sont tangentes à la développée.

Si le point P est dans la région qui contient le sommet, l'équation (3) a une seule racine réelle, du point P on peut mener une seule normale réelle à la parabole.

Enfin, si le point P est sur la développée, deux normales sont confondues suivant la tangente en ce point à la développée, et il y a une autre normale réelle.

438. 2º Équation aux coefficients angulaires des normales issues d'un point. — On obtient cette équation en écrivant que la droite $y - \beta = t(x - \alpha)$ est normale, ce qui donne

$$pt^3 + 2(pt + \beta - t\alpha) = 0.$$

ou
$$pt^3 - 2t(\alpha - p) + 2\beta = 0.$$

C'est l'équation cherchée; elle est du troisième degré et elle a ses trois racines réelles si

$$27p\beta^2 - 8(\alpha - p)^3 < 0.$$

En remplaçant dans cette équation t par $\dfrac{\gamma - \beta}{x - \alpha}$, on forme l'équation de l'ensemble des trois normales issues du point (α, β).

439. Normale parallèle à une direction donnée. — Le pied de cette normale est le point de rencontre de la courbe et du diamètre conjugué de la direction perpendiculaire à la direction donnée.

Ce diamètre est rejeté à l'infini si la direction donnée est perpendiculaire à l'axe; dans ce cas, il n'existe pas de normale parallèle à la direction considérée.

Soit m le coefficient angulaire d'une direction, et proposons-nous de former l'équation de la normale parallèle à cette direction.

Pour cela, nous écrirons que la droite $y = mx + \lambda$ est normale; cela nous donne

$$pm^3 + 2(pm + \lambda) = 0,$$

nous en tirons

$$\lambda = - pm - \frac{pm^3}{2};$$

par suite, l'équation de la normale de coefficient angulaire m est

$$y = m(x - p) - \frac{pm^3}{2}.$$

Diamètres dans la parabole.

440. Le diamètre conjugué de la direction qui a pour paramètres directeurs α et β a pour équation

$$\alpha p + \beta y = 0;$$

il est rejeté à l'infini si $\beta = 0$, c'est-à-dire si la direction (α, β) est parallèle à l'axe de la parabole.

Cette hypothèse étant exclue, on voit que chaque diamètre est parallèle à l'axe et rencontre la courbe en un seul point à distance finie.

Réciproquement, toute droite parallèle à l'axe est un diamètre.

441. Soit AB la polaire du point P par rapport à la parabole

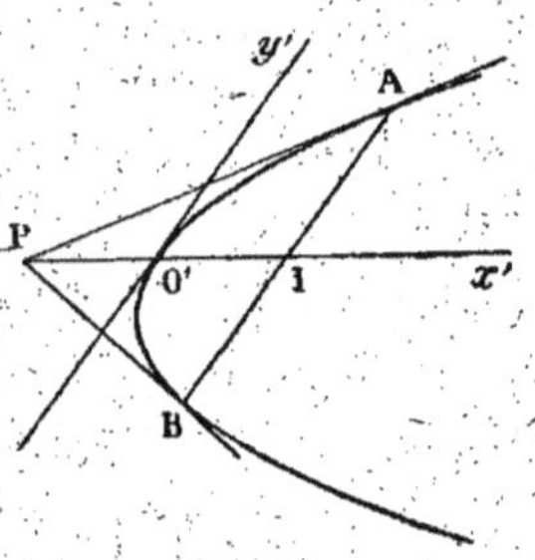

Fig. 144.

(fig. 144), le diamètre conjugué de la direction AB passe par le point P (337); par suite, la droite qui joint le point P au milieu I de la corde AB est parallèle à l'axe et rencontre la parabole en un point unique O'. Ce point est le milieu de PI, car c'est le conjugué harmonique par rapport à P et I du point à l'infini de la droite PI. De plus, la tangente au point O' est parallèle à AB (336).

442. Si l'on prend comme axes de coordonnées le diamètre O'x' et la tangente O'y', l'équation de la parabole est de la forme (350)

$$y'^2 - 2p'x' = 0;$$

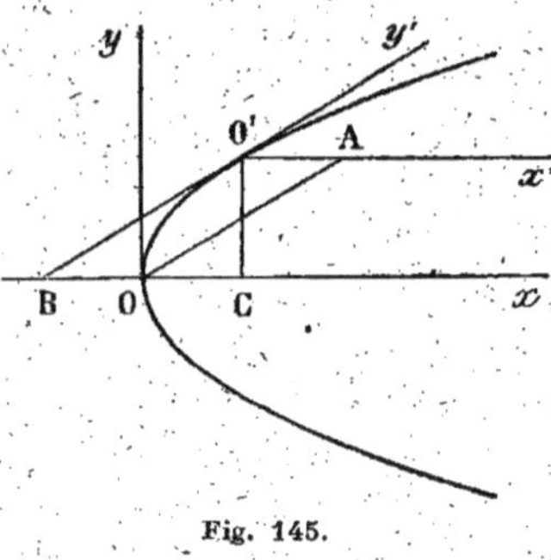

Fig. 145.

nous nous proposons de calculer p' en fonction du paramètre p et de l'angle $x'O'y' = \theta$.

Les coordonnées du point O par rapport aux axes O'x' et O'y' sont (fig. 145)

$$x' = O'A, \qquad y' = -OA,$$

et comme ce point est sur la parabole, on a

$$\overline{OA}^2 - 2p'O'A = 0,$$

ou
$$p' = \frac{\overline{OA}^2}{2O'A}.$$

D'autre part, la figure donne

$$OA = O'B = \frac{O'C}{\sin\theta}, \qquad O'A = OB = OC;$$

on en déduit
$$p' = \frac{\overline{O'C}^2}{2OC\sin^2\theta}.$$

Mais OC et O'C sont les coordonnées du point O' par rapport aux axes Ox et Oy; par suite, ces quantités vérifient la relation $y^2 - 2px = 0$. On a donc

$$\overline{O'C}^2 - 2p.OC = 0, \qquad \text{ou} \qquad p = \frac{\overline{O'C}^2}{2OC};$$

il en résulte
$$p' = \frac{p}{\sin^2\theta}.$$

La quantité p' est appelée le paramètre relatif au diamètre O'x'.

CHAPITRE XXIV

FOYERS ET DIRECTRICES

443. On appelle *foyer* d'une conique un point F tel que la distance de ce point à tout point M de la conique soit une fonction linéaire des coordonnées du point M, c'est-à-dire tel que l'on ait

$$(1) \qquad MF = |\, lx + my + h \,|,$$

x, y désignant les coordonnées du point M, et l, m, h des constantes.

Cette définition est indépendante des axes de coordonnées, car si l'on prend d'autres axes, x et y se transforment en des fonctions linéaires des nouvelles coordonnées x' et y' du point M, et par suite, MF est encore fonction linéaire de x' et de y'.

Soient α, β les coordonnées du point F, la relation (1) peut s'écrire, *en supposant les axes de coordonnées rectangulaires,*

$$\sqrt{(x - \alpha)^2 + (y - \beta)^2} = |\, lx + my + h \,|,$$

ou, en élevant au carré,

$$(x - \alpha)^2 + (y - \beta)^2 = (lx + my + h)^2.$$

Cette équation, étant vérifiée par les coordonnées de tout point de la courbe, peut être considérée comme l'équation de la courbe. Comme cette équation est du deuxième degré, on en conclut qu'il n'y a que les coniques qui peuvent admettre des foyers ainsi définis.

On appelle *directrice* correspondant à un foyer la droite dont on obtient l'équation en égalant à zéro la fonction linéaire qui représente la distance du foyer à un point quelconque de la courbe.

Ainsi, quand on a la relation (1), la directrice correspondant au foyer F est la droite qui a pour équation

$$lx + my + h = 0.$$

444. Théorème. — *Le rapport des distances d'un point quelconque de la conique au foyer et à la directrice correspondante est constant.*

Soient F le foyer, $M(x, y)$ un point quelconque de la conique ; nous avons

$$MF = |\, lx + my + h \,|.$$

D'autre part, la distance MP du point M à la directrice est

$$MP = \frac{|\, lx + my + h \,|}{\sqrt{l^2 + m^2}}.$$

Divisons ces deux relations membre à membre ; nous avons

$$\frac{MF}{MP} = \sqrt{l^2 + m^2} \,;$$

par suite le rapport $\dfrac{MF}{MP}$ est constant.

Ce rapport constant est appelé l'*excentricité* relative au foyer considéré.

445. Théorème réciproque. — *Le lieu des points dont le rapport des distances à un point F et à une droite D est constant est une conique admettant le point F pour foyer et la droite D pour directrice correspondante.*

Prenons pour axes de coordonnées deux droites perpendiculaires passant par le point F, l'une d'elles, l'axe des y par exemple, étant parallèle à la droite D ; soit $x - a = 0$ l'équation de cette droite.

En écrivant que le rapport des distances du point $M(x, y)$ à l'origine et à la droite D est égal à un nombre constant e, on obtient l'équation du lieu

$$x^2 + y^2 = e^2 (x - a)^2.$$

Le lieu est une conique. Comme on a

$$\sqrt{x^2 + y^2} = e \,|\, x - a \,|, \qquad \text{ou} \qquad MF = e \,|\, x - a \,|,$$

on voit que le point F est foyer, que la droite D est la directrice correspondante, et que le nombre e est l'excentricité.

L'équation de cette conique peut s'écrire

$$x^2 (1 - e^2) + y^2 + 2ae^2 x - a^2 e^2 = 0.$$

Le discriminant du premier membre est égal à $-a^2 e^2$; par conséquent, si a n'est pas nul, c'est-à-dire si la droite D ne passe pas par le point F, le lieu est une véritable conique.

De plus, $AC - B^2$ étant égal à $1 - e^2$, cette conique est une ellipse, une hyperbole ou une parabole suivant que le nombre e est inférieur, supérieur ou égal à 1.

On peut donc donner du foyer la nouvelle définition que voici :

On dit qu'un point F est foyer d'une conique lorsqu'il existe une droite D telle que le rapport des distances d'un point quelconque de la courbe au point F et à la droite D soit constant.

Il résulte de ce qui précède qu'on peut former l'équation d'une conique admettant pour foyer un point donné arbitrairement.

Mais inversement, étant donnée une conique quelconque, cette conique a-t-elle des foyers? Nous allons répondre à cette question dans ce qui va suivre.

Recherche des foyers.

446. Soit

$$(1) \qquad f(x, y) \equiv Ax^2 + 2Bxy + Cy^2 + 2Dx + 2Ey + F = 0$$

l'équation d'une conique rapportée à des axes rectangulaires.

Si cette conique a pour foyer le point (α, β), son équation peut s'écrire

$$(2) \qquad (x - \alpha)^2 + (y - \beta)^2 - (lx + my + h)^2 = 0.$$

Les équations (1) et (2) représentant la même courbe doivent avoir leurs coefficients proportionnels; en écrivant ces conditions nous aurons cinq équations pour déterminer les quantités α, β, l, m, h.

La résolution de ces équations est en général assez pénible.

On peut opérer d'une manière plus simple en s'appuyant sur le théorème suivant :

447. Théorème. — *La condition nécessaire et suffisante pour que le point (α, β) soit foyer de la conique $f(x, y) = 0$ est qu'il existe un nombre λ non nul tel que l'expression*

$$f(x, y) + \lambda[(x - \alpha)^2 + (y - \beta)^2]$$

soit le carré d'une fonction linéaire de x et de y.

1° La condition est nécessaire. — Si le point (α, β) est foyer de la conique $f(x, y) = 0$, les équations (1) et (2) représentent la même courbe, et l'on a l'identité

$$f(x, y) \equiv -\lambda[(x - \alpha)^2 + (y - \beta)^2 - (lx + my + h)^2];$$

on en tire

$$f(x, y) + \lambda[(x - \alpha)^2 + (y - \beta)^2] \equiv \lambda(lx + my + h)^2.$$

2° La condition est suffisante. — Supposons qu'on ait

$$f(x, y) + \lambda[(x - \alpha)^2 + (y - \beta)^2] \equiv \mu(ux + vy + w)^2;$$

on en déduit

$$f(x, y) \equiv -\lambda[(x - \alpha)^2 + (y - \beta)^2] + \mu(ux + vy + w)^2;$$

par suite, l'équation de la conique peut s'écrire

$$(x - \alpha)^2 + (y - \beta)^2 = \frac{\mu}{\lambda}(ux + vy + w)^2,$$

ce qui montre que le point (α, β) est foyer.

448. Conséquence. — Pour avoir les foyers de la conique $f(x, y) = 0$, on détermine λ, α, β en sorte que le polynome

(E) $\qquad f(x, y) + \lambda[(x - \alpha)^2 + (y - \beta)^2]$

soit le carré d'une fonction linéaire.

On pourra par exemple appliquer la méthode indiquée au n° 96, ou plus simplement ordonner le polynome par rapport à l'une des variables, x par exemple, et écrire que le trinome obtenu est carré parfait quel que soit y.

On obtiendra ainsi trois équations qui permettront de calculer λ, α, β.

Pour avoir la directrice correspondant au foyer (α, β), on remplacera dans le polynome (E) λ, α, β par les valeurs obtenues; ce polynome devient alors le carré d'une fonction linéaire (*), et on a une identité de la forme

$$f(x, y) + \lambda[(x - \alpha)^2 + (y - \beta)^2] \equiv \mu(ux + vy + w)^2.$$

L'équation de la conique peut s'écrire

$$(x - \alpha)^2 + (y - \beta)^2 = \frac{\mu}{\lambda}(ux + vy + w)^2,$$

ce qui montre que la directrice a pour équation $ux + vy + w = 0$.

Si l'on veut l'excentricité, il suffit de mettre en évidence dans le second membre la distance d'un point (x, y) à la directrice, en écrivant l'équation de la conique sous la forme

$$(x - \alpha)^2 + (y - \beta)^2 = \frac{\mu(u^2 + v^2)}{\lambda} \cdot \frac{(ux + vy + w)^2}{u^2 + v^2}.$$

L'excentricité relative au foyer (α, β) est la racine carrée de

$$\frac{\mu(u^2 + v^2)}{\lambda}.$$

Nous allons appliquer cette méthode à la détermination des foyers des coniques, en nous bornant au cas où les coniques sont définies par leurs équations réduites.

449. Foyers dans l'ellipse. — L'équation de l'ellipse rapportée à ses axes est

$$\frac{x^2}{a^2} + \frac{y^2}{b^2} - 1 = 0. \qquad\qquad (a > b)$$

(*) On a facilement cette fonction linéaire, à un facteur constant près, en prenant la dérivée partielle du polynome soit par rapport à x, soit par rapport à y.

Nous avons à chercher trois nombres α, β, λ en sorte que le polynôme

$$(E) \qquad \frac{x^2}{a^2} + \frac{y^2}{b^2} - 1 + \lambda[(x-\alpha)^2 + (y-\beta)^2]$$

soit le carré d'une fonction linéaire.

Ce polynome peut s'écrire

$$(E) \quad x^2\left(\frac{1}{a^2}+\lambda\right) + y\left(\frac{1}{b^2}+\lambda\right) - 2\alpha\lambda x - 2\beta\lambda y - 1 + \lambda(\alpha^2+\beta^2);$$

il ne contient pas de terme en xy; par suite la fonction linéaire dont il doit être le carré ne peut renfermer à la fois les deux variables x et y.

$1°$ Supposons que cette fonction linéaire ne renferme que la variable y; alors dans le polynome (E) les coefficients de x^2 et de x doivent être nuls, ce qui donne les conditions $\frac{1}{a^2}+\lambda = 0$, $\alpha\lambda = 0$, d'où l'on tire $\lambda = -\frac{1}{a^2}$, $\alpha = 0$, et le polynome se réduit à

$$y^2\left(\frac{1}{b^2} - \frac{1}{a^2}\right) + 2\frac{\beta}{a^2} y - 1 - \frac{\beta^2}{a^2};$$

c'est un trinome du deuxième degré en y. Pour qu'il soit le carré d'une fonction linéaire, il faut qu'on ait

$$\frac{\beta^2}{a^4} + \left(\frac{1}{b^2} - \frac{1}{a^2}\right)\left(1 + \frac{\beta^2}{a^2}\right) = 0,$$

ou $$\beta^2 = b^2 - a^2.$$

Cette équation détermine pour β deux valeurs imaginaires, et comme $\alpha = 0$, on voit que l'ellipse admet déjà deux foyers imaginaires ayant pour coordonnées $\alpha = 0$, $\beta = \pm ci$, en posant comme d'habitude $c^2 = a^2 - b^2$.

$2°$ Si la fonction linéaire ne contient que la variable x, le polynome (E) doit être indépendant de y; il faut qu'on ait $\frac{1}{b^2}+\lambda = 0$, $\beta\lambda = 0$, ou $\lambda = -\frac{1}{b^2}$, $\beta = 0$. Le polynome devient alors

$$(E_1) \qquad x^2\left(\frac{1}{a^2} - \frac{1}{b^2}\right) + 2\frac{\alpha}{b^2} x - 1 - \frac{\alpha^2}{b^2};$$

pour qu'il soit le carré d'une fonction linéaire, il faut qu'on ait

$$\frac{\alpha^2}{b^4} + \left(\frac{1}{a^2} - \frac{1}{b^2}\right)\left(1 + \frac{\alpha^2}{b^2}\right) = 0,$$

ou $$\alpha^2 = c^2, \qquad \alpha = \pm c.$$

On obtient ainsi les coordonnées de deux foyers réels

$$\alpha = \pm c, \qquad \beta = 0.$$

Cherchons maintenant la directrice et l'excentricité relatives à l'un d'eux, par exemple à celui qui a pour coordonnées $+c$ et 0. Remplaçons dans le trinome (E_4) α par c; ce trinome devient

$$-\frac{1}{b^2}\left(\frac{c}{a}x - a\right)^2,$$

et comme il est identique au polynome (E) où l'on remplace λ par $-\frac{1}{b^2}$, α par c et β par zéro, on a l'identité

$$\frac{x^2}{a^2} + \frac{y^2}{b^2} - 1 - \frac{1}{b^2}\left[(x-c)^2 + y^2\right] \equiv -\frac{1}{b^2}\left(\frac{c}{a}x - a\right)^2,$$

ou

$$\frac{x^2}{a^2} + \frac{y^2}{b^2} - 1 \equiv \frac{1}{b^2}\left[(x-c)^2 + y^2 - \left(\frac{c}{a}x - a\right)^2\right].$$

Par suite, l'équation de l'ellipse peut s'écrire

$$(1) \qquad (x-c)^2 + y^2 = \left(\frac{c}{a}x - a\right)^2,$$

ce qui montre que la directrice relative au foyer $(c, 0)$ a pour équation $\frac{c}{a}x - a = 0$, et que l'excentricité correspondante est égale à $\frac{c}{a}$.

En faisant le même calcul pour le foyer $(-c, 0)$, on a l'identité

$$\frac{x^2}{a^2} + \frac{y^2}{b^2} - 1 \equiv \frac{1}{b^2}\left[(x+c)^2 + y^2 - \left(\frac{c}{a}x + a\right)^2\right],$$

et la nouvelle forme d'équation de l'ellipse

$$(2) \qquad (x+c)^2 + y^2 = \left(\frac{c}{a}x + a\right)_2.$$

La directrice relative au foyer $(-c, 0)$ a pour équation

$$\frac{c}{a}x + a = 0,$$

et l'excentricité correspondante est encore $\frac{c}{a}$.

Cette excentricité étant la même pour les deux foyers, on peut dire que $\frac{c}{a}$ est l'*excentricité de l'ellipse*; elle est plus petite que 1.

Il résulte de cette discussion que l'ellipse admet deux foyers imaginaires $\alpha = 0$, $\beta = \pm ci$, et deux foyers réels $\alpha = \pm c$, $\beta = 0$. Dans tout ce qui suivra, nous ne nous occuperons que des foyers réels.

450. Il est aisé de construire les foyers et les directrices, connaissant les axes AA' et BB' de l'ellipse. On voit facilement que les

foyers F et F' sont les points de rencontre du grand axe AA' et du

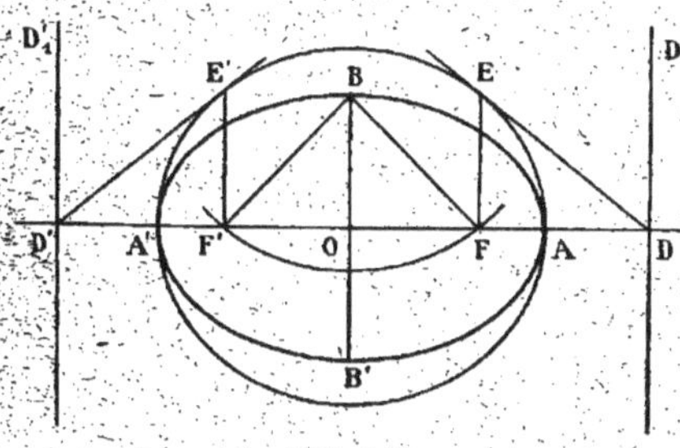

Fig. 146.

cercle qui a pour centre le point B et pour rayon a, car dans le triangle rectangle BOF, on a (*fig.* 146)

$$\overline{OF}^2 = \overline{BF}^2 - \overline{OB}^2$$
$$= a^2 - b^2 = c^2.$$

D'autre part, la directrice relative au foyer $F(c, 0)$ est perpendiculaire à AA' et a pour équation $\dfrac{c}{a}x - a = 0$ ou $x = \dfrac{a^2}{c}$. Elle rencontre AA' en un point D tel que l'on ait

$$OD . OF = \overline{OA}^2.$$

Cette droite est d'ailleurs la polaire du point F par rapport à l'ellipse et par rapport au cercle de diamètre AA'. Pour construire le point D, on mènera la tangente au cercle au point E qui a pour abscisse c et on prendra l'intersection de cette droite avec AA'.

La directrice relative au foyer F' se construit de la même manière; elle est d'ailleurs symétrique de la première par rapport au centre.

451. Soit $M(x, y)$ un point quelconque de l'ellipse; des équations (1) et (2) nous tirons

$$MF = \left| \frac{c}{a}x - a \right|, \qquad MF' = \left| \frac{c}{a}x + a \right|;$$

or, tous les points de l'ellipse sont dans la région négative de la directrice $\dfrac{c}{a}x - a = 0$, et dans la région positive de la directrice $\dfrac{c}{a}x + a = 0$; on a donc

$$MF = a - \frac{c}{a}x, \qquad MF' = a + \frac{c}{a}x;$$

on en déduit

$$MF + MF' = 2a.$$

Donc, la somme des distances d'un point quelconque de l'ellipse aux deux foyers est constante et égale à la longueur du grand axe.

452. RÉCIPROQUEMENT, nous allons démontrer que si *la somme des distances d'un point* $M(x, y)$ *aux deux foyers* F *et* F′ *de l'ellipse est égale à* 2a, *le point est sur l'ellipse.*

Posons

$$u = MF = \sqrt{(x - c)^2 + y^2}, \qquad v = MF' = \sqrt{(x + c)^2 + y^2} ;$$

nous avons par hypothèse

$$(1) \qquad u + v - 2a = 0.$$

Cette équation est irrationnelle par rapport à x et y; pour la rendre rationnelle, il suffit de multiplier son premier membre par le produit des facteurs $-u - v - 2a,\ u - v - 2a,\ -u + v - 2a$, ce qui nous donne

$$(2) \quad (u + v - 2a)(-u - v - 2a)(u - v - 2a)(-u + v - 2a) = 0.$$

Je dis d'abord que cette équation est équivalente à l'équation (1). En effet, le facteur $-u - v - 2a$ est toujours négatif; d'autre part dans le triangle MFF′ on a $|MF - MF'| < FF'$, et a *fortiori* $|u - v| < 2a$; par suite les deux facteurs

$$u - v - 2a \qquad \text{et} \qquad -u + v - 2a$$

sont aussi négatifs.

Donc les équations (1) et (2) sont équivalentes, et on peut ajouter que *si le premier membre de l'équation* (1) *n'est pas nul, il est de signe contraire au premier membre de l'équation* (2).

Il est aisé maintenant de voir que l'équation (2) est rationnelle; on peut, en effet, l'écrire successivement

$$[4a^2 - (u + v)^2][4a^2 - (u - v)^2] = 0,$$
$$(4a^2 - u^2 - v^2 - 2uv)(4a^2 - u^2 - v^2 + 2uv) = 0,$$
$$(4a^2 - u^2 - v^2)^2 - 4u^2v^2 = 0,$$

et enfin

$$(u^2 - v^2)^2 - 8a^2(u^2 + v^2) + 16a^4 = 0.$$

Or, nous avons $u^2 = (x - c)^2 + y^2$, $v^2 = (x + c)^2 + y^2$, et par suite $u^2 - v^2 = -4cx$, $u^2 + v^2 = 2(x^2 + y^2 + c^2)$. L'équation précédente devient alors

$$16(c^2 - a^2)a^2\left[\frac{x^2}{a^2} + \frac{y^2}{a^2 - c^2} - 1\right] = 0,$$

ou, en remplaçant $a^2 - c^2$ par b^2,

$$(3) \qquad -16a^2b^2\left[\frac{x^2}{a^2} + \frac{y^2}{b^2} - 1\right] = 0.$$

On voit ainsi que le point M est sur l'ellipse, ce qui démontre la proposition.

453. Remarque. — Si le point M n'est pas sur l'ellipse, $u + v - 2a$ est de signe contraire au premier membre de l'équation (2) et par suite à celui de l'équation (3); donc $u + v - 2a$ et $\dfrac{x^2}{a^2} + \dfrac{y^2}{b^2} - 1$ sont de même signe.

On en conclut que si le point M est à l'intérieur de l'ellipse, on a $MF + MF' < 2a$, et si le point M est à l'extérieur, on a

$$MF + MF' > 2a,$$

et réciproquement.

454. Des propriétés établies aux n°⁵ 451 et 452 on déduit le théorème suivant :

Théorème. — *Le lieu géométrique des points dont la somme des distances à deux points fixes est constante est une ellipse qui a pour foyers les deux points fixes et pour longueur du grand axe la constante donnée.*

455. Foyers dans l'hyperbole. — Soit $\dfrac{x^2}{a^2} - \dfrac{y^2}{b^2} - 1 = 0$ l'équation de l'hyperbole rapportée à ses axes.

Pour déterminer les foyers de cette courbe, les calculs sont les mêmes que pour l'ellipse, il suffit de changer b^2 en $- b^2$.

On trouve ainsi que l'hyperbole a deux foyers imaginaires ayant pour coordonnées $\alpha = 0$, $\beta = \pm\, ci$, c étant égal à $\sqrt{a^2 + b^2}$, et deux foyers réels $\alpha = \pm\, c$, $\beta = 0$.

L'équation de la courbe peut être écrite sous les deux formes

$$(x - c)^2 + y^2 = \left(\frac{c}{a}x - a\right)^2,$$

$$(x + c)^2 + y^2 = \left(\frac{c}{a}x + a\right)^2,$$

d'où l'on déduit que les directrices relatives aux foyers $(c,\ 0)$ et $(- c,\ 0)$ ont respectivement pour équations

$$\frac{c}{a}x - a = 0, \qquad \frac{c}{a}x + a = 0,$$

et que l'excentricité est égale à $\dfrac{c}{a}$ pour les deux foyers; c'est ce que nous appellerons l'*excentricité de l'hyperbole*. Elle est plus grande que 1.

Comme dans l'ellipse, chaque directrice est la polaire du foyer correspondant.

456. On voit aisément que le cercle circonscrit au rectangle construit sur les axes rencontre l'axe réel aux deux foyers F et F', car on a $\overline{OC}^2 = \overline{OA}^2 + \overline{AC}^2 = a^2 + b^2 = c^2$.

Pour avoir la directrice relative au foyer F, abaissons de ce point la perpendiculaire FE sur l'une des asymptotes, puis par le point E, menons la perpendiculaire ED à l'axe des x. La droite DE est la directrice cherchée (*fig. 147*).

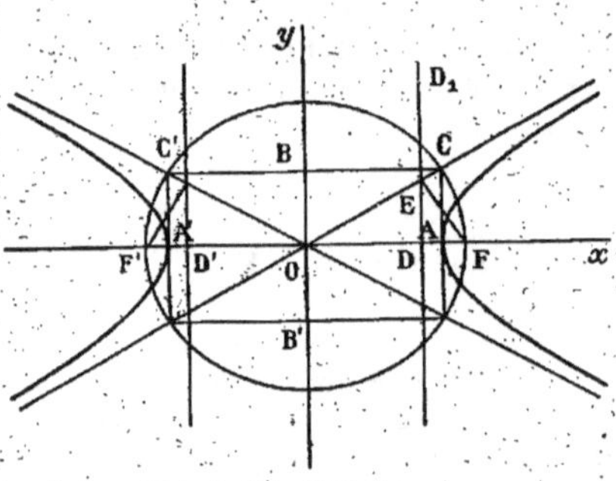

Fig. 147.

En effet, comme

$$OF = OC,$$

les triangles rectangles OAC, OEF sont égaux; donc $OE = OA = a$. Dans le triangle rectangle OEF on a $\overline{OE}^2 = OD.OF$ ou $OD = \dfrac{a^2}{c}$. Construction analogue pour la directrice relative au foyer F'.

457. Soit $M(x, y)$ un point quelconque de l'hyperbole, on a

$$MF = \left| \frac{c}{a}x - a \right|, \qquad MF' = \left| \frac{c}{a}x + a \right|.$$

1° Supposons que le point M soit situé sur la branche de droite; ce point appartient à la région positive des deux directrices

$$\frac{c}{a}x - a = 0, \qquad \frac{c}{a}x + a = 0,$$

et l'on a

$$MF = \frac{c}{a}x - a, \qquad MF' = \frac{c}{a}x + a,$$

d'où l'on déduit

$$MF' - MF = 2a.$$

2° Si le point M est sur la branche de gauche, il appartient à la région négative des deux directrices, on a donc

$$MF = a - \frac{c}{a}x, \qquad MF' = -a - \frac{c}{a}x,$$

et par suite

$$MF - MF' = 2a.$$

On a donc pour tout point de l'hyperbole

$$|MF - MF'| = 2a,$$

Par conséquent, *la différence des distances d'un point quelconque de l'hyperbole aux deux foyers a une valeur absolue constante et égale à la longueur de l'axe réel.*

458. RÉCIPROQUEMENT, nous allons démontrer que *si la différence des distances d'un point $M(x, y)$ aux deux foyers F et F' de l'hyperbole est égale en valeur absolue à $2a$, le point M est sur l'hyperbole.*

Posons $u = MF = \sqrt{(x-c)^2 + y^2}$, $v = MF' = \sqrt{(x+c)^2 + y^2}$; nous avons par hypothèse

$$|u - v| = 2a,$$

ce qu'on peut écrire

$$(1) \qquad (u - v - 2a)(-u + v - 2a) = 0.$$

Nous remplacerons cette équation par l'équation rationnelle suivante

$$(2) \quad (u - v - 2a)(-u + v - 2a)(u + v - 2a)(-u - v - 2a) = 0.$$

Il est facile de voir que ces deux équations sont équivalentes. En effet, le facteur $-u - v - 2a$ est toujours négatif; ensuite, dans le triangle MFF' on a $MF + MF' > FF'$, et *a fortiori* $u + v > 2a$, ou $u + v - 2a > 0$. De plus, si *le premier membre de l'équation* (1) *n'est pas nul, il est de signe contraire au premier membre de l'équation* (2).

Or, l'équation (2) peut s'écrire (452)

$$16a^2(c^2 - a^2)\left[\frac{x^2}{a^2} + \frac{y^2}{a^2 - c^2} - 1\right] = 0,$$

ou, en remplaçant c^2 par $a^2 + b^2$,

$$(3) \qquad 16a^2 b^2 \left[\frac{x^2}{a^2} - \frac{y^2}{b^2} - 1\right] = 0.$$

Le point M est donc sur l'hyperbole.

459. REMARQUE. — Si le point M n'est pas sur l'hyperbole, le premier membre de (1) a le signe de $4a^2 - (u - v)^2$ ou de $2a - |u - v|$, et, d'après ce qui précède, cette quantité est de signe contraire au premier membre de (2) ou de (3). Donc $|u - v| - 2a$ a le signe de $\frac{x^2}{a^2} - \frac{y^2}{b^2} - 1$.

Par conséquent si le point M est situé à l'extérieur de l'hyperbole, on a $|MF - MF'| < 2a$, et si le point M est à l'intérieur, on a $|MF - MF'| > 2a$.

460. Des propriétés établies aux n°s 457 et 458 on déduit le théorème suivant :

Théorème. — *Le lieu des points dont la différence des distances à deux points fixes a une valeur absolue constante est une hyperbole qui a pour foyers les deux points fixes et pour longueur de l'axe réel la constante donnée.*

461. Foyer dans la parabole. — Supposons que la parabole soit rapportée à son axe et à sa tangente au sommet, et soit

$$y^2 - 2px = 0$$

son équation.

Considérons le polynome

(E) $y^2 - 2px + \lambda[(x - \alpha)^2 + (y - \beta)^2]$,

ou

(E) $\lambda x^2 + y^2(1 + \lambda) - 2x(p + \alpha\lambda) - 2\lambda\beta y + \lambda(\alpha^2 + \beta^2)$,

et déterminons λ, α, β de manière que ce polynome soit le carré d'une fonction linéaire de x et de y.

Comme il n'y a pas de terme en xy, ce polynome ne doit contenir qu'une des variables x et y; le coefficient de x^2 n'étant pas nul, on doit avoir $1 + \lambda = 0$, $\beta\lambda = 0$, ou $\lambda = -1$, $\beta = 0$.

Le polynome devient alors

(E_1) $-x^2 - 2(p - \alpha)x - \alpha^2$,

et pour qu'il soit carré parfait, il faut qu'on ait $\alpha = \dfrac{p}{2}$.

Il en résulte que la parabole admet un seul foyer ayant pour coordonnées $\alpha = \dfrac{p}{2}$, $\beta = 0$.

D'autre part, si on remplace α par $\dfrac{p}{2}$ dans le trinome (E_1) il devient $-\left(x + \dfrac{p}{2}\right)^2$, et, comme il est identique au polynome (E) pour $\lambda = -1$, $\alpha = \dfrac{p}{2}$, $\beta = 0$, on a l'identité

$$y^2 - 2px - \left[\left(x - \frac{p}{2}\right)^2 + y^2\right] \equiv -\left(x + \frac{p}{2}\right)^2,$$

ou

(1) $y^2 - 2px \equiv \left(x - \dfrac{p}{2}\right)^2 + y^2 - \left(x + \dfrac{p}{2}\right)^2;$

par suite l'équation de la parabole peut être mise sous la forme

$$\left(x - \frac{p}{2}\right)^2 + y^2 = \left(x + \frac{p}{2}\right)^2.$$

On voit ainsi que la directrice a pour équation $x + \dfrac{p}{2} = 0$; c'est encore la polaire du foyer, et l'excentricité est égale à 1.

On peut remarquer aussi que la directrice est le lieu des sommets des angles droits circonscrits à la parabole (431).

Le foyer et la directrice se construisent aisément, si l'on connaît le paramètre (*fig.* 148).

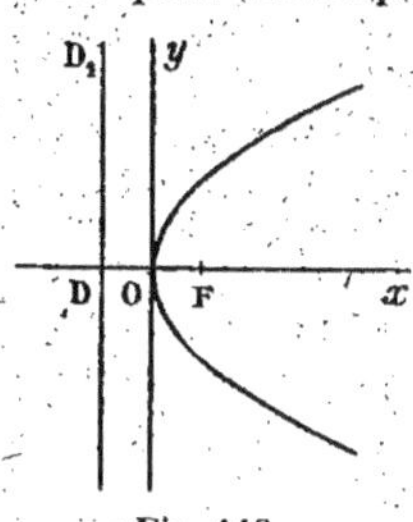

Fig. 148.

La parabole peut être considérée comme le lieu géométrique des points équidistants du foyer et de la directrice.

En se reportant à l'identité (1), on reconnaît que la distance d'un point quelconque du plan au foyer est supérieure ou inférieure à sa distance à la directrice, suivant que le point est extérieur ou intérieur à la parabole.

Propriétés des tangentes relativement aux foyers.

462. Théorème. — *La tangente en un point M d'une ellipse de foyers F et F' est bissectrice extérieure de l'angle M du triangle MFF'.*

La tangente en un point M d'une hyperbole de foyers F et F' est bissectrice intérieure de l'angle M du triangle MFF'.

Remarquons d'abord que dans une ellipse les foyers sont du même côté d'une tangente quelconque, tandis que dans l'hyperbole ils sont de part et d'autre. En effet, si on substitue les coordonnées des foyers dans le premier membre de l'équation de la tangente au point (x, y),

$$\frac{Xx}{a^2} \pm \frac{Yy}{b^2} - 1 = 0,$$

les résultats de substitution sont $\frac{cx}{a^2} - 1$ et $- \frac{cx}{a^2} - 1$; leur produit est égal à $1 - \frac{c^2x^2}{a^4}$. Or dans l'ellipse, on a $x^2 < a^2$, $c^2 < a^2$, donc $1 - \frac{c^2x^2}{a^4} > 0$; dans l'hyperbole, $x^2 > a^2$, $c^2 > a^2$, donc $1 - \frac{c^2x^2}{a^4} < 0$.

Dans le premier cas, les deux foyers sont d'un même côté de la tangente, et dans le deuxième ils sont de côtés différents.

Cela posé, soient m et m' les coefficients angulaires des droites MF et MF', les coefficients angulaires des bissectrices de ces deux droites sont racines de l'équation (73)

$$\frac{\mu - m}{1 + m\mu} + \frac{\mu - m'}{1 + m'\mu} = 0.$$

Tout revient donc à démontrer que le coefficient angulaire de la tangente à la courbe au point M vérifie cette équation. Si la courbe est une ellipse, la tangente sera la bissectrice extérieure ME; si c'est une hyperbole, la tangente sera la bissectrice intérieure MI (*fig.* 149).

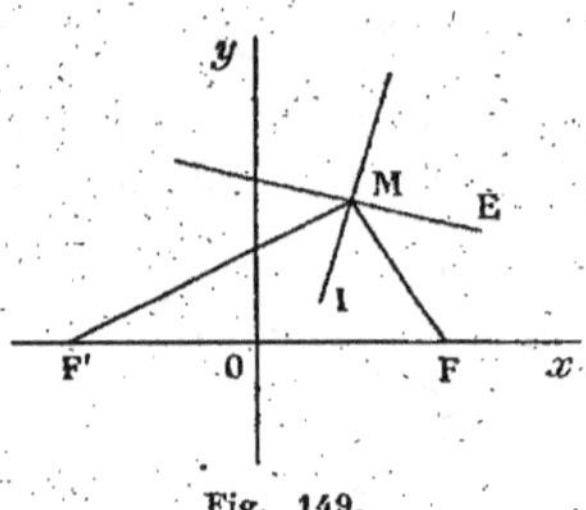

Fig. 149.

Supposons que la courbe soit une ellipse ayant pour équation $\dfrac{x^2}{a^2} + \dfrac{y^2}{b^2} - 1 = 0$, et désignons par x, y les coordonnées du point M. Le coefficient angulaire m de MF est $\dfrac{y}{x - c}$, et en remplaçant μ par le coefficient angulaire de la tangente au point M, $-\dfrac{b^2 x}{a^2 y}$, nous avons

$$\frac{\mu - m}{1 + m\mu} = \frac{-\dfrac{b^2 x}{a^2 y} - \dfrac{y}{x - c}}{1 - \dfrac{b^2 x y}{a^2 y (x - c)}} = \frac{-b^2 x (x - c) - a^2 y^2}{a^2 y (x - c) - b^2 x y};$$

or on a $b^2 x^2 + a^2 y^2 = a^2 b^2$, $a^2 - b^2 = c^2$, par suite

$$\frac{\mu - m}{1 + m\mu} = \frac{b^2 (cx - a^2)}{cy (cx - a^2)} = \frac{b^2}{cy}.$$

La valeur de $\dfrac{\mu - m'}{1 + m'\mu}$ s'en déduit en changeant c en $-c$; par suite,

$$\frac{\mu - m'}{1 + m'\mu} = -\frac{b^2}{cy};$$

on a donc bien $\dfrac{\mu - m}{1 + m\mu} + \dfrac{\mu - m'}{1 + m'\mu} = 0$, ce qui démontre le théorème.

Même démonstration pour l'hyperbole; il suffit de changer b^2 en $-b^2$.

463. Théorème. — 1° *Le lieu des symétriques d'un foyer par rapport aux tangentes d'une ellipse ou d'une hyperbole est le cercle qui a pour centre l'autre foyer et pour rayon la longueur de l'axe focal.*

2° *Le lieu des projections d'un foyer sur les tangentes d'une ellipse ou d'une hyperbole est le cercle décrit sur l'axe focal comme diamètre.*

On appelle axe focal d'une ellipse ou d'une hyperbole l'axe sur lequel sont situés les foyers réels; par conséquent dans une ellipse, c'est le grand axe, et dans une hyperbole l'axe réel.

Supposons d'abord que la courbe soit une ellipse. La perpendiculaire menée du point F sur la tangente ME rencontre MF' en un point G qui est le symétrique du point F par rapport à ME, puisque les angles GME et EMF sont égaux. On a donc $MG = MF$,   et par suite $F'G = MF' + MF = 2a$ (*fig.* 150).

Donc le lieu du point G est le cercle de centre F' et de rayon $2a$.

La droite joignant le centre O à la projection P du point F sur la tangente ME est parallèle à F'G et égale à $\dfrac{F'G}{2}$, c'est-à-dire à a;

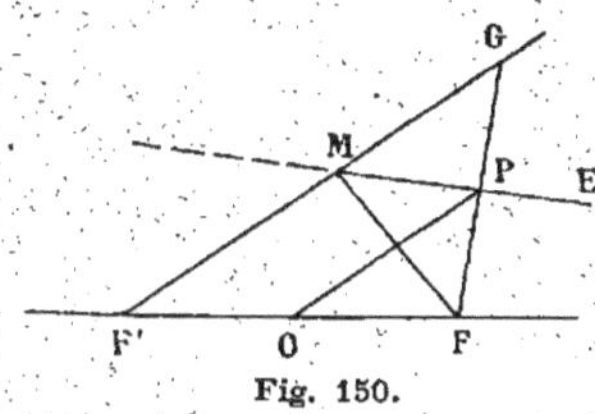

Fig. 150.

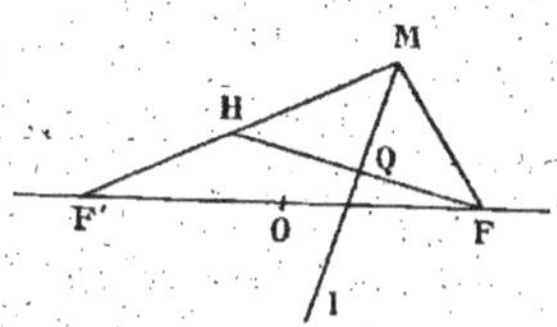

Fig. 151.

donc le lieu du point P est le cercle de centre O et de rayon a.

Si la courbe est une hyperbole, la tangente est MI (*fig.* 151); le symétrique H de F par rapport à cette tangente est encore sur MF', et l'on a $F'H = MF' - MF = 2a$. Enfin en désignant par Q la projection du point F sur MI, on a visiblement $OQ = a$.

464. Théorème. — *La tangente en un point* M *d'une parabole de foyer* F *est bissectrice intérieure de l'angle* M *du triangle* MFG, G *désignant la projection du point* M *sur la directrice.*

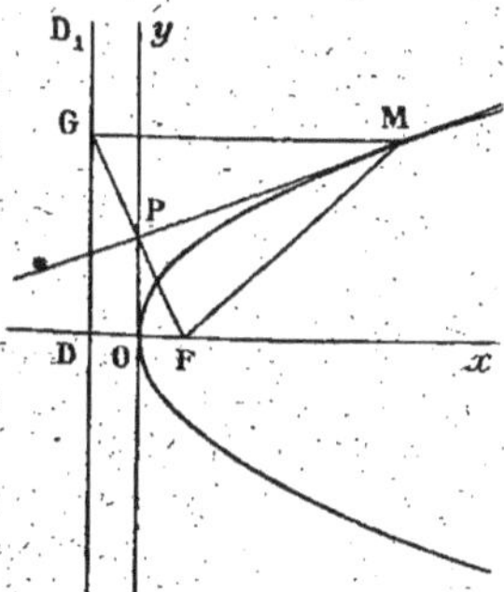

Fig. 152.

On vérifie aisément que les points F et G sont situés de part et d'autre d'une tangente quelconque; il nous suffira donc d'établir que le coefficient angulaire de la tangente en un point M vérifie l'équation

$$\frac{\mu - m}{1 + \mu m} + \mu = 0,$$

qui admet pour racines les coefficients angulaires des bissectrices des droites MF et MG, m désignant le coefficient angulaire de MF (*fig.* 152).

Soient x et y les coordonnées du point M; nous avons $m = \dfrac{y}{x - \dfrac{p}{2}}$;

le coefficient angulaire de la tangente en ce point est $\dfrac{p}{y}$. En remplaçant μ par $\dfrac{p}{y}$, nous obtenons

$$\frac{\mu - m}{1 + \mu m} = \frac{px - y^2 - \dfrac{p^2}{2}}{y\left(x + \dfrac{p}{2}\right)},$$

ou, comme y^2 est égal à $2px$,

$$\frac{\mu - m}{1 + \mu m} = -\frac{p}{y} = -\mu,$$

ce qui démontre le théorème.

Comme $MF = MG$, la droite FG est perpendiculaire à la tangente; on a $PG = PF$, et le point P est situé sur la tangente au sommet.

On en conclut que *dans la parabole le lieu des symétriques du foyer par rapport aux tangentes est la directrice, et le lieu des projections du foyer sur les tangentes est la tangente au sommet.*

465. Théorème. — *Dans l'ellipse et dans l'hyperbole les tangentes issues d'un point sont également inclinées sur les droites joignant ce point aux deux foyers.*

Soient PM et PM′ les tangentes issues du point P; nous allons démontrer que les deux couples de droites PM, PM′ et PF, PF′ ont même système de bissectrices.

Rappelons pour cela que si les coefficients angulaires de deux droites sont racines de l'équation $Cm^2 + 2Bm + A = 0$, les coefficients angulaires de leurs bissectrices sont donnés par l'équation

$$Bm^2 + (A - C)m - B = 0, \qquad \text{ou} \qquad m^2 + \frac{A - C}{B}m - 1 = 0.$$

Il suffit donc de démontrer que la quantité $\dfrac{A - C}{B}$ est la même pour les deux couples considérés.

L'équation de la courbe étant $\dfrac{x^2}{a^2} + \dfrac{y^2}{b^2} - 1 = 0$, l'équation aux coefficients angulaires des tangentes issues du point $P(\alpha, \beta)$ est

$$(a^2 - \alpha^2)m^2 + 2m\alpha\beta + b^2 - \beta^2 = 0,$$

et l'on a

$$\frac{A - C}{B} = \frac{b^2 - a^2 + \alpha^2 - \beta^2}{\alpha\beta} = \frac{\alpha^2 - \beta^2 - c^2}{\alpha\beta}.$$

D'autre part, l'équation aux coefficients angulaires des droites PF, PF' est

$$\left(m - \frac{\beta}{\alpha - c}\right)\left(m - \frac{\beta}{\alpha + c}\right) = 0, \quad \text{ou} \quad m^2(\alpha^2 - c^2) - 2m\alpha\beta + \beta^2 = 0,$$

et par suite

$$\frac{A - C}{B} = \frac{\beta^2 - \alpha^2 + c^2}{-\alpha\beta} = \frac{\alpha^2 - \beta^2 - c^2}{\alpha\beta}.$$

Les valeurs de $\dfrac{A - C}{B}$ sont les mêmes; le théorème est démontré.

Même démonstration pour l'hyperbole, il suffit de changer b^2 en $-b^2$.

466. Théorème. — *Dans la parabole les tangentes issues d'un point sont également inclinées sur la droite joignant le point au foyer et sur la parallèle à l'axe menée par ce point.*

Même démonstration que précédemment. L'équation aux coefficients angulaires des tangentes menées par le point P(α, β) à la parabole $y^2 - 2px = 0$ est

$$2m^2\alpha - 2m\beta + p = 0,$$

ce qui donne

$$\frac{A - C}{B} = \frac{p - 2\alpha}{-\beta}.$$

Les coefficients angulaires de la droite PF et de la parallèle à l'axe menée par le point P sont racines de l'équation

$$m\left(m - \frac{\beta}{\alpha - \frac{p}{2}}\right) = 0, \quad \text{ou} \quad m^2(2\alpha - p) - 2m\beta = 0,$$

et, par suite,

$$\frac{A - C}{B} = \frac{p - 2\alpha}{-\beta}.$$

467. Propriétés de la directrice. — Soient F le foyer d'une conique, Δ la directrice correspondante et A, B deux points quelconques de la courbe. Abaissons de ces points les perpendiculaires AA' et BB' sur la directrice; nous avons

$$\frac{FA}{AA'} = \frac{FB}{BB'}, \quad \text{ou} \quad \frac{FA}{FB} = \frac{AA'}{BB'} = \frac{CA}{CB},$$

C étant le point de rencontre de AB et de Δ.

Il résulte de là que FC est l'une des bissectrices de l'angle F du triangle FAB; c'est la bissectrice extérieure, si les points A et B appartiennent à la même branche de courbe, c'est la bissectrice intérieure si ces points sont situés sur des branches différentes. Ce dernier cas ne se réalise que si la conique est une hyperbole.

Arrêtons-nous à la première hypothèse (*fig.* 153); FC est alors perpendiculaire à la bissectrice intérieure FI. Supposons que le point B se rapproche indéfiniment du point A; la droite AB a pour limite la tangente en A, le point C a pour limite le point T où cette tangente rencontre la directrice. D'autre part, FI a pour limite FA,

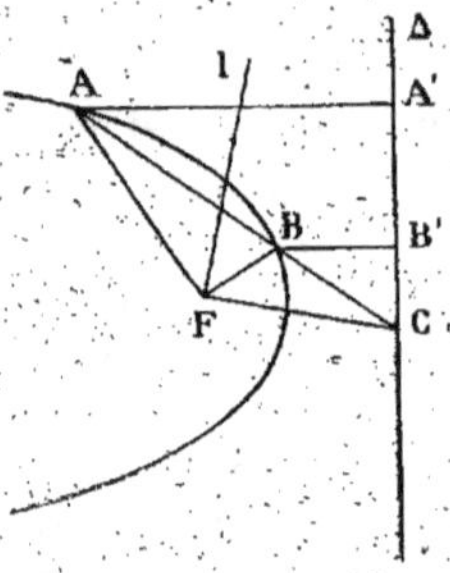

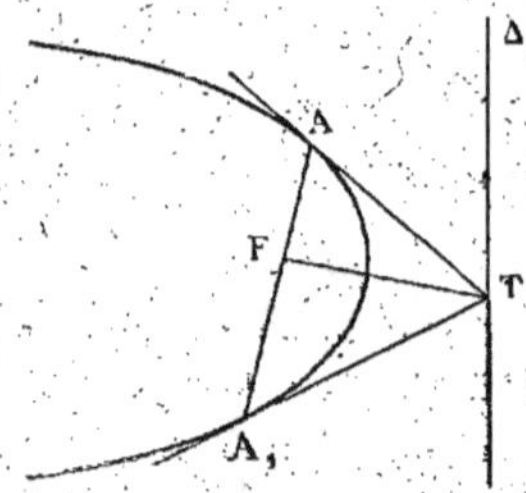

Fig. 153. Fig. 154.

et comme FC est toujours perpendiculaire à FI, on voit que FT est perpendiculaire à FA. On en déduit le théorème suivant :

La portion d'une tangente comprise entre le point de contact et une directrice est vue du foyer correspondant sous un angle droit.

La droite FA rencontre la conique en un second point A_1, et en vertu du théorème, la tangente en A_1 passe par le point T (*fig.* 154).

Par suite, la polaire d'un point quelconque T de la directrice passe par le foyer, et le foyer est la projection du point T sur sa polaire. On en conclut que la directrice est la polaire du foyer et que deux droites conjuguées quelconques passant par le foyer sont rectangulaires.

En s'appuyant sur les propriétés focales, on peut construire aisément les tangentes à une conique, passant par un point non situé sur la courbe ou parallèles à une direction donnée.

Ces constructions sont exposées dans tous les traités de géométrie élémentaire.

468. Paramètre d'une conique. — Nous avons défini précédemment le paramètre d'une parabole. Il est aisé de vérifier que ce paramètre est égal à la demi-longueur de la corde passant par le foyer et perpendiculaire à l'axe. En effet, soit MM' cette corde; le point F étant le milieu de MM', tout revient à démontrer que le paramètre est égal à FM.

Pour cela, dans l'équation de la courbe $y^2 - 2px = 0$, remplaçons x

par l'abscisse $\dfrac{p}{2}$ du foyer, nous obtenons $y^2 = p^2$ où $|y| = p$; ce qui montre que $FM = FM' = p$.

Par analogie, on appelle *paramètre* d'une ellipse ou d'une hyperbole la demi-longueur d'une corde passant par un foyer et perpendiculaire à l'axe focal.

Pour avoir l'expression de ce paramètre, remplaçons dans l'équation de l'ellipse $\dfrac{x^2}{a^2} + \dfrac{y^2}{b^2} - 1 = 0$ x par c; nous avons

$$\frac{y^2}{b^2} = 1 - \frac{c^2}{a^2} = \frac{b^2}{a^2}, \qquad \text{ou} \qquad y^2 = \frac{b^4}{a^2}, \qquad |y| = \frac{b^2}{a}.$$

Le paramètre est égal à $\dfrac{b^2}{a}$.

En faisant le même calcul pour l'hyperbole $\dfrac{x^2}{a^2} - \dfrac{y^2}{b^2} - 1 = 0$, on a

$$\frac{y^2}{b^2} = \frac{c^2}{a^2} - 1 = \frac{b^2}{a^2}, \qquad \text{ou} \qquad |y| = \frac{b^2}{a}.$$

Il en résulte que dans l'ellipse et dans l'hyperbole le paramètre est égal à $\dfrac{b^2}{a}$.

469. Équation trinome commune aux trois courbes. — Soient (C) une conique quelconque, A l'un des sommets de l'axe focal, F le foyer le plus voisin de ce sommet. Nous allons chercher l'équation de la conique en prenant comme axe des x la droite AF (le sens positif étant dirigé de A vers F) et comme axe des y la tangente au point A (*fig.* 155).

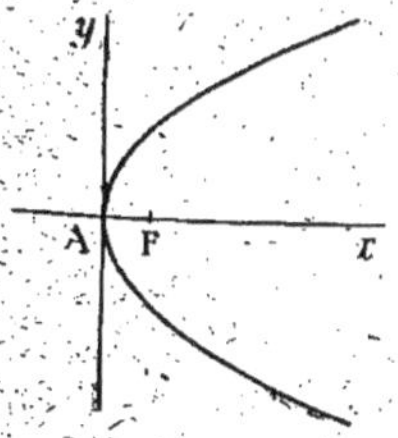

1° Si la conique est une parabole, cette équation est

$$(1) \qquad y^2 = 2px,$$

Fig. 155.

p désignant le paramètre.

2° Supposons que la conique soit une ellipse. Par rapport aux axes Ox, Oy' (*fig.* 156) l'équation de l'ellipse est $\dfrac{x'^2}{a^2} + \dfrac{y'^2}{b^2} - 1 = 0$; pour avoir son équation par rapport aux axes Ax, Ay, il faut remplacer x' par $x - a$ et y' par y. Nous obtenons ainsi l'équation

$$\frac{(x - a)^2}{a^2} + \frac{y^2}{b^2} - 1 = 0,$$

ou, en résolvant par rapport à y^2,

$$y^2 = \frac{2b^2}{a} x - \frac{b^2}{a^2} x^2.$$

Or $\dfrac{b^2}{a}$ est égal au paramètre p; $-\dfrac{b^2}{a^2}$ peut s'écrire $\dfrac{c^2 - a^2}{a^2}$ ou $\dfrac{c^2}{a^2} - 1$ ou encore $e^2 - 1$, e désignant l'excentricité; par conséquent l'équation de l'ellipse est

$$(2) \qquad\qquad y^2 = 2px + (e^2 - 1)x^2.$$

3° Examinons enfin le cas où la conique est une hyperbole. Par

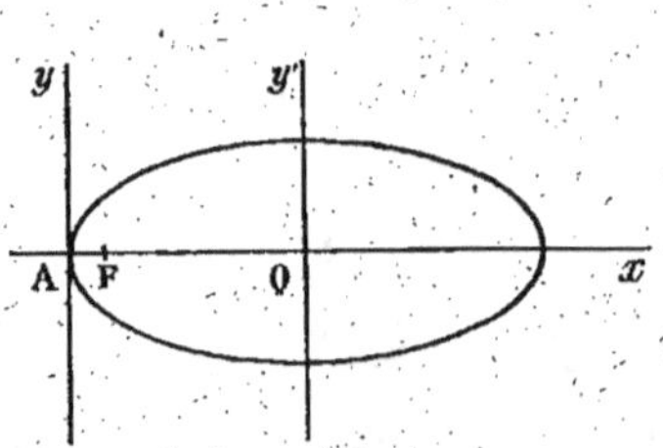

Fig. 156.

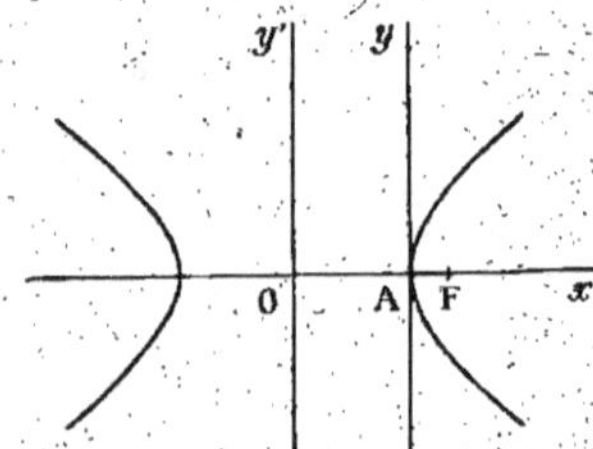

Fig. 157.

rapport aux axes Ox, Oy' (*fig.* 157) son équation est $\dfrac{x'^2}{a^2} - \dfrac{y'^2}{b^2} - 1 = 0$; par rapport aux axes Ax, Ay ce sera

$$\frac{(x + a)^2}{a^2} - \frac{y^2}{b^2} - 1 = 0,$$

ou

$$y^2 = \frac{2b^2}{a}x + \frac{b^2}{a^2}x^2.$$

$\dfrac{b^2}{a}$ est égal au paramètre p; d'autre part, on a

$$\frac{b^2}{a^2} = \frac{c^2 - a^2}{a^2} = e^2 - 1,$$

e désignant encore l'excentricité; par suite l'équation de la courbe est

$$(3) \qquad\qquad y^2 = 2px + (e^2 - 1)x^2.$$

On a la même équation que dans le cas de l'ellipse.

Remarquons de plus que l'équation (1) se déduit des équations (2) et 3) en y remplaçant e par 1, c'est-à-dire par l'excentricité de la parabole.

On en conclut que, quelle que soit la conique (C), son équation par rapport aux axes indiqués Ax et Ay est

$$y^2 = 2px + (e^2 - 1)x^2,$$

p désignant le paramètre et e l'excentricité.

En posant $q = e^2 - 1$, l'équation prend la forme

$$y^2 = 2px + qx^2;$$

p est toujours positif, q est négatif, positif ou nul suivant que la conique est une ellipse, une hyperbole ou une parabole.

CHAPITRE XXV

DÉTERMINATION DES CONIQUES

470. L'équation générale des coniques

$$f(x,\ y) \equiv Ax^2 + 2Bxy + Cy^2 + 2Dx + 2Ey + F = 0$$

renferme six coefficients, mais comme on peut diviser le premier membre par l'un des coefficients à condition qu'il ne soit pas nul, l'équation ne renferme en réalité que cinq paramètres qui sont les rapports de cinq des coefficients au sixième.

Par conséquent, pour déterminer une conique, il faut donner cinq relations entre les coefficients de son équation. Ces relations correspondent à certaines conditions géométriques auxquelles on peut assujettir la conique.

On dit qu'une condition géométrique est simple, double, ... lorsqu'elle s'exprime analytiquement par une, deux, ... relations entre les coefficients.

Nous allons passer en revue les principales de ces conditions.

Conditions simples. — On donne :

1° *un point de la conique*, on écrit que les coordonnées du point vérifient l'équation de la courbe;

2° *une tangente*, on écrit que les coefficients de l'équation de la droite vérifient l'équation tangentielle de la conique;

3° *une direction asymptotique*, on écrit que le coefficient angulaire m de la direction donnée vérifie la relation $Cm^2 + 2Bm + A = 0$.

Écrire que la courbe est une parabole, $AC - B^2 = 0$; une hyperbole équilatère, $A + C = 0$, etc.

Conditions doubles. — On donne une droite $(ux + vy + w = 0)$ et son pôle $(x_0,\ y_0)$; on a les deux relations

$$\frac{f'_{x_0}}{u} = \frac{f'_{y_0}}{v} = \frac{f'_{z_0}}{w}.$$

Si le point est sur la droite, cela revient à donner une tangente et le point de contact.

Points remarquables. — On appelle point remarquable un point qui est déterminé quand la conique est donnée. Par exemple, le centre, un sommet, un foyer sont des points remarquables.

Les coordonnées d'un point remarquable sont donc des fonctions des coefficients de l'équation de la conique; par suite, donner un point remarquable, c'est donner deux relations entre les coefficients.

Droites remarquables. — On appelle droite remarquable une droite qui est déterminée quand la conique est donnée. Exemples : asymptote, axe, directrice.

Les deux paramètres qui déterminent la position d'une droite remarquable sont des fonctions des coefficients de l'équation de la conique; par conséquent, donner une droite remarquable, c'est donner deux relations entre les coefficients.

On peut donc dire que la donnée d'un point ou d'une droite remarquable équivaut à une condition double.

471. Remarque. — Si l'on assujettit une conique à plusieurs conditions géométriques, le nombre des relations correspondantes n'est pas toujours égal à la somme des nombres de relations que donne chaque condition prise isolément; il peut être moindre.

Par exemple, donner une asymptote, c'est donner deux relations, puisque l'asymptote est une droite remarquable. Donner les deux asymptotes, c'est donner quatre relations, parce qu'étant donnée une asymptote, l'autre peut occuper une position quelconque.

Au contraire, donner un axe, c'est donner deux relations, mais donner les deux axes, c'est donner seulement trois relations, parce que, étant donné un axe, l'autre lui est perpendiculaire. Il suffit alors d'une seule relation pour écrire que cette seconde droite est axe.

Quand on assujettit une conique à un ensemble de conditions géométriques équivalant à cinq relations entre les coefficients, la conique est en général déterminée; cela veut dire qu'il y a un nombre limité de solutions réelles ou imaginaires. Il est nécessaire pour chaque exemple de faire une discussion spéciale.

Nous nous bornerons ici à l'examen d'un cas particulier fort important, celui où la conique est déterminée par cinq points.

472. Théorème. — *Par cinq points, dont trois ne sont pas en ligne droite, on peut faire passer une conique proprement dite et une seule.*

Si les cinq points donnés étaient sur une même droite D, on pourrait faire passer sur ces points une infinité de coniques impropres (c'est-à-dire réduites à deux droites). Chacune de ces coniques se composerait de la droite D et d'une droite arbitraire.

Si quatre des points étaient sur une droite D, et le cinquième A en dehors, il y aurait encore une infinité de coniques impropres passant par ces cinq points, chacune d'elles étant composée de la droite D et d'une droite quelconque passant par le point A.

Si trois des points sont sur une droite D et les deux autres A et B en dehors, il existe une seule conique impropre passant par les cinq points, c'est la conique formée par les droites D et AB.

Supposons maintenant que trois des cinq points donnés ne soient pas en ligne droite; il est alors impossible de trouver une conique réduite à deux droites passant par ces cinq points. Si donc nous pouvons former une équation du deuxième degré vérifiée par les coordonnées des cinq points donnés, cette équation représentera une conique proprement dite (non réduite à deux droites) passant par les cinq points.

Cela posé, on peut toujours trouver deux droites non parallèles contenant chacune deux des points donnés; nous prendrons ces droites pour axes de coordonnées. Nous désignerons par A, A' les points situés sur Ox et par a, a' leurs abscisses, puis par B et B' les points situés sur Oy et par b, b' leurs ordonnées. Soit enfin $C(x_0, y_0)$ le cinquième point; d'après l'hypothèse, x_0 et y_0 ne sont pas nuls.

Soit
$$Ax^2 + 2Bxy + Cy^2 + 2Dx + 2Ey + F = 0$$
l'équation de la conique cherchée.

Pour que cette conique passe aux points A et A', il faut que l'équation $Ax^2 + 2Dx + F = 0$, obtenue en faisant $y = 0$ dans l'équation de la conique, ait pour racines a et a'. On doit donc avoir

$$a + a' = -\frac{2D}{A}, \qquad aa' = \frac{F}{A}.$$

De même, la conique passera aux points B et B', si l'équation $Cy^2 + 2Ey + F = 0$ a pour racines b et b', ce qui donne les conditions

$$b + b' = -\frac{2E}{C}, \qquad bb' = \frac{F}{C}.$$

De ces relations on tire

$$A = \frac{F}{aa'}, \quad 2D = -F\left(\frac{1}{a} + \frac{1}{a'}\right), \quad C = \frac{F}{bb'}, \quad 2E = -F\left(\frac{1}{b} + \frac{1}{b'}\right).$$

Il en résulte que l'équation générale des coniques passant par les quatre points A, A', B, B' est

$$F\left[\frac{x^2}{aa'} + \frac{y^2}{bb'} - x\left(\frac{1}{a} + \frac{1}{a'}\right) - y\left(\frac{1}{b} + \frac{1}{b'}\right) + 1\right] + 2Bxy = 0.$$

Si l'on y fait $F = 0$, cette équation se réduit à $2Bxy = 0$; elle représente les deux axes.

Supposons $F \neq 0$, et divisons le premier membre par F, puis posons $\dfrac{B}{F} = \lambda$; l'équation devient

$$(1) \quad \frac{x^2}{aa'} + 2\lambda xy + \frac{y^2}{bb'} - x\left(\frac{1}{a} + \frac{1}{a'}\right) - y\left(\frac{1}{b} + \frac{1}{b'}\right) + 1 = 0;$$

elle représente toutes les coniques passant par les quatre points A, A', B, B', excepté la conique impropre formée par les droites AA' et BB'.

Écrivons maintenant que cette équation est vérifiée par les coordonnées du point C (x_0, y_0), nous avons

$$\frac{x_0^2}{aa'} + 2\lambda x_0 y_0 + \frac{y_0^2}{bb'} - x_0\left(\frac{1}{a} + \frac{1}{a'}\right) - y_0\left(\frac{1}{b} + \frac{1}{b'}\right) + 1 = 0,$$

d'où nous tirons, puisque $x_0 y_0$ n'est pas nul,

$$2\lambda = \frac{-1}{x_0 y_0}\left[\frac{x_0^2}{aa'} + \frac{y_0^2}{bb'} - x_0\left(\frac{1}{a} + \frac{1}{a'}\right) - y_0\left(\frac{1}{b} + \frac{1}{b'}\right) + 1\right],$$

et, en remplaçant 2λ par cette valeur dans l'équation (1), nous obtenons l'équation d'une seule conique passant par les cinq points donnés. Le théorème est démontré.

473. Dans l'équation (1) remplaçons a' par a, nous obtenons

$$(2) \quad \frac{x^2}{a^2} + 2\lambda xy + \frac{y^2}{bb'} - \frac{2x}{a} - y\left(\frac{1}{b} + \frac{1}{b'}\right) + 1 = 0,$$

et cette équation est l'équation générale des coniques tangentes en A à Ox et passant aux points B et B'.

Et l'on voit comme plus haut que parmi ces coniques il en existe une seule passant par un point arbitraire C.

Remplaçons dans l'équation (2) b' par b; nous avons

$$\frac{x^2}{a^2} + 2\lambda xy + \frac{y^2}{b^2} - \frac{2x}{a} - \frac{2y}{b} + 1 = 0,$$

ou

$$(3) \quad \left(\frac{x}{a} + \frac{y}{b} - 1\right)^2 + 2\mu xy = 0,$$

μ désignant le nombre $\lambda - \dfrac{1}{ab}$.

L'équation (3) est l'équation générale des coniques tangentes en A à Ox et en B à Oy. Il existe une seule de ces coniques passant par un point arbitraire.

On conclut de là les théorèmes suivants :

Il existe une seule conique passant par quatre points et tangente en l'un de ces points à une droite donnée.

Il existe une seule conique passant par trois points et tangente en deux de ces points à des droites données.

474. Théorème. — *Il existe deux coniques passant par quatre points et tangentes à une droite.*

En effet, en écrivant que la conique

$$\frac{x^2}{aa'} + 2\lambda xy + \frac{y^2}{bb'} - x\left(\frac{1}{a} + \frac{1}{a'}\right) - y\left(\frac{1}{b} + \frac{1}{b'}\right) + 1 = 0$$

est tangente à une droite quelconque, on obtient une équation du deuxième degré en λ, puisque l'équation tangentielle d'une conique renferme au second degré les coefficients de l'équation ponctuelle. Les deux coniques correspondantes peuvent être réelles ou imaginaires.

Cas particulier. — En supposant la droite à l'infini, on voit *qu'il existe deux paraboles passant par quatre points.*

475. Théorème. — *Il existe quatre coniques passant par trois points et tangentes à deux droites.*

Soient O, A, B les trois points; prenons pour axes OA et OB; désignons par a l'abscisse du point A, par b l'ordonnée du point B. On voit aisément que l'équation générale des coniques passant par les points O, A, B est

$$Ax^2 + 2Bxy + Cy^2 - Aax - Cby = 0,$$

ou, en divisant par A qui ne peut être nul, et en posant $\dfrac{B}{A} = \lambda$, $\dfrac{C}{A} = \mu$,

$$x^2 + 2\lambda xy + \mu y^2 - ax - \mu by = 0.$$

Écrivons que cette conique est tangente à deux droites, nous obtenons deux relations du second degré par rapport à λ et μ, qui admettent quatre systèmes de solutions d'après le théorème de Bezout. Les quatre coniques correspondantes peuvent être réelles ou imaginaires.

476. En transformant par polaires réciproques les théorèmes des n°s 472, 473, 474 et 475 on obtient les nouveaux théorèmes suivants :

Il existe une seule conique tangente à cinq droites dont trois ne passent pas par un même point (*).

(*) *Cas particulier.* — Il existe une seule parabole tangente à quatre droites.

Il existe une seule conique tangente à quatre droites, le point de contact sur l'une d'elles étant donné.

Il existe une seule conique tangente à trois droites, les points de contact sur deux d'entre elles étant donnés.

Il existe deux coniques tangentes à quatre droites et passant par un point.

Il existe quatre coniques tangentes à trois droites et passant par deux points.

CHAPITRE XXVI

INTERSECTION DE DEUX CONIQUES

477. Soient

$$(1) \quad \begin{cases} f(x, y) \equiv Ax^2 + 2Bxy + Cy^2 + 2Dx + 2Ey + F = 0, \\ f_1(x, y) \equiv A'x^2 + 2B'xy + C'y^2 + 2D'x + 2E'y + F' = 0 \end{cases}$$

les équations de deux coniques. Les points de rencontre de ces deux courbes ont pour coordonnées les ensembles de solutions communes aux deux équations.

Si l'on élimine x entre ces deux équations, on obtient un résultant $R(y)$, qui est un polynome en y (A. 477), et pour que les équations aient une racine commune en x, il faut et il suffit que y soit racine de l'équation $R(y) = 0$.

Cela posé, nous allons montrer que les racines de l'équation $R(y) = 0$ sont les valeurs de y qui, jointes à des valeurs convenables de x, vérifient le système (1).

En effet, soit (x_0, y_0) un ensemble de solutions de ce système ; nous avons $f(x_0, y_0) = 0$, $f_1(x_0, y_0) = 0$. Ceci montre que les équations $f(x, y_0) = 0$, $f_1(x, y_0) = 0$ ont la solution commune $x = x_0$; donc $R(y_0) = 0$.

Réciproquement, soit y_0 une racine de $R(y)$; les équations $f(x, y_0) = 0$, $f_1(x, y_0) = 0$ ont une solution commune x_0. On a donc $f(x_0, y_0) = 0$, $f_1(x_0, y_0) = 0$; on en conclut que (x_0, y_0) est un ensemble de solutions du système (1).

Pour calculer $R(y)$, ordonnons les équations (1) par rapport à x ; nous avons

$$Ax^2 + 2(By + D)x + Cy^2 + 2Ey + F = 0,$$
$$A'x^2 + 2(B'y + D')x + C'y^2 + 2E'y + F' = 0.$$

On peut toujours supposer que les deux coefficients A, A' ne sont pas nuls, cela revient à choisir les axes de coordonnées de façon que l'axe des x ne soit parallèle à aucune direction asymptotique. Dans ces conditions nous avons (A. 477)

$$R(y) \equiv N^2 - 4MP = 0,$$

en posant

$$N \equiv A(C'y^2 + 2E'y + F') - A'(Cy^2 + 2Ey + F),$$
$$M \equiv A(B'y + D') - A'(By + D),$$
$$P \equiv (By + D)(C'y^2 + 2E'y + F') - (B'y + D')(Cy^2 + 2Ey + F).$$

$R(y)$ est un polynome du quatrième degré; le coefficient de y^4 est

$$(AC' - CA')^2 - 4(AB' - BA')(BC' - CB');$$

c'est le résultant des deux équations

$$Ax^2 + 2Bxy + Cy^2 = 0, \qquad A'x^2 + 2B'xy + C'y^2 = 0,$$

par conséquent le coefficient de y^4 dans $R(y)$ est nul si les deux coniques ont une direction asymptotique commune.

Soit y_0 une racine de $R(y)$; si cette valeur n'annule pas M, les deux équations $f(x, y_0) = 0$, $f_1(x, y_0) = 0$ ont une seule racine commune x_0, obtenue en remplaçant y par y_0 dans $-\dfrac{N}{2M}$. A la racine y_0 du résultant correspond un seul point (x_0, y_0) commun aux deux coniques.

Si y_0 annule M, les équations $f(x, y_0) = 0$, $f_1(x, y_0) = 0$ ont deux solutions communes x_0, x'_0, et à la racine y_0 correspondent deux points communs (x_0, y_0), (x'_0, y_0).

Il est aisé de voir que dans ce cas y_0 est racine double de l'équation $R(y) = 0$. En effet, M étant nul pour $y = y_0$, N et P le sont également; alors M, N, P sont divisibles par $y - y_0$, et $N^2 - 4MP$ ou $R(y)$ est divisible par $(y - y_0)^2$.

La réciproque n'est pas vraie; à une racine double de $R(y)$ ne correspondent pas nécessairement deux valeurs de x.

On peut toujours supposer qu'à une racine de $R(y)$ corresponde une seule valeur de x, cela revient à choisir les axes de coordonnées de façon que Ox ne soit pas parallèle à une corde commune aux deux coniques.

478. Premier cas. $(AC' - CA')^2 - 4(AB' - BA')(BC' - CB') \neq 0$. *Les deux coniques n'ont pas de direction asymptotique commune.*

L'équation $R(y) = 0$ est du quatrième degré; elle admet quatre racines réelles ou imaginaires, distinctes ou confondues.

1° Si l'équation admet quatre racines distinctes (quatre réelles, ou deux réelles et deux imaginaires conjuguées, ou quatre imaginaires conjuguées deux à deux), les deux coniques ont quatre points communs distincts (quatre points réels, ou deux points réels et deux points imaginaires conjugués, ou quatre points imaginaires conjugués deux à deux).

2° Supposons que l'équation ait une racine double et deux racines simples. La racine double est réelle, il lui correspond un point réel qui est la réunion de deux points communs aux deux coniques; on démontre qu'en ce point les deux coniques sont tangentes. Les racines simples sont réelles ou imaginaires conjuguées, il leur correspond deux points réels ou deux points imaginaires conjugués.

3° Si l'équation admet deux racines doubles (réelles ou imaginaires conjuguées) les deux coniques sont tangentes en deux points, on dit qu'elles sont *bitangentes*. Les points de contact sont réels ou imaginaires conjugués.

4° Supposons que l'équation ait une racine triple et une racine simple; ces deux racines sont réelles. A la racine simple correspond un point de rencontre ordinaire. A la racine triple correspond un point qui est la réunion de trois points communs aux deux coniques; en ce point, les deux coniques sont tangentes, on dit que le contact est *du deuxième ordre*, ou que les deux coniques sont *osculatrices*.

Ce contact est caractérisé géométriquement par ce fait que les

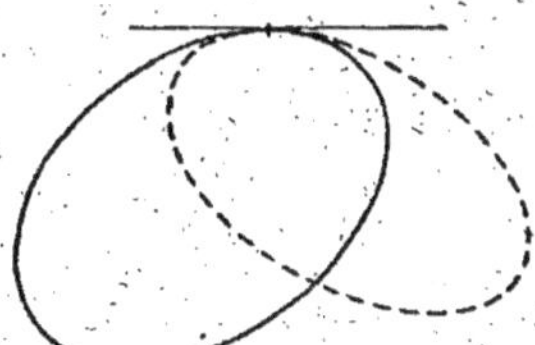

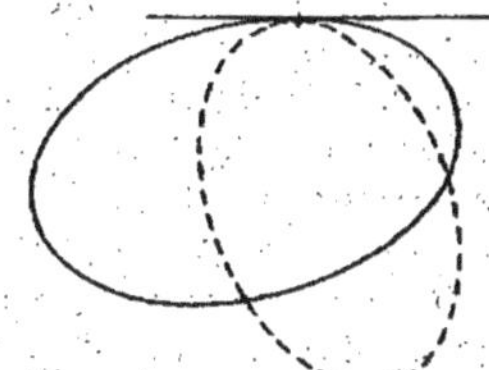

Fig. 158.Fig. 159.

deux coniques se traversent (*fig.* 158), tandis que dans le contact relatif à une racine double, les coniques ne se traversent pas (*fig.* 159).

5° Enfin, si l'équation $R(y) = 0$ a une racine quadruple, les quatre points de rencontre des deux coniques sont confondus en un seul, et en ce point les deux coniques sont tangentes. On dit que le contact est du *troisième ordre*, ou que les coniques sont *surosculatrices*; elles ne se traversent pas.

479. Deuxième cas. $(AC' - CA')^2 - 4(AB' - BA')(BC' - CB') = 0.$
Les deux coniques ont au moins une direction asymptotique commune.

Le résultant $R(y)$ est de degré inférieur à 4; dans ce cas, les deux coniques ont des points communs à l'infini.

Rendons homogènes les équations des deux coniques au moyen d'une variable z, puis éliminons x; le résultant obtenu n'est autre que le polynôme $R(y)$ rendu homogène, c'est-à-dire $z^4 R\left(\dfrac{y}{z}\right)$; c'est un polynôme homogène du quatrième degré par rapport à y et z.

Si le coefficient de y^4 est nul, le résultant est divisible par z; par suite, pour $z = 0$, y étant arbitraire, les équations des deux coniques admettent une solution commune $x = -\dfrac{(AC' - CA')y}{2(AB' - BA')}$ si $AB' - BA'$ n'est pas nul, et deux solutions communes si $AB' - BA'$ est nul.

Dans le premier cas, les deux coniques ont une seule direction asymptotique commune, et le nombre de leurs points communs à l'infini dans cette direction est égal à l'exposant de la puissance de z qui divise le résultant.

Le deuxième cas, $AB' - BA' = 0$, ne peut se présenter que si le résultant est divisible par z^2; les deux coniques ont alors mêmes directions asymptotiques. C'est dans ces directions que se trouvent les points communs à l'infini, leur nombre total étant égal à l'exposant de la puissance de z qui divise le résultant.

EXEMPLES. — Nous n'examinerons pas ici tous les cas qui peuvent se présenter. Parmi les résultats de la discussion complète, nous indiquerons les suivants dont quelques-uns sont presque évidents.

Si l'une des asymptotes d'une hyperbole est parallèle à l'axe d'une parabole, les deux courbes ont un seul point commun à l'infini dans la direction asymptotique commune (437). Il en est de même pour deux hyperboles qui ont deux asymptotes parallèles.

Deux hyperboles qui ont une asymptote commune ont au moins deux points communs à l'infini dans la direction de cette asymptote; elles peuvent en avoir trois ou quatre. On dit alors que le contact est du deuxième ou du troisième ordre.

Deux hyperboles qui ont mêmes asymptotes ont deux points communs à l'infini dans la direction de chaque asymptote; elles sont bitangentes en ces points.

Deux cercles ont toujours deux points communs imaginaires à l'infini; ce sont les points cycliques (128). Ils ne peuvent donc avoir que deux points communs à distance finie, comme nous l'avons vu au n° 120. Si les deux cercles sont concentriques, ils ont mêmes asymptotes imaginaires (les droites isotropes menées par le centre), et par suite ils sont bitangents aux points cycliques.

Enfin considérons deux paraboles ayant leurs axes parallèles; elles ont en général deux points communs à l'infini dans la direction de l'axe.

Elles en ont trois si elles sont égales et si elles tournent leur concavité dans le même sens.

Elles en ont quatre si, outre ces conditions, elles ont même axe.

On peut donc énoncer le théorème suivant :

Deux coniques ont toujours quatre points communs à distance finie ou à l'infini, réels ou imaginaires, distincts ou confondus.

480. Cas où le résultant $R(y)$ **est identiquement nul.** — Cela peut se présenter de deux manières différentes ;

1° Ou bien N, M, P sont identiquement nuls ; dans ce cas, on voit aisément que les équations des deux coniques ont leurs coefficients proportionnels ; les deux coniques coïncident.

2° Ou bien on a $N^2 = 4MP$, sans que M, N, P soient identiquement nuls. Les équations $f(x, y) = 0$, $f_1(x, y) = 0$ ont alors une solution commune en x, quel que soit y, cette solution est $x = -\dfrac{N}{2M}$.

Or, de l'identité $N^2 = 4MP$ on déduit que N est divisible par le facteur linéaire M, on a donc $N = M(\alpha y + \beta)$, et la racine commune devient $x = -\dfrac{\alpha y + \beta}{2}$.

On en conclut que les équations des coniques sont vérifiées par toutes les solutions de l'équation $2x + \alpha y + \beta = 0$; chaque conique se réduit donc à un ensemble de deux droites, et les deux ensembles ont une droite commune.

Équation générale des coniques passant par les points de rencontre de deux coniques.

481. Soient $f(x, y) = 0$, $f_1(x, y) = 0$ les équations de deux coniques (C) et (C₁) ayant quatre points communs M, N, P, Q. Nous allons démontrer que l'équation générale des coniques qui passent par ces quatre points est

$$(1) \qquad f(x, y) + \lambda f_1(x, y) = 0.$$

On voit tout d'abord que, quel que soit λ, cette équation représente une conique passant par les points M, N, P, Q, car les coordonnées de ces points annulent $f(x, y)$ et $f_1(x, y)$.

Il faut établir en outre qu'on peut déterminer λ en sorte que l'équation (1) représente une conique *quelconque* (Σ) passant par les points considérés. Prenons en effet sur cette conique (Σ) un point arbitraire R (x_0, y_0), et écrivons que l'équation (1) est vérifiée par les coordonnées de ce point. Nous avons

$$f(x_0, y_0) + \lambda f_1(x_0, y_0) = 0\,;$$

nous en tirons $\lambda = -\dfrac{f(x_0, y_0)}{f_1(x_0, y_0)}$, et, en remplaçant λ par cette valeur dans l'équation (1), nous obtenons l'équation

$$f(x, y) - \frac{f(x_0, y_0)}{f_1(x_0, y_0)} f_1(x, y) = 0,$$

qui représente une conique (Σ') passant par les cinq points M, N, P, Q, R.

Les deux coniques (Σ) et (Σ') ayant cinq points communs coïncident ; par suite, l'équation (1) peut représenter la conique (Σ) pour une valeur convenable de λ, le théorème est démontré.

Nous avons supposé dans cette démonstration que les coniques (C) et (C_1) avaient quatre points communs *distincts*. Le théorème subsiste avec de légères modifications si quelques-uns des points de rencontre sont confondus.

Par exemple, si les coniques (C) et (C_1) sont tangentes au point M et se coupent en deux autres points N et P, l'équation (1) est l'équation générale des coniques tangentes en M aux coniques (C) et (C_1), et passant par les points N et P.

Si les coniques (C) et (C_1) sont bitangentes en M et N, l'équation (1) est l'équation générale des coniques bitangentes en M et N aux coniques (C) et (C_1).

Si les coniques (C) et (C_1) ont un contact du deuxième ordre au point M et se coupent en un autre point N, l'équation (1) est l'équation générale des coniques ayant un contact du deuxième ordre en M avec chacune des coniques (C) et (C_1) et passant par le point N.

Enfin, si (C) et (C_1) ont un contact du troisième ordre en M, l'équation (1) est l'équation générale des coniques ayant un contact du troisième ordre en M avec (C) et (C_1).

Nous admettrons ces théorèmes sans démonstration ; nous admettrons également qu'ils sont vrais si les coniques (C) et (C_1) ont des points communs à l'infini.

L'ensemble des coniques représentées par l'équation

$$f(x, y) + \lambda f_1(x, y) = 0$$

est appelé un *faisceau ponctuel* de coniques.

Sécantes communes à deux coniques.
Équation en λ.

482. Pour avoir les coordonnées des points communs à deux coniques, il faut résoudre une équation du quatrième degré. On peut ramener ce problème à la résolution d'une équation du troisième degré en cherchant les cordes communes aux deux coniques.

Soient les deux coniques

$$f(x,\ y) \equiv Ax^2 + 2Bxy + Cy^2 + 2Dx + 2Ey + F = 0,$$
$$f_1(x,\ y) \equiv A'x^2 + 2B'xy + C'y^2 + 2D'x + 2E'y + F' = 0;$$

l'équation générale des coniques passant par les points d'intersection est

$$f(x,\ y) + \lambda f_1(x,\ y) = 0,$$

ou

$$(A + \lambda A')x^2 + 2(B + \lambda B')xy + (C + \lambda C')y^2 + 2(D + \lambda D')x$$
$$+ 2(E + \lambda E')y + F + \lambda F' = 0.$$

Écrivons que cette équation représente deux droites, nous avons

$$\Delta(\lambda) \equiv \begin{vmatrix} A + \lambda A' & B + \lambda B' & D + \lambda D' \\ B + \lambda B' & C + \lambda C' & E + \lambda E' \\ D + \lambda D' & E + \lambda E' & F + \lambda F' \end{vmatrix} = 0;$$

c'est une équation du troisième degré en λ, qu'on appelle *l'équation en* λ.

483. Supposons qu'on puisse calculer une racine λ' de cette équation; $f(x,\ y) + \lambda' f_1(x,\ y)$ est décomposable en un produit de deux facteurs linéaires P et Q, et dans la résolution du système $f(x,\ y) = 0$, $f_1(x,\ y) = 0$ on peut remplacer l'une des équations par la suivante

$$f(x,\ y) + \lambda' f_1(x,\ y) = 0, \qquad \text{ou} \qquad PQ = 0.$$

On est conduit alors à calculer les points de rencontre d'une conique et de deux droites.

Les deux droites $P = 0$, $Q = 0$ forment ce qu'on appelle un couple de sécantes communes aux deux coniques.

484. L'équation en λ étant du troisième degré, il existe trois couples de sécantes communes correspondant aux trois racines de l'équation.

Ce résultat pouvait se prévoir; soient en effet A, B, C, D les quatre points de rencontre des deux coniques, nous avons les trois couples (AB, CD), (AC, BD) et (AD, BC).

Si les coniques sont tangentes au point A et se coupent en deux autres points C et D, on peut considérer le point A comme la réunion des deux points A et B, la droite AB ayant pour limite la tangente en A. Le premier couple (AB, CD) se compose alors de la tangente au point A et de la droite CD; les deux autres sont confondus suivant le couple (AC, AD).

Il en résulte alors que l'équation en λ a une racine double et une racine simple; à la racine double correspond le couple (AC, AD), et à la racine simple le couple formé par la tangente en A et la droite CD.

Si les coniques sont bitangentes aux points A et C, l'équation en λ a encore une racine double à laquelle correspond un couple de deux droites confondues suivant AC; à la racine simple correspond l'ensemble des tangentes aux points A et C.

Si les coniques ont un contact du deuxième ou du troisième ordre, l'équation en λ a une racine triple à laquelle correspondent deux droites distinctes dans le premier cas et une droite double dans le second.

Pôles doubles relatifs à deux coniques.

485. On appelle *pôle double* relatif à deux coniques un point qui a même polaire par rapport aux deux coniques.

Soient x, y, z les coordonnées homogènes d'un pôle double relatif aux deux coniques

$$f(X, Y, Z) = 0, \qquad f_1(X, Y, Z) = 0.$$

Les polaires de ce point par rapport aux deux coniques ont pour équations

$$X\frac{\partial f}{\partial x} + Y\frac{\partial f}{\partial y} + Z\frac{\partial f}{\partial z} = 0, \qquad X\frac{\partial f_1}{\partial x} + Y\frac{\partial f_1}{\partial y} + Z\frac{\partial f_1}{\partial z} = 0;$$

pour que ces équations représentent la même droite, il faut qu'on ait

$$\frac{\frac{\partial f}{\partial x}}{\frac{\partial f_1}{\partial x}} = \frac{\frac{\partial f}{\partial y}}{\frac{\partial f_1}{\partial y}} = \frac{\frac{\partial f}{\partial z}}{\frac{\partial f_1}{\partial z}},$$

ou, en désignant par $-\lambda$ la valeur commune de ces trois rapports,

$$(1) \qquad \frac{\partial f}{\partial x} + \lambda\frac{\partial f_1}{\partial x} = 0, \qquad \frac{\partial f}{\partial y} + \lambda\frac{\partial f_1}{\partial y} = 0, \qquad \frac{\partial f}{\partial z} + \lambda\frac{\partial f_1}{\partial z} = 0.$$

Ces équations montrent que le point (x, y, z) est un point double de la conique $f + \lambda f_1 = 0$. Cette équation doit donc représenter deux droites, et le point (x, y, z) est le point de rencontre de ces deux droites.

Il résulte de là que les pôles doubles relatifs à deux coniques coïncident avec les centres des couples de sécantes communes.

Si l'équation $f + \lambda f_1 = 0$ représente une droite double, les coordonnées de tous les points de cette droite vérifient les équations (1), tous ces points sont des pôles doubles. Ce cas ne se présente que si les coniques sont bitangentes ou surosculatrices.

Dans les autres cas, à toute racine de l'équation en λ correspond un seul pôle double.

486. Si l'équation en λ a trois racines distinctes, il y a trois pôles doubles; nous allons démontrer que ces points sont les sommets d'un triangle conjugué par rapport aux deux coniques données et par rapport à toutes les coniques du faisceau ponctuel défini par l'équation $f + \lambda f_1 = 0$.

Soient en effet λ_1 et λ_2 deux racines différentes de l'équation en λ, (x_1, y_1, z_1) et (x_2, y_2, z_2) les pôles doubles correspondants; nous avons

$$(2) \quad \begin{cases} \dfrac{\partial f}{\partial x_1} + \lambda_1 \dfrac{\partial f_1}{\partial x_1} = 0, \\[2mm] \dfrac{\partial f}{\partial y_1} + \lambda_1 \dfrac{\partial f_1}{\partial y_1} = 0, \\[2mm] \dfrac{\partial f}{\partial z_1} + \lambda_1 \dfrac{\partial f_1}{\partial z_1} = 0; \end{cases} \qquad (3) \quad \begin{cases} \dfrac{\partial f}{\partial x_2} + \lambda_2 \dfrac{\partial f_1}{\partial x_2} = 0, \\[2mm] \dfrac{\partial f}{\partial y_2} + \lambda_2 \dfrac{\partial f_1}{\partial y_2} = 0, \\[2mm] \dfrac{\partial f}{\partial z_2} + \lambda_2 \dfrac{\partial f_1}{\partial z_2} = 0, \end{cases}$$

Multiplions les trois équations (2) respectivement par x_2, y_2, z_2, et ajoutons-les membre à membre; multiplions les équations (3) respectivement par x_1, y_1, z_1, et ajoutons-les membre à membre, nous obtenons

$$(4) \qquad H + \lambda_1 K = 0, \qquad H + \lambda_2 K = 0,$$

en posant

$$H = x_2 \frac{\partial f}{\partial x_1} + y_2 \frac{\partial f}{\partial y_1} + z_2 \frac{\partial f}{\partial z_1} = x_1 \frac{\partial f}{\partial x_2} + y_1 \frac{\partial f}{\partial y_2} + z_1 \frac{\partial f}{\partial z_2},$$

$$K = x_2 \frac{\partial f_1}{\partial x_1} + y_2 \frac{\partial f_1}{\partial y_1} + z_2 \frac{\partial f_1}{\partial z_1} = x_1 \frac{\partial f_1}{\partial x_2} + y_1 \frac{\partial f_1}{\partial y_2} + z_1 \frac{\partial f_1}{\partial z_2}.$$

On déduit alors des équations (4)

$$H = 0, \qquad K = 0,$$

ce qui montre que les deux pôles doubles sont conjugués par rapport aux coniques $f = 0$, $f_1 = 0$ et aussi par rapport à une conique quelconque du faisceau $f + \lambda f_1 = 0$.

Par suite, les trois pôles doubles sont les sommets d'un triangle conjugué commun aux deux coniques données, et il ne peut exister un autre triangle conjugué par rapport à ces deux coniques, car les sommets de ce triangle seraient des pôles doubles, et nous avons vu qu'il n'en existe que trois.

Soient A, B, C, D les points de rencontre des deux coniques; les pôles doubles P, Q, R sont les points diagonaux du quadrangle déterminé par les points A, B, C, D. La droite QR est la polaire de

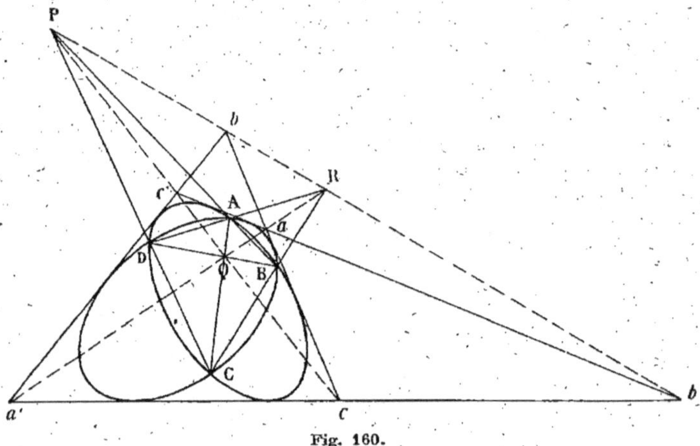

Fig. 160.

P par rapport aux deux coniques, RP est la polaire de Q, et PQ la polaire de R (*fig.* 160). Nous retrouvons là une propriété déjà établie au n° 366.

Tangentes communes à deux coniques.

487. En transformant par polaires réciproques les propriétés précédentes, on est conduit aux nouvelles propriétés suivantes.

Deux coniques admettent en général quatre tangentes communes. Ces tangentes se coupent deux à deux en six points qu'on appelle les *ombilics* relatifs aux deux coniques. Au point de rencontre de deux tangentes communes on peut faire correspondre le point de rencontre des deux autres tangentes; ces deux points constituent un couple d'ombilics; il y a donc trois couples d'ombilics.

Il existe trois droites ayant même pôle par rapport aux deux coniques; ce sont les droites qui joignent les ombilics de chaque couple, c'est-à-dire les diagonales du quadrilatère complet formé par les quatre tangentes communes. Le triangle qui a ces droites pour côtés est l'unique triangle conjugué commun aux deux coniques.

Revenons à la figure 160. Les droites qui ont même pôle par rapport aux deux coniques sont les droites QR, RP, PQ; les tangentes communes aux deux coniques se coupent deux à deux sur ces droites. La droite QR porte les ombilics a et a', PR porte les ombilics b et b', et enfin PQ passe par les ombilics c et c'.

On peut donc énoncer le théorème suivant :

Étant données deux coniques, il existe un seul triangle conjugué commun par rapport à ces coniques. Les sommets de ce triangle sont les points diagonaux du quadrangle complet formé par les quatre points de rencontre des deux coniques, et les côtés de ce triangle sont les diagonales du quadrilatère complet formé par les quatre tangentes communes.

Pour déterminer analytiquement les tangentes communes à deux coniques, il faut résoudre les équations tangentielles

$$F(u,\ v,\ w) = 0, \qquad F_1(u,\ v,\ w) = 0$$

de ces coniques. A tout ensemble de solutions $(u_0,\ v_0,\ w_0)$ de ces équations correspond une tangente commune ayant pour équation $u_0 x + v_0 y + w_0 z = 0$.

On démontre que l'équation

$$F(u,\ v,\ w) + \lambda F_1(u,\ v,\ w) = 0$$

est l'équation tangentielle générale des coniques tangentes aux quatre tangentes communes aux coniques $F(u,\ v,\ w) = 0$, $F_1(u,\ v,\ w) = 0$, et l'ensemble des coniques représentées par cette équation est appelé un faisceau *tangentiel*.

Propriétés des faisceaux ponctuels.

488. Considérons le faisceau ponctuel de coniques défini par l'équation

$$(1) \qquad f(x,\ y) + \lambda f_1(x,\ y) = 0.$$

Si on écrit que cette équation est vérifiée par les coordonnées d'un point, on a une équation du premier degré en λ.

On en conclut qu'*il existe une seule conique du faisceau passant par un point donné.*

En écrivant que la conique (1) est tangente à une droite, on obtient une équation du deuxième degré en λ, et par suite *il existe deux coniques du faisceau (réelles ou imaginaires) tangentes à une droite donnée.*

489. Théorème de Desargues. — *Les coniques d'un faisceau ponctuel déterminent sur une droite D des divisions en involution.*

Soit a un point quelconque de la droite D, par ce point il passe une seule conique du faisceau; celle-ci rencontre la droite D en un seul point a', distinct du point a. Donc à tout point a de D correspond un seul point a' de cette même droite, et l'on voit que réciproquement à tout point a' correspond un seul point a.

D'ailleurs puisque l'équation (1) est algébrique, la relation qui lie les abscisses des points a et a' est également algébrique.

On en conclut que les points a et a' décrivent sur D des divisions homographiques.

De plus, quelle que soit la division à laquelle appartient le point a, il lui correspond toujours le même homologue a'.

Il en résulte que les points a et a' sont en involution, et le théorème est démontré.

Conséquence. — Il existe deux coniques du faisceau tangentes à la droite D, les points de contact étant les points doubles des deux divisions.

490. Théorème. — *Les polaires d'un point par rapport aux coniques d'un faisceau ponctuel passent par un point fixe.*

En effet, la polaire du point (x_0, y_0) par rapport à la conique (1) a pour équation

$$x_0\left(\frac{\partial f}{\partial x}+\lambda\frac{\partial f_1}{\partial x}\right)+y_0\left(\frac{\partial f}{\partial y}+\lambda\frac{\partial f_1}{\partial y}\right)+\frac{\partial f}{\partial z}+\lambda\frac{\partial f_1}{\partial z}=0.$$

Cette équation renferme un paramètre λ au premier degré; par suite, la droite qu'elle représente passe par un point fixe.

Les coordonnées de ce point sont d'ailleurs définies par les deux équations

$$x_0\frac{\partial f}{\partial x}+y_0\frac{\partial f}{\partial y}+\frac{\partial f}{\partial z}=0, \qquad x_0\frac{\partial f_1}{\partial x}+y_0\frac{\partial f_1}{\partial y}+\frac{\partial f_1}{\partial z}=0.$$

491. En transformant par polaires réciproques les théorèmes que nous venons d'établir on obtient certaines propriétés des faisceaux tangentiels, c'est-à-dire des ensembles de coniques tangentes à quatre droites.

Dans un faisceau tangentiel, il existe une seule conique tangente à une droite donnée.

Dans un faisceau tangentiel, il existe deux coniques passant par un point donné.

Théorème de Plücker (corrélatif du théorème de Desargues). *Les tangentes menées par un point P aux coniques d'un faisceau tangentiel forment des faisceaux en involution.*

Conséquence. — Il existe deux coniques du faisceau passant par le point P, et les tangentes à ces coniques au point P sont les rayons doubles des faisceaux en involution.

Théorème. — *Les pôles d'une droite par rapport aux coniques d'un faisceau tangentiel sont en ligne droite.*

En particulier, si la droite est à l'infini, son pôle par rapport à une conique est le centre de cette conique. On en conclut que le lieu des centres des coniques tangentes à quatre droites est une droite.

CHAPITRE XXVII

ÉQUATIONS GÉNÉRALES DE CONIQUES

492. Nous avons vu qu'étant données deux coniques (C) et (C$_1$) ayant respectivement pour équations $f(x, y) = 0$, $f_1(x, y) = 0$, l'équation générale des coniques passant par l'intersection de (C) et de (C$_1$) est

$$f(x, y) + \lambda f_1(x, y) = 0.$$

Supposons que la conique (C$_1$) se compose de deux droites; nous avons l'identité $f_1(x, y) \equiv PQ$, P et Q désignant des fonctions linéaires; l'équation

$$(1) \qquad\qquad f(x, y) + \lambda PQ = 0$$

est alors l'équation générale des coniques passant par les points de rencontre de la conique (C) et des droites $P = 0$, $Q = 0$.

493. Coniques bitangentes. — Si les droites $P = 0$, $Q = 0$ sont confondues, autrement dit, si la conique (C$_1$) se réduit à une droite double, l'équation (1) devient

$$(2) \qquad\qquad f(x, y) + \lambda P^2 = 0.$$

Nous allons démontrer que cette équation est l'équation générale des coniques bitangentes à la conique (C) aux points A et B où cette conique est rencontrée par la droite $P = 0$.

Je dis d'abord que, quel que soit λ, cette équation représente une conique bitangente à (C) aux points A et B. Soient en effet x_0, y_0 les coordonnées du point A, la tangente en ce point à la conique (2) a pour équation

$$x \left(f'_{x_0} + 2\lambda P_0 P'_{x_0} \right) + y \left(f'_{y_0} + 2\lambda P_0 P'_{y_0} \right) + f'_{z_0} + 2\lambda P_0 P'_{z_0} = 0,$$

P_0 désignant ce que devient P quand on y remplace x et y par x_0

et y_0. Or P_0 est nul, puisque le point A est sur la droite $P = 0$, par suite l'équation de la tangente devient

$$xf'_{x_0} + yf'_{y_0} + f'_{z_0} = 0,$$

cette droite est tangente en A à la conique (C). Même démonstration pour le point B.

Il reste à établir qu'on peut déterminer λ en sorte que l'équation (2) représente une conique quelconque (Σ) bitangente à (C) aux points A et B. Pour cela, soit $M(x', y')$ un point choisi arbitrairement sur (Σ), écrivons que l'équation (2) est vérifiée par les coordonnées du point M, nous avons $\lambda = -\dfrac{f(x', y')}{P'^2}$; par suite l'équation

$$f(x, y) - \frac{f(x', y')}{P'^2} P^2 = 0$$

représente une conique (Σ') bitangente à (C) en A et B et passant par le point M. Les deux coniques (Σ) et (Σ') coïncident, car il n'existe qu'une seule conique passant par trois points, les tangentes en deux de ces points étant données (473).

Par conséquent, l'équation (2) peut représenter la conique (Σ), le théorème est démontré.

Application. — *Trouver l'équation de l'ensemble des tangentes menées à une conique $f(x, y) = 0$ par un point $P(x_0, y_0)$.*

L'ensemble de ces tangentes constitue une conique bitangente à la conique donnée, la corde des contacts étant la polaire du point P. L'équation cherchée est donc de la forme

$$f(x, y) + \lambda\left(xf'_{x_0} + yf'_{y_0} + f'_{z_0}\right)^2 = 0.$$

Nous déterminerons λ en écrivant que cette équation est vérifiée par les coordonnées du point P ; nous avons

$$f(x_0, y_0) + \lambda\left(x_0f'_{x_0} + y_0f'_{y_0} + f'_{z_0}\right)^2 = 0,$$

d'où nous tirons, en remarquant que

$$x_0f'_{x_0} + y_0f'_{y_0} + f'_{z_0} = 2f(x_0, y_0),$$

$$\lambda = -\frac{1}{4f(x_0, y_0)}.$$

L'équation de l'ensemble des tangentes est donc

$$4f(x, y)f(x_0, y_0) - \left(xf'_{x_0} + yf'_{y_0} + f'_{z_0}\right)^2 = 0,$$

résultat connu (292).

494. Revenons à l'équation

$$(1) \qquad f(x, y) + \lambda PQ = 0,$$

les droites $P = 0$, $Q = 0$ étant distinctes. Supposons que ces droites se coupent en un point A situé sur la conique (C) et rencontrent cette courbe en deux autres points B et C ; il est facile de démontrer que l'équation (1) est l'équation générale des coniques tangentes en A à la conique (C) et passant par les points B et C (*fig.* 161).

Si l'on fait tourner la droite $Q = 0$ autour du point A de façon que cette droite devienne tangente en A à la conique, le point C est

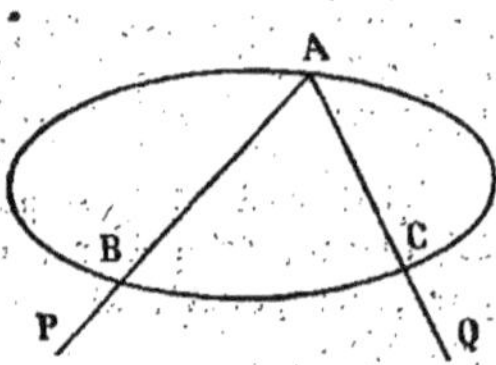

Fig. 161.

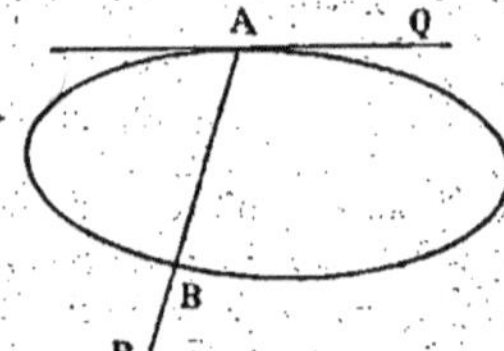

Fig. 162.

alors confondu avec le point A, et l'équation (1) est l'équation générale des coniques ayant au point A un contact du deuxième ordre avec la conique (C) et passant par le point B (*fig.* 162).

Enfin si la droite $P = 0$ est aussi tangente en A à la conique (C), l'équation

$$f(x, y) + \lambda P^2 = 0$$

est l'équation générale des coniques ayant un contact du troisième ordre au point A avec la conique (C).

495. D'après la définition du cercle osculateur (307), on peut dire que le cercle osculateur en un point M d'une conique est un cercle qui admet avec la conique un contact du deuxième ordre au point M.

Des considérations qui précèdent on peut déduire une construction très simple du cercle osculateur en un point d'une conique.

Nous nous appuierons sur le théorème suivant :

Théorème. — *La condition nécessaire et suffisante pour que les quatre points de rencontre de deux coniques soient sur un cercle est que les axes de ces coniques soient parallèles.*

Soient

$$f(x, y) \equiv Ax^2 + 2Bxy + Cy^2 + 2Dx + 2Ey + F = 0,$$
$$f_1(x, y) \equiv A'x^2 + 2B'xy + C'y^2 + 2D'x + 2E'y + F' = 0$$

les équations des deux coniques; une conique quelconque passant par les points d'intersection a pour équation

$$f(x, y) + \lambda f_1(x, y) = 0$$

ou

$$(A + \lambda A')x^2 + 2(B + \lambda B')xy + (C + \lambda C')y^2 + \ldots = 0.$$

Pour que cette conique soit un cercle (les axes de coordonnées étant rectangulaires) il faut qu'on ait

$$A + \lambda A' = C + \lambda C', \qquad B + \lambda B' = 0;$$

et, en égalant les valeurs de λ tirées de ces deux équations, on a

$$\frac{A - C}{B} = \frac{A' - C'}{B'}.$$

Or cette relation exprime que les coniques ont leurs axes parallèles, car l'équation aux coefficients angulaires des axes de la conique $f(x, y) = 0$ peut se mettre sous la forme

$$m^2 + \frac{A - C}{B} m - 1 = 0.$$

496. Cas particulier. — Si l'une des coniques se réduit à deux droites, les axes de cette conique sont les bissectrices des droites; par conséquent, pour que les quatre points de rencontre d'une conique et de deux droites soient sur un cercle, il faut et il suffit que les bissectrices des droites soient parallèles aux axes de la conique, ou, ce qui revient au même, que les deux droites soient également inclinées sur les axes de la conique, mais en sens contraires.

497. Cercle osculateur. — D'après cela, si un cercle rencontre une conique en quatre points M, N, P, Q, deux sécantes communes d'un même couple, par exemple MP, NQ, sont également inclinées sur les axes de la conique, mais en sens contraires.

Si le cercle est tangent en M à la conique et la rencontre en deux autres points P et Q, les droites MP et MQ jouissent de la même propriété.

Pour que le cercle ait un contact du deuxième ordre avec la conique au point M, il faut que l'une des droites MP, MQ soit tangente en M à la conique.

On en conclut que pour construire le cercle osculateur en un point M d'une conique, on mène la tangente MQ à cette conique au point M, puis on construit la droite MP faisant avec les axes de la conique les mêmes angles que MQ mais en sens contraires. Il n'y a plus alors qu'à

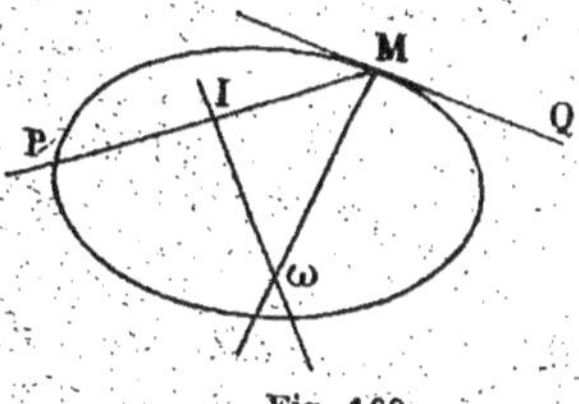

Fig. 163.

construire un cercle tangent en M à la droite MQ et passant par le point P. Son centre est le point de rencontre ω de la normale à la conique au point M et de la perpendiculaire menée à MP en son milieu I (*fig.* 163).

498. Si le point M est sommet de la conique, la droite MP est confondue avec la tangente MQ ; le cercle osculateur admet alors un contact du troisième ordre, et la construction précédente ne suffit plus à le déterminer.

Cherchons dans ce cas l'équation de ce cercle, en supposant que la conique soit une ellipse.

Soit $\dfrac{x^2}{a^2} + \dfrac{y^2}{b^2} - 1 = 0$ l'équation de la courbe, et considérons le sommet A qui a pour coordonnées $(a, 0)$. L'équation générale des coniques ayant avec l'ellipse un contact du troisième ordre au point A est (494)

$$\frac{x^2}{a^2} + \frac{y^2}{b^2} - 1 + \lambda(x - a)^2 = 0 ;$$

en écrivant que cette conique est un cercle, nous avons $\lambda = \dfrac{1}{b^2} - \dfrac{1}{a^2}$, et, en remplaçant λ par cette valeur, nous avons pour équation du cercle osculateur

$$x^2 + y^2 - 2\frac{c^2}{a}x + a^2 - 2b^2 = 0.$$

Le centre du cercle a pour coordonnées $\dfrac{c^2}{a}$ et 0 ; c'est l'un des points de rebroussement de la développée.

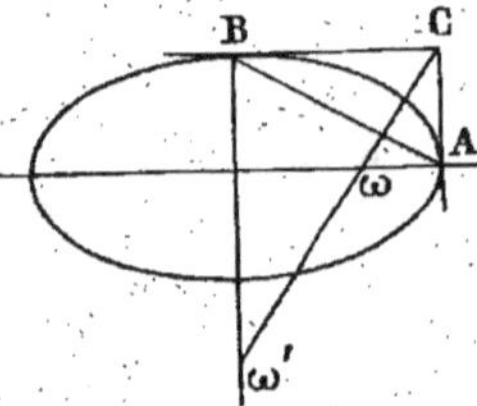

On verrait de même que le cercle osculateur au sommet B$(0, b)$ a pour équation

$$x^2 + y^2 + 2\frac{c^2}{b}y + b^2 - 2a^2 = 0.$$

On vérifie facilement que les centres de ces deux cercles sont situés sur la droite menée par le point C(a, b) perpendiculairement à la droite AB (*fig.* 164).

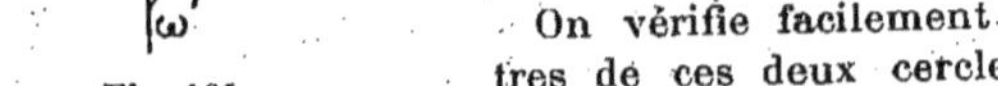

Fig. 164.

499. Considérons maintenant deux coniques réduites chacune à un système de deux droites et ayant pour équations

$$PQ = 0, \qquad RS = 0,$$

P, Q, R, S désignant des fonctions linéaires,

L'équation

$$(1) \qquad PQ + \lambda RS = 0$$

est l'équation générale des coniques passant par les quatre points où les droites $P = 0$, $Q = 0$ rencontrent les droites $R = 0$, $S = 0$, c'est-à-dire des coniques passant par les quatre points A, B, C, D (*fig.* 165).

Si les droites $R = 0$, $S = 0$ se coupent sur la droite $Q = 0$ au point A, l'équation (1) est l'équation générale des coniques tan-

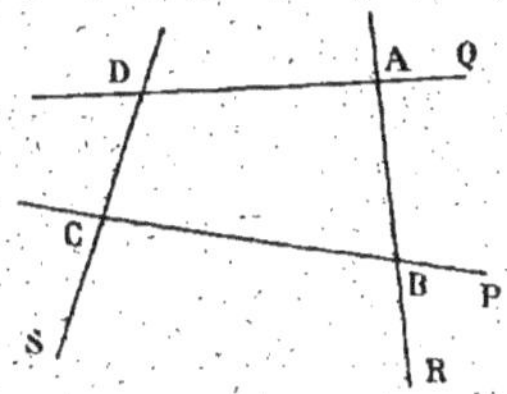
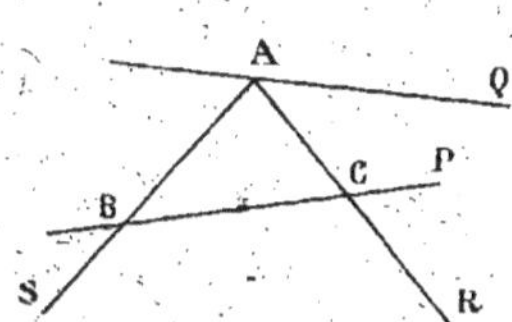

Fig. 165.   Fig. 166.

gentes à la droite $Q = 0$ au point A et passant par les points B et C (*fig.* 166).

Enfin, en raisonnant comme plus haut, on démontre aisément que l'équation

$$PQ + \lambda R^2 = 0$$

est l'équation générale des coniques tangentes aux droites $P = 0$, $Q = 0$, les points de contact étant situés sur la droite $R = 0$.

Par exemple, l'équation générale des coniques tangentes à Ox au point $A(a, 0)$ et à Oy au point $B(0, b)$ est

$$xy + \lambda \left(\frac{x}{a} + \frac{y}{b} - 1 \right)^2 = 0,$$

ou, en posant $\lambda = \dfrac{1}{2\mu}$,

$$\left(\frac{x}{a} + \frac{y}{b} - 1 \right)^2 + 2\mu xy = 0,$$

équation déjà obtenue au n° 473.

Nouvelle définition des foyers.

500. L'équation d'une conique ayant pour foyer le point (α, β) peut s'écrire, en supposant les axes de coordonnées rectangulaires,

$$(x - \alpha)^2 + (y - \beta)^2 - (lx + my + h)^2 = 0.$$

Sous cette forme on reconnaît l'équation d'une conique bitangente au cercle de rayon nul $(x - \alpha)^2 + (y - \beta)^2 = 0$, la corde des contacts ayant pour équation $lx + my + h = 0$.

On en conclut qu'*un foyer est un cercle de rayon nul bitangent à la conique*.

L'équation précédente peut aussi s'écrire

$$[y - \beta - i(x - \alpha)][y - \beta + i(x - \alpha)] - (lx + my + h)^2 = 0;$$

elle montre que la conique est tangente aux droites isotropes issues du point (α, β), la corde des contacts étant la directrice.

On peut donc définir les foyers de la manière suivante :

On appelle foyer d'une conique un point tel que les tangentes issues de ce point à la conique soient isotropes, ou passent par les points cycliques du plan.

Cette définition est due à PLÜCKER.

La corde des contacts des tangentes issues d'un foyer est appelée la directrice relative à ce foyer; c'est par suite la polaire du foyer.

Il est alors aisé de déterminer *a priori* le nombre des foyers d'une conique.

En effet, de chaque point cyclique on peut mener à la conique deux tangentes; ces tangentes se coupent deux à deux en quatre points qui sont les foyers de la conique. De plus, les tangentes issues d'un point cyclique sont imaginaires, et respectivement imaginaires conjuguées des tangentes issues de l'autre point cyclique. Comme deux droites imaginaires conjuguées se coupent en un point réel, on voit que des quatre foyers d'une conique, deux sont réels et deux imaginaires conjugués.

Ce raisonnement ne s'applique qu'à l'ellipse et à l'hyperbole. En effet, la parabole est tangente à la droite de l'infini; de chaque point cyclique on ne peut lui mener qu'une tangente autre que la droite de l'infini. La parabole a donc un seul foyer, qui est réel.

501. De la définition de Plücker on déduit immédiatement les coordonnées des foyers d'une conique.

Soient en effet

$$f(x, y) \equiv Ax^2 + 2Bxy + Cy^2 + 2Dx + 2Ey + F = 0$$

l'équation d'une conique rapportée à des axes rectangulaires. L'ensemble des tangentes menées à cette conique par le point (α, β) a pour équation

$$(xf'_\alpha + yf'_\beta + f'_\gamma)^2 - 4f(x, y)f(\alpha, \beta) = 0.$$

Pour que le point (α, β) soit foyer, il faut que ces tangentes soient isotropes, c'est-à-dire que le coefficient de x^2 soit égal à celui de y^2 et que le coefficient de xy soit nul.

Nous obtenons ainsi les équations

$$f_\alpha'^2 - f_\beta'^2 - 4(A - C)f(\alpha, \beta) = 0,$$
$$f_\alpha' f_\beta' - 4Bf(\alpha, \beta) = 0,$$

qui déterminent les foyers.

On peut dire aussi que les foyers sont les points de rencontre des deux courbes

$$f_x'^2 - f_y'^2 - 4(A - C)f(x, y) = 0,$$
$$f_x' f_y' - 4Bf(x, y) = 0,$$

ou, en remplaçant $f(x, y)$, f_x', f_y' par leurs valeurs et en ordonnant,

$$(1) \qquad \begin{cases} f(x^2 - y^2) - 2dx + 2ey + a - c = 0, \\ fxy - ex - dy + b = 0, \end{cases}$$

a, b, ... ayant les significations indiquées au n° 92.

1° $f \neq 0$. *La conique est une ellipse ou une hyperbole.*

Les équations (1) représentent deux hyperboles équilatères ayant le même centre ω que la conique donnée $\left(x = \dfrac{d}{f},\ y = \dfrac{e}{f}\right)$; les asymptotes de l'une sont les bissectrices de celles de l'autre. Ces deux hyperboles se coupent en deux points réels symétriques par rapport au point ω. Donc l'ellipse et l'hyperbole ont deux foyers réels.

2° $f = 0$. *La conique est une parabole.*

Les équations (1) représentent deux droites qui ont un point commun, qui est le seul foyer de la parabole.

REMARQUE. — On peut d'ailleurs obtenir immédiatement les équations (1) en partant de l'équation tangentielle de la conique

$$au^2 + 2buv + cv^2 + 2duw + 2evw + fw^2 = 0.$$

L'équation aux coefficients angulaires des tangentes issues du point (α, β) s'obtient en écrivant que la droite $y - \beta = t(x - \alpha)$, ou $x - y + \beta - t\alpha = 0$, est tangente, ce qui donne

$$at^2 - 2bt + c + 2dt(\beta - t\alpha) - 2e(\beta - t\alpha) + f(\beta - t\alpha)^2 = 0,$$
ou

$$t^2(a - 2d\alpha + f\alpha^2) - 2t(b - d\beta - e\alpha + f\alpha\beta) + c - 2e\beta + f\beta^2 = 0.$$

Pour que ces tangentes soient isotropes, il faut que cette équation ait mêmes racines que l'équation $t^2 + 1 = 0$, c'est-à-dire que le coefficient de t^2 soit égal au terme indépendant et que le coefficient de t soit nul. On trouve ainsi

$$f(\alpha^2 - \beta^2) - 2d\alpha + 2e\beta + a - c = 0,$$
$$f\alpha\beta - e\alpha - d\beta + b = 0.$$

CHAPITRE XXVIII

PROPRIÉTÉS HOMOGRAPHIQUES DES CONIQUES

502. Théorème. — *Étant donnés une conique, deux points* O *et* O′ *situés sur cette conique, si l'on joint ces deux points à un point variable* a *de la conique, les droites* Oa *et* O′a *décrivent des faisceaux homographiques.*

En effet, si nous nous donnons arbitrairement la droite Oa, elle rencontre la conique en un seul point a distinct du point O, et la droite O′a est déterminée. Donc à toute droite Oa correspond une seule droite O′a. On voit de même que réciproquement, à toute

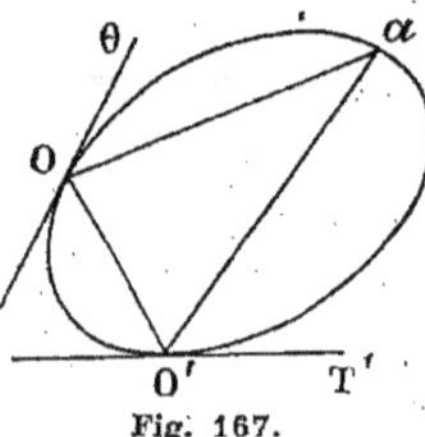

Fig. 167.

droite O′a correspond une seule droite Oa. De plus, puisque la conique est une courbe algébrique, la relation qui existe entre les coefficients angulaires de Oa et de O′a est algébrique. Il en résulte que les droites Oa et O′a décrivent des faisceaux homographiques.

REMARQUE. — Si le point a se rapproche indéfiniment du point O′, la droite O′a a pour limite la tangente O′T′, et Oa a pour limite OO′.

Par suite, à la droite OO′ du faisceau O correspond la tangente O′T′ dans le faisceau O′. De même à la droite O′O du faisceau O′ correspond la tangente Oθ dans le faisceau O (*fig.* 167).

503. Rapport anharmonique de quatre points d'une conique. — Soient a, b, c, d quatre points quelconques de la conique ; d'après une propriété importante des faisceaux homographiques (165) les quatre droites Oa, Ob, Oc, Od ont même rapport anharmonique que les quatre droites homologues O′a, O′b, O′c, O′d; on peut donc écrire

$$(O.abcd) = (O'.abcd).$$

Par suite, si les quatre points a, b, c, d sont fixes et le point O variable, le rapport anharmonique $(O.abcd)$ conserve une valeur constante, d'où le théorème :

Si l'on joint un point variable O d'une conique à quatre points fixes a, b, c, d de cette conique, le rapport anharmonique du faisceau des quatre droites Oa, Ob, Oc, Od est constant.

Ce rapport constant est appelé *le rapport anharmonique des quatre points a, b, c, d.*

504. Cas particulier. — Supposons que les points c et d soient les points cycliques du plan; alors la conique qui passe par ces points est un cercle.

Le rapport anharmonique $\rho = (O.abcd)$ est une fonction de l'angle V que fait la droite Oa avec la droite Ob. Or, ρ étant constant, V l'est aussi, et nous avons ce théorème :

Si on joint un point variable O d'un cercle à deux points fixes a et b de ce cercle, l'angle que fait la droite Oa avec la droite Ob est constant.

C'est un théorème bien connu de géométrie élémentaire.

505. Théorème. — *Le lieu géométrique des points de rencontre des rayons homologues de deux faisceaux homographiques est une conique passant par les sommets des deux faisceaux.*

Soient O et O' les sommets des deux faisceaux et m le point de rencontre de deux rayons homologues OL et $O'L'$. Comme il existe une relation algébrique entre les coefficients angulaires de ces droites, le lieu du point m est une courbe algébrique, et pour avoir le degré de cette courbe, il suffit de déterminer le nombre de ses points de rencontre avec une droite quelconque D.

Soient α et α' les points où OL et $O'L'$ rencontrent la droite D; les points α et α' décrivent sur D des divisions homographiques de même base. Comme le point m ne peut venir sur la droite D que si α et α' sont confondus, on voit que les points de rencontre de D et du lieu sont les points doubles des divisions homographiques tracées par α et α' (*fig.* 168).

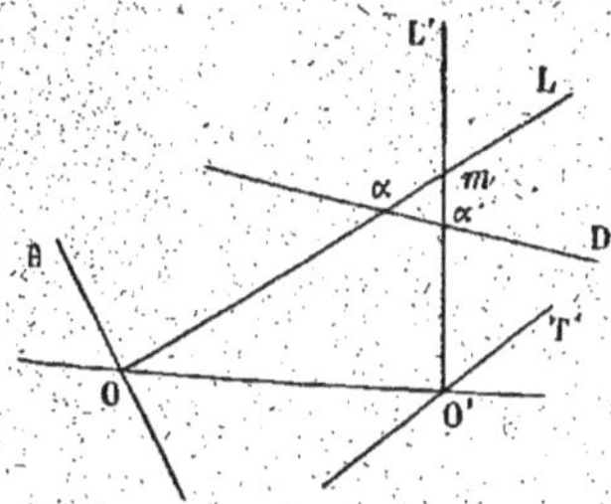

Fig. 168.

Or, il existe deux points doubles, donc le lieu est du deuxième degré, c'est une conique.

506. Soit O'T' le rayon du faisceau O' homologue de OO', considéré comme appartenant au faisceau O. Quand la droite OL se rapproche indéfiniment de OO', la droite O'L' a pour limite O'T', et le point m tend vers le point O'. On en conclut que le lieu passe par le point O' et que la tangente en ce point est la droite O'T'.

On verrait de même que la conique lieu passe par le point O et que la tangente en ce point est la droite Oθ, rayon du faisceau O qui est l'homologue de OO', considéré comme appartenant au faisceau O'.

507. **Cas particulier.** — Si la droite OO' se correspond à elle-même, en d'autres termes, si les deux faisceaux ont un rayon homologue commun, le lieu du point m est une droite (167).

On peut dire aussi que le lieu est encore une conique qui se compose de la droite OO' et d'une autre droite.

EXEMPLE. — *On donne un cercle, deux points A et B sur le cercle et un point P non situé sur le cercle. Par le point P on mène une droite quelconque rencontrant le cercle aux points C et D; on joint AC et BD qui se coupent en M. Trouver le lieu géométrique du point M.*

Donnons-nous arbitrairement la droite AC (*fig.* 169); elle rencontre le cercle en un seul point C, distinct du point A. La droite PC coupe alors le cercle en un seul point D, distinct du point C, et la droite BD se trouve ainsi déterminée. Donc, à toute droite AC correspond une seule droite BD, et réciproquement. D'ailleurs, les coefficients angulaires de AC et BD sont liés par une relation algébrique, puisque le cercle est une courbe algébrique.

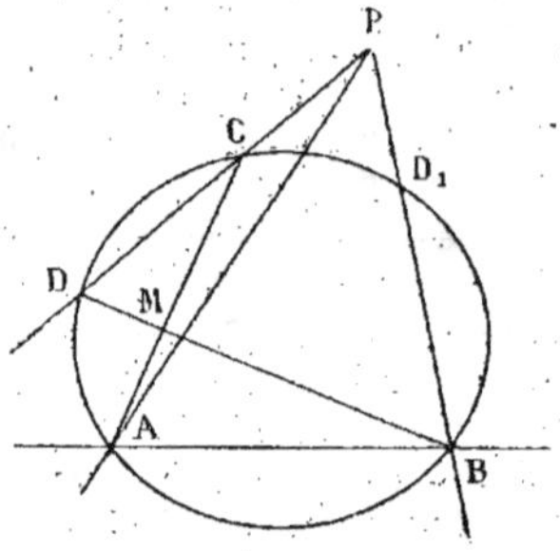

On en conclut que AC et BD décrivent des faisceaux homographiques, donc le lieu du point M est une conique qui passe aux points A et B.

La tangente en B à cette conique est la droite du faisceau B, homologue de la droite AB, considérée comme appartenant au faisceau A. Or, nous avons montré plus haut comment, étant donnée la droite AC, on construit son homologue BD. Si AC est confondu avec AB, le point C est au point B, la droite PB rencontre le cercle au point D_1, et par suite le rayon homologue de AB est BD_1 ou BP.

Fig. 169.

Donc la tangente en B à la conique est la droite PB; on voit de même que la tangente en A est la droite PA.

Par suite, si le point P n'est pas situé sur la droite AB, cette droite n'est pas elle-même son homologue, le lieu est une conique proprement dite.

Mais si le point P est sur AB, la droite AB se correspond a elle-même, le lieu du point M est une droite, qui est d'ailleurs la polaire du point P par rapport au cercle (366).

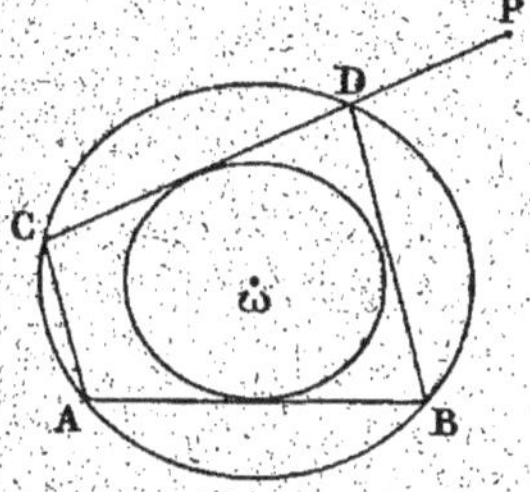

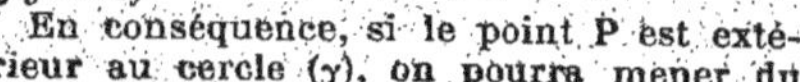

Fig. 170.

On peut déterminer la nature de la conique en cherchant si elle a des points à l'infini.

Pour que le point M s'éloigne à l'infini, il faut que les droites AC et BD soient parallèles. S'il en est ainsi, les cordes AB et CD sous-tendent des arcs égaux, donc elles sont égales, et par suite CD est tangente au cercle (γ), qui est à la fois tangent à AB et concentrique au cercle donné; et réciproquement si CD est tangente à ce cercle, AC et BD sont parallèles (*fig.* 170).

En conséquence, si le point P est extérieur au cercle (γ), on pourra mener du point P deux tangentes à ce cercle, le lieu admet des points à l'infini dans deux directions différentes, c'est une hyperbole.

Si le point P est intérieur au cercle (γ), le lieu est une ellipse, et enfin si le point P est sur le cercle (γ), il y a des points à l'infini dans une seule direction, le lieu est une parabole.

En particulier si le point P est au centre ω du cercle (γ), le lieu est un cercle, car l'angle AMB est constant.

Théorèmes corrélatifs.

508. En transformant par polaires réciproques les théorèmes précédents, on obtient de nouveaux théorèmes que nous allons d'ailleurs établir directement.

Théorème. — *Étant données une conique, deux tangentes fixes* Δ *et* Δ′ *à cette conique, si l'on mène une tangente variable* A, *cette droite rencontre* Δ *et* Δ′ *en des points a et a′ qui décrivent des divisions homographiques.*

En effet, donnons-nous arbitrairement le point a sur Δ (*fig.* 171); de ce point on peut mener à la conique une seule tangente (autre que Δ)) qui rencontre Δ′ en un seul point a′. Donc à tout point a de Δ correspond un seul point a′ et Δ′, et réciproquement. De plus, comme la conique est une courbe algébrique, la relation qui existe entre les abscisses des points a et a′ est algébrique. Il en résulte que les points a et a' tracent sur Δ et Δ' des divisions homographiques.

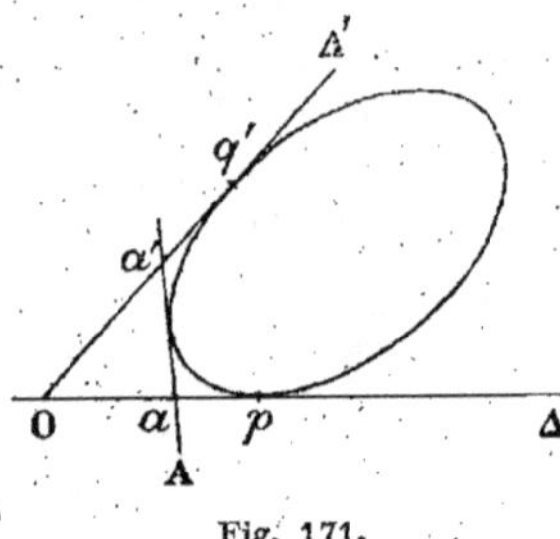

Fig. 171.

REMARQUE. — Si la tangente variable A se rapproche indéfiniment de Δ, le point a a pour limite le point de contact p de Δ, et a' a pour limite le point O, intersection de Δ et Δ'. Donc au point p de Δ correspond sur Δ' le point O. On voit de même qu'au point q' où Δ' touche la conique correspond sur Δ le point O.

509. Rapport anharmonique de quatre tangentes d'une conique. — Soient A, B, C, D quatre tangentes quelconques de la conique, rencontrant Δ et Δ' aux points (a, a'), (b, b'), (c, c') et (d, d'). D'après une propriété bien connue des divisions homographiques (153), on a

$$(abcd) = (a'b'c'd').$$

Par suite, si les droites A, B, C, D sont fixes et la tangente Δ variable, le rapport anharmonique $(abcd)$ conserve une valeur constante; on a donc ce théorème :

Si l'on coupe quatre tangentes fixes d'une conique par une tangente variable, le rapport anharmonique des quatre points de rencontre est constant.

Ce rapport constant est appelé le *rapport anharmonique des quatre tangentes fixes.*

510. Théorème. — *Le rapport anharmonique de quatre points d'une conique est égal au rapport anharmonique des quatre tangentes en ces points.*

Soient a, b, c, d quatre points quelconques d'une conique, A, B, C, D les tangentes en ces points; prenons un point quelconque O sur la conique, et menons la tangente Δ en ce point. Joignons Oa, Ob, Oc et Od, et désignons par α, β, γ, δ les points de rencontre de Δ et des quatre tangentes A, B, C, D (*fig.* 172).

Le rapport anharmonique des quatre points a, b, c, d est égal par définition au rapport anharmonique du faisceau $(O.abcd)$, et le rapport anharmonique des quatre tangentes A, B, C, D est égal au rapport anharmonique des quatre points α, β, γ, δ. Tout revient à démontrer que

$$(O.abcd) = (\alpha\beta\gamma\delta).$$

Si nous nous donnons arbitrairement la droite Oa, elle rencontre la conique en un seul point a distinct du point O, et la tangente en a rencontre la droite Δ en un seul point α. Donc, à toute droite Oa correspond un seul point α de la droite Δ, et réciproquement à tout point α, choisi arbitrairement sur Δ, correspond une seule droite Oa passant par le point O. De plus, la relation qui existe entre le coefficient angulaire de Oa et l'abscisse de α est évidemment algébrique; par suite cette relation est homographique.

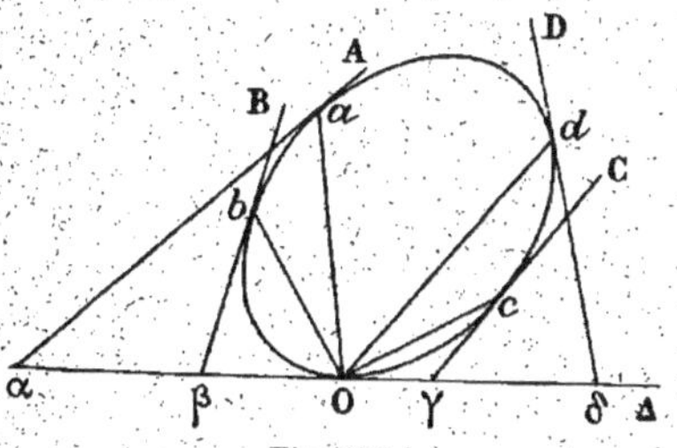

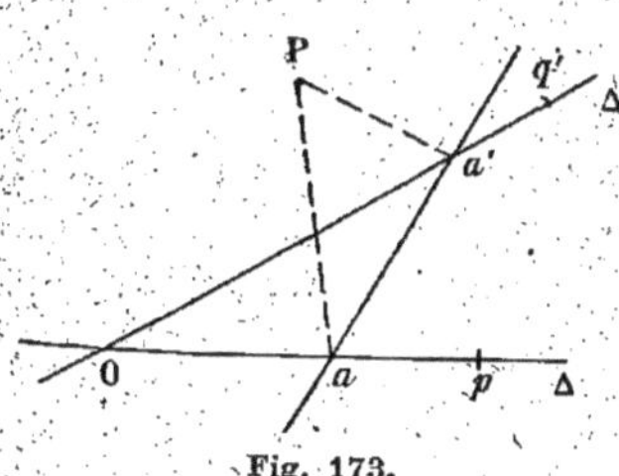
Fig. 172.

Si nous joignons le point α à un point fixe O' du plan, les droites Oa et $O'\alpha$ décrivent des faisceaux homographiques, on a donc

$$(O.abcd) = (O'.\alpha\beta\gamma\delta),$$

ou

$$(O.abcd) = (\alpha\beta\gamma\delta).$$

511. Théorème. — *L'enveloppe des droites qui joignent les points homologues de deux divisions homographiques est une conique tangente aux droites qui portent les divisions.*

Supposons que les points a et a' décrivent des divisions homographiques sur les droites Δ et Δ'; cherchons l'enveloppe de la droite aa'. Comme il existe une relation algébrique entre les abscisses de ces points, l'enveloppe de cette droite est une courbe algébrique, et pour avoir la classe de cette courbe, il suffit de déterminer le nombre de droites aa' qui passent par un point donné P du plan (fig. 173).

Fig. 173.

Joignons Pa et Pa'; ces droites décrivent des faisceaux homographiques de même sommet. Pour que la droite aa passe par le point P, il faut et il suffit que Pa et Pa' soient confondues; il en résulte que les tangentes issues du point P à l'enveloppe sont les rayons doubles de deux faisceaux homographiques de même sommet.

Or ces rayons doubles sont au nombre de deux; par le point P on peut mener deux tangentes à l'enveloppe, celle-ci est de deuxième classe, c'est une conique.

Soit O le point de rencontre des droites Δ et Δ'; désignons par p le point de la droite Δ qui est l'homologue du point O, considéré comme appartenant à Δ', et par q' le point de Δ' qui est l'homologue du point O, considéré comme appartenant à Δ.

Quand a se rapproche indéfiniment du point p, a' se rapproche du point O, et la droite aa' a pour limite la droite Δ. Donc la conique est tangente à Δ. De plus, le point p étant la position limite du point de rencontre des tangentes Δ et aa' quand celle-ci se rapproche indéfiniment de Δ, la conique est tangente à Δ au point p.

On voit de même qu'elle est tangente à Δ' au point q'.

512. Cas particulier. — Si le point O se correspond à lui-même, c'est-à-dire si les deux divisions homographiques ont deux points homologues confondus, la droite qui joint les points homologues passe par un point fixe (155).

EXEMPLE. — *On donne dans un plan deux droites Ox, Ox' et un point A. Par ce point on mène deux droites rectangulaires variables dont l'une rencontre Ox au point a, et l'autre Ox' au point a'. Trouver l'enveloppe de la droite aa'.*

On voit sans difficulté que les points a, a' tracent sur Ox, Ox' des divisions homographiques; on en conclut que la droite aa' enveloppe une conique Γ tangente aux droites Ox, Ox'; les points de contact p, q' sont les homologues du point O dans les deux divisions; ils sont sur la droite menée par A perpendiculairement à OA.

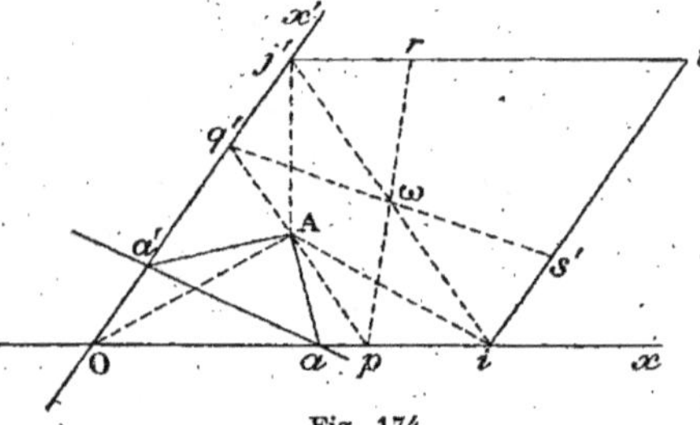

Fig. 174.

Si le point a' s'éloigne indéfiniment sur Ox', le point a a pour limite le point i de Ox, situé sur la perpendiculaire menée à Ox' par le point A; et la droite aa' a pour limite la droite it, parallèle à Ox'.

Si le point a s'éloigne indéfiniment sur Ox, le point a' a pour limite le point j' de Ox', situé sur la perpendiculaire menée à Ox par le point A, et la droite aa' a pour limite la droite $j't$, parallèle à Ox.

Comme les droites it et $j't$ sont tangentes à la conique Γ, celle-ci est inscrite dans le parallélogramme Oitj'; par suite, le centre de cette conique est le centre du parallélogramme : c'est le point ω, milieu de ij'. Les points de contact r, s' des tangentes $j't$, it sont les symétriques de p, q' par rapport à ω.

La conique Γ est ainsi bien déterminée.

Si, comme dans le cas de la figure 174, le point p est situé entre O et i, la conique Γ a un point p compris entre les deux tangentes parallèles Oj', it : c'est une ellipse. Ceci a lieu lorsque le point A est situé dans l'angle aigu des deux droites Ox, Ox'.

Si le point A est dans l'angle obtus de ces droites, on voit aisément que le point p est extérieur au segment oi : la conique Γ est une hyperbole.

Enfin, si les droites Ox, Ox' sont perpendiculaires, les points i, j' sont à l'infini ; la droite de l'infini est une position particulière de aa' : la conique Γ est une parabole.

Divisions homographiques sur une conique.

513. Nous avons vu (229) qu'une conique quelconque est une courbe unicursale ; on peut donc exprimer les coordonnés d'un point quelconque de la courbe en fonction rationnelle d'un paramètre par des formules de la forme

$$ x = \frac{f(t)}{\varphi(t)}, \qquad y = \frac{f_1(t)}{\varphi(t)}, $$

dans lesquelles $f(t)$, $f_1(t)$, $\varphi(t)$ désignent des polynomes du deuxième degré.

A toute valeur de t correspond un seul point de la courbe, et à tout point m de la courbe correspond une seule valeur de t qui est appelée le t du point m.

Cela posé, on dit qu'il existe une correspondance homographique entre les points de la conique lorsque les trois conditions suivantes sont remplies :

1° A tout point de la conique considéré comme appartenant à la première division correspond dans la seconde *un seul* point de la conique.

2° A tout point de la conique considéré comme appartenant à la deuxième division correspond dans la première *un seul* point de la conique.

3° Les t des points correspondants (ou homologues) sont liés algébriquement.

On dit aussi que deux points homologues tracent sur la conique des divisions homographiques.

Il résulte de cette définition que les t de deux points homologues vérifient une relation homographique

$$ Att' + Bt + Ct' + D = 0. $$

On verra comme au n° 139 que deux divisions homographiques sur une conique sont bien définies quand on donne trois couples de points homologues.

Il existe deux points doubles dont les t sont racines de l'équation.

$$\mathrm{A}t^2 + (\mathrm{B} + \mathrm{C})t + \mathrm{D} = 0.$$

514. Théorème. — *On donne deux faisceaux homographiques de sommets* O, O' *et une conique passant par ces deux sommets. Deux rayons homologues quelconques* Δ, Δ' *rencontrent la conique en des points* m, m' *qui sont des points homologues de deux divisions homographiques tracées sur la conique.*

1° Soit m un point quelconque de la conique considéré comme appartenant à la première division. A la droite Om, considérée comme appartenant au faisceau (O), correspond dans le faisceau (O') une seule droite Δ'; celle-ci rencontre la conique en *un seul* point m', distinct de O'. Donc, à tout point m de la conique, considéré comme appartenant à la première division, correspond dans la seconde un seul point m' de la conique.

2° Soit m' un point quelconque de la conique considéré comme appartenant à la deuxième division. A la droite O'm', considérée comme appartenant au faisceau (O'), correspond dans le faisceau (O) une seule droite Δ; celle-ci rencontre la conique en *un seul* point m, distinct du point O. Donc à tout point m' de la conique, considéré comme appartenant à la deuxième division, correspond dans la première un seul point m de la conique.

3° Les t des points m, m' sont liés algébriquement, puisque les pentes de Δ, Δ' sont liées algébriquement.

CAS PARTICULIER. — *On donne une conique, deux points fixes* O, O' *sur cette conique et une droite* D. *On joint les points* O, O' *à un point* p *variable sur la droite* D; *les droites* Op, O'p *rencontrent la conique en des points homologues de deux divisions homographiques.*

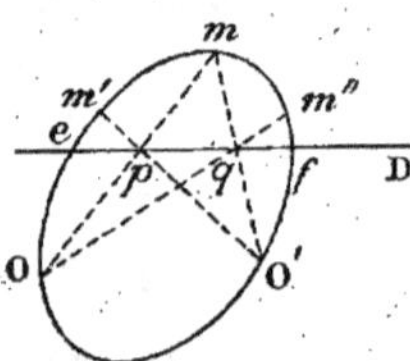
Fig. 175.

C'est un cas particulier du théorème précédent, car les droites Op, O'p sont des rayons homologues de deux faisceaux homographiques.

Prenons un point arbitraire m sur la conique. Supposons d'abord que le point m appartienne à la première division, et cherchons son homologue m' dans la seconde; pour cela, nous joignons le point O' au point p où Om rencontre D, et la droite O'p coupe la conique au point m'

Si le point m appartient à la deuxième division, nous avons son homologue m'' dans la première, en joignant le point O au point q où O'm rencontre D, et la droite Oq rencontre la conique au point m''.

Les points doubles e, f sont les points d'intersection de la conique et de la droite D.

515. Le théorème du n° 514 est encore vrai, si les deux faisceaux homographiques ont le même sommet O, situé sur la conique. Dans ce cas, les rayons doubles de ces faisceaux rencontrent la conique aux points doubles des divisions homographiques.

516. Théorème. — *On donne deux divisions homographiques sur une conique et deux points O, O' sur la conique. Les droites qui joignent les points O, O' à deux points homologues des divisions sont des rayons homologues de deux faisceaux homographiques.*

1° Considérons une droite quelconque Δ passant par le point O et rencontrant la conique au point m. Au point m, considéré comme appartenant à la première division, correspond dans la seconde *un seul* point m' ; par suite, à la droite Δ correspond *une seule* droite O'm', ou Δ', passant par le point O'.

2° Soit maintenant une droite Δ' passant par le point O', et rencontrant la conique au point m'. Au point m', considéré comme appartenant à la deuxième division, correspond dans la première *un seul* point m ; donc, à la droite Δ' correspond *une seule* droite Om, ou Δ, passant par le point O.

3° Les pentes de Δ, Δ' sont liées algébriquement, puisque les t de m, m' sont liés algébriquement.

517. Théorème. — *La droite qui joint deux points homologues de deux divisions homographiques sur une conique C enveloppe une autre conique Γ bitangente à C aux points doubles des deux divisions.*

Soit m un point arbitraire de la conique C. Ce point a deux homologues m', m'', suivant qu'on le considère comme appartenant à la première ou à la seconde division. Donc, par le point m on peut mener deux tangentes mm', mm'' à l'enveloppe ; l'enveloppe est une courbe de seconde classe : c'est une conique Γ.

De plus, si le point m se rapproche indéfiniment d'un point double e, m' et m'' tendent vers le point e, et les droites mm', mm'' ont pour limite commune la tangente et à la conique C. On en conclut que la conique Γ est tangente au point e à la droite et, ou à la conique C.

518. Divisions en involution sur une conique. — On dit que deux divisions homographiques sur une conique sont *en involution*, si tout point m de la conique, considéré comme appartenant à l'une ou à l'autre des deux divisions, a toujours le même homologue.

Pour qu'il en soit ainsi, il faut et il suffit que les t de deux points homologues vérifient une relation involutive de la forme

$$A tt' + B(t + t') + D = 0.$$

Deux divisions en involution sur une conique sont définies par deux couples de points homologues.

519. On établira sans difficulté les théorèmes suivants :

I. *Deux rayons homologues de deux faisceaux en involution ayant leur sommet O sur une conique rencontrent la conique en deux points homologues de deux divisions en involution, et réciproquement, si l'on joint un point O d'une conique à deux points homologues de deux divisions en involution tracées sur la conique, on obtient des rayons homologues de deux faisceaux en involution.*

II. *Si par un point P on mène une droite variable rencontrant une conique en deux points m, m', ces points sont des points homologues de deux divisions en involution sur la conique, et réciproquement, la droite qui joint deux points homologues quelconques de deux divisions en involution sur une conique passe par un point fixe.*

520. Théorème. — *Soient (a, a'), (b, b') deux couples de points homologues de deux divisions homographiques sur une conique et e, f les points doubles : les droites ab', ba' se coupent sur la droite ef.*

En effet, les points a', b', e, f ont respectivement pour homologues a, b, e, f ; par suite, si nous joignons les quatre premiers au point a, les quatre autres au point a', nous obtenons quatre couples de rayons homologues de deux faisceaux homographiques $(aa', a'a)$, $(ab', a'b)$, $(ae, a'e)$, $(af, a'f)$. Or ces deux faisceaux ont deux rayons homologues confondus, aa' et $a'a$; par suite, les autres rayons homologues se coupent deux à deux en des points en ligne droite.

521. Si l'on se donne *six points quelconques* d'une conique, et qu'on les fasse correspondre deux à deux, par exemple (a, a'), (b, b'), (c, c'), ces trois couples de points définissent deux divisions homographiques sur la conique. Il en résulte que les couples de droites (ab', ba'), (bc', cb'), (ca', ac') se couperont en trois points situés sur une même ligne droite, qui rencontrera la conique aux points doubles e, f des deux divisions.

522. Théorème de Pascal. — *Dans tout hexagone inscrit à une conique, les points de concours des côtés opposés sont en ligne droite.*

Considérons l'hexagone $ab'ca'bc'$; les côtés opposés sont (ab', ba'), $(b'c, bc')$, $(ca', c'a)$. Les points de concours de ces côtés deux à deux sont en ligne droite d'après la remarque précédente (*fig. 176*).

Le théorème est encore vrai, si l'hexagone est concave. Dans ce

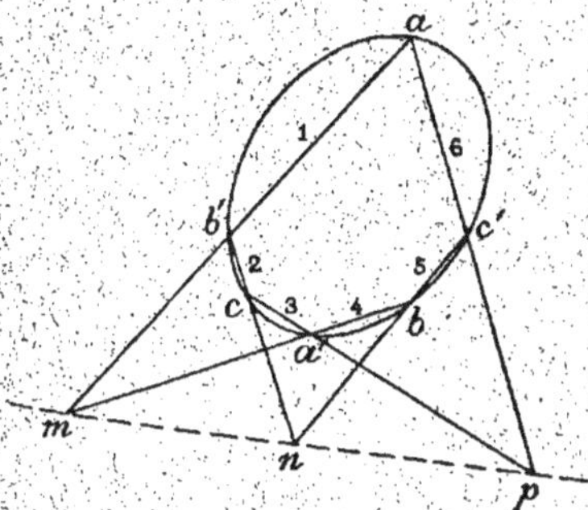

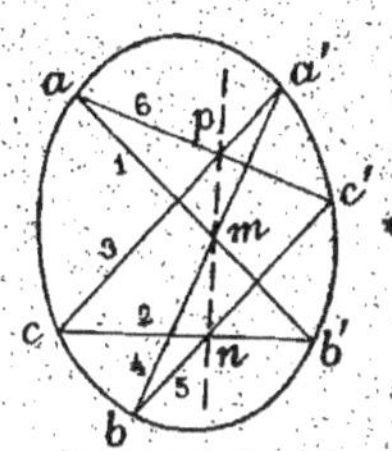

Fig. 176.   Fig. 177.

cas, pour distinguer nettement les côtés opposés, on numérote les côtés du polygone en suivant le périmètre dans un sens quelconque. Les côtés opposés sont alors $(1,4)$, $(2,5)$ et $(3,6)$ (*fig. 177*).

523. En transformant par polaires réciproques le théorème de Pascal, on obtient le théorème suivant :

Théorème de Brianchon. — *Dans tout hexagone circonscrit à une conique, les droites joignant les sommets opposés concourent en un même point.*

524. Problème. — *Construire les rayons doubles de deux faisceaux homographiques de même sommet définis par trois couples de rayons homologues.*

Traçons un cercle passant par le sommet commun O des deux faisceaux, et soient (a, a'), (b, b') et (c, c') les points où le cercle rencontre les rayons homologues donnés. On peut considérer ces points comme des points homologues de deux divisions homographiques sur le cercle. Les droites ab', ba' se coupent en m ; les droites ac' et ca' se coupent en n ; la droite mn rencontre le cercle en deux points (réels ou imaginaires) e et f qui sont les points doubles des deux divisions. Par suite, les rayons doubles des deux faisceaux homographiques sont Oe et Of.

525. Problème. — *Construire les points doubles de deux divisions homographiques de même base définies par trois couples de points homologues.*

Soient (α, α'), (β, β'), (γ, γ') les couples de points donnés; joignons ces points à un point quelconque O, et considérons les faisceaux homographiques définis par les trois couples de rayons $(O\alpha, O\alpha')$, $(O\beta, O\beta')$ et $(O\gamma, O\gamma')$. On peut construire les rayons doubles de ces faisceaux, et les points où ces rayons doubles rencontrent la droite qui porte les points donnés sont les points cherchés.

CHAPITRE XXIX

HOMOTHÉTIE

---

526. Une transformation homothétique est définie quand on donne un point S, appelé *centre d'homothétie*, et un nombre k, positif ou négatif, appelé *rapport d'homothétie*.

Cela posé, soit F une figure quelconque, composée de points. A tout point A de cette figure faisons correspondre le point A', situé sur la droite SA et tel que l'on ait

$$\frac{\overline{SA'}}{\overline{SA}} = k.$$

L'ensemble des points A' constitue une figure F' qui est par définition la *figure homothétique* de la figure F.

Les points correspondants A et A' sont dits *points homologues* ou *points homothétiques*.

Si $k > 0$, les nombres $\overline{SA}$ et $\overline{SA'}$ sont de même signe, les points A et A' sont d'un même côté du point S, on dit que l'homothétie est *directe*.

Si $k < 0$, les nombres $\overline{SA}$ et $\overline{SA'}$ sont de signes contraires, les points A et A' sont de part et d'autre du point S, on dit que l'homothétie est *inverse*.

A deux valeurs de k égales et de signes contraires correspondent deux figures F', toutes deux homothétiques de F et symétriques par rapport au point S. Ces deux figures sont égales, car on peut amener l'une d'elles à coïncider avec l'autre en la faisant tourner de 180° autour du point S.

Si la figure F se compose de points isolés, il en est de même de la figure homothétique F'. Si, au contraire, la figure F est une courbe (C), la figure F' est également une courbe (C'), qui est appelée *courbe homothétique* de la courbe (C).

527. Théorème. — *Les tangentes en des points homologues de deux courbes homothétiques sont parallèles.*

Soient A et A′ deux points homologues de deux courbes homothétiques (C) et (C′). Prenons sur la courbe (C) un point B voisin du point A, et désignons par B′ le point homologue de B.

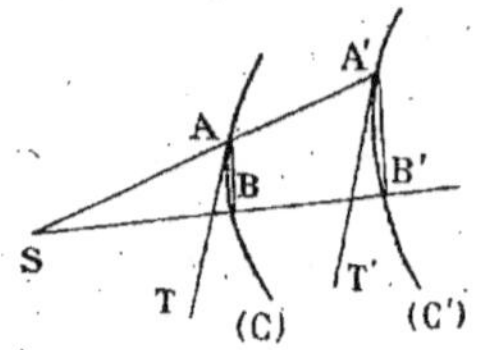

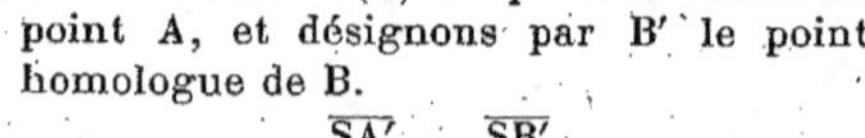

Fig. 178.

Comme on a $\dfrac{\overline{SA'}}{\overline{SA}} = \dfrac{\overline{SB'}}{\overline{SB}} = k$, les droites AB et A′B′ sont parallèles (*fig.* 178).

Quand le point B se rapproche indéfiniment du point A, le point B′ se rapproche indéfiniment du point A′, les droites AB et A′B′ ont respectivement pour limites les tangentes AT et A′T′ aux courbes (C) et (C′). Comme AB et A′B′ sont toujours parallèles, les tangentes le sont aussi, et le théorème est démontré.

On démontre en géométrie élémentaire que la figure homothétique d'une droite est une droite parallèle, et que la figure homothétique d'un cercle est un cercle.

528. Équation générale des courbes homothétiques d'une courbe donnée. — Soit une courbe (C) définie par l'équation

$$(1) \qquad f(x,\,y) = 0;$$

nous allons chercher l'équation de la courbe homothétique de la courbe (C), le centre d'homothétie S ayant pour coordonnées x_0 et y_0, et le rapport d'homothétie étant égal à k.

Soit A$(x,\,y)$ un point quelconque de la courbe (C). Le point homologue A′ est situé sur la droite SA, et l'on a

$$\frac{\overline{SA'}}{\overline{SA}} = k;$$

par suite, si on désigne par x', y' les coordonnées du point A′, on a

$$(2) \qquad x_0 = \frac{x' - kx}{1 - k}, \qquad y_0 = \frac{y' - ky}{1 - k}.$$

Or x et y vérifient l'équation (1); par conséquent pour avoir l'équation du lieu du point A′, il faut éliminer x et y entre les équations (1) et (2).

Des équations (2) on tire

$$x = \frac{x'}{k} - \frac{x_0(1 - k)}{k}, \qquad y = \frac{y'}{k} - \frac{y_0(1 - k)}{k};$$

pour simplifier l'écriture nous poserons

$$(3) \qquad -\frac{x_0(1 - k)}{k} = \alpha, \qquad -\frac{y_0(1 - k)}{k} = \beta,$$

et nous avons

$$x = \frac{x'}{k} + \alpha, \qquad y = \frac{y'}{k} + \beta.$$

En remplaçant x et y par ces valeurs dans l'équation (1), on obtient $f\left(\frac{x'}{k} + \alpha,\ \frac{y'}{k} + \beta\right) = 0$, ce qui montre que l'équation de la courbe (C') homothétique de la courbe (C) est

$$(4) \qquad f\left(\frac{x}{k} + \alpha,\ \frac{y}{k} + \beta\right) = 0,$$

α et β ayant les valeurs (3).

529. REMARQUE. — Si l'on transporte l'origine des coordonnées au point $(-\alpha k,\ -\beta k)$, l'équation de la courbe (C') devient

$$f\left(\frac{x}{k},\ \frac{y}{k}\right) = 0;$$

elle est indépendante de α et de β, c'est-à-dire de x_0 et de y_0.

Par suite, si l'on fait varier α et β, k restant fixe, la courbe (C') reste égale à elle-même.

Il en résulte que pour étudier la forme des courbes homothétiques d'une courbe (C), on peut choisir arbitrairement le centre d'homothétie et faire varier seulement le rapport d'homothétie : et encore peut-on se borner à ne donner que des valeurs positives à ce rapport, puisqu'à des valeurs de k égales et de signes contraires correspondent des courbes égales.

530. Si la courbe (C) est algébrique et de degré m, la courbe (C') est aussi algébrique et de même degré ; de plus il est aisé de voir que ces deux courbes ont mêmes directions asymptotiques.

En effet, supposons qu'on ait

$$f(x,\ y) \equiv \varphi_m(x,\ y) + \varphi_{m-1}(x,\ y) + \ldots,$$

les lettres φ désignant des polynomes homogènes dont le degré est indiqué par l'indice ; les directions asymptotiques de la courbe (C) sont alors définies par l'équation $\varphi_m(x,\ y) = 0$.

Nous avons

$$f\left(\frac{x}{k} + \alpha,\ \frac{y}{k} + \beta\right) \equiv \varphi_m\left(\frac{x}{k} + \alpha,\ \frac{y}{k} + \beta\right)$$
$$+ \varphi_{m-1}\left(\frac{x}{k} + \alpha,\ \frac{y}{k} + \beta\right) + \ldots.$$

Cherchons les termes du m^e degré du second membre ; ils se trouvent dans l'expression $\varphi_m\left(\frac{x}{k} + \alpha,\ \frac{y}{k} + \beta\right)$, qui, développée par rapport aux puissances de α et β, s'écrit

$$\varphi_m\left(\frac{x}{k},\ \frac{y}{k}\right) + \alpha\,\varphi'_{\underset{x}{m}}\left(\frac{x}{k},\ \frac{y}{k}\right) + \beta\,\varphi'_{\underset{y}{m}}\left(\frac{x}{k},\ \frac{y}{k}\right) + \dots\,;$$

ce qui montre que les termes du m^e degré du polynôme

$$f\left(\frac{x}{k}+\alpha,\ \frac{y}{k}+\beta\right) \quad \text{sont} \quad \varphi_m\left(\frac{x}{k},\ \frac{y}{k}\right) \quad \text{ou} \quad \frac{1}{k^m}\varphi_m(x,\,y).$$

Par suite la courbe (C') a mêmes directions asymptotiques que la courbe (C). On en conclut le théorème suivant :

Théorème. — *Deux courbes algébriques homothétiques sont de même degré et ont mêmes directions asymptotiques.*

La réciproque n'est pas vraie; deux courbes algébriques de même degré qui ont mêmes directions asymptotiques ne sont pas toujours homothétiques.

Cette réciproque n'est vraie que pour deux coniques et encore, sous certaines réserves, comme nous allons le montrer.

Remarquons auparavant qu'étant donnés k, x_0, y_0, les nombres α et β sont bien définis par les formules (3), et réciproquement étant donnés k, α, β, ces formules permettent de calculer x_0 et y_0.

Il en résulte que l'équation générale des courbes homothétiques de la courbe $f(x,\,y)=0$ est

$$f\left(\frac{x}{k}+\alpha,\qquad \frac{y}{k}+\beta\right)=0;$$

k, α, β désignant des constantes arbitraires.

Homothétie des coniques.

531. Théorème. — *La figure homothétique d'une ellipse réelle* E *est une ellipse réelle* E', *admettant mêmes directions asymptotiques et ayant ses axes parallèles et proportionnels à ceux de* E (*).

Prenons pour axes de coordonnées les axes de l'ellipse E et soit

$$(E)\qquad\qquad \frac{x^2}{a^2}+\frac{y^2}{b^2}-1=0$$

l'équation de cette ellipse.

(*) Nous entendons par là que les grands axes sont parallèles ainsi que les petits axes, et que le rapport de la longueur du grand axe à celle du petit axe a la même valeur dans les deux ellipses.

Une courbe homothétique quelconque a pour équation

$$\frac{\left(\dfrac{x}{k}+\alpha\right)^2}{a^2}+\frac{\left(\dfrac{y}{k}+\beta\right)^2}{b^2}-1=0,$$

ou

$$(E') \qquad \frac{(x+\alpha k)^2}{a^2}+\frac{(y+\beta k)^2}{b^2}-k^2=0.$$

Cette équation représente une ellipse (E') ayant mêmes directions asymptotiques que (E). De plus, si on transporte l'origine des coordonnées au centre $(-\alpha k,\ -\beta k)$ de l'ellipse (E'), son équation devient

$$\frac{x^2}{a^2}+\frac{y^2}{b^2}-k^2=0,$$

et sous cette forme, nous reconnaissons que ses axes sont parallèles aux axes de coordonnées, et ont pour demi-longueurs ak et bk.

532. Première réciproque. — *Deux ellipses réelles qui ont mêmes directions asymptotiques sont homothétiques.*

Prenons pour axes de coordonnées les axes de l'une d'elles, alors les équations des deux ellipses sont

$$(E) \qquad \frac{x^2}{a^2}+\frac{y^2}{b^2}-1=0,$$

$$\frac{x^2}{a^2}+\frac{y^2}{b^2}+2Dx+2Ey+F=0.$$

Celle-ci peut s'écrire

$$\frac{(x+a^2D)^2}{a^2}+\frac{(y+b^2E)^2}{b^2}-a^2D^2-b^2E^2+F=0$$

ou

$$(E') \qquad \frac{(x-x_1)^2}{a^2}+\frac{(y-y_1)^2}{b^2}-\lambda=0,$$

en posant $x_1=-a^2D,\quad y_1=-b^2E,\quad \lambda=a^2D^2+b^2E^2-F;\quad$ et comme nous supposons que cette ellipse est réelle, λ est positif.

Cela posé, l'équation générale des courbes homothétiques de l'ellipse (E) est

$$(1) \qquad \frac{(x+\alpha k)^2}{a^2}+\frac{(y+\beta k)^2}{b^2}-k^2=0;$$

par conséquent, pour établir que les ellipses (E) et (E') sont homothétiques, il suffit de montrer qu'il existe des valeurs de k, α, β telles que les équations (E') et (1) représentent la même courbe.

On doit donc avoir

$$\alpha k=-x_1,\qquad \beta k=-y_1,\qquad k^2=\lambda;$$

on obtient ainsi deux valeurs de k, égales et de signes contraires,

$k = \pm \sqrt{\lambda}$, et à chaque valeur de k correspond un ensemble de valeurs de α et β, $\alpha = -\dfrac{x_1}{k}$, $\beta = -\dfrac{y_1}{k}$.

Il en résulte que les ellipses (E) et (E') sont doublement homothétiques.

533. Deuxième réciproque. — *Deux ellipses qui ont leurs axes parallèles et proportionnels sont homothétiques.*

Prenons pour axes de coordonnées les axes d'une des ellipses et désignons par x_1, y_1 les coordonnées du centre de l'autre; les équations des deux courbes sont

$$(E) \qquad \frac{x^2}{a^2} + \frac{y^2}{b^2} - 1 = 0,$$

$$(E') \qquad \frac{(x - x_1)^2}{a^2} + \frac{(y - y_1)^2}{b^2} - \lambda = 0,$$

λ étant positif.

On démontrera comme précédemment que ces deux ellipses sont doublement homothétiques.

534. Proposons-nous maintenant de déterminer les centres et les rapports d'homothétie. Nous avons trouvé deux valeurs pour k,

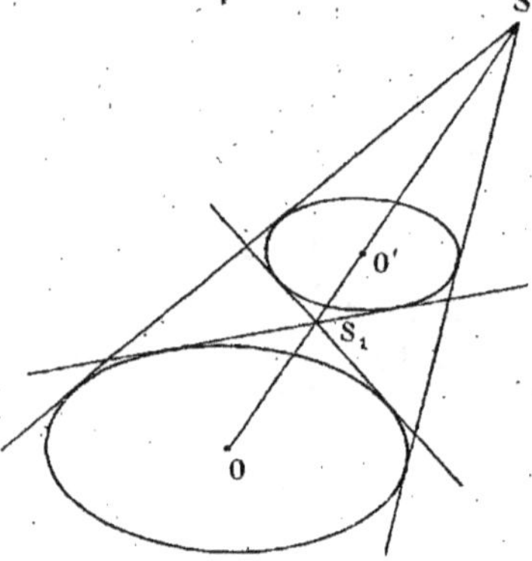

Fig. 179.

$k = \pm \sqrt{\lambda}$; à chacune d'elles correspond un ensemble de valeurs pour α et β,

$$\alpha = -\frac{x_1}{k}, \qquad \beta = -\frac{y_1}{k}.$$

Remplaçons dans ces formules α et β par leurs valeurs (3) en fonctions de x_0, y_0 et k; nous avons

$$x_0 = \frac{x_1}{1 - k},$$

$$y_0 = \frac{y_1}{1 - k}.$$

Ces formules montrent qu'à chaque valeur de k correspond un centre d'homothétie $S(x_0, y_0)$, situé sur la droite qui joint l'origine O, centre de l'ellipse (E), au point $O'(x_1, y_1)$ centre de (E'), et ce point S est défini par l'égalité

$$\frac{\overline{SO'}}{\overline{SO}} = k.$$

D'autre part, si on désigne par a' et b' les demi-longueurs d'axes de l'ellipse (E'), on a

$$\sqrt{\lambda} = \frac{a'}{a} = \frac{b'}{b},$$

et par suite les valeurs de k sont $\pm \dfrac{a'}{a}$ ou $\pm \dfrac{b'}{b}$.

Les deux centres d'homothétie S et S_1 sont donc sur la droite OO' et l'on a

$$\frac{\overline{SO'}}{\overline{SO}} = \frac{a'}{a} = \frac{b'}{b},$$

$$\frac{\overline{S_1 O'}}{\overline{S_1 O}} = -\frac{a'}{a} = -\frac{b'}{b};$$

par suite, S et S_1 divisent harmoniquement le segment OO'.

Si l'on prend le point S comme centre d'homothétie, l'homothétie est directe, le rapport d'homothétie est égal à $\dfrac{a'}{a}$; si l'on prend le point S_1, l'homothétie est inverse, le rapport d'homothétie est égal à $-\dfrac{a'}{a}$.

Remarquons enfin que si d'un des points S ou S_1 on mène une tangente à l'une des ellipses, cette droite est aussi tangente à l'autre; par suite, S et S_1 constituent un couple d'ombilics communs aux deux ellipses (*fig.* 179).

535. Théorème. — *La figure homothétique d'une hyperbole* H *est une hyperbole* H' *dont les asymptotes sont parallèles à celles de* H; *les deux courbes sont situées dans les angles correspondants des asymptotes* (*), *et leurs axes sont parallèles et proportionnels* (**).

Prenons pour axes de coordonnées les axes de l'hyperbole H, et soit

$$\text{(H)} \qquad \frac{x^2}{a^2} - \frac{y^2}{b^2} - 1 = 0$$

l'équation de cette hyperbole.

Une courbe homothétique quelconque a pour équation

$$\text{(H')} \qquad \frac{(x + \alpha k)^2}{a^2} - \frac{(y + \beta k)^2}{b^2} - k^2 = 0,$$

(*) Nous appelons angles correspondants des asymptotes les angles dont les côtés sont parallèles et de même sens.

(**) Nous entendons par là que les axes réels sont parallèles ainsi que les axes imaginaires et que le rapport de la longueur de l'axe réel à la longueur géométrique de l'axe imaginaire a la même valeur dans les deux courbes.

et cette équation représente une hyperbole (H') dont les asymptotes sont parallèles à celles de H.

De plus, H est située dans l'angle des asymptotes qui contient Ox, et l'on voit aisément que H' est située dans l'angle de ses asymptotes qui contient la parallèle à Ox menée par son centre $(-\alpha k, -\beta k)$.

Enfin les axes de (H') sont parallèles à ceux de H, l'axe réel de H' a pour longueur $2ak$, et son axe imaginaire a pour longueur géométrique $2bk$; on a bien $\dfrac{2ak}{2bk} = \dfrac{2a}{2b}$.

536. Première réciproque. — *Deux hyperboles qui ont leurs asymptotes parallèles et qui sont situées dans les angles correspondants des asymptotes sont homothétiques.*

Prenons pour axes de coordonnées les axes de l'une d'elles, alors les équations des deux hyperboles sont

$$\text{(H)} \qquad \frac{x^2}{a^2} - \frac{y^2}{b^2} - 1 = 0,$$

$$\frac{x^2}{a^2} - \frac{y^2}{b^2} + 2Dx + 2Ey + F = 0;$$

celle-ci peut s'écrire

$$\frac{(x + a^2D)^2}{a^2} - \frac{(y - b^2E)^2}{b^2} - a^2D^2 + b^2E^2 + F = 0;$$

ou

$$\text{(H')} \qquad \frac{(x - x_1)^2}{a^2} - \frac{(y - y_1)^2}{b^2} - \lambda = 0,$$

en posant

$$x_1 = -a^2D, \qquad y_1 = b^2E, \qquad \lambda = a^2D^2 - b^2E^2 - F.$$

De plus, comme nous supposons les deux courbes situées dans les angles correspondants des asymptotes, λ est positif.

Cela posé, l'équation générale des courbes homothétiques de l'hyperbole H est

$$\text{(1)} \qquad \frac{(x + \alpha k)^2}{a^2} - \frac{(y + \beta k)^2)}{b^2} - k^2 = 0;$$

par suite, pour établir que (H) et (H') sont homothétiques, il suffit de montrer qu'il existe des valeurs de k, α, β telles que les équations (H') et (1) représentent la même courbe.

On doit donc avoir

$$\alpha k = -x_1, \qquad \beta k = -y_1, \qquad k^2 = \lambda;$$

on en déduit $k = \pm\sqrt{\lambda}$, et à chacune de ces valeurs de k correspond un ensemble de valeurs de α et β,

$$\alpha = -\frac{x_1}{k}, \qquad \beta = -\frac{y_1}{k}.$$

Les deux hyperboles (H) et (H') sont donc doublement homothétiques.

537. Remarque. — Si les deux hyperboles ont leurs asymptotes parallèles et ne sont pas situées dans les angles correspondants des asymptotes, le nombre λ est négatif, et l'équation $k^2 = \lambda$ donne pour k des valeurs imaginaires.

Dans ce cas les deux hyperboles ne sont pas homothétiques dans le sens géométrique du mot. On dit quelquefois qu'elles sont homothétiques *analytiquement*.

538. Deuxième réciproque. — *Deux hyperboles qui ont leurs axes parallèles et proportionnels sont homothétiques.*

En effet, les équations de ces deux courbes peuvent s'écrire

$$\text{(H)} \qquad \frac{x^2}{a^2} - \frac{y^2}{b^2} - 1 = 0,$$

$$\text{(H')} \qquad \frac{(x - x_1)^2}{a^2} - \frac{(y - y_1)^2}{b^2} - \lambda = 0$$

avec la condition $\lambda > 0$. On voit alors comme précédemment qu'elles sont doublement homothétiques.

Les centres d'homothétie S et S_1 sont situés sur la ligne des centres OO' des deux courbes, et l'on a

$$\frac{\overline{SO'}}{\overline{SO}} = \frac{a'}{a} = \frac{b'}{b}, \qquad \frac{\overline{S_1O'}}{\overline{S_1O}} = -\frac{a'}{a} = -\frac{b'}{b},$$

$2a'$ étant la longueur de l'axe réel de H', et $2b'$ la longueur géométrique de l'axe imaginaire.

En outre, S et S_1 constituent un couple d'ombilics communs aux deux hyperboles.

539. Théorème. — *La figure homothétique d'une parabole P est une parabole P' ayant même direction asymptotique que la parabole P.*

Soit

$$\text{(P)} \qquad y^2 - 2px = 0$$

l'équation de la parabole P rapportée à son axe et à sa tangente au sommet. Une courbe homothétique quelconque a pour équation

$$\left(\frac{y}{k} + \beta\right)^2 - 2p\left(\frac{x}{k} + \alpha\right) = 0,$$

ou

$$\text{(P')} \qquad (y + \beta k)^2 - 2pk(x + \alpha k) = 0,$$

et cette équation représente une parabole P' ayant même direction asymptotique que P.

540. Théorème réciproque. — *Deux paraboles qui ont même direction asymptotique sont homothétiques.*

Prenons pour axes de coordonnées l'axe et la tangente au sommet de l'une des paraboles, les équations des deux courbes sont

$$(P) \qquad y^2 - 2px = 0,$$
$$y^2 + 2Dx + 2Ey + F = 0;$$

celle-ci peut s'écrire

$$(P') \qquad (y - y_1)^2 + 2D(x - x_1) = 0,$$

x_1 et y_1 étant déterminés par les relations

$$y_1 = -E, \qquad y_1^2 - 2Dx_1 = F.$$

Le sommet O' de cette parabole a pour coordonnées x_1 et y_1, et son paramètre p' est égal à la valeur absolue de D.

Pour établir que les deux paraboles sont homothétiques, il suffit de montrer qu'on peut déterminer α, β et k de manière que l'équation de (P') puisse se mettre sous la forme

$$(y + \beta k)^2 - 2pk(x + \alpha k) = 0,$$

qui est l'équation générale des courbes homothétiques de P.

On doit donc avoir

$$\beta k = -y_1, \qquad -pk = D, \qquad \alpha k = -x_1,$$

ou

$$k = -\frac{D}{p}, \qquad \alpha = -\frac{x_1}{k}, \qquad \beta = -\frac{y_1}{k}.$$

On a ainsi un système de valeurs pour k, α, β, donc les deux paraboles sont homothétiques.

Si D est négatif, on a $D = -p'$, les deux paraboles tournent leur concavité dans le même sens.

Dans ce cas $k = \dfrac{p'}{p}$, l'homothétie est directe, le centre d'homothétie S est situé sur la droite OO' qui joint les deux sommets et l'on a

$$\frac{\overline{SO'}}{\overline{SO}} = \frac{p'}{p}.$$

Si D est positif, on a $D = p'$, les deux paraboles tournent leur concavité en sens contraires; k est égal à $-\dfrac{p'}{p}$, l'homothétie est inverse, le point S est situé sur OO' et l'on a

$$\frac{\overline{SO'}}{\overline{SO}} = -\frac{p'}{p}.$$

CHAPITRE XXX

COORDONNÉES POLAIRES

541. Un système de coordonnées polaires est défini si l'on donne dans un plan orienté un point O, appelé *pôle* ou *origine*, et une demi-droite Ox passant par le point O, appelée *axe polaire*.

Soit alors M un point quelconque du plan. Joignons OM et sur cette droite prenons une demi-droite arbitraire OL ; on appelle coordonnées polaires du point M les nombres algébriques ρ et ω définis par les égalités suivantes :

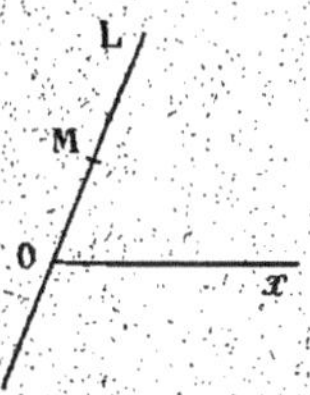

$$\rho = \overline{OM}, \quad \text{(sens positif OL)}, \quad \omega = (Ox, OL),$$

(Ox, OL) désignant l'un quelconque des angles de OL avec Ox (*fig.* 180); ρ est appelé le *rayon vecteur* et ω l'*angle polaire*.

Il résulte de là qu'un point du plan admet une infinité de systèmes de coordonnées polaires. En effet, l'angle ω est défini à un multiple près de 2π; de plus, si l'on change la demi-droite OL, ρ change de signe, et l'angle ω augmente d'un multiple impair de π.

Fig. 180.

Désignons par α l'un des angles de OM avec Ox, et par r la longueur OM, on pourra prendre comme coordonnées polaires du point M

$$\text{soit } \begin{cases} \rho = r, \\ \omega = \alpha + 2k\pi, \end{cases} \quad \text{soit } \begin{cases} \rho = -r, \\ \omega = \alpha + (2k+1)\pi, \end{cases}$$

k désignant un nombre entier arbitraire, positif ou négatif.

Mais, inversement, si l'on donne les coordonnées polaires ρ, ω d'un point, ce point est bien déterminé. En effet, l'égalité $(Ox, OL) = \omega$ détermine la demi-droite OL et la valeur de ρ fixe sans ambiguïté la position du point M sur cette demi-droite.

En modifiant légèrement les démonstrations des n°s 12 et 13 on voit facilement que *les coordonnées polaires de tous les points d'une courbe définie géométriquement vérifient une même équation à deux inconnues, et que, réciproquement, les points dont les coordonnées polaires vérifient une même équation à deux inconnues sont en général situés sur une courbe.*

Cette équation est alors appelée l'équation de la courbe en coordonnées polaires.

542. Puisqu'un point a une infinité de coordonnées polaires, l'équation d'une courbe en coordonnées polaires peut s'écrire d'une infinité de manières.

Il est en effet presque évident que, quel que soit le nombre entier k, les trois équations

$$f(\rho, \omega) = 0, \qquad f(\rho, \omega + 2k\pi) = 0, \qquad f[-\rho, \omega + (2k+1)\pi] = 0$$

représentent la même courbe. Car, à tout ensemble de solutions de la première $\rho = \rho_0$, $\omega = \omega_0$ correspond le système $\rho = \rho_0$, $\omega = \omega_0 - 2k\pi$ qui vérifie la deuxième, et le système $\rho = -\rho_0$, $\omega = \omega_0 - (2k+1)\pi$ qui vérifie la troisième; et ces trois systèmes de valeurs sont les coordonnées polaires d'un même point.

543. Problème. — *Étant donnée l'équation d'une courbe en coordonnées polaires* $f(\rho, \omega) = 0$, *rapportée à un axe polaire Ox, trouver l'équation de cette courbe en prenant comme axe polaire une demi-droite Ox' telle que l'on ait (Ox, Ox') = α.*

Soient ρ et ω les coordonnées polaires d'un point quelconque M de la courbe donnée,

$$\rho = \overline{OM} \text{ (sens positif OL)},$$
$$\omega = (Ox, \text{ OL}).$$

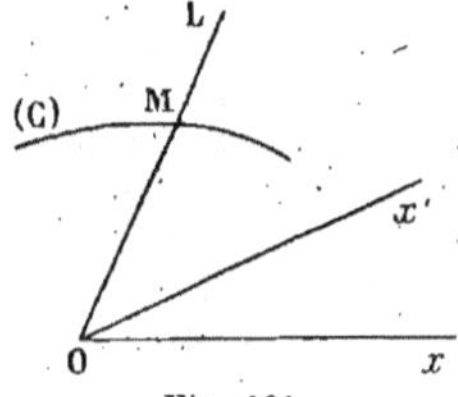

Fig. 181.

Nous pouvons prendre comme coordonnées polaires du point M par rapport à l'axe polaire Ox' (*fig.* 181)

$$\rho' = \overline{OM} \text{ (sens positif OL)},$$
$$\omega' = (Ox', \text{ OL}).$$

Or, nous avons

$$(Ox, \text{ OL}) = (Ox, \text{ Ox'}) + (Ox', \text{ OL}).$$

ou

$$\omega = \omega' + \alpha,$$

et

$$\rho = \rho'.$$

Comme ρ et ω vérifient l'équation $f(\rho, \omega) = 0$, on voit que ρ' et ω' vérifieront l'équation $f(\rho', \omega' + \alpha) = 0$; et, par suite, l'équation de la courbe par rapport à l'axe polaire Ox' est

$$f(\rho, \omega + \alpha) = 0.$$

544. Problème. — *Étant données les coordonnées polaires d'un point par rapport à un axe polaire Ox, trouver les coordonnées rectilignes de ce point, les axes de coordonnées étant Ox et la demi-droite Oy définie par l'égalité* $(Ox, Oy) = +\dfrac{\pi}{2}$.

Soient ρ et ω les coordonnées polaires du point M, $\rho = \overline{OM}$ (sens positif OL), $\omega = (Ox, OL)$, et x, y les coordonnées rectilignes du point M par rapport aux axes Ox, Oy.

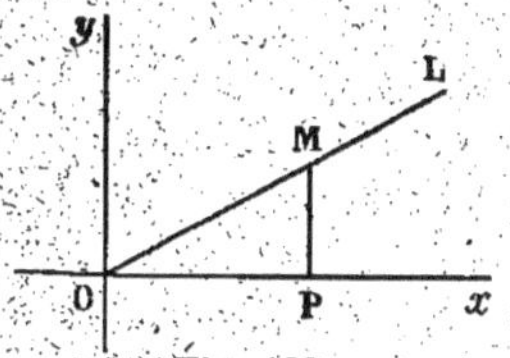

Abaissons du point M la perpendiculaire MP sur Ox. L'abscisse $x = \overline{OP}$ du point M est la projection orthogonale du vecteur $\overrightarrow{OM}$ sur Ox; on a donc

Fig. 182.

$$x = \overline{OM}\cos(Ox, OL) = \rho\cos\omega.$$

L'ordonnée $y = \overline{PM}$ est la projection orthogonale du vecteur $\overrightarrow{OM}$ sur Oy; par suite,

$$y = \overline{OM}\cos(Oy, OL) = \rho\sin\omega.$$

On a donc les deux formules

$$(1) \qquad x = \rho\cos\omega, \qquad y = \rho\sin\omega.$$

545. Si l'on connaît alors l'équation d'une courbe en coordonnées rectilignes, $f(x, y) = 0$, on obtient son équation en coordonnées polaires en remplaçant x par $\rho\cos\omega$, y par $\rho\sin\omega$. On a ainsi $f(\rho\cos\omega, \rho\sin\omega) = 0$.

Comme exemple, de l'équation en coordonnées rectilignes de la strophoïde droite (245), $(x^2 + y^2)x - a(x^2 - y^2) = 0$, on déduit l'équation en coordonnées polaires $\rho\cos\omega - a\cos 2\omega = 0$.

Le problème inverse est plus difficile. Étant donnée l'équation d'une courbe en coordonnées polaires,

$$(2) \qquad f(\rho, \omega) = 0,$$

on obtiendra son équation en coordonnées rectilignes en éliminant ρ et ω entre les équations (1) et (2).

Le calcul est très simple dans le cas particulier où le premier membre de l'équation (2) est algébrique par rapport à ρ, $\cos\omega$, $\sin\omega$.

On y remplace $\cos\omega$ par $\dfrac{x}{\rho}$, $\sin\omega$ par $\dfrac{y}{\rho}$; on fait disparaître les puissances impaires de ρ par une simple élévation au carré, et il n'y a plus qu'à remplacer ρ^2 par $x^2 + y^2$. Dans ce cas, la courbe est algébrique.

546. Exemple. — Trouver l'équation en coordonnées rectilignes de la courbe dont l'équation en coordonnées polaires est

$$\rho = \frac{1}{A \cos \omega + B \sin \omega + C}.$$

Remplaçons $\cos \omega$ par $\dfrac{x}{\rho}$, $\sin \omega$ par $\dfrac{y}{\rho}$; nous avons

$$\rho = \frac{\rho}{Ax + By + C\rho},$$

ou, en divisant par ρ,

$$Ax + By + C\rho = 1,$$

et

$$C\rho = -(Ax + By - 1).$$

Élevons au carré, et remplaçons ρ^2 par $x^2 + y^2$, nous obtenons

$$C^2 (x^2 + y^2) = (Ax + By - 1)^2,$$

Cette équation représente une conique admettant l'origine pour foyer.

Plus généralement, si $f(\rho, \omega)$ est une fonction algébrique de ρ et des lignes trigonométriques de ω, de $\dfrac{p}{q}\omega$, $\dfrac{p'}{q'}\omega$, ..., p, q, p', q',... étant des nombres entiers, l'élimination de ω entre (1) et (2) conduit à une relation algébrique entre ρ, x, y; car on sait que les lignes trigonométriques de $\dfrac{p}{q}\omega$, $\dfrac{p'}{q'}\omega$, ... sont liées à celles de ω par des relations algébriques. La courbe considérée est encore algébrique.

Au contraire, si $f(\rho, \omega)$ est une fonction algébrique de ρ et de ω, la courbe est transcendante, et pour avoir son équation en coordonnées rectilignes, on remplace ρ par $\pm \sqrt{x^2 + y^2}$ et ω par arc tg $\dfrac{y}{x}$, ou arc sin $\dfrac{y}{\rho}$, ou arc cos $\dfrac{x}{\rho}$.

Ligne droite.

547. Une droite quelconque passant par l'origine a pour équation en coordonnées polaires $\omega = C$, C désignant une constante.

Considérons maintenant une droite Δ ne passant pas par le point O, et, de ce point menons la perpendiculaire OP à Δ; choisissons arbitrairement sur OP une demi-droite OA (*fig.* 183).

Posons $\alpha = (Ox, OA)$, $p = \overline{OP}$ (sens positif OA). Ces deux quantités déterminent la position de la droite. Soient ρ et ω les coordonnées polaires d'un point quelconque M de la droite Δ, $\omega = (Ox, OL)$, $\rho = \overline{OM}$ (sens positif OL). Pour que le point M soit sur la droite, il faut et il suffit que la projection orthogonale du vecteur $\overrightarrow{OM}$ sur l'axe OA soit égale à $\overline{OP}$ ou p. Or, nous avons

pr. $\overrightarrow{OM} = \overline{OM}\cos(OL, OA)$
$$= \rho\cos[(OL, Ox) + (Ox, OA)] = \rho\cos(\omega - \alpha).$$

On doit donc avoir

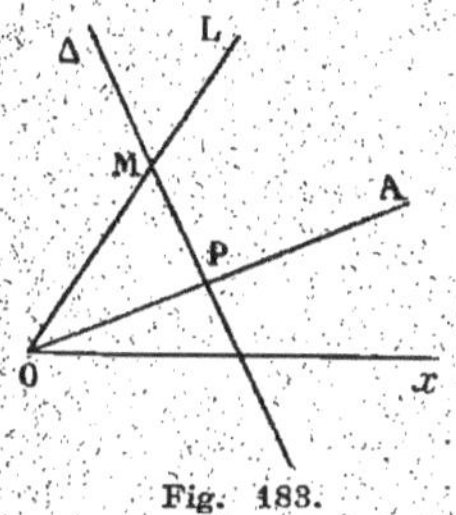

Fig. 183.

$$\rho\cos(\omega - \alpha) = p\,;$$

c'est l'équation de la droite Δ en coordonnées polaires.

On peut l'écrire

$$(1)\quad \frac{1}{\rho} = \frac{\cos(\omega - \alpha)}{p},$$

ou

$$\frac{1}{\rho} = \frac{\cos\omega\cos\alpha + \sin\omega\sin\alpha}{p}.$$

Elle est de la forme

$$(2)\quad \frac{1}{\rho} = a\cos\omega + b\sin\omega,$$

a et b désignant des constantes.

548. RÉCIPROQUEMENT, toute équation de cette forme représente une droite ne passant pas par le pôle.

En effet, on peut déterminer α et p en sorte que les équations (1) et (2) soient les mêmes; il suffit de résoudre les équations

$$\frac{\cos\alpha}{p} = a, \qquad \frac{\sin\alpha}{p} = b,$$

qui donnent

$$p = \frac{1}{\varepsilon\sqrt{a^2 + b^2}}, \qquad \cos\alpha = \frac{a}{\varepsilon\sqrt{a^2 + b^2}}, \qquad \sin\alpha = \frac{b}{\varepsilon\sqrt{a^2 + b^2}},$$

ε étant égal à ± 1.

En choisissant arbitrairement ε, les deux dernières déterminent α à un multiple près de 2π, et la première donne p.

On peut aussi remarquer que l'équation (2) s'écrit

$$a\rho\cos\omega + b\rho\sin\omega - 1 = 0,$$

ou, en passant en coordonnées rectilignes,

$$ax + by - 1 = 0.$$

En particulier, l'équation $\dfrac{1}{\rho} = a\cos\omega$ représente une droite perpendiculaire à l'axe polaire, et $\dfrac{1}{\rho} = a\sin\omega$ une droite parallèle à cet axe.

549. **Équation de la droite passant par deux points.** — Soient (r, α) et (r', α') les coordonnées de deux points. Si la différence des angles polaires $\alpha' - \alpha$ est un multiple de π, c'est-à-dire si l'on a $\sin(\alpha' - \alpha) = 0$, la droite joignant ces deux points passe par l'origine et a pour équation $\omega = \alpha$.

Supposons qu'on ait $\sin(\alpha' - \alpha) \neq 0$. Dans ce cas, la droite ne passe pas par l'origine, et son équation est de la forme

$$(2) \qquad \frac{1}{\rho} = a \cos\omega + b \sin\omega,$$

a et b étant déterminés par les équations

$$(3) \qquad \begin{cases} \dfrac{1}{r} = a \cos\alpha + b \sin\alpha, \\[2mm] \dfrac{1}{r'} = a \cos\alpha' + b \sin\alpha'. \end{cases}$$

Nous avons ainsi deux équations du premier degré par rapport à a et b ; le déterminant des coefficients des inconnues est

$$\cos\alpha \sin\alpha' - \sin\alpha \cos\alpha' \qquad \text{ou} \qquad \sin(\alpha' - \alpha) ;$$

il n'est pas nul, par hypothèse. Donc les équations (3) ont un seul ensemble de solutions, et en remplaçant a et b par ces valeurs dans l'équation (2), on a (A. 96)

$$\begin{vmatrix} \dfrac{1}{\rho} & \cos\omega & \sin\omega \\[2mm] \dfrac{1}{r} & \cos\alpha & \sin\alpha \\[2mm] \dfrac{1}{r'} & \cos\alpha' & \sin\alpha' \end{vmatrix} = 0.$$

Cercle.

550. De l'équation générale du cercle en coordonnées rectilignes,

$$x^2 + y^2 - ax - by + c = 0,$$

on déduit l'équation générale en coordonnées polaires

$$\rho^2 - \rho(a \cos\omega + b \sin\omega) + c = 0.$$

Cas particuliers. — Si le centre du cercle est à l'origine, l'équation est $\rho = $ constante.

Si le cercle passe par l'origine, son équation est

$$\rho = a \cos\omega + b \sin\omega.$$

S'il est tangent à l'origine à Ox, $\rho = b \sin\omega$; à Oy, $\rho = a \cos\omega$.

Coniques.

551. On obtient l'équation générale des coniques en coordonnées polaires en remplaçant dans l'équation

$$Ax^2 + 2Bxy + Cy^2 + 2Dx + 2Ey + F = 0$$

x par $\rho \cos\omega$ et y par $\rho \sin\omega$, ce qui donne

$$\rho^2(A \cos^2\omega + 2B \cos\omega \sin\omega + C \sin^2\omega)$$
$$+ 2\rho(D \cos\omega + E \sin\omega) + F = 0.$$

552. Cas particulier. — Considérons une conique ayant pour foyer le pôle, pour axe focal l'axe polaire; la directrice correspondant au pôle est alors perpendiculaire à Ox. Désignons par d son abscisse et par e l'excentricité.

L'équation de la conique en coordonnées rectilignes est

$$x^2 + y^2 = e^2(x - d)^2,$$

et, par suite, son équation en coordonnées polaires est

$$\rho^2 = e^2(\rho \cos\omega - d)^2, \qquad \text{ou} \qquad \rho = \pm\, e(\rho \cos\omega - d).$$

En prenant successivement le signe $+$ et le signe $-$, on obtient les deux équations

$$\rho = \frac{-de}{1 - e \cos\omega}, \qquad \rho = \frac{de}{1 + e \cos\omega}.$$

Chacune de ces équations se déduit de l'autre en changeant ρ en $-\rho$ et ω en $\pi + \omega$; par suite (542), ces deux équations représentent la même courbe, et l'une quelconque d'entre elles est l'équation de la conique considérée.

Si dans les équations précédentes, on remplace ω par $\dfrac{\pi}{2}$, on a $|\rho| = |de|$, ce qui montre que $|de|$ est égale à la demi-longueur de la corde menée par le foyer O perpendiculairement à l'axe focal. Par suite $|de|$ est égal au paramètre de la conique (468).

Il résulte de là que l'équation générale des coniques ayant pour foyer le pôle et pour axe focal l'axe polaire est

$$(1) \qquad \rho = \frac{p}{1 + e \cos\omega}, \qquad \text{ou} \qquad \rho = \frac{-p}{1 - e \cos\omega},$$

e désignant l'excentricité et p un nombre algébrique dont la valeur absolue est égale au paramètre et dont le signe est le même que celui de l'abscisse de la directrice relative à l'origine.

553. Cette équation est de la forme

$$\rho = \frac{1}{A + B \cos\omega};$$

et, *réciproquement*, toute équation de cette forme représente une conique ayant pour foyer le pôle et pour axe focal l'axe polaire.

On peut en effet l'écrire

$$\rho = \frac{\dfrac{1}{A}}{1 + \dfrac{B}{A}\cos\omega},$$

et, en posant $p = \dfrac{1}{A}$, $e = \left|\dfrac{B}{A}\right|$, on la ramène à l'une des équations (1).

554. Cherchons maintenant l'équation générale des coniques ayant pour foyer le pôle, l'axe focal ayant une direction quelconque. Soit Ox' l'axe focal d'une de ces coniques; posons $(Ox, Ox') = \alpha$.

Par rapport à l'axe Ox', l'équation de la conique est

$$\rho = \frac{p}{1 + e\cos\omega'};$$

mais, entre les angles polaires ω et ω' d'un même point par rapport aux axes Ox et Ox', on a la relation $\omega = \omega' + \alpha$ (543), ou $\omega' = \omega - \alpha$. Il en résulte que l'équation de la conique par rapport à Ox est

$$(1) \qquad \rho = \frac{p}{1 + e\cos(\omega - \alpha)}.$$

C'est une équation de la forme

$$(2) \qquad \rho = \frac{1}{A\cos\omega + B\sin\omega + C}.$$

555. RÉCIPROQUEMENT, toute équation de cette forme représente une conique ayant pour foyer le pôle.

Il est en effet facile de montrer qu'on peut déterminer p, e, α en sorte que les équations (1) et (2) représentent la même courbe.

On peut aussi revenir aux coordonnées rectilignes comme nous l'avons fait au n° 546.

Tangentes aux courbes.

556. Dans tout ce qui va suivre, nous étudierons seulement les courbes dont les équations en coordonnées polaires sont résolues par rapport à ρ; ces équations seront donc de la forme

$$\rho = f(\omega),$$

$f(\omega)$ désignant une fonction quelconque, algébrique ou transcendante. Nous supposerons de plus que dans les intervalles où cette fonction est définie, elle est continue et admet une dérivée continue, sauf pour quelques valeurs particulières de la variable.

Nous allons montrer que dans ces conditions, la courbe admet une tangente en chaque point, et nous indiquerons comment on peut déterminer cette tangente.

Supposons d'abord que la courbe passe par le pôle; pour qu'il en soit ainsi, il faut qu'il existe une valeur de ω, $\omega = \alpha$, pour laquelle $f(\omega)$ soit nulle. Alors, quand ω tend vers α, ρ tend vers zéro, la branche de courbe correspondante passe par le pôle.

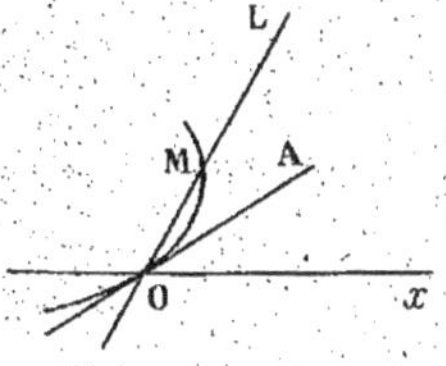

Fig. 184.

Je dis que la tangente en ce point est la droite $\omega = \alpha$. En effet, soit M le point qui a pour coordonnées ρ et ω; quand le point M se rapproche indéfiniment du point O, l'angle (Ox, OL) a pour limite α; par suite la droite OM a pour limite la droite OA qui a pour équation $\omega = \alpha$; donc cette droite est tangente à la courbe au point O (*fig.* 184).

557. Considérons maintenant un point quelconque M de la courbe, distinct du pôle, et ayant pour coordonnées r et α; nous avons $r = f(\alpha)$. Donnons à α un accroissement *positif* $\Delta\alpha$, r prend un accroissement $\Delta r = f(\alpha + \Delta\alpha) - f(\alpha)$; soit M' le point de la courbe qui a pour coordonnées $r + \Delta r$ et $\alpha + \Delta\alpha$. Quand $\Delta\alpha$ tend vers zéro, le point M' se rapproche indéfiniment du point M. nous allons chercher la limite de la droite MM'.

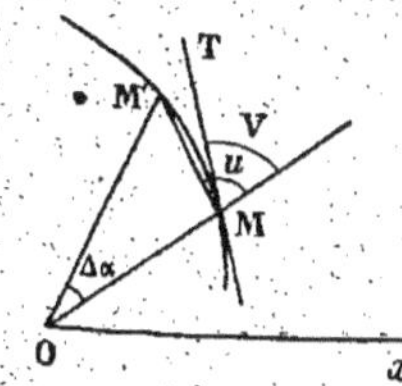

Fig. 185.

Désignons par u le plus petit angle positif de la droite MM' avec le rayon vecteur OM, c'est-à-dire (58) le plus petit angle dont il faut faire tourner OM dans le sens positif autour du point M pour l'amener à coïncider avec MM'. Cet angle est dans tous les cas le supplément de l'angle M du triangle OMM'. Dans ce triangle on a (*fig.* 185).

$$\frac{OM'}{OM} = \frac{\sin \widehat{OMM'}}{\sin \widehat{OM'M}};$$

or

$$\widehat{OMM'} = \pi - u, \qquad \widehat{OM'M} = u - \Delta\alpha; \qquad \text{par suite}$$

$$\frac{OM'}{OM} = \frac{\sin u}{\sin(u - \Delta\alpha)}.$$

Comme r n'est pas nul, on peut prendre $\Delta\alpha$ assez petit pour que r et $r + \Delta r$ soient de même signe.

Si r est positif, $r + \Delta r$ l'est également, on a $OM = r$, $OM' = r + \Delta r$, et $\dfrac{OM'}{OM} = \dfrac{r + \Delta r}{r}$.

Si r est négatif, $r + \Delta r$ est aussi négatif, et l'on a $OM = -r$, $OM' = -(r + \Delta r)$, et $\dfrac{OM'}{OM}$ est encore égal à $\dfrac{r + \Delta r}{r}$.

On a donc dans tous les cas

$$\frac{r + \Delta r}{r} = \frac{\sin u}{\sin(u - \Delta\alpha)};$$

on en déduit

$$\frac{\Delta r}{r} = \frac{\sin u - \sin(u - \Delta\alpha)}{\sin(u - \Delta\alpha)} = \frac{2\sin\dfrac{\Delta\alpha}{2}\cdot\cos\left(u - \dfrac{\Delta\alpha}{2}\right)}{\sin(u - \Delta\alpha)},$$

ce qu'on peut écrire

$$1) \qquad \frac{\sin(u - \Delta\alpha)}{\cos\left(u - \dfrac{\Delta\alpha}{2}\right)} = \frac{r}{\dfrac{\Delta r}{\Delta\alpha}}\cdot\frac{\sin\dfrac{\Delta\alpha}{2}}{\dfrac{\Delta\alpha}{2}}.$$

Quand $\Delta\alpha$ tend vers zéro, $\dfrac{\sin\dfrac{\Delta\alpha}{2}}{\dfrac{\Delta\alpha}{2}}$ a pour limite 1; d'autre part $\dfrac{\Delta r}{\Delta\alpha}$ a pour limite la dérivée de ρ par rapport à ω pour $\omega = \alpha$, c'est-à-dire $f'(\alpha)$. Nous désignerons cette quantité par r'. Par suite le second membre de l'égalité (1) a pour limite $\dfrac{r}{r'}$. Donc l'angle u a pour limite un angle V défini par l'égalité

$$\operatorname{tg} V = \frac{r}{r'}, \qquad \text{ou} \qquad \operatorname{tg} V = \frac{f(\alpha)}{f'(\alpha)}.$$

Il en résulte que la courbe admet une tangente au point M et que cette tangente s'obtient en faisant tourner le rayon vecteur OM dans le sens positif du plus petit angle dont la tangente est égale à $\dfrac{r}{r'}$. Cet angle est toujours compris entre 0 et π; on le désigne généralement par V.

Si $f'(\alpha) = 0$, l'angle V est égal à $\dfrac{\pi}{2}$, la tangente est perpendiculaire au rayon vecteur.

558. Équation de la tangente. — Les points M et M' ayant respectivement pour coordonnées r, α et $r + \Delta r$, $\alpha + \Delta\alpha$, la droite

MM' a pour équation (549)

$$\begin{vmatrix} \dfrac{1}{\rho} & \cos\omega & \sin\omega \\[2mm] \dfrac{1}{r} & \cos\alpha & \sin\alpha \\[2mm] \dfrac{1}{r+\Delta r} & \cos(\alpha+\Delta\alpha) & \sin(\alpha+\Delta\alpha) \end{vmatrix} = 0.$$

Retranchons les éléments de la deuxième ligne de ceux de la troisième, puis divisons par $\Delta\alpha$ les nouveaux éléments de la troisième ligne, l'équation devient

$$\begin{vmatrix} \dfrac{1}{\rho} & \cos\omega & \sin\omega \\[3mm] \dfrac{1}{r} & \cos\alpha & \sin\alpha \\[3mm] \dfrac{\dfrac{1}{r+\Delta r}-\dfrac{1}{r}}{\Delta\alpha} & \dfrac{\cos(\alpha+\Delta\alpha)-\cos\alpha}{\Delta\alpha} & \dfrac{\sin(\alpha+\Delta\alpha)-\sin\alpha}{\Delta\alpha} \end{vmatrix} = 0.$$

Quand $\Delta\alpha$ tend vers zéro,

$$\frac{\cos(\alpha+\Delta\alpha)-\cos\alpha}{\Delta\alpha} \qquad \text{et} \qquad \frac{\sin(\alpha+\Delta\alpha)-\sin\alpha}{\Delta\alpha}$$

ont respectivement pour limites les dérivées de $\cos\omega$ et $\sin\omega$ pour $\omega=\alpha$, soient $-\sin\alpha$ et $\cos\alpha$. D'autre part $\dfrac{1}{r+\Delta r}-\dfrac{1}{r}$ est l'accroissement que prend la fonction $\dfrac{1}{\rho}$ ou $\dfrac{1}{f(\omega)}$ quand on donne à ω d'abord la valeur α, puis la valeur $\alpha+\Delta\alpha$; il en résulte que le rapport $\dfrac{\dfrac{1}{r+\Delta r}-\dfrac{1}{r}}{\Delta\alpha}$ a pour limite la dérivée de la fonction $\dfrac{1}{\rho}$ pour $\omega=\alpha$, c'est-à-dire $-\dfrac{f'(\alpha)}{[f(\alpha)]^2}$. Nous représenterons cette quantité par $\left(\dfrac{1}{r}\right)'$.

Il en résulte que l'équation de la tangente au point M est

$$\begin{vmatrix} \dfrac{1}{\rho} & \cos\omega & \sin\omega \\[2mm] \dfrac{1}{r} & \cos\alpha & \sin\alpha \\[2mm] \left(\dfrac{1}{r}\right)' & -\sin\alpha & \cos\alpha \end{vmatrix} = 0,$$

ou, en développant par rapport aux éléments de la première colonne,

$$\frac{1}{\rho}=\frac{1}{r}\cos(\omega-\alpha)+\left(\frac{1}{r}\right)'\sin(\omega-\alpha).$$

559. Sous-tangente et sous-normale. — Considérons toujours

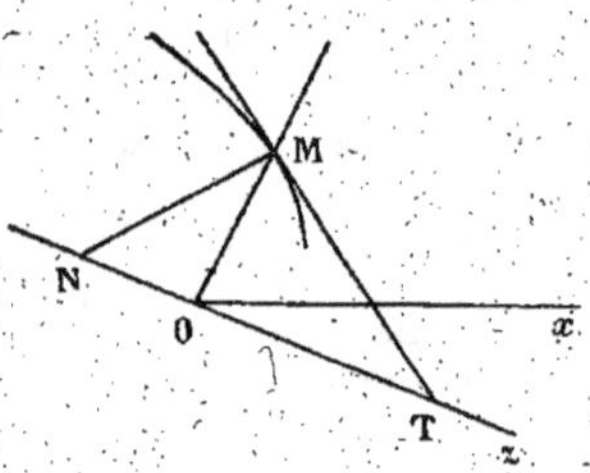

Fig. 186.

la courbe définie par l'équation $\rho = f(\omega)$, et soit M le point de cette courbe qui a pour coordonnées r et α. Menons par le point O une perpendiculaire à OM qui rencontre en T et N la tangente et la normale à la courbe au point M (*fig.* 186). Sur la droite NT il existe deux demi-droites opposées qui correspondent aux angles polaires $\alpha + \dfrac{\pi}{2}$ et $\alpha - \dfrac{\pi}{2}$. Nous considére-rons l'une d'elles, la demi-droite $\alpha + \dfrac{\pi}{2}$, nous la désignerons par Oz, de sorte que nous avons (*)

$$(Ox, Oz) = \alpha + \frac{\pi}{2}.$$

Cette demi-droite s'obtient en faisant tourner la demi-droite α de l'angle $\dfrac{\pi}{2}$ dans le sens positif.

Cela posé, on appelle *sous-tangente* relative au point M la valeur algébrique du vecteur $\overrightarrow{OT}$, sens positif Oz, et *sous-normale* relative au même point la valeur algébrique du vecteur $\overrightarrow{ON}$, sens positif Oz.

D'après cette définition, la sous-tangente est égale au rayon vecteur de la tangente au point M correspondant à l'angle $\alpha + \dfrac{\pi}{2}$. Remplaçons dans l'équation de cette tangente,

$$\frac{1}{\rho} = \frac{1}{r} \cos(\omega - \alpha) + \left(\frac{1}{r}\right)' \sin(\omega - \alpha),$$

ω par $\alpha + \dfrac{\pi}{2}$; nous avons

$$\frac{1}{\rho} = \left(\frac{1}{r}\right)' = -\frac{f'(\alpha)}{[f(\alpha)]^2}$$

et, par suite,

$$\overline{OT} = \frac{1}{\left(\dfrac{1}{r}\right)'} = -\frac{[f(\alpha)]^2}{f'(\alpha)},$$

ou

$$\overline{OT} = -\frac{r^2}{r'}.$$

(*) Dans le cas de la fig. 186 nous supposons $r < 0$, de sorte que l'angle α est l'angle qui fait la demi-droite opposée à OM avec Ox.

D'autre part, dans le triangle rectangle MNT, on a

$$\mathrm{ON} . \mathrm{OT} = \overline{\mathrm{OM}}^2,$$

et, comme les valeurs algébriques $\overline{\mathrm{OT}}$ et $\overline{\mathrm{ON}}$ sont toujours de signes contraires,

$$\overline{\mathrm{ON}} . \overline{\mathrm{OT}} = - r^2.$$

On en déduit

$$\overline{\mathrm{ON}} = - \frac{r^2}{\overline{\mathrm{OT}}} = r' = f'(\alpha).$$

Par suite, si l'on désigne par S_t et S_n les valeurs de la sous-tangente et de la sous-normale, on a

$$S_t = \frac{1}{\left(\frac{1}{r}\right)'} = - \frac{r^2}{r'}, \qquad S_n = r'.$$

560. Équation de la normale. — D'après ce qui précède le point N a pour coordonnées polaires r' et $\alpha + \frac{\pi}{2}$; nous connaissons ainsi les coordonnées de deux points M et N, situés sur la normale. L'équation de cette droite est donc

$$\begin{vmatrix} \dfrac{1}{\rho} & \cos \omega & \sin \omega \\[2mm] \dfrac{1}{r} & \cos \alpha & \sin \alpha \\[2mm] \dfrac{1}{r'} & \cos\left(\alpha + \dfrac{\pi}{2}\right) & \sin\left(\alpha + \dfrac{\pi}{2}\right) \end{vmatrix} = 0.$$

Remplaçons $\cos\left(\alpha + \frac{\pi}{2}\right)$ par $-\sin\alpha$, $\sin\left(\alpha + \frac{\pi}{2}\right)$ par $\cos\alpha$, puis développons le déterminant par rapport aux éléments de la première colonne, nous obtenons

$$\frac{1}{\rho} = \frac{1}{r} \cos(\omega - \alpha) + \frac{1}{r'} \sin(\omega - \alpha).$$

Telle est l'équation de la normale au point M. Elle se déduit de l'équation de la tangente en remplaçant $\left(\frac{1}{r}\right)'$ par $\frac{1}{r'}$. Il ne faut pas confondre ces deux quantités; $\left(\frac{1}{r}\right)'$ est la dérivée de $\frac{1}{\rho}$ par rapport à ω pour $\omega = \alpha$, ou $- \frac{f'(\alpha)}{[f(\alpha)]^2}$, tandis que $\frac{1}{r'}$ est l'inverse de la dérivée de ρ pour $\omega = \alpha$, c'est-à-dire $\frac{1}{f'(\alpha)}$.

Asymptotes.

561. Pour que la courbe définie par l'équation $\rho = f(\omega)$ ait des branches infinies, il faut que la fonction $f(\omega)$ puisse devenir infinie pour certaines valeurs de ω.

Supposons que cette fonction soit infinie pour $\omega = \alpha$; quand ω tend vers α, ρ augmente indéfiniment. Le point M qui a pour coordonnées polaires ρ et ω,

$$\omega = (Ox,\ OL), \qquad \rho = \overline{OM} \text{ (sens positif OL)},$$

décrit une branche infinie de courbe; nous allons chercher si cette branche admet une asymptote.

Nous suivrons la méthode générale indiquée au n° 211.

Il faut d'abord chercher la limite de la droite OM quand le point

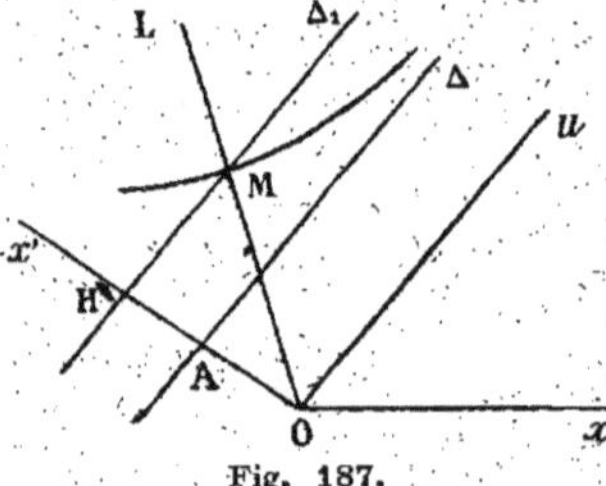

Fig. 187.

M s'éloigne indéfiniment. Or, quand ω tend vers α, la demi-droite OL a pour limite la demi-droite Ou définie par l'égalité

$$(Ox,\ Ou) = \alpha.$$

Donc OM a pour limite la droite Ou, Ou est la direction asymptotique.

Menons maintenant par le point M une droite Δ_1 parallèle à Ou et cherchons la limite de cette droite.

Pour cela, faisons tourner la demi-droite Ou autour du point O et *dans le sens positif* d'un angle égal à $\dfrac{\pi}{2}$; elle prend la position Ox', qui est alors définie par l'égalité

$$(Ox,\ Ox') = \alpha + \frac{\pi}{2}.$$

Soit H le point de rencontre des droites Δ_1 et Ox' (*fig.* 187).

Quand le point M s'éloigne indéfiniment, la droite Δ_1 se déplace parallèlement à Ou, le point H décrit l'axe Ox', et pour avoir la limite de Δ_1, il suffit de déterminer la limite du point H, ou la limite de la valeur algébrique $\overline{OH}$ du vecteur $\overrightarrow{OH}$, sens positif Ox'.

Si $\overline{OH}$ croît indéfiniment, il n'y a pas d'asymptote; la branche de courbe est parabolique.

Si $\overline{OH}$ a une limite d, le point H a une position limite A telle que

$\overline{OA} = d$ (sens positif Ox'), la droite Δ_1 a pour limite la droite Δ menée par le point A parallèlement à Ou ; donc Δ est asymptote.

Calculons $\overrightarrow{OH}$; c'est la projection orthogonale de $\overrightarrow{OM}$ sur Ox', donc

$$\overline{OH} = \overline{OM} \cos(OL, Ox'),$$

et comme

$$(OL, Ox') = (OL, Ox) + (Ox, Ox') = -\omega + \alpha + \frac{\pi}{2},$$

nous avons $\qquad \overline{OH} = \rho \sin(\omega - \alpha).$

On est ainsi ramené à chercher la limite de la fonction $\rho \sin(\omega - \alpha)$ ou $f(\omega) \sin(\omega - \alpha)$ qui se présente sous la forme $\infty \times 0$ pour $\omega = \alpha$; c'est un problème d'analyse.

562. Conséquence. — Soit la courbe $\rho = f(\omega)$. Supposons que lorsque ω tend vers α, ρ augmente indéfiniment ; la courbe a une branche infinie dont la direction asymptotique est la droite qui a pour équation $\omega = \alpha$.

Pour déterminer l'asymptote, on cherche la limite de $\rho \sin(\omega - \alpha)$ ou de $f(\omega) \sin(\omega - \alpha)$ pour $\omega = \alpha$.

1° Si quand ω tend vers α, $\rho \sin(\omega - \alpha)$ augmente indéfiniment, il n'y a pas d'asymptote : la branche infinie est parabolique.

2° Si $\rho \sin(\omega - \alpha)$ a une limite d pour $\omega = \alpha$, il y a une asymptote que l'on construit de la manière suivante :

On fait tourner la demi-droite α de l'angle $\frac{\pi}{2}$ *dans le sens positif* ; on obtient ainsi la demi-droite Ox' $\left(\text{c'est la demi-droite } \alpha + \frac{\pi}{2}\right)$. On prend sur cette droite le point A tel que $\overline{OA} = d$, sens positif Ox', et on mène par le point A une droite Δ parallèle à la direction α. La droite Δ est l'asymptote.

On peut aussi construire cette asymptote en formant son équation, qui se déduit de l'équation générale du n° 547 en y remplaçant p par d et α par $\alpha + \frac{\pi}{2}$; ce qui donne

$$\rho = \frac{d}{\sin(\omega - \alpha)}, \qquad \text{ou} \qquad \rho \sin(\omega - \alpha) = d.$$

Telle est l'équation de l'asymptote. On la retient aisément en remarquant que le premier membre est $\rho \sin(\omega - \alpha)$, et que le second est la limite de $\rho \sin(\omega - \alpha)$ pour $\omega = \alpha$.

Si l'on fait $\omega = 0$ dans cette équation, on obtient le point de rencontre de l'asymptote avec Ox ; pour construire l'asymptote, il suffira de mener par ce point une parallèle à la direction α.

La position de la courbe par rapport à l'asymptote sera déterminée si l'on connaît la position du point H par rapport au point A, c'est-à-dire si l'on connaît le signe de la différence $\overline{OH} - \overline{OA}$ ou de $\rho \sin(\omega - \alpha) - d$.

Tout revient donc à déterminer le signe de la différence

$$\rho \sin(\omega - \alpha) - d$$

pour les valeurs de ω voisines de α.

Nous en verrons plus loin des exemples.

563. REMARQUE. — Posons

$$\varphi(\omega) = \frac{1}{f(\omega)} = \frac{1}{\rho};$$

alors $\varphi(\omega)$ est nul pour $\omega = \alpha$, et nous avons

$$\rho \sin(\omega - \alpha) = \frac{\sin(\omega - \alpha)}{\varphi(\omega)}.$$

Pour $\omega = \alpha$, le second membre se présente sous la forme $\frac{0}{0}$; pour avoir sa limite, appliquons la règle de l'Hopital; nous avons

$$\lim. \; \rho \sin(\omega - \alpha) = \frac{1}{\varphi'(\alpha)},$$

ou

$$\lim. \; \rho \sin(\omega - \alpha) = \frac{1}{\left(\frac{1}{r}\right)'},$$

en désignant comme plus haut par $\left(\frac{1}{r}\right)'$ la dérivée de $\frac{1}{\rho}$ par rapport à ω pour $\omega = \alpha$.

On en conclut que l'abscisse de l'asymptote est la limite de la sous-tangente pour $\omega = \alpha$.

D'ailleurs, l'équation de l'asymptote est

$$\rho \sin(\omega - \alpha) = d = \frac{1}{\left(\frac{1}{r}\right)'},$$

ou

$$\frac{1}{\rho} = \left(\frac{1}{r}\right)' \sin(\omega - \alpha);$$

elle se déduit de l'équation de la tangente en remplaçant $\frac{1}{r}$ par zéro.

On peut donc considérer l'asymptote comme la limite d'une tangente dont le point de contact s'est éloigné indéfiniment.

Construction des courbes en coordonnées polaires.

564. Pour construire la courbe définie par l'équation

$$\rho = f(\omega),$$

il faut étudier les variations de la fonction $f(\omega)$ quand on fait varier ω. De cette variation on déduit un tracé de la courbe qu'on peut ensuite rectifier en déterminant quelques tangentes et les asymptotes. En particulier, il y a lieu de considérer les valeurs de ω qui annulent $f(\omega)$, car à ces valeurs et aux valeurs voisines correspondent des branches de courbe passant par le pôle, et les tangentes en ce point s'obtiennent immédiatement.

Si ω ne figure dans la fonction $f(\omega)$ que par ses lignes trigonométriques, par celles de ses multiples ou de ses diviseurs, la fonction $f(\omega)$ est périodique, et il est important de déterminer dans quel intervalle il faut faire varier ω pour avoir toute la courbe.

Nous examinerons d'abord le cas particulièrement simple où $f(\omega)$ ne renferme que les lignes trigonométriques de ω et celles de ses multiples.

Si l'on change ω en $2\pi + \omega$, ρ ne change pas; par suite, à deux valeurs de ω différant de 2π correspond le même point de la courbe. Il en résulte que pour avoir toute la courbe, il suffit de faire varier ω dans un intervalle *quelconque* dont l'étendue soit égale à 2π.

565. Cet intervalle peut encore être réduit dans certains cas particuliers.

Remplaçons ω par $\pi + \omega$, trois cas peuvent se présenter :

1° $f(\omega)$ change de signe sans changer de valeur absolue. Alors, à deux valeurs de ω différant de π, α et $\alpha + \pi$ par exemple, correspondent des valeurs de ρ égales et de signes contraires, soient r et $-r$. Or les points (r, α) et $(-r, \alpha + \pi)$ sont confondus; on voit ainsi qu'à deux valeurs de ω différant de π correspond le même point de la courbe. Donc, pour avoir toute la courbe, il suffit de faire varier ω dans un intervalle *quelconque* dont l'étendue soit égale à π.

2° $f(\omega)$ ne change pas; on en conclut qu'à deux valeurs de ω différant de π correspondent deux points de la courbe symétriques par rapport au pôle. Pour avoir toute la courbe, on fera varier ω dans un intervalle *quelconque* d'étendue égale à π, on construira la courbe relative à cette variation, puis on déterminera la symétrique de cette courbe par rapport au pôle.

Dans ce cas comme dans le précédent, nous dirons que l'intervalle suffisant a une étendue égale à π.

3° Si la fonction $f(\omega)$ est altérée quand on change ω en $\pi + \omega$, il faut faire varier ω dans un intervalle d'étendue égale à 2π.

566. Cela fait, on remplace ω par $-\omega$.

Si la fonction $f(\omega)$ ne change pas, à deux valeurs de ω égales et de signes contraires correspondent des points de la courbe symétriques par rapport à l'axe polaire Ox, la courbe est symétrique par rapport à cet axe. Si la fonction $f(\omega)$ change de signe sans changer de valeur absolue, la courbe est symétrique par rapport à la droite Oy, perpendiculaire à l'axe polaire.

Dans ces deux cas l'intervalle suffisant peut être réduit de moitié, mais le nouvel intervalle ne peut pas être choisi arbitrairement.

En effet, supposons d'abord que l'étendue de l'intervalle suffisant soit égale à 2π; comme cet intervalle est arbitraire, nous pouvons le faire commencer à la valeur $-\pi$. Nous avons alors l'intervalle $(-\pi, +\pi)$ qu'on peut décomposer en deux intervalles égaux $(-\pi, 0)$ et $(0, +\pi)$. A toute valeur $-\alpha$ de l'intervalle $(-\pi, 0)$ correspond la valeur $+\alpha$ comprise dans l'intervalle $(0, \pi)$, et à ces deux valeurs correspondent des points symétriques par rapport à Ox ou à Oy.

Il suffira donc de faire varier ω dans l'intervalle $(0, \pi)$ par exemple, et d'achever par symétrie par rapport à Ox ou à Oy.

Si l'intervalle suffisant a une étendue égale à π, nous le ferons commencer à $-\dfrac{\pi}{2}$, ce qui nous donne l'intervalle $\left(-\dfrac{\pi}{2}, +\dfrac{\pi}{2}\right)$, qui se divise en deux $\left(-\dfrac{\pi}{2}, 0\right)$ et $\left(0, +\dfrac{\pi}{2}\right)$. Il suffit alors de faire varier ω dans l'intervalle $\left(0, \dfrac{\pi}{2}\right)$ et d'achever par symétrie.

567. Quand la substitution de $-\omega$ à ω altère la valeur absolue de $f(\omega)$, on peut essayer une nouvelle substitution; on remplace ω par $\pi - \omega$.

Si en changeant ω en $\pi - \omega$, $f(\omega)$ ne change pas, la courbe est symétrique par rapport à Oy; si $f(\omega)$ change de signe sans changer de valeur absolue, la courbe est symétrique par rapport à Ox.

On peut encore réduire de moitié l'intervalle suffisant, mais comme précédemment, le nouvel intervalle ne peut être choisi arbitrairement.

Supposons que l'intervalle suffisant soit égal à 2π; il faut diviser cet intervalle en deux intervalles égaux tels qu'à toute valeur α du premier corresponde la valeur $\pi - \alpha$ de l'autre. Pour cela, prenons l'intervalle $\left(\dfrac{\pi}{2} - \pi,\ \dfrac{\pi}{2} + \pi\right)$ qui se décompose en

$$\left(\dfrac{\pi}{2} - \pi,\ \dfrac{\pi}{2}\right) \quad \text{et} \quad \left(\dfrac{\pi}{2},\ \dfrac{\pi}{2} + \pi\right).$$

Un nombre quelconque du premier est de la forme $\alpha = \dfrac{\pi}{2} - \theta$ $(0 < \theta < \pi)$, il lui correspond dans le second le nombre $\pi - \alpha = \dfrac{\pi}{2} + \theta$; et à ces deux valeurs correspondent des points de la courbe symétriques par rapport à Ox ou à Oy.

Donc, il suffit de faire varier ω dans l'intervalle $\left(-\dfrac{\pi}{2},\ +\dfrac{\pi}{2}\right)$, et d'achever par symétrie.

Enfin, si l'intervalle suffisant est d'étendue égale à π, nous prendrons l'intervalle $(0,\ \pi)$ qui se décompose en $\left(0,\ \dfrac{\pi}{2}\right)$ et $\left(\dfrac{\pi}{2},\ \pi\right)$. A toute valeur α du premier correspond la valeur $\pi - \alpha$ du deuxième ; il suffit de faire varier ω dans l'intervalle $\left(0,\ \dfrac{\pi}{2}\right)$.

568. Exemple. — *Limaçon de Pascal.* — Étant donnés une courbe (C) et un point O, on joint le point O à un point quelconque M de la courbe (C), et on prend sur la droite OM des points P et P′ symétriques par rapport au point M et tels que les longueurs MP et MP′ soient égales à une longueur donnée. Le lieu des points P et P′ est une courbe qu'on appelle une *conchoïde* de la courbe (C) par rapport au point O.

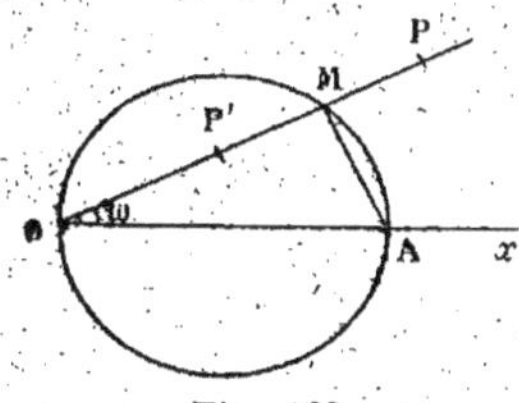

Fig. 188.

Par définition, le *limaçon de Pascal* est une conchoïde de cercle par rapport à un point O du cercle.

Pour construire cette courbe, nous formerons son équation en coordonnées polaires en prenant pour pôle le point O et pour axe polaire le diamètre du cercle qui passe par le point O.

Soit R le rayon du cercle ; en considérant le triangle rectangle OMA (*fig.* 188), on voit aisément que l'équation du cercle est

$$\rho = 2\mathrm{R} \cos \omega,$$

et par suite, si l'on pose $MP = MP' = a$, l'équation du limaçon est

$$\rho = 2\mathrm{R} \cos \omega \pm a.$$

Elle se décompose en deux

$$\rho = 2\mathrm{R} \cos \omega + a, \qquad \rho = 2\mathrm{R} \cos \omega - a;$$

chacune d'elles se déduit de l'autre en changeant ω en $\pi + \omega$ et ρ en $-\rho$. Par conséquent, l'une d'elles suffit à représenter toute la courbe. Nous discuterons l'équation

$$\rho = 2\mathrm{R} \cos \omega + a.$$

L'intervalle suffisant a une étendue égale à 2π. Si on change ω en $-\omega$, ρ ne change pas; par suite, la courbe est symétrique par rapport à l'axe polaire Ox. Nous en aurons la moitié en faisant varier ω de 0 à π, et l'autre moitié s'en déduira en construisant la symétrique de la première par rapport à Ox.

Quand ω croît de 0 à π, ρ décroît de $2R + a$ à $-2R + a$. Pour que ρ s'annule, il faut qu'on ait

$$\cos \omega = - \frac{a}{2R}.$$

Si $a < 2R$, cette équation admet une racine α comprise entre $\frac{\pi}{2}$ et π. Si $a = 2R$, elle est vérifiée pour $\omega = \pi$; enfin si $a > 2R$, elle n'a pas de solution.

$1°\ a < 2R$.

La variation de ρ est indiquée par le tableau suivant :

ω	0	croît	α	croît	π
ρ	$2R + a$	décroît	0	décroît	$-(2R - a)$

ρ est positif quand ω croît de 0 à α, puis négatif quand ω croît de α à π. Nous obtenons ainsi la branche de courbe ACDOB (figurée en trait plein sur la figure 189); elle est tangente à l'origine à la droite $\omega = \alpha$ (556).

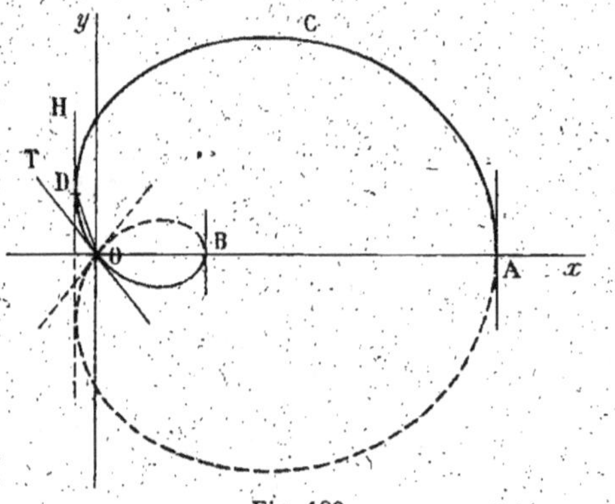

Déterminons les tangentes aux points A et B. Nous avons

$$\operatorname{tg} V = \frac{\rho}{\rho'}$$
$$= \frac{2R \cos \omega + a}{- 2R \sin \omega};$$

pour $\omega = 0$ et $\omega = \pi$, le dénominateur de $\operatorname{tg} V$ est nul, donc l'angle V est égal à $\frac{\pi}{2}$; par suite, les tangentes aux points A et B sont perpendiculaires à l'axe polaire.

D'après la forme de la courbe, il doit exister un autre point D où la tangente est aussi perpendiculaire à Ox. Il est aisé de déterminer ce point; soit DH la tangente en ce point. On doit avoir à un multiple près de π

$$(Ox, \ DH) = \frac{\pi}{2}.$$

Or, on a

$$(Ox, \ DH) = (Ox, \ OD) + (OD, \ DH) = \omega + V,$$

et par suite $\omega + V = \frac{\pi}{2}$, $V = \frac{\pi}{2} - \omega$, $\operatorname{tg} V = \frac{\cos \omega}{\sin \omega}$, et en remplaçant $\operatorname{tg} V$ par $\frac{\rho}{\rho'}$, $\rho' \cos \omega - \rho \sin \omega = 0$.

Fig. 189.

Le premier membre est la dérivée de $\rho \cos \omega$ ou de l'abscisse x. On en conclut que pour avoir les points où la tangente est perpendiculaire à Ox, il faut égaler à zéro la dérivée de x ou de $\rho \cos \omega$ par rapport à ω.

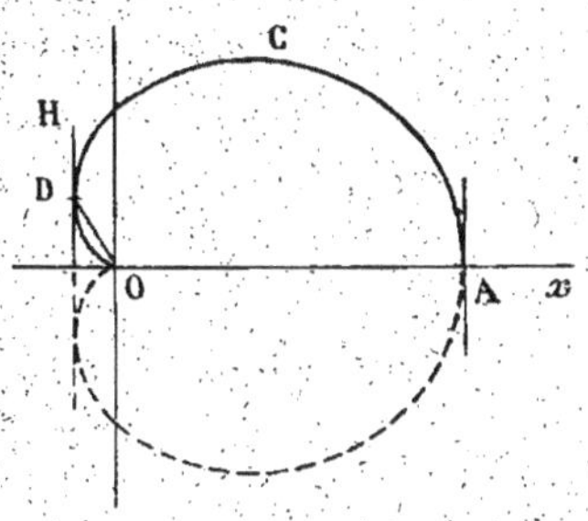

Ce résultat était à prévoir, car les points envisagés correspondent en général à un maximum ou à un minimum de x.

On verrait de même que pour avoir les points où la tangente est parallèle à Ox, il faut égaler à zéro la dérivée de y ou de $\rho \sin \omega$ par rapport à ω.

Revenons au limaçon; pour déterminer le point D, nous considérons l'expression

$$x = (2R \cos \omega + a) \cos \omega,$$

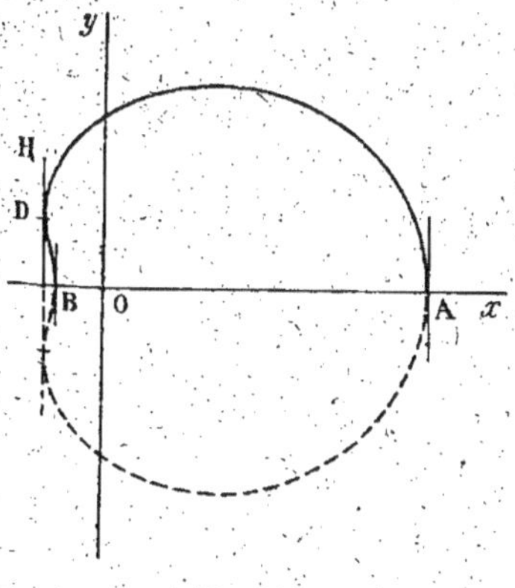

Fig. 190.

et nous égalons sa dérivée à zéro; nous avons ainsi

$$(4R \cos \omega + a) \sin \omega = 0.$$

Au facteur $\sin \omega$ correspondent les points A et B. L'autre facteur nous donne la solution $\cos \omega = -\dfrac{a}{4R}$, qui admet une racine β comprise entre $\dfrac{\pi}{2}$ et α; β est l'angle polaire du point D.

En achevant par symétrie, nous obtenons toute la courbe (*fig.* 189). Dans ce cas le limaçon a un point double à tangentes distinctes.

2° $a = 2R$.

Quand ω croît de 0 à π, ρ décroît de $2R + a$ à zéro. Nous obtenons la branche de courbe ACDO tangente à l'origine à l'axe polaire. L'angle polaire du point D où la tangente est perpendiculaire à Ox est égal à $\dfrac{2\pi}{3}$.

En achevant par symétrie, on voit que le limaçon admet un point de rebroussement au pôle (*fig.* 190).

Dans ce cas la courbe est appelée *cardioïde*.

3° $a > 2R$.

ρ est sans cesse positif; quand ω croît de 0 à π, ρ décroît de $2R + a$ à $a - 2R$.

Si $a < 4R$, le point D existe toujours, et la courbe présente deux points d'inflexion (*fig.* 191).

Si $a > 4R$, ces points d'inflexion disparaissent (*fig.* 192).

Fig. 191.

Dans ces deux courbes le pôle est un point double isolé, comme on peut le montrer en cherchant l'équation de la courbe en coordonnées rectilignes.

En effet, remplaçons dans l'équation $\rho = 2R\cos\omega + a$, $\cos\omega$ par $\dfrac{x}{\rho}$, nous avons

$$\rho^2 - 2Rx = a\rho,$$

puis, en élevant au carré et en remplaçant ρ^2 par $x^2 + y^2$, nous obtenons

$$(x^2 + y^2 - 2Rx)^2 = a^2(x^2 + y^2),$$

ou enfin

$$(x^2 + y^2)^2 - 4Rx(x^2 + y^2) + x^2(4R^2 - a^2) - a^2 y^2 = 0.$$

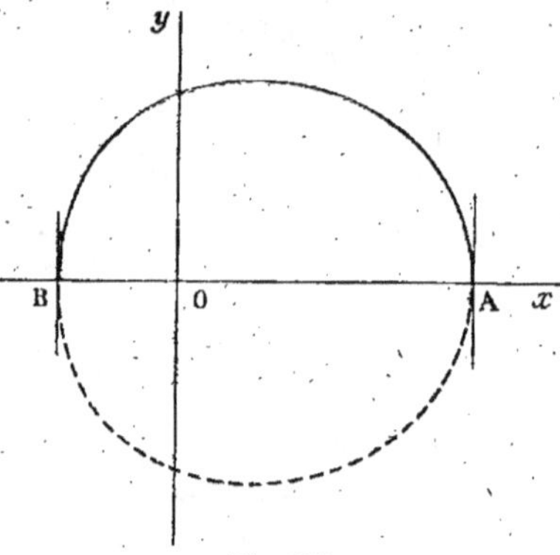

Fig. 192.

On voit ainsi que le limaçon est une courbe du quatrième degré admettant un point double à l'origine. Ce point double est isolé si $a^2 - 4R^2$ est positif.

Il est aisé de construire la tangente en un point quelconque du limaçon. En effet, considérons les équations en coordonnées polaires du cercle et du limaçon

$$\rho = 2R\cos\omega, \qquad \rho = 2R\cos\omega \pm a;$$

la dérivée de ρ par rapport à ω est la même pour les deux courbes. Il en résulte (559) que les sous-normales relatives au cercle et au limaçon ont la même valeur pour une valeur donnée de ω; en d'autres termes, les normales au point M du cercle et aux points P et P' du limaçon situés sur le rayon vecteur OM rencontrent en un même point N la perpendiculaire à OM menée par le point O.

Or la normale au cercle au point M rencontre cette perpendiculaire au

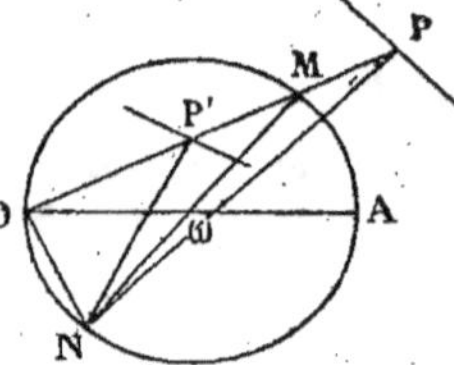

Fig. 193.

point N diamétralement opposé à M; par suite les normales en P et P' au limaçon sont les droites PN et P'N. On en déduit immédiatement les tangentes en ces points (*fig.* 193).

On verrait de même que si l'on peut construire la tangente en un point d'une courbe quelconque (C), on peut aussi construire la tangente en tout point d'une conchoïde quelconque de la courbe (C).

Remarquons enfin qu'on peut considérer le limaçon comme le lieu des pieds des perpendiculaires abaissées d'un point sur les tangentes à un cercle.

En effet, si par les points P et P' on mène les perpendiculaires à la droite OM, ces droites sont tangentes au cercle qui a pour centre le point A et pour rayon a; par suite les points P et P' sont les projections du point O sur ces tangentes.

EXEMPLE II. — *Construire la courbe qui a pour équation en coordonnées polaires*

$$\rho = \frac{\operatorname{tg}\omega}{1 - 2\sin\omega}.$$

Pour avoir toute la courbe, il faut faire varier ω dans un intervalle dont l'étendue soit égale à 2π.

Si l'on change ω en $\pi - \omega$, ρ change de signe sans changer de valeur absolue; la courbe est donc symétrique par rapport à Ox, et pour en avoir la moitié, il suffit de faire varier ω de $-\dfrac{\pi}{2}$ à $+\dfrac{\pi}{2}$ (567).

Dans cet intervalle, la fonction est discontinue pour les valeurs $-\dfrac{\pi}{2}$, $\dfrac{\pi}{6}$ et $\dfrac{\pi}{2}$.

Prenons la dérivée, nous avons

$$\rho' = \frac{1 - 2 \sin^3 \omega}{(1 - 2 \sin \omega)^2 \cos^2 \omega};$$

désignons par α l'angle compris entre 0 et $\dfrac{\pi}{2}$ qui a pour sinus $\dfrac{1}{\sqrt[3]{2}}$; la dérivée change de signe, de positive devenant négative, quand ω traverse la valeur α.

Les variations de ρ sont indiquées dans le tableau suivant :

ω	$-\dfrac{\pi}{2}$		0		$\dfrac{\pi}{6}$		α		$+\dfrac{\pi}{2}$
ρ'		$+$		$+$		$+$		$-$	
ρ	$-\infty$	croît	0	croît	$+\infty$ $\mid$ $-\infty$	croît	*Max.*	décroît	$-\infty$

Il est alors aisé de tracer la portion de courbe correspondante (*fig.* 194). Elle est tangente à l'origine à l'axe polaire (556).

Cherchons les asymptotes (562).

1° Asymptote relative à $\omega = -\dfrac{\pi}{2}$. Nous avons

$$x' = \rho \sin\left(\omega + \frac{\pi}{2}\right) = \rho \cos \omega = \frac{\sin \omega}{1 - 2 \sin \omega};$$

pour $\omega = -\dfrac{\pi}{2}$ la limite de x' est $-\dfrac{1}{3}$.

Par suite, $-\dfrac{1}{3}$ est l'abscisse de l'asymptote par rapport à l'axe Ox' défini par $(Ox,\ Ox') = -\dfrac{\pi}{2} + \dfrac{\pi}{2} = 0$, c'est-à-dire par rapport à Ox. Prenons sur cet axe le point A d'abscisse $-\dfrac{1}{3}$ et menons par ce point une perpendiculaire à Ox; cette droite est l'asymptote à la branche de courbe (C) qui correspond aux valeurs de ω voisines de $-\dfrac{\pi}{2}$.

Pour avoir la position de la courbe par rapport à cette asymptote, considérons la différence

$$x' + \frac{1}{3} = \frac{\sin \omega}{1 - 2 \sin \omega} + \frac{1}{3} = \frac{1 + \sin \omega}{3(1 - 2 \sin \omega)};$$

le second membre est positif pour les valeurs de ω voisines de $-\dfrac{\pi}{2}$; par suite, la courbe est par rapport à l'asymptote du côté des x positifs.

$2°$ Asymptote relative à $\omega = \dfrac{\pi}{6}$. Nous avons

$$x' = \rho \sin\left(\omega - \frac{\pi}{6}\right) = \frac{\operatorname{tg}\omega \sin\left(\omega - \dfrac{\pi}{6}\right)}{1 - 2\sin\omega} = \frac{\operatorname{tg}\omega \sin\left(\omega - \dfrac{\pi}{6}\right)}{2\left(\sin\dfrac{\pi}{6} - \sin\omega\right)} ;$$

cette quantité se présente sous la forme $\dfrac{0}{0}$ pour $\omega = \dfrac{\pi}{6}$; nous allons lever l'indétermination.

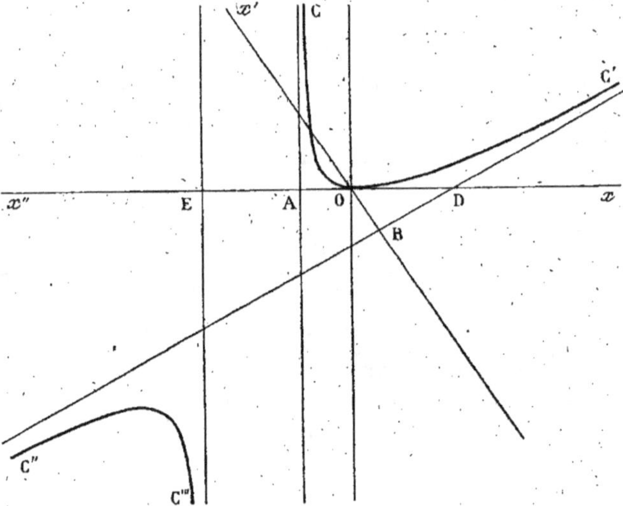

Fig. 194.

Pour cela, nous pouvons écrire

$$x' = \frac{2\operatorname{tg}\omega \sin\left(\dfrac{\omega}{2} - \dfrac{\pi}{12}\right)\cos\left(\dfrac{\omega}{2} - \dfrac{\pi}{12}\right)}{4\sin\left(\dfrac{\pi}{12} - \dfrac{\omega}{2}\right)\cos\left(\dfrac{\pi}{12} + \dfrac{\omega}{2}\right)} = -\frac{\operatorname{tg}\omega \cos\left(\dfrac{\omega}{2} - \dfrac{\pi}{12}\right)}{2\cos\left(\dfrac{\omega}{2} + \dfrac{\pi}{12}\right)} .$$

Pour $\omega = \dfrac{\pi}{6}$ le dernier membre prend la valeur $-\dfrac{\operatorname{tg}\dfrac{\pi}{6}}{2\cos\dfrac{\pi}{6}}$ ou $-\dfrac{1}{3}$.

Construisons la demi-droite Ox' définie par l'égalité

$$(Ox,\ Ox') = \frac{\pi}{6} + \frac{\pi}{2},$$

et prenons sur cet axe le point B qui a pour abscisse $-\dfrac{1}{3}$; menons par ce point une perpendiculaire à Ox', cette droite est l'asymptote. Son équation est $\rho \sin\left(\omega - \dfrac{\pi}{6}\right) = -\dfrac{1}{3}$; elle rencontre Ox au point D $\left(\rho = \dfrac{2}{3}, \omega = 0\right)$.

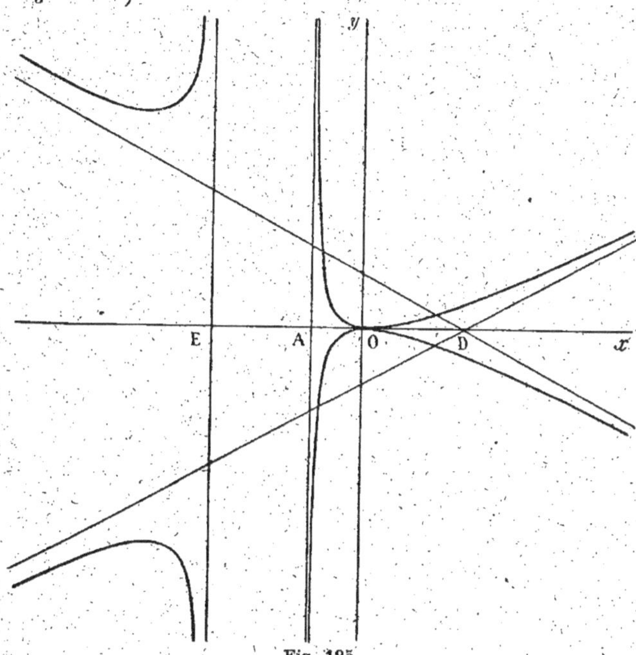

Fig. 195.

Cherchons la position de la courbe par rapport à cette asymptote. Nous avons

$$x' + \frac{1}{3} = -\frac{\operatorname{tg}\omega \cos\left(\dfrac{\omega}{2} - \dfrac{\pi}{12}\right)}{2\cos\left(\dfrac{\omega}{2} + \dfrac{\pi}{12}\right)} + \frac{1}{3}$$

$$= \frac{-3\operatorname{tg}\omega\cos\left(\dfrac{\omega}{2} - \dfrac{\pi}{12}\right) + 2\cos\left(\dfrac{\omega}{2} + \dfrac{\pi}{12}\right)}{6\cos\left(\dfrac{\omega}{2} + \dfrac{\pi}{12}\right)}$$

Le dénominateur est positif pour les valeurs de ω voisines de $\dfrac{\pi}{6}$; tout revient à étudier le signe du numérateur, qui s'écrit, en posant $\omega = \dfrac{\pi}{6} + \theta$,

$$-3\operatorname{tg}\left(\frac{\pi}{6} + \theta\right)\cos\frac{\theta}{2} + 2\cos\left(\frac{\pi}{6} + \frac{\theta}{2}\right),$$

ou, en développant par la formule de Taylor,

$$-3\left(\operatorname{tg}\frac{\pi}{6}+\theta\,\frac{1}{\cos^2\frac{\pi}{6}}+\dots\right)\left(1-\frac{\theta^2}{8}+\dots\right)+2\left(\cos\frac{\pi}{6}-\frac{\theta}{2}\sin\frac{\pi}{6}+\dots\right).$$

ou

$$-\theta\left(\frac{3}{\cos^2\frac{\pi}{6}}+\sin\frac{\pi}{6}\right)+\lambda\theta^2,$$

λ désignant une fonction de θ qui reste finie quand θ tend vers zéro. On voit donc que pour des valeurs de θ suffisamment petites, $x'+\frac{1}{3}$ est de signe contraire à θ.

Par suite, si $\omega<\frac{\pi}{6}$, $x'+\frac{1}{3}>0$, la branche de courbe C' est au-dessus de l'asymptote; si $\omega>\frac{\pi}{6}$, $x'+\frac{1}{3}<0$, la branche C'' est au-dessous.

3° Asymptote correspondant à $\omega=\frac{\pi}{2}$. On a

$$x'=\rho\sin\left(\omega-\frac{\pi}{2}\right)=-\frac{\sin\omega}{1-2\sin\omega};$$

pour $\omega=\frac{\pi}{2}$, x' a pour limite 1. Soit Ox'' la demi-droite $\frac{\pi}{2}+\frac{\pi}{2}$, elle est opposée à Ox; prenons sur cette demi-droite le point E qui a pour abscisse 1, et par ce point menons une perpendiculaire à Ox'', la droite obtenue est l'asymptote.

De plus, on a

$$x'-1=-\frac{\sin\omega}{1-2\sin\omega}-1=-\frac{1-\sin\omega}{1-2\sin\omega},$$

ce qui montre que $x'-1$ est positif pour les valeurs de ω voisines de $\frac{\pi}{2}$; par suite, la branche de courbe C''' est à gauche de l'asymptote.

Nous aurons toute la courbe en construisant la symétrique de la portion obtenue par rapport à Ox (fig. 195).

569. Revenons à l'équation

$$\rho=f(\omega),$$

et examinons le cas plus général où ω ne figure dans la fonction $f(\omega)$ que par ses lignes trigonométriques, celles de ses multiples et de ses diviseurs.

Il est toujours possible de déterminer un nombre positif k tel qu'en changeant ω en $2k\pi+\omega$ la fonction $f(\omega)$ ne change pas.

Supposons en effet que cette fonction renferme les lignes trigonométriques de $\frac{a}{b}\omega$, $\frac{a'}{b'}\omega$, $\dots$, $\frac{a}{b}$, $\frac{a'}{b'}$, $\dots$ désignant des fractions irréductibles. Pour que les lignes trigonométriques de $\frac{a}{b}(\omega+2k\pi)$, $\frac{a'}{b'}(\omega+2k\pi)$, $\dots$ soient respectivement égales à celles de $\frac{a}{b}\omega$,

$\frac{a'}{b'}\omega,\ldots$ il faut et il suffit que $\frac{2ak\pi}{b}$, $\frac{2a'k\pi}{b'}$, $\ldots$ soient des multiples

de 2π, ou, en d'autres termes, que $\frac{ak}{b}$, $\frac{a'k}{b'}$, $\ldots$ soient des nombres

entiers. Or b est premier avec a; pour que b divise ak, il faut qu'il divise k, on voit donc que k doit être multiple commun à b, b', $\ldots$.

Par conséquent, si k désigne le plus petit commun multiple des dénominateurs b, b', $\ldots$, en changeant ω en $\omega + 2k\pi$, la fonction $f(\omega)$ ne changera pas.

Pour avoir toute la courbe, il suffira de faire varier ω dans un intervalle *quelconque* dont l'étendue soit égale à $2k\pi$.

S'il y a un seul dénominateur b, l'intervalle suffisant a une étendue égale à $2b\pi$.

570. Dans certains cas particuliers, cet intervalle peut se réduire, et le nouvel intervalle obtenu peut lui-même être diminué par des considérations de symétrie par rapport au pôle, à l'axe polaire ou à la perpendiculaire à cet axe.

Nous allons indiquer la méthode à suivre sur quelques exemples :

1° *Soit la courbe* $\rho = \cos\frac{\omega}{3}$. D'après ce qui précède, l'intervalle suffisant a pour étendue 6π. Mais si l'on change ω en $3\pi + \omega$, ρ change de signe; par suite, à des valeurs de ω différant de 3π correspond le même point de la courbe. On aura donc toute la courbe en faisant varier ω dans un intervalle quelconque d'étendue égale à 3π.

De plus, en changeant ω en $-\omega$, ρ ne change pas; donc la courbe est symétrique par rapport à Ox. Il suffira donc de faire varier ω dans l'intervalle $\left(0, \frac{3\pi}{2}\right)$, et d'achever par symétrie par rapport à Ox.

2° *Considérons maintenant l'équation* $\rho = \dfrac{\cos^2\frac{\omega}{3}}{\sin\frac{\omega}{2}}$. L'intervalle suffisant a une étendue égale à 12π.

Si l'on change ω en $6\pi + \omega$, ρ change de signe, donc la courbe est symétrique par rapport au pôle. On fera varier ω dans un intervalle quelconque d'étendue égale à 6π, et on prendra le symétrique de la portion de courbe obtenue par rapport au pôle.

En changeant ω en $-\omega$, ρ change de signe, donc la courbe est symétrique par rapport à Oy; par suite, il suffira de faire varier ω dans l'intervalle $(0, 3\pi)$.

Soit C la branche de courbe correspondante, et C′ sa symétrique par rapport à Oy; l'ensemble de ces courbes correspond à la variation de ω dans l'intervalle $(-3\pi, +3\pi)$.

Par suite la courbe entière se compose des courbes C, C′ et de leurs symétriques par rapport au pôle.

3° *Soit enfin la courbe définie par l'équation* $\rho = \dfrac{\cos^2 \dfrac{\omega}{3}}{1 - 3 \sin \dfrac{\omega}{2}}$.

L'intervalle suffisant a encore une étendue égale à 12π.

Si l'on change ω en $6\pi - \omega$, ρ ne change pas, donc la courbe est symétrique par rapport à Ox. Il faut alors diviser l'intervalle d'étendue égale à 12π en deux intervalles égaux tels qu'à toute valeur α du premier corresponde la valeur $6\pi - \alpha$ du deuxième. Pour cela nous prendrons les intervalles $(3\pi - 6\pi, 3\pi)$ et $(3\pi, 3\pi + 6\pi)$ dont la réunion a une étendue égale à 12π. A toute valeur $\alpha = 3\pi - \theta$ $(0 < \theta < 6\pi)$ du premier correspond la valeur $6\pi - \alpha = 3\pi + \theta$ du deuxième. Donc il suffira de faire varier ω dans le premier, c'est-à-dire dans l'intervalle $(-3\pi, +3\pi)$ et d'achever par symétrie par rapport à Ox.

571. Enfin si l'équation de la courbe renferme ω autrement que par les lignes trigonométriques de ses multiples et de ses diviseurs, il faut faire varier ω de $-\infty$ à $+\infty$ pour avoir toute la courbe.

Toutefois, si en changeant ω en $-\omega$, ρ ne change pas (ou change de signe), la courbe est symétrique par rapport à Ox (ou à Oy); on fera varier ω de 0 à $+\infty$, et on prendra la symétrique de la portion de courbe obtenue par rapport à Ox (ou à Oy).

EXEMPLE. — *Construire la courbe qui a pour équation*

$$\rho = \frac{\omega}{\omega^2 - 1}.$$

En changeant ω en $-\omega$, ρ change de signe, donc la courbe est symétrique par rapport à Oy. Nous ferons varier ω de 0 à $+\infty$.

Dans cet intervalle, la fonction ρ est discontinue pour $\omega = 1$.

La dérivée est

$$\rho' = -\frac{\omega^2 + 1}{(\omega^2 - 1)^2};$$

elle est toujours négative; par suite, la fonction ρ va sans cesse en décroissant, et ses variations sont indiquées dans le tableau suivant :

ω	0		1		$+\infty$
ρ	0	décroît	$-\infty \mid +\infty$	décroît	0

On peut alors tracer la courbe. Elle est tangente à l'origine à l'axe polaire. Comme ρ a pour limite zéro quand ω augmente indéfiniment, la courbe tourne indéfiniment autour du pôle en s'approchant de plus en plus de ce point. On dit que le pôle est un *point asymptotique*.

Cherchons l'asymptote relative à la direction $\omega = 1$. Nous avons

$$x' = \rho \sin(\omega - 1) = \frac{\omega \sin(\omega - 1)}{\omega^2 - 1},$$

ou, en posant $\omega = 1 + \theta$,

$$x' = \frac{(1 + \theta) \sin \theta}{\theta(\theta + 2)}.$$

Quand θ tend vers zéro, $\dfrac{\sin \theta}{\theta}$ a pour limite 1, par suite x' a pour limite $\dfrac{1}{2}$; et l'asymptote se trouve ainsi déterminée.

Pour avoir la position de la courbe par rapport à l'asymptote, cherchons le signe de $x' - \dfrac{1}{2}$.

On a

$$x' - \frac{1}{2} = \frac{(1 + \theta)\,\sin\theta}{\theta\,(\theta + 2)} - \frac{1}{2} = \frac{2\,(1 + \theta)\,\sin\theta - \theta\,(\theta + 2)}{2\theta\,(\theta + 2)}.$$

En développant $\sin\theta$ par la formule de Mac-Laurin, on voit que le nu-

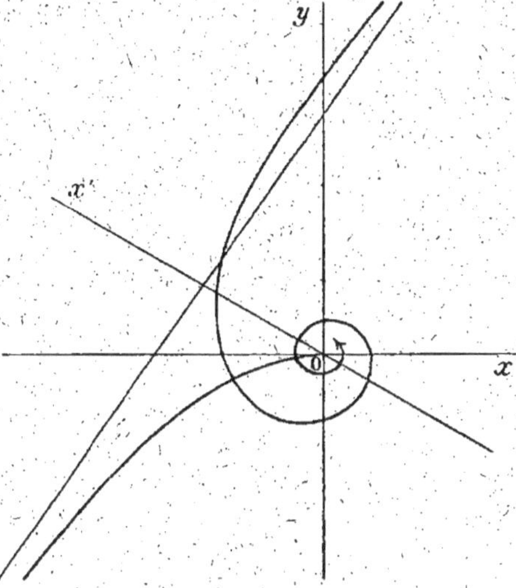

Fig. 196.

mérateur a pour partie principale θ^2; celle du dénominateur est 4θ; par suite $x' - \dfrac{1}{2}$ a le signe de θ pour les valeurs de θ suffisamment petites.

On en déduit aisément la position de la courbe par rapport à l'asymptote.

Il n'y a plus alors qu'à prendre le symétrique de la courbe obtenue par rapport à Oy (fig. 196).

Aire limitée par une courbe et deux
rayons vecteurs.

572. Soit une courbe (C) définie par l'équation $\rho = f(\omega)$; considérons sur cette courbe un point fixe A et un point variable M ayant respectivement pour angles polaires α et ω.

L'aire U, limitée par l'arc AM et les rayons vecteurs OA et OM est une fonction de ω, que nous nous proposons d'évaluer.

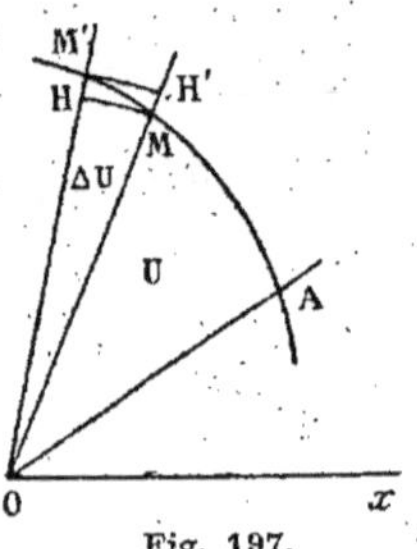
Fig. 197.

Pour cela, donnons à ω un accroissement positif $\Delta\omega$, ρ prend un accroissement $\Delta\rho$, et soit M' le point de la courbe qui a pour coordonnées $\rho + \Delta\rho$ et $\omega + \Delta\omega$. Dans ces conditions, l'aire U prend un accroissement ΔU limité par OM, OM' et l'arc MM'. Considérons les arcs de cercle MH et M'H' décrits du point O comme centre avec les rayons OM et OM' respectivement (*fig.* 197).

L'aire ΔU est comprise entre les aires des secteurs circulaires OMH et OM'H'; celles-ci sont respectivement égales à $\frac{1}{2}\rho^2\Delta\omega$ et $\frac{1}{2}(\rho + \Delta\rho)^2\Delta\omega$, on a donc

$$\frac{1}{2}\rho^2\Delta\omega < \Delta U < \frac{1}{2}(\rho + \Delta\rho)^2\Delta\omega,$$

ou

$$\frac{1}{2}\rho^2 < \frac{\Delta U}{\Delta\omega} < \frac{1}{2}(\rho + \Delta\rho)^2.$$

Quand $\Delta\omega$ tend vers zéro, $\Delta\rho$ tend aussi vers zéro; par suite $\frac{\Delta U}{\Delta\omega}$, étant compris entre $\frac{1}{2}\rho^2$ et une quantité qui a pour limite $\frac{1}{2}\rho^2$, a lui-même pour limite $\frac{1}{2}\rho^2$.

Donc la fonction U a une dérivée $\frac{dU}{d\omega}$ donnée par la formule

$$\frac{dU}{d\omega} = \frac{1}{2}\rho^2;$$

on en tire

$$dU = \frac{1}{2}\rho^2 d\omega,$$

et, en intégrant et en remarquant que U est nul pour $\omega = \alpha$,

$$U = \frac{1}{2}\int_\alpha^\omega \rho^2 d\omega = \frac{1}{2}\int_\alpha^\omega [f(\omega)]^2 d\omega.$$

Le calcul de U revient donc au calcul d'une intégrale.

EXEMPLE. — Considérons la cardioïde définie par l'équation

$$\rho = 2R(1 + \cos\omega),$$

et proposons-nous de calculer l'aire OAM (*fig.* 198); elle est égale à l'intégrale

$$U = \frac{1}{2}\int_0^\omega 4R^2(1 + \cos\omega)^2 d\omega, \qquad ou \qquad U = 2R^2\int_0^\omega (1 + \cos\omega)^2 d\omega.$$

Nous avons

$$(1 + \cos \omega)^2 = 1 + 2 \cos \omega + \cos^2 \omega = \frac{3}{2} + 2 \cos \omega + \frac{\cos 2\omega}{2};$$

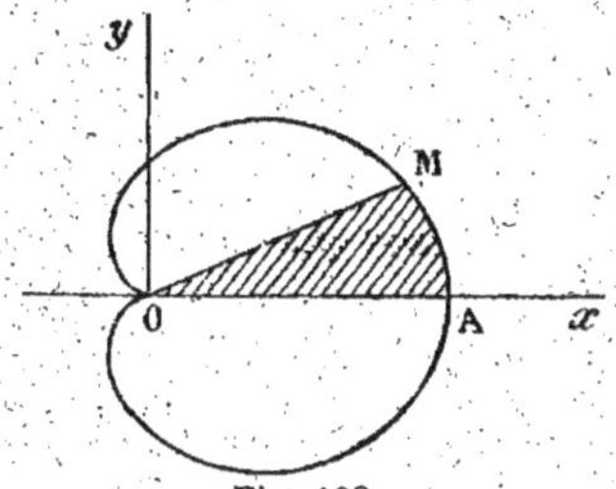

il en résulte que l'intégrale indéfinie

$$\int (1 + \cos \omega)^2 \, d\omega$$

est égale à

$$\frac{3}{2} \omega + 2 \sin \omega + \frac{\sin 2\omega}{4},$$

et, comme cette quantité est nulle pour $\omega = 0$, on a

$$U = 2R^2 \left(\frac{3}{2} \omega + 2 \sin \omega + \frac{\sin 2\omega}{4} \right).$$

En particulier, si nous faisons $\omega = \pi$, nous obtenons $U = 3\pi R^2$, c'est l'aire limitée par la courbe au-dessus de Ox.

Fig. 198.

573. Remarque. — La formule que nous venons d'établir,

$$U = \frac{1}{2} \int_\alpha^\omega \rho^2 d\omega,$$

peut se déduire aisément de la formule

$$U = \frac{1}{2} \int_{t_0}^t xdy - ydx$$

qui a été établie précédemment (309).

Nous avons en effet

$$(1) \qquad x = \rho \cos \omega, \qquad y = \rho \sin \omega;$$

comme ρ est fonction de ω, on peut considérer x et y comme des fonctions de ω, et par suite les formules (1) peuvent être prises comme équations paramétriques de la courbe.

En les différentiant, nous avons

$$(2) \quad dx = \cos \omega \, d\rho - \rho \sin \omega \, d\omega, \qquad dy = \sin \omega \, d\rho + \rho \cos \omega \, d\omega;$$

on en déduit

$$xdy - ydx = \rho^2 d\omega.$$

Longueur d'un arc de courbe.

574. En coordonnées rectilignes la différentielle ds de l'arc d'une courbe est donnée par la relation

$$ds^2 = dx^2 + dy^2.$$

Or, des relations (2) on tire

$$dx^2 + dy^2 = d\rho^2 + \rho^2 d\omega^2 ;$$

on a donc

$$ds^2 = d\rho^2 + \rho^2 d\omega^2 = (\rho^2 + \rho'^2) d\omega^2,$$

ρ' désignant la dérivée de ρ par rapport à ω, et

$$ds = \pm \sqrt{\rho^2 + \rho'^2}\, d\omega.$$

On prendra le signe $+$ ou le signe $-$ suivant que s et ω varient dans le même sens ou en sens contraires.

La longueur s d'un arc AM sera donc

$$s = \pm \int_\alpha^\omega \sqrt{\rho^2 + \rho'^2}\, d\omega,$$

α et ω étant les angles polaires des points A et M.

Revenons, par exemple, à la cardioïde $\rho = 2R(1 + \cos \omega)$.
Nous avons

$$\sqrt{\rho^2 + \rho'^2} = 4R \cos \frac{\omega}{2},$$

et, par suite, la longueur s de l'arc AM est (*fig.* 198)

$$s = 4R \int_0^\omega \cos \frac{\omega}{2}\, d\omega = 8R \sin \frac{\omega}{2}.$$

En particulier, l'arc AMO a pour longueur 8R.

Rayon de courbure.

575. — Soit $M(\rho, \omega)$ un point de la courbe définie par l'équation

$$\rho = f(\omega).$$

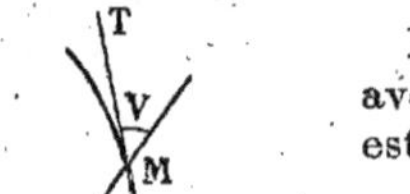

Désignons par α l'angle de la tangente TM avec Ox; le rayon de courbure R au point M est donné par la formule

$$R = \left| \frac{ds}{d\alpha} \right|.$$

Or, on a, à un multiple près de π (*fig.* 199),

$$(Ox, MT) = (Ox, OM) + (OM, MT),$$

ou

$$\alpha = \omega + V.$$

On en déduit

$$d\alpha = d\omega + dV.$$

Comme tg $V = \dfrac{\rho}{\rho'}$, on en tire $V = $ arc tg $\dfrac{\rho}{\rho'}$, et par suite

$$dV = \frac{1}{1 + \dfrac{\rho^2}{\rho'^2}} \cdot \frac{\rho'^2 - \rho\rho''}{\rho'^2}\, d\omega = \frac{\rho'^2 - \rho\rho''}{\rho^2 + \rho'^2}\, d\omega.$$

D'autre part

$$ds = \pm \sqrt{\rho^2 + \rho'^2}\, d\omega\,;$$

on a donc

$$(1) \qquad R = \pm \frac{(\rho^2 + \rho'^2)^{\frac{3}{2}}}{\rho^2 + 2\rho'^2 - \rho\rho''}\,,$$

en prenant un signe tel que le second membre soit positif.

Appliquons cette formule pour déterminer le rayon de courbure en un point de la courbe qui est définie par l'équation

$$\rho = ae^{m\varphi}$$

et qu'on appelle *spirale logarithmique*.

On trouve aisément

$$R = ae^{m\omega}\sqrt{1 + m^2} = \rho\sqrt{1 + m^2}\,;$$

ce qui montre que dans cette courbe le rayon de courbure est proportionnel au rayon vecteur.

576. Divisons par ρ^6 les deux termes du second membre de la formule (1), nous avons

$$R = \pm \frac{\left(\dfrac{1}{\rho^2} + \dfrac{\rho'^2}{\rho^4}\right)^{\frac{3}{2}}}{\dfrac{1}{\rho^3}\left[\dfrac{1}{\rho} + \dfrac{2\rho'^2 - \rho\rho''}{\rho^3}\right]}\,.$$

Si on désigne par $\left(\dfrac{1}{\rho}\right)'$ et $\left(\dfrac{1}{\rho}\right)''$ les dérivées première et seconde de $\dfrac{1}{\rho}$ par rapport à ω, on a

$$\left(\frac{1}{\rho}\right)' = -\frac{\rho'}{\rho^2}\,, \qquad \left(\frac{1}{\rho}\right)'' = \frac{2\rho'^2 - \rho\rho''}{\rho^3}\,,$$

et, par suite,

$$(2) \qquad R = \pm \frac{\left[\dfrac{1}{\rho^2} + \left(\dfrac{1}{\rho}\right)'^2\right]^{\frac{3}{2}}}{\dfrac{1}{\rho^3}\left[\dfrac{1}{\rho} + \left(\dfrac{1}{\rho}\right)''\right]}\,.$$

577. Remarque. — La relation, obtenue plus haut (575),

$$\frac{d\alpha}{d\omega} = 1 + \frac{dV}{d\omega} = \frac{\rho^2 + 2\rho'^2 - \rho\rho''}{\rho^2 + \rho'^2}\,,$$

permet d'obtenir les points d'inflexion.

En effet, pour qu'un point M soit un point d'inflexion, il faut que α passe par un maximum ou un minimum, ou que $\dfrac{d\alpha}{d\omega}$ s'annule en changeant de signe.

On en conclut que les ω des points d'inflexion sont les racines de l'équation

$$(3) \qquad \rho^2 + 2\rho'^2 - \rho\rho'' = 0,$$

pour lesquelles le premier membre s'annule en changeant de signe.

Cette équation peut aussi se mettre sous la forme

$$\frac{1}{\rho} + \left(\frac{1}{\rho}\right)'' = 0.$$

Appliquons ceci au limaçon de Pascal $\rho = 2R\cos\omega + a$ (568). L'équation (3) s'écrit

$$\cos\omega = -\frac{a^2 + 8R^2}{6aR};$$

on aura donc deux points d'inflexion symétriques par rapport à Ox, si $\dfrac{a^2 + 8R^2}{6aR}$ est plus petit que 1, ou si l'on a

$$a^2 + 8R^2 - 6aR < 0, \qquad \text{ou} \qquad (a - 2R)(a - 4R) < 0,$$

c'est-à-dire si a est compris entre 2R et 4R.

GÉOMÉTRIE ANALYTIQUE

A TROIS DIMENSIONS

CHAPITRE I

DES COORDONNÉES

578. En géométrie analytique à trois dimensions comme en géométrie analytique à deux dimensions on détermine analytiquement la position d'un point de l'espace au moyen de coordonnées.

Considérons trois droites non situées dans un même plan et ayant un point commun O, et choisissons arbitrairement sur chacune d'elles un sens, Ox sur l'une, Oy sur une autre et Oz sur la troisième. Cette figure constitue un *système d'axes de coordonnées*. Les droites Ox, Oy, Oz sont appelées respectivement axe des x, des y et des z; les plans yOz, zOx, xOy sont appelés les *plans de coordonnées*. Le plan yOz se nomme aussi le plan des yz, le plan zOx plan des zx et le plan xOy plan des xy. Enfin le point O est appelé l'*origine* du système.

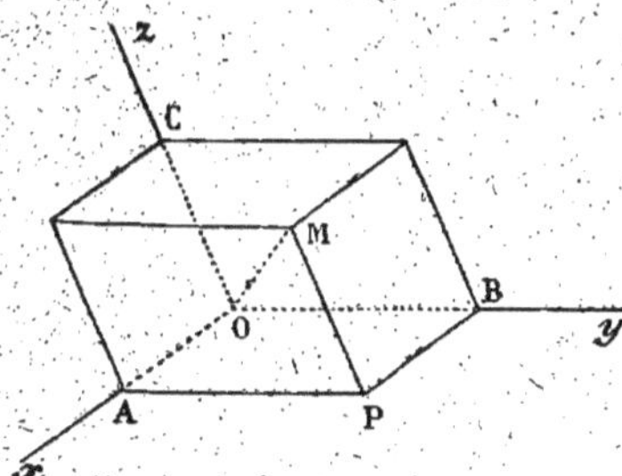

Fig. 200.

Cela posé, soit M un point quelconque de l'espace (*fig.* 200). Par ce point menons des plans parallèles aux plans yOz, zOx, xOy, qui rencontrent respectivement les droites Ox, Oy, Oz aux points A, B, C.

La valeur algébrique $\overline{OA}$ du vecteur $\overrightarrow{OA}$, sens positif Ox, est appelée l'*abscisse* du point M; la valeur algébrique $\overline{OB}$ du vecteur $\overrightarrow{OB}$, sens positif Oy, est appelée *l'ordonnée* du point M; enfin, la valeur algébrique $\overrightarrow{OC}$ du vecteur $\overrightarrow{OC}$ est appelée la *cote* du point M. L'abscisse, l'ordonnée et la cote d'un point sont appelées les *coordonnées rectilignes* ou *cartésiennes* de ce point.

Il résulte de là que tout point de l'espace a des coordonnées bien déterminées. Réciproquement, étant donnés trois nombres algébriques quelconques a, b, c, il existe un point et un seul ayant pour abscisse a, pour ordonnée b et pour cote c. Ce point est appelé quelquefois le point (a, b, c).

En particulier, l'origine est le seul point dont les trois coordonnées sont nulles.

579. Comme en géométrie plane, nous supposerons toujours que tout vecteur dont le support est parallèle à un axe de coordonnées, ou confondu avec cet axe, a pour sens positif le sens du même axe.

Dans ces conditions, l'abscisse du point M peut être défini comme la projection du vecteur $\overrightarrow{OM}$ sur Ox parallèlement au plan yOz; de même, l'ordonnée est la projection du vecteur $\overrightarrow{OM}$ sur Oy parallèlement au plan zOx; enfin, la cote est la projection du vecteur $\overrightarrow{OM}$ sur Oz parallèlement au plan xOy.

Les plans menés par le point M parallèlement aux plans de coordonnées forment avec ceux-ci un parallélépipède dont OM est une diagonale; soit PM l'arête parallèle à OC. Comme les vecteurs $\overrightarrow{AP}$ et $\overrightarrow{PM}$ sont équipollents respectivement aux vecteurs $\overrightarrow{OB}$ et $\overrightarrow{OC}$, on a

$$\overline{AP} = \overline{OB}, \qquad \overline{PM} = \overline{OC};$$

$\overline{AP}$ et $\overline{PM}$ sont égaux à l'ordonnée et à la cote du point M. Pour cette raison, le contour OAPM, qui se compose des vecteurs $\overrightarrow{OA}$, $\overrightarrow{AP}$, $\overrightarrow{PM}$, est appelé le *contour des coordonnées* du point M.

580. Deux demi-droites quelconques de l'espace, OL et O'L', forment toujours un angle compris entre 0 et π qu'on désigne par (OL, O'L') ou (O'L', OL); cet angle est bien défini par son cosinus.
Nous poserons

$$(Oy, Oz) = \lambda, \qquad (Oz, Ox) = \mu, \qquad (Ox, Oy) = \nu,$$

ces angles étant compris entre 0 *et* π.

Si l'on a $\lambda = \mu = \nu = \dfrac{\pi}{2}$, le trièdre (Ox, Oy, Oz) est trirectangle.

On dit dans ce cas que les axes de coordonnées sont *rectangulaires*.
Dans tout autre cas les axes sont dits *obliques*.

581. Distance de deux points. — Soient deux points M et M′ ayant respectivement pour coordonnées x, y, z et x', y', z'; nous allons calculer la distance MM′ en fonction des coordonnées des deux points et des angles λ, μ, ν des axes.

Les plans menés par les points M et M′ parallèlement aux plans de coordonnées forment un parallélépipède dont MM′ est une diagonale et dont les arêtes sont parallèles aux axes. Considérons en particulier les arêtes MH, HK, KM′, respectivement parallèles à Ox, Oy, Oz (fig. 201); il est aisé de voir que l'on a

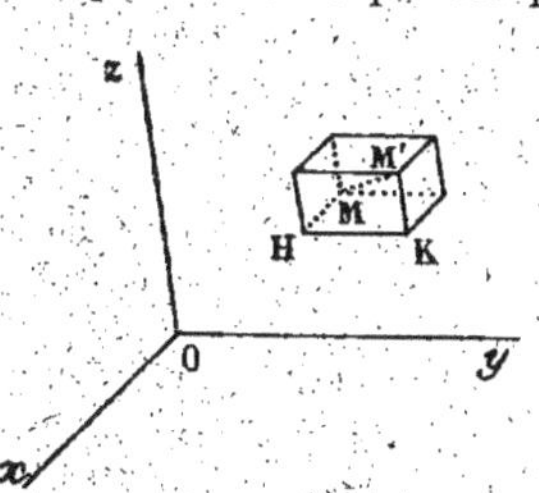

Fig. 201.

$$\overline{MH} = x' - x, \qquad \overline{HK} = y' - y,$$
$$\overline{KM'} = z' - z.$$

En effet, les plans menés par M et M′ parallèlement au plan yOz rencontrent Ox aux points A et A′, tels que l'on ait $\overline{OA} = x$, $\overline{OA'} = x'$, et par suite, $\overline{AA'} = \overline{OA'} - \overline{OA} = x' - x$; et comme les deux vecteurs $\overrightarrow{MH}$ et $\overrightarrow{AA'}$ sont équipollents, on a bien $\overline{MH} = \overline{AA'} = x' - x$. On verrait de même que $\overline{HK} = y' - y$ et $\overline{KM'} = z' - z$.

Cela posé, le vecteur $\overrightarrow{MM'}$ est la somme géométrique des vecteurs $\overrightarrow{MH}$, $\overrightarrow{HK}$ et $\overrightarrow{KM'}$, ce que nous pouvons écrire

$$\overrightarrow{MM'} = \overrightarrow{MH} + \overrightarrow{HK} + \overrightarrow{KM'}.$$

Faisons maintenant les carrés scalaires (A. 165) des deux membres de cette égalité vectorielle, nous avons

$$\overrightarrow{MM'}^2 = \overrightarrow{MH}^2 + \overrightarrow{HK}^2 + \overrightarrow{KM'}^2 + 2\overrightarrow{HK}.\overrightarrow{KM'} + 2\overrightarrow{KM'}.\overrightarrow{MH} + 2\overrightarrow{MH}.\overrightarrow{HK}.$$

Or,

$$\overrightarrow{MM'}^2 = \overline{MM'}^2 = d^2,$$

d désignant la distance MM′,

$$\overrightarrow{MH}^2 = \overline{MH}^2 = (x' - x)^2,$$
$$\overrightarrow{HK}^2 = \overline{HK}^2 = (y' - y)^2,$$
$$\overrightarrow{KM'}^2 = \overline{KM'}^2 = (z' - z)^2.$$

De plus,

$$\overrightarrow{HK}.\overrightarrow{KM'} = \overline{HK}.\overline{KM'} \cos(Oy,\, Oz) = (y' - y)(z' - z)\cos\lambda,$$
$$\overrightarrow{KM'}.\overrightarrow{MH} = \overline{KM'}.\overline{MH} \cos(Oz,\, Ox) = (z' - z)(x' - x)\cos\mu,$$
$$\overrightarrow{MH}.\overrightarrow{HK} = \overline{MH}.\overline{HK} \cos(Ox,\, Oy) = (x' - x)(y' - y)\cos\nu.$$

La relation précédente devient donc

$$d^2 = (x' - x)^2 + (y' - y)^2 + (z' - z)^2 + 2(y' - y)(z' - z)\cos\lambda$$
$$+ 2(z' - z)(x' - x)\cos\mu + 2(x' - x)(y' - y)\cos\nu.$$

Si les axes de coordonnées sont rectangulaires, $\cos\lambda$, $\cos\mu$, $\cos\nu$ sont nuls, et l'on a

$$d^2 = (x' - x)^2 + (y' - y)^2 + (z' - z)^2.$$

En particulier, la distance du point $M(x, y, z)$ à l'origine est donnée par la formule

$$d^2 = x^2 + y^2 + z^2 + 2yz\cos\lambda + 2zx\cos\mu + 2xy\cos\nu,$$

et, si les axes sont rectangulaires, par

$$d^2 = x^2 + y^2 + z^2.$$

582. Nous avons démontré en géométrie plane (6) qu'étant donnés deux points A et B, il existe sur la droite AB un seul point M tel que le rapport $\dfrac{\overline{MA}}{\overline{MB}}$ soit égal à un nombre donné k, positif ou négatif, sauf si $k = 1$.

Nous allons calculer les coordonnées du point M en fonction de celles des points A et B et du nombre k.

Soient x_1, y_1, z_1 les coordonnées du point A, x_2, y_2, z_2 celles du point B, et x, y, z celles du point M. En projetant les contours OAM et OBM sur un axe quelconque, on a (7)

$$\text{pr. } \overrightarrow{OM} = \frac{\text{pr. } \overrightarrow{OA} - k \text{ pr. } \overrightarrow{OB}}{1 - k}.$$

Si les projections sont faites sur Ox parallèlement au plan des yz, pr. $\overrightarrow{OA}$, pr. $\overrightarrow{OB}$ et pr. $\overrightarrow{OM}$ sont respectivement égaux aux abscisses des points A, B et M; nous avons donc

$$x = \frac{x_1 - kx_2}{1 - k}.$$

En projetant de même sur Oy parallèlement au plan zOx, puis sur Oz parallèlement au plan xOy, nous avons

$$y = \frac{y_1 - ky_2}{1 - k}, \qquad z = \frac{z_1 - kz_2}{1 - k}.$$

Par suite les coordonnées du point M sont

$$x = \frac{x_1 - kx_2}{1 - k}, \qquad y = \frac{y_1 - ky_2}{1 - k}, \qquad z = \frac{z_1 - kz_2}{1 - k}.$$

En particulier, le milieu de AB a pour coordonnées

$$\frac{x_1+x_2}{2}, \qquad \frac{y_1+y_2}{2}, \qquad \frac{z_1+z_2}{2}.$$

On verra comme en géométrie plane que le centre de gravité du triangle ABC a pour coordonnées

$$\frac{x_1+x_2+x_3}{3}, \qquad \frac{y_1+y_2+y_3}{3}, \qquad \frac{z_1+z_2+z_3}{3},$$

(x_1, y_1, z_1), (x_2, y_2, z_2), (x_3, y_3, z_3) désignant les coordonnées des sommets A, B, C.

583. Enfin, proposons-nous de calculer les coordonnées du centre de gravité du volume d'un tétraèdre ABCD, connaissant les coordonnées (x_1, y_1, z_1), (x_2, y_2, z_2), (x_3, y_3, z_3) et (x_4, y_4, z_4) des sommets A, B, C, D respectivement.

On sait que ce point G est situé sur la droite joignant le sommet D au centre de gravité I du triangle ABC, et l'on a

$$\frac{\overline{GI}}{\overline{GD}} = -\frac{1}{3}.$$

L'abscisse du point I étant $\dfrac{x_1+x_2+x_3}{3}$, celle du point G est

$$\frac{\dfrac{x_1+x_2+x_3}{3}+\dfrac{x_4}{3}}{1+\dfrac{1}{3}}, \qquad \text{ou} \qquad \frac{x_1+x_2+x_3+x_4}{4}.$$

Les résultats sont analogues pour l'ordonnée et la cote.

On en conclut que les coordonnées du centre de gravité du tétraèdre sont

$$\frac{x_1+x_2+x_3+x_4}{4}, \qquad \frac{y_1+y_2+y_3+y_4}{4}, \qquad \frac{z_1+z_2+z_3+z_4}{4}.$$

On en déduit immédiatement que ce point est le milieu du segment qui est limité aux milieux de deux arêtes opposées quelconques.

Demi-droites.

On définit analytiquement une demi-droite D de l'espace de deux manières différentes : 1° *par ses paramètres principaux;* 2° *par ses cosinus directeurs.*

584. Paramètres principaux. — Menons par l'origine une demi-droite OA parallèle à la demi-droite D et dirigée dans le même sens, et prenons sur cette demi-droite un point P à l'unité de distance de l'origine. Ce point est appelé le *point directeur* de la demi-droite D (ou de la demi-droite OA), et ses coordonnées sont les *paramètres principaux* de cette demi-droite.

Étant donnée une demi-droite, ses paramètres principaux sont bien déterminés. Inversement, trois nombres quelconques ne sont pas en général les paramètres principaux d'une demi-droite. En effet, pour que les trois nombres a, b, c soient les paramètres principaux d'une demi-droite, il faut et il suffit que le point qui a ces nombres pour coordonnées soit à la distance *un* de l'origine; on doit donc avoir

$$a^2 + b^2 + c^2 + 2bc \cos\lambda + 2ca \cos\mu + 2ab \cos\nu = 1.$$

Trois nombres quelconques vérifiant cette relation sont les paramètres principaux d'une demi-droite bien déterminée.

585. Cosinus directeurs. — On appelle *cosinus directeurs* de la demi-droite D les cosinus des angles que fait la demi-droite OA avec les axes de coordonnées Ox, Oy, Oz.

Étant donnée une demi-droite, ses cosinus directeurs sont bien déterminés. Inversement, trois nombres quelconques ne sont pas en général les cosinus directeurs d'une demi-droite. En effet, si l'on connaît cos (OA, Ox), on sait que la demi-droite OA est située sur un demi-cône de révolution ayant pour axe Ox; si de plus on connaît cos (OA, Oy), on sait en outre que OA appartient à un demi-cône de révolution d'axe Oy. Il est aisé de voir que ces demi-cônes ont deux génératrices communes; en effet, une sphère quelconque ayant pour centre le point O rencontre chacun d'eux suivant un cercle; ces deux cercles ont deux points communs, et en joignant ces points au point O, on obtient les deux génératrices communes aux demi-cônes.

Il en résulte qu'étant données les valeurs de cos (OA, Ox) et de cos (OA, Oy), il n'y a que deux positions possibles pour la demi-droite OA, et par suite deux valeurs possibles pour cos (OA, Oz).

Donc les trois cosinus directeurs d'une demi-droite doivent vérifier une relation qui est du deuxième degré par rapport à chacun d'eux; trois nombres compris entre -1 et $+1$ et vérifiant cette relation sont les cosinus directeurs d'une demi-droite bien déterminée.

586. Nous n'établirons pas cette relation; nous nous bornerons à remarquer que, lorsque les *axes de coordonnées sont rectangulaires*, les cosinus directeurs d'une demi-droite sont égaux à ses paramètres principaux.

En effet, les cosinus directeurs de la demi-droite qui a le point P pour point directeur sont les projections orthogonales du vecteur $\overrightarrow{OP}$ sur les axes, tandis que les paramètres principaux sont les projections du même vecteur parallèlement aux plans de coordonnées.

Si les axes de coordonnées sont rectangulaires, les projections orthogonales et les projections parallèles aux plans de coordonnées sont les mêmes.

En désignant alors par a, b, c les paramètres principaux ou les cosinus directeurs, la relation du n° 584 devient alors

$$a^2 + b^2 + c^2 = 1.$$

587. Angle de deux demi-droites, *les axes de coordonnées étant supposés rectangulaires.*

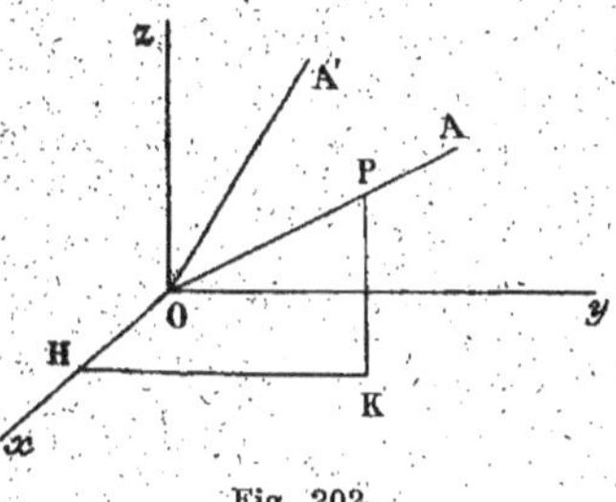

Fig. 202.

Soit V l'angle de deux demi-droites OA et OA′; nous allons calculer cos V en fonction des cosinus directeurs (a, b, c) et (a', b', c') de ces deux demi-droites.

Pour cela, considérons le point directeur P de la demi-droite OA, et projetons orthogonalement sur OA′ le contour des coordonnées OHKP de ce point; nous avons (*fig.* 202)

$$\text{pr. } \overrightarrow{OP} = \text{pr. } \overrightarrow{OH} + \text{pr. } \overrightarrow{HK} + \text{pr. } \overrightarrow{KP},$$

ou

$$(1) \qquad \cos V = aa' + bb' + cc'.$$

588. Condition pour que deux demi-droites soient rectangulaires. — Il faut et il suffit que le cosinus de leur angle soit nul; on doit donc avoir

$$(2) \qquad aa' + bb' + cc' = 0,$$

(a, b, c), (a', b', c') désignant les cosinus directeurs ou les paramètres principaux des deux demi-droites.

Mais il ne faut pas oublier que la formule (1) et la condition (2) ne sont valables que si les axes de coordonnées sont rectangulaires.

Représentation des surfaces et des lignes.

589. Théorème. — *Les coordonnées de tous les points d'une surface définie géométriquement vérifient une même équation à trois inconnues.*

Soit une surface (S); prenons dans le plan des xy un point arbitraire A et menons par ce point une parallèle à Oz qui rencontre la surface en un certain nombre de points. Soit M l'un d'eux; désignons par x, y, z ses coordonnées. Les coordonnées du point A dans le plan xOy sont x et y; elles sont entièrement arbitraires. On voit ainsi qu'à tout ensemble de valeurs de x et de y correspond une valeur z du vecteur $\overline{AM}$; par suite, z est fonction des deux variables indépendantes x et y. Il existera donc une relation entre les coordonnées x, y, z d'un point quelconque de la surface, et l'on conçoit que cette relation puisse se déduire de la définition géométrique de la surface.

590. Exemple. — Considérons une sphère ayant pour centre le point I(a, b, c) et pour rayon R. Pour qu'un point M(x, y, z) soit situé sur la sphère, il faut et il suffit que la distance MI soit égale au rayon. On doit donc avoir, en supposant les axes rectangulaires,

$$(x - a)^2 + (y - b)^2 + (z - c)^2 - R^2 = 0;$$

telle est l'équation que doivent vérifier les coordonnées d'un point quelconque de la sphère.

On appelle *équation d'une surface* la relation qui doit exister entre les coordonnées d'un point pour que ce point soit sur la surface.

591. Théorème réciproque. — *Les points dont les coordonnées vérifient une même équation à trois inconnues sont en général situés sur une surface.*

1° Supposons d'abord que l'équation ne renferme qu'une seule inconnue, soit par exemple $f(x) = 0$.

Tout les points dont l'abscisse est égale à un nombre donné a sont évidemment situés dans un plan parallèle au plan yOz et rencontrant Ox au point qui a pour abscisse a. Aux racines réelles de l'équation $f(x) = 0$ correspondent ainsi des plans parallèles au plan des yz, et tout point dont l'abscisse vérifie l'équation $f(x) = 0$ est situé dans l'un de ces plans.

Il en résulte que l'équation $f(x) = 0$ représente un ensemble de plans parallèles au plan des yz.

De même, toute équation de la forme $f(y) = 0$ [ou $f(z) = 0$] représente un ensemble de plans parallèles au plan des zx (ou au plan des xy).

2° Considérons maintenant une équation renfermant deux variables, $f(x, y) = 0$ par exemple.

Cette équation représente dans le plan des xy une certaine courbe (C). Considérons le cylindre engendré par une parallèle à Oz et rencontrant la courbe (C). Les coordonnées de tous les points de ce cylindre vérifient l'équation $f(x, y) = 0$, et réciproquement tout point dont les coordonnées vérifient cette équation est situé sur le cylindre.

Il en résulte que l'équation $f(x, y) = 0$ représente un cylindre dont les génératrices sont parallèles à Oz et dont la directrice est une courbe située dans le plan des xy et admettant pour équation par rapport aux axes Ox, Oy *la même équation que le cylindre*.

En particulier, l'équation du premier degré $Ax + By + C = 0$ représente un plan parallèle à Oz.

On a des conclusions analogues pour les équations de la forme $f(x, z) = 0$, $f(y, z) = 0$. Elles représentent des cylindres, dont les génératrices sont respectivement parallèles à Oy et à Ox.

3° Soit enfin $f(x, y, z) = 0$ une équation renfermant les trois variables x, y, z.

Parmi l'ensemble (E) des points dont les coordonnées vérifient cette équation, considérons ceux qui ont pour cote un nombre arbitraire λ; leurs coordonnées vérifient les deux équations

$$f(x, y, \lambda) = 0, \qquad z - \lambda = 0.$$

La première représente un cylindre, la deuxième un plan; par suite les points considérés sont situés sur une courbe (C), section du cylindre par le plan.

Si on fait varier λ, cette courbe se déplace en se déformant, elle engendre une surface (S), dont tous les points appartiennent à l'ensemble (E). Inversement tout point de l'ensemble (E) est situé sur la surface (S), car si z' désigne la cote de ce point, il appartient à la courbe (C) correspondant à la valeur z' du paramètre λ.

Il en résulte que tous les points dont les coordonnées vérifient l'équation $f(x, y, z) = 0$ sont situés sur la surface S, et le théorème est démontré.

592. Lignes. — Une ligne (ou une courbe) est l'intersection de deux surfaces; par suite, les coordonnées de tous les points d'une ligne vérifient deux équations par rapport à x, y, z.

Il en résulte qu'une ligne est représentée par deux équations, qu'on appelle les équations de la ligne.

On dit qu'une ligne est *plane* si tous ses points sont dans un même plan ; on dit qu'elle est *gauche* dans le cas contraire.

593. Projections d'une ligne sur les plans de coordonnées. — Soit une ligne (L) définie par les deux équations

$$(1) \qquad f(x, y, z) = 0, \qquad \varphi(x, y, z) = 0 ;$$

nous allons démontrer qu'on obtient l'équation de la projection de cette ligne sur le plan des xy, *les projetantes étant parallèles à* Oz, en éliminant z entre les équations (1).

Désignons par $F(x, y) = 0$ l'équation résultante, et rappelons-nous que c'est la condition nécessaire et suffisante que doivent vérifier x et y pour que les équations (1) aient une solution commune en z.

L'équation $F(x, y) = 0$ représente une courbe plane (C) dans le plan des xy ; je dis que la courbe (C) est la projection de la ligne (L). La démonstration se divise en deux parties.

1° Soit $M(x', y', z')$ un point quelconque de la ligne (L) ; nous avons $f(x', y', z') = 0$, $\varphi(x', y', z') = 0$; par suite, si dans les équations (1) on remplace x par x' et y par y', ces équations ont une solution commune $z = z'$. On a donc $F(x', y') = 0$, ce qui montre que tout point de la ligne (L) se projette sur la courbe (C).

2° Réciproquement, soit $P(x', y')$ un point de la courbe (C), nous avons $F(x', y') = 0$; alors les équations

$$f(x', y', z) = 0, \qquad \varphi(x', y', z) = 0$$

ont une solution commune z'. Nous avons

$$f(x', y', z') = 0, \qquad \varphi(x', y', z') = 0,$$

ce qui montre que le point P est la projection du point (x', y', z') de la ligne (L).

REMARQUE. — Cette dernière conclusion est en défaut si la solution z' commune aux deux équations $f(x', y', z) = 0$, $\varphi(x', y', z) = 0$ est imaginaire. Dans ce cas, la projection de la ligne (L) sur le plan des xy n'est qu'une partie de la courbe (C).

En éliminant y entre les équations (1) on obtient l'équation de la projection de (L) sur le plan des xz, les projetantes étant parallèles à Oy, et en éliminant x, on a la projection de (L) sur le plan des yz parallèlement à Ox.

594. Les équations d'une ligne ou d'une courbe définissent x et y comme fonctions de z. Si nous remplaçons z par une fonction quelconque d'une variable t, x et y sont également fonctions de t. Par suite, *les coordonnées des points d'une courbe sont fonctions d'un seul paramètre.*

Réciproquement, supposons que x, y, z soient fonctions d'un seul paramètre.

$$x = f(t), \qquad y = \varphi(t), \qquad z = \psi(t);$$

quand t varie, je dis que le point x, y, z décrit une courbe.

En effet, z étant fonction de t, t est fonction de z; par suite, x et y sont aussi des fonctions de z, $x = F(z)$, $y = \Phi(z)$, et ces deux équations représentent une courbe.

EXEMPLE. — Si dans les équations

$$x = \frac{x_1 - kx_2}{1 - k}, \qquad y = \frac{y_1 - ky_2}{1 - k}, \qquad z = \frac{z_1 - kz_2}{1 - k},$$

on fait varier k, le point (x, y, z) décrit la ligne droite qui passe par les points (x_1, y_1, z_1) et (x_2, y_2, z_2).

595. On dit qu'une courbe est *unicursale* lorsque les coordonnées de ses points sont fonctions *rationnelles* d'un seul paramètre.

596. L'équation d'une surface définit z comme une fonction de deux variables indépendantes x et y. Remplaçons x et y par des fonctions quelconques de deux variables indépendantes u et v, z est aussi fonction de ces nouvelles variables. Il en résulte que *les coordonnées des points d'une surface sont fonctions de deux paramètres indépendants.*

Réciproquement, supposons que x, y, z soient fonctions de deux paramètres indépendants u et v,

$$x = f(u, v), \qquad y = \varphi(u, v), \qquad z = \psi(u, v);$$

quand u et v varient, le point (x, y, z) décrit une surface.

En effet, x et y étant fonctions de u et de v, inversement u et v sont fonctions de x et de y; par suite z est fonction des deux variables indépendantes x et y, $z = F(x, y)$, et cette équation représente une surface.

597. On dit qu'une surface est *unicursale*, lorsque les coordonnées de ses points sont des fonctions *rationnelles* de deux paramètres indépendants.

CHAPITRE II

TRANSFORMATION DE COORDONNÉES

598. Le problème de la transformation de coordonnées est le suivant :

Étant donnée l'équation d'une surface par rapport à un système d'axes de coordonnées, trouver l'équation de cette surface par rapport à un autre système.

Pour résoudre ce problème, il suffit, comme en géométrie plane, de calculer les coordonnées x, y, z d'un point quelconque par rapport au premier système en fonction des coordonnées x', y', z' du même point par rapport au deuxième système.

599. Premier cas. — *Les nouveaux axes sont parallèles aux premiers et ont les mêmes sens.*

Soient Ox, Oy, Oz le système d'axes primitif et $O'x'$, $O'y'$, $O'z'$ le nouveau système. Nous supposons que $O'x'$ est parallèle à Ox et a le même sens, de même pour Oy et $O'y'$, Oz et $O'z'$ (*fig.* 203).

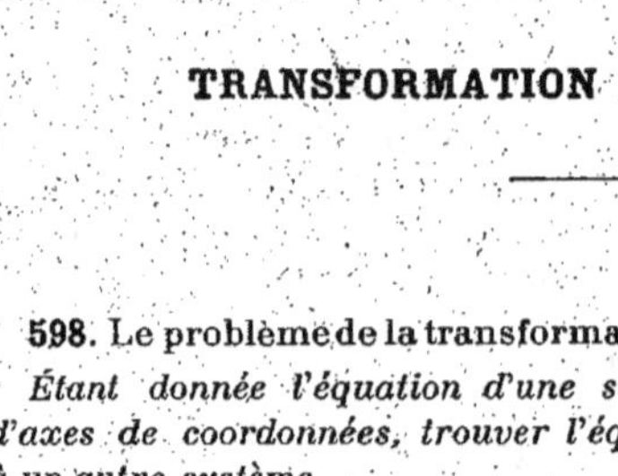

Les nouveaux axes sont alors bien déterminés par les coordonnées p, q, r du point O' par rapport aux axes Ox, Oy et Oz.

Soit M un point quelconque de l'espace ayant pour coordonnées x, y, z et x', y', z' par rapport aux deux systèmes. En projetant le contour OO'M sur Ox parallèlement au plan yOz, on a

$$\text{pr. } \overrightarrow{OM} = \text{pr. } \overrightarrow{OO'} + \text{pr. } \overrightarrow{O'M},$$

Fig. 203.

et en raisonnant comme en géométrie plane (16), on voit que cette relation peut s'écrire $x = p + x'$.

En projetant le même contour sur Oy parallèlement au plan zOx, puis sur Oz parallèlement au plan xOy, on a $y = q + y'$, $z = r + z'$; par suite, les formules de transformation sont dans ce cas

$$x = p + x', \qquad y = q + y', \qquad z = r + z'.$$

600. Deuxième cas. — *Les nouveaux axes ont même origine que les premiers, mais des directions différentes.*

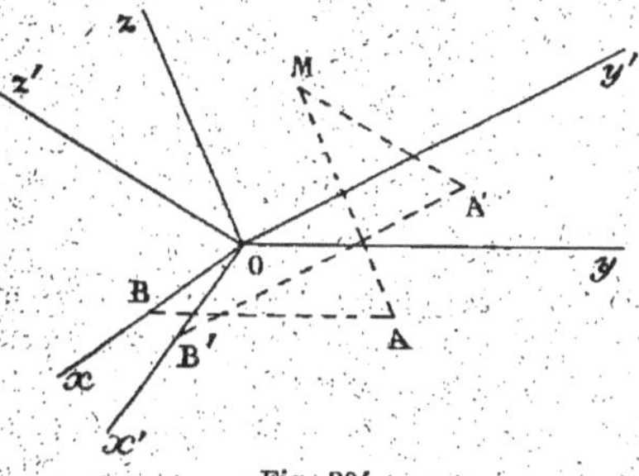

Nous définirons les nouveaux axes par leurs paramètres principaux, (a, b, c) pour Ox', (a', b', c') pour Oy' et (a'', b'', c'') pour Oz'.

Soit M un point quelconque de l'espace ayant pour coordonnées x, y, z et x', y', z' par rapport aux deux systèmes; figurons les contours des coordonnées de ce point, OBAM et OB'A'M, dans les deux systèmes (*fig.* 204), et projetons le contour OBAMA'B'O successivement sur Ox parallèlement au plan yOz, sur Oy parallèlement au plan zOx et sur Oz parallèlement au plan xOy; en raisonnant comme en géométrie plane (19), nous avons

$$x = ax' + a'y' + a''z',$$
$$y = bx' + b'y' + b''z',$$
$$z = cx' + c'y' + c''z'.$$

Fig. 204.

601. Cas général. — *Les nouveaux axes sont quelconques.*

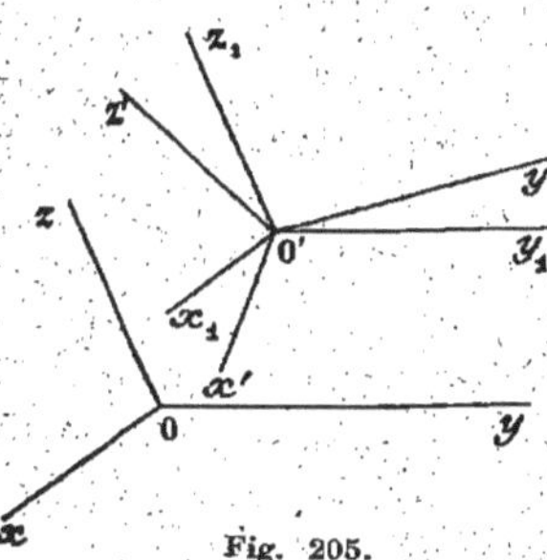

Les nouveaux axes $O'x'$, $O'y'$, $O'z'$ peuvent être définis par les coordonnées p, q, r du point O' par rapport aux axes primitifs Ox, Oy, Oz et par leurs paramètres principaux, (a, b, c) pour $O'x'$, (a', b', c') pour $O'y'$ et (a'', b'', c'') pour $O'z'$ (*fig.* 205).

Soient x, y, z et x', y', z' les coordonnées d'un point quelconque M par rapport aux deux systèmes. Par le point O' menons des demi-droites $O'x_1$, $O'y_1$,

Fig. 205.

$O'z_1$ respectivement parallèles à Ox, Oy, Oz, et de même sens, et désignons par x_1, y_1, z_1 les coordonnées du point M par rapport aux axes $O'x_1$, $O'y_1$, $O'z_1$. Nous avons, d'après ce qui précède,

$$x = p + x_1, \qquad y = q + y_1, \qquad z = r + z_1;$$

puis

$$x_1 = ax' + a'y' + a''z',$$
$$y_1 = bx' + b'y' + b''z',$$
$$z_1 = cx' + c'y' + c''z'.$$

On en déduit

$$x = p + ax' + a'y' + a''z',$$
$$y = q + bx' + b'y' + b''z',$$
$$z = r + cx' + c'y' + c''z';$$

ce sont les formules générales de la transformation de coordonnées.

602. Examinons en particulier le cas où l'on passe d'un système d'axes rectangulaires (Ox, Oy, Oz) à un système d'axes également rectangulaires (Ox', Oy', Oz') et ayant même origine.

Dans les formules de transformation établies au n° 600,

$$(1) \qquad \begin{cases} x = ax' + a'y' + a''z', \\ y = bx' + b'y' + b''z', \\ z = cx' + c'y' + c''z', \end{cases}$$

(a, b, c), (a', b', c'), (a'', b'', c'') désignent indifféremment les paramètres principaux ou les cosinus directeurs des demi-droites Ox', Oy', Oz'.

On a les relations (586)

$$(2) \qquad \begin{cases} a^2 + b^2 + c^2 = 1, \\ a'^2 + b'^2 + c'^2 = 1, \\ a''^2 + b''^2 + c''^2 = 1, \end{cases}$$

et puisque les demi-droites Ox', Oy', Oz' sont perpendiculaires deux à deux, on a aussi (588)

$$(3) \qquad \begin{cases} a'a'' + b'b'' + c'c'' = 0, \\ a''a + b''b + c''c = 0, \\ aa' + bb' + cc' = 0. \end{cases}$$

Les neuf cosinus qui figurent dans les relations (1) sont donc liés par les six équations (2) et (3); il en résulte que les formules de transformation (1) ne renferment en réalité que *trois* paramètres indépendants.

Les quantités a, a', a'' étant les cosinus des angles de Ox avec les demi-droites Ox', Oy', Oz', peuvent être considérées comme les cosinus directeurs de la demi-droite Ox par rapport aux axes Ox', Oy', Oz'; de même (b, b', b'') et (c, c', c'') sont les cosinus directeurs de Oy et de Oz par rapport aux mêmes axes. On peut indiquer cette propriété par le tableau à double entrée ci-contre qui s'explique de lui-même.

	Ox	Oy	Oz
Ox'	a	b	c
Oy'	a'	b'	c'
Oz'	a''	b''	c''

Par suite, les formules de transformation qui permettent de passer du système (Ox', Oy', Oz') au système (Ox, Oy, Oz) sont

$$(1)' \quad \begin{cases} x' = ax + by + cz, \\ y' = a'x + b'y + c'z, \\ z' = a''x + b''y + c''z, \end{cases}$$

et l'on a les relations

$$(2)' \quad \begin{cases} a^2 + a'^2 + a''^2 = 1, \\ b^2 + b'^2 + b''^2 = 1, \\ c^2 + c'^2 + c''^2 = 1, \end{cases}$$

$$(3)' \quad \begin{cases} bc + b'c' + b''c'' = 0, \\ ca + c'a' + c''a'' = 0, \\ ab + a'b' + a''b'' = 0. \end{cases}$$

603. Comme exercice de calcul nous allons déduire *analytiquement* les relations $(1)'$, $(2)'$ et $(3)'$ des relations (1), (2) et (3).

Multiplions les relations (1) respectivement par a, b, c et ajoutons-les membre à membre; en tenant compte des formules (2) et (3), nous obtenons la première relation du système $(1)'$; nous aurions les deux autres par un procédé analogue.

Il nous reste à établir les systèmes $(2)'$ et $(3)'$; nous utiliserons seulement les systèmes (2) et (3).

Considérons les deux dernières équations du système (3)

$$aa' + bb' + cc' = 0,$$
$$aa'' + bb'' + cc'' = 0,$$

et résolvons-les par rapport à a, b, c; nous avons

$$(4) \quad \begin{cases} a = \lambda(b'c'' - c'b''), \\ b = \lambda(c'a'' - a'c''), \\ c = \lambda(a'b'' - b'a''), \end{cases}$$

λ désignant un nombre arbitraire (*).

(*) Nous supposons ici que a', b', c' ne sont pas proportionnels à a'', b'', c''. En effet, si l'on avait $a' = ha''$, $b' = hb''$, $c' = hc''$, de la relation $a'a'' + b'b'' + c'c'' = 0$ on déduirait $(a''^2 + b''^2 + c''^2)h = 0$, ou $h = 0$, puisque $a''^2 + b''^2 + c''^2 = 1$; par suite, on aurait $a' = 0$, $b' = 0$, $c' = 0$, ce qui est impossible, car $a'^2 + b'^2 + c'^2 = 1$.

Élevons au carré ces trois relations et ajoutons-les membre à membre, nous obtenons

$$(5) \quad a^2 + b^2 + c^2 = \lambda^2 [(b'c'' - c'b'')^2 + (c'a'' - a'c'')^2 + (a'b'' - b'a'')^2].$$

On vérifie aisément que l'on a

$$(b'c'' - c'b'')^2 + (c'a'' - a'c'')^2 + (a'b'' - b'a'')^2$$
$$= (a'^2 + b'^2 + c'^2)(a''^2 + b''^2 + c''^2) - (a'a'' + b'b'' + c'c'')^2;$$

c'est une formule bien connue, appelée *formule de Lagrange*.

En tenant compte alors des relations (2) et (3), la relation (5) s'écrit $1 = \lambda^2$, et donne $\lambda = \pm 1$.

D'autre part, multiplions les relations (4) respectivement par a, b, c et ajoutons-les membre à membre, nous avons

$$1 = \lambda[a(b'c'' - c'b'') + b(c'a'' - a'c'') + c(a'b'' - b'a'')];$$

or, le coefficient de λ dans le second membre est égal au déterminant

$$\delta = \begin{vmatrix} a & b & c \\ a' & b' & c' \\ a'' & b'' & c'' \end{vmatrix},$$

développé par rapport aux éléments de la première ligne. On a donc $1 = \lambda\delta$, et par suite $\delta = \dfrac{1}{\lambda} = \pm 1$.

Désignons alors par A, B, ... les coefficients de a, b, ... dans le développement de δ, les formules (4) peuvent s'écrire

$$a = \frac{A}{\delta}, \qquad b = \frac{B}{\delta}, \qquad c = \frac{C}{\delta};$$

on a de même, en faisant une permutation circulaire d'accents,

$$a' = \frac{A'}{\delta}, \qquad b' = \frac{B'}{\delta}, \qquad c' = \frac{C'}{\delta},$$
$$a'' = \frac{A''}{\delta}, \qquad b'' = \frac{B''}{\delta}, \qquad c'' = \frac{C''}{\delta}.$$

Cela posé, il est aisé d'établir les relations (2)′ et (3)′.

Nous avons en effet

$$a^2 + a'^2 + a''^2 = \frac{aA}{\delta} + \frac{a'A'}{\delta} + \frac{a''A''}{\delta}$$
$$= \frac{aA + a'A' + a''A''}{\delta} = \frac{\delta}{\delta} = 1$$

d'autre part

$$ab + a'b' + a''b'' = \frac{bA}{\delta} + \frac{b'A'}{\delta} + \frac{b''A''}{\delta} = \frac{bA + b'A' + b''A''}{\delta} = 0.$$

On établit d'une manière analogue les autres relations des systèmes (2)′ et (3)′.

On peut résumer ces divers résultats de la manière suivante :
Soit le déterminant

$$\delta = \begin{vmatrix} a & b & c \\ a' & b' & c' \\ a'' & b'' & c'' \end{vmatrix} ;$$

*si la somme des carrés des éléments de chaque ligne est égale à 1, et
si en outre la somme des produits des éléments correspondants de deux
lignes quelconques est nulle, les mêmes propriétés ont lieu pour les
colonnes, et le déterminant est égal à ± 1. De plus le coefficient de
chaque élément dans le déterminant est égal à cet élément ou à cet élément changé de signe suivant que le déterminant est égal à $+1$, ou
à -1.*

604. On peut déterminer *a priori* si le déterminant δ est égal
à $+1$ ou à -1.

Soit (Ox, Oy, Oz) un système d'axes de coordonnées quelconques,
rectangulaires ou obliques ; imaginons un observateur placé le long
de Oz, les pieds en O et la tête vers la direction positive de Oz, et
regardant une demi-droite OA tourner autour du point O dans le
plan des xy. Si cet observateur voit la demi-droite se déplacer de sa
droite vers sa gauche, on dit que OA tourne dans le sens positif
autour de la demi-droite Oz.

Cela posé, deux cas peuvent se présenter : 1° si la demi-droite OA,
d'abord appliquée sur Ox, tournant ensuite autour de Oz dans le sens

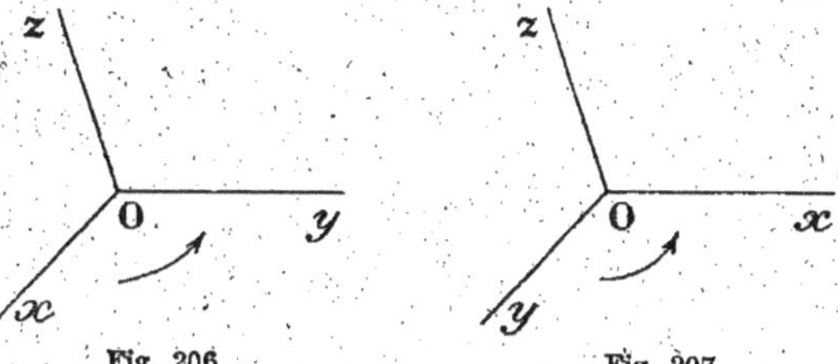

Fig. 206. Fig. 207.

positif, vient coïncider avec Oy après une rotation d'un angle inférieur à π, on dit que le trièdre (Ox, Oy, Oz) est de *sens positif*
(*fig.* 206) ; 2° si au contraire la demi-droite OA, d'abord appliquée
sur Ox, tournant ensuite autour de Oz dans le sens positif, vient
coïncider avec Oy après une rotation d'un angle supérieur à π, on
dit que le trièdre (Ox, Oy, Oz) est de *sens négatif* (*fig.* 207). Dans la
figure 206, nous supposons Ox en avant du plan yOz, et dans la

figure 207, Oy en avant du plan xOz. Nous avons indiqué par une flèche le sens dans lequel se déplace la demi-droite OA.

Il est clair que ces définitions ne sont applicables à un trièdre que si l'on nomme les arêtes de ce trièdre dans un certain ordre : par exemple, les trièdres (Ox, Oy, Oz) et (Ox, Oz, Oy) ne sont pas de même sens ; si l'un est de sens positif, l'autre est de sens négatif, et inversement.

605. Cela posé, nous allons montrer que le déterminant δ est égal à $+1$ ou à -1 suivant que les trièdres (Ox, Oy, Oz) et (Ox', Oy', Oz') sont de même sens ou de sens contraires.

Supposons en effet qu'on déplace le trièdre (Ox', Oy', Oz') autour du point O, les arêtes étant liées invariablement entre elles ; les quantités $a,\ b,\ c,\ \dots$ varient d'une manière continue et il en est de même de δ. Mais comme ce déterminant ne peut avoir que la valeur $+1$ ou -1, il reste constant.

Faisons coïncider Ox' avec Ox et Oy' avec Oy ; si les deux trièdres sont de même sens, Oz' coïncide avec Oz. Dans ce cas, les éléments de la diagonale principale de δ sont tous égaux à 1, et les autres sont nuls ; par suite $\delta = +1$.

Si les deux trièdres ne sont pas de même sens, après avoir amené Ox' sur Ox, Oy' sur Oy, Oz' est opposé à Oz.

Les éléments du déterminant δ ont les mêmes valeurs que dans le cas précédent, excepté c'' qui est égal à -1 ; on a donc $\delta = -1$.

Classification des surfaces.

606. Revenons aux formules générales de la transformation de coordonnées

$$
\begin{aligned}
x &= p + ax' + a'y' + a''z', \\
y &= q + bx' + b'y' + b''z', \\
z &= r + cx' + c'y' + c''z' ;
\end{aligned}
$$

on voit que $x,\ y,\ z$ sont des fonctions linéaires de $x',\ y',\ z'$.

Par suite, si l'équation d'une surface par rapport à un système d'axes est algébrique, elle restera algébrique par rapport à tout autre système d'axes.

On dit alors que la surface est *algébrique*.

De plus, au moyen de transformations convenables, l'équation d'une surface algébrique peut toujours être mise sous la forme

$$
f(x,\ y,\ z) = 0,
$$

$f(x, y, z)$ désignant un polynome; c'est ce qu'on appelle *l'équation entière* de la surface.

607. Théorème. — *La condition nécessaire et suffisante pour que deux équations algébriques et entières représentent la même surface est qu'elles soient de même degré, et que les coefficients des termes semblables soient proportionnels.*

La condition est évidemment suffisante; nous allons montrer qu'elle est nécessaire.

Supposons que les équations $f(x, y, z) = 0$, $\varphi(x, y, z) = 0$ représentent une même surface, $f(x\,y, z)$ et $\varphi(x, y, z)$ désignant des polynomes. Coupons cette surface par une droite parallèle à Oz, dont tous les points ont même abscisse x_0, et même ordonnée y_0. Cette droite rencontre la surface en un certain nombre de points dont les cotes vérifient chacune des équations $f(x_0, y_0, z) = 0$, $\varphi(x_0, y_0, z) = 0$.

Ces équations à une seule inconnue, ayant mêmes racines, ont leurs coefficients proportionnels; on a donc

$$f(x_0, y_0, z) = \lambda \varphi(x_0, y_0, z),$$

λ étant indépendant de z; ce qu'on peut encore écrire, puisque x_0 et y_0 sont arbitraires,

$$f(x, y, z) = \lambda \varphi(x, y, z).$$

En coupant de même la surface par une parallèle à Oy, puis par une parallèle à Ox, on verrait que λ est indépendant de y et de x. Par suite, λ est une constante, et le théorème est démontré.

608. Il résulte de là que, quel que soit le procédé employé pour avoir l'équation entière d'une surface algébrique, on obtiendra toujours la même équation à un facteur numérique près.

En raisonnant comme en géométrie plane (24), on verra facilement que le degré de l'équation entière d'une surface algébrique est un nombre indépendant des axes de coordonnées; c'est ce qui permet de donner la définition suivante :

On dit qu'une surface algébrique est de degré m ou d'ordre m lorsque son équation entière par rapport à un système d'axes quelconques est de degré m.

Toute surface qui n'est pas algébrique est appelée surface *transcendante*.

609. Théorème. — *Une surface algébrique de degré m est rencontrée par une droite en m points au plus.*

Prenons la droite pour axe des x et soit $f(x, y, z) = 0$ l'équation de la surface. Les abscisses des points de rencontre de cette surface et de Ox sont racines de l'équation $f(x, 0, 0) = 0.$ Le degré de cette équation est au plus égal au degré du polynome $f(x, y, z)$.

610. Théorème. — *Une surface algébrique de degré m est rencontrée par un plan suivant une courbe algébrique dont le degré est au plus égal à m.*

Prenons le plan pour plan des xy et soit $f(x, y, z) = 0$ l'équation de la surface. La section de cette surface par le plan des xy a pour équation par rapport aux axes Ox et Oy $f(x, y, 0) = 0.$ Cette courbe est algébrique et son degré est au plus égal au degré du polynome $f(x, y, z)$.

Classification des courbes.

611. On dit qu'une courbe gauche est algébrique quand on peut faire passer par cette courbe deux surfaces algébriques.

Deux cas peuvent alors se présenter :

1° Ou bien la courbe constitue toute l'intersection des deux surfaces; m et p désignant les degrés de ces surfaces, un plan quelconque les rencontre suivant des courbes planes de degrés m et p, qui ont mp points communs. Par suite, tout plan rencontre la courbe en mp points; on dit que cette courbe est de degré mp.

2° Ou bien la courbe constitue seulement une partie de l'intersection des deux surfaces. Un plan quelconque rencontre la courbe en moins de mp points. Si le nombre des points d'intersection r est constant quel que soit le plan, on dit que la courbe est de degré r.

CHAPITRE III

LE PLAN ET LA DROITE.

Le plan.

612. Théorème. — *Toute équation du premier degré par rapport à* x, y, z *représente un plan.*

L'équation du premier degré par rapport à x, y, z est de la forme

$$Ax + By + Cz + D = 0,$$

A, B, C, D désignant des nombres algébriques ; nous allons démontrer que tous les points dont les coordonnées vérifient cette équation sont situés dans un même plan.

On sait que le plan est une surface telle que toute droite qui joint deux points de cette surface y est contenue tout entière ; il nous suffira donc d'établir que si les coordonnées de deux points M_1 et M_2 vérifient l'équation proposée, les coordonnées de tout point de la droite M_1M_2 vérifient la même équation.

Soient x_1, y_1, z_1 et x_2, y_2, z_2 les coordonnées des points M_1 et M_2, nous avons par hypothèse

$$Ax_1 + By_1 + Cz_1 + D = 0,$$
$$Ax_2 + By_2 + Cz_2 + D = 0 ;$$

multiplions la première par 1, la deuxième par $-k$, et ajoutons membre à membre, nous obtenons

$$A(x_1 - kx_2) + B(y_1 - ky_2) + C(z_1 - kz_2) + D(1 - k) = 0,$$

ou

$$A \frac{x_1 - kx_2}{1 - k} + B \frac{y_1 - ky_2}{1 - k} + C \frac{z_1 - kz_2}{1 - k} + D = 0.$$

Or $\dfrac{x_1 - kx_2}{1 - k}$, $\dfrac{y_1 - ky_2}{1 - k}$, $\dfrac{z_1 - kz_2}{1 - k}$ sont les coordonnées d'un point quelconque de la droite M_1M_2 (582) ; le théorème est démontré.

613. Si deux des coefficients A, B, C sont nuls, le plan est parallèle à l'un des plans de coordonnées. Par exemple, supposons A $= 0$, B $= 0$; l'équation s'écrit Cz $+$ D $= 0$ ou $z = - \dfrac{D}{C}$; elle représente un plan parallèle au plan des xy. En particulier $z = 0$ est l'équation du plan des xy.

Si l'on a A $= 0$, C $= 0$, le plan est parallèle au plan zOx; enfin, si B $= 0$, C $= 0$, il est parallèle au plan yOz.

Si un de coefficients A, B, C est nul, le plan est parallèle à l'un des axes de coordonnées : C $= 0$, à l'axe Oz (591,2°), A $= 0$, à l'axe Ox; B $= 0$, à l'axe Oy.

614. Théorème réciproque. — *Tout plan est représenté par une équation du premier degré.*

Considérons un plan rapporté à trois axes de coordonnées Ox, Oy et Oz. Faisons une transformation de coordonnées en prenant le plan pour plan des $x'y'$; l'équation de ce plan est alors $z' = 0$. Or, en revenant aux axes primitifs on doit remplacer z' par une fonction linéaire de x, y, z. Il en résulte que l'équation du plan par rapport aux axes Ox, Oy, Oz est du premier degré.

615. On peut encore établir ce théorème en cherchant la relation que doivent vérifier les coordonnées d'un point quelconque du plan.

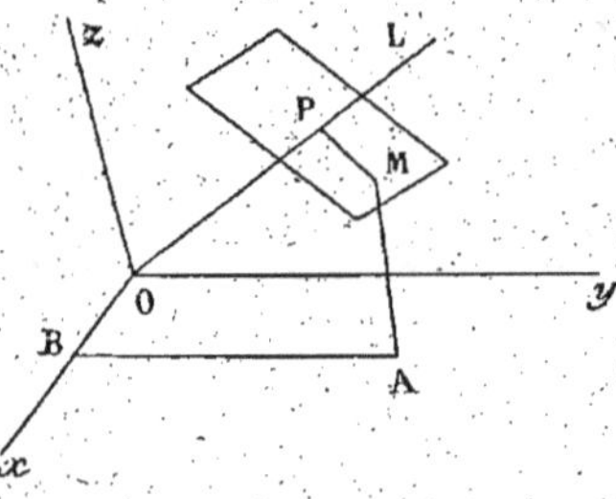

Fig. 208.

Abaissons du point O une perpendiculaire OP sur le plan, et choisissons arbitrairement sur OP une demi-droite OL. Le plan sera bien déterminé par les angles α, β γ de la demi-droite OL avec les trois axes et par la valeur algébrique $\overline{OP} = p$ du vecteur $\overrightarrow{OP}$, sens positif OL.

Pour qu'un point M(x, y, z) soit dans le plan, il faut et il suffit que la projection orthogonale du vecteur $\overrightarrow{OM}$ sur OL soit égale à p.

Figurons le contour des coordonnées du point M, OBAM, et projetons-le orthogonalement sur OL. Nous avons (*fig.* 208)

$$\text{pr. } \overrightarrow{OM} = \text{pr. } \overrightarrow{OB} + \text{pr. } \overrightarrow{BA} + \text{pr. } \overrightarrow{AM}.$$

Or
$$\text{pr. } \overrightarrow{OB} = \overline{OB}\cos(Ox, \text{ OL}) = x\cos\alpha,$$
$$\text{pr. } \overrightarrow{BA} = \overline{BA}\cos(Oy, \text{ OL}) = y\cos\beta,$$
$$\text{pr. } \overrightarrow{AM} = \overline{AM}\cos(Oz, \text{ OL}) = z\cos\gamma,$$

et par suite
$$\text{pr. } \overrightarrow{OM} = x\cos\alpha + y\cos\beta + z\cos\gamma.$$

Pour que le point M soit dans le plan, il faut qu'on ait
$$\text{pr. } \overrightarrow{OM} = p, \qquad \text{ou} \qquad x\cos\alpha + y\cos\beta + z\cos\gamma - p = 0.$$

Cette relation est l'équation du plan; elle est du premier degré; le théorème est démontré.

616. Théorème. — *La condition nécessaire et suffisante pour que deux équations du premier degré représentent le même plan est que leurs coefficients soient proportionnels.*

Ce théorème est un cas particulier du théorème du n° 607; nous en donnerons néanmoins une démonstration directe.

Soient les deux équations
$$Ax + By + Cz + D = 0, \qquad A'x + B'y + C'z + D' = 0.$$

Pour que ces deux équations représentent le même plan, il faut et il suffit que tout ensemble de solutions de la première vérifie la seconde.

Supposons $A \neq 0$; de la première équation nous tirons
$$x = -\frac{By + Cz + D}{A},$$

et en remplaçant x par cette valeur dans la deuxième, nous avons
$$-\frac{A'(By + Cz + D)}{A} + B'y + C'z + D' = 0,$$

ou
$$\left(B' - \frac{A'B}{A}\right)y + \left(C' - \frac{A'C}{A}\right)z + D' - \frac{A'D}{A} = 0,$$

et cette relation doit être vérifiée quel que soit y et quel que soit z. On doit donc avoir
$$B' - \frac{A'B}{A} = 0, \qquad C' - \frac{A'C}{A} = 0, \qquad D' - \frac{A'D}{A} = 0,$$

ou, en posant $\dfrac{A'}{A} = \lambda$,
$$A' = \lambda A, \qquad B' = \lambda B, \qquad C' = \lambda C, \qquad D' = \lambda D,$$

ce qui montre que les coefficients sont proportionnels. Il est clair que le nombre λ ne peut être nul, sans quoi A', B', C', D' seraient nuls et le deuxième plan n'existerait plus.

Nous avons supposé $A \neq 0$. Si A était nul, l'un des nombres B ou C ne le serait pas, on pourrait alors résoudre la première équation par rapport à y ou par rapport à z, et on serait conduit aux mêmes conditions.

Ces conditions peuvent encore s'écrire

$$\frac{A'}{A} = \frac{B'}{B} = \frac{C'}{C} = \frac{D'}{D},$$

avec la convention suivante :

Si l'un des dénominateurs est nul, il faut égaler à zéro le numérateur correspondant et supprimer le rapport. Si l'un des numérateurs est nul, il faut égaler à zéro le dénominateur correspondant et supprimer le rapport.

617. Si l'on désigne par P et P' les polynomes $Ax + By + Cz + D$ et $A'x + B'y + C'z + D'$ on peut dire que *la condition nécessaire et suffisante pour que les équations $P = 0$, $P' = 0$ représentent le même plan est qu'il existe un nombre non nul λ tel que l'on ait l'identité*

$$P' \equiv \lambda P.$$

618. L'équation d'un plan

$$Ax + By + Cz + D = 0$$

renferme *quatre* coefficients A, B, C, D; mais comme on peut diviser ces coefficients par un même nombre sans que le plan varie, l'équation ne renferme en réalité que *trois* paramètres, qui sont les rapports de trois des coefficients au quatrième.

Pour déterminer un plan, il faut donner trois relations entre ces paramètres; on exprime ce résultat en disant qu'un plan est déterminé par trois conditions. Le nombre des solutions peut être supérieur à 1, mais il est limité.

En voici un exemple simple.

619. Équation du plan qui passe par trois points. — Écrivons que l'équation

$$Ax + By + Cz + D = 0$$

est vérifiée par les coordonnées (x', y', z'), (x'', y'', z''), (x''', y''', z''') des trois points; nous avons

$$Ax' + By' + Cz' + D = 0,$$
$$Ax'' + By'' + Cz'' + D = 0,$$
$$Ax''' + By''' + Cz''' + D = 0.$$

Si les trois points donnés ne sont pas en ligne droite, il existe un plan de coordonnées sur lequel les projections de ces points (parallèlement à l'axe non situé dans ce plan) ne sont pas en ligne droite. Supposons que ce soit le plan des xy; le déterminant

$$\begin{vmatrix} x' & y' & 1 \\ x'' & y'' & 1 \\ x''' & y''' & 1 \end{vmatrix}$$

n'est pas nul, et nous pouvons résoudre les trois équations précédentes par rapport à A, B, D. En transportant les valeurs obtenues dans l'équation du plan, et en divisant par C, on obtient (A. 96)

$$\begin{vmatrix} x & y & z & 1 \\ x' & y' & z' & 1 \\ x'' & y'' & z'' & 1 \\ x''' & y''' & z''' & 1 \end{vmatrix} = 0;$$

c'est l'équation du plan qui passe par les trois points donnés.

620. En particulier, si les trois points sont situés l'un sur Ox, son abscisse étant a, l'autre sur Oy, son ordonnée étant b, et le troisième sur Oz, sa cote étant c, on voit aisément que l'équation du plan passant par ces trois points est

$$\frac{x}{a} + \frac{y}{b} + \frac{z}{c} - 1 = 0.$$

621. Théorème. — *La condition nécessaire et suffisante pour que deux équations du premier degré représentent deux plans parallèles est que les coefficients de x, y, z dans les deux équations soient proportionnels.*

Soient les équations

$$P \equiv Ax + By + Cz + D = 0, \qquad P' \equiv A'x + B'y + C'z + D' = 0.$$

Par définition, des plans parallèles sont deux plans qui n'ont aucun point commun; par suite, pour que les deux équations représentent deux plans parallèles, il faut et il suffit qu'elles n'aient aucun ensemble de solutions communes.

Supposons $A \neq 0$; de la première équation nous tirons

$$x = -\frac{By + Cz + D}{A},$$

et en remplaçant x par cette valeur dans la deuxième, nous avons

$$\left(B' - \frac{A'B}{A} \right) y + \left(C' - \frac{A'C}{A} \right) z + D' - \frac{A'D}{A} = 0;$$

cette équation ne doit admettre aucune solution. On doit donc avoir

$$B' - \frac{A'B}{A} = 0, \qquad C' - \frac{A'C}{A} = 0, \qquad D' - \frac{A'D}{A} \neq 0,$$

ou, en posant $\dfrac{A'}{A} = \lambda$,

$$A' = \lambda A, \qquad B' = \lambda B, \qquad C' = \lambda C, \qquad D' \neq \lambda D,$$

ce qui démontre le théorème.

622. Ces conditions peuvent encore s'écrire

$$\frac{A'}{A} = \frac{B'}{B} = \frac{C'}{C} \neq \frac{D'}{D} \,;$$

elles peuvent aussi se remplacer par l'identité

$$P' \equiv \lambda P + \mu, \qquad (\mu \neq 0).$$

Il résulte de là que l'équation du plan mené par le point (x', y', z') parallèlement au plan $Ax + By + Cz + D = 0$ est

$$A(x - x') + B(y - y') + C(z - z') = 0.$$

623. Équation générale des plans passant par l'intersection de deux plans donnés. — Soient

$$P \equiv Ax + By + Cz + D = 0, \qquad P' \equiv A'x + B'y + C'z + D' = 0$$

les équations de deux plans qui se coupent suivant une droite Δ.

Nous allons démontrer que l'équation générale des plans qui passent par la droite Δ est

$$(1) \qquad P + \lambda P' = 0,$$

λ désignant un nombre quelconque.

On voit d'abord que, quel que soit λ, l'équation (1) représente un plan passant par la droite Δ, car les coordonnées de tout point de cette droite, annulant P et P', annulent aussi $P + \lambda P'$.

En second lieu, il faut établir qu'on peut déterminer λ en sorte que l'équation (1) représente *un plan quelconque* passant par la droite Δ. Soit Q un tel plan; prenons sur ce plan un point M non situé sur la droite Δ et écrivons que les coordonnées x_0, y_0, z_0 de ce point vérifient l'équation (1); nous avons $P_0 + \lambda P_0' = 0$, P_0 et P_0' désignant les résultats obtenus en remplaçant dans P et P' x, y et z par x_0, y_0 et z_0 respectivement. De cette relation on tire

$$\lambda = -\frac{P_0}{P_0'},$$

et en portant cette valeur dans l'équation (1), on a

$$(2) \qquad P - \frac{P_0}{P_0'} P' = 0.$$

Cette équation représente alors un plan passant par la droite Δ et le point M; c'est précisément le plan Q.

L'équation (1) est donc bien l'équation générale cherchée.

624. Remarque. — Dans ce raisonnement, nous avons supposé $P'_0 \neq 0$; cela revient à supposer que le point M n'est pas dans le plan $P' = 0$, ou que le plan Q ne coïncide pas avec le plan $P' = 0$.

On voit donc que l'équation (1) représentera tous les plans passant par la droite Δ, *à l'exception du plan* $P' = 0$.

On peut éviter cet inconvénient on écrivant l'équation générale (1) sous la forme

$$\lambda P + \lambda' P' = 0,$$

λ et λ' désignant deux nombres arbitraires. Alors pour $\lambda = 0$, elle représente le plan $P' = 0$.

625. L'équation (2) peut aussi s'écrire

$$\frac{P}{P_0} = \frac{P'}{P'_0},$$

elle représente le plan passant par le point (x_0, y_0, z_0) et par la droite commune aux deux plans $P = 0$, $P' = 0$.

626. Dans ce qui précède, nous avons supposé que les plans $P = 0$, $P' = 0$ se coupaient suivant une droite.

Si ces deux plans sont parallèles, il est aisé de voir que l'équation (1) représente un plan parallèle à ces deux plans.

En effet, pour que les plans $P = 0$ et $P' = 0$ soient parallèles, il faut qu'on ait une identité de la forme $P' \equiv \alpha P + \beta$. L'équation (1) devient alors

$$P + \lambda(\alpha P + \beta) = 0 \quad \text{ou} \quad P(1 + \lambda\alpha) + \lambda\beta = 0;$$

elle représente un plan parallèle au plan $P = 0$.

Si les deux plans $P = 0$, $P' = 0$ sont confondus, on a $P' \equiv \alpha P$ et l'équation $P + \lambda P' = 0$ s'écrit $P(1 + \lambda\alpha) = 0$; elle représente le plan $P = 0$ quel que soit λ.

627. Intersection de trois plans. — Soient

$$Ax + By + Cz + D = 0,$$
$$A'x + B'y + C'z + D' = 0,$$
$$A''x + B''y + C''z + D'' = 0$$

les équations de trois plans; nous aurons les coordonnées des points communs à ces trois plans en résolvant ces trois équations par rapport à x, y, z.

Premier cas. — *Le déterminant des coefficients des inconnues*

$$\Delta = \begin{vmatrix} A & B & C \\ A' & B' & C' \\ A'' & B'' & C'' \end{vmatrix}$$

n'est pas nul.

Les trois équations ont un seul ensemble de solutions. Les trois plans ont un seul point commun.

Deuxième cas. — *Le déterminant Δ est nul, mais il y a au moins un mineur du premier ordre différent de zéro*, par exemple

$$\begin{vmatrix} A & B \\ A' & B' \end{vmatrix} \neq 0.$$

Résolvons les deux premières équations par rapport à x et y, et portons les valeurs obtenues dans la troisième, nous obtenons une équation indépendante de z (A. 98),

$$\begin{vmatrix} A & B & D \\ A' & B' & D' \\ A'' & B'' & D'' \end{vmatrix} = 0;$$

le déterminant qui figure au premier membre est appelé le déterminant caractéristique. Nous le désignerons par Δ_1.

Si Δ_1 n'est pas nul, tout ensemble de valeurs de x, y, z qui vérifie les deux premières équations ne vérifie pas la troisième. Le système d'équations n'a pas de solutions.

Si Δ_1 est nul, tout ensemble de solutions des deux premières équations vérifie la troisième.

Interprétons géométriquement ces résultats. Remarquons d'abord que les deux plans P et P' ne sont pas parallèles, puisque le déterminant $AB' - BA'$ est différent de zéro. Ils se coupent suivant une droite D.

Si $\Delta_1 \neq 0$, aucun point de la droite D n'est dans le plan P'', la droite D est parallèle au plan P'', les trois plans sont parallèles à une même droite.

Si $\Delta_1 = 0$, tout point de la droite D est dans le plan P'', les trois plans passent par une même droite.

Troisième cas. — *Tous les mineurs du premier ordre de Δ sont nuls.*

Supposons $A \neq 0$. Nous pouvons tirer x de la première équation et, en portant la valeur obtenue dans les deux autres, nous obtenons les deux équations

$$\delta' = 0, \qquad \delta'' = 0,$$

δ' et δ'' désignant les caractéristiques $\begin{vmatrix} A & D \\ A' & D' \end{vmatrix}$ et $\begin{vmatrix} A & D \\ A'' & D'' \end{vmatrix}$.

Si δ' et δ'' ne sont pas nuls tous les deux, tout ensemble de solutions de la première équation ne vérifie pas au moins l'une des deux autres. Les trois plans sont parallèles, et il peut se faire que deux d'entre eux soient confondus.

Si δ' et δ'' sont nuls tous les deux, tout ensemble de solutions de la première équation vérifiera les deux autres. Les trois plans sont confondus.

Il résulte de là que trois plans peuvent occuper cinq positions relatives. Ils peuvent : 1° avoir un seul point commun; 2° être parallèles à une droite; 3° passer par une même droite; 4° être parallèles; 5° être confondus.

628. Équation générale des plans passant par le point commun à trois plans. — Soient

$$P = 0, \quad P' = 0, \quad P'' = 0$$

les équations de trois plans ayant un seul point commun M. Nous allons montrer que l'équation générale des plans passant par le point M est

$$(1) \qquad \lambda P + \lambda' P' + \lambda'' P'' = 0,$$

λ, λ', λ'' désignant des nombres arbitraires.

Quels que soient les valeurs de λ, λ', λ'', l'équation (1) représente évidemment un plan passant par le point M. Il faut démontrer de plus qu'on peut déterminer λ, λ', λ'' en sorte que l'équation représente un plan quelconque Q passant par le point M.

En effet, soit MA l'intersection des plans P et P', et soit MB la trace du plan Q sur le plan P''; le plan MAB a une équation de la forme $\lambda P + \lambda' P' = 0$ (624), et comme le plan Q passe par l'intersection du plan MAB et du plan P'', il existera un nombre λ'' tel que $\lambda P + \lambda' P' + \lambda'' P'' = 0$ soit l'équation du plan Q.

629. Si les trois plans P, P', P'' sont parallèles à une même droite, l'équation (1) représente un plan parallèle à cette droite. En effet, si P'' est parallèle à l'intersection de P et de P', P'' est parallèle à un plan passant par cette intersection; celui-ci ayant pour équation $\alpha P + \beta P' = 0$, on aura l'identité $P'' \equiv \alpha P + \beta P' + \gamma$, et l'équation (1) prend la forme

$$\alpha_1 P + \beta_1 P' + \gamma_1 = 0,$$

elle représente bien un plan parallèle à l'intersection de P et de P'.

Si les trois plans passent par une même droite, le plan (1) passe par cette droite, démonstration analogue.

Enfin si les trois plans sont parallèles ou confondus, le plan (1) leur est parallèle ou est confondu avec eux.

630. Condition pour que trois plans passent par une même droite. — Soient

$$P \equiv Ax + By + Cz + D = 0,$$
$$P' \equiv A'x + B'y + C'z + D' = 0,$$
$$P'' \equiv A''x + B''y + C''z + D'' = 0$$

les équations de trois plans.

Pour que ces trois plans passent par une même droite, il faut et il suffit, conformément à la discussion du n° 627, que le déterminant des coefficients des inconnues

$$\Delta = \begin{vmatrix} A & B & C \\ A' & B' & C' \\ A'' & B'' & C'' \end{vmatrix}$$

soit nul, qu'au moins un mineur du premier ordre soit différent de zéro, et que le caractéristique relatif à ce mineur soit nul.

On ne peut donc écrire ces conditions que si l'on connaît un mineur non nul de Δ.

Voici un procédé plus simple.

631. Théorème. — *La condition nécessaire et en général suffisante pour que les trois plans* $P = 0$, $P' = 0$, $P'' = 0$ *passent par une même droite est qu'il existe trois nombres non nuls* λ, λ', λ'' *tels que l'on ait l'identité*

$$(1) \qquad \lambda P + \lambda'P' + \lambda''P'' \equiv 0.$$

1° *La condition est nécessaire.* — Supposons que les trois plans passent par une même droite ; alors le plan P'', passant par l'intersection de P et de P' a une équation de la forme $\lambda P + \lambda'P' = 0$. Comme d'autre part son équation est aussi $P'' = 0$, on a l'identité :

$$\lambda P + \lambda'P' \equiv -\lambda''P'', \qquad \text{ou} \qquad \lambda P + \lambda'P' + \lambda''P'' \equiv 0.$$

2° *La condition est en général suffisante.* — Si l'on a l'identité (1), on en déduit, puisque λ'' n'est pas nul,

$$P'' \equiv -\frac{\lambda P + \lambda'P'}{\lambda''},$$

ce qui montre que si les plans P et P' se coupent suivant une droite, le plan P'' passe par cette droite.

Mais si P et P' sont parallèles, P'' leur est parallèle (626), et si P et P' sont confondus, P'' est confondu avec eux.

En résumé, si les trois plans passent par une même droite, on a bien l'identité (1). Mais réciproquement, si cette identité a lieu, ou bien les trois plans passent par une même droite, ou bien ils sont parallèles, ou bien ils sont confondus.

632. Condition pour que quatre plans aient un point commun.

Soient

$$P \equiv Ax + By + Cz + D = 0,$$
$$P' \equiv A'x + B'y + C'z + D' = 0,$$
$$P'' \equiv A''x + B''y + C''z + D'' = 0,$$
$$P''' \equiv A'''x + B'''y + C'''z + D''' = 0$$

les équations de quatre plans.

Pour que ces plans aient un point commun, il faut et il suffit que leurs équations admettent un ensemble de solutions communes.

On a vu en algèbre (A. 99) que la condition nécessaire pour que les équations aient un ensemble de solutions est

$$(2) \qquad \begin{vmatrix} A & B & C & D \\ A' & B' & C' & D' \\ A'' & B'' & C'' & D'' \\ A''' & B''' & C''' & D''' \end{vmatrix} = 0.$$

Cette condition n'est pas en général suffisante.

En effet, supposons-la remplie, on peut alors déterminer des nombres λ, λ', λ'', λ''' non tous nuls et tels que l'on ait

$$\lambda A + \lambda'A' + \lambda''A'' + \lambda'''A''' = 0,$$
$$\lambda B + \lambda'B' + \lambda''B'' + \lambda'''B''' = 0,$$
$$\lambda C + \lambda'C' + \lambda''C'' + \lambda'''C''' = 0,$$
$$\lambda D + \lambda'D' + \lambda''D'' + \lambda'''D''' = 0,$$

ce qu'on peut écrire

$$(3) \qquad \lambda P + \lambda'P' + \lambda''P'' + \lambda'''P''' \equiv 0.$$

Supposons $\lambda''' \neq 0$; on déduit de cette identité

$$P''' \equiv - \frac{\lambda P + \lambda'P' + \lambda''P''}{\lambda'''}.$$

En conséquence, si les plans P, P', P'' ont un point commun, P''' passe par ce point; si P, P', P'' sont parallèles à une même droite, P''' est parallèle à cette droite (629); si P, P', P'' passent par une même droite, P''' passe par cette droite; si P, P', P'' sont parallèles, P''' leur est parallèle; si P, P', P'' sont confondus, P''' est confondu avec eux.

En résumé, si l'on a l'égalité (2) ou l'identité (3), ou bien les quatre plans ont un point commun, ou bien il sont parallèles à une même droite, ou bien ils passent par une même droite, ou bien ils sont parallèles, ou bien ils sont confondus.

La droite.

633. Étant donnée une droite, on peut mener par cette droite une infinité de plans; deux d'entre eux suffisent à déterminer la droite; leurs équations

$$Ax + By + Cz + D = 0, \qquad A'x + B'y + C'z + D' = 0$$

peuvent être prises comme équations de la droite. Il en résulte qu'une droite est définie analytiquement par deux équations du premier degré, et cela d'une infinité de manières. Il importe alors de chercher suivant les cas les équations les plus simples pouvant définir la droite.

1° Si la droite est parallèle à l'un des axes de coordonnées, Ox par exemple, on peut mener par cette droite des plans parallèles aux plans xOz et xOy. Les équations de ces plans sont de la forme

$$y - y_0 = 0, \qquad z - z_0 = 0;$$

ce sont les équations de la droite.

En particulier, les équations de l'axe Ox sont $y = 0$, $z = 0$.

De même, toute parallèle à Oy est définie par des équations de la forme $x - x_0 = 0$, $z - z_0 = 0$, et toute parallèle à Oz par

$$x - x_0 = 0, \qquad y - y_0 = 0.$$

2° Supposons la droite parallèle à l'un des plans de coordonnées, au plan des xy par exemple. Dans ce cas on mènera par la droite un plan parallèle au plan des xy, et un plan parallèle à Oz, et on aura pour équations de la droite

$$z - h = 0, \qquad y - mx - p = 0.$$

3° Enfin, si la droite n'est parallèle à aucun plan de coordonnées, on peut la définir par les plans qui la projettent sur deux plans de coordonnées quelconques, les projetantes étant parallèles à l'axe non situé dans le plan sur lequel on projette. Par exemple, si l'on projette sur les plans des xz et des yz, les plans projetants ont des équations de la forme

$$x = lz + p, \qquad y = mz + q;$$

ce sont les équations de la droite. On peut remarquer que p et q sont les coordonnées du point de rencontre de la droite et du plan des xy.

634. Paramètres directeurs d'une droite. — Soit D une droite quelconque, D′ la parallèle à cette droite menée par l'origine.

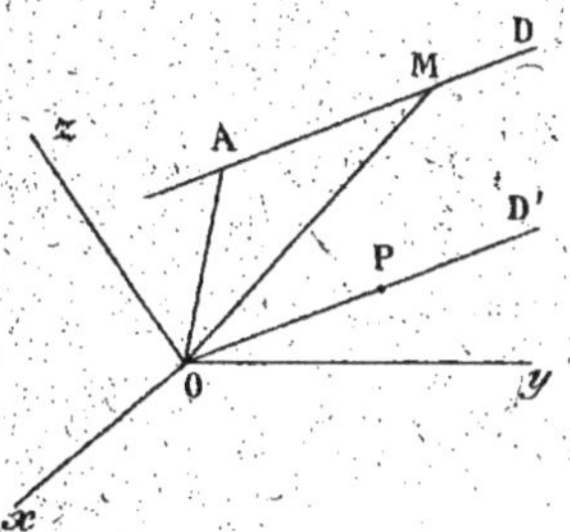

Fig. 209.

Prenons sur D un point quelconque $A(p, q, r)$ et sur D′ un point arbitraire $P(\alpha, \beta, \gamma)$ *autre que l'origine.* Cela revient à supposer que α, β, γ ne sont pas nuls en même temps.

La droite D est bien déterminée par les points A et P. Nous allons calculer les coordonnées x, y, z d'un point quelconque M de cette droite en fonction de la valeur algébrique $\overline{AM}$ du vecteur $\overrightarrow{AM}$, sens positif OP (*fig.* 209).

Projetons le contour OAM sur un axe quelconque, nous avons

$$(1) \qquad \mathrm{pr.}\ \overrightarrow{OM} = \mathrm{pr.}\ \overrightarrow{OA} + \mathrm{pr.}\ \overrightarrow{AM};$$

mais on a

$$\frac{\mathrm{pr.}\ \overrightarrow{AM}}{\mathrm{pr.}\ \overrightarrow{OP}} = \frac{\overline{AM}}{\overline{OP}};$$

on en tire

$$\mathrm{pr.}\ \overrightarrow{AM} = \frac{\overline{AM}}{\overline{OP}}\ \mathrm{pr.}\ \overrightarrow{OP},$$

ou, en posant $\dfrac{\overline{AM}}{\overline{OP}} = \rho$,

$$\mathrm{pr.}\ \overrightarrow{AM} = \rho\ \mathrm{pr.}\ \overrightarrow{OP}.$$

L'égalité (1) devient alors

$$\mathrm{pr.}\ \overrightarrow{OM} = \mathrm{pr.}\ \overrightarrow{OA} + \rho\ \mathrm{pr.}\ \overrightarrow{OP}.$$

En projetant sur Ox parallèlement au plan des yz, on a

$$x = p + \alpha\rho,$$

puis sur Oy parallèlement au plan des zx, $y = q + \beta\rho$, et enfin sur Oz parallèlement au plan xOy, $z = r + \gamma\rho$.

D'où les formules

$$(2) \qquad \begin{cases} x = p + \alpha\rho, \\ y = q + \beta\rho, \\ z = r + \gamma\rho, \end{cases}$$

Elles donnent les coordonnées d'un point quelconque M de la droite D en fonction du nombre ρ qui est proportionnel au nombre $\overline{AM}$. Quand on fait varier ρ de $-\infty$ à $+\infty$, on obtient les coordonnées de tous les points de la droite D. En particulier, à deux valeurs de ρ égales et de signes contraires correspondent deux points symétriques par rapport au point A.

Les nombres α, β, γ sont appelés les *paramètres directeurs* de la droite D ; ce sont les coordonnées d'un point quelconque (autre que l'origine) de la parallèle à cette droite menée par l'origine.

Il résulte de là qu'une droite admet une infinité de systèmes de paramètres directeurs, puisqu'on peut choisir arbitrairement le point P sur la droite D'. Mais il est aisé de voir que si le point P se déplace sur D', ses coordonnées varient proportionnellement ; par conséquent, on peut multiplier les paramètres directeurs d'une droite par un nombre arbitraire sans changer la direction de cette droite.

635. On en déduit que pour que deux droites soient parallèles, il faut et il suffit que leurs paramètres directeurs soient proportionnels.

636. Cas particulier. — Si on prend le point P sur la droite D' à l'unité de distance de l'origine, on a $\overline{OP} = 1$ et $\overline{AM} = \rho$.

Dans ce cas, ρ *est égal à la valeur algébrique du vecteur* $\overrightarrow{AM}$; on dit que α, β, γ sont les *paramètres principaux* de la droite D.

637. Remarque. — En éliminant ρ entre les équations (2), on obtient les équations de la droite sous la forme

$$(3) \qquad \frac{x-p}{\alpha} = \frac{y-q}{\beta} = \frac{z-r}{\gamma},$$

avec la convention que si l'un des nombres α, β, γ est nul, le numérateur correspondant doit être nul.

On met ainsi en évidence les projections de la droite sur les plans de coordonnées. Par exemple, la projection de la droite sur le plan xOy (parallèlement à Oz) a pour équation

$$\frac{x-p}{\alpha} = \frac{y-q}{\beta} ;$$

on peut aussi considérer cette équation comme l'équation du plan projetant la droite sur le plan des xy parallèlement à Oz.

638. Étant donnée une droite quelconque définie par deux équations linéaires, on peut toujours écrire les équations de la droite sous la forme (3).

Il suffit de prendre pour p, q, r les coordonnées d'un point quelconque de la droite et pour α, β, γ les coordonnées d'un point quelconque de la parallèle à la droite menée par l'origine.

C'est pourquoi, dans ce qui va suivre, nous supposerons toujours les droites définies par des équations telles que (3).

639. Remarque. — Lorsque les équations d'une droite D sont mises sous la forme

$$\frac{x - x_0}{\lambda} = \frac{y - y_0}{\mu} = \frac{z - z_0}{\nu},$$

x_0, y_0, z_0, λ, μ, ν étant des nombres quelconques, x_0, y_0, z_0 sont les coordonnées d'un point de la droite, et λ, μ, ν les paramètres directeurs de cette droite.

En effet, les équations données sont vérifiées pour $x = x_0$, $y = y_0$, $z = z_0$; donc, la droite passe par le point (x_0, y_0, z_0).

D'autre part, la droite D' menée par l'origine parallèlement à la droite D a pour équations

$$\frac{x}{\lambda} = \frac{y}{\mu} = \frac{z}{\nu},$$

et ceci montre que la droite D' passe par le point (λ, μ, ν). On en conclut que λ, μ, ν sont les paramètres directeurs de la droite D.

640. Équations de la droite passant par deux points. — Soient x', y', z' et x'', y'', z'' les coordonnées de deux points. Une droite quelconque passant par le point (x', y', z') a pour équations

$$\frac{x - x'}{\alpha} = \frac{y - y'}{\beta} = \frac{z - z'}{\gamma};$$

écrivons qu'elle passe par le point (x'', y'', z''), nous avons

$$\frac{x'' - x'}{\alpha} = \frac{y'' - y'}{\beta} = \frac{z'' - z'}{\gamma},$$

ce qui détermine les paramètres directeurs de la droite. Les équations de la droite cherchée sont alors

$$\frac{x - x'}{x'' - x'} = \frac{y - y'}{y'' - y'} = \frac{z - z'}{z'' - z'}.$$

En particulier, la droite qui joint l'origine au point (x', y', z') a pour équations

$$\frac{x}{x'} = \frac{y}{y'} = \frac{z}{z'}.$$

On voit de plus que les paramètres directeurs de la droite joignant deux points (x', y', z') et (x'', y'', z'') sont égaux à

$$x'' - x', \qquad y'' - y', \qquad z'' - z'.$$

641. Pour que trois points (x', y', z'), (x'', y'', z''), (x''', y''', z''') soient en ligne droite, il faut qu'on ait

$$\frac{x''' - x'}{x'' - x'} = \frac{y''' - y'}{y'' - y'} = \frac{z''' - z'}{z'' - z'}.$$

642. Condition pour que deux droites se rencontrent. — Soient les deux droites

$$\frac{x-p}{\alpha} = \frac{y-q}{\beta} = \frac{z-r}{\gamma} = \rho,$$

$$\frac{x-p'}{\alpha'} = \frac{y-q'}{\beta'} = \frac{z-r'}{\gamma'} = \rho'.$$

Pour que ces droites se rencontrent, il faut et il suffit qu'il existe des valeurs de x, y, z vérifiant les équations des deux droites, ou encore qu'il existe des valeurs de ρ et de ρ' vérifiant les équations

$$p + \alpha\rho = p' + \alpha'\rho',$$
$$q + \beta\rho = q' + \beta'\rho',$$
$$r + \gamma\rho = r' + \gamma'\rho',$$

ou

$$\alpha\rho - \alpha'\rho' + p - p' = 0,$$
$$\beta\rho - \beta'\rho' + q - q' = 0,$$
$$\gamma\rho - \gamma'\rho' + r - r' = 0.$$

Pour que ces équations aient des solutions en ρ et ρ', il faut qu'on ait

$$(1) \qquad \begin{vmatrix} \alpha & \alpha' & p - p' \\ \beta & \beta' & q - q' \\ \gamma & \gamma' & r - r' \end{vmatrix} = 0;$$

mais cette condition n'est suffisante que si l'un des déterminants $\beta\gamma' - \gamma\beta'$, $\gamma\alpha' - \alpha\gamma'$, $\alpha\beta' - \beta\alpha'$ est différent de zéro (A. 99).

Si ces trois déterminants sont nuls, les paramètres directeurs des deux droites sont proportionnels, ces droites sont parallèles ou confondues.

On peut donc dire d'une manière générale que la condition (1) exprime que les droites sont situées dans un même plan.

643. Intersection d'une droite et d'un plan. — Soit la droite

$$x = p + \alpha\rho, \qquad y = q + \beta\rho, \qquad z = r + \gamma\rho,$$

et le plan

$$Ax + By + Cz + D = 0.$$

La valeur de ρ relative au point de rencontre de la droite et du plan est donnée par l'équation

$$A(p + \alpha\rho) + B(q + \beta\rho) + C(r + \gamma\rho) + D = 0,$$

ou

$$\rho(A\alpha + B\beta + C\gamma) + Ap + Bq + Cr + D = 0.$$

1° $A\alpha + B\beta + C\gamma \neq 0$. L'équation admet une solution, la droite rencontre le plan en un point.

2° $A\alpha + B\beta + C\gamma = 0$, $Ap + Bq + Cr + D \neq 0$. L'équation n'a pas de solution, la droite est parallèle au plan.

3° $A\alpha + B\beta + C\gamma = 0$, $\quad Ap + Bq + Cr + D = 0$. L'équation est vérifiée quel que soit ρ; la droite est située dans le plan.

Il résulte de là que pour qu'une droite de paramètres directeurs α, β, γ soit parallèle au plan $Ax + By + Cz + D = 0$, il faut qu'on ait

$$A\alpha + B\beta + C\gamma = 0.$$

Cette condition peut s'obtenir directement en écrivant que le plan $Ax + By + Cz = 0$, mené par l'origine parallèlement au plan donné, contient le point (α, β, γ) de la parallèle menée par l'origine à la droite.

Pour écrire qu'un plan contient une droite, on écrit que le plan est parallèle à la droite et qu'il contient un point de la droite.

644. Équation du plan passant par deux droites qui se coupent. — Soient

$$\frac{x-p}{\alpha} = \frac{y-q}{\beta} = \frac{z-r}{\gamma}, \qquad \frac{x-p}{\alpha'} = \frac{y-q}{\beta'} = \frac{z-r}{\gamma'}$$

les équations de deux droites se coupant au point (p, q, r). Un plan quelconque passant par ce point a pour équation

$$A(x-p) + B(y-q) + C(z-r) = 0;$$

écrivons qu'il est parallèle aux deux droites, nous avons

$$A\alpha + B\beta + C\gamma = 0,$$
$$A\alpha' + B\beta' + C\gamma' = 0.$$

Tirons A, B, C de ces deux équations, et portons dans l'équation du plan, nous obtenons

$$\begin{vmatrix} x-p & y-q & z-r \\ \alpha & \beta & \gamma \\ \alpha' & \beta' & \gamma' \end{vmatrix} = 0;$$

c'est l'équation du plan passant par les deux droites.

645. Équation du plan passant par deux droites parallèles. Soient

$$\frac{x-p}{\alpha} = \frac{y-q}{\beta} = \frac{z-r}{\gamma}, \qquad \frac{x-p'}{\alpha} = \frac{y-q'}{\beta} = \frac{z-r'}{\gamma}$$

les équations de deux droites parallèles. Considérons un plan passant par le point (p, q, r),

$$A(x-p) + B(y-q) + C(z-r) = 0,$$

et écrivons que ce plan passe par le point (p', q', r') et qu'il est parallèle aux deux droites, nous avons

$$A(p'-p) + B(q'-q) + C(r'-r) = 0,$$
$$A\alpha + B\beta + C\gamma = 0,$$

d'où, en éliminant A, B, C entre ces trois équations,

$$\begin{vmatrix} x - p & y - q & z - r \\ p' - p & q' - q & r' - r \\ \alpha & \beta & \gamma \end{vmatrix} = 0 \, ;$$

c'est l'équation cherchée

646. Une droite est définie analytiquement par quatre paramètres. — Les paramètres qui fixent la position d'une droite dans l'espace doivent être choisis de telle manière qu'étant donnée la droite, les valeurs de ces nombres soient bien déterminées.

Si la droite est définie par l'intersection de deux plans

$$Ax + By + Cz + D = 0, \qquad A'x + B'y + C'z + D' = 0,$$

on ne peut pas prendre pour paramètres les coefficients qui figurent dans ces équations ; car ces nombres fixent bien la position de la droite dans l'espace, mais réciproquement, étant donnée la droite, ils ne sont pas déterminés, car on peut mener par la droite une infinité de plans.

Mais si l'on assujettit chacun des plans définissant la droite à une certaine condition, par exemple à passer par un point fixe, ou à être parallèle à une droite fixe, ces plans seront bien déterminés quand la droite sera donnée, et les paramètres qui figurent alors dans les équations de ces plans (au nombre de *deux* pour chaque plan) pourront être pris pour paramètres de la droite.

On voit ainsi qu'une droite est définie analytiquement par *quatre* paramètres.

Ils sont mis en évidence dans les équations

$$x = lz + p, \qquad y = mz + q,$$

qui représentent les plans projetant la droite sur les plans des zx et des zy.

Considérons encore une droite définie par les équations

$$\frac{x - p}{\alpha} = \frac{y - q}{\beta} = \frac{z - r}{\gamma} \, ;$$

les quantités α, β, γ sont définies à un facteur près, elles ne dépendent que de deux paramètres.

D'autre part, le point (p, q, r) n'est pas déterminé quand on donne la droite ; il peut être choisi arbitrairement sur cette droite. Nous pouvons l'assujettir à une condition quelconque ; par exemple à se trouver dans un plan fixe ou sur une surface fixe ; et alors, p, q, r seront fonctions de deux paramètres seulement.

Ceci montre encore que la position d'une droite ne dépend que de quatre paramètres.

CHAPITRE IV

ANGLES ET DISTANCES

Dans toutes les questions relatives aux angles et aux distances, nous supposerons les axes de coordonnées rectangulaires.

Angles.

647. Angles de deux droites. — Étant données deux droites quelconques, si on leur mène des parallèles par un point quelconque de l'espace, ces parallèles forment deux angles supplémentaires compris entre 0 et π, qu'on appelle les angles de ces deux droites. Ces angles ont des cosinus égaux et des signes contraires. Nous nous proposons de calculer ces cosinus connaissant les paramètres directeurs des deux droites.

Nous prendrons pour cela sur chaque droite une demi-droite arbitraire, et nous calculerons le cosinus de l'angle de ces deux demi-droites, ce sera l'une des valeurs des cosinus cherchés.

Considérons une droite Δ, ayant pour paramètres directeurs α, β, γ. Menons par l'origine une parallèle à cette droite et choisissons sur cette parallèle une demi-droite D. Soient a, b, c les cosinus directeurs de cette demi-droite; nous avons d'abord

$$a^2 + b^2 + c^2 = 1.$$

De plus, a, b, c sont aussi les paramètres principaux de la demi-droite D (586), c'est-à-dire les coordonnées du point de cette demi-droite qui est situé à une distance de l'origine égale à l'unité.

Par suite, les points (a, b, c) et (α, β, γ) étant situés sur une même droite passant par l'origine, nous avons

$$\frac{a}{\alpha} = \frac{b}{\beta} = \frac{c}{\gamma},$$

d'où nous déduisons

$$\frac{a}{\alpha} = \frac{b}{\beta} = \frac{c}{\gamma} = \pm \frac{\sqrt{a^2 + b^2 + c^2}}{\sqrt{\alpha^2 + \beta^2 + \gamma^2}} = \frac{\varepsilon}{\sqrt{\alpha^2 + \beta^2 + \gamma^2}},$$

ε étant égal à $+1$ ou à -1.

Nous avons donc

$$a = \frac{\varepsilon\alpha}{\sqrt{\alpha^2 + \beta^2 + \gamma^2}}, \qquad b = \frac{\varepsilon\beta}{\sqrt{\alpha^2 + \beta^2 + \gamma^2}}, \qquad c = \frac{\varepsilon\gamma}{\sqrt{\alpha^2 + \beta^2 + \gamma^2}}.$$

Tels sont les cosinus directeurs de la demi-droite D; aux deux valeurs de ε correspondent les deux demi-droites opposées qu'on peut placer sur la droite Δ.

Soit maintenant une seconde droite Δ' ayant pour paramètres directeurs α', β', γ'. Une demi-droite D' choisie arbitrairement sur cette droite a pour cosinus directeurs

$$a' = \frac{\varepsilon'\alpha'}{\sqrt{\alpha'^2 + \beta'^2 + \gamma'^2}}, \quad b' = \frac{\varepsilon'\beta'}{\sqrt{\alpha'^2 + \beta'^2 + \gamma'^2}}, \quad c' = \frac{\varepsilon'\gamma'}{\sqrt{\alpha'^2 + \beta'^2 + \gamma'^2}},$$

$$(\varepsilon' = \pm 1).$$

Or, on a

$$\cos(\mathrm{D},\, \mathrm{D}') = aa' + bb' + cc',$$

d'où l'on déduit, en remplaçant a, b, c, a', b', c'' par leurs valeurs et en désignant par V l'un quelconque des angles des droites Δ et Δ',

$$\cos V = \frac{\alpha\alpha' + \beta\beta' + \gamma\gamma'}{\pm \sqrt{\alpha^2 + \beta^2 + \gamma^2}\ \sqrt{\alpha'^2 + \beta'^2 + \gamma'^2}}.$$

648. Pour que les deux droites soient perpendiculaires, il faut qu'on ait

$$\alpha\alpha' + \beta\beta' + \gamma\gamma' = 0.$$

649. Le sinus de l'angle des deux droites est donné par la formule

$$\sin^2 V = 1 - \cos^2 V = 1 - \frac{(\alpha\alpha' + \beta\beta' + \gamma\gamma')^2}{(\alpha^2 + \beta^2 + \gamma^2)(\alpha'^2 + \beta'^2 + \gamma'^2)},$$

où

$$\sin^2 V = \frac{(\alpha^2 + \beta^2 + \gamma^2)(\alpha'^2 + \beta'^2 + \gamma'^2) - (\alpha\alpha' + \beta\beta' + \gamma\gamma')^2}{(\alpha^2 + \beta^2 + \gamma^2)(\alpha'^2 + \beta'^2 + \gamma'^2)},$$

ou encore, en appliquant la formule de Lagrange (603),

$$\sin^2 V = \frac{(\beta\gamma' - \gamma\beta')^2 + (\gamma\alpha' - \alpha\gamma')^2 + (\alpha\beta' - \beta\alpha')^2}{(\alpha^2 + \beta^2 + \gamma^2)(\alpha'^2 + \beta'^2 + \gamma'^2)}.$$

En égalant le numérateur à zéro, on retrouve les conditions pour que les deux droites soient parallèles.

650. Droite perpendiculaire à un plan. — Soit

$$Ax + By + Cz + D = 0$$

l'équation d'un plan. Abaissons de l'origine une perpendiculaire sur ce plan, et choisissons arbitrairement sur cette droite une demi-droite

OL. Si l'on désigne par α, β, γ les angles que fait cette demi-droite avec les axes de coordonnées, on sait que l'équation du plan peut s'écrire (615).

$$x \cos\alpha + y \cos\beta + z \cos\gamma - p = 0.$$

Nous avons ainsi deux équations qui représentent le même plan; par suite, leurs coefficients sont proportionnels, et nous avons en particulier

$$(1) \qquad \frac{\cos\alpha}{A} = \frac{\cos\beta}{B} = \frac{\cos\gamma}{C}.$$

Mais $\cos\alpha$, $\cos\beta$, $\cos\gamma$ sont aussi égaux aux coordonnées du point directeur de OL; la relation (1) exprime donc que A, B, C sont les coordonnées d'un point de la droite OL, ou, ce qui revient au même, que A, B, C sont les paramètres directeurs de cette droite.

On voit ainsi que les coefficients de x, y, z dans l'équation d'un plan sont les paramètres directeurs de la droite perpendiculaire ou de la normale au plan.

651. Conséquences. — Pour que la droite

$$(\Delta) \qquad \frac{x - p}{\alpha} = \frac{y - q}{\beta} = \frac{z - r}{\gamma}$$

soit perpendiculaire au plan

$$(P) \qquad Ax + By + Cz + D = 0,$$

il faut qu'on ait

$$\frac{\alpha}{A} = \frac{\beta}{B} = \frac{\gamma}{C}.$$

Par suite, la perpendiculaire abaissée du point (x_0, y_0, z_0) sur le plan (P) a pour équations

$$\frac{x - x_0}{A} = \frac{y - y_0}{B} = \frac{z - z_0}{C},$$

et le plan mené par le point (x_0, y_0, z_0) perpendiculairement à la droite (Δ) a pour équation

$$\alpha(x - x_0) + \beta(y - y_0) + \gamma(z - z_0) = 0.$$

652. Angle de deux plans. — Deux plans forment deux angles supplémentaires qui sont égaux aux angles formés par les normales à ces deux plans.

Soient

$$Ax + By + Cz + D = 0, \qquad A'x + B'y + C'z + D' = 0$$

les équations des deux plans; les normales à ces plans ont pour paramètres directeurs A, B, C et A′, B′, C′; par suite, l'angle V de ces droites est donné par la formule

$$\cos V = \frac{AA' + BB' + CC'}{\pm \sqrt{A^2 + B^2 + C^2} \; \sqrt{A'^2 + B'^2 + C'^2}},$$

d'où l'on déduit

$$\sin^2 V = \frac{(BC' - CB')^2 + (CA' - AC')^2 + (AB' - BA')^2}{(A^2 + B^2 + C^2)(A'^2 + B'^2 + C'^2)}.$$

653. Pour que les deux plans soient perpendiculaires il faut que $\cos V$ soit nul, ce qui donne

$$AA' + BB' + CC' = 0.$$

En égalant à zéro le numérateur de $\sin V$ on retrouve les conditions pour que deux plans soient parallèles.

EXERCICE. — Dans un trièdre les plans menés par chaque arête perpendiculairement à la face opposée passent par une même droite.

Soient

$$P_1 \equiv A_1 x + B_1 y + C_1 z + D_1 = 0,$$
$$P_2 \equiv A_2 x + B_2 y + C_2 z + D_2 = 0,$$
$$P_3 \equiv A_3 x + B_3 y + C_3 z + D_3 = 0$$

les équations des faces du trièdre. Un plan quelconque passant par l'arête, intersection des faces P_2 et P_3, a pour équation

$$P_2 + \lambda P_3 = 0;$$

déterminons λ de façon que ce plan soit perpendiculaire à la face P_1, nous avons

$$A_1(A_2 + \lambda A_3) + B_1(B_2 + \lambda B_3) + C_1(C_2 + \lambda C_3) = 0,$$

d'où nous tirons

$$\lambda = -\frac{A_1 A_2 + B_1 B_2 + C_1 C_2}{A_1 A_3 + B_1 B_3 + C_1 C_3},$$

ou $\lambda = -\dfrac{(12)}{(13)}$, en posant pour simplifier $(pq) = A_p A_q + B_p B_q + C_p C_q$, et en remarquant que $(pq) = (qp)$.

L'équation du plan considéré est alors

$$P_2 - \frac{(12)}{(13)} P_3 = 0, \qquad \text{ou} \qquad P_2(13) - P_3(12) = 0.$$

Les équations des deux autres plans s'en déduisent par permutation circulaire des indices 1, 2 et 3; ce sont

$$P_3(21) - P_1(23) = 0; \qquad P_1(32) - P_2(31) = 0.$$

En ajoutant ces trois équations membre à membre, on a une identité; donc les trois plans passent par une même droite, ou sont parallèles, ou sont confondus (631). Or ils ne peuvent évidemment pas être parallèles ni confondus, puisque les faces du trièdre ne sont pas parallèles. Par suite, les trois plans passent par une même droite.

654. Angle d'une droite et d'un plan. — Cet angle est le complément de l'angle que fait la droite avec une normale au plan.

Soient α, β, γ les paramètres directeurs de la droite et
$$Ax + By + Cz + D = 0$$
l'équation du plan. La normale au plan a pour paramètres directeurs A, B, C; par suite, l'angle V de la droite et du plan est défini par l'une des relations
$$\sin^2 V = \frac{(A\alpha + B\beta + C\gamma)^2}{(A^2 + B^2 + C^2)(\alpha^2 + \beta^2 + \gamma^2)},$$
$$\cos^2 V = \frac{(B\gamma - C\beta)^2 + (C\alpha - A\gamma)^2 + (A\beta - B\alpha)^2}{(A^2 + B^2 + C^2)(\alpha^2 + \beta^2 + \gamma^2)}.$$

On déduit de là les conditions pour qu'une droite soit parallèle ou perpendiculaire à un plan.

Distances.

655. Distance d'un point à un plan. — Soit à trouver la distance du point M (x_0, y_0, z_0) au plan P qui a pour équation $Ax + By + Cz + D = 0$.

Abaissons du point M la perpendiculaire sur le plan P, et désignons par H le pied de cette perpendiculaire. Nous allons calculer les coordonnées du point H, nous en déduirons la distance des deux points M et H : ce sera la distance cherchée.

Nous venons de voir que la perpendiculaire MH a pour équations
$$\frac{x - x_0}{A} = \frac{y - y_0}{B} = \frac{z - z_0}{C};$$
un point quelconque de cette perpendiculaire a pour coordonnées
$$(1) \qquad x = x_0 + A\rho, \qquad y = y_0 + B\rho, \qquad z = z_0 + C\rho;$$
la valeur de ρ relative au point H vérifie l'équation
$$A(x_0 + A\rho) + B(y_0 + B\rho) + C(z_0 + C\rho) + D = 0.$$

On en tire
$$(2) \qquad \rho = -\frac{P_0}{A^2 + B^2 + C^2},$$
en posant $P_0 = Ax_0 + By_0 + Cz_0 + D$.

Si l'on remplace ρ par cette valeur dans les équations (1), x, y, z sont les coordonnées du point H. On a donc, en désignant par d la longueur MH,
$$d^2 = (x - x_0)^2 + (y - y_0)^2 + (z - z_0)^2 = (A^2 + B^2 + C^2)\rho^2,$$
et, en remplaçant ρ par sa valeur (2),
$$d^2 = \frac{P_0^2}{A^2 + B^2 + C^2},$$

ou

$$d = \frac{\mid P_0 \mid}{\sqrt{A^2 + B^2 + C^2}}.$$

656. Variation du signe de P_0. — La quantité

$$P_0 = Ax_0 + By_0 + Cz_0 + D$$

est le résultat obtenu quand on remplace dans le premier membre de l'équation du plan P les coordonnées courantes x, y, z par les coordonnées x_0, y_0, z_0 du point M.

Cette quantité est nulle si le point M est dans le plan, mais elle a une valeur différente de zéro dans le cas contraire. Nous allons chercher comment varie son signe quand le point M se déplace dans l'espace.

Le plan P ne peut être à la fois parallèle aux trois axes de coordonnées; supposons qu'il ne soit pas parallèle à Oz, ce qui revient à supposer $C \neq 0$, puis, par le point M menons une parallèle à Oz rencontrant le plan P au point N. Ce point a pour coordonnées x_0, y_0, z_1, et puisqu'il est dans le plan, nous avons

$$Ax_0 + By_0 + Cz_1 + D = 0$$

et

$$Ax_0 + By_0 + Cz_0 + D = P_0.$$

Retranchons ces deux égalités membre à membre; nous avons

$$P_0 = C(z_0 - z_1).$$

Si le point M se déplace d'un même côté du plan, $z_0 - z_1$ conserve un signe constant; il en est de même de P_0. Mais si le point M se déplace de l'autre côté du plan, $z_0 - z_1$ change de signe, il en est de même de P_0.

657. De là résultent les définitions suivantes :

Étant donné un plan défini par l'équation $Ax + By + Cz + D = 0$, ce plan divise l'espace en deux régions. On appelle *région positive* de ce plan la région telle que les coordonnées de tout point de cette région, substituées dans la fonction $Ax + By + Cz + D$, rendent cette fonction positive, et *région négative* la région telle que les coordonnées de tout point de cette région, substituées dans la fonction $Ax + By + Cz + D$, rendent cette fonction négative.

On déterminera aisément les régions positive ou négative d'un plan défini par une équation numérique en substituant les coordonnées d'un point dont on connaîtra la position par rapport au plan.

658. Ces considérations s'étendent à une surface algébrique quelconque.

On démontrera comme en géométrie plane (267 et 268) qu'étant donnée une surface définie par l'équation

$$f(x, y, z) = 0,$$

$f(x, y, z)$ étant un polynome, si un point $M(x', y', z')$ se déplace dans l'espace sans rencontrer la surface, la quantité $f(x', y', z')$ conserve un signe constant, mais que ce signe change si le point M traverse la surface.

Cette surface divise l'espace en un certain nombre de régions. On appelle *région positive* (ou *négative*) de la surface l'ensemble des régions de l'espace dont les coordonnées des points rendent positive (ou négative) la fonction $f(x, y, z)$.

659. Il en résulte que les solutions de l'inégalité $f(x, y, z) > 0$ sont les coordonnées des points situés dans la région positive de la surface définie par l'équation $f(x, y, z) = 0$.

660. Plans bissecteurs d'un dièdre. — Soient

$$P \equiv Ax + By + Cz + D = 0, \qquad P' \equiv A'x + B'y + C'z + D' = 0$$

les équations des faces du dièdre. Pour qu'un point (x, y, z) soit sur l'un des plans bissecteurs, il faut et il suffit que les distances de ce point aux deux faces du dièdre soient égales, ce qui donne la condition

$$\frac{|P|}{\sqrt{A^2 + B^2 + C^2}} = \frac{|P'|}{\sqrt{A'^2 + B'^2 + C'^2}},$$

ou

$$\frac{P}{\sqrt{A^2 + B^2 + C^2}} = \pm \frac{P'}{\sqrt{A'^2 + B'^2 + C'^2}}.$$

En prenant successivement le signe $+$ et le signe $-$, on a les équations des deux plans bissecteurs du dièdre donné.

661. Volume d'un tétraèdre. — Soit à calculer le volume d'un tétraèdre ABCD connaissant les coordonnées (x_1, y_1, z_1), (x_2, y_2, z_2), (x_3, y_3, z_3), (x_4, y_4, z_4) des sommets A, B, C, D.

Abaissons du point A la perpendiculaire AH sur le plan BCD; le volume V du tétraèdre ABCD est donné par la formule

$$V = \frac{1}{3} AH.S,$$

S désignant l'aire du triangle BCD.

L'équation du plan BCD est

$$\begin{vmatrix} x & y & z & 1 \\ x_2 & y_2 & z_2 & 1 \\ x_3 & y_3 & z_3 & 1 \\ x_4 & y_4 & z_4 & 1 \end{vmatrix} = 0;$$

par suite la distance AH du point A à ce plan est

(1)
$$AH = \frac{|\Delta|}{\sqrt{A^2 + B^2 + C^2}},$$

en posant

$$\Delta = \begin{vmatrix} x_1 & y_1 & z_1 & 1 \\ x_2 & y_2 & z_2 & 1 \\ x_3 & y_3 & z_3 & 1 \\ x_4 & y_4 & z_4 & 1 \end{vmatrix},$$

$$A = \begin{vmatrix} y_2 & z_2 & 1 \\ y_3 & z_3 & 1 \\ y_4 & z_4 & 1 \end{vmatrix}, \qquad B = -\begin{vmatrix} x_2 & z_2 & 1 \\ x_3 & z_3 & 1 \\ x_4 & z_4 & 1 \end{vmatrix}, \qquad C = \begin{vmatrix} x_2 & y_2 & 1 \\ x_3 & y_3 & 1 \\ x_4 & y_4 & 1 \end{vmatrix}.$$

Désignons par S_x, S_y, S_z les aires des projections orthogonales du triangle BCD sur les plans yOz, zOx, xOy respectivement; d'après ce qu'on a vu en géométrie plane (74), on a

$$A = \pm 2S_x, \qquad B = \pm 2S_y, \qquad C = \pm 2S_z.$$

Soient α, β, γ les angles aigus que fait le plan BCD avec les trois plans de coordonnées; nous avons

$$S_x = S \cos\alpha, \qquad S_y = S \cos\beta, \qquad S_z = S \cos\gamma,$$

et, par suite,

$$A^2 + B^2 + C^2 = 4(S_x^2 + S_y^2 + S_z^2) = 4S^2(\cos^2\alpha + \cos^2\beta + \cos^2\gamma).$$

Or, $\cos\alpha$, $\cos\beta$, $\cos\gamma$ sont au signe près les cosinus directeurs d'une direction normale au plan BCD; on a donc

$$\cos^2\alpha + \cos^2\beta + \cos^2\gamma = 1, \text{ et par suite } A^2 + B^2 + C^2 = 4S^2.$$

La formule (1) devient alors

$$AH = \frac{|\Delta|}{2S}, \qquad \text{ou} \qquad AH.S = \frac{|\Delta|}{2}.$$

On en déduit

$$V = \frac{1}{6}|\Delta|.$$

662. On peut *a priori* dire quel est le signe de Δ.

Considérons deux vecteurs $\overrightarrow{AB}$ et $\overrightarrow{CD}$ non situés dans un même plan; imaginons un premier observateur O situé sur $\overrightarrow{AB}$, les pieds en A et la tête en B, et regardant $\overrightarrow{CD}$, et un deuxième observateur O′ situé sur $\overrightarrow{CD}$, les pieds en C et la tête en D, et regardant $\overrightarrow{AB}$.

Si l'observateur O voit C à droite de D, l'observateur O′ voit A à droite de B, et inversement si O voit C à gauche de D, O′ voit A à gauche de B.

Dans le premier cas on dit que les deux vecteurs $\overrightarrow{AB}$ et $\overrightarrow{CD}$ sont dans la position *dextrorsum*; dans le deuxième, qu'ils sont dans la position *sinistrorsum*.

Cela posé, revenons au tétraèdre ABCD et supposons que *le trièdre de coordonnées* (Ox, Oy, Oz) *soit de sens positif*.

Nous allons démontrer que si les deux vecteurs $\overrightarrow{AB}$ et $\overrightarrow{CD}$ sont dans la position dextrorsum, le déterminant Δ est négatif, et si les deux vecteurs $\overrightarrow{AB}$ et $\overrightarrow{CD}$ sont dans la position sinistrorsum, le déterminant Δ est positif.

Déplaçons le tétraèdre ABCD dans l'espace sans le déformer; Δ varie d'une manière continue. Comme il ne peut avoir que l'une des valeurs $+6V$ ou $-6V$, il conserve une valeur constante. Pour avoir le signe de Δ, il suffit donc de placer le tétraèdre dans une position particulière. Amenons le point A à l'origine, le point B en B' sur Oz, de façon que sa cote z'_2 soit positive, le point C en C' dans le plan des yz de façon que son ordonnée y'_3 soit positive. La position du tétraèdre est alors bien déterminée; le point D a pris une position D' dont nous désignons les coordonnées par x'_4, y'_4, z'_4.

Le déterminant Δ est alors égal à

$$\Delta = \begin{vmatrix} 0 & 0 & 0 & 1 \\ 0 & 0 & z'_2 & 1 \\ 0 & y'_3 & z'_3 & 1 \\ x'_4 & y'_4 & z'_4 & 1 \end{vmatrix} = z'_2 y'_3 x'_4.$$

Comme z'_2 et y'_3 sont positifs, Δ a le signe de x'_4.

En regardant la figure 210, on voit que si x'_4 est positif, les vecteurs $\overrightarrow{A'B'}$, $\overrightarrow{C'D'}$ sont dans la position sinistrorsum, et si x'_4 est négatif, ils sont dans la position dextrorsum.

Par suite, Δ est négatif ou positif suivant que les vecteurs $\overrightarrow{AB}$ et $\overrightarrow{CD}$ sont dans la position dextrorsum ou sinistrorsum.

663. Distance d'un point à une droite. — Soit une droite D définie par les équations

$$\text{(D)} \qquad \frac{x-p}{\alpha} = \frac{y-q}{\beta} = \frac{z-r}{\gamma},$$

et un point M (x_0, y_0, z_0). Menons par ce point un plan P perpendiculaire à la droite; ce plan a pour équation

$$\alpha(x - x_0) + \beta(y - y_0) + \gamma(z - z_0) = 0.$$

Il rencontre la droite en un point H : la longueur MH est la distance cherchée.

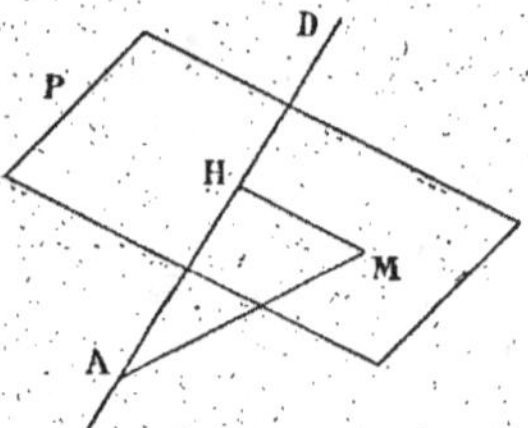

Fig. 211.

Pour calculer cette distance, on pourrait déterminer les coordonnées du point H, mais il est plus simple d'opérer de la manière suivante.

Soit A le point de la droite D qui a pour coordonnées p, q, r. Dans le triangle rectangle AMH nous avons

$$\overline{MH}^2 = \overline{AM}^2 - \overline{AH}^2 ;$$

or, AM est la distance des deux points A et M dont nous connaissons les coordonnées,

$$\overline{AM}^2 = (x_0 - p)^2 + (y_0 - q)^2 + (r_0 - r)^2 ;$$

AH est la distance du point A au plan P,

$$\overline{AH}^2 = \frac{[\alpha(p - x_0) + \beta(q - y_0) + \gamma(r - z_0)]^2}{\alpha^2 + \beta^2 + \gamma^2},$$

et par suite, en désignant par d la distance MH,

$$d^2 = (x_0 - p)^2 + (y_0 - q)^2 + (z_0 - r)^2$$
$$- \frac{[\alpha(x_0 - p) + \beta(y_0 - q) + \gamma(z_0 - r)]^2}{\alpha^2 + \beta^2 + \gamma^2},$$

ou,

$$d^2 = \frac{(\alpha^2 + \beta^2 + \gamma^2)[(x_0-p)^2+(y_0-q)^2+(z_0-r)^2]-[\alpha(x_0-p)+\beta(y_0-q)+\gamma(z_0-r)]^2}{\alpha^2 + \beta^2 + \gamma^2}.$$

Appliquons la formule de Lagrange au numérateur; nous pouvons écrire

$$(1) \qquad d^2 = \frac{X_0^2 + Y_0^2 + Z_0^2}{\alpha^2 + \beta^2 + \gamma^2},$$

en posant

$$X_0 = \beta(z_0 - r) - \gamma(y_0 - q),$$
$$Y_0 = \gamma(x_0 - p) - \alpha(z_0 - r),$$
$$Z_0 = \alpha(y_0 - q) - \beta(x_0 - p).$$

On peut remarquer que X_0, Y_0, Z_0 sont les résultats de substitution obtenus en remplaçant x, y, z par x_0, y_0, z_0 dans les premiers membres X, Y, Z des équations des projections de la droite sur les plans de coordonnées

$$X \equiv \beta(z - r) - \gamma(y - q),$$
$$Y \equiv \gamma(x - p) - \alpha(z - r),$$
$$Z \equiv \alpha(y - q) - \beta(x - p).$$

Pour appliquer la formule (1) il est nécessaire de mettre les équations de la droite sous la forme $\dfrac{x - p}{\alpha} = \dfrac{y - q}{\beta} = \dfrac{z - r}{\gamma}$, et pour cela de calculer les coordonnées p, q, r d'un point quelconque de la droite et les coordonnées α, β, γ d'un point quelconque de la parallèle menée par l'origine.

Exemple. — Soit à trouver la distance du point (x_0, y_0, z_0) à la droite définie par les équations

$$z - h = 0, \qquad y = ax + b.$$

Prenons un point sur cette droite, par exemple $x = 0$, $y = b$, $z = h$. La parallèle à la droite menée par l'origine a pour équations

$$z = 0, \qquad y = ax;$$

le point $x = 1$, $y = a$, $z = 0$ est situé sur cette parallèle. Les équations de la droite peuvent alors s'écrire

$$\frac{x}{1} = \frac{y - b}{a} = \frac{z - h}{0},$$

et nous avons

$$X \equiv a(z - h), \qquad Y \equiv -(z - h), \qquad Z \equiv y - b + ax,$$
$$X_0 = a(z_0 - h), \qquad Y_0 = -(z_0 - h), \qquad Z_0 = y_0 - b - ax_0.$$

Par suite,

$$d^2 = \frac{a^2(z_0 - h)^2 + (z_0 - h)^2 + (y_0 - ax_0 - b)^2}{1 + a^2},$$

ou

$$d^2 = (z_0 - h)^2 + \frac{(y_0 - ax_0 - b)^2}{a^2 + 1},$$

ce qu'on pourrait d'ailleurs établir directement.

664. Perpendiculaire commune à deux droites. — Désignons par P un plan parallèle à la fois à deux droites Δ et Δ'; la perpendiculaire commune à ces deux droites est à l'intersection des plans passant respectivement par chacune des deux droites et perpendiculaires au plan P. Les équations de ces plans peuvent être prises comme équations de la perpendiculaire commune.

Soient

$$(\Delta) \quad \frac{x - p}{\alpha} = \frac{y - q}{\beta} = \frac{z - r}{\gamma}, \qquad (\Delta') \quad \frac{x - p'}{\alpha'} = \frac{y - q'}{\beta'} = \frac{z - r'}{\gamma'}$$

les équations des deux droites.

Pour qu'un plan $Ax + By + Cz = 0$ soit parallèle à ces deux droites, on doit avoir

$$A\alpha + B\beta + C\gamma = 0,$$
$$A\alpha' + B\beta' + C\gamma' = 0;$$

on en tire

$$\frac{A}{\beta\gamma' - \gamma\beta'} = \frac{B}{\gamma\alpha' - \alpha\gamma'} = \frac{C}{\alpha\beta' - \beta\alpha'}.$$

L'équation du plan P est alors

$$(\beta\gamma' - \gamma\beta')x + (\gamma\alpha' - \alpha\gamma')y + (\alpha\beta' - \beta\alpha')z = 0.$$

Cherchons maintenant l'équation du plan passant par la droite Δ et perpendiculaire au plan P. Cette équation est de la forme

$$A(x - p) + B(y - q) + C(z - r) = 0,$$

avec les conditions

$$A\alpha + B\beta + C\gamma = 0,$$
$$A(\beta\gamma' - \gamma\beta') + B(\gamma\alpha' - \alpha\gamma') + C(\alpha\beta' - \beta\alpha') = 0.$$

Il en résulte que le plan cherché a pour équation

$$(1) \qquad \begin{vmatrix} x - p & y - q & z - r \\ \alpha & \beta & \gamma \\ \beta\gamma' - \gamma\beta' & \gamma\alpha' - \alpha\gamma' & \alpha\beta' - \beta\alpha' \end{vmatrix} = 0.$$

De même, le plan passant par la droite Δ' et perpendiculaire au plan P a pour équation

$$(2) \qquad \begin{vmatrix} x - p' & y - q' & z - r' \\ \alpha' & \beta' & \gamma' \\ \beta\gamma' - \gamma\beta' & \gamma\alpha' - \alpha\gamma' & \alpha\beta' - \beta\alpha' \end{vmatrix} = 0.$$

Les équations (1) et (2) sont les équations de la perpendiculaire commune.

665. Plus courte distance de deux droites. — C'est la longueur de la perpendiculaire commune limitée aux deux droites. Par la droite Δ menons un plan parallèle à Δ'; la distance d'un point quelconque de Δ' à ce plan est égale à la plus courte distance des deux droites.

Le plan mené par Δ parallèlement à Δ' a pour équation

$$A(x - p) + B(y - q) + C(z - r) = 0,$$

A, B, C étant déterminés par les relations

$$A\alpha + B\beta + C\gamma = 0,$$
$$A\alpha' + B\beta' + C\gamma' = 0;$$

l'équation de ce plan est donc

$$\begin{vmatrix} x-p & y-q & z-r \\ \alpha & \beta & \gamma \\ \alpha' & \beta' & \gamma' \end{vmatrix} = 0,$$

$$(\beta\gamma' - \gamma\beta')(x-p) + (\gamma\alpha' - \alpha\gamma')(y-q) + (\alpha\beta' - \beta\alpha')(z-r) = 0.$$

Prenons maintenant la distance à ce plan du point (p', q', r') de la droite Δ'; nous avons

$$d = \frac{(\beta\gamma' - \gamma\beta')(p'-p) + (\gamma\alpha' - \alpha\gamma')(q'-q) + (\alpha\beta' - \beta\alpha')(r'-r)}{\pm\sqrt{(\beta\gamma' - \gamma\beta')^2 + (\gamma\alpha' - \alpha\gamma')^2 + (\alpha\beta' - \beta\alpha')^2}};$$

c'est la plus courte distance cherchée.

En égalant le numérateur à zéro, on trouve la condition pour que les deux droites se rencontrent (642).

666. REMARQUE. — Si les droites données ne sont pas définies par des équations de la forme $\dfrac{x-p}{\alpha} = \dfrac{y-q}{\beta} = \dfrac{z-r}{\gamma}$, il n'est pas nécessaire de modifier leurs équations pour obtenir la perpendiculaire commune et la plus courte distance; il suffit d'appliquer les méthodes générales indiquées plus haut.

On peut remarquer aussi que le plan passant par Δ parallèlement à Δ' peut jouer le rôle du plan P dans la recherche de la perpendiculaire commune.

EXEMPLE. — *Trouver la perpendiculaire commune et la plus courte distance des droites définies par les équations*

$$(\Delta)\ \begin{cases} z = 0, \\ y = ax + b. \end{cases} \qquad (\Delta')\ \begin{cases} y = 0, \\ z = cx + d. \end{cases}$$

1° *Perpendiculaire commune.* — Un plan quelconque passant par Δ a pour équation

$$y - ax - b + \lambda z = 0;$$

écrivons que ce plan est parallèle à Δ'. Pour cela formons l'équation qui donne l'abscisse du point de rencontre du plan et de Δ',

$$- ax - b + \lambda(cx + d) = 0,$$

et exprimons que cette équation n'a pas de solution. Nous obtenons $\lambda = \dfrac{a}{c}$; de sorte que le plan passant par Δ et parallèle à Δ' a pour équation

$$c(y - ax - b) + az = 0,$$

ou

(P) $$\qquad - acx + cy + az - bc = 0.$$

Nous allons mener par chacune des droites un plan perpendiculaire à ce plan. Considérons un plan quelconque passant par Δ,

$$y - ax - b + \mu z = 0;$$

pour qu'il soit perpendiculaire au plan P, il faut qu'on ait

$$+ a^2c + c + a\mu = 0, \qquad \text{d'où} \qquad \mu = -\frac{c(a^2 + 1)}{a}.$$

De même, pour qu'un plan passant par Δ',

$$z - cx - d + \nu y = 0,$$

soit perpendiculaire à P, il faut qu'on ait

$$+ ac^2 + a + \nu c = 0 \qquad \text{ou} \qquad \nu = -\frac{a(c^2 + 1)}{c}.$$

Il en résulte que la perpendiculaire commune est définie par les deux équations

$$y - ax - b - \frac{c(a^2 + 1)z}{a} = 0,$$

$$z - cx - d - \frac{a(c^2 + 1)y}{a} = 0.$$

2° *Plus courte distance.* — Il suffit de calculer la distance d'un point quelconque de Δ' au plan P, par exemple du point qui a pour coordonnées $x = 0$, $y = 0$, $z = d$. Nous obtenons ainsi

$$\frac{ad - bc}{\pm \sqrt{a^2c^2 + a^2 + c^2}};$$

c'est la plus courte distance cherchée.

Coordonnées homogènes.

667. Les coordonnées dont nous avons fait usage jusqu'ici s'appellent coordonnées *rectilignes*, ou *cartésiennes*.

Soient x', y', z' les coordonnées rectilignes d'un point M; choisissons arbitrairement un nombre t non nul, et déterminons les nombres x, y, z au moyen des relations

$$x' = \frac{x}{t}, \qquad y' = \frac{y}{t}, \qquad z' = \frac{z}{t}.$$

On dit que x, y, z, t sont les *coordonnées homogènes* du point M. Ces coordonnées sont définies à un facteur près, puisque t est arbitraire.

Inversement, quatre nombres quelconques x, y, z, t $(t \neq 0)$ sont les coordonnées homogènes d'un point bien déterminé, car ce point a pour coordonnées rectilignes $\frac{x}{t}$, $\frac{y}{t}$, $\frac{z}{t}$. On voit aussi que les deux systèmes x, y, z, t et λx, λy, λz, λt, quel que soit λ, sont les coordonnées homogènes d'un même point.

Considérons maintenant l'équation d'une surface algébrique

$$f(x, y, z) = 0,$$

le premier membre étant un polynôme de degré m. Rendons cette équation homogène en y remplaçant x, y, z respectivement par

$$\frac{x}{t}, \qquad \frac{y}{t}, \qquad \frac{z}{t}$$

et en multipliant le premier membre par t^m; l'équation devient

$$(1) \qquad\qquad F(x, y, z, t) = 0;$$

on dit que c'est l'*équation homogène* de la surface. On voit aisément que la condition nécessaire et suffisante pour qu'un point soit sur la surface est que les coordonnées homogènes de ce point vérifient l'équation homogène de la surface.

668. Points à l'infini. — Il peut arriver que l'équation (1) soit vérifiée par le système de valeurs

$$x = a, \qquad y = b, \qquad z = c, \qquad t = 0;$$

ces nombres ne sont pas les coordonnées homogènes d'un point, puisque la valeur de t est nulle.

On dit dans ce cas que a, b, c, 0 sont les coordonnées homogènes *d'un point à l'infini dans la direction qui a pour paramètres directeurs a, b, c.*

On justifiera cette définition comme en géométrie plane (88).

669. Plan de l'infini. — Considérons un plan ayant pour équation homogène

$$Ax + By + Cz + Dt = 0;$$

il rencontre les axes Ox, Oy, Oz en des points qui ont le premier pour abscisse $-\dfrac{D}{A}$, le deuxième pour ordonnée $-\dfrac{D}{B}$ et le troisième pour cote $-\dfrac{D}{C}$. Supposons que D restant fixe et non nul, A, B, C tendent simultanément vers zéro; le plan s'éloigne indéfiniment et son équation homogène devient à la limite

$$t = 0.$$

Or, c'est précisément la relation que doivent vérifier les coordonnées homogènes x, y, z, t d'un point pour que ce point soit à l'infini. On est ainsi conduit à admettre que les points à l'infini sont dans un même plan qu'on appelle le *plan de l'infini* et qui a pour équation $t = 0$.

Les points à l'infini d'une surface peuvent alors être considérés comme les points de rencontre de cette surface et du plan de l'infini; nous les étudierons plus loin.

670. On démontre comme en géométrie plane (91) que si x_1, y_1, z_1, t_1 et x_2, y_2, z_2, t_2 sont les coordonnées homogènes de deux points A et B situés à distance finie ou à l'infini, un point quelconque M de la droite AB a pour coordonnées homogènes

$$x_1 + \lambda x_2, \qquad y_1 + \lambda y_2, \qquad z_1 + \lambda z_2, \qquad t_1 + \lambda t_2,$$

et dans le cas particulier où les deux points sont à distance finie, λ est proportionnel au rapport $\dfrac{\overline{MA}}{\overline{MB}}$.

Éléments imaginaires.

671. Si l'équation d'une surface $f(x, y, z) = 0$ est vérifiée par des valeurs imaginaires de x, y, z, par exemple

$$x = a + a'i, \qquad y = b + b'i, \qquad z = c + c'i,$$

on dit que la surface passe par le *point imaginaire* qui a pour coordonnées $a + a'i$, $b + b'i$, $c + c'i$.

Il est clair qu'une surface algébrique passe par une infinité de points imaginaires, car si dans son équation on remplace y et z par des nombres imaginaires quelconques, on obtient une équation algébrique en x qui admet des racines réelles ou imaginaires.

On dit que deux points sont *imaginaires conjugués*, lorsque leurs coordonnées sont imaginaires conjuguées; par exemple les deux points $(a + a'i,\ b + b'i,\ c + c'i)$ et $(a - a'i,\ b - b'i,\ c - c'i)$ sont imaginaires conjugués.

On appelle *plan imaginaire* l'ensemble des points réels et imaginaires dont les coordonnées vérifient une équation du premier degré à coefficients imaginaires.

Cette équation peut toujours être mise sous la forme $P + iP' = 0$, P et P' désignant des fonctions linéaires à coefficients réels.

On en conclut qu'un plan imaginaire passe toujours par une droite réelle, qui est définie par les équations $P = 0$, $P' = 0$.

On dit que deux plans sont *imaginaires conjugués* lorsque les premiers membres de leurs équations sont imaginaires conjugués. Par exemple, $P + iP' = 0$, $P - iP' = 0$ sont les équations de deux plans imaginaires conjugués.

On voit qu'ils se coupent suivant une droite réelle $P = 0$, $P' = 0$.

On appelle *droite imaginaire* l'ensemble des points réels ou imaginaires dont les coordonnées vérifient deux équations du premier degré à coefficients imaginaires.

Par deux points réels ou imaginaires (x', y', z') et (x'', y'', z'') passe une seule droite réelle ou imaginaire; les équations de cette droite sont

$$\frac{x - x'}{x'' - x'} = \frac{y - y'}{y'' - y'} = \frac{z - z'}{z'' - z'}.$$

672. Théorème. — *La droite qui passe par deux points imaginaires conjugués est réelle.*

Soient les points
$$(a + a'i, \quad b + b'i, \quad c + c'i) \quad \text{et} \quad (a - a'i, \quad b - b'i, \quad c - c'i);$$
la droite qui passe par ces points a pour équations
$$\frac{x - a - a'i}{- 2a'i} = \frac{y - b - b'i}{- 2b'i} = \frac{z - c - c'i}{- 2c'i},$$
ou
$$\frac{x - a}{a'} = \frac{y - b}{b'} = \frac{z - c}{c'}.$$

Ces équations représentent une droite réelle.

673. D'une manière générale, on appelle *surface imaginaire* l'ensemble des points réels ou imaginaires dont les coordonnées vérifient une équation à coefficients imaginaires, ou encore l'ensemble des points imaginaires dont les coordonnées vérifient une équation à coefficients réels n'admettant aucun système de solutions réelles, comme par exemple $x^2 + y^2 + z^2 + 1 = 0$.

Enfin une *ligne imaginaire* est l'ensemble des points dont les coordonnées vérifient deux équations dont l'une au moins est à coefficients imaginaires ou n'a pas de solutions réelles.

674. Rapport anharmonique d'un faisceau de quatre plans. — On appelle faisceau de plans un ensemble de plans passant par une même droite.

Théorème. — *Étant donné un faisceau de quatre plans, si l'on coupe ces plans par une droite quelconque, le rapport anharmonique des quatre points de rencontre est constant quelle que soit la sécante, et ce rapport est appelé le rapport anharmonique du faisceau considéré.*

Nous nous appuierons sur la proposition suivante qui s'établit comme en géométrie plane (99).

Soient un plan $P = 0$ et deux points $A(x_1, y_1, z_1)$ et $B(x_2, y_2, z_2)$; si on désigne par M le point de rencontre du plan P et de la droite AB, on a

$$\frac{\overline{MA}}{\overline{MB}} = \frac{P_1}{P_2}.$$

Cela posé, soient $P = 0$, $Q = 0$ deux plans choisis arbitrairement et passant par la droite commune aux quatre plans du faisceau; les équations de ces plans peuvent s'écrire

$$(\alpha) \qquad P + aQ = 0,$$
$$(\beta) \qquad P + bQ = 0,$$
$$(\gamma) \qquad P + cQ = 0,$$
$$(\delta) \qquad P + dQ = 0.$$

Considérons une sécante qui rencontre ces plans aux points A, B, C, D respectivement; on démontre comme en géométrie plane (100) que l'on a

$$\frac{\overline{CA}}{\overline{CB}} : \frac{\overline{DA}}{\overline{DB}} = \frac{c-a}{c-b} : \frac{d-a}{d-b};$$

ce qui établit le théorème.

675. Si le rapport anharmonique (ABCD) est égal à -1, on dit que le faisceau des quatre plans est harmonique, et que les plans γ et δ sont conjugués harmoniques par rapport aux plans α et β, et réciproquement que α et β sont conjugués harmoniques par rapport à γ et δ.

On dit aussi que δ par exemple est le plan conjugué harmonique de γ par rapport aux plans α et β, etc.

Pour qu'il en soit ainsi, il faut qu'on ait

$$\frac{c-a}{c-b} + \frac{d-a}{d-b} = 0,$$

où

$$2(ab + cd) - (a + b)(c + d) = 0.$$

676. Supposons maintenant que les quatre plans du faisceau soient définis par les équations

$$(\alpha) \qquad P = 0,$$
$$(\beta) \qquad Q = 0,$$
$$(\gamma) \qquad P + cQ = 0,$$
$$(\delta) \qquad P + dQ = 0;$$

le rapport anharmonique de ce faisceau dans l'ordre α, β, γ, δ est égal à $\dfrac{c}{d}$ (101), et la condition pour que γ et δ soient conjugués harmoniques par rapport à α et β est que l'on ait $d = -c$.

Ainsi, le plan conjugué harmonique d'un plan $P + \lambda Q = 0$ par rapport aux plans $P = 0$, $Q = 0$ est représenté par l'équation

$$P - \lambda Q = 0.$$

677. Coordonnées cylindriques ou semi-polaires. — Considérons trois axes de coordonnées rectangulaires Ox, Oy, Oz et un point M quelconque de l'espace; abaissons de ce point la perpendiculaire Mm sur le plan des xy. Désignons par z la cote du point M et par ω, ρ les coordonnées polaires du point m dans le plan des xy, par rapport à l'axe polaire Ox, le plan xOy étant orienté de manière que l'on ait $(Ox, Oy) = +\dfrac{\pi}{2}$.

On appelle coordonnées *cylindriques* (ou *semi-polaires*) du point M les trois quantités ω, ρ, z.

Étant donné un point M quelconque dans l'espace, les coordonnées cylindriques ne sont pas déterminées, car nous avons vu (541) que les coordonnées polaires du point m ne sont pas déterminées.

Mais si l'on connaît les coordonnées cylindriques ω, ρ, z d'un point M, ce point est bien déterminé. En effet, les valeurs ω, ρ déterminent le point m dans le plan des xy, et la valeur de z fixe la position du point M sur la parallèle à Oz menée par le point m.

678. Coordonnées sphériques ou polaires. — Considérons encore trois axes rectangulaires Ox, Oy, Oz, un point M dans l'espace et sa projection orthogonale m sur le plan des xy. Prenons arbitrairement sur les droites indéfinies OM et Om des demi-droites, $O\lambda$ sur OM et $O\mu$ sur Om.

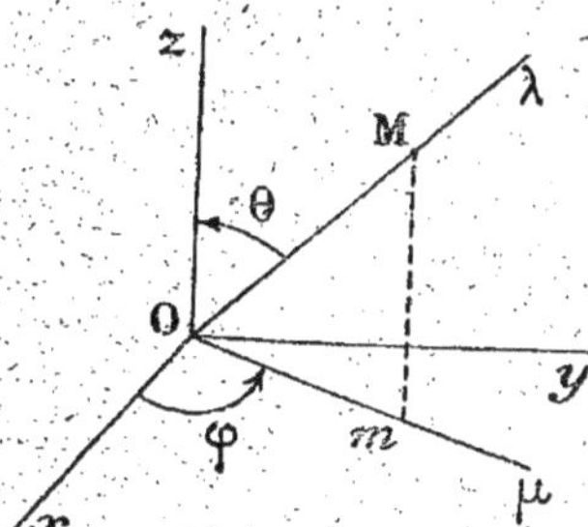

Fig. 212.

Désignons par φ l'angle de la demi-droite $O\mu$ avec la demi-droite Ox dans le plan xOy, ce plan étant orienté de façon que

$$(Ox, Oy) = \frac{\pi}{2},$$

par θ l'angle de la demi-droite Oz avec la demi-droite $O\lambda$ dans le plan $zO\mu$, ce plan étant orienté de manière que $(O\mu, Oz) = \dfrac{\pi}{2}$; soit enfin ρ la valeur algébrique $\overline{OM}$ du vecteur $\overrightarrow{OM}$, sens positif $O\lambda$.

Les trois quantités

$$\varphi = (Ox, O\mu), \qquad \theta = (O\lambda, Oz), \qquad \rho = \overline{OM}$$

sont appelées les coordonnées *sphériques* (ou *polaires*) du point M.

Étant donné un point M quelconque dans l'espace, les coordonnées sphériques ne sont pas déterminées, puisqu'on peut choisir arbitrairement les demi-droites $O\lambda$, $O\mu$ sur les droites OM, Om.

Mais, si l'on connaît les coordonnées sphériques φ, θ, ρ d'un point M, ce point est parfaitement déterminé. En effet, la valeur de φ détermine la demi-droite $O\mu$; la valeur de θ définit la demi-droite $O\lambda$ dans le plan $zO\mu$, et enfin la valeur de ρ fixe la position du point M sur $O\lambda$.

Calculons les coordonnées rectilignes x, y, z du point M en fonction de ses coordonnées sphériques φ, θ, ρ.

Les coordonnées polaires du point m dans le plan xOy par rapport à l'axe polaire Ox sont φ et $\overline{Om}$, et les coordonnées rectilignes de ce point par rapport aux axes Ox, Oy sont x et y; on a donc

$$(1) \qquad x = \overline{Om}\cos\varphi, \qquad y = \overline{Om}\sin\varphi.$$

D'autre part, dans le plan μOz, les coordonnées polaires du point M par rapport à l'axe polaire $O\mu$ sont

$$(O\mu, O\lambda) = (O\mu, Oz) + (Oz, O\lambda) = \frac{\pi}{2} - \theta, \qquad \rho = \overline{OM},$$

et les coordonnées rectilignes du même point par rapport aux axes $O\mu$, Oz sont $\overline{Om}$ et z. On en déduit

$$\overline{Om} = \rho\cos\left(\frac{\pi}{2} - \theta\right) = \rho\sin\theta, \qquad z = \rho\sin\left(\frac{\pi}{2} - \theta\right) = \rho\cos\theta.$$

Remplaçons $\overline{Om}$ par cette valeur dans les relations (1), nous obtenons

$$x = \rho\sin\theta\cos\varphi, \qquad y = \rho\sin\theta\sin\varphi, \qquad z = \rho\cos\theta.$$

φ est appelée la *longitude*, θ la *colatitude* et ρ le *rayon vecteur*.

Les coordonnées cylindriques et sphériques sont surtout utilisées en mécanique et en astronomie.

CHAPITRE V

SPHÈRE

---

679. Nous supposerons dans ce chapitre *les axes de coordonnées rectangulaires.*

La sphère qui a pour centre le point (a, b, c) et dont le rayon est égal à R a pour équation (590)

$$(1) \qquad (x - a)^2 + (y - b)^2 + (z - c)^2 - R^2 = 0;$$

on voit ainsi que la sphère est une surface du deuxième degré.

680. Conditions pour que l'équation générale du deuxième degré représente une sphère. — Soit l'équation générale du deuxième degré

$$(2) \quad Ax^2 + A'y^2 + A''z^2 + 2Byz + 2B'zx + 2B''xy$$
$$+ 2Cx + 2C'y + 2C''z + D = 0.$$

Pour que cette équation représente une sphère, il faut et il suffit qu'il existe des valeurs de a, b, c, R, en sorte que les équations (1) et (2) représentent la même surface, ou, ce qui revient au même, en sorte que ces équations aient leurs coefficients proportionnels.

Écrivons cette proportionnalité seulement pour les coefficients des termes du deuxième degré, nous avons les conditions nécessaires suivantes

$$A = A' = A'',$$
$$B = B' = B'' = 0.$$

Il est aisé de voir que ces conditions sont *suffisantes.* En effet, en les supposant remplies, l'équation (2) devient

$$A(x^2 + y^2 + z^2) + 2Cx + 2C'y + 2C''z + D = 0,$$

ou

$$x^2 + y^2 + z^2 + 2\frac{C}{A}x + 2\frac{C'}{A}y + 2\frac{C''}{A}z + \frac{D}{A} = 0,$$

ou encore

$$(3) \quad \left(x + \frac{C}{A}\right)^2 + \left(y + \frac{C'}{A}\right)^2 + \left(z + \frac{C''}{A}\right)^2 = \frac{C^2 + C'^2 + C''^2 - AD}{A^2}$$

Cette équation représente une sphère dont le centre a pour coordonnées $-\dfrac{C}{A}$, $-\dfrac{C'}{A}$, $-\dfrac{C''}{A}$ et dont le rayon R est donné par la formule

$$R^2 = \frac{C^2 + C'^2 + C''^2 - AD}{A^2}.$$

Le rayon n'est réel que si $C^2 + C'^2 + C''^2 - AD$ est positif.

681. Si l'on a $C^2 + C'^2 + C''^2 - AD < 0$, l'équation (3) n'est vérifiée par aucun système de valeurs réelles de x, y, z; on dit que l'équation représente une *sphère imaginaire*.

Enfin, si $C^2 + C'^2 + C''^2 - AD = 0$, on dit qu'elle représente une *sphère de rayon nul*.

682. En conséquence, pour que l'équation générale du deuxième degré représente une sphère, *les axes de coordonnées étant rectangulaires*, il faut et il suffit que les coefficients de x^2, y^2, z^2 soient égaux, et que les coefficients de yz, zx et xy soient nuls; ou encore que l'ensemble des termes du deuxième degré en x, y, z soit identique à $A(x^2 + y^2 + z^2)$.

L'équation générale de la sphère est donc

$$A(x^2 + y^2 + z^2) + 2Cx + 2C'y + 2C''z + D = 0,$$

ou

$$x^2 + y^2 + z^2 + 2\alpha x + 2\beta y + 2\gamma z + \delta = 0.$$

Cette équation renferme quatre paramètres; une sphère est donc déterminée par *quatre* conditions.

Par exemple, on voit aisément qu'il existe une sphère et une seule passant par quatre points non situés dans un même plan.

En particulier, soit A un point situé sur Ox ayant pour abscisse a, B un point de Oy ayant pour ordonnée b et C un point de Oz ayant pour cote c, l'équation de la sphère passant par les quatre points O, A, B, C est

$$x^2 + y^2 + z^2 - ax - by - cz = 0.$$

683. Section plane d'une sphère. — Prenons pour plan des xy le plan donné et pour axe des z la droite menée par le centre de la sphère perpendiculairement au plan. L'équation de la sphère est alors

$$x^2 + y^2 + (z - d)^2 - R^2 = 0,$$

d désignant la distance du centre de la sphère au plan sécant. L'équation de la section par le plan des xy, rapportée aux axes Ox et Oy, est

$$x^2 + y^2 = R^2 - d^2;$$

elle représente un cercle réel, imaginaire ou de rayon nul suivant que $R^2 - d^2$ est positif, négatif ou nul.

684. Intersection de deux sphères. — Soient deux sphères représentées par les équations

$$f(x, y, z) \equiv A(x^2 + y^2 + z^2) + 2Cx + 2C'y + 2C''z + D = 0,$$
$$f_1(x, y, z) \equiv A_1(x^2 + y^2 + z^2) + 2C_1 x + 2C_1'y + 2C_1''z + D_1 = 0.$$

Ce système d'équations est équivalent au suivant :

$$f(x, y, z) = 0, \qquad \frac{f(x, y, z)}{A} - \frac{f_1(x, y, z)}{A_1} = 0.$$

La première de ces équations représente une sphère, la deuxième un plan ; leur ensemble définit un cercle.

Il en résulte que l'intersection de deux sphères est un cercle.

En prenant pour origine le centre de la plus grande des deux sphères, et pour axe des x la ligne des centres, on verra facilement que le cercle d'intersection n'est réel que si la distance des centres est comprise entre la somme et la différence des rayons (121).

685. Puissance d'un point par rapport à une sphère. — *Théorème.* — *Si par un point P de l'espace on mène une sécante quelconque rencontrant une sphère aux points M et M', le produit* $\overline{PM}.\overline{PM'}$ *a une valeur constante, indépendante de la sécante, et qu'on appelle la puissance du point P par rapport à la sphère.*

Soient

$$f(x, y, z) \equiv A(x^2 + y^2 + z^2) + 2Cx + 2C'y + 2C''z + D = 0$$

l'équation de la sphère, et x_0, y_0, z_0 les coordonnées du point P. Désignons par α, β, γ les *cosinus directeurs* d'une sécante quelconque passant par le point P ; nous avons

$$\alpha^2 + \beta^2 + \gamma^2 = 1.$$

Un point quelconque de cette sécante a pour coordonnées

$$x = x_0 + \alpha\rho, \qquad y = y_0 + \beta\rho, \qquad z = z_0 + \gamma\rho,$$

ρ étant égal à la valeur algébrique du vecteur qui a pour origine le point P et pour extrémité le point (x, y, z).

Les valeurs de ρ relatives aux points M et M', où la sécante rencontre la sphère, c'est-à-dire les valeurs algébriques $\overline{PM}$ et $\overline{PM'}$, sont racines de l'équation

$$f(x_0 + \alpha\rho,\ y_0 + \beta\rho,\ z_0 + \gamma\rho) = 0,$$

ou

$$f(x_0,\ y_0,\ z_0) + \rho(\alpha f'_{x_0} + \beta f'_{y_0} + \gamma f'_{z_0}) + \rho^2\varphi(\alpha,\ \beta,\ \gamma) = 0,$$

$\varphi(x,\ y,\ z)$ désignant l'ensemble des termes du deuxième degré de la fonction $f(x,\ y,\ z)$.

Nous avons ici $\varphi(x,\ y,\ z) \equiv A(x^2 + y^2 + z^2)$, et par suite

$$\varphi(\alpha,\ \beta,\ \gamma) = A(\alpha^2 + \beta^2 + \gamma^2) = A,$$

et l'équation précédente devient

$$f(x_0,\ y_0,\ z_0) + \rho(\alpha f'_{x_0} + \beta f'_{y_0} + \gamma f'_{z_0}) + A\rho^2 = 0.$$

On en déduit

$$\overline{PM}.\overline{PM'} = \frac{f(x_0,\ y_0,\ z_0)}{A}.$$

Le second membre est indépendant de $\alpha,\ \beta,\ \gamma$; le théorème est démontré.

Il en résulte que la puissance d'un point par rapport à une sphère s'obtient en remplaçant dans le premier membre de l'équation de la sphère $x,\ y,\ z$ par les coordonnées du point et en divisant le résultat de substitution par le coefficient de x^2.

686. Soient $a,\ b,\ c$ les coordonnées du centre de la sphère et R son rayon; l'équation de la sphère est

$$(x - a)^2 + (y - b)^2 + (z - c)^2 - R^2 = 0.$$

La puissance du point P est alors

$$(x_0 - a)^2 + (y_0 - b)^2 + (z_0 - c)^2 - R^2, \qquad \text{ou} \qquad d^2 - R^2,$$

d désignant la distance du point P au centre de la sphère.

On voit ainsi que cette puissance est positive ou négative suivant que le point P est extérieur ou intérieur à la sphère.

687. Reprenons l'équation de la sphère sous la forme

$$f(x,\ y,\ z) \equiv A(x^2 + y^2 + z^2) + 2Cx + 2C'y + 2C''z + D = 0;$$

nous avons, en égalant les deux expressions de la puissance,

$$\frac{f(x_0,\ y_0,\ z_0)}{A} = d^2 - R^2, \qquad \text{ou} \qquad f(x_0,\ y_0,\ z_0) = A(d^2 - R^2).$$

Il en résulte que la région positive de la sphère est la région extérieure si $A > 0$, et la région intérieure si $A < 0$.

688. Plan radical de deux sphères. Théorème. — *Le lieu des points qui ont même puissance par rapport à deux sphères est un* *plan perpendiculaire à la ligne des centres et qu'on appelle le plan radical des deux sphères.*

Soient

$$f(x, y, z) \equiv Ax^2 + \ldots = 0, \qquad f_1(x, y, z) \equiv A_1 x^2 + \ldots = 0$$

les équations des deux sphères. Pour qu'un point (x, y, z) ait même puissance par rapport aux deux sphères, il faut qu'on ait

$$\frac{f(x, y, z)}{A} - \frac{f_1(x, y, z)}{A_1} = 0;$$

c'est l'équation du lieu. Comme elle est du premier degré, elle représente un plan, qui est d'ailleurs le plan du cercle commun aux deux sphères (684).

Pour établir que ce plan est perpendiculaire à la ligne des centres, prenons cette droite pour axe des x, l'origine étant au centre d'une des sphères. Les équations de ces surfaces sont alors

$$x^2 + y^2 + z^2 - R^2 = 0, \qquad (x - d)^2 + y^2 + z^2 - R'^2 = 0,$$

et le plan radical a pour équation.

$$2\,dx - d^2 - R^2 + R'^2 = 0,$$

ce qui démontre la propriété.

Si $d = 0$, c'est-à-dire si les deux sphères sont concentriques, le plan radical est rejeté à l'infini.

689. Axe radical de trois sphères. Théorème. — *Les plans radicaux de trois sphères prises deux à deux passent par une même droite qu'on appelle l'axe radical des trois sphères.*

Soient

$$f_1 \equiv A_1 x^2 + \ldots = 0, \qquad f_2 \equiv A_2 x^2 + \ldots = 0, \qquad f_3 \equiv A_3 x^2 + \ldots = 0$$

les équations de trois sphères. Les plans radicaux de ces sphères prises deux à deux ont pour équations

$$P_1 \equiv \frac{f_2}{A_2} - \frac{f_3}{A_3} = 0,$$

$$P_2 \equiv \frac{f_3}{A_3} - \frac{f_1}{A_1} = 0,$$

$$P_3 \equiv \frac{f_1}{A_1} - \frac{f_2}{A_2} = 0.$$

En ajoutant membre à membre, on a

$$P_1 + P_2 + P_3 \equiv 0,$$

ce qui démontre que les trois plans passent par une même droite (634).

Cette droite est l'axe radical des trois sphères; c'est le lieu des points qui ont même puissance par rapport aux trois sphères.

Le théorème n'est vrai que si les centres des sphères ne sont pas en ligne droite.

Si les centres sont en ligne droite, les plans radicaux sont parallèles ou confondus; l'axe radical est rejeté à l'infini ou indéterminé.

690. Centre radical de quatre sphères. — Étant données quatre sphères

$$f_1 \equiv A_1 x^2 + \ldots = 0, \quad f_2 \equiv A_2 x^2 + \ldots = 0, \quad f_3 \equiv A_3 x^2 + \ldots = 0,$$
$$f_4 \equiv A_4 x^2 + \ldots = 0,$$

il existe un seul point ayant même puissance par rapport aux quatre sphères; il est appelé le *centre radical* des quatre sphères. Ses coordonnées vérifient les équations

$$\frac{f_1}{A_1} = \frac{f_2}{A_2} = \frac{f_3}{A_3} = \frac{f_4}{A_4}.$$

Ce point est commun aux plans radicaux des sphères prises deux à deux, et aux axes radicaux des sphères prises trois à trois.

691. On démontre aisément, en raisonnant comme en géométrie plane (126), que l'équation générale des sphères passant par le cercle commun aux deux sphères $f(x, y, z) = 0$ et $f_1(x, y, z) = 0$ est

$$f(x, y, z) + \lambda f_1(x, y, z) = 0.$$

On s'appuiera sur ce qu'il existe une seule sphère passant par un cercle et par un point non situé sur ce cercle.

De même, l'équation générale des sphères passant par le cercle intersection de la sphère $f(x, y, z) = 0$ et du plan $P = 0$ est

$$f(x, y, z) + \lambda P = 0.$$

Ces deux équations représentent un *faisceau linéaire* de sphères.

CHAPITRE VI

LIEUX GÉOMÉTRIQUES ET GÉNÉRATION DES SURFACES

692. On appelle *lieu géométrique* l'ensemble des points qui jouissent d'une même propriété à l'exclusion de tous les autres points de l'espace. Ce lieu est en général une surface ou une ligne, et l'objet de ce qui va suivre est d'indiquer comment on peut obtenir l'équation de la surface ou les équations de la ligne, connaissant la propriété géométrique commune à tous les points du lieu.

Dans certains cas particuliers, ces équations s'obtiennent en traduisant analytiquement la propriété donnée; c'est ainsi que nous avons trouvé l'équation d'une sphère, celle du plan radical de deux sphères, etc.

Mais en général les points du lieu sont définis comme des points communs à des surfaces ou à des lignes variables.

Deux cas peuvent se présenter : ou bien on cherche le lieu des points communs à trois surfaces ou à une surface et à une ligne, ou bien le lieu des points communs à deux surfaces.

693. Premier cas. — *Lieu des points communs à trois surfaces ou à une surface et à une ligne.*

Les coordonnées x, y, z d'un point du lieu sont alors déterminées par trois équations (E) renfermant certains paramètres, ces paramètres pouvant être liés par des relations (R).

Si les équations (E) renferment un seul paramètre λ, x, y, z sont fonctions d'un seul paramètre; par conséquent, le lieu est une ligne (594). Si l'on peut tirer λ d'une des équations, en portant la valeur obtenue dans les deux autres, on obtiendra les équations du lieu.

On peut aussi chercher à résoudre les équations (E) par rapport à x, y, z; on aura ainsi les coordonnées d'un point du lieu en fonction du paramètre λ.

Si les équations (E) renferment n paramètres λ_1, λ_2, ..., λ_n, liés par $n-1$ relations (R), ces relations définissent $n-1$ des paramètres, λ_1, λ_2, ... λ_{n-1} par exemple, comme fonctions de λ_n. Les équations (E) définissent alors x, y, z comme fonctions d'un seul paramètre indépendant, λ_n; le lieu est encore une ligne dont on aura les équations en éliminant λ_1, λ_2 ..., λ_n entre les équations (E) et les relations (R).

Supposons maintenant que les équations (E) renferment deux paramètres indépendants; x, y, z étant fonctions de deux paramètres, le lieu est une surface (596) dont l'équation s'obtient en éliminant les deux paramètres entre les trois équations (E).

Il en est de même si les équations (E) renfermant n paramètres λ_1, λ_2, ..., λ_n liés par $n-2$ relations (R); car ces relations définissent $n-2$ des paramètres comme fonctions des deux autres. Par suite le point (x, y, z) décrit encore une surface dont l'équation s'obtient en éliminant les paramètres entre les équations (E) et les relations (R).

Il n'y a pas de lieu géométrique si les équations (E) renferment plus de deux paramètres indépendants, ou si elles renferment n paramètres liés par moins de $n-2$ relations; car on peut alors déterminer les paramètres de manière que les équations (E) soient vérifiées par les coordonnées d'un point quelconque de l'espace.

694. Deuxième cas. — *Lieu des points communs à deux surfaces variables.*

Deux surfaces se coupent suivant une ligne; on a donc à chercher le lieu géométrique d'une ligne variable. Ce lieu est une surface.

Les équations de la ligne ne doivent renfermer qu'un seul paramètre indépendant; car, si elles en renfermaient plus d'un, on pourrait déterminer ces paramètres en sorte que les équations soient vérifiées par les coordonnées d'un point quelconque de l'espace.

Si les équations de la ligne ne renferment effectivement qu'un paramètre, on obtient l'équation du lieu en éliminant ce paramètre entre les équations de la ligne.

Si les équations de la ligne renferment n paramètres, ces paramètres doivent être liés par $n-1$ relations (R); l'équation de la surface engendrée s'obtient alors en éliminant les paramètres entre les équations de la ligne et les relations (R).

Les diverses manières de procéder pour obtenir l'équation ou les équations d'un lieu géométrique se justifient comme en géométrie plane, et sont susceptibles des mêmes observations.

Cylindres.

695. On appelle cylindre une surface engendrée par une droite qui se déplace en restant parallèle à une direction fixe et en étant assujettie à une autre condition.

La droite variable qui engendre le cylindre est appelée *génératrice* du cylindre.

696. Équation générale des cylindres. — Soient
$$P \equiv ax + by + cz + d = 0, \qquad Q \equiv a'x + b'y + c'z + d' = 0$$
les équations d'une droite fixe Δ.

Une droite quelconque parallèle à Δ a pour équations
$$(1) \qquad\qquad P = \lambda, \qquad Q = \mu,$$
et pour que cette droite engendre une surface, il faut que λ et μ soient liés par une relation
$$(2) \qquad\qquad \varphi(\lambda, \mu) = 0.$$

On aura l'équation du cylindre en éliminant λ et μ entre les équations (1) et (2), ce qui donne
$$\varphi(P, Q) = 0.$$

697. Réciproquement, toute équation de la forme $\varphi(P, Q) = 0$, où P et Q désignent des fonctions linéaires, représente un cylindre dont les génératrices sont parallèles à la droite $P = 0$, $Q = 0$.

En effet, la surface qui a pour équation $\varphi(P, Q) = 0$ peut être considérée comme engendrée par la droite variable (1), λ et μ vérifiant la relation (2).

698. On peut encore établir cette réciproque de la manière suivante.

Faisons une transformation de coordonnées en prenant le plan $P = 0$ comme plan des $y'z'$, et le plan $Q = 0$ pour plan des $z'x'$; si l'on remplace x, y, z en fonction de x', y', z', P se transforme en $\alpha x'$, Q en $\beta y'$, α et β désignant des constantes. Par suite l'équation $\varphi(P, Q) = 0$ devient $\varphi(\alpha x', \beta y') = 0$, et sous cette forme, on reconnaît qu'elle représente un cylindre dont les génératrices sont parallèles à $O'z'$ (591, 2°), c'est-à-dire à l'intersection des plans $P = 0$, $Q = 0$.

Si les plans $P = 0$, $Q = 0$ sont parallèles ou confondus, l'équation $\varphi(P, Q) = 0$ ne représente pas un cylindre. En effet, on a dans ce cas $Q = \alpha P + \beta$, le premier membre de l'équation est une fonction de P, l'équation représente un ensemble de plans parallèles au plan $P = 0$.

699. En général, pour définir un cylindre, on donne la direction des génératrices et on assujettit ces droites à rencontrer une courbe fixe qu'on appelle la *directrice* du cylindre.

Proposons-nous de trouver l'équation d'un cylindre connaissant la direction des génératrices, $P = 0$, $Q = 0$, et les équations de la directrice

$$(3) \qquad f(x, y, z) = 0, \qquad f_1(x, y, z) = 0.$$

Une génératrice quelconque a pour équation

$$(1) \qquad P = \lambda, \qquad Q = \mu.$$

Il faut écrire que cette droite rencontre la directrice, et pour cela, que les quatre équations (1) et (3) ont un système de solutions communes en x, y, z. On est ainsi conduit à éliminer x, y, z entre les équations (1) et (3), on obtient une relation entre λ et μ,

$$(2) \qquad \varphi(\lambda, \mu) = 0 ;$$

et, pour avoir l'équation du cylindre, il n'y a plus qu'à éliminer λ et μ entre les équations (1) et (2), ce qui donne

$$\varphi(P, Q) = 0.$$

700. Supposons que la direction des génératrices soit définie par ses paramètres directeurs α, β, γ, la directrice étant toujours représentée par les équations

$$(3) \qquad f(x, y, z) = 0, \qquad f_1(x, y, z) = 0.$$

Pour qu'un point (x, y, z) appartienne au cylindre, il faut et il suffit que la parallèle menée par ce point à la direction (α, β, γ) rencontre la directrice. Un point quelconque de cette droite a pour coordonnées $x + \alpha\rho$, $y + \beta\rho$, $z + \gamma\rho$; il sera sur la directrice si les équations

$$f(x + \alpha\rho, y + \beta\rho, z + \gamma\rho) = 0, \qquad f_1(x + \alpha\rho, y + \beta\rho, z + \gamma\rho) = 0$$

ont une solution commune en ρ.

On aura donc l'équation du cylindre en éliminant ρ entre ces équations.

EXEMPLE. — Trouver l'équation du cylindre dont la directrice est une ellipse située dans le plan des xy et ayant pour équations

$$\frac{x^2}{a^2} + \frac{y^2}{b^2} - 1 = 0, \qquad z = 0,$$

les génératrices du cylindre ayant pour paramètres directeurs α, β, γ.

Il faut éliminer ρ entre les équations

$$\frac{(x + \alpha\rho)^2}{a^2} + \frac{(y + \beta\rho)^2}{b^2} - 1 = 0, \qquad z + \gamma\rho = 0 ;$$

de la deuxième on tire $\rho = -\dfrac{z}{\gamma}$, et en portant cette valeur dans la première on a

$$\frac{(\gamma x - \alpha z)^2}{a^2} + \frac{(\gamma y - \beta z)^2}{b^2} - \gamma^2 = 0;$$

c'est l'équation du cylindre.

701. Si la directrice est définie par ses équations paramétriques

$$x = f(t), \qquad y = \varphi(t), \qquad z = \psi(t),$$

on aura une génératrice quelconque en menant par un point de la directrice une parallèle à la direction des génératrices. Les équations de cette génératrice sont alors

$$\frac{x - f(t)}{\alpha} = \frac{y - \varphi(t)}{\beta} = \frac{z - \psi(t)}{\gamma},$$

α, β, γ désignant toujours les paramètres directeurs des génératrices.

On obtiendra l'équation du cylindre en éliminant t entre ces équations.

Cônes.

702. On appelle *cône* une surface engendrée par une droite qui se déplace en passant par un point fixe, appelé *sommet* du cône, et en étant assujettie à une autre condition.

La droite variable qui engendre la surface est appelée *génératrice* du cône.

703. Équation générale des cônes. — Soient x_0, y_0, z_0 les coordonnées du sommet; une droite quelconque passant par ce point a pour équation

$$(1) \qquad \frac{x - x_0}{\lambda} = \frac{y - y_0}{\mu} = \frac{z - z_0}{\nu}.$$

En assujettissant cette droite à une condition géométrique quelconque, on obtient une relation qui doit être homogène par rapport à λ, μ, ν. En effet, la droite ne change pas si on multiplie λ, μ, ν par un nombre arbitraire; comme cette droite doit satisfaire à la condition imposée quelle que soit la forme sous laquelle on écrit ses équations, tout système de solutions λ, μ, ν de la relation correspondante entraîne le système de solutions λt, μt, νt, quel que soit t. La relation est donc homogène; nous l'écrirons

$$(2) \qquad \psi(\lambda, \mu, \nu) = 0,$$

et nous aurons l'équation du cône engendré par la droite en

éliminant λ, μ, ν entre les équations (1) et (2); et pour cela, il nous suffira de remplacer dans l'équation (2) λ, μ, ν par les quantités proportionnelles $x - x_0$, $y - y_0$, $z - z_0$, ce qui donne

$$\psi(x - x_0, \quad y - y_0, \quad z - z_0) = 0,$$

équation homogène par rapport à $x - x_0$, $y - y_0$, $z - z_0$.

704. RÉCIPROQUEMENT, toute équation homogène par rapport à $x - x_0$, $y - y_0$, $z - z_0$ représente un cône ayant pour sommet le point (x_0, y_0, z_0).

En effet, la surface représentée par l'équation homogène

$$\psi(x - x_0, \quad y - y_0, \quad z - z_0) = 0$$

peut être considérée comme engendrée par la droite

$$\frac{x - x_0}{\lambda} = \frac{y - y_0}{\mu} = \frac{z - z_0}{\nu},$$

λ, μ, ν vérifiant la relation $\psi(\lambda, \mu, \nu) = 0$.

On pourrait aussi l'établir en démontrant que si M (x_1, y_1, z_1) est un point quelconque de la surface, tout point de la droite joignant le point M au point (x_0, y_0, z_0) est situé sur la surface.

En particulier, toute équation homogène par rapport à x, y, z représente un cône ayant pour sommet l'origine.

705. En général, on définit un cône en donnant le sommet et en assujettissant les génératrices à rencontrer une courbe fixe qu'on appelle *directrice* du cône.

Proposons-nous de trouver l'équation d'un cône, connaissant les coordonnées x_0, y_0, z_0 de son sommet et les équations

$$(3) \qquad f(x, y, z) = 0, \qquad f_1(x, y, z) = 0$$

de sa directrice.

Une génératrice quelconque a pour équations

$$(1) \qquad \frac{x - x_0}{\lambda} = \frac{y - y_0}{\mu} = \frac{z - z_0}{\nu};$$

pour qu'elle rencontre la directrice, il faut que les équations (1) et (3) aient un ensemble de solutions communes en x, y, z, ou encore que les équations

$$f(x_0 + \lambda\rho, \ y_0 + \mu\rho, \ z_0 + \nu\rho) = 0,$$
$$f_1(x_0 + \lambda\rho, \ y_0 + \mu\rho, \ z_0 + \nu\rho) = 0$$

aient une solution commune en ρ.

Éliminons ρ entre ces deux équations; nous obtenons une relation *homogène* par rapport à λ, μ, ν,

$$\psi(\lambda, \mu, \nu) = 0,$$

et l'équation du cône est

$$\psi(x - x_0, \ y - y_0, \ z - z_0) = 0.$$

Exemple. — Trouver l'équation du cône qui a pour sommet le point (x_0, y_0, z_0) et pour directrice l'ellipse

$$\frac{x^2}{a^2} + \frac{y^2}{b^2} - 1 = 0, \qquad z = 0.$$

Éliminons ρ entre les équations

$$\frac{(x_0 + \lambda\rho)^2}{a^2} + \frac{(y_0 + \mu\rho)^2}{b^2} - 1 = 0, \qquad z_0 + \nu\rho = 0;$$

nous avons

$$\frac{(\nu x_0 - \lambda z_0)^2}{a^2} + \frac{(\nu y_0 - \mu z_0)^2}{b^2} - \nu^2 = 0,$$

relation homogène en λ, μ, ν. Nous aurons l'équation du cône en y remplaçant λ, μ, ν respectivement par $x - x_0$, $y - y_0$, $z - z_0$; nous obtenons ainsi

$$\frac{(z x_0 - x z_0)^2}{a^2} + \frac{(z y_0 - y z_0)^2}{b^2} - (z - z_0)^2 = 0.$$

706. Supposons que le sommet du cône soit à l'origine, les équations de la directrice étant toujours

$$f(x, y, z) = 0, \qquad f_1(x, y, z) = 0.$$

Nous aurons l'équation du cône en éliminant ρ entre les équations

$$f(\lambda\rho, \mu\rho, \nu\rho) = 0, \qquad f_1(\lambda\rho, \mu\rho, \nu\rho) = 0,$$

et en remplaçant dans le résultat de l'élimination λ, μ, ν par x, y, z.

Faisons tout de suite cette substitution, et remplaçons ρ par $\frac{1}{t}$; nous avons à éliminer t entre les équations

$$f\left(\frac{x}{t}, \frac{y}{t}, \frac{z}{t}\right) = 0, \qquad f_1\left(\frac{x}{t}, \frac{y}{t}, \frac{z}{t}\right) = 0.$$

Avant l'élimination, on peut chasser le dénominateur t, ce qui revient à rendre homogènes les équations de la directrice.

Par conséquent, pour obtenir l'équation d'un cône *ayant pour sommet l'origine*, connaissant les équations de la directrice, on rend homogènes ces deux équations et on élimine la variable d'homogénéité.

707. Si la directrice est définie par ses équations paramétriques

$$x = f(t), \qquad y = \varphi(t), \qquad z = \psi(t),$$

on aura une génératrice quelconque en joignant le sommet (x_0, y_0, z_0) à un point de la directrice. Les équations de cette génératrice sont

$$\frac{x - x_0}{f(t) - x_0} = \frac{y - y_0}{\varphi(t) - y_0} = \frac{z - z_0}{\psi(t) - z_0}.$$

On obtiendra l'équation du cône en éliminant t entre ces équations.

708. Supposons que le sommet du cône soit défini par l'intersection des trois plans

$$P = 0, \qquad Q = 0, \qquad R = 0,$$

ces trois plans ayant un seul point commun.

Une génératrice quelconque a pour équations

$$(1) \qquad\qquad P = \lambda R, \qquad Q = \mu R;$$

pour que cette droite engendre une surface, il faut que λ et μ soient liés par une relation

$$(2) \qquad\qquad f(\lambda, \mu) = 0.$$

L'équation du cône est alors

$$(3) \qquad\qquad f\left(\frac{P}{R}, \frac{Q}{R}\right) = 0;$$

c'est une équation *homogène* par rapport à P, Q, R.

709. Réciproquement, toute équation homogène par rapport à trois fonctions linéaires P, Q, R représente un cône ayant pour sommet le point commun aux trois plans $P = 0$, $Q = 0$, $R = 0$.

En effet, toute équation homogène par rapport à P, Q, R peut se mettre sous la forme (3). Elle représente un cône, engendré par la droite (1), λ et μ vérifiant la relation (2).

On peut encore établir cette réciproque en prenant les plans $P = 0$, $Q = 0$, $R = 0$ comme plans de coordonnées; P, Q, R se transforment alors respectivement en $\alpha x'$, $\beta y'$, $\gamma z'$ et l'équation considérée est alors homogène par rapport à x', y', z'; elle représente un cône ayant pour sommet la nouvelle origine.

Ces conclusions ne sont exactes que si les trois plans $P = 0$, $Q = 0$, $R = 0$ ont un seul point commun à distance finie.

Si par exemple le plan R est parallèle à l'intersection des deux autres, ou si les trois plans ont une droite commune, ou s'ils sont parallèles, on a une identité de la forme $R = \alpha P + \beta Q + \gamma$. Le premier membre de l'équation ne renferme alors que les deux fonctions P et Q, cette équation représente un cylindre ou un ensemble de plans.

710. Cône des directions asymptotiques d'une surface algébrique. — L'équation homogène d'une surface algébrique de degré m peut s'écrire

$$\varphi_m(x, y, z) + t\varphi_{m-1}(x, y, z) + t^2\varphi_{m-2}(x, y, z) + \ldots = 0;$$

les lettres φ désignant des polynomes homogènes par rapport à x, y, z et dont le degré est indiqué par l'indice.

Les coordonnées des points à l'infini de cette surface sont détermi-nées par les équations $t = 0$, $\varphi_m(x, y, z) = 0$. La seconde repré-sente un cône ayant pour sommet l'origine.

Il en résulte que la surface admet une infinité de points à l'infini dans les directions des génératrices du cône qui a pour équation

(1) $$\varphi_m(x, y, z) = 0.$$

Ces directions sont appelées les *directions asymptotiques* de la sur-face, et le cône représenté par l'équation (1) est le *cône des directions asymptotiques*.

Ce cône peut d'ailleurs se décomposer en cônes de degrés moindres que m ou en plans.

On peut dire aussi que le plan de l'infini coupe la surface suivant une courbe à l'infini, qui est à l'intersection du plan de l'infini et du cône des directions asymptotiques.

Nous étudierons plus loin les directions asymptotiques des surfaces du deuxième degré.

Surfaces de révolution

711. On appelle *surface de révolution* une surface engendrée par une courbe tournant autour d'une droite fixe, appelée *axe de révolu-tion*.

Chaque point de la courbe mobile décrit un cercle dont le centre est la projection du point sur l'axe et dont le plan est perpendiculaire à l'axe; ce cercle est appelé *parallèle* de la surface.

On peut donc considérer la surface comme engendrée par un cercle variable dont le centre décrit l'axe et dont le plan est perpendiculaire à l'axe, ce cercle étant assujetti à une autre condition. Si la surface est définie par la rotation d'une courbe (C) autour de l'axe, on assu-jettit le cercle à rencontrer cette courbe.

Tout plan passant par l'axe est appelé *plan méridien*; tout plan méridien coupe la surface suivant une courbe symétrique par rapport à l'axe qu'on appelle *méridien* ou *méridienne*.

Dans tout ce qui va suivre nous supposerons les axes de coordon-nées rectangulaires.

712. Équation générale des surfaces de révolution. — Soient

$$\frac{x - p}{\alpha} = \frac{y - q}{\beta} = \frac{z - r}{\gamma}$$

les équations de l'axe ; un parallèle quelconque de la surface peut être considéré comme l'intersection d'une sphère ayant son centre en un point choisi arbitrairement sur l'axe, le point (p, q, r) par exemple, et d'un plan perpendiculaire à l'axe. Il en résulte que les équations d'un parallèle quelconque sont

$$(1) \qquad (x - p)^2 + (y - q)^2 + (z - r)^2 = \lambda, \qquad \alpha x + \beta y + \gamma z = \mu.$$

Pour que ce cercle engendre une surface, il faut que λ et μ soient liés par une relation

$$(2) \qquad\qquad\qquad f(\lambda, \mu) = 0.$$

Nous avons l'équation de la surface en éliminant λ et μ entre les équations (1) et (2), ce qui donne

$$f[(x - p)^2 + (y - q)^2 + (z - r)^2, \ \alpha x + \beta y + \gamma z] = 0.$$

743. Réciproquement, soient $\Sigma = 0$ l'équation d'une sphère, $P = 0$ l'équation d'un plan ; toute équation de la forme

$$(3) \qquad\qquad\qquad f(\Sigma, P) = 0$$

est l'équation d'une surface de révolution dont l'axe est la droite Δ, menée par le centre de la sphère perpendiculairement au plan.

La surface représentée par l'équation (3) est engendrée par la courbe

$$(4) \qquad\qquad\qquad \Sigma = \lambda, \qquad P = \mu,$$

λ et μ étant liés par la relation $f(\lambda, \mu) = 0$.

Or, l'équation $\Sigma = \lambda$ représente une sphère ayant même centre que la sphère $\Sigma = 0$; le plan $P = \mu$ est perpendiculaire à la droite Δ. On en conclut que les équations (4) sont les équations d'un cercle ayant son centre sur la droite Δ et son plan perpendiculaire à cette droite.

Par suite, l'équation (3) représente une surface de révolution ayant pour axe la droite Δ.

Exemples. I. *Cylindre de révolution*. — C'est la surface engendrée par une droite tournant autour d'un axe parallèle ; la distance de ces deux droites est appelée le rayon du cylindre.

On peut considérer le cylindre comme le lieu géométrique des points dont la distance à l'axe est constante et égale au rayon.

Soient

$$\frac{x - p}{\alpha} = \frac{y - q}{\beta} = \frac{z - r}{\gamma}$$

les équations de l'axe et R le rayon. Pour avoir l'équation du cylindre, nous écrirons que la distance du point (x, y, z) à l'axe est égale à R, ce qui donne (663)

$$\frac{[\beta(z - r) - \gamma(y - q)]^2 + [\gamma(x - p) - \alpha(z - r)]^2 + [\alpha(y - q) - \beta(x - p)]^2}{\alpha^2 + \beta^2 + \gamma^2} = R^2,$$

ou

$$(x-p)^2 + (y-q)^2 + (z-r)^2 - \frac{[\alpha(x-p) + \beta(y-q) + \gamma(z-r)]^2}{\alpha^2 + \beta^2 + \gamma^2} = \mathrm{R}^2.$$

II. *Cône de révolution*. — C'est la surface engendrée par une droite tournant autour d'un axe qui la rencontre ; les génératrices font avec l'axe un angle constant qu'on appelle le demi-angle au sommet du cône.

Soient p, q, r les coordonnées du sommet et

$$\frac{x-p}{\alpha} = \frac{y-q}{\beta} = \frac{z-r}{\gamma}$$

les équations de l'axe. Considérons une génératrice quelconque

(5)
$$\frac{x-p}{\lambda} = \frac{y-q}{\mu} = \frac{z-r}{\nu},$$

et écrivons qu'elle fait un angle constant θ avec l'axe ; nous obtenons

$$\cos\theta = \frac{\lambda\alpha + \mu\beta + \nu\gamma}{\pm\sqrt{\lambda^2 + \mu^2 + \nu^2}\sqrt{\alpha^2 + \beta^2 + \gamma^2}},$$

ou

(6) $(\lambda^2 + \mu^2 + \nu^2)(\alpha^2 + \beta^2 + \gamma^2)\cos^2\theta - (\lambda\alpha + \mu\beta + \nu\gamma)^2 = 0.$

Nous aurons l'équation du cône en éliminant λ, μ, ν entre les équations (5) et (6) ; et pour cela nous remplacerons dans l'équation (6) λ, μ, ν par les quantités proportionnelles $x-p$, $y-q$, $z-r$; ce qui nous donne

$$[(x-p)^2 + (y-q)^2 + (z-r)^2](\alpha^2 + \beta^2 + \gamma^2)\cos^2\theta$$
$$- [\alpha(x-p) + \beta(y-q) + \gamma(z-r)]^2 = 0;$$

c'est l'équation du cône.

714. Soit maintenant à trouver l'équation d'une surface de révolution engendrée par la courbe

(1) $f(x, y, z) = 0,$ $f_1(x, y, z) = 0$

tournant autour de l'axe

$$\frac{x-p}{\alpha} = \frac{y-q}{\beta} = \frac{z-r}{\gamma}.$$

Un parallèle quelconque de la surface a pour équations

(2) $\begin{cases} (x-p)^2 + (y-q)^2 + (z-r)^2 = \lambda, \\ \alpha x + \beta y + \gamma z = \mu. \end{cases}$

Écrivons que ce parallèle rencontre la courbe (1), c'est-à-dire que les quatre équations (1) et (2) admettent un ensemble de solutions en x, y, z. Il faut donc éliminer x, y, z entre ces quatre équations, et nous obtiendrons une relation entre λ et μ de la forme

(3) $\varphi(\lambda, \mu) = 0.$

Éliminons maintenant λ et μ entre les équations (2) et (3) ; nous avons l'équation de la surface

$$\varphi[(x-p)^2 + (y-q)^2 + (z-r)^2, \alpha x + \beta y + \gamma z] = 0.$$

715. Cas particulier. — *L'axe de révolution est l'axe des z.*

Dans ce cas, les équations d'un parallèle peuvent s'écrire

$$x^2 + y^2 = \lambda, \qquad z = \mu;$$

la première représente le cylindre qui projette le parallèle sur le plan des xy et la seconde le plan de ce parallèle.

Pour que ce cercle engendre une surface, il faut qu'on ait une relation entre λ et μ, par exemple $\varphi(\lambda, \mu) = 0$.

Alors l'équation de la surface est

$$\varphi(x^2 + y^2, z) = 0,$$

RÉCIPROQUEMENT, toute équation de cette forme représente une surface de révolution admettant pour axe l'axe des z.

EXEMPLES. — 1° *Surface gauche de révolution.* — C'est la surface engendrée par une droite Δ tournant autour d'un axe non situé dans le même plan que la droite Δ.

Cherchons l'équation de cette surface. Prenons pour axe des z l'axe de révolution, pour axe des x la perpendiculaire commune à l'axe des z et à la droite Δ, et enfin pour axe des y une perpendiculaire au plan xOz. Les équations de Δ sont alors de la forme

$$x - a = 0, \qquad y - mz = 0;$$

soient

$$(1) \qquad x^2 + y^2 = \lambda, \qquad z = \mu$$

les équations d'un parallèle. Écrivons que ce parallèle rencontre la droite Δ, et pour cela que ces quatre équations ont un système de solutions en x, y, z. Nous avons immédiatement $z = \mu$, $x = a$, $y = m\mu$, et, en portant ces valeurs dans la relation $x^2 + y^2 = \lambda$, il vient

$$(2) \qquad a^2 + m^2\mu^2 = \lambda.$$

L'équation de la surface s'obtient en éliminant λ et μ entre les équations (1) et (2), ce qui donne

$$x^2 + y^2 - m^2z^2 - a^2 = 0.$$

C'est une surface du deuxième degré. La méridienne située dans le plan xOz est définie par les équations

$$x^2 - m^2z^2 - a^2 = 0, \qquad y = 0,$$

qui représentent une hyperbole dont Oz est l'axe imaginaire.

2° Soit à trouver l'équation d'une surface de révolution ayant pour axe l'axe des z et dont la méridienne, située dans le plan des zx, a pour équations

$$f(x, z) = 0, \qquad y = 0.$$

Écrivons que le parallèle

$$x^2 + y^2 = \lambda, \qquad z = \mu$$

rencontre la méridienne; nous obtenons la condition

$$f(\sqrt{\lambda}, \mu) = 0,$$

d'où nous déduisons l'équation de la surface

$$f(\sqrt{x^2 + y^2}, z) = 0.$$

Cette équation se déduit de l'équation de la méridienne par rapport aux axes Ox, Oz en y remplaçant x par $\sqrt{x^2 + y^2}$.

3° *Équation du tore*. — On appelle *tore* une surface de révolution engendrée par un cercle tournant autour d'un axe situé dans son plan.

Prenons pour axe des z l'axe de révolution et pour axe des x la perpendiculaire abaissée du centre du cercle sur l'axe de révolution. L'équation du cercle par rapport aux axes Ox, Oz est

$$(x - a)^2 + z^2 - R^2 = 0 ;$$

par suite, l'équation du tore est

$$(\sqrt{x^2 + y^2} - a)^2 + z^2 - R^2 = 0,$$

ou

$$(x^2 + y^2 + z^2 + a^2 - R^2)^2 - 4a^2 (x^2 + y^2) = 0.$$

On voit ainsi que le tore est une surface du quatrième degré.

CHAPITRE VII

PROPRIÉTÉS DES COURBES GAUCHES.

Tangentes aux courbes.

716. La tangente en un point M d'une courbe gauche se définit comme pour les courbes planes; c'est la limite de la droite qui joint le point M à un point voisin M' de la courbe, quand ce dernier se rapproche indéfiniment du point M.

Supposons que les coordonnées d'un point de la courbe soient exprimées en fonction d'un paramètre t,

$$x = f(t), \qquad y = \varphi(t), \qquad z = \psi(t),$$

les fonctions $f(t)$, $\varphi(t)$, $\psi(t)$ admettant des dérivées.

Désignons par t_0 la valeur de t relative au point M; les coordonnées de ce point sont alors

$$x_0 = f(t_0), \qquad y_0 = \varphi(t_0), \qquad z_0 = \psi(t_0).$$

Soit $t_0 + h$ la valeur de t correspondant au point M'; ce point a pour coordonnées $f(t_0 + h)$, $\varphi(t_0 + h)$, $\psi(t_0 + h)$, et par suite, la droite MM' a pour paramètres directeurs (640)

$$f(t_0 + h) - f(t_0), \qquad \varphi(t_0 + h) - \varphi(t_0), \qquad \psi(t_0 + h) - \psi(t_0),$$

ou

$$\frac{f(t_0 + h) - f(t_0)}{h}, \qquad \frac{\varphi(t_0 + h) - \varphi(t_0)}{h}, \qquad \frac{\psi(t_0 + h) - \psi(t_0)}{h}.$$

Quand h tend vers zéro, c'est-à-dire quand le point M' se rapproche indéfiniment du point M, ces quantités ont respectivement pour limites $f'(t_0)$, $\varphi'(t_0)$, $\psi'(t_0)$.

Par suite, la droite MM' a pour limite la droite représentée par les équations

$$\frac{x - x_0}{f'(t_0)} = \frac{y - y_0}{\varphi'(t_0)} = \frac{z - z_0}{\psi'(t_0)};$$

ce sont les équations de la tangente au point M.

On voit ainsi que la tangente au point M a pour paramètres directeurs les valeurs que prennent les dérivées de x, y, z par rapport à t pour $t = t_0$.

Si l'on désigne par x'_0, y'_0, z'_0 ces valeurs, les équations de la tangente prennent la forme

$$\frac{x - x_0}{x'_0} = \frac{y - y_0}{y'_0} = \frac{z - z_0}{z'_0}.$$

717. On appelle *normale* à la courbe au point M toute perpendiculaire menée par le point M à la tangente en ce point. Il y a une infinité de normales en un point d'une courbe gauche; elles sont situées dans un même plan perpendiculaire à la tangente en ce point, et qu'on appelle le *plan normal* à la courbe au point considéré.

L'équation du plan normal au point M (x_0, y_0, z_0) est, *en supposant les axes de coordonnées rectangulaires,*

$$(x - x_0)x'_0 + (y - y_0)y'_0 + (z - z_0)z'_0 = 0.$$

718. Désignons maintenant par X, Y, Z les coordonnées courantes, par x, y, z les coordonnées du point M et par t la valeur du paramètre relative à ce point; les équations de la tangente peuvent alors s'écrire

$$\frac{X - x}{x'} = \frac{Y - y}{y'} = \frac{Z - z}{z'},$$

x', y', z' désignant les dérivées de x, y, z par rapport à t pour la valeur t qui correspond au point de contact, ou encore

$$\frac{X - x}{dx} = \frac{Y - y}{dy} = \frac{Z - z}{dz},$$

dx, dy, dz étant les différentielles de x, y, z pour la même valeur de t.

Plan osculateur.

719. Soit MT la tangente en un point M d'une courbe gauche et M′ un point de la courbe voisin du point M. On appelle *plan osculateur* à la courbe au point M la limite du plan qui passe par la droite MT et le point M′ quand le point M′ se rapproche indéfiniment du point M. Soient

$$x = f(t), \qquad y = \varphi(t), \qquad z = \psi(t)$$

les équations paramétriques de la courbe; désignons par t la valeur du paramètre relative au point M et par x, y, z les coordonnées de ce point. La tangente en ce point a pour paramètres directeurs $x' = f'(t)$, $y' = \varphi'(t)$, $z' = \psi'(t)$.

Un plan quelconque passant par le point M a pour équation

$$(1) \qquad A(X - x) + B(Y - y) + C(Z - z) = 0,$$

et pour qu'il passe par la tangente, il faut qu'on ait

$$(2) \qquad Af'(t) + B\varphi'(t) + C\psi'(t) = 0.$$

Soit $t + h$ la valeur du paramètre relative au point M'; écrivons que le plan passe par le point M', nous avons

$$(3) \quad A[f(t + h) - f(t)] + B[\varphi(t + h) - \varphi(t)] + C[\psi(t + h) - \psi(t)] = 0.$$

Le plan MTM' est représenté par l'équation (1), A, B, C étant définis par les relations (2) et (3). Nous allons transformer la relation (3). Pour cela, développons $f(t + h)$ par la formule de Taylor; nous avons

$$f(t + h) - f(t) = hf'(t) + \frac{h^2}{2} f''(t + \theta h),$$

et des formules analogues pour $\varphi(t + h) - \varphi(t)$ et $\psi(t + h) - \psi(t)$; de sorte que la relation (3) peut s'écrire

$$h[Af'(t) + B\varphi'(t) + C\psi'(t)] + \frac{h^2}{2}[Af''(t + \theta h) + B\varphi''(t + \theta_1 h)$$
$$+ C\psi''(t + \theta_2 h)] = 0,$$

ou, en tenant compte de la relation (2) et en divisant par $\frac{h^2}{2}$,

$$(3) \qquad Af''(t + \theta h) + B\varphi''(t + \theta_1 h) + C\psi''(t + \theta_2 h) = 0.$$

Quand h tend vers zéro le premier membre de cette équation a pour limite $Af''(t) + B\varphi''(t) + C\psi''(t)$; par suite, on voit que le plan osculateur est représenté par l'équation

$$A(X - x) + B(Y - y) + C(Z - z) = 0,$$

A, B, C étant déterminés par les équations

$$Af'(t) + B\varphi'(t) + C\psi'(t) = 0,$$
$$Af''(t) + B\varphi''(t) + C\psi''(t) = 0.$$

En éliminant A, B, C entre ces trois équations, nous obtenons pour équation du plan osculateur

$$\begin{vmatrix} X - x & Y - y & Z - z \\ f'(t) & \varphi'(t) & \psi'(t) \\ f''(t) & \varphi''(t) & \psi''(t) \end{vmatrix} = 0,$$

ou, plus simplement,

$$\begin{vmatrix} X - x & Y - y & Z - z \\ x' & y' & z' \\ x'' & y'' & z'' \end{vmatrix} = 0,$$

ou, en développant,

$$(X - x)(y'z'' - z'y'') + (Y - y)(z'x'' - x'z'') + (Z - z)(x'y'' - y'x'') = 0.$$

720. Autre définition. — Le plan osculateur peut encore se définir de la manière suivante.

Considérons le plan passant par la tangente MT et parallèle à la tangente M′T′ au point M′; la limite de ce plan quand le point M′ se rapproche indéfiniment du point M est le plan osculateur au point M.

En effet, un plan quelconque passant par la tangente MT a pour équation

$$(1) \qquad A(X - x) + B(Y - y) + C(Z - z) = 0,$$

A, B, C vérifiant la relation,

$$(2) \qquad Af'(t) + B\varphi'(t) + C\psi'(t) = 0.$$

D'autre part, les paramètres directeurs de la tangente au point M′ sont $f'(t + h)$, $\varphi'(t + h)$, $\psi'(t + h)$; par suite, pour que le plan (1) soit parallèle à cette tangente il faut qu'on ait

$$Af'(t + h) + B\varphi'(t + h) + C\psi'(t + h) = 0,$$

ce qu'on peut écrire

$$A[f'(t) + hf''(t + \theta h)] + B[\varphi'(t) + h\varphi''(t + \theta_1 h)]$$
$$+ C[\psi'(t) + h\psi''(t + \theta_2 h)] = 0,$$

ou, en tenant compte de la relation (2),

$$(3) \qquad Af''(t + \theta h) + B\varphi''(t + \theta_1 h) + C\psi''(t + \theta_2 h) = 0.$$

Le plan mené par la droite MT parallèlement à M′T′ est donc représenté par l'équation (1), A, B, C étant définis par les équations (2) et (3). On voit alors que lorsque h tend vers zéro, ce plan a pour limite le plan osculateur.

721. Théorème. — *De tous les plans passant par la tangente au point M, le plan osculateur est le seul qui traverse la courbe en ce point.*

Soit

$$(1) \qquad A[X - f(t)] + B[Y - \varphi(t)] + C[Z - \psi(t)] = 0$$

l'équation d'un plan quelconque passant par la tangente au point M, nous avons alors

$$(2) \qquad Af'(t) + B\varphi'(t) + C\psi'(t) = 0.$$

Remplaçons dans le premier membre de l'équation du plan X, Y, Z par les coordonnées $f(t + h)$, $\varphi(t + h)$, $\psi(t + h)$ du point M′, et désignons par ω le résultat de substitution; nous pouvons écrire

$$\omega = A[f(t + h) - f(t)] + B[\varphi(t + h) - \varphi(t)] + C[\psi(t + h) - \psi(t)],$$

ou, en développant $f(t + h)$, $\varphi(t + h)$, $\psi(t + h)$ par la formule de Taylor,

$$\omega = \frac{h^2}{2}[Af''(t) + B\varphi''(t) + C\psi''(t) + \varepsilon],$$

ε ayant pour limite zéro quand h tend vers zéro.

1° Supposons $Af''(t) + B\varphi''(t) + C\psi''(t) \neq 0$, le plan considéré n'est pas le plan osculateur.

Puisque ε tend vers zéro en même temps que h, il existe un nombre positif α tel que pour toutes les valeurs de h moindres que α en valeur absolue, ε soit moindre en valeur absolue que

$$Af''(t) + B\varphi''(t) + C\psi''(t);$$

par suite, quand h varie de $-\alpha$ à $+\alpha$, ω a le signe de

$$\frac{h^2}{2}[Af''(t) + B\varphi''(t) + C\psi''(t)].$$

Or, quand h varie de $-\alpha$ à $+\alpha$, le point M' décrit la courbe dans le même sens, coïncidant avec le point M pour $h = 0$. Dans ces conditions, ω conserve le même signe; par suite, le point M' est toujours d'un même côté du plan, le plan ne traverse pas la courbe au point M.

2° Supposons maintenant $Af''(t) + B\varphi''(t) + C\psi''(t) = 0$, le plan (1) est le plan osculateur. Nous avons alors, en prenant un terme de plus dans le développement de Taylor,

$$\omega = \frac{h^3}{3!}[Af'''(t) + B\varphi'''(t) + C\psi'''(t) + \varepsilon_1].$$

Il existe un nombre positif α tel que lorsque h varie de $-\alpha$ à $+\alpha$, ω ait le signe de $\frac{h^3}{3!}[Af'''(t) + B\varphi'''(t) + C\psi'''(t)]$. On voit ainsi que ω change de signe en même temps que h; par suite, quand h varie de $-\alpha$ à zéro, le point M' est situé d'un côté du plan, mais quand h varie de zéro à $+\alpha$, ce point est de l'autre côté.

Le plan osculateur traverse donc la courbe au point M.

722. REMARQUE. — Le raisonnement est en défaut si l'on a

$$Af'''(t) + B\varphi'''(t) + C\psi'''(t) = 0,$$

car alors ω peut s'écrire

$$\omega = \frac{h^4}{4!}[Af^{IV}(t) + B\varphi^{IV}(t) + C\psi^{IV}(t) + \varepsilon_2],$$

et le plan osculateur ne traverse pas la courbe au point M.

On dit dans ce cas que le *plan osculateur est stationnaire*.

Pour que le plan osculateur au point M soit stationnaire, il faut donc que les valeurs de A, B, C qui vérifient les équations

$$Af''(t) + B\varphi'(t) + C\psi'(t) = 0,$$
$$Af''(t) + B\varphi''(t) + C\psi''(t) = 0,$$

vérifient aussi la relation

$$Af'''(t) + B\varphi'''(t) + C\psi'''(t) = 0;$$

on doit donc avoir

$$\begin{vmatrix} f'(t) & \varphi'(t) & \psi'(t) \\ f''(t) & \varphi''(t) & \psi''(t) \\ f'''(t) & \varphi'''(t) & \psi'''(t) \end{vmatrix} = 0.$$

Cette équation admet comme racines les valeurs de t qui correspondent aux points de la courbe où le plan osculateur est stationnaire (*).

723. Si on prend h comme infiniment petit principal, on voit aisément que la distance du point M' à un plan quelconque passant par la tangente MT est un infiniment petit du deuxième ordre, tandis que la distance du même point au plan osculateur en M est un infiniment petit du troisième ordre, et même cette distance est d'ordre supérieur à 3 si le plan osculateur est stationnaire; c'est ce qu'on peut exprimer en disant que de tous les plans qui passent par la tangente MT, le plan osculateur est celui qui s'approche le plus de la courbe.

724. La tangente en un point M d'une courbe peut être définie comme une droite passant par le point M et rencontrant la courbe en deux points confondus en ce point; par suite, si on se reporte à la première définition du plan osculateur (719), on voit que le plan osculateur en un point M peut être défini comme un plan passant par le point M et rencontrant la courbe en trois points confondus en ce point.

De cette définition on déduit une nouvelle méthode pour former l'équation du plan osculateur en un point d'une courbe unicursale.

Considérons la courbe unicursale définie par les équations

$$x = f(t), \qquad y = \varphi(t), \qquad z = \psi(t),$$

$f(t)$, $\varphi(t)$ et $\psi(t)$ désignant des fonctions rationnelles.

Un plan quelconque

(1) $$Ax + By + Cz + D = 0$$

rencontre cette courbe en un certain nombre de points dont les t sont racines de l'équation

$$Af(t) + B\varphi(t) + C\psi(t) + D = 0,$$

qui peut se mettre sous la forme

(2) $$F(t) = 0,$$

$F(t)$ étant un polynome, et le degré de ce polynome est égal au degré de la courbe (611).

(*) On démontre que si cette relation est vérifiée quel que soit t, la courbe est plane.

Pour que le plan (1) soit osculateur à la courbe en un point M correspondant à la valeur $t = t_0$, il faut que l'équation (2) admette la racine triple t_0, c'est-à-dire que son premier membre soit divisible par $(t - t_0)^3$. En exprimant cette condition on obtiendra trois équations permettant de calculer à un facteur près les coefficients A, B, C, D.

Dans certains cas particuliers, cette méthode est plus simple que la méthode générale.

EXEMPLE. — Considérons la courbe définie par les équations
$$x = t, \qquad y = t^2, \qquad z = t^3.$$
Elle rencontre le plan (1) en trois points dont les t sont racines de l'équation
$$At + Bt^2 + Ct^3 + D = 0.$$
La courbe est donc du troisième degré.

Pour que cette équation admette trois fois la racine t_0, il faut qu'on ait l'identité
$$At + Bt^2 + Ct^3 + D \equiv C(t - t_0)^3;$$
on en déduit
$$A = 3Ct_0^2, \qquad B = -3Ct_0, \qquad D = -Ct_0^3.$$
Il en résulte que le plan osculateur au point t_0 a pour équation
$$3t_0^2 x - 3t_0 y + z - t_0^3 = 0.$$
Comme vérification, appliquons la méthode générale.

Nous avons
$$x' = 1, \qquad y' = 2t, \qquad z' = 3t^2,$$
$$x'' = 0, \qquad y'' = 2, \qquad z'' = 6t,$$
et par suite
$$y'z'' - z'y'' = 6t^2, \qquad z'x'' - x'z'' = -6t, \qquad x'y'' - y'x'' = 2.$$
L'équation du plan osculateur au point t_0 est donc
$$6t_0^2(x - t_0) - 6t_0(y - t_0^2) + 2(z - t_0^3) = 0,$$
ou
$$3t_0^2 x - 3t_0 y + z - t_0^3 = 0.$$

Longueur d'un arc de courbe.

725. La longueur d'un arc AB d'une courbe gauche se définit et se calcule comme pour une courbe plane (297).

Soient
$$x = f(t), \qquad y = \varphi(t), \qquad z = \psi(t)$$
les équations paramétriques de la courbe; désignons par a et b les valeurs de t relatives aux points A et B $(a < b)$. Nous supposerons que lorsque t croît de a à b, le point (x, y) décrit l'arc AB dans le même sens.

En suivant pas à pas la démonstration du n° 297, on voit aisément que la longueur s de l'arc de courbe AB est donnée par la formule (les axes de coordonnées étant rectangulaires)

$$s = \int_a^b \sqrt{f'^2(t) + \varphi'^2(t) + \psi'^2(t)}\, dt.$$

On en déduit que l'arc s compris entre un point fixe A et un point variable M correspondant à la valeur t du paramètre est une fonction de t ayant pour dérivée

$$\frac{ds}{dt} = \pm \sqrt{f'^2(t) + \varphi'^2(t) + \psi'^2(t)}$$

et dont la différentielle est donnée par la formule

$$ds^2 = dx^2 + dy^2 + dz^2.$$

726. Théorème. — *Le rapport de l'arc à la corde a pour limite 1 quand l'arc tend vers zéro.*

Même démonstration qu'au n° 298.

Courbure.

727. Considérons une courbe gauche quelconque; soient M et M′ deux points voisins de cette courbe, MT et M′T′ les tangentes en ces points dans un même sens de circulation. L'angle ε des deux demi-droites MT et M′T′ est appelé l'*angle de contingence*.

Cela posé, on appelle *courbure moyenne* de l'arc MM′ le rapport $\dfrac{\varepsilon}{\text{arc MM′}}$.

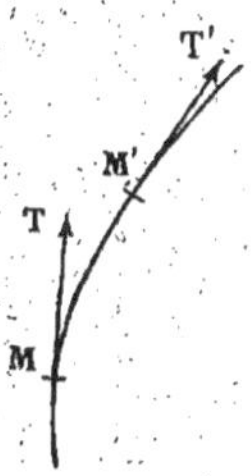

Si quand le point M′ se rapproche indéfiniment du point M, ce rapport a une limite, cette limite est par définition la *courbure de la courbe au point* M, et l'inverse de la courbure est appelé le *rayon de courbure au point* M.

Soient

$$x = f(t), \qquad y = \varphi(t), \qquad z = \psi(t)$$

Fig. 213.

les équations paramétriques de la courbe.

Choisissons arbitrairement sur la courbe un point fixe O et un sens de circulation que nous appellerons le sens positif. A tout point M de la courbe on peut faire correspondre un nombre algébrique s, ayant pour valeur absolue la longueur de l'arc OM et pour signe le signe $+$ si un mobile décrivant la courbe de O vers M se déplace dans le sens positif et le signe $-$ dans le cas contraire. Le nombre s est appelé l'*abscisse curviligne* du point M.

Comme à toute valeur de t correspond un point M de la courbe, s est une fonction de t dont la dérivée est donnée par la formule

$$\frac{ds}{dt} = \pm \sqrt{f'^2(t) + \varphi'^2(t) + \psi'^2(t)},$$

en prenant dans le second membre le signe $+$ ou le signe $-$ suivant que s varie dans le même sens que t ou en sens contraire.

Soit t la valeur du paramètre relative au point M, s l'abscisse curviligne de ce point; les paramètres directeurs de la tangente au point M sont

$$x' = f'(t), \qquad y' = \varphi'(t), \qquad z' = \psi'(t).$$

Donnons à t un accroissement Δt, s prend un accroissement Δs, positif ou négatif, et x', y', z' prennent des accroissements $\Delta x'$, $\Delta y'$ et $\Delta z'$.

Si l'on désigne par M$'$ le point de la courbe correspondant à la valeur $t + \Delta t$, on a

$$\text{arc MM}' = |\Delta s|$$

et les paramètres directeurs de la tangente au point M$'$ sont

$$x' + \Delta x', \; y' + \Delta y', \; z' + \Delta z'.$$

La courbure au point M est la limite de $\dfrac{\varepsilon}{|\Delta s|}$ quand Δt tend vers zéro, ε étant l'angle infiniment petit des tangentes en M et M$'$.

Comme ε et $\sin\varepsilon$ sont des infiniment petits équivalents, on peut remplacer ε par $\sin\varepsilon$, et chercher la limite de $\dfrac{\sin\varepsilon}{|\Delta s|}$ ou de

$$\left| \frac{\dfrac{\sin\varepsilon}{\Delta t}}{\dfrac{\Delta s}{\Delta t}} \right|.$$

Or $\left| \dfrac{\Delta s}{\Delta t} \right|$ a pour limite $\left| \dfrac{ds}{dt} \right|$ ou $\sqrt{x'^2 + y'^2 + z'^2}$; tout revient donc à chercher la limite de $\left| \dfrac{\sin\varepsilon}{\Delta t} \right|$.

Nous avons (649)

$$\sin^2\varepsilon = \frac{[y'(z'+\Delta z')-z'(y'+\Delta y')]^2+[z'(x'+\Delta x')-x'(z'+\Delta z')]^2+[x'(y'+\Delta y')-y'(x'+\Delta x')]^2}{(x'^2+y'^2+z'^2)[(x'+\Delta x')^2+(y'+\Delta y')^2+(z'+\Delta z')^2]}$$

ou

$$\sin^2\varepsilon = \frac{(y'\Delta z' - z'\Delta y')^2 + (z'\Delta x' - x'\Delta z')^2 + (x'\Delta y' - y'\Delta x')^2}{(x'^2+y'^2+z'^2)[(x'+\Delta x')^2+(y'+\Delta y')^2+(z'+\Delta z')^2]}.$$

Divisons les deux membres par $(\Delta t)^2$; nous obtenons

$$\left(\frac{\sin\varepsilon}{\Delta t}\right)^2 = \frac{\left(y'\dfrac{\Delta z'}{\Delta t} - z'\dfrac{\Delta y'}{\Delta t}\right)^2 + \left(z'\dfrac{\Delta x'}{\Delta t} - x'\dfrac{\Delta z'}{\Delta t}\right)^2 + \left(x'\dfrac{\Delta y'}{\Delta t} - y'\dfrac{\Delta x'}{\Delta t}\right)^2}{(x'^2+y'^2+z'^2)[(x'+\Delta x')^2+(y'+\Delta y')^2+(z'+\Delta z')^2]}.$$

Quand Δt tend vers zéro, $\Delta x'$, $\Delta y'$, $\Delta z'$ tendent vers zéro, et $\dfrac{\Delta x'}{\Delta t}$, $\dfrac{\Delta y'}{\Delta t}$, $\dfrac{\Delta z'}{\Delta t}$ ont respectivement pour limites les dérivées secondes x'', y'', z'' de x, y, z par rapport à t.

On a donc

$$\lim\left(\frac{\sin\varepsilon}{\Delta t}\right)^2 = \frac{(y'z'' - z'y'')^2 + (z'x'' - x'z'')^2 + (x'y'' - y'x'')^2}{(x'^2 + y'^2 + z'^2)^2};$$

Au numérateur nous avons en évidence les coefficients de l'équation du plan osculateur; nous poserons selon l'usage

$$y'z'' - z'y'' = A, \qquad z'x'' - x'z'' = B, \qquad x'y'' - y'x'' = C,$$

et en extrayant la racine, nous avons

$$\lim\left|\frac{\sin\varepsilon}{\Delta t}\right| = \frac{\sqrt{A^2 + B^2 + C^2}}{x'^2 + y'^2 + z'^2}.$$

Divisons alors par la limite de $\left|\dfrac{\Delta s}{\Delta t}\right|$, c'est-à-dire par $\sqrt{x'^2 + y'^2 + z'^2}$, nous obtenons en définitive

$$\lim\left|\frac{\varepsilon}{\Delta s}\right| = \frac{\sqrt{A^2 + B^2 + C^2}}{(x'^2 + y'^2 + z'^2)^{\frac{3}{2}}}.$$

La courbure au point M est donc égale à $\dfrac{\sqrt{A^2 + B^2 + C^2}}{(x'^2 + y'^2 + z'^2)^{\frac{3}{2}}}$, et le rayon de courbure ρ est donné par la formule

$$\rho = \frac{(x'^2 + y'^2 + z'^2)^{\frac{3}{2}}}{\sqrt{A^2 + B^2 + C^2}}.$$

728. REMARQUE. — Si l'on prend l'abscisse curviligne comme variable indépendante, cette formule se simplifie beaucoup.

Supposons en effet que t soit égal à s; alors $\dfrac{ds}{dt}$ est égal à 1, et en désignant par x', y', z' les dérivées de x, y, z par rapport à s, on a

$$x'^2 + y'^2 + z'^2 = 1,$$

et, en différentiant par rapport à s,

$$x'x'' + y'y'' + z'z'' = 0;$$

x'', y'', z'' étant les dérivées secondes de x, y, z par rapport à s.

Mais on a, d'après la formule de Lagrange (603),

$$(y'z'' - z'y'')^2 + (z'x'' - x'z'')^2 + (x'y'' - y'x'')^2$$
$$= (x'^2 + y'^2 + z'^2)(x''^2 + y''^2 + z''^2) - (x'x'' + y'y'' + z'z'')^2,$$

et par suite

$$A^2 + B^2 + C^2 = x''^2 + y''^2 + z''^2.$$

Il en résulte que la valeur du rayon de courbure est

$$\rho = \frac{1}{\sqrt{x''^2 + y''^2 + z''^2}},$$

ce qu'on peut encore écrire

$$\frac{1}{\rho^2} = \left(\frac{d^2x}{ds^2}\right)^2 + \left(\frac{d^2y}{ds^2}\right)^2 + \left(\frac{d^2z}{ds^2}\right)^2.$$

729. Soit P le plan osculateur au point M; il contient la tangente MT. Par cette tangente, menons un plan Q perpendiculaire au plan P; d'après ce que nous avons vu précédemment (721), la courbe aux environs du point M est située d'un même côté du plan Q. Par le point M, traçons une demi-droite Mh perpendiculaire au plan Q et située par rapport à ce plan du même côté que la courbe (*fig.* 214). Cette demi-droite est située dans le plan osculateur et elle est normale à la courbe au point M; c'est par définition la *normale principale* au point M.

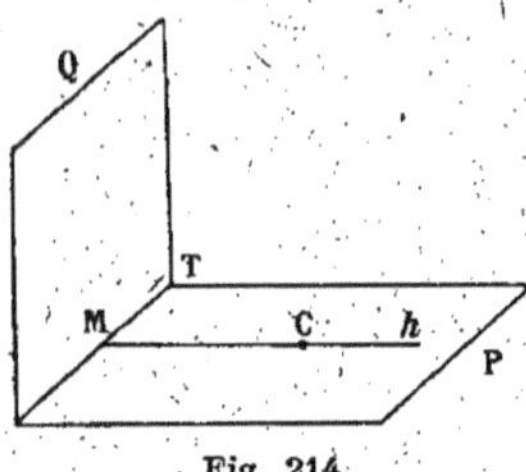

. Fig. 214.

Si l'on prend sur la demi-droite Mh une longueur MC égale au rayon de courbure, le point C est appelé le *centre de courbure* au point M, et le cercle qui a pour centre le point C et pour rayon le rayon de courbure est appelé le *cercle de courbure* ou le *cercle osculateur* à la courbe au point M. Ce cercle est tangent en M à la droite MT.

Soit M′ un point de la courbe voisin du point M; on démontre que le cercle tangent en M à la droite MT et passant par le point M′ a pour limite le cercle osculateur quand le point M′ se rapproche indéfiniment du point M.

Hélice circulaire.

730. Soit (C) une courbe plane quelconque située dans un plan (π); si de chaque point P de cette courbe on porte sur la perpendiculaire au plan (π) une longueur PM proportionnelle à l'arc de la courbe (C), compté à partir d'un point fixe A, le lieu du point M est une courbe gauche appelée *hélice*.

Il résulte de cette définition que l'hélice est située sur le cylindre qui admet la courbe (C) comme section droite.

Si la courbe (C) est un cercle, on dit que l'hélice est *circulaire*.

Nous allons appliquer les formules précédentes à l'hélice circulaire, et pour cela, nous commencerons par exprimer les coordonnées d'un point quelconque de la courbe en fonction d'un paramètre.

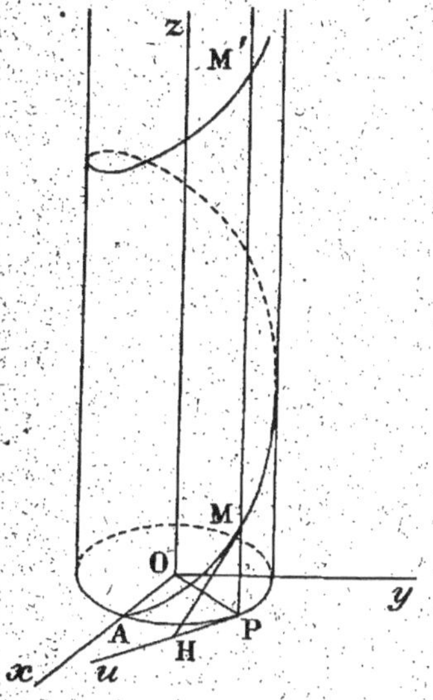

Prenons pour axes des x et des y deux diamètres rectangulaires du cercle (C), l'axe des x passant par le point A, et pour axe des z une perpendiculaire au plan du cercle. Nous poserons $OA = a$. L'hélice est alors tracée sur un cylindre de révolution ayant pour axe Oz et pour rayon a.

Soient M un point de l'hélice, P sa projection sur le plan des xy; par définition, on a

$$PM = k.\text{arc} AP,$$

k désignant une constante (*fig.* 215).

Nous prendrons comme paramètre variable l'angle que fait OP avec OA, et nous poserons

$$t = (\widehat{OA, OP});$$

nous avons alors arc $AP = at$, et par suite la cote du point M est $z = kat$.

D'autre part, l'abscisse et l'ordonnée de M sont égales à l'abscisse et à l'ordonnée du point P, c'est-à-dire à $a \cos t$ et $a \sin t$; il en résulte que les coordonnées d'un point quelconque de l'hélice sont

$$x = a \cos t, \qquad y = a \sin t, \qquad z = bt,$$

b désignant le produit ka.

Si on augmente t de 2π, x et y ne changent pas, mais z augmente de $2b\pi$; on obtient alors le point M′ situé sur MP et tel que l'on ait

$$MM' = 2b\pi.$$

Cette quantité $2b\pi$ est appelée le *pas* de l'hélice.

Tangente. — Nous avons

$$x' = -a \sin t, \qquad y' = a \cos t, \qquad z' = b;$$

par suite les équations de la tangente au point M sont

$$\frac{x - a \cos t}{-a \sin t} = \frac{y - a \sin t}{a \cos t} = \frac{z - bt}{b}.$$

Cette droite a pour cosinus directeurs

$$\frac{-a \sin t}{\sqrt{a^2 + b^2}}, \qquad \frac{a \cos t}{\sqrt{a^2 + b^2}}, \qquad \frac{b}{\sqrt{a^2 + b^2}};$$

ce dernier étant indépendant de t, on voit que la *tangente en un point de l'hélice fait un angle constant avec l'axe du cylindre.*

Sous-tangente. — Soit H le point de rencontre de la tangente et du plan des xy. Le segment PH est appelé la *sous-tangente*; ce segment est tangent au cercle au point P.

En faisant $z = 0$ dans les équations de la tangente, on obtient les coordonnées du point H,

$$x = a(\cos t + t \sin t), \qquad y = a(\sin t - t \cos t),$$

ou

$$x = a \cos t + at \cos\left(t - \frac{\pi}{2}\right); \qquad y = a \sin t + at \sin\left(t - \frac{\pi}{2}\right).$$

Or, $a \cos t$ et $a \sin t$ sont les coordonnées du point P, et

$$\cos\left(t - \frac{\pi}{2}\right), \qquad \sin\left(t - \frac{\pi}{2}\right)$$

sont les cosinus directeurs de la demi-droite Pu tangente au cercle au point P, et dirigée dans le sens négatif d'orientation du plan xOy.

Les formules précédentes nous montrent que le point H est sur la demi-droite Pu et que l'on a

$$PH = at = \text{arc AP}.$$

Plan osculateur. — On a

$$x' = - a \sin t, \qquad y' = a \cos t, \qquad z' = b,$$
$$x'' = - a \cos t, \qquad y'' = - a \sin t, \qquad z'' = 0,$$

et par suite, les coefficients de l'équation du plan osculateur sont

$$y'z'' - z'y'' = ab \sin t, \qquad z'x'' - x'z'' = - ab \cos t, \qquad x'y'' - y'x'' = a^2;$$

il en résulte que l'équation du plan osculateur est

$$b \sin t(x - a \cos t) - b \cos t(y - a \sin t) + a(z - bt) = 0,$$

ou

$$b(x \sin t - y \cos t) + a(z - bt) = 0.$$

Or, la normale au cylindre au point M est parallèle au rayon OP; il en résulte que les équations de cette normale sont

$$x \sin t - y \cos t = 0, \qquad z - bt = 0.$$

On en conclut que *le plan osculateur en un point M d'une hélice passe par la normale au cylindre en ce point*, ou encore que *la normale principale en un point d'une hélice coïncide avec la normale au cylindre en ce point.*

Rectification de l'hélice. — Nous avons

$$dx = - a \sin t \, dt, \qquad dy = a \cos t \, dt, \qquad dz = b \, dt;$$

nous en déduisons

$$ds^2 = dx^2 + dy^2 + dz^2 = (a^2 + b^2) \, dt^2,$$

ou

$$ds = dt \sqrt{a^2 + b^2},$$

en supposant que s varie dans le même sens que t.

Prenons pour origine des arcs le point A; alors pour $t = 0$, on a $s = 0$; si on intègre la formule précédente on obtient

$$s = t \sqrt{a^2 + b^2}.$$

On voit ainsi que l'arc AM de l'hélice est proportionnel à l'arc AP du cercle.

Dans le triangle rectangle HPM (*fig.* 215), on a

$$\overline{HM}^2 = \overline{MP}^2 + \overline{PH}^2 = b^2t^2 + a^2t^2 = (a^2 + b^2) t^2;$$

on en conclut que MH est égal à la longueur de l'arc AM.

Rayon de courbure. — Le rayon de courbure ρ est donné par la formule

$$\rho = \frac{(x'^2 + y'^2 + z'^2)^{\frac{3}{2}}}{\sqrt{A^2 + B^2 + C^2}}.$$

Nous avons

$$x' = -a \sin t, \qquad y' = a \cos t, \qquad z' = b,$$

et, par suite,

$$x'^2 + y'^2 + z'^2 = a^2 + b^2.$$

D'autre part, nous avons obtenu plus haut

$$A = ab \sin t, \qquad B = -ab \cos t, \qquad C = a^2;$$

nous avons donc

$$A^2 + B^2 + C^2 = a^2(a^2 + b^2);$$

et nous en déduisons

$$\rho = \frac{a^2 + b^2}{a}.$$

On voit ainsi que le *rayon de courbure de l'hélice circulaire est constant.* On pourrait aussi, pour calculer ρ, utiliser la formule

$$\frac{1}{\rho^2} = \left(\frac{d^2x}{ds^2}\right)^2 + \left(\frac{d^2y}{ds^2}\right)^2 + \left(\frac{d^2z}{ds^2}\right)^2.$$

Calculons d'abord x, y, z en fonction de s; nous avons

$$t = \frac{s}{\sqrt{a^2 + b^2}},$$

et par suite, en posant $a^2 + b^2 = c^2$,

$$x = a \cos \frac{s}{c}, \qquad y = a \sin \frac{s}{c}, \qquad z = b \frac{s}{c},$$

puis

$$\frac{dx}{ds} = -\frac{a}{c} \sin \frac{s}{c}, \qquad \frac{dy}{ds} = \frac{a}{c} \cos \frac{s}{c}, \qquad \frac{dz}{ds} = \frac{b}{c},$$

$$\frac{d^2x}{ds^2} = -\frac{a}{c^2} \cos \frac{s}{c}, \qquad \frac{d^2y}{ds^2} = -\frac{a}{c^2} \sin \frac{s}{c}, \qquad \frac{d^2z}{ds^2} = 0.$$

Nous avons donc

$$\frac{1}{\rho^2} = \frac{a^2}{c^4} = \frac{a^2}{(a^2 + b^2)^2},$$

ou

$$\rho = \frac{a^2 + b^2}{a}.$$

CHAPITRE VIII

PLANS TANGENTS AUX SURFACES

731. Étant donné un point M d'une surface, on peut tracer sur la surface une infinité de courbes passant par le point M ; nous allons démontrer que les tangentes à toutes ces courbes au point M sont en général situées dans un même plan qu'on appelle le *plan tangent* à la surface au point M.

Soit

$$f(x, y, z) = 0$$

l'équation de la surface, $f(x, y, z)$ étant une fonction continue des variables x, y, z, admettant des dérivées partielles de tous les ordres.

Désignons par x_0, y_0, z_0 les coordonnées du point M ; nous avons

$$f(x_0, y_0, z_0) = 0.$$

Imaginons une courbe quelconque tracée sur la surface et passant par le point M ; les coordonnées x, y, z d'un point de cette courbe peuvent être considérées comme fonctions d'un paramètre t, et vérifient, quel que soit t, l'équation de la surface. De plus, la courbe passant au point M, il existe une valeur de t, t_0 par exemple, pour laquelle x, y, z prennent respectivement les valeurs x_0, y_0, z_0.

Soient x', y', z' les dérivées de x, y, z par rapport à t, et x'_0, y'_0, z'_0 les valeurs de ces dérivées pour $t = t_0$, les équations de la tangente à la courbe au point M sont

$$(1) \qquad \frac{x - x_0}{x'_0} = \frac{y - y_0}{y'_0} = \frac{z - z_0}{z'_0}.$$

Or, la fonction $f(x, y, z)$ étant nulle quel que soit t, sa dérivée par rapport à t est également nulle pour toutes les valeurs de t, et nous avons

$$x'f'_x + y'f'_y + z'f'_z = 0 ;$$

pour $t = t_0$, cette identité devient

$$(2) \qquad x'_0 f'_{x_0} + y'_0 f'_{y_0} + z'_0 f'_{z_0} = 0.$$

Pour avoir le lieu géométrique engendré par la tangente (1) quand la courbe varie, il faut éliminer x'_0, y'_0, z'_0 entre les équations (1) et (2). Nous obtenons ainsi

$$(x - x_0)f'_{x_0} + (y - y_0)f'_{y_0} + (z - z_0)f'_{z_0} = 0 ;$$

cette équation représente un plan, c'est le plan tangent à la surface au point M.

732. Le théorème est en défaut si f'_{x_0}, f'_{y_0} et f'_{z_0} sont nuls en même temps. On démontre que dans ce cas les tangentes au point M à toutes les courbes tracées sur la surface et passant par ce point sont situées sur un cône ayant pour sommet le point M. On dit alors que ce point est un *point conique* ou un *point singulier* de la surface. Nous laisserons de côté ce cas particulier.

733. Si l'équation de la surface se présente sous la forme

$$\varphi(P, Q, \ldots) = 0,$$

P et Q désignant des fonctions linéaires de x, y, z, l'équation du plan tangent au point (x_0, y_0, z_0) peut s'écrire

$$(P - P_0)\varphi'_{P_0} + (Q - Q_0)\varphi'_{Q_0} + \ldots = 0,$$

et, dans le cas particulier où la fonction $\varphi(P, Q, \ldots)$ est homogène par rapport à P, Q ..., cette équation devient

$$P\varphi'_{P_0} + Q\varphi'_{Q_0} + \ldots = 0.$$

Même démonstration qu'en géométrie plane (232 et 236).

734. **Normales.** — On appelle normale en un point M d'une surface la perpendiculaire menée par le point M au plan tangent en ce point.

Proposons-nous de trouver les équations de la normale au point (x_0, y_0, z_0) de la surface $f(x, y, z) = 0$, en supposant que les axes de coordonnées soient rectangulaires.

Le plan tangent au point (x_0, y_0, z_0) a pour équation

$$(x - x_0)f'_{x_0} + (y - y_0)f'_{y_0} + (z - z_0)f'_{z_0} = 0 ;$$

par suite, les équations de la normale sont

$$\frac{x - x_0}{f'_{x_0}} = \frac{y - y_0}{f'_{y_0}} = \frac{z - z_0}{f'_{z_0}}.$$

735. Plans tangents au cylindre. — *Le plan tangent au cylindre est le même en tous les points d'une génératrice.*

Soit $f(P, Q) = 0$ l'équation du cylindre, P et Q désignant des fonctions linéaires.

Considérons une génératrice $P = \lambda$, $Q = \mu$, λ et μ vérifiant la relation $f(\lambda, \mu) = 0$, et soient x_0, y_0, z_0 les coordonnées d'un point situé sur cette génératrice ; nous avons $P_0 = \lambda$, $Q_0 = \mu$.

Le plan tangent en ce point a pour équation

$$(P - P_0)f'_{P_0} + (Q - Q_0)f'_{Q_0} = 0,$$

ce qu'on peut écrire

$$(P - \lambda)f'_\lambda(\lambda, \mu) + (Q - \mu)f'_\mu(\lambda, \mu) = 0.$$

On voit ainsi que ce plan est indépendant du point choisi sur la génératrice.

736. Plans tangents au cône. — *Le plan tangent au cône est le même en tous les points d'une génératrice.*

Soit $f(P, Q, R) = 0$ l'équation du cône, le premier membre étant une fonction homogène des polynomes linéaires P, Q, R.

Une génératrice de ce cône a pour équations

$$\frac{P}{\alpha} = \frac{Q}{\beta} = \frac{R}{\gamma},$$

α, β, γ vérifiant la relation $f(\alpha, \beta, \gamma) = 0$. Considérons un point (x_0, y_0, z_0) de cette génératrice ; nous avons

$$\frac{P_0}{\alpha} = \frac{Q_0}{\beta} = \frac{R_0}{\gamma},$$

et le plan tangent en ce point a pour équation

$$Pf'_{P_0} + Qf'_{Q_0} + Rf'_{R_0} = 0.$$

Or les fonctions f'_{P_0}, f'_{Q_0}, f'_{R_0}, sont homogènes par rapport à P_0, Q_0, R_0 ; on peut donc écrire l'équation du plan tangent sous la forme

$$Pf'_\alpha(\alpha, \beta, \gamma) + Qf'_\beta(\alpha, \beta, \gamma) + Rf'_\gamma(\alpha, \beta, \gamma) = 0 ;$$

il est indépendant du point choisi sur la génératrice.

737. Plans tangents aux surfaces de révolution. — *Le plan tangent en un point d'une surface de révolution est perpendiculaire au plan méridien du point de contact.*

Prenons pour axe Oz l'axe de révolution ; l'équation de la surface peut s'écrire

$$f(x, y, z) = \varphi(u, z) = 0,$$

en posant $u = x^2 + y^2$.

Le plan tangent en un point (x_0, y_0, z_0) de la surface a pour équation

$$(x - x_0)f'_{x_0} + (y - y_0)f'_{y_0} + (z - z_0)f'_{z_0} = 0.$$

Or, on a

$$f'_x = 2x\varphi'_u, \qquad f'_y = 2y\varphi'_u, \qquad f'_z = \varphi'_z,$$

et

$$f'_{x_0} = 2x_0\varphi'_{u_0}, \qquad f'_{y_0} = 2y_0\varphi'_{u_0}, \qquad f'_{z_0} = \varphi'_{z_0};$$

il en résulte que l'équation du plan tangent devient

$$2(x - x_0)x_0\varphi'_{u_0} + 2(y - y_0)y_0\varphi'_{u_0} + (z - z_0)\varphi'_{z_0} = 0,$$

ou

$$2xx_0\varphi'_{u_0} + 2yy_0\varphi'_{u_0} + z\varphi'_{z_0} - 2u_0\varphi'_{u_0} - z_0\varphi'_{z_0} = 0.$$

On reconnaît alors aisément que ce plan est perpendiculaire au plan méridien du point (x_0, y_0, z_0), lequel a pour équation

$$xy_0 - yx_0 = 0.$$

738. Théorème. — *Les plans tangents en tous les points d'un parallèle rencontrent l'axe au même point.*

Soient $u = \lambda$, $z = \mu$ les équations d'un parallèle; désignons par x_0, y_0, z_0 les coordonnées d'un point situé sur ce parallèle; nous avons $u_0 = \lambda$, $z_0 = \mu$.

Le plan tangent en ce point a pour équation

$$2(xx_0 + yy_0)\varphi'_{u_0} + z\varphi'_{z_0} - 2u_0\varphi'_{u_0} - z_0\varphi'_{z_0} = 0;$$

il rencontre Oz en un point dont la cote est égale à

$$\frac{2u_0\varphi'_{u_0} + z_0\varphi'_{z_0}}{\varphi'_{z_0}} \qquad \text{ou} \qquad \frac{2\lambda\varphi'_\lambda(\lambda, \mu) + \mu\varphi'_\mu(\lambda, \mu)}{\varphi'_\mu(\lambda, \mu)}.$$

Ce point est indépendant du point (x_0, y_0, z_0) choisi sur le parallèle; le théorème est démontré.

739. Théorème. — *Les normales en tous les points d'un parallèle rencontrent l'axe au même point.*

En conservant les notations du numéro précédent, la normale au point (x_0, y_0, z_0) a pour équations

$$\frac{x - x_0}{2x_0\varphi'_{u_0}} = \frac{y - y_0}{2y_0\varphi'_{u_0}} = \frac{z - z_0}{\varphi'_{z_0}};$$

en y faisant $x = y = 0$, ces équations se réduisent à une seule

$$\frac{z - z_0}{\varphi'_{z_0}} = - \frac{1}{2\varphi'_{u_0}},$$

ou

$$\frac{z - \mu}{\varphi'_\mu} = - \frac{1}{2\varphi'_\lambda}.$$

On voit ainsi que la normale rencontre Oz et que le point d'intersection est indépendant du point choisi sur le parallèle.

Plans tangents aux surfaces algébriques.

740. Dans le cas où la surface est algébrique, l'équation du plan tangent peut se mettre sous une forme très simple.

Soit

$$f(x, y, z) = 0$$

l'équation d'une surface algébrique, $f(x, y, z)$ désignant un polynome de degré m, et soient x_0, y_0, z_0 les coordonnées d'un point M de cette surface.

Le plan tangent en ce point a pour équation

$$(x - x_0)f'_{x_0} + (y - y_0)f'_{y_0} + (z - z_0)f'_{z_0} = 0.$$

ou

$$xf'_{x_0} + yf'_{y_0} + zf'_{z_0} - \left(x_0 f'_{x_0} + y_0 f'_{y_0} + z_0 f'_{z_0}\right) = 0.$$

Rendons homogène le polynome $f(x, y, z)$ au moyen d'une nouvelle variable t, dite variable d'homogénéité; nous obtenons un polynome homogène de degré m, $\varphi(x, y, z, t)$, défini par l'identité

$$\varphi(x, y, z, t) \equiv t^m f\left(\frac{x}{t}, \frac{y}{t}, \frac{z}{t}\right).$$

A ce polynome homogène nous pouvons appliquer la formule d'Euler, et nous avons

$$x\varphi'_x + y\varphi'_y + z\varphi'_z + t\varphi'_t \equiv m\varphi(x, y, z, t).$$

Si dans cette identité on fait $t = 1$, $\varphi(x, y, z, t)$, φ'_x, φ'_y, φ'_z se transforment respectivement en $f(x, y, z)$, f'_x, f'_y, f'_z; d'autre part, φ'_t se change en un certain polynome en x, y, z que nous désignerons par f'_t. L'identité précédente s'écrit alors

$$xf'_x + yf'_y + zf'_z + f'_t \equiv mf(x, y, z).$$

Remplaçons-y x, y, z par x_0, y_0, z_0 et remarquons que $f(x_0, y_0, z_0)$ est nul, puisque le point M est sur la surface; nous obtenons

$$x_0 f'_{x_0} + y_0 f'_{y_0} + z_0 f'_{z_0} + f'_{t_0} = 0.$$

et par suite

$$x_0 f'_{x_0} + y_0 f'_{y_0} + z_0 f'_{z_0} = - f'_{t_0}.$$

Il en résulte que l'équation du plan tangent peut s'écrire

$$x f'_{x_0} + y f'_{y_0} + z f'_{z_0} + f'_{t_0} = 0.$$

Pour calculer f'_{t_0}, on rend homogène le polynome $f(x, y, z)$, on prend la dérivée du polynome obtenu par rapport à la variable d'homogénéité; on remplace ensuite cette variable par 1, et x, y, z respectivement par x_0, y_0, z_0.

EXEMPLE. — Soit à former l'équation du plan tangent au point (x_0, y_0, z_0) à la sphère qui a pour équation

$$f(x, y, z) \equiv (x - a)^2 + (y - b)^2 + (z - c)^2 - R^2 = 0.$$

Nous avons

$$\frac{1}{2} f'_{x_0} = x_0 - a, \qquad \frac{1}{2} f'_{y_0} = y_0 - b, \qquad \frac{1}{2} f'_{z_0} = z_0 - c.$$

Pour calculer f'_t rendons homogène le premier membre,

$$(x - at)^2 + (y - bt)^2 + (z - ct)^2 - R^2 t^2,$$

et prenons la demi-dérivée par rapport à t; nous obtenons

$$- a (x - at) - b (y - bt) - c (z - ct) - R^2 t,$$

et, en faisant $t = 1$,

$$\frac{1}{2} f'_t = - a (x - a) - b (y - b) - c (z - c) - R^2,$$

et par suite

$$\frac{1}{2} f'_{t_0} = - a (x_0 - a) - b (y_0 - b) - c (z_0 - c) - R^2.$$

Il en résulte que l'équation du plan tangent est

$$x(x_0 - a) + y(y_0 - b) + z(z_0 - c) - a(x_0 - a) - b(y_0 - b) - c(z_0 - c) - R^2 = 0,$$

ou

$$(x - a)(x_0 - a) + (y - b)(y_0 - b) + (z - c)(z_0 - c) - R^2 = 0.$$

On déduit aisément de cette équation que le plan tangent est perpendiculaire au rayon qui passe par le point de contact.

CHAPITRE IX

GÉNÉRALITÉS SUR LES QUADRIQUES

741. Pour simplifier le langage, les surfaces du deuxième degré sont appelées *quadriques*.

L'équation générale des quadriques est

$$f(x, y, z) \equiv Ax^2 + A'y^2 + A''z^2 + 2Byz + 2B'zx + 2B''xy$$
$$+ 2Cx + 2C'y + 2C''z + D = 0.$$

Nous représenterons par $\varphi(x, y, z)$ l'ensemble des termes du deuxième degré en x, y, z

$$\varphi(x, y, z) \equiv Ax^2 + A'y^2 + A''z^2 + 2Byz + 2B'zx + 2B''xy,$$

et nous allons étudier les principales propriétés de cette fonction qui joue un rôle fort important dans la théorie des surfaces du second degré.

La fonction $\varphi(x, y, z)$ est un polynome homogène du deuxième degré, ou une forme quadratique à trois variables; elle jouit des mêmes propriétés que la fonction $F(x, y, z)$, que nous avons étudiée en géométrie plane (92).

Considérons les dérivées partielles de $\varphi(x, y, z)$

$$\frac{1}{2}\varphi'_x \equiv Ax + B''y + B'z,$$

$$\frac{1}{2}\varphi'_y \equiv B''x + A'y + Bz,$$

$$\frac{1}{2}\varphi'_z \equiv B'x + By + A''z;$$

le déterminant des coefficients

$$\Delta = \begin{vmatrix} A & B'' & B' \\ B'' & A' & B \\ B' & B & A'' \end{vmatrix} = AA'A'' + 2BB'B'' - AB^2 - A'B'^2 - A''B''^2$$

est le *discriminant* de la fonction $\varphi(x, y, z)$.

Nous désignerons par a, a', a'', b, b', b'' les coefficients des grandes lettres correspondantes dans le développement de Δ par rapport aux éléments des lignes ou des colonnes. Nous avons ainsi

$$a = A'A'' - B^2, \qquad b = B'B'' - AB,$$
$$a' = A''A - B'^2, \qquad b' = B''B - A'B',$$
$$a'' = AA' - B''^2, \qquad b'' = BB' - A''B'';$$

a, a', a'' sont les *mineurs principaux*.

Le déterminant

$$\Delta' = \begin{vmatrix} a & b'' & b' \\ b'' & a' & b \\ b' & b & a'' \end{vmatrix}$$

est le *déterminant adjoint* du discriminant Δ, et on vérifie aisément que les mineurs de Δ' sont liés aux éléments de Δ par les formules suivantes

$$(1) \quad \begin{cases} a'a'' - b^2 = A\Delta, & b'b'' - ab = B\Delta, \\ a''a - b'^2 = A'\Delta, & b''b - a'b' = B'\Delta, \\ aa' - b''^2 = A''\Delta, & bb' - a''b'' = B''\Delta. \end{cases}$$

742. *Si l'on a en même temps*

$$\Delta = 0, \qquad a + a' + a'' = 0,$$

tous les mineurs de Δ sont nuls.

Si Δ est nul, les formules (1) nous donnent

$$a'a'' - b^2 = 0, \qquad a''a - b'^2 = 0, \qquad aa' - b''^2 = 0.$$

D'autre part, nous avons

$$a + a' + a'' = 0,$$

et, en élevant au carré,

$$a^2 + a'^2 + a''^2 + 2a'a'' + 2a''a + 2aa' = 0.$$

Remplaçons $a'a''$, $a''a$, aa' respectivement par b^2, b'^2, b''^2, l'égalité devient

$$a^2 + a'^2 + a''^2 + 2b^2 + 2b'^2 + 2b''^2 = 0;$$

on en déduit

$$a = a' = a'' = b = b' = b'' = 0.$$

Donc, si tous les mineurs de Δ ne sont pas nuls, il y a au moins un mineur principal différent de zéro.

743. *Si tous les mineurs de Δ sont nuls, et si l'on a en outre*

$$A + A' + A'' = 0,$$

tous les éléments de Δ sont nuls.

Nous avons par hypothèse

$$A'A'' - B^2 = 0, \qquad A''A - B'^2 = 0, \qquad AA' - B''^2 = 0.$$

Remplaçons, dans le carré de $A + A' + A''$, $A'A''$, $A''A$, AA' respectivement par B^2, B'^2, B''^2 ; nous obtenons

$$A^2 + A'^2 + A''^2 + 2B^2 + 2B'^2 + 2B''^2 = 0,$$

et par suite

$$A = A' = A'' = B = B' = B'' = 0.$$

Décomposition de $\varphi(x, y, z)$ en une somme algébrique de carrés de formes linéaires indépendantes.

Nous avons démontré (315) que toute forme quadratique est décomposable en une somme algébrique de carrés de formes linéaires indépendantes (ou plus simplement, de carrés indépendants) dont le nombre est au plus égal au nombre des variables qui figurent dans la forme quadratique.

Il en résulte que $\varphi(x, y, z)$ est décomposable en une somme de carrés indépendants dont le nombre est au plus égal à 3.

744. Théorème I. — *Si $\varphi(x, y, z)$ est décomposable en une somme de trois carrés indépendants, le discriminant Δ n'est pas nul.*

Supposons qu'on ait

$$\varphi(x, y, z) \equiv \alpha P^2 + \alpha' P'^2 + \alpha'' P''^2, \qquad (\alpha \alpha' \alpha'' \neq 0)$$

en posant

$$P \equiv ux + vy + wz,$$
$$P' \equiv u'x + v'y + w'z,$$
$$P'' \equiv u''x + v''y + w''z,$$

avec l'hypothèse

$$\delta = \begin{vmatrix} u & v & w \\ u' & v' & w' \\ u'' & v'' & w'' \end{vmatrix} \neq 0,$$

qui exprime que les formes linéaires P, P', P'' sont indépendantes.

Prenons les dérivées partielles de la fonction $\varphi(x, y, z)$; nous avons

$$\frac{1}{2}\varphi'_x = \alpha u P + \alpha' u' P' + \alpha'' u'' P'',$$

$$\frac{1}{2}\varphi'_y = \alpha v P + \alpha' v' P' + \alpha'' v'' P'',$$

$$\frac{1}{2}\varphi'_z = \alpha w P + \alpha' w' P' + \alpha'' w'' P''.$$

Le déterminant formé par les coefficients de P, P', P'' dans les seconds membres de ces trois identités est égal à $\alpha\alpha'\alpha''\delta$; il est différent de zéro : par suite, le système d'équations

$$(1) \qquad \varphi'_x = 0, \qquad \varphi'_y = 0, \qquad \varphi'_z = 0 ,$$

ne peut être vérifié que par les valeurs de x, y, z qui annulent P, P' et P
Or puisque δ est différent de zéro, les équations P $= 0$, P' $= 0$, P'' $= 0$
ne sont vérifiées que pour $x = 0$, $y = 0$; $z = 0$; il en est de
même alors des équations (1), et par suite Δ n'est pas nul.

745. Théorème II. — *Si $\varphi(x, y, z)$ est décomposable en une somme
de deux carrés indépendants, Δ est nul et tous les mineurs (sous-entendu
du premier ordre) ne sont pas nuls.*

On a, par hypothèse,

$$\varphi(x, y, z) \equiv \alpha\, P^2 + \alpha' P'^2, \qquad (\alpha\alpha' \neq 0)$$

en posant

$$P \equiv ux + vy + wz, \qquad P' \equiv u'x + v'y + w'z,$$

l'un des déterminants $\begin{vmatrix} u & v \\ u' & v' \end{vmatrix}$, $\begin{vmatrix} u & w \\ u' & w' \end{vmatrix}$, $\begin{vmatrix} v & w \\ v' & w' \end{vmatrix}$ au moins n'étant

pas nul; par exemple $\begin{vmatrix} u & v \\ u' & v' \end{vmatrix} \neq 0$.

Nous avons alors

$$\frac{1}{2}\varphi'_x \equiv \alpha u P + \alpha' u' P',$$

$$\frac{1}{2}\varphi'_y \equiv \alpha v P + \alpha' v' P',$$

$$\frac{1}{2}\varphi'_z \equiv \alpha w P + \alpha' w' P'.$$

Ceci montre que les dérivées $\varphi'_x, \varphi'_y, \varphi'_z$ s'annulent pour les valeurs
de x, y, z qui vérifient les équations P $= 0$, P' $= 0$. Or, pour résoudre
ces équations, on peut donner une valeur arbitraire (non nulle) à z,
et on en déduit des valeurs correspondantes pour x et y. On voit
ainsi que $\varphi'_x, \varphi'_y, \varphi'_z$ s'annulent pour des valeurs non toutes nulles
de x, y, z; donc $\Delta = 0$.

De plus, comme le déterminant $\begin{vmatrix} \alpha u, & \alpha'u' \\ \alpha v, & \alpha'v' \end{vmatrix}$ n'est pas nul, les
équations $\varphi'_x = 0, \varphi'_y = 0$ ne sont vérifiées que par les valeurs de x, y, z
qui annulent P et P'.

On en conclut que pour résoudre le système $\varphi'_x = 0, \varphi'_y = 0$, on peut
choisir arbitrairement une seule inconnue; par suite, φ_x et φ_y n'ont pas
leurs coefficients proportionnels. Il y a donc au moins un mineur
de Δ qui est différent de zéro.

746. Théorème III. — *Si $\varphi(x, y, z)$ est le carré d'une fonction linéaire, tous les mineurs de Δ sont nuls.*

Si l'on a

$$\varphi(x, y, z) = \alpha(ux + vy + wz)^2,$$

on en déduit

$$\frac{1}{2}\varphi'_x = \alpha u(ux + vy + wz),$$

$$\frac{1}{2}\varphi'_y = \alpha v(ux + vy + wz),$$

$$\frac{1}{2}\varphi'_z = \alpha w(ux + vy + wz).$$

Ces dérivées partielles ayant leurs coefficients proportionnels, les éléments des lignes de Δ sont proportionnels et tous les mineurs de Δ sont nuls.

Ces trois théorèmes entraînent leurs réciproques.

747. Théorèmes réciproques. — 1° *Si $\Delta \neq 0$, $\varphi(x, y, z)$ est décomposable en une somme de trois carrés indépendants.*

2° *Si $\Delta = 0$, et si tous les mineurs ne sont pas nuls, $\varphi(x, y, z)$ est décomposable en une somme de deux carrés indépendants.*

3° *Si tous les mineurs de Δ sont nuls, $\varphi(x, y, z)$ est le carré d'une forme linéaire.*

En effet, $\varphi(x, y, z)$ est toujours décomposable en une somme de carrés indépendants dont le nombre N est au plus égal à 3.

1° Si $\Delta \neq 0$, N est égal à 3; car si N était égal à 1 ou à 2, Δ serait nul.

2° Si $\Delta = 0$, et si tous les mineurs ne sont pas nuls, $N = 2$, car si N était égal à 3, Δ ne serait pas nul, et si N était égal à 1, tous les mineurs seraient nuls.

3° Enfin, si tous les mineurs de Δ sont nuls, on a $N = 1$; car si N était égal à 2 ou à 3, tous les mineurs ne seraient pas nuls.

748. On peut établir directement et d'une manière assez simple la troisième partie de ce théorème.

Si tous les mineurs de Δ sont nuls, les dérivées φ'_x, φ'_y, φ'_z ont leurs coefficients proportionnels, et l'on a

$$\varphi'_x = \alpha P, \qquad \varphi'_y = \beta P, \qquad \varphi'_z = \gamma P,$$

P désignant une forme linéaire, $P = ux + vy + wz$.

La formule d'Euler nous donne

$$(1) \qquad 2\varphi(x, y, z) = x\varphi'_x + y\varphi'_y + z\varphi'_z = PQ,$$

en posant $Q = \alpha x + \beta y + \gamma z$.

De cette dernière identité nous tirons

$$2\varphi'_x \equiv u\,Q + \alpha\,P,$$

ou en remplaçant φ'_x par αP, $\quad \alpha P \equiv u Q$; $\quad Q \equiv \dfrac{\alpha}{u}\,P$. Portons cette valeur de Q dans l'identité (1); nous avons

$$2\varphi(x,\,y,\,z) \equiv \frac{\alpha}{u}\,P^2,$$

ce qui démontre le théorème.

Nous avons supposé $u \neq 0$. Si u était nul, on différencierait l'identité (1) soit par rapport à y, soit par rapport à z.

749. Théorème. — *1° Si $\varphi(x,\,y,\,z)$ est décomposable en une somme de deux carrés indépendants, cette forme est identique à un produit de deux formes linéaires indépendantes.*

2° Si $\varphi(x,\,y,\,z)$ est le produit de deux formes linéaires indépendantes, cette forme est décomposable en une somme de deux carrés indépendants.

1° Supposons qu'on ait

$$\varphi(x,\,y,\,z) \equiv \alpha\,P^2 + \beta\,Q^2,$$

P et Q étant deux formes linéaires indépendantes.

Si α, β sont de signes contraires, on peut écrire

$$\varphi(x,\,y,\,z) \equiv \alpha(P^2 - \lambda^2 Q^2) \equiv \alpha(P + \lambda Q)(P - \lambda Q),$$

et il est facile de voir que les formes $P + \lambda Q$, $P - \lambda Q$ sont indépendantes. Il suffit de montrer (A. 103) qu'il existe des valeurs de x, y, z vérifiant les équations

$$P + \lambda Q = h, \qquad P - \lambda Q = k,$$

h et k étant des nombres arbitraires.

Or ce système est équivalent au suivant

$$2P = h + k, \qquad 2\lambda Q = h - k,$$

et ce système a des solutions, puisque P et Q sont indépendantes.

Si α, β sont de signes contraires, on écrira

$$\varphi(x,\,y,\,z) \equiv \alpha(P^2 + \mu^2 Q^2) \equiv \alpha(P + i\mu Q)(P - i\mu Q),$$

$P + i\mu Q$ et $P - i\mu Q$ étant indépendantes.

2° Si l'on a

$$\varphi(x,\,y,\,z) \equiv PQ,$$

on peut écrire

$$\varphi(x,\,y,\,z) \equiv \left(\frac{P+Q}{2}\right)^2 - \left(\frac{P-Q}{2}\right)^2,$$

et si P, Q sont indépendantes, il en est de même de

$$\frac{P+Q}{2}, \qquad \frac{P-Q}{2};$$

même démonstration que plus haut.

750. On peut donc énoncer le théorème suivant :

La condition nécessaire et suffisante pour que $\varphi(x, y, z)$ soit le produit de deux formes linéaires indépendantes est que Δ soit nul et que tous les mineurs ne soient pas nuls.

Ce théorème a déjà été établi en n° 95.

<h3 align="center">Directions asymptotiques des surfaces
du second degré.</h3>

751. Soit

$$f(x, y, z) \equiv Ax^2 + A'y^2 + A''z^2 + 2Byz + 2B'zx + 2B''xy$$
$$+ 2Cx + 2C'y + 2C''z + D = 0$$

l'équation d'une quadrique; le cône des directions asymptotiques (710) est représenté par l'équation

$$(1) \qquad \varphi(x, y, z) \equiv Ax^2 + A'y^2 + A''z^2 + 2Byz + 2B'zx + 2B''xy = 0.$$

1° Supposons $\Delta \neq 0$. Dans ce cas, $\varphi(x, y, z)$ est décomposable en une somme de trois carrés

$$\varphi(x, y, z) \equiv \alpha P^2 + \beta Q^2 + \gamma R^2,$$

α, β, γ étant des nombres et P, Q, R désignant des formes linéaires indépendantes, c'est-à-dire telles que le déterminant des coefficients de x, y, z dans ces fonctions ne soit pas nul.

On peut dire aussi que les plans définis par les équations $P = 0$, $Q = 0$, $R = 0$ ont un seul point commun, l'origine.

Si α, β, γ sont de même signe, l'équation $\alpha P^2 + \beta Q^2 + \gamma R^2 = 0$ n'admet comme solutions réelles que $x = 0$, $y = 0$, $z = 0$. Dans ce cas, la surface n'a aucune direction asymptotique réelle; on dit que le cône des directions asymptotiques est imaginaire.

Si α, β, γ ne sont pas de même signe, il est aisé de voir que le cône $\varphi(x, y, z) = 0$ est réel. Prenons en effet pour nouveaux plans de coordonnées les plans $P = 0$, $Q = 0$, $R = 0$, l'équation du cône prend la forme

$$\frac{x'^2}{a^2} + \frac{y'^2}{b^2} - \frac{z'^2}{c^2} = 0.$$

Coupons-le par le plan $z' = c$; la section est une ellipse (E) qui se projetté sur le plan des $x'y'$ (parallèlement à Oz') suivant une ellipse qui a pour équation $\dfrac{x'^2}{a^2} + \dfrac{y'^2}{b^2} - 1 = 0$.

Le cône des directions asymptotiques a pour sommet le point O et pour directrice l'ellipse (E); c'est un cône réel.

2° Supposons maintenant que Δ soit nul, et qu'il y ait au moins un mineur du premier ordre différent de zéro.

Alors $\varphi(x, y, z)$ est décomposable en une somme de deux carrés indépendants

$$\varphi(x, y, z) = \alpha P^2 + \beta Q^2.$$

Le cône des directions asymptotiques se décompose en un ensemble de deux plans réels ou imaginaires conjugués, suivant que α et β sont de signes contraires ou de même signe.

Si les deux plans sont réels, les directions asymptotiques de la surface sont toutes les directions parallèles à ces deux plans. Si les deux plans sont imaginaires, la surface a une seule direction asymptotique réelle qui est parallèle à l'intersection des deux plans.

3° Supposons enfin que tous les mineurs du premier ordre de Δ soient nuls.

Dans ce cas, $\varphi(x, y, z)$ est le carré d'une forme linéaire, le cône des directions asymptotiques se réduit à un plan double.

Toutes les directions asymptotiques de la surface sont les directions parallèles à ce plan.

De cette discussion résulte un premier mode de classification des quadriques suivant la nature de leurs directions asymptotiques.

I. $\Delta \neq 0$. Les directions asymptotiques forment un véritable cône, réel ou imaginaire.

II. $\Delta = 0$ *et au moins un mineur du premier ordre différent de zéro.* Le cône des directions asymptotiques se décompose en deux plans réels ou imaginaires conjugués.

III. *Tous les mineurs du premier ordre de Δ sont nuls.* Le cône des directions asymptotiques se réduit à un plan double.

Plans tangents aux quadriques.

752. Le plan tangent au point $M(x_0, y_0, z_0)$ de la quadrique $f(x, y, z) = 0$ a pour équation

$$x f'_{x_0} + y f'_{y_0} + z f'_{z_0} + f'_{t_0} = 0,$$

ou, en supposant $t = t_0 = 1$,

$$x f'_{x_0} + y f'_{y_0} + z f'_{z_0} + t f'_{t_0} = 0.$$

Mais puisque la fonction $f(x, y, z)$ est du deuxième degré et qu'elle a été rendue homogène, l'équation du plan tangent peut s'écrire aussi

$$x_0 f'_x + y_0 f'_y + z_0 f'_z + t_0 f'_t = 0,$$

toujours avec l'hypothèse $t = t_0 = 1$.

Cette propriété n'appartient qu'aux surfaces du deuxième degré.

Il en résulte que l'équation du plan tangent ne change pas si on permute x, y, z respectivement avec x_0, y_0, z_0.

En posant comme d'habitude

$$f(x, y, z) \equiv A x^2 + A' y^2 + A'' z^2 + 2B yz + 2B' zx + 2B'' xy$$
$$+ 2C x + 2C' y + 2C'' z + D,$$

l'équation du plan tangent est

$$A x x_0 + A' y y_0 + A'' z z_0 + B (y z_0 + z y_0) + B' (z x_0 + x z_0)$$
$$+ B'' (x y_0 + y x_0) + C (x + x_0) + C' (y + y_0) + C'' (z + z_0) + D = 0.$$

753. Dans le cas particulier où l'équation de la surface est mise sous la forme

$$a P^2 + \ldots + b QR + \ldots + c S + \ldots + d = 0,$$

P, Q, R, S désignant des fonctions linéaires et a, b, c, d des constantes, l'équation du plan tangent au point (x_0, y_0, z_0) peut s'écrire

$$a P P_0 + \ldots + \frac{b}{2} (Q R_0 + R Q_0) + \ldots + \frac{c}{2} (S + S_0) + \ldots + d = 0.$$

Même démonstration qu'en géométrie plane (237).

Par exemple, le plan tangent à la sphère
$$(x - a)^2 + (y - b)^2 + (z - c)^2 - R^2 = 0$$
au point (x_0, y_0, z_0) a pour équation
$$(x - a)(x_0 - a) + (y - b)(y_0 - b) + (z - c)(z_0 - c) - R^2 = 0,$$
comme nous l'avons trouvé au n° 740.

754. Théorème. — *Si une quadrique passe par l'origine, l'équation du plan tangent en ce point s'obtient en égalant à zéro l'ensemble des termes du premier degré de l'équation.*

Soit
$$f(x, y, z) \equiv \varphi(x, y, z) + 2C x + 2C' y + 2C'' z = 0$$
l'équation d'une quadrique passant par l'origine. Le plan tangent

au point (x_0, y_0, z_0) ayant pour équation

$$x_0 f'_x + y_0 f'_y + z_0 f'_z + f_t = 0,$$

l'équation du plan tangent à l'origine s'en déduit en remplaçant x_0, y_0, z_0 par zéro. Nous obtenons ainsi $f'_t = 0$, ou

$$2Cx + 2C'y + 2C''z = 0.$$

755. Théorème. — *Le plan tangent en un point d'une quadrique rencontre la surface suivant deux droites réelles ou imaginaires, distinctes ou confondues, passant par le point de contact.*

Prenons le point de contact pour origine et le plan tangent en ce point pour plan des xy. L'équation de la quadrique est alors

$$\varphi(x, y, z) + 2C''z = 0.$$

Le plan $z = 0$ coupe la surface suivant une courbe qui a pour équation par rapport aux axes Ox et Oy $\varphi(x, y, 0) = 0$ ou

$$Ax^2 + A'y^2 + 2B''xy = 0.$$

Cette équation représente deux droites passant par l'origine, qui sont réelles, imaginaires ou confondues.

Jusqu'à présent, nous avons supposé que $f'_{x_0}, f'_{y_0}, f'_{z_0}$ n'étaient pas nuls en même temps; nous allons examiner maintenant ce qui se passe quand ces trois quantités sont nulles.

Intersection d'une quadrique et d'une droite passant par un point de la surface.

756. Soient $f(x, y, z, t) = 0$ l'équation omogène d'une quadrique et x_0, y_0, z_0, t_0 les coordonnées homogènes d'un point M de la surface, à distance finie ou à l'infini. Nous avons $f(x_0, y_0, z_0, t_0) = 0$.

Par le point M menons une droite quelconque Δ, et prenons sur cette droite un point arbitraire $P(x_1, y_1, z_1, t_1)$.

Un point quelconque de Δ a pour coordonnées homogènes $x_0 + \lambda x_1$, $y_0 + \lambda y_1$, $z_0 + \lambda z_1$, $t_0 + \lambda t_1$, et les valeurs de λ relatives aux points de rencontre de la surface et de la droite sont racines de l'équation

ou $$f(x_0 + \lambda x_1, y_0 + \lambda y_1, z_0 + \lambda z_1, t_0 + \lambda t_1) = 0,$$

$$f(x_0, y_0, z_0, t_0) + \lambda \left[x_1 f'_{x_0} + y_1 f'_{y_0} + z_1 f'_{z_0} + t_1 f'_{t_0} \right] + \lambda^2 f(x_1, y_1, z_1, t_1) = 0,$$

ou encore, puisque $f(x_0, y_0, z_0, t_0)$ est nul,

$$(1) \qquad \lambda\left(x_1 f'_{x_0} + y_1 f'_{y_0} + z_1 f'_{z_0} + t_1 f'_{t_0}\right) + \lambda^2 f(x_1, y_1, z_1, t_1) = 0.$$

A toute racine nulle de cette équation correspond un point de rencontre de la droite Δ et de la quadrique confondu au point M.

757. Premier cas. — *Les quatre quantités f'_{x_0}, f'_{y_0}, f'_{z_0}, f'_{t_0} ne sont pas nulles en même temps.*

L'équation (1) admet en général une racine nulle; donc, la droite Δ rencontre la surface en un seul point confondu au point M, on dit que le point M est un point *simple*.

Mais il existe des droites exceptionnelles rencontrant la surface en deux points confondus au point M. Pour qu'il en soit ainsi, il faut que l'équation (1) ait deux racines nulles, ce qui donne la condition

$$x_1 f'_{x_0} + y_1 f'_{y_0} + z_1 f'_{z_0} + t_1 f'_{t_0} = 0,$$

et ceci exprime que le point $P(x_1, y_1, z_1, t_1)$ est dans le plan (II) défini par l'équation

$$(\text{II}) \qquad x f'_{x_0} + y f'_{y_0} + z f'_{z_0} + t f'_{t_0} = 0.$$

Or ce plan passe au point M; il en résulte que la condition nécessaire et suffisante pour que la droite Δ rencontre la surface en deux points confondus au point M est que cette droite soit située dans le plan (II).

On dit dans ce cas que la droite Δ est *tangente* à la quadrique au point M.

1° *Supposons que le point M soit à distance finie* $(t_0 \neq 0)$.

Remarquons d'abord que f'_{x_0}, f'_{y_0}, f'_{z_0} ne sont pas nuls en même temps, car on a

$$x_0 f'_{x_0} + y_0 f'_{y_0} + z_0 f'_{z_0} + t_0 f'_{t_0} = 2f(x_0, y_0, z_0, t_0) = 0;$$

et si l'on avait $f'_{x_0} = f'_{y_0} = f'_{z_0} = 0$, cette relation deviendrait $t_0 f'_{t_0} = 0$, ou $f'_{t_0} = 0$, puisque $t_0 \neq 0$, et les quatre quantités f'_{x_0}, f'_{y_0}, f'_{z_0}, f'_{t_0} seraient nulles, ce que nous ne supposons pas.

Alors, le plan II est le plan tangent à la surface au point M; il en résulte que le lieu des tangentes à la surface au point M est le plan tangent en ce point.

2° *Le point M est à l'infini* $(t_0 = 0)$ *dans la direction L qui a pour paramètres directeurs* x_0, y_0, z_0.

On a alors

$$f(x_0, y_0, z_0, t_0) = \varphi(x_0, y_0, z_0) = 0,$$

ce qui montre que L est une direction asymptotique.

Toute droite parallèle à L rencontre la surface en un point à l'infini, et le lieu des droites parallèles à L qui rencontrent la surface en deux points à l'infini est le plan Π.

On dit que ce plan est le *plan tangent à l'infini* ou le *plan asymptote* relatif à la direction asymptotique L.

Si f'_{x_0}, f'_{y_0}, f'_{z_0} ne sont pas nuls en même temps, ce plan est à distance finie. Si on a $f'_{x_0} = f'_{y_0} = f'_{z_0} = 0$, f'_{t_0} n'est pas nul, l'équation du plan Π se réduit à $t = 0$, il est rejeté à l'infini.

Dans tous les cas, l'équation de ce plan peut aussi s'écrire

$$x_0 f'_y + y_0 f'_y + z_0 f'_z = 0.$$

758. Deuxième cas. — *Les quatre quantités f'_{x_0}, f'_{y_0}, f'_{z_0}, f'_{t_0} sont nulles en même temps.*

Dans ce cas, l'équation (1) a deux racines nulles en λ quels que soient x_1, y_1, z_1, t_1; toute droite Δ passant par le point M rencontre la courbe en deux points confondus au point M; on dit que le point M est un point *double*.

1° *Le point* M *est à distance finie*. — Soit A un point quelconque de la surface; joignons MA. Cette droite rencontre la surface en trois points : deux points confondus en M et le point A. Donc la droite MA est tout entière située sur la surface.

Par suite, si l'on joint un point quelconque de la quadrique au point M, la droite obtenue est située sur la surface. Il en résulte que la surface est un cône ayant pour sommet le point M, ou un ensemble de deux plans (distincts ou confondus) passant par ce point.

Dans le cas où la surface est un cône de sommet M, il est aisé de voir qu'il n'y a pas de plan tangent en ce point. En effet, considérons une courbe quelconque C, tracée sur la surface et passant au point M, et soit MT la tangente à la courbe en ce point. C'est la limite de la droite qui joint le point M à un point M' de la courbe, quand celui-ci se rapproche indéfiniment de M. Or dans toutes ses positions, la droite MM' est une génératrice du cône; il en est de même de sa limite.

Par suite, le lieu des tangentes MT aux courbes C qui passent au point M est le cône lui-même.

Dans le cas particulier où la surface se compose de deux plans distincts passant au point M, tous les points de la droite commune à ces deux plans sont des points doubles, et si la surface se réduit à un plan double (c'est-à-dire si le premier membre de l'équation est le carré d'une fonction linéaire) tous les points de ce plan sont des points doubles.

Il en résulte que lorsque la surface admet un seul point double à distance finie, la surface est un cône.

2° *Le point* M *est à l'infini dans la direction* L *qui a pour paramètres directeurs* x_0, y_0, z_0.

Si par un point quelconque A de la surface on mène une parallèle à L, cette droite est tout entière sur la surface, car elle rencontre la surface en trois points : deux points à l'infini et le point A.

Par suite, la surface est un cylindre dont les génératrices sont parallèles à L, ou un ensemble de deux plans (distincts ou confondus) parallèles à la direction L.

Si la surface admet un seul point double, et que ce point soit à l'infini, cette surface est un cylindre.

Points doubles dans les quadriques.

759. D'après ce qui précède, les coordonnées homogènes des points doubles de la quadrique $f(x, y, z, t) = 0$ sont définies par les équations

$$(1) \quad \begin{cases} \frac{1}{2} f'_x \equiv Ax + B''y + B'z + Ct = 0, \\ \frac{1}{2} f'_y \equiv B''x + A'y + Bz + C't = 0, \\ \frac{1}{2} f'_z \equiv B'x + By + A''z + C''t = 0, \\ \frac{1}{2} f'_t \equiv Cx + C'y + C''z + Dt = 0. \end{cases}$$

Ce sont quatre équations homogènes du premier degré à quatre inconnues; le déterminant des coefficients est

$$H = \begin{vmatrix} A & B'' & B' & C \\ B'' & A' & B & C' \\ B' & B & A'' & C'' \\ C & C' & C'' & D \end{vmatrix}.$$

Ce déterminant est appelé le *discriminant* de la fonction $f(x, y, z, t)$.

Premier cas. — $H \neq 0$.

Les équations (1) ne sont vérifiées que par des valeurs toutes nulles des inconnues; la surface n'a pas de point double.

Deuxième cas. — $H = 0$ *et au moins un mineur du premier ordre est différent de zéro.*

Ce mineur non nul est formé par les coefficients de trois inconnues dans trois équations, et le système (1) est équivalent au système formé par ces trois équations. On peut résoudre celles-ci par rapport à trois inconnues par la règle de Cramer en donnant à la quatrième inconnue une valeur arbitraire; on obtient ainsi un unique ensemble de solutions à un facteur près; la surface a un seul point double.

La surface est un cône ou un cylindre suivant que ce point est à distance finie ou à l'infini.

Troisième cas. — *Tous les mineurs du premier ordre de* H *sont nuls et au moins un mineur du deuxième ordre est différent de zéro.*

Le système (1) se réduit aux deux équations dont les coefficients figurent dans le mineur non nul. Si dans ces équations on considère x, y, z, t comme des coordonnées courantes, elles représentent deux plans distincts P et Q qui se coupent suivant une droite D à distance finie ou à l'infini. La surface admet alors comme points doubles tous les points de la droite D.

Si cette droite est à distance finie, la surface se compose de deux plans P_1 et Q_1 passant par la droite D; si cette droite est à l'infini, la surface se compose de deux plans parallèles.

Quatrième cas. — *Tous les mineurs du deuxième ordre de* H *sont nuls.*

Les équations (1) ont leurs coefficients proportionnels; elles se réduisent à une seule. La surface admet alors une infinité de points doubles situés dans un même plan; elle se compose d'un plan double.

On peut d'ailleurs le vérifier analytiquement en suivant pas à pas la démonstration donnée plus haut (748).

760. Nous avons vu précédemment (755) que le plan tangent en un point simple d'une quadrique rencontre la surface suivant deux droites passant par ce point.

La réciproque est vraie : *Si un plan* P *rencontre une quadrique suivant deux droites dont le point de rencontre est un point simple* M, *le plan est tangent à la surface en ce point.*

En effet, les deux droites considérées sont des lignes tracées sur la surface qui sont à elles-mêmes leurs propres tangentes; par suite ces droites sont situées dans le plan tangent au point M.

On peut aussi le démontrer analytiquement en prenant le point M pour origine et le plan P pour plan des xy.

Soit alors $ax^2 + 2bxy + cy^2 = 0$ l'équation de l'ensemble des deux droites. Puisque le plan $z = 0$ coupe la surface suivant ces deux droites, en faisant $z = 0$ dans l'équation de la quadrique, cette équation doit se réduire à $ax^2 + 2bxy + cy^2 = 0$. Par suite, l'équation de la surface est de la forme

$$ax^2 + 2bxy + cy^2 + z(ux + vy + wz + r) = 0,$$

ou

$$ax^2 + cy^2 + wz^2 + vyz + uzx + 2bxy + rz = 0,$$

ce qui montre que le plan $z = 0$ est tangent à la surface à l'origine.

Plans tangents par un point non situé sur la surface.

761. Considérons une quadrique (Q) non réduite à deux plans et définie par l'équation homogène

$$f(\mathrm{X},\ \mathrm{Y},\ \mathrm{Z},\ \mathrm{T}) = 0,$$

et proposons-nous de déterminer les plans tangents qu'on peut lui mener par un point $\mathrm{S}(x_0,\ y_0,\ z_0,\ t_0)$ non situé sur la surface.

Les coordonnées $x,\ y,\ z,\ t$ du point de contact d'un de ces plans tangents vérifient d'abord la relation

(1) $$f(x,\ y,\ z,\ t) = 0;$$

en outre, il faut écrire que le plan tangent au point $(x,\ y,\ z,\ t)$, $\mathrm{X}f'_x + \mathrm{Y}f'_y + \mathrm{Z}f'_z + \mathrm{T}f'_t = 0$, passe au point S, ce qui donne

(2) $$x_0 f'_x + y_0 f'_y + z_0 f'_z + t_0 f'_t = 0.$$

Les équations (1) et (2) déterminent les points de contact des plans tangents menés par le point S; il y a une infinité de solutions.

Si l'on considère $x,\ y,\ z,\ t$ comme des coordonnées courantes, l'équation (1) représente la quadrique (Q), l'équation (2) représente un plan, qu'on appelle le *plan polaire* du point S par rapport à la quadrique.

On voit alors que ce plan coupe la surface suivant une conique (C), qui est le lieu des points de contact des plans tangents issus du point S.

762. Cône circonscrit. — *Le cône qui a pour sommet le point S et pour directrice la conique* (C) *est tangent à la surface en tous les point de la courbe* (C).

En effet, soient M un point quelconque de la conique (C) et MT la tangente en ce point. Le plan tangent à la quadrique (Q) au point M contient la droite MT; d'autre part, il passe par le point S, donc il contient aussi la droite MS. Il coïncide donc avec le plan tangent au cône suivant la génératrice SM.

Ce cône est appelé le cône de sommet S *circonscrit* à la quadrique (C.)

On peut considérer ce cône comme le lieu des droites qui passent par le point S et qui rencontrent la quadrique en deux points confondus, ou comme le lieu des tangentes à la quadrique passant par le point S.

Cette définition permet de former facilement l'équation du cône.

763. Soit $N(x, y, z, t)$ un point quelconque du cône; nous allons écrire que la droite SN est tangente à la surface. Un point quelconque de cette droite a pour coordonnées homogènes

$$x_0 + \lambda x, \qquad y_0 + \lambda y, \qquad z_0 + \lambda z, \qquad t_0 + \lambda t,$$

et les valeurs de λ relatives aux points de rencontre de cette droite et de la surface sont racines de l'équation

$$f(x_0 + \lambda x, \qquad y_0 + \lambda y, \qquad z_0 + \lambda z, \qquad t_0 + \lambda t) = 0,$$

ou

$$f(x_0, y_0, z_0, t_0) + \lambda(x f'_{x_0} + y f'_{y_0} + z f'_{z_0} + t f'_{t_0}) + \lambda^2 f(x, y, z, t) = 0.$$

Pour que la droite SN rencontre la surface en deux points confondus, il faut que cette équation ait ses racines égales, ce qui donne

$$(3) \quad (x f'_{x_0} + y f'_{y_0} + z f'_{z_0} + t f'_{t_0})^2 - 4 f(x, y, z, t) f(x_0, y_0, z_0, t_0) = 0;$$

c'est l'équation du cône circonscrit.

764. Remarque. — L'équation du plan polaire du point S peut s'écrire indifféremment

$$(2) \qquad x_0 f'_x + y_0 f'_y + z_0 f'_z + t_0 f'_t = 0,$$

ou

$$(2)' \qquad x f'_{x_0} + y f'_{y_0} + z f'_{z_0} + t f'_{t_0} = 0;$$

elle a même forme que l'équation du plan tangent.

On voit donc qu'étant donnés une quadrique $f(x, y, z, t) = 0$ et un point $S(x_0, y_0, z_0, t_0)$, si le point S est sur la surface, l'équation (2) ou (2)′ représente le plan tangent à la surface au point S; si le point S n'est pas sur la surface, l'équation (2) ou (2)′ représente le plan polaire du point S, ou le plan de la courbe de contact du cône circonscrit.

765. Dans le cas particulier où la quadrique est un cône ou un cylindre, l'équation (3) représente l'ensemble des deux plans tangents qu'on peut mener à la surface par le point S, et l'équation (2) ou (2)′ représente le plan passant par les deux génératrices de contact.

Plans tangents parallèles à une droite.

766. Soient $f(X, Y, Z) = 0$ l'équation (non homogène) de la quadrique (Q) et α, β, γ les paramètres directeurs de la droite donnée Δ.

Les coordonnées (x, y, z) des points de contact des plans tangents cherchés sont définies par les équations

$$(1) \qquad\qquad f(x, y, z) = 0,$$
$$(2) \qquad\qquad \alpha f'_x + \beta f'_y + \gamma f'_z = 0,$$

qu'on obtient, la première en écrivant que le point (x, y, z) est sur la surface, la seconde que le plan tangent en ce point est parallèle à Δ.

Les points de contact des plans tangents parallèles à Δ sont donc situés sur une conique (C), section de la surface par le plan que représente l'équation (2).

767. Cylindre circonscrit. — *Le cylindre dont les génératrices sont parallèles à Δ et qui a pour directrice la courbe (C) est tangent à la quadrique (Q) en tous les points de la courbe (C).*

Soient M un point de cette courbe et MT la tangente en ce point. Le plan tangent à la quadrique au point M contient la droite MT et est parallèle à Δ; il coïncide avec le plan tangent au cylindre le long de la génératrice qui passe au point M.

Ce cylindre est appelé le *cylindre circonscrit* à la quadrique parallèlement à la droite Δ.

768. En considérant ce cylindre comme le lieu des tangentes à la surface parallèles à Δ, on peut aisément former son équation.

En effet, pour qu'un point (x, y, z) soit sur le cylindre, il faut et il suffit que la parallèle menée par ce point à la droite Δ rencontre la quadrique en deux points confondus. Or un point quelconque de cette parallèle a pour coordonnées $x + \alpha\rho$, $y + \beta\rho$, $z + \gamma\rho$; les valeurs de ρ relatives aux points de rencontre de la droite et de la quadrique sont racines de l'équation

$$f(x + \alpha\rho, \ y + \beta\rho, \ z + \gamma\rho) = 0,$$

ou

$$f(x, y, z) + \rho\left(\alpha f'_x + \beta f'_y + \gamma f'_z\right) + \rho^2\varphi(\alpha, \beta, \gamma) = 0.$$

Écrivons que cette équation a ses racines égales; nous avons

$$(3) \qquad \left(\alpha f'_x + \beta f'_y + \gamma f'_z\right)^2 - 4f(x, y, z)\varphi(\alpha, \beta, \gamma) = 0;$$

c'est l'équation du cylindre circonscrit.

769. Si la quadrique est un cône ou un cylindre, l'équation (3) représente l'ensemble des deux plans tangents qui sont parallèles à Δ, l'équation (2) représente le plan passant par les deux génératrices de contact.

770. Remarque. — Un plan parallèle à la droite qui a pour paramètres directeurs α, β, γ peut être envisagé comme passant par le point à l'infini qui a pour coordonnées homogènes α, β, γ, 0.

Par suite, le problème que nous venons de résoudre est un cas particulier du problème précédent. En remplaçant dans les formules des n°s 764-765 x_0, y_0, z_0, t_0 respectivement par α, β, γ, 0, on obtient les formules qui ont été établies directement.

Plans tangents passant par une droite.

771. Soient $f(X, Y, Z) = 0$ l'équation d'une quadrique (Q) et

$$\frac{X - p}{\alpha} = \frac{Y - q}{\beta} = \frac{Z - r}{\gamma}$$

les équations d'une droite donnée (D).

Désignons par x, y, z les coordonnées du point de contact d'un plan tangent à la surface passant par la droite (D). Nous avons d'abord

$$(1) \qquad f(x, y, z) = 0;$$

écrivons ensuite que le plan tangent en ce point,

$$X f'_x + Y f'_y + Z f'_z + f'_t = 0,$$

passe par la droite (D), et pour cela qu'il contient le point (p, q, r) et qu'il est parallèle à la direction (α, β, γ), nous obtenons

$$(2) \qquad \begin{cases} p f'_x + q f'_y + r f'_z + f'_t = 0, \\ \alpha f'_x + \beta f'_y + \gamma f'_z = 0. \end{cases}$$

Les équations (1) et (2) déterminent les points de contact des plans tangents cherchés.

En y considérant x, y, z comme des coordonnées courantes, on voit que les points de contact sont les points de rencontre de la surface et de la droite D' représentée par les équations (2).

On peut donc mener à une quadrique deux plans tangents par une droite.

772. REMARQUE. — Si la surface est un cône ou un cylindre, ayant un point double S à distance finie ou à l'infini, on voit aisément que la droite D' passe par le point S et par suite rencontre la surface en deux points confondus au point S. Or, en ce point la surface n'admet pas de plan tangent.

On en conclut qu'il est impossible en général de mener à un cône ou à un cylindre des plans tangents passant par une droite.

Plans tangents parallèles à un plan.

773. Ce problème est un cas particulier du problème précédent; il suffit de supposer que la droite D est à l'infini. Mais il sera plus simple de le traiter directement.

Soient $f(X, Y, Z) = 0$, $uX + vY + wZ + r = 0$ les équations de la surface et du plan.

Les coordonnées (x, y, z) des points de contact des plans tangents parallèles au plan sont définies par les équations

$$(1) \qquad f(x, y, z) = 0,$$

$$(2) \qquad \frac{f'_x}{u} = \frac{f'_y}{v} = \frac{f'_z}{w},$$

les équations (2) étant obtenues en écrivant que le plan tangent au point (x, y, z) est parallèle au plan donné.

Ces équations représentent une droite qui rencontre la quadrique en deux points qui sont les points de contact des plans tangents cherchés. Il y a deux solutions.

Le problème est impossible si la surface est un cône ou un cylindre.

774. Théorème. — *Toute quadrique est une surface unicursale.*

Soient $f(x, y, z) = 0$ l'équation d'une quadrique et x_0, y_0, z_0 les coordonnées d'un point arbitraire de cette surface.

Par ce point menons une droite quelconque, définie par les équations :

$$(1) \qquad x - x_0 = u(z - z_0), \qquad y - y_0 = v(z - z_0),$$

et formons l'équation aux z des points de rencontre de la quadrique et de cette droite. Pour cela, dans l'équation $f(x, y, z) = 0$ nous remplaçons x par $u(z - z_0) + x_0$ et y par $v(z - z_0) + y_0$; nous obtenons une équation du deuxième degré par rapport à z, $F(z) = 0$, qui admet la racine $z = z_0$.

Divisons alors le premier membre de cette équation par $z - z_0$, il nous reste une équation du premier degré dont les coefficients sont des fonctions entières de u et de v. Par suite la racine de cette équation est fonction rationnelle de ces deux paramètres.

Si on remplace alors z par cette valeur dans les équations (1), on obtient pour x et y des valeurs rationnelles par rapport à u et v. Il en résulte que les coordonnées d'un point quelconque de la surface peuvent s'exprimer rationnellement en fonction de deux paramètres u et v ; donc la surface est unicursale.

CHAPITRE X

CLASSIFICATION DES QUADRIQUES

---

775. La classification des quadriques se fait très simplement, comme celle des coniques, en décomposant le premier membre de l'équation en une somme algébrique de carrés de fonctions linéaires indépendantes. Si on applique la méthode générale indiquée au n° 343, le premier membre de l'équation pourra se mettre sous l'une des formes

$$(1) \qquad \alpha P^2 + \beta Q^2 + \gamma R^2 + h,$$
$$(2) \qquad \alpha P^2 + \beta Q^2 + R,$$
$$(3) \qquad \alpha P^2 + \beta Q^2 + h,$$
$$(4) \qquad \alpha P^2 + Q,$$
$$(5) \qquad \alpha P^2 + h;$$

α, β, γ désignent des nombres non nuls, et h un nombre qui peut être nul ou différent de zéro.

Dans les formes (1) et (2) figurent trois fonctions P, Q, R du premier degré par rapport aux variables x, y, z, et ces fonctions sont indépendantes, c'est-à-dire que le déterminant des coefficients de x, y, z dans ces fonctions n'est pas nul. On peut dire aussi que les plans représentés par les équations $P = 0$, $Q = 0$, $R = 0$ ont un seul point commun à distance finie.

Les fonctions linéaires P et Q qui figurent dans les formes (3) et (4) sont aussi indépendantes, c'est-à-dire que du tableau des coefficients de x, y, z dans ces fonctions on peut déduire un déterminant du deuxième degré non nul. Cela revient à dire que les deux plans $P = 0$, $Q = 0$ se coupent suivant une droite à distance finie.

Si dans la fonction linéaire P nous supprimons le terme constant, nous obtenons une fonction linéaire et homogène que nous désignerons par P'. Ainsi, par exemple, si $P \equiv ux + vy + wz + r$, nous poserons $P' \equiv ux + vy + wz$. Nous déduirons de la même manière les formes linéaires Q' et R' des fonctions Q et R.

Si les fonctions P, Q, R sont indépendantes, il en est de même des formes P', Q', R'; cela résulte de la définition (312).

776. Cela posé, supposons que $f(x, y, z)$ se mette sous la forme (1); nous avons l'identité

$$f(x, y, z) \equiv \alpha P^2 + \beta Q^2 + \gamma R^2 + h,$$

d'où nous déduisons, en limitant l'identité aux termes du deuxième degré en x, y, z,

$$\varphi(x, y, z) \equiv \alpha P'^2 + \beta Q'^2 + \gamma R'^2.$$

On voit ainsi que $\varphi(x, y, z)$ est décomposé en une somme de trois carrés indépendants, donc Δ n'est pas nul (744).

Si $f(x, y, z)$ se met sous l'une des formes (2) ou (3), on a

$$\varphi(x, y, z) \equiv \alpha P'^2 + \beta Q'^2,$$

P' et Q' étant indépendants; donc $\Delta = 0$, et il y a au moins un mineur différent de zéro (745).

Enfin, si $f(x, y, z)$ prend l'une des formes (4) ou (5), $\varphi(x, y, z)$ est le carré d'une forme linéaire, tous les mineurs du premier ordre de Δ sont nuls (746).

777. Premier cas. — $\Delta \neq 0$. $\varphi(x, y, z)$ *est décomposable en une somme de trois carrés indépendants. Les directions asymptotiques forment un véritable cône.*

Nous avons

$$f(x, y, z) \equiv \alpha P^2 + \beta Q^2 + \gamma R^2 + h,$$

les trois nombres α, β, γ étant différents de zéro, mais h pouvant être nul.

Nous allons faire différentes hypothèses sur les signes des nombres α, β, γ, h.

778. 1° α, β, γ *sont de même signe.*

On dit que la surface est du genre *ellipsoïde*.

Supposons d'abord que h soit de signe contraire aux nombres α, β, γ.

Prenons pour plan de coordonnées les plans $P = 0$, $Q = 0$, $R = 0$; P se transforme en λx, Q en μy, R en νz, de sorte que l'équation de la surface devient

$$\alpha \lambda^2 x^2 + \beta \mu^2 y^2 + \gamma \nu^2 z^2 + h = 0,$$

ou, en divisant par h et en posant

$$a^2 = -\frac{h}{\alpha \lambda^2}, \quad b^2 = -\frac{h}{\beta \mu^2}, \quad c^2 = -\frac{h}{\gamma \nu^2},$$

$$\frac{x^2}{a^2} + \frac{y^2}{b^2} + \frac{z^2}{c^2} - 1 = 0.$$

A un système quelconque de valeurs de x et de y cette équation fait correspondre deux valeurs de z égales et de signes contraires; par suite, le plan des xy divise en deux parties égales les cordes de la surface parallèles à Oz. On exprime cette propriété en disant que le plan des xy est le *plan diamétral conjugué de la direction* Oz. De même, le plan des yz est le plan diamétral conjugué de la direction Ox, et le plan des xz le plan diamétral conjugué de la direction Oy. On aura donc une idée suffisante de la surface en étudiant sa forme dans le trièdre Ox, Oy, Oz où les coordonnées de tous les points sont positives.

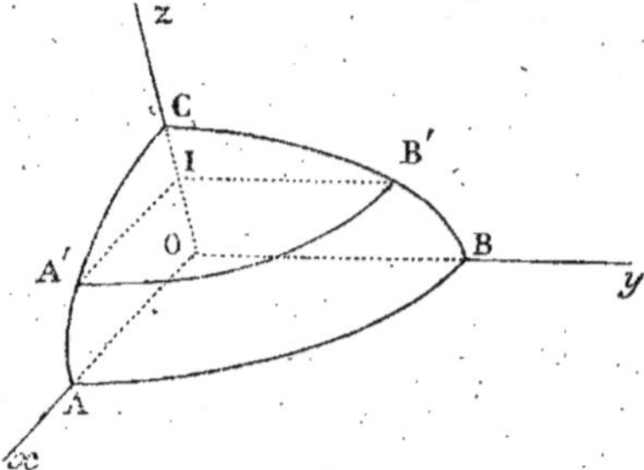

Fig. 216.

Supposons a, b, c positifs, et prenons sur la direction positive de Ox une longueur $OA = a$, sur celle de Oy, $OB = b$, et sur celle de Oz, $OC = c$ (*fig.* 216).

Les plans de coordonnées rencontrent la surface suivant des ellipses qui, ont pour diamètres conjugués respectivement (OA, OB), (OB, OC), (OC, OA).

Un plan parallèle au plan des xy, $z = \lambda$, coupe la surface suivant une ellipse qui a pour équations

$$(1) \qquad z = \lambda, \qquad \frac{x^2}{a^2} + \frac{y^2}{b^2} = 1 - \frac{\lambda^2}{c^2}.$$

Cette ellipse n'est réelle que si $|\lambda| < c$. Elle se projette sur le plan des xy parallèlement à Oz suivant une ellipse dont Ox et Oy sont deux diamètres conjugués. D'autre part, cette ellipse rencontre les ellipses CA et CB, car les équations de l'ellipse CA par exemple,

$$y = 0, \qquad \frac{x^2}{a^2} + \frac{z^2}{c^2} - 1 = 0$$

et les équations (1) admettent des solutions communes

$$z = \lambda, \qquad y = 0, \qquad x = \pm \frac{a\sqrt{c^2 - \lambda^2}}{c}.$$

Par suite, pour construire l'ellipse représentée par les équations (1), on prend sur Oz le point I de cote λ; par ce point on mène des parallèles aux axes Ox, Oy, qui rencontrent les ellipses CA et CB respectivement aux points A′ et B′; l'ellipse (1) admet pour diamètres conjugués IA′ et IB′.

Quand λ varie de 0 à c, le point I se déplace sur Oz du point O au point C, l'ellipse A′B′ engendre la surface.

Cette surface a reçu le nom d'*ellipsoïde réel*.

Si h est de même signe que α, β, γ, l'équation

$$\alpha P^2 + \beta Q^2 + \gamma R^2 + h = 0$$

n'est vérifiée par les coordonnées d'aucun point réel; on dit que cette équation représente un *ellipsoïde imaginaire*.

Enfin si $h = 0$, l'équation

$$\alpha P^2 + \beta Q^2 + \gamma R^2 = 0$$

n'est vérifiée que par les coordonnées d'un point réel, le point commun aux trois plans $P = 0$, $Q = 0$, $R = 0$; on dit qu'elle représente un *ellipsoïde réduit à un point*, ou un *cône imaginaire*, car le premier membre est homogène par rapport à P, Q, R (709).

779. 2° α, β, γ *ne sont pas de même signe.*

On dit que la surface est du genre *hyperboloïde*.

Si $h = 0$, l'équation représente un cône réel; on le démontre en raisonnant comme au n° 751, 1°.

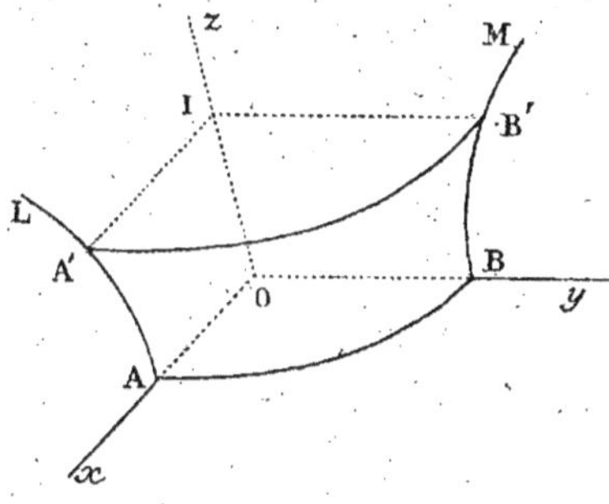

Fig. 217.

Supposons $h \neq 0$. Prenons comme plans de coordonnées les plans $P = 0$, $Q = 0$, $R = 0$. Si α et β sont de même signe, γ de signe différent, suivant que h sera de même signe que γ ou de signe contraire, l'équation de la surface s'écrira

$$(2)\quad \frac{x^2}{a^2} + \frac{y^2}{b^2} - \frac{z^2}{c^2} - 1 = 0,$$

ou

$$(3)\quad \frac{x^2}{a^2} + \frac{y^2}{b^2} - \frac{z^2}{c^2} + 1 = 0.$$

Pour ces deux surfaces comme pour l'ellipsoïde réel, chaque plan de coordonnées est le plan diamétral conjugué de la direction de l'axe non situé dans ce plan; il suffit encore de construire la portion de chaque surface située dans le trièdre Ox, Oy, Oz.

Considérons la surface représentée par l'équation (2). Le plan des xy la rencontre suivant une ellipse ayant pour diamètres conjugués $OA = a$ et $OB = b$ (*fig.* 217); le plan des xz suivant une hyperbole AL dont Ox et Oz sont deux diamètres conjugués, Ox étant un diamètre réel de demi-longueur égale à OA; le plan des yz la rencontre suivant une hyperbole BM ayant pour diamètres conjugués Oy et Oz, Oy étant un diamètre réel de demi-longueur égale à OB.

Un plan quelconque parallèle au plan des xy, $z = \lambda$, coupe la surface suivant une ellipse toujours réelle, ayant pour équations

$$z = \lambda, \qquad \frac{x^2}{a^2} + \frac{y^2}{b^2} = 1 + \frac{\lambda^2}{c^2} \, ;$$

son centre I est sur Oz et a pour cote λ; elle admet deux diamètres conjugués IA' et IB' parallèles à Ox et Oy et dont les extrémités A' et B' sont respectivement sur les hyperboles AL et BM.

Le mouvement de cette ellipse quand λ varie donne une idée de la forme de la surface.

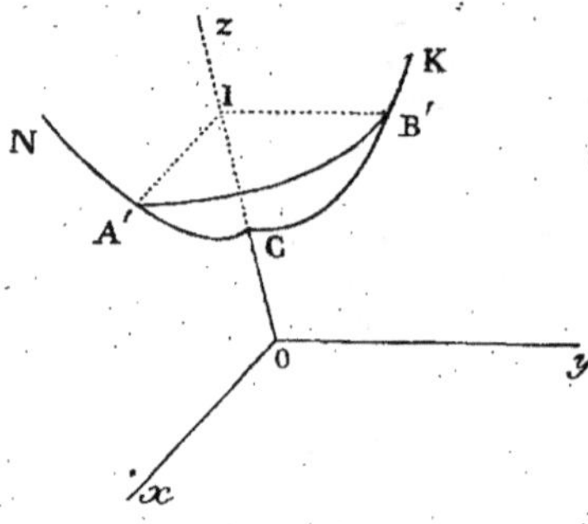

Fig. 218.

Cette surface est appelée *hyperboloïde à une nappe*.

Étudions maintenant la surface représentée par l'équation (3).

Le plan des xy ne rencontre cette surface en aucun point réel, le plan des xz la coupe suivant une hyperbole CN dont Ox et Oz sont deux diamètres conjugués, Oz étant un diamètre réel de demi-longueur $OC = c$ (*fig.* 218).

De même, le plan des yz rencontre la surface suivant une hyperbole CK dont Oy et Oz sont deux diamètres conjugués, Oz étant un diamètre réel de demi-longueur OC.

Enfin le plan $z = \lambda$ coupe la surface suivant l'ellipse

$$z = \lambda, \qquad \frac{x^2}{a^2} + \frac{y^2}{b^2} = \frac{\lambda^2}{c^2} - 1,$$

qui n'est réelle que si $|\lambda| > c$, et qui admet comme diamètres conjugués les segments IA' et IB' menés parallèlement à Ox et Oy par le point I de cote λ, les points A', B' étant sur les hyperboles CN et CK.

La surface n'admet aucun point réel entre les plans $z = c$ et $z = -c$; elle se compose de deux nappes distinctes; c'est pour cette raison qu'elle a été nommée *hyperboloïde à deux nappes*.

780. REMARQUE. — Si $h \neq 0$, la surface représentée par l'équation

$$\alpha P^2 + \beta Q^2 + \gamma R^2 + h = 0$$

n'admet pas de point double. En effet, prenons comme plans de coordonnées les trois plans $P = 0$, $Q = 0$, $R = 0$; l'équation s'écrit $lx^2 + my^2 + nz^2 + h = 0$, ou, en la rendant homogène,

$$F(x, y, z, t) \equiv lx^2 + my^2 + nz^2 + ht^2 = 0.$$

Il est alors aisé de voir que les quatre équations

$$F'_x = 0, \qquad F'_y = 0, \qquad F'_z = 0, \qquad F'_t = 0$$

ne peuvent être vérifiées que par des valeurs toutes nulles de x, y, z, t.

Au contraire si $h = 0$, la surface admet un seul point double, qui est le point de rencontre des trois plans

$$P = 0, \qquad Q = 0, \qquad R = 0.$$

Il en résulte que h est nul en même temps que H (759).

781. Deuxième cas. $\Delta = 0$, *et au moins un mineur différent de zéro. $\varphi(x, y, z)$ est décomposable en une somme de deux carrés indépendants. Le cône des directions asymptotiques se réduit à deux plans.*

Le premier membre de l'équation $f(x, y, z)$ peut être mis sous l'une des formes $\quad \alpha P^2 + \beta Q^2 + R \quad$ ou $\quad \alpha P^2 + \beta Q^2 + h$.

782. 1° Supposons en premier lieu qu'on ait

$$f(x, y, z) \equiv \alpha P^2 + \beta Q^2 + R.$$

Faisons une transformation de coordonnées en prenant les plans $P = 0$, $Q = 0$, $R = 0$ respectivement pour plans de zx, des xy et des yz; l'équation devient

$$\alpha \lambda^2 y^2 + \beta \mu^2 z^2 + \nu x = 0.$$

Si α et β sont de même signe, en choisissant convenablement la direction positive de l'axe des x on peut mettre cette équation sous la forme

$$(4) \qquad \frac{y^2}{p} + \frac{z^2}{q} - 2x = 0,$$

p et q étant positifs.

Si α et β sont de signes contraires, l'équation s'écrira

$$(5) \qquad \frac{y^2}{p} - \frac{z^2}{q} - 2x = 0,$$

p et q étant également positifs.

Pour ces deux surfaces les plans des xy et des zx sont plans diamétraux conjugués des directions Oz et Oy respectivement; il nous suffira donc de construire la portion de chaque surface qui correspond aux valeurs positives de z et de y.

Considérons d'abord la surface (4). Le plan des xy la coupe suivant une parabole (P) (*fig. 219*) définie par les équations

$$z = 0, \qquad y^2 - 2px = 0;$$

le plan des zx suivant la parabole (Q), $y = 0$, $z^2 - 2qx = 0$.

Un plan quelconque parallèle au plan des xy, $z = \lambda$, rencontre la surface suivant une parabole (P′) qui a pour équations

$$z = \lambda, \qquad y^2 - 2px + \frac{\lambda^2 p}{q} = 0.$$

Cette parabole rencontre la parabole (Q) en un point O′ qui a pour coordonnées $x = \dfrac{\lambda^2}{2q}$, $y = 0$, $z = \lambda$. Menons O′x' parallèle à Ox, O′y' parallèle à Oy; on reconnaît aisément que par rapport aux axes O′x' et O′y', l'équation de la parabole (P′) est

$$y'^2 - 2px' = 0.$$

Les deux paraboles (P) et (P′) sont donc égales, et par suite, pour engendrer la surface, il suffit de déplacer la parabole (P), en entraînant avec elle les axes Ox et Oy de manière que ces axes restent parallèles à eux-mêmes et que le point O décrive la parabole (Q).

La surface ainsi obtenue est appelée *paraboloïde elliptique*.

Pour la surface

$$(5) \qquad \frac{y^2}{p} - \frac{z^2}{q} - 2x = 0,$$

nous serons conduits à des résultats analogues, la seule différence

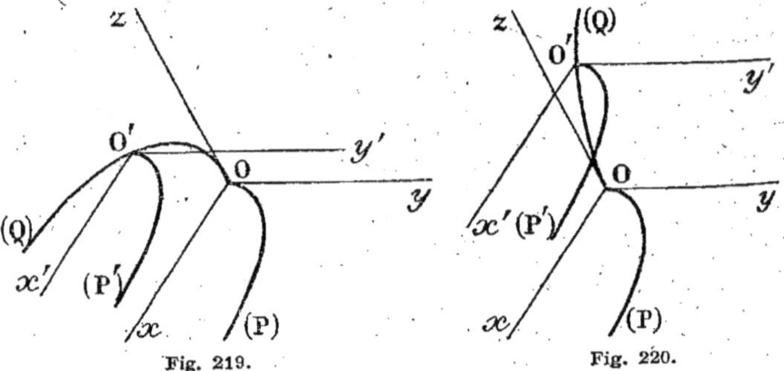

<table>
<tr><td>Fig. 219.</td><td>Fig. 220.</td></tr>
</table>

consiste en ce que la parabole (Q) tourne sa concavité vers les x négatifs (*fig. 220*).

Cette surface est appelée *paraboloïde hyperbolique*.

On reconnaît aisément que ces deux surfaces n'admettent pas de point double; par suite on a $H \neq 0$.

783. 2° Supposons en second lieu qu'on ait

$$f(x, y, z) \equiv \alpha\,P^2 + \beta\,Q^2 + h.$$

Dans ce cas la surface est un cylindre dont les génératrices sont parallèles à la droite D, intersection des plans $P = 0$, $Q = 0$.

Nous allons d'abord montrer que tout plan non parallèle aux génératrices rencontre le cylindre suivant une conique dont la nature est indépendante du plan sécant.

Soit en effet $R = 0$ un plan non parallèle à la droite D. Faisons une transformation de coordonnées en prenant le plan $R = 0$ comme plan des xy et les plans $P = 0$, $Q = 0$ respectivement comme plans des yz et des zx ; l'équation de la surface devient

$$(6) \qquad\qquad \alpha\,\lambda^2 x^2 + \beta\,\mu^2 y^2 + h = 0 ;$$

elle représente un cylindre dont les génératrices sont parallèles à l'axe des z. De plus, l'équation (6) est aussi l'équation de la section du cylindre par le plan des xy, rapportée aux axes Ox, Oy (591, 2°), c'est-à-dire l'équation de la section du cylindre par le plan donné $R = 0$. Cette section est une conique dont la nature ne dépend que des signes des nombres α, β, h.

Supposons α et β de même signe ; toute section plane du cylindre par un plan non parallèle aux génératrices est du genre ellipse.

Si h est de signe contraire à α et β, la section est une ellipse réelle, on dit que la surface est un *cylindre elliptique réel*.

Si h est de même signe que α et β, toute section plane est une ellipse imaginaire, on dit que la surface est un *cylindre elliptique imaginaire*.

Enfin si $h = 0$, toute section plane est une ellipse réduite à un point ou deux droites sécantes imaginaires, on dit que la surface est un *cylindre elliptique réduit à une droite*, ou encore un ensemble de *deux plans sécants imaginaires conjugués*.

Supposons α et β de signes contraires.

La surface est un *cylindre hyperbolique* si $h \neq 0$, et un ensemble *de deux plans sécants réels* si $h = 0$.

784. Troisième cas. — *Tous les mineurs de Δ sont nuls. $\varphi(x, y, z)$ est le carré d'une fonction linéaire. Le cône des directions asymptotiques se réduit à un plan double.*

$f(x, y, z)$ peut être mis sous l'une des formes

$$\alpha\,P^2 + Q \qquad \text{ou} \qquad \alpha\,P^2 + h.$$

785. 1° Supposons qu'on ait

$$f(x, y, z) \equiv \alpha\,P^2 + Q.$$

La surface représente un cylindre dont les génératrices sont parallèles à l'intersection des plans $P = 0$, $Q = 0$. En raisonnant comme précédemment on voit que tout plan non parallèle aux génératrices coupe ce cylindre suivant une parabole.

Pour cette raison, la surface est appelée *cylindre parabolique*.

786. 2° Si l'on a

$$f(x, y, z) \equiv \alpha P^2 + h,$$

l'équation $f(x, y, z) = 0$ représente deux plans parallèles au plan $P = 0$. Si h et α sont de signes contraires, ces deux plans sont réels ; si h et α sont de même signe, ils sont imaginaires conjugués ; si $h = 0$, ils sont confondus.

787. La discussion peut se résumer à l'aide du tableau suivant :

Dans ce tableau P, Q, R désignent des fonctions linéaires indépendantes à coefficient réels.

	$P^2 + Q^2 + R^2 - 1 = 0$...	Ellipsoïde réel.
	$P^2 + Q^2 + R^2 + 1 = 0$...	Ellipsoïde imaginaire.
$\Delta \neq 0$	$P^2 + Q^2 + R^2 = 0$......	Cône imaginaire.
	$P^2 + Q^2 - R^2 - 1 = 0$...	Hyperboloïde à une nappe.
	$P^2 + Q^2 - R^2 + 1 = 0$...	Hyperboloïde à deux nappes.
	$P^2 + Q^2 - R^2 = 0$......	Cône réel.
$\Delta = 0$; au moins un mineur du 1er ordre non nul	$P^2 + Q^2 + R = 0$......	Paraboloïde elliptique.
	$P^2 - Q^2 + R = 0$......	Paraboloïde hyperbolique.
	$P^2 + Q^2 - 1 = 0$......	Cylindre elliptique réel.
	$P^2 + Q^2 + 1 = 0$......	Cylindre elliptique imaginaire.
	$P^2 + Q^2 = 0$..........	Deux plans sécants imaginaires.
	$P^2 - Q^2 - 1 = 0$......	Cylindre hyperbolique.
	$P^2 - Q^2 = 0$..........	Deux plans sécants réels.
Tous les mineurs de Δ nuls	$P^2 + Q = 0$..........	Cylindre parabolique.
	$P^2 - 1 = 0$..........	Deux plans parallèles réels.
	$P^2 + 1 = 0$..........	Deux plans parallèles imaginaires.
	$P^2 = 0$..............	Deux plans confondus.

788. Pour reconnaître la nature d'une quadrique définie par une équation numérique, il suffira donc de décomposer en carrés le premier membre de l'équation en appliquant la méthode générale, et de la nature de la décomposition on déduira la nature de la surface.

EXEMPLE. — *Trouver la nature de la quadrique représentée par l'équation,*
$$x^2 - 2y^2 + 3z^2 + 4zx - 2xy + 2y + \lambda = 0.$$
Cette équation peut se mettre successivement sous les formes suivantes :
$$(x - y + 2z)^2 - (y - 2z)^2 - 2y^2 + 3z^2 + 2y + \lambda = 0,$$
$$(x - y + 2z)^2 - 3y^2 + 4yz - z^2 + 2y + \lambda = 0,$$
$$(x - y + 2z)^2 - \frac{1}{3}(- 3y + 2z + 1)^2 + \frac{(2z+1)^2}{3} - z^2 + \lambda = 0,$$

ou, en chassant le dénominateur 3.

$$3(x - y + 2z)^2 - (- 3y + 2z + 1)^2 + z^2 + 4z + 1 + 3\lambda = 0,$$

ou enfin

$$3(x - y + 2z)^2 - (- 3y + 2z + 1)^2 + (z + 2)^2 + 3(\lambda - 1) = 0.$$

On voit alors immédiatement que si $\lambda < 1$ la surface est un hyperboloïde à une nappe, si $\lambda > 1$ un hyperboloïde à deux nappes, enfin si $\lambda = 1$ la surface est un cône réel.

789. Si l'on donne *a priori* l'équation de la surface sous l'une des formes indiquées dans le tableau précédent, avant de se prononcer sur la nature de la surface, *il est indispensable d'examiner si les fonctions linéaires qui figurent dans le premier membre de l'équation sont indépendantes.*

Par exemple, l'équation

$$(x + y - 1)^2 + 2(x - y + z - 3)^2 + 3(x - 2)^2 - 1 = 0$$

représente un ellipsoïde réel, parce que les plans $x + y - 1 = 0$, $x - y + z - 3 = 0$, $x - 2 = 0$ ont un seul point commun.

Considérons maintenant l'équation

$$(y - z)^2 + (z - x)^2 + (x - y)^2 - 1 = 0;$$

les fonctions $y - z$, $z - x$, $x - y$ ne sont pas indépendantes, car les plans $y - z = 0$, $z - x = 0$, $x - y = 0$ passent par une même droite. Nous ne pouvons pas nous prononcer immédiatement; il faut avoir recours à la méthode générale. Pour cela, nous développerons le premier membre de l'équation et nous le décomposerons en carrés. Nous avons ainsi successivement

$$2x^2 + 2y^2 + 2z^2 - 2yz - 2zx - 2xy - 1 = 0,$$

$$\frac{1}{2}(2x - y - z)^2 - \frac{(y + z)^2}{2} + 2y^2 + 2z^2 - 2yz - 1 = 0,$$

ou en multipliant par 2,

$$(2x - y - z)^2 + 3(y - z)^2 - 2 = 0,$$

et sous cette forme on reconnaît l'équation d'un cylindre elliptique réel.

Remarques sur la classification.

790. Si dans l'équation d'une quadrique l'ensemble des termes du deuxième degré $\varphi(x, y, z)$ se présente sous la forme d'une somme de deux carrés indépendants

$$\varphi(x, y, z) \equiv \alpha P^2 + \beta Q^2,$$

la surface est un paraboloïde ou un cylindre. Il est facile de distinguer ces deux cas sans être obligé de décomposer en carrés le premier membre de l'équation.

La direction de droite représentée par les équations $P = 0$,

$Q = 0$ est une direction asymptotique particulière de la surface que nous appellerons la *direction asymptotique principale*.

Considérons le plan dont l'équation s'obtient en égalant à zéro l'ensemble des termes du premier degré de $f(x, y, z)$,

$$Cx + C'y + C''z = 0.$$

1° Si ce plan n'est pas parallèle à la direction asymptotique principale, la surface est un paraboloïde.

Posons en effet $R \equiv 2Cx + 2C'y + 2C''z + D$, l'équation de la surface s'écrit

$$f(x, y, z) \equiv \alpha P^2 + \beta Q^2 + R = 0,$$

et comme les trois plans $P = 0$, $Q = 0$, $R = 0$ ont un seul point commun à distance finie ou, ce qui revient au même, comme les trois fonctions linéaires P, Q, R sont indépendantes, cette équation représente un paraboloïde, elliptique si $\alpha\beta > 0$, hyperbolique si $\alpha\beta < 0$.

2° Si le plan $Cx + C'y + C''z = 0$ est parallèle à la direction asymptotique principale, la surface est un cylindre elliptique ou hyperbolique, pouvant se réduire à deux plans.

Dans cette hypothèse le plan $Cx + C'y + C''z = 0$ passe par l'intersection des deux plans $P = 0$, $Q = 0$; on a donc l'identité

$$Cx + C'y + C''z \equiv \lambda P + \mu Q,$$

et l'équation de la surface peut s'écrire

$$\alpha P^2 + \beta Q^2 + 2\lambda P + 2\mu Q + D = 0.$$

Comme le premier membre est fonction de P et de Q, la surface est un cylindre. Pour déterminer la nature de ce cylindre, mettons l'équation sous la forme suivante

$$\frac{1}{\alpha}(\alpha P + \lambda)^2 + \frac{1}{\beta}(\beta Q + \mu)^2 + D - \frac{\lambda^2}{\alpha} - \frac{\mu^2}{\beta} = 0;$$

les signes des nombres α, β, $D - \frac{\lambda^2}{\alpha} - \frac{\mu^2}{\beta}$ feront connaître sans ambiguïté la nature du cylindre.

Il résulte de là que la direction asymptotique principale dans un cylindre n'est autre que la direction des génératrices.

791. On a des conclusions analogues dans le cas où $\varphi(x, y, z)$ est mis sous la forme du produit de deux fonctions linéaires indépendantes, par exemple

$$\varphi(x, y, z) \equiv RS.$$

On peut écrire

$$\varphi(x, y, z) \equiv \left(\frac{R+S}{2}\right)^2 - \left(\frac{R-S}{2}\right)^2, \qquad \frac{R+S}{2} \qquad \text{et} \qquad \frac{R-S}{2}$$

étant indépendants; par suite, la surface est un paraboloïde ou un cylindre.

La direction asymptotique principale est définie par les équations

$$R + S = 0, \qquad R - S = 0, \qquad \text{ou} \qquad R = 0, \qquad S = 0.$$

Par suite, si le plan $Cx + C'y + C''z = 0$ ne passe pas par l'intersection des plans $R = 0$, $S = 0$, la surface est un paraboloïde hyperbolique.

Si le plan $Cx + C'y + C''z = 0$ passe par l'intersection des plans $R = 0$, $S = 0$, la surface est un cylindre hyperbolique ou un ensemble de deux plans sécants réels. On a en effet dans ce cas

$$Cx + C'y + C''z \equiv \lambda R + \mu S;$$

l'équation de la surface s'écrit

$$RS + 2\lambda R + 2\mu S + D = 0,$$

ou

$$(R + 2\mu)(S + 2\lambda) + D - 4\lambda\mu = 0.$$

792. Si $\varphi(x, y, z)$ est identique à une somme de deux carrés ou à un produit de deux facteurs, les trois plans $\varphi'_x = 0$, $\varphi'_y = 0$, $\varphi'_z = 0$ passent par une droite qui est parallèle à la direction asymptotique principale.

793. Supposons maintenant que $\varphi(x, y, z)$ soit le carré d'une forme linéaire, $\varphi(x, y, z) \equiv \alpha P^2$. La surface est un cylindre parabolique ou un système de deux plans parallèles ou confondus.

1° Si le plan $Cx + C'y + C''z = 0$ ne coïncide pas avec le plan $P = 0$, la surface est un cylindre parabolique.

En effet, si nous posons $Q \equiv 2Cx + 2C'y + 2C''z + D$, l'équation de la surface peut s'écrire

$$\alpha P^2 + Q = 0,$$

P et Q étant des fonctions linéaires indépendantes.

2° Si les plans $Cx + C'y + C''z = 0$, $P = 0$ coïncident, la surface est un ensemble de deux plans parallèles ou confondus.

Nous avons en effet $Cx + C'y + C''z \equiv \lambda P$, et l'équation de la surface prend la forme

$$P^2 + 2\lambda P + D = 0,$$

ou

$$(P - t_1)(P - t_2) = 0,$$

t_1 et t_2 étant les racines du trinome $t^2 + 2\lambda t + D$.

Cette équation représente deux plans parallèles réels, imaginaires ou confondus selon que $\lambda^2 - D$ est positif, négatif ou nul.

CHAPITRE XI

CENTRE, PLANS DIAMÉTRAUX ET DIAMÈTRES

————

Centre.

794. On appelle *centre* d'une quadrique un point tel que toute droite passant par ce point rencontre la quadrique en deux points symétriques par rapport à ce point.

La détermination du centre d'une quadrique repose sur le théorème suivant :

795. Théorème. — *La condition nécessaire et suffisante pour que l'origine des coordonnées soit centre d'une quadrique est que l'équation de la surface ne renferme pas de termes du premier degré.*

Soit

$$\varphi(x,\ y,\ z) + 2Cx + 2C'y + 2C''z + D = 0$$

l'équation de la quadrique. Une droite quelconque passant par l'origine,

$$x = \alpha\rho, \qquad y = \beta\rho, \qquad z = \gamma\rho,$$

rencontre la surface en deux points, et les valeurs de ρ relatives à ces points vérifient l'équation

$$\rho^2\varphi(\alpha,\ \beta,\ \gamma) + 2\rho(C\alpha + C'\beta + C''\gamma) + D = 0.$$

Pour que l'origine soit centre, il faut et il suffit que cette équation ait ses racines égales et de signes contraires quelle que soit la sécante, c'est-à-dire que l'on ait

$$C\alpha + C'\beta + C''\gamma \equiv 0$$

quels que soient α, β, γ.

On doit donc avoir $\quad C = C' = C'' = 0$; le théorème est démontré.

796. Détermination du centre. — Pour que le point $(x_0,\ y_0,\ z_0)$ soit centre de la quadrique $f(x,\ y,\ z) = 0$, il faut et il suffit qu'en transportant l'origine des coordonnées en ce point, l'équation transformée n'ait pas de termes du premier degré.

Or cette équation est $f(x_0 + x, y_0 + y, z_0 + z) = 0$,
ou

$$f(x_0, y_0, z_0) + xf'_{x_0} + yf'_{y_0} + zf'_{z_0} + \varphi(x, y, z) = 0.$$

Par suite, les coordonnées du centre sont données par les équations

$$f'_{x_0} = 0, \qquad f'_{y_0} = 0, \qquad f'_{z_0} = 0,$$

ou, en supprimant les indices,

$$(1) \quad \begin{cases} \dfrac{1}{2}f'_x \equiv Ax + B''y + B'z + C = 0, \\[2mm] \dfrac{1}{2}f'_y \equiv B''x + A'y + Bz + C' = 0, \\[2mm] \dfrac{1}{2}f'_z \equiv B'x + By + A''z + C'' = 0. \end{cases}$$

Nous avons ainsi trois équations du premier degré à trois inconnues x, y, z; le déterminant des cœfficients des inconnues est le déterminant

$$\Delta = \begin{vmatrix} A & B'' & B' \\ B'' & A' & B \\ B' & B & A'' \end{vmatrix}$$

que nous avons déjà considéré.

797. Si $\Delta \neq 0$, les équations admettent un ensemble unique de solutions, la surface admet un centre unique à distance finie.

Il en résulte que les ellipsoïdes, les hyperboloïdes et les cônes, ou, ce qui revient au même, les surfaces dont les directions asymptotiques forment un véritable cône ont un centre unique à distance finie.

Pour étudier les autres surfaces, nous considérerons les équations réduites que nous avons rencontrées dans la classification.

798. Paraboloïdes. — Nous avons vu (782) qu'en choisissant convenablement les axes de coordonnées, l'équation d'un paraboloïde peut s'écrire $A'y^2 + A''z^2 + 2Cx = 0$. Les équations (1) qui déterminent le centre sont alors $C = 0$, $y = 0$, $z = 0$; elles n'ont pas de solutions, donc le paraboloïde n'a pas de centre.

En introduisant une variable d'homogénéité t, ces équations peuvent s'écrire $t = 0$, $y = 0$ $z = 0$; elles sont vérifiées par les coordonnées d'un point à l'infini dans la direction Ox, qui est la direction asymptotique principale du paraboloïde.

On peut donc dire que le paraboloïde admet un centre unique à l'infini dans la direction asymptotique principale.

799. Cylindres elliptiques ou hyperboliques. Ensemble de deux plans sécants. — L'équation réduite de la surface est

$$A x^2 + A' y^2 + D = 0 ;$$

les équations (1) se réduisent à deux, $x = 0$, $y = 0$. On en conclut que la surface admet une infinité de centres en ligne droite.

Si la surface est un cylindre, cette droite est parallèle aux génératrices ; si c'est un ensemble de plans sécants, cette droite est l'intersection des deux plans (ce qui est d'ailleurs évident *a priori*).

800. Cylindres paraboliques. — L'équation réduite est de la forme $A' y^2 + 2 C x = 0$, les équations (1) sont $C = 0$, $y = 0$. La surface n'a pas de centre. En introduisant une variable d'homogénéité, on peut écrire ces équations $t = 0$, $y = 0$; ce qui montre que le cylindre parabolique admet une infinité de centres situés sur une droite à l'infini. Cettre droite est dans le plan de directions asymptotiques $y = 0$.

801. Ensemble de deux plans parallèles ou confondus. — La surface peut être représentée par une équation de la forme $A'' z^2 + D = 0$; les équations (1) se réduisent à une seule $z = 0$. La surface admet une infinité de centres, situés dans un même plan parallèle aux deux plans qui constituent la surface et équidistant de ceux-ci.

802. REMARQUE. — Si dans les équations (1) on considère x, y, z comme des coordonnées courantes, ces équations représentent trois plans qu'on appelle les plans de centres, et qui peuvent occuper cinq positions relatives comme nous l'avons vu au n° 627.

Les conclusions suivantes résultent immédiatement de la discussion qui vient d'être faite :

1° *Les plans de centres ont un point commun à distance finie.* — La surface est un ellipsoïde, ou un hyperboloïde, ou un cône.

2° *Les plans de centres sont parallèles à une même droite (l'un d'eux pouvant être rejeté à l'infini).* — La surface est un paraboloïde.

3° *Les plans de centres passent par une même droite (l'un d'eux pouvant être indéterminé).* — La surface est un cylindre elliptique ou hyperbolique, ou un ensemble de deux plans sécants.

4° *Les plans de centres sont parallèles (l'un d'eux pouvant être indéterminé, et un autre rejeté à l'infini).* — La surface est un cylindre parabolique.

5° *Les plans de centres sont confondus (deux d'entre eux pouvant être indéterminés)*. — La surface se compose de deux plans parallèles.

803. Problème. — *Étant donnée l'équation d'une quadrique admettant un centre unique à distance finie, trouver ce que devient l'équation de cette quadrique, quand on transporte l'origine des coordonnées au centre de la surface.*

Soient $f(x, y, z) = 0$ l'équation de la quadrique, et x_0, y_0, z_0 les coordonnées du centre. Si on transporte l'origine des coordonnées au point (x_0, y_0, z_0), l'équation de la surface devient

$$f(x_0 + x, y_0 + y, z_0 + z) = 0,$$

ou

$$f(x_0, y_0, z_0) + x f'_{x_0} + y f'_{y_0} + z f'_{z_0} + \varphi(x, y, z) = 0,$$

ou encore, puisque $f'_{x_0}, f'_{y_0}, f'_{z_0}$ sont nuls,

$$\varphi(x, y, z) + f(x_0, y_0, z_0) = 0.$$

Or, on a

$$2f(x_0, y_0, z_0) = x_0 f'_{x_0} + y_0 f'_{y_0} + z_0 f'_{z_0} + f'_{t_0} = f'_{t_0},$$

et par suite,

$$f(x_0, y_0, z_0) = \frac{1}{2} f'_{t_0} = C x_0 + C' y_0 + C'' z_0 + D.$$

L'équation peut donc s'écrire

$$\varphi(x, y, z) + D_1 = 0,$$

en posant

$$D_1 = C x_0 + C' y_0 + C'' z_0 + D.$$

D'autre part, x_0, y_0, z_0 sont donnés par les équations

$$\begin{aligned}
A x_0 + B'' y_0 + B' z_0 + C &= 0, \\
B'' x_0 + A' y_0 + B z_0 + C' &= 0, \\
B' x_0 + B y_0 + A'' z_0 + C'' &= 0.
\end{aligned}$$

Si on tire x_0, y_0, z_0 de ces trois équations, et si on porte les valeurs obtenues dans l'expression de D_1, on a (A. 96)

$$D_1 = \frac{\begin{vmatrix} A & B'' & B' & C \\ B'' & A' & B & C' \\ B' & B & A'' & C'' \\ C & C' & C'' & D \end{vmatrix}}{\begin{vmatrix} A & B'' & B' \\ B'' & A' & B \\ B' & B & A'' \end{vmatrix}} = \frac{H}{\Delta}.$$

Il en résulte que l'équation de la surface est

$$\varphi(x, y, z) + \frac{H}{\Delta} = 0.$$

804. Supposons maintenant que la quadrique ait une infinité de centres, et soit $\omega\,(x_0, y_0, z_0)$ l'un d'eux.

En raisonnant comme plus haut, on voit que si l'on transporte l'origine des coordonnées au point ω, l'équation devient

$$\varphi(x, y, z) + Cx_0 + C'y_0 + C''z_0 + D = 0.$$

Mais il faut bien observer que dans ce cas $Cx_0 + C'y_0 + C''z_0 + D$ n'est pas égal à $\dfrac{H}{\Delta}$.

Plans diamétraux.

805. Théorème. — *Étant données une quadrique et une direction de droite* L, *le lieu géométrique des milieux des cordes parallèles à la direction* L *est un plan qu'on appelle le plan diamétral conjugué de la direction* L.

Soit

$$f(X, Y, Z) \equiv \varphi(X, Y, Z) + 2CX + 2C'Y + 2C''Z + D = 0$$

l'équation de la quadrique et α, β, γ les paramètres directeurs de la direction L.

Pour qu'un point $M(x, y, z)$ soit un point du lieu, il faut et il suffit que la droite menée par le point M parallèlement à L rencontre la surface en deux points symétriques par rapport à M. Un point quelconque de cette droite a pour coordonnées

$$X = x + \alpha\rho, \qquad Y = y + \beta\rho, \qquad Z = z + \gamma\rho.$$

Les valeurs de ρ relatives aux points de rencontre A et B de la droite et de la surface sont racines de l'équation

$$f(x + \alpha\rho, \quad y + \beta\rho, \quad z + \gamma\rho) = 0,$$

ou

$$(1) \qquad f(x, y, z) + \rho(\alpha f'_x + \beta f'_y + \gamma f'_z) + \rho^2 \varphi(\alpha, \beta, \gamma) = 0,$$

et pour que le point M soit le milieu de AB, il faut que cette équation ait ses racines égales et de signes contraires, ce qui donne

$$\alpha f'_x + \beta f'_y + \gamma f'_z = 0.$$

C'est l'équation du lieu, elle est du premier degré par rapport à

x, y, z; donc le lieu est un plan; c'est *le plan diamétral conjugué de la direction* L.

En se reportant au n° 766, on voit que ce plan coupe la surface suivant la courbe de contact du cylindre circonscrit parallèlement à la direction L.

On a

$$f'_x \equiv \varphi'_x + 2\mathrm{C}, \qquad f'_y \equiv \varphi'_y + 2\mathrm{C}', \qquad f'_z \equiv \varphi'_z + 2\mathrm{C}'',$$

et, par suite,

$$\alpha f'_x + \beta f'_y + \gamma f'_z \equiv \alpha\varphi'_x + \beta\varphi'_y + \gamma\varphi'_z + 2(\mathrm{C}\alpha + \mathrm{C}'\beta + \mathrm{C}''\gamma);$$

comme $\varphi(x, y, z)$ est homogène et du deuxième degré, on a

$$\alpha\varphi'_x + \beta\varphi'_y + \gamma\varphi'_z \equiv x\varphi'_\alpha + y\varphi'_\beta + z\varphi'_\gamma.$$

Il en résulte que l'équation du plan diamétral peut s'écrire

$$x\varphi'_\alpha + y\varphi'_\beta + z\varphi'_\gamma + 2(\mathrm{C}\alpha + \mathrm{C}'\beta + \mathrm{C}''\gamma) = 0.$$

Nous avons implicitement supposé que toute parallèle à L rencontrait la surface en deux points à distance finie, c'est-à-dire que L n'était pas direction asymptotique; nous avons donc $\varphi(\alpha, \beta, \gamma) \neq 0$.

Dans ces conditions φ'_α, φ'_β, φ'_γ ne peuvent être nuls en même temps, puisqu'on a $\alpha\varphi'_\alpha + \beta\varphi'_\beta + \gamma\varphi'_\gamma = 2\varphi(\alpha, \beta, \gamma) \neq 0$.

Il en résulte que toute direction *non asymptotique* admet un plan diamétral conjugué à distance finie.

806. Plans diamétraux singuliers. — Supposons maintenant $\varphi(\alpha, \beta, \gamma) = 0$. L est direction asymptotique, toute parallèle à cette direction rencontre la surface en un point à l'infini, il n'y a plus lieu de chercher le plan diamétral conjugué.

Cependant, si l'équation

$$\alpha f'_x + \beta f'_y + \gamma f'_z = 0,$$

ou

$$x\varphi'_\alpha + y\varphi'_\beta + z\varphi'_\gamma + 2(\mathrm{C}\alpha + \mathrm{C}'\beta + \mathrm{C}''\gamma) = 0$$

représente un plan à distance finie P, nous dirons que ce plan est un *plan diamétral singulier.*

Examinons quelle peut être la signification géométrique de ce plan. L'équation (1) s'abaisse au premier degré et devient

$$(2) \qquad f(x, y, z) + \rho(\alpha f'_x + \beta f'_y + \gamma f'_z) = 0;$$

elle admet, quel que soit le point M (x, y, z) une racine infinie.

Si le point M est situé dans le plan P, le coefficient de ρ est nul et l'équation (2) admet deux racines infinies.

Il en résulte que le plan P est le lieu des points tels que, si par l'un d'eux on mène une droite parallèle à L, cette droite rencontre la surface en deux points à l'infini.

Or, le plan P est parallèle à L, puisqu'on a

$$\alpha\varphi'_\alpha + \beta\varphi'_\beta + \gamma\varphi'_\gamma = 2\varphi(\alpha, \beta, \gamma) = 0 ;$$

par suite, le plan P est le lieu des droites parallèles à L qui rencontrent la surface en deux points à l'infini.

Ce plan est donc le plan asymptote relatif à L (757, 2°).

Cela résulte aussi de ce que l'équation $\alpha f'_x + \beta f'_y + \gamma f'_z = 0$ représente le plan tangent à la quadrique au point à l'infini qui a pour coordonnées α, β, γ, 0.

On peut donc considérer un plan diamétral singulier comme un plan asymptote et inversement.

807. REMARQUE. — Nous avons vu que tout plan tangent rencontre une quadrique suivant deux droites passant par le point de contact.

Comme un plan asymptote est un plan tangent à l'infini, on en conclut que tout plan asymptote rencontre la quadrique suivant deux droites parallèles.

On peut d'ailleurs le démontrer analytiquement.

Soient en effet x_1, y_1, z_1 les coordonnées d'un point commun à la quadrique et au plan asymptote $\alpha f'_x + \beta f'_y + \gamma f'_z = 0$. Nous avons

$$\varphi(\alpha, \beta, \gamma) = 0, \quad f(x_1, y_1, z_1) = 0, \quad \alpha f'_{x_1} + \beta f'_{y_1} + \gamma f'_{z_1} = 0.$$

Menons par le point (x_1, y_1, z_1) une droite D parallèle à L,

$$x = x_1 + \alpha\rho, \qquad y = y_1 + \beta\rho, \qquad z = z_1 + \gamma\rho ;$$

les ρ des points de rencontre de cette droite et de la quadrique sont racines de l'équation

$$f(x_1, y_1, z_1) + \rho\left(\alpha f'_{x_1} + \beta f'_{y_1} + \gamma f'_{z_1}\right) + \rho^2\varphi(\alpha, \beta, \gamma) = 0.$$

Or, d'après les hypothèses précédentes, cette équation est vérifiée quel que soit ρ; donc la droite D est tout entière sur la surface. Comme elle est aussi dans le plan asymptote, elle fait partie de l'intersection.

En répétant le même raisonnement pour un autre point commun, non situé sur la droite D, on voit que l'intersection se compose de deux droites parallèles à la direction L.

Ces droites peuvent être réelles ou imaginaires; l'une d'elles ou toutes les deux peuvent être rejetées à l'infini.

808. Nous étudierons plus tard la distribution des plans diamétraux et des plans asymptotes dans les différentes quadriques.

Remarquons seulement que dans les quadriques à centre unique les plans diamétraux passent par le centre, car l'équation d'un plan diamétral quelconque $\alpha f'_x + \beta f'_y + \gamma f'_z = 0$ est vérifiée par les coordonnées du centre.

D'ailleurs les plans de centre $f'_x = 0$, $f'_y = 0$, $f'_z = 0$ sont les plans diamétraux conjugués respectivement des directions Ox, Oy, Oz.

Directions conjuguées.

809. *Soient deux directions* L *et* L', *si le plan diamétral conjugué de* L *est parallèle à* L', *inversement le plan diamétral conjugué de* L' *est parallèle à* L.

Soient α, β, γ et α', β', γ' les paramètres directeurs des directions L et L'. Le plan diamétral conjugué de L a pour équation

$$x \varphi'_\alpha + y \varphi'_\beta + z \varphi'_\gamma + 2(C\alpha + C'\beta + C''\gamma) = 0;$$

pour qu'il soit parallèle à L', il faut qu'on ait

$$(1) \qquad \alpha' \varphi'_\alpha + \beta' \varphi'_\beta + \gamma' \varphi'_\gamma = 0.$$

Or cette relation peut aussi s'écrire

$$(2) \qquad \alpha \varphi'_{\alpha'} + \beta \varphi'_{\beta'} + \gamma \varphi'_{\gamma'} = 0;$$

elle exprime que le plan diamétral conjugué de L' est parallèle à L.

810. DÉFINITIONS. — On dit que deux directions sont *conjuguées* par rapport à une quadrique lorsque chacune d'elles est parallèle au plan diamétral conjugué de l'autre.

Pour que deux directions soient conjuguées, il faut et il suffit que leurs paramètres directeurs vérifient la relation (1) ou (2).

On dit que deux plans diamétraux sont *conjugués* lorsque chacun d'eux est parallèle aux cordes que divise l'autre en deux parties égales.

Diamètres.

811. Théorème. — *Les sections d'une quadrique par des plans parallèles sont des coniques homothétiques.*

Prenons pour plan des xy un plan parallèle aux plans sécants et soit

$$f(x, y, z) \equiv \varphi(x, y, z) + 2Cx + 2C'y + 2C''z + D = 0$$

l'équation de la surface. Coupons cette surface par le plan $z = h$;

la section est une conique dont la projection sur le plan des xy a pour équation

$$\varphi(x, y, h) + 2Cx + 2C'y + 2C''h + D = 0.$$

L'ensemble des termes du second degré en x et y est indépendant de h; par suite, quand h varie, cette conique reste homothétique à elle-même.

Par conséquent, si un plan coupe une quadrique suivant une conique à centre, tout plan parallèle coupe aussi la surface suivant une conique à centre.

812. Nous allons démontrer que *le lieu des centres de ces coniques quand le plan sécant se déplace parallèlement à lui-même est une droite qu'on appelle le diamètre conjugué de la direction du plan.*

Soient

(P) $$\qquad ux + vy + wz = 0$$

la direction des plans sécants, et $M(x, y, z)$ un point du lieu. Le plan mené par le point M parallèlement au plan (P) doit rencontrer la surface suivant une conique ayant pour centre le point M. Donc toute droite passant par le point M et parallèle au plan (P) doit rencontrer la surface en deux points symétriques par rapport au point M.

Soient α, β, γ les paramètres directeurs d'une droite parallèle au plan (P); nous avons

(1) $$\qquad u\alpha + v\beta + w\gamma = 0.$$

Pour que la droite menée par le point $M(x, y, z)$ et parallèle à la direction (α, β, γ) rencontre la quadrique en deux points symétriques par rapport au point M, il faut qu'on ait

(2) $$\qquad \alpha f'_x + \beta f'_y + \gamma f'_z = 0.$$

Par suite, pour que le point M soit un point du lieu, il faut et il suffit que l'équation (2) soit vérifiée par tout système de valeurs de α, β, γ qui vérifient l'équation (1). Ces deux équations doivent donc avoir leurs coefficients proportionnels, ce qui donne

(3) $$\qquad \frac{f'_x}{u} = \frac{f'_y}{v} = \frac{f'_z}{w};$$

ce sont les équations du lieu. Elles représentent une droite qui est par définition le diamètre conjugué de la direction du plan (P).

Si l'un des coefficients u, v, w est nul, on doit égaler à zéro le numérateur correspondant.

Ainsi, le diamètre conjugué de la direction du plan $ux + vy = 0$ a pour équations $\dfrac{f'_x}{u} = \dfrac{f'_y}{v}$, $f'_z = 0$; le diamètre conjugué de la direction du plan des xy est représenté par les équations $f'_x = 0$, $f'_y = 0$.

En se reportant au n° 773, on voit que les points de contact des plans tangents à la quadrique parallèles au plan (P) sont les points communs à la surface et au diamètre conjugué de la direction de ce plan.

Si le plan $ux + vy + wz = 0$ coupe la surface suivant une conique du genre parabole, il arrive, comme nous le verrons plus tard, que les équations (3) représentent soit une droite rejetée à l'infini, soit une droite à distance finie. Dans ce dernier cas, nous dirons que cette droite est un *diamètre singulier*.

813. Théorème. — *Soit π le plan polaire d'un point A par rapport à la quadrique, le diamètre conjugué du plan π passe par le point A.*

En effet, soient x_0, y_0, z_0 les coordonnées du point A, l'équation du plan π est

$$x f'_{x_0} + y f'_{y_0} + z f'_{z_0} + f'_{t_0} = 0;$$

par suite, le diamètre conjugué de ce plan a pour équations

$$\frac{f'_x}{f'_{x_0}} = \frac{f'_y}{f'_{y_0}} = \frac{f'_z}{f'_{z_0}},$$

il passe par le point A.

On voit aisément que, dans les surfaces à centre unique, tous les diamètres passent par le centre.

Propriétés communes aux plans diamétraux et aux diamètres.

814. Soient

$$\alpha f'_x + \beta f'_y + \gamma f'_z = 0$$

le plan diamétral conjugué de la direction L(α, β, γ) et

$$\frac{f'_x}{u} = \frac{f'_y}{v} = \frac{f'_z}{w}$$

le diamètre conjugué de la direction du plan P $(ux + vy + wz = 0)$.

Si l'on a $u\alpha + v\beta + w\gamma = 0$, tout point du diamètre est situé dans le plan diamétral; il en résulte le théorème suivant:

Si une direction de droite L est parallèle à une direction de plan P, le plan diamétral conjugué de L passe par le diamètre conjugué de P.

815. Conséquence. — Soit Δ le diamètre conjugué d'une direction de plan P ; par ce diamètre passent tous les plans diamétraux conjugués des directions parallèles au plan P. On peut donc considérer le diamètre comme l'intersection de deux quelconques de ces plans diamétraux. Réciproquement, soient deux plans diamétraux quelconques conjugués des directions L et L′, l'intersection de ces deux plans est le diamètre conjugué du plan qui est parallèle à la fois à L et L′.

On peut donc définir un diamètre comme l'intersection de deux plans diamétraux.

816. Théorème. — *Soit Q le plan diamétral conjugué d'une direction L, le diamètre conjugué du plan Q* (*) *est parallèle à la direction L.*

Si l'on désigne par α, β, γ les paramètres directeurs de la direction L, le plan Q a pour équation

$$x\varphi'_\alpha + y\varphi'_\beta + z\varphi'_\gamma + 2(C\alpha + C'\beta + C''\gamma) = 0,$$

et par suite le diamètre conjugué de ce plan est défini par les équations

$$\frac{f'_x}{\varphi'_\alpha} = \frac{f'_y}{\varphi'_\beta} = \frac{f'_z}{\varphi'_\gamma}.$$

Menons, par l'origine une parallèle à ce diamètre ; les équations de cette parallèle sont

$$\frac{\varphi'_x}{\varphi'_\alpha} = \frac{\varphi'_y}{\varphi'_\beta} = \frac{\varphi'_z}{\varphi'_\gamma} ;$$

elles sont vérifiées pour $x = \alpha$, $y = \beta$, $z = \gamma$, ce qui montre que le diamètre est parallèle à la direction L.

817. Diamètres conjugués dans les quadriques à centre unique. — Considérons une surface *à centre unique* (ellipsoïde, hyperboloïde, cône) ayant pour centre le point O. Soit OL une droite quelconque passant par le centre, et soit Q le plan diamétral conjugué de OL ; d'après le théorème précédent, OL est le diamètre conjugué du plan Q. Ce plan coupe la surface suivant une conique (C) ayant pour centre le point O ; soient OM et ON deux diamètres conjugués quelconques de cette conique. Nous allons démontrer que les trois droites OL, OM, ON sont telles que chacune d'elles est le diamètre conjugué du plan des deux autres.

En effet, d'après ce qui précède, OL est le diamètre conjugué du plan MON. Considérons maintenant OM et démontrons que cette

---

(*) Nous supposons ici que le plan Q admet un diamètre conjugué.

droite est le diamètre conjugué du plan LON, ou, ce qui revient au même, que le plan LON est le plan diamétral conjugué de OM. Le plan diamétral conjugué de OM passe par OL, puisque le plan diamétral conjugué de OL passe par OM (809). De plus, soit AB une corde

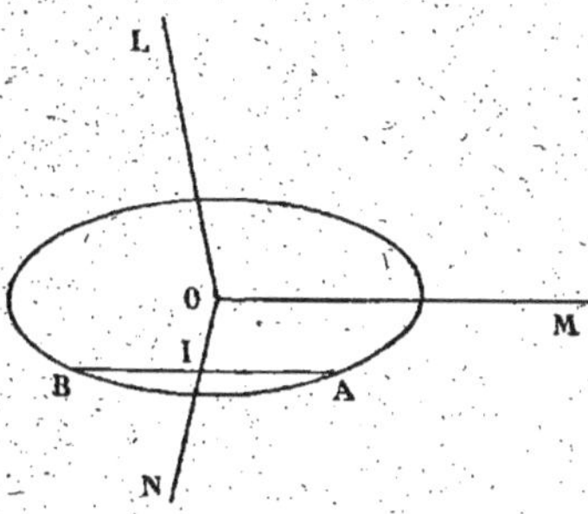

de la conique (C) parallèle à OM, elle a son milieu I sur ON; le plan diamétral conjugué de OM, devant passer par le point I et par le point O, contient la droite ON. Donc ce plan est le plan LON. On voit de même que le plan LOM est le plan diamétral conjugué de ON (*fig.* 221).

Les trois droites OL, OM, ON forment ce qu'on appelle un *système de trois diamètres conjugués*. Chacun de ces diamètres est conjugué du plan des deux autres.

Fig. 221.

On peut dire aussi que chacune des faces du trièdre OL, OM, ON est le plan diamétral conjugué de la direction de l'arête non située dans ce plan.

Il existe, comme on le voit, une infinité de systèmes de trois diamètres conjugués. Nous avons, en effet, choisi arbitrairement la droite OL, de plus dans le plan de la conique (C), l'un des diamètres OM ou ON est également arbitraire.

Les seules relations qui existent entre les paramètres directeurs (α, β, γ), $(\alpha', \beta', \gamma')$, $(\alpha'', \beta'', \gamma'')$ de trois diamètres conjugués sont

$$\alpha' \varphi'_{\alpha''} + \beta' \varphi'_{\beta''} + \gamma' \varphi'_{\gamma''} = 0,$$
$$\alpha'' \varphi'_{\alpha} + \beta'' \varphi'_{\beta} + \gamma'' \varphi'_{\gamma} = 0,$$
$$\alpha \varphi'_{\alpha'} + \beta \varphi'_{\beta'} + \gamma \varphi'_{\gamma'} = 0.$$

CHAPITRE XII

DIRECTIONS PRINCIPALES DANS LES QUADRIQUES

---

818. Nous allons établir dans ce chapitre que *dans toute quadrique il existe au moins un système de trois directions conjuguées deux à deux et formant un trièdre trirectangle.*

Considérons une quadrique rapportée à des axes de coordonnées rectangulaires

$$f(x, y, z) \equiv \varphi(x, y, z) + 2\,Cx + 2\,C'y + 2\,C''z + D = 0,$$

$\varphi(x, y, z)$ désignant comme d'habitude l'ensemble des termes du deuxième degré en x, y, z,

$$\varphi(x, y, z) \equiv Ax^2 + A'y^2 + A''z^2 + 2\,Byz + 2\,B'zx + 2\,B''xy.$$

Pour que les trois directions $(\alpha_1, \beta_1, \gamma_1)$, $(\alpha_2, \beta_2, \gamma_2)$, $(\alpha_3, \beta_3, \gamma_3)$ soient conjuguées deux à deux, il faut qu'on ait

$$(1) \quad \begin{cases} \alpha_2 \dfrac{\partial\varphi}{\partial\alpha_3} + \beta_2 \dfrac{\partial\varphi}{\partial\beta_3} + \gamma_2 \dfrac{\partial\varphi}{\partial\gamma_3} = 0, \\[2mm] \alpha_3 \dfrac{\partial\varphi}{\partial\alpha_1} + \beta_3 \dfrac{\partial\varphi}{\partial\beta_1} + \gamma_3 \dfrac{\partial\varphi}{\partial\gamma_1} = 0, \\[2mm] \alpha_1 \dfrac{\partial\varphi}{\partial\alpha_2} + \beta_1 \dfrac{\partial\varphi}{\partial\beta_2} + \gamma_1 \dfrac{\partial\varphi}{\partial\gamma_2} = 0, \end{cases}$$

et pour qu'elles forment un trièdre trirectangle, on doit avoir

$$(2) \quad \begin{cases} \alpha_2\alpha_3 + \beta_2\beta_3 + \gamma_2\gamma_3 = 0, \\ \alpha_3\alpha_1 + \beta_3\beta_1 + \gamma_3\gamma_1 = 0, \\ \alpha_1\alpha_2 + \beta_1\beta_2 + \gamma_1\gamma_2 = 0. \end{cases}$$

Tout revient donc à démontrer qu'il existe au moins un ensemble de valeurs de $\alpha_1, \beta_1, \ldots, \gamma_3$ vérifiant les relations (1) et (2).

Remarquons d'abord que $\alpha_2, \beta_2, \gamma_2$ ne peuvent être proportionnels à $\alpha_3, \beta_3, \gamma_3$; car, si l'on avait $\alpha_2 = \lambda\alpha_3$, $\beta_2 = \lambda\beta_3$, $\gamma_2 = \lambda\gamma_3$ $(\lambda \neq 0)$, la première des équations (2) deviendrait

$$\lambda(\alpha_3^2 + \beta_3^2 + \gamma_3^2) = 0,$$

ce qui est impossible, puisque α_3, β_3, γ_3 ne peuvent être nuls en même temps.

Résolvons alors les deux dernières équations (2) par rapport à α_1, β_1, γ_1; nous avons

$$(3) \qquad \frac{\alpha_1}{\beta_2\gamma_3 - \gamma_2\beta_3} = \frac{\beta_1}{\gamma_2\alpha_3 - \alpha_2\gamma_3} = \frac{\gamma_1}{\alpha_2\beta_3 - \beta_2\alpha_3}.$$

De même, les deux dernières équations (1) peuvent s'écrire.

$$\alpha_2 \frac{\partial\varphi}{\partial\alpha_1} + \beta_2 \frac{\partial\varphi}{\partial\beta_1} + \gamma_2 \frac{\partial\varphi}{\partial\gamma_1} = 0,$$

$$\alpha_3 \frac{\partial\varphi}{\partial\alpha_1} + \beta_3 \frac{\partial\varphi}{\partial\beta_1} + \gamma_3 \frac{\partial\varphi}{\partial\gamma_1} = 0,$$

et nous en tirons

$$(4) \qquad \frac{\dfrac{\partial\varphi}{\partial\alpha_1}}{\beta_2\gamma_3 - \gamma_2\beta_3} = \frac{\dfrac{\partial\varphi}{\partial\beta_1}}{\gamma_2\alpha_3 - \alpha_2\gamma_3} = \frac{\dfrac{\partial\varphi}{\partial\gamma_1}}{\alpha_2\beta_3 - \beta_2\alpha_3}.$$

Des équations (3) et (4) on déduit alors

$$\frac{\dfrac{\partial\varphi}{\partial\alpha_1}}{\alpha_1} = \frac{\dfrac{\partial\varphi}{\partial\beta_1}}{\beta_1} = \frac{\dfrac{\partial\varphi}{\partial\gamma_1}}{\gamma_1},$$

ce qui montre que α_1, β_1, γ_1 doivent vérifier les équations

$$(5) \qquad \frac{\dfrac{\partial\varphi}{\partial\alpha}}{\alpha} = \frac{\dfrac{\partial\varphi}{\partial\beta}}{\beta} = \frac{\dfrac{\partial\varphi}{\partial\gamma}}{\gamma}.$$

A cause de la symétrie des équations (1) et (2), on en conclut également que le système (5) est vérifié aussi pour $\alpha = \alpha_2$, $\beta = \beta_2$, $\gamma = \gamma_2$ et pour $\alpha = \alpha_3$, $\beta = \beta_3$, $\gamma = \gamma_3$.

Donc, *s'il existe trois directions conjuguées et rectangulaires, leurs paramètres directeurs vérifient les équations* (5).

Nous sommes ainsi conduits à discuter ces équations.

On appelle *direction principale* toute direction dont les paramètres directeurs vérifient le système (5).

819. Pour étudier ce système, introduisons une inconnue auxiliaire S, et posons

$$\frac{\dfrac{\partial\varphi}{\partial\alpha}}{\alpha} = \frac{\dfrac{\partial\varphi}{\partial\beta}}{\beta} = \frac{\dfrac{\partial\varphi}{\partial\gamma}}{\gamma} = 2S,$$

ou

$$\frac{\partial\varphi}{\partial\alpha} - 2S\alpha = 0, \qquad \frac{\partial\varphi}{\partial\beta} - 2S\beta = 0, \qquad \frac{\partial\varphi}{\partial\gamma} - 2S\gamma = 0,$$

ou encore

$$(6) \quad \begin{cases} (A - S)\alpha + B''\beta + B'\gamma = 0, \\ B''\alpha + (A' - S)\beta + B\gamma = 0, \\ B'\alpha + B\beta + (A'' - S)\gamma = 0. \end{cases}$$

Pour que ces équations soient vérifiées par des valeurs non toutes nulles de α, β, γ, il faut que le déterminant des coefficients soit nul, ce qui donne la condition

$$\Delta(S) \equiv \begin{vmatrix} A - S & B'' & B' \\ B'' & A' - S & B \\ B' & B & A'' - S \end{vmatrix} = 0.$$

On obtient ainsi une équation du troisième degré par rapport à S qu'on appelle l'*équation en* S.

Si dans les équations (6) on remplace S par une racine de l'équation en S, ces équations admettent au moins un système de solutions non toutes nulles pour α, β, γ; ces quantités sont les paramètres directeurs d'une direction principale.

Discussion de l'équation en S.

820. — Développons le déterminant $\Delta(S)$; l'équation en S peut s'écrire

$$\Delta(S) \equiv (A - S)(A' - S)(A'' - S) - B^2(A - S)$$
$$- B'^2(A' - S) - B''^2(A'' - S) + 2BB'B'' = 0,$$

ou, en ordonnant par rapport à S,

$$\Delta(S) \equiv - S^3 + (A + A' + A'')S^2 - (a + a' + a'')S + \Delta = 0,$$

en posant, comme nous l'avons fait plus haut (744),

$$a = A'A'' - B^2, \qquad a' = A''A - B'^2, \qquad a'' = AA' - B''^2.$$

Désignons par a_s, a'_s, a''_s, b_s, b'_s, b''_s les coefficients de $A - S$, $A' - S$, $A'' - S$, B, B', B'' dans le développement de $\Delta(S)$, nous avons

$$a_s \equiv (A' - S)(A'' - S) - B^2, \qquad b_s \equiv B'B'' - B(A - S),$$
$$a'_s \equiv (A'' - S)(A - S) - B'^2, \qquad b'_s \equiv B''B - B'(A' - S),$$
$$a''_s \equiv (A - S)(A' - S) - B''^2, \qquad b''_s \equiv BB' - B''(A'' - S).$$

821. Théorème. — *L'équation en S a toujours ses racines réelles.* Nous examinerons d'abord quelques cas particuliers.

Premier cas. — *Les trois coefficients* B, B', B'' *sont nuls.* L'équation se réduit alors à

$$\Delta(S) \equiv (A - S)(A' - S)(A'' - S) = 0;$$

elle admet les trois racines réelles A, A', A''. Si deux de ces nombres sont égaux, l'équation a une racine double. Si l'on a $A = A' = A''$, l'équation a une racine triple; dans ce cas, la surface est une sphère.

Deuxième cas. — *Deux des coefficients* B, B', B'' *sont nuls, par exemple* $B' = B'' = 0$, $B \neq 0$.

L'équation devient

$$(A - S)[(A' - S)(A'' - S) - B^2] = 0.$$

Elle admet d'abord la racine A. En outre, le trinome du deuxième degré $(A' - S)(A'' - S) - B^2$ a deux racines réelles et distinctes séparées par A', car en substituant dans ce trinome successivement $-\infty$, A', $+\infty$, les signes des résultats de substitution sont respectivement $+$, $-$, $+$.

Si A est racine du trinome, c'est-à-dire si l'on a

$$(A' - A)(A'' - A) - B^2 = 0,$$

l'équation en S admet la racine double A et une racine simple.

Troisième cas. — *Un seul des coefficients* B, B', B'' *est nul, par exemple* $B'' = 0$, $B \neq 0$, $B' \neq 0$.

Écrivons l'équation sous la forme

$$\Delta(S) \equiv (A - S)(A' - S)(A'' - S) - B^2(A - S) - B'^2(A' - S) = 0.$$

Supposons d'abord $A \neq A'$, et par exemple $A < A'$, puis substituons dans le premier membre successivement les nombres

$$-\infty \qquad A \qquad A' \qquad +\infty ;$$

les résultats de substitution sont respectivement

$$+ \qquad - \qquad + \qquad -$$

L'équation admet trois racines réelles et distinctes.

Soit maintenant $A = A'$. L'équation devient

$$(A - S)[(A - S)(A'' - S) - B^2 - B'^2] = 0.$$

La racine A est en évidence; le trinome entre crochets admet deux racines réelles et distinctes séparées par le nombre A.

Il en résulte que l'équation en S admet encore trois racines réelles et distinctes.

Cas général. — *Les coefficients* B, B', B'' *sont différents de zéro.*

L'équation en S peut s'écrire

$$\Delta(S) \equiv (A - S)[(A' - S)(A'' - S) - B^2]$$
$$- B'^2(A' - S) - B''^2(A'' - S) + 2BB'B'' = 0.$$

Le trinome

$$a_s \equiv (A' - S)(A'' - S) - B^2$$

admet deux racines réelles et distinctes, S_1 et S_2, séparées par A'. Nous allons montrer que ces nombres séparent les racines de l'équation en S.

Remplaçons S par S_1 dans $\Delta(S)$, la quantité entre crochets s'annule, et il reste

$$\Delta(S_1) = - B'^2(A' - S_1) - B''^2(A'' - S_1) + 2BB'B''.$$

Le second membre est un trinome du deuxième degré en B' dont le discriminant est égal à $B''^2[B^2 - (A' - S_1)(A'' - S_1)]$; cette quantité est nulle, puisque S_1 est racine de a_s; donc le trinome en B' est carré parfait, et nous avons

$$\Delta(S_1) = - \frac{1}{A' - S_1}[- B'(A' - S_1) + BB'']^2,$$

et de même

$$\Delta(S_2) = - \frac{1}{A' - S_2}[- B'(A' - S_2) + BB'']^2.$$

Supposons $S_1 < S_2$; nous avons alors $S_1 < A' < S_2$, et par suite $\Delta(S_1) < 0$, $\Delta(S_2) > 0$.

Le polynome $\Delta(S)$ prend donc les signes indiqués par le tableau suivant

S	$-\infty$	S_1	S_2	$+\infty$
$\Delta(S)$	$+$	$-$	$+$	$-$

et nous voyons ainsi que l'équation en S a ses trois racines réelles et distinctes, séparées par les nombres S_1 et S_2.

Le raisonnement est en défaut si l'un des nombres $\Delta(S_1)$ ou $\Delta(S_2)$ est nul. Remarquons d'abord que la fonction du premier degré $b'_s \equiv BB'' - B'(A' - S)$ ne peut s'annuler que pour une valeur de S; donc les deux nombres $\Delta(S_1)$ et $\Delta(S_2)$ ne peuvent être nuls en même temps.

Supposons $\Delta(S_1) = 0$, $\Delta(S_2) \neq 0$. Dans ce cas, l'équation admet la racine S_1, puis une autre racine comprise entre S_2 et $+\infty$. Elle a donc une troisième racine réelle comprise entre $-\infty$ et S_2, et cette racine peut être égale à S_1.

Il en résulte bien que l'équation en S a ses trois racines réelles (*).

822. Conditions pour que l'équation en S ait une racine double. — Nous avons vu dans la discussion précédente que l'équation en S pouvait avoir une racine double dans certains cas particuliers. Nous allons démontrer que

---

(1) Cette démonstration est due à CAUCHY.

La condition nécessaire et suffisante pour que l'équation en S ait une racine double est que cette racine annule tous les mineurs du premier ordre du déterminant $\Delta(S)$.

En formant la dérivée de $\Delta(S)$, on a

$$\Delta'(S) = -(A' - S)(A'' - S) - (A'' - S)(A - S) - (A - S)(A' - S) + B^2 + B'^2 + B''^2,$$

ou

$$\Delta'(S) = -[a_s + a_s' + a_s''].$$

Pour que l'équation en S ait une racine double, il faut et il suffit que les deux équations

$$\Delta(S) = 0, \qquad a_s + a_s' + a_s'' = 0$$

aient une racine commune.

Or nous avons vu (742) que si l'on a $\Delta = 0$, $a + a' + a'' = 0$, tous les mineurs du premier ordre de Δ sont nuls. En appliquant cette propriété au déterminant $\Delta(S)$, on voit que s'il existe une valeur de S annulant $\Delta(S)$ et $a_s + a_s' + a_s''$, elle annule tous les mineurs de $\Delta(S)$. La réciproque est immédiate : toute valeur de S qui annule tous les mineurs de $\Delta(S)$ annule aussi $\Delta(S)$ et $a_s + a_s' + a_s''$.

823. Conditions pour que l'équation en S ait une racine triple. — La discussion du n° 821 nous a montré que l'équation en S avait une racine triple seulement dans le cas où l'on a $B = B' = B'' = 0$, et $A = A' = A''$, et cette racine triple est égale à A. La surface est alors une sphère.

On peut aussi le démontrer de la manière suivante. La dérivée seconde de $\Delta(S)$ est

$$\Delta''(S) = 2[A - S + A' - S + A'' - S];$$

une racine triple de $\Delta(S)$ doit vérifier les trois équations

$$\Delta(S) = 0, \qquad a_s + a_s' + a_s'' = 0, \qquad (A - S) + (A' - S) + (A'' - S) = 0.$$

En se reportant au n° 743, on voit que cette racine doit annuler tous les éléments de $\Delta(S)$; il faut donc qu'on ait

$$A - S = 0, \quad A' - S = 0, \quad A'' - S = 0, \quad B = 0, \quad B' = 0, \quad B'' = 0,$$

ou

$$B = B' = B'' = 0, \qquad S = A = A' = A''.$$

824. Revenons maintenant aux directions principales qui sont déterminées par les équations

$$(6) \qquad \begin{cases} (A - S)\alpha + B''\beta + B'\gamma = 0, \\ B''\alpha + (A' - S)\beta + B\gamma = 0, \\ B'\alpha + B\beta + (A'' - S)\gamma = 0, \end{cases}$$

où l'on remplace S par une racine de l'équation en S.

Si l'on y considère α, β, γ comme des coordonnées courantes, ces équations représentent trois plans passant par l'origine, et toute droite commune à ces trois plans est une direction principale.

825. Théorème. — *A une racine simple de l'équation en S correspond une seule direction principale.*

Si l'on remplace S par une racine simple de l'équation en S, tous les mineurs de $\Delta(S)$ ne sont pas nuls; par suite, les plans définis par les équations (6) se coupent suivant une droite qui est l'unique direction principale correspondant à la racine considérée.

826. Théorème. — *Les deux directions principales qui correspondent à deux racines simples de l'équation en S sont conjuguées et rectangulaires.*

Soient S_1 et S_2 deux racines simples de l'équation en S, et $(\alpha_1, \beta_1, \gamma_1)$, $(\alpha_2, \beta_2, \gamma_2)$ les paramètres directeurs des directions principales correspondantes. Nous avons

$$\frac{\partial \varphi}{\partial \alpha_1} = 2S_1\alpha_1, \qquad \frac{\partial \varphi}{\partial \beta_1} = 2S_1\beta_1, \qquad \frac{\partial \varphi}{\partial \gamma_1} = 2S_1\gamma_1,$$

$$\frac{\partial \varphi}{\partial \alpha_2} = 2S_2\alpha_2, \qquad \frac{\partial \varphi}{\partial \beta_2} = 2S_2\beta_2, \qquad \frac{\partial \varphi}{\partial \gamma_2} = 2S_2\gamma_2.$$

Multiplions les trois premières égalités respectivement par α_2, β_2, γ_2 et ajoutons-les membre à membre; nous avons

$$\alpha_2 \frac{\partial \varphi}{\partial \alpha_1} + \beta_2 \frac{\partial \varphi}{\partial \beta_1} + \gamma_2 \frac{\partial \varphi}{\partial \gamma_1} = 2S_1(\alpha_1\alpha_2 + \beta_1\beta_2 + \gamma_1\gamma_2);$$

de même, en multipliant les trois autres par α_1, β_1, γ_1 et en les ajoutant, nous avons

$$\alpha_1 \frac{\partial \varphi}{\partial \alpha_2} + \beta_1 \frac{\partial \varphi}{\partial \beta_2} + \gamma_1 \frac{\partial \varphi}{\partial \gamma_2} = 2S_2(\alpha_1\alpha_2 + \beta_1\beta_2 + \gamma_1\gamma_2).$$

Retranchons ces deux dernières relations, en observant que les premiers membres sont égaux; il vient

$$0 = 2(S_1 - S_2)(\alpha_1\alpha_2 + \beta_1\beta_2 + \gamma_1\gamma_2).$$

Or $S_1 - S_2$ n'est pas nul, on doit donc avoir

$$\alpha_1\alpha_2 + \beta_1\beta_2 + \gamma_1\gamma_2 = 0;$$

et on en déduit, d'après les relations qui précèdent,

$$\alpha_1 \frac{\partial \varphi}{\partial \alpha_2} + \beta_1 \frac{\partial \varphi}{\partial \beta_2} + \gamma_1 \frac{\partial \varphi}{\partial \gamma_2} = 0.$$

Il en résulte que les directions $(\alpha_1, \beta_1, \gamma_1)$ et $(\alpha_2, \beta_2, \gamma_2)$ sont rectangulaires et conjuguées.

827. Conséquence. — Lorsque l'équation en S a ses trois racines distinctes, la quadrique admet un seul système de trois directions conjuguées deux à deux et formant un trièdre trirectangle.

828. Théorème. — *A une racine double de l'équation en S correspond une infinité de directions principales toutes parallèles à un même plan.*

Si on remplace S par une racine double de l'équation en S, les équations (6) ont leurs coefficients proportionnels, puisque cette racine double annule tous les mineurs de $\Delta(S)$. Par suite, les trois plans représentés par ces équations sont confondus, et toute direction parallèle à l'un d'eux est direction principale.

829. Supposons que l'équation en S ait une racine double S_1 et une racine simple S_2. A la racine double S_1 correspond une infinité de directions principales toutes parallèles à un plan P_1, et à la racine simple S_2 correspond une seule direction principale L_2. On démontrera comme précédemment (826) que si l'on désigne par L_1 une direction quelconque du plan P_1, les directions L_1 et L_2 sont conjuguées et rectangulaires. Il en résulte que la droite L_2 est perpendiculaire au plan P_1.

De plus, je dis que deux directions rectangulaires quelconques du plan P_1 sont conjuguées.

Soient α_1, β_1, γ_1 et α_1', β_1', γ_1' deux directions principales rectangulaires correspondant à la racine double S_1; nous avons

$$\frac{\partial \varphi}{\partial \alpha_1} = 2S_1 \alpha_1, \qquad \frac{\partial \varphi}{\partial \beta_1} = 2S_1 \beta_1, \qquad \frac{\partial \varphi}{\partial \gamma_1} = 2S_1 \gamma_1;$$

multiplions ces équations par α_1', β_1', γ_1' et ajoutons; nous obtenons

$$\alpha_1' \frac{\partial \varphi}{\partial \alpha_1} + \beta_1' \frac{\partial \varphi}{\partial \beta_1} + \gamma_1' \frac{\partial \varphi}{\partial \gamma_1} = 2S_1 (\alpha_1 \alpha_1' + \beta_1 \beta_1' + \gamma_1 \gamma_1').$$

Comme les deux directions sont rectangulaires, le second membre est nul, il en est de même du premier; par suite les deux directions sont conjuguées.

830. Conséquence. — Il en résulte que si l'équation en S a une racine double et une racine simple, il existe une infinité de trièdres trirectangles dont les arêtes sont deux à deux conjuguées par rapport à la quadrique. Chacun de ces trièdres est formé par la direction principale qui correspond à la racine simple de l'équation en S et par deux directions rectangulaires quelconques choisies dans le plan de directions principales qui correspond à la racine double.

831. Théorème. — *Si l'équation en S a une racine triple, toute direction de l'espace est direction principale.*

En effet, si l'équation en S a une racine triple, on a

$$B = B' = B'' = 0, \qquad A = A' = A'',$$

et la racine triple est égale à A. Si on remplace S par A dans les équations (6), tous les coefficients sont nuls, et les équations sont vérifiées quels que soient α, β, γ.

On démontre comme plus haut (829) que deux directions rectangulaires quelconques de l'espace sont conjuguées par rapport à la quadrique.

Conséquence. — Si l'équation en S a une racine triple, les arêtes d'un trièdre trirectangle quelconque sont conjuguées deux à deux par rapport à la quadrique.

Dans ce cas, la surface est une sphère

832. Les résultats de cette discussion peuvent se résumer de la manière suivante :

1° Lorsque l'équation en S a ses trois racines distinctes, il existe un seul système de trois directions conjuguées et rectangulaires; il est formé par les directions principales qui correspondent aux racines de l'équation en S.

2° Lorsque l'équation en S a une racine double et une racine simple, il existe une infinité de systèmes de trois directions conjuguées rectangulaires; chacun de ces systèmes est formé par la direction principale qui correspond à la racine simple, et par deux directions rectangulaires quelconques parallèles au plan de directions principales qui correspond à la racine double.

3° Lorsque l'équation en S a une racine triple, trois directions rectangulaires quelconques de l'espace sont conjuguées deux à deux par rapport à la quadrique.

Le théorème énoncé au début de ce chapitre est donc démontré.

CHAPITRE XIII

RÉDUCTION DE L'ÉQUATION DU DEUXIÈME DEGRÉ

---

833. Théorème. — *Étant donnée l'équation d'une quadrique rapportée à des axes de coordonnées rectangulaires,*

$$f(x, y, z) \equiv \varphi(x, y, z) + 2Cx + 2C'y + 2C''z + D = 0,$$

si, sans changer l'origine, on prend comme nouveaux axes de coordonnées les directions principales OX, OY, OZ *relatives respectivement aux racines* S_1, S_2, S_3 *de l'équation en* S, *l'ensemble des termes du deuxième degré de l'équation transformée est* $S_1 X^2 + S_2 Y^2 + S_3 Z^2$.

Soient $(\alpha_1, \beta_1, \gamma_1)$, $(\alpha_2, \beta_2, \gamma_2)$, $(\alpha_3, \beta_3, \gamma_3)$ les *paramètres principaux* (ou les cosinus directeurs) des directions principales relatives aux racines S_1, S_2, S_3 de l'équation en S; si l'on prend ces directions pour axes OX, OY, OZ, les formules de transformation de coordonnées sont (600)

$$x = \alpha_1 X + \alpha_2 Y + \alpha_3 Z,$$
$$y = \beta_1 X + \beta_2 Y + \beta_3 Z,$$
$$z = \gamma_1 X + \gamma_2 Y + \gamma_3 Z.$$

Par suite, l'ensemble des termes du deuxième degré de l'équation transformée est

(1) $\quad \varphi(\alpha_1 X + \alpha_2 Y + \alpha_3 Z, \quad \beta_1 X + \beta_2 Y + \beta_3 Z, \quad \gamma_1 X + \gamma_2 Y + \gamma_3 Z);$

c'est une forme quadratique en X, Y, Z qui est de la forme

(2) $\quad A_1 X^2 + A_1' Y^2 + A_1'' Z^2 + 2B_1 YZ + 2B_1' ZX + 2B_1'' XY,$

et nous allons calculer les coefficients A_1, A_1', ..., B_1''.

Écrivons que les polynomes (1) et (2) sont identiques, et dans l'identité obtenue faisons $Z = 0$, nous avons

(3) $A_1 X^2 + A_1' Y^2 + 2B_1'' XY \equiv \varphi(\alpha_1 X + \alpha_2 Y, \ \beta_1 X + \beta_2 Y, \ \gamma_1 X + \gamma_2 Y).$

Dans cette identité, faisons $X = 1$, $Y = 0$; nous obtenons

$$A_1 = \varphi(\alpha_1, \beta_1, \gamma_1).$$

Or, α_1, β_1, γ_1 étant les paramètres de la direction principale correspondant à la racine S_1 de l'équation en S, on a

$$\frac{\partial \varphi}{\partial \alpha_1} = 2S_1\alpha_1, \qquad \frac{\partial \varphi}{\partial \beta_1} = 2S_1\beta_1, \qquad \frac{\partial \varphi}{\partial \gamma_1} = 2S_1\gamma_1.$$

Multiplions ces trois égalités respectivement par α_1, β_1, γ_1 et ajoutons-les membre à membre; nous avons

$$2\varphi(\alpha_1, \beta_1, \gamma_1) = 2S_1(\alpha_1^2 + \beta_1^2 + \gamma_1^2),$$

ou
$$\varphi(\alpha_1, \beta_1, \gamma_1) = S_1,$$

puisque $\alpha_1^2 + \beta_1^2 + \gamma_1^2 = 1$.

On a donc $A_1 = S_1$, et on verrait de même que $A_1' = S_2$, $A_1'' = S_3$.

Pour calculer B_1'' revenons à l'identité (3), et remplaçons-y X et Y par 1, nous avons

$$A_1 + A_1' + 2B_1 = \varphi(\alpha_1 + \alpha_2, \beta_1 + \beta_2, \gamma_1 + \gamma_2),$$

ou
$$A_1 + A_1' + 2B_1'' = \varphi(\alpha_1, \beta_1, \gamma_1) + \alpha_2\frac{\partial \varphi}{\partial \alpha_1} + \beta_2\frac{\partial \varphi}{\partial \beta_1} + \gamma_2\frac{\partial \varphi}{\partial \gamma_1} + \varphi(\alpha_2, \beta_2, \gamma_2).$$

Comme on a $A_1 = \varphi(\alpha_1, \beta_1, \gamma_1)$, $A_1' = \varphi(\alpha_2, \beta_2, \gamma_2)$, on en déduit

$$2B_1'' = \alpha_2\frac{\partial \varphi}{\partial \alpha_1} + \beta_2\frac{\partial \varphi}{\partial \beta_1} + \gamma_2\frac{\partial \varphi}{\partial \gamma_1},$$

ou
$$B_1'' = 0,$$

puisque les directions $(\alpha_1, \beta_1, \gamma_1)$ et $(\alpha_2, \beta_2, \gamma_2)$ sont conjuguées.

On a de même $B_1 = 0$, $B_1' = 0$, et, par suite, le polynome (1) se réduit à $S_1X^2 + S_2Y^2 + S_3Z^2$, ce qui démontre le théorème.

Si deux racines sont égales, $S_1 = S_2$ par exemple, on peut prendre pour axes OX et OY deux directions rectangulaires quelconques parallèles au plan de directions principales qui correspond à la racine double, et pour axe OZ la direction principale correspondant à la racine simple S_3.

La fonction (1) devient alors $S_1(X^2 + Y^2) + S_3Z^2$.

Le théorème est encore vrai si l'équation en S a une racine triple $S_1 = A$; il suffit de prendre pour axes de coordonnées trois directions rectangulaires quelconques. Mais ce cas ne présente aucun intérêt, car on a $\varphi(x, y, z) = A(x^2 + y^2 + z^2)$, et en faisant la transformation indiquée, $\varphi(x, y, z)$ devient $A(X^2 + Y^2 + Z^2)$, comme il est d'ailleurs facile de le voir directement.

Dans ce cas la surface est une sphère, dont nous connaissons les principales propriétés.

834. Avant d'aller plus loin, il est important d'examiner si l'équation en S peut avoir des racines nulles.

Nous avons vu précédemment (820) que l'équation en S peut se mettre sous la forme

$$S^3 - (A + A' + A'')S^2 + (a + a' + a'')S - \Delta = 0.$$

1° L'équation en S n'a pas de racine nulle si $\Delta \neq 0$, c'est-à-dire si la surface est à centre unique.

2° L'équation en S a *une* racine nulle si l'on a $\Delta = 0$, $a + a' + a'' \neq 0$. Dans ce cas, il y a au moins un mineur de Δ qui n'est pas nul; la surface est un paraboloïde, ou un cylindre à centres, ou un ensemble de deux plans sécants.

3° L'équation en S a *deux* racines nulles si l'on a $\Delta = 0$, $a + a' + a'' = 0$, $A + A' + A'' \neq 0$; c'est-à-dire si tous les mineurs de Δ sont nuls (742). La surface est alors un cylindre parabolique ou un ensemble de deux plans parallèles ou confondus.

4° L'équation en S ne peut avoir trois racines nulles, car si l'on avait $\Delta = 0$, $a + a' + a'' = 0$, $A + A' + A'' = 0$, tous les éléments de Δ seraient nuls (743) et la surface ne serait pas du deuxième degré.

835. Cela posé, revenons à l'équation de la quadrique

$$\varphi(x, y, z) + 2Cx + 2C'y + 2C''z + D = 0,$$

et faisons la transformation de coordonnées indiquée dans le théorème précédent (833), l'équation devient

$$\varphi(\alpha_1 X + \alpha_2 Y + \alpha_3 Z, \quad \beta_1 X + \beta_2 Y + \beta_3 Z, \quad \gamma_1 X + \gamma_2 Y + \gamma_3 Z)$$
$$+ 2C(\alpha_1 X + \alpha_2 Y + \alpha_3 Z) + 2C'(\beta_1 X + \beta_2 Y + \beta_3 Z)$$
$$+ 2C''(\gamma_1 X + \gamma_2 Y + \gamma_3 Z) + D = 0,$$

ou

$$S_1 X^2 + S_2 Y^2 + S_3 Z^2 + 2C_1 X + 2C_1' Y + 2C_1'' Z + D = 0,$$

en posant

$$C_1 = C\alpha_1 + C'\beta_1 + C''\gamma_1, \qquad C_1' = C\alpha_2 + C'\beta_2 + C''\gamma_2,$$
$$C_1'' = C\alpha_3 + C'\beta_3 + C''\gamma_3.$$

Transportons maintenant les axes des coordonnées parallèlement à eux-mêmes de façon à amener l'origine en un point (x_0, y_0, z_0) que nous déterminerons ultérieurement.

La surface a alors pour nouvelle équation

$$S_1(X + x_0)^2 + S_2(Y + y_0)^2 + S_3(Z + z_0)^2 + 2C_1(X + x_0)$$
$$+ 2C_1'(Y + y_0) + 2C_1''(Z + z_0) + D = 0,$$

ou

$$(1) \quad S_1 X^2 + S_2 Y^2 + S_3 Z^2 + 2X(S_1 x_0 + C_1) + 2Y(S_2 y_0 + C_1')$$
$$+ 2Z(S_3 z_0 + C_1'') + S_1 x_0^2 + S_2 y_0^2 + S_3 z_0^2 + 2C_1 x_0 + 2C_1' y_0$$
$$+ 2C_1'' z_0 + D = 0.$$

Nous avons maintenant à examiner différents cas.

PAPELIER. — Géom. anal. à trois dim.   38

836. Premier cas. — *L'équation en S n'a pas de racine nulle.*

La surface est à centre unique.

On peut alors déterminer x_0, y_0, z_0 en sorte que dans l'équation (1) les coefficients de X, Y, Z soient nuls. En effet, des équations

$$S_1 x_0 + C_1 = 0, \qquad S_2 y_0 + C_1' = 0, \qquad S_3 z_0 + C_1'' = 0$$

on peut tirer, puisque S_1, S_2, S_3 ne sont pas nuls,

$$x_0 = -\frac{C_1}{S_1} \qquad y_0 = -\frac{C_1'}{S_2}, \qquad z_0 = -\frac{C_1''}{S_3}.$$

En remplaçant x_0, y_0, z_0 par ces valeurs dans l'équation (1), celle-ci devient

$$S_1 X^2 + S_2 Y^2 + S_3 Z^2 + D_1 = 0.$$

Nous obtenons ainsi l'équation réduite des surfaces à centre unique.

La nature de la surface dépend des signes de S_1, S_2, S_3 et D_1.

I. S_1, S_2 et S_3 *sont de même signe.*

La surface est du genre ellipsoïde.

1° Si D_1 est de signe contraire à S_1, S_2, S_3, la surface est un ellipsoïde réel.

2° Si D_1 est de même signe que S_1, S_2, S_3, la surface est un ellipsoïde imaginaire.

3° Si $D_1 = 0$, la surface est un cône imaginaire.

II. S_1, S_2, S_3 *ne sont pas de même signe.*

La surface est du genre hyperboloïde.

1° Si, sur les quatre nombres S_1, S_2, S_3, D_1, deux sont positifs et deux négatifs, la surface est un hyperboloïde à une nappe.

2° Si au contraire sur ces quatre nombres, trois sont du même signe, la surface est un hyperboloïde à deux nappes.

3° Enfin si $D_1 = 0$, la surface est un cône réel.

En particulier, si l'équation en S a une racine double $S_1 = S_2$, l'équation réduite de la surface prend la forme

$$S_1 (X^2 + Y^2) + S_3 Z^2 + D_1 = 0.$$

Le premier membre est une fonction de $X^2 + Y^2$ et de Z; par suite (715) la surface est de révolution autour de l'axe des Z.

837. Deuxième cas. — *L'équation en S a une racine nulle.*

Soit par exemple $S_1 = 0$, S_2 et S_3 n'étant pas nuls; l'équation (1) s'écrit alors

$$(2) \quad S_2 Y^2 + S_3 Z^2 + 2C_1 X + 2Y(S_2 y_0 + C_1') + 2Z(S_3 z_0 + C_1'')$$
$$+ S_2 y_0^2 + S_3 z_0^2 + 2C_1 x_0 + 2C_1' y_0 + 2C_1'' z_0 + D = 0.$$

$1°$ Supposons d'abord $C_1 \neq 0$. On peut déterminer x_0, y_0, z_0 en sorte que les coefficients de Y, de Z et le terme indépendant soient nuls; en effet, si on égale à zéro ces coefficients, on obtient les équations

$$S_2 y_0 + C'_1 = 0, \qquad S_3 z_0 + C''_1 = 0,$$
$$S_2 y_0^2 + S_3 z_0^2 + 2C_1 x_0 + 2C'_1 y_0 + 2C''_1 z_0 + D = 0.$$

La première donne y_0, la deuxième z_0, et en remplaçant y_0 et z_0 par les valeurs obtenues dans la troisième, celle-ci nous donne la valeur de x_0, puisque $C_1 \neq 0$.

Il reste alors l'équation

$$S_2 Y^2 + S_3 Z^2 + 2C_1 X = 0,$$

qui est l'équation réduite d'un paraboloïde, elliptique si S_2 et S_3 sont de même signe, hyperbolique si S_2 et S_3 sont de signes contraires.

$2°$ Supposons maintenant $C_1 = 0$; l'équation (2) devient

$$(3) \qquad S_2 Y^2 + S_3 Z^2 + 2Y(S_2 y_0 + C'_1) + 2Z(S_3 z_0 + C''_1)$$
$$+ S_2 y_0^2 + S_3 z_0^2 + 2C'_1 y_0 + 2C''_1 z_0 + D = 0;$$

elle ne renferme plus x_0.

On peut alors se donner arbitrairement x_0, et déterminer y_0 et z_0 par les équations

$$S_2 y_0 + C'_1 = 0, \qquad S_3 z_0 + C''_1 = 0,$$

et on obtient ainsi l'équation réduite des cylindres à centres

$$S_2 Y^2 + S_3 Z^2 + D_1 = 0.$$

La nature de la surface dépend des signes de S_2, S_3, D_1.

I. S_2 *et* S_3 *sont de même signe.*

$1°$ Si D_1 est de signe contraire à S_2 et S_3, la surface est un cylindre elliptique réel.

$2°$ Si D_1 est de même signe que S_2 et S_3, la surface est un cylindre elliptique imaginaire.

$3°$ Si D_1 est nul, la surface est un ensemble de deux plans sécants imaginaires.

II. S_2 *et* S_3 *sont de signes contraires.*

$1°$ $D_1 \neq 0$, la surface est un cylindre hyperbolique.

$2°$ $D_1 = 0$, la surface est un ensemble de deux plans sécants réels.

Dans le cas particulier où $S_2 = S_3$, le paraboloïde ou le cylindre est de révolution autour de OX.

838. Troisième cas. — *L'équation en S a deux racines nulles.*

Soit, par exemple, $S_1 = S_2 = 0$, $S_3 \neq 0$. L'équation (1) prend la forme

$$S_3 Z^2 + 2C_1 X + 2C'_1 Y + 2Z(S_3 z_0 + C''_1) + S_3 z_0^2 + 2C_1 x_0$$
$$+ 2C'_1 y_0 + 2C''_1 z_0 + D = 0.$$

A la racine double nulle de l'équation en S correspond une infinité de directions principales toutes parallèles à un même plan (P); et dans la première transformation de coordonnées, nous avons pris pour axes OX et OY deux directions rectangulaires quelconques parallèles au plan (P).

Assujettissons maintenant la direction OY à être parallèle à la fois au plan (P) et au plan $Cx + C'y + C''z = 0$, nous aurons $C\alpha_2 + C'\beta_2 + C''\gamma_2 = 0$ ou $C'_1 = 0$, et l'équation de la surface devient

$$S_3 Z^2 + 2C_1 X + 2Z(S_3 z_0 + C''_1) + S_3 z_0^2 + 2C_1 x_0 + 2C''_1 z_0 + D = 0.$$

1° Supposons $C_1 \neq 0$. Nous pouvons nous donner arbitrairement y_0 et déterminer x_0 et z_0 en sorte que le coefficient de Z et le terme indépendant soient nuls. Il suffit de résoudre les équations

$$S_3 z_0 + C''_1 = 0, \qquad S_3 z_0^2 + 2C_1 x_0 + 2C''_1 z_0 + D = 0,$$

dont la première donne z_0 et la seconde x_0.

Il reste alors

$$S_3 Z^2 + 2C_1 X = 0,$$

qui est l'équation réduite d'un cylindre parabolique.

2° Supposons maintenant $C_1 = 0$.

L'équation de la surface est alors

$$S_3 Z^2 + 2Z(S_3 z_0 + C''_1) + S_3 z_0^2 + 2C''_1 z_0 + D = 0;$$

choisissons arbitrairement x_0 et y_0, et déterminons z_0 de façon que le coefficient de Z soit nul.

Nous aurons alors

$$S_3 Z^2 + D_1 = 0,$$

équation réduite d'un ensemble de deux plans parallèles, réels si D_1 et S_3 sont de signes contraires, imaginaires si D_1 et S_3 sont de même signe, confondus si D_1 est nul.

Applications numériques.

839. Nous allons indiquer maintenant un procédé pratique pour obtenir l'équation réduite d'une quadrique définie par une équation à coefficients numériques.

Il est inutile de déterminer à l'avance la nature de la quadrique. On commence par former l'équation en S sous l'une ou l'autre des formes

$$(A - S)(A' - S)(A'' - S) - B^2(A - S) - B'^2(A' - S) - B''^2(A'' - S) + 2BB'B'' = 0,$$

$$S^3 - (A + A' + A'')S^2 + (A'A'' + A''A + AA' - B^2 - B'^2 - B''^2)S - \Delta = 0;$$

on emploie de préférence la première, lorsque quelques-uns des coefficients B, B', B'' sont nuls.

Cela posé, trois cas peuvent se présenter.

840. Premier cas. — *L'équation en S n'a pas de racine nulle.*

La surface est alors un ellipsoïde, un hyperboloïde, ou un cône; elle admet un centre unique ω, dont on peut calculer facilement les coordonnées x_0, y_0, z_0.

Si l'on transporte l'origine des coordonnées au point ω, les axes conservant les mêmes directions, l'équation de la surface devient

$$\varphi(x, y, z) + D_1 = 0,$$

en posant

$$D_1 = Cx_0 + C'y_0 + C''z_0 + D = \frac{H}{\Delta}.$$

Prenons maintenant pour nouveaux axes de coordonnées des parallèles aux directions principales menées par le point ω, $\varphi(x, y, z)$ se transforme en $S_1X^2 + S_2Y^2 + S_3Z^2$, et l'équation devient

$$S_1X^2 + S_2Y^2 + S_3Z^2 + D_1 = 0;$$

c'est l'équation réduite. Les signes de S_1, S_2, S_3, D_1 indiquent la nature de la quadrique.

EXEMPLE. — *Former l'équation réduite de la quadrique définie par l'équation*

$$x^2 + y^2 + z^2 - 4yz + 3x + 2y = 0.$$

L'équation en S est

$$(1 - S)^3 - 4(1 - S) = 0, \quad \text{ou} \quad (1 - S)[(1 - S)^2 - 4] = 0;$$

elle a pour racines 1, -1, 3.

D'autre part, on voit facilement que les coordonnées du centre ω sont

$$x_0 = -\frac{3}{2}, \qquad y_0 = \frac{1}{3}, \qquad z_0 = \frac{2}{3}.$$

On en déduit

$$D_1 = \frac{3}{2}x_0 + y_0 = -\frac{23}{12}.$$

L'équation réduite est alors

$$X^2 - Y^2 + 3Z^2 - \frac{23}{12} = 0 ;$$

ceci montre que la surface est un hyperboloïde à une nappe.

841. Deuxième cas. — *L'équation en S a une racine nulle et deux racines non nulles* S_2 *et* S_3.

La surface est un paraboloïde ou un cylindre elliptique ou hyperbolique, pouvant se réduire à deux plans sécants.

Pour distinguer le paraboloïde du cylindre, on peut opérer de deux manières : ou bien comparer le plan $Cx + C'y + C''z = 0$ à la direction asymptotique principale (790), ou bien étudier les plans de centres.

1° Si la surface est un paraboloïde, l'équation réduite est (837)

$$S_2 Y^2 + S_3 Z^2 + 2 C_1 X = 0,$$

en posant $C_1 = C\alpha_1 + C'\beta_1 + C''\gamma_1$, $\alpha_1, \beta_1, \gamma_1$ étant les cosinus directeurs de la direction principale qui correspond à la racine nulle. Cette direction est définie par les trois équations

$$(1) \qquad \varphi'_x = 0, \qquad \varphi'_y = 0, \qquad \varphi'_z = 0.$$

On reconnaît ainsi que c'est la direction asymptotique principale; car, si l'on a

$$\varphi(x, y, z) \equiv \alpha P^2 + \beta Q^2, \qquad \text{ou} \qquad \varphi(x, y, z) \equiv RS,$$

les trois plans définis par les équations (1) passent par l'intersection des plans $P = 0$, $Q = 0$, ou $R = 0$, $S = 0$.

2° Si la surface est un cylindre, l'équation réduite est

$$S_2 Y^2 + S_3 Z^2 + D_1 = 0,$$

en posant $D_1 = Cx_0 + C'y_0 + C''z_0 + D$, x_0, y_0, z_0 étant les coordonnées d'un des centres.

EXEMPLE I. — *Former l'équation réduite de la quadrique définie par l'équation*

$$x(x - 2y + 2z) + 4x - y + 2z - 1 = 0.$$

L'équation en S est

$$(1 - S)(-S)^2 - (-S) - (-S) = 0 \qquad \text{ou} \qquad S(S^2 - S - 2) = 0 ;$$

elle a une racine nulle et deux racines non nulles, -1 et 2.

La direction asymptotique principale est définie par les deux équations

$$x = 0, \quad x - 2y + 2z = 0, \quad \text{ou} \quad x = 0, \quad y = z.$$

Elle n'est pas parallèle au plan $4x - y + 2z = 0$; donc la surface est un paraboloïde.

Les paramètres directeurs de la direction asymptotique principale étant $0, 1, 1$, ses cosinus directeurs sont

$$\alpha_1 = 0, \quad \beta_1 = \frac{1}{\sqrt{2}}, \quad \gamma_1 = \frac{1}{\sqrt{2}},$$

et l'on a

$$C_1 = 2\alpha_1 - \frac{\beta_1}{2} + \gamma_1 = \frac{1}{2\sqrt{2}}.$$

L'équation réduite est donc

$$2Y^2 - Z^2 + \frac{X}{\sqrt{2}} = 0;$$

elle représente un paraboloïde hyperbolique.

EXEMPLE II. — *Former l'équation réduite de la quadrique*

$$x^2 + y^2 + 2z^2 - 2xy + 2x - 2y - 4z + 4 = 0.$$

L'équation en S est

$$(1 - S)^2 (2 - S) - (2 - S) = 0, \quad \text{ou} \quad S(S - 2)^2 = 0;$$

elle a une racine nulle et une racine double égale à 2.

On reconnaît facilement que les plans de centres ont une droite commune

$$x - y + 1 = 0, \quad z - 1 = 0;$$

donc la surface est un cylindre.

Si x_0, y_0, z_0 désignent les coordonnées d'un centre quelconque, on a

$$x_0 - y_0 + 1 = 0, \quad z_0 - 1 = 0,$$

et, par suite,

$$D_1 = x_0 - y_0 - 2z_0 + 1 = -2.$$

L'équation réduite de la surface est alors

$$Y^2 + Z^2 - 1 = 0;$$

elle représente un cylindre de révolution.

842. Troisième cas. — *L'équation en* S *a deux racines nulles et une racine non nulle* S_3.

La surface est un cylindre parabolique ou un ensemble de deux plans parallèles ou confondus. On distingue ces deux cas en comparant le plan Q, qui a pour équation $Cx + C'y + C''z = 0$, au plan P de directions asymptotiques (793).

1° Si le plan Q ne coïncide pas avec le plan P, la surface est un cylindre parabolique, l'équation réduite est

$$S_3 Z^2 + 2C_1 X = 0,$$

en posant $C_1 = C\alpha_1 + C'\beta_1 + C''\gamma_1$, $\alpha_1, \beta_1, \gamma_1$ étant les cosinus directeurs de la direction asymptotique qui est perpendiculaire à l'intersection des plans P et Q, c'est-à-dire à la direction des génératrices du cylindre.

$2°$ Si le plan Q coïncide avec le plan P, la surface est un ensemble de deux plans parallèles, et l'équation réduite est

$$S_8 Z^2 + D_1 = 0,$$

en posant $D_1 = C x_0 + C' y_0 + C'' z_0 + D,$ x_0, y_0, z_0 étant les coordonnées d'un des centres.

EXEMPLE I. — *Former l'équation réduite de la surface définie par l'équation*

$$x^2 + 4y^2 + z^2 - 4yz + 2zx - 4xy - 2x = 0.$$

L'équation en S est $S^2 (S - 6) = 0$; elle a deux racines nulles, et une racine égale à 6.

D'ailleurs, l'équation donnée peut s'écrire

$$(x - 2y + z)^2 - 2x = 0;$$

elle représente un cylindre parabolique, puisque les plans

$$x - 2y + z = 0, \quad x = 0$$

ne sont pas confondus. L'intersection de ces deux plans a pour paramètres directeurs 0, 1, 2; c'est la direction des génératrices du cylindre.

Soient α, β, γ les paramètres directeurs de la direction asymptotique perpendiculaire aux génératrices; on doit avoir

$$\alpha - 2\beta + \gamma = 0, \quad \beta + 2\gamma = 0.$$

On en tire $\alpha = 5$, $\beta = 2$, $\gamma = -1$; les cosinus directeurs sont alors

$$\alpha_1 = \frac{5}{\sqrt{30}}, \quad \beta_1 = \frac{2}{\sqrt{30}}, \quad \gamma_1 = \frac{-1}{\sqrt{30}},$$

et l'on en déduit

$$C_1 = -\alpha_1 = -\frac{5}{\sqrt{30}}.$$

L'équation réduite est alors

$$6Z^2 - \frac{10}{\sqrt{30}} X = 0, \quad \text{ou} \quad 3Z^2 - \frac{5}{\sqrt{30}} X = 0.$$

EXEMPLE II. — *Former l'équation réduite de la quadrique qui a pour* équation

$$(2x - y + 3z)^2 - 8x + 4y - 12z - 1 = 0.$$

Cette équation représente deux plans parallèles, car les plans

$$2x - y + 3z = 0, \quad -8x + 4y - 12z = 0$$

sont confondus.

La racine non nulle de l'équation en S est $S_3 = A + A' + A'' = 14$, et l'on a

$$D_1 = -4x_0 + 2y_0 - 6z_0 - 1,$$

x_0, y_0, z_0 étant les coordonnées d'un des centres.

Or les plans de centres coïncident suivant le plan $2x - y + 3z - 2 = 0$; on a donc $2x_0 - y_0 + 3z_0 - 2 = 0$, et par suite $D_1 = -5$. L'équation réduite est donc

$$14Z^2 - 5 = 0;$$

elle représente deux plans parallèles réels.

CHAPITRE XIV

POLES ET PLANS POLAIRES

---

843. Plan polaire d'un point. — Étant donnés une quadrique et un point P, par ce point on mène une sécante quelconque rencontrant la quadrique en deux points A et B, et on prend le point M conjugué harmonique du point P par rapport aux points A et B. Le lieu géométrique du point M quand la sécante varie est un plan qu'on appelle le plan polaire du point P par rapport à la quadrique.

Soient $f(x, y, z, t) = 0$ l'équation homogène de la quadrique et x_0, y_0, z_0, t_0 les coordonnées homogènes du point P; en faisant le même raisonnement qu'en géométrie plane (357) et des calculs tout à fait semblables, on voit facilement que l'équation du plan polaire est

$$x f'_{x_0} + y f'_{y_0} + z f'_{z_0} + t f'_{t_0} = 0,$$

ou

$$x_0 f'_x + y_0 f'_y + z_0 f'_z + t_0 f'_t = 0.$$

Il en résulte que le plan polaire du point P est le plan de la courbe de contact du cône circonscrit à la quadrique qui a pour sommet le point P.

Si le point P est sur la quadrique, son plan polaire est confondu avec le plan tangent en ce point.

844. REMARQUES. — 1° Le plan polaire du point P est indéterminé si l'on a $f'_{x_0} = 0$, $f'_{y_0} = 0$, $f'_{z_0} = 0$, $f'_{t_0} = 0$, c'est-à-dire si le point P est un point double de la surface.

Dans tous les autres cas, un point quelconque a un plan polaire bien déterminé.

2° Le plan polaire est rejeté à l'infini, si l'on a $f'_{x_0} = 0$, $f'_{y_0} = 0$, $f'_{z_0} = 0$, $f'_{t_0} \neq 0$, c'est-à-dire si le point P est centre de la surface.

3° Si le point P est à l'infini ($t_0 = 0$), le plan polaire a pour équation

$x_0 f'_x + y_0 f'_y + z_0 f'_z = 0$; c'est le plan diamétral conjugué de la direction qui a pour paramètres directeurs x_0, y_0, z_0.

Dans le cas où cette direction est asymptotique, le point P est un point à l'infini situé sur la quadrique; le plan polaire est un plan tangent à l'infini, c'est un plan asymptote.

4° Si la surface se compose de deux plans P_1 et P_2, le plan polaire du point P est le plan conjugué harmonique par rapport à P_1 et P_2 du plan déterminé par le point P et la droite commune aux plans P_1 et P_2.

845. Pôle d'un plan. — On appelle *pôle* d'un plan le point qui a ce plan pour plan polaire.

Soit à trouver le pôle du plan $ux + vy + wz + rt = 0$ par rapport à la quadrique $f(x, y, z, t) = 0$.

Désignons par x_0, y_0, z_0, t_0 les coordonnées homogènes de ce point; son plan polaire a pour équation

$$xf'_{x_0} + yf'_{y_0} + zf'_{z_0} + tf'_{t_0} = 0.$$

Pour qu'il coïncide avec le plan donné, il faut qu'on ait

$$\frac{f'_{x_0}}{u} = \frac{f'_{y_0}}{v} = \frac{f'_{z_0}}{w} = \frac{f'_{t_0}}{r};$$

ces équations déterminent les inconnues x_0, y_0, z_0, t_0.

Pour les résoudre symétriquement, on peut introduire une inconnue auxiliaire λ, en écrivant

$$\frac{f'_{x_0}}{u} = \frac{f'_{y_0}}{v} = \frac{f'_{z_0}}{w} = \frac{f'_{t_0}}{r} = 2\lambda,$$

ou

$$f'_{x_0} - 2\lambda u = 0, \quad f'_{y_0} - 2\lambda v = 0, \quad f'_{z_0} - 2\lambda w = 0, \quad f'_{t_0} - 2\lambda r = 0,$$

ou encore

$$(1) \quad \begin{cases} Ax_0 + B''y_0 + B'z_0 + Ct_0 - \lambda u = 0, \\ B''x_0 + A'y_0 + Bz_0 + C't_0 - \lambda v = 0, \\ B'x_0 + By_0 + A''z_0 + C''t_0 - \lambda w = 0, \\ Cx_0 + C'y_0 + C''z_0 + Dt_0 - \lambda r = 0. \end{cases}$$

Supposons que le déterminant

$$H = \begin{vmatrix} A & B'' & B' & C \\ B'' & A' & B & C' \\ B' & B & A'' & C'' \\ C & C' & C'' & D \end{vmatrix}$$

soit différent de zéro. Dans ce cas, la surface n'a pas de point double; c'est un ellipsoïde, un hyperboloïde, ou un paraboloïde.

Nous pouvons alors résoudre les équations (1) par rapport à x_0, y_0, z_0, t_0 en appliquant la règle de Cramer; nous obtenons un ensemble unique de solutions

$$(2) \qquad x_0 = \alpha\lambda, \qquad y_0 = \beta\lambda, \qquad z_0 = \gamma\lambda, \qquad t_0 = \delta\lambda,$$

λ ayant une valeur arbitraire, et $\alpha, \beta, \gamma, \delta$ étant des fonctions de $A, A', \cdots D, u, v, w, r$ aisées à former. Par exemple

$$\alpha = \frac{1}{H} \begin{vmatrix} u & B'' & B' & C \\ v & A' & B & C' \\ w & B & A'' & C'' \\ r & C' & C'' & D \end{vmatrix}; \qquad \beta = \frac{1}{H} \begin{vmatrix} A & u & B' & C \\ B'' & v & B & C' \\ B' & w & A'' & C'' \\ C & r & C'' & D \end{vmatrix}, \cdots$$

Les valeurs de x_0, y_0, z_0, t_0 données par les formules (2) sont les coordonnées homogènes d'un seul point.

Il en résulte que dans les surfaces sans point double, un plan quelconque admet toujours un pôle unique.

846. Si $H = 0$, la discussion du système (1) présente un peu plus de difficulté.

Nous nous bornerons à discuter le problème géométriquement, en supposant que la surface est un cône.

Soient S le sommet du cône et (C) une directrice quelconque, section

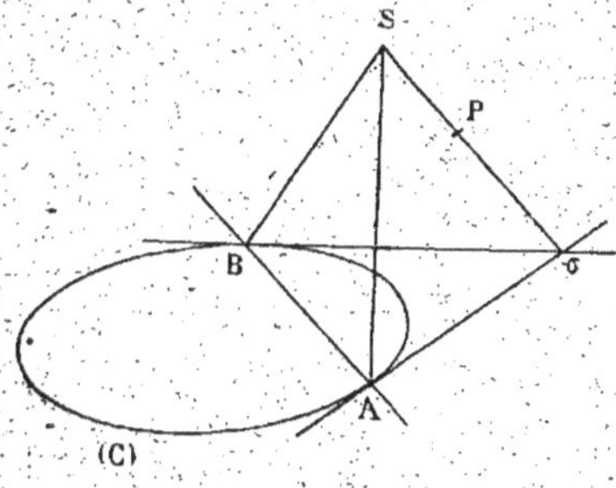

de la surface par un plan (II). Le plan polaire d'un point P par rapport à ce cône passe par les génératrices de contact des plans tangents menés au cône par le point P. Pour construire ces génératrices, on prend le point σ où la droite SP rencontre le plan (II), et par ce point on mène les tangentes σA et σB à la conique (C). Les génératrices de contact sont les droites SA, SB, et par suite le plan polaire du point P est le plan ASB.

Le plan polaire du point P est donc déterminé par le point S et par la polaire du point σ par rapport à la conique (C). Il reste le même quand le point P se déplace sur la droite $S\sigma$.

Enfin, rappelons-nous que le plan polaire du point S est un plan quelconque de l'espace (844, 1°).

Cela posé, soit à déterminer le pôle d'un plan (Q).

1° Si le plan (Q) ne passe pas par le point S, il a pour pôle le point S.

2° Supposons que le plan (Q) passe par le point S; désignons alors par Δ la trace de ce plan sur le plan (Π) et par σ le pôle de cette droite par rapport à la conique (C).

Dans ce cas, le plan (Q) admet pour pôles tous les points de la droite $S\sigma$.

On peut faire une discussion géométrique analogue dans le cas où la surface est un cylindre ou un ensemble de deux plans.

847. Points conjugués. — *Si le plan polaire du point* P_1 *passe par le point* P_2, *inversement le plan polaire du point* P_2 *passe par le point* P_1.

Soient en effet A et B les points de rencontre de la surface et de la droite $P_1 P_2$. Puisque le plan polaire de P_1 passe par P_2, P_2 est le conjugué harmonique de P_1 par rapport à A et B; par suite, P_1 est aussi le conjugué harmonique de P_2 par rapport aux mêmes points. Donc le plan polaire de P_2 passe par le point P_1.

On peut encore le voir analytiquement. Désignons par x_1, y_1, z_1, t_1 et x_2, y_2, z_2, t_2 les coordonnées homogènes des points P_1 et P_2. Le plan polaire de P_1 a pour équation

$$x f'_{x_1} + y f'_{y_1} + z f'_{z_1} + t f'_{t_1} = 0;$$

pour qu'il passe par le point P_2, il faut qu'on ait

$$x_2 f'_{x_1} + y_2 f'_{y_1} + z_2 f'_{z_1} + t_2 f'_{t_1} = 0.$$

Or cette condition peut aussi s'écrire

$$x_1 f'_{x_2} + y_1 f'_{y_2} + z_1 f'_{z_2} + t_1 f'_{t_2} = 0,$$

et elle exprime que le plan polaire de P_2 passe par P_1.

On dit que deux points P_1 et P_2 sont *conjugués* par rapport à une quadrique lorsque le plan polaire de chacun d'eux passe par l'autre, ou ce qui revient au même, lorsque la droite $P_1 P_2$ rencontre la quadrique en deux points conjugués harmoniques par rapport à P_1 et P_2.

Pour que deux points (x_1, y_1, z_1, t_1) et (x_2, y_2, z_2, t_2) soient conjugués par rapport à la quadrique $f(x, y, z, t) = 0$, il faut qu'on ait

$$x_1 f'_{x_2} + y_1 f'_{y_2} + z_1 f'_{z_2} + t_1 f'_{t_2} = 0,$$

ou

$$x_2 f'_{x_1} + y_2 f'_{y_1} + z_2 f'_{z_1} + t_2 f'_{t_1} = 0.$$

Ce qui va suivre ne s'applique qu'aux surfaces qui n'ont pas de point double (ellipsoïdes, hyperboloïdes ou paraboloïdes). Dans ces surfaces, un plan quelconque admet toujours un pôle unique bien déterminé.

848. Plans conjugués. — *Si le plan Q_1 passe par le pôle du plan Q_2, inversement le plan Q_2 passe par le pôle du plan Q_1.*

Soient P_1 et P_2 les pôles des plans Q_1 et Q_2, et désignons par A et B les points où la droite $P_1 P_2$ rencontre la quadrique.

Par hypothèse, le plan Q_1, plan polaire de P_1, passe par le point P_2; donc P_1 et P_2 sont conjugués harmoniques par rapport à A et B. Il en résulte que le plan Q_2, plan polaire de P_2, passe par le point P_1.

On peut aussi le voir analytiquement.

Soient $\quad u_1 x + v_1 y + w_1 z + r_1 t = 0, \quad u_2 x + v_2 y + w_2 z + r_2 t = 0$ les équations des plans Q_1 et Q_2. Les coordonnées x', y', z', t' du pôle du plan Q_2 sont définies par les équations

$$(1) \quad \begin{cases} A x' + B'' y' + B' z' + C t' - \lambda u_2 = 0, \\ B'' x' + A' y' + B z' + C' t' - \lambda v_2 = 0, \\ B' x' + B y' + A'' z' + C'' t' - \lambda w_2 = 0, \\ C x' + C' y' + C'' z' + D t' - \lambda r_2 = 0; \end{cases}$$

écrivons que ce point est dans le plan Q_1; nous avons

$$(2) \quad u_1 x' + v_1 y' + w_1 z' + r_1 t' = 0.$$

Tirons x', y', z', t' des équations (1) et portons les valeurs obtenues dans la relation (2); nous obtenons, après avoir divisé par λ,

$$(3) \quad \begin{vmatrix} A & B'' & B' & C & u_2 \\ B'' & A' & B & C' & v_2 \\ B' & B & A'' & C'' & w_2 \\ C & C' & C'' & D & r_2 \\ u_1 & v_1 & w_1 & r_1 & 0 \end{vmatrix} = 0.$$

C'est la condition pour que le plan Q_1 passe par le pôle du plan Q_2.

Or le déterminant qui figure au premier membre ne change pas de valeur si on échange les lignes en colonnes et les colonnes en lignes, ou, ce qui revient au même, si on permute les indices 1 et 2 des lettres u, v, w, r. Il en résulte que la condition (3) exprime aussi que le plan Q_2 passe par le pôle du plan Q_1.

On dit que deux plans sont *conjugués* par rapport à une quadrique lorsque chacun d'eux passe par le pôle de l'autre.

La relation (3) exprime que les deux plans

$$u_1 x + v_1 y + w_1 z + r_1 t = 0, \qquad u_2 x + v_2 y + w_2 z + r_2 t = 0$$

sont conjugués par rapport à la quadrique $f(x, y, z, t) = 0$.

849. Droites conjuguées. — *Les plans polaires de tous les points d'une droite* D *passent par une même droite* D', *et inversement, les plans polaires de tous les points de la droite* D' *passent par la droite* D.

Prenons sur la droite D deux points quelconques P_1 et P_2; les plans polaires de ces points, Q_1 et Q_2, se coupent suivant une droite D'. Nous allons démontrer que le plan polaire d'un point quelconque M de la droite D passe par la droite D'.

En effet, soit A un point choisi arbitrairement sur D'; ce point étant situé dans les plans Q_1 et Q_2, son plan polaire passe par les points P_1 et P_2, c'est-à-dire par la droite D; en particulier, le plan polaire de A passe par le point M. Par suite, le plan polaire de M passe par A, et comme le point A est arbitraire sur D', on voit que le plan polaire de M passe par la droite D'.

En outre, nous venons de voir que le plan polaire de A passait par la droite D; par suite, le plan polaire d'un point quelconque de la droite D' passe par la droite D.

On dit que deux droites sont *conjuguées* par rapport à une quadrique lorsque les plans polaires de tous les points de chacune d'elles passent par l'autre.

850. Pour construire la droite conjuguée d'une droite donnée D, il suffit de joindre les pôles de deux plans quelconques passant par la droite D. En particulier, si l'on considère les plans tangents passant par cette droite, les pôles de ces plans sont les points de contact. Il en résulte que la droite conjuguée d'une droite D passe par les points de contact des plans tangents menées à la surface par la droite D.

C'est ce qu'il est facile de vérifier analytiquement.

851. En effet, nous avons vu (771) que les points de contact des plans tangents menés à la surface $f(x, y, z) = 0$ par la droite

$$\text{(D)} \qquad \frac{x - p}{\alpha} = \frac{y - q}{\beta} = \frac{z - r}{\gamma}$$

sont les points de rencontre de la surface et de la droite D' définie par les équations

$$\text{(D')} \qquad \begin{cases} p f'_x + q f'_y + r f'_z + f'_t = 0, \\ \alpha f'_x + \beta f'_y + \gamma f'_z = 0. \end{cases}$$

Or la première de ces équations représente le plan polaire du point (p, q, r) de la droite D ; la seconde représente le plan polaire du point à l'infini de cette même droite.

Il en résulte bien que D' est la droite conjuguée de la droite D.

852. Par la droite D menons un plan quelconque P coupant la surface suivant une conique C et soit M le pôle de la droite D par rapport à cette conique. Le plan polaire de M passe évidemment par D, par suite ce point appartient à la droite D' conjuguée de D.

On en conclut que la droite conjuguée d'une droite D est le lieu des pôles de cette droite par rapport aux coniques sections de la quadrique par des plans passant par la droite.

853. Théorème. — *Deux plans conjugués quelconques divisent harmoniquement les plans tangents menés à la surface par la droite qui leur est commune.*

Soient Q_1 et Q_2 deux plans conjugués, et D la droite d'intersection. Le pôle P_1 du plan Q_1 est dans le plan Q_2 et le pôle P_2 du plan Q_2 est dans le plan Q_1. La droite $P_1 P_2$ est la droite conjuguée de D ; elle rencontre la surface en deux points T_1 et T_2 qui sont les points de contact des plans tangents Π_1 et Π_2 qui passent par la droite D.

Or les points P_1 et P_2, étant conjugués par rapport à la quadrique, sont conjugués harmoniques par rapport à T_1 et T_2 ; il en résulte que les plans Q_1 et Q_2 divisent harmoniquement les plans Π_1 et Π_2.

854. Tétraèdres conjugués. — On dit qu'un tétraèdre est *conjugué* par rapport à une quadrique lorsqu'un sommet quelconque de ce tétraèdre est le pôle de la face opposée.

Il est aisé de voir qu'il existe une infinité de tétraèdres conjugués par rapport à une quadrique.

En effet, soient A un point quelconque de l'espace et Q son plan polaire ; dans ce plan prenons arbitrairement un point B. Le plan polaire de B passe par A et coupe le plan Q suivant une droite Δ. Soit C un point quelconque de cette droite ; le plan polaire de C passe par A et B, et coupe la droite Δ en un point D. Je dis que le tétraèdre ABCD est conjugué par rapport à la quadrique.

D'après la construction de ce tétraèdre, on voit que les sommets A, B, C ont respectivement pour plans polaires les plans des faces opposées. D'autre part, puisque ces plans polaires passent par le point D, inversement le plan polaire de D passe par les trois points A, B, C ; donc ce plan est le plan ABC.

855. Les propriétés des centres, plans diamétraux et diamètres sont des cas particuliers des propriétés des pôles, plans polaires et droites conjuguées.

Bornons-nous au cas où la surface est à centre unique.

Nous avons déjà vu que le centre est le pôle du plan de l'infini, que les plans diamétraux sont des plans polaires de points à l'infini, et de la remarque du n° 852 on déduit que les diamètres sont des droites conjuguées de droites situées dans le plan de l'infini.

Il en résulte immédiatement que les plans diamétraux et les diamètres passent par le centre.

Soit A un point d'une droite D, le plan polaire de A passe par la droite conjuguée de D. Si l'on suppose que la droite D est à l'infini, on a le théorème du n° 814.

Soient P le plan polaire d'un point A, et Q un plan quelconque passant par A et coupant le plan P suivant une droite D. La droite conjuguée de D passe par le point A. Si le plan Q est le plan de l'infini, nous avons le théorème du n° 816.

Remarquons enfin que trois plans diamétraux conjugués forment avec le plan de l'infini un tétraèdre conjugué par rapport à la quadrique.

CHAPITRE XV

ÉTUDE PARTICULIÈRE DE L'ELLIPSOÏDE

---

856. Nous avons vu précédemment qu'il existe un système d'axes rectangulaires par rapport auxquels l'ellipsoïde réel a une équation de la forme

$$S_1 x^2 + S_2 y^2 + S_3 z^2 + D_1 = 0,$$

S_1, S_2, S_3 ayant le même signe et D_1 ayant le signe contraire (836).

Divisons cette équation par $-D_1$, elle devient

$$-\frac{S_1 x^2}{D_1} - \frac{S_2 y^2}{D_1} - \frac{S_3 z^2}{D_1} - 1 = 0,$$

puis posons

$$a^2 = -\frac{D_1}{S_1}, \qquad b^2 = -\frac{D_1}{S_2}, \qquad c^2 = -\frac{D_1}{S_3},$$

nous obtenons

$$(1) \qquad \frac{x^2}{a^2} + \frac{y^2}{b^2} + \frac{z^2}{c^2} - 1 = 0.$$

Nous supposons a, b, c positifs.

857. Cas particulier. — Si deux des nombres S_1, S_2, S_3 sont égaux, par exemple $S_1 = S_2$, on a $a^2 = b^2$, l'équation s'écrit

$$\frac{x^2 + y^2}{a^2} + \frac{z^2}{c^2} - 1 = 0;$$

elle représente une surface de révolution autour de Oz. La méridienne située dans le plan des xz est une ellipse (E) rapportée à ses axes et ayant pour équations $y = 0$, $\dfrac{x^2}{a^2} + \dfrac{z^2}{c^2} - 1 = 0$.

On dit dans ce cas que l'ellipsoïde est de révolution ; il est *allongé* si $a < c$, *aplati* si $a > c$.

Enfin si l'on a $S_1 = S_2 = S_3$, la surface est une sphère.

Dans ce qui va suivre, nous supposerons que S_1, S_2, S_3 sont différents ; par suite a, b, c le sont aussi.

Nous étudierons la forme de la surface représentée par l'équation (1) de la même manière qu'au n° 778.

L'origine est centre de la surface.

A un système quelconque de valeurs de x, y, cette équation fait correspondre deux valeurs de z égales et de signes contraires; par suite, la surface est symétrique par rapport au plan des xy. Elle est de même symétrique par rapport aux plans xOz et yOz, et on peut se borner à envisager la portion de l'ellipsoïde qui est située dans le trièdre (Ox, Oy, Oz), c'est-à-dire qui correspond aux valeurs positives de x, y, z.

Prenons sur la direction positive de Ox un point A, sur celle de Oy un point B, et sur celle de Oz un point C tels que $OA = a$, $OB = b$, $OC = c$ (*fig.* 223). Les plans de coordonnées rencontrent l'ellipsoïde suivant des ellipses qui ont respectivement pour axes (OA, OB), (OB, OC) et (OC, OA).

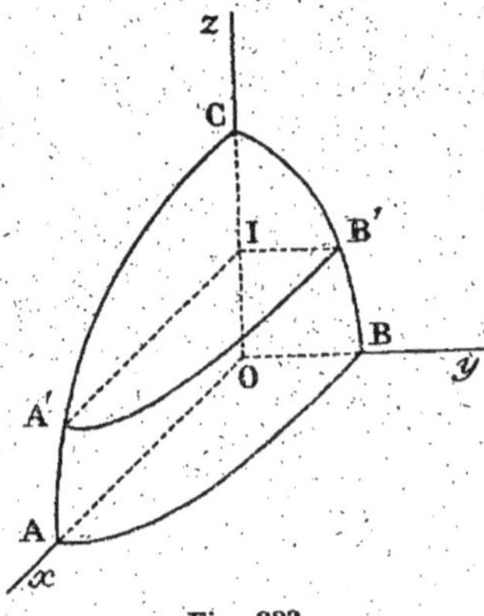

Fig. 223.

Un plan parallèle au plan des xy, $z = \lambda$, coupe la surface suivant une ellipse qui a pour équations

$$(2) \qquad z = \lambda, \qquad \frac{x^2}{a^2} + \frac{y^2}{b^2} = 1 - \frac{\lambda^2}{c^2}.$$

Cette ellipse n'est réelle que si $|\lambda| < c$. Elle se projette orthogonalement sur le plan des xy suivant une ellipse ayant pour axes Ox et Oy. D'autre part, on voit aisément qu'elle rencontre les ellipses AC et BC. Par suite, pour construire l'ellipse (2), on prend sur Oz le point I de cote λ, par ce point on mène des parallèles à Ox et Oy qui rencontrent les ellipses AC et BC respectivement aux points A' et B'. L'ellipse (2) admet pour axes IA' et IB'.

Quand le point I se déplace du point O au point C, l'arc A'B' de cette ellipse décrit la portion de l'ellipsoïde située dans le trièdre (Ox, Oy, Oz). Nous avons ainsi une définition géométrique simple de la surface et une idée nette de sa forme.

858. Nous avons vu que la surface est symétrique par rapport aux plans de coordonnées; ces plans sont appelés les *plans principaux* de l'ellipsoïde, et les ellipses, sections de la surface par ces plans, sont dites *ellipses principales* ou *sections principales*.

De même, on démontre aisément que la surface est symétrique par rapport aux axes de coordonnées; pour cette raison, ces droites sont appelées les *axes de symétrie*, ou plus simplement les *axes* de l'ellipsoïde.

Ces axes rencontrent l'ellipsoïde en six points réels, les points A, B, C et leurs symétriques par rapport au point O; ces points sont les *sommets* de l'ellipsoïde.

L'équation (1) est donc l'équation d'un ellipsoïde *rapporté à ses axes*.

Sections planes.

859. Si l'on projette une conique (C) parallèlement à une droite L sur un plan non parallèle à L, la projection est une conique de même nature que la conique (C), à condition toutefois que le plan de cette conique ne soit pas parallèle à la droite L. Nous avons vu en effet (783) que les sections d'un cylindre du deuxième degré par des plans non parallèles aux génératrices sont des coniques de même nature.

Par suite, pour étudier la nature de la section de l'ellipsoïde

$$\frac{x^2}{a^2} + \frac{y^2}{b^2} + \frac{z^2}{c^2} - 1 = 0$$

par le plan

(P) $$ax + vy + wz + r = 0,$$

il suffit de considérer la projection orthogonale de la section sur l'un des plans de coordonnées, à condition que celui-ci ne soit pas perpendiculaire au plan sécant.

Supposons par exemple $w \neq 0$; le plan (P) n'est pas perpendiculaire au plan des xy. Cherchons la projection de la section sur ce plan; pour cela, nous éliminons z entre les équations de l'ellipsoïde et du plan (P) et nous obtenons

$$\frac{x^2}{a^2} + \frac{y^2}{b^2} + \frac{(ux + vy + r)^2}{c^2 w^2} - 1 = 0,$$

ou

$$x^2\left(\frac{1}{a^2} + \frac{u^2}{c^2 w^2}\right) + y^2\left(\frac{1}{b^2} + \frac{v^2}{c^2 w^2}\right) + \frac{2uv}{c^2 w^2}xy$$
$$+ \frac{2ur}{c^2 w^2}x + \frac{2vr}{c^2 w^2}y + \frac{r^2}{c^2 w^2} - 1 = 0.$$

Le genre de cette conique est déterminé par le signe de la quantité

$$AC - B^2 = \left(\frac{1}{a^2} + \frac{u^2}{c^2 w^2}\right)\left(\frac{1}{b^2} + \frac{v^2}{c^2 w^2}\right) - \frac{u^2 v^2}{c^4 w^4},$$

où

$$AC - B^2 = \frac{1}{a^2b^2} + \frac{u^2}{b^2c^2w^2} + \frac{v^2}{a^2c^2w^2}.$$

Le second membre étant toujours positif, la conique est du genre ellipse.

Donc, *toute section plane de l'ellipsoïde est une conique du genre ellipse.*

Cherchons maintenant si cette ellipse est réelle, imaginaire ou réduite à deux droites, et pour cela calculons le discriminant Δ. Nous avons avec les notations habituelles

$$\Delta = - AE^2 - CD^2 + 2BDE + F(AC - B^2),$$

ou

$$\Delta = -\left(\frac{1}{a^2} + \frac{u^2}{c^2w^2}\right)\frac{v^2r^2}{c^4w^4} - \left(\frac{1}{b^2} + \frac{v^2}{c^2w^2}\right)\frac{u^2r^2}{c^4w^4} + \frac{2u^2v^2r^2}{c^6w^6}$$
$$+ \left(\frac{r^2}{c^2w^2} - 1\right)\left[\frac{1}{a^2b^2} + \frac{u^2}{b^2c^2w^2} + \frac{v^2}{a^2c^2w^2}\right],$$

ou, en simplifiant,

$$\Delta = - \frac{1}{a^2b^2c^2w^2}\left[a^2u^2 + b^2v^2 + c^2w^2 - r^2\right].$$

Comme les coefficients de x^2 et de y^2 dans l'équation de la conique sont positifs, l'ellipse est réelle ou imaginaire suivant que Δ est négatif ou positif (317).

1° Si $a^2u^2 + b^2v^2 + c^2w^2 - r^2 > 0$, la section est une ellipse réelle;

2° Si $a^2u^2 + b^2v^2 + c^2w^2 - r^2 < 0$, la section est une ellipse imaginaire;

3° Si $a^2u^2 + b^2v^2 + c^2w^2 - r^2 = 0$, la section se compose de deux droites sécantes imaginaires conjuguées, se coupant en un point réel M; dans ce cas le plan est tangent à la surface au point M (760).

Ces conclusions ont été établies en supposant $w \neq 0$. Il est aisé de voir qu'elles subsistent dans tous les cas.

En effet, si $w = 0$, l'un des nombres u et v au moins n'est pas nul, soit par exemple $u \neq 0$. Nous pouvons alors chercher la projection de la section sur le plan des yz, et discuter la nature de la conique obtenue. Mais il est inutile de recommencer les calculs; il suffit, dans ceux qui précèdent, de permuter z et x, w et u, c et a; et comme les résultats de la discussion ne sont pas altérés par ces permutations, on en conclut qu'ils demeurent les mêmes quel que soit celui des coefficients u, v, w qui n'est pas nul.

Plans tangents.

860. Le plan tangent à l'ellipsoïde au point $(x,\ y,\ z)$ a pour équation

$$(1) \qquad \frac{Xx}{a^2} + \frac{Yy}{b^2} + \frac{Zz}{c^2} - 1 = 0,$$

$x,\ y,\ z$ vérifiant la relation

$$(2) \qquad \frac{x^2}{a^2} + \frac{y^2}{b^2} + \frac{z^2}{c^2} - 1 = 0.$$

En particulier, on constate aisément que le plan tangent en un sommet quelconque est perpendiculaire à l'axe qui passe par ce sommet. Par suite, les plans tangents aux six sommets forment un parallélépipède rectangle dont les faces sont parallèles aux plans principaux et dont les arêtes ont pour longueurs $2a$, $2b$, $2c$. On l'appelle le parallélépipède construit sur les axes.

861. Condition pour qu'un plan soit tangent. — Pour que le plan

$$(3) \qquad uX + vY + wZ + r = 0$$

soit tangent à l'ellipsoïde, il faut et il suffit qu'il existe un point de la surface tel que le plan tangent en ce point coïncide avec le plan (3). Nous sommes donc conduits à écrire qu'il existe un système de valeurs de $x,\ y,\ z$ vérifiant la relation (2) et les relations

$$(4) \qquad \frac{x}{a^2 u} = \frac{y}{b^2 v} = \frac{z}{c^2 w} = \frac{-1}{r},$$

obtenues en écrivant que les plans (1) et (3) coïncident.

Des équations (4) on tire

$$(5) \qquad x = -\frac{a^2 u}{r}, \qquad y = -\frac{b^2 v}{r}, \qquad z = -\frac{c^2 w}{r},$$

et en portant ces valeurs dans la relation (2), on obtient

$$(6) \qquad a^2 u^2 + b^2 v^2 + c^2 w^2 - r^2 = 0 ;$$

c'est la condition pour que le plan donné soit tangent à l'ellipsoïde.

Si cette condition est remplie, les formules (5) donnent les coordonnées du point de contact.

L'équation (6) est appelée *l'équation tangentielle de l'ellipsoïde.*

De cette équation on tire

$$r = \pm \sqrt{a^2 u^2 + b^2 v^2 + c^2 w^2} ;$$

on en conclut que l'équation générale des plans tangents à l'ellipsoïde est

$$ux + vy + wz \pm \sqrt{a^2 u^2 + b^2 v^2 + c^2 w^2} = 0.$$

862. EXERCICE. — *Lieu des sommets des trièdres trirectangles circonscrits à l'ellipsoïde.*

Soient

$$ux + vy + wz = \varepsilon \sqrt{a^2u^2 + b^2v^2 + c^2w^2}, \qquad (\varepsilon = \pm 1)$$
$$u'x + v'y + w'z = \varepsilon' \sqrt{a^2u'^2 + b^2v'^2 + c^2w'^2}, \qquad (\varepsilon' = \pm 1)$$
$$u''x + v''y + w''z = \varepsilon'' \sqrt{a^2u''^2 + b^2v''^2 + c^2w''^2} \qquad (\varepsilon'' = \pm 1)$$

les équations de trois plans tangents perpendiculaires deux à deux. On peut toujours supposer que dans chacune de ces équations les coefficients de x, y, z sont les cosinus directeurs de la normale au plan correspondant. Par suite, (u, v, w), (u', v', w') et (u'', v'', w''), étant les cosinus directeurs de trois directions formant un trièdre trirectangle, vérifient les douze relations établies au n° 602.

Cela posé, élevons au carré les deux membres des équations des trois plans, puis ajoutons-les membre à membre, nous obtenons

$$x^2 + y^2 + z^2 = a^2 + b^2 + c^2 ;$$

c'est l'équation du lieu.

Elle représente la sphère circonscrite au parallélépipède construit sur les axes; cette sphère est appelée la *sphère de Monge*.

863. Plans tangents par un point non situé sur la surface. — Soient x_0, y_0, z_0 les coordonnées du point donné S; par ce point on peut mener à la surface une infinité de plans tangents (761), dont les points de contact sont situés sur l'ellipse section de l'ellipsoïde par le plan polaire du point S,

$$\frac{xx_0}{a^2} + \frac{yy_0}{b^2} + \frac{zz_0}{c^2} - 1 = 0.$$

Pour que cette ellipse soit réelle, il faut qu'on ait (859)

$$\frac{x_0^2}{a^2} + \frac{y_0^2}{b^2} + \frac{z_0^2}{c^2} - 1 > 0 ;$$

cette condition exprime que le point S doit être situé dans la région positive de l'ellipsoïde (659).

Or l'ellipsoïde divise l'espace en deux régions: 1° la région négative qui contient l'origine et qui est appelée l'*intérieur*; 2° la région positive appelée l'*extérieur*.

Pour que les plans tangents menés à la surface par le point S soient réels, il faut que ce point soit à l'extérieur de l'ellipsoïde.

Le cône circonscrit de sommet S a pour équation (763)

$$\left(\frac{xx_0}{a^2} + \frac{yy_0}{b^2} + \frac{zz_0}{c^2} - 1 \right)^2$$
$$- \left(\frac{x^2}{a^2} + \frac{y^2}{b^2} + \frac{z^2}{c^2} - 1 \right) \left(\frac{x_0^2}{a^2} + \frac{y_0^2}{b^2} + \frac{z_0^2}{c^2} - 1 \right) = 0.$$

Si le point S est à l'intérieur de l'ellipsoïde, son plan polaire rencontre la surface suivant une ellipse imaginaire; le cône circonscrit est imaginaire. Aucun plan tangent réel ne passe par le point S.

864. Plans tangents parallèles à une droite. — Soient α, β, γ les paramètres directeurs de la droite; les points de contact des plans tangents parallèles à cette droite sont sur l'ellipse section de la surface par le plan diamétral conjugué de la direction (α, β, γ) (766),

$$\frac{\alpha x}{a^2} + \frac{\beta y}{b^2} + \frac{\gamma z}{c^2} = 0.$$

Cette ellipse est toujours réelle; c'est la directrice du cylindre circonscrit dont les génératrices sont parallèles à la droite donnée. Ce cylindre a pour équation (768)

$$\left(\frac{\alpha x}{a^2} + \frac{\beta y}{b^2} + \frac{\gamma z}{c^2}\right)^2 - \left(\frac{x^2}{a^2} + \frac{y^2}{b^2} + \frac{z^2}{c^2} - 1\right)\left(\frac{\alpha^2}{a^2} + \frac{\beta^2}{b^2} + \frac{\gamma^2}{c^2}\right) = 0.$$

865. Plans tangents passant par une droite. — Soient

$$(D) \qquad \frac{x - x_0}{\alpha} = \frac{y - y_0}{\beta} = \frac{z - z_0}{\gamma}$$

les équations de la droite donnée (D). Les points de contact des plans tangents à l'ellipsoïde passant par cette droite sont à l'intersection de la surface et de la droite (D') conjuguée de la droite (D) (850).

La droite (D') est déterminée par les plans polaires de deux points quelconques de la droite (D); par exemple le point (x_0, y_0, z_0) et le point à l'infini dans la direction (α, β, γ). Il en résulte que les équations de la droite (D') sont

$$(D') \qquad \begin{cases} \dfrac{x x_0}{a^2} + \dfrac{y y_0}{b^2} + \dfrac{z z_0}{c^2} - 1 = 0, \\[2mm] \dfrac{\alpha x}{a^2} + \dfrac{\beta y}{b^2} + \dfrac{\gamma z}{c^2} = 0. \end{cases}$$

Les points de contact des plans tangents passant par la droite (D) sont déterminés par ces équations et celle de l'ellipsoïde.

Ils sont au nombre de deux, et on démontre aisément qu'ils sont réels, si la droite (D) ne rencontre pas l'ellipsoïde en des points réels.

On obtient l'équation de l'ensemble de ces deux plans en écrivant que le plan qui passe par la droite (D) et par un point (x, y, z) est tangent à l'ellipsoïde.

866. Plans tangents parallèles à un plan. — Soit

$$ux + vy + wz = 0$$

l'équation du plan donné ; les points de contact des plans tangents parallèles à ce plan sont à l'intersection de l'ellipsoïde et du diamètre conjugué de la direction de ce plan $\dfrac{x}{a^2 u} = \dfrac{y}{b^2 v} = \dfrac{z}{c^2 w}$ (773).

Cette droite rencontre la surface en deux points toujours réels et distincts. On peut donc mener à un ellipsoïde deux plans tangents réels parallèles à un plan donné.

Les équations de ces deux plans sont

$$ux + vy + wz \pm \sqrt{a^2 u^2 + b^2 v^2 + c^2 w^2} = 0.$$

Normales.

867. La normale au point (x, y, z) de l'ellipsoïde a pour équations

$$\frac{X - x}{\dfrac{x}{a^2}} = \frac{Y - y}{\dfrac{y}{b^2}} = \frac{Z - z}{\dfrac{z}{c^2}},$$

x, y, z vérifiant la relation

$$(1) \qquad \frac{x^2}{a^2} + \frac{y^2}{b^2} + \frac{z^2}{c^2} - 1 = 0.$$

868. Normales par un point non situé sur la surface. — Soient x_0, y_0, z_0 les coordonnées du point donné P ; désignons par x, y, z les coordonnées du pied d'une normale issue du point P. Nous avons d'abord la relation (1) qui exprime que le point (x, y, z) est situé sur la surface ; en outre, en écrivant que la normale en ce point passe par le point P, on a

$$(2) \qquad \frac{x_0 - x}{\dfrac{x}{a^2}} = \frac{y_0 - y}{\dfrac{y}{b^2}} = \frac{z_0 - z}{\dfrac{z}{c^2}}.$$

Les équations (1) et (2) déterminent les coordonnées des pieds des normales issues du point P.

Introduisons une inconnue auxiliaire t en posant

$$\frac{x_0 - x}{\dfrac{x}{a^2}} = \frac{y_0 - y}{\dfrac{y}{b^2}} = \frac{z_0 - z}{\dfrac{z}{c^2}} = t ;$$

nous en tirons

$$(3) \qquad x = \frac{a^2 x_0}{t + a^2}, \qquad y = \frac{b^2 y_0}{t + b^2}, \qquad z = \frac{c^2 z_0}{t + c^2} ;$$

de sorte que le système des équations (1) et (2) est équivalent au système formé par (1) et (3). Remplaçons x, y, z par leurs valeurs (3) dans l'équation (1), nous avons

$$(4) \qquad \frac{a^2 x_0^2}{(t+a^2)^2} + \frac{b^2 y_0^2}{(t+b^2)^2} + \frac{c^2 z_0^2}{(t+c^2)^2} - 1 = 0.$$

À toute racine t' de cette équation correspond une normale passant par le point P, les coordonnées du pied de cette normale étant données par les relations (3), où l'on remplace t par t'.

Comme l'équation (4) est du sixième degré, on voit qu'on peut mener à un ellipsoïde *six* normales par un point non situé sur la surface.

Deux de ces normales au moins sont toujours réelles, car en supposant $a > b > c$, on reconnaît aisément que l'équation (4) a au moins une racine réelle dans chacun des intervalles $(-\infty, -a^2 - \varepsilon)$ et $(-c^2 + \varepsilon, +\infty)$, ε désignant un nombre positif aussi petit que l'on veut.

Si l'on considère t comme un paramètre variable, les équations (3) sont les équations paramétriques d'une courbe unicursale du troisième degré qui rencontre l'ellipsoïde aux pieds des normales issues du point P. Cette courbe est appelée la *cubique aux pieds des normales* relative au point P et à l'ellipsoïde.

Plans diamétraux et diamètres.

869. Le plan diamétral conjugué de la direction (α, β, γ) a pour équation

$$(1) \qquad \frac{\alpha x}{a^2} + \frac{\beta y}{b^2} + \frac{\gamma z}{c^2} = 0;$$

c'est toujours un plan diamétral proprement dit, puisque l'ellipsoïde n'a pas de directions asymptotiques réelles. Ce plan passe par le centre.

Réciproquement, tout plan passant par le centre,

$$(2) \qquad ux + vy + wz = 0,$$

est un plan diamétral. En effet, en écrivant que les deux équations (1) et (2) représentent le même plan, on a

$$\frac{\alpha}{a^2 u} = \frac{\beta}{b^2 v} = \frac{\gamma}{c^2 w},$$

ce qui montre que le plan (2) est le plan diamétral conjugué de la direction qui a pour paramètres directeurs $a^2 u$, $b^2 v$ et $c^2 w$.

870. Le diamètre conjugué de la direction du plan $ux + vy + wz = 0$ a pour équations

$$(3) \qquad \frac{x}{a^2 u} = \frac{y}{b^2 v} = \frac{z}{c^2 w} .$$

Cette droite passe par le centre; c'est un diamètre proprement dit, car tout plan coupe l'ellipsoïde suivant une courbe à centre unique.

Réciproquement, toute droite passant par le centre est un diamètre. En effet, considérons la droite

$$\frac{x}{\alpha} = \frac{y}{\beta} = \frac{z}{\gamma} ;$$

pour qu'elle coïncide avec le diamètre (3), il faut qu'on ait

$$\frac{a^2 u}{\alpha} = \frac{b^2 v}{\beta} = \frac{c^2 w}{\gamma} , \qquad \text{ou} \qquad \frac{u}{\dfrac{\alpha}{a^2}} = \frac{v}{\dfrac{\beta}{b^2}} = \frac{w}{\dfrac{\gamma}{c^2}} .$$

Par suite cette droite est le diamètre conjugué du plan

$$\frac{\alpha x}{a^2} + \frac{\beta y}{b^2} + \frac{\gamma z}{c^2} = 0.$$

871. Conséquences. — Soient un plan P et une droite D passant tous deux par le centre de l'ellipsoïde,

$$(P) \qquad ux + vy + wz = 0,$$

$$(D) \qquad \frac{x}{\alpha} = \frac{y}{\beta} = \frac{z}{\gamma} ;$$

si l'on a

$$\frac{\alpha}{a^2 u} = \frac{\beta}{b^2 v} = \frac{\gamma}{c^2 w} ,$$

le plan P est le plan diamétral conjugué de la direction de la droite D, et la droite D est le diamètre conjugué de la direction du plan P. C'est le théorème du n° 816.

872. Plans principaux. — On appelle *plan principal* d'une quadrique un plan diamétral perpendiculaire à la direction de ses cordes conjuguées; celles-ci sont appelées *cordes principales* ou *directions principales*.

Pour que le plan diamétral $\dfrac{\alpha x}{a^2} + \dfrac{\beta y}{b^2} + \dfrac{\gamma z}{c^2} = 0$ soit un plan principal, il faut qu'il soit perpendiculaire à la direction qui a pour paramètres directeurs α, β, γ; on doit donc avoir

$$\frac{\alpha}{a^2 \alpha} = \frac{\beta}{b^2 \beta} = \frac{\gamma}{c^2 \gamma} .$$

Or ces relations ne peuvent être vérifiées que si deux des nombres α, β, γ sont nuls, c'est-à-dire si la direction (α, β, γ) est parallèle à l'un des axes de coordonnées.

Il en résulte que l'ellipsoïde défini par l'équation

$$\frac{x^2}{a^2} + \frac{y^2}{b^2} + \frac{z^2}{c^2} - 1 = 0$$

admet trois directions principales parallèles aux axes de coordonnées et trois plans principaux qui sont les plans de coordonnées.

873. Axes. — On appelle *axe* d'une quadrique un diamètre perpendiculaire à la direction de plan conjuguée.

Pour que le diamètre $\dfrac{x}{a^2 u} = \dfrac{y}{b^2 v} = \dfrac{z}{c^2 w}$ soit un axe, il faut qu'il soit perpendiculaire au plan $ux + vy + wz = 0$. On doit donc avoir

$$\frac{u}{a^2 u} = \frac{v}{b^2 v} = \frac{w}{c^2 w};$$

et comme ces relations ne sont vérifiées que si deux des nombres u, v, w sont nuls, on voit que l'ellipsoïde admet trois axes qui sont les axes de coordonnées.

874. Longueur d'un diamètre. — Soient α, β, γ les paramètres principaux (ou les cosinus directeurs) d'un diamètre; un point quelconque M de ce diamètre a pour coordonnées $\alpha\rho$, $\beta\rho$, $\gamma\rho$, ρ étant égal à la valeur algébrique $\overline{OM}$ du vecteur $\overrightarrow{OM}$. Les valeurs de ρ relatives aux points de rencontre du diamètre et de l'ellipsoïde sont racines de l'équation.

$$\frac{\alpha^2 \rho^2}{a^2} + \frac{\beta^2 \rho^2}{b^2} + \frac{\gamma^2 \rho^2}{c^2} - 1 = 0,$$

ou

$$(1) \qquad \frac{1}{\rho^2} = \frac{\alpha^2}{a^2} + \frac{\beta^2}{b^2} + \frac{\gamma^2}{c^2}.$$

Cette équation admet deux racines réelles, égales et de signes contraires; par suite, le diamètre rencontre l'ellipsoïde en deux points réels, symétriques par rapport au centre. La distance de ces deux points est par définition la *longueur* du diamètre.

La valeur positive de ρ qui vérifie l'équation précédente est égale à la demi-longueur du diamètre.

En particulier, les longueurs des axes sont $2a$, $2b$, $2c$.

Si l'on suppose $a > b > c$, l'axe qui a pour longueur $2a$ est appelé le grand axe, celui qui a pour longueur $2b$ est l'axe moyen, et enfin celui qui a pour longueur $2c$ est le petit axe.

875. Nous allons montrer que la longueur d'un diamètre quelconque est toujours comprise entre la longueur du grand axe et celle du petit axe.

En effet, comme α, β, γ sont les cosinus directeurs d'une direction, nous avons $\alpha^2 + \beta^2 + \gamma^2 = 1$. Remplaçons dans la relation (1) α^2 par $1 - \beta^2 - \gamma^2$, nous avons

$$\frac{1}{\rho^2} = \frac{1}{a^2} + \left(\frac{1}{b^2} - \frac{1}{a^2}\right)\beta^2 + \left(\frac{1}{c^2} - \frac{1}{a^2}\right)\gamma^2,$$

et comme les coefficients de β^2 et de γ^2 sont positifs, on en déduit

$$\frac{1}{\rho^2} > \frac{1}{a^2}, \qquad \text{ou} \qquad |\rho| < a.$$

De même, si nous remplaçons dans (1) γ^2 par $1 - \alpha^2 - \beta^2$, nous obtenons

$$\frac{1}{\rho^2} = \frac{1}{c^2} - \alpha^2\left(\frac{1}{c^2} - \frac{1}{a^2}\right) - \beta^2\left(\frac{1}{c^2} - \frac{1}{b^2}\right),$$

et nous voyons que $\dfrac{1}{\rho^2} < \dfrac{1}{c^2}$, ou $|\rho| > c$.

On a donc

$$2c < |2\rho| < 2a,$$

ce qui démontre la proposition.

Diamètres conjugués.

876. Soient Ox', Oy', Oz' trois diamètres conjugués de l'ellipsoïde (847); si l'on prend ces trois droites comme axes de coordonnées, l'équation de la surface prend une forme particulièrement simple.

En effet, comme le plan $x'Oy'$ est le plan diamétral conjugué de Oz', toute corde parallèle à Oz' a son milieu dans ce plan, et par suite, à tout système de valeurs de x' et de y' l'équation de la surface doit faire correspondre deux valeurs de z' égales et de signes contraires. Il en résulte que cette équation ne peut renfermer la variable z' qu'avec l'exposant 2, et comme le même raisonnement peut se faire pour x' et y', l'équation de l'ellipsoïde prend la forme suivante

$$(1) \qquad A_1 x'^2 + A_1' y'^2 + A_1'' z'^2 + D_1 = 0.$$

Nous avons déjà rencontré cette forme simple d'équation dans la classification des quadriques (778). Nous avons vu en effet que l'équation de l'ellipsoïde pouvait s'écrire

$$(2) \qquad \alpha P^2 + \beta Q^2 + \gamma R^2 + h = 0,$$

P, Q, R désignant des fonctions linéaires indépendantes; et en prenant pour plans de coordonnées les plans $P = 0$, $Q = 0$,

$R = 0$, nous avons obtenu une équation semblable à l'équation (1).

Par suite, lorsque l'équation d'un ellipsoïde est mise sous la forme (2), les plans $P = 0$, $Q = 0$, $R = 0$ constituent un système de trois plans diamétraux conjugués, et leurs intersections deux à deux constituent un système de trois diamètres conjugués.

Dans le cas particulier où ces plans sont rectangulaires deux à deux, ce sont les plans principaux de la surface.

Revenons à l'équation (1); comme elle représente un ellipsoïde réel, les coefficients A_1, A_1', A_1'' ont le même signe et D_1 un signe contraire. Par suite, si on divise le premier membre par $-D_1$, l'équation devient

$$\frac{x'^2}{a'^2} + \frac{y'^2}{b'^2} + \frac{z'^2}{c'^2} - 1 = 0,$$

et l'on voit que les longueurs des diamètres Ox', Oy', Oz' sont respectivement égales à $2a'$, $2b'$, $2c'$.

Sections circulaires.

877. On appelle *plan de section circulaire* ou *plan cyclique* tout plan qui coupe l'ellipsoïde suivant un cercle.

Comme les sections d'une quadrique par des plans parallèles sont des coniques homothétiques (811), on voit que si un plan P coupe l'ellipsoïde suivant un cercle, tout plan parallèle au plan P coupe aussi la surface suivant un cercle, et par suite, la détermination des plans cycliques revient à celle de leurs directions.

Nous allons chercher les plans cycliques qui passent par le centre.

878. Théorème. — *Tout plan de section circulaire est perpendiculaire à un plan principal.*

Soit P un plan passant par le centre O de l'ellipsoïde et coupant la surface suivant un cercle C ayant aussi pour centre le point O.

Désignons par OL le diamètre conjugué du plan P, et par OM la projection orthogonale de ce diamètre sur le plan P (*), puis traçons dans le plan P la droite ON perpendiculaire à OM.

Comme OM et ON sont deux diamètres conjugués du cercle C, les trois droites OL, OM, ON forment un système de diamètres conjugués de l'ellipsoïde, et en particulier le plan LOM est le plan dia-

---

(*) Si le diamètre OL est perpendiculaire au plan P, on peut choisir OM arbitrairement dans le plan P.

métral conjugué de ON. Mais comme ON est perpendiculaire au plan LOM, celui-ci est un plan principal; et l'on voit ainsi que le plan P est perpendiculaire à un plan principal.

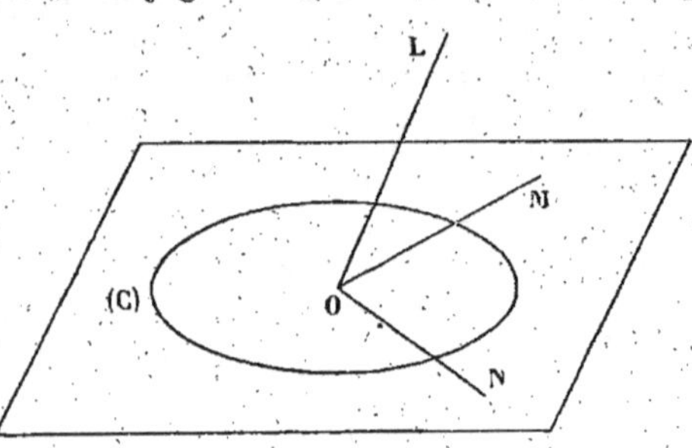

Fig. 224.

879. Il résulte de ce théorème que tout plan cyclique qui passe par le centre de l'ellipsoïde doit passer par l'un des axes de la surface.

Il suffit donc de rechercher les plans de sections circulaires parmi les plans passant par les axes de l'ellipsoïde.

Soit $\dfrac{x^2}{a^2} + \dfrac{y^2}{b^2} + \dfrac{z^2}{c^2} - 1 = 0$ l'équation de l'ellipsoïde rapporté à ses axes; figurons les ellipses AB, BC, CA, sections de la surface par les plans principaux.

Nous avons

$$OA = a, \quad OB = b, \quad OC = c,$$

et nous supposons comme précédemment

$$a > b > c \ (\textit{fig. 225}).$$

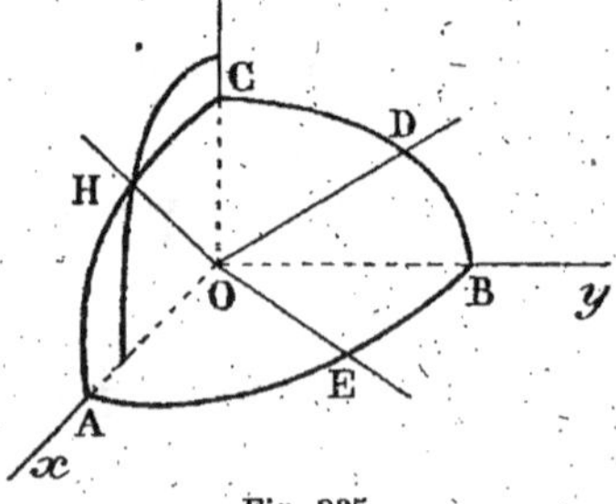

Fig. 225.

Considérons d'abord un plan passant par le grand axe OA et coupant le plan des yz suivant la droite OD, le point D étant sur l'ellipse BC. Comme l'ellipsoïde est symétrique par rapport à l'axe Ox et au plan yOz, la section de la surface par le plan OAD est une ellipse qui a pour axes OA et OD. Pour que cette ellipse se réduise à un cercle, il faut que OD soit égal à OA.

Or dans l'ellipse BC on a (395)

$$OC < OD < OB,$$

par suite OD $<$ OA.

Donc tout plan passant par le grand axe ne peut couper l'ellipsoïde suivant un cercle.

Soit maintenant un plan passant par le petit axe OC, et ayant pour trace OE sur le plan des xy, le point E étant sur l'ellipse AB. Ce plan coupe l'ellipsoïde suivant une ellipse ayant pour axes OC et OE.

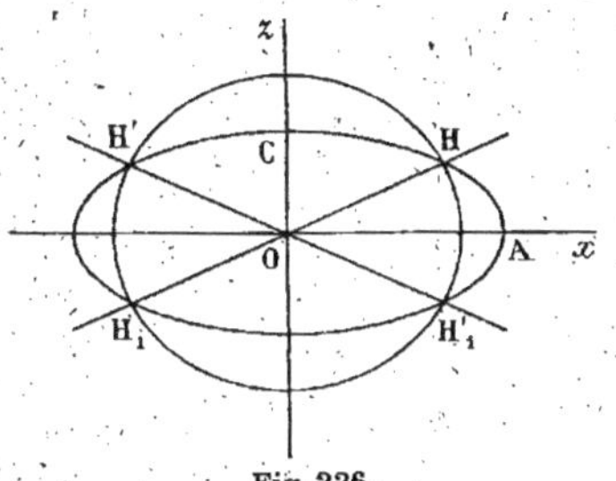

Fig 226.

Mais dans l'ellipse AB, on a OB < OE < OA, et *a fortiori* OC < OE.

Il en résulte que tout plan passant par le petit axe ne peut couper l'ellipsoïde suivant un cercle.

Envisageons enfin un plan passant par l'axe moyen OB et rencontrant le plan xOz suivant la droite OH, le point H étant sur l'ellipse AC.

Comme OH peut prendre toutes les valeurs comprises entre OA et OC, on peut déterminer le point H de manière que OH soit égal à OB; il suffit pour cela de couper l'ellipse AC par un cercle situé dans le plan des xz, ayant pour centre le point O et pour rayon OB. Ce cercle rencontre l'ellipse en quatre points H, H', H_1, H_1' deux à deux symétriques par rapport au point O, et les deux plans passant par OB et par chacune des droites H_1OH et H_1'OH' sont des plans cycliques.

Comme ces plans passent par l'axe Oy, ils ont même équation que les droites OH et OH' par rapport aux axes Ox et Oz; et pour avoir les équations de ces droites, nous considérons l'équation de l'ellipse AC

$$\frac{x^2}{a^2} + \frac{z^2}{c^2} - 1 = 0,$$

celle du cercle

$$\frac{x^2}{b^2} + \frac{z^2}{b^2} - 1 = 0,$$

et nous formons l'équation de l'ensemble des droites joignant l'origine aux points de rencontre de ces deux courbes. Il suffit pour cela de retrancher leurs équations, ce qui nous donne

$$x^2\left(\frac{1}{a^2} - \frac{1}{b^2}\right) + z^2\left(\frac{1}{c^2} - \frac{1}{b^2}\right) = 0,$$

ou

$$\frac{x^2}{a^2}(a^2 - b^2) - \frac{z^2}{c^2}(b^2 - c^2) = 0.$$

Il existe donc deux plans cycliques passant par le centre de l'ellipsoïde, et les équations de ces plans sont

$$\frac{x}{a}\sqrt{a^2 - b^2} \pm \frac{z}{c}\sqrt{b^2 - c^2} = 0.$$

Tous les plans parallèles à ceux-ci sont également des plans cycliques. Il en résulte que l'équation générale des plans cycliques de l'ellipsoïde est

$$\frac{x}{a}\sqrt{a^2 - b^2} \pm \frac{z}{c}\sqrt{b^2 - c^2} + \lambda = 0,$$

λ désignant un nombre arbitraire.

Pour que l'un de ces plans rencontre la surface suivant un cercle réel, il faut encore (859) que les coefficients de l'équation du plan vérifient l'inégalité $a^2u^2 + b^2v^2 + c^2w^2 - r^2 > 0$, ce qui donne

$$(a^2 - b^2) + (b^2 - c^2) - \lambda^2 > 0,$$

ou

$$|\lambda| < \sqrt{a^2 - c^2}.$$

880. On appelle *ombilic* d'une quadrique tout point de rencontre de la quadrique et du diamètre conjugué d'un plan cyclique. Le plan tangent en un ombilic coupe la surface suivant un cercle de rayon nul.

Dans l'ellipsoïde, le diamètre conjugué de chaque plan cyclique est, comme il est facile de s'en assurer, dans le plan principal perpendiculaire à l'axe moyen; il rencontre la surface en deux points réels situés sur l'ellipse AC.

On voit donc que l'ellipsoïde admet quatre ombilics réels situés sur l'ellipse, section de la surface par le plan principal perpendiculaire à l'axe moyen; ces ombilics sont d'ailleurs symétriques par rapport aux axes Ox et Oz.

CHAPITRE XVI

ÉTUDE PARTICULIÈRE DES HYPERBOLOÏDES

881. Il existe un système d'axes de coordonnées rectangulaires par rapport auquel tout hyperboloïde, à une nappe ou à deux nappes, a une équation de la forme

$$S_1 x^2 + S_2 y^2 + S_3 z^2 + D_1 = 0,$$

S_1, S_2, S_3 n'ayant pas le même signe.

Si le produit $S_1 S_2 S_3 D_1$ est positif, l'hyperboloïde est à une nappe; si ce produit est négatif, il est à deux nappes. Enfin si $D_1 = 0$, l'équation représente un cône réel.

On voit alors que l'équation de l'hyperboloïde à une nappe peut s'écrire

$$(1) \qquad \frac{x^2}{a^2} + \frac{y^2}{b^2} - \frac{z^2}{c^2} - 1 = 0;$$

celle de l'hyperboloïde à deux nappes,

$$(2) \qquad \frac{x^2}{a^2} + \frac{y^2}{b^2} - \frac{z^2}{c^2} + 1 = 0,$$

et celle du cône réel,

$$(3) \qquad \frac{x^2}{a^2} + \frac{y^2}{b^2} - \frac{z^2}{c^2} = 0.$$

Ces trois surfaces ont pour centre l'origine; elles sont symétriques par rapport aux plans de coordonnées et par rapport aux axes de coordonnées.

Nous dirons, comme pour l'ellipsoïde, que les plans de coordonnées sont les plans principaux de la surface, et que les droites Ox, Oy, Oz sont les axes de la surface, et il est aisé d'établir, comme nous l'avons fait aux n°s 872 et 873, que chacune des surfaces représentées par les équations (1), (2) et (3) n'admet pas d'autres plans principaux et pas d'autres axes.

Nous supposerons a, b, c positifs.

Cas particulier. — Si $a = b$, les trois surfaces sont de révolution autour de Oz.

La première peut être considérée comme engendrée par l'hyperbole $y = 0$, $\dfrac{x^2}{a^2} - \dfrac{z^2}{c^2} - 1 = 0$, tournant autour de son axe imaginaire ; la surface est alors un hyperboloïde de révolution à une nappe, ou une surface gauche de révolution (715, 1°).

La deuxième, engendrée par l'hyperbole $y = 0$, $\dfrac{x^2}{a^2} - \dfrac{z^2}{c^2} + 1 = 0$ tournant autour de son axe réel, est un hyperboloïde de révolution à deux nappes.

Enfin la troisième est un cône de révolution.

882. Dans ce qui va suivre, nous supposerons $a \neq b$, et $a > b$.

Comme les surfaces représentées par les équations (1), (2) et (3) sont symétriques par rapport aux plans de coordonnées, il suffira d'étudier leurs formes dans le trièdre (Ox, Oy, Oz.)

Considérons d'abord l'hyperboloïde à une nappe représenté par l'équation

$$(1) \qquad \frac{x^2}{a^2} + \frac{y^2}{b^2} - \frac{z^2}{c^2} - 1 = 0.$$

Le plan des xy coupe cette surface suivant une ellipse ayant pour axes $OA = a$ et $OB = b$; le plan des zx suivant une hyperbole AL ayant pour axe réel OA, le plan des yz suivant une hyperbole BM ayant pour axe réel OB (*fig.* 227).

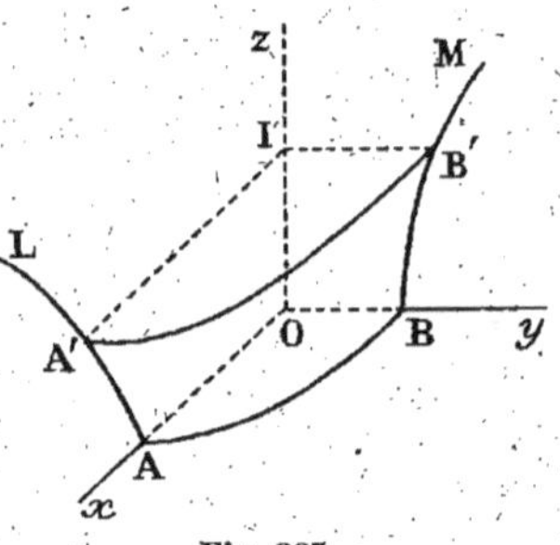

Fig. 227.

Par un point I de Oz menons des parallèles à Ox et Oy qui rencontrent respectivement les hyperboles AL et BM aux points A′ et B′. L'ellipse qui a pour axes IA′ et IB′ est située tout entière sur la surface, et quand la cote du point I varie de 0 à $+\infty$, l'arc A′B′ de cette ellipse engendre la portion de la surface qui est située dans le trièdre (Ox, Oy, Oz).

Cet hyperboloïde admet quatre sommets réels qui sont les points A et B et leurs symétriques par rapport au point O ; il a en outre deux sommets imaginaires, ayant pour cotes $\pm ci$, situés sur l'axe des z.

Les axes Ox et Oy sont des axes réels; ils ont respectivement pour longueurs $2a$ et $2b$. L'axe Oz est un axe imaginaire; par définition sa longueur algébrique est égale à $2ci$ et sa longueur géométrique est $2c$.

883. Étudions maintenant l'hyperboloïde à deux nappes

$$(2) \qquad \frac{x^2}{a^2} + \frac{y^2}{b^2} - \frac{z^2}{c^2} + 1 = 0.$$

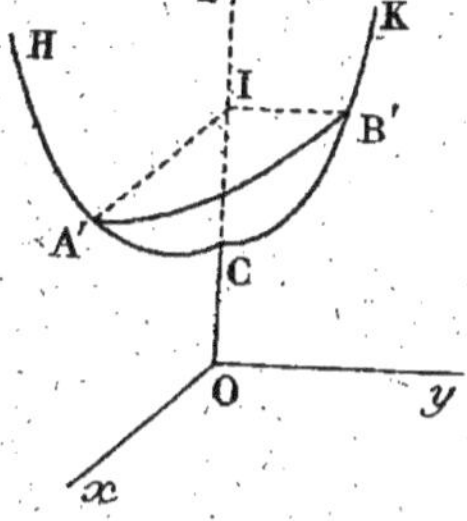

Fig. 228.

Le plan des xy rencontre la surface suivant une ellipse imaginaire, le plan des zx suivant une hyperbole CH ayant pour axe réel $OC = c$, et le plan des yz suivant une hyperbole CK ayant aussi OC pour axe réel (*fig.* 228).

Par un point I de l'axe Oz menons des parallèles à Ox et Oy qui rencontrent respectivement les hyperboles CH et CK aux points A' et B'. L'ellipse qui a pour axes IA' et IB' est tout entière sur la surface, et quand la cote du point I varie de c à $+\infty$, l'arc A'B' de cette ellipse engendre la portion de la surface qui correspond aux valeurs positives de x, y, z.

L'hyperboloïde à deux nappes admet seulement deux sommets réels : le point C et son symétrique par rapport au point O; il admet quatre sommets imaginaires, deux sur Ox d'abscisses $\pm ai$, et deux sur Oy d'ordonnées $\pm bi$.

L'axe Oz est réel, sa longueur est $2c$; les axes Ox et Oy sont imaginaires, leurs longueurs algébriques sont respectivement $2ai$ et $2bi$, et leurs longueurs géométriques $2a$ et $2b$.

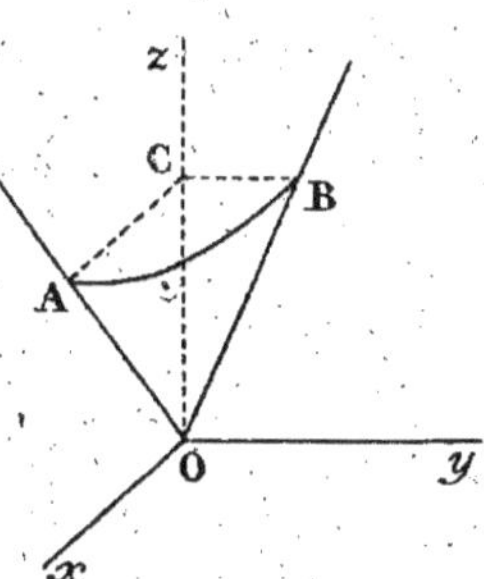

Fig. 229.

884. Considérons enfin le cône

$$(3) \qquad \frac{x^2}{a^2} + \frac{y^2}{b^2} - \frac{z^2}{c^2} = 0;$$

le plan $z = c$ le coupe suivant l'ellipse (E) définie par les équations

$$(E) \qquad z = c, \qquad \frac{x^2}{a^2} + \frac{y^2}{b^2} - 1 = 0.$$

Celle-ci a pour centre le point C situé sur Oz et ayant pour cote c; ses axes CA et CB sont respectivement parallèles à Ox et à Oy et ont pour demi-longueurs a et b.

Ce cône peut être considéré comme ayant pour directrice l'ellipse (E) et pour sommet le point O. Chacun des axes de la surface rencontre le cône en deux points confondus au point O; par suite, les longueurs des axes sont nulles.

885. Hyperboloïdes conjugués. — On dit que deux hyperboloïdes sont *conjugués* lorsqu'ils ont même centre, mêmes axes, tout axe réel dans l'une des surfaces étant imaginaire dans l'autre, et inversement, et la longueur géométrique de l'axe imaginaire étant égale à la longueur de l'axe réel.

Il résulte de cette définition que sur deux hyperboloïdes conjugués l'un est à une nappe, l'autre à deux nappes.

En particulier, les équations (1) et (2) représentent deux hyperboloïdes conjugués.

886. Cône asymptote. — Soit Q une quadrique sans point double. Nous avons vu que les plans tangents à cette quadrique qui passent par un point P non situé sur la quadrique, ont leurs points de contact sur la conique (C), section de la surface par le plan polaire du point P. Tous ces plans sont tangents au cône qui a pour directrice la conique (C) et pour sommet le point P. C'est le cône circonscrit à la surface qui a pour sommet le point P.

De même, les plans tangents dont les points de contact sont situés dans un plan π sont tangents au cône ayant pour sommet le pôle du plan π et pour directrice la conique (C), section de la surface par le plan π.

Cela posé, considérons une quadrique à centre unique et sans point double, et proposons-nous de déterminer les plans asymptotes de cette quadrique; ce sont les plans tangents dont les points de contact sont situés dans le plan de l'infini. Par suite, ils sont tangents au cône circonscrit à la surface ayant pour sommet le pôle du plan de l'infini, c'est-à-dire le centre de la quadrique, et pour directrice la conique (γ), section de la surface par le plan de l'infini.

Ce cône est appelé le *cône asymptote* de la quadrique.

On voit ainsi que les plans asymptotes d'une quadrique à centre unique sont tangents au cône asymptote.

Puisque le cône asymptote rencontre le plan de l'infini aux mêmes points que la quadrique, ses génératrices sont parallèles à celles du cône des directions asymptotiques.

Il en résulte que le cône asymptote est un cône parallèle (*) au cône des directions asymptotiques et ayant pour sommet le centre de la surface.

Si la surface est un ellipsoïde, le cône asymptote est imaginaire, la surface n'admet aucun plan asymptote réel.

Considérons maintenant les deux hyperboloïdes conjugués à une et à deux nappes définis par les équations

$$\frac{x^2}{a^2} + \frac{y^2}{b^2} - \frac{z^2}{c^2} - 1 = 0, \qquad \frac{x^2}{a^2} + \frac{y^2}{b^2} - \frac{z^2}{c^2} + 1 = 0.$$

On voit immédiatement qu'ils ont le même cône asymptote, et que celui-ci a pour équation

$$\frac{x^2}{a^2} + \frac{y^2}{b^2} - \frac{z^2}{c^2} = 0.$$

Sections planes.

887. Les deux hyperboloïdes et leur cône asymptote ont mêmes points à l'infini; il en résulte que tout plan rencontre ces trois surfaces suivant des coniques ayant mêmes points à l'infini, c'est-à-dire suivant des coniques homothétiques (**).

Par suite, pour avoir le genre de ces coniques, il suffit de chercher le genre de la conique section du cône asymptote par le plan.

Considérons le plan

(P) $$ux + vy + wz + r = 0;$$

menons par le sommet du cône un plan Q parallèle au plan P; ce plan a pour équation

(Q) $$ux + vy + wz = 0.$$

Il rencontre le cône suivant deux droites réelles, imaginaires ou confondues. Comme les plans P et Q coupent le cône suivant des coniques homothétiques, on en conclut que la section du cône par

---

(*) On dit que deux cônes sont parallèles quand les génératrices de l'un sont parallèles aux génératrices de l'autre.

(**) On peut ajouter que ces trois surfaces sont tangentes en tous leurs points à l'infini; par suite tout plan les coupe suivant des coniques ayant mêmes points à l'infini et mêmes tangentes en ces points, c'est-à-dire soit suivant des ellipses homothétiques et concentriques, soit suivant des hyperboles ayant mêmes asymptotes, soit enfin suivant des paraboles ayant un contact du troisième ordre à l'infini (ce sont des paraboles égales, qui ont même axe et leur concavité dirigée dans le même sens).

En particulier, si le plan passe par le centre, il coupe le cône asymptote suivant deux génératrices qui sont les asymptotes des sections déterminées par ce plan dans les deux hyperboloïdes. On le vérifiera aisément pour les plans xOz et yOz.

le plan P est du genre hyperbole, ellipse ou parabole suivant que les deux génératrices du cône situées dans le plan Q sont réelles, imaginaires ou confondues.

Supposons $u \neq 0$, et éliminons x entre l'équation du cône et celle du plan Q; nous avons

$$\frac{(vy + wz)^2}{a^2 u^2} + \frac{y^2}{b^2} - \frac{z^2}{c^2} = 0,$$

ou

$$\left(\frac{v^2}{a^2 u^2} + \frac{1}{b^2}\right) y^2 + \left(\frac{w^2}{a^2 u^2} - \frac{1}{c^2}\right) z^2 + \frac{2vw}{a^2 u^2} yz = 0;$$

cette équation représente la projection sur le plan des yz de l'ensemble des deux droites considérées.

Pour qu'elles soient réelles, il faut qu'on ait

$$\frac{v^2 w^2}{a^4 u^4} - \left(\frac{v^2}{a^2 u^2} + \frac{1}{b^2}\right)\left(\frac{w^2}{a^2 u^2} - \frac{1}{c^2}\right) > 0,$$

ou

$$a^2 u^2 + b^2 v^2 - c^2 w^2 > 0.$$

888. Conséquences. 1° $a^2 u^2 + b^2 v^2 - c^2 w^2 > 0$. — Le plan P coupe le cône et les hyperboloïdes suivant des coniques du genre hyperbole.

2° $a^2 u^2 + b^2 v^2 - c^2 w^2 < 0$. — Les sections sont du genre ellipse.

3° $a^2 u^2 + b^2 c^2 - c^2 w^2 = 0$. — Les sections sont du genre parabole; le plan Q est tangent au cône.

Nous avons supposé $u \neq 0$. Si l'on a $u = 0$, $v \neq 0$, on peut chercher les projections des génératrices sur le plan des xz et on est conduit aux mêmes résultats.

Enfin, si l'on a $u = 0$, $v = 0$, $w \neq 0$, on voit directement que les sections sont du genre ellipse. Mais dans cette hypothèse on a $a^2 u^2 + b^2 v^2 - c^2 w^2 < 0$; il en résulte que les conclusions précédentes sont générales.

889. Il nous faut maintenant étudier de plus près la nature de ces sections. Nous nous bornerons aux sections des deux hyperboloïdes.

Supposons encore $u \neq 0$ et cherchons la projection sur le plan des yz de la section de l'hyperboloïde.

$$\frac{x^2}{a^2} + \frac{y^2}{b^2} - \frac{z^2}{c^2} - \varepsilon = 0 \qquad (\varepsilon = \pm 1)$$

par le plan P

$$(P) \qquad ux + vy + wz + r = 0,$$

La conique projection a pour équation

$$\frac{(vy + wz + r)^2}{q^2 u^2} + \frac{y^2}{b^2} - \frac{z^2}{c^2} - \varepsilon = 0,$$

ou

$$(1) \qquad \left(\frac{v^2}{a^2 u^2} + \frac{1}{b^2}\right) y^2 + \left(\frac{w^2}{a^2 u^2} - \frac{1}{c^2}\right) z^2 + \frac{2vw}{a^2 u^2} yz$$
$$+ \frac{2vr}{a^2 u^2} y + \frac{2wr}{a^2 u^2} z + \frac{r^2}{a^2 u^2} - \varepsilon = 0.$$

Le discriminant du premier membre est

$$\Delta = \frac{1}{a^2 b^2 c^2 u^2} \left[\varepsilon (a^2 u^2 + b^2 v^2 - c^2 w^2) - r^2 \right].$$

Dans l'équation (1) le coefficient de y^2 est toujours positif; par suite, dans le cas où la conique est du genre ellipse, ce sera une ellipse réelle si $\Delta < 0$ et une ellipse imaginaire si $\Delta > 0$.

890. Premier cas. — *Hyperboloïde à une nappe.* $\varepsilon = 1$.

Nous avons

$$\Delta = \frac{1}{a^2 b^2 c^2 u^2} (a^2 u^2 + b^2 v^2 - c^2 w^2 - r^2).$$

1° $a^2 u^2 + b^2 v^2 - c^2 w^2 < 0$. La conique est du genre ellipse.

Δ est toujours négatif; donc la section est une ellipse réelle.

2° $a^2 u^2 + b^2 v^2 - c^2 w^2 > 0$. La conique est du genre hyperbole.

C'est une hyperbole si $a^2 u^2 + b^2 v^2 - c^2 w^2 - r^2 \neq 0$, et un ensemble de deux droites sécantes réelles si

$$a^2 u^2 + b^2 v^2 - c^2 w^2 - r^2 = 0.$$

Dans cette dernière hypothèse le plan est tangent (760).

3° $a^2 u^2 + b^2 v^2 - c^2 w^2 = 0$. La conique est du genre parabole.

C'est une parabole si $r \neq 0$, c'est-à-dire si le plan P ne passe pas par le centre, et un ensemble de deux droites parallèles si le plan P passe par le centre.

Dans ce cas, le plan est tangent au cône asymptote, c'est un plan asymptote; et il aisé de voir qu'il rencontre l'hyperboloïde suivant deux droites parallèles réelles (807).

Revenons en effet à l'équation (1) et remplaçons-y r par zéro; nous avons

$$\left(\frac{v^2}{a^2 u^2} + \frac{1}{b^2}\right) y^2 + \left(\frac{w^2}{a^2 u^2} - \frac{1}{c^2}\right) z^2 + \frac{2vw}{a^2 u^2} yz - 1 = 0,$$

et comme l'ensemble des termes en y et z est le carré d'une fonction linéaire, cette équation peut s'écrire

$$\frac{1}{\dfrac{v^2}{a^2 u^2} + \dfrac{1}{b^2}} \left[\left(\frac{v^2}{a^2 u^2} + \frac{1}{b^2}\right) y + \frac{vw}{a^2 u^2} z \right]^2 - 1 = 0,$$

et cette équation représente bien deux droites parallèles réelles.

On peut résumer tous ces résultats dans le tableau suivant :

$$a^2u^2+b^2v^2-c^2w^2<0 \qquad \text{Ellipse réelle.}$$

$$a^2u^2+b^2v^2-c^2w^2>0 \begin{cases} a^2u^2+b^2v^2-c^2w^2-r^2\neq0 & \text{Hyperbole.} \\ a^2u^2+b^2v^2-c^2w^2-r^2=0 & \text{Deux droites sécantes réelles} \\ & \text{(le plan est tangent).} \end{cases}$$

$$a^2u^2+b^2v^2-c^2w^2=0 \begin{cases} r\neq0 & \text{Parabole.} \\ r=0 & \text{Deux droites parallèles réelles} \\ & \text{(plan asymptote).} \end{cases}$$

Il résulte de là que tout plan tangent à l'hyperboloïde à une nappe rencontre la surface suivant deux droites sécantes réelles, et tout plan asymptote suivant deux droites parallèles réelles. Il existe donc une infinité de droites réelles situées sur la surface.

891. Deuxième cas. — *Hyperboloïde à deux nappes.* $\varepsilon=-1$.

On a

$$\Delta = -\frac{1}{a^2b^2c^2u^2}(a^2u^2 + b^2v^2 - c^2w^2 + r^2).$$

1° $a^2u^2 + b^2v^2 - c^2w^2 < 0$. La section est du genre ellipse.

C'est une ellipse réelle, imaginaire ou réduite à deux droites imaginaires suivant que $a^2u^2 + b^2v^2 - c^2w^2 + r^2$ est positif, négatif ou nul.

2° $a^2u^2 + b^2v^2 - c^2w^2 > 0$. La section est du genre hyperbole.

C'est une hyperbole, car Δ ne peut être nul.

3° $a^2u^2 + b^2v^2 - c^2w^2 = 0$. La section est du genre parabole.

C'est une parabole si $r \neq 0$, et un ensemble de deux droites parallèles imaginaires si $r = 0$.

D'où le tableau suivant :

$$a^2u^2+b^2v^2-c^2w^2<0 \begin{cases} a^2u^2+b^2v^2-c^2w^2+r^2>0 & \text{Ellipse réelle.} \\ a^2u^2+b^2v^2-c^2w^2+r^2<0 & \text{Ellipse imaginaire.} \\ a^2u^2+b^2v^2-c^2w^2+r^2=0 & \text{Deux droites sécantes imagi-} \\ & \text{naires (le plan est tangent).} \end{cases}$$

$$a^2u^2+b^2v^2-c^2w^2>0 \qquad \text{Hyperbole.}$$

$$a^2u^2+b^2v^2-c^2w^2=0 \begin{cases} r\neq0 & \text{Parabole.} \\ r=0 & \text{Deux droites parallèles imagi-} \\ & \text{naires (plan asymptote).} \end{cases}$$

On conclut de là que tout plan tangent (ou asymptote) rencontre l'hyperboloïde à deux nappes suivant deux droites sécantes (ou parallèles) imaginaires conjuguées. Il n'existe aucune droite réelle située sur la surface.

Tous ces résultats ont été obtenus en supposant $u \neq 0$; on reconnaîtra sans peine qu'ils subsistent dans tous les cas.

Plans tangents.

892. Considérons l'hyperboloïde représenté par l'équation

$$\frac{X^2}{a^2} + \frac{Y^2}{b^2} + \frac{Z^2}{c^2} - \varepsilon = 0 ; \qquad \varepsilon = \pm 1$$

il est à une nappe si $\varepsilon = 1$, à deux nappes si $\varepsilon = -1$.

Le plan tangent à cette surface au point (x, y, z) a pour équation

$$\frac{Xx}{a^2} + \frac{Yy}{b^2} - \frac{Zz}{c^2} - \varepsilon = 0,$$

x, y, z vérifiant la relation

$$\frac{x^2}{a^2} + \frac{y^2}{b^2} - \frac{z^2}{c^2} - \varepsilon = 0.$$

En raisonnant comme pour l'ellipsoïde, on voit aisément que l'équation tangentielle de la surface est

$$\varepsilon(a^2 u^2 + b^2 v^2 - c^2 w^2) - r^2 = 0.$$

On en déduit que le lieu des sommets des trièdres trirectangles circonscrits est la sphère

$$x^2 + y^2 + z^2 = \varepsilon(a^2 + b^2 - c^2),$$

qui n'est réelle que si $\varepsilon(a^2 + b^2 - c^2)$ est positif.

893. Plans tangents par un point non situé sur la surface. — Soit $P(x_0, y_0, z_0)$ le point donné; les plans tangents menés de ce point à la surface ont leurs points de contact sur la conique, section de l'hyperboloïde par le plan polaire du point P,

$$\frac{xx_0}{a^2} + \frac{yy_0}{b^2} - \frac{zz_0}{c^2} - \varepsilon = 0.$$

Cette conique est la courbe de contact du cône circonscrit de sommet P.

Le genre de cette conique dépend du signe de la quantité $\frac{x_0^2}{a^2} + \frac{y_0^2}{b^2} - \frac{z_0^2}{c^2}$, c'est-à-dire de la position du point P par rapport au cône asymptote $\frac{x^2}{a^2} + \frac{y^2}{b^2} - \frac{z^2}{c^2} = 0$.

L'axe des z est dans la région négative du cône; nous appellerons cette région la *région intérieure* du cône; tandis que la région positive qui contient les axes Ox et Oy sera appelée la *région extérieure*.

Si (x', y', z') désignent les coordonnées d'un point quelconque de l'hyperboloïde à une nappe, $\dfrac{x'^2}{a^2} + \dfrac{y'^2}{b^2} - \dfrac{z'^2}{c^2}$ est égal à 1, par suite, tout point de cette surface est dans la région extérieure du cône; on voit d'une manière analogue que tout point de l'hyperboloïde à deux nappes est à l'intérieur du cône asymptote.

Pour étudier la nature de la courbe de contact du cône circonscrit de sommet P, il suffit de se reporter aux tableaux des nᵒˢ 890 et 891.

1° **Hyperboloïde à une nappe.** — Si le point est à l'intérieur du cône-asymptote, la conique est une ellipse réelle.

Si le point P est à l'extérieur du cône, la conique est une hyperbole.

Enfin si le point P est sur le cône, la conique est une parabole. Dans tous les cas, le cône circonscrit est réel.

2° **Hyperboloïde à deux nappes.** — Si le point P est à l'intérieur du cône asymptote, la courbe de contact est une ellipse réelle ou imaginaire suivant que $\dfrac{x_0^2}{a^2} + \dfrac{y_0^2}{b^2} - \dfrac{z_0^2}{c^2} + 1$ est positif ou négatif, c'est-à-dire suivant que le point P est situé dans la région positive ou négative de l'hyperboloïde à deux nappes. Or la région positive est celle qui contient le centre; on en conclut que si le point P est à l'intérieur du cône asymptote, la courbe de contact est une ellipse réelle dans le cas où le point P est par rapport à l'hyperboloïde dans la région du centre, et une ellipse imaginaire si le point P est dans l'autre région.

Si le point P est à l'extérieur du cône asymptote, la conique est une hyperbole.

Enfin si le point P est sur le cône, la conique est une parabole.

On conclut de là que pour que le cône circonscrit soit réel, il faut et il suffit que le point P soit situé dans la région de l'hyperboloïde qui contient le centre.

894. Plans tangents parallèles à une droite. — Soient (α, β, γ) les paramètres directeurs de la droite donnée D; les plans tangents parallèles à cette droite ont leurs points de contact sur la conique, section de la surface par le plan diamétral conjugué de la direction D, $\dfrac{\alpha x}{a^2} + \dfrac{\beta y}{b^2} - \dfrac{\gamma z}{c^2} = 0$. Cette conique est la courbe de contact du cylindre circonscrit parallèle à D.

Le genre de cette conique dépend du signe de $\dfrac{\alpha^2}{a^2} + \dfrac{\beta^2}{b^2} - \dfrac{\gamma^2}{c^2}$, c'est-à-dire de la position du point qui a pour coordonnées α, β, γ

par rapport au cône asymptote. Nous pouvons toujours supposer que la droite D passe par le centre ; dans cette hypothèse, $\dfrac{\alpha^2}{a^2} + \dfrac{\beta^2}{b^2} - \dfrac{\gamma^2}{c^2}$ est positif ou négatif suivant que la droite D est à l'extérieur ou à l'intérieur du cône asymptote.

1° **Hyperboloïde à une nappe.** — Si D est à l'intérieur du cône asymptote, la conique est une ellipse réelle.

Si D est à l'extérieur, la conique est une hyperbole.

Dans ces deux cas, le cylindre circonscrit est réel.

Supposons maintenant que D soit une génératrice du cône asymptote. Le plan $\dfrac{\alpha x}{a^2} + \dfrac{\beta y}{b^2} - \dfrac{\gamma z}{c^2} = 0$ est alors un plan asymptote, il est tangent au cône suivant la droite D. Il coupe l'hyperboloïde suivant deux droites parallèles réelles G_1 et G_2, qui constituent le lieu des points de contact des plans tangents parallèles à D. Or si le point de contact se déplace sur l'une de ces droites, le plan tangent en ce point tourne autour de cette droite.

Il en résulte que si la droite D est une génératrice du cône asymptote, il n'y a plus de cylindre circonscrit ; les plans tangents parallèles à la droite D sont les plans qui passent par les droites G_1 et G_2.

2° **Hyperboloïde à deux nappes.** — Si D est à l'intérieur du cône asymptote, la conique est une ellipse imaginaire, le cylindre circonscrit est imaginaire.

Si D est à l'extérieur du cône asymptote, la conique est une hyperbole, le cylindre circonscrit est réel.

Enfin si D est une génératrice du cône, il n'y a plus de cylindre circonscrit ; les plans tangents parallèles à D sont tous imaginaires et passent par les droites imaginaires de l'hyperboloïde qui sont situées dans le plan tangent au cône le long de la génératrice D.

895. Plans tangents parallèles à un plan. — Nous supposerons que le plan donné P passe par l'origine et a pour équation $ux + vy + wz = 0$.

Un plan quelconque parallèle à ce plan a une équation de la forme $ux + vy + wz + r = 0$; pour qu'il soit tangent à l'hyperboloïde $\dfrac{x^2}{a^2} + \dfrac{y^2}{b^2} - \dfrac{z^2}{c^2} - \varepsilon = 0$, il faut qu'on ait

$$\varepsilon(a^2 u^2 + b^2 v^2 - c^2 w^2) - r^2 = 0,$$

ou

$$r = \pm \sqrt{\varepsilon(au^2 + b^2 v^2 - c^2 w^2)}.$$

On peut donc mener à chacun des hyperboloïdes deux plans tangents parallèles au plan P, et les équations de ces plans sont

$$ux + vy + wz \pm \sqrt{\varepsilon(a^2u^2 + b^2v^2 - c^2w^2)} = 0.$$

1° Hyperboloïde à une nappe. $\varepsilon = 1$. Pour que ces plans soient réels, il faut qu'on ait $a^2u^2 + b^2v^2 - c^2w^2 > 0$. Cette condition exprime que le plan P rencontre le cône asymptote suivant deux génératrices réelles ; ce qui démontre une fois de plus que tout plan tangent rencontre l'hyperboloïde à une nappe suivant deux droites réelles.

2° Hyperboloïde à deux nappes. $\varepsilon = -1$. Pour que les plans tangents soient réels, il faut qu'on ait $a^2u^2 + b^2v^2 - c^2w^2 < 0$, c'est-à-dire que le plan P coupe le cône asymptote suivant deux génératrices imaginaires. On voit ainsi que tout plan tangent rencontre l'hyperboloïde à deux nappes suivant deux droites imaginaires.

Si l'on a $a^2u^2 + b^2v^2 - c^2w^2 = 0$, le plan P est tangent au cône asymptote, les deux plans tangents

$$ux + vy + wz \pm \sqrt{\varepsilon(a^2u^2 + b^2v^2 - c^2w^2)} = 0$$

sont confondus suivant le plan P, qui est alors un plan asymptote.

Plans diamétraux et diamètres.

896. Plans diamétraux. — Soient α, β, γ les paramètres directeurs d'une direction L ; le plan diamétral conjugué a pour équation

$$\frac{\alpha x}{a^2} + \frac{\beta y}{b^2} - \frac{\gamma z}{c^2} = 0.$$

Si la direction L n'est pas direction asymptotique, c'est-à-dire si l'on a $\dfrac{\alpha^2}{a^2} + \dfrac{\beta^2}{b^2} - \dfrac{\gamma^2}{c^2} \neq 0$, ce plan est un plan diamétral proprement dit.

Si au contraire la direction est asymptotique, si l'on a

$$\frac{\alpha^2}{a^2} + \frac{\beta^2}{b^2} - \frac{\gamma^2}{c^2} = 0,$$

ce plan est un plan diamétral singulier, ou un plan asymptote, et il est facile de vérifier qu'il est tangent au cône asymptote le long de la génératrice (α, β, γ). Cela résulte d'ailleurs de ce que nous avons dit au n° 886.

Dans tous les cas, ce plan diamétral, singulier ou non, passe par le centre.

Réciproquement, tout plan passant par le centre, $ux + vy + wz = 0$, est le plan diamétral conjugué de la direction qui a pour paramètres directeurs a^2u, b^2v, $-c^2w$.

Si le plan n'est pas tangent au cône asymptote, on a

$$a^2u^2 + b^2v^2 - c^2w^2 \neq 0 ;$$

la direction $(a^2u,\ b^2v,\ -c^2w)$ n'est pas asymptotique; ce plan est un plan diamétral proprement dit.

Si le plan est tangent au cône asymptote $(a^2u^2 + b^2v^2 - c^2w^2 = 0)$, la direction $(a^2u,\ b^2v,\ -c^2w)$ est asymptotique, le plan est un plan diamétral singulier, ou un plan asymptote.

897. Diamètres. — Soit P un plan passant par le centre et ayant pour équation $ux + vy + wz = 0$. Le diamètre conjugué de ce plan est défini par les équations

$$(1) \qquad \frac{x}{a^2u} = \frac{y}{b^2v} = \frac{z}{-c^2w} ;$$

cette droite passe par le centre.

Si le plan P n'est pas tangent au cône asymptote, tout plan parallèle au plan P coupe la surface suivant une conique à centre unique; par suite, les équations (1) représentent un diamètre proprement dit, qui n'est pas une génératrice du cône asymptote.

Supposons maintenant que le plan P soit tangent au cône asymptote. Tout plan parallèle coupe la surface suivant une parabole; il en résulte que les équations (1) représentent un diamètre singulier, qui est précisément la génératrice de contact du cône et du plan P.

Ce résultat s'explique aisément: car, si un plan quelconque parallèle au plan P coupe l'hyperboloïde suivant une parabole, le plan P lui-même coupe la surface suivant deux droites parallèles, et cette conique admet comme centres tous les points d'une droite; cette droite est le diamètre singulier conjugué du plan P.

Réciproquement, toute droite passant par le centre et non située sur le cône asymptote est un diamètre proprement dit; toute génératrice du cône asymptote est un diamètre singulier, conjugué de la direction du plan tangent au cône le long de cette génératrice.

898. Conséquences. — Soient un plan P et une droite D passant tous deux par le centre de l'hyperboloïde,

$$(P) \qquad ux + vy + wz = 0,$$

$$(D) \qquad \frac{x}{\alpha} = \frac{y}{\beta} = \frac{z}{\gamma} ,$$

et supposons qu'on ait

$$\frac{\alpha}{a^2 u} = \frac{\beta}{b^2 v} = \frac{\gamma}{-c^2 w}.$$

1° *Si la droite* D *n'est pas située dans le plan* P, le plan P est un plan diamétral proprement dit, conjugué de la droite D, et la droite D est un diamètre proprement dit, conjugué du plan P.

2° *Si la droite* D *est située dans le plan* P, ce plan est tangent au cône asymptote, la génératrice de contact étant la droite D.

899. Longueurs des diamètres.

— Soient α, β, γ les cosinus directeurs (ou les paramètres principaux) d'un diamètre. Un point quelconque de cette droite a pour coordonnées $\alpha\rho$, $\beta\rho$, $\gamma\rho$, et les valeurs de ρ relatives aux points de rencontre du diamètre et de l'hyperboloïde

$$\frac{x^2}{a^2} + \frac{y^2}{b^2} - \frac{z^2}{c^2} - \varepsilon = 0$$

sont racines de l'équation

$$\frac{1}{\rho^2} = \varepsilon \left(\frac{\alpha^2}{a^2} + \frac{\beta^2}{b^2} - \frac{\gamma^2}{c^2} \right).$$

1° $\varepsilon = 1$. Hyperboloïde à une nappe.

On a

$$(1) \qquad \frac{1}{\rho^2} = \frac{\alpha^2}{a^2} + \frac{\beta^2}{b^2} - \frac{\gamma^2}{c^2}.$$

Pour que le diamètre rencontre la surface en des points réels, il faut qu'on ait $\dfrac{\alpha^2}{a^2} + \dfrac{\beta^2}{b^2} - \dfrac{\gamma^2}{c^2} > 0$, c'est-à-dire que le diamètre soit à l'extérieur du cône asymptote. Si cette condition est remplie, on dit que le diamètre est *réel*; sa longueur est égale à la distance des deux points de rencontre, soit à $\dfrac{2}{\sqrt{\dfrac{\alpha^2}{a^2} + \dfrac{\beta^2}{b^2} - \dfrac{\gamma^2}{c^2}}}$.

Si l'on a $\dfrac{\alpha^2}{a^2} + \dfrac{\beta^2}{b^2} - \dfrac{\gamma^2}{c^2} < 0$, le diamètre est à l'intérieur du cône asymptote, il rencontre la surface en des points imaginaires, on dit que c'est un diamètre *imaginaire*.

En posant $\dfrac{\alpha^2}{a^2} + \dfrac{\beta^2}{b^2} - \dfrac{\gamma^2}{c^2} = -\dfrac{1}{d^2}$, on a $\rho^2 = -d^2$, et $\rho = \pm di$.

Par définition, $2di$ est appelé la *longueur algébrique* du diamètre, et $2d$ est sa *longueur géométrique*.

2° $\varepsilon = -1$. Hyperboloïde à deux nappes.

Nous avons

$$(2) \qquad \frac{1}{\rho^2} = - \left(\frac{\alpha^2}{a^2} + \frac{\beta^2}{b^2} - \frac{\gamma^2}{c^2} \right).$$

Le diamètre est réel ou imaginaire suivant qu'il est situé à l'intérieur ou à l'extérieur du cône asymptote.

Il convient d'ajouter que si le diamètre est sur le cône asymptote, c'est-à-dire si l'on a $\frac{\alpha^2}{a^2} + \frac{\beta^2}{b^2} - \frac{\gamma^2}{c^2} = 0$, il rencontre chacun des hyperboloïdes en deux points à l'infini.

900. — En rapprochant les formules (1) et (2), on voit qu'étant donnés deux hyperboloïdes conjugués, tout diamètre réel dans l'un est imaginaire dans l'autre, et la longueur du diamètre réel est égale à la longueur géométrique du diamètre imaginaire.

Diamètres conjugués.

901. On démontre comme au n° 876 que l'équation d'un hyperboloïde rapporté à trois diamètres conjugués est de la forme

$$(1) \qquad A x'^2 + A' y'^2 + A'' z'^2 + D = 0,$$

et il en résulte que lorsque l'équation d'un hyperboloïde est mise sous la forme

$$\alpha P^2 + \beta Q^2 + \gamma R^2 + h = 0,$$

P, Q, R désignant des fonctions linéaires indépendantes, les plans $P = 0$, $Q = 0$, $R = 0$ sont trois plans diamétraux conjugués, et leurs intersections deux à deux constituent un système de trois diamètres conjugués.

Cela posé, supposons que l'équation (1) représente un hyperboloïde à une nappe; alors A, A', A'' n'ont pas le même signe et le produit AA'A''D est positif.

En divisant le premier membre de cette équation par $-$ D, elle peut s'écrire

$$(H) \qquad \frac{x'^2}{a'^2} + \frac{y'^2}{b'^2} - \frac{z'^2}{c'^2} - 1 = 0;$$

et nous voyons que les diamètres Ox' et Oy' sont réels et ont pour demi-longueurs a' et b', tandis que Oz' est un diamètre imaginaire dont la demi-longueur géométrique est égale à c'.

Il en résulte que de trois diamètres conjugués d'un hyperboloïde à une nappe, deux sont réels et un est imaginaire.

Soit (H') l'hyperboloïde conjugué de (H). Ces deux surfaces ont

mêmes systèmes de diamètres conjugués; par suite, l'équation de (H')
par rapport au axes Ox', Oy', Oz' a aussi la forme (1).

Mais d'après la remarque du n° 900, dans cet hyperboloïde, les
diamètres Ox' et Oy' doivent être imaginaires et avoir pour demi-longueurs géométriques a' et b'; Oz' doit être réel et sa demi-longueur
doit être égale à c'.

On a donc

$$-\frac{D}{A} = -a'^2, \qquad -\frac{D}{A'} = -b'^2, \qquad -\frac{D}{A''} = c'^2,$$

et par suite l'équation de (H') est

$$(H') \qquad \frac{x'^2}{a'^2} + \frac{y'^2}{b'^2} - \frac{z'^2}{c'^2} + 1 = 0.$$

Sections circulaires.

902. Comme tout plan coupe les deux hyperboloïdes

$$\frac{x^2}{a^2} + \frac{y^2}{b^2} - \frac{z^2}{c^2} \mp 1 = 0$$

et leur cône asymptote $\dfrac{x^2}{a^2} + \dfrac{y^2}{b^2} - \dfrac{z^2}{c^2} = 0$ suivant des courbes
homothétiques, ces trois surfaces admettent mêmes plans de sec-
tion circulaire, et pour déterminer ces plans, il suffit de considérer
l'une des surfaces; nous prendrons l'hyperboloïde à une nappe

$$\frac{x^2}{a^2} + \frac{y^2}{b^2} - \frac{z^2}{c^2} - 1 = 0,$$

et il nous suffira, comme nous l'avons montré au n° 879, de rechercher les plans cycliques parmi les plans passant par les axes de la surface.

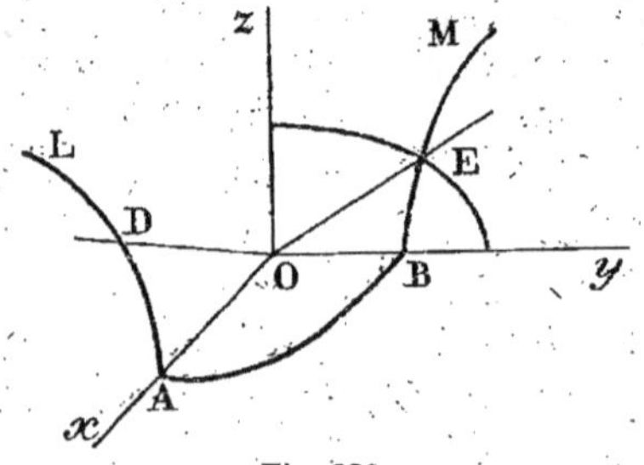

Figurons comme précédemment les sections principales de l'hyperboloïde : l'ellipse AB dans le plan des xy et les hyperboles AL et BM dans les plans xOz et yOz (*fig.* 230).

Nous supposerons $a > b$, c'est-à-dire OA > OB. Tout plan passant par Oz coupe le cône asymptote suivant

Fig. 230.

deux droites réelles et par suite l'hyperboloïde suivant une hyperbole.

Pour qu'un plan passant par Oy rencontre la surface suivant une ellipse, il faut que la trace OD de ce plan sur le plan xOz rencontre l'hyperbole AL; soit D le point de rencontre. La section est alors une ellipse ayant pour axes OB et OD.

Mais on a OD $>$ OA (415), donc *a fortiori* OD $>$ OB; par suite cette ellipse ne peut se réduire à un cercle.

Considérons maintenant un plan passant par Ox, et dont la trace sur le plan des yz rencontre l'hyperbole BM au point E; ce plan coupe l'hyperboloïde suivant une ellipse ayant pour axes OA et OE; et il est aisé de déterminer le point E de manière que OE $=$ OA. Il suffit pour cela de couper l'hyperbole

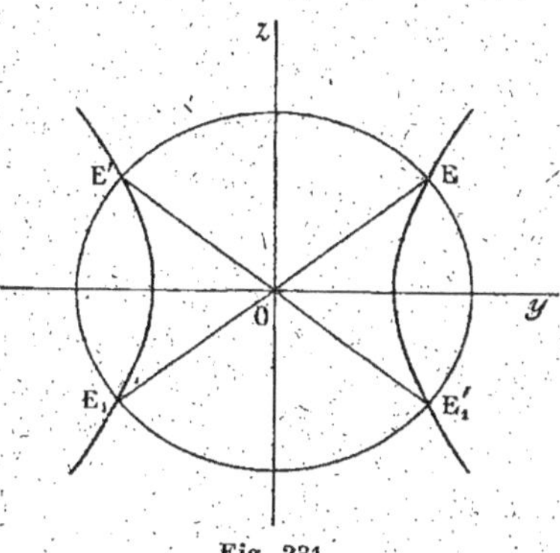

Fig. 231.

BM par un cercle situé dans le plan yOz, ayant pour centre le point O et pour rayon OA. Ce cercle rencontre l'hyperbole en quatre points E, E', E_1, E'_1, deux à deux symétriques par rapport au point O; et les deux plans, passant par OA et par chacune des droites EOE_1 et $E'OE'_1$, sont les seuls plans cycliques de la surface qui passent par le centre (*fig.* 231).

Ces plans ont mêmes équations que les droites OE et OE' dans le plan yOz; et ces équations s'obtiennent en retranchant les équations de l'hyperbole et du cercle

$$\frac{y^2}{b^2} - \frac{z^2}{c^2} - 1 = 0,$$

$$\frac{y^2}{a^2} + \frac{z^2}{a^2} - 1 = 0,$$

ce qui donne

$$\frac{y^2}{b^2}(a^2 - b^2) - \frac{z^2}{c^2}(a^2 + c^2) = 0.$$

Il existe donc deux plans cycliques passant par l'origine, et les équations de ces plans sont

$$(1) \qquad \frac{y}{b}\sqrt{a^2 - b^2} \pm \frac{z}{c}\sqrt{a^2 + c^2} = 0.$$

Il en résulte que l'équation générale des plans cycliques des deux hyperboloïdes et du cône asymptote est

$$(2) \qquad \frac{y}{b} \sqrt{a^2 - b^2} \pm \frac{z}{c} \sqrt{a^2 + c^2} + \lambda = 0,$$

λ désignant un nombre arbitraire.

Le cercle, section de la surface par le plan (2), est toujours réel si la surface est un hyperboloïde à une nappe ou un cône. Dans le cas de l'hyperboloïde à deux nappes, il est réel seulement si

$$|\lambda| > \sqrt{b^2 + c^2}.$$

903. Les plans représentés par l'équation (1) sont à l'extérieur du cône asymptote; par suite, leurs diamètres conjugués (situés dans le plan des yz) sont à l'intérieur du cône. Ils rencontrent l'hyperboloïde à deux nappes en des points réels, et l'hyperboloïde à une nappe en des points imaginaires.

Donc l'hyperboloïde à deux nappes admet quatre ombilics réels, et l'hyperboloïde à une nappe n'a aucun ombilic réel.

Génératrices rectilignes.

904. Dans l'étude des sections planes des quadriques étudiées jusqu'ici, nous avons reconnu qu'il n'existe pas de droites réelles sur l'ellipsoïde et sur l'hyperboloïde à deux nappes. Il en existe au contraire une infinité sur l'hyperboloïde à une nappe; nous nous proposons de trouver les équations de ces droites et d'étudier leurs propriétés.

Auparavant nous indiquerons une méthode générale permettant de déterminer toutes les droites situées sur une surface algébrique quelconque. Ces droites sont appelées les *génératrices rectilignes* ou simplement les *génératrices* de la surface.

905. Théorème. — *Si une droite* D *est située sur une surface algébrique, le cône des directions asymptotiques admet une génératrice parallèle à la droite* D.

Soient α, β, γ les paramètres directeurs de la droite D; un point quelconque de cette droite a pour coordonnées $x_0 + \alpha\rho$, $y_0 + \beta\rho$, $z_0 + \gamma\rho$; par suite, si la droite est sur la surface $f(x, y, z) = 0$, on a, quel que soit ρ,

$$f(x_0 + \alpha\rho, \ y_0 + \beta\rho, \ z_0 + \gamma\rho) \equiv 0.$$

Supposons que la surface soit de degré n, et désignons par $\varphi_n(x, y, z)$ l'ensemble des termes du n^e degré par rapport à x, y, z. On sait que le coefficient de ρ^n dans le premier membre de l'identité précédente est $\varphi_n(\alpha, \beta, \gamma)$. On doit donc avoir

$$\varphi_n(\alpha, \beta, \gamma) = 0,$$

ce qui montre que le cône des directions asymptotiques admet une génératrice parallèle à la droite D.

La réciproque de ce théorème n'est pas vraie; si le cône des directions asymptotiques admet des génératrices réelles, il n'existe pas toujours des droites réelles sur la surface.

906. Pour déterminer les génératrices réelles d'une surface algébrique $f(x, y, z) = 0$, on considère le cône des directions asymptotiques $\varphi_n(x, y, z) = 0$, et on cherche si ce cône a des génératrices réelles.

Si ce cône n'a pas de génératrices réelles, il n'existe aucune droite réelle sur la surface.

C'est ainsi qu'on reconnaît immédiatement que l'ellipsoïde $\dfrac{x^2}{a^2} + \dfrac{y^2}{b^2} + \dfrac{z^2}{c^2} - 1 = 0$ n'a aucune génératrice réelle.

Supposons maintenant que le cône des directions asymptotiques ait des génératrices *non parallèles au plan des* xy; dans ce cas, il peut exister sur la surface des droites réelles, non parallèles au plan des xy, chacune d'elles pouvant être représentée par des équations de la forme

$$x = lz + \alpha, \qquad y = mz + \beta.$$

Pour qu'une telle droite soit située sur la surface, il faut qu'on ait, *quel que soit* z,

$$f(lz + \alpha, mz + \beta, z) \equiv 0.$$

Égalons à zéro les coefficients de toutes les puissances de z, nous obtenons un ensemble d'équations qu'il suffit de résoudre par rapport à l, m, α, β pour avoir toutes les génératrices de la surface non parallèles au plan des xy.

Si la surface est de degré n, le nombre de ces équations est égal à $n + 1$; comme le nombre des inconnues est égal à 4, il n'y a pas en général de solutions si $n + 1 > 4$ ou $n > 3$.

Le nombre des solutions est limité pour $n = 3$, et illimité pour $n = 2$.

907. Il faut ensuite déterminer les génératrices de la surface parallèles au plan des xy (en supposant toutefois que le cône ait des génératrices réelles parallèles à ce plan).

Une droite parallèle au plan des xy (et non parallèle à Oy) peut être définie par des équations de la forme $z = h$, $y = mx + p$; pour que cette droite soit située sur la surface, il faut qu'on ait, quel que soit x,

$$f(x, mx + p, h) = 0.$$

On égale à zéro les coefficients de toutes les puissances de x, et on obtient des équations qu'il faut résoudre par rapport à m, p, h.

Enfin pour avoir les génératrices parallèles à Oy, représentées par des équations de la forme $x = p$, $z = q$, on considère l'identité

$$f(p, y, q) = 0,$$

on égale à zéro les coefficients de toutes les puissances de y, et on résout les équations obtenues par rapport à p et q.

908. Appliquons cette méthode aux surfaces du deuxième degré.

Nous avons déjà vu que l'ellipsoïde n'avait aucune génératrice réelle.

Considérons maintenant l'hyperbole à deux nappes

$$\frac{x^2}{a^2} + \frac{y^2}{b^2} - \frac{z^2}{c^2} + 1 = 0.$$

Comme le cône asymptote $\frac{x^2}{a^2} + \frac{y^2}{b^2} - \frac{z^2}{c^2} = 0$ n'a pas de génératrices parallèles au plan des xy, la surface ne peut admettre que des génératrices non parallèles au plan des xy. Or une telle droite rencontre le plan des xy en un point réel, et on vérifie facilement que la surface n'a aucun point réel dans le plan des xy. Donc l'hyperboloïde à deux nappes n'a aucune génératrice réelle.

Soit enfin l'hyperboloïde à une nappe

$$\frac{x^2}{a^2} + \frac{y^2}{b^2} - \frac{z^2}{c^2} - 1 = 0,$$

qui ne peut admettre que des génératrices non parallèles au plan des xy, puisque le cône des directions asymptotiques n'a pas de génératrices réelles parallèles à ce plan.

Par suite, toute génératrice de l'hyperboloïde a des équations de la forme

$$x = lz + \alpha, \qquad y = mz + \beta;$$

et, d'après ce qui précède, nous devons avoir l'identité

$$\frac{(lz + \alpha)^2}{a^2} + \frac{(mz + \beta)^2}{b^2} - \frac{z^2}{c^2} - 1 = 0.$$

On en déduit les équations

$$\frac{l^2}{a^2} + \frac{m^2}{b^2} - \frac{1}{c^2} = 0,$$

$$\frac{l\alpha}{a^2} + \frac{m\beta}{b^2} = 0,$$

$$\frac{\alpha^2}{a^2} + \frac{\beta^2}{b^2} - 1 = 0.$$

La première et la troisième nous conduisent à poser

$$\frac{l}{a} = \frac{\cos\theta}{c}, \qquad \frac{m}{b} = \frac{\sin\theta}{c},$$

$$\frac{\alpha}{a} = \cos\varphi, \qquad \frac{\beta}{b} = \sin\varphi.$$

Remplaçons dans la deuxième l, m, α, β par ces valeurs; nous avons

$$\cos\theta\cos\varphi + \sin\theta\sin\varphi = 0, \qquad \text{ou} \qquad \cos(\theta - \varphi) = 0;$$

d'où nous tirons

$$\theta - \varphi = 2k\pi \pm \frac{\pi}{2},$$

k désignant un nombre entier arbitraire, positif ou négatif.

Il résulte de là que θ est fonction de φ; par suite, les quatre quantités l, m, α, β sont fonctions de φ.

1° Prenons d'abord le signe $+$ devant $\frac{\pi}{2}$; nous avons $\theta = 2k\pi + \frac{\pi}{2} + \varphi$ et $\cos\theta = -\sin\varphi$, $\sin\theta = \cos\varphi$. Les valeurs de l, m, α, β sont alors

$$\alpha = a\cos\varphi, \qquad \beta = b\sin\varphi, \qquad l = -\frac{a}{c}\sin\varphi, \qquad m = \frac{b}{c}\cos\varphi,$$

et les équations de la génératrice correspondante s'écrivent

$$x = -\frac{a}{c}z\sin\varphi + a\cos\varphi, \qquad y = \frac{b}{c}z\cos\varphi + b\sin\varphi,$$

ou

$$\text{(I)} \qquad \left\{ \begin{aligned} \frac{x}{a} &= \cos\varphi - \frac{z}{c}\sin\varphi, \\[6pt] \frac{y}{b} &= \sin\varphi + \frac{z}{c}\cos\varphi. \end{aligned} \right.$$

2° Prenons maintenant le signe $-$; nous avons

$$\theta = 2k\pi - \frac{\pi}{2} + \varphi, \qquad \cos\theta = \sin\varphi, \qquad \sin\theta = -\cos\varphi,$$

et la droite a pour équations

$$\text{(II)} \quad \begin{cases} \dfrac{x}{a} = \cos\varphi + \dfrac{z}{c}\sin\varphi, \\[2mm] \dfrac{y}{b} = \sin\varphi - \dfrac{z}{c}\cos\varphi. \end{cases}$$

L'ensemble des droites représentées par chacun des couples d'équations (I) ou (II) quand on y fait varier l'angle φ constitue ce qu'on appelle un système de génératrices de l'hyperboloïde.

909. Il est aisé de voir que ces deux systèmes n'ont aucune droite commune. En effet, donnons à φ dans le système (I) la valeur φ_1 et dans le système (II) la valeur φ_2; pour que les droites correspondantes coïncident, il faut et il suffit qu'elles aient mêmes projections sur les plans des xz et des yz. On doit donc avoir $\cos\varphi_1 = \cos\varphi_2$, $-\sin\varphi_1 = \sin\varphi_2$, $\sin\varphi_1 = \sin\varphi_2$, $\cos\varphi_1 = -\cos\varphi_2$; on en déduit $\cos\varphi_1 = 0$, $\sin\varphi_1 = 0$, ce qui est impossible, puisqu'on a $\cos^2\varphi_1 + \sin^2\varphi_1 = 1$.

Il résulte alors de ce qui précède que l'hyperboloïde à une nappe admet une infinité de génératrices rectilignes, représentées par les équations (I) et (II), et n'en admet pas d'autres.

910. On peut obtenir autrement les équations des génératrices de l'hyperboloïde à une nappe.

D'une manière générale, supposons que l'équation d'une quadrique soit mise sous la forme

$$PQ = RS,$$

P, Q, R, S désignant des fonctions linéaires.

Les équations

$$P = \lambda R, \qquad Q = \frac{1}{\lambda}S$$

représentent, quel que soit λ, une droite située sur la surface. En faisant varier λ, on obtient un premier système de génératrices.

De même, les équations

$$P = \mu S, \qquad Q = \frac{1}{\mu}R,$$

où μ désigne un paramètre variable, définissent un deuxième système de génératrices.

Si la surface est un hyperboloïde à une nappe, nous avons vu que son équation peut être écrite sous la forme

$$P^2 + Q^2 - R^2 - 1 = 0, \qquad \text{ou} \qquad Q^2 - R^2 = 1 - P^2,$$

ou enfin

$$(Q + R)(Q - R) = (1 + P)(1 - P);$$

et nous obtenons ainsi les deux systèmes de génératrices

$$\begin{cases} Q + R = \lambda(1 + P), \\ Q - R = \dfrac{1}{\lambda}(1 - P), \end{cases} \qquad \begin{cases} Q + R = \mu(1 - P), \\ Q - R = \dfrac{1}{\mu}(1 + P). \end{cases}$$

Supposons maintenant que l'hyperboloïde soit rapporté à ses axes. Son équation est

$$\frac{x^2}{a^2} + \frac{y^2}{b^2} - \frac{z^2}{c^2} - 1 = 0;$$

on en déduit

$$\frac{y^2}{b^2} - \frac{z^2}{c^2} = 1 - \frac{x^2}{a^2},$$

$$\left(\frac{y}{b} + \frac{z}{c}\right)\left(\frac{y}{b} - \frac{z}{c}\right) = \left(1 + \frac{x}{a}\right)\left(1 - \frac{x}{a}\right),$$

d'où nous tirons les deux systèmes de génératrices

$$(\lambda) \quad \begin{cases} \dfrac{y}{b} + \dfrac{z}{c} = \lambda\left(1 + \dfrac{x}{a}\right), \\ \dfrac{y}{b} - \dfrac{z}{c} = \dfrac{1}{\lambda}\left(1 - \dfrac{x}{a}\right), \end{cases}$$

$$(\mu) \quad \begin{cases} \dfrac{y}{b} + \dfrac{z}{c} = \mu\left(1 - \dfrac{x}{a}\right), \\ \dfrac{y}{b} - \dfrac{z}{c} = \dfrac{1}{\mu}\left(1 + \dfrac{x}{a}\right). \end{cases}$$

911. Nous verrons plus loin (917) que ces équations représentent toutes les génératrices de l'hyperboloïde; car cela ne résulte pas immédiatement de la méthode que nous venons d'employer.

Quand λ tend vers zéro ou augmente indéfiniment, la droite (λ) a respectivement pour limites les droites définies par les équations

$$\begin{cases} \dfrac{y}{b} + \dfrac{z}{c} = 0; \\ 1 - \dfrac{x}{a} = 0, \end{cases} \qquad \text{ou} \qquad \begin{cases} \dfrac{y}{b} - \dfrac{z}{c} = 0; \\ 1 + \dfrac{x}{a} = 0. \end{cases}$$

Ces deux droites sont situées sur la surface et sont considérées comme appartenant au système (λ).

De même les droites

$$\begin{cases} \dfrac{y}{b} + \dfrac{z}{c} = 0, \\ 1 + \dfrac{x}{a} = 0, \end{cases} \qquad \text{et} \qquad \begin{cases} \dfrac{y}{b} - \dfrac{z}{c} = 0, \\ 1 - \dfrac{x}{a} = 0, \end{cases}$$

positions limites de la droite (μ) quand μ tend vers zéro ou augmente indéfiniment, sont considérées comme appartenant au système (μ).

Dans ce qui va suivre, nous supposerons que λ et μ ont des valeurs finies et différentes de zéro. Les propriétés établies dans cette hypothèse s'étendront aisément aux cas limites où λ et μ ont des valeurs nulles ou infinies.

912. Théorème. — *Les systèmes (λ) et (μ) n'ont aucune droite commune.*

Les projections de la droite (λ) sur les plans des xy et des xz ont respectivement pour équations

$$\frac{2y}{b} = \lambda + \frac{1}{\lambda} + \left(\lambda - \frac{1}{\lambda}\right)\frac{x}{a}, \qquad \frac{2z}{c} = \lambda - \frac{1}{\lambda} + \left(\lambda + \frac{1}{\lambda}\right)\frac{x}{a};$$

les équations analogues relatives à la droite (μ) sont

$$\frac{2y}{b} = \mu + \frac{1}{\mu} - \left(\mu - \frac{1}{\mu}\right)\frac{x}{a}, \qquad \frac{2z}{c} = \mu - \frac{1}{\mu} - \left(\mu + \frac{1}{\mu}\right)\frac{x}{a}.$$

Pour que ces droites coïncident, il faut qu'on ait

$$\lambda + \frac{1}{\lambda} = \mu + \frac{1}{\mu}, \qquad \lambda - \frac{1}{\lambda} = -\left(\mu - \frac{1}{\mu}\right),$$

$$\lambda - \frac{1}{\lambda} = \mu - \frac{1}{\mu}, \qquad \lambda + \frac{1}{\lambda} = -\left(\mu + \frac{1}{\mu}\right);$$

en ajoutant la première et la quatrième, puis la deuxième et la troisième, on a $\lambda + \frac{1}{\lambda} = 0$, $\lambda - \frac{1}{\lambda} = 0$, et par suite $\lambda = 0$, $\frac{1}{\lambda} = 0$, ce qui est impossible.

913. Théorème. — *Par un point de la surface il passe une génératrice de chaque système.*

Écrivons que la génératrice (λ) passe par le point (x', y', z'); nous avons

$$\frac{y'}{b} + \frac{z'}{c} = \lambda\left(1 + \frac{x'}{a}\right),$$

$$\frac{y'}{b} - \frac{z'}{c} = \frac{1}{\lambda}\left(1 - \frac{x'}{a}\right).$$

Pour que ces équations donnent pour λ la même valeur, il faut qu'on ait $\dfrac{y'^2}{b^2} - \dfrac{z'^2}{c^2} = 1 - \dfrac{x'^2}{a^2}$, ou $\dfrac{x'^2}{a^2} + \dfrac{y'^2}{b^2} - \dfrac{z'^2}{c^2} - 1 = 0$.

Cette condition est remplie si le point (x', y', z') est sur la surface.

Démonstration analogue pour la génératrice (μ).

914. Théorème. — *Deux génératrices de même système ne sont pas dans un même plan.*

Considérons les deux génératrices du système (λ)

$$(\lambda)\ \begin{cases} \dfrac{y}{b} + \dfrac{z}{c} = \lambda\left(1 + \dfrac{x}{a}\right), \\[2mm] \dfrac{y}{b} - \dfrac{z}{c} = \dfrac{1}{\lambda}\left(1 - \dfrac{x}{a}\right), \end{cases} \qquad (\lambda')\ \begin{cases} \dfrac{y}{b} + \dfrac{z}{c} = \lambda'\left(1 + \dfrac{x}{a}\right), \\[2mm] \dfrac{y}{b} - \dfrac{z}{c} = \dfrac{1}{\lambda'}\left(1 - \dfrac{x}{a}\right), \end{cases}$$

où nous supposons $\lambda' \neq \lambda$.

Un plan quelconque passant par la droite (λ) a pour équation

$$\frac{y}{b} + \frac{z}{c} - \lambda\left(1 + \frac{x}{a}\right) + k\left[\frac{y}{b} - \frac{z}{c} - \frac{1}{\lambda}\left(1 - \frac{x}{a}\right)\right] = 0;$$

et nous allons chercher à déterminer k en sorte que ce plan contienne la droite (λ'). Pour cela, nous remplaçons dans l'équation du plan $\dfrac{y}{b} + \dfrac{z}{c}$ et $\dfrac{y}{b} - \dfrac{z}{c}$ par leurs valeurs tirées des équations (λ'), et nous écrivons que le premier membre est nul quel que soit x. Nous avons

$$\lambda'\left(1 + \frac{x}{a}\right) - \lambda\left(1 + \frac{x}{a}\right) + k\left[\frac{1}{\lambda'}\left(1 - \frac{x}{a}\right) - \frac{1}{\lambda}\left(1 - \frac{x}{a}\right)\right] \equiv 0,$$

ou, en divisant par $\lambda' - \lambda$ qui n'est pas nul,

$$1 + \frac{x}{a} - \frac{k}{\lambda\lambda'}\left(1 - \frac{x}{a}\right) = 0.$$

On en déduit

$$1 - \frac{k}{\lambda\lambda'} = 0, \qquad 1 + \frac{k}{\lambda\lambda'} = 0,$$

ce qui est impossible.

915. Théorème — *Deux génératrices de systèmes différents sont situées dans un même plan.*

Considérons les deux génératrices

$$(\lambda)\ \begin{cases} \dfrac{y}{b} + \dfrac{z}{c} = \lambda\left(1 + \dfrac{x}{a}\right), \\[2mm] \dfrac{y}{b} - \dfrac{z}{c} = \dfrac{1}{\lambda}\left(1 - \dfrac{x}{a}\right), \end{cases} \qquad (\mu)\ \begin{cases} \dfrac{y}{b} + \dfrac{z}{c} = \mu\left(1 - \dfrac{x}{a}\right), \\[2mm] \dfrac{y}{b} - \dfrac{z}{c} = \dfrac{1}{\mu}\left(1 + \dfrac{x}{a}\right), \end{cases}$$

et soit

$$(1) \qquad \frac{y}{b} + \frac{z}{c} - \lambda\left(1 + \frac{x}{a}\right) + k\left[\frac{y}{b} - \frac{z}{c} - \frac{1}{\lambda}\left(1 - \frac{x}{a}\right)\right] = 0$$

l'équation d'un plan passant par la génératrice (λ). Pour que ce plan contienne la droite (μ), il faut qu'on ait l'identité

$$\mu\left(1 - \frac{x}{a}\right) - \lambda\left(1 + \frac{x}{a}\right) + k\left[\frac{1}{\mu}\left(1 + \frac{x}{a}\right) - \frac{1}{\lambda}\left(1 - \frac{x}{a}\right)\right] = 0,$$

d'où l'on déduit

$$(\mu - \lambda)\left(1 - \frac{k}{\lambda\mu}\right) = 0,$$

$$(\mu + \lambda)\left(1 - \frac{k}{\lambda\mu}\right) = 0.$$

Ces deux équations sont vérifiées pour $k = \lambda\mu$. Par suite, si dans l'équation (1) on remplace k par $\lambda\mu$, on obtient l'équation

$$(2) \quad (\mu - \lambda)\frac{x}{a} + \frac{y}{b}(1 + \lambda\mu) + \frac{z}{c}(1 - \lambda\mu) - (\lambda + \mu) = 0,$$

qui représente le plan contenant les deux génératrices (λ) et (μ).

Ce plan est tangent à la surface au point de rencontre de ces deux droites. D'ailleurs, il est aisé de vérifier que les coefficients de son équation satisfont à l'équation tangentielle de l'hyperboloïde

$$a^2u^2 + b^2v^2 - c^2w^2 - r^2 = 0.$$

Pour avoir les coordonnées du point de contact, il suffit de résoudre les équations (λ) et (μ) par rapport à x, y, z; on trouve ainsi

$$x = \frac{a(\mu - \lambda)}{\mu + \lambda}, \qquad y = \frac{b(1 + \lambda\mu)}{\mu + \lambda}, \qquad z = -\frac{c(1 - \lambda\mu)}{\mu + \lambda}.$$

Nous avons ainsi les coordonnées d'un point quelconque de la surface en fonction *rationnelle* de deux paramètres; il en résulte que la surface est unicursale; ce que nous savions déjà (774).

Ce point est rejeté à l'infini, si l'on a $\mu + \lambda = 0$ ou $\mu = -\lambda$; dans ce cas, les droites (λ) et (μ) sont parallèles.

916. Il en résulte qu'à toute génératrice du système (λ) il correspond une génératrice parallèle du système (μ). L'équation du plan qui contient ces deux parallèles se déduit de l'équation (2) en y faisant $\mu = -\lambda$; on obtient ainsi

$$-2\lambda\frac{x}{a} + \frac{y}{b}(1 - \lambda^2) + \frac{z}{c}(1 + \lambda^2) = 0.$$

C'est un plan asymptote; on vérifie aisément qu'il est tangent au cône asymptote, c'est-à-dire que ses coefficients vérifient l'équation

$$a^2u^2 + b^2v^2 - c^2w^2 = 0.$$

917. Théorème. — *Toute droite située sur la surface appartient soit au système* (λ), *soit au système* (μ).

Supposons qu'une droite Δ située sur la surface n'appartienne pas à l'un de ces systèmes; choisissons sur cette droite deux points arbitraires A et B. Par le point A passe une génératrice (λ), et par le point B une génératrice (μ); ces deux droites sont dans un même plan qui contient la droite Δ. Ce plan coupe alors la surface suivant trois droites, ce qui est impossible, puisque la surface est du deuxième degré.

Il en résulte que les équations (λ) et (μ) représentent toutes les droites situées sur la surface.

918. Théorème. — *Le lieu géométrique des droites menées par le centre parallèlement aux génératrices de la surface est le cône asymptote.*

En effet, la parallèle menée par l'origine à la génératrice (λ) a pour équations

$$\frac{y}{b} + \frac{z}{c} = \lambda \frac{x}{a}; \qquad \frac{y}{b} - \frac{z}{c} = -\frac{1}{\lambda} \cdot \frac{x}{a}.$$

L'équation du lieu de cette droite s'obtient en éliminant λ entre ces deux équations; on trouve ainsi $\frac{x^2}{a^2} + \frac{y^2}{b^2} - \frac{z^2}{c^2} = 0$; c'est l'équation du cône asymptote.

919. Théorème. — *Trois génératrices de même système ne sont pas parallèles à un même plan.*

S'il existait trois génératrices parallèles à un même plan, en menant par le centre des parallèles à ces droites, on aurait trois génératrices du cône asymptote situées dans un même plan, ce qui est impossible.

920. Remarque. — Un plan quelconque (P) coupe la surface suivant une conique (C), et toute génératrice non parallèle au plan (P) rencontre ce plan en un point situé sur la courbe (C). Il en résulte que toute génératrice de la surface rencontre une section plane quelconque dont le plan n'est pas parallèle à la génératrice.

Si la génératrice est parallèle au plan (P), la conique (C) a une direction asymptotique parallèle à la génératrice.

En particulier, toutes les génératrices rencontrent l'ellipse principale

$$\frac{x^2}{a^2} + \frac{y^2}{b^2} - 1 = 0, \qquad z = 0,$$

section de l'hyperboloïde par le plan des xy, et qu'on appelle *l'ellipse de gorge*.

Par tout point de l'ellipse de gorge passe une génératrice de chaque système ; d'ailleurs, le paramètre φ qui figure dans les équations (I) et (II) du n° 908 représente l'anomalie excentrique (380) du point de rencontre de la génératrice et de l'ellipse de gorge.

Génération rectiligne de l'hyperboloïde à une nappe.

921. Quand λ varie, la droite définie par les équations

$$(\lambda) \quad \begin{cases} \dfrac{y}{b} + \dfrac{z}{c} = \lambda \left(1 + \dfrac{x}{a} \right), \\[2mm] \dfrac{y}{b} - \dfrac{z}{c} = \dfrac{1}{\lambda} \left(1 - \dfrac{x}{a} \right) \end{cases}$$

engendre la surface tout entière, puisque par tout point de la surface il passe une génératrice du système (λ).

Cette droite rencontre toutes les génératrices du système (μ) ; mais il est aisé de voir que son mouvement est suffisamment déterminé par trois génératrices (μ).

En effet, soient D_1, D_2, D_3 trois génératrices quelconques du système (μ). Prenons sur D_1 un point arbitraire A ; la génératrice (λ) qui passe par le point A est bien définie par l'intersection des plans passant par le point A et chacune des droites D_2 et D_3.

On peut donc considérer l'hyperboloïde à une nappe comme engendré par une droite variable assujettie à rencontrer trois droites fixes *non parallèles à un même plan*.

922. Théorème réciproque. — *La surface engendrée par une droite variable assujettie à rencontrer trois droites fixes non parallèles à un même plan est un hyperboloïde à une nappe.*

Soient A, B, C les trois droites fixes données ; en menant par chacune d'elles des plans parallèles aux deux autres, on obtient six plans qui forment un parallélépipède dont A, B, C sont trois arêtes non consécutives.

Prenons comme origine le centre O de ce parallélépipède, et comme axes de coordonnées des parallèles aux arêtes ; enfin, désignons par $2a$, $2b$, $2c$ les longueurs des arêtes respectivement parallèles à Ox, Oy, Oz.

Les équations des trois droites A, B, C sont (*fig.* 232)

$$\text{A} \begin{cases} y = -b, \\ z = c, \end{cases} \qquad \text{B} \begin{cases} x = a, \\ z = -c, \end{cases} \qquad \text{C} \begin{cases} y = b, \\ x = -a. \end{cases}$$

Une droite quelconque rencontrant A et B peut être considérée comme l'intersection d'un plan passant par A et d'un plan passant par B; par suite, cette droite sera définie par les équations

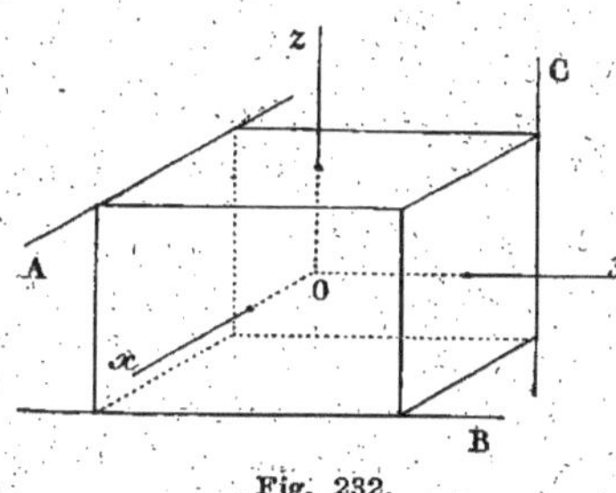

Fig. 232.

$$(1) \quad \begin{cases} z - c + m(y + b) = 0, \\ z + c + n(x - a) = 0. \end{cases}$$

Écrivons que cette droite rencontre la droite C, et pour cela que les équations de la droite C et les équations (1) ont un système de solutions communes en x, y, z; nous obtenons ainsi

$$(2) \qquad mb + na - c = 0.$$

Nous aurons l'équation de la surface engendrée par la droite (1) en éliminant m et n entre les équations (1) et (2). Des équations (1) on tire $m = -\dfrac{z - c}{y + b}$, $n = -\dfrac{z + c}{x - a}$, et, en portant ces valeurs dans la relation (2), on obtient

$$a(y + b)(z + c) + b(z - c)(x - a) + c(x - a)(y + b) = 0,$$

ou

$$(3) \qquad ayz + bzx + cxy + abc = 0.$$

C'est l'équation du lieu; elle représente une quadrique ayant pour centre l'origine.

Pour déterminer la nature de cette quadrique, il suffit de décomposer en carrés le premier membre de son équation, en appliquant la méthode générale (314).

L'équation (3) s'écrit successivement

$$\frac{1}{a}(ay + bx)(az + cx) - \frac{bcx^2}{a} + abc = 0,$$

$$(ay + bx)(az + cx) - bcx^2 + a^2bc = 0,$$

$$\left[\frac{a(y + z) + (b + c)x}{2}\right]^2 - \left[\frac{a(y - z) + (b - c)x}{2}\right]^2$$
$$- bcx^2 + a^2bc = 0;$$

on voit immédiatement que cette équation représente un hyperboloïde à une nappe.

CHAPITRE XVII

ÉTUDE PARTICULIÈRE DES PARABOLOÏDES

---

923. Nous avons vu (837, 1°) qu'il existe un système d'axes de coordonnées rectangulaires par rapport auxquels tout paraboloïde a une équation de la forme

$$(1) \qquad S_2 y^2 + S_3 z^2 + 2C_1 x = 0.$$

Si $S_2 = S_3$, l'équation s'écrit

$$(2) \qquad S_2 (y^2 + z^2) + 2C_1 x = 0 \,;$$

elle représente une surface de révolution autour de Ox. La méridienne située dans le plan des xy est une parabole qui a pour axe Ox. Il en résulte que l'équation (2) représente une surface de révolution engendrée par une parabole tournant autour de son axe; cette surface est ce qu'on appelle un *paraboloïde de révolution*.

924. Dans ce qui va suivre nous écarterons ce cas particulier, et nous supposerons $S_2 \neq S_3$.

Le paraboloïde défini par l'équation (1) est symétrique par rapport aux plans des zx et des xy; ces plans sont donc des plans principaux (872); nous verrons plus loin qu'il n'y en a pas d'autres.

Nous verrons également que Ox est le seul axe du paraboloïde; il rencontre la surface en un seul point à distance finie, l'origine, qui est ainsi l'unique sommet de la surface.

Il en résulte que l'équation (1) est l'équation d'un paraboloïde rapporté à ses plans principaux et au plan tangent au sommet.

Si S_2 et S_3 sont de même signe, le paraboloïde est elliptique, et en choisissant convenablement la direction positive de l'axe des x, l'équation peut s'écrire

$$(3) \qquad \frac{y^2}{p} + \frac{z^2}{q} - 2x = 0,$$

p et q étant des nombres positifs.

Si S_2 et S_3 sont de signes contraires, le paraboloïde est hyperbolique, et son équation se met sous la forme

$$(4) \qquad \frac{y^2}{p} - \frac{z^2}{q} - 2x = 0,$$

p et q désignant aussi des nombres positifs.

Ces surfaces étant symétriques par rapport aux plans xOy et xOz, il suffit, pour en étudier la forme, de construire les portions qui correspondent aux valeurs positives de y et de z.

925. Considérons d'abord le paraboloïde elliptique représenté par l'équation (3). Le plan des xy le coupe suivant une parabole (P) ayant pour équations

$$z = 0, \quad y^2 - 2px = 0,$$

et le plan des xz suivant la parabole (Q), $y = 0$, $z^2 - 2qx = 0$. Ces deux paraboles, sections de la surface par les plans principaux, sont les *paraboles principales* du paraboloïde.

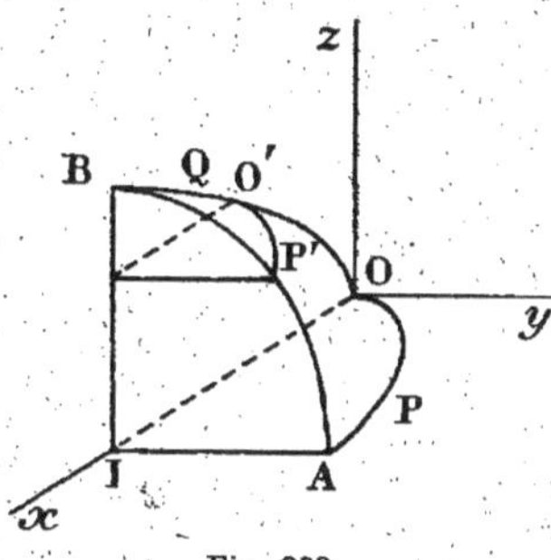

Fig. 233.

Un plan quelconque parallèle au plan des xy rencontre la surface suivant une parabole (P') égale à la parabole (P), ayant son sommet O' sur la parabole (Q) et son axe parallèle à Ox (*fig.* 233).

Quand le plan de la parabole (P') se déplace parallèlement au plan des xy, cette parabole engendre la surface.

On peut aussi observer qu'un plan parallèle au plan des yz, $x - h = 0$, coupe le paraboloïde suivant une ellipse définie par les équations

$$\frac{y^2}{p} + \frac{z^2}{q} - 2h = 0, \qquad x - h = 0.$$

Cette ellipse n'est réelle que si $h > 0$; son centre I est sur Ox, ses axes IA et IB sont parallèles respectivement à Oy et à Oz; enfin ses sommets sont situés sur les paraboles (P) et (Q).

La surface peut être aussi considérée comme engendrée par cette ellipse quand h croît de 0 à $+\infty$.

Pour $h = 0$, cette ellipse se réduit à deux droites imaginaires conjuguées passant par le point O; ce qui montre que la surface est tangente à l'origine au plan des yz.

926. Étudions de même le paraboloïde hyperbolique, représenté par l'équation (4); il est coupé par le plan des xy suivant la parabole (P),

$$z = 0, \quad y^2 - 2px = 0,$$

et par le plan des zx suivant la parabole (Q),

$$y = 0, \quad z^2 + 2qx = 0,$$

dont la concavité est dirigée vers les x négatifs. Ce sont les paraboles principales de la surface.

Un plan quelconque parallèle au plan des xy rencontre le paraboloïde suivant une parabole (P')

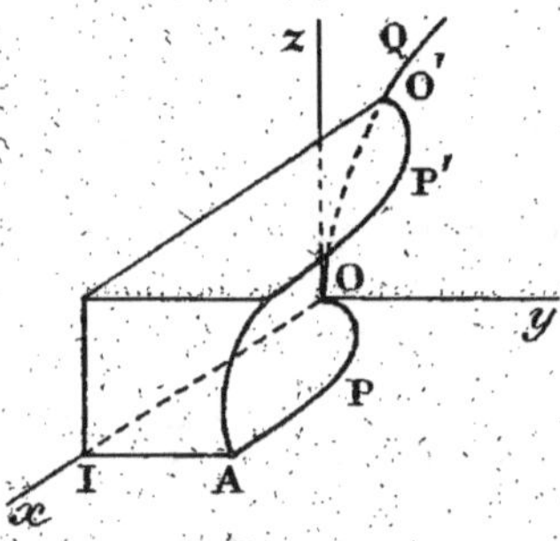

Fig. 234.

égale à la parabole (P), ayant son sommet O' sur la parabole (Q) et son axe parallèle à Ox (*fig.* 234).

Enfin, un plan parallèle au plan des yz, $x - h = 0$, coupe la surface suivant une hyperbole

$$\frac{y^2}{p} - \frac{z^2}{q} - 2h = 0, \quad x - h = 0.$$

Le centre I de cette courbe est sur Ox, et ses axes sont parallèles à Oy et Oz. Si $h > 0$, l'axe réel est parallèle à Oy; si $h < 0$, l'axe réel est parallèle à Oz. Pour $h = 0$, cette hyperbole se réduit à deux droites réelles se coupant au point O; par suite la surface est tangente en ce point au plan des yz.

Directions asymptotiques et plans asymptotes.

927. 1° **Paraboloïde elliptique.** — Soit

$$f(x, y, z, t) \equiv \frac{y^2}{p} + \frac{z^2}{q} - 2tx = 0$$

l'équation homogène du paraboloïde elliptique. Le cône des directions asymptotiques a pour équation

$$\frac{y^2}{p} + \frac{z^2}{q} = 0;$$

il se réduit à deux plans imaginaires conjugués. Par suite, la surface admet une seule direction asymptotique réelle, $y = 0$, $z = 0$; c'est la direction de l'axe.

Le plan asymptote correspondant a pour équation $f'_x = 0$, ou $t = 0$, c'est le plan de l'infini.

Donc le paraboloïde elliptique n'a aucun plan asymptote à distance finie; il est tangent au plan de l'infini.

928. 2° Paraboloïde hyperbolique. — Son équation homogène est

$$f(x, y, z, t) \equiv \frac{y^2}{p} - \frac{z^2}{q} - 2tx = 0.$$

Le cône des directions asymptotiques se réduit à deux plans réels

$$\frac{y^2}{p} - \frac{z^2}{q} \equiv \left(\frac{y}{\sqrt{p}} - \frac{z}{\sqrt{q}} \right) \left(\frac{y}{\sqrt{p}} + \frac{z}{\sqrt{q}} \right) = 0,$$

qu'on appelle les *plans directeurs* du paraboloïde hyperbolique.

Toute direction parallèle à l'un de ces plans est direction asymptotique.

En particulier, l'intersection de ces plans est parallèle à l'axe de la surface; c'est la direction asymptotique principale (794), et on voit comme plus haut que le plan asymptote correspondant est le plan de l'infini. Donc, le paraboloïde hyperbolique est tangent au plan de l'infini.

Considérons maintenant une direction asymptotique parallèle à l'un des plans directeurs,

$$(P) \qquad \frac{y}{\sqrt{p}} - \frac{z}{\varepsilon \sqrt{q}} = 0, \qquad (\varepsilon = \pm 1)$$

par exemple, sans être parallèle à l'autre. Désignons par α, β, γ les paramètres directeurs de cette direction; nous avons

$$\frac{\beta}{\sqrt{p}} - \frac{\gamma}{\varepsilon \sqrt{q}} = 0, \qquad \text{ou} \qquad \beta = \lambda \sqrt{p}, \qquad \gamma = \lambda \varepsilon \sqrt{q}, \qquad (\lambda \neq 0).$$

Le plan asymptote correspondant a pour équation

$$\alpha f'_x + \beta f'_y + \gamma f'_z = 0,$$

ou

$$- \alpha t + \frac{\beta y}{p} - \frac{\gamma z}{q} = 0,$$

ou, en remplaçant β et γ par leurs valeurs, et t par 1,

$$(1) \qquad \lambda \left(\frac{y}{\sqrt{p}} - \frac{z}{\varepsilon \sqrt{q}} \right) - \alpha = 0.$$

Ce plan est parallèle au plan (P).

Ainsi tous les plans asymptotes correspondant aux directions d'un des plans directeurs sont parallèles à ce plan.

PAPELIER. — Géom. anal. à trois dim.   42

Réciproquement, tout plan parallèle au plan (P)

$$(2)\qquad \frac{y}{\sqrt{p}} - \frac{z}{\varepsilon\sqrt{q}} - h = 0$$

est le plan asymptote correspondant à une direction du plan (P).

En effet, en identifiant les équations (1) et (2), on a $\alpha = \lambda h$, ce qui montre que le plan (2) est le plan asymptote relatif à la direction $\alpha = \lambda h$, $\beta = \lambda\sqrt{p}$, $\gamma = \lambda\varepsilon\sqrt{q}$, λ désignant un nombre arbitraire.

On en conclut que le paraboloïde hyperbolique admet une double série de plans asymptotes, parallèles aux plans directeurs.

Nous démontrerons plus loin que tout plan asymptote coupe la surface suivant une droite à distance finie et une droite à l'infini.

929. Remarque. — Ces divers résultats pouvaient se prévoir. En effet, le paraboloïde hyperbolique coupe le plan de l'infini suivant deux droites

$$\Delta \begin{cases} \dfrac{y}{\sqrt{p}} - \dfrac{z}{\sqrt{q}} = 0, \\ t = 0, \end{cases} \qquad \Delta_1 \begin{cases} \dfrac{y}{\sqrt{p}} + \dfrac{z}{\sqrt{q}} = 0, \\ t = 0. \end{cases}$$

Le plan tangent en un point A de la droite Δ contient cette droite, et par suite, il est parallèle au plan $\dfrac{y}{\sqrt{p}} - \dfrac{z}{\sqrt{q}} = 0$. Il rencontre la surface suivant la droite Δ et suivant une autre droite à distance finie.

Même remarque pour la droite Δ_1.

En particulier, le plan tangent au point de rencontre de Δ et de Δ_1 contient ces deux droites et coïncide avec le plan de l'infini.

Sections planes.

930. *Tout plan non parallèle à l'axe coupe le paraboloïde elliptique suivant une courbe du genre ellipse et le paraboloïde hyperbolique suivant une courbe du genre hyperbole.*

Soit

$$(3)\qquad \frac{y^2}{p} + \frac{z^2}{\varepsilon q} - 2x = 0 \qquad (\varepsilon = \pm 1)$$

l'équation de la surface.

L'axe de la surface est la droite Ox; par suite, pour que le plan

$$ux + vy + wz + r = 0$$

ne soit pas parallèle à l'axe il faut et il suffit que le coefficient u soit différent de zéro; c'est ce que nous supposerons.

Ce plan coupe la surface suivant une conique dont la projection sur le plan des yz a pour équation

$$(4) \qquad \frac{v^2}{p} + \frac{z^2}{\varepsilon q} + \frac{2(vy + wz + r)}{u} = 0.$$

Si $\varepsilon = +1$, c'est-à-dire si la surface est un paraboloïde elliptique, cette conique est du genre ellipse; elle est du genre hyperbole si la surface est un paraboloïde hyperbolique.

Calculons maintenant le discriminant Δ du premier membre de l'équation (4); nous avons

$$\Delta = - \frac{1}{\varepsilon p q u^2} (pv^2 + \varepsilon qw^2 - 2ur).$$

1° $\varepsilon = +1$. *Paraboloïde elliptique.* — L'équation (4) représente une ellipse réelle, imaginaire ou réduite à deux droites suivant que la quantité $pv^2 + qw^2 - 2ur$ est positive, négative ou nulle.

2° $\varepsilon = -1$. *Paraboloïde hyperbolique.* — La section est une hyperbole si $pv^2 - qw^2 - 2ur$ n'est pas nul, et se compose de deux droites sécantes réelles, si cette quantité est nulle.

931. *Tout plan parallèle à l'axe coupe le paraboloïde elliptique suivant une parabole, et le paraboloïde hyperbolique suivant une parabole ou une droite.*

Soit $vy + wz + r = 0$ l'équation d'un plan parallèle à l'axe.

Si ce plan est parallèle au plan des xy ($v = 0$), nous avons déjà vu qu'il rencontrait la surface suivant une parabole.

Supposons maintenant $v \neq 0$, la projection de la section sur le plan des xz a pour équation

$$\frac{(wz + r)^2}{pv^2} + \frac{z^2}{\varepsilon q} - 2x = 0,$$

ou

$$z^2 \left(\frac{w^2}{pv^2} + \frac{1}{\varepsilon q} \right) - 2x + \frac{2wr}{pv^2} z + \frac{r^2}{pv^2} = 0.$$

Si le paraboloïde est elliptique ($\varepsilon = +1$), le coefficient de z^2 n'est pas nul, la section est une parabole.

Si le paraboloïde est hyperbolique ($\varepsilon = -1$), la section est aussi une parabole, excepté si le coefficient de z^2 est nul, c'est-à-dire si l'on a

$$pv^2 - qw^2 = 0;$$

dans ce cas, la section est une droite.

Si cela a lieu, le plan sécant est parallèle à l'un des plans directeurs, c'est un plan asymptote (928).

Il en résulte que tout plan parallèle à l'axe sans être parallèle à l'un des plans directeurs coupe le paraboloïde hyperbolique suivant une parabole; tout plan parallèle à l'un des plans directeurs coupe la surface suivant une droite.

932. On peut représenter ces résultats de la manière suivante :

I. PARABOLOÏDE ELLIPTIQUE.

$$u \neq 0 \begin{cases} pv^2 + qw^2 - 2ur > 0 & \text{Ellipse réelle.} \\ pv^2 + qw^2 - 2ur < 0 & \text{Ellipse imaginaire.} \\ pv^2 + qw^2 - 2ur = 0 & \text{Deux droites sécantes imaginaires} \\ & \qquad (plan\ tangent). \end{cases}$$

$$u = 0 \qquad\qquad\qquad \text{Parabole.}$$

II. PARABOLOÏDE HYPERBOLIQUE.

$$u \neq 0 \begin{cases} pv^2 - qw^2 - 2ur \neq 0 & \text{Hyperbole.} \\ pv^2 - qw^2 - 2ur = 0 & \text{Deux droites sécantes réelles} \\ & \qquad (plan\ tangent). \end{cases}$$

$$u = 0 \begin{cases} pv^2 - qw^2 \neq 0 & \text{Parabole.} \\ pv^2 - qw^2 = 0 & \text{Une droite } (plan\ asymptote). \end{cases}$$

On conclut de là que l'équation tangentielle de la surface est

$$pv^2 + \varepsilon qw^2 - 2ur = 0.$$

933. Théorème. — *Tout plan non parallèle à l'axe coupe le paraboloïde suivant une conique qui se projette sur un plan perpendiculaire à l'axe suivant une conique qui reste homothétique à elle-même quand le plan sécant varie.*

En effet, la projection sur le plan des yz de la section du paraboloïde $\dfrac{y^2}{p} + \dfrac{z^2}{\varepsilon q} - 2x = 0$ par le plan $ux + vy + wz + r = 0$ $(u \neq 0)$ a pour équation

$$(4) \qquad \frac{y^2}{p} + \frac{z^2}{\varepsilon q} + \frac{2(vy + wz + r)}{u} = 0 ;$$

les termes du deuxième degré en y et z sont indépendants de u, v, w, r; par suite, le théorème est démontré.

Cas particuliers. — I. Supposons que le paraboloïde soit elliptique et de révolution, nous avons $\varepsilon = 1$, $p = q$; l'équation (4) représente alors un cercle. On voit donc que

Toute section plane du paraboloïde de révolution par un plan non parallèle à l'axe se projette sur un plan perpendiculaire à l'axe suivant un cercle.

II. On dit qu'un paraboloïde hyperbolique est *équilatère* quand ses plans directeurs sont perpendiculaires.

Pour que le paraboloïde hyperbolique $\dfrac{y^2}{p} - \dfrac{z^2}{q} - 2x = 0$ soit équilatère il faut qu'on ait $p = q$.

Dans ce cas, l'équation (4) s'écrit

$$\frac{y^2}{p} - \frac{z^2}{p} + \frac{2(vy + wz + r)}{u} = 0;$$

elle représente une hyperbole équilatère. Par suite,

Toute section plane du paraboloïde équilatère par un plan non parallèle à l'axe se projette sur un plan perpendiculaire à l'axe suivant une hyperbole équilatère.

Plans tangents.

934. Le plan tangent au point (x, y, z) a pour équation

$$(1) \qquad \frac{Yy}{p} + \frac{Zz}{\varepsilon q} - (X + x) = 0,$$

x, y, z vérifiant la relation

$$(2) \qquad \frac{y^2}{p} + \frac{z^2}{\varepsilon q} - 2x = 0.$$

On voit qu'aucun plan tangent n'est parallèle à l'axe du paraboloïde.

935. Condition pour qu'un plan soit tangent. — Pour que le plan

$$(3) \qquad uX + vY + wZ + r = 0$$

soit tangent au paraboloïde, il faut et il suffit qu'il existe un point (x, y, z) de la surface tel que le plan tangent en ce point coïncide avec le plan donné. Écrivons que les équations (1) et (3) représentent le même plan; nous avons

$$\frac{y}{pv} = \frac{z}{\varepsilon qw} = \frac{-1}{u} = \frac{-x}{r};$$

nous en tirons

$$x = \frac{r}{u}, \qquad y = -\frac{pv}{u}, \qquad z = -\frac{\varepsilon qw}{u},$$

et, en portant ces valeurs dans la relation (2), nous obtenons

$$pv^2 + \varepsilon qw^2 - 2ur = 0;$$

c'est l'équation tangentielle de la surface.

REMARQUE. — De l'équation tangentielle on tire,

$$r = \frac{pv^2 + \varepsilon qw^2}{2u};$$

on en conclut que l'équation générale des plans tangents au paraboloïde est

$$ux + vy + wz + \frac{pv^2 + \varepsilon qw^2}{2u} = 0,$$

où

$$u^2x + uvy + uwz + \frac{pv^2 + \varepsilon qw^2}{2} = 0.$$

936. Lieu géométrique des sommets des trièdres trirectangles circonscrits au paraboloïde.
Soient

$$u^2x + uvy + uwz + \frac{pv^2 + \varepsilon qw^2}{2} = 0,$$

$$u'^2x + u'v'y + u'w'z + \frac{pv'^2 + \varepsilon qw'^2}{2} = 0,$$

$$u''^2x + u''v''y + u''w''z + \frac{pv''^2 + \varepsilon qw''^2}{2} = 0$$

les équations de trois plans tangents perpendiculaires deux à deux; nous pouvons toujours supposer que dans chacune de ces équations les coefficients de x, y, z sont les cosinus directeurs de la normale au plan correspondant.

Par suite, en ajoutant les trois équations membre à membre et en tenant compte des formules (2)′ et (3)′ du n° 602, nous avons

$$x + \frac{p + \varepsilon q}{2} = 0;$$

c'est l'équation du lieu, elle représente un plan perpendiculaire à l'axe, qu'on appelle le *plan de Monge*.

937. Plans tangents par un point non situé sur la surface.
— Soit $P(x_0, y_0, z_0)$ le point donné; les plans tangents menés de ce point à la surface ont leurs points de contact sur la conique section du paraboloïde par le plan polaire du point P,

$$\frac{yy_0}{p} + \frac{zz_0}{\varepsilon q} - (x + x_0) = 0.$$

Cette conique est la courbe de contact du cône circonscrit de sommet P.

Ce plan n'étant pas parallèle à l'axe, on voit que si le paraboloïde est hyperbolique, la conique est une hyperbole; le cône circonscrit est toujours réel.

Si le paraboloïde est elliptique, la conique est une ellipse qui n'est réelle que si l'on a

$$\frac{y_0^2}{p} + \frac{z_0^2}{q} - 2x_0 > 0,$$

c'est-à-dire si le point P est dans la région positive de la surface.

Or le paraboloïde elliptique divise l'espace en deux régions : l'une qui contient le plan tangent au sommet et qu'on appelle la *région extérieure*, c'est la région positive ; l'autre est appelée la *région intérieure*, c'est la région négative.

Par suite, pour que le cône circonscrit de sommet P au paraboloïde elliptique soit réel, il faut que le point P soit dans la région extérieure.

Dans tous les cas, l'équation du cône est

$$\left[\frac{yy_0}{p} + \frac{zz_0}{\varepsilon q} - (x+x_0)\right]^2 - \left(\frac{y^2}{p} + \frac{z^2}{\varepsilon q} - 2x\right)\left(\frac{y_0^2}{p} + \frac{z_0^2}{\varepsilon q} - 2x_0\right) = 0.$$

938. Plans tangents parallèles à une droite. — Soient (α, β, γ) les paramètres directeurs de la droite donnée D ; les plans tangents parallèles à cette droite ont leurs points de contact sur la conique section de la surface par le plan diamétral conjugué de la direction D,

$$(\text{P}) \qquad\qquad \frac{\beta y}{p} + \frac{\gamma z}{\varepsilon q} - \alpha = 0.$$

Cette conique est la courbe de contact du cylindre circonscrit parallèlement à la droite.

Remarquons d'abord que si cette droite est parallèle à l'axe, le plan (P) est rejeté à l'infini ; il n'existe donc aucun plan tangent parallèle à l'axe (934).

Écartons cette hypothèse et distinguons deux cas :

1° **Le paraboloïde est elliptique.** — Le plan (P), étant parallèle à l'axe, coupe la surface suivant une parabole ; le cylindre circonscrit est réel et parabolique.

2° **Le paraboloïde est hyperbolique.** — On voit aisément que si la direction de D n'est pas asymptotique, le plan (P) n'est pas parallèle à l'un des plans directeurs, il coupe la surface suivant une parabole, le cylindre circonscrit est parabolique.

Si D est direction asymptotique, le plan (P) est un plan asymptote ; il coupe la surface suivant une droite D′ parallèle à D ; les plans tangents au paraboloïde parallèles à D sont les plans passant par la droite D′. Il n'y a pas de cylindre circonscrit.

939. Plans tangents parallèles à un plan. — Le problème est impossible si le plan est parallèle à l'axe.

Soit un plan $ux + vy + wz = 0$ non parallèle à l'axe $(u \neq 0)$; les points de contact des plans tangents parallèles à ce plan sont à l'intersection de la surface et du diamètre conjugué de la direction de ce plan. Ce diamètre a pour équations

$$\frac{y}{pv} = \frac{z}{\varepsilon qw} = -\frac{1}{u},$$

il est parallèle à l'axe, par suite il rencontre la surface en un seul point.

Il en résulte qu'on peut mener au paraboloïde un *seul* plan tangent parallèle à un plan donné.

L'équation de ce plan tangent est

$$ux + vy + wz + \frac{pv^2 + \varepsilon qw^2}{2u} = 0.$$

Normales.

940. La normale au point (x, y, z) du paraboloïde a pour équations

$$\frac{X - x}{-1} = \frac{Y - y}{\dfrac{y}{p}} = \frac{Z - z}{\dfrac{z}{\varepsilon q}},$$

x, y, z vérifiant la relation

$$(1) \qquad \frac{y^2}{p} + \frac{z^2}{\varepsilon q} - 2x = 0.$$

941. Normales par un point non situé sur la surface. — Soient x_0, y_0, z_0 les coordonnées du point P; désignons par x, y, z les coordonnées du pied d'une normale issue du point P. Nous avons d'abord la relation (1) qui exprime que le point (x, y, z) est sur la surface; en outre, en écrivant que la normale en ce point passe au point P, on a

$$(2) \qquad \frac{x_0 - x}{-1} = \frac{y_0 - y}{\dfrac{y}{p}} = \frac{z_0 - z}{\dfrac{z}{\varepsilon q}}.$$

Les équations (1) et (2) déterminent les pieds des normales qui passent par le point P.

Introduisons une inconnue auxiliaire t en posant

$$\frac{x_0 - x}{-1} = \frac{y_0 - y}{\dfrac{y}{p}} = \frac{z_0 - z}{\dfrac{z}{\varepsilon q}} = t;$$

nous en tirons

$$(3) \qquad x = t + x_0, \qquad y = \frac{p y_0}{t + p}, \qquad z = \frac{\varepsilon q z_0}{t + \varepsilon q},$$

de sorte que le système des équations (1) et (2) est équivalent au système formé par (1) et (3). Remplaçons x, y, z par leurs valeurs (3) dans l'équation (1); nous avons

$$(4) \qquad \frac{p y_0^2}{(t + p)^2} + \frac{\varepsilon q z_0^2}{(t + \varepsilon q)^2} - 2(t + x_0) = 0.$$

A toute racine de cette équation correspond une normale passant par le point P, les coordonnées du pied de cette normale étant données par les formules (3).

Comme l'équation (4) est du cinquième degré, on voit qu'on peut mener à un paraboloïde *cinq* normales par un point non situé sur la surface.

Si l'on considère t comme un paramètre variable, les équations (3) représentent une courbe unicursale du troisième degré qui rencontre le paraboloïde aux pieds des normales issues du point P. Cette courbe est appelée la *cubique aux pieds des normales* relative au point P et au paraboloïde.

Plans diamétraux et diamètres.

942. Plans diamétraux. — Le plan diamétral conjugué de la direction L (α, β, γ) a pour équation

$$\frac{\beta y}{p} + \frac{\gamma z}{\varepsilon q} - \alpha = 0;$$

c'est un plan parallèle à l'axe.

Il est rejeté à l'infini si l'on a $\beta = \gamma = 0$, c'est-à-dire si la direction L est parallèle à l'axe; nous écarterons cette hypothèse.

1° **Paraboloïde elliptique.** $\varepsilon = +1$. — La surface n'admet aucune direction asymptotique réelle (en dehors de la direction de l'axe); par suite l'équation

$$\frac{\beta y}{p} + \frac{\gamma z}{q} - \alpha = 0$$

représente un plan diamétral proprement dit.

Réciproquement, tout plan parallèle à l'axe

$$vy + wz + r = 0$$

est le plan diamétral conjugué de la direction (α, β, γ) qui est définie par les équations

$$\frac{\beta}{pv} = \frac{\gamma}{qw} = \frac{\alpha}{-r}.$$

2° **Paraboloïde hyperbolique.** $\varepsilon = -1$. — Le plan

$$(1) \qquad \frac{\beta y}{p} - \frac{\gamma z}{q} - \alpha = 0$$

ne représente un plan diamétral proprement dit que si la direction L n'est pas asymptotique, c'est-à-dire si $\dfrac{\beta^2}{p} - \dfrac{\gamma^2}{q} \neq 0$. Dans ce cas, le plan diamétral n'est pas parallèle à un plan directeur.

Si l'on a $\dfrac{\beta^2}{p} - \dfrac{\gamma^2}{q} = 0$, la direction L est parallèle à l'un des plans directeurs, l'équation (1) représente un plan asymptote parallèle au même plan directeur que L.

Par conséquent, dans le paraboloïde hyperbolique, les plans diamétraux proprement dits sont parallèles à l'axe sans l'être aux plans directeurs, et les plans diamétraux singuliers, ou les plans asymptotes, sont parallèles aux plans directeurs.

Réciproquement, tout plan parallèle à l'axe est un plan diamétral proprement dit s'il n'est pas parallèle à l'un des plans directeurs, et un plan asymptote s'il est parallèle à un plan directeur.

943. Plans principaux. — Pour que le plan $\dfrac{\beta y}{p} + \dfrac{\gamma z}{\varepsilon q} - \alpha = 0$ soit un plan principal, il faut qu'il soit perpendiculaire à la direction (α, β, γ); on doit donc avoir

$$\alpha = 0, \qquad \frac{\beta}{p\beta} = \frac{\gamma}{\varepsilon q \gamma}.$$

Ces équations ne sont vérifiées que pour $\alpha = 0$, $\beta = 0$ et $\alpha = 0$, $\gamma = 0$.

On en conclut que le paraboloïde admet seulement deux plans principaux qui sont les plans xOy et zOx.

944. Diamètres. — Le diamètre conjugué de la direction de plan $ux + vy + wz = 0$ a pour équations

$$\frac{y}{pv} = \frac{z}{\varepsilon qw} = -\frac{1}{u},$$

ou

$$(2) \qquad y = -\frac{pv}{u}, \qquad z = -\frac{\varepsilon qw}{u};$$

c'est une droite parallèle à l'axe. Elle est rejetée à l'infini si le plan donné est parallèle à l'axe.

Ce résultat s'explique aisément, car tout plan parallèle à l'axe coupe la surface suivant une parabole ou deux droites dont l'une est à l'infini, c'est-à-dire suivant une conique dont le centre est rejeté à l'infini.

Au contraire, si le plan $ux + vy + wz = 0$ n'est pas parallèle à l'axe, tout plan parallèle coupe la surface suivant une conique à centre; la direction de ce plan admet alors un diamètre conjugué proprement dit, défini par les équations (2).

Ainsi, dans le paraboloïde, tous les diamètres sont parallèles à l'axe.

Réciproquement, toute droite parallèle à l'axe est un diamètre. En effet, soit la droite $y = h$, $z = k$; c'est le diamètre conjugué de la direction de plan $ux + vy + wz = 0$ définie par les relations

$$-\frac{pv}{u} = h, \qquad -\frac{\varepsilon qw}{u} = k,$$

ou

$$\frac{u}{1} = \frac{v}{-\dfrac{h}{p}} = \frac{w}{-\dfrac{k}{\varepsilon q}}.$$

Il n'y a pas de diamètres singuliers.

945. Puisque tous les diamètres sont parallèles à Ox, le paraboloïde ne peut admettre qu'un axe qui est le diamètre conjugué de la direction de plan perpendiculaire à Ox, c'est-à-dire du plan yOz.

Cet axe est l'axe des x lui-même.

Équation réduite du paraboloïde en axes obliques.

946. Soient P et Q deux plans diamétraux conjugués d'un paraboloïde (810); ces deux plans, étant parallèles à l'axe de la surface, se coupent suivant une droite Δ, également parallèle à l'axe. Par suite, cette droite est un diamètre, elle rencontre la surface en un seul point O à distance finie qui est l'extrémité du diamètre.

Prenons le point O pour origine, pour axe des x la droite Δ et pour axe des y et des z des droites parallèles respectivement aux cordes conjuguées des plans P et Q. D'après la définition des plans diamétraux conjugués, Oy est dans le plan Q et Oz dans le plan P; par suite le plan P est le plan des zx, et le plan Q est le plan des xy.

Comme les plans xOy et xOz divisent en deux parties égales les cordes parallèles respectivement à Oz et à Oy, l'équation de la surface ne peut renfermer z et y qu'à la puissance 2; par suite elle est de la forme

$$A x^2 + A' y^2 + A'' z^2 + 2 C x + D = 0.$$

D'autre part, l'axe des x rencontre la surface à l'origine et à l'infini; on a donc $D = 0$, $A = 0$, et l'équation devient

$$(1) \qquad A' y^2 + A'' z^2 + 2 C x = 0.$$

Le plan des yz est tangent à la surface à l'origine; il en résulte que le paraboloïde est rapporté à deux plans diamétraux conjugués et au plan tangent à l'extrémité du diamètre intersection des deux plans diamétraux.

Il existe une infinité de systèmes d'axes de coordonnées par rapport auxquels la surface a une équation de cette forme; il y en a un seul rectangulaire; il est formé par les plans principaux et le plan tangent au sommet.

Nous avons déjà rencontré cette forme d'équation réduite dans la classification des quadriques. Nous avons vu, en effet, que l'équation d'un paraboloïde quelconque pouvait se mettre sous la forme

$$(2) \qquad \alpha P^2 + \beta Q^2 + R = 0,$$

P, Q, R désignant des fonctions linéaires indépendantes, et en prenant comme plans de coordonnées les plans $P = 0$, $Q = 0$, $R = 0$, nous avons obtenu une équation telle que (1).

On conclut de là que lorsque l'équation d'un paraboloïde est mise sous la forme (2), les plans $P = 0$, $Q = 0$ sont deux plans diamétraux conjugués et le plan $R = 0$ est le plan tangent à l'extrémité du diamètre intersection. Si ces trois plans forment un trièdre trirectangle, les deux premiers sont les plans principaux et le troisième le plan tangent au sommet.

947. Dans le cas où le paraboloïde est hyperbolique, on peut écrire son équation sous une autre forme également fort simple.

Considérons deux plans asymptotes quelconques *non parallèles*; ces deux plans se coupent suivant un diamètre qui rencontre la surface en un point O. Prenons pour plan des yz le plan tangent en ce point, et pour plans des xy et des xz les deux plans asymptotes. Les plans directeurs étant parallèles à ces deux plans, le cône des directions asymptotiques a pour équation $yz = 0$, et comme la surface est tangente à l'origine au plan $x = 0$, son équation est

$$yz + \lambda x = 0.$$

Telle est l'équation d'un paraboloïde hyperbolique rapporté à deux plans asymptotes et au plan tangent à l'extrémité du diamètre intersection.

On conclut de là que l'équation

$$PQ + R = 0,$$

où P, Q, R sont des fonctions linéaires indépendantes, représente un paraboloïde hyperbolique admettant pour plans asymptotes les plans $P = 0$, $Q = 0$, et tangent au plan $R = 0$ à l'extrémité du diamètre intersection des deux plans asymptotes.

Sections circulaires.

948. Comme toute section plane du paraboloïde hyperbolique est du genre hyperbole ou parabole, cette surface n'admet pas de sections circulaires.

Il suffit donc de considérer le paraboloïde elliptique

$$\frac{y^2}{p} + \frac{z^2}{q} - 2x = 0,$$

rapporté à ses plans principaux et au plan tangent au sommet, et de rechercher les plans cycliques parmi les plans perpendiculaires aux plans principaux.

Nous remarquerons pour cela que si deux quadriques ont mêmes directions asymptotiques, tout plan les rencontre suivant des coniques qui ont mêmes points à l'infini et qui, par suite, sont homothétiques ; donc ces deux surfaces ont mêmes plans de section circulaire.

Nous pouvons donc remplacer le paraboloïde par le cylindre elliptique réel

$$\frac{y^2}{p} + \frac{z^2}{q} - a = 0, \qquad a > 0$$

qui a mêmes directions asymptotiques, et chercher les plans cycliques de ce cylindre ; ce seront les plans cycliques du paraboloïde.

Le cylindre a ses génératrices parallèles à Ox, il coupe le plan des yz suivant une ellipse AB ayant pour axes Oy et Oz, les demi-longueurs de ces axes étant $OA = \sqrt{ap}$,　$OB = \sqrt{aq}$;　les parallèles à Ox menées par les points A et B, AA' et BB', sont des génératrices du cylindre situées dans les plans xOy et xOz respectivement (*fig.* 235).

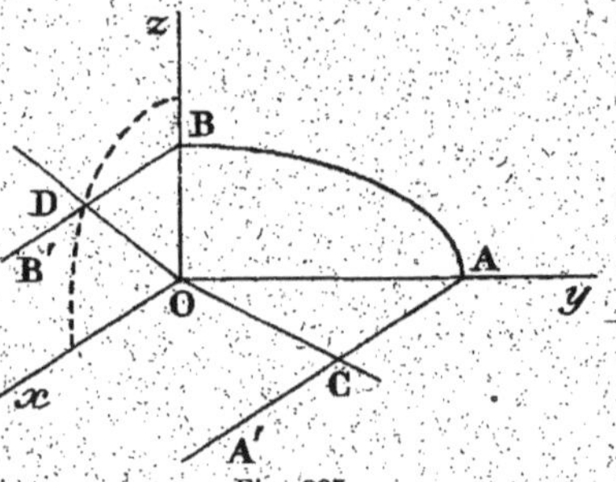

Fig. 235.

Nous supposerons $p > q$, et par suite $OA > OB$.

D'après ce qui précède, il suffira de rechercher les plans cycliques parmi les plans qui passent par Oy et Oz.

Considérons d'abord un plan passant par Oz et rencontrant le plan des xy suivant la droite OC, le point C étant sur AA'. Ce plan coupe le cylindre suivant une ellipse ayant pour axes OB et OC. Comme OA est perpendiculaire à AA', on a $OC > OA$, et *a fortiori* $OC > OB$; par suite cette ellipse ne peut être un cercle. Donc tout plan passant par Oz ne peut couper la surface suivant un cercle.

Menons maintenant un plan par l'axe des y, rencontrant le plan zOx suivant la droite OD, le point D étant sur BB'. La section est une ellipse ayant pour axes OA et OD. Comme OD peut varier de OB à $+ \infty$, on peut déterminer le point D de manière que $OD = OA$; il suffit de couper la droite BB' par un cercle situé dans le plan des xz, ayant pour centre le point O et pour rayon OA.

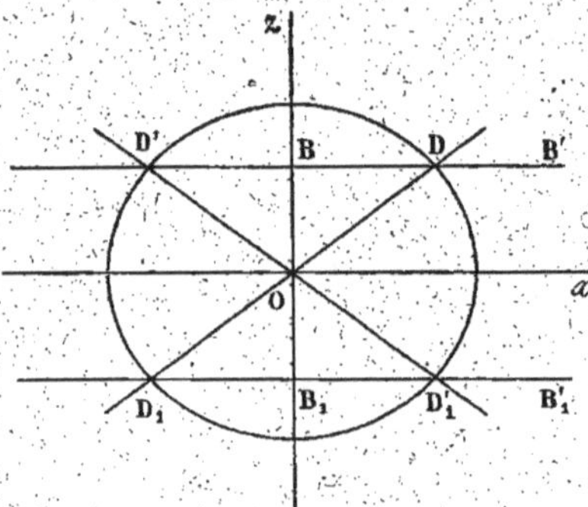

Fig. 236.

Soit B_1B_1' la deuxième génératrice du cylindre située dans le plan xOz; le cercle rencontre BB' et B_1B_1' en quatre points D, D', D_1, D_1' deux à deux symétriques par rapport au point O, et les deux plans passant par OA et par chacune des droites D_1OD et $D_1'OD'$ sont des plans cycliques (*fig.* 236).

Ces plans ont mêmes équations que les droites OD et OD' par rapport aux axes Ox et Oz. Formons l'équation de l'ensemble des droites joignant l'origine aux points de rencontre du cercle

$$\frac{x^2 + z^2}{p} - a = 0$$

et des deux droites BB' et $B_1 B_1'$

$$\frac{z^2}{q} - a = 0 \, ;$$

il suffit de retrancher ces deux équations, ce qui donne

$$\frac{x^2}{p} - z^2 \left(\frac{1}{q} - \frac{1}{p} \right) = 0,$$

ou

$$qx^2 - z^2 (p - q) = 0.$$

L'équation générale des plans cycliques du paraboloïde est donc, en supposant $p > q$,

$$x\sqrt{q} \pm z\sqrt{p - q} + \lambda = 0.$$

Si $p < q$, on voit aisément que l'équation générale des plans cycliques est

$$x\sqrt{p} \pm y\sqrt{q - p} + \lambda = 0.$$

A chaque direction de plans cycliques correspond un diamètre conjugué, parallèle à l'axe, qui rencontre le paraboloïde en un seul point réel à distance finie. Le paraboloïde elliptique a donc deux ombilics réels.

Génératrices rectilignes.

949. Nous avons vu que le paraboloïde elliptique admet une seule direction asymptotique réelle, qui est la direction Ox. Or le paraboloïde ne peut avoir une génératrice parallèle à cette direction, puisque toute droite parallèle à Ox rencontre la surface en un seul point réel à distance finie.

Il en résulte que le paraboloïde elliptique n'a aucune génératrice réelle (906); c'est d'ailleurs une conséquence de l'étude des sections planes.

Considérons maintenant le paraboloïde hyperbolique

$$\frac{y^2}{p} - \frac{z^2}{q} - 2x = 0.$$

Les directions asymptotiques sont les directions parallèles aux plans directeurs $\dfrac{y^2}{p} - \dfrac{z^2}{q} = 0$; une seule d'entre elles est parallèle au plan des xy, c'est la direction Ox, et on voit comme plus haut que la surface n'a pas de génératrices parallèles à cette direction.

Par suite, les génératrices du paraboloïde hyperbolique, n'étant pas parallèles au plan des xy, peuvent être représentées par des équations de la forme

$$x = lz + \alpha, \qquad y = mz + \beta.$$

Pour que cette droite soit sur la surface, il faut qu'on ait

$$\frac{(mz + \beta)^2}{p} - \frac{z^2}{q} - 2(lz + \alpha) = 0,$$

d'où nous tirons

$$\frac{m^2}{p} - \frac{1}{q} = 0, \qquad \frac{m\beta}{p} - l = 0, \qquad \frac{\beta^2}{p} - 2\alpha = 0,$$

et

$$m = \varepsilon \sqrt{\frac{p}{q}}, \qquad l = \frac{\varepsilon\beta}{p} \sqrt{\frac{p}{q}}, \qquad \alpha = \frac{\beta^2}{2p}, \qquad (\varepsilon = \pm 1);$$

par suite, les équations des génératrices sont

$$x = \frac{\varepsilon\beta}{p} \sqrt{\frac{p}{q}}\, z + \frac{\beta^2}{2p}, \qquad y = \varepsilon \sqrt{\frac{p}{q}}\, z + \beta,$$

β désignant un paramètre variable.

Aux deux valeurs de ε correspondent deux systèmes de génératrices.

950. On peut les obtenir autrement. En effet, l'équation du paraboloïde hyperbolique peut toujours se mettre sous la forme

$$P^2 - Q^2 + R = 0,$$

P, Q, R étant des fonctions linéaires indépendantes, ou

$$(P + Q)(P - Q) = - R.$$

On en déduit les deux systèmes de génératrices

$$\begin{cases} P + Q = \lambda R, \\ P - Q = -\dfrac{1}{\lambda}, \end{cases} \qquad \begin{cases} P - Q = \mu R, \\ P + Q = -\dfrac{1}{\mu}, \end{cases}$$

λ et μ étant des variables.

Supposons le paraboloïde défini par l'équation

$$\frac{y^2}{p} - \frac{z^2}{q} - 2x = 0;$$

celle-ci peut s'écrire

$$\left(\frac{y}{\sqrt{p}} + \frac{z}{\sqrt{q}}\right)\left(\frac{y}{\sqrt{p}} - \frac{z}{\sqrt{q}}\right) = 2x,$$

et nous en déduisons les deux systèmes de génératrices

$$(\lambda)\quad\left\{\begin{array}{l}\dfrac{y}{\sqrt{p}}+\dfrac{z}{\sqrt{q}}=2\lambda x,\\[2mm]\dfrac{y}{\sqrt{p}}-\dfrac{z}{\sqrt{q}}=\dfrac{1}{\lambda},\end{array}\right.\qquad(\mu)\quad\left\{\begin{array}{l}\dfrac{y}{\sqrt{p}}-\dfrac{z}{\sqrt{q}}=2\mu x,\\[2mm]\dfrac{y}{\sqrt{p}}+\dfrac{z}{\sqrt{q}}=\dfrac{1}{\mu}.\end{array}\right.$$

Quand λ tend vers zéro, la droite (λ) s'éloigne indéfiniment; elle a pour limite la droite du plan de l'infini représentée par les équations

$$(\Delta_1)\qquad\qquad\frac{y}{\sqrt{p}}+\frac{z}{\sqrt{q}}=0,\qquad t=0.$$

De même, quand μ tend vers zéro, la droite (μ) a pour limite la droite du plan de l'infini

$$(\Delta)\qquad\qquad\frac{y}{\sqrt{p}}-\frac{z}{\sqrt{q}}=0,\qquad t=0.$$

Ce sont les deux droites Δ et Δ_1 dont nous avons parlé au n° 929.

Si λ et μ augmentent indéfiniment, les droites (λ) et (μ) ont respectivement pour limites les droites

$$(D)\quad\left\{\begin{array}{l}x=0,\\[2mm]\dfrac{y}{\sqrt{p}}-\dfrac{z}{\sqrt{q}}=0,\end{array}\right.\qquad(D_1)\quad\left\{\begin{array}{l}x=0,\\[2mm]\dfrac{y}{\sqrt{p}}+\dfrac{z}{\sqrt{q}}=0.\end{array}\right.$$

Les génératrices Δ_1 et D font partie du système (λ), et Δ et D_1 du système (μ).

951. Théorème. — *Les systèmes (λ) et (μ) n'ont aucune droite commune.*

En effet, toutes les génératrices (λ) sont parallèles au plan directeur $\dfrac{y}{\sqrt{p}}-\dfrac{z}{\sqrt{q}}=0$, et toutes les génératrices (μ) au plan directeur $\dfrac{y}{\sqrt{p}}+\dfrac{z}{\sqrt{q}}=0$. Si une droite (λ) coïncidait avec une droite (μ), elle serait parallèle à l'intersection de ces deux plans, c'est-à-dire à l'axe de la surface. Or, cela est impossible, puisque toute parallèle à l'axe rencontre le paraboloïde en un seul point à distance finie.

952. Théorème. — *Par tout point de la surface il passe une génératrice de chaque système.*

PAPELIER. — Géom. anal. à trois dim.

Écrivons que la droite (λ) passe par le point (x', y', z'); nous avons

$$\frac{y'}{\sqrt{p}} + \frac{z'}{\sqrt{q}} = 2\lambda x',$$

$$\frac{y'}{\sqrt{p}} - \frac{z'}{\sqrt{q}} = \frac{1}{\lambda}.$$

Pour que ces deux équations donnent pour λ la même valeur, il faut qu'on ait $\dfrac{y'^2}{p} - \dfrac{z'^2}{q} - 2x' = 0$; cette condition est remplie si le point (x', y', z') est sur la surface.

Même démonstration pour la génératrice (μ).

Les deux génératrices qui passent par un point de la surface déterminent le plan tangent en ce point.

953. Théorème. — *Deux génératrices de même système ne sont pas dans un même plan.*

En effet, deux génératrices de même système sont situées dans des plans parallèles à un même plan directeur; elles ne peuvent avoir aucun point commun. Elles ne peuvent pas non plus être parallèles, car il n'existe pas de plan coupant le paraboloïde hyperbolique suivant deux droites parallèles.

954. Théorème. — *Deux génératrices de systèmes différents sont situées dans un même plan.*

Un plan quelconque passant par la génératrice (λ) a pour équation

$$\frac{y}{\sqrt{p}} + \frac{z}{\sqrt{q}} - 2\lambda x + k\left[\frac{y}{\sqrt{p}} - \frac{z}{\sqrt{q}} - \frac{1}{\lambda}\right] = 0.$$

Écrivons que ce plan contient la génératrice (μ); nous devons avoir, quel que soit x,

$$\frac{1}{\mu} - 2\lambda x + k\left[2\mu x - \frac{1}{\lambda}\right] = 0;$$

nous en déduisons $\dfrac{1}{\mu} - \dfrac{k}{\lambda} = 0$, et $-2\lambda + 2k\mu = 0$, d'où $k = \dfrac{\lambda}{\mu}$.

On voit ainsi que les deux droites (λ) et (μ) sont situées dans le plan qui a pour équation

$$\frac{y}{\sqrt{p}} + \frac{z}{\sqrt{q}} - 2\lambda x + \frac{\lambda}{\mu}\left[\frac{y}{\sqrt{p}} - \frac{z}{\sqrt{q}} - \frac{1}{\lambda}\right] = 0.$$

Ce plan est tangent à la surface au point de rencontre des deux droites (λ) et (μ). Ce point a pour coordonnées

$$x = \frac{1}{2\lambda\mu}, \qquad y = \frac{\sqrt{p}}{2}\left(\frac{1}{\lambda} + \frac{1}{\mu}\right), \qquad z = \frac{\sqrt{q}}{2}\left(\frac{1}{\mu} - \frac{1}{\lambda}\right).$$

955. On démontre comme au n° 917 que *toute droite située sur la surface appartient soit au système (λ), soit au système (μ).*

Génération rectiligne du paraboloïde hyperbolique.

956. Premier mode de génération. — On démontre comme au n° 921 qu'on peut considérer le paraboloïde hyperbolique comme engendré par une droite variable, assujettie à rencontrer trois droites fixes parallèles à un même plan.

RÉCIPROQUEMENT, *la surface engendrée par une droite variable, assujettie à rencontrer trois droites fixes parallèles à un même plan, est un paraboloïde hyperbolique.*

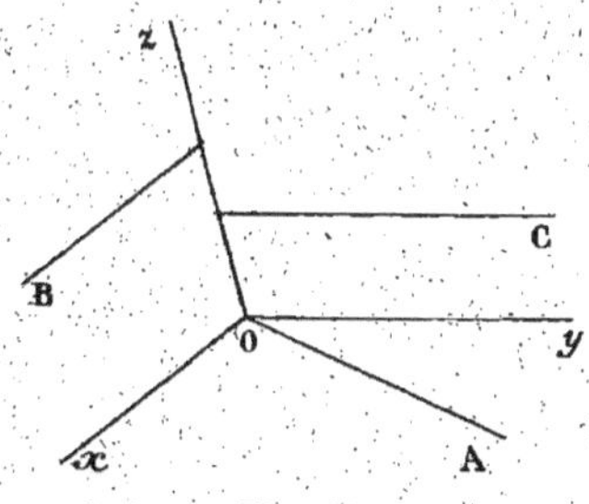

Prenons pour axe des z une droite quelconque rencontrant les trois droites données A, B, C, l'origine O étant située sur A, pour axe Ox une parallèle à B, et pour axe des y une parallèle à C.

Puisque les droites A, B, C sont parallèles à un même plan, la droite A est dans le plan des xy, et les équations des trois droites sont respectivement

Fig. 287

$$\text{A}\begin{cases} y - mx = 0, \\ z = 0, \end{cases} \qquad \text{B}\begin{cases} z = b, \\ y = 0, \end{cases} \qquad \text{C}\begin{cases} z = c, \\ x = 0. \end{cases}$$

Une droite quelconque rencontrant B et C a pour équations

$$(1) \qquad \begin{cases} hy + z - b = 0, \\ kx + z - c = 0. \end{cases}$$

Écrivons que cette droite rencontre A, nous avons

$$(2) \qquad bk - cmh = 0.$$

On obtient l'équation du lieu en éliminant h et k entre les équations (1) et (2), ce qui donne

$$z(cmx - by) + bc(y - mx) = 0.$$

Puisque b et c sont différents, les fonctions linéaires z, $cmx - by$ et $y - mx$ sont indépendantes; par suite (947), cette équation représente un paraboloïde hyperbolique admettant pour plans directeurs les plans $z = 0$, $cmx - by = 0$, et tangent au plan $y - mx = 0$ à l'extrémité du diamètre intersection des deux premiers plans.

957. Deuxième mode de génération. — Toutes les génératrices (λ) sont parallèles à l'un des plans directeurs; par suite le mouvement d'une génératrice (λ) sera suffisamment défini, si l'on connaît la direction de ce plan, et si on assujettit cette droite à rencontrer deux génératrices (μ).

Il en résulte que le paraboloïde hyperbolique peut être considéré comme engendré par une droite variable, assujettie à rester parallèle à un plan fixe et à rencontrer deux droites fixes non parallèles entres elles et non parallèles au plan.

RÉCIPROQUEMENT, *la surface engendrée par une droite variable assujettie à rester parallèle à un plan fixe et à rencontrer deux droites fixes non parallèles entre elles et non parallèles au plan est un paraboloïde hyperbolique.*

Soient D et D′ les deux droites fixes et P un plan quelconque parallèle au plan donné; le plan P rencontre D et D′ aux points A et A′. Par le point O, milieu de AA′, menons des droites Δ et Δ' respectivement parallèles à D et D′; le plan $\Delta O \Delta'$ coupe le plan P suivant une droite OB, et nous désignons par OC la conjuguée harmonique de OB par rapport à Δ et Δ'.

Cela posé, nous prenons le point O pour origine, OA pour axe des x, OB pour axe des y et OC pour axe des z. Dans ces conditions, les équations des droites D et D′ sont respectivement

$$\mathrm{D} \begin{cases} x = a, \\ y = mz, \end{cases} \qquad \mathrm{D}' \begin{cases} x = -a, \\ y = -mz. \end{cases}$$

Une droite quelconque rencontrant D et D′ a pour équations

$$(3) \qquad \begin{aligned} x - a + h(y - mz) &= 0, \\ x + a + k(y + mz) &= 0; \end{aligned}$$

pour que cette droite soit parallèle au plan des xy, il faut qu'en faisant $z = 0$ dans les équations (2), celles-ci n'aient pas de solutions en x et y; on doit donc avoir $h = k$. Par suite la surface engendrée par cette droite a pour équation

$$\frac{x - a}{x + a} = \frac{y - mz}{y + mz},$$

ou

$$mxz - ay = 0.$$

Nous reconnaissons l'équation d'un paraboloïde hyperbolique ayant pour plans directeurs les plans $x = 0$, $z = 0$ et tangent à l'origine au plan $y = 0$.

CHAPITRE XVIII

HOMOTHÉTIE

---

958. Une transformation homothétique est définie quand on donne un point S, appelé *centre d'homothétie* et un nombre k, positif ou négatif, appelé *rapport d'homothétie*.

Cela posé, soit F une figure quelconque, composée de points. A tout point A de la figure F faisons correspondre le point A', situé sur la droite SA et tel que l'on ait

$$\frac{\overline{SA'}}{\overline{SA}} = k.$$

L'ensemble des points A' constitue une figure F' qui est par définition la figure homothétique de la figure F dans la transformation définie par le point S et le nombre k.

Les points correspondants A et A' sont dits *points homologues* ou *points homothétiques*.

Si $k > 0$, les valeurs $\overline{SA}$ et $\overline{SA'}$ sont de même signe, les points A et A' sont d'un même côté du point S, on dit que l'homothétie est *directe*.

Si $k < 0$, les valeurs $\overline{SA}$ et $\overline{SA'}$ sont de signes contraires, les points A et A' sont de part et d'autre du point S, on dit que l'homothétie est *inverse*.

A deux valeurs de k égales et de signes contraires correspondent deux figures F' homothétiques de F et symétriques par rapport au point S. Ces deux figures ne sont pas en général superposables.

Si la figure F se compose de points isolés, il en est de même de la figure homothétique F'.

959. Supposons que la figure F soit une courbe C; les coordonnées d'un point quelconque A de cette courbe sont des fonctions d'un seul paramètre t. Comme à tout point A de la figure F correspond un seul point A′ de F′, les coordonnées du point A′ sont aussi fonctions du seul paramètre t. Par suite la figure homothétique F′ est une courbe C′, qui est appelée courbe homothétique de la courbe C; et on démontre comme en géométrie plane (527) que *les tangentes en des points homologues de deux courbes homothétiques sont parallèles.*

960. On voit de même que si la figure F est une surface Σ, toute figure homothétique de F est une surface Σ′, appelée surface homothétique de la surface Σ.

Théorème. — *Les plans tangents en des points homologues de deux surfaces homothétiques sont parallèles.*

Soient A et A′ deux points homologues de deux surfaces homothétiques Σ et Σ′. Traçons sur la surface Σ deux courbes quelconques C et γ passant par le point A, et soient At et Aθ les tangentes en A à ces courbes. Le plan tangent à la surface au point A est le plan déterminé par les droites At et Aθ.

Soient C′ et γ′ les courbes homothétiques de C et γ; C′ et γ′ sont situées sur la surface Σ′ et passent par le point A′. D'après ce qui précède, les tangentes A′t′ et A′θ′ à ces courbes au point A′ sont respectivement parallèles à At et Aθ.

Comme le plan tangent à la surface Σ′ est déterminé par les droites A′t′ et A′θ′, ce plan est parallèle au plan tangent en A à la surface Σ.

On démontre en géométrie élémentaire que la figure homothétique d'une droite est une droite parallèle, que celle d'un plan est un plan parallèle, et enfin que celle d'une sphère est une sphère. On en déduit que la figure homothétique d'un cercle est un cercle situé dans un plan parallèle au plan du premier.

961 Équation générale des surfaces homothétiques d'une surface donnée.

Soit une surface Σ définie par l'équation

(1) $$f(x, y, z) = 0;$$

nous allons chercher l'équation de la surface homothétique de cette surface, le centre d'homothétie S ayant pour coordonnées x_0, y_0, z_0, et le rapport d'homothétie étant égal à k.

Soit A(x, y, z) un point quelconque de la surface Σ, le point homologue A′ est situé sur la droite SA, et l'on a

$$\frac{\overline{SA'}}{\overline{SA}} = k;$$

par suite, si l'on désigne par x', y', z' les coordonnées du point A', on a

$$(2) \qquad x_0 = \frac{x' - kx}{1 - k}, \qquad y_0 = \frac{y' - ky}{1 - k}, \qquad z_0 = \frac{z' - kz}{1 - k}.$$

Or, x, y et z vérifient l'équation (1); par conséquent, pour avoir l'équation du lieu du point A', il faut éliminer x, y et z entre les équations (1) et (2).

Des équations (2) on tire

$$x = \frac{x'}{k} - \frac{x_0(1-k)}{k}, \qquad y = \frac{y'}{k} - \frac{y_0(1-k)}{k}, \qquad z = \frac{z'}{k} - \frac{z_0(1-k)}{k}.$$

Pour simplifier l'écriture, nous poserons

$$(3) \qquad - \frac{x_0(1-k)}{k} = \alpha, \qquad - \frac{y_0(1-k)}{k} = \beta, \qquad - \frac{z_0(1-k)}{k} = \gamma,$$

et nous avons

$$x = \frac{x'}{k} + \alpha, \qquad y = \frac{y'}{k} + \beta, \qquad z = \frac{z'}{k} + \gamma.$$

Remplaçons x, y, z par ces valeurs dans la relation (1); nous obtenons

$$f\left(\frac{x'}{k} + \alpha, \quad \frac{y'}{k} + \beta, \quad \frac{z'}{k} + \gamma \right) = 0,$$

ce qui montre, en supprimant les accents, que l'équation de la surface Σ', homothétique de la surface Σ, est

$$(4) \qquad f\left(\frac{x}{k} + \alpha, \quad \frac{y}{k} + \beta, \quad \frac{z}{k} + \gamma \right) = 0.$$

962. REMARQUE. — Si l'on transporte l'origine des coordonnées au point $(-\alpha k, -\beta k, -\gamma k)$, l'équation de Σ' devient

$$f\left(\frac{x}{k}, \quad \frac{y}{k}, \quad \frac{z}{k} \right) = 0;$$

elle est indépendante de α, β, γ, c'est-à-dire de x_0, y_0, z_0.

Par suite, si l'on fait varier x_0, y_0, z_0, k restant fixe, la surface Σ' reste égale à elle-même.

Il en résulte que pour étudier la forme des surfaces homothétiques d'une surface donnée, on peut choisir arbitrairement le centre d'homothétie et faire varier seulement le rapport d'homothétie.

Si la surface Σ est algébrique et de degré m, la surface Σ' est aussi algébrique de même degré, et on voit facilement, comme au n° 530, *qu'elles ont mêmes directions asymptotiques.*

963. *La réciproque n'est pas vraie*; deux surfaces algébriques de même degré qui ont mêmes directions asymptotiques ne sont pas toujours homothétiques.

Cette réciproque n'est vraie que pour deux quadriques et, encore, sous certaines réserves, comme nous allons le montrer.

964. Auparavant, remarquons qu'étant donnés k, x_0, y_0, z_0, les nombres α, β, γ sont bien déterminés par les formules (3), et réciproquement, étant donnés k, α, β, γ, ces formules permettent de calculer x_0, y_0, z_0.

Il en résulte que l'équation générale des surfaces homothétiques de la surface $f(x, y, z) = 0$ est

$$f\left(\frac{x}{k} + \alpha, \ \frac{y}{k} + \beta, \ \frac{z}{k} + \gamma\right) = 0,$$

k, α, β, γ désignant des constantes arbitraires.

Homothétie des quadriques.

965. Théorème. — *La figure homothétique d'une quadrique Q à centre unique est une quadrique Q' à centre unique, de même nature que la quadrique Q, ayant mêmes directions asymptotiques et ayant ses axes parallèles et proportionnels à ceux de Q.*

Prenons pour axes de coordonnées les axes de la quadrique (Q) et soit

$$(Q) \qquad \frac{x^2}{A} + \frac{y^2}{B} + \frac{z^2}{C} - 1 = 0$$

l'équation de cette surface.

Une surface homothétique quelconque a pour équation

$$\frac{\left(\dfrac{x}{k} + \alpha\right)^2}{A} + \frac{\left(\dfrac{y}{k} + \beta\right)^2}{B} + \frac{\left(\dfrac{z}{k} + \gamma\right)^2}{C} - 1 = 0,$$

ou

$$(Q') \qquad \frac{(x + \alpha k)^2}{A} + \frac{(y + \beta k)^2}{B} + \frac{(z + \gamma k)^2}{C} - k^2 = 0.$$

On voit immédiatement que les quadriques Q et Q' sont de même nature et ont mêmes directions asymptotiques.

De plus, transportons l'origine des coordonnées au point

$$(-\alpha k, \qquad -\beta k, \qquad -\gamma k),$$

l'équation de Q' devient

$$\frac{x^2}{A} + \frac{y^2}{B} + \frac{z^2}{C} - k^2 = 0,$$

et sous cette forme, on reconnaît que les axes de Q' sont parallèles aux axes de coordonnées, c'est-à-dire aux axes de la quadrique Q.

D'autre part, les carrés des demi-longueurs d'axes de Q sont A, B, C; les quantités analogues pour Q' sont Ak^2, Bk^2, Ck^2; elles sont proportionnelles à A, B, C.

On voit de plus que deux axes parallèles quelconques dans les quadriques Q et Q' sont tous deux réels ou tous deux imaginaires.

966. Première réciproque. — *Deux quadriques à centre unique de même nature, qui ont mêmes directions asymptotiques, sont homothétiques.*

Si on prend pour axes de coordonnées les axes d'une des quadriques, les équations des deux surfaces sont

$$(Q) \qquad \frac{x^2}{A} + \frac{y^2}{B} + \frac{z^2}{C} - 1 = 0,$$

$$\frac{x^2}{A} + \frac{y^2}{B} + \frac{z^2}{C} + 2mx + 2ny + 2pz + q = 0;$$

celle-ci peut s'écrire

$$\frac{(x + Am)^2}{A} + \frac{(y + Bn)^2}{B} + \frac{(z + Cp)^2}{C} - (Am^2 + Bn^2 + Cp^2 - q) = 0,$$

ou

$$(Q') \qquad \frac{(x - x_1)^2}{A} + \frac{(y - y_1)^2}{B} + \frac{(z - z_1)^2}{C} - \lambda = 0,$$

en posant

$$x_1 = -Am, \quad y_1 = -Bn, \quad z_1 = -Cp, \quad \lambda = Am^2 + Bn^2 + Cp^2 - q.$$

Comme les deux quadriques sont supposées de même nature, le nombre λ est positif.

Cela posé, l'équation générale des surfaces homothétiques de la surface Q est

$$(1) \qquad \frac{(x + \alpha k)^2}{A} + \frac{(y + \beta k)^2}{B} + \frac{(z + \gamma k)^2}{C} - k^2 = 0;$$

par suite, pour établir que Q et Q' sont homothétiques, il suffit de montrer qu'il existe des valeurs de k, α, β, γ telles que les équations (Q') et (1) représentent la même surface.

Écrivons que ces équations ont leurs coefficients proportionnels; nous avons

$$\alpha k = -x_1, \qquad \beta k = -y_1, \qquad \gamma k = -z_1, \qquad k^2 = \lambda;$$

nous en tirons

$$k = \pm\sqrt{\lambda}, \qquad \alpha = -\frac{x_1}{k}, \qquad \beta = -\frac{y_1}{k}, \qquad \gamma = -\frac{z_1}{k}.$$

Il existe donc deux systèmes de valeurs pour k, α, β, γ; par suite, les deux quadriques sont doublement homothétiques.

967. Remarque. — Il ne suffirait pas de dire que si deux quadriques à centre unique ont mêmes directions asymptotiques, elles sont homothétiques; il faut encore ajouter qu'elles sont de même nature, c'est-à-dire que ce sont deux ellipsoïdes réels, ou deux hyperboloïdes à une nappe, ou deux hyperboloïdes à deux nappes.

Car, sans cette restriction, le nombre $\lambda = Am^2 + Bn^2 + Cp^2 - q$ pourrait être négatif ou nul, et les deux surfaces ne seraient pas homothétiques.

968. Deuxième réciproque. — *Deux quadriques à centre unique de même nature, qui ont leurs axes parallèles et proportionnels, sont homothétiques.*

Prenons pour axes de coordonnées les axes d'une des quadriques, et désignons par x_1, y_1, z_1 les coordonnées du centre de l'autre, les équations des deux surfaces sont

$$(Q) \qquad \frac{x^2}{A} + \frac{y^2}{B} + \frac{z^2}{C} - 1 = 0,$$

$$(Q') \qquad \frac{(x - x_1)^2}{A} + \frac{(y - y_1)^2}{B} + \frac{(z - z_1)^2}{C} - \lambda = 0,$$

λ désignant un nombre positif.

On démontrera alors comme précédemment que les deux quadriques sont doublement homothétiques.

Proposons-nous maintenant de déterminer les centres et les rapports d'homothétie.

Nous avons trouvé deux valeurs pour k, $k = \pm \sqrt{\lambda}$; à chacune d'elles correspond un ensemble de valeurs pour α, β, γ :

$$\alpha = -\frac{x_1}{k}, \qquad \beta = -\frac{y_1}{k}, \qquad \gamma = -\frac{z_1}{k}.$$

Remplaçons dans ces formules α, β, γ par leurs valeurs en fonction de x_0, y_0, z_0 et k, savoir :

$$-\frac{x_0(1 - k)}{k}, \qquad -\frac{y_0(1 - k)}{k}, \qquad -\frac{z_0(1 - k)}{k};$$

nous avons

$$x_0 = \frac{x_1}{1 - k}, \qquad y_0 = \frac{y_1}{1 - k}, \qquad z_0 = \frac{z_1}{1 - k}.$$

Soit O' le centre de la quadrique (Q'); ces formules montrent que le centre d'homothétie $S(x_0, y_0, z_0)$ est sur la droite OO' et que l'on a

$$\frac{\overline{SO'}}{\overline{SO}} = k.$$

Les deux centres d'homothétie relatifs aux deux valeurs de k divisent harmoniquement OO'.

969. Théorème. — *La figure homothétique d'un paraboloïde P est un paraboloïde P' de même nature, ayant mêmes directions asymptotiques. De plus, les plans principaux des deux paraboloïdes sont parallèles et les paramètres des paraboles principales sont proportionnels.*

Soit

$$\text{(P)} \qquad \frac{y^2}{p} + \frac{z^2}{q} - 2x = 0$$

l'équation du paraboloïde P rapporté à ses plans principaux et au plan tangent au sommet.

Nous supposerons que p et q ont des signes quelconques; leurs valeurs absolues sont alors égales aux paramètres des paraboles principales.

Si p et q sont de même signe, le paraboloïde est elliptique, et si p et q sont de signes contraires, il est hyperbolique.

Toute surface homothétique de P a une équation de la forme

$$\frac{\left(\dfrac{y}{k} + \beta\right)^2}{p} + \frac{\left(\dfrac{z}{k} + \gamma\right)^2}{q} - 2\left(\frac{x}{k} + \alpha\right) = 0,$$

ou

$$\text{(P')} \qquad \frac{(y + \beta k)^2}{pk} + \frac{(z + \gamma k)^2}{qk} - 2(x + \alpha k) = 0.$$

Transportons l'origine au point $(-\alpha k, \ -\beta k, \ -\gamma k)$; cette équation devient

$$\frac{y^2}{pk} + \frac{z^2}{qk} - 2x = 0,$$

et sous cette forme on reconnaît l'équation d'un paraboloïde P' de même nature que P, ayant mêmes directions asymptotiques. Les plans principaux de ces paraboloïdes sont parallèles, et les paramètres des sections principales de P' $|pk|$ et $|qk|$ sont proportionnels à $|p|$ et $|q|$.

970. Première réciproque. — *Deux paraboloïdes de même nature qui ont mêmes directions asymptotiques sont homothétiques.*

Prenons pour plans de coordonnées les plans principaux et le plan tangent au sommet d'un des paraboloïdes, les équations des deux surfaces sont

$$\text{(P)} \qquad \frac{y^2}{p} + \frac{z^2}{q} - 2x = 0,$$

$$\text{(1)} \qquad \frac{y^2}{p} + \frac{z^2}{q} + 2ax + 2by + 2cz + d = 0,$$

en supposant $a \neq 0$; car si a était nul, cette seconde équation représenterait un cylindre parallèle à Ox.

Cette équation peut se mettre sous la forme

$$\frac{(y+bp)^2}{p} + \frac{(z+cq)^2}{q} + 2a\left(x - \frac{b^2 p}{2a} - \frac{c^2 q}{2a} + \frac{d}{2a}\right) = 0,$$

ou

$$(P')\qquad \frac{(y-y_1)^2}{pa} + \frac{(z-z_1)^2}{qa} + 2(x-x_1) = 0,$$

en posant

$$y_1 = -bp, \qquad z_1 = -cq, \qquad x_1 = \frac{b^2 p}{2a} + \frac{c^2 q}{2a} - \frac{d}{2a}.$$

Or, l'équation générale des surfaces homothétiques du paraboloïde P est

$$(2)\qquad \frac{(y+\beta k)^2}{pk} + \frac{(z+\gamma k)^2}{qk} - 2(x+\alpha k) = 0,$$

et il est aisé de voir qu'on peut trouver des valeurs de k, α, β, γ en sorte que les équations (P') et (2) représentent la même surface.

Il suffit en effet de prendre

$$k = -a, \qquad \alpha = -\frac{x_1}{k}, \qquad \beta = -\frac{y_1}{k}, \qquad \gamma = -\frac{z_1}{k}.$$

Donc les paraboloïdes P et P' sont toujours homothétiques.

971. Remarque. — Si $a = 0$, la surface représentée par l'équation (1) n'est pas homothétique du paraboloïde P.

On reconnaît donc encore que deux quadriques qui ont mêmes directions asymptotiques ne sont pas toujours homothétiques.

972. Deuxième réciproque. — *Deux paraboloïdes de même nature dont les plans principaux sont parallèles et dont les paramètres des sections principales sont proportionnels sont homothétiques.*

Prenons pour plans de coordonnées les plans principaux et le plan tangent au sommet d'un des paraboloïdes, et désignons par x_1, y_1, z_1 les coordonnées du sommet de l'autre; les équations des deux surfaces sont

$$(P)\qquad \frac{y^2}{p} + \frac{z^2}{q} - 2x = 0,$$

$$(P')\qquad \frac{(y-y_1)^2}{p\lambda} + \frac{(z-z_1)^2}{q\lambda} - 2(x-x_1) = 0.$$

On démontre alors comme précédemment que les deux paraboloïdes sont homothétiques.

On a

$$k = \lambda, \qquad \alpha = -\frac{x_1}{k}, \qquad \beta = -\frac{y_1}{k}, \qquad \gamma = -\frac{z_1}{k}.$$

Le rapport d'homothétie est égal en valeur absolue au rapport des

paramètres des paraboles principales situées dans deux plans principaux parallèles quelconques.

Quant au centre d'homothétie $S(x_0, y_0, z_0)$, il est déterminé par les
équations

$$x_0 = \frac{x_1}{1-k}, \qquad y_0 = \frac{y_1}{1-k}, \qquad z_0 = \frac{z_1}{1-k};$$

il est situé sur la droite qui joint les sommets O et O' des deux paraboloïdes et l'on a $\dfrac{\overline{SO'}}{\overline{SO}} = k$.

CHAPITRE XIX

COMPLÉMENTS A LA THÉORIE DES VECTEURS

Ces compléments font suite à ce qui a été exposé dans notre *Précis d'Algèbre* (dixième édition), n°ˢ 142 à 153, et 164 à 168.

Détermination analytique des vecteurs.

973. 1° Lorsque des vecteurs sont situés sur la même droite ou sur des droites parallèles, chacun de ces vecteurs est bien défini par son origine et par sa valeur algébrique, celle-ci étant mesurée sur un axe orienté parallèle aux supports de tous les vecteurs envisagés.

974. 2° Considérons maintenant des vecteurs situés d'une manière quelconque dans l'espace.

Prenons arbitrairement trois axes de coordonnées quelconques Ox, Oy, Oz (rectangulaires ou obliques); on pourrait définir analytiquement un vecteur $\overrightarrow{AB}$ par les coordonnées x, y, z de son origine A et par celles x', y', z' de son extrémité B. Mais il est préférable d'introduire les projections du vecteur sur les axes de coordonnées.

Désignons par $\overline{ab}$ la projection du vecteur $\overrightarrow{AB}$ sur l'axe Ox parallèlement au plan yOz (A. 148). Nous avons

$$\overline{ab} = \overline{Ob} - \overline{Oa} = x' - x.$$

De même, les projections du vecteur $\overrightarrow{AB}$ sur les axes Oy et Oz parallèlement aux plans zOx et xOy respectivement sont $y' - y$ et $z' - z$.

Nous poserons

$$(1) \qquad x' - x = X, \qquad y' - y = Y, \qquad z' - z = Z,$$

et nous dirons que X, Y, Z sont les projections du vecteur $\overrightarrow{AB}$ sur les axes

Le vecteur $\overrightarrow{AB}$ sera bien défini par les coordonnées x, y, z de l'origine A et par ses projections X, Y, Z sur les axes. Les coordonnées de l'extrémité B sont alors

$$x' = x + X, \qquad y' = y + Y, \qquad z' = z + Z.$$

Les formules (1) montrent que X, Y, Z sont les paramètres directeurs du support (640).

Si les axes de coordonnées sont rectangulaires, la grandeur du vecteur est

$$AB = \sqrt{(x' - x)^2 + (y' - y)^2 + (z' - z)^2} = \sqrt{X^2 + Y^2 + Z^2}.$$

975. Nous avons vu (A. 151) que dans un système quelconque de projection, deux vecteurs équipollents ont des projections égales. On en conclut que

Deux vecteurs équipollents ont mêmes projections sur les axes.

976. Théorème réciproque. — *Si deux vecteurs ont mêmes projections sur les axes de coordonnées, ils sont équipollents.*

Remarquons d'abord que si un vecteur a pour origine l'origine des coordonnées, ses projections sont égales aux coordonnées de son extrémité.

Cela posé, soient $\overrightarrow{AB}$, $\overrightarrow{CD}$ deux vecteurs ayant mêmes projections sur les axes, X, Y, Z. Par l'origine O des axes menons les vecteurs $\overrightarrow{OP}$, $\overrightarrow{OQ}$, équipollents respectivement à $\overrightarrow{AB}$, $\overrightarrow{CD}$; les vecteurs $\overrightarrow{OP}$, $\overrightarrow{OQ}$ ont aussi pour projections X, Y, Z. Par suite, les points P, Q ont même coordonnées : ils coïncident.

Les vecteurs $\overrightarrow{AB}$, $\overrightarrow{CD}$, étant équipollents au même vecteur $\overrightarrow{OP}$, sont équipollents entre eux.

977. Produit d'un vecteur par un nombre algébrique. — On appelle produit du vecteur $\overrightarrow{AB}$ par le nombre λ un vecteur $\overrightarrow{CD}$ dont le support est parallèle à la droite AB ou confondu avec cette droite, et dont la valeur algébrique est donnée par la formule

$$\overline{CD} = \lambda . \overline{AB}.$$

Ceci revient à dire que la grandeur de $\overrightarrow{CD}$ est égale à celle de $\overrightarrow{AB}$ multipliée par la valeur absolue de λ, que $\overrightarrow{CD}$ et $\overrightarrow{AB}$ ont le même sens si $\lambda > 0$, des sens contraires si $\lambda < 0$.

On représente le vecteur $\overrightarrow{CD}$ par l'égalité vectorielle

$$\overrightarrow{CD} = \lambda.\overrightarrow{AB}, \qquad \text{ou} \qquad \overrightarrow{CD} = \overrightarrow{AB}.\lambda. \quad (*)$$

On remarquera que le vecteur $\lambda.\overrightarrow{AB}$ est défini à une équipollence près, ou, en d'autres termes, qu'il existe une infinité de vecteurs égaux à $\lambda.\overrightarrow{AB}$ et que tous ces vecteurs sont équipollents.

978. Théorème. — *Si les projections de* $\overrightarrow{AB}$ *sont* X, Y, Z, *celles de* $\lambda.\overrightarrow{AB}$ *sont* λX, λY, λZ.

Désignons par $\overrightarrow{CD}$ le vecteur $\lambda.\overrightarrow{AB}$, nous avons

$$\overline{CD} = \lambda.\overline{AB}.$$

Si l'on projette sur un axe quelconque, on a (A. 150)

$$\frac{\text{pr.}\overrightarrow{CD}}{\text{pr.}\overrightarrow{AB}} = \frac{\overline{CD}}{\overline{AB}} = \lambda,$$

ou

$$\text{pr.}\overrightarrow{CD} = \lambda.\text{pr.}\overrightarrow{AB}.$$

Somme géométrique de plusieurs vecteurs.

979. Soient $\overrightarrow{V_1}$, $\overrightarrow{V_2}$, ... $\overrightarrow{V_n}$ n vecteurs quelconques de l'espace; nous les supposons rangés dans un certain ordre, absolument arbitraire, par exemple l'ordre correspondant aux indices, $\overrightarrow{V_1}$, $\overrightarrow{V_2}$, ... $\overrightarrow{V_n}$.

I étant un point choisi arbitrairement dans l'espace, nous menons par le point I le vecteur $\overrightarrow{IA_1}$ équipollent au premier vecteur $\overrightarrow{V_1}$, puis, par le point A_1 nous menons le vecteur $\overrightarrow{A_1A_2}$, équipollent au deuxième vecteur $\overrightarrow{V_2}$, par le point A_2 le vecteur $\overrightarrow{A_2A_3}$ équipollent au vecteur $\overrightarrow{V_3}$, ...; enfin par le point A_{n-1} nous menons le vecteur $\overrightarrow{A_{n-1}A}$ équipollent au dernier vecteur $\overrightarrow{V_n}$.

(*) On supprime quelquefois le point placé entre λ et $\overrightarrow{AB}$, quand il ne peut y avoir confusion, et on écrit $\overrightarrow{CD} = \lambda\overrightarrow{AB}$ ou $\overrightarrow{CD} = \overrightarrow{AB}\lambda$.

Par définition, le vecteur $\overrightarrow{IA}$ est appelé la *somme géométrique* (*relative au point* I) de l'ensemble des vecteurs donnés.

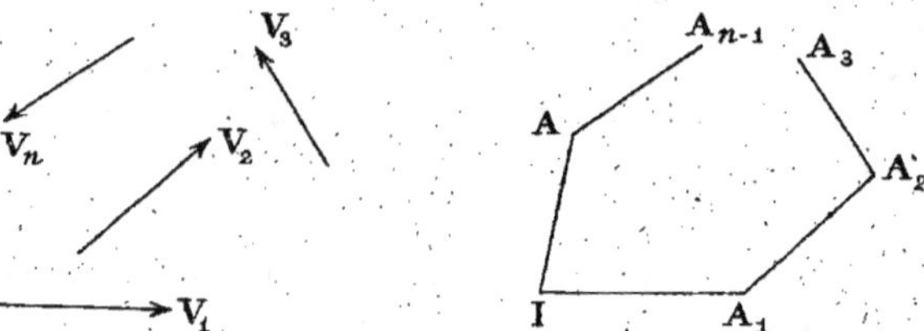

Fig. 238.

Cette propriété se représente par l'égalité vectorielle

$$\overrightarrow{IA} = \overrightarrow{V_1} + \overrightarrow{V_2} + \ldots + \overrightarrow{V_n}.$$

980. Nous allons établir les trois propositions suivantes :

I. *La somme géométrique relative au point* I *d'un ensemble de vecteurs est indépendante de l'ordre dans lequel on a rangé les vecteurs.*

II. *Si le point* I *se déplace dans l'espace, la somme géométrique relative à ce point reste équipollente à elle-même.*

III. *Si l'on multiplie les vecteurs donnés par un nombre* λ, *leur somme géométrique est multipliée par* λ.

Nous nous appuierons sur le théorème qui suit :

981. Théorème. — *La projection de la somme géométrique sur un axe quelconque est égale à la somme algébrique des projections des vecteurs.*

En effet, si l'on applique le théorème des projections au contour $IA_1A_2 \ldots A_{n-1}A$, on a (A. 149)

$$\text{pr.}\,\overrightarrow{IA} = \text{pr.}\,\overrightarrow{IA_1} + \text{pr.}\,\overrightarrow{A_1A_2} + \text{pr.}\,\overrightarrow{A_2A_3} + \ldots + \text{pr.}\,\overrightarrow{A_{n-1}A}.$$

Or, des vecteurs équipollents ont des projections égales ; on a donc

$$\text{pr.}\,\overrightarrow{IA_1} = \text{pr.}\,\overrightarrow{V_1}, \qquad \text{pr.}\,\overrightarrow{A_1A_2} = \text{pr.}\,\overrightarrow{V_2}, \ldots \qquad \text{pr.}\,\overrightarrow{A_{n-1}A} = \text{pr.}\,\overrightarrow{V_n}.$$

On en déduit

$$\text{pr.}\,\overrightarrow{IA} = \text{pr.}\,\overrightarrow{V_1} + \text{pr.}\,\overrightarrow{V_2} + \ldots + \text{pr.}\,\overrightarrow{V_n}.$$

Par suite, si l'on désigne par X_i, Y_i, Z_i $(i = 1, 2, \ldots n)$ les projections du vecteur $\overrightarrow{V_i}$ sur trois axes de coordonnées quelconques, et par X, Y, Z celles de la somme géométrique $\overrightarrow{IA}$, on a

$$X = X_1 + X_2 + \ldots + X_n = \Sigma X_i,$$
$$Y = Y_1 + Y_2 + \ldots + Y_n = \Sigma Y_i,$$
$$Z = Z_1 + Z_2 + \ldots + Z_n = \Sigma Z_i.$$

982. Cela étant, établissons les propriétés énoncées au n° 980.

I. Les sommes ΣX_i, ΣY_i, ΣZ_i ne varient pas si l'on modifie l'ordre des termes; donc, les projections X, Y, Z de la somme géométrique ne changent pas si l'on modifie l'ordre des vecteurs. Par suite, cette somme géométrique reste équipollente à elle-même (976), et comme elle a toujours pour origine le point I, elle est invariable.

II. Quelle que soit la position du point I, les projections de la somme géométrique sont ΣX_i, ΣY_i, ΣZ_i; donc, la somme géométrique reste équipollente à elle-même.

III. Soit $\overrightarrow{IB}$ la somme géométrique des vecteurs $\lambda \overrightarrow{V_1}$, $\lambda \overrightarrow{V_2}$, … $\lambda \overrightarrow{V_n}$; je dis que l'on a $\overrightarrow{IB} = \lambda . \overrightarrow{IA}$.

En effet, les projections de $\lambda \overrightarrow{V_i}$ étant λX_i, λY_i, λZ_i, celles de $\overrightarrow{IB}$ sont $\Sigma \lambda X_i$, $\Sigma \lambda Y_i$, $\Sigma \lambda Z_i$, ou $\lambda \Sigma X_i$, $\lambda \Sigma Y_i$, $\lambda \Sigma Z_i$, ou λX, λY, λZ.

Ceci montre que $\overrightarrow{IB} = \lambda . \overrightarrow{IA}$.

983. Lorsque les vecteurs $\overrightarrow{V_1}$, $\overrightarrow{V_2}$, …, $\overrightarrow{V_n}$ ont la même origine O, la somme géométrique relative au point O est aussi appelée la *résultante* de ces vecteurs, et ceux-ci sont appelés les *composantes*.

Cas particuliers. I. Considérons deux vecteurs $\overrightarrow{V_1}$ et $\overrightarrow{V_2}$, ayant même

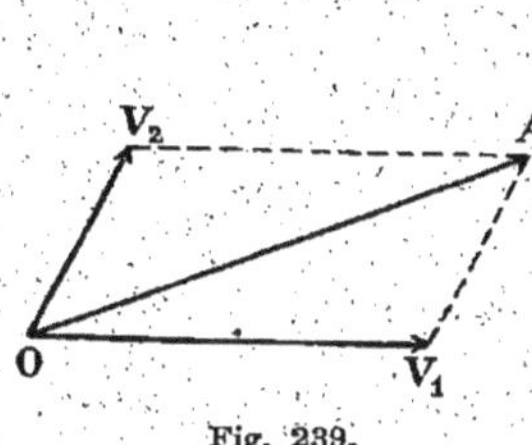

Fig. 239.

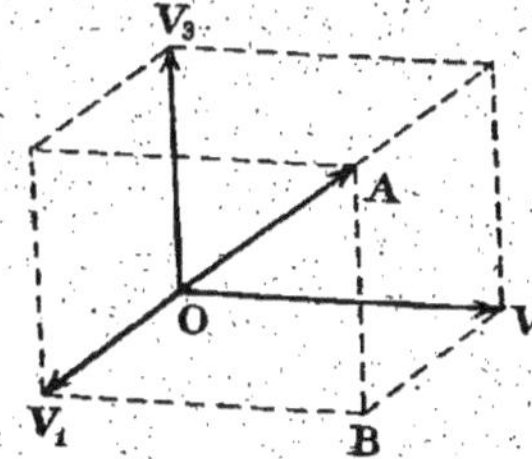

Fig. 240.

origine O; leur résultante $\overrightarrow{OA}$ est la diagonale (passant par O) du parallélogramme ayant pour côtés OV_1 et OV_2, car le vecteur $\overrightarrow{V_1 A}$ est équipollent au vecteur $\overrightarrow{V_2}$.

II. Soient maintenant trois vecteurs $\overrightarrow{V_1}$, $\overrightarrow{V_2}$, $\overrightarrow{V_3}$ non situés dans un même plan et ayant même origine O; leur résultante $\overrightarrow{OA}$ est la diagonale (passant par O) du parallélépipède ayant pour arêtes OV_1, OV_2, OV_3. En effet, si l'on désigne par V_1B l'arête passant par V_1 et parallèle à OV_2, et par BA l'arête passant par B et parallèle à OV_3, les vecteurs $\overrightarrow{V_1B}$ et $\overrightarrow{BA}$ sont équipollents à $\overrightarrow{V_2}$ et à $\overrightarrow{V_3}$ respectivement.

984. Différence géométrique de deux vecteurs.

— On appelle *différence géométrique* des deux vecteurs $\overrightarrow{V_1}$ et $\overrightarrow{V_2}$ un vecteur $\overrightarrow{V}$ défini par la relation vectorielle

$$(1) \qquad \overrightarrow{V_1} = \overrightarrow{V} + \overrightarrow{V_2}.$$

Il est aisé de voir que cette relation définit un seul vecteur $\overrightarrow{V}$. En effet, ajoutons aux deux membres de cette égalité le vecteur $-\overrightarrow{V_2}$, opposé (*) au vecteur $\overrightarrow{V_2}$; nous avons

$$\overrightarrow{V_1} + (-\overrightarrow{V_2}) = \overrightarrow{V} + \overrightarrow{V_2} + (-\overrightarrow{V_2}),$$

ou, comme

$$\overrightarrow{V_2} + (-\overrightarrow{V_2}) = 0,$$
$$\overrightarrow{V_1} + (-\overrightarrow{V_2}) = \overrightarrow{V}.$$

Ceci montre que le vecteur $\overrightarrow{V}$ est la somme géométrique des vecteurs $\overrightarrow{V_1}$ et $-\overrightarrow{V_2}$. On écrit plus simplement

$$(2) \qquad \overrightarrow{V} = \overrightarrow{V_1} - \overrightarrow{V_2},$$

et les égalités (1) et (2) sont équivalentes.

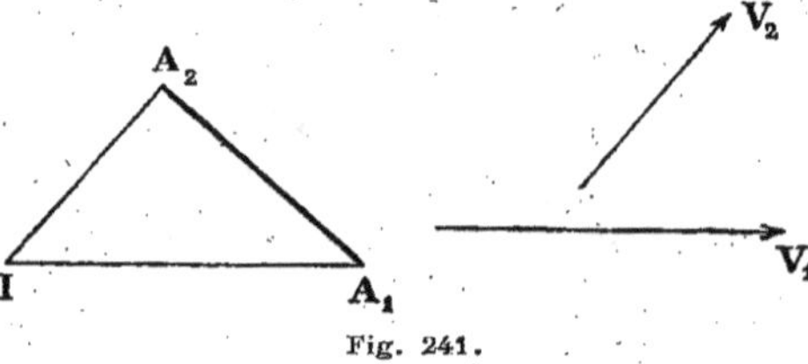

Fig. 241.

Pour construire le vecteur $\overrightarrow{V}$, on peut mener par un point quelconque I les vecteurs $\overrightarrow{IA_1}$ et $\overrightarrow{IA_2}$, équipollents respectivement à $\overrightarrow{V_1}$ et $\overrightarrow{V_2}$: le vecteur $\overrightarrow{A_2A_1}$ est égal à la différence géométrique $\overrightarrow{V_1} - \overrightarrow{V_2}$.

(*) Nous avons vu en Algèbre (A. 144) qu'on appelle vecteurs opposés deux vecteurs qui ont des supports parallèles ou confondus, des grandeurs égales et des sens opposés.

On a, en effet,

$$\overrightarrow{IA_1} = \overrightarrow{IA_2} + \overrightarrow{A_2A_1} \qquad \text{ou} \qquad \overrightarrow{V_1} = \overrightarrow{V_2} + \overrightarrow{A_2A_1},$$

ou encore

$$\overrightarrow{A_2A_1} = \overrightarrow{V_1} - \overrightarrow{V_2}.$$

On démontrera comme plus haut que si X_1, Y_1, Z_1 et X_2, Y_2, Z_2 sont les projections des vecteurs $\overrightarrow{V_1}$ et $\overrightarrow{V_2}$ sur trois axes quelconques, celles de la différence géométrique $\overrightarrow{V_1} - \overrightarrow{V_2}$ sont $X_1 - X_2$, $Y_1 - Y_2$, $Z_1 - Z_2$.

Décomposition d'un vecteur.

985. — Décomposer le vecteur $\overrightarrow{V}$, c'est par définition déterminer plusieurs vecteurs ayant pour origine commune l'origine du vecteur $\overrightarrow{V}$ et dont la résultante soit le vecteur $\overrightarrow{V}$. Le problème admet évidemment une infinité de solutions.

Le nombre des solutions peut d'ailleurs être limité, si l'on assujettit les vecteurs cherchés à certaines conditions géométriques concernant leurs longueurs ou leurs supports. Nous nous bornerons à deux cas très simples.

1° *Décomposer le vecteur* $\overrightarrow{V}$ *en deux vecteurs ayant pour supports deux droites données Ox, Oy passant par l'origine O du vecteur* $\overrightarrow{V}$ *et situées dans un même plan avec ce vecteur.*

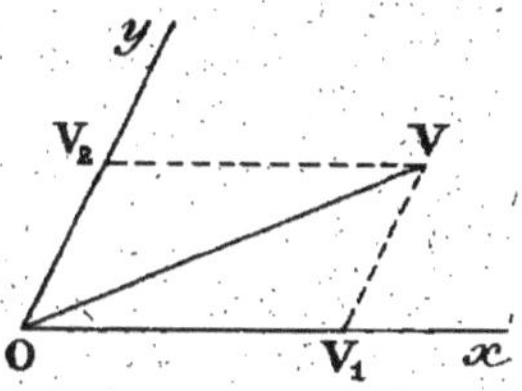

Nous avons à construire un parallélogramme ayant pour diagonale OV et dont deux côtés sont situés sur les droites Ox, Oy. Pour cela, nous mènerons par le point V des parallèles à Oy, Ox qui rencontrent respectivement Ox, Oy aux points V_1, V_2. Le vecteur $\overrightarrow{V}$ est la résultante des vecteurs $\overrightarrow{OV_1}$ et $\overrightarrow{OV_2}$, ou plus simplement des vecteurs $\overrightarrow{V_1}$ et $\overrightarrow{V_2}$; nous avons

$$\overrightarrow{V} = \overrightarrow{V_1} + \overrightarrow{V_2}.$$

Fig. 242.

Orientons les droites Ox, Oy en prenant comme sens positifs les sens Ox, Oy, et désignons par X, Y les valeurs algébriques des vecteurs $\overrightarrow{V_1}$ et $\overrightarrow{V_2}$; X, Y sont les projections du vecteur $\overrightarrow{V}$ sur les axes,

D'autre part, prenons sur les axes Ox, Oy les vecteurs unités $\vec{i}$, $\vec{j}$; d'après la définition donnée plus haut (977), le vecteur $\vec{V_1}$ est égal au produit du vecteur $\vec{i}$ par le nombre X. On a donc

$$\vec{V_1} = X.\vec{i}, \quad \text{et de même,} \quad \vec{V_2} = Y.\vec{j}.$$

La relation précédente s'écrit alors

$$\vec{V} = X.\vec{i} + Y.\vec{j}.$$

2° *Décomposer le vecteur $\vec{V}$ en trois vecteurs ayant pour supports trois droites données Ox, Oy, Oz, passant par l'origine O du vecteur $\vec{V}$, non situées dans un même plan, et telles que le vecteur $\vec{V}$ ne soit pas situé dans le plan de deux quelconques d'entre elles.*

Nous avons à construire un parallélépipède ayant pour diagonale OV et dont trois arêtes sont situées sur les droites Ox, Oy, Oz. Pour cela, nous menons par le point V des plans parallèles aux plans yOz, zOx, xOy, qui rencontrent respectivement Ox, Oy, Oz aux points V_1, V_2, V_3.

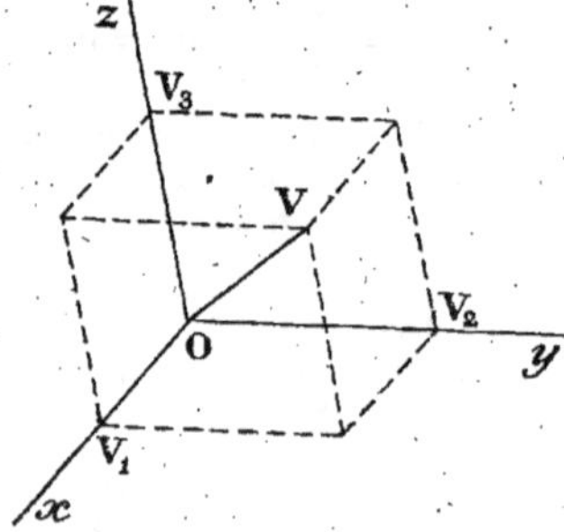

Fig. 243.

Le vecteur $\vec{V}$ est la résultante des vecteurs $\overrightarrow{OV_1}$, $\overrightarrow{OV_2}$, $\overrightarrow{OV_3}$, ou $\vec{V_1}$, $\vec{V_2}$, $\vec{V_3}$; nous avons

$$\vec{V} = \vec{V_1} + \vec{V_2} + \vec{V_3}.$$

Orientons les droites Ox, Oy, Oz en prenant comme sens positifs les sens Ox, Oy, Oz, et désignons par X, Y, Z les valeurs algébriques des vecteurs $\vec{V_1}$, $\vec{V_2}$, $\vec{V_3}$; X, Y, Z sont les projections du vecteur $\vec{V}$ sur les axes.

Soient $\vec{i}$, $\vec{j}$, $\vec{k}$ les vecteurs unités ayant pour origine le point O et pour axes respectivement Ox, Oy, Oz; nous avons

$$\vec{V_1} = X.\vec{i}, \quad \vec{V_2} = Y.\vec{j}, \quad \vec{V_3} = Z.\vec{k},$$

et, par suite,

$$\vec{V} = X.\vec{i} + Y.\vec{j} + Z.\vec{k}.$$

Produit scalaire de deux vecteurs.

986. Nous avons défini (A. 165) le produit scalaire de deux vecteurs $\overrightarrow{AB}$ et $\overrightarrow{CD}$; c'est un nombre algébrique qui est égal au produit $\overline{AB}.\overline{CD}.\cos(\alpha, \beta)$, α, β étant les axes des vecteurs $\overrightarrow{AB}$, $\overrightarrow{CD}$, et ce produit scalaire se représente par l'écriture $\overrightarrow{AB}.\overrightarrow{CD}$. On a donc par définition

$$\overrightarrow{AB}.\overrightarrow{CD} = \overline{AB}.\overline{CD}.\cos(\alpha, \beta).$$

On peut remarquer que si l'on change le sens positif d'un axe, α par exemple, les quantités $\overline{AB}$ et $\cos(\alpha, \beta)$ changent de signe, et le produit scalaire conserve la même valeur.

En particulier, si l'on prend pour sens positifs des axes les sens des vecteurs, on a

$$\overrightarrow{AB}.\overrightarrow{CD} = AB.CD.\cos(AB, CD).$$

987. *Si l'on multiplie deux vecteurs par les nombres* λ, μ *respectivement, leur produit scalaire est multiplié par* $\lambda\mu$.

Il faut démontrer la relation

$$(\lambda\overrightarrow{AB}).(\mu\overrightarrow{CD}) = \lambda\mu(\overrightarrow{AB}.\overrightarrow{CD}).$$

Prenons pour axe du vecteur $\lambda\overrightarrow{AB}$ l'axe α du vecteur $\overrightarrow{AB}$ et pour axe du vecteur $\mu\overrightarrow{CD}$ l'axe β du vecteur $\overrightarrow{CD}$; nous avons

$$(\lambda\overrightarrow{AB}).(\mu\overrightarrow{CD}) = \lambda\overline{AB}.\mu\overline{CD}.\cos(\alpha, \beta) = \lambda\mu\overline{AB}.\overline{CD}.\cos(\alpha, \beta),$$

ou

$$(\lambda\overrightarrow{AB}).(\mu\overrightarrow{CD}) = \lambda\mu(\overrightarrow{AB}.\overrightarrow{CD}).$$

988. *Calculer le produit scalaire de deux vecteurs* $\overrightarrow{V}$ *et* $\overrightarrow{V'}$ *connaissant les projections* X, Y, Z *et* X', Y', Z' *de ces vecteurs sur trois axes de coordonnées rectangulaires.*

Désignons comme au n° 985 (2°) par $\overrightarrow{i}, \overrightarrow{j}, \overrightarrow{k}$ les vecteurs unités des axes de coordonnées Ox, Oy, Oz; nous avons

$$\overrightarrow{V} = X\overrightarrow{i} + Y\overrightarrow{j} + Z\overrightarrow{k},$$
$$\overrightarrow{V'} = X'\overrightarrow{i} + Y'\overrightarrow{j} + Z'\overrightarrow{k},$$

Égalons le produit scalaire des premiers membres à celui des seconds membres, nous pouvons écrire (A. 167)

$$\vec{V} \cdot \vec{V'} = (X\,\vec{i}) \cdot (X'\,\vec{i}) + (Y\,\vec{j}) \cdot (X'\,\vec{i}) + (Z\,\vec{k}) \cdot (X'\,\vec{i})$$
$$+ (X\,\vec{i}) \cdot (Y'\,\vec{j}) + (Y\,\vec{j}) \cdot (Y'\,\vec{j}) + (Z\,\vec{k}) \cdot (Y'\,\vec{j})$$
$$+ (X\,\vec{i}) \cdot (Z'\,\vec{k}) + (Y\,\vec{j}) \cdot (Z'\,\vec{k}) + (Z\,\vec{k}) \cdot (Z'\,\vec{k}),$$

ou (987)

$$\vec{V} \cdot \vec{V'} = XX'(\vec{i} \cdot \vec{i}) + YX'(\vec{j} \cdot \vec{i}) + ZX'(\vec{k} \cdot \vec{i})$$
$$+ XY'(\vec{i} \cdot \vec{j}) + YY'(\vec{j} \cdot \vec{j}) + ZY'(\vec{k} \cdot \vec{j})$$
$$+ XZ'(\vec{i} \cdot \vec{k}) + YZ'(\vec{j} \cdot \vec{k}) + ZZ'(\vec{k} \cdot \vec{k}).$$

Or les produits $\vec{i} \cdot \vec{i}$, $\vec{j} \cdot \vec{j}$, $\vec{k} \cdot \vec{k}$ sont égaux à 1, et les autres produits $\vec{j} \cdot \vec{i}$, $\vec{k} \cdot \vec{i}$,... sont nuls, puisque les deux vecteurs qui les composent sont rectangulaires. On a donc

$$\vec{V} \cdot \vec{V'} = XX' + YY' + ZZ'.$$

Produit vectoriel de deux vecteurs.

989. Soient deux vecteurs quelconques $\vec{a}$, $\vec{b}$. Par un point o choisi arbitrairement dans l'espace menons les vecteurs $\vec{om}$, $\vec{on}$ équipollents respectivement à $\vec{a}$, $\vec{b}$. Par définition, le produit vectoriel du vecteur $\vec{a}$ par le vecteur $\vec{b}$ est un vecteur $\vec{h}$ défini par les conditions suivantes :

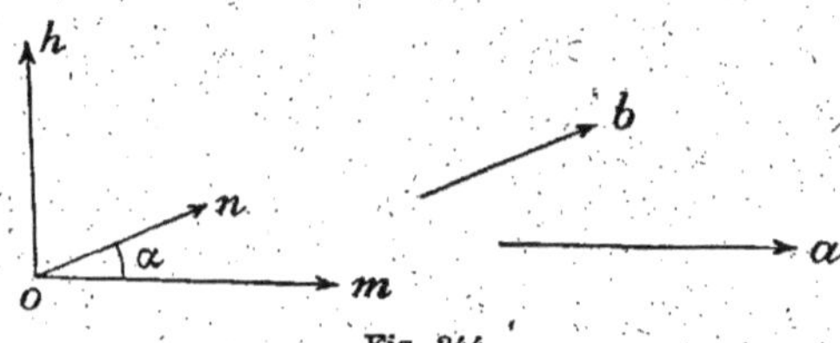

Fig. 244.

1° Le vecteur $\vec{h}$ a pour origine le point o, et a pour support la perpendiculaire en o au plan mon.

2° La longueur oh du vecteur $\vec{h}$ est mesurée par le même nombre que l'aire du parallélogramme construit sur om et on, ou

$$oh = om \times on \times \sin\alpha,$$

α désignant l'angle compris entre 0 et π des demi-droites om, on.

3° Le sens de $\vec{h}$ est tel que le trièdre (om, on, oh) soit de sens positif (604), ou tel que les vecteurs $\vec{oh}$, $\vec{mn}$ soient dans la position *dextrorsum* (662).

On représente ce produit vectoriel par la notation $\vec{a} \times \vec{b}$, et l'on écrit

$$\vec{h} = \vec{a} \times \vec{b}, \qquad \text{ou} \qquad \vec{h} = \vec{om} \times \vec{on}.$$

Le vecteur $\vec{h}$ est défini à une équipollence près, puisque le point o peut être choisi arbitrairement dans l'espace.

990. Par définition, le produit vectoriel $\vec{a} \times \vec{b}$ est nul, si l'un des vecteurs $\vec{a}$, $\vec{b}$ est nul, ou si ces deux vecteurs ont des supports parallèles ou confondus.

991. Il résulte de la définition donnée plus haut que les produits vectoriels $\vec{a} \times \vec{b}$ et $\vec{b} \times \vec{a}$ sont des vecteurs opposés; on peut donc écrire

$$\vec{a} \times \vec{b} = - \vec{b} \times \vec{a}.$$

992. *Si l'on multiplie deux vecteurs $\vec{a}$ et $\vec{b}$ respectivement par les nombres λ et μ, le produit vectoriel est multiplié par $\lambda \mu$.*

Conservons les notations du n° 989 et posons

$$\vec{om'} = \lambda \vec{om} = \lambda \vec{a},$$
$$\vec{on'} = \mu \vec{on} = \mu \vec{b},$$
$$\vec{h'} = \vec{om'} \times \vec{on'} = \lambda \vec{a} \times \mu \vec{b};$$

nous allons démontrer que l'on a

$$(1) \qquad\qquad \vec{h'} = \lambda \mu \vec{h}.$$

Pour cela il faut établir : 1° que $\vec{h}$ et $\vec{h'}$ ont même support; 2° que la grandeur de $\vec{h'}$ est égale à celle de $\vec{h}$, multipliée par $|\lambda \mu|$; 3° que $\vec{h}$ et $\vec{h'}$ ont le même sens ou des sens contraires suivant que le produit $\lambda \mu$ est positif ou négatif.

1° $\vec{om'}$ a même support que $\vec{om}$, $\vec{on'}$ a même support que $\vec{on}$; donc, $\vec{h'}$ a même support que $\vec{h}$.

2° L'aire du parallélogramme construit sur om et on est égale à celle du parallélogramme construit sur om' et on', multipliée par $|\lambda \mu|$.

3° Si λ et μ sont positifs, $\overrightarrow{om'}$ a même sens que $\overrightarrow{om}$, $\overrightarrow{on'}$ a même sens que $\overrightarrow{on}$; par suite, $\overrightarrow{h'}$ a même sens que $\overrightarrow{h}$.

Si $\lambda > 0$, $\mu < 0$, $\overrightarrow{om'}$ a même sens que $\overrightarrow{om}$, $\overrightarrow{on'}$ et $\overrightarrow{on}$ sont de sens contraires, $\overrightarrow{h'}$ est de sens contraire à $\overrightarrow{h}$. Même conclusion si $\lambda < 0$, $\mu > 0$.

Enfin, si $\lambda < 0$, $\mu < 0$, $\overrightarrow{om'}$ et $\overrightarrow{om}$ sont de sens contraires, et il en est de même de $\overrightarrow{on'}$ et $\overrightarrow{on}$. Il est aisé de voir que dans ce cas, $\overrightarrow{h'}$ et $\overrightarrow{h}$ sont de même sens.

La relation (1) est ainsi démontrée. On peut l'écrire encore

$$\overrightarrow{\lambda a} \times \overrightarrow{\mu b} = \lambda\mu(\overrightarrow{a} \times \overrightarrow{b}).$$

993. Théorème. — *Soient deux vecteurs* $\overrightarrow{a}$, $\overrightarrow{b}$ *ayant même origine o. Le produit vectoriel de* $\overrightarrow{a}$ *par* $\overrightarrow{b}$ *est égal au produit vectoriel de* $\overrightarrow{a}$ *par le vecteur* $\overrightarrow{\beta}$, *projection orthogonale du vecteur* $\overrightarrow{b}$ *sur le plan P, mené par o perpendiculairement au vecteur* $\overrightarrow{a}$.

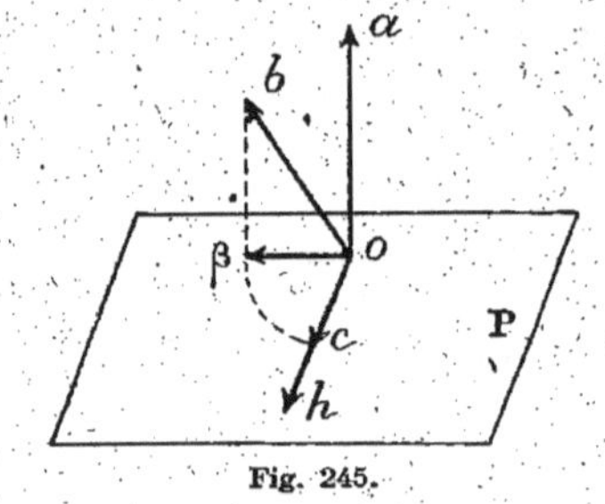

En effet, les vecteurs $\overrightarrow{a}$, $\overrightarrow{b}$, $\overrightarrow{\beta}$ sont dans un plan perpendiculaire au plan P; par suite, les deux vecteurs $\overrightarrow{a} \times \overrightarrow{b}$ et $\overrightarrow{a} \times \overrightarrow{\beta}$ ont même support. Ils ont aussi même longueur, car l'aire du parallélogramme construit sur oa et ob est égale à l'aire du rectangle construit sur oa et $o\beta$. De plus, ils ont même sens, car ob est à l'intérieur de l'angle droit $ao\beta$.

Fig. 245.

994. Conséquence. — Faisons tourner le vecteur $\overrightarrow{\beta}$ d'un angle droit dans le sens positif autour de oa; ce vecteur prend la position $\overrightarrow{c}$. On voit alors sans difficulté que le produit vectoriel

$$\overrightarrow{h} = \overrightarrow{a} \times \overrightarrow{b} = \overrightarrow{a} \times \overrightarrow{\beta}$$

est porté sur oc dans le sens oc et que sa longueur est égale à $oa \times oc$. On peut donc écrire

$$\overrightarrow{h} = oa.\overrightarrow{c},$$

oa désignant le nombre positif qui mesure la longueur du vecteur $\overrightarrow{a}$.

995. Théorème. — *Le produit vectoriel d'un vecteur $\vec{a}$ par une somme géométrique de vecteurs est égal à la somme géométrique des produits vectoriels du vecteur $\vec{a}$ par chacun des vecteurs qui composent la somme.*

Ainsi, nous allons montrer que l'on a

$$\vec{a} \times (\vec{b_1} + \vec{b_2} + \ldots + \vec{b_n}) = \vec{a} \times \vec{b_1} + \vec{a} \times \vec{b_2} + \ldots + \vec{a} \times \vec{b_n}.$$

Nous supposerons que tous les vecteurs figurant dans cette relation ont même origine o.

Nous désignerons par P le plan mené par o perpendiculairement au vecteur $\vec{a}$, par $\vec{\beta_i}$ la projection orthogonale de $\vec{b_i}$ sur le plan P, par $\vec{c_i}$ la position que prend $\vec{\beta_i}$ après rotation d'un angle droit dans le sens positif autour de $\vec{oa}$, enfin par $\vec{h_i}$ le produit du vecteur $\vec{c_i}$ par le nombre positif oa.

D'après ce qui précède, on a

$$\vec{h_i} = oa.\vec{c_i} = \vec{a} \times \vec{b_i}.$$

Désignons maintenant par $\vec{b}$ la somme géométrique des vecteurs $\vec{b_i}$, par $\vec{\beta}$ la projection de $\vec{b}$ sur le plan P, par $\vec{c}$ la position que prend $\vec{\beta}$ après la rotation indiquée plus haut, et par $\vec{h}$ le produit du vecteur $\vec{c}$ par oa. Nous avons

$$\vec{h} = oa.\vec{c} = \vec{a} \times \vec{b}.$$

On voit sans difficulté que $\vec{\beta}$ est la somme géométrique des vecteurs $\vec{\beta_i}$ (*); par suite, $\vec{c}$ est la somme géométrique des vecteurs $\vec{c_i}$, et $\vec{h}$ est la somme géométrique des vecteurs $\vec{h_i}$ (980, III). On a donc

$$\vec{h} = \vec{h_1} + \vec{h_2} + \ldots + \vec{h_n},$$

ou

$$\vec{a} \times \vec{b} = \vec{a} \times \vec{b_1} + \vec{a} \times \vec{b_2} + \ldots + \vec{a} \times \vec{b_n},$$

(*) Il est clair que deux vecteurs équipollents se projettent orthogonalement sur un plan suivant deux vecteurs équipollents; il en résulte que la somme géométrique de plusieurs vecteurs se projette suivant la somme géométrique des vecteurs projections.

ou

$$\vec{a} \times (\vec{b_1} + \vec{b_2} + \ldots \vec{b_n}) = \vec{a} \times \vec{b_1} + \vec{a} \times \vec{b_2} + \ldots + \vec{a} \times \vec{b_n}.$$

996. En changeant les signes des deux membres on a (991)

$$(\vec{b_1} + \vec{b_2} + \ldots + \vec{b_n}) \times \vec{a} = \vec{b_1} \times \vec{a} + \vec{b_2} \times \vec{a} + \ldots + \vec{b_n} \times \vec{a}.$$

997. Théorème. — *Étant données deux sommes géométriques*

$$\vec{a} = \vec{a_1} + \vec{a_2} + \ldots + \vec{a_p}, \qquad \vec{b} = \vec{b_1} + \vec{b_2} + \ldots + \vec{b_n},$$

le produit vectoriel de la somme $\vec{a}$ par la somme $\vec{b}$ est égal à la somme géométrique des produits vectoriels de chaque vecteur de la somme $\vec{a}$ par chaque vecteur de la somme $\vec{b}$.

Il faut démontrer que l'on a

$$(1) \qquad \vec{a} \times \vec{b} = \Sigma \vec{a_h} \times \vec{b_k},$$

où l'on donne à h toutes les valeurs de 1 à p, et à k toutes les valeurs de 1 à n.

On a en effet (995)

$$\vec{a} \times \vec{b} = \vec{a} \times (\vec{b_1} + \vec{b_2} + \ldots + \vec{b_n})$$
$$= \vec{a} \times \vec{b_1} + \vec{a} \times \vec{b_2} + \ldots + \vec{a} \times \vec{b_n}.$$

D'autre part (996), on a aussi

$$\vec{a} \times \vec{b_1} = (\vec{a_1} + \vec{a_2} + \ldots + \vec{a_p}) \times \vec{b_1}$$
$$= \vec{a_1} \times \vec{b_1} + \vec{a_2} \times \vec{b_1} + \ldots + \vec{a_p} \times \vec{b_1},$$

et des formules analogues pour $\vec{a} \times \vec{b_2}, \ldots, \vec{a} \times \vec{b_n}$.

On en déduit immédiatement la formule (1).

998. Plus généralement, λ_i, μ_i désignant des nombres algébriques, on a

$$(\lambda_1 \vec{a_1} + \lambda_2 \vec{a_2} + \ldots + \lambda_p \vec{a_p})(\mu_1 \vec{b_1} + \mu_2 \vec{b_2} + \ldots + \mu_n \vec{b_n})$$
$$= \Sigma \lambda_h \vec{a_h} \times \mu_k \vec{b_k} = \Sigma \lambda_h \mu_k (\vec{a_h} \times \vec{b_k}),$$

d'après ce que nous avons vu au n° 992.

999. *On donne trois axes de coordonnées rectangulaires tels que le trièdre Ox, Oy, Oz soit de sens positif (604), et deux vecteurs $\vec{V}$ et $\vec{V'}$ ayant pour projections sur les axes X, Y, Z et X', Y', Z'. Calculer les projections sur les axes du produit vectoriel $\vec{V} \times \vec{V'}$.*

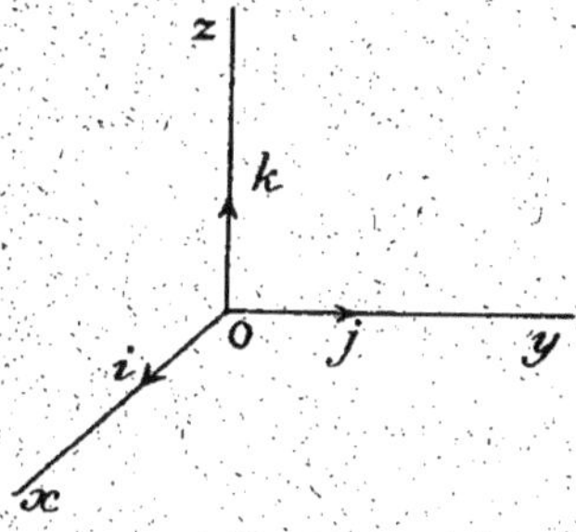

Fig. 246.

Désignons comme plus haut (985,2°) par $\vec{i}, \vec{j}, \vec{k}$ les vecteurs unités des axes Ox, Oy, Oz respectivement; nous avons

$$\vec{V} = X\vec{i} + Y\vec{j} + Z\vec{k},$$
$$\vec{V'} = X'\vec{i} + Y'\vec{j} + Z'\vec{k},$$

et en faisant les produits vectoriels (997 et 998)

$$\vec{V} \times \vec{V'} = XX'(\vec{i} \times \vec{i}) + YX'(\vec{j} \times \vec{i}) + ZX'(\vec{k} \times \vec{i})$$
$$+ XY'(\vec{i} \times \vec{j}) + YY'(\vec{j} \times \vec{j}) + ZY'(\vec{k} \times \vec{j})$$
$$+ XZ'(\vec{i} \times \vec{k}) + YZ'(\vec{j} \times \vec{k}) + ZZ'(\vec{k} \times \vec{k}).$$

Mais d'après la définition du produit vectoriel, on a

$$\vec{i} \times \vec{i} = 0, \quad \vec{j} \times \vec{j} = 0, \quad \vec{k} \times \vec{k} = 0,$$
$$\vec{j} \times \vec{k} = \vec{i}, \quad \vec{k} \times \vec{j} = -\vec{i},$$
$$\vec{k} \times \vec{i} = \vec{j}, \quad \vec{i} \times \vec{k} = -\vec{j},$$
$$\vec{i} \times \vec{j} = \vec{k}, \quad \vec{j} \times \vec{i} = -\vec{k}.$$

On en déduit

$$\vec{V} \times \vec{V'} = (YZ' - ZY')\vec{i} + (ZX' - XZ')\vec{j} + (XY' - YX')\vec{k},$$

et ceci montre que les projections du produit vectoriel $\vec{V} \times \vec{V'}$ sur les axes sont

$$YZ' - ZY', \qquad ZX' - XZ', \qquad XY' - YX',$$

ou

$$\begin{vmatrix} Y & Z \\ Y' & Z' \end{vmatrix}, \qquad \begin{vmatrix} Z & X \\ Z' & X' \end{vmatrix}, \qquad \begin{vmatrix} X & Y \\ X' & Y' \end{vmatrix}.$$

Applications.

1000. Dans ce qui va suivre nous désignerons par V, V' les longueurs des vecteurs $\vec{V}$, $\vec{V'}$, par $|\vec{V}.\vec{V'}|$ la valeur absolue de leur produit scalaire, et enfin par $|\vec{V} \times \vec{V'}|$ la longueur de leur produit vectoriel. Si X, Y, Z et X', Y', Z' sont les projections des vecteurs $\vec{V}$ et $\vec{V'}$ sur trois axes rectangulaires tels que le trièdre (Ox, Oy, Oz) soit de sens positif, on a

$$V^2 = X^2 + Y^2 + Z^2, \qquad V'^2 = X'^2 + Y'^2 + Z'^2,$$

$$|\vec{V}.\vec{V'}| = |\, XX' + YY' + ZZ'\,|,$$

$$|\vec{V} \times \vec{V'}|^2 = (YZ' - ZY')^2 + (ZX' - XZ')^2 + (XY' - YX')^2.$$

1001. Formule de Lagrange. — Soit φ l'angle des deux vecteurs $\vec{V}$ et $\vec{V'}$. Nous avons

$$|\vec{V}.\vec{V'}| = V.V'\,|\cos\varphi\,|,$$

$$|\vec{V} \times \vec{V'}| = V.V'\sin\varphi,$$

et, en faisant la somme des carrés,

$$|\vec{V}.\vec{V'}|^2 + |\vec{V} \times \vec{V'}|^2 = V^2 V'^2,$$

ou, d'après les formules précédentes,

$$(XX' + YY' + ZZ')^2 + (YZ' - ZY')^2 + (ZX' - XZ')^2 + (XY' - YX')^2$$
$$= (X^2 + Y^2 + Z^2)(X'^2 + Y'^2 + Z'^2).$$

C'est la formule de Lagrange (603).

1002. Distance d'un point à une droite. — Nous conserverons les notations et la figure du n° 663.

Les paramètres directeurs α, β, γ de la droite D peuvent être considérés comme les projections d'un vecteur dont le support est parallèle à D ou confondu avec D. Si nous prenons comme origine de ce vecteur le point A(p, q, r) de la droite D, nous obtenons le vecteur $\vec{AB}$ qui a pour support la droite D.

Considérons le produit vectoriel $\vec{AB} \times \vec{AM}$; sa longueur est mesurée par le même nombre que l'aire du parallélogramme construit sur $\vec{AB}$ et AM, et cette aire est égale à AB $\times$ MH. On a donc

$$|\vec{AB} \times \vec{AM}| = AB \times MH,$$

d'où, en posant $MH = d$,

$$d^2 = \frac{|\overrightarrow{AB} \times \overrightarrow{AM}|^2}{\overrightarrow{AB}^2}.$$

Or, $\overrightarrow{AB}$ a pour projections α, β, γ; $\overrightarrow{AM}$ a pour projections $x_0 - p$, $y_0 - q$, $z_0 - r$. Par suite, les projections du produit vectoriel $\overrightarrow{AB} \times \overrightarrow{AM}$ sont (999).

$$X_0 = \beta(z_0 - r) - \gamma(y_0 - q),$$
$$Y_0 = \gamma(x_0 - p) - \alpha(z_0 - r),$$
$$Z_0 = \alpha(y_0 - q) - \beta(x_0 - p).$$

On a donc

$$|\overrightarrow{AB} \times \overrightarrow{AM}|^2 = X_0^2 + Y_0^2 + Z_0^2,$$

et, par suite,

$$d^2 = \frac{X_0^2 + Y_0^2 + Z_0^2}{\alpha^2 + \beta^2 + \gamma^2};$$

c'est bien la valeur trouvée au n° 663.

1003. Volume d'un tétraèdre. — Soit à calculer le volume du tétraèdre ABCD, connaissant les coordonnées (x_1, y_1, z_1), (x_2, y_2, z_2), (x_3, y_3, z_3) et (x_4, y_4, z_4) des sommets A, B, C et D respectivement, les axes de coordonnées étant rectangulaires.

Abaissons DH perpendiculaire sur le plan ABC; si nous désignons

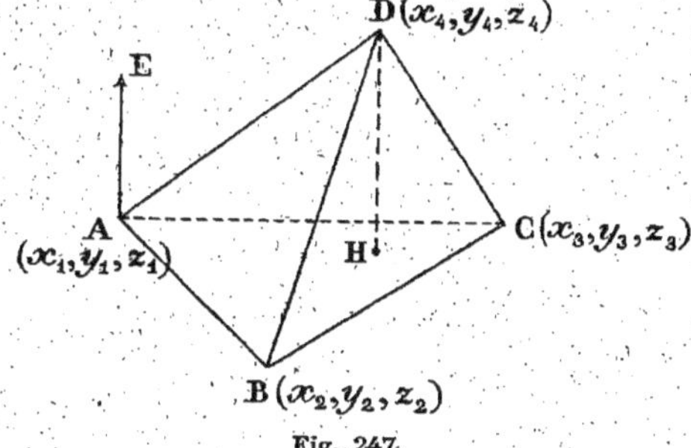

Fig. 247.

par S l'aire du triangle ABC, le volume V du tétraèdre a pour valeur

$$V = \frac{1}{3} S \cdot DH.$$

Désignons par $\overrightarrow{AE}$ le produit vectoriel du vecteur $\overrightarrow{AB}$ par le vecteur $\overrightarrow{AC}$; nous avons

$$\overrightarrow{AE} = \overrightarrow{AB} \times \overrightarrow{AC},$$

et

$$AE = 2S,$$

puisque l'aire du parallélogramme construit sur AB et AC est le double de celle du triangle ABC.

D'autre part, DH est en valeur absolue la projection du vecteur $\overrightarrow{AD}$ sur le vecteur $\overrightarrow{AE}$. Par suite (A. 165), le produit scalaire $\overrightarrow{AD}.\overrightarrow{AE}$ est égal en valeur absolue à DH $\times$ AE. On peut donc écrire

$$|\overrightarrow{AD}.\overrightarrow{AE}| = DH \times AE,$$

ou, en remplaçant AE par 2S,

$$|\overrightarrow{AD}.\overrightarrow{AE}| = 2.S.DH = 6V,$$

ou enfin

$$V = \frac{1}{6}|\overrightarrow{AD}.\overrightarrow{AE}|.$$

Tout revient donc à calculer le produit scalaire $\overrightarrow{AD}.\overrightarrow{AE}$.

Les projections de $\overrightarrow{AD}$ sont $x_4 - x_1, y_4 - y_1, z_4 - z_1$.

Pour avoir celles de $\overrightarrow{AE}$, nous remarquons que les projections de $\overrightarrow{AB}$ et $\overrightarrow{AC}$ sont respectivement $x_2 - x_1, y_2 - y_1, z_2 - z_1$ et $x_3 - x_1, y_3 - y_1, z_3 - z_1$; par suite, les projections de $\overrightarrow{AE}$ sont (999)

$$X = \begin{vmatrix} y_2 - y_1 & z_2 - z_1 \\ y_3 - y_1 & z_3 - z_1 \end{vmatrix}, \qquad Y = \begin{vmatrix} z_2 - z_1 & x_2 - x_1 \\ z_3 - z_1 & x_3 - x_1 \end{vmatrix},$$

$$Z = \begin{vmatrix} x_2 - x_1 & y_2 - y_1 \\ x_3 - x_1 & y_3 - y_1 \end{vmatrix}.$$

On en conclut (988) que le produit scalaire $\overrightarrow{AD}.\overrightarrow{AE}$ est égal à

$$(x_4 - x_1)X + (y_4 - y_1)Y + (z_4 - z_1)Z,$$

ou encore au déterminant

$$\Delta' = \begin{vmatrix} x_2 - x_1 & y_2 - y_1 & z_2 - z_1 \\ x_3 - x_1 & y_3 - y_1 & z_3 - z_1 \\ x_4 - x_1 & y_4 - y_1 & z_4 - z_1 \end{vmatrix},$$

qu'on peut mettre sous la forme

$$\Delta = \begin{vmatrix} x_1 & y_1 & z_1 & 1 \\ x_2 & y_2 & z_2 & 1 \\ x_3 & y_3 & z_3 & 1 \\ x_4 & y_4 & z_4 & 1 \end{vmatrix},$$

car Δ' se déduit de Δ en retranchant les éléments de la première ligne de ceux des trois autres lignes.

On a donc

$$|\overrightarrow{AD}, \overrightarrow{AE}| = |\Delta|,$$

et

$$V = \frac{1}{6}|\Delta|.$$

Ce résultat a été obtenu au n° 661.

Nous réserverons la théorie des *moments* pour le *Précis de Mécanique*.

TABLE DES MATIÈRES

GÉOMÉTRIE ANALYTIQUE A DEUX DIMENSIONS

GÉOMÉTRIE ANALYTIQUE A TROIS DIMENSIONS

COULOMMIERS
IMPRIMERIE
PAUL BRODARD
12958-11-29.